Win-Q

가스 산업기사 필기

시대에듀

합격에 **윙크[Win-Q]**하다!

Win Qualification

Always with you

사람이 길에서 우연하게 만나거나 함께 살아가는 것만이 인연은 아니라고 생각합니다.
책을 펴내는 출판사와 그 책을 읽는 독자의 만남도 소중한 인연입니다.
시대에듀는 항상 독자의 마음을 헤아리기 위해 노력하고 있습니다.
늘 독자와 함께하겠습니다.

자격증 · 공무원 · 금융/보험 · 면허증 · 언어/외국어 · 검정고시/독학사 · 기업체/취업
이 시대의 모든 합격! 시대에듀에서 합격하세요!
www.youtube.com ➔ 시대에듀 ➔ 구독

PREFACE

가스 분야의 전문가를 향한 첫 발걸음!

요즘 산업현장에서 가스폭발사고 및 화재가 발생하고 있습니다. 안전점검이 제대로 이루어졌다면 충분히 막을 수 있었던 인재(人災)이기 때문에 안타까움이 더욱 클 수밖에 없습니다. 고압가스 등으로 인한 폭발 및 화재가 발생하면 인적·물적 피해가 엄청나기 때문에 전문가를 통한 안전점검을 소홀히 해서는 안 됩니다. 이에 따라 가스 안전과 관련된 분야에 관심이 높아지고 있습니다.

가스산업기사는 가스 및 용기제조의 공정관리, 가스의 사용방법 및 취급요령 등의 예방을 위해 저장, 판매, 공급 등의 과정에서 안전관리 지도 및 감독의 업무를 수행합니다.

가스산업기사는 고압가스 제조·저장·판매업체와 기타 도시가스사업소, 용기제조업소, 냉동기계제조업체 등 전국의 고압가스 관련업체 등으로 진출할 수 있습니다. 국민생활 수준의 향상과 산업의 발달로 연료용 및 산업용 가스의 수급 규모가 대형화되고 있으며, 가스시설이 복잡화·다양화됨에 따라 가스사고 건수가 급증하고 사고 규모도 대형화되고 있는 현 상황에서 가스산업기사의 역할과 인력 수요는 지속적으로 증가하는 추세입니다.

본서는 빨간키(빨리 보는 간단한 키워드) 핵심요약, 핵심이론과 빈출문제, 최근 출제경향을 반영한 10개년 과년도 기출문제와 최근 기출복원문제 및 해설 등으로 구성되어 있습니다. 수험생들은 핵심이론을 공부한 후 기출문제 중에서 자주 출제되는 내용을 완벽하게 숙지하여 중요한 내용을 체계적으로 공부하고, 이해와 집중을 기본으로 시험을 준비한다면, 합격에 한 발짝 더 가까이 다가갈 수 있습니다.

수험생활 동안 만나게 되는 어려움과 유혹을 모두 이겨내고 합격을 목표로 하여 가스산업기사 자격을 취득하시길 바랍니다.

감사합니다.

기계기술사 박병호

시험안내

[가스산업기사] 필기

개요
고압가스가 지닌 화학적·물리적 특성으로 인한 각종 사고로부터 국민의 생명과 재산을 보호하고 고압가스의 제조과정에서부터 소비과정에 이르기까지 안전에 대한 규제대책, 각종 가스용기, 기계·기구 등에 대한 제품검사, 가스 취급에 따른 제반 시설의 검사 등 고압가스에 관한 안전관리를 실시하기 위한 전문 인력을 양성하기 위하여 자격제도를 제정하였다.

수행직무
고압가스 및 용기제조의 공정관리, 가스의 사용방법 및 취급요령 등의 예방을 위해 저장, 판매, 공급 등의 과정에서 안전관리를 위한 지도 및 감독업무를 수행한다.

시험일정

구분	필기원서접수 (인터넷)	필기시험	필기합격 (예정자)발표	실기원서접수	실기시험	최종 합격자 발표일
제1회	1월 중순	2월 초순	3월 중순	3월 하순	4월 중순	6월 중순
제2회	4월 중순	5월 초순	6월 중순	6월 하순	7월 중순	9월 중순
제3회	7월 하순	8월 초순	9월 초순	9월 하순	11월 초순	12월 하순

※ 상기 시험일정은 시행처의 사정에 따라 변경될 수 있으니, www.q-net.or.kr에서 확인하시기 바랍니다.

시험요강
❶ 시행처 : 한국산업인력공단
❷ 관련 학과 : 대학과 전문대학의 화학공학, 가스냉동학, 가스산업학 관련 학과
❸ 시험과목
　㉠ 필기 : 1. 연소공학 2. 가스설비 3. 가스안전관리 4. 가스계측
　㉡ 실기 : 가스 실무
❹ 검정방법
　㉠ 필기 : 객관식 4지 택일형 과목당 20문항(과목당 30분)
　㉡ 실기 : 복합형[필답형(1시간 30분) + 작업형(1시간 30분 정도)]
❺ 합격기준
　㉠ 필기 : 100점을 만점으로 하여 과목당 40점 이상, 전 과목 평균 60점 이상
　㉡ 실기 : 100점을 만점으로 하여 60점 이상

검정현황

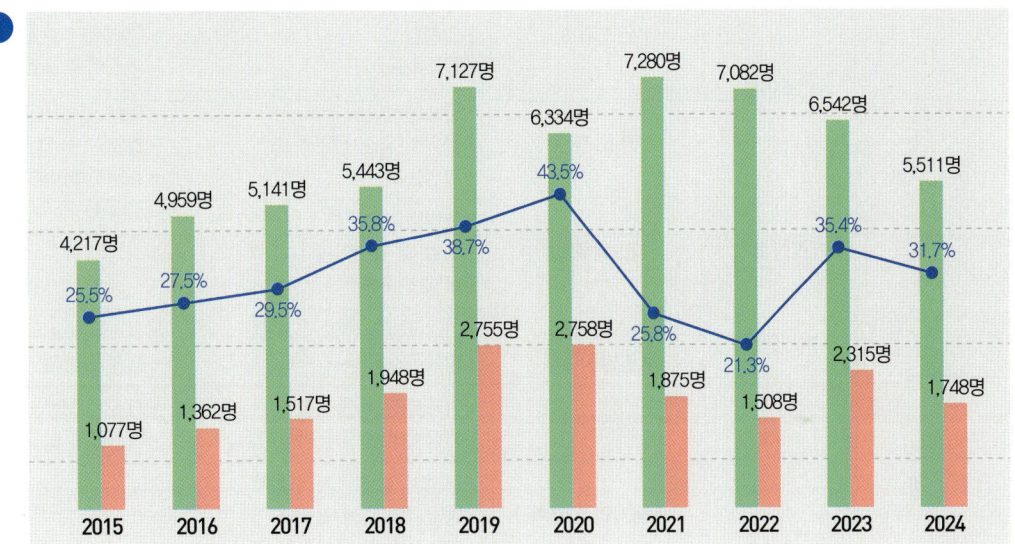

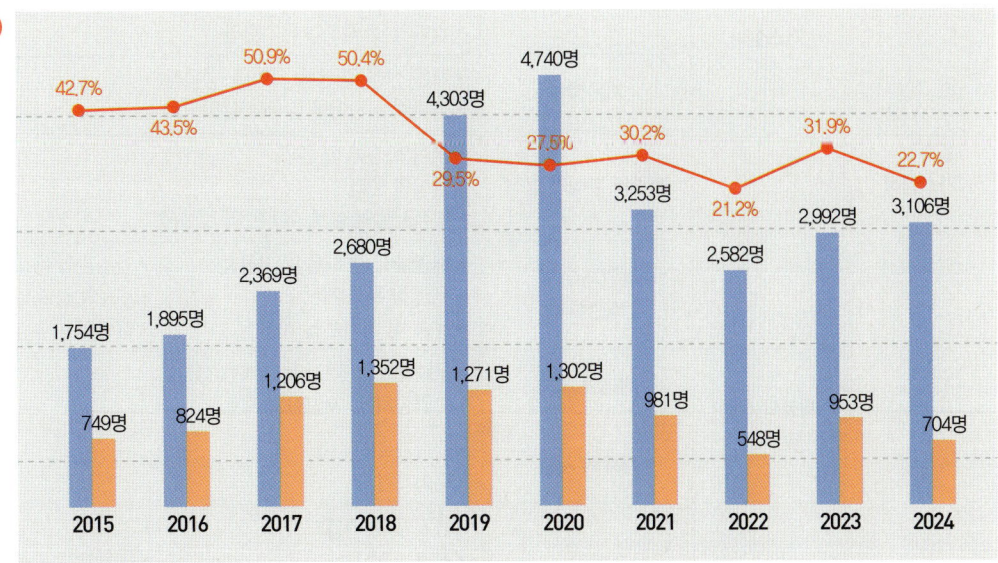

출제기준

필기과목명	주요항목	세부항목	세세항목	
연소공학	연소이론	연소기초	• 연소의 정의 • 열전달 • 연소속도	• 열역학 법칙 • 열역학의 관계식 • 연소의 종류와 특성
		연소 계산	• 연소현상이론 • 공기비 및 완전연소 조건 • 화염온도	• 이론 및 실제공기량 • 발열량 및 열효율 • 화염전파이론
	가스의 특성	가스의 폭발	• 폭발범위 • 폭발 및 확산이론 • 폭발의 종류	
	가스안전	가스화재 및 폭발방지대책	• 가스폭발의 예방 및 방호 • 방폭구조의 종류	• 가스화재 소화이론 • 정전기 발생 및 방지대책
가스설비	가스설비	가스설비	• 가스제조 및 충전설비 • 저장설비 및 공급방식	• 가스기화장치 • 내진설비 및 기술사항
		조정기와 정압기	• 조정기 및 정압기의 설치 • 정압기의 특성 및 구조 • 부속설비 및 유지관리	
		압축기 및 펌프	• 압축기의 종류 및 특성 • 펌프의 분류 및 각종 현상 • 고장원인과 대책 • 압축기 및 펌프의 유지관리	
		저온장치	• 저온 생성 및 냉동 사이클, 냉동장치 • 공기액화 사이클 및 액화분리장치	
		배관의 부식과 방식	• 부식의 종류 및 원리 • 방식의 원리 • 방식시설의 설계, 유지관리 및 측정	
		배관재료 및 배관설계	• 배관설비, 관 이음 및 가공법 • 관경 및 두께 계산 • 유량 및 압력손실 계산	• 가스관의 용접ㆍ융착 • 재료의 강도 및 기계적 성질 • 밸브의 종류 및 기능
	재료의 선정 및 시험	재료의 선정	• 금속재료의 강도 및 기계적 성질 • 고압장치 및 저압장치 재료	
		재료의 시험	• 금속재료의 시험 • 비파괴검사	
	가스용기기	가스 사용기기	• 용기 및 용기밸브 • 콕 및 호스 • 안전장치 • 가스누출경보/차단장치	• 연소기 • 특정설비 • 차단용 밸브

필기과목명	주요항목	세부항목	세세항목
가스안전관리	가스에 대한 안전	가스 제조 및 공급, 충전 등에 관한 안전	• 고압가스 제조 및 공급 · 충전 • 액화석유가스 제조 및 공급 · 충전 • 도시가스 제조 및 공급 · 충전 • 수소 제조 및 공급 · 충전
	가스사용시설 관리 및 검사	가스 저장 및 사용에 관한 안전	• 저장탱크 　　　　• 탱크로리 • 용기 　　　　　　• 저장 및 사용시설
	가스 사용 및 취급	용기, 냉동기, 가스용품, 특정설비 등 제조 및 수리 등에 관한 안전	• 고압가스용기 제조 수리검사 • 냉동기기 제조, 특정설비 제조 수리 • 가스용품 제조
		가스 사용 · 운반 · 취급 등에 관한 안전	• 고압가스 　　　　• 액화석유가스 • 도시가스 　　　　• 수소
		가스의 성질에 관한 안전	• 가연성 가스 　　　• 독성가스 • 기타 가스
	가스사고 원인 및 조사, 대책 수립	가스 안전사고 원인 조사 분석 및 대책	• 화재사고 • 가스폭발 • 누출사고 • 질식사고 등 • 안전관리 이론, 안전교육 및 자체 검사
가스계측	계측기기	계측기기의 개요	• 계측기 원리 및 특성 • 제어의 종류 • 측정과 오차
		가스 계측기기	• 압력 계측 • 유량 계측 • 온도 계측 • 액면 및 습도 계측 • 밀도 및 비중의 계측 • 열량 계측
	가스 분석	가스 분석	• 가스검지 및 분석 • 가스기기 분석
	가스미터	가스미터의 기능	• 가스미터의 종류 및 계량원리 • 가스미터의 크기 선정 • 가스미터의 고장처리
	가스시설의 원격감시	원격감시장치	• 원격감시장치의 원리 • 원격감시장치의 이용 • 원격감시설비의 설치 · 유지

[가스산업기사] 필기

구성 및 특징

핵심이론

필수적으로 학습해야 하는 중요한 이론들을 각 과목별로 분류하여 수록하였습니다. 시험과 관계없는 두꺼운 기본서의 복잡한 이론은 이제 그만! 시험에 꼭 나오는 이론을 중심으로 효과적으로 공부하십시오.

CHAPTER 01 연소공학

제1절 열역학(냉동 별도)

핵심이론 01 열역학의 개요

① 경로함수와 상태함수
 ㉠ 경로함수 또는 과정함수(Path Function) : 경로에 따라 달라지는 물리량/함수/변수(일, 열)
 ㉡ 상태함수 또는 점함수(State Function or Point Function) : 경로와는 무관하게 처음과 나중의 상태만으로 정해지는 물리량/함수/변수(온도, 부피, 압력, 에너지, 엔트로피, 엔탈피)

② 상태량
 ㉠ 종량성 성질 또는 시량 특성(Extensive Property) : 질량에 비례하는 상태량(무게, 체적, 질량, 엔트로피, 엔탈피, 에너지 등)
 ㉡ 강도성 성질 또는 시강 특성(Intensive Property) : 물질의 양과는 무관한 상태량(온도, 압력, 비체적, 비질량, 밀도, 조성, 몰분율 등)

③ 기체 비중 : 공기분자량에 대한 해당 기체의 분자량의 비

④ 리터당 밀도[g/L] : 분자량/22.4

⑤ 내부에너지 : 분자의 운동 상태(분자의 병진운동, 회전운동, 분자 내 원자의 진동)와 분자의 집합 상태(고체, 액체, 기체의 상태)에 따라서 달라지는 에너지

⑥ 비열 : 단위 질량의 물질의 온도를 단위 온도만큼 올리는 데 필요한 열량
 ㉠ 정압비열(C_p) : 압력이 일정하게 유지되는 열역학적 과정에서의 비열로, 압력이 일정할 때 엔탈피 변화를 온도 변화로 나눈 값이다. 온도에 따라서 다르다.

$$C_p = \left(\frac{\partial H}{\partial T}\right)_p$$

 (여기서, H : 엔탈피, T : 온도)
 ㉡ 정적비열(C_v) : 물체의 부피가 일정하게 유지되는 열역학적 과정에서의 비열로, 부피가 일정할 때 내부에너지의 변화를 온도의 변화로 나눈 값이다. 압력에 따라서 다르다.

$$C_v = \left(\frac{\partial U}{\partial T}\right)_v$$

 (여기서, U : 내부에너지, T : 온도)
 ㉢ 비열비 : $k = C_p/C_v$
  • 단원자 : $k = 1.67$(He 등)

핵심이론 04 이상기체

① 이상기체의 특징
 ㉠ 고온, 저압일수록 이상기체에 가까워진다.
 ㉡ 기체분자 간의 인력이나 반발력이 없는 것으로 간주한다(분자 상호 간의 인력이나 척력을 무시한다).
 ㉢ 분자의 충돌로 총운동에너지가 감소되지 않는 완전탄성체이다.
 ㉣ 온도에 대비하여 일정한 비열을 가진다.
 ㉤ 비열비는 온도와 무관하며 일정하다.
 ㉥ 분자 자신이 차지하는 부피를 무시한다.
 ㉦ 0[K]에서 부피는 0이어야 하며 평균 운동에너지는 절대온도에 비례한다.
 ㉧ 보일-샤를의 법칙을 만족한다(압력과 부피의 곱은 온도에 비례한다).
 ㉨ 아보가드로의 법칙에 따른다.
 ㉩ 실제 기체 중 H_2, He 등의 가스는 이상기체에 가깝다.

② 상태량 간의 관계식(이상기체의 내부에너지・엔탈피・엔트로피 관계식)
 ㉠ $Tds = du + pdv$
  (여기서, u : 단위 질량당 내부에너지, h : 엔탈피, s : 엔트로피, T : 절대온도, p : 압력, v : 비체적)
 ㉡ $Tds = dh - vdp$
 ㉢ 가역과정, 비가역과정 모두에 대하여 성립한다.
 ㉣ 가역과정의 경로에 따라 적분할 수 있으나, 비가역 과정의 경로에 대하여는 적분할 수 없다.

③ 이상기체의 정압비열과 정적비열의 관계
  $C_p > C_v$, $C_p - C_v = R$, $C_p/C_v = k$

④ 이상기체의 엔트로피 변화량
 ㉠ T, V 함수일 때
$$\Delta S = C_v \ln\left(\frac{T_2}{T_1}\right) + R\ln\left(\frac{V_2}{V_1}\right)$$
 ㉡ T, P 함수일 때
$$\Delta S = C_p \ln\left(\frac{T_2}{T_1}\right) - R\ln\left(\frac{P_2}{P_1}\right)$$
 ㉢ V, P 함수일 때
$$\Delta S = C_p \ln\left(\frac{V_2}{V_1}\right) + C_v \ln\left(\frac{P_2}{P_1}\right)$$

10년간 자주 출제된 문제

4-1. 다음 중 이상기체에 대한 설명으로 틀린 것은?
① 이상기체는 분자 상호 간의 인력을 무시한다.
② 이상기체에 가까운 실제기체로는 H_2, He 등이 있다.
③ 이상기체는 분자 자신이 차지하는 부피를 무시한다.
④ 저온, 고압일수록 이상기체에 가까워진다.

4-2. 이상기체에서 정적비열(C_v)과 정압비열(C_p)과의 관계로 옳은 것은?
① $C_p - C_v = R$ ② $C_p + C_v = R$
③ $C_p + C_v = 2R$ ④ $C_p - C_v = 2R$

[해설]

4-1
고온・저압일수록 이상기체에 가까워진다.

4-2
이상기체의 정압비열과 정적비열의 관계
$C_p > C_v$, $C_p - C_v = R$, $C_p/C_v = k$

정답 4-1 ④ 4-2 ①

10년간 자주 출제된 문제

출제기준을 중심으로 출제 빈도가 높은 기출문제와 필수적으로 풀어보아야 할 문제를 핵심이론당 1~2문제씩 선정했습니다. 각 문제마다 핵심을 찌르는 명쾌한 해설이 수록되어 있습니다.

FORMULA OF PASS · SDEDU.CO.KR

STRUCTURES

과년도 기출문제

지금까지 출제된 과년도 기출문제를 수록하였습니다. 각 문제에는 자세한 해설이 추가되어 핵심이론만으로는 아쉬운 내용을 보충 학습하고 출제경향의 변화를 확인할 수 있습니다.

2016년 제1회 과년도 기출문제

제1과목 연소공학

01 메탄 80[v%], 프로판 5[v%], 에탄 15[v%]인 혼합가스의 공기 중 폭발하한계는 약 얼마인가?
① 2.1[%] ② 3.3[%]
③ 4.3[%] ④ 5.1[%]

해설
$\frac{100}{LFL} = \sum \frac{V_i}{L_i}$:
$\frac{100}{LFL} = \frac{V_1}{L_1} + \frac{V_2}{L_2} + \frac{V_3}{L_3}$
$= \frac{80}{5} + \frac{5}{2.1} + \frac{15}{3} \approx 23.38$
$LFL = \frac{100}{23.38} \approx 4.3[\%]$이다.

03 다음 중 이론연소온도(화염온도, $t[℃]$)를 구하는 식은?(단, H_h : 고발열량, H_L : 저발열량, G : 연소가스량, C_p : 비열이다)
① $t = \frac{H_L}{GC_p}$ ② $t = \frac{H_h}{GC_p}$
③ $t = \frac{GC_p}{H_L}$ ④ $t = \frac{GC_p}{H_h}$

해설
이론연소온도 $t = \frac{H_L}{GC_p}$

02 1[Sm³]의 합성가스 중의 CO와 H₂의 몰비가 1:1일 때 연소에 필요한 이론공기량은 약 몇 [Sm³/Sm³]인가?
① 0.50 ② 1.00
③ 2.38 ④ 4.76

해설
일산화탄소의 연소방정식 : CO + 0.5O₂ → CO₂
수소의 연소방정식 : H₂ + 0.5O₂ → H₂O
CO와 H₂의 몰비가 1:1이므로,
필요한 이론산소량 = $\left(\frac{1}{2} \times 0.5\right) + \left(\frac{1}{2} \times 0.5\right) = 0.5[Sm^3]$이다.
따라서, 이론공기량 $A_0 = \frac{O_0}{0.21} = \frac{0.5}{0.21} \approx 2.38[Sm^3/Sm^3]$이다.

04 고온체

2025년 제1회 최근 기출복원문제

제1과목 연소공학

01 연소의 난이성에 대한 설명으로 옳지 않은 것은?
① 화학적 친화력이 큰 가연물이 연소가 잘된다.
② 연소성 가스가 많이 발생하면 연소가 잘된다.
③ 열전도율이 높은 물질은 연소가 잘된다.
④ 산화성 분위기가 잘 조성되면 연소가 잘된다.

해설
열전도율이 낮은 물질이 연소가 잘된다.

02 과열도(Superheat)에 대한 설명으로 옳지 않은 것은?
① 과열 증기온도와 포화 증기온도의 차를 말한다.
② 증기의 성질은 과열도가 증가할수록 이상기체에 근사한다.
③ 과열도가 과다하면 압축기의 성능 저하 및 손상을 유발할 수 있다.
④ 냉매시스템에서 냉매의 출구온도와 증발온도 사이의 온도 차이가 과열도에 해당한다.

해설
과열도가 부족하면 압축기로 들어가는 냉매에 액체 냉매가 섞여 압축기의 성능 저하 및 손상을 유발할 수 있다. 반면에 과열도가 과다하면 증발기 내 냉매량이 감소하여 증발기의 효율이 떨어지고 전력 소비가 증가할 수 있다.

03 불활성 기체(Inert Gas)에 대한 설명으로 옳지 않은 것은?
① 산소농도를 안전한 농도로 낮추기 위한 기체로 활용된다.
② 다른 물질과 반응하지 않아 산화나 부식 등을 방지한다.
③ 반응 제어, 폭발 방지 등 안전한 환경을 조성한다.
④ 수증기는 불활성 기체가 아니다.

해설
질소, 이산화탄소, 헬륨, 수증기 등은 불활성 기체에 해당한다.

04 다음 중 폭발의 원인과 관련이 가장 먼 화학반응은?
① 산화반응 ② 중화반응
③ 분해반응 ④ 중합반응

해설
중화반응은 산과 염기가 반응하여 물과 염이 생성되는 반응으로, 폭발의 원인과 관련이 멀다.

05 가스 폭발에 대한 설명으로 틀린 것은?
① 산소 중에서의 폭발하한계가 매우 낮아진다.
② 혼합가스의 폭발은 르샤틀리에 법칙에 따른다.
③ 압력이 상승하거나 온도가 높아지면 가스의 폭발범위는 일반적으로 넓어진다.
④ 가스의 화염전파속도가 음속보다 큰 경우에 일어나는 충격파를 폭굉이라고 한다.

해설
산소 중에서의 폭발상한계가 매우 높아진다.

정답 1 ③ 2 ③ 3 ④ 4 ② 5 ①

최근 기출복원문제

최근에 출제된 기출문제를 복원하여 가장 최신의 출제경향을 파악하고 새롭게 출제된 문제의 유형을 익혀 처음 보는 문제들도 모두 맞힐 수 있도록 하였습니다.

[가스산업기사] 필기
최신 기출문제 출제경향

2022년 2회
- 기체연료의 확산연소
- 유동층 연소의 장점
- 자연발화를 방지하는 방법
- 구조에 따른 압축기 형식
- 기화장치의 성능
- 밀폐식 보일러의 사고원인
- 도시가스 배관공사 시 주의사항
- 고압가스냉동제조의 기술기준
- 방사온도계의 특징
- 전기식 제어방식의 특징

2022년 4회
- 질소산화물(NO_x)의 감소 방안
- 품질이 좋은 고체연료의 조건
- 고온체의 색깔과 온도
- 축류펌프의 특징
- 중간 연결부의 간격
- 도시가스의 웨버지수
- 철근콘크리트제 방호벽의 설치 기준
- LPG 저장탱크 지하 설치 시 시설 기준
- 시퀀스제어의 특성
- 계량단위의 접두어

2023년 1회
- 가스의 성질
- 가스 폭발범위
- 원심펌프의 특징
- 용기재료의 구비조건
- 소형 저장탱크의 설치방법
- 도시가스 전기방식시설의 유지관리
- 용기의 종류별 부속품 기호
- 오르자트 가스분석기에서 가스에 따른 흡수제
- 기체크로마토그래피법의 원리
- 가스미터 선정 시 주의해야 할 사항

2023년 2회
- 혼합가스의 폭발하한값[%] 계산
- 연소 공기비가 표준보다 큰 경우 발생하는 현상
- 기체연료의 특성
- 역류방지밸브(체크밸브)의 종류
- 펌프에서 발생하는 현상
- 액화가스 저장탱크의 저장능력
- 차량에 고정된 탱크 운반 시의 소화설비
- 역화방지장치 설치 장소
- 비중과 부피를 이용한 기름의 무게 계산
- 가스누출검지기의 검지 부분의 재질

TENDENCY OF QUESTIONS

2024년 1회
- 화학반응속도 지배요인
- 산소와 탄산가스의 몰비
- 수소화분해법의 특징
- 본관에 대한 정의
- 가스크로마토그래피 구성 설비
- 암모니아의 제독제
- 초저온용기의 재질
- 이음매 없는 용기의 검사 간격
- 계량에 관한 법률의 목적
- 자동조정의 물리적 제어량

2024년 2회
- 화학평형반응식의 이동
- 탄화도가 클수록 발생하는 성질
- 혼합기체의 평균 분자량
- 무계목 가스용기의 탄소 함유량
- 비행선에서 수소 대신 사용되는 가스
- BC용 분말 소화제의 소화
- 가스배관을 설치할 수 없는 곳
- 액화석유가스의 특징
- 크로마토그램에서의 이론단수
- 실린더 내 가스 무게 비교

2025년 1회
- 연소의 난이성
- 이상기체의 성질
- 사이펀 퍼지(Siphon Purging)
- 고압가스 냉동제조시설의 자동제어장치
- 구조에 따른 압축기 형식
- 정압기 필터 분해 점검 주기
- 저장탱크의 맞대기 용접부 기계 시험방법
- 차량에 고정된 탱크 운반 시의 소화설비
- 용적식 유량계의 특징
- 가스누출검지경보장치의 기능

2025년 2회
- 연소속도 지배인자(영향을 미치는 요인)
- 안전승 방폭구조
- 연소의 3요소
- 고압 원통형 저장탱크의 지지방법
- 안전밸브 선정의 절차
- 이중관으로 하여야 하는 가스 대상
- 고압가스 충전용기의 운반기준
- 아세틸렌 용기의 다공도
- 가스미터의 분류
- 블록선도의 구성요소

이 책의 목차

빨리보는 간단한 키워드

PART 01 | 핵심이론

CHAPTER 01	연소공학	002
CHAPTER 02	가스설비	062
CHAPTER 03	가스안전관리	136
CHAPTER 04	가스계측	184

PART 02 | 과년도 + 최근 기출복원문제

2016년	과년도 기출문제	260
2017년	과년도 기출문제	314
2018년	과년도 기출문제	367
2019년	과년도 기출문제	421
2020년	과년도 기출문제	474
2021년	과년도 기출복원문제	511
2022년	과년도 기출복원문제	567
2023년	과년도 기출복원문제	624
2024년	과년도 기출복원문제	660
2025년	최근 기출복원문제	695

빨간키

빨리보는 간단한 키워드

CHAPTER 01 연소공학

▌ 경로함수와 상태함수
- 경로함수 또는 과정함수(Path Function) : 경로에 따라 달라지는 물리량/함수/변수(일, 열)
- 상태함수 또는 점함수(State Function or Point Function) : 경로와는 무관하게 처음과 나중의 상태만으로 정해지는 물리량/함수/변수(온도, 부피, 압력, 에너지, 엔트로피, 엔탈피)

▌ 상태량
- 종량성 성질 또는 시량특성(Extensive Property) : 질량에 비례하는 상태량(무게, 체적, 질량, 엔트로피, 엔탈피, 에너지 등)
- 강도성 성질 또는 시강특성(Intensive Property) : 물질의 양과는 무관한 상태량(온도, 압력, 비체적, 비질량, 밀도, 조성, 몰분율 등)

▌ 기체상수($\overline{R}$, R)
- $\overline{R}$: 이상기체상수 또는 일반기체상수로 모든 기체에 대해 동일한 값(일반기체상수는 모든 기체에 대해 항상 변함이 없다)

    $\overline{R}$ = 8.314[J/mol·K] = 8.314[kJ/kmol·K] = 8.314[N·m/mol·K]
    = 1.987[cal/mol·K] = 82.05[cc-atm/mol·K]
    = 0.082[m³·atm/kmol·K] = 0.082[L·atm/mol·K]
    = 848[kgf·m/kmol·K]

- R : 특정기체상수로 기체마다 상이하다(물질에 따라 값이 다르다).
    - 일반기체상수를 분자량으로 나눈 값이다.
    - 단위로 [kJ/kg·K], [J/kg·K], [J/g·K], [kgf·m/kg·K], [N·m/kg·K] 등을 사용한다.
    - 공기의 기체상수 = 8.314[kJ/kmol·K] × 1[kmol]/28.97[kg] ≒ 0.287[kJ/kg·K] = 287[J/kg·K]

▌ 비열비 : $k = C_p/C_v$
- 단원자 : $k = 1.67$(He 등)
- 2원자 : $k = 1.4$(O_2 등)
- 다원자 : $k = 1.33$(CH_4 등)

■ 열역학 제1법칙
- 열과 일의 관계를 설명한 에너지 보존의 법칙이다.
- 에너지의 한 형태인 열과 일은 본질적으로 서로 같고 열은 일로, 일은 열로 서로 전환이 가능하며 이때 열과 일 사이의 변환에는 일정한 비례관계가 성립한다.
- 가역법칙이며 양적법칙이다.
- 제1종 영구기관 부정의 법칙 : 에너지 공급 없이 영원히 일을 계속할 수 있는 가상의 기관은 존재하지 않는다.
- 내부에너지 : $\Delta U = \Delta Q - \Delta W = \Delta H - \Delta W = \Delta H - P\Delta V$
- 엔탈피(Enthalpy, H) : 일정한 압력과 온도에서 물질이 지닌 고유 에너지량(열 함량)
- 엔탈피(H)＝내부에너지(U)＋유동일(에너지)＝내부에너지(U)＋압력(P)×체적(V) ＝ $U + PV$

■ 열역학 제2법칙
- 엔트로피법칙, 비가역법칙이며 실제적 법칙이다.
- 자연현상을 판명해 주고, 열이동의 방향성을 제시해 주는 열역학 법칙이다.
- 비가역성을 설명하는 법칙 : 차가운 물체에 뜨거운 물체를 접촉시키면 뜨거운 물체에서 차가운 물체로 열이 전달되지만, 반대의 과정은 자발적으로 일어나지 않는다.
- 제2종 영구기관의 존재 가능성을 부인하는 법칙 : 효율이 100[%]인 열기관을 제작하는 것은 불가능하다.

■ 엔트로피(Entropy)
- 자연물질이 변형되어 다시 원래의 상태로 환원될 수 없게 되는 현상이다.
- 비가역공정에 의한 열에너지의 소산 : 에너지의 사용으로 결국 사용 가능한 에너지가 손실되는 결과이다.
- 다시 가용할 수 있는 상태로 환원시킬 수 없는, 무용의 상태로 전환된 질량(에너지)의 총량이다.
- 무질서도라고도 한다.
- $\Delta S = \dfrac{\Delta Q}{T}$
- 엔트로피는 상태함수이다.
- 엔트로피는 분자들의 무질서도의 척도가 된다.
- 고립계에서 엔트로피는 항상 증가하거나 일정하게 보존된다.
- 우주의 모든 현상은 총엔트로피가 증가하는 방향으로 진행된다.
- 비가역 단열 변화에서의 엔트로피 변화 : $dS > 0$
- 열의 이동 등 자연계에서의 엔트로피 변화 : $\Delta S_1 + \Delta S_2 > 0$
- 정압·정적 엔트로피 : $\Delta S_p = mC_p \ln\dfrac{T_2}{T_1}$, $\Delta S_v = mC_v \ln\dfrac{T_2}{T_1}$, $\dfrac{\Delta S_p}{\Delta S_v} = \dfrac{C_p}{C_v} = k$

■ **클라우지우스(Clausius)의 폐적분값** : $\oint \frac{\delta Q}{T} \leq 0$(항상 성립)

- 가역 사이클 : $\oint \frac{\delta Q}{T} = 0$
- 비가역 사이클 : $\oint \frac{\delta Q}{T} < 0$

■ **열역학 제3법칙**
- 엔트로피 절댓값의 정의(절대영도 불가능의 법칙)이다.
- 어떤 계의 온도를 절대온도 0[K]까지 내릴 수 없다.
- 순수한(Perfect) 결정의 엔트로피는 절대영도에서 0이 된다.
- 제3종 영구기관 부정의 법칙 : 절대온도 0[K]에 도달할 수 있는 기관, 일을 하지 않으면서 운동을 계속하는 기관은 존재하지 않는다.

■ **열역학 제0법칙**
- 열평형에 관한 법칙이다.
- 물체 A와 B가 각각 물체 C와 열평형을 이루었다면 A와 B도 서로 열평형을 이룬다는 열역학법칙이다.

■ **보일(Boyle)의 법칙**
- 온도가 일정할 때 기체의 부피는 압력에 반비례하여 변한다.
- $P_1 V_1 = P_2 V_2 = C$(일정)
- 기체분자의 크기가 0이고 서로 영향을 미치지 않는 이상기체의 경우, 온도가 일정할 때 가스의 압력과 부피는 서로 반비례한다.

■ **샤를(Charles)의 법칙 또는 게이뤼삭(Gay Lussac)의 법칙**
- 압력이 일정할 때 기체의 부피는 온도에 비례하여 변한다.
- $\frac{V_1}{T_1} = \frac{V_2}{T_2} = C$(일정)

■ **보일-샤를의 법칙**
- 일정량의 기체가 차지하는 부피는 압력에 반비례하고 절대온도에 비례한다.
- $\frac{P_1 V_1}{T_1} = \frac{P_2 V_2}{T_2} = C$(일정)

아보가드로(Avogadro)의 법칙
- 온도와 압력이 일정할 때 모든 기체는 같은 부피 속에 같은 수의 분자가 들어 있다.
- 모든 기체 1[mol]이 차지하는 부피는 표준 상태에서 22.4[L]이며, 그 속에는 6.02×10^{23}개의 분자가 들어 있다.

헤스(Hess)의 법칙 : 임의의 화학반응에서 발생(또는 흡수)하는 열은 변화 전과 후의 상태에 의해서 정해지며 그 경로는 무관하다.
- 발열량(반응물의 생성열)+반응물의 반응열(연소열)=생성물의 생성열
- 발열량(반응물의 생성열)=생성물의 생성열−반응물의 반응열(연소열)
- 반응물의 반응열(연소열)=생성물의 생성열−발열량(반응물의 생성열)

평형 반응식의 이동
- 반응식은 온도를 낮추면 온도가 올라가는 방향인 발열반응쪽으로 이동한다.
- 반응식은 온도를 높이면 온도가 내려가는 방향인 흡열반응쪽으로 이동한다.

이상기체의 특징
- 고온·저압일수록 이상기체에 가까워진다.
- 기체분자 간의 인력이나 반발력이 없는 것으로 간주한다(분자 상호 간의 인력이나 척력을 무시한다).
- 분자의 충돌로 총운동에너지가 감소되지 않는 완전탄성체이다.
- 비열비는 온도와 무관하며 일정하다.
- 분자 자신이 차지하는 부피를 무시한다.
- 0[K]에서 부피는 0이어야 하며, 평균 운동에너지는 절대온도에 비례한다.
- 가역과정, 비가역과정 모두에 대하여 성립한다.
- 가역과정의 경로에 따라 적분할 수 있으나, 비가역과정의 경로에 대하여는 적분할 수 없다.
- 이상기체의 정압비열과 정적비열의 관계 : $C_p > C_v$, $C_p - C_v = R$, $C_p/C_v = k$

이상기체의 상태방정식
- $PV = n\overline{R}T$

  (여기서, P : 압력([Pa] 또는 [atm]), V : 부피([m³] 또는 [L]), n : 몰수[mol], $\overline{R}$: 일반기체상수, T : 온도[K])
- 1[mol]의 경우 $n = 1$이므로, $PV = \overline{R}T$

- $PV = G\overline{R}T$

  (여기서, P : 압력[kg/m²], V : 부피[m³], G : 몰수[mol], $\overline{R}$: 일반기체상수(848[kgf·m/kmol·K]), T : 온도[K])

- $PV = n\overline{R}T = mRT$

  (여기서, m : 질량(=분자량×몰수), R : 특정기체상수, $R = \dfrac{\overline{R}}{M}$ (M : 기체의 분자량), T : 온도[K])

■ **돌턴(Dalton)의 법칙** : 혼합기체의 전압은 각 성분기체들의 분압의 합과 같다.

- 혼합기체의 기체상수 : $R = \sum\limits_{i=1}^{n} \dfrac{G_i}{G} R_i = \sum\limits_{i=1}^{n} \dfrac{m_i}{m} R_i$

- 분압 = 전압 × 성분 부피비 = 전압 × $\dfrac{\text{성분 몰수}}{\text{전체 몰수}}$

- 혼합기체의 평균 분자량 : Σ(성분 분자량 × 성분 부피비)

■ **카르노 사이클**

- 실제로 존재하지 않는 이상 사이클
- 2개의 등온 변화(과정)와 2개의 단열 변화(과정 = 등엔트로피 변화)로 구성된 가역 사이클
- 카르노 사이클 구성과정 : 등온팽창 → 단열팽창 → 등온압축 → 단열압축
- 열기관 사이클 중에서 열효율이 최대인 사이클
- 카르노 사이클의 열효율

  $\eta_c = \dfrac{W_{net}}{Q_1} = 1 - \dfrac{Q_2}{Q_1} = 1 - \dfrac{T_2}{T_1} = \dfrac{T_1 - T_2}{T_1}$

  (여기서, Q_1 : 고열원의 열량, Q_2 : 저열원의 열량, T_1 : 고열원의 온도, T_2 : 저열원의 온도)

■ **오토 사이클**

- 적용 : 가솔린 기관의 기본 사이클
- 구성 : 2개의 등적과정과 2개의 등엔트로피 과정
- 과정 : 1-2 가역 단열(등엔트로피)압축, 2-3 가역 정적가열, 3-4 가역 단열(등엔트로피)팽창, 4-1 가역 정적방열
- 열효율

  $\eta_0 = \dfrac{\text{유효한 일}}{\text{공급열량}} = \dfrac{W}{Q_1} = \dfrac{\text{공급열량} - \text{방출열량}}{\text{공급열량}} = \dfrac{mC_V(T_3 - T_2) - mC_V(T_4 - T_1)}{mC_V(T_3 - T_2)} = 1 - \dfrac{T_4 - T_1}{T_3 - T_2}$

  $= 1 - \left(\dfrac{1}{\varepsilon}\right)^{k-1}$

  (여기서, ε : 압축비, k : 비열비)

- 열효율은 압축비만의 함수이다.
- 열효율은 공급열량과 방출열량에 의해 결정된다.
- 열효율은 작동유체의 비열비와 압축비에 의해서 결정된다.

■ **연소의 3요소** : 가연물(환원제), 산소공급원(산화제), 점화원(열원)

■ **자연발화의 원인(자연발화의 형태)**
- 분해열에 의한 발열 : 셀룰로이드, 나이트로셀룰로스
- 산화열에 의한 발열 : 석탄, 건성유, 불포화 유지
- 발효열에 의한 발열(미생물의 작용에 의한 발열) : 퇴비, 건초, 먼지
- 흡착열에 의한 발열 : 목탄, 활성탄 등
- 중합열에 의한 발열 : HCN, 산화에틸렌, 부타다이엔, 염화비닐 등

■ **자연발화 방지방법**
- 통풍구조를 양호하게 하여 공기 유통, 통풍을 잘 시킬 것
- 저장실과 저장실 주위의 온도를 낮출 것
- 습도가 높은 것, 습도 상승을 피할 것
- 열이 축적되지 않게 연료의 보관방법에 주의할 것

■ **연료의 구비조건**
- 고대 : 발열량, 산소와의 결합력, 발열반응, 연쇄반응, 무해성, 저장성, 운반효율, 안정성, 안전성, 용이성(연소, 연소 조절, 점화 및 소화, 취급, 구입)
- 저소 : 유해성, 유해가스 발생량, 가격
- 연료의 가연성분 원소 : 유황, 수소, 탄소(질소는 아니다)

■ **API(American Petroleum Institute)도**

$$API도 = \frac{141.5}{S} - 131.5$$

(여기서, S : 비중(60[°F]/60[°F]))

■ **정상연소와 비정상연소**
- 정상연소 : 공기가 충분히 공급되고 연소 시 기상조건이 양호할 때의 연소로, 열의 발생속도와 방산속도가 균형을 유지하는 상태의 연소
- 비정상연소 : 공기 공급이 불충분하고 연소 시 기상조건이 좋지 않을 때의 연소로, 열의 발생속도가 방산속도보다 빠르며 연소속도가 급격히 증가하여 폭발적으로 일어나는 연소

층류 (예혼합)연소와 난류 (예혼합)연소의 비교

구 분	층류 (예혼합)연소	난류 (예혼합)연소
연소속도	느리다.	빠르다.
화 염	원추상의 청색이며 얇다.	짧고 두껍다.
휘 도	낮다.	높다.
미연소분	미연소분 미존재	미연소분 존재

주요 연소방정식

- 수소 : $H_2 + 0.5O_2 \rightarrow H_2O$
- 탄소 : $C + O_2 \rightarrow CO_2$
- 황 : $S + O_2 \rightarrow SO_2$
- 일산화탄소 : $CO + 0.5O_2 \rightarrow CO_2$
- 메탄 : $CH_4 + 2O_2 \rightarrow CO_2 + 2H_2O$
- 아세틸렌 : $C_2H_2 + 2.5O_2 \rightarrow 2CO_2 + H_2O$
- 에탄 : $C_2H_6 + 3.5O_2 \rightarrow 2CO_2 + 3H_2O$
- 프로판 : $C_3H_8 + 5O_2 \rightarrow 3CO_2 + 4H_2O$
- 부탄 : $C_4H_{10} + 6.5O_2 \rightarrow 4CO_2 + 5H_2O$
- 옥탄 : $C_8H_{18} + 12.5O_2 \rightarrow 8CO_2 + 9H_2O$
- 등유 : $C_{10}H_{20} + 15O_2 \rightarrow 10CO_2 + 10H_2O$
- 탄화수소의 일반 반응식 : $C_mH_n + \left(m + \dfrac{n}{4}\right)O_2 \rightarrow mCO_2 + \dfrac{n}{2}H_2O$

공기비(m) 계산 공식

- $m = \dfrac{A}{A_0}$

  (여기서, A : 실제공기량, A_0 : 이론공기량)

- $m = \dfrac{CO_{2\max}}{CO_2}$

- $m = \dfrac{21}{21 - O_2[\%]}$

- $m = \dfrac{N_2}{N_2 - 3.76(O_2 - 0.5CO)}$

이론산소량

- 질량 계산[kg/kg] $O_0 =$ 가연물질의 몰수 × 산소의 몰수 × 32
- 체적 계산[Nm³/kg] $O_0 =$ 가연물질의 몰수 × 산소의 몰수 × 22.4

▌ 이론공기량

- 질량 계산식[kg/kg] $A_0 = \dfrac{O_0}{0.232}$

- 체적 계산식[Nm³/kg] $A_0 = \dfrac{O_0}{0.21}$

▌ 발열량의 분류

- 고위발열량(H_h) 또는 총발열량 : 연료의 연소과정에서 발생하는 수증기의 잠열을 포함한 발열량
- 저위발열량(H_L) 또는 순발열량 또는 진발열량 : 연료의 연소과정에서 발생하는 수증기의 잠열을 제외한 발열량
- 저위발열량 = 고위발열량 − 물의 증발열
- 저위발열량은 열로 이용할 수 없는 수증기 증발의 잠열을 뺀 값이므로, 실제로 사용되는 연료의 발열량을 나타낸다는 의미로 순발열량이라고 한다.
- H_h와 H_L의 차이는 연료의 수소와 수분성분 때문에 발생한다.
- 고위발열량과 저위발열량은 차이는 수소성분과 관련 있으므로 수소 함량이 적은 석탄의 경우는 H_h와 H_L의 차가 작고 수소 함량이 많은 천연가스는 그 차이가 크다.
- 표준 상태에서 물의 증발잠열은 540[kcal/kg]이며 표준 상태에서 고발열량(총발열량)과 저발열량(진발열량)과의 차이는 9,720[kcal/kg-mol]이다.
- H_2O의 발생이 없으면 고위발열량과 저위발열량이 같다(일산화탄소, 유황).
- 연료의 특성에 따라 H_h와 H_L 기준 적용 : 천연가스와 석탄화력발전은 H_h 기준, 디젤엔진과 보일러는 H_L 기준
- 석유환산톤(TOE)을 계산할 때는 H_h, 이산화탄소 배출량을 계산할 때는 H_L를 사용한다.

▌ 고체, 액체연료의 고위발열량

- [kcal/kg] $H_h = 8{,}100\mathrm{C} + 34{,}000(\mathrm{H} - \mathrm{O}/8) + 2{,}500\mathrm{S} = H_L + 600(9\mathrm{H} + w)$
- [MJ/kg] $H_h = 33.9\mathrm{C} + 144(\mathrm{H} - \mathrm{O}/8) + 10.5\mathrm{S} = H_L + 2.5(9\mathrm{H} + w)$

▌ 고체, 액체연료의 저위발열량 : 가솔린 > 등유 > 경유 > 중유

- [kcal/kg] $H_L = H_h - 600(9\mathrm{H} + w)$
- [MJ/kg] $H_L = H_h - 2.5(9\mathrm{H} + w)$

▌ 기체연료의 발열량

- 기체연료의 고위발열량 : [kcal/Nm³]

  $H_h = 3.05\mathrm{H}_2 + 3.035\mathrm{CO} + 9.530\mathrm{CH}_4 + 14.080\mathrm{C}_2\mathrm{H}_2 + 15.280\mathrm{C}_2\mathrm{H}_4 + \cdots$

- 기체연료의 저위발열량 : [kcal/Nm³]

  $H_L = H_h - 480(\mathrm{H}_2\mathrm{O}\ \text{몰수})$

화염의 종류
- 연소용 공기 공급방식에 의한 분류 : 확산화염, 예혼합화염
- 연료 분출 흐름 상태에 의한 분류 : 층류화염, 난류화염
- 화염의 빛에 의한 분류 : 휘염, 무휘염
- 화염 내의 반응에 의한 분류 : 환원화염(속불꽃), 산화화염(겉불꽃)

화염색에 따른 불꽃의 온도[℃]
암적색 700, 적색 850, 휘적색 950, 황적색 1,100, 백적색 1,300, 황백색 1,350, 백색 1,400, 휘백색 1,500 이상

화재의 분류
- A급 : 일반화재
- B급 : 유류화재
- C급 : 전기화재
- D급 : 금속화재
- K급 : 주방화재

연소범위
- 연소범위의 별칭 : 폭발범위, 폭발한계, 연소한계, 가연한계
- 연소상한계(UFL) : 연소 가능한 상한치
  - UFL 공식(르샤틀리에) : $\dfrac{100}{UFL} = \sum \dfrac{V_i}{L_i}$

    (여기서, V_i : 각 가스의 조성[%], L_i : 각 가스의 연소상한계[%])
- 연소하한계(LFL) : 연소 가능한 하한치
  - LFL 공식(르샤틀리에) : $\dfrac{100}{LFL} = \sum \dfrac{V_i}{L_i}$

    (여기서, V_i : 각 가스의 조성[%], L_i : 각 가스의 연소하한계[%])

대표적 가스들의 폭발범위[%], ( )는 폭발범위 폭
아세틸렌 2.5~82(79.5, 가장 넓음), 산화에틸렌 3~80(77), 수소 4.1~75(70.9), 일산화탄소(CO) 12.5~75(62.5), 에틸에테르 1.7~48(46.3), 이황화탄소 1.2~44(42.8), 황화수소 4.3~46(41.7), 사이안화수소(HCN) 6~41(35), 에틸렌 3.0~33.5(30.5), 메틸알코올 7~37(30), 에틸알코올 3.5~20(16.5), 아크릴로나이트릴 3~17(14), 암모니아(NH_3) 15~28(13), 아세톤 2~13(11), 메탄(CH_4) 5~15(10), 에탄(C_2H_6) 3~12.5(9.5), 프로판 2.1~9.5(7.4), 부탄 1.8~8.4(6.6), 휘발유 1.4~7.6(6.2), 벤젠 1.4~7.4(6)

■ 안전간격(MESG ; Maximum Experimental Safe Gap) : 최대 안전틈새
- 규정한 조건에 따라 시험을 10회 실시했을 때 화염이 전파되지 않고, 접합면의 길이가 25[mm]인 접합의 최대 틈새
- 폭발성 분위기 내에 방치된 표준 용기의 접합면 틈새를 통하여 폭발화염이 내부에서 외부로 전파되는 것을 방지할 수 있는 틈새의 최대 간격치(화염일주한계)
- 화염일주가 일어나지 않는 틈새의 최대치
- 별칭 : 안전틈새, 최대 안전틈새, 최대 실험 안전틈새, 화염일주한계

■ 안전간격의 등급
- 1등급 : 0.6[mm] 초과
- 2등급 : 0.4[mm] 초과 0.6[mm] 이하
- 3등급 : 0.4[mm] 이하

■ 가연성 가스의 위험
- 위험도(H) : 폭발상한과 하한의 차를 폭발하한계로 나눈 값으로 계산한다.

$$H = \frac{U-L}{L}$$

(여기서, U : 폭발상한, L : 폭발하한)
- 고대다 시 위험요인 : 폭발상한과 폭발하한의 차이(폭발범위), 연소속도, 가스압력, 증기압
- 저소단 시 위험요인 : 안전간격, 인화온도(인화점), 최소 점화에너지, 비등점, 화염일주한계

■ 폭굉(Detonation)
- 연소파의 화염 전파속도가 음속을 돌파할 때 그 선단에 충격파가 발달하게 되는 현상이다.
- 가스의 화염(연소) 전파속도가 음속보다 큰 것으로 파면선단의 압력파에 의해 파괴작용을 일으키는 현상이다.
- 배관 내 혼합가스의 한 점에서 착화되었을 때 연소파가 일정거리를 진행한 후 급격히 화염 전파속도가 증가되어 1,000~3,500[m/sec]에 도달하는 현상이다.
- 물질 내에서 충격파가 발생하여 반응을 일으키고 그 반응을 유지하는 현상이다.
- 충격파에 의해 유지되는 화학반응현상으로, 전파에 필요한 에너지는 충격파 에너지이다.
- 발열반응이다.
- 주로 밀폐된 공간에서 발생된다.
- 짧은 시간에 에너지가 방출된다.
- 폭발 시 압력은 초기 압력의 약 15배 이상이다.
- 파면의 압력은 정상연소에서 발생하는 것보다 일반적으로 약 2배 크다.
- 폭속은 정상 연소속도의 몇 백배이다.
- 폭굉범위는 폭발(연소)범위보다 좁다.
- 폭굉의 상한계값은 폭발(연소)의 상한계값보다 작다.
- 확산이나 열전도의 영향을 거의 받지 않는다.

■ 폭굉유도거리(DID)
- 최초의 느린 연소가 폭굉으로 발전할 때까지의 거리이다.
- DID가 짧아지는 요인 : 압력이 높을 때, 점화원의 에너지가 클 때, 관 속에 장애물이 있을 때, 관지름이 작을 때, 정상 연소속도가 빠른 혼합가스일수록

■ 폭발성 물질의 분류
- 분해폭발성 물질 : 아세틸렌, 하이드라진, 산화에틸렌, 5류 위험물(자기반응성 물질)
- 중합폭발성 물질 : 사이안화수소, 산화에틸렌, 부타다이엔, 염화비닐
- 화합폭발성 물질 : 아세틸렌, 아세트알데하이드, 산화프로필렌

■ 폭발의 분류
- 폭발원인에 따른 분류 : 물리적 폭발, 화학적 폭발
- 원인물질의 물리적 상태에 따른 분류 : 기상폭발, 응상폭발(액상 및 고상의 폭발)
- 대량 유출 가연성 가스의 폭발 : 증기운 폭발(UVCE), 비등액체팽창증기폭발(BLEVE)

■ 분진폭발의 특징
- 입자의 크기가 작을수록 위험성은 더 크다.
- 분진의 농도가 높을수록 위험성은 더 크다.
- 수분 함량의 증가는 폭발 위험을 감소시킨다.
- 가연성 분진의 난류 확산은 일반적으로 분진 위험을 증가시킨다.
- 분진은 공기 중에 부유하는 경우 가연성이 된다.
- 분진은 구조물 위에 퇴적하는 경우 가연성이다.
- 분진이 발화, 폭발하기 위해서는 점화원이 필요하다.
- 분진폭발은 입자 표면에 열에너지가 주어져 표면온도가 상승한다.
- 분진폭발은 1차 폭발과 2차 폭발로 구분되어 발생한다.

■ 증기운 폭발(UVCE ; Unconfined Vapor Cloud Explosion)
대기 중에 대량의 가연성 가스나 인화성 액체가 유출되어 발생 증기가 대기 중의 공기와 혼합하여 폭발성인 증기운을 형성하고 착화·폭발하는 현상이다.

■ 증기운 폭발의 특징
- 증기운의 크기가 커지면 점화 확률도 커진다.
- 증기운의 재해는 폭발보다 화재가 보통이다.
- 폭발효율은 BLEVE보다 작다.

- 증기와 공기와의 난류 혼합은 폭발의 충격을 증가시킨다.
- 점화 위치가 방출점에서 멀수록 폭발효율이 증가하므로 폭발 위력이 커진다.
- 연소에너지의 약 20[%]만 폭풍파로 변한다.

■ 비등액체팽창증기폭발(BLEVE ; Boiling Liquid Expanding Vapor Explosion)
- 과열 상태의 탱크에서 내부의 액화가스가 분출, 일시에 기화되어 착화·폭발하는 현상
- 액체가 급격한 상변화를 하여 증기가 된 후 폭발하는 현상
- 액화가스탱크의 폭발
- 액체가 비등하여 증기가 팽창하면서 폭발을 일으키는 현상
- BLEVE 현상 발생조건 : 비점 이상에서 저장되어 있는 휘발성이 강한 액체가 누출되었을 때
- BLEVE에 영향을 주는 인자 : 저장된 물질의 종류와 형태, 저장용기의 재질, 내용물의 물질적 역학 상태, 주위 온도와 압력 상태, 내용물의 인화성 및 독성 여부 등

■ 소화의 종류
- 제거소화
  - 가스화재 시 밸브의 콕을 잠가 연료 공급을 중단시키는 소화방법
  - LPG 저장탱크의 배관이 파손되어 가스로 인한 화재가 발생하였을 때 안전관리자가 긴급차단장치를 조작하여 LPG 저장탱크로부터의 LPG 공급을 중단하여 소화하는 방법
- 질식소화 : 산소(공기)를 차단하여 연소에 필요한 산소농도 이하가 되게 하여 소화하는 방법
- 냉각소화 : 화염온도를 낮추어 소화시키는 방법으로, 물 등 액체의 증발잠열을 이용하여 가연물을 인화점 및 발화점 이하로 낮추어 소화하는 방법
- 억제소화 : 가연물의 산화연소되는 화학반응이 일어나지 않도록 억제시키는 소화방법

■ 차량에 고정된 탱크 운반 시의 소화설비

가스 종류	소화기 능력단위	소화약제	비치 개수
가연성 가스	BC용, B-10 이상 또는 ABC용, B-12 이상	분말소화제	차량 좌우에 각각 1개 이상 (총 2개 이상)
산 소	BC용, B-8 이상 또는 ABC용, B-10 이상		

※ 가연성 가스 또는 산소 운반 차량에 휴대하여야 하는 소화기 : 분말소화기

■ 충전된 용기 차량 적재 운반 시 비치하여야 할 소화설비

운반가스량	소화기 능력단위	소화약제	비치 개수
압축가스 15[m³] 또는 액화가스 150[kg] 이하	B-3 이상	분말소화제	1개 이상
압축가스 15[m³] 초과 100[m³] 미만 또는 액화가스 150[kg] 초과 1,000[kg] 미만	BBC용, B-10 이상 또는 ABC용, B-12 이상		1개 이상
압축가스 100[m³] 또는 액화가스 1,000[kg] 이상	BC용, B-10 이상 또는 ABC용, B-12 이상		2개 이상

▌위험 장소의 분류

[제0종 장소]
- 인화성 물질이나 가연성 가스가 폭발성 분위기를 생성할 우려가 있는 장소 중 가장 위험한 장소 등급
- 폭발성 가스의 농도가 연속적이거나 장시간 지속적으로 폭발한계 이상이 되는 장소 또는 지속적인 위험 상태가 생성되거나 생성될 우려가 있는 장소
- 상용의 상태에서 가연성 가스의 농도가 연속해서 폭발하한계 이상으로 되는 장소
- 제0종 장소의 예
  - 설비의 내부(용기 내부, 장치 및 배관의 내부 등)
  - 인화성 또는 가연성 액체가 존재하는 피트(Pit) 등의 내부
  - 인화성 또는 가연성의 가스나 증기가 지속적 또는 장기간 체류하는 곳

[제1종 장소]
- 상용의 상태에서 가연성 가스가 체류해 위험하게 될 우려가 있는 장소
- 제1종 장소의 예
  - 통상의 상태에서 위험 분위기가 쉽게 생성되는 곳
  - 운전·유지 보수 또는 누설에 의하여 위험 분위기가 자주 생성되는 곳
  - 설비 일부의 고장 시 가연성 물질의 방출과 전기계통의 고장이 동시에 발생되기 쉬운 곳
  - 환기가 불충분한 장소에 설치된 배관계통으로 쉽게 누설될 우려가 있는 곳
  - 주변 지역보다 낮아 가스나 증기가 체류할 수 있는 곳
  - 상용의 상태에서 위험 분위기가 주기적 또는 간헐적으로 존재하는 곳

[제2종 장소]
- 이상 상태하에서 위험 분위기가 단시간 동안 존재할 수 있는 장소(이 경우 이상 상태는 상용의 상태, 즉 통상적인 유지 보수 및 관리 상태 등에서 벗어난 상태를 지칭하는 것으로 일부 기기의 고장, 기능 상실, 오작동 등의 상태)
- 가연성 가스가 밀폐된 용기 또는 설비의 사고로 인해 파손되거나 오조작의 경우에만 누출할 위험이 있는 장소
- 환기장치에 이상이나 사고가 발생한 경우에 가연성 가스가 체류하여 위험하게 될 우려가 있는 장소
- 제2종 장소의 예
  - 환기가 불충분한 장소에 설치된 배관계통으로 쉽게 누설되지 않는 구조의 장소
  - 개스킷(Gasket), 패킹(Packing) 등의 고장과 같이 이상 상태에서만 누출될 수 있는 공정설비 또는 배관이 환기가 충분한 곳에 설치될 경우
  - 제1종 장소와 직접 접하며 개방되어 있는 곳 또는 제1종 장소와 덕트, 트랜치, 파이프 등으로 연결되어 이들을 통해 가스나 증기의 유입이 가능한 장소
  - 강제환기방식이 채용되는 곳 : 환기설비의 고장이나 이상 시에 위험 분위기가 생성될 수 있는 장소

■ 방폭구조
- 내압 방폭구조
  - 용기 내부에서 가연성 가스의 폭발이 발생할 경우, 그 용기가 폭발압력에 견디고 접합면, 개구부 등을 통하여 외부의 가연성 가스에 인화되지 않도록 한 구조
  - 전 폐쇄구조인 용기 내부에서 폭발성 (혼합)가스의 폭발이 일어날 경우, 용기가 폭발압력에 견디고 외부의 폭발성 분위기에 불꽃이 전파되는 것을 방지하도록 하여 외부의 폭발성 가스에 의해 인화될 우려가 없도록 한 방폭구조
  - 내압 방폭구조로 방폭 전기기기를 설계할 때 가장 중요하게 고려해야 할 사항 : 가연성 가스의 안전간격 또는 가연성 가스의 최대 안전틈새
  - 전기기기의 내압 방폭구조의 선택요인 : 가연성 가스의 최대 안전틈새, 발화온도
  - 가연성 가스의 폭발 등급 및 이에 대응하는 내압 방폭구조 폭발 등급의 분류 기준 : 최대 안전틈새 범위
  - 슬립링, 정류자 등은 내압 방폭구조로 하여야 한다.
  - 내압 방폭구조는 내부폭발에 의한 내용물 손상으로, 영향을 미치는 기기에는 부적당하다.
  - 내압 방폭구조의 기호 : d
- 압력 방폭구조
  - 점화원이 될 우려가 있는 부분을 용기 안에 넣고 불활성 가스를 용기 안에 채워 넣어 폭발성 가스가 침입하는 것을 방지한 방폭구조
  - 용기 내부에 공기 또는 불활성 가스 등의 보호가스를 압입하여 용기 내의 압력이 유지됨으로써 외부로부터 폭발성 가스 또는 증기가 침입하지 못하도록 한 방폭구조
  - 압력 방폭구조의 기호 : p
- 유입 방폭구조
  - 기름면 위에 존재하는 가연성 가스에 인화될 우려가 없도록 한 구조
  - 전기기기의 불꽃 또는 아크 발생 부분을 기름 속에 넣어 유면상에 존재하는 폭발성 가스에 인화될 우려가 없도록 한 구조
  - 기호 : o
- 안전증 방폭구조
  - 정상 운전 중에 가연성 가스의 점화원이 될 전기불꽃, 아크 등의 발생을 방지하기 위하여 기계적·전기적 구조상 또는 온도 상승에 대해서 안전도를 증가시킨 방폭구조
  - 구조상 및 온도의 상승에 대하여 특별히 안전도를 증가시킨 구조
  - 안전증 방폭구조의 기호 : e
- 본질안전 방폭구조
  - 공적 기관에서 점화시험 등의 방법으로 확인한 구조

- 방폭지역에서 전기(전기기기와 권선 등)에 의한 스파크, 접점단락 등에서 발생되는 전기적 에너지를 제한하여 전기적 점화원 발생을 억제하고, 만약 점화원이 발생하더라도 위험물질을 점화할 수 없다는 것이 시험을 통하여 확인될 수 있는 구조
- 본질안전 방폭구조의 기호 : ia 또는 ib

• 충전 방폭구조
- 위험 분위기가 전기기기에 접촉되는 것을 방지할 목적으로 모래, 분체 등의 고체 충진물로 채워서 위험원과 차단, 밀폐시키는 구조
- 충진물은 불활성 물질이 사용되어야 한다.
- 충전 방폭구조의 기호 : q

• 비점화 방폭구조
- 정상동작 상태에서 주변의 폭발성 가스 또는 증기에 점화시키지 않고 점화시킬 수 있는 고장이 유발되지 않도록 한 방폭구조
- 정상 운전 중인 고전압 등까지도 적용 가능하며, 특히 계장설비에 에너지 발생을 제한한 본질안전 방폭구조의 대용으로 적용 가능하다.
- 비점화 방폭구조의 기호 : n

• 몰드(캡슐) 방폭구조
- 보호기기를 고체로 차단시켜 열적안정을 유지하게 하는 방폭구조
- 유지보수가 필요 없는 기기를 영구적으로 보호하는 방법에 효과가 매우 크다.
- 일반적으로 캡슐 방폭구조는 용기와 분리하여 사용하는 전자회로판 등에 사용하는데, 충격·진동 등 기계적 보호효과도 매우 크다.
- 몰드(캡슐) 방폭구조의 기호 : m

• 특수 방폭구조
- 폭발성 가스 또는 증기에 점화 또는 위험 분위기로 인화를 방지할 수 있는 것이 시험, 기타에 의하여 확인된 구조
- 특수 사용조건 변경 시에는 보호방식에 대한 완벽한 보장이 불가능하므로, 제0종 장소나 제1종 장소에서는 사용할 수 없다.
- 용기 내부에 모래 등의 입자를 채우는 충전 방폭구조 또는 협극 방폭구조 등이 있다.
- 특수 방폭구조의 기호 : s

• 설치 장소의 위험도에 대한 방폭구조의 선정
- 제0종 장소에서는 원칙적으로 본질 방폭구조를 사용한다.
- 제2종 장소에서는 사용하는 전선관용 부속품은 KS에서 정하는 일반부품으로서 나사접속의 것을 사용할 수 있다.
- 두 종류 이상의 가스가 같은 위험 장소에 존재하는 경우에는 그중 위험 등급이 높은 것을 기준으로 하여 방폭 전기기기의 등급을 선정하여야 한다.
- 유입 방폭구조는 제1종 장소에서는 사용을 피하는 것이 좋다.

▌ 정전기 방지대책

- 정전기 발생이 우려되는 장소에 접지시설을 한다.
- 전기저항이 큰 물질은 대전이 용이하므로 전도체 물질을 사용한다.
- 제전기를 사용하여 대전된 물체를 전기적으로 중성 상태로 한다.
- 정전기는 습도가 낮거나 압력이 높을 때 많이 발생하므로 상대습도를 70[%] 이상으로 유지한다.
- 인체에서 발생하는 정전기를 방지하기 위하여 방전복 등을 착용하여 정전기 발생을 제거한다.
- 실내 공기를 이온화하여 정전기 발생을 예방한다.
- 전하 생성 방지방법(접속과 접지, 도전성 재료 사용, 침액(Dip) 파이프 설치 등)을 적용한다.
- 동절기에 습도가 50[%] 이하인 경우, 수소용기 밸브의 개폐를 서서히 해야 한다.

▌ 집진장치

- 습식 집진장치 : 유수식, 가압수식(벤투리 스크러버, 사이클론 스크러버, 제트 스크러버, 충전탑), 회전식 등
- 건식 집진장치 : 중력식, 관성력식(충돌식, 반전식), 원심식(사이클론, 멀티클론), 백필터(여과식), 진동무화식 등

CHAPTER 02 가스설비

■ **냉간가공과 열간가공의 비교**

냉간가공	열간가공
• 재결정온도 이하에서 가공한다. • 열간가공에 비해 가공에 필요한 동력이 크다. • 소재의 변형저항이 커서 소성가공이 용이하지 않다. • 가공면이 깨끗하고 정확한 치수가공이 가능하므로 열간가공에 비해 정밀한 허용 치수오차를 갖는다. • 가공경화가 발생하여 가공품의 강도가 증가한다. • 열간가공된 같은 제품에 비해 균일성이 좋다.	• 재결정온도 이상에서 가공한다. • 냉간가공에 비해 가공에 필요한 동력이 작다. • 소재의 변형저항이 작아 소성가공이 용이하다. • 표면 산화물의 발생이 많고 가공 표면이 거칠다. • 냉간가공된 같은 제품에 비해 균일성이 작다. • 피니싱 온도 : 열간가공이 끝나는 온도

■ **열처리** : 강을 열처리하는 주된 목적은 기계적 성질을 향상시키기 위함이다.
- 담금질(Quenching) : 경도를 올리기 위한 열처리방법
- 뜨임(Tempering) : 철을 담금질하면 경도는 커지지만 탄성이 약해지기 쉬우므로 이를 적당한 온도로 재가열했다가 공기 중에서 서랭시키는 열처리방법
- 풀림(Annealing) : 금속의 내부응력을 제거하고 가공경화된 재료를 연화시켜 결정조직을 결정하고, 상온가공을 용이하게 할 목적으로 하는 열처리방법
- 불림(Normalizing) : 불균일한 조직을 균일한 표준화된 조직으로 하기 위한 방법
- 심랭처리(Sub-zero Treatment) : (잔류) 오스테나이트 조직을 마텐자이트 조직으로 바꿀 목적으로 0[℃] 이하로 처리하는 방법
- 고압가스 용기 및 장치가공 후 열처리를 실시하는 가장 큰 이유 : 가공 중 나타난 잔류응력을 제거하기 위하여

■ **구상흑연 주철(노듈러 주철, 덕타일 주철)**

마그네슘(Mg), 세륨(Ce), 칼슘(Ca) 등을 첨가하여 흑연을 구상화한 것으로 불스아이(Bull's Eye) 조직이 얻어진다. 크랭크축, 캠축, 브레이크, 드럼 등의 재료로 사용된다. 한편, 흑연 구상화 처리 후 용탕 상태로 방치하면 구상화 효과가 소멸하는데 이 현상을 페이딩(Fading)이라고 한다. 보통 주철과 마찬가지로 구상흑연 주철에 영향을 미치는 주요 원소에는 C, Si, Mn, S, P 등이 있다.

고압장치의 재료로 구리관의 성질과 특징
- 알칼리에는 내식성이 강하지만 산성에는 약하다.
- 내면이 매끈하여 유체저항이 작다.
- 굴곡성이 좋아 가공이 용이하다.
- 전도성이 우수하다.

안전율 : 기준강도와 허용응력의 비
- 안전율$(S) = \dfrac{기준강도}{허용응력} = \dfrac{\sigma_f}{\sigma_a}(S > 1)$
- 상온에서 연성재료가 정하중을 받는 경우는 항복응력을, 상온에서 취성재료가 정하중을 받는 경우는 극한강도를, 고온에서 정하중을 받는 경우는 크리프 한도를, 반복하중을 받는 경우는 피로한도를 기준강도로 삼는다.

부식 관련 사항
- 혐기성 세균이 번식하는 토양 중의 부식속도는 매우 빠르다.
- 전식 부식은 주로 전철에 기인하는 미주전류에 의한 부식이다.
- 콘크리트와 흙이 접촉된 배관은 토양 중에서 부식을 일으킨다.
- 배관이 점토나 모래에 매설된 경우 모래보다 점토 중의 관이 더 부식되는 경향이 있다.

부식의 종류
- 균일 부식 또는 일반 부식 : 금속 표면 전체가 전기화학 또는 화학적 반응에 의해서 균일하게 침식하는 부식
- 갈바닉 부식 : 두 개의 다른 금속이 접촉되어 전해질 용액 내에 존재할 때 다른 재질의 금속 간 전위차에 의해 용액 내에서 전류가 흐르는데, 이에 의해 양극부가 부식이 되는 현상(서로 다른 두 금속이 부식액이나 전해질 용액에 노출되었을 때 각 금속의 전위차에 의해서 발생하는 부식)
- 틈새 부식 : 일반적으로 두 금속이 접촉하고 있는 좁은 틈새에 수용액이 고여 있는 상태에서 일어나는 부식
- 점 부식(Pitting) 또는 공식 또는 국부 부식 : 부식이 금속 표면의 국부에만 집중하고, 그 부위에서 부식속도가 매우 빠르게 진행되어 금속 내부로 깊이 뚫고 들어가는 국부적인 부식
- 입계 부식 : 특수한 조건하에서 결정입자 또는 그 부근에서 발생하는 국부적인 부식(일반적인 환경에서는 금속의 결정립계와 결정입자 사이에는 전위차가 매우 작아 입계 부식이 잘 유발되지는 않음)
- 응력 부식 : 금속재료의 표면에 주위의 부식환경과 인장장력이 복합적으로 작용하여 금속의 기계적 강도에 치명적인 영향을 미쳐 갑작스럽게 파괴를 유발하는 현상
- 침식 부식 또는 마모 부식 : 부식 용액과 금속 표면 사이의 상대적인 운동으로 인하여 금속의 부식속도가 더욱 촉진되어 파괴되는 현상
- 공동 부식 : 금속 표면 가까이의 액체에서 증기포가 생성, 파괴에 의해서 일어나는 손상에 의한 부식(캐비테이션 부식)

- 프레팅(Fretting) 부식 : 부식환경에서 두 금속이 진동이나 미끄럼 운동을 하는 부분의 금속 접촉면 사이에서 발생하는 부식(Friction Oxidation, Wear Oxidation)
- 마크로 셀 부식 : 토양과 접촉하여 가스관 표면의 상태, 조성, 환경 등의 작은 차이에 따른 미시적인 양극과 음극의 국부 전지 부식

■ 전기방식법
- 희생양극법 또는 유전양극법 : 지중 또는 수중에 설치된 양극 금속과 매설배관을 전선으로 연결하여 양극 금속과 매설배관 사이의 전지작용으로 부식을 방지하는 방법
- 외부전원법 : 외부 직류전원장치의 양극(+)은 매설배관이 설치되어 있는 토양이나 수중에 설치한 외부전원용 전극에 접속하고, 음극(-)은 매설배관에 접속시켜 부식을 방지하는 방법
- 배류법 : 매설배관의 전위가 주위의 타 금속구조물의 전위보다 높은 장소에서 매설배관과 주위의 타 금속구조물을 전기적으로 접속시켜 매설배관에 유입된 누출 전류를 전기회로적으로 복귀시키는 방법

■ 용접 토치(Torch)
- 불변압식 토치는 니들밸브가 없는 것으로 독일식이라고 한다.
- 가변압식 토치를 프랑스식이라고 한다.
- 팁의 크기는 용접할 수 있는 판 두께에 따라 선정한다.
- 아세틸렌 토치의 사용압력은 0.007~0.1[MPa] 이하에서 사용한다.

■ 비파괴검사 : 제품을 파괴하지 않고 내부 기공, 내부 균열, 용접부 내부 결함 등을 외부에서 검사하는 방법
- 타진법 : 두드려서 소리의 청탁으로 결함검사
- 방사선투과시험(RT) : 용접부 내부 결함검사에 가장 적합하며 검사결과의 기록이 가능한 검사방법
- 초음파탐상법(UT) : 초음파를 이용하여 재료 내·외부의 결함을 검사하는 방법
- 자분탐상시험(MT) : 주로 표면 결함을 시험하는 방법으로, 재료를 자화시켜 결함을 검출하며 상자성(자석에 붙는 성질)체만 시험 가능한 검사방법
- 침투탐상법(PT) : 형광침투제 등으로 결함을 조사(암실에서 형광물질 이용)하는 검사방법
- 와전류탐상시험(ET) : 전자유도 원형전류인 와전류를 이용한 비접촉 표면탐상검사방법

■ 내압시험압력
- 아세틸렌용 용접용기 제조 시 : 최고 압력수치(최고 충전압력)의 3배
- (아세틸렌가스가 아닌 압축가스를 충전할 때) 압축가스용기, 압축가스를 저장하는 납붙임용기 : 최고 충전압력의 $\frac{5}{3}$배
- 고압가스특정제조시설 내의 특정가스사용시설 : 상용압력의 1.5배 이상의 압력으로 5~20분 유지

■ 항구 증가율 또는 영구 증가율

- 영구(항구) 증가율 = $\dfrac{\text{영구(항구) 증가량}}{\text{전 증가량}} \times 100[\%]$
- 용기의 내압시험 시 항구 증가율이 10[%] 이하인 용기를 합격한 것으로 한다.

■ 아세틸렌 용기의 다공도

- 다공질물을 용기에 충전한 상태로 20[℃]에서 아세톤 또는 물의 흡수량으로 측정
- $\dfrac{V-E}{V} \times 100[\%]$

  (여기서, V : 다공물질의 용적, E : 침윤 잔용적)
- 다공도의 합격범위 : 75[%] 이상 92[%] 미만
- 아세틸렌 용기의 다공성 물질 검사방법 : 진동시험, 부분 가열시험, 역화시험, 주위 가열시험, 충격시험 등

■ 압력측정기의 종류별 기밀시험방법

종 류	최고 사용압력	용 적	기밀유지시간
수은주게이지	0.3[MPa] 미만	1[m³] 미만	2분
		1[m³] 이상 10[m³] 미만	10분
		10[m³] 이상 300[m³] 미만	V분. 다만, 120분을 초과할 경우에는 120분으로 할 수 있다.
수주게이지	저 압	1[m³] 미만	1분
		1[m³] 이상 10[m³] 미만	5분
		10[m³] 이상 300[m³] 미만	$0.5 \times V$분. 다만, 60분을 초과할 경우에는 60분으로 할 수 있다.
전기식 다이어프램형 압력계	저 압	1[m³] 미만	4분
		1[m³] 이상 10[m³] 미만	40분
		10[m³] 이상 300[m³] 미만	$4 \times V$분. 다만, 240분을 초과할 경우에는 240분으로 할 수 있다.
압력계 또는 자기압력기록계	저압, 중압	1[m³] 미만	24분
		1[m³] 이상 10[m³] 미만	240분
		10[m³] 이상 300[m³] 미만	$24 \times V$분. 다만, 1,440분을 초과한 경우에는 1,440분으로 할 수 있다.
	고 압	1[m³] 미만	48분
		1[m³] 이상 10[m³] 미만	480분
		10[m³] 이상 300[m³] 미만	$48 \times V$분. 다만, 2,880분을 초과한 경우에는 2,880분으로 할 수 있다.

■ 염화비닐 호스에 대한 규격 및 검사방법
- 호스의 안지름은 1종, 2종, 3종으로 구분하며 안지름은 1종 6.3[mm], 2종 9.5[mm], 3종 12.7[mm]이고 그 허용오차는 ±0.7[mm]이다.
- 1[m]의 호스를 -20[℃] 이하의 공기 중에서 24시간 방치한 후 굽힘 최대 반지름으로 좌우 각 5회 실시하는 내압시험을 한 후에 기밀성능시험에서 누출이 없어야 한다.
- 1[m]의 호스를 3[MPa]의 압력으로 5분간 실시하는 내압시험에서 누출이 없으며 4[MPa] 이상의 압력에서 파열되는 것으로 한다.
- 호스의 구조는 안층, 보강층, 바깥층으로 되어 있고 안지름과 두께가 균일한 것으로 굽힘성이 좋고 흠, 기포, 균열 등의 결점이 없어야 한다.
- 호스 안층의 인장강도는 73.6[N/5mm] 폭 이상이다.

■ 관 이음 부품
- 캡(Cap), 플러그(Plug) : 관 끝을 마무리 할 때(막을 때) 사용되는 부품
- 리듀서(Reducer), 부싱(Bushing) : 배관의 지름이 서로 다른 관을 이을 때 사용하는 부품
- 유니언(Union) : 같은 지름의 관을 직선 연결할 때 사용되는 부품
- 티(Tee) : 유입구와 배출구와 분기구를 잇는 부품
- 엘보(Elbow), 벤드(Bend) : 직선 배관에서 90[°] 또는 45[°] 방향으로 따라갈 때의 연결 부품
- 플랜지(Flange) : 관과 관, 관과 다른 기계 부분을 잇는 부품으로 주철관을 납으로 연결시킬 수 없는 장소에도 사용

■ 관 이음의 이격거리(최소 거리)
- 10[cm] 이상 : 액화석유가스사용시설에서 배관의 이음매와 절연조치를 한 전선과의 거리
- 30[cm] 이상 : 절연조치를 하지 않은 전선과의 거리, 굴뚝·전기점멸기 및 전기접속기와의 거리
- 60[cm] 이상 : 배관의 이음매와 전기계량기 및 전기개폐기와의 거리

■ 용접 이음매의 효율
- 45[%] : 플러그 용접을 하지 아니한 한 면 전 두께 필릿 겹치기 용접
- 50[%] : 플러그 용접을 하는 한 면 전 두께 필릿 겹치기 용접
- 55[%] : 양면 전 두께 필릿 겹치기 용접
- 60[%] : 맞대기 한 면 용접
- 70[%] : 맞대기 양면 용접-방사선검사의 구분 C
- 95[%] : 맞대기 양면 용접-방사선검사의 구분 B
- 100[%] : 맞대기 양면 용접-방사선검사의 구분 A

▌ 신축 조인트(신축 이음)

- 신축 조인트는 고압장치 배관에 발생된 열응력을 제거하기 위한 이음이다.
- 신축 조인트 방법 : 루프형, 슬라이드형, 벨로스형, 스위블형, 상온 스프링형(콜드 스프링)
  – 콜드 스프링 : 배관의 자유팽창을 미리 계산하여 관의 길이를 약간 짧게 절단하여 강제배관함으로써 열팽창을 흡수하는 방법으로, 절단하는 길이는 계산에서 얻은 자유팽창량의 1/2 정도로 하는 방법

▌ 스케줄 번호(SCH No.) : 배관 호칭법으로 사용

- 배관의 두께를 표시하는 번호이다.
- 스케줄 번호가 클수록 강관의 두께가 두껍다.
- 스케줄 번호 산출에 영향을 미치는 요인 : 관의 외경, 관의 사용온도, 관의 허용응력, 사용압력(열팽창계수는 아님)
- 스케줄 번호 산출에 직접적인 영향을 미치는 요인 : 관의 허용응력, 사용압력
- SCH No. : $SCH = 10 \times \dfrac{P}{\sigma}$

  (여기서, P : 사용압력, σ : 허용응력)

▌ 배관 구경을 이용한 유량 계산

- 저압배관의 유량(도시가스 등) : $Q = K\sqrt{\dfrac{hD^5}{SL}}$

  (여기서, K : 유량계수, h : 압력손실(기점, 종점 간의 압력 강하 또는 기점압력과 말단압력의 차이), D : 배관의 지름, S : 가스의 비중, L : 배관의 길이)

- 중압·고압배관의 유량 : $Q = K\sqrt{\dfrac{(P_1^2 - P_2^2)D^5}{SL}}$

  (여기서, K : 유량계수, P_1 : 초압, P_2 : 종압, D : 배관의 지름, S : 가스의 비중, L : 배관의 길이)

▌ 배관의 두께

- 고압가스 배관의 최소 두께 계산 시 고려사항 : 상용압력, 안지름에서 부식 여유에 상당하는 부분을 뺀 수치, 최소 인장강도, 관 내면의 부식 여유치, 안전율
- 바깥지름과 안지름의 비가 1.2 미만인 경우

  $t = \dfrac{PD}{2f/s - P} + C$

  (여기서, P : 상용압력, D : 안지름에서 부식 여유에 상당하는 부분을 뺀 수치, f : 최소 인장강도, s : 안전율, C : 관 내면의 부식 여유 수치)

- 바깥지름과 안지름의 비가 1.2 이상인 경우

$$t = \frac{D}{2}\left(\sqrt{\frac{f/s+P}{f/s-P}} - 1\right) + C$$

(여기서, P : 상용압력, D : 안지름에서 부식 여유에 상당하는 부분을 뺀 수치, f : 최소 인장강도, s : 안전율, C : 관 내면의 부식 여유 수치)

▌관에 생기는 응력

- 원주 방향 응력 : $\sigma_1 = \dfrac{PD}{2t}$

- 축 방향 응력 : $\sigma_2 = \dfrac{PD}{4t}$

(여기서, P : 내압, D : 관의 안지름, t : 두께)

▌입상관의 압력손실

- $H = 1.293 \times (S-1)h\,[\text{mmH}_2\text{O}]$ 또는 $[\text{kgf/m}^2]$

  (여기서, S : 가스의 비중, h : 입상관의 높이)

- $H = 1.293 \times (S-1)h \times g\,[\text{Pa}]$

  (여기서, S : 가스의 비중, h : 입상관의 높이, g : 중력가속도)

▌마찰손실수두

$$h = f\frac{l}{d}\frac{v^2}{2g}$$

(여기서, f : 마찰계수, l : 관의 길이, d : 관의 내경, v : 유속, g : 중력가속도)

▌타르 에폭시 피복재의 특성

- 밀착성이 좋다.
- 내마모성이 크다.
- 토양응력이 강하다.
- 저온에서의 경화속도가 느리다.

▌가스의 비중

- 비중을 정하는 기존 물질로 공기가 이용된다.
- $S = \dfrac{\text{가스분자량}}{\text{공기분자량}} = \dfrac{M}{29}$

- 가스의 부력은 비중에 의해 정해진다.
- 비중은 기구의 염구의 형에 의해 변화하지 않는다.

웨버지수
- 가스의 연소성을 판단하는 중요한 수치이다.
- $WI = \dfrac{Q}{\sqrt{d}}$

  (여기서, Q : 가스의 총발열량[kcal/m³], d : 공기에 대한 가스의 비중)
- 연소특성에 따라 4A부터 13A까지 가스를 분류하는 숫자이다.

부취제의 구비조건
- 물에 녹지 않을 것
- 토양에 대한 투과성이 좋을 것
- 인체에 해가 없고 독성이 없을 것
- 부식성이 없을 것
- 화학적으로 안정할 것
- 공기 혼합 비율이 1/1,000의 농도에서 가스 냄새가 감지될 수 있을 것

저장능력(충전질량 또는 최대 적재량) 산정 기준
- 압축가스 저장탱크 및 용기의 저장능력[m³]

  $Q = n(10P + 1)V_1$

  (여기서, n : 용기 본수, P : 35[℃](아세틸렌가스의 경우에는 15[℃])에서의 최고 충전압력[MPa], V_1 : 내용적[m³])

- 액화가스 저장탱크의 저장능력[kg]

  $W = 0.9dV_2$

  (여기서, d : 상용온도에서 액화가스의 비중[kg/L], V_2 : 탱크의 내용적[L])

  ※ 액화가스의 저장탱크 설계 시 저장능력에 따른 내용적 : $V_2 = \dfrac{W}{0.9d}$

- 액화가스용기 및 차량에 고정된 탱크의 저장능력

  $W = V_2/C$

  (여기서, V_2 : 내용적[L], C : 저온용기 및 차량에 고정된 저온탱크와 초저온용기 및 차량에 고정된 초저온탱크에 충전하는 액화가스의 경우에는 그 용기 및 탱크의 상용온도 중 최고 온도에서의 그 가스 비중[kg/L]의 수치에 10분의 9를 곱한 수치의 역수, 그 밖의 액화가스의 충전용기 및 차량에 고정된 탱크의 경우에는 가스 종류에 따르는 정수)

■ **RTU(Remote Terminal Unit, 원격단말장치)** : 기지국에서 발생된 정보를 취합하여 통신선로를 통해 원격감시제어소에 실시간으로 전송하고, 원격감시제어소로부터 전송된 정보에 따라 해당 설비의 원격제어가 가능하도록 제어신호를 출력하는 장치

■ **LP 가스 수입기지 플랜트의 기능적 구별 설비시스템** : 수입 가스설비 → 수입설비 → 저온 저장설비 → 이송설비 → 고압 저장설비 → 출하설비

■ **펌프의 상사법칙(비례법칙)**
- 유량 : $Q_2 = Q_1 \left(\dfrac{N_2}{N_1}\right)^1 \left(\dfrac{D_2}{D_1}\right)^3$
- 양정 : $h_2 = h_1 \left(\dfrac{N_2}{N_1}\right)^2 \left(\dfrac{D_2}{D_1}\right)^2$
- 소요동력 : $H_2 = H_1 \left(\dfrac{N_2}{N_1}\right)^3 \left(\dfrac{D_2}{D_1}\right)^5$

(여기서, D : 임펠러의 직경, N : 회전수)

■ **캐비테이션(Cavitation, 공동현상)**
- 파이프 내부의 정압이 액체의 증기압 이하로 되면 증기가 발생하여 진동이 발생하는 현상
- 캐비테이션 발생원인 : 액체의 압력이 증기압 이하로 낮아질 때, 유체의 압력이 국부적으로 매우 낮아질 때, 규정속도 이상의 펌프 고속회전, 과도한 유량, 흡입양정이 클 경우, 작동유 온도 상승, 날개차의 부적절한 모양, 흡입필터의 막힘이나 유로 차단, 과부하, 펌프와 흡수면 사이의 거리가 너무 멀 때, 캐비테이션의 수가 임계 캐비테이션의 수보다 낮을 때, 유체의 압력 파동 등
- 캐비테이션 영향 : 임펠러의 침식 등의 기계 손상, 소음, 진동, 토출량·효율·양정·펌프 수명 등의 저하
- 캐비테이션 방지대책
  - 흡입양정을 작게(짧게) 한다.
  - 흡입관의 지름을 크게 한다.
  - 펌프의 위치를 낮게 한다.
  - 유효 흡입수두를 크게 한다.
  - 손실수두를 작게 한다.
  - 펌프의 회전수를 줄인다.
  - 양흡입펌프 또는 두 대 이상의 펌프를 사용한다.
  - 회전차를 물속에 완전히 잠기게 한다.

■ 워터 해머링(Water Hammering, 수격현상)

- 수격현상의 정의 : 유속이 빠르게 진행되면서 압력파가 형성되어 유체가 망치처럼 관로를 때리는 현상
- 수격현상의 발생원인 : 빠른 유속, 유속의 급변, 펌프의 급정지 등
- 수격현상의 영향 : 주요 부품·기기의 파손, 진동·소음 증가, 주기적 압력 변동으로 인한 기기들의 난조 발생, 펌프 수명 저하 등
- 수격현상 방지대책
  - 서지(Surge)탱크(조압 수조)를 관 내에 설치한다.
  - 관 내 유속 흐름의 속도를 가능한 한 느리게 하기 위하여 관의 지름을 크게 선정한다.
  - 플라이휠을 설치하여 펌프의 속도가 급변하는 것을 막는다.
  - 밸브는 펌프 송출구 근처 가까이에 설치하고 밸브를 적당히 제어한다.
  - 송출 관로에 공기실을 설치한다.
  - 펌프의 급정지를 피하고 밸브 조작을 서서히 한다.

■ 내진설계 적용 대상 시설

- 고법의 적용을 받는 10[ton] 이상의 아르곤 탱크
- 도법의 적용을 받는 3[ton] 이상의 저장탱크
- 액법의 적용을 받는 3[ton] 이상의 액화석유가스 저장탱크
- 고법의 적용을 받는 5[ton] 이상의 암모니아 탱크

■ 압축기의 압축비(ε)

$$\varepsilon = \sqrt[n]{\frac{P_n}{P}}$$

(여기서, n : 단수, P_n : n단의 토출 절대압력, P : 흡입 절대압력)

■ 역카르노 사이클

- 이상적인 열기관 사이클인 카르노 사이클을 역작용시킨 사이클
- 저온측에서 고온측으로 열을 이동시킬 수 있는 사이클
- 이상적인 냉동 사이클 또는 열펌프 사이클
  - 냉동기 : 저온측을 사용하는 장치
  - 열펌프 : 고온측을 사용하는 장치
  - 사이클 구성
- 과정 : 카르노 사이클과 마찬가지로 2개의 등온과정과 2개의 등엔트로피 과정으로 구성
- 과정 구성 : 1-2 등온팽창(증발기), 2-3 단열압축(압축기), 3-4 등온압축(응축기), 4-1 단열팽창(팽창밸브)

■ **성능계수(성적계수)** : 냉동효과 또는 열펌프효과의 척도이며 냉동 사이클 중에서 성능계수가 가장 크다. 성능계수를 최대로 하기 위해서는 고온열원과 저온열원의 온도차를 작게 하거나, 저온열원의 온도(냉동기) 또는 고온열원의 온도(열펌프)를 높게 하여야 한다.

- 냉동기의 성능계수 : 냉동 사이클에 대한 성능계수는 저온측에서 흡수한 열량을 해 준 일로 나누어 준 값이므로 성능계수는

$$(COP)_R = \varepsilon_R = \frac{\text{저온체에서의 흡수열량}}{\text{공급일}} = \frac{q_2}{W_c} = \frac{T_2}{T_1 - T_2} = \frac{h_1 - h_3}{h_2 - h_1}$$

(여기서, h_1 : 압축기 입구의 냉매엔탈피, h_2 : 응축기 입구의 냉매엔탈피, h_3 : 증발기 입구의 엔탈피)

- 열펌프의 성능계수

$$(COP)_H = \varepsilon_H = \frac{\text{고온체에 공급한 열량}}{\text{공급일}} = \frac{\text{고온부 방출열}}{\text{입력일}} = \frac{q_1}{W_c} = \frac{T_1}{T_1 - T_2} = \frac{\text{응축열}}{\text{압축일}} = \frac{h_2 - h_3}{h_2 - h_1} = \varepsilon_R + 1$$

- 전체 성능계수 : $\varepsilon_T = \varepsilon_R + \varepsilon_H = 2\varepsilon_R + 1$

■ **역랭킨 사이클**
- 증기압축냉동 사이클(가장 많이 사용되는 냉동 사이클)에 적용한다.
- 역카르노 사이클 중 실현 곤란한 단열과정(등엔트로피 팽창과정)을 교축팽창시켜 실용화한 사이클이다.
- 증발된 증기가 흡수한 열량은 역카르노 사이클에 의하여 증기를 압축하고 고온의 열원에서 방출하는 사이클 사이에 액체와 기체의 두 상으로 변하는 물질을 냉매로 하는 냉동 사이클이다.
- 냉매 순환경로와 같다.
- 과정 구성 : 단열압축(압축기), 등압방열(응축기), 교축(팽창밸브), 등온등압(증발기)

■ **역브레이턴 사이클**
- 공기냉동기의 표준 사이클이다.
- 일량에 비해 냉동효과가 낮다.

■ **액화 사이클** : 압력을 크게 하면 액화율은 증가된다.
- 린데식 : 고압으로 압축된 공기를 줄-톰슨 밸브를 통과시켜 자유팽창(등엔탈피 변화)으로 냉각, 액화시키는 공기액화 사이클로 공기압축기, 열교환기, 팽창밸브(줄-톰슨 밸브), 액화기(액화공기 저장용기)로 구성된다. 공기 속의 이산화탄소와 수분을 제거한 후 −40~−30[℃]까지 예랭하고, 린데 복식정류탑에서 자유팽창시켜 액화한다. 린데식 정류탑은 압력탑 내에서 정류가 이루어져 탑 정상부에서는 질소를, 윗부분인 정류탑에서는 산소를 얻게 된다.
- 클라우드식 : 린데 사이클의 등엔탈피 변화인 줄-톰슨 밸브 효과와 더불어 피스톤 팽창기의 단열팽창(등엔트로피 변화)을 동시에 이용하는 공기액화 사이클이며 린데식에 있던 공기의 예랭은 필요하지 않다.

- 캐피자식 : 클라우드 사이클에서 피스톤 팽창기를 터빈식 팽창기(역브레이턴 사이클)로 대체하여 보다 많은 양의 액화공기를 얻는 형식으로 원료공기를 냉각하면서 동시에 원료공기 중의 수분과 탄산가스를 제거한다. 다량의 공기액화공정에서는 대부분 캐피자식을 사용한다.
- 필립스식 : 수소, 헬륨을 냉매로 하며 2개의 피스톤이 한 실린더에 설치되어 팽창기와 압축기의 역할을 동시에 하는 액화 사이클이다.
- 캐스케이드식(다원 액화 사이클) : 비등점이 점차 낮은 냉매를 사용하여 낮은 비등점의 기체를 액화시키는 액화사이클로 암모니아(NH_3), 에틸렌(C_2H_4), 메탄(CH_4) 등이 냉매로 사용된다.

냉매의 구비조건
- 저소 : 응고온도, 액체비열, 비열비, 점도, 표면장력, 증기의 비체적, 포화압력, 응축압력, 절연물 침식성, 가연성, 인화성, 폭발성, 부식성, 누설 시 물품 손상, 악취, 가격
- 고대 : 임계온도, 증발잠열, 증발열, 증발압력, 윤활유와의 상용성, 열전도율, 전열작용, 환경친화성, 절연내력, 화학적 안정성, 무해성(비독성), 내부식성, 불활성, 비가연성(내가연성), 누설 발견 용이성, 자동 운전 용이성

조정기(Regulator)의 구조

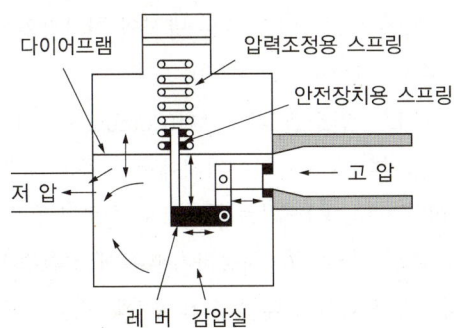

- 다이어프램 고무재료 : 전체 배합성분 중 NBR 성분의 함량 50[%] 이상, 가소제 성분 18[%] 이하
- 스프링 재질 : 강재

정압기(Governor)
- 도시가스 압력을 사용처에 맞게 낮추는 감압기능, 2차 측의 압력을 허용범위 내의 압력으로 유지하는 정압기능 및 가스의 흐름이 없을 때는 밸브를 완전히 폐쇄하여 압력 상승을 방지하는 폐쇄기능을 가진 기기로서 정압기용 압력조정기(Regulator)와 그 부속설비이다.
- 배관을 통한 도시가스 공급에 있어서 압력을 변경하여야 할 지점마다 설치되는 설비이다.
- 도시가스사용자에게 가스를 안정적으로 공급하기 위하여 수요가의 가스 사용기기에 적합한 가스 압력을 일정하게 유지시키는 필수시설(전기의 변압기에 해당)이다.

- 도시가스사에서 배관으로 공급하는 압력은 0.2~0.5[MPa]의 중압으로, 일반 가정에서 가스기기를 사용하기 위해서는 저압(2[kPa])으로 감압하는 정압시설이 반드시 필요하다.
- 정압기 1개소는 약 7,000여 수요세대에 공급 가능하며, 정압기를 중심으로 반경 250~300[m] 이내만 공급이 가능하고 거리가 더 멀어지면 압력이 떨어져 가스 공급이 불가능하다.

■ 설치 위치, 사용목적에 따른 정압기의 분류
- 저압정압기 : 가스 홀더압력을 소요 공급압력으로 조정하는 정압기
- 지구정압기(City Gate Governor) : 일반 도시가스사업자의 소유시설로서 가스도매사업자로부터 공급받은 도시가스의 압력을 1차적으로 낮추기 위해 설치하는 정압기
- 지역정압기(District Governor) : 일반 도시가스사업자의 소유시설로서 지구정압기 또는 가스도매사업자로부터 공급받은 도시가스의 압력을 낮추어 다수의 사용자에게 가스를 공급하기 위해 설치하는 정압기
- 단독정압기 : 관리 주체가 1인이고 특정 가스사용자가 가스를 공급받기 위한 정압기이며 가스사용자가 설치, 관리한다.

■ LNG용 기화장치 : 일반 산업용 초저온기화기에 비해 고압이며 대용량이다.
- 해수식 기화장치(ORV ; Open Rack Vaporizer) : 따뜻한 바닷물로 천연가스를 데워 주는 방식의 기화장치이다 (LNG 수입기지에서 LNG를 NG로 전환하기 위하여 가열원을 해수로 기화시키는 방법).
- 수중연소식 기화장치(SCV ; Submerged Combustion Vaporizer) 또는 연소열 기화장치(Combustion Heat Vaporizer) : 직접 열을 가해 천연가스를 데워주는 방식의 기화장치이다. LNG 인수기지에서 사용되고 있는 기화장치 중 간헐적으로 평균 수요를 넘을 경우 그 수요를 충족(Peak Saving용)시키는 목적으로 주로 사용된다.
- 공기식 기화장치 : 대기 중의 공기를 열교환매체로 한 기화장치이다. 기화 시 공기를 사용하기 때문에 친환경적이고, 따로 연료를 사용해야 하는 연소식 기화장치(SMV)에 비해 운영비가 저렴하고 대기 중의 공기와 직접 열교환이 가능하여 동절기 경우에도 LNG 기화가 가능하지만, 운무와 결빙현상에 주의해야 한다. 운무현상을 해소하기 위해 기화장치 상단에 팬을 설치하고 4시간 운전, 2시간 자동절체방식으로 운영하며, 결빙현상 방지를 위하여 주기적으로 운전을 정지시킨다. 이 방식의 기화장치는 용량이 적어 소규모 생산기지에 적용이 가능하다.
- 중간유체기화장치(IFV ; Intermediate Fluid Vaporizers) : 주위의 대기공기 열을 이용하여 열을 교환하는 대기식, 강제통풍식 공기기화기(AAV 또는 FDAAV)가 있다. 폐쇄루프, 개방루프 또는 복합시스템에서 작동하도록 구성되어 있다.
- 셀 및 튜브기화기(STV ; Shell and Tube Vaporizer) : 원통 다관형 액화천연가스기화장치로, 액화천연가스를 천연가스로 기화시키는 일종의 열교환기이다.
- 전기가압식 기화기

용접용기의 동판 두께

$$t = \frac{PD}{2\sigma_a \eta - 1.2P} + C$$

(여기서, P : 최고 충전압력[kg/cm^2], D : 용기 안지름, σ_a : 허용응력, η : 효율, C : 부식 여유)

안전밸브 관련 계산식

- 안전밸브의 작동압력 : $P =$ 내압시험압력 $\times 0.8 =$ 최고 충전압력 $\times \frac{5}{3} \times 0.8$

- 안전밸브의 유효 분출면적

$$A = \frac{W}{230 \times P\sqrt{M/T}}$$

(여기서, W : 시간당 분출가스량, P : 안전밸브 작동압력, M : 가스분자량, T : 절대온도)

용기 각인의 내용

- 납붙임 또는 접합용기
  - 용기 제조업자의 명칭 또는 약호
  - 충전하는 가스의 명칭
  - 내용적(기호 : V, 단위 : [L])
    ※ 액화석유가스용기는 제외
  - 충전량[g](납붙임 또는 접합용기에 한정)
- 기타 용기
  - 용기 제조업자의 명칭 또는 약호
  - 충전하는 가스의 명칭
  - 용기의 번호
  - 내용적(기호 : V, 단위 : [L])
    ※ 액화석유가스용기는 제외
  - 초저온용기 외의 용기 : 밸브 및 부속품(분리 가능한 것)을 포함하지 아니한 용기의 질량
    (기호 : W, 단위 : [kg])
  - 아세틸렌가스 충전용기 : 상기의 질량에 용기의 다공물질, 용제 및 밸브의 질량을 합한 질량
    (기호 : TW, 단위 : [kg])
  - 내압시험에 합격한 연월
  - 내압시험압력(기호 : TP, 단위 : [MPa])
    ※ 액화석유가스용기, 초저온용기 및 액화천연가스 자동차용 용기는 제외

- 최고 충전압력(기호 : FP, 단위 : [MPa])
  ※ 압축가스를 충전하는 용기, 초저온용기 및 액화천연가스 자동차용 용기에 한정
- 내용적이 500[L]를 초과하는 용기에는 동판의 두께(기호 : t, 단위 : [mm])

가스용기의 도색 색상

- 공업용(산업용)·일반용 : 액화석유가스(밝은 회색), 산소(녹색), 액화탄산가스(청색), 액화염소(갈색), 그 밖의 가스(회색), 아세틸렌(황색), 액화암모니아(백색), 질소(회색), 수소(주황색), 소방용 용기(소방법에 의한 도색)
- 의료용 가스 : 에틸렌(자색), 헬륨(갈색), 액화탄산가스(회색), 사이크로프로판(주황색), 질소(흑색), 아산화질소(청색), 산소(백색)
- 그 밖의 가스 : 회색
- 충전기한 표시 문자의 색상 : 적색

용기 부속품의 각인 표시내용

- 부속품 제조업자의 명칭 또는 약호
- 부속품의 기호와 번호
  - AG : 아세틸렌가스를 충전하는 용기의 부속품
  - PG : 압축가스를 충전하는 용기의 부속품
  - LG : 액화석유가스 외의 액화가스를 충전하는 용기의 부속품
  - LPG : 액화석유가스를 충전하는 용기의 부속품
  - LT : 초저온용기, 저온용기의 부속품
- 질량(기호 : W, 단위 : [kg])
- 부속품 검사에 합격한 연월
- 내압시험압력(기호 : TP, 단위 : [MPa])

CHAPTER 03 가스안전관리

■ 보호시설
- 제1종 보호시설
  - 학교, 유치원, 어린이집, 놀이방, 어린이 놀이터, 학원, 병원(의원을 포함한다), 도서관, 청소년 수련시설, 경로당, 시장, 공중목욕탕, 호텔, 여관, 극장, 교회 및 공회당
  - 사람을 수용하는 건축물(가설 건축물은 제외한다)로서 사실상 독립된 부분의 연면적이 1천[m^2] 이상인 것
  - 예식장, 장례식장 및 전시장, 그 밖에 이와 유사한 시설로서 300명 이상 수용할 수 있는 건축물
  - 아동복지시설 또는 장애인복지시설로서 20명 이상 수용할 수 있는 건축물
  - 문화재보호법에 따라 지정문화재로 지정된 건축물
- 제2종 보호시설
  - 주 택
  - 사람을 수용하는 건축물(가설 건축물 제외)로서 사실상 독립된 부분의 연면적이 100[m^2] 이상 1천[m^2] 미만인 것

■ **보호시설과의 안전거리** : 고압가스의 저장설비 중 보관할 수 있는 고압가스의 용적이 300[m^3](액화가스는 3[ton])를 넘는 저장설비는 그 외면으로부터 보호시설(사업소 안에 있는 보호시설 및 전용공업지역 안에 있는 보호시설 제외)까지 규정된 안전거리 이상을 유지한다.
- 산소의 처리설비 및 저장설비

처리 및 저장능력	제1종 보호시설	제2종 보호시설
1만 이하	12[m]	8[m]
1만 초과 2만 이하	14[m]	9[m]
2만 초과 3만 이하	16[m]	11[m]
3만 초과 4만 이하	18[m]	13[m]
4만 초과	20[m]	14[m]

- 독성가스 또는 가연성 가스의 처리설비 및 저장설비

처리 및 저장능력	제1종 보호시설	제2종 보호시설
1만 이하	17[m]	12[m]
1만 초과 2만 이하	21[m]	14[m]
2만 초과 3만 이하	24[m]	16[m]
3만 초과 4만 이하	27[m]	18[m]
4만 초과 5만 이하	30[m]	20[m]
5만 초과 99만 이하	30[m] 가연성 가스 저온저장탱크는 $\frac{3}{25}\sqrt{X+10,000}$[m]	20[m] 가연성 가스 저온저장탱크는 $\frac{2}{25}\sqrt{X+10,000}$[m]
99만 초과	30[m] 가연성 가스 저온저장탱크는 120[m]	20[m] 가연성 가스 저온저장탱크는 80[m]

- 그 밖의 가스의 처리설비 및 저장설비

저장능력	제1종 보호시설	제2종 보호시설
1만 이하	8[m]	5[m]
1만 초과 2만 이하	9[m]	7[m]
2만 초과 3만 이하	11[m]	8[m]
3만 초과 4만 이하	13[m]	9[m]
4만 초과	14[m]	10[m]

교육의 과정, 대상자 및 시기

교육과정	교육대상자	교육시기
전문교육	1) 안전관리 책임자와 안전관리원·안전점검원[2)의 대상자는 제외] 2) 액화석유가스특정사용시설의 안전관리 책임자와 안전관리원 3) 시공관리자(제1종 가스시설시공업자에 채용된 시공관리자만을 말함) 4) 시공자(제2종 가스시설시공업자의 기술능력인 시공자 양성교육 또는 가스시설 시공관리자 양성교육을 이수한 사람으로 한정)와 제2종 가스시설시공업자에게 채용된 시공관리자 5) 온수보일러 시공자(제3종 가스시설 시공업자의 기술능력인 온수보일러 시공자 양성교육 또는 온수보일러 시공관리자 양성교육을 이수한 사람으로 한정)와 제3종 가스시설 시공업자에게 채용된 온수보일러 시공관리자 6) 액화석유가스 운반 책임자	신규 종사 후 6개월 이내 및 그 후에는 3년이 되는 해마다 1회
특별교육	1) 액화석유가스 운반 자동차 운전자와 액화석유가스 배달원 2) 액화석유가스 충전시설의 충전원 3) 제1종 또는 제2종 가스시설시공업자 중 자동차 정비업 또는 자동차 폐차업자의 사업소에서 액화석유가스를 연료로 사용하는 자동차의 액화석유가스연료계통 부품의 정비작업 또는 폐차작업에 직접 종사하는 자 4) 사용시설 점검원	신규 종사 시 1회

교육과정	교육대상자	교육시기
양성교육	1) 일반시설 안전관리자가 되려는 자 2) 액화석유가스 충전시설 안전관리자가 되려는 자 3) 판매시설 안전관리자가 되려는 자 4) 사용시설 안전관리자가 되려는 자 5) 가스시설 시공관리자가 되려는 자 6) 시공자가 되려는 자 7) 온수보일러 시공자가 되려는 자 8) 온수보일러 시공관리자가 되려는 자 9) 폴리에틸렌관 융착원이 되려는 자 10) 안전점검원이 되려는 자	-

■ 흡수제 · 중화제(제독제)

- 염소 : 가성소다(수용액, 670[kg]), 탄산소다(수용액, 870[kg]), 소석회(620[kg])
- 포스겐 : 가성소다(수용액, 390[kg]), 소석회(360[kg])
- 황화수소 : 가성소다(수용액, 1,140[kg]), 탄산소다(수용액, 1,500[kg])
- 사이안화수소 : 가성소다(수용액, 250[kg])
- 아황산가스 : 가성소다(수용액, 530[kg]), 탄산소다(수용액, 700[kg]), 다량의 물
- 암모니아, 산화에틸렌, 염화메탄 : 다량의 물

■ 가스의 품질검사

가 스	순 도	검사방법	검사 시약
산 소	99.5[%] 이상	오르자트법	동, 암모니아 시약
수 소	98.5[%] 이상	오르자트법	파이로갈롤 또는 하이드로설파이드 시약
아세틸렌	98[%] 이상	오르자트법	발연 황산
		뷰렛법	브롬 시약
		정성시험법	질산은 시약

※ 산소, 아세틸렌 및 수소를 제조하는 자가 실시하여야 하는 품질검사의 주기는 1일 1회 이상이다.

■ 운반 책임자의 동승 기준

- 가스탱크 운반 시 운반 책임자의 동승 기준

압축가스	• 독성(1[ppm] 이상) : 100[m^3] 이상 • 가연성 : 300[m^3] 이상 • 조연성 : 600[m^3] 이상
액화가스	• 독성(1[ppm] 이상) : 1,000[kg] 이상 • 가연성 : 3,000[kg] 이상(에어졸 용기 : 2,000[kg] 이상) • 조연성 : 6,000[kg] 이상

- 충전용기 운반 시 운반 책임자의 동승 기준

비독성 고압가스	압축가스	• 가연성 : 300[m³] 이상 • 조연성 : 600[m³] 이상
	액화가스	• 가연성 : 3,000[kg] 이상(에어졸 용기 : 2,000[kg] 이상) • 조연성 : 6,000[kg] 이상
독성 고압가스	압축가스	• 허용농도 100만분의 200 이하 : 10[m³] 이상 • 허용농도 100만분의 200 초과 : 100[m³] 이상
	액화가스	• 허용농도 100만분의 200 이하 : 100[kg] 이상 • 허용농도 100만분의 200 초과 : 1,000[kg] 이상

■ **고압가스안전관리법에서 정하고 있는 특정 고압가스의 종류** : 수소, 산소, 액화암모니아, 아세틸렌, 액화염소, 천연가스, 압축모노실란, 압축다이보란, 액화알진, 그 밖에 대통령령으로 정하는 고압가스(포스핀, 셀렌화수소, 게르만, 다이실란, 오불화비소, 오불화인, 삼불화인, 삼불화질소, 삼불화붕소, 사불화유황, 사불화규소)

■ **에어졸(Aerosol)** : 내용액과 액화석유가스(LPG) 등의 분사제가 밀폐용기 안에 혼합되어 있어 사용할 때 분무 형태로 분사되는 가스(제품)
- 사용의 편리성으로 인해 헤어무스, 헤어스프레이, 살충제, 방향제, 각종 자동차 용품 등의 다양한 용도로 제품이 시판된다.
- 에어졸의 충전 기준에 적합한 용기의 내용적 : 1[L] 이하
- 에어졸 제조 시 금속제 용기의 두께 : 0.125[mm] 이상

■ **내진설계** : 저장탱크 및 압력용기, 지지구조물 및 기초와 이들의 연결부에 적용

가연성, 독성	5[ton] 또는 500[m³] 이상
비가연성, 비독성	10[ton] 또는 1,000[m³] 이상

■ **고압가스제조장치의 재료**
- 상온, 건조 상태의 염소가스에서는 탄소강을 사용할 수 있다.
- 아세틸렌에 접촉하는 부분에 사용하는 재료
  - 동 또는 동 함유량이 62[%]를 초과하는 동합금을 사용할 수 없다.
  - 충전용 지관에는 탄소 함유량이 0.1[%] 이하의 강을 사용한다.
  - 굴곡에 의한 응력이 일부에 집중되지 않도록 된 형상으로 한다.
- 탄소강에 나타나는 조직의 특성은 탄소(C)의 양에 따라 달라진다.
- 암모니아 합성탑 내통의 재료로는 18-8 스테인리스강을 사용한다.

■ 가스누출검지경보장치
- 경보농도는 가연성 가스인 경우 폭발하한계의 1/4 이하, 독성가스인 경우 TLV-TWA 기준농도 이하로 하여야 한다.
- 경보를 발신한 후에는 가스농도가 변화하여도 계속 경보를 울려야 하며, 확인 또는 대책을 조치한 후 경보가 정지되어야 한다.
- 검지에서 발신까지 걸리는 시간은 경보농도의 1.6배 농도에서 보통 30초 이내로 한다.
- 지시계의 눈금은 가연성 가스인 경우 0~폭발하한계값, 독성가스인 경우 0~TLV-TWA 기준농도의 3배 값(암모니아를 실내에서 사용하는 경우에는 150[ppm])을 명확하게 지시하여야 한다.
- 경보기의 정밀도는 경보농도설정치에 대하여 가연성 가스용은 ±25[%] 이하, 그리고 독성가스용은 ±30[%] 이하이어야 한다.
- 검지경보장치의 경보정밀도는 전원의 전압 등 변동이 ±10[%] 정도일 때에도 저하되지 않아야 한다.
- 비상전력설비 : 타처 공급전력, 자가발전, 축전지장치 등

■ 설비 사이의 거리 기준
- 안전구역 안의 고압가스설비는 그 외면으로부터 다른 안전구역 안에 있는 고압가스설비의 외면까지 30[m] 이상의 거리를 유지한다.
- 제조설비의 외면으로부터 그 제조소의 경계까지 20[m] 이상의 거리를 유지한다.
- 하나의 안전관리체계로 운영되는 2개 이상의 제조소가 한 사업장에 공존하는 경우에는 20[m] 이상의 안전거리를 유지한다.
- 액화천연가스 저장탱크는 그 외면으로부터 처리능력이 20만[m^3] 이상인 압축기까지 30[m] 이상을 유지한다.

■ 1일의 냉동능력 1[ton] 산정 기준
- 원심식 압축기를 사용하는 냉동설비 : 압축기의 원동기 정격출력 1.2[kW]
- 흡수식 냉동설비 : 발생기를 가열하는 1시간의 입열량 6,640[kcal]

■ 고압가스냉동제조시설의 냉동능력 합산 기준
- 냉매가스가 배관에 의하여 공통으로 되어 있는 냉동설비
- 냉매계통을 달리하는 2개 이상의 설비가 1개의 규격품으로 인정되는 설비 내에 조립되어 있는 것(유닛형)
- 2원 이상의 냉동방식에 의한 냉동설비
- 모터 등 압축기의 동력설비를 공통으로 하고 있는 냉동설비
- 브라인(Brine)을 공통으로 사용하는 2개 이상의 냉동설비(브라인 중 물과 공기는 미포함)

■ 물분무장치
- 물분무장치는 30분 이상 동시에 방사할 수 있는 수원에 접속되어야 한다.
- 물분무장치는 매월 1회 이상 작동상황을 점검하여야 한다.
- 물분무장치는 저장탱크 외면으로부터 15[m] 이상 떨어진 위치에서 조작할 수 있어야 한다.
- 물분무장치는 표면적 1[m^2]당 8[L/min]을 표준으로 한다.

■ 외관검사 등급 분류(용기의 상태에 따른 등급 분류)
- 1급(합격) : 사용상 지장이 없는 것으로서 2급, 3급 및 4급에 속하지 않는 것
- 2급(합격) : 깊이가 1[mm] 이하의 우그러짐이 있는 것 중 사용상 지장 여부를 판단하기 곤란한 것
- 3급(합격)
  - 깊이가 0.3[mm] 미만이라고 판단되는 홈이 있는 것
  - 깊이가 0.5[mm] 미만이라고 판단되는 부식이 있는 것
- 4급(불합격)
  - 부식 : 원래의 금속 표면이 알 수 없을 정도로 부식되어 부식의 깊이 측정이 곤란한 것, 부식점의 깊이가 0.5[mm]를 초과하는 점 부식이 있는 것, 길이가 100[mm] 이하이고 부식 깊이가 0.3[m]를 초과하는 선 부식이 있는 것, 길이가 100[mm]를 초과하는 부식 깊이가 0.25[mm]를 초과하는 선 부식이 있는 것, 부식 깊이가 0.25[mm]를 초과하는 일반 부식이 있는 것
  - 우그러짐 및 손상 : 용기 동체 내·외면에 균열·주름 등의 결함이 있는 것, 용기 바닥부 내·외면에 사용상 지장이 있다고 판단되는 균열·주름 등의 결함이 있는 것(다만, 만네스만방식으로 제조된 용기의 경우에는 용기 바닥면 중심부로부터 원주 방향으로 반지름의 1/2 이내의 영역에 있는 것을 제외), 우그러진 최대의 깊이가 2[mm]를 초과하는 것, 우그러진 부분의 짧은 지름이 최대 깊이의 20배 미만인 것, 찍힌 홈 또는 긁힌 홈의 깊이가 0.3[mm]를 초과하는 것, 찍힌 홈 또는 긁힌 홈의 깊이가 0.25[mm]를 초과하고, 그 길이가 50[mm]를 초과하는 것
  - 열영향을 받은 부분이 있는 것
  - 네크링 부분의 유효 나사수가 제조 시에 비하여 테이퍼 나사인 경우 60[%] 이하, 평행나사인 경우 80[%] 이하인 것
  - 평행나사의 경우 오링이 접촉되는 면에 유해한 상처가 있는 것

■ 용기에 의한 액화석유가스사용시설의 기준
- 저장능력 100[kg] 이하 : 용기, 용기밸브, 압력조정기가 직사광선, 눈, 빗물에 노출되지 않도록 조치한다.
- 저장능력 100[kg] 초과 : 용기 보관실을 설치한다.
- 저장능력 250[kg] 이상 : 고압부에 안전장치를 설치한다.
- 저장능력 500[kg] 초과 : 저장탱크 또는 소형 저장탱크를 설치한다.

■ 소형 저장탱크 설치거리

충전질량[kg]	가스 충전구로부터 토지 경계선에 대한 수평거리[m]	탱크 간 거리[m]	가스 충전구로부터 건축물 개구부에 대한 거리[m]
1,000 미만	0.5 이상	0.3 이상	0.5 이상
1,000 이상 2,000 미만	3.0 이상	0.5 이상	3.0 이상
2,000 이상	5.5 이상	0.5 이상	3.5 이상

■ 액화석유가스 집단공급시설에서 지상에 설치하는 저장탱크의 내열구조

- 가스설비실 및 자동차에 고정된 탱크의 이입, 충전장소에는 외면으로부터 5[m] 이상 떨어진 위치에서 조작할 수 있는 냉각장치를 설치한다.
- 살수장치는 저장탱크 표면적 1[m^2]당 5[L/min] 이상의 비율로 계산된 수량을 저장탱크 전 표면적에 분무할 수 있는 고정된 장치로 한다.
- 소화전의 설치 위치는 해당 저장탱크의 외면으로부터 40[m] 이내이고, 소화전의 방수 방향은 저장탱크를 향하여 어느 방향에서도 방수할 수 있어야 한다.
- 소화전은 동시에 방사를 필요로 하는 최대 수량을 30분 이상 연속하여 방사할 수 있는 양을 갖는 수원에 접속되어야 한다.

■ LP 가스용 염화비닐 호스

- 호스의 안지름치수의 허용차는 ±0.7[mm]로 한다.
- 강선보강층은 직경 0.18[mm] 이상의 강선을 상하로 겹치도록 편조하여 제조한다.
- 안층의 재료는 염화비닐을 사용한다.
- 호스는 안층과 바깥층이 잘 접착되어 있는 것으로 한다.

■ LP 가스 안전관리자의 자격과 선임 인원

- 액화석유가스 집단공급시설

수용가수	안전관리자별 선임 인원(자격)
수용가 500가구 초과	• 안전관리 총괄자 1명 • 안전관리 책임자 1명 이상(가스기능사 이상의 자격을 가진 사람) • 안전관리원 1명 이상/500가구 초과 1,500가구 이하인 경우, 1천 가구마다 1명 이상 추가/1,500가구 초과인 경우(가스기능사 이상의 자격을 가진 사람 또는 일반시설 안전관리자 양성교육 이수자)
수용가 500가구 이하	• 안전관리 총괄자 1명 • 안전관리 책임자 1명 이상(가스기능사 이상의 자격을 가진 사람 또는 일반시설 안전관리자 양성교육 이수자)

• 액화석유가스 충전시설

저장능력	안전관리자별 선임 인원(자격)
저장능력 500[ton] 초과	• 안전관리 총괄자 1명 • 안전관리 부총괄자 1명 • 안전관리 책임자 1명 이상(가스산업기사 이상의 자격을 가진 사람) • 안전관리원 2명 이상(가스기능사 이상의 자격을 가진 사람 또는 충전시설 안전관리자 양성교육 이수자)
저장능력 100[ton] 초과 500[ton] 이하	• 안전관리 총괄자 1명 • 안전관리 부총괄자 1명 • 안전관리 책임자 1명 이상(가스기능사 이상의 자격을 가진 사람) • 안전관리원 2명 이상(가스기능사 이상의 자격을 가진 사람 또는 충전시설 안전관리자 양성교육 이수자)
저장능력 100[ton] 이하	• 안전관리 총괄자 1명 • 안전관리 부총괄자 1명 • 안전관리 책임자 1명 이상(가스기능사 이상의 자격을 가진 사람 또는 현장실무경력이 5년 이상인 충전시설 안전관리자 양성교육 이수자) • 안전관리원 1명 이상(가스기능사 이상의 자격을 가진 사람 또는 충전시설 안전관리자 양성교육 이수자)
저장능력 30[ton] 이하 (자동차에 고정된 용기충전시설만 해당)	• 안전관리 총괄자 1명 • 안전관리 책임자 1명 이상(가스기능사 이상의 자격을 가진 사람 또는 충전시설 안전관리자 양성교육 이수자)

• 액화석유가스 저장소시설

저장능력	안전관리자별 선임 인원(자격)
저장능력 100[ton] 초과	• 안전관리 총괄자 1명 • 안전관리 부총괄자 1명 • 안전관리 책임자 1명 이상(가스기능사 이상의 자격을 가진 사람) • 안전관리원 2명 이상(가스기능사 이상의 자격을 가진 사람 또는 일반시설 안전관리자 양성교육 이수자)
저장능력 30[ton] 초과 100[ton] 이하	• 안전관리 총괄자 1명 • 안전관리 부총괄자 1명 • 안전관리 책임자 1명 이상(가스기능사 이상의 자격을 가진 사람) • 안전관리원 1명 이상(가스기능사 이상의 자격을 가진 사람 또는 일반시설 안전관리자 양성교육 이수자)
저장능력 30[ton] 이하	• 안전관리 총괄자 1명 • 안전관리 책임자 1명 이상(가스기능사 이상의 자격을 가진 사람 또는 일반시설 안전관리자 양성교육 이수자)

• 액화석유가스판매시설 및 영업소
  - 안전관리 총괄자 1명
  - 안전관리 책임자 1명 이상(가스기능사 이상의 자격을 가진 사람 또는 판매시설 안전관리자 양성교육 이수자)
  - 안전관리원 1명 이상/자동차에 고정된 탱크를 이용하여 판매하는 시설만 해당(판매시설 안전관리자 양성교육 이수자)

- 액화석유가스 위탁운송시설

저장능력	안전관리자별 선임 인원(자격)
저장능력(자동차에 고정된 탱크의 저장능력 총합) 100[ton] 초과	• 안전관리 총괄자 1명 • 안전관리 부총괄자 1명 • 안전관리 책임자 1명 이상(가스기능사 이상의 자격을 가진 사람) • 안전관리원 2명 이상(가스기능사 이상의 자격을 가진 사람 또는 충전시설 안전관리자 양성교육 이수자)
저장능력 30[ton] 초과 100[ton] 이하	• 안전관리 총괄자 1명 • 안전관리 부총괄자 1명 • 안전관리 책임자 1명 이상(가스기능사 이상의 자격을 가진 사람) • 안전관리원 1명 이상(가스기능사 이상의 자격을 가진 사람 또는 충전시설 안전관리자 양성교육 이수자)
저장능력 30[ton] 이하	• 안전관리 총괄자 1명 • 안전관리 책임자 1명 이상(가스기능사 이상의 자격을 가진 사람 또는 충전시설 안전관리자 양성교육 이수자)

- 액화석유가스특정사용시설 중 공동저장시설

수용가수	안전관리자별 선임 인원(자격)
수용가 500가구 초과	• 안전관리 총괄자 1명 • 안전관리 책임자 1명 이상(가스기능사 이상의 자격을 가진 사람. 다만, 저장설비가 용기인 경우에는 판매시설 안전관리자 양성교육 이수자로 할 수 있다) • 안전관리원 1명 이상/500가구 초과 1,500가구 이하인 경우, 1천 가구마다 1명 이상 추가/1,500가구 초과인 경우(가스기능사 이상의 자격을 가진 사람 또는 사용시설 안전관리자 양성교육 이수자)
수용가 500가구 이하	• 안전관리 총괄자 1명 • 안전관리 책임자 1명 이상(가스기능사 이상의 자격을 가진 사람 또는 사용시설 안전관리자 양성교육 이수자)

- 액화석유가스특정사용시설 중 공동저장시설 외의 시설
  - 저장능력 250[kg] 초과(소형 저장탱크 설치 시설은 저장능력 1[ton] 초과)
    ⓐ 안전관리 총괄자 1명
    ⓑ 안전관리 책임자 1명 이상(가스기능사 이상의 자격을 가진 사람 또는 사용시설 안전관리자 양성교육 이수자)
  - 저장능력 250[kg] 이하(소형 저장탱크 설치시설은 저장능력 1[ton] 이하) : 안전관리 총괄자 1명
- 가스용품제조시설
  - 안전관리 총괄자 1명
  - 안전관리 부총괄자 1명
  - 안전관리 책임자 1명 이상[일반기계기사, 화공기사, 금속기사, 가스산업기사 이상의 자격을 가진 사람 또는 일반시설 안전관리자 양성교육 이수자(상시 근로자수가 10명 미만인 시설로 한정)]
  - 안전관리원 1명 이상(가스기능사 이상의 자격을 가진 사람 또는 일반시설 안전관리자 양성교육 이수자)

배관의 굴곡 허용 반지름

- 도시가스용 PE 배관의 매몰 설치 시 배관의 굴곡 허용 반지름은 바깥지름의 20배 이상으로 하여야 한다.
- 굴곡 허용 반지름이 바깥지름의 20배 미만일 경우에는 엘보를 사용한다.

▌ 압력조정기의 제품성능

- 입구쪽은 압력조정기에 표시된 최대 입구압력의 1.5배 이상의 압력으로 내압시험을 하였을 때 이상이 없어야 한다.
- 출구쪽은 압력조정기에 표시된 최대 출구압력 및 최대 폐쇄압력의 1.5배 이상의 압력으로 내압시험을 하였을 때 이상이 없어야 한다.
- 입구쪽은 압력조정기에 표시된 최대 입구압력 이상의 압력으로 기밀시험하였을 때 누출이 없어야 한다.
- 출구쪽은 압력조정기에 표시된 최대 출구압력 및 최대 폐쇄압력의 1.1배 이상의 압력으로 기밀시험하였을 때 누출이 없어야 한다.
- 압력조정기 스프링의 재질은 주로 강재가 사용된다.

▌ 기화장치의 설치 기준

- 기화장치에는 액화가스가 넘쳐흐르는 것을 방지하는 장치를 설치한다.
- 기화장치는 직화식 가열구조가 아닌 것으로 한다.
- 온수로 가열하는 구조의 기화장치는 온수부의 동결 방지를 위하여 부동액을 첨가하거나 연성 단열재로 피복한다.
- 기화장치의 조작용 전원이 정지할 때에도 가스 공급을 계속 유지할 수 있도록 자가발전기를 설치한다.

▌ 벤트스택(Vent Stack) : 정상 운전 또는 비상 운전 시 방출된 가스 또는 증기를 소각하지 않고 대기 중으로 안전하게 방출시키기 위하여 설치한 설비

- 수소나 메탄같이 공기보다 가벼운 가스를 대기로 배출하는 경우에 적용한다.
- 대량 배출에 의해 대기 중에서 증기운 폭발을 일으킬 위험이 있는 경우에는 플레어 스택을 통해 소각처리 후 배출하여야 한다.
- 공기보다 무거운 가스나 증기라도 가연성인 경우 소량 배출하여 착지농도가 해당 가스나 증기 연소범위의 하한치에 25[%] 이하 또는 독성가스일 경우에는 해당가스의 허용농도 이하로 유지가 가능하다면 대기로 배출하는 데 적용 가능하다.

▌ 가스누출경보기 검지부의 검지방식별 원리

반도체식	검지부 표면에 가스가 접촉하면 금속 산화물의 전기전도도가 변하는 원리(반도체에 가스가 접촉하면 그 전기저항이 감소하는 성질을 이용)이다.
접촉연소식	가연성 가스가 백금상에 촉매와 작용하여 연소하고 온도 상승을 발생하여 백금선의 전기저항이 증가하는 것을 측정한다.
기체열전도식	코일상으로 감겨진 백금선이 칠해진 반도체 가스에 대한 열전도도의 차이를 응용한 것으로, 접촉연소와는 반대로 변화한다.

■ 가스누출자동차단기의 제품성능

- 내압성능 : 고압부는 3[MPa] 이상, 저압부는 0.3[MPa] 이상의 압력으로 실시하는 내압시험에서 이상이 없는 것으로 한다.
- 기밀성능 : 고압부는 1.8[MPa] 이상, 저압부는 8.4[kPa] 이상 10[kPa] 이하의 압력으로 실시하는 기밀시험에서 누출이 없는 것으로 한다.
- 내구성능 : 전기적으로 개폐하는 자동차단기는 6,000회의 개폐 조작 반복 후에 기밀시험, 과류차단 성능 및 누출점검성능에 이상이 없는 것으로 한다.
- 내진동성능 : 제어부 및 차단부는 진동수 600[회/min], 진폭 5[mm]의 진동을 상하, 좌우, 전후의 세 방향에서 각각 20분 가한 후 작동시험과 기밀시험을 하여 이상이 없는 것으로 한다.
- 절연저항성능 : 전기적으로 개폐하는 자동차단기의 전기충전부와 비충전 금속부의 절연저항은 1[MΩ] 이상으로 한다.
- 내전압성능 : 전기적으로 개폐하는 자동차단기는 500[V]의 전압을 1분간 가하였을 때 이상이 없는 것으로 한다.
- 내열성능 : 제어부는 온도 40[℃] 이상, 상대습도 90[%] 이상에서 1시간 이상 유지한 후 10분 이내에 작동시험을 하여 이상이 없는 것으로 한다.

■ 전 가스소비량에 의한 가스보일러의 분류(총발열량 기준)

- 강제배기식 및 강제급배기식 가스온수보일러 : 70[kW] 이하
- 중형 가스온수보일러 : 70[kW] 초과 232.6[kW] 이하
- 강제혼합식 가스버너 : 232.6[kW] 초과

■ 방류둑

- 액상의 가스가 누출된 경우 그 가스의 유출을 방지하기 위하여 대용량의 액화석유가스 지상 저장탱크 주위에 설치한다.
- 2개 이상의 저장탱크가 설치된 것에 대한 저장능력의 산정 : 저장능력을 합한 것
- 가연성 가스, 산소 : 저장능력 1,000[ton] 이상
- 독성가스 : 저장능력 5[ton] 이상
- 독성가스를 사용하는 내용적이 1만[L] 이상인 수액기 주위에는 방류둑을 설치한다.
- 가스도매사업의 가스공급시설의 설치 기준에 따르면 액화가스 저장탱크의 저장능력이 500[ton] 이상일 때 방류둑을 설치하여야 한다.
- 방류둑은 액밀한 것이어야 한다.
- 성토는 수평에 대하여 45[°] 이하의 기울기로 한다.
- 방류둑은 그 높이에 상당하는 액화가스의 액두압에 견딜 수 있어야 한다.
- 성토 윗부분의 폭은 30[cm] 이상으로 한다.

■ **가스 방출관의 방출구** : 공기 중에 수직 상방향으로 가스를 분출하는 구조로서 방출구의 수직 상방향 연장선으로부터 다음의 안전밸브 규격에 따른 수평거리 이내에 장애물이 없는 안전한 곳으로 분출하는 구조로 한다.
- 입구 호칭지름 15A 이하 : 0.3[m]
- 입구 호칭지름 15A 초과 20A 이하 : 0.5[m]
- 입구 호칭지름 20A 초과 25A 이하 : 0.7[m]
- 입구 호칭지름 25A 초과 40A 이하 : 1.3[m]
- 입구 호칭지름 40A 초과 : 2.0[m]

■ **가연성 가스 운반 차량의 운행 중 가스 누출 시 긴급조치사항(운반 중 가스 누출 부분에 수리 불가능한 상태가 발생했을 때의 조치)**
- 누출 방지조치를 취한다.
- 상황에 따라 안전한 장소로 운반한다(주위가 안전한 곳으로 차량을 이동시킨다).
- 부근의 화기를 없앤다(교통 및 화기를 통제한다).
- 소화기를 이용하여 소화하는 것은 부적절하다.
- 비상연락망에 따라 관계업소에 원조를 의뢰한다.

■ **독성가스의 식별조치**
- ○○에는 가스 명칭을 적색으로 기재한다.
  예 독성가스 ○○ 제조시설, 독성가스 ○○ 저장소
- 문자의 크기는 가로, 세로 10[cm] 이상으로 한다.
- 30[m] 이상의 거리에서 식별이 가능하도록 한다.
- 경계표지와는 별도로 게시한다.
- 식별표지에는 다른 법령에 따른 지시사항 등을 명기할 수 있다.

■ **독성가스 누출 우려 부분의 위험표지**
- 위험표지의 바탕색은 백색, 글씨는 흑색으로 한다.
- 문자의 크기는 가로×세로 5[cm] 이상으로 한다.
- 문자는 10[m] 이상 떨어진 위치에서도 알 수 있도록 한다.
- 문자는 가로 또는 세로 방향으로 모두 쓸 수 있다.

■ **LPG 용기에 있는 잔가스의 처리법**
- 폐기 시에는 용기를 분리한 후 처리한다.
- 잔가스 폐기는 통풍이 양호한 장소에서 소량씩 실시한다.
- 되도록 사용 후 용기에 잔가스가 남지 않도록 한다.
- 용기를 가열할 때는 온도 40[℃] 이상의 뜨거운 물을 사용한다.

■ 이동식 부탄연소기 관련 사고 예방방법
- 연소기에 접합용기를 정확히 장착한 후 사용한다.
- 과대한 조리기구를 사용하지 않는다.
- 잔가스 사용을 위해 용기를 가열하지 않는다.
- 폐기할 때는 환기가 잘되는 넓은 장소에서 바람을 등지고 평평한 바닥에 사용한 접합용기 휴대용 부탄가스의 노즐을 대고 잔존가스를 완전히 제거한다.
- 잔가스를 완전히 제거한 후 (장갑을 착용하고 송곳이나 날카로운 요철을 사용하여) 구멍을 뚫어 화기가 없는 장소(분리수거함 등)에 버린다.

■ 이동식 부탄연소기의 올바른 사용방법
- 텐트 안에서 사용하지 않는다.
- 두 대를 나란히 사용해야 할 경우에는 연결하거나 붙여 사용하면 위험하므로 적당한 거리를 유지한다.
- 사용하는 그릇은 연소기의 삼발이보다 폭이 좁은 것을 사용한다.
- 사용 후 과량이 남으면 노즐이 눌려 가스가 누출되는 것을 예방하기 위하여 빨간 캡으로 닫는다.
- 사용 후에나 연소기 운반 중에는 용기를 연소기 외부에 보관한다.

■ 저장량이 각각 1,000[ton]인 LP 가스 저장탱크 2기에서 발생 가능한 사고와 상해 발생 메커니즘
- 누출 → 화재 → BLEVE → Fireball → 복사열 → 화상
- 누출 → 증기운 확산 → 증기운 폭발 → 폭발 과압 → 폐출혈
- 누출 → 화재 → BLEVE → Fireball → 화재 확대 → BLEVE

■ 제반 안전조치
- 위험표지 : 독성가스 충전시설에서 다른 제조시설과 구분하여 외부로부터 독성가스 충전시설임을 쉽게 식별할 수 있도록 설치하는 조치
- 질소 충전용기에서 질소의 누출 여부를 확인하는 가장 쉽고 안전한 방법 : 비눗물 사용
- 가스사용시설에 퓨즈 콕 설치 시 예방 가능한 사고유형 : 가스레인지 연결 호스 고의 절단사고
- 정전기 제거 또는 발생 방지조치(정전기로 인한 화재나 폭발사고의 예방조치)
  - 가습하여 상대습도를 높인다.
  - 공기를 이온화시킨다.
  - 마찰을 작게 한다.
  - 대상물을 본딩하거나 접지시킨다.
  - 가연성 분위기를 불활성화한다.
  - 정전 차단 또는 정전 차폐(접지된 도체로 대전 물체를 덮거나 둘러싸는 것)한다.

- 유체 분출을 방지한다.
- 전도성 도료를 칠하거나 전기저항이 큰 물질(절연체) 대신 전도성 물질을 사용하여 전도성을 증가시킨다.
- 유체의 이전, 충전 시의 유속을 제한한다.
- 제전기(완전 제전이 아니라 재해나 장애가 발생되지 않을 정도로 정전기를 제거하는 기기)를 사용한다.

■ 정성적 안정성(위험성) 평가기법

- 체크리스트기법 : 공정 및 설비의 오류, 결함 상태, 위험상황 등을 목록화한 형태로 작성하여 경험적으로 비교함으로써 위험성을 정성적으로 파악하는 안전성 평가기법
- 사고예상질문분석기법(WHAT-IF) : 공정에 잠재하고 있으면서 원하지 않은 나쁜 결과를 초래할 수 있는 사고에 대하여 예상질문을 통해 사전에 확인함으로써 그 위험과 결과 및 위험을 줄이는 방법을 제시하는 정성적 안전성 평가기법
- 위험과 운전분석기법(HAZOP ; Hazard and Operability Studies) : 공정에 존재하는 위험요소들과 공정의 효율을 떨어뜨릴 수 있는 운전상의 문제점을 찾아내어 그 원인을 제거하는 정성적인 안전성 평가기법
- 이상위험도분석기법(FMECA ; Failure Modes, Effects and Criticality Analysis) : 공정 및 설비의 고장의 형태 및 영향, 고장 형태별 위험도 순위 등을 결정하는 기법

■ 정량적 안정성(위험성) 평가기법

- 상대위험순위결정기법(Dow and Mond Indices) : 설비에 존재하는 위험에 대하여 수치적으로 상대 위험순위를 지표화하여 그 피해 정도를 나타내는 상대적 위험순위를 정하는 안전성 평가기법
- 작업자실수분석기법(HEA ; Human Error Analysis) : 설비의 운전원, 정비보수원, 기술자 등의 작업에 영향을 미칠만한 요소를 평가하여 그 실수의 원인을 파악하고 추적하여 정량적으로 실수의 상대적 순위를 결정하는 안전성 평가기법
- 결함수분석기법(FTA ; Fault Tree Analysis) : 사고를 일으키는 장치의 이상이나 운전자 실수의 조합을 연역적으로 분석하는 정량적 안전성 평가기법
- 사건수분석기법(ETA ; Event Tree Analysis) : 초기사건으로 알려진 특정한 장치의 이상이나 운전자의 실수로부터 발생되는 잠재적인 사고결과를 예측, 평가하는 정량적인 안전성 평가기법
- 원인결과분석기법(CCA ; Cause-Consequence Analysis) : 잠재된 사고의 결과와 이러한 사고의 근본적인 원인을 찾아내고 사고결과와 원인의 상호관계를 예측, 평가하는 정량적 안전성 평가기법

CHAPTER 04 가스계측

▌온도단위

- 섭씨온도[℃] : [℃] = $\frac{5}{9}$([℉] − 32)
- 화씨온도[℉] : [℉] = $\frac{9}{5}$[℃] + 32
- 절대온도[K] : [℃] + 273.15
- 랭킨온도[°R] : [℉] + 460 = 1.8 × [K]

▌SI 기본단위 7가지

미터[m], 킬로그램[kg], 초[sec], 암페어[A], 켈빈[K], 몰[mol], 칸델라[cd]

▌측정량 계량방법

- 보상법 : 측정량의 크기가 거의 같은 미리 알고 있는 양의 분동을 준비하여 분동과 측정량의 차이로부터 측정량을 구하는 방법이다.
- 편위법 : 측정량의 크기에 따라 지침 등을 편위시켜 측정량을 구하는 방법으로, 감도는 떨어지지만 취급이 쉽고 신속하게 측정할 수 있어 전압계 및 전류계 등의 공업용 기기로 많이 사용된다(스프링 저울, 부르동관 압력계, 전류계 등).
- 치환법 : 정확한 기준과 비교 측정하여 측정기 자신의 부정확한 원인이 되는 오차를 제거하기 위하여 사용되는 방법으로, 다이얼게이지를 이용하여 두께를 측정하는 방법 등이 이에 해당한다.
- 영위법 : 측정량(측정하고자 하는 상태량)과 기준량(독립적 크기 조정 가능)을 비교하여 측정량과 똑같이 되도록 기준량을 조정한 후 기준량의 크기로부터 측정량을 구하는 방법(천칭)이다.

▌압력계의 분류

- 1차 압력계 : 액주식(U자관식, 단관식, 경사관식, 차압식, 플로트식, 환상천평식), 기준 분동식(부유피스톤식), 침종식
- 2차 압력계 : 탄성식(부르동관, 벨로스, 다이어프램, 콤파운드게이지), 전기식(전기저항식, 자기 스테인리스식, 압전식), 진공식(맥라우드 진공계, 열전도형 진공계, 피라니 압력계, 가이슬러관, 열음극 전리 진공계)

■ 피토관식 유량계

- 관에 흐르는 유체 흐름의 전압과 정압의 차이를 측정하고 유속을 구하는 장치이다.
- 관 속을 흐르는 유체의 한 점에서의 속도를 측정하고자 할 때 가장 적당한 유속 측정이 가능한 유속식 유량계이다.
- 액체의 전압과 정압의 차(동압)로부터 순간치 유량을 측정한다.
- 응용원리 : 베르누이 정리
- 유량 계산식

$$Q = C \cdot A v_m = C \cdot A \sqrt{2g \times \frac{P_t - P_s}{\gamma}} = C \cdot A \sqrt{2gh \times \frac{\gamma_m - \gamma}{\gamma}} = C \cdot A \sqrt{2gh \times \frac{\rho_m - \rho}{\rho}}$$

(여기서, Q : 유량[m³/sec], C : 유량계수, A : 단면적[m²], v_m : 평균유속, g : 중력가속도(9.8[m/sec²]), P_t : 전압[kgf/m²], P_s : 정압[kgf/m²], γ_m : 마노미터 액체의 비중량[kgf/m³], γ : 유체의 비중량[kgf/m³], ρ_m : 마노미터 액체밀도[kg/m³], ρ : 유체밀도[kg/m³])

- 유 속

$$v = C_v \sqrt{2g\Delta h} = C_v \sqrt{2g(P_t - P_s)/\gamma}$$

(여기서, v : 유속[m/sec], C_v : 속도계수, g : 중력가속도(9.8[m/sec²]), P_t : 전압[kgf/m²], P_s : 정압[kgf/m²], γ : 유체의 비중량[kgf/m³])

■ 차압식 유량계

- 관로 내 조임기구(오리피스, 노즐, 벤투리관)를 설치하고, 유량의 크기에 따라 전후에 발생하는 차압 측정으로 유량을 구하는 유량계이다.
- 조리개식 유량계 혹은 [스로틀(Throttle) 기구에 의하여 유량을 측정(순간치 측정)하므로] 교축기구식이라고도 한다.
- 측정원리 : 운동하는 유체의 에너지 법칙, 베르누이 방정식, 연속의 법칙(질량보존의 법칙)
- 유량 계산식

$$Q = C \cdot A v_m = C \cdot A \sqrt{\frac{2g}{1-(d_2/d_1)^4} \times \frac{P_1 - P_2}{\gamma}} = C \cdot A \sqrt{\frac{2gh}{1-(d_2/d_1)^4} \times \frac{\gamma_m - \gamma}{\gamma}}$$

$$= C \cdot A \sqrt{\frac{2gh}{1-(d_2/d_1)^4} \times \frac{\rho_m - \rho}{\rho}}$$

(여기서, Q : 유량[m³/sec], C : 유량계수, A : 단면적[m²], v_m : 평균유속, g : 중력가속도(9.8[m/sec²]), d_1 : 입구의 지름, d_2 : 조임기구 목의 지름, P_1 : 교축기구 입구측 압력[kgf/m²], P_2 : 교축기구 출구측 압력[kgf/m²], h : 마노미터 높이차, γ_m : 마노미터 액체의 비중량[kgf/m³], γ : 유체의 비중량[kgf/m³], ρ_m : 마노미터 액체밀도[kg/m³], ρ : 유체밀도[kg/m³])

■ 탭 입구 위치에 따른 차압 측정 탭(압력 탭 또는 압력 도출구)방식의 분류

- 플랜지 탭(Flange Tap) : 가장 많이 사용되는 방법으로, 오리피스 전단 및 후단 플랜지로부터 오리피스 전단 및 후단의 표면에 평행하게 천공하여 차압을 측정하는 방식이다. 오리피스의 압력을 측정하기 위하여 관지름에 관계없이 오리피스 판벽으로부터 상·하류 25[mm] 위치에 설치한다.
- 코너 탭(Corner Tap) : 오리피스 전단 및 후단 플랜지로부터 오리피스 전단 및 후단의 표면까지 경사지게 천공하여 차압을 측정하는 방식이다. 오리피스 판에 바로 인접한 위치에서 압력을 측정하는 방식이며 주로 2[inch] 이하의 라인에 사용된다. 플랜지 탭보다 가공하기가 어려워 가격이 플랜지 탭보다 비싸고 구멍이 작아서 막히기 쉽고 압력이 불안정하다.
- D 및 D/2 탭 : 파이프 탭(Pipe Tap) 또는 Full-flow 탭이라고도 하며, 오리피스가 설치될 배관에 천공하여 차압(오리피스 양단의 손실압력)을 측정하는 방식이다. 배관 천공작업은 현장에서 한다. 상류 탭은 판으로부터 관의 지름의 2-1/2만큼 떨어진 위치에 설치되고 하류 탭은 관의 지름의 8배만큼 떨어진 위치에 설치한다.
- 축류 탭 : 오리피스 하류측 압력 구멍은 오리피스 유량계 직경비의 변화에 따라 가변적인 위치의 값을 갖게 한 방식으로 이론적으로 최대의 압력을 얻을 수 있는 위치에 설치한다. 제작이 까다롭고 복잡하다.
- 반경 탭 : 축류 탭과 유사하나 하류 탭이 오리피스 판으로부터 관의 지름의 1/2만큼 떨어진 위치에 설치된다는 것이 다르다.

■ 액면계의 분류

- 직접 측정식 : 유리관식(직관식), 검척식, 플로트식, 사이트 글라스
- 간접 측정식 : 차압식, 편위식(부력식), 정전용량식, 전극식(전도도식), 초음파식, 퍼지식(기포식), 방사선식(γ선식), 슬립튜브식, 레이더식, 중추식, 중량식

■ 대표적인 온도계의 최고 측정 가능(사용 가능) 온도[℃]

- 접촉식 온도계 : 유리제 온도계 750(수은 360, 수은-불활성가스 이용 750, 알코올 100, 베크만 150), 바이메탈 온도계 500, 압력식 온도계 600(액체 : 수은 600, 알코올 200, 아닐린 400, 기체압력식 : 420), 전기저항식 온도계 500(백금 500, 니켈 150, 구리 120, 서미스터 300), 열전대 온도계 1,600(PR 1,600, CA 1,200, IC 800, CC 350)
- 비접촉식 온도계 : 광고온계(광온도계) 3,000, 방사온도계 3,000, 광전관온도계 3,000, 색온도계 2,500(어두운 색 600, 붉은색 800, 오렌지색 1,000, 노란색 1,200, 눈부신 황백색 1,500, 매우 눈부신 흰색 2,000, 푸른 기가 있는 흰백색 2,500)

■ 열전대(Thermocouple)의 구비조건
- 저소 : 열전도율, 전기저항, 온도계수, 이력현상
- 고대 : 열기전력, 기계적 강도, 내열성, 내식성, 내변형성, 재생도, 가공 용이성
- 장시간 사용에 견디며 이력현상이 없을 것
- 온도 상승에 따라 연속적으로 상승할 것

■ 열전대 보호관의 재질
- 유 리
- 카보런덤 : 상용온도가 가장 높고 급랭·급열에 강하다. 주로 방사고온계의 단망관이나 2중 보호관의 외관으로 사용되는 재료이다.
- 자기 : 최고 측정온도는 1,600[℃] 이하이며 상용 사용온도는 약 1,450[℃]이다. 급열이나 급랭에 약하며 2중 보호관 외관에 사용되는 비금속 보호관 재료이다.
- 석영 : 최고 측정온도는 1,100[℃] 이하이며 상용 사용온도는 약 1,000[℃]이다. 내열성, 내산성이 우수하나 환원성 가스에 기밀성이 약간 떨어진다.
- 내열강 SEH-5
  - 탄소강 + 크롬(Cr) 25[%] + 니켈(Ni) 25[%]로 구성된다.
  - 내식성, 내열성, 강도가 우수하다.
  - 상용온도는 1,050[℃]이고, 최고 사용온도는 1,200[℃]이다.
  - 유황가스 및 산화염과 환원염에도 사용 가능하다.
  - 비금속관(자기관 등)에 비해 비교적 저온 측정에 사용한다.
- Ni-Cr 스테인리스강 : 1,050[℃] 이하
- 구리 : 최고 측정온도는 400[℃] 이하

■ 열전대의 종류
- 백금-백금·로듐(PR), 크로멜-알루멜(CA), 철-콘스탄탄(IC), 구리-콘스탄탄(CC)
- 측정온도에 대한 기전력의 크기 순 : IC > CC > CA > PR

■ 측온접점이 형성되는 열전대 소선 보호 형태에 따른 열전대 분류
- 일반 열전대(General Thermocouple) : 분리 제작된 보호관, 열전대 소선, 절연관, 단자함을 결합하여 구성된다.
- 시스 열전대(Sheath Thermocouple) : 보호관, 열전대 소선, 산화마그네슘(MgO) 등의 절연재가 일체로 구성되며, 기계적 내구성이 좋고 임의로 구부릴 수 있는 등의 특징이 있어 일반 열전대보다 많이 사용된다.

■ 전기저항식 온도계의 노 내 온도와 저항값

- 노 내 온도 : $T = \dfrac{R_1 - R_0}{\alpha \times R_0}[℃]$

  (여기서, R_0 : 0[℃]에서의 저항, R_1 : 노 내 삽입 시의 저항, α : 저항온도계의 저항온도계수)

- 저항값 : $R_t = R_0(1 + \alpha dt)$

  (여기서, R_0 : 0[℃]에서의 저항값, α : 저항온도계수, dt : 온도차)

■ 방사온도계(방사고온계)

- 열복사를 이용한다.
- 응용이론 : 슈테판–볼츠만 법칙
- 전 방사에너지와 피측정체의 실제온도
  - 전 방사에너지 : $E = \sigma \varepsilon T^4 [W]$

    (여기서, σ : 슈테판–볼츠만 상수 $5.67 \times 10^{-12}[W/cm^2 K^4]$, ε : 방사율, T : 흑체 표면온도)

  - 피측정체의 실제온도 : $T = \dfrac{S}{\sqrt[4]{Et}}$

    (여기서, S : 계기의 지시온도, Et : 전 방사율)

■ 색온도계

- 파장을 이용한다.
- 온도에 따라 색이 변하는 일원적인 관계로부터 온도를 측정하는 비접촉식 온도계이다.
- 측정온도 범위 : 600~2,000[℃]
- 색에 따른 온도 : 어두운 색 600[℃], 적색 800[℃], 오렌지색 1,000[℃], 노란색 1,200[℃], 눈부신 황백색 1,500[℃], 매우 눈부신 흰색 2,000[℃], 푸른 기가 있는 흰백색 2,500[℃]

■ 통풍형 건습구 습도계 또는 아스만(Assmann) 습도계 : 측정오차에 대한 풍속의 영향을 최소화하기 위해 강제통풍 장치를 이용하여 설계된 건습구 습도계

- 3~5[m/sec]의 통풍이 필요하다.
- 증류수 공급, 거즈의 설치관리가 필요하다.
- 습도 측정 시 계산이 필요하다.
- 습구온도가 0[℃]보다 높은 범위에서 사용하는 것이 바람직하다.
- 고온쪽은 100[℃] 근처까지 측정할 수 있다.
- 휴대용으로 상온에서 비교적 정도(정확도)가 좋다.
- 비교적 가격이 저렴하다.

- 안정에 많은 시간이 소요되며 숙련이 필요하다.
- 습구에서 증발한 물이 측정 장소의 습도에 영향을 줄 정도의 좁은 공간에서 사용하는 것은 적당하지 않다.
- 가스, 먼지 등으로 현저하게 오염된 대기 중에서 사용하는 것은 적당하지 않다.
- 거즈와 감온부 사이에 틈새가 생기지 않도록 해야 하며 거즈가 원통의 내벽에 접촉하지 않도록 주의하여 설치한다.
- 장기간 사용하고 있으면, 습구의 감온부에 물때가 부착하므로 물때를 씻어 내야 한다(유리제 온도계의 경우, 묽은 염산에 담근 후 물로 씻는다).
- 연료탱크 속에 부착하여 사용하면 안 된다.
- 측정 위치의 기압이 표준 기압과 30[%] 이상 차이가 날 경우에는 측정 정밀도에 영향을 줄 수 있다.

■ **모발 습도계(Hair Hygrometer)** : 습도에 따라 규칙적으로 신축하는 모발의 성질을 이용한 습도계
- 사용이 간편하고 저습도 측정이 가능하다.
- 재현성이 좋아 상대습도계의 감습소자로 사용된다.
- 실내의 습도조절용으로 많이 이용된다.
- 안정성과 응답성이 좋지 않다.
- 실내에서 사용하기 좋지만, 모발은 물에 젖으면 오히려 수축하는 성질이 있으므로 야외에서는 사용하기 곤란하다.
- 모발을 10~20개 정도 묶어서 사용하며, 2년마다 바꾸어 주어야 한다.

■ **화학적 가스분석법** : 연소가스의 주성분인 이산화탄소, 산소, 일산화탄소 등의 가스가 흡수액에 잘 녹는 성질을 이용하여 용적 감소나 흡수제를 적정하여 성분 비율을 구하는 등의 화학적인 성질을 이용하는 가스분석법으로 물리적 분석법에 비해 신뢰성, 신속성이 떨어진다. 종류에는 흡수분석법, 연소분석법, 시험지법, 검지관법, 중화적정법, 칼피셔법 등이 있다.

■ **흡수분석법** : 시료가스를 각각 특정한 흡수액에 흡수시켜 흡수 전후의 가스체적을 측정하여 가스의 성분을 분석하는 정량 가스분석법이며, 종류로는 오르자트법, 헴펠법, 게겔법 등이 있다.
- 오르자트법 : 용적 감소를 이용하여 연소가스 주성분인 이산화탄소, 산소, 일산화탄소 등을 분석하는 가스분석법으로 연속 측정과 수분분석은 불가하며 건배기가스의 성분을 분석한다. 가스분석 순서는 $CO_2 \rightarrow O_2 \rightarrow CO$의 순이다.
- 헴펠법 : 가스분석의 순서는 $CO_2 \rightarrow C_mH_n \rightarrow O_2 \rightarrow CO$의 순이다.
- 게겔법 : 저급 탄화수소분석에 이용하며 가스분석의 순서는 $CO_2 \rightarrow C_2H_2 \rightarrow C_3H_6 \sim C_3H_8 \rightarrow C_2H_4 \rightarrow O_2 \rightarrow CO$의 순이다.

흡수분석법에서 사용되는 흡수액

CO_2	33[%]의 수산화칼륨(KOH) 수용액
C_2H_2(아세틸렌)	아이오딘수은칼륨 용액(옥소수은칼륨 용액)
C_2H_4(에틸렌)	HBr(취수소 용액)
O_2	알칼리성 파이로갈롤 용액(수산화칼륨 + 파이로갈롤 수용액)
CO	암모니아성 염화제1동 용액
C_3H_6(프로필렌), n-C_4H_8	87[%] H_2SO_4 용액
중탄화수소(C_mH_n)	발연 황산(진한 황산)

연소분석법
: 시료가스를 공기, 산소 등으로 연소하고 그 결과로 가스성분을 산출하는 가스분석법이며 종류로는 우인클러법(완만연소법), 분별연소법, 폭발법, 헴펠법 등이 있다.

- 우인클러법(완만연소법) : 산소와 시료가스를 피펫에 천천히 넣고 백금선 등으로 연소시켜 가스를 분석하는 방법이다.
- 분별연소법 : 2종 이상의 동족 탄화수소와 수소가 혼합된 시료를 측정할 수 있는 방법이며, 분별적으로 완전연소 시키는 가스로는 수소, 탄화수소 등이 있다.

팔라듐관 연소분석법	촉매로 팔라듐흑연, 팔라듐석면, 백금, 실리카겔 등이 사용된다.
산화구리법	주로 CH_4 가스를 정량

- 폭발법
- 헴펠법 : 수소, 메탄을 분석한다.

시험지법에서의 검지가스별 시험지와 누설 변색 색상

- 아세틸렌(C_2H_2) : 염화제1동착염지 – 적색
- 암모니아(NH_3) : (적색) 리트머스시험지 – 청색
- 염소(Cl_2) : KI 전분지(아이오딘화칼륨, 녹말종이) – 청색
- 일산화탄소(CO) : 염화팔라듐지 – 흑색
- 사이안화수소(HCN) : 질산구리벤젠지(초산벤젠지) – 청색
- 포스겐($COCl_2$) : 해리슨시험지 – 심등색
- 황화수소(H_2S) : 연당지(초산납지) – 흑(갈)색
  ※ 연당지 : 초산납을 물에 용해하여 만든 가스시험지

- **검지관법** : 화학공장에서 누출된 유독가스를 신속하게 현장에서 검지 정량하는 방법이며, 검지가스별 측정농도의 범위 및 검지한도는 다음과 같다.
  - 수소(H_2) : 0~1.5[%], 250[ppm]
  - 아세틸렌(C_2H_2) : 0~0.3[%], 10[ppm]
  - 암모니아 : 5[ppm]
  - 염소 : 0.1[ppm]
  - 일산화탄소(CO) : 0~0.1[%], 1[ppm]
  - 프로판(C_3H_8) : 0~0.5[%], 100[ppm]

- **물리적 가스분석법** : 열전도율, 밀도, 자성, 적외선, 자외선, 도전율, 연소열, 점성의 흡수, 화학 발광량, 이온전류 등의 물리적 성질을 계측하는 가스 상태를 그대로 분석하는 방법으로, 신뢰성과 신속성이 높다. 종류에는 열전도율법, 밀도법, 자기법, 적외선법, 자외선법, 도전율법, 고체전지법, 액체전지법, 흡광광도법, 저온증류법, 슐리렌법, 분리분석법 등이 있다.

- **분광광도법 또는 흡광광도법**
  - 측정 대상 가스를 흡수한 용액에 적당한 화학적 조작을 가하여 발색시킨 후 발색시료에 가시부 또는 자외부 파장의 빛을 비추어 흡수된 광량으로 가스농도를 측정하는 가스분석법
  - 람베르트-비어의 법칙을 이용한 분석법

- **헴펠가스분석계(헴펠식 분석장치)** : 흡수법과 연소법의 조합법으로 이산화탄소, (중)탄화수소, 산소, 일산화탄소, 질소, 수소, 메탄 등을 분석하는 가스분석계
  - 구성 : 가스뷰렛(기체 부피 측정), 가스피펫(흡수액 포함), 수준관(차단액인 물 포함)
  - 흡수법 적용 : 이산화탄소, (중)탄화수소, 산소, 일산화탄소, 질소
  - 연소법 적용 : 수소, 메탄

- **세라믹식 O_2계** : 기전력을 이용하여 산소농도를 측정하는 가스분석계
  - 세라믹 주성분 : 산화지르코늄(ZrO_2)
  - 고온이 되면 산소 이온만 통과시키고 전자나 양이온을 거의 통과시키지 않는 특수한 도전성 나타내는 지르코니아(Zr)의 특성을 이용하여 산소농담을 전지를 만들어 시료가스 중의 산소농도를 측정한다.
  - 비교적 응답이 빠르며(5~30[sec]) 측정가스의 유량이나 설치 장소의 주위 온도 변화에 의한 영향이 작다.
  - 연속 측정이 가능하며 측정범위가 광범위[ppm~%]하다.
  - 측정부의 온도 유지를 위하여 온도 조절 전기로가 필요하다.

■ **적외선 흡수식 가스분석계** : 2원자 분자를 제외한 대부분의 가스가 고유한 흡수 스펙트럼을 가지는 것을 응용한 가스분석계(대상 성분 가스만이 강하게 흡수하는 파장의 광선을 이용하는 가스분석계)
- 별칭 : 적외선 분광분석계, 적외선식 가스분석계
- 저농도의 분석에 적합하며 선택성이 우수하다.
- CO_2, CO, CH_4 NH_3, $COCl_2$ 등의 가스분석이 가능하다.
- 대칭성 2원자 분자(N_2, O_2, H_2, Cl_2 등), 단원자 가스(He, Ar 등) 등의 분석은 불가능하다.

■ **기체크로마토그래피**
- 두 가지 이상의 성분으로 된 물질을 단일성분으로 분리하는 선택성이 우수한 분리분석기법이다.
- 이동상으로 캐리어 가스(이동기체)를 이용하고, 고정상으로 액체 또는 고체를 이용해서 혼합성분의 시료를 캐리어 가스로 공급하여 고정상을 통과할 때 시료 중의 각 성분을 분리하는 분석법이다.
- 시료가 칼럼을 지날 때 각 성분의 이동도 차이를 이용해 혼합물의 각 성분을 분리해 낸다.
- 원리 : 흡착의 원리, 분리의 원리
- 이용되는 기체의 특성 : 확산속도의 차이
- 용도 : 수소, 이산화탄소, 탄화수소(부탄, 나프탈렌, 할로겐화 탄화수소 등), 산화물, 연소기체 등의 분석(기체크로마토그래피 분석방법으로 분석하지 않는 가스 : 염소)
- 최근에는 주로 열린관 칼럼을 사용한다.
- 시료를 이동시키기 위하여 흔히 사용되는 기체는 헬륨가스이다.
- 시료의 주입은 반드시 기체이어야 하는 것은 아니다.
- 피크 면적 측정법 : 주로 적분계(Integrator)에 의한 방법을 이용한다.
- 구성요소 : 시료 주입기(Injector), 운반기체(Carrier Gas), 분리관(Column), 검출기(Detector), 기록계(Data System), 유속조절기(유량측정기), 압력조정기, 유량조절밸브, 압력계 등
- 운반기체(Carrier Gas) : He, Ar, N_2, H_2 등
- 칼럼에 사용되는 흡착제(정지상) : 활성탄, 실리카겔, 활성알루미나
- 특 징
  - 1대의 장치로 여러 가지 가스를 분석할 수 있다.
  - 미량성분의 분석이 가능하다.
  - 분리능력과 선택성이 우수하다.
  - 연소가스에서는 SO_2, NO_2 등의 분석이 불가능하다.
  - 여러 가지 가스성분이 섞여 있는 시료가스분석에 적당하다.
  - 운반기체로서 화학적으로 비활성인 헬륨을 주로 사용한다.
  - 칼럼에 사용되는 액체 정지상은 휘발성이 낮아야 한다.
  - 빠른 시간 내에 분석이 가능하다.
  - 액체크로마토그래피보다 분석속도가 빠르다.
  - 적외선 가스분석계에 비해 응답속도가 느리다.

- 연속분석이 불가능하다.
- 연소가스에서는 SO₂, NO₂ 등의 분석이 불가능하다.
- 검출기 : 불꽃이온화검출기(FID), 염광광도검출기(FPD), 열전도도검출기(TCD), 전자포획검출기(ECD), 원자방출검출기(AED), 알칼리열이온화검출기(FTD), 황화학발광검출기(SCD), 열이온검출기(TID), 방전이온화검출기(DID)

■ 기체크로마토그래피 관련 제반 계산 문제

- 피크의 넓이 계산 : $A = Wh$

  (여기서, W : 피크의 높이의 1/2 지점에서의 피크의 너비, h : 피크의 높이)

- 이론단수

$$N = 16 \times \left(\frac{l}{W}\right)^2 = 16 \times \left(\frac{t}{T}\right)^2 = 16 \times \left(\frac{vt}{W}\right)^2$$

  (여기서, l : 시료 도입점으로부터 피크 최고점까지의 길이, W : 봉우리(피크)의 폭, t : 머무름 시간, T : 바닥에서의 너비 측정시간, v : 기록지의 속도)

- 이론단 해당 높이(HETP ; Height Equivalent to a Theoretical Plate)

$$HETP = \frac{L}{N}$$

  (여기서, L : 분리관의 길이, N : 이론단수)

- 가스 주입시간 : $t_i = \dfrac{V}{Q}$

  (여기서, V : 지속용량, Q : 이동기체의 유량)

- 기록지 속도 : $v = \dfrac{l}{t_i} = \dfrac{Q}{V} \times l$

  (여기서, l : 주입점에서 피크까지의 길이, t_i : 가스 주입시간)

■ 가스미터의 분류

- 실측식 가스미터 : 직접 측정방법
  - 건식 가스미터
    ⓐ 막식(다이어프램식) 가스미터 : 그로바식, 독립내기식(T형, H형), 클로버식(B형)
    ⓑ 회전자식 가스미터 : 루츠형(Roots), 로터리 피스톤식, 오벌식
  - 습식 가스미터 : 정확한 계량이 가능하여 기준기로 주로 이용되는 가스미터로 기준 습식 가스미터, 드럼형 등이 있다.
- 추량식(추측식) 가스미터 : 간접 측정방법으로 터빈형(Turbine), 오리피스식(Orifice), 와류식(Vortex), 델타형(Delta), 벤투리식(Venturi) 등이 있다.

계량기의 종류별 기호

A 판수동 저울, B 접시 지시 및 판 지시 저울, C 전기식 지시 저울, D 분동, E 이동식 축중기, F 체온계, G 전력량계, H 가스미터, I 수도미터, J 온수미터, K 주유기, L LPG미터, M 오일미터, N 눈새김 탱크, O 눈새김 탱크로리, P 혈압계, Q 적산열량계, R 곡물수분측정기, S 속도측정기

가스미터 관련 계산식

- 가스의 통과량
  - 지시량 ± 사용공차
  - 최소 지시량 = 지시량 − 사용공차
  - 최대 지시량 = 지시량 + 사용공차

- 가스미터의 오차율 : $E = \dfrac{Q-I}{Q} \times 100 [\%]$

  (여기서, Q : 가스미터의 유량, I : 가스미터의 지시량)

- 가스사용량 : $V = \sum Q_n T_n N_n$

  (여기서, Q_n : 가스기기의 용량, T_n : 사용시간, N_n : 사용일수)

- 최대 가스사용량 : $V_{\max} = No \times T \times N$

  (여기서, No : 호수, T : 작동시간, N : 사용일수)

- 배관의 유량
  - 저압배관의 유량(도시가스 등)

    $Q = K\sqrt{\dfrac{hD^5}{SL}}$

    (여기서, K : 유량계수, h : 압력손실(기점, 종점 간의 압력 강하 또는 기점압력과 말단압력의 차이), D : 배관의 지름, S : 가스의 비중, L : 배관의 길이)

  - 중압·고압배관의 유량

    $Q = K\sqrt{\dfrac{(P_1^2 - P_2^2)D^5}{SL}}$

    (여기서, K : 유량계수, P_1 : 초압, P_2 : 종압, D : 배관의 지름, S : 가스의 비중, L : 배관의 길이)

- 피크 시 가스 수요량 : 일 피크 사용량 × 세대수 × 피크시율 × 피크일률

▌ 가스검지 관련 제반사항

- 검사절차를 자동화하려는 계측작업에서 반드시 필요한 장치 : 자동급송장치, 자동선별장치, 자동검사장치
- 가스압력조정기(Regulator)는 공급되는 가스의 압력을 연소기구에 적당한 압력까지 감압시키는 역할을 한다.
- 전자밸브(Solenoid Valve)의 작동원리 : 전류의 자기작용에 의한 작동
- 파이프나 조절밸브로 구성된 계는 유동공정에 속한다.
- 매질 중에서 초음파의 전파속도 : $\dfrac{L}{t}$

  (여기서, L : 초음파의 송수파기에서 액면까지의 거리, t : 초음파가 수신될 때까지 걸린 시간의 1/2)
- 2차 지연형 계측기의 제동비 : $\dfrac{\delta}{\sqrt{4\pi^2 + \delta^2}}$

  (여기서, δ : 대수감쇠율)
- 가연성 가스검출기법 : 메탄, 에틸알코올, 아세톤 등의 가연성 가스를 검지할 때 가장 적합한 검지법

▌ 캐스케이드 제어(Cascade Control)

- 1차 제어장치가 제어량을 측정하여 제어명령을 하고, 2차 제어장치가 이 명령을 바탕으로 제어량을 조절하는 제어방식
- 2개의 제어계를 조합하여 1차 제어장치의 제어량을 측정하여 제어명령을 발하고, 2차 제어장치의 목표치로 설정하는 제어방식
- 프로세스계 내에 시간지연이 크거나 외란이 심할 경우 조절계를 이용하여 설정점을 작동시키게 하는 제어방식

▌ 피드백 제어 : 폐루프를 형성하여 출력측의 신호를 입력측에 되돌리는 제어

- 입력과 출력을 비교하는 장치가 반드시 필요하다.
- 다른 제어계보다 정확도가 증가된다.
- 다른 제어계보다 제어폭이 증가(Band Width)된다.
- 설비비의 고액 투입이 요구된다.
- 운영에 있어 고도의 기술이 요구된다.
- 일부 고장이 있으면 전 생산에 영향을 미친다.
- 수리가 쉽지 않다.

▌ 자동제어

- 자동제어의 4대 기본장치 : 검출부, 비교부, 조절부, 조작부
- 자동제어의 일반적인 동작 순서 : 검출 → 비교 → 판단 → 조작

온오프 동작(2위치 동작)

- 조작량이 제어편차에 의해서 정해진 2개의 값이 어느 편인가를 택하는 제어방식이다.
- 제어량이 설정치로부터 벗어났을 때 조작부를 개 또는 폐의 2가지 중 하나로 동작시키는 동작이다.
- 편차의 정(+), 부(-)에 의해서 조작신호가 최대, 최소가 되는 제어동작이다.
- 2위치 제어 또는 뱅뱅제어라고도 한다.
- 외란에 의한 잔류편차(Offset)가 발생하지는 않는다.
- 사이클링(Cycling) 현상을 일으킨다.
- 설정값 부근에서 제어량이 일정하지 않다.
- 주로 탱크의 액위를 제어하는 방법으로 이용된다.

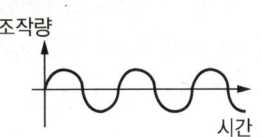

P동작(비례동작)

- 동작신호에 대해 조작량의 출력 변화가 일정한 비례관계의 제어동작이다.
- 조절부 동작의 수식 표현 : $Y(t) = K \cdot e(t)$

  (여기서, $Y(t)$: 출력, K : 비례감도(비례상수), $e(t)$: 편차)

- 비례대(PB ; Proportional Band, $PB[\%]$)
  - 밸브를 완전히 닫힌 상태로부터 완전히 열린 상태로 움직이는 데 필요한 오차의 크기이다.

  $$PB[\%] = \frac{CR}{SR} \times 100[\%]$$

  (여기서, CR : 제어범위(제어기 측정온도차), SR : 설정조절범위(비례제어기 온도차 또는 조절온도차))

  - 자동조절기에서 조절기의 입구신호와 출구신호 사이의 비례감도의 역수인 $1/K$을 백분율[%]로 나타낸 값이다.

  $$PB[\%] = \frac{1}{K} \times 100[\%]$$

  $$K \times PB[\%] = 100[\%]$$

- 사이클링(상하진동)을 제거할 수 있다.
- 외란이 작은 제어계, 부하 변화가 작은 프로세스의 제어에 적합하다.
- 오차에 비례한 제어출력신호를 발생시키며 공기식 제어의 경우에는 압력 등을 제어출력신호로 이용한다.
- 잔류편차가 발생한다.
- 외란이 큰 제어계(부하가 변화하는 등)에는 부적합하다.

I동작(적분동작)

- 출력 변화의 속도가 편차에 비례하는 제어동작이다.
- 조절부 동작의 수식 표현 : $Y(t) = K \cdot \frac{1}{T_i} \int e(t) dt$

  (여기서, $Y(t)$: 출력, K : 비례감도, T_i : 적분시간, $e(t)$: 편차, $1/T_i$: 리셋률)

- 편차의 크기와 지속시간이 비례하는 동작이다.
- 제어량의 편차가 없어질 때까지 동작을 계속한다.
- 부하 변화가 커도 잔류편차가 제거된다.
- 진동하는 경향이 있다.
- 응답시간이 길어서 제어의 안정성은 떨어진다.
- 단독으로 사용되지 않고 비례동작과 조합하여 사용된다.
- 적분동작은 유량제어에 가장 많이 사용된다.
- 적분동작이 좋은 결과를 얻을 수 있는 경우
  - 측정 지연 및 조절 지연이 작은 경우
  - 제어 대상이 자기평형성을 가진 경우
  - 제어 대상의 속응도가 큰 경우
  - 전달 지연과 불감시간이 작은 경우

▌D동작(미분동작)

- 조절계의 출력 변화가 편차의 시간 변화(편차의 변화속도)에 비례하는 제어동작이다.

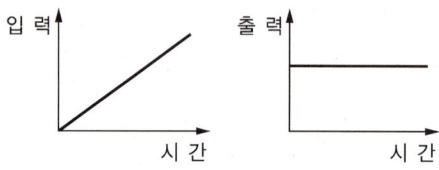

- 조절부 동작의 수식 표현 : $Y(t) = K \cdot T_d \cdot \dfrac{de}{dt}$

  (여기서, $Y(t)$: 출력, K : 비례감도, T_d : 미분시간, e : 편차)

- 진동이 제거된다.
- 응답시간이 빨라져서 제어의 안정성이 높아진다.
- 오버슈트를 감소시킨다.
- 잔류편차가 제거되지 않는다.
- 단독으로 사용되지 않고 비례동작과 조합하여 사용된다.

▌PI동작(비례적분동작)

- 비례동작에 의해 발생되는 잔류편차를 제거하기 위하여 적분동작을 조합시킨 제어동작이다.
- 조절부 동작의 수식 표현 : $Y(t) = K \cdot \left[e(t) + \dfrac{1}{T_i} \int e(t) dt \right]$
- 잔류편차가 제거된다.

  ※ 정상특성 : 출력이 일정한 값에 도달한 이후의 제어계의 특성

- 부하 변화가 넓은 범위의 프로세스에도 적용할 수 있다.
- 진동하는 경향이 있다.
- 제어의 안정성이 떨어진다.
- 간헐현상이 발생한다.

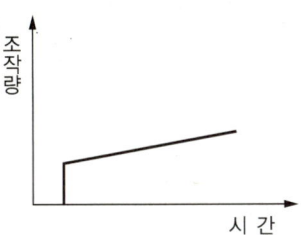

- 제어시간은 단축되지 않다.
- 전달 느림이나 쓸모없는 시간이 크면 사이클링의 주기가 커진다.
- 자동조절계의 비례적분동작에서 적분시간 : P동작에 의한 조작신호의 변화가 I동작만으로 일어나는 데 필요한 시간이다.

■ PD동작(비례미분동작)

- 제어결과에 신속하게 도달하도록 비례동작에 미분동작을 조합시킨 제어동작이다.

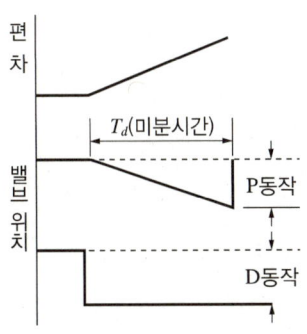

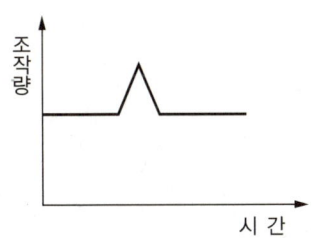

- 조절부 동작의 수식 표현 : $Y(t) = K \cdot \left[e(t) + T_d \cdot \dfrac{de}{dt} \right]$
- 오버슈트(Overshoot)가 감소한다.
- 진동이 제거된다.

- 응답속도가 개선된다.
- 제어의 안정성이 높아진다.
- 잔류편차는 제거되지 않는다.

■ PID동작(비례적분미분동작)

- 비례적분동작에 미분 동작을 조합시킨 제어동작이다.

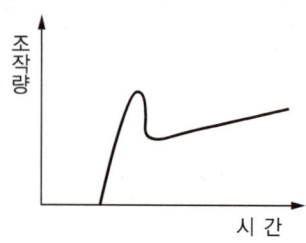

- 조절부 동작의 수식 표현 : $Y(t) = K \cdot \left[e(t) + \dfrac{1}{T_i} \int e(t)dt + T_d \dfrac{de}{dt} \right]$
- 잔류편차가 제거되고, 진동이 제거되어 응답시간이 가장 빠르다.
- 제어계의 난이도가 큰 경우에 가장 적합한 제어동작이다.
- 가장 최적의 제어동작이다.
- 조절효과가 좋다.
- 피드백 제어는 비례미적분 제어(PID Control)를 사용한다.

PART 01

핵심이론

CHAPTER 01   연소공학

CHAPTER 02   가스설비

CHAPTER 03   가스안전관리

CHAPTER 04   가스계측

CHAPTER 01 연소공학

제1절 열역학(냉동 별도)

핵심이론 01 열역학의 개요

① 경로함수와 상태함수
  ㉠ 경로함수 또는 과정함수(Path Function) : 경로에 따라 달라지는 물리량/함수/변수(일, 열)
  ㉡ 상태함수 또는 점함수(State Function or Point Function) : 경로와는 무관하게 처음과 나중의 상태만으로 정해지는 물리량/함수/변수(온도, 부피, 압력, 에너지, 엔트로피, 엔탈피)

② 상태량
  ㉠ 종량성 성질 또는 시량 특성(Extensive Property) : 질량에 비례하는 상태량(무게, 체적, 질량, 엔트로피, 엔탈피, 에너지 등)
  ㉡ 강도성 성질 또는 시강 특성(Intensive Property) : 물질의 양과는 무관한 상태량(온도, 압력, 비체적, 비질량, 밀도, 조성, 몰분율 등)

③ 기체 비중 : 공기분자량에 대한 해당 기체의 분자량의 비

④ 리터당 밀도[g/L] : 분자량/22.4

⑤ 내부에너지 : 분자의 운동 상태(분자의 병진운동, 회전운동, 분자 내 원자의 진동)와 분자의 집합 상태(고체, 액체, 기체의 상태)에 따라서 달라지는 에너지

⑥ 비열 : 단위 질량의 물질의 온도를 단위 온도만큼 올리는 데 필요한 열량
  ㉠ 정압비열(C_p) : 압력이 일정하게 유지되는 열역학적 과정에서의 비열로, 압력이 일정할 때 엔탈피 변화를 온도 변화로 나눈 값이다. 온도에 따라서 다르다.

$$C_p = \left(\frac{\partial H}{\partial T}\right)_p$$

  (여기서, H : 엔탈피, T : 온도)
  ㉡ 정적비열(C_v) : 물체의 부피가 일정하게 유지되는 열역학적 과정에서의 비열로, 부피가 일정할 때 내부에너지의 변화를 온도의 변화로 나눈 값이다. 압력에 따라서 다르다.

$$C_v = \left(\frac{\partial U}{\partial T}\right)_v$$

  (여기서, U : 내부에너지, T : 온도)
  ㉢ 비열비 : $k = C_p/C_v$
    • 단원자 : $k = 1.67$(He 등)
    • 2원자 : $k = 1.4$(O_2 등)
    • 다원자 : $k = 1.33$(CH_4 등)

⑦ 가스미터에서의 계량값 : 22.4[L] × 몰수 × 온도보정치

⑧ 절대일과 공업일
  ㉠ 절대일(비유동일) : 동작유체가 유동하지 않고 팽창 및 압축만으로 하는 일
  ㉡ 공업일(유동일) : 동작유체가 유동하면서 하는 일

10년간 자주 출제된 문제

1-1. 다음 가스 중 비중이 가장 큰 것은?
① 메탄   ② 프로판
③ 염소   ④ 이산화탄소

1-2. 표준 상태에서 질소가스의 밀도는 몇 [g/L]인가?
① 0.97   ② 1.00
③ 1.07   ④ 1.25

10년간 자주 출제된 문제

1-3. 액체 프로판(C_3H_8) 10[kg]이 들어 있는 용기에 가스미터가 설치되어 있다. 프로판 가스가 전부 소비되었다고 하면 가스미터에서의 계량값은 약 몇 [m³]로 나타나겠는가?(단, 가스미터에서의 온도와 압력은 각각 $T=15[℃]$와 $P_g=200[mmHg]$이고 대기압은 0.101[MPa]이다)

① 5.3 ② 5.7
③ 6.1 ④ 6.5

[해설]

1-1

가스 비중(해당 기체분자량/공기분자량)
- 메탄 : $CH_4 = 16/29 = 0.55$
- 프로판 : $C_3H_8 = 44/29 = 1.52$
- 염소 : $Cl_2 = 71/29 = 2.45$
- 이산화탄소 : $CO_2 = 44/29 = 1.52$

1-2
표준 상태에서의 밀도 = 가스분자량/22.4 = 28/22.4 = 1.25[g/L]

1-3
가스미터에서의 계량값 = $22.4 \times \dfrac{10}{44} \times \dfrac{15+273}{273} \approx 5.3[m^3]$

정답 1-1 ③ 1-2 ④ 1-3 ①

핵심이론 02 열역학 법칙

① **열역학 제1법칙**
  ㉠ 열과 일의 관계를 설명한 에너지보존의 법칙이다.
  ㉡ 일과 열은 서로 교환된다는 열교환법칙이다.
  ㉢ 에너지의 한 형태인 열과 일은 본질적으로 서로 같고 열은 일로, 일은 열로 서로 전환이 가능하다. 이때 열과 일 사이의 변환에는 일정한 비례관계가 성립한다.
  ㉣ 가역법칙이며 양적법칙이다.
  ㉤ 제1종 영구기관 부정의 법칙 : 에너지 공급 없이도 영원히 일을 계속할 수 있는 가상의 기관은 존재하지 않는다.
  ㉥ 내부에너지
  $$\Delta U = \Delta Q - \Delta W = \Delta H - \Delta W$$
  $$= \Delta H - P\Delta V$$
  ㉦ 엔탈피(Enthalpy, H) : 일정한 압력과 온도에서 물질이 지닌 고유에너지의 양(열 함량)
  - 엔탈피(H) = 내부에너지(U) + 유동일(에너지)
  = 내부에너지(U) + 압력(P) × 체적(V)
  = $U + PV$
  - 엔탈피를 통해 물리 · 화학적 변화에서 출입하는 열의 양을 구할 수 있고, 화학 평형과도 밀접하게 연관되는 열역학의 핵심함수로, 엔트로피와 더불어 열역하에서 가장 중요한 개념 중의 하나이다.

② **열역학 제2법칙**
  ㉠ 엔트로피법칙, 비가역법칙, 실제적 법칙
  ㉡ 자연현상을 판명해 주고, 열이동의 방향성을 제시해 주는 열역학 법칙
  ㉢ 비가역성을 설명하는 법칙
  - 차가운 물체에 뜨거운 물체를 접촉시키면 뜨거운 물체에서 차가운 물체로 열이 전달되지만, 반대의 과정은 자발적으로 일어나지 않는다.

- 열은 스스로 저온체에서 고온체로 이동할 수 없다.
- 자연계에 아무런 변화도 남기지 않고 어느 열원의 열을 계속해서 일로 바꿀 수 없다.

② 제2종 영구기관의 존재 가능성을 부인하는 법칙 : 효율이 100[%]인 열기관을 제작하는 것은 불가능하다.

⑤ 엔트로피(Entropy)
- 자연물질이 변형되어 다시 원래의 상태로 환원될 수 없는 현상이다.
- 비가역공정에 의한 열에너지의 소산 : 에너지의 사용으로 결국 사용 가능한 에너지가 손실되는 결과를 초래한다.
- 다시 가용할 수 있는 상태로 환원시킬 수 없는, 무용의 상태로 전환된 질량(에너지)의 총량이다.
- 무질서도라고도 한다.
- 엔트로피 : $\Delta S = \dfrac{\Delta Q}{T}$
- 엔트로피는 상태함수이다.
- 엔트로피는 분자들의 무질서도의 척도가 된다.
- 고립계에서 엔트로피는 항상 증가하거나 일정하게 보존된다.
- 우주의 모든 현상은 총엔트로피가 증가하는 방향으로 진행된다.
- 자유팽창, 종류가 다른 가스의 혼합, 액체 내 분자의 확산 등의 과정은 비가역과정이므로 엔트로피는 증가한다.
- 비가역 단열 변화에서의 엔트로피 변화 : $dS > 0$
- 열의 이동 등 자연계에서의 엔트로피 변화 : $\Delta S_1 + \Delta S_2 > 0$
- 정압·정적 엔트로피
  - $\Delta S_p = m C_p \ln \dfrac{T_2}{T_1}$
  - $\Delta S_v = m C_v \ln \dfrac{T_2}{T_1}$
  - $\dfrac{\Delta S_p}{\Delta S_v} = \dfrac{C_p}{C_v} = k$

※ 가역과정과 비가역과정
- 가역과정(Reversible Process) : 변화 전의 원래 상태로 되돌아갈 수 있는 과정(이상과정)
  - 과정은 어느 방향으로나 진행될 수 있다.
  - 과정은 이를 조절하는 값을 무한소만큼씩 변화시켜 역행할 수 있다.
  - 작용물체는 전 과정을 통하여 항상 평형 상태에 있다.
  - 마찰로 인한 손실이 없다.
  - 열역학적 비유동계 에너지의 일반식
    $\delta Q = dU + PdV = dH - VdP$
  - 예 : 잘 설계된 터빈·압축기·노즐을 통한 흐름, 유체의 균일하고 느린 팽창이나 압축, 충분히 천천히 일어나서 시스템 내에 기울기가 나타나지 않는 많은 과정

- 비가역과정(Irreversible Process) : 변화 전의 원래 상태로 되돌아갈 수 없는 과정(실제과정)
  - 과정은 실제과정이며 정방향으로만 진행된다.
  - 과정은 이를 조절하는 값을 무한소만큼씩 변화시켜도 역행할 수는 없다.
  - 예 : 점성력이 존재하는 관 또는 덕트 내의 흐름, 부분적으로 열린 밸브나 다공성 플러그와 같이 국부적으로 좁은 공간을 통과하는 흐름(Joule-Thomson 팽창), 충격파와 같은 큰 기울기를 통과하는 흐름, 온도 기울기가 존재하는 열전도, 마찰이 중요한 모든 과정, 온도 또는 압력이 서로 다른 유체의 흐름 등

- 클라우지우스(Clausius)의 폐적분값

  $\oint \dfrac{\delta Q}{T} \leq 0$ (항상 성립)

  - 가역 사이클 : $\oint \dfrac{\delta Q}{T} = 0$
  - 비가역 사이클 : $\oint \dfrac{\delta Q}{T} < 0$

③ 열역학 제3법칙
  ㉠ 엔트로피 절댓값의 정의(절대영도 불가능의 법칙)이다.
  ㉡ 어떤 계의 온도를 절대온도 0[K]까지 내릴 수 없다.
  ㉢ 순수한(Perfect) 결정의 엔트로피는 절대영도에서 0이 된다.
  ㉣ 제3종 영구기관 부정의 법칙 : 절대온도 0[K]에 도달할 수 있는 기관, 일을 하지 않으면서 운동을 계속하는 기관은 존재하지 않는다.

④ 열역학 제0법칙
  ㉠ 열평형에 관한 법칙이다.
  ㉡ 물체 A와 B가 각각 물체 C와 열평형을 이루었다면 물체 A와 B도 서로 열평형을 이룬다는 열역학법칙이다.
  ㉢ 제3의 물체와 열평형에 있는 두 물체는 그들 상호 간에도 열평형에 있으며 물체의 온도는 서로 같다.
  ㉣ 두 계가 다른 한 계와 열평형을 이룬다면, 그 두 계는 서로 열평형을 이룬다.

10년간 자주 출제된 문제

2-1. 다음 중 열역학 제2법칙에 대한 설명이 아닌 것은?
① 열은 스스로 저온체에서 고온체로 이동할 수 없다.
② 효율이 100[%]인 열기관을 제작하는 것은 불가능하다.
③ 자연계에 아무런 변화도 남기지 않고 어느 열원의 열을 계속해서 일로 바꿀 수 없다.
④ 에너지의 한 형태인 열과 일은 본질적으로 서로 같고 열은 일로, 일은 열로 서로 전환이 가능하며, 이때 열과 일 사이의 변환에는 일정한 비례관계가 성립한다.

2-2. 어떤 기체가 168[kJ]의 열을 흡수하면서 동시에 외부로부터 20[kJ]의 열을 받으면 내부에너지의 변화는 약 얼마인가?
① 20[kJ]   ② 148[kJ]
③ 168[kJ]   ④ 188[kJ]

2-3. 어떤 용기에 들어 있는 1[kg]의 기체를 압축하는데, 1,281[kg] 일이 소요되었으며 도중에 3.7[kcal]의 열이 용기 외부로 방출되었다. 이 기체 1[kg]당 내부에너지 변화값은 약 몇 [kcal]인가?
① 0.7   ② -0.7
③ 1.4   ④ -1.4

|해설|

2-1
④는 열역학 제1법칙에 대한 설명이다.

2-2
내부에너지의 변화
$\Delta U = \Delta Q - \Delta W = 168 - (-20) = 188[kJ]$

2-3
내부에너지의 변화값
$\Delta U = \Delta Q - \Delta W = -3.7 - \left(-\dfrac{1,281}{427}\right)$
$= -3.7 + 3 = -0.7[kcal/kg]$

정답 2-1 ④ 2-2 ④ 2-3 ②

핵심이론 03 열역학의 제반법칙

① 보일(Boyle)의 법칙
  ㉠ 온도가 일정할 때 기체의 부피는 압력에 반비례하여 변한다.
  ㉡ $P_1V_1 = P_2V_2 = C$(일정)
  ㉢ 기체분자의 크기가 0이고 서로 영향을 미치지 않는 이상기체의 경우, 온도가 일정할 때 가스의 압력과 부피는 서로 반비례한다.

② 샤를(Charles)의 법칙 또는 게이뤼삭(Gay Lussac)의 법칙
  ㉠ 압력이 일정할 때 기체의 부피는 온도에 비례하여 변한다.
  ㉡ $\dfrac{V_1}{T_1} = \dfrac{V_2}{T_2} = C$(일정)

③ 보일-샤를의 법칙
  ㉠ 일정량의 기체가 차지하는 부피는 압력에 반비례하고 절대온도에 비례한다.
  ㉡ $\dfrac{P_1V_1}{T_1} = \dfrac{P_2V_2}{T_2} = C$(일정)

④ 헨리(Henry)의 법칙
  ㉠ 기체의 압력이 클수록 액체 용매에 잘 용해된다는 것을 설명한 법칙
  ㉡ 일정온도에서 기체의 용해도는 용매와 평형을 이루고 있는 기체의 부분압력에 비례한다는 법칙

⑤ 아보가드로(Avogadro)의 법칙
  ㉠ 온도와 압력이 일정할 때 모든 기체는 같은 부피 속에 같은 수의 분자가 들어 있다.
  ㉡ 모든 기체 1[mol]이 차지하는 부피는 표준 상태에서 22.4[L]이며, 그 속에는 6.02×10^{23}개의 분자가 들어 있다.

⑥ 그레이엄의 법칙(Graham's Law of Diffusion)
  같은 온도와 압력에서 두 기체 확산속도의 비는 두 기체의 분자량의 제곱근에 반비례한다는 법칙

$$\dfrac{v_A}{v_B} = \sqrt{\dfrac{M_B}{M_A}}$$

(여기서, v_A : 기체 A의 확산속도, v_B : 기체 B의 확산속도, M_A : 기체 A의 분자량, M_B : 기체 B의 분자량)

⑦ 헤스(Hess)의 법칙 : 임의의 화학반응에서 발생(또는 흡수)하는 열은 변화 전과 변화 후의 상태에 의해서 정해지며 그 경로는 무관하다.
  ㉠ 발열량(반응물의 생성열) + 반응물의 반응열(연소열) = 생성물의 생성열
  ㉡ 발열량(반응물의 생성열) = 생성물의 생성열 - 반응물의 반응열(연소열)
  ㉢ 반응물의 반응열(연소열) = 생성물의 생성열 - 발열량(반응물의 생성열)

⑧ 평형반응식의 이동
  ㉠ 반응식은 온도를 낮추면 온도가 올라가는 방향인 발열반응쪽으로 이동한다.
  ㉡ 반응식은 온도를 높이면 온도가 내려가는 방향인 흡열반응쪽으로 이동한다.

10년간 자주 출제된 문제

3-1. 1[kg]의 공기를 20[℃], 1[kgf/cm²]인 상태에서 일정압력으로 가열팽창시켜 부피를 처음의 5배로 하려고 한다. 이때 온도는 초기 온도와 비교하여 몇 [℃] 차이가 나는가?
① 1,172
② 1,292
③ 1,465
④ 1,561

3-2. 온도 30[℃], 압력 740[mmHg]인 어떤 기체 342[mL]를 표준 상태(0[℃], 1기압)로 하면 약 몇 [mL]가 되는가?
① 300
② 315
③ 350
④ 390

3-3. 어떤 기체의 확산속도가 SO_2의 2배였다. 이 기체는 어떤 물질로 추정되는가?
① 수 소
② 메 탄
③ 산 소
④ 질 소

10년간 자주 출제된 문제

3-4. 다음 반응식을 이용하여 메탄(CH_4)의 생성열을 계산하면?

- $C + O_2 \rightarrow CO_2$ $\Delta H = -97.2[kcal/mol]$
- $H_2 + \dfrac{1}{2}O_2 \rightarrow H_2O$ $\Delta H = -57.6[kcal/mol]$
- $CH_4 + 2O_2 \rightarrow CO_2 + 2H_2O$ $\Delta H = -194.4[kcal/mol]$

① $\Delta H = -17[kcal/mol]$
② $\Delta H = -18[kcal/mol]$
③ $\Delta H = -19[kcal/mol]$
④ $\Delta H = -20[kcal/mol]$

3-5. $CO_2(g)$ 및 $H_2O(L)$의 생성열은 각각 94.1[kcal/mol] 및 68.3[kcal/mol]이고, $CH_4(g)$ 1[mol]의 연소열은 212.8[kcal/mol]이다. $CH_4(g)$ 1[mol]의 생성열은 몇 [kcal/mol]인가?

① -17.9
② 17.9
③ -43.7
④ 43.7

3-6. $CH_4(g) + 2O_2(g) \rightleftarrows CO_2(g) + 2H_2O(L)$의 반응열은 약 몇 [kcal]인가?

- $CH_4(g)$의 생성열 : $-17.9[kcal/g \cdot mol]$
- $H_2O(L)$의 생성열 : $-68.4[kcal/g \cdot mol]$
- $CO_2(g)$의 생성열 : $-94[kcal/g \cdot mol]$

① -144.5
② -180.3
③ -212.9
④ -248.7

3-7. 메탄올(g), 물(g) 및 이산화탄소(g)의 생성열은 각각 50[kcal], 60[kcal] 및 95[kcal]이다. 이때 메탄올의 연소열은?

① 120[kcal]
② 145[kcal]
③ 165[kcal]
④ 180[kcal]

【해설】

3-1

$\dfrac{V_1}{T_1} = \dfrac{V_2}{T_2}$에서 $\dfrac{V_1}{T_1} = \dfrac{5V_1}{T_2}$이므로,

$T_2 = \dfrac{5V_1 T_1}{V_1} = 5T_1 = 5 \times (20 + 273) = 1,465[K] = 1,192[℃]$

이다.
따라서, $T_2 - T_1 = 1,192 - 20 = 1,172[℃]$

3-2

$\dfrac{P_1 V_1}{T_1} = \dfrac{P_2 V_2}{T_2} = C(일정)$에서

$\dfrac{740 \times 342}{30 + 273} = \dfrac{760 \times V_2}{273}$이므로, $V_2 = 300[mL]$

3-3

그레이엄의 기체 확산속도의 법칙 : $\dfrac{v_A}{v_B} = \sqrt{\dfrac{M_B}{M_A}}$에서

- 수소 : $\dfrac{v_{H_2}}{v_{SO_2}} = \sqrt{\dfrac{M_{SO_2}}{M_{H_2}}} = \sqrt{\dfrac{64}{2}} = \sqrt{32}$ 배
- 메탄 : $\dfrac{v_{CH_4}}{v_{SO_2}} = \sqrt{\dfrac{M_{SO_2}}{M_{CH_4}}} = \sqrt{\dfrac{64}{16}} = 2$ 배
- 산소 : $\dfrac{v_{O_2}}{v_{SO_2}} = \sqrt{\dfrac{M_{SO_2}}{M_{O_2}}} = \sqrt{\dfrac{64}{32}} = \sqrt{2}$ 배
- 질소 : $\dfrac{v_{N_2}}{v_{SO_2}} = \sqrt{\dfrac{M_{SO_2}}{M_{N_2}}} = \sqrt{\dfrac{64}{28}} = \sqrt{2.29}$ 배

3-4

발열량(반응물의 생성열) = 생성물의 생성열 - 반응물의 반응열(연소열)
CH_4의 생성열 = 생성물의 생성열 - 반응물의 반응열(연소열)
$= \{-97.2 + 2 \times (-57.6)\} - (-194.4)$
$= -18[kcal/mol]$

3-5

$CH_4(g)$의 연소방정식 : $CH_4(g) + 2O_2(g) \rightleftarrows CO_2(g) + 2H_2O(L)$
발열량(반응물의 생성열) = 생성물의 생성열 - 반응물의 반응열(연소열)
CH_4의 생성열 = 생성물의 생성열 - 반응물의 반응열(연소열)
$= \{94.1 + (2 \times 68.3)\} - 212.8 = 17.9[kcal/mol]$

3-6

반응물의 반응열(연소열) = 생성물의 생성열 - 발열량(반응물의 생성열)
$CH_4(g)$의 반응열(연소열) = $\{(-94) + 2 \times (-68.4)\} - (-17.9)$
$= -212.9[kcal]$

3-7

메탄올의 연소방정식 : $CH_3OH + 1.5O_2 \rightarrow CO_2 + 2H_2O$
반응물의 반응열(연소열) = 생성물의 생성열 - 발열량(반응물의 생성열)
CH_3OH의 반응열(연소열) = $\{95 + (2 \times 60)\} - 50 = 165[kcal]$

정답 3-1 ① 3-2 ① 3-3 ② 3-4 ② 3-5 ② 3-6 ③ 3-7 ③

핵심이론 04 이상기체

① 이상기체의 특징
  ㉠ 고온, 저압일수록 이상기체에 가까워진다.
  ㉡ 기체분자 간의 인력이나 반발력이 없는 것으로 간주한다(분자 상호 간의 인력이나 척력을 무시한다).
  ㉢ 분자의 충돌로 총운동에너지가 감소되지 않는 완전탄성체이다.
  ㉣ 온도에 대비하여 일정한 비열을 가진다.
  ㉤ 비열비는 온도와 무관하며 일정하다.
  ㉥ 분자 자신이 차지하는 부피를 무시한다.
  ㉦ 0[K]에서 부피는 0이어야 하며 평균 운동에너지는 절대온도에 비례한다.
  ㉧ 보일-샤를의 법칙을 만족한다(압력과 부피의 곱은 온도에 비례한다).
  ㉨ 아보가드로의 법칙에 따른다.
  ㉩ 실체 기체 중 H_2, He 등의 가스는 이상기체에 가깝다.

② 상태량 간의 관계식(이상기체의 내부에너지·엔탈피·엔트로피 관계식)
  ㉠ $Tds = du + pdv$
    (여기서, u : 단위 질량당 내부에너지, h : 엔탈피, s : 엔트로피, T : 절대온도, p : 압력, v : 비체적)
  ㉡ $Tds = dh - vdp$
  ㉢ 가역과정, 비가역과정 모두에 대하여 성립한다.
  ㉣ 가역과정의 경로에 따라 적분할 수 있으나, 비가역과정의 경로에 대하여는 적분할 수 없다.

③ 이상기체의 정압비열과 정적비열의 관계
  $C_p > C_v$, $C_p - C_v = R$, $C_p/C_v = k$

④ 이상기체의 엔트로피 변화량
  ㉠ T, V 함수일 때
  $$\Delta S = C_v \ln\left(\frac{T_2}{T_1}\right) + R\ln\left(\frac{V_2}{V_1}\right)$$
  ㉡ T, P 함수일 때
  $$\Delta S = C_p \ln\left(\frac{T_2}{T_1}\right) - R\ln\left(\frac{P_2}{P_1}\right)$$
  ㉢ V, P 함수일 때
  $$\Delta S = C_p \ln\left(\frac{V_2}{V_1}\right) + C_v \ln\left(\frac{P_2}{P_1}\right)$$

10년간 자주 출제된 문제

4-1. 다음 중 이상기체에 대한 설명으로 틀린 것은?
① 이상기체는 분자 상호 간의 인력을 무시한다.
② 이상기체에 가까운 실체기체로는 H_2, He 등이 있다.
③ 이상기체는 분자 자신이 차지하는 부피를 무시한다.
④ 저온, 고압일수록 이상기체에 가까워진다.

4-2. 이상기체에서 정적비열(C_v)과 정압비열(C_p)과의 관계로 옳은 것은?
① $C_p - C_v = R$　　② $C_p + C_v = R$
③ $C_p + C_v = 2R$　④ $C_p - C_v = 2R$

[해설]

4-1
고온·저압일수록 이상기체에 가까워진다.

4-2
이상기체의 정압비열과 정적비열의 관계
$C_p > C_v$, $C_p - C_v = R$, $C_p/C_v = k$

정답 4-1 ④　4-2 ①

핵심이론 05 상태방정식

① 이상기체의 상태방정식

㉠ $PV = n\overline{R}T$

(여기서, P : 압력([Pa] 또는 [atm]), V : 부피([m³] 또는 [L]), n : 몰수[mol], $\overline{R}$: 일반기체상수, T : 온도[K])

㉡ 1[mol]의 경우 $n=1$이므로, $PV = \overline{R}T$

㉢ $PV = G\overline{R}T$

(여기서, P : 압력[kg/m²], V : 부피[m³], G : 몰수[mol], $\overline{R}$: 일반기체상수(848[kgf·m/kmol·K]), T : 온도[K])

㉣ $PV = n\overline{R}T = mRT$

(여기서, m : 질량(분자량×몰수), R : 특정기체 상수, $R = \dfrac{\overline{R}}{M}$ (M : 기체의 분자량), T : 온도[K])

㉤ 기체상수

- $\overline{R}$: 이상기체상수 또는 일반기체상수로 모든 기체에 대해 동일한 값(일반기체상수는 모든 기체에 대해 항상 변함이 없다)

  $\overline{R}$ = 8.314[J/mol·K] = 8.314[kJ/kmol·K]
  = 8.314[N·m/mol·K]
  = 1.987[cal/mol·K]
  = 82.05[cc-atm/mol·K]
  = 0.082[m³·atm/kmol·K]
  = 0.082[L·atm/mol·K]
  = 848[kgf·m/kmol·K]

- R : 특정기체상수로 기체마다 상이하다(물질에 따라 값이 다르다).
  - 일반기체상수를 분자량으로 나눈 값이다.
  - 단위로 [kJ/kg·K], [J/kg·K], [J/g·K], [kg·m/kg·K], [N·m/kg·K] 등을 사용한다.

- 공기의 기체상수 = 8.314[kJ/kmol·K] × 1[kmol] / 28.97[kg] ≒ 0.287[kJ/kg·K] = 287[J/kg·K]

㉥ 실제가스가 이상기체 상태방정식을 만족하기 위한 기본조건 : 고온 및 저압 상태

㉦ 이상기체 상태방정식으로 공기의 비체적을 계산할 때 저압과 고온일수록 오차가 가장 작다.

② 실제기체의 상태방정식

㉠ 반 데르 발스(Van der Waals) 상태방정식

$$\left(P + \dfrac{n^2 a}{V^2}\right)(V - nb) = nRT \rightarrow$$

$$P = \dfrac{nRT}{V - nb} - a\left(\dfrac{n}{V}\right)^2$$

- 최초의 3차 상태방정식
- 실제기체의 상호작용을 위한 고려해야 할 조건
  - 척력의 효과 고려 : 기체는 부피가 작은 구처럼 행동하므로 실제기체가 차지하는 부피는 측정된 부피보다 작다.

    $V - nb$

  - 인력의 효과 고려 : 기체 상호 간의 인력 때문에 실제기체의 압력이 감소된다.

    $-a\left(\dfrac{n}{V}\right)^2$

- 기체에 따라 주어지는 상수 a, b를 구하는 임계점 관계식

  $\left(\dfrac{\partial P}{\partial V}\right)_{T_c} = 0, \left(\dfrac{\partial^2 P}{\partial V^2}\right)_{T_c} = 0$

• 반 데르 발스 식에 의한 실제가스의 등온곡선

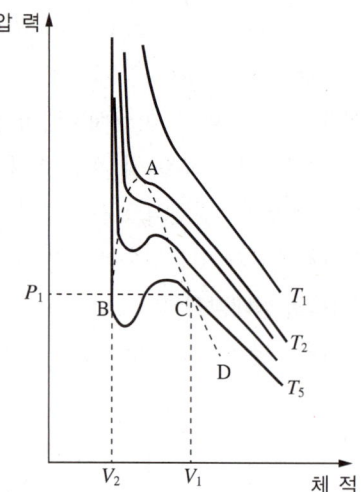

위의 그림에서 임계점은 A점이다.

ⓒ 비리얼(Virial) 상태방정식

$$PV = RT\left(1 + \frac{B}{V} + \frac{C}{V^2} + \cdots\right),$$
$$PV = RT(1 + B'P + C'P^2 + \cdots)$$

ⓒ 비티-브리지먼(Beattie-Bridgeman) 상태방정식

$$P = \frac{\overline{R}T(1-\varepsilon)}{\overline{V}^2}(\overline{V}+B) - \frac{A}{\overline{V}^2}$$

ⓔ 클라우지우스(Clausius) 상태방정식

$$\left(P + \frac{C}{T(V+C)^2}\right)(V-b) = RT$$

ⓜ 베르틀로(Berthelot) 상태방정식

$$\left(P + \frac{a}{TV^2}\right)(V-b) = RT$$

10년간 자주 출제된 문제

5-1. 실제가스가 이상기체 상태방정식을 만족하기 위한 조건으로 옳은 것은?

① 압력이 낮고, 온도가 높을 때
② 압력이 높고, 온도가 낮을 때
③ 압력과 온도가 낮을 때
④ 압력과 온도가 높을 때

5-2. 압력 2[atm], 온도 27[℃]에서 공기 2[kg]의 부피는 약 몇 [m³]인가?(단, 공기의 평균 분자량은 29이다)

① 0.45   ② 0.65
③ 0.75   ④ 0.85

5-3. 1[atm], 27[℃]의 밀폐된 용기에 프로판과 산소가 1 : 5 부피비로 혼합되어 있다. 프로판이 완전연소하여 화염의 온도가 1,000[℃]가 되었다면 용기 내에 발생하는 압력은?

① 1.95[atm]   ② 2.95[atm]
③ 3.95[atm]   ④ 4.95[atm]

|해설|

5-1

실제가스가 이상기체 상태방정식을 만족하기 위한 조건 : 고온 및 저압 상태

5-2

$PV = nRT = \frac{w}{M}RT$이므로

$V = \frac{wRT}{PM} = \frac{2 \times 0.082 \times (27+273)}{2 \times 29} \simeq 0.85[\text{m}^3]$

5-3

프로판의 연소방정식 $C_3H_8 + 5O_2 \rightarrow 3CO_2 + 4H_2O$에서 프로판 1[mol]과 산소 5[mol]이 반응하여 이산화탄소 3[mol]과 물 4[mol]이 생성된다. 밀폐된 용기에 프로판과 산소가 1 : 5 부피비로 혼합되었으므로, 이것은 연소방정식의 몰비와 같다.

• 반응 전 상태방정식 $P_1 V_1 = m_1 R_1 T_1$
• 반응 후 상태방정식 $P_2 V_2 = m_2 R_2 T_2$

$V_1 = V_2$, $R_1 = R_2$이므로, $\frac{P_1}{P_2} = \frac{m_1 T_1}{m_2 T_2}$

$\therefore P_2 = \frac{P_1 m_2 T_2}{m_1 T_1} = \frac{1 \times 7 \times (1,000+273)}{6 \times (27+273)} \simeq 4.95[\text{atm}]$

정답 5-1 ① 5-2 ④ 5-3 ④

핵심이론 06 이상기체의 가역 변화과정

① **정압과정**(Constant Pressure Process) : 압력이 일정한 상태에서의 과정

  ㉠ 압력, 부피, 온도 : $P = C$, $\dfrac{V_1}{T_1} = \dfrac{V_2}{T_2}$

  ㉡ 절대일(비유동일) :
  $$_1W_2 = \int PdV = P(V_2 - V_1)$$
  $$= mR(T_2 - T_1)$$
  ※ 과정 중에서 외부로 가장 많은 일을 하는 과정이다.

  ㉢ 공업일(유동일) : $W_t = -\int VdP = 0$

  ㉣ (가)열량
  $$_1Q_2 = \Delta H$$
  $$= mC_p\Delta T = mC_p(T_2 - T_1)$$
  $$= mC_pT_1\left(\dfrac{T_2}{T_1} - 1\right) = mC_pT_1\left(\dfrac{V_2}{V_1} - 1\right)$$

  ㉤ 내부에너지 변화량 : $\Delta U = mC_v\Delta T$

  ㉥ 엔탈피 변화량 : $\Delta H = {_1Q_2} = mC_p\Delta T$

  ㉦ 엔트로피 변화량
  $$\Delta S = mC_p\ln\dfrac{T_2}{T_1} = mC_p\ln\dfrac{V_2}{V_1}$$

  ㉧ 정압비열
  $$C_p = \dfrac{Q}{m(T_2 - T_1)} = \dfrac{k}{k-1}R[\text{kJ/kgK}]$$

  ㉨ 체적팽창계수 : $\beta = \dfrac{1}{V}\left(\dfrac{\partial V}{\partial T}\right)_p$ 이며, 비압축성 유체의 경우 $\beta = 0$이다.

② **정적과정**(Constant Volume Process) : 체적이 일정한 상태에서의 과정

  ㉠ 압력, 부피, 온도 : $V = C$, $\dfrac{P_1}{T_1} = \dfrac{P_2}{T_2}$

  ㉡ 절대일(비유동일)
  $$_1W_2 = \int PdV = 0$$

  ㉢ 공업일(유동일)
  $$W_t = -\int VdP = V(P_1 - P_2)$$
  $$= mR(T_1 - T_2)$$

  ㉣ (가)열량 : $_1Q_2 = \Delta U$, $\delta q = du$

  ㉤ 내부에너지 변화량 : $\Delta U = \Delta Q = mC_v\Delta T$

  ㉥ 엔탈피 변화량 : $\Delta H = mC_p\Delta T$

  ㉦ 엔트로피 변화량
  $$\Delta S = mC_v\ln\dfrac{T_2}{T_1} = mC_v\ln\dfrac{P_2}{P_1}$$

③ **등온과정**(Constant Temperature Process) : 온도가 일정한 상태에서의 과정

  ㉠ 압력, 부피, 온도 : $T = C$, $P_1V_1 = P_2V_2$

  ㉡ 절대일(비유동일)
  $$_1W_2 = \int_1^2 PdV = P_1V_1\ln\dfrac{V_2}{V_1} = P_1V_1\ln\dfrac{P_1}{P_2}$$
  $$= mRT\ln\dfrac{V_2}{V_1} = mRT\ln\dfrac{P_1}{P_2}$$

  ㉢ 공업일(유동일) : $W_t = -\int VdP = {_1W_2}$

  ㉣ (가)열량 : $_1Q_2 = {_1W_2} = W_t$, $Q = W$, $\delta q = \delta w$

  ㉤ 내부에너지 변화량, 엔탈피 변화량, 엔트로피 변화량 : $\Delta U = 0$, $\Delta H = 0$, $\Delta S > 0$

  ㉥ 엔트로피 변화량 : $\Delta S = mR\ln\dfrac{V_2}{V_1} = mR\ln\dfrac{P_1}{P_2}$

  ㉦ 등온압축과정 : 기체압축에 필요한 일을 최소로 할 수 있는 과정
  • 압축기에서 압축일의 크기 순 : 가역 단열압축일 > 폴리트로픽 압축일 > 등온압축일
  • 등온압축계수 : $K = -\dfrac{1}{V}\left(\dfrac{dV}{dP}\right)_T$

④ 단열과정(Adiabatic Process) : 경계를 통한 열전달 없이 일의 교환만 있는 과정

㉠ 압력, 부피, 온도

$$PV^k = C, \ TV^{k-1} = C, \ PT^{\frac{k}{1-k}} = C,$$
$$TP^{\frac{1-k}{k}} = C, \ \frac{T_2}{T_1} = \left(\frac{V_1}{V_2}\right)^{k-1} = \left(\frac{P_2}{P_1}\right)^{\frac{k-1}{k}}$$

㉡ 절대일(비유동일)

$$_1W_2 = \int PdV = \frac{1}{k-1}(P_1V_1 - P_2V_2)$$
$$= \frac{mR}{k-1}(T_1 - T_2) = \frac{mRT_1}{k-1}\left(1 - \frac{T_2}{T_1}\right)$$
$$= \frac{mRT_1}{k-1}\left[1 - \left(\frac{V_1}{V_2}\right)^{k-1}\right]$$
$$= \frac{mRT_1}{k-1}\left[1 - \left(\frac{P_2}{P_1}\right)^{\frac{k-1}{k}}\right]$$
$$= \frac{P_1V_1}{k-1}\left[1 - \left(\frac{T_2}{T_1}\right)\right]$$
$$= \frac{P_1V_1}{k-1}\left[1 - \left(\frac{V_1}{V_2}\right)^{k-1}\right]$$
$$= \frac{P_1V_1}{k-1}\left[1 - \left(\frac{P_2}{P_1}\right)^{\frac{k-1}{k}}\right]$$

㉢ 공업일(유동일) : $W_t = -\int VdP = k \cdot {}_1W_2$

㉣ (가)열량 $Q = 0, \ \Delta Q = 0, \ \delta q = 0$

㉤ 내부에너지 변화량 : $\Delta U = -{}_1W_2$

㉥ 엔탈피 변화량 : $\Delta H = -W_t = -k \cdot {}_1W_2$

㉦ 엔트로피 변화량 : $\Delta S = 0$

㉧ 단열 변화 $PV^n = C$(일정)에서 $n = k$이다.

㉨ 이상기체와 실제기체를 진공 속으로 단열팽창시키면 이상기체의 온도는 변동 없지만 실제기체의 온도는 내려간다.

㉩ 밀폐계가 행한 일(절대일)은 내부에너지의 감소량과 같다.

㉪ 계의 전 엔트로피는 변하지 않는다.
$\Delta S = 0$(등엔트로피=엔트로피 불변)
※ 비가역 단열과정 : ΔS는 항상 증가

⑤ 폴리트로픽 과정(Polytropic Process) : 'PV^n = 일정'으로 기술할 수 있는 과정

㉠ 폴리트로픽 지수(n)와 상태 변화의 관계식
- n의 범위 : $-\infty \sim +\infty$
- $n = 0$이면 $P = C$: 등압 변화
- $n = 1$이면 $T = C$: 등온 변화
- $n = k(=1.4)$: 단열 변화
- $n = \infty$이면 $V = C$: 등적 변화
- $n > k$이면, 팽창에 의한 열량은 방열량이 되며 온도는 올라간다.
- $1 < n < k$이면, 압축에 의한 열량은 흡열량이 되며 온도는 내려간다.

㉡ 압력, 부피, 온도

$$PV^n = C, \ \frac{T_2}{T_1} = \left(\frac{V_1}{V_2}\right)^{n-1} = \left(\frac{P_2}{P_1}\right)^{\frac{n-1}{n}}$$

㉢ 절대일(비유동일)

$$_1W_2 = \int PdV = P_1V_1^n \int_1^2 \left(\frac{1}{V}\right)^n dV$$
$$= \frac{1}{n-1}(P_1V_1 - P_2V_2)$$
$$= \frac{P_1V_1}{n-1}\left(1 - \frac{P_2V_2}{P_1V_1}\right) = \frac{P_1V_1}{n-1}\left(1 - \frac{T_2}{T_1}\right)$$
$$= \frac{mRT}{n-1}\left(1 - \frac{T_2}{T_1}\right)$$
$$= \frac{mRT}{n-1}\left[1 - \left(\frac{P_2}{P_1}\right)^{\frac{n-1}{n}}\right]$$
$$= \frac{mR}{n-1}(T_1 - T_2)$$

※ 만약 $n = 2$라면,

$$_1W_2 = \frac{1}{n-1}(P_1V_1 - P_2V_2)$$
$$= P_1V_1 - P_2V_2$$

ⓛ 공업일(유동일) : $W_t = -\int V dP = n \times {}_1W_2$

- 비열 : 폴리트로픽 비열 $C_n = C_v\left(\dfrac{n-k}{n-1}\right)$

ⓜ 외부로부터 공급되는 열량

$$\begin{aligned}{}_1Q_2 &= C_v(T_2 - T_1) + {}_1W_2 \\ &= C_v(T_2 - T_1) + \dfrac{R}{n-1}(T_1 - T_2) \\ &= C_v \dfrac{n-k}{n-1}(T_2 - T_1) = C_n(T_2 - T_1)\end{aligned}$$

ⓗ 내부에너지 변화량

$$\begin{aligned}\Delta U &= mC_v(T_2 - T_1) \\ &= \dfrac{mRT_1}{k-1}\left[\left(\dfrac{P_2}{P_1}\right)^{\frac{n-1}{n}} - 1\right]\end{aligned}$$

ⓢ 엔탈피 변화량

$$\begin{aligned}\Delta h &= mC_p(T_2 - T_1) \\ &= \dfrac{kmRT_1}{k-1}\left[\left(\dfrac{P_2}{P_1}\right)^{\frac{n-1}{n}} - 1\right]\end{aligned}$$

ⓞ 엔트로피 변화량

$$\begin{aligned}\Delta S &= mC_n \ln\dfrac{T_2}{T_1} = mC_v\left(\dfrac{n-k}{n-1}\right)\ln\dfrac{T_2}{T_1} \\ &= mC_v(n-k)\ln\dfrac{V_1}{V_2} \\ &= mC_v\left(\dfrac{n-k}{n}\right)\ln\dfrac{P_2}{P_1}\end{aligned}$$

10년간 자주 출제된 문제

6-1. 수소의 연소반응식이 다음과 같을 경우 1[mol]의 수소를 일정한 압력에서 이론산소량으로 완전연소시켰을 때의 온도는 약 몇 [K]인가?(단, 정압비열은 10[cal/mol · K], 수소와 산소의 공급온도는 25[℃], 외부로의 열손실은 없다)

$$H_2 + \dfrac{1}{2}O_2 \rightarrow H_2O + 57.8[\text{kcal/mol}]$$

① 5,780 ② 5,805
③ 6,053 ④ 6,078

6-2. 2[kg]의 기체를 0.15[MPa], 15[℃]에서 체적이 0.1[m³]가 될 때까지 등온압축할 때 압축 후의 압력은 약 몇 [MPa]인가?(단, 비열은 각각 $C_p = 0.8[\text{kJ/kg} \cdot \text{K}]$, $C_v = 0.6[\text{kJ/kg} \cdot \text{K}]$이다)

① 1.10 ② 1.15
③ 1.20 ④ 1.25

6-3. 압력이 0.1[MPa], 체적이 3[m³]인 온도 273.15[K]의 공기가 이상적으로 단열압축되어 그 체적이 1/3로 되었다. 엔탈피의 변화량은 약 몇 [kJ]인가?(단, 공기의 기체 상수는 0.287[kJ/kg · K], 비열비는 1.4이다)

① 480 ② 580
③ 680 ④ 780

|해설|

6-1

${}_1Q_2 = mC_p\Delta T = mC_p(T_2 - T_1)$이므로,

$T_2 = T_1 + \dfrac{Q}{mC_p} = (25 + 273) + \dfrac{57.8 \times 10^3}{1 \times 10} \simeq 6,078[\text{K}]$

6-2

$R = C_p - C_v = 0.8 - 0.6 = 0.2[\text{kJ/kg} \cdot \text{K}]$이며,

$P_1V_1 = mRT_1$에서 $0.15 \times V_1 = 2 \times 0.2 \times 288$이므로,

$V_1 = 768[\text{kJ/MPa}] = 0.768[\text{m}^3]$이다.

등온압축 시 $P_1V_1 = P_2V_2$이므로,

$P_2 = P_1 \times \dfrac{V_1}{V_2} = 0.15 \times \dfrac{0.768}{0.1} \simeq 1.15[\text{MPa}]$

6-3

$\Delta H = -W_t = -k \cdot {}_1W_2 = \dfrac{-kP_1V_1}{k-1}\left[1 - \left(\dfrac{V_1}{V_2}\right)^{k-1}\right]$

$= \dfrac{-1.4 \times 0.1 \times 10^3 \times 3}{1.4 - 1} \times [1 - 3^{0.4}] \simeq 579[\text{kJ}]$

정답 6-1 ④ 6-2 ② 6-3 ②

핵심이론 07 혼합기체

① 돌턴(Dalton)의 법칙 : 혼합기체의 전압은 각 성분기체들의 분압의 합과 같다.

② 혼합기체의 기체상수

$$R = \sum_{i=1}^{n} \frac{G_i}{G} R_i = \sum_{i=1}^{n} \frac{m_i}{m} R_i$$

③ 분압 = 전압 × 성분 부피비 = 전압 × $\frac{성분\ 몰수}{전체\ 몰수}$

④ 최소 산소농도(MOC)

$$MOC = LFL \times \frac{M_{O_2}}{M_f}$$

(여기서, LFL : 연소하한계, M_{O_2} : 산소몰수, M_f : 연료몰수)

⑤ 혼합기체의 평균 분자량 : Σ(성분 분자량 × 성분 부피비)

⑥ 가스 비중 : 가스 평균 분자량/공기분자량

10년간 자주 출제된 문제

7-1. 가정용 연료가스는 프로판과 부탄가스를 액화한 혼합물이다. 이 혼합물이 30[℃]에서 프로판과 부탄의 몰비가 5 : 1로 되어 있다면 이 용기 내의 압력은 약 몇 [atm]인가?(단, 30[℃]에서의 증기압은 프로판이 9,000[mmHg], 부탄은 2,400[mmHg]이다)

① 2.6   ② 5.5
③ 8.8   ④ 10.4

7-2. 0.5[atm], 10[L]의 기체 A와 1.0[atm], 5[L]의 기체 B를 전체 부피 15[L]의 용기에 넣을 경우, 전압은 얼마인가?(단, 온도는 항상 일정하다)

① 1/3[atm]   ② 2/3[atm]
③ 1.5[atm]   ④ 1[atm]

7-3. 메탄올 96[g]과 아세톤 116[g]을 함께 진공 상태의 용기에 넣고 기화시켜 25[℃]의 혼합기체를 만들었다. 이때 전압력은 약 몇 [mmHg]인가?(단, 25[℃]에서 순수한 메탄올과 아세톤의 증기압 및 분자량은 각각 96.5[mmHg], 56[mmHg], 32, 58이다)

① 76.3   ② 80.3
③ 52.5   ④ 70.5

7-4. 산소 32[kg]과 질소 7[kg]의 혼합기체가 나타내는 전압이 10[atm·a]일 때 산소의 분압은 몇 [atm·a]인가?(단, 산소와 질소는 이상기체로 가정한다)

① 5.5   ② 6.2
③ 7.1   ④ 8.0

7-5. 프로판과 부탄이 각각 50[%]의 부피로 혼합되어 있을 때 최소 산소농도(MOC)의 부피 [%]는 얼마인가?(단, 프로판과 부탄의 연소하한계는 각각 2.2[v%], 1.8[v%]이다)

① 1.9[%]   ② 5.5[%]
③ 11.4[%]   ④ 15.1[%]

7-6. CO_2는 고온에서 다음과 같이 분해한다. 3,000[K], 1[atm]에서 CO_2의 60[%]가 분해된다면, 표준 상태에서 11.2[L]의 CO_2를 일정 압력에서 3,000[K]로 가열했을 때 전체 혼합기체의 부피는 약 몇 [L]인가?

$$2CO_2 \rightarrow 2CO + O_2$$

① 160   ② 170
③ 180   ④ 190

7-7. CO_2 32[vol%], O_2 5[vol%], N_2 63[vol%]의 혼합기체의 평균 분자량은 얼마인가?

① 29.3   ② 31.3
③ 33.3   ④ 35.3

7-8. 질소와 산소를 같은 질량으로 혼합하였을 때 평균 분자량은 약 얼마인가?(단, 질소와 산소의 분자량은 각각 28, 32이다)

① 28.25   ② 28.97
③ 29.87   ④ 30.45

10년간 자주 출제된 문제

7-9. 일산화탄소와 수소의 부피비가 3 : 7인 혼합가스의 온도 100[℃], 50[atm]에서의 밀도는 약 몇 [g/L]인가?(단, 이상기체로 가정한다)

① 16
② 18
③ 21
④ 23

[해설]

7-1
전 압
$$P = P_1 \times \frac{5}{6} + P_2 \times \frac{1}{6}$$
$$= 9,000 \times \frac{5}{6} + 2,400 \times \frac{1}{6} = 7,900[\text{mmHg}] = \frac{7,900}{760}$$
$$\simeq 10.4[\text{atm}]$$

7-2
$PV = P_1V_1 + P_2V_2$ 에서
$$P = \frac{P_1V_1 + P_2V_2}{V} = \frac{0.5 \times 10 + 1.0 \times 5}{15} = \frac{2}{3}[\text{atm}]$$

7-3
메탄올의 몰수는 $\frac{W_1}{M_1} = \frac{96}{32} = 3[\text{mol}]$,

아세톤의 몰수는 $\frac{W_2}{M_2} = \frac{116}{58} = 2[\text{mol}]$ 이므로,

전압력 $P = P_1 + P_2 = 96.5 \times \frac{3}{5} + 56 \times \frac{2}{5} = 80.3[\text{mmHg}]$

7-4
산소의 몰수는 $\frac{W_1}{M_1} = \frac{32}{32} \times 1,000 = 1,000[\text{mol}]$

질소의 몰수는 $\frac{W_2}{M_2} = \frac{7}{28} \times 1,000 = 250[\text{mol}]$ 이므로,

산소의 분압 $P_1 = $ 전압 $\times \frac{\text{산소의 몰수}}{\text{산소의 몰수 + 질소의 몰수}}$
$$= 10 \times \frac{1,000}{1,000+250} = 8[\text{atm} \cdot \text{a}]$$

7-5
프로판의 연소방정식 $C_3H_8 + 5O_2 \rightarrow 3CO_2 + 4H_2O$
부탄의 연소방정식 $C_4H_{10} + 6.5O_2 \rightarrow 4CO_2 + 5H_2O$ 에 의하면,
프로판 1[mol]당 산소 5[mol], 부탄 1[mol]당 산소 6.5[mol]이 소요되므로,
$$MOC = \left(2.2 \times \frac{5}{1} \times 0.5\right) + \left(1.8 \times \frac{6.5}{1} \times 0.5\right) \simeq 11.4[\%]$$

7-6
CO_2의 60[%]가 분해된다면 표준 상태에서의 전 부피는
$V_1 = (11.2 \times 0.4) + (11.2 \times 0.6) + (5.6 \times 0.6) = 14.56[\text{L}]$ 이므로,
$\frac{V_1}{T_1} = \frac{V_2}{T_2}$ 에서 $V_2 = \frac{V_1 T_2}{T_1} = \frac{14.56 \times 3,000}{273} = 160[\text{L}]$ 이다.

7-7
혼합기체의 평균 분자량
$= (44 \times 0.32) + (32 \times 0.05) + (28 \times 0.63) \simeq 33.3$

7-8
각각 같은 질량 100[g]으로 가정하면,
질소의 몰수는 100/28=3.57, 산소의 몰수는 100/32=3.13이다.
질소의 부피비율은 $\frac{3.57}{3.57+3.13} = 0.53$,
산소의 부피비율은 $\frac{3.13}{3.57+3.13} = 0.47$ 이므로,
평균 분자량은 $28 \times 0.53 + 32 \times 0.47 = 29.88$ 이다.

7-9
$PV = nRT = \frac{W}{M}RT$ 에서
$$\frac{W}{V} = \frac{PM}{RT} = \frac{50 \times (28 \times 0.3 + 2 \times 0.7)}{0.082 \times (100+273)} \simeq 16[\text{g/L}]$$

정답 7-1 ④ 7-2 ② 7-3 ② 7-4 ④ 7-5 ③
       7-6 ① 7-7 ③ 7-8 ③ 7-9 ①

핵심이론 08 카르노 사이클과 오토 사이클

① 카르노 사이클
  ㉠ 실제로 존재하지 않는 이상 사이클이다.
  ㉡ 2개의 등온 변화(과정)와 2개의 단열 변화(과정=등엔트로피 변화)로 구성된 가역 사이클이다.
  ㉢ 카르노 사이클 구성과정 : 등온팽창 → 단열팽창 → 등온압축 → 단열압축

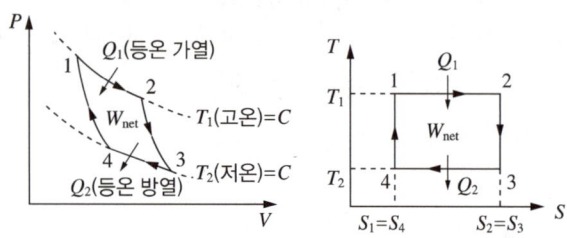

  ㉣ 열기관 사이클 중에서 열효율이 최대인 사이클이다.
  ㉤ 열역학 제2법칙과 엔트로피의 기초가 되는 사이클이다.
  ㉥ 카르노 사이클의 열효율
  $$\eta_c = \frac{W_{net}}{Q_1} = 1 - \frac{Q_2}{Q_1} = 1 - \frac{T_2}{T_1} = \frac{T_1 - T_2}{T_1}$$
  (여기서, Q_1 : 고열원의 열량, Q_2 : 저열원의 열량, T_1 : 고열원의 온도, T_2 : 저열원의 온도)

② 오토 사이클
  ㉠ 적용 : 가솔린 기관의 기본 사이클

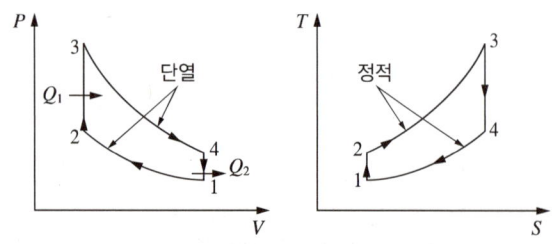

  ㉡ 구성 : 2개의 등적과정과 2개의 등엔트로피 과정으로 구성된다.
  ㉢ 과정 : 1-2 가역 단열(등엔트로피)압축, 2-3 가역 정적가열, 3-4 가역 단열(등엔트로피)팽창, 4-1 가역 정적방열
  ㉣ 열효율
  $$\eta_o = \frac{\text{유효한 일}}{\text{공급열량}} = \frac{W}{Q_1}$$
  $$= \frac{\text{공급열량} - \text{방출열량}}{\text{공급열량}}$$
  $$= \frac{mC_V(T_3 - T_2) - mC_V(T_4 - T_1)}{mC_V(T_3 - T_2)}$$
  $$= 1 - \frac{T_4 - T_1}{T_3 - T_2} = 1 - \left(\frac{1}{\varepsilon}\right)^{k-1}$$
  (여기서, ε : 압축비, k : 비열비)
  • 열효율은 압축비만의 함수이다.
  • 열효율은 공급열량과 방출열량에 의해 결정된다.
  • 열효율은 작동유체의 비열비와 압축비에 의해서 결정된다.
  • 카르노 사이클의 열효율보다 낮다.

③ 기체동력기관의 사이클
  ㉠ 오토(Otto) 사이클 : 2개의 단열과정과 2개의 정적과정으로 구성된 가솔린기관의 기본 사이클로, 정적 사이클이라고도 한다.
  ㉡ 디젤(Diesel) 사이클 : 2개의 단열과정과 1개의 정압과정, 1개의 정적과정으로 구성된 디젤기관의 기본 사이클로, 정압(등압) 사이클이라고도 한다.
  ㉢ 브레이턴(Brayton) 사이클 : 2개의 단열과정과 2개의 등압과정으로 이루어진 가스터빈의 이상 사이클로, 정압 상태에서 흡열(연소)되므로 정압(연소) 사이클 또는 등압(연소) 사이클이라고도 한다.
  ㉣ 사바테(Sabathe) 사이클 : 2개의 단열과정, 2개의 정적과정, 1개의 정압과정으로 구성된 고속 디젤기관의 기본 사이클로, 복합 사이클, 등적·등압 사이클, 이중 연소 사이클이라고도 한다.
  ㉤ 스털링(Stirling) 사이클 : 2개의 등적과정과 2개의 등온과정으로 이루어진 스털링기관(밀폐식 외연기관)의 기본 사이클이다.

ⓗ 에릭슨(Ericsson) 사이클 : 2개의 등온과정과 2개의 정압과정으로 이루어진 가스터빈의 기본 사이클이다. 브레이턴 사이클의 단열과정을 등온과정으로 대치한 사이클이기도 하며, 스털링 사이클의 정적과정이 정압과정으로 대치된 사이클이기도 하다.

ⓢ 앳킨슨(Atkinson) 사이클 : 2개의 단열과정과 1개의 등적과정, 1개의 등압과정으로 이루어졌으며, 등적 브레이턴 사이클이라고도 한다.

10년간 자주 출제된 문제

8-1. 고열원 T_1, 저열원 T_2인 카르노 사이클의 열효율을 옳게 나타낸 것은?

① $\eta_c = \dfrac{T_1 - T_2}{T_1}$ ② $\eta_c = \dfrac{T_1 - T_2}{T_2}$

③ $\eta_c = \dfrac{T_2 - T_1}{T_1}$ ④ $\eta_c = \dfrac{T_2 - T_1}{T_2}$

8-2. 오토 사이클에서 압축비(ε)가 10일 때 열효율은 약 몇 [%]인가?(단, 비열비(k) = 1.4)

① 58.2 ② 60.2
③ 62.2 ④ 64.2

[해설]
8-2
열효율 : $\eta_o = 1 - \left(\dfrac{1}{\varepsilon}\right)^{k-1} = 1 - \left(\dfrac{1}{10}\right)^{1.4-1} \simeq 60.2[\%]$

정답 8-1 ① 8-2 ②

핵심이론 09 증 기

① 기본 용어
  ㉠ 액체열(감열) : 포화수 상태에 도달할 때까지 가한 열량
  ㉡ 포화온도 : 가해진 압력에 대응하여 증발을 시작한 때의 온도(100[℃], 1기압)
  ㉢ 건도(x) : 습증기 중량당 증발증기 중량의 비
  ㉣ 습도(y) : 습증기 중량당 (증기 증발 후) 잔재 액체 중량의 비
  ㉤ 과열도 : 과열 증기온도(t_B)와 포화 증기온도의 차로, 증기 성질은 과열도가 증가할수록 이상기체에 근사한다.
  ㉥ 임계점 : 습증기가 존재할 수 없는 압력과 온도 이상의 점
  ㉦ 증발잠열(γ) : 포화액이 건포화증기로 변할 때까지 가한 열량으로, 1기압에서 2,256[kJ/kg], 539[kcal/kg]이다.
    • 내부잠열과 외부잠열로 이루어진다.
    • 포화압력이 증가할수록 증발잠열은 감소한다.
    • 포화압력이 감소할수록 증발잠열은 증가한다.
  ㉧ 증기와 가스
    • 증기 : 액화와 기화가 용이한 작동유체(증기원동기의 수증기, 냉동기의 냉매 등)
    • 가스 : 액화와 증발현상이 잘 일어나지 않은 작동유체(내연기관의 연소가스 등)

② 증발과정(등압가열)

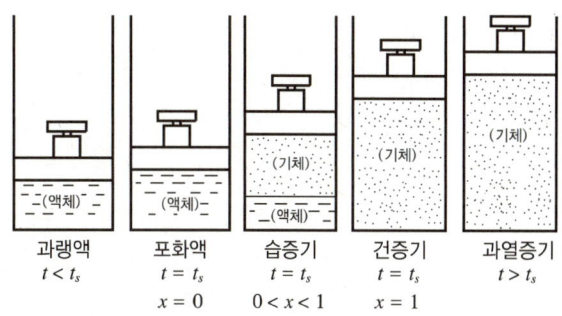

| 과랭액 | 포화액 | 습증기 | 건증기 | 과열증기 |
| $t < t_s$ | $t = t_s$
$x = 0$ | $t = t_s$
$0 < x < 1$ | $t = t_s$
$x = 1$ | $t > t_s$ |

※ t_s = 포화온도, x = 건도

㉠ 과랭액(물, 압축수) : 가열 전 상태(포화온도 이하)
㉡ 포화액(포화수) : 포화온도에 도달하여 증발하기 시작하는 상태(건도 $x = 0$)
㉢ 습증기(습포화증기) : 포화액과 포화증기와의 혼합물이다. 체적이 현저하게 증가되어 외부에 일을 하는 상태로, 계속 가열하지만 온도는 더 이상 증가하지 않는다(건도 $0 < x < 1$).
㉣ 건증기(건포화증기) : 액체가 모두 증기로 변한 상태(건도 $x = 1$)
㉤ 과열증기(Superheated Steam) : 건포화증기에 계속 열을 가하여 포화온도 이상의 온도가 된 상태

③ 수증기의 엔탈피 : 포화수 엔탈피 + 증발잠열 + 포화증기 엔탈피

④ 수증기의 엔트로피 변화량

$$\Delta S = \frac{\Delta Q}{T} = \frac{증발잠열}{온도}$$

⑤ 습윤포화증기 충전량

$$\frac{내용적}{건성도 \times 건성포화증기의 비용적}$$

10년간 자주 출제된 문제

9-1. 물의 비열 1, 수증기의 비열 0.45, 100[℃]에서의 증발잠열이 539[kcal/kg]일 때 110[℃] 수증기의 엔탈피는?(단, 기준 상태는 0[℃], 1[atm]의 물이며 비열의 단위는 [kcal/kg·℃]이다)

① 539[kcal/kg] ② 639[kcal/kg]
③ 643.5[kcal/kg] ④ 653.5[kcal/kg]

9-2. 100[℃]의 수증기 1[kg]이 100[℃]의 물로 응결될 때 수증기 엔트로피 변화량은 몇 [kJ/K]인가?(단, 물의 증발잠열은 2,256.7[kJ/kg]이다)

① -4.87 ② -6.05
③ -7.24 ④ -8.67

9-3. 내용적 5[m³]의 탱크에 압력 6[kgf/cm²], 건성도 0.98의 습윤포화증기를 몇 [kg] 충전할 수 있는가?(단, 이 압력에서의 건성포화증기의 비용적은 0.278[m³/kg]이다)

① 3.67 ② 11.01
③ 14.68 ④ 18.35

|해설|

9-1
수증기의 엔탈피 = 포화수 엔탈피 + 증발잠열 + 포화증기 엔탈피
$= 100 + 539 + (1 \times 0.45 \times 10) = 643.5$[kcal/kg]

9-2
수증기의 엔트로피 변화량
$$\Delta S = \frac{\Delta Q}{T} = \frac{증발잠열}{온도} = \frac{-2,256.7}{100 + 273} \simeq -6.05[\text{kJ/K}]$$

9-3
습윤포화증기 충전량 $= \dfrac{내용적}{건성도 \times 건성포화증기의 비용적}$
$= \dfrac{5}{0.98 \times 0.278} \simeq 18.35$[kg]

정답 9-1 ③ 9-2 ② 9-3 ④

제2절 가스연소이론

2-1. 연소기초

핵심이론 01 가스연소이론의 개요

① 연소의 정의
  ㉠ 물질이 빛과 열을 내면서 산소와 결합하는 현상이다.
  ㉡ 탄소, 수소 등의 가연성 물질이 산소와 화합하여 열과 빛을 발하는 현상이다.
  ㉢ 열, 빛을 동반하는 발열반응이다.
  ㉣ 활성물질에 의해 자발적으로 반응이 계속되는 현상이다.
  ㉤ 적당한 온도의 열, 일정 비율의 산소와 연료의 결합반응으로 발열 및 발광현상을 수반한다.
  ㉥ 분자 내 반응에 의해 열에너지를 발생하는 발열분해반응도 연소의 범주에 속한다.

② 연소의 3요소
  ㉠ 가연물(환원제) : 산화되기 쉬운 것으로, 산화반응 시 발열반응을 일으키며 열을 축적하는 물질이다.
    • 고체, 액체, 기체로 구분되는 물질로 수많은 유기화합물의 대부분, 금속(Na, Mg 등), 비금속, 가연성 가스(LPG, LNG, 프로판, 부탄, 암모니아, CO 등) 등이 이에 속한다.
    ※ 사염화탄소는 가연물이 아니라 소화제이다.
    • 쉽게 불에 탈 수 있다는 의미로 이연성 물질이라고도 한다.
  ㉡ 산소공급원(산화제)
    • 공기 : 산소 21[vol%], 23[wt%]을 포함한다.
    • 산화제 : 제1류 위험물(산소를 함유하고 있는 강산화제로서 염소산염류, 과염소산염류, 과산화물, 질산염류, 과망간산염류, 무기과산물류 등), 제6류 위험물(과염소산, 질산 등)로, 가열·충격·마찰에 의해 산소가 발생한다.
    • 자기연소성(자기반응성) 물질 : 산소 없이 자기분해하여 폭발을 일으킬 수 있는 물질이다. 연소속도가 빠르고 분자 내에 가연물과 산소를 충분히 함유하고 있는 제5류 위험물(나이트로글리세린(NG), 셀룰로이드, 질산에스테르, 아세틸렌, 산화에틸렌, 질화면(나이트로셀룰로스), 하이드라진, TNT(트라이나이트로톨루엔) 등)이 이에 속한다.
    • 조연성 물질 : 자신은 연소하지 않고 가연물의 연소를 돕는 물질(공기, 염소, 산소, 불소(플루오린), 오존, 염소와 할로겐원소 등)
  ㉢ 점화원(열원) : 가연물이 연소를 시작할 때 가해지는 활성화 에너지이며, 생성물질을 형성하는 데 필요한 에너지이다. 열적·기계적·전기적·화학적·원자력 에너지 등으로 분류되며 점화원의 강도는 온도로 표시된다.
    • 전기불꽃 : 접점 스파크, 방전, 과열 필라멘트 노출, 릴레이 접점, 정류자의 작은 불꽃 등
    • 충격·마찰 : 2개 이상의 물체가 서로 충격과 마찰을 일으키면서 생기는 작은 마찰불꽃
    • 단열압축 : 고압의 기체압축 시 온도 상승과 함께 오일이나 윤활유가 열분해되어 생성된 저온 발화물로 인해 발화물질이 발화하여 폭발이 발생한다.
    • 나화 및 고온 표면 : 연소성 화학물질 및 가연물이 존재하고 있는 장소에서 나화(항상 화염을 가지고 있는 열 또는 화기)의 사용은 매우 위험하며 고온의 표면(작업장 화기, 가열로, 건조장치, 굴뚝, 전기 및 기계설비 등)은 항상 화재 위험성이 내재한다.
    • 정전기 불꽃 : 정전기 불꽃은 접촉이나 결합 후 떨어질 때 양(+)전하와 음(-)전하로 전하의 분리가 일어나 발생한 과잉 전하가 물질에 축적되는 현상으로, 이 현상이 발생되면 정전기의 전압은 가연물질에 착화가 가능하다. 전기전도도가 낮은 인화성 액체의 유동이나 여과 시, 그리고 가스 분출 시 가스 중에 액체나 고체의 미립자가 섞여 있는 경우 정전기가 발생하기 쉽다.

- 자연발화 : 일정한 장소에 장시간 저장하면 열이 발생·축적됨으로써, 발화점에 도달하여 부분적으로 발화되는 현상(원면, 고무 분말, 셀룰로이드, 석탄, 플라스틱의 가소제, 금속가루 등)이다.
  ※ 자연발화의 원인(자연발화의 형태)
  - 분해열에 의한 발열 : 셀룰로이드, 나이트로셀룰로스
  - 산화열에 의한 발열 : 석탄, 건성유, 불포화유지
  - 발효열에 의한 발열(미생물의 작용에 의한 발열) : 퇴비, 건초, 먼지
  - 흡착열에 의한 발열 : 목탄, 활성탄 등
  - 중합열에 의한 발열 : HCN, 산화에틸렌, 부타다이엔, 염화비닐 등
  ※ 자연발화 방지방법
  - 통풍구조를 양호하게 하여 공기 유통, 통풍을 잘 시킬 것
  - 저장실과 저장실 주위의 온도를 낮출 것
  - 습도가 높은 것, 습도 상승을 피할 것
  - 열이 축적되지 않도록 연료의 보관방법에 주의할 것
- 복사열 : 복사열(물체에서 방출하는 전자기파를 직접 물체가 흡수하여 열로 변했을 때의 에너지)은 전자기파에 의해 열이 매질을 통하지 않고 고온의 물체에서 저온의 물체로 직접 전달될 때 발생된다. 물질에 따라서 비교적 약한 복사열도 장시간 방사로 발화될 수 있다.
  ※ 연소의 4요소 : 연소의 3요소 + 연소의 연쇄반응
  ※ 수소의 연쇄반응
  총괄 반응식 : $H_2 + \frac{1}{2}O_2 \rightarrow H_2O$

- 연쇄개시반응 : 안정된 분자로부터 활성기가 발생되는 반응
  - $H_2 + O_2 \rightarrow HO_2 + H$
  - $H_2 + M \rightarrow H + H + M$
- 연쇄이동반응 : 활성기의 종류가 교체되는 반응
  - $OH + H_2 \rightarrow H_2O + H$
  - $O + HO_2 \rightarrow O_2 + OH$
- 연쇄분지반응 : 활성의 기수가 증가하는 반응
  - $H + O_2 \rightarrow OH + O$
  - $O + H_2 \rightarrow OH + H$
  - $O + H_2O \rightarrow OH + OH$
- 기상정지반응 : 기상 중 안정된 분자와 충돌하여 활성이 상실되는 반응
  - $H + OH + M \rightarrow H_2O + M$
  - $H + O_2 + M \rightarrow HO_2 + M$
  - $OH + HO_2 + M \rightarrow H_2O + O_2 + M$
- 표면정지반응 : 용기 등 고체 표면에 충돌하여 활성이 상실되는 반응
  - $H_2O_2 \rightarrow H_2O + \frac{1}{2}O_2$
  - H, OH, O → 안정분자(H_2, O_2, H_2O)

③ 가연물의 구비조건
  ㉠ 고대 : 연소열량, 산소와의 친화력, 산소와의 접촉면적, 건조도, 계의 온도 상승
  ㉡ 저소 : 열전도도, 활성화 에너지
   ※ 활성화 에너지 : 어떤 반응물질이 반응을 시작하기 전에 반드시 흡수하여야 하는 에너지의 양

④ 가연성 물질의 특징
  ㉠ 끓는점이 낮으면 인화의 위험성이 높아진다.
  ㉡ 가연성 액체는 온도가 상승하면 점성이 작아지고 화재를 확대시킨다.
  ㉢ 파라핀 등 가연성 고체는 화재 시 가연성 액체가 되어 화재를 확대한다.

ⓔ 물과 혼합되기 쉬운 가연성 액체는 물과 혼합되면 증기압이 낮아져서 인화점이 올라간다.
　　ⓜ 일반적으로 가연성 액체는 물보다 비중이 작아 연소 시 확대된다.
　　ⓗ 가연물의 주성분 : C, H, O, S, N, P
⑤ 불연성물질 : 가연물이 될 수 없는 물질(Inert Gas)
　　㉠ 주기율표 0족(8족)의 원소 : 헬륨(He), 네온(Ne), 아르곤(Ar), 크립톤(Kr), 크세논(Xe) 등
　　㉡ 산화반응 시 흡열반응을 하는 물질 : 질소, 질소산화물 등
　　㉢ 자체가 연소하지 않는 물질 : 돌, 흙 등
　　㉣ 완전연소한 산화물, 이미 산소와 결합하여 더 이상 산소와 화학반응을 일으킬 수 없는 물질 : 물(H_2O), 이산화탄소(CO_2), 산화알루미늄(Al_2O_3), 산화규소(SiO_2), 오산화인(P_2O_5), 삼산화황(SO_3), 삼산화크롬(CrO_3), 산화안티몬(Sb_2O_3) 등
⑥ 연료의 구비조건
　　㉠ 고대 : 발열량, 산소와의 결합력, 발열반응, 연쇄반응, 무해성, 저장성, 운반효율, 안정성, 안전성, 용이성(연소, 연소 조절, 점화 및 소화, 취급, 구입)
　　㉡ 저소 : 유해성, 유해가스 발생량, 가격
　　㉢ 연료의 가연성분 원소 : 유황, 수소, 탄소(질소는 아니다)
⑦ 완전연소의 구비조건
　　㉠ 연소에 충분한 시간을 부여한다.
　　㉡ 연소실의 온도는 높게 유지하는 것이 좋다.
　　㉢ 연료를 인화점 이상의 온도로 유지한다.
　　㉣ 연소실 내의 온도를 연소조건에 맞게 유지한다.
　　㉤ 적정량의 공기를 공급하여 연료와 잘 혼합한다.
　　㉥ 연소실 용적은 장소에 따라 적정하게(가능한 한 크게) 하는 것이 좋다.
⑧ 연소에서 사용되는 용어와 내용
　　㉠ 폭발 - 비정상연소
　　㉡ 착화점 - 점화 시 최소 에너지
　　㉢ 연소범위 - 위험도의 계산 기준
　　㉣ 자연발화 - 불씨에 의한 최저 연소 시작온도
⑨ 현열·잠열·비열
　　㉠ 현열(감열, Sensible Heat)
　　　• 물질의 상태 변화 없이 온도 변화에만 필요한 열량
　　　• 현열 : $Q_s = mC\Delta t$
　　　 (여기서, m : 질량, C : 비열, Δt : 온도차)
　　㉡ 잠열(Latent Heat)
　　　• 물질의 온도 변화 없이 상태 변화에만 필요한 열량
　　　• 잠열 : $Q_L = m\gamma$
　　　 (여기서, m : 질량, γ : 융해잠열, 증발잠열)
　　㉢ 비열(Specific Heat)
　　　• 1[kg]의 물체를 1[℃]만큼 올리는 데 필요한 열량
　　　• 물의 비열(1.0[kcal/kg])은 일반적으로 다른 물질에 비해서 큰 편이므로 물입자는 많은 열량을 흡수하여 냉각효과가 우수하다.
⑩ 연소의 난이성
　　㉠ 화학적 친화력이 큰 가연물이 연소가 잘된다.
　　㉡ 연소성 가스가 많이 발생하면 연소가 잘된다.
　　㉢ 산화성 분위기가 잘 조성되면 연소가 잘된다.
　　㉣ 열전도율이 낮은 물질은 연소가 잘된다.
⑪ 증기 속에 수분이 많을 때 일어나는 현상
　　㉠ 건조도가 감소된다.
　　㉡ 증기엔탈피가 감소된다.
　　㉢ 증기배관에 수격작용이 발생된다.
　　㉣ 증기배관 및 장치에 부식이 발생된다.
⑫ 연소이론 제반 기본사항
　　㉠ 이론연소온도는 실제연소온도보다 높다.
　　㉡ 화학양론농도(C_{st})

$$C_{st} = \frac{1}{1+\frac{O_2[\text{mol}]}{0.21}} \times 100[\%]$$

ⓒ 강제점화 : 가전점화, 열면점화, 화염점화(자기점화는 아니다)
ⓓ 연소부하율 : 연소실의 단위 체적당 열발생률
ⓔ 1[kWh]의 열당량 : 3,600[kJ]=857[kcal]
 ([J]=[W·s], 1[cal]=4.2[J])
ⓕ 기억해야 할 단위 : 열전도율[kcal/m·h·℃]

10년간 자주 출제된 문제

1-1. 연소의 3요소 중 가연물에 대한 설명으로 옳은 것은?
① 0족 원소들은 모두 가연물이다.
② 가연물은 산화반응 시 발열반응을 일으키며 열을 축적하는 물질이다.
③ 질소와 산소가 반응하여 질소산화물을 만들므로 질소는 가연물이다.
④ 가연물은 반응 시 흡열반응을 일으킨다.

1-2. 가연물의 구비조건이 아닌 것은?
① 연소열량이 커야 한다.
② 열전도도가 작아야 한다.
③ 활성화 에너지가 커야 한다.
④ 산소와의 친화력이 좋아야 한다.

1-3. 연소에서 사용되는 용어와 그 내용이 가장 바르게 연결된 것은?
① 폭발 – 정상연소
② 착화점 – 점화 시 최대 에너지
③ 연소범위 – 위험도의 계산 기준
④ 자연발화 – 불씨에 의한 최고 연소 시작온도

1-4. 부탄가스의 완전연소방정식을 다음과 같이 나타낼 때 화학양론농도(C_{st})는 몇 [%]인가?(단, 공기 중 산소는 21[%]이다)

$$C_4H_{10} + 6.5O_2 \rightarrow 4CO_2 + 5H_2O$$

① 1.8 ② 3.1
③ 5.5 ④ 8.9

|해설|

1-1
① 0족 원소들은 불활성 기체로 8족이라고도 한다.
③ 질소는 불활성 기체이며 질소산화물 생성 시 흡열반응이 일어난다.
④ 가연물은 반응 시 발열반응을 일으킨다.

1-2
가연물은 활성화 에너지가 작다.

1-3
① 폭발 – 비정상연소
② 착화점 – 점화 시 최소 에너지
④ 자연발화 – 불씨에 의한 최저 연소 시작온도

1-4
$$C_{st} = \frac{1}{1+\frac{O_2[\text{mol}]}{0.21}} \times 100[\%] = \frac{1}{1+\frac{6.5}{0.21}} \times 100[\%] \simeq 3.1[\%]$$

정답 1-1 ② 1-2 ③ 1-3 ③ 1-4 ②

핵심이론 02 연소속도

① 연소속도의 정의
  ㉠ 단위 면적의 화염면이 단위 시간에 소비하는 미연소혼합기의 체적이다.
  ㉡ 산화속도, 산화반응속도, 반응속도라고도 한다.
  ㉢ 반응속도 = $\dfrac{\text{반응물질의 농도 감소량}}{\text{시간의 변화}}$
  $\qquad\qquad = \dfrac{\text{생성물질의 농도 증가량}}{\text{시간의 변화}}$

② 반응은 원자나 분자의 충돌에 의해 이루어진다.

③ 연소속도를 결정하는 가장 중요한 인자 : 산화반응을 일으키는 속도

④ 일반적인 정상연소의 연소속도 지배요인 : 공기(산소)의 확산속도

⑤ 연소속도 지배인자(영향을 미치는 요인) : 온도(반응계 온도, 화염온도), 압력(산소와의 혼합비), 농도(산소농도), 가연물질의 종류와 표면적, 활성화 에너지, 미연소가스의 열전도율, 관의 단면적, 내염 표면적, 관의 염경 등
※ 연소속도 지배인자가 아닌 것으로 염의 높이, 지연성 물질, 연소요소 등이 출제된다.

  ㉠ 온 도
  • 온도가 높아지면 분자의 평균 운동에너지가 증가하여 반응속도가 빨라진다.
  • 주변 온도가 상승함에 따라 연소속도는 증가한다.
  • 혼합기체의 초기 온도가 올라갈수록 연소속도도 빨라진다.
  • 반응속도 상수는 온도와 관계있다.
  • 반응속도 상수는 아레니우스(Arrhenius)법칙으로 표시할 수 있다.
  • 미연소혼합기의 온도를 높이면 연소속도는 증가한다.

  ㉡ 압 력
  • 기체의 경우 압력이 커지면, 단위 부피 속 분자수가 많아져서 반응물질의 농도가 증가되고 분자 사이의 충돌수가 증가하여 반응속도는 빨라진다.
  • 공기의 산소분압을 높이면 연소속도는 빨라진다.

  ㉢ 농 도
  • 반응물질의 농도가 높을수록 단위 부피 속 입자수가 증가되어 충돌 횟수가 많아져서 반응속도는 빨라진다.
  • 공기 중의 산소농도를 높이면 연소속도는 빨라지고, 발화온도는 낮아진다.

  ㉣ 표면적
  • 반응물질의 표면적이 커지면 분자 충돌 횟수가 증가하여 반응속도가 빨라진다.
  • 입자의 크기가 작을수록 표면적이 커지므로, 작은 입자일수록 연소속도가 빠르다.

  ㉤ 활성화 에너지 : 클수록 연소 반응속도는 느려진다.

⑥ 연소속도 관련 제반사항
  ㉠ 공기 중에서 기체연료(가스)의 정상 연소속도 : 0.03~10[m/sec]
  ㉡ 기체연료 중 공기와 혼합기체를 만들었을 때 연소속도가 가장 빠른 것은 수소이다.
  ㉢ 연소속도는 이론 혼합기 근처에서 가장 빠르다.
  ㉣ 일산화탄소 및 수소, 기타 탄화수소계 연료는 당량비가 1.0인 부근에서 연소속도의 피크가 나타난다.
  ㉥ 메탄의 경우 당량비가 1.1인 부근에서 연속속도는 최저가 된다.
  ㉦ 보통의 탄화수소와 공기의 혼합기체 연소속도는 약 40~50[cm/sec] 정도로 느린 편이다.

◎ 촉매 : 자신은 변하지 않고 다른 물질의 화학 변화를 촉진시키는 물질이다.
- 정촉매 : 활성화 에너지를 변화(감소)시켜 반응속도를 빠르게 하는 촉매
- 부촉매 : 활성화 에너지를 변화(증가)시켜 반응속도를 느리게 하는 촉매

10년간 자주 출제된 문제

2-1. 화학반응속도를 지배하는 요인에 대한 설명으로 옳은 것은?
① 압력이 증가하면 반응속도는 항상 증가한다.
② 생성물질의 농도가 커지면 반응속도는 항상 증가한다.
③ 자신은 변하지 않고 다른 물질의 화학변화를 촉진시키는 물질을 부촉매라고 한다.
④ 온도가 높을수록 반응속도가 증가한다.

2-2. 가연성 물질을 공기로 연소시키는 경우에 공기 중의 산소 농도를 높게 하면 연소속도와 발화온도는 어떻게 되는가?
① 연소속도는 느리게 되고, 발화온도는 높아진다.
② 연소속도는 빠르게 되고, 발화온도는 높아진다.
③ 연소속도는 빠르게 되고, 발화온도는 낮아진다.
④ 연소속도는 느리게 되고, 발화온도는 낮아진다.

[해설]

2-1
① 기체의 경우 압력이 커지면 단위 부피 속 분자수가 많아져서 반응물질의 농도가 증가되고 분자 사이의 충돌수가 증가하여 반응속도는 빨라진다.
② 반응물질의 농도가 커지면 반응속도는 항상 증가한다.
③ 자신은 변하지 않고 다른 물질의 화학 변화를 촉진시키는 물질을 촉매라고 한다.

2-2
공기 중의 산소농도를 높이면 연소속도는 빠르게 되고, 발화온도는 낮아진다.

정답 2-1 ④ 2-2 ③

핵심이론 03 연료의 기본 성질

① **비 중**
물질의 중량과 이와 동등한 체적의 표준물질과의 중량의 비이다(액체연료인 석유계 연료의 가장 중요한 성질 중의 하나이다).
㉠ 주요 액체연료의 비중 : 가솔린(휘발유) 0.65~0.8, 등유 0.78~0.8, 경유 0.81~0.88, 중유 0.85~0.99
㉡ API(American Petroleum Institute)도

$$API = \frac{141.5}{S} - 131.5$$

(여기서, S : 비중(60[℉]/60[℉]))
㉢ 비중측정기기 : 피크노미터(비중병), 모올·웨스트팔 비중천평, 비중계, 스프렝겔·오스트왈드 피크노미터(피크노미터는 유체의 밀도 측정에 이용되는 기구이기도 하다)

② **유동점** : 액체가 흐를 수 있는 최저 온도로 응고점보다 2.5[℃] 높다.

③ **인화점 또는 인화온도** : 가연성 액체에서 발생한 증기의 공기 중 농도가 연소범위 내에 있을 때 불꽃을 접근시키면 불이 붙는 최저 온도이다(물질의 위험 정도를 나타내는 지표로 공기 중에서 액체를 가열하는 경우 액체 표면에서 증기가 발생하여 그 증기에 착화원을 접근시키면 연소가 되는 최저 온도).
㉠ 인화온도[℃] : 가솔린 −20, 벤졸 −10, 등유 30~60, 경유 50~70, 중유 60~150
㉡ 인화온도가 낮을수록 위험성이 크다.
㉢ 일반적으로 연소온도는 인화점보다 높다.
㉣ 연소온도가 인화점보다 낮아지면 연소가 중단된다.
㉤ 인화 위험 증가요인 : 증기압이 높을수록, 연소범위가 넓을수록, 최소 점화에너지·인화온도·비점이 낮을수록

ⓑ 인화점 측정방법
- 에벨–펜스키 밀폐식 시험 : 인화점 50[℃] 이하인 시료의 인화점 시험
  - 적용 유종 : 원유, 경유, 중유
- 태그 밀폐식 시험 : 인화점 93[℃] 이하인 시료의 인화점 시험
  - 적용 유종 : 원유, 가솔린, 등유, 항공터빈연료유
  - 제외 : 40[℃]에서 동점도 5.5[mm²/sec] 이상인 액체, 25[℃]에서 동점도 9.5[mm²/sec] 이상인 액체, 시험조건에서 기름막이 생기는 시료, 현탁물질을 함유하는 시료
- 펜스키-마르텐스 밀폐식 시험 : 태그 밀폐식을 적용할 수 없는 시료의 인화점 시험
  - 적용 유종 : 원유, 경유, 중유, 전기 절연유, 방청유, 절삭유제 등
- 신속평형법 : 인화점 110[℃] 이하인 시료의 인화점 시험
  - 적용 유종 : 원유, 등유, 경유, 중유, 항공터빈연료유
- 클리블랜드 개방식 시험 : 인화점 80[℃] 이상인 시료의 인화점 시험
  - 적용 유종 : 석유 아스팔트, 유동 파라핀, 에어 필터유, 석유왁스, 방청유, 전기 절연유, 열처리유, 절삭유제, 가죽 윤활유
  - 제외 : 원유 및 연료유

④ **착화온도(착화점 또는 발화점)** : 외부로부터 열을 받지 않아도 연소를 개시할 수 있는 최저 온도
  ㉠ 착화온도[℃] : 셀룰로이드 180, 아세틸렌 299, 휘발유(가솔린) 210~300, 목탄(목재, 장작) 250~300, 갈탄 250~450, 목탄(역청탄) 300~400, 석탄 330~450, 무연탄 400~500, 코크스 400~600, 프로판 460~520, 벙커 C유(중유) 500~600, 중유 530~580, 수소 580~600, 메탄 615~682, 탄소 800, 소금 800 등이며 고체연료 중에서는 목재의 착화온도가 가장 낮다.
  ㉡ 착화온도가 낮아지는 이유 : 분자구조가 복잡할수록, 산소농도·압력·발열량·반응활성도 등이 높을수록, 습도·활성화 에너지·열전도율이 낮을수록
  ㉢ 착화온도 85[℃]의 의미 : 85[℃]로 가열하면 공기 중에서 스스로 발화(연소)한다.
  ㉣ 착화온도는 물질의 종류에 따라 다르다.
  ㉤ 기체의 착화온도는 산소의 함유량에 따라 달라진다.
  ㉥ 착화온도는 인화온도보다 항상 높다.
  ㉦ 착화온도와 연소온도는 다르다.

⑤ **착화열** : 연료를 초기 온도로부터 착화온도까지 가열하는 데 필요한 열량

⑥ **자연발화온도(AIT ; Auto-Ignition Temperature)**
  ㉠ 자연발화온도(AIT)의 정의
    - 가연물이 공기 중에서 가열될 때 그 산화열로 인해 스스로 발화하게 되는 온도이다.
    - 가연성 혼합기체에 열 등의 형태로 에너지가 주어졌을 때 스스로 타기 시작하는 산화현상이 발생하여, 주위로부터 충분한 에너지를 받아서 스스로 점화할 수 있는 최저 온도이다.
  ㉡ AIT에 영향을 미치는 요인
    - AIT는 가연성 증기의 농도가 양론농도보다 약간 높을 때가 가장 낮다.
    - AIT는 산소량(산소농도), 유속, 압력, 분자량, 부피, 용기의 크기, 발화지연시간 등의 증가 시 낮아진다.

⑦ **최소 점화에너지 또는 최소 착화에너지, 최소 발화에너지(MIE)** : 가연성 혼합기체(가스 및 증기, 분체 등)의 점화에 필요한 최소 에너지
  ㉠ 영향을 주는 요인 : 가연성 혼합기체의 압력, 가연성 물질 중 산소의 농도, 공기 중에서 가연성 물질의 농도, 분위기 온도, 질소농도, 열전도도, 연소속도, 유속 등
    - 증가요인 : 질소농도, 열전도도, 유속
    - 감소요인 : 산소농도, 압력, 온도, 연소속도

ⓒ MIE에 영향을 주는 요인 중 MIE의 변화를 가장 작게 하는 것은 양론농도하에서 가연성 기체의 분자량이다. 가연성 가스의 조성이 화학양론적 조성(완전연소 조성) 부근일 경우 MIE는 최저가 된다. 이것보다 상한계나 하한계로 향함에 따라 MIE는 증가한다.

ⓓ 분진의 MIE는 가연성 가스보다 더 큰 에너지 준위를 가진다.

ⓔ 콘덴서 용량 C, 전극에 걸리는 전압 V일 때 $MIE = \frac{1}{2}CV^2$ 이므로, 불꽃방전 시 일어나는 MIE의 크기는 전압의 제곱에 비례한다.

⑧ 최소 착화압력 : 압력이 매우 낮아 착화원에 의해 점화하여도 점화할 수 없는 한계

⑨ 탄화도가 높은 경우 발생하는 현상
  ㉠ 고증 : 고정탄소, 발열량, 열전도율, 인화점, 발화온도(착화온도), 연료비
  ㉡ 저감 : 연소속도, 휘발분, 수분, 비열, 매연, 폭발하한계

⑩ 연료비

$$\frac{고정탄소[\%]}{휘발분[\%]}$$

※ 고정탄소가 높을수록 연료비가 크다.

10년간 자주 출제된 문제

3-1. 다음 중 착화온도가 낮아지는 이유가 아닌 것은?
① 반응활성도가 클수록
② 발열량이 클수록
③ 산소농도가 높을수록
④ 분자구조가 단순할수록

3-2. 자연발화온도(AIT)에 영향을 주는 요인 중에서 증기의 농도에 관한 사항이다. 가장 바르게 설명한 것은?
① 가연성 혼합기체의 AIT는 가연성 가스와 공기의 혼합비가 1:1일 때 가장 낮다.
② 가연성 증기에 비하여 산소의 농도가 클수록 AIT는 낮아진다.
③ AIT는 가연성 증기의 농도가 양론농도보다 약간 높을 때가 가장 낮다.
④ 가연성 가스와 산소의 혼합비가 1:1일 때 AIT는 가장 낮다.

3-3. 고체연료의 탄화도가 높은 경우 발생하는 현상이 아닌 것은?
① 휘발분이 감소한다.
② 수분이 감소한다.
③ 연소속도가 빨라진다.
④ 착화온도가 높아진다.

|해설|

3-1
분자구조가 복잡할수록 착화온도가 낮아진다.

3-2
AIT는 가연성 증기의 농도가 양론농도보다 약간 높을 때가 가장 낮다.

3-3
고체연료의 탄화도가 높을 경우 연소속도는 늦어진다.

정답 3-1 ④ 3-2 ③ 3-3 ③

핵심이론 04 연료의 종류

① 고체연료
  ㉠ 고체연료의 특징
    • 저렴하고 구하기 쉽다.
    • 주성분은 C, H, O이며 가연성은 C, H, S이다.
    • 회분이 많고 발열량이 적다.
    • 연소효율이 낮고 고온을 얻기 어렵다.
    • 점화 및 소화가 곤란하고 온도 조절이 어렵다.
    • 완전연소가 어렵고 연료의 품질이 균일하지 못하다.
    • 설비비 및 인건비가 많이 든다.
    • 품질이 좋은 고체연료의 조건 : 고정탄소가 많고 수분, 회분, 황분이 적어야 한다.
    • 착화온도는 산소량이 증가할수록 낮아진다.
    • 휘발분이 많으면 점화가 쉽고 연소가 잘되지만, 발열량은 물질의 특성에 따라 다르다.
    • 회분이 많으면 연소가 나빠져 열효율이 저하된다.
    • 수분이 많으면 통풍 불량의 원인이 된다.
  ㉡ 고체연료의 종류 : 목재, 석탄, 코크스, 미분탄
  ㉢ 고체연료의 착화 : 노벽온도가 높을수록 착화 지연시간은 짧아지며, 노벽온도가 낮을수록 착화 지연시간은 길어진다.

② 액체연료
  ㉠ 액체연료의 특징
    • 고체연료에 비해서 수소(H_2) 함량이 많고, 산소(O_2) 함량이 적다.
    • 연소온도가 높기 때문에 국부과열을 일으키기 쉽다.
    • 발열량이 높고 품질이 일정하다.
    • 화재나 역화의 위험이 크다.
    • 연소할 때 소음이 발생한다.
  ㉡ 액체연료의 종류 : 가솔린, 등유, 경유, 중유, 나프타

③ 기체연료
  ㉠ 기체연료의 특징
    • 연소 조절 및 점화, 소화가 용이하다.
    • 연소의 조절이 신속, 정확하며 자동제어에 적합하다.
    • 단위 중량당 발열량이 크다.
    • 적은 공기로 완전연소시킬 수 있으며 연소효율이 높다.
    • 연료의 예열이 쉽고 전열효율이 좋다.
    • 온도가 낮은 연소실에서도 안정된 불꽃으로, 높은 연소효율이 가능하다.
    • 화염온도의 상승이 비교적 용이하다.
    • 확산연소되므로 연소용 공기가 적게 든다.
    • 고온을 얻기 쉽다.
    • 하나의 가스원으로 다수의 연소장치에 쉽게 공급할 수 있다.
    • 소형 버너를 병용하여 노 내 온도분포를 자유로이 조절할 수 있다.
    • 연소 후에 유해성분의 잔류가 거의 없다.
    • 회분 및 유해물질의 배출량이 적고 매연이 없어 청결하다.
    • 연소장치의 온도 및 온도분포의 조절이 용이하다.
    • 다량으로 사용하는 경우 운반과 저장이 용이하지 않다.
    • 연소속도가 커서 연료로서 안전성이 낮다.
    • 인화의 위험성이 있고 연소장치가 간단하지 않다.
    • 누출되기 쉽고 폭발 위험성이 크다.
    • 회분을 전혀 함유하지 않으므로 이것에 의한 장해가 없다.
    • 연료온도와 공기온도가 모두 25[℃]인 경우 기체연료의 이론화염온도[℃] : 아세틸렌 2,526, 수소 2,252, 메탄 2,000, 일산화탄소 2,182, 프로판 2,120

ⓒ 기체연료의 종류 : 액화천연가스(LNG), 액화석유가스(LPG), 메탄, 프로판, 수소, 부생가스(코크스로가스, 고로가스, 전로가스, 발생로가스, 석탄가스, 수성가스, 오일가스), 도시가스 등

※ 부생가스의 주성분[%]
- 코크스로가스(COG) : H_2[55.5], CH_4[25.2]
- 고로가스(BFG) : N_2[49.6], CO[25.2], CO_2[21.1]
- 전로가스(LDG) : CO[68], N_2[18], CO_2[12]
- 발생로가스 : N_2[53.4], CO[27.3], H_2[12.4]
- 석탄가스 : H_2[54.4], CH_4[31.5]
- 수성가스 : H_2[49], CO[39.2]
- 오일가스 : C_nH_{2n}[35.3], CH_4[29]

ⓒ 액화천연가스(LNG)
- 가연성 가스이며 주성분은 메탄가스로 탄화수소의 혼합가스이다.
- 상온, 상압에서 LPG보다 액화하기 어렵다.
- 발열량이 수성가스에 비하여 크다.
- 연소 시 많은 공기를 필요로 하지 않는다.
- 연소범위는 5~15[%]이므로, 폭발범위가 넓지 않다.
- 화염 전파속도가 늦다.
- 누출 시 폭발 위험성이 크다.

ⓔ 액화석유가스(LPG)
- 조성이 일정한 포화 탄화수소 화합물이다.
- 성분 : 주성분인 프로판(C_3H_8)과 부탄(C_4H_{10}) 그리고 소량의 프로필렌(C_3H_6), 부틸렌(C_4H_8) 등의 탄화수소의 단일 물질 또는 혼합물
- 발열량이 크고 발화온도가 높다.
- 휘발유 등 유기용매에 용해된다.
- 상온에서는 기체이지만 가압하면 액화된다.
- 액체 비중(0.5)은 물보다 가볍고, 기체 상태에서는 공기보다 무겁다.
- 공기보다 무겁기 때문에 바닥에 체류한다.
- 특별한 가압장치가 필요 없다.
- 용기, 조정기와 같은 공급설비가 필요하다.
- 공기 중에서 쉽게 연소폭발한다.
- LPG가 완전연소될 때 생성되는 물질 : CO_2, H_2O

ⓜ 메탄(CH_4)
- 알케인계 탄화수소로서 가장 간단한 형의 화합물이다.
- 가연성 가스로서 유기화합물을 발효시킬 때 발생한다.
- 무색의 기체로서 연소 시 약한 빛을 내면서 탄다.
- 고온에서 수증기와 작용하면 일산화탄소와 수소를 생성한다.
- 공기 중 메탄의 성분이 5~11[%] 정도 함유되어 있는 혼합기체는 점화되면 폭발한다.
- 부취제와 메탄을 혼합하면 서로 반응하지 않는다.

ⓗ 가정용 프로판
- 공기보다 약 1.5배 정도 무겁다.
- 1[mol]의 프로판을 완전연소하는 데 5[mol]의 산소가 필요하다.
- 완전연소하면 이산화탄소와 물이 생성된다.
- 상온에서 쉽게 액화된다.

10년간 자주 출제된 문제

가스를 연료로 사용하는 연소의 장점이 아닌 것은?

① 연소의 조절이 신속, 정확하며 자동제어에 적합하다.
② 온도가 낮은 연소실에서도 안정된 불꽃으로 높은 연소효율이 가능하다.
③ 연소속도가 커서 연료로서 안전성이 높다.
④ 소형 버너를 병용하여 노 내 온도분포를 자유로이 조절할 수 있다.

|해설|

가스는 연소속도가 커서 연료로서 안전성이 낮다.

정답 ③

핵심이론 05 연소의 형태(상태)

① 정상연소와 비정상연소
  ㉠ 정상연소 : 공기가 충분히 공급되고 연소 시 기상조건이 양호할 때의 연소로, 열의 발생속도와 방산속도가 균형을 유지하는 상태의 연소이다.
  ㉡ 비정상연소 : 공기 공급이 불충분하고 연소 시 기상조건이 좋지 않을 때의 연소로, 열의 발생속도가 방산속도보다 빠르며 연소속도가 급격히 증가하여 폭발적으로 일어나는 연소이다.

② 고체연료의 연소방식
  ㉠ 고체연료 가열 시 '증발 가연물의 증발연소 → 열분해에 의한 분해연소 → 나머지 남은 물질의 표면연소'의 연소과정을 거친다.
  ㉡ 증발연소 : 열분해를 일으키지 않고 증발하여 증기와 공기가 혼합되어 일어나는 연소이다.
    • 융점이 낮은 고체연료가 액상으로 용융되어 발생한 가연성 증기가 착화하여 액체 표면에서 증기의 발생을 촉진시켜 연소를 계속해 나가는 연소 형태이다.
    • 고체 가연물이 점화에너지를 공급받아 가연성 증기를 발생하여 발생된 증기와 공기의 혼합 상태에서 연소하는 형태로, 불꽃이 없다.
    • 파라핀(양초), 유지 등은 가열하면 융해되어 액체로 변화하여 계속적인 가열로 기화되면서 증기가 되어 공기와 혼합되어 연소하는 형태를 보인다.
    • 해당 고체연료 : 유황, 나프탈렌, 파라핀(양초), 왁스
  ㉢ 표면연소 : 고체 가연물의 일반적인 연소 형태로, 표면이 산소와 반응하여 연소하는 현상이다.
    • 가연물이 휘발분이 없거나 낮은 열분해반응에 의해 가연성 혼합기를 형성하지 못하고 물질 자체가 느리게 반응하는 현상이다.
    • 적열된 코크스 또는 숯의 표면에 산소가 접촉하여 연소하는 상태이다.
    • 연료가 열분해되고 남은 고체분(Char)은 일반적으로 표면연소를 한다.
    • 휘발분이 거의 포함되지 않은 코크스, 목탄, 분해연소 후의 고체분 등에서 발견되는 현상으로, 산소나 산화성가스가 고체 표면이나 내부의 빈 공간에 확산되어 표면반응을 한다.
    • 확산에 의한 산소 공급이 부족하면 불완전연소에서 생긴 CO와 같은 중간 생성물이 표면에서 떨어진 곳에서 기상연소되기 때문에, 일반적으로 표면연소는 표면반응뿐만 아니라 기체 상태의 연소반응도 동반한다.
    • 휘발성분이 없어 가연성 증기증발과 열분해반응이 없기 때문에 불꽃이 없다.
    • 직접연소, 무염연소, 작열연소(응축 상태의 연소로 불꽃은 없지만 가시광을 방출하면서 일어나는 연소)라고도 한다.
    • 연소속도 : 비교적 느린 편이며 연소 생성물의 상태에 따라 달라진다.
    • 해당 고체연료 : 숯, 코크스, 목탄, 금속분(마그네슘 등) 등
    ※ 그을음 연소 : 열분해를 일으키기 쉬운 불안전한 물질에서 발생하기 쉬운 연소이다. 열분해로 발생한 휘발분이 자기점화온도보다 낮은 온도에서 표면연소가 계속되기 때문에 일어나는 연소이다.
  ㉣ 분해연소 : 복잡한 경로의 열분해반응을 일으켜 생성된 가연성 증기와 공기가 혼합하여 일어나는 연소이다.
    • 고체 가연물의 일반적인 연소 형태로 표면이 산소와 반응하여 연소하는 현상이다. 연소 초기에 화염을 내면서 연소하는 형태로 석탄, 목재, 종이 등의 연소 시 이러한 연소 형태가 나타난다.

- 열분해온도가 증발온도보다 낮아 가열에 의해 열분해가 일어나 휘발하기 쉬운 성분이 연료 표면으로부터 떨어져 나와 일어나는 연소로, 연소속도가 느리다.
- 해당 고체연료 : 무연탄, 석탄, 목재, 종이, 플라스틱 등

ⓜ 자기연소(내부연소) : 외부로부터 산소 공급이 없어도 스스로 산소가 공급되어 일어나는 연소이다.
- 제5류 위험물처럼 가연성이면서 자체 내에 산소를 함유하고 있어 공기 중의 산소를 필요로 하지 않는 연소 형태이다. 외부에 산소가 존재하면 폭발로 진행된다.
- 연소속도가 매우 빠르며 폭발적이다.

ⓑ 유동층연소 : 석탄 분쇄입자와 유동매체(석회석)의 혼합 가루층에 적정 속도의 공기를 불어 넣은 부유 유동층 상태에서의 연소(기술)이다.
- 연료에 광범위하게 적용이 가능하다.
- 질소산화물 발생량이 감소된다.
- 전열면적이 작게 소요된다.
- 부하 변동에 따른 적응력이 나쁘다.

ⓢ 미분탄연소 : 석탄을 200[mesh] 이하의 미분으로 만들어 1차 공기와 반응하여 발생되는 연소이다.

③ 액체연료의 연소방식

㉠ 증발연소(액면 연소) : 액체연소의 대부분을 차지하며 액체 표면에서 발생된 증기가 공기와 혼합되어 발생하는 연소로, 가장 일반적인 액체연료의 연소 형태이다.
- 연소원리 : 화염에서 복사나 대류로 액체 표면에 열이 전파되어 증발이 일어나고 발생된 증기가 공기와 접촉하여 액면의 상부에서 연소되는 반복 현상이다.
- 해당 액체연료 : 에테르, 이황화탄소, 알코올류, 아세톤, 석유류(휘발유, 등유, 경유, 중유) 등

㉡ 분해연소 : 점도가 높고 비중이 큰 비휘발성 액체를 열분해시켜 분해가스(증기)가 공기와 혼합되어 발생하는 연소로, 연소속도가 느리다.

㉢ 액적연소 : 점도가 높고 비휘발성인 액체의 점도를 낮추어 버너를 이용하여 액체의 입자를 안개 상태로 분출시켜 표면적을 넓게 함으로써 공기와의 접촉면을 넓게 하여 연소시키는 형태이다.

㉣ 기화연소(포트식 연소) : 등유, 경유 등의 휘발성이 큰 연료를 접시 모양의 용기에 넣어 증발연소시키는 방식이다.

㉤ 분무연소(무화연소) : 공업적으로 가장 많이 이용되며 가장 효율적인 액체연료의 연소방식이다.
- 액체연료를 수 [μm]에서 수백 [μm]으로 만들어 증발 표면적을 크게 하여 연소시키는 방식이다.
- 1차 공기 : 액체연료의 무화에 필요한 공기

㉥ 등심연소 : 램프등과 같이 연료를 심지로 빨아올려 심지의 표면에서 연소시키는 액체연료의 연소방식이다.

※ 액체연료의 연소장치
- 유압분무식 버너 : 보일러 가동 중 버너 교환이 용이하며 구조, 유지, 보수가 간단하고 대용량 버너 제작이 용이하다. 소음 발생이 적고 무화매체인 증기나 공기가 필요하지 않으며 분무유량 조절의 범위가 좁아 연소의 제어범위도 좁다. 기름의 점도가 너무 높으면 무화가 나빠진다.
- 고압기류식 버너 : 분무각도가 30[°] 정도로 작다. 연소 시 소음이 발생하지만 점도가 높은 연료도 무화가 가능하며 유량 조절범위가 1 : 10 정도로 크다. 2~7[kg/cm^2]의 고압증기에 사용된다.
- 저압기류식 버너 : 분무각도가 30~60[°]까지 가능하며 유량 조절범위가 넓으며, 0.05~2[kg/cm^2]의 저압증기에 사용된다. 소형 가열로, 열처리로 등 비교적 소규모 가열장치에 사용되며 공기압을 높일수록 무화공기량이 저감된다.

- 선회식 버너(회전식 버너) : 부속설비가 없으며 구조가 간단하고 교환과 자동화가 용이한 자동제어에 편리한 구조의 버너이다. 화염이 짧고 안정된 연소를 얻을 수 있으며 분무각은 에어노즐의 안내날개각도에 따르지만, 보통 40~80[°] 정도이다. 사용유압은 0.3~0.5[kg/cm^2] 정도로 매우 작고 유량 조절범위는 1 : 5 정도이다. 유량이 적으면 무화가 불량해진다.
- 건(Gun) 타입 버너 : 버너에 송풍기가 장치되어 있고 보일러나 열교환기에 사용 가능하다. 연소가 양호하고 소형이며, 구조가 간단하다.
- 증발식 버너 : 증발연소는 액체연료가 증발하고 확산에 의해서 공기와 혼합되어 불꽃연소하는 것이며, 포트식 연소방식(등유, 경유 등의 휘발성이 큰 연료를 접시 모양의 용기에 넣어 증발연소시키는 방식)을 취한다.

④ 기체연료의 연소방식
   ㉠ 확산연소 : 연료, 공기 별도 공급
   - 연소 버너 주변에 가연성 가스를 확산시켜 산소와 접촉하여, 연소범위의 혼합가스를 생성하여 연소하는 방식으로 기체연료의 일반적 연소 형태이다.
   - 연료와 공기를 인접한 2개의 분출구에서 각각 분출시켜 양자의 계면에서 연소를 일으키는 형태이다.
   - 분젠버너의 공기 흡입구를 닫았을 때의 연소나 가스라이터의 연소 등 주변에서 볼 수 있는 전형적인 기체연료의 연소 형태이다.
   - 연료와 공기를 별개로 공급하여 연료와 공기의 경계에서 연소시키는 것으로, 화염의 안정범위가 넓고 조작이 쉬우며 역화의 위험성이 작다.
   - 가스량의 조절범위가 넓다.
   - 가스의 고온 예열이 가능하다.
   - 개방 대기 중에서는 완전연소가 불가능하다.
   - 발염연소, 불꽃(Flaming)연소, 불균질연소라고도 한다.
   - 예 : LPG - 공기, 수소 - 산소 등

   ㉡ 예혼합연소 : 연료, 공기 혼합 공급
   - 연소시키기 전에 이미 연소 가능한 혼합가스를 만들어 연소시키는 방식이다.
   - 화염이 전파되는 성질이 있다.
   - 고온의 화염을 얻을 수 있다.
   - 혼합기만으로도 연소가 가능하다.
   - 화염의 길이가 짧다.
   - 조작범위가 좁다.
   - 연소부하가 크고, 혼합기로의 역화를 일으킬 위험성이 크다.
   - 균질연소, 혼합연소라고도 한다.
   - 예 : 탄화수소가 큰 가스에 적합, 가솔린 엔진의 연소 등

   ㉢ 폭발연소 : 가연성 기체와 공기의 혼합가스가 밀폐용기 안에 있을 때 점화되면 연소가 폭발적으로 일어나는데 예혼합연소의 경우 밀폐된 용기로의 역화가 일어나면 폭발할 위험성이 크다. 이것은 많은 양의 가연성 기체와 산소가 혼합되어 일시에 폭발적인 연소현상을 일으키는 비정상연소이다.
   ※ 펄스연소 : 고부하연소 중 내연기관의 동작과 같은 흡입, 연소, 팽창, 배기를 반복하는 연소방식

⑤ 층류연소와 난류연소
   ㉠ 층류연소
   - 층류 (예혼합) 화염의 연소특성을 결정하는 요소 : 연료와 산화제의 혼합비, 압력 및 온도, 혼합기의 물리·화학적 특성 등(연소실의 응력과는 무관하다)
   - 층류 (예혼합) 연소속도 : 연료의 종류, 혼합기의 조성, 온도, 압력에 대응하는 고유값을 가지며 흐름의 상태와는 무관하다.
   - 층류 연소속도 증가에 미치는 요인
     - 비례요인 : 압력, 온도, 열전도율, 산소농도
     - 반비례요인 : 비열, 비중, 분자량, 층류화염의 예열대 두께

ⓒ 난류연소
- 층류일 때보다 연소가 잘되며 화염이 짧아진다.
- 난류유동은 화염 전파를 증가시키지만 화학적 내용은 거의 변하지 않는다.
- 유속이나 유량이 증대할 경우 시간이 지남에 따라 화염의 높이는 거의 변화가 없다.
- 층류 시보다 열효율이 좋아진다.

ⓒ 층류 (예혼합) 연소와 난류 (예혼합) 연소의 비교

구 분	층류 (예혼합) 연소	난류 (예혼합) 연소
연소속도	느리다.	빠르다.
화 염	원추상의 청색이며 얇다.	짧고 두껍다.
휘 도	낮다.	높다.
미연소분	미연소분 미존재	미연소분 존재

ⓔ 층류 연소속도의 측정법
- 평면화염버너법 : 가연성 혼합기를 일정 속도분포로 만들어 혼합기의 유속과 연소속도가 균형을 이루게 하여 혼합기의 유속을 연소속도로 가정하는 기법이다.
- 슬롯노즐버너법 : 가로와 세로의 비율이 3 이상인 노즐 내부에서는 균일한 속도분포를 얻을 수 있게 하여 착화시킨 후, 노즐 위에 역V자의 화염 콘(Flame Cone)이 만들어진 것을 이용하여 화염 모형도로부터 연소속도를 구하는 방법이다.
- 분젠버너법 : 단위 화염 면적당 단위 시간에 소비되는 미연소 혼합기체의 체적을 연소속도로 정의하여 결정하며, 오차는 크지만 연소속도가 빠른 혼합기체에 편리하게 이용되는 측정방법이다.
- 비누거품법 : 연료-산화제 혼합기로 비누거품을 만들고 그 중심에 전기불꽃 점화전극을 이용하여 점화시켜 화염을 구상으로 만들어 밖으로 전파시켜 비눗방울 내부가 연소 진행과 동시에 팽창하여 터지는, 즉 정압연소되는 속도를 측정하는 방법이다. 비눗방울법이라고도 한다.

※ 미연소혼합기의 흐름이 화염 부근에서 층류에서 난류로 바뀌었을 때의 현상
- 확산연소일 경우에는 단위 면적당 연소율이 높아진다.
- 적화식 연소는 난류 확산연소로서 연소율이 낮다.
- 화염의 성질이 크게 바뀌며 화염대의 두께가 증대한다.
- 예혼합연소일 경우에는 화염의 전파속도가 가속된다.

⑥ 완전연소와 불완전연소 : 가연물질이 연소하면 가연물질을 구성하는 주성분인 탄소(C), 수소(H_2) 및 산소(O_2)에 의해 일산화탄소(CO), 이산화탄소(CO_2) 및 수증기(H_2O)가 발생한다.
ⓐ 완전연소 : 공기 중에 산소 공급이 충분할 때의 연소(이산화탄소(CO_2)와 수증기(H_2O) 발생)
ⓑ 불완전연소 : 공기 중에 산소 공급이 불충분할 때의 연소(일산화탄소(CO) 발생)

10년간 자주 출제된 문제

5-1. 석탄이나 목재가 연소 초기에 화염을 내면서 연소하는 형태는?

① 표면연소 ② 분해연소
③ 증발연소 ④ 확산연소

5-2. 가연물과 일반적인 연소 형태를 짝지어 놓은 것 중 틀린 것은?

① 등유 - 증발연소
② 목재 - 분해연소
③ 코크스 - 표면연소
④ 나이트로글리세린 - 확산연소

5-3. 기체연료의 주된 연소 형태는?

① 확산연소 ② 증발연소
③ 분해연소 ④ 표면연소

[해설]

5-1
분해연소 : 고체 가연물의 일반적인 연소 형태로 표면이 산소와 반응하여 연소하는 현상이다. 연소 초기에 화염을 내면서 연소하는 형태로 석탄, 목재, 종이 등의 연소 시 분해연소의 형태가 나타난다.

5-2
나이트로글리세린 - 자기연소

5-3
기체연료의 2대 연소 형태 : 확산연소, 예혼합연소

정답 5-1 ② 5-2 ④ 5-3 ①

2-2. 연소 계산

핵심이론 01 연소 계산의 개요

① 실제연소에 사용하는 공기의 조성
   ㉠ 질량비 : 산소 0.232, 질소 0.768
   ㉡ 체적비 : 산소 0.21, 질소 0.79

② 연소 계산을 위한 필수 암기사항
   ㉠ 주요 원자와 원자량
   - 수소원자(H) 1
   - 탄소원자(C) 12
   - 질소원자(N) 14
   - 산소원자(O) 16
   - 황원자(S) 32

   ㉡ 주요 분자와 분자량[g/mol]
   - 수소분자(H_2) 2
   - 메탄(CH_4) 16
   - 물(H_2O) 18
   - 질소분자(N_2) 28
   - 일산화탄소(CO) 28
   - 공기(혼합물) 29
   - 에탄(C_2H_6) 30
   - 산소분자(O_2) 32
   - 이산화탄소(CO_2) 44
   - 프로판(C_3H_8) 44
   - 부탄(C_4H_{10}) 58
   - 아황산가스(SO_2) 64

③ 주요 연소방정식
   ㉠ 수소 : $H_2 + 0.5O_2 \rightarrow H_2O$
   ㉡ 탄소 : $C + O_2 \rightarrow CO_2$
   ㉢ 황 : $S + O_2 \rightarrow SO_2$
   ㉣ 일산화탄소 : $CO + 0.5O_2 \rightarrow CO_2$
   ㉤ 메탄 : $CH_4 + 2O_2 \rightarrow CO_2 + 2H_2O$
   ㉥ 아세틸렌 : $C_2H_2 + 2.5O_2 \rightarrow 2CO_2 + H_2O$
   ㉦ 에틸렌 : $C_2H_4 + 3O_2 \rightarrow 2CO_2 + 2H_2O$
   ㉧ 에탄 : $C_2H_6 + 3.5O_2 \rightarrow 2CO_2 + 3H_2O$
   ㉨ 프로판 : $C_3H_8 + 5O_2 \rightarrow 3CO_2 + 4H_2O$
   ㉩ 부탄 : $C_4H_{10} + 6.5O_2 \rightarrow 4CO_2 + 5H_2O$
   ㉪ 옥탄 : $C_8H_{18} + 12.5O_2 \rightarrow 8CO_2 + 9H_2O$
   ㉫ 등유 : $C_{10}H_{20} + 15O_2 \rightarrow 10CO_2 + 10H_2O$

② 탄화수소의 일반반응식

$$C_mH_n + \left(m + \frac{n}{4}\right)O_2 \rightarrow mCO_2 + \frac{n}{2}H_2O$$

※ 메탄, 아세틸렌, 에틸렌, 에탄, 프로판, 부탄, 옥탄, 등유 등의 탄화수소가 완전연소하면, 탄산가스와 물이 생성된다.

④ 유효 수소와 유효 수소수
  ㉠ 유효 수소 : 실제연소가 가능한 수소이다.
  ㉡ 유효 수소수 : 연료 속에 포함된 산소가 연소 전에 수소와 반응하여 실제연소에 영향을 주는 가연성분인 수소가 감소된 수이며, $\left(H - \frac{O}{8}\right)$로 계산한다.

10년간 자주 출제된 문제

1-1. 탄소 1[mol]이 불완전연소하여 전량 일산화탄소가 되었을 경우 몇 [mol]이 되는가?

① $\frac{1}{2}$ ② 1

③ $1\frac{1}{2}$ ④ 2

1-2. 프로판의 완전연소반응식을 옳게 나타낸 것은?

① $C_3H_8 + 2O_2 \rightarrow 3CO_2 + 4H_2O$
② $C_3H_8 + 5O_2 \rightarrow 3CO_2 + 4H_2O$
③ $C_3H_8 + 3O_2 \rightarrow 3CO_2 + 4H_2O$
④ $C_3H_8 + \frac{9}{2}O_2 \rightarrow 3CO_2 + 2H_2O$

1-3. 다음은 고체연료의 연소과정에 관한 사항이다. 보통 기상에서 일어나는 반응이 아닌 것은?

① $C + CO_2 \rightarrow 2CO$ ② $CO + \frac{1}{2}O_2 \rightarrow CO_2$

③ $H_2 + \frac{1}{2}O_2 \rightarrow H_2O$ ④ $CO + H_2O \rightarrow CO_2 + H_2$

1-4. 프로판(C_3H_8)과 부탄(C_4H_{10})의 혼합가스가 표준 상태에서 밀도가 2.25[kg/m³]이다. 프로판의 조성은 약 몇 [%]인가?

① 35.16[%]   ② 42.72[%]
③ 54.28[%]   ④ 68.53[%]

해설

1-1
탄소의 연소방정식
- 완전연소 시 : $C + O_2 \rightarrow CO_2$
- 불완전연소 시 : $C + 0.5O_2 \rightarrow CO$
- 탄소 1[mol]이 전량 일산화탄소가 되었다는 것은 불완전연소하였다는 것이며, 이때 1[mol]의 일산화탄소가 생성된다.

1-2
프로판의 완전연소 시 프로판 1[mol]에 대해 다량의 공기인 5[mol]의 산소가 소모된다.

1-3
①은 고상에서 일어나는 반응이다.

1-4
프로판의 조성을 x라고 하면

$$x \times \frac{44}{22.4} + (1-x) \times \frac{58}{22.4} = 2.25$$

$$x = \frac{7.6}{14} \approx 0.5428 = 54.28[\%]$$

정답 1-1 ② 1-2 ② 1-3 ① 1-4 ③

핵심이론 02 이론 및 실제공기량, 연소가스량

① 이론공기량(A_0)
  ㉠ 연료연소 시 이론적으로 필요한 공기량
  ㉡ 연소에 필요한 최소한의 공기량
  ㉢ 완전연소에 필요한 최소 공기량
  ㉣ 액화석유가스와 같이 이론산소량이 크게 요구되는 연료의 경우 이론공기량이 가장 크다.
  ㉤ 이론연소(양론연소) : 이론공기량으로 연료를 완전연소시키는 것이다.
  ㉥ 희박연소 : 이론공기보다 많은 양이 들어가는 상태의 연소이다. 연료의 완전연소가 가능하도록 연료와 공기가 반응할 충분한 기회 제공이 가능하며, 연소실 온도를 조절할 수 있다.
  ㉦ 결핍공기 : 이론공기보다 부족한 상태의 공기
  ㉧ 과농 상태 : 이론공기보다 부족한 상태의 연소

② 과잉공기 : 연소를 위해 필요한 이론공기량보다 과잉된 공기
  ㉠ 과잉공기량이 연소에 미치는 영향 : 열효율, CO 배출량, 노 내 온도
  ㉡ 과잉공기량이 너무 많을 때 일어나는 현상
    • 배가스에 의한 열손실이 증가한다.
    • 연소실의 온도가 낮아진다.
    • 연료소비량이 많아진다.
    • 불완전연소물의 발생이 적어진다.
    • 연소가스 중의 N_2O 발생이 심하여 대기오염을 초래한다.
    • 연소속도가 느려지고 연소효율이 저하된다.

③ 실제공기량(A)
  ㉠ 연료를 완전히 연소할 수 있는 공기량
  ㉡ 이론공기량에 과잉공기량이 추가된 공기량

④ 연소가스량 : 연소 후 생성되는 가스량

⑤ $CO_{2max}[\%]$: 최대 탄산가스율 또는 탄산가스 최대량이며, 이론공기량으로 완전연소(공기비 $m=1$)했을 때의 CO_2값 또는 이론건연소가스 중의 CO_2로, 탄소가 가장 높다.
  ㉠ 고체, 액체연료
  $$CO_{2max}[\%] = \frac{(C/12) \times 22.4}{G_0'} \times 100[\%]$$
  $$= \frac{1.867C}{8.89C + 21.1[H-(O/8)] + 3.33S + 0.8N} \times 100[\%]$$
  (여기서, G_0' : 이론건배기가스량)

  ㉡ 기체연료
  $$CO_{2max}[\%] = \frac{CO + \sum mC_mH_n + CO_2}{G_0'} \times 100[\%]$$
  $$\simeq \frac{1.867C + 0.7S}{G_0'} \times 100[\%]$$
  (여기서, G_0' : 이론건배기가스량)

  ㉢ 연소가스 분석결과로 $CO_{2max}[\%]$를 구하는 방법
    • CO 성분이 0[%]일 때
    $$CO_{2max}[\%] = \frac{21 \times CO_2[\%]}{21 - O_2[\%]}$$
    • CO 성분이 주어졌을 때
    $$CO_{2max}[\%] = \frac{21 \times (CO_2[\%] + CO[\%])}{21 - O_2[\%] + 0.395 \times CO[\%]}$$

10년간 자주 출제된 문제

$CO_{2max}[\%]$는 어느 때의 값을 말하는가?
① 실제공기량으로 연소시켰을 때
② 이론공기량으로 연소시켰을 때
③ 과잉제공기량으로 연소시켰을 때
④ 부족공기량으로 연소시켰을 때

|해설|
$CO_{2max}[\%]$: 이론공기량으로 완전연소(공기비 $m=1$)했을 때의 CO_2값

정답 ②

핵심이론 03 공기비

① 공기비 또는 과잉공기계수(m)
  ㉠ 실제공기량과 이론공기량의 비
  ㉡ 연료 1[kg]당 실제로 혼합된 공기량과 완전연소에 필요한 공기량의 비
  ㉢ 공기비가 1 이하로 너무 작을 때 발생되는 현상 : 불완전연소, 미연소로 인한 열손실 증가, 매연 발생 극심, 폭발사고 위험 증가 등(공기비는 매연 생성에 가장 큰 영향을 미치는 요인)
  ㉣ 공기비가 너무 클 때 발생되는 현상 : 배기가스량 증가, 연소실 내의 연소온도 저하 등
  ㉤ 공기비(m) 계산공식
  - $m = \dfrac{A}{A_0}$

    (여기서, A : 실제공기량, A_0 : 이론공기량)
  - $m = \dfrac{CO_{2max}}{CO_2}$
  - $m = \dfrac{21}{21 - O_2[\%]}$
  - $m = \dfrac{N_2}{N_2 - 3.76(O_2 - 0.5CO)}$

  ㉥ 과잉공기비 : $m - 1$
  ㉦ 과잉공기 백분율(ϕ) : $\phi = (m-1) \times 100[\%]$

② 공연(Air Fuel)비($A/F = AFR$) : 연소과정 중 사용되는 공기량과 연료량의 비

$A/F = \dfrac{공기량}{연료량}$

③ 연공(Fuel Air)비($F/A = FAR$) : 공연비의 역수

$F/A = \dfrac{연료량}{공기량}$

④ 과잉공기비(λ) : 실제공연비와 이론공연비의 비, 이론연공비와 실제연공비의 비

과잉공기비 $= \dfrac{실제공연비}{이론공연비} = \dfrac{이론연공비}{실제연공비}$

⑤ 당량(Equivalence)비 : 과잉공기비의 역수

당량비 $= \dfrac{이론공연비}{실제공연비} = \dfrac{실제연공비}{이론연공비}$

⑥ 배기가스 분석의 가장 큰 목적(보일러의 연소가스를 분석하는 주된 이유) : 공기비를 계산하기 위하여, 과잉공기비를 알기 위하여

10년간 자주 출제된 문제

다음 중 연소와 관련된 식으로 옳은 것은?

① 과잉공기비=공기비(m)−1
② 과잉공기량=이론공기량(A_0)+1
③ 실제공기량=공기비(m)+이론공기량(A_0)
④ 공기비=(이론산소량/실제공기량)−이론공기량

[해설]

② 과잉공기량 = 실제공기량(A)−이론공기량(A_0)
③ 실제공기량(A) = 공기비×이론공기량 $= mA_0$
④ 공기비 = 실제공기량/이론공기량 $= A/A_0$

정답 ①

핵심이론 04 연소방정식을 이용한 이론산소량과 이론공기량의 계산

① 이론산소량

   ㉠ 질량 계산[kg/kg]

$$O_0 = \text{가연물질의 몰수} \times \text{산소의 몰수} \times 32$$

   ㉡ 체적 계산[Nm³/kg]

$$O_0 = \text{가연물질의 몰수} \times \text{산소의 몰수} \times 22.4$$

② 이론공기량

   ㉠ 질량 계산식[kg/kg]

$$A_0 = \frac{O_0}{0.232}$$

   ㉡ 체적 계산식[Nm³/kg]

$$A_0 = \frac{O_0}{0.21}$$

10년간 자주 출제된 문제

4-1. 부탄 10[kg]을 완전연소시키는 데 필요한 산소량은 약 몇 [kg]인가?

① 29.8   ② 31.2
③ 33.8   ④ 35.9

4-2. 프로판 5[L]를 완전연소시키기 위한 이론공기량은 약 몇 [L]인가?

① 25   ② 87
③ 91   ④ 119

4-3. 탄소 2[kg]이 완전연소할 경우 이론공기량은 약 몇 [kg]인가?

① 5.3   ② 11.6
③ 17.9   ④ 23.0

4-4. 상온, 상압하에서 메탄-공기의 가연성 혼합기체를 완전연소시킬 때 메탄 1[kg]을 완전연소시키기 위해서는 공기 몇 [kg]이 필요한가?

① 4   ② 17.3
③ 19.04   ④ 64

4-5. 1[Sm³]의 합성가스 중의 CO와 H_2의 몰비가 1 : 1일 때 연소에 필요한 이론공기량은 약 몇 [Sm³/Sm³]인가?

① 0.50   ② 1.00
③ 2.38   ④ 4.76

4-6. 프로판 30[v%] 및 부탄 70[v%]의 혼합가스 1[L]가 완전연소하는 데 필요한 이론공기량은 약 몇 [L]인가?(단, 공기 중의 산소농도는 20[%]로 한다)

① 26   ② 28
③ 30   ④ 32

|해설|

4-1

부탄(C_4H_{10})의 연소방정식 : $C_4H_{10} + 6.5O_2 \rightarrow 4CO_2 + 5H_2O$

부탄 $10[kg] = \frac{10}{58}[mol]$이므로,

필요한 산소량 $= \frac{10}{58} \times 6.5 \times 32 \simeq 35.9[kg]$

4-2

프로판(C_3H_8)의 연소방정식 : $C_3H_8 + 5O_2 \rightarrow 3CO_2 + 4H_2O$

프로판 $5[L] = \frac{5}{22.4}[mol]$이며

필요한 산소량 $= \frac{5}{22.4} \times 5 \times 22.4 = 25[L]$이므로,

이론공기량 $A_0 = \frac{O_0}{0.21} = \frac{25}{0.21} \simeq 119[L]$

4-3

탄소(C)의 연소방정식 : $C + O_2 \rightarrow CO_2$

탄소 $2[kg] = \frac{2}{12}[mol]$이며

필요한 산소량 $= \frac{2}{12} \times 1 \times 32 \simeq 5.3$이므로,

이론공기량 $A_0 = \frac{O_0}{0.232} = \frac{5.3}{0.232} \simeq 23.0[kg]$

4-4

메탄(CH_4)의 연소방정식 : $CH_4 + 2O_2 \rightarrow CO_2 + 2H_2O$

메탄 $1[kg] = \frac{1}{16}[mol]$이며

필요한 산소량 $= \frac{1}{16} \times 2 \times 32 = 4[kg]$이므로,

이론공기량 $A_0 = \frac{O_0}{0.232} = \frac{4}{0.232} \simeq 17.3[kg]$

【해설】

4-5

일산화탄소의 연소방정식 : $CO + 0.5O_2 \rightarrow CO_2$
수소의 연소방정식 : $H_2 + 0.5O_2 \rightarrow H_2O$
CO와 H_2의 몰비가 1:1이므로,

필요한 이론산소량 $= \left(\dfrac{1}{2} \times 0.5\right) + \left(\dfrac{1}{2} \times 0.5\right) = 0.5[Sm^3]$이므로,

이론공기량 $A_0 = \dfrac{O_0}{0.21} = \dfrac{0.5}{0.21} \approx 2.38[Sm^3/Sm^3]$

4-6

프로판의 연소방정식 : $C_3H_8 + 5O_2 \rightarrow 3CO_2 + 4H_2O$
부탄의 연소방정식 : $C_4H_{10} + 6.5O_2 \rightarrow 4CO_2 + 5H_2O$
프로판과 부탄의 비가 30[v%] : 70[v%]이므로,
필요한 이론산소량 $= (0.3 \times 5) + (0.7 \times 6.5) = 6.05[L]$

이론공기량 $A_0 = \dfrac{O_0}{0.2} = \dfrac{6.05}{0.2} \approx 30[L]$

정답 4-1 ④ 4-2 ④ 4-3 ④ 4-4 ② 4-5 ③ 4-6 ③

핵심이론 05 연소가스량의 계산

① 습연소가스량

㉠ 고체, 액체연료의 습연소가스량(G)
 • 연소방정식에 의한 계산
  – [kg/kg]

  $$G = (m - 0.232)A_0 + \dfrac{44}{12}C + \dfrac{18}{2}H + \dfrac{64}{32}S + N + w$$

  – [Nm³/kg]

  $$G = (m - 0.21)A_0 + 22.4\left(\dfrac{C}{12} + \dfrac{H}{2} + \dfrac{S}{32} + \dfrac{N}{28} + \dfrac{w}{18}\right)$$

 • 체적 변화에 의한 계산
  – [Nm³/kg]

  $$G = mA_0 + 22.4\left(\dfrac{O}{32} + \dfrac{H}{4} + \dfrac{N}{28} + \dfrac{w}{18}\right)$$

  – [Nm³/kg]

  $$G = mA_0 + 5.6H$$

  (액체연료의 성분이 탄소와 수소만일 경우)

㉡ 기체연료의 습연소가스량(G)
 • 연소방정식에 의한 계산
  – [Nm³/Nm³]

  $$G = (m - 0.21)A_0 + CO + H_2 + \sum \dfrac{m+n}{2}C_mH_n + (N_2 + CO_2 + H_2O)$$

  – [Nm³/kg]

  $$G = (m - 0.21)A_0 + 연료의\ 몰수 \times 22.4 \times 연소가스의\ 몰수$$

- 체적 변화에 의한 계산
  - [Nm³/Nm³]

$$G = 1 + mA_0 - \frac{1}{2}CO - \frac{1}{2}H_2 + \sum\left(\frac{n}{4} - 1\right)C_mH_n$$

ⓒ 실제연소가스량과 이론연소가스량

$$G = G_0 + A - A_0 = G_0 + (m-1)A_0$$

(여기서, G : 실제습연소가스량(습배기가스량), G_0 : 이론습연소가스량(이론습배기가스량), A : 실제공기량, A_0 : 이론공기량, m : 공기비)

② 건연소가스량

㉠ 고체·액체연료의 건연소가스량(G' 또는 G_d)
- 연소방정식에 의한 계산
  - [Nm³/kg]

$$G' = (m - 0.21)A_0 + 22.4\left(\frac{C}{12} + \frac{S}{32} + \frac{N}{28}\right)$$

- 체적 변화에 의한 계산
  - [Nm³/kg]

$$G' = mA_0 + 22.4\left(\frac{O}{32} - \frac{H}{4} + \frac{N}{28}\right)$$

  - [Nm³/kg]

$$G' = mA_0 - 5.6H$$

(액체연료의 성분이 탄소와 수소만일 경우)

㉡ 기체연료의 건연소가스량(G' 또는 G_d)
- 연소방정식에 의한 계산
  - [Nm³/Nm³]

$$G' = (m - 0.21)A_0 + CO + H_2 + \sum(m)C_mH_n + (N_2 + CO_2)$$

- 체적 변화에 의한 계산
  - [Nm³/Nm³]

$$G' = 1 + mA_0 - \frac{1}{2}CO - \frac{3}{2}H_2 - \sum\left(\frac{n}{4} + 1\right)C_mH_n - H_2O$$

ⓒ 고체연료의 건연소가스량

$$G' = G_0' + A - A_0 = G_0' + (m-1)A_0$$

(여기서, G' : 건연소가스량, G_0' : 이론건연소가스량, A : 실제공기량, A_0 : 이론공기량, m : 공기비)

ⓔ CO_2와 연료 중의 탄소분을 알고 있을 때의 건연소가스량

$$G' = \frac{1.867 \times C}{CO_2}[Nm^3/kg]$$

㉤ 습연소가스량과 건연소가스량의 관계식

$$G = G' + 1.25(9H + w)$$

㉥ 산소의 몰분율(연소가스 조성 중 산소값)

$$M = \frac{0.21(m-1)A_0}{G}$$

(여기서, m : 공기과잉률, A_0 : 이론공기량, G : 실제 배기가스량)

10년간 자주 출제된 문제

5-1. 탄소 2[kg]을 완전연소시켰을 때 발생된 연소가스(CO_2)의 양은 얼마인가?

① 3.66[kg] ② 7.33[kg]
③ 8.89[kg] ④ 12.34[kg]

5-2. 유황 S[kg]의 완전연소 시 발생하는 SO_2의 양을 구하는 식은?

① 4.31×S[Nm³] ② 3.33×S[Nm³]
③ 0.7×S[Nm³]   ④ 4.38×S[Nm³]

5-3. 프로판(C_3H_8) 가스 1[Sm³]를 완전연소시켰을 때의 건조연소가스량은 약 몇 [Sm³]인가?(단, 공기 중 산소의 농도는 21[vol%]이다)

① 19.8 ② 21.8
③ 23.8 ④ 25.8

[해설]

5-1

탄소(C)의 연소방정식 : $C + O_2 \rightarrow CO_2$

탄소 $2[kg] = \frac{2}{12}[mol]$이므로,

발생된 연소가스(CO_2)의 양 $= \frac{2}{12} \times 1 \times 44 \approx 7.33[kg]$

5-2

유황(S)의 연소방정식 : $S + O_2 \rightarrow SO_2$

유황 $x[kg] = \frac{x}{32}[mol]$이므로,

완전연소 시 발생하는 SO_2의 양 $= \frac{x}{32} \times 1 \times 22.4 = 0.7x[Nm^3]$

5-3

프로판의 연소방정식 : $C_3H_8 + 5O_2 \rightarrow 3CO_2 + 4H_2O$
건조연소가스량

$$G' = (m - 0.21)A_0 + CO + H_2 + \sum(m)C_mH_n + (N_2 + CO_2)$$
$$= (1 - 0.21) \times 5 \times \frac{1}{0.21} + 3 \approx 21.8[Sm^3]$$

정답 5-1 ② 5-2 ③ 5-3 ②

핵심이론 06 발열량

① 발열량의 개요

㉠ 정 의
- 연료가 보유한 화학에너지
- 연료가 완전연소할 때 발생하는 열량
- 25[℃]에서 산소와 완전연소한 연료 생성물이 25[℃]의 온도로 배출될 때 단위 질량당 연료가 내는 열량

㉡ 기체연료는 그 성분으로부터 발열량을 계산할 수 있다.

㉢ 액체연료는 비중이 크면 체적당 발열량은 증가하고, 중량당 발열량은 감소한다.

㉣ 실제연소에 의한 열량을 계산하는 데 필요한 요소 : 연소가스 유출 단면적, 연소가스의 밀도, 연소가스의 비열

㉤ 연료의 발열량 측정방법의 종류 : 열량계에 의한 방법, 공업분석에 의한 방법, 원소분석에 의한 방법

㉥ 발열량의 분류
- 고위발열량(H_h) 또는 총발열량 : 연료의 연소과정에서 발생하는 수증기의 잠열을 포함한 발열량
- 저위발열량(H_L) 또는 순발열량 또는 진발열량 : 연료의 연소과정에서 발생하는 수증기의 잠열을 제외한 발열량
- 저위발열량 = 고위발열량 - 물의 증발열
- 저위발열량은 열로 이용할 수 없는 수증기 증발의 잠열을 뺀 값이므로 실제로 사용되는 연료의 발열량을 나타낸다는 의미로 순발열량이라고도 한다.
- H_h와 H_L의 차이는 연료의 수소와 수분의 성분 때문에 발생된다.

- 고위발열량과 저위발열량의 차이는 수소성분과 관련 있으므로, 수소 함량이 적은 석탄의 경우는 H_h와 H_L의 차가 작고 수소 함량이 많은 천연가스는 그 차이가 크다.
- 표준 상태에서 물의 증발잠열은 540[kcal/kg]이며, 표준 상태에서 고발열량(총발열량)과 저발열량(진발열량)과의 차이는 9,720[kcal/kg-mol]이다.
- H_2O의 발생이 없으면 고위발열량과 저위발열량이 같다(일산화탄소, 유황).
- 연료의 특성에 따라 H_h와 H_L 기준 적용 : 천연가스와 석탄화력발전은 H_h 기준, 디젤엔진과 보일러는 H_L 기준
- 석유환산톤[TOE]을 계산할 때는 H_h, 이산화탄소 배출량을 계산할 때는 H_L을 사용한다.

② 고체, 액체연료의 발열량

㉠ 고체, 액체연료의 고위발열량

- [kcal/kg] $H_h = 8,100C + 34,000\left(H - \dfrac{O}{8}\right) + 2,500S$
$= H_L + 600(9H + w)$

- [MJ/kg] $H_h = 33.9C + 144\left(H - \dfrac{O}{8}\right) + 10.5S$
$= H_L + 2.5(9H + w)$

㉡ 고체, 액체연료의 저위발열량

- 가솔린 > 등유 > 경유 > 중유
- [kcal/kg] $H_L = H_h - 600(9H + w)$
- [MJ/kg] $H_L = H_h - 2.5(9H + w)$

③ 기체연료의 발열량

㉠ 기체연료의 고위발열량

[kcal/Nm³] $H_h = 3.05H_2 + 3.035CO$
$+ 9.530CH_4 + 14.080C_2H_2$
$+ 15.280C_2H_4 + \cdots$

㉡ 기체연료의 저위발열량

[kcal/Nm³] $H_L = H_h - 480(H_2O\ 몰수)$

④ 발열량 데이터(저위발열량/고위발열량, [kcal/kg])

㉠ [kg]당 발열량 크기 순 : 기체연료 > 액체연료 > 고체연료

㉡ 수소(H_2) 28,600/34,000

㉢ 메탄(CH_4) 11,970/13,320, 천연가스(LNG) 11,750/13,000, 에틸렌(C_2H_4) 11,360/12,130, 에탄(C_2H_6) 11,330/12,410, 아세틸렌(C_2H_2) 11,620/12,030, 프로판(C_3H_8) 11,070/12,040, 프로필렌(C_3H_6) 11,000/11,770, 가솔린 11,000/

㉣ 부탄(C_4H_{10}) 10,940/11,840, 부틸렌(C_4H_8) 10,860/11,630, 헵탄(C_2H_{16}) 10,740/11,580, 옥탄(C_8H_{18}) 10,670/11,540, 등유 10,500/, 경유 10,400/, 중유 10,100/

㉤ 벤졸증기 9,620/10,030, 탄소 8,100/8,100, 코크스 7,000/7,000, 수입 무연탄 6,400/6,550, 에탄올(에틸알코올) 6,540/, 유연탄(원료용) 5,950/7,000

㉥ 아역청탄 5,000/5,350, 메탄올(메틸알코올) 4,700/, 국내 무연탄 4,600/4,650, 황 2,500/2,500, 일산화탄소(CO) 2,430/2,430

⑤ 에너지열량 환산기준(에너지법 시행규칙 별표)

구 분	에너지원	단위	총발열량			순발열량		
			MJ	kcal	석유환산톤 (10^{-3} [toe])	MJ	kcal	석유환산톤 (10^{-3} [toe])
석유	원유	kg	45.7	10,920	1.092	42.8	10,220	1.022
	휘발유	L	32.4	7,750	0.775	30.1	7,200	0.720
	등유	L	36.6	8,740	0.874	34.1	8,150	0.815
	경유	L	37.8	9,020	0.902	35.3	8,420	0.842
	바이오디젤	L	34.7	8,280	0.828	32.3	7,730	0.773
	B-A유	L	39.0	9,310	0.931	36.5	8,710	0.871
	B-B유	L	40.6	9,690	0.969	38.1	9,100	0.910
	B-C유	L	41.8	9,980	0.998	39.3	9,390	0.939
	프로판(LPG 1호)	kg	50.2	12,000	1.200	46.2	11,040	1.104
	부탄(LPG 3호)	kg	49.3	11,790	1.179	45.5	10,880	1.088
	나프타	L	32.2	7,700	0.770	29.9	7,140	0.714
	용제	L	32.8	7,830	0.783	30.4	7,250	0.725
	항공유	L	36.5	8,720	0.872	34.0	8,120	0.812
	아스팔트	kg	41.4	9,880	0.988	39.0	9,330	0.933
	윤활유	L	39.6	9,450	0.945	37.0	8,830	0.883
	석유코크스	kg	34.9	8,330	0.833	34.2	8,170	0.817
	부생연료유 1호	L	37.3	8,900	0.890	34.8	8,310	0.831
	부생연료유 2호	L	39.9	9,530	0.953	37.7	9,010	0.901
가스	천연가스(LNG)	kg	54.7	13,080	1.308	49.4	11,800	1.180
	도시가스(LNG)	Nm^3	42.7	10,190	1.019	38.5	9,190	0.919
	도시가스(LPG)	Nm^3	63.4	15,150	1.515	58.3	13,920	1.392
석탄	국내 무연탄	kg	19.7	4,710	0.471	19.4	4,620	0.462
	연료용 수입 무연탄	kg	23.0	5,500	0.550	22.3	5,320	0.532
	원료용 수입 무연탄	kg	25.8	6,170	0.617	25.3	6,040	0.604
	연료용 유연탄(역청탄)	kg	24.6	5,860	0.586	23.3	5,570	0.557
	원료용 유연탄(역청탄)	kg	29.4	7,030	0.703	28.3	6,760	0.676
	아역청탄	kg	20.6	4,920	0.492	19.1	4,570	0.457
	코크스	kg	28.6	6,840	0.684	28.5	6,810	0.681
전기 등	전기(발전 기준)	kWh	8.9	2,130	0.213	8.9	2,130	0.213
	전기(소비 기준)	kWh	9.6	2,290	0.229	9.6	2,290	0.229
	신탄	kg	18.8	4,500	0.450	-	-	-

[비 고]
1. '총발열량'이란 연료의 연소과정에서 발생하는 수증기의 잠열을 포함한 발열량을 말한다.
2. '순발열량'이란 연료의 연소과정에서 발생하는 수증기의 잠열을 제외한 발열량을 말한다.
3. '석유환산톤'(toe : ton of oil equivalent)이란 원유 1[ton]이 갖는 열량으로 10^7[kcal]를 말한다.
4. 석탄의 발열량은 인수식을 기준으로 한다. 다만, 코크스는 건식을 기준으로 한다.
5. 최종 에너지사용자가 사용하는 전력량값을 열량값으로 환산할 경우에는 1[kWh]=860[kcal]를 적용한다.
6. 1[cal] = 4.1868[J]이며, 도시가스 단위인 [Nm^3]은 0[℃] 1기압[atm] 상태의 부피 단위 [m^3]를 말한다.
7. 에너지원별 발열량(MJ)은 소수점 아래 둘째 자리에서 반올림한 값이며, 발열량[kcal]은 발열량(MJ)으로부터 환산한 후 1의 자리에서 반올림한 값이다. 두 단위 간 상충될 경우 발열량(MJ)이 우선한다.

10년간 자주 출제된 문제

6-1. 다음 중 가스가 같은 조건에서 같은 질량이 연소할 때 발열량[kcal/kg]이 가장 높은 것은?

① 수 소
② 메 탄
③ 프로판
④ 아세틸렌

6-2. 수소가 완전연소할 때 발생되는 발열량은 약 몇 [kcal/kg]인가?(단, 수증기의 생성열은 57.8[kcal/mol]이다)

① 12,000
② 24,000
③ 28,900
④ 57,800

|해설|

6-1

저위발열량[kcal/kg]

- 수소 : 28,800
- 메탄 : 13,000
- 프로판 : 11,050
- 아세틸렌 : 11,620

6-2

수소 1[kg]의 몰수가 $\frac{1,000}{2}$ = 500[mol]이므로,

수소가 완전연소 시 발생되는 발열량은 57.8 × 500 = 28,900[kcal/kg]이다.

정답 6-1 ① 6-2 ③

핵심이론 07 연소온도와 열효율

① 연소온도 : 연소실 내의 가열 물질의 전열(화염온도)
  ㉠ 이론연소온도

  $$T_0 = \frac{H_L}{GC} + t$$

  (여기서, H_L : 저위발열량, G : 배기가스량, C : 배기가스의 평균 비열, t : 기준온도)

  ㉡ 실제연소온도 : $T = \dfrac{H_L + Q_a + Q_f}{GC} + t$

  (여기서, Q_a : 공기의 현열, Q_f : 연료의 현열, t : 기준온도)

  ㉢ 연소온도에 영향을 미치는 요인 : 공기비, 공기 중의 산소농도, 연소효율, 공급공기온도, 연소 시 반응물질 주위의 온도, 연료의 저위발열량(연소온도는 공기비의 영향을 가장 많이 받는다)

  ㉣ 화염온도를 높이려고 할 때 조작방법
  • 공기를 예열한다.
  • 연료를 완전연소시킨다.
  • 노벽 등의 열손실을 막는다.
  • 과잉공기를 적게 공급한다.
  • 발열량이 높은 연료를 사용한다.

② 열효율
  ㉠ 연소효율(η_e) : 연소장치의 열효율

  $$\eta_e = \frac{\text{실제 연소열량}}{\text{연료의 발열량}} \times 100[\%]$$

  ㉡ 보일러 효율

  $$\eta_B = \frac{G_a(h_2 - h_1)}{H_L \times G_f} = \frac{G_e \times 539}{H_L \times G_f} = \eta_e \times \eta_r$$

  $$= \frac{\text{실제 연소열량}}{\text{연료의 발열량}} \times \frac{\text{유효열량}}{\text{실제 연소열량}}$$

  $$= \frac{\text{유효열량}}{\text{연료의 발열량}}$$

※ 상당증발량

$$G_e = \frac{G_a(h_2 - h_1)}{539} [\text{kgf/h}]$$

(여기서, G_a : 실제증발량[kgf/h], h_2 : 발생증기 비엔탈피[kcal/kgf], h_1 : 급수의 비엔탈피[kcal/kgf])

  ㉢ 열효율 향상대책
  • 과잉공기를 감소시킨다.
  • 손실열을 가급적 적게 한다.
  • 되도록 연속으로 조업할 수 있도록 한다.
  • 장치의 최적 설계조건(설치조건)과 운전조건을 일치시킨다.
  • 전열량이 증가되는 방법을 취한다.

10년간 자주 출제된 문제

7-1. 연소가스량 10[Nm³/kg], 비열 0.325[kcal/Nm³·℃]인 어떤 연료의 저위발열량이 6,700[kcal/kg]이었다면 이론연소온도는 약 몇 [℃]인가?

① 1,962[℃] ② 2,062[℃]
③ 2,162[℃] ④ 2,262[℃]

7-2. 95[℃] 온수를 100[kg/h] 발생시키는 온수보일러가 있다. 이 보일러에서 저위발열량이 45[MJ/Nm³]인 LNG를 1[m³/h] 소비할 때 열효율은 얼마인가?(단, 급수의 온도는 25[℃]이고, 물의 비열은 4.184[kJ/kg·K]이다)

① 60.07[%] ② 65.08[%]
③ 70.09[%] ④ 75.10[%]

|해설|

7-1
이론연소온도

$$T_0 = \frac{H_L}{GC} + t = \frac{6,700}{10 \times 0.325} + 0 \simeq 2,062[℃]$$

7-2

$$\eta_B = \frac{G_a(h_2 - h_1)}{H_L \times G_f} = \frac{100 \times 4.184 \times (95-25)}{45 \times 1,000 \times 1}$$
$$\simeq 0.6508 = 65.08[\%]$$

정답 7-1 ② 7-2 ②

핵심이론 08 화염이론

① 화염의 종류
  ㉠ 연소용 공기 공급방식에 의한 분류
   • 확산화염
    - 증발연소 시 발생되는 화염이다.
    - 연료가스와 산소가 농도차에 의해 반응영역으로 확산 이동되어 연소하는 과정의 화염이다.
    - 공기 중의 산소는 반응에 의해 소모되어 농도가 0이 되는 화염쪽으로 이동하여, 연료나 공기 공급에 인위적 제어가 없는 경우이다.
    - 연소 생성물은 양쪽 방향에서 화염으로부터 멀어지며 확산된다.
    - 연료가스와 공기의 반대 방향 확산이므로 화염면 전파가 없다.
    - 연소는 불충분하고 바람의 영향을 받기 쉽다.
    - 확산화염에 영향을 미치는 것은 중력이다(온도차와 밀도차에 의하여 뜨거운 가스가 상승 : 화재 플럼).
    - 자연화재의 화염은 대부분 확산화염이다(산림화재, Pool Fire).
    - 난류 확산화염과 층류 확산화염으로 구분한다.
    - 예 : 성냥불, 양초화염, 건물화재, 산림화재
   • 예혼합화염
    - 연료가스와 공기가 발화되어 전파되기 전에 미리 혼합된 연소과정의 화염이다.
    - 밀폐된 공간에서는 이러한 과정이 급속한 압력 증가를 초래하고 폭발이 발생한다.
    - 충분한 압력의 축적으로 화염 전면에 충격파가 형성되어 폭발이 발생한다.
    - 화염면이 자력으로 전파된다.
    - 종류 : 인공연소성 화염과 자연연소성 화염
    - 예 : 가솔린 엔진에서의 스파크에 의한 발화, 디젤엔진에서의 단열압축에 의한 자연발화, 증기운 폭발, 프로판가스의 폭발 등
  ㉡ 연료 분출 흐름 상태에 의한 분류
   • 층류화염
    - 난류가 없는 혼합기의 연소이다.
    - 층류 연소속도 : 혼합기의 고유한 성질(20~50[cm/sec]), 상태(조성, 온도, 압력 등)에 따라 일정하다.
    - 층류 화염의 구조 : 예열대, 반응대
    - 시간이 지남에 따라 유속 및 유량이 증대할 경우 화염의 높이는 높아진다.
    - 화염의 길이는 유속에 비례한다.
   • 난류화염
    - 난류 유동 혼합기의 연소로 불규칙한 운동의 연소이다.
    - 난류 연소속도 : 난류 특성(난류강도, 난류 스케일) 및 혼합기 상태의 함수
    - 특징 : 작은 스케일, 높은 연소 강도
  ㉢ 화염의 빛에 의한 분류
   • 휘염 : 불꽃 중 탄소가 많이 생겨서 황색으로 빛나는 불꽃
   • 무휘염 : 온도가 높은 무색의 불꽃(수소, 일산화탄소 등의 연소불꽃)
  ㉣ 화염 내의 반응에 의한 분류
   • 환원화염 : 혼합기염에서 청록색으로 빛나는 내염을 이루고 있으며 수소나 불완전연소에 의한 CO 가스를 함유한 환원성의 불꽃(속불꽃)
   • 산화화염 : 내염의 외측을 둘러싸고 있는 약한 청자색의 불꽃으로 산소, 이산화탄소, 수증기를 함유한 불꽃(겉불꽃)

② 화염 전파 관련 사항
  ㉠ 화염 전파 : 연료와 공기가 혼합된 혼합기체 안에서 화염이 전파해 가는 현상
  ㉡ 화염면 : 가연가스와 미연가스의 경계
  ㉢ 화염 전파속도에 영향을 미치는 인자 : 혼합기체의 농도, 혼합기체의 압력, 가연 혼합기체의 성분 조성

② 화염 전파의 분류
- 데토네이션파(Detonation Wave) : 화염면 전후에 충격파가 있으며 전파속도는 음속을 넘는다.
- 연소파(Combustion Wave) : 화염면 전후에 압력파가 있으며 전파속도는 음속을 넘지 않는다.

③ 화염 사출률 : 연료 중 탄소와 수소의 질량비가 클수록 높다.

④ 등심연소 시 화염의 길이 : 공기온도가 높을수록 길어진다.

⑤ 화염색에 따른 불꽃의 온도[℃]
- 암적색 : 700
- 적색 : 850
- 휘적색 : 950
- 황적색 : 1,100
- 백적색 : 1,300
- 황백색 : 1,350
- 백색 : 1,400
- 휘백색 : 1,500 이상

10년간 자주 출제된 문제

고온체의 색깔과 온도를 나타낸 것 중 옳은 것은?
① 적색 : 1,500[℃]
② 휘백색 : 1,300[℃]
③ 황적색 : 1,100[℃]
④ 백적색 : 850[℃]

[해설]
① 적색 : 850[℃]
② 휘백색 : 1,500[℃]
④ 백적색 : 1,300[℃]

정답 ③

제3절 이상연소현상 · 폭발 · 가스안전

핵심이론 01 이상연소현상

① 화 재
  ㉠ 화재의 개요
  - 화재의 정의 : 연소반응이 계속 진행하는 것으로 반응열을 주위의 가연물에 전한다.
  - 화재 위험성 : 인화점 · 발화점 · 착화에너지가 낮을수록, 연소범위가 넓을수록 위험하다.
  - 파라핀 등 가연성 고체는 화재 시 가연성 액체가 되어 화재를 확대한다.
  - 화재와 폭발을 구별하기 위한 주된 차이점 : 에너지 방출속도
  - 공기압축기의 흡입구로 빨려 들어간 가연성 증기가 압축되어 그 결과로 큰 재해가 발생할 때, 가연성 증기에 작용한 기계적 발화원 : 충격, 마찰, 정전기 등

  ㉡ 화재의 분류
  - A급 : 일반화재
  - B급 : 유류화재
  - C급 : 전기화재
  - D급 : 금속화재
  - K급 : 주방화재

  ㉢ 제트화재(Jet Fire)
  - 고압의 LPG 누출 시 주위의 점화원에 의하여 점화되어 불기둥을 이루는 것이다.
  - 누출압력으로 인하여 화염이 굉장한 운동량을 가지고 있으며 화재의 직경이 작다.

  ㉣ 풀화재(Pool Fire) 또는 액면화재 : 용기에 담긴 액체화재(깡통화재)

  ㉤ 플래시 화재(Flash Fire) 또는 증기운 화재, 표면화재(Surface Fire) : 인화성 또는 가연성 액체나 가스의 표면을 타고 순간적으로 확산되는 분출성 화재

② 백파이어(Back Fire, 역화현상)
　㉠ 백파이어의 정의
　　• 화염이 돌발적으로 화구 속으로 역행하는 현상
　　• 불꽃이 염공 속으로 들어가 혼합관 내에서 연소하는 현상
　　• 가스의 연소속도가 유출속도보다 커서 연소기 내부에서 연소하는 현상
　㉡ 역화의 원인
　　• 가스압의 이상 저하
　　• 노즐과 콕 등이 막혀 가스량이 극히 적게 될 경우
　　• 염공, 노즐 구경이 클 때
　　• 인화점이 낮을 때
③ 블로오프(Blow Off) : 버너 출구에서 가연성 기체의 유출속도가 연소속도보다 큰 경우 불꽃이 노즐에 정착되지 않고 꺼져 버리는 현상
④ 오일오버(Oil Over) : 저장된 연소 중인 기름에 의해 화재가 확대되고 원추형 탱크의 지붕판이 폭발에 의해 날아가 버리는 현상
⑤ 플래시백(Flash Back) : 연소속도보다 가스 분출속도가 작을 때 발생되는 현상
⑥ 리프팅(Lifting)
　㉠ 가스의 유출속도가 연소속도보다 커서 염공을 떠나 연소하는 현상
　㉡ 리프팅의 원인
　　• 버너 내의 압력이 높아져 가스가 과다 유출될 경우
　　• 공기 및 가스의 양이 많아져 분출량이 증가한 경우
　　• 버너가 낡고 염공이 막혀 염공의 유효면적이 작아져 버너 내압이 높게 되어 분출속도가 빠르게 되는 경우

⑦ 점화지연 또는 발화지연(Ignition Delay) : 특정온도에서 가열하기 시작하여 발화 시까지 소요되는 시간
　㉠ 혼합기체가 어떤 온도 및 압력 상태하에서 자기점화가 일어날 때까지 약간의 시간이 걸리는 것이다.
　㉡ 물리적 점화지연과 화학적 점화지연으로 나눌 수 있다.
　㉢ 자기점화가 일어날 수 있는 최저 온도를 점화온도라고 한다.
　㉣ 발화지연시간에 영향을 주는 요인 : 온도, 압력, 가연성 가스의 농도, 혼합비 등
　　• 압력에도 의존하지만 압력보다는 주로 온도에 의존한다.
　　• 저온, 저압일수록 발화지연은 길어진다.
　　• 고온, 고압, 혼합비가 완전산화에 가까울수록 발화지연은 짧아진다.
⑧ 탄화수소계 연료에서 연소 시 발생되는 검댕이(미연소분)
　㉠ 불포화도가 클수록 많이 발생한다.
　㉡ 많이 발생하는 순서 : 나프탈렌계＞벤젠계＞올레핀계＞파라핀계
⑨ 질소산화물의 주된 발생원인 : 연소실 온도가 높을 때

10년간 자주 출제된 문제

점화지연(Ignition Delay)에 대한 설명으로 틀린 것은?
① 혼합기체가 어떤 온도 및 압력 상태하에서 자기점화가 일어날 때까지 약간의 시간이 걸리는 것이다.
② 온도에도 의존하지만, 특히 압력에 의존하는 편이다.
③ 자기점화가 일어날 수 있는 최저 온도를 점화온도라 한다.
④ 물리적 점화지연과 화학적 점화지연으로 나눌 수 있다.

[해설]
점화지연은 압력보다는 주로 온도에 의존한다.

정답 ②

핵심이론 02 연소범위·안전간격·위험도

① 연소범위
  ㉠ 폭발범위, 폭발한계, 연소한계, 가연한계라고도 한다.
  ㉡ 연소범위의 정의
    • 연소에 필요한 혼합가스의 농도
    • 공기 중에서 가연성 가스가 연소할 수 있는 가연성 가스의 농도범위
    • 공기 중 연소 가능한 가연성 가스의 최저 및 최고 농도
    • 폭발이 일어나는 데 필요한 농도의 한계
  ㉢ 모든 가연물질은 폭발범위 내에서만 폭발하므로 폭발범위 밖에서는 위험성이 감소하며, 폭발범위는 넓을수록 위험하다.
  ㉣ 연소범위는 상한치와 하한치의 값을 가지며 각각 연소상한계 또는 폭발상한(UFL), 연소하한계 또는 폭발하한(LFL)이라고 한다.
  ㉤ 연소상한계(UFL) : 연소 가능한 상한치
    • 공기 중에서 가장 높은 농도에서 연소할 수 있는 부피이다.
    • 가연물의 최대 용량비이다.
    • UFL 이상의 농도에서는 산소농도가 너무 낮다.
    • UFL이 높을수록 위험도는 증가한다.
    • UFL 공식(르샤틀리에)
      $$\frac{100}{UFL} = \sum \frac{V_i}{L_i}$$
      (여기서, V_i : 각 가스의 조성[%], L_i : 각 가스의 연소상한계[%])
  ㉥ 연소하한계(LFL) : 연소 가능한 하한치
    • 공기 중에서 가장 낮은 농도에서 연소할 수 있는 부피이다.
    • 가연물의 최저 용량비이다.
    • LFL 이하의 농도에서는 가연성 증기의 농도가 너무 낮다.
    • LFL이 낮을수록 위험도는 증가한다.
    • LFL 공식(르샤틀리에)
      $$\frac{100}{LFL} = \sum \frac{V_i}{L_i}$$
      (여기서, V_i : 각 가스의 조성[%], L_i : 각 가스의 연소하한계[%])
    • 활성화 에너지의 영향을 받는다.
  ㉦ 대표적인 가스들의 폭발범위[%], ( )는 폭발범위의 폭
    • 아세틸렌 : 2.5~82(79.5, 가장 넓음)
    • 산화에틸렌 : 3~80(77)
    • 수소 : 4.1~75(70.9)
    • 일산화탄소 : 12.5~75(62.5)
    • 에틸에테르 : 1.7~48(46.3)
    • 이황화탄소 : 1.2~44(42.8)
    • 황화수소 : 4.3~46(41.7)
    • 사이안화수소 : 6~41(35)
    • 에틸렌 : 3.0~33.5(30.5)
    • 메틸알코올 : 7~37(30)
    • 에틸알코올 : 3.5~20(16.5)
    • 아크릴로나이트릴 : 3~17(14)
    • 암모니아 : 15~28(13)
    • 아세톤 : 2~13(11)
    • 메탄 : 5~15(10)
    • 에탄 : 3~12.5(9.5)
    • 프로판 : 2.1~9.5(7.4)
    • 부탄 : 1.8~8.4(6.6)
    • 휘발유 : 1.4~7.6(6.2)
    • 벤젠 : 1.4~7.4(6)
  ㉧ 연소범위에 영향을 주는 요인으로 온도, 압력, 산소량, 조성(농도), 불활성 기체량 등이 있다. 일반적으로 온도, 압력, 산소량(산소농도) 등에 비례하며, 불활성 기체량에 반비례한다.

- 수소와 공기 혼합물의 폭발범위는 저온보다 고온일 때 더 넓어진다.
- 온도가 낮아지면 방열속도가 빨라져서 연소범위가 좁아지고, 온도가 높아지면 방열속도가 느려져서 연소범위가 넓어진다.
- 메탄과 공기 혼합물의 폭발범위는 저압보다 고압일 때 더 넓어진다.
- 일반적으로 압력이 올라가면 연소범위가 넓어지지만, 일산화탄소는 공기 중의 질소의 영향을 받아 연소범위가 오히려 좁아진다.
- 프로판과 공기 혼합물에 질소를 더 가할 때 폭발범위가 더 좁아진다.
- 수소와 공기의 혼합가스는 압력을 증가시키면(1기압까지는) 폭발범위가 좁아지다가 10[atm] 이상의 고압 이후부터는 폭발범위가 넓어진다.
- 압력이 1[atm]보다 낮아질 때 폭발범위는 크게 변화되지 않는다.
- 산소의 농도가 증가할수록 화염온도가 높아지고 연소속도가 빨라지며 폭발범위가 넓어지는 반면, 발화온도는 낮아진다.
- 불활성 기체를 공기와 혼합하면 폭발범위는 좁아진다.

② 안전간격(MESG ; Maximum Experimental Safe Gap) : 최대 안전틈새
  ㉠ 안전간격의 정의
    - 규정된 조건에 따라 시험을 10회 실시했을 때 화염이 전파되지 않고, 접합면의 길이가 25[mm]인 접합의 최대 틈새
    - 폭발성 분위기 내에 방치된 표준용기의 접합면 틈새를 통하여 폭발화염이 내부에서 외부로 전파되는 것을 방지할 수 있는 틈새의 최대 간격치(화염일주한계)
    - 화염일주가 일어나지 않는 틈새의 최대치

※ 화염일주와 소염거리
  - 화염일주 : 화염이 소실되는 것
  - 소염거리 : 두 면의 평행판 거리를 좁혀가며 화염이 전파하지 않게 될 때의 면간거리
  - 안전틈새, 최대 안전틈새, 최대 실험 안전틈새, 화염일주한계라고도 한다.

  ㉡ 안전간격의 등급
    - 1등급 : 0.6[mm] 초과
    - 2등급 : 0.4[mm] 초과 0.6[mm] 이하
    - 3등급 : 0.4[mm] 이하

  ㉢ 안전간격의 특징
    - 안전간격이 짧은 가스일수록 위험하다(H_2, C_2H_2, $CO + H_2$, CS_2 등).
    - 안전간격은 방폭 전기기기 등의 설계에 중요하다.
    - 한계 직경은 가는 관 내부를 화염이 진행할 때 도중에 꺼지는 관의 직경이다.

③ 가연성 가스의 위험
  ㉠ 위험도(H) : 폭발상한과 하한의 차를 폭발하한계로 나눈 값이다.

  $$H = \frac{U - L}{L}$$

  (여기서, U : 폭발상한, L : 폭발하한)

  ㉡ 고대다(高大多) 시 위험요인 : 폭발상한과 폭발하한의 차이(폭발범위), 연소속도, 가스압력, 증기압
  ㉢ 저소단(低少短) 시 위험요인 : 안전간격, 인화온도(인화점), 최소 점화에너지, 비등점, 화염일주한계

10년간 자주 출제된 문제

2-1. 메탄 50[%], 에탄 40[%], 프로판 5[%], 부탄 5[%]인 혼합가스의 공기 중 폭발하한값[%]은?(단, 폭발하한값은 메탄 5[%], 에탄 3[%], 프로판 2.1[%], 부탄 1.8[%]이다)

① 3.51　　② 3.61
③ 3.71　　④ 3.81

2-2. 부피로 Hexane 0.8[v%], Methane 2.0[v%], Ethylene 0.5[v%]로 구성된 혼합가스의 LFL을 계산하면 약 얼마인가? (단, Hexane, Methane, Ethylene의 폭발하한계는 각각 1.1[v%], 5.0[v%], 2.7[v%]라고 한다)

① 2.5[%]　　② 3.0[%]
③ 3.3[%]　　④ 3.9[%]

2-3. 폭발범위가 넓은 것부터 옳게 나열된 것은?

① H_2 > CO > CH_4 > C_3H_8
② CO > H_2 > CH_4 > C_3H_8
③ C_3H_8 > CH_4 > CO > H_2
④ H_2 > CH_4 > CO > C_3H_8

2-4. 다음 가연성 가스 중 폭발하한값이 가장 낮은 것은?

① 메 탄　　② 부 탄
③ 수 소　　④ 아세틸렌

2-5. 폭발과 관련한 가스의 성질에 대한 설명으로 옳지 않은 것은?

① 연소속도가 큰 것일수록 위험하다.
② 인화온도가 낮을수록 위험하다.
③ 안전간격이 큰 것일수록 위험하다.
④ 가스의 비중이 크면 낮은 곳에 체류한다.

2-6. 안전간격에 대한 설명으로 옳지 않은 것은?

① 안전간격은 방폭 전기기기 등의 설계에 중요하다.
② 한계 직경은 가는 관 내부를 화염이 진행할 때 도중에 꺼지는 관의 직경이다.
③ 두 평행판 간의 거리를 화염이 전파하지 않을 때까지 좁혔을 때 그 거리를 소염거리라고 한다.
④ 발화의 제반조건을 갖추었을 때 화염이 최대한으로 전파되는 거리를 화염일주라고 한다.

2-7. 다음 기체 가연물 중 위험도(H)가 가장 큰 것은?

① 수 소　　② 아세틸렌
③ 부 탄　　④ 메 탄

2-8. 아세틸렌가스의 위험도는 얼마인가?(단, 아세틸렌의 폭발한계는 2.51~81.2[%]이다)

① 29.15　　② 30.25
③ 31.35　　④ 32.45

[해설]

2-1

$\dfrac{100}{LFL} = \sum \dfrac{V_i}{L_i}$ 에서 $\dfrac{100}{LFL} = \dfrac{V_1}{L_1} + \dfrac{V_2}{L_2} + \dfrac{V_3}{L_3} + \dfrac{V_4}{L_4}$ 이며,

$\dfrac{100}{LFL} = \dfrac{50}{5} + \dfrac{40}{3} + \dfrac{5}{2.1} + \dfrac{5}{1.8} = 28.49$ 이므로,

$LFL = \dfrac{100}{28.49} \simeq 3.51[\%]$

2-2

$\dfrac{100}{LFL} = \sum \dfrac{V_i}{L_i}$ 에서 $\dfrac{100}{LFL} = \dfrac{V_1}{L_1} + \dfrac{V_2}{L_2} + \dfrac{V_3}{L_3}$ 이며,

$\dfrac{100}{LFL} = \left(\dfrac{0.8}{1.1} + \dfrac{2.0}{5.0} + \dfrac{0.5}{2.7}\right) \times \dfrac{100}{3.3} \simeq 39.77$ 이므로,

$LFL = \dfrac{100}{39.77} \simeq 2.5[\%]$

2-3

폭발범위[%], ( )는 폭발범위의 폭
H_2 4.1~75(70.9) > CO 12.5~75(62.5) > CH_4 5~15(10) > C_3H_8 2.1~9.5(7.4)

2-4

폭발범위[%], ( )는 폭발범위의 폭
- 메탄 : 5~15(10)
- 부탄 : 1.8~8.4(6.6)
- 수소 : 4.1~75(70.9)
- 아세틸렌 : 2.5~82(79.5, 가장 넓음)

2-5

안전간격이 작은 것일수록 위험하다.

2-6

화염일주 : 화염이 소실되는 것으로, 소염이라고도 한다.

【해설】

2-7

위험도 $H = \dfrac{U-L}{L}$

(여기서, U : 폭발상한, L : 폭발하한)

② 아세틸렌 $H = \dfrac{82-2.5}{2.5} = 31.8$

① 수소 $H = \dfrac{75-4.1}{4.1} \simeq 17.3$

③ 부탄 $H = \dfrac{8.4-1.8}{1.8} \simeq 3.7$

④ 메탄 $H = \dfrac{15-5}{5} = 2.0$

2-8

아세틸렌가스의 위험도

$H = \dfrac{U-L}{L} = \dfrac{81.2-2.51}{2.51} \simeq 31.35$

정답 2-1 ① 2-2 ① 2-3 ① 2-4 ② 2-5 ③ 2-6 ④ 2-7 ② 2-8 ③

핵심이론 03 폭연과 폭굉

① 폭연(Deflagration)
  ㉠ 연소파가 미반응 매질 속으로 음속보다 느리게 이동하는 경우에 발생하며 폭굉으로 전이될 수 있다.
  ㉡ 연소파의 전파속도는 기체의 조성·농도에 따라 다르지만, 통상 0.1~10[m/sec] 범위이다.
  ㉢ 폭연 시에 벽이 받는 압력은 정압뿐이다.
  ㉣ 연소파의 파면(화염면)에서 온도, 압력, 밀도의 변화를 보면 연속적이다.

② 폭굉(Detonation)
  ㉠ 폭굉의 정의
    • 연소파의 화염 전파속도가 음속을 돌파할 때 그 선단에 충격파가 발달하게 되는 현상이다.
    • 가스의 화염(연소) 전파속도가 음속보다 큰 것으로 파면선단의 압력파에 의해 파괴작용을 일으킨다.
    • 배관 내 혼합가스의 한 점에서 착화되었을 때 연소파가 일정거리를 진행한 후 급격히 화염 전파속도가 증가되어 1,000~3,500[m/sec]에 도달하는 현상이다.
    • 물질 내에서 충격파가 발생하여 반응을 일으키고 또한 그 반응을 유지하는 현상이다.
    • 충격파에 의해 유지되는 화학반응현상이다.
  ㉡ 폭굉의 특징
    • 폭굉의 화염 전파속도 : 1,000~3,500[m/sec]
    • 충격파이며 전파에 필요한 에너지는 충격파 에너지이다.
    • 발열반응이다.
    • 주로 밀폐된 공간에서 발생된다.
    • 짧은 시간에 에너지가 방출된다.
    • 폭발 시 압력은 초기 압력의 약 15배 이상이다.
    • 파면의 압력은 정상연소에서 발생하는 것보다 일반적으로 약 2배 정도 크다.
    • 폭속은 정상 연소속도의 몇 백배이다.
    • 폭굉범위는 폭발(연소)범위보다 좁다.

- 폭굉의 상한계값은 폭발(연소)의 상한계값보다 작다.
- 확산이나 열전도의 영향을 거의 받지 않는다.
ⓒ 가연성 가스와 산소의 혼합가스가 존재할 때 연소범위가 넓어져 폭굉이 발생하기 쉽다(아세틸렌-산소 혼합가스의 경우가 폭굉이 발생하기 가장 쉽다).
② 폭굉유도거리(DID)
- 최초의 느린 연소가 폭굉으로 발전할 때까지의 거리이다.
- DID가 짧아지는 요인 : 압력이 높을 때, 점화원의 에너지가 클 때, 관 속에 장애물이 있을 때, 관지름이 작을 때, 정상 연소속도가 빠른 혼합가스일수록
◎ 범위 폭의 크기 비교
  폭굉한계 < 연소한계 = 폭발한계
ⓗ 폭굉을 일으킬 수 있는 기체가 파이프 내에 있을 때 폭굉 방지 및 방호에 대한 사항
- 파이프라인에 오리피스 같은 장애물이 없도록 한다.
- 공정라인에서 회전이 가능하면 가급적 완만한 회전을 이루도록 한다.
- 파이프의 지름에 대한 길이의 비는 가급적 작게 한다.
- 파이프라인에 장애물이 있는 곳은 관경을 크게 한다.

10년간 자주 출제된 문제

폭굉유도거리(DID)가 짧아지는 요인이 아닌 것은?
① 압력이 낮을 때
② 점화원의 에너지가 클 때
③ 관 속에 장애물이 있을 때
④ 관지름이 작을 때

[해설]
압력이 높으면 폭굉유도거리(DID)가 짧아진다.

정답 ①

핵심이론 04 폭 발

① 폭발(Explosion)의 개요
  ③ 폭발의 정의
   - 화염의 음속 이하의 속도로 미반응물질 속으로 전파되어 가는 발열반응이다.
   - 혼합기체의 온도를 고온으로 상승시켜 자연착화를 일으키고, 혼합기체의 전 부분이 극히 단시간 내에 연소하는 것으로서 압력 상승의 급격한 현상이다.
   - 급격한 압력의 발생결과, 고압의 가스가 폭음을 내면서 급속하게 팽창하는 현상이다.
  ⓒ 폭발성 물질의 분류
   - 분해폭발성 물질 : 아세틸렌, 하이드라진, 산화에틸렌, 제5류 위험물(자기반응성 물질)
   - 중합폭발성 물질 : 사이안화수소, 산화에틸렌, 부타다이엔, 염화비닐
   - 화합폭발성 물질 : 아세틸렌, 아세트알데하이드, 산화프로필렌
  ⓒ 염소폭명기 : 염소와 수소가 점화원에 의해 폭발적으로 반응하는 현상이다.

② 폭발의 분류
  ③ 폭발원에 의한 분류
   - 물리적 폭발 : 물리적 변화를 주체로 하여 발생되는 폭발이다.
     - 물리적 폭발의 원인이 되는 물리적 변화 : 압력 조정 및 압력 방출장치의 고장, 부식으로 인한 용기 두께 축소, 과열로 인한 용기강도의 감소
     ※ 파열의 원인이 될 수 있는 용기 두께 축소의 원인 : 부식, 침식, 화학적 침해 등
     - 물리적 폭발의 종류 : 고압용기 파열·탱크 감압 파손 등에 의한 압력폭발, 증기폭발, 폭발적 증발, 금속선 폭발, 고체 상전이폭발 등

- 화학적 폭발 : 화학반응을 주체로 하여 발생되는 폭발이다.
  - 화학적 폭발의 원인이 되는 화학반응 : 누출된 가스의 점화, 폭발적 연소, 중축합, 분해, 반응 폭주 등
  - 화학적 폭발의 종류 : 산화폭발, 분해폭발, 중합폭발, 촉매폭발 등
- ⓒ 물질의 상태에 의한 분류 : 기상폭발, 응상폭발(액상 및 고상의 폭발)
  - 기상폭발
    - 발화원 : 열선, 화염, 충격파 등
    - 기상폭발의 종류 : 혼합가스폭발, 분해폭발, 분진폭발, 분무폭발, 증기운 폭발(UVCE), 액화가스탱크의 폭발(BLEVE) 등
    - 기상폭발의 특징
      ⓐ 반응이 기상으로 일어난다.
      ⓑ 폭발 상태는 압력에너지의 축적 상태에 따라 달라진다.
      ⓒ 반응에 의해 발생하는 열에너지는 반응기 내 압력 상승의 요인이 된다.
      ⓓ 가연성 혼합기를 형성하면 혼합기의 양에 비례하여 압력파가 생겨 압력이 상승된다.
  - 응상폭발(액상 및 고상의 폭발) : 고상이나 액상에서 기상으로 상변화할 때 발생되는 폭발이다.
    - 용융금속이나 슬러그 같은 고온물질이 물속에 투입되었을 때, 고온물질이 갖는 열이 저온의 물에 짧은 시간에 전달되면 일시적으로 물은 과열 상태로 되고, 조건에 따라서는 순간적인 짧은 시간에 급격하게 비등하여 발생되는 폭발이다.
    - 응상폭발의 종류 : 혼합 위험성 물질의 폭발, 폭발성 화합물의 폭발, 증기폭발, 금속선 폭발, 고체 상전이폭발

- ⓒ 대량 유출 가연성 가스의 폭발 : 증기운 폭발, 액화가스탱크의 폭발
③ 주요 폭발
  ㉠ 혼합가스폭발 : 농도조건이 맞고 발화원(에너지 조건)이 존재할 때 가연성 가스와 지연성 가스의 혼합기체에서 발생되는 폭발이다.
    - 가연성 가스나 액상에서 증발한 가스가 산화제와 혼합하여 가연범위 내의 혼합기가 만들어져 발화원에 의해 착화되어 일어나는 폭발이다.
    - 혼합가스폭발 물질 : 프로판 가스와 공기, 에테르 증기와 공간 등
  ㉡ 중합폭발 : 중합열에 의해 폭발하는 현상이다.
    - 중합폭발 물질 : 사이안화수소, 염화비닐, 산화에틸렌, 부타다이엔 등
    - 액체 사이안화수소를 장기간 저장하지 않는 이유 : 중합폭발하기 때문에
  ㉢ 분해폭발 : 가스분자가 분해하여 발생하는 가스가 (단일 성분이라도) 발화원에 의해 착화되어 발생되는 폭발이다.
    - 분해폭발 물질을 일정 압력 이상으로 압축하면 가스가 분해되면서 상당히 큰 발열을 동반하여 열팽창이 일어나면서 상승된 압력이 방출되면서 폭발을 일으키는 현상이다.
    - 분해폭발 물질 : 아세틸렌, 에틸렌, 산화에틸렌, 하이드라진, 이산화염소 등
  ㉣ 분진폭발 : 가연성 고체의 미분 또는 산화 발열반응이 큰 금속 분말이 특정 농도영역에서 가연성 가스 중에 분산되었을 때 점화원에 의해 착화되어 일어나는 폭발이다.
    - 가연성의 미세입자가 공기 중에 퍼져 있을 때 약간의 불꽃이나 열에도 돌발적으로 연쇄 산화하여 연소를 일으켜 폭발하는 현상이다.
    - 분질폭발 물질 : 유황, 플라스틱, 알루미늄, 타이타늄, 실리콘 분말 등

- 분진폭발이 전파되는 조건
  - 분진은 가연성이어야 한다.
  - 분진은 적당한 공기를 수송할 수 있어야 한다.
  - 분진은 화염을 전파할 수 있는 크기의 분포를 가져야 한다.
  - 분진의 농도는 폭발범위 내에 있어야 한다.
- 분진폭발의 특징
  - 입자의 크기가 작을수록 위험성은 더 크다.
  - 분진의 농도가 높을수록 위험성은 더 크다.
  - 수분 함량의 증가는 폭발 위험을 감소시킨다.
  - 가연성 분진의 난류 확산은 일반적으로 분진 위험을 증가시킨다.
  - 분진이 공기 중에 부유하는 경우 가연성이 된다.
  - 분진이 구조물 위에 퇴적하는 경우 가연성이 된다.
  - 분진이 발화, 폭발하기 위해서는 점화원이 필요하다.
  - 분진폭발은 입자 표면에 열에너지가 주어져 표면온도가 상승한다.
  - 상승한 입자 표면분자의 열분해, 건류작용으로 가연성 가스를 방출한다.
  - 분진폭발은 1차 폭발과 2차 폭발로 구분되어 반복 발생한다.

ⓜ 분무폭발 : 가연성 액체가 무화되어 특정농도로 가연성 가스 중에 분산되어 있을 때 점화원에 의한 착화로 일어나는 폭발이다.
- 고압의 유압설비의 일부가 파손되어 내부의 가연성 액체가 공기 중에 분출되어 이것이 미세한 액적이 되어 무상으로 되고 공기 중에 현탁하여 존재할 때 어떤 원인으로 인해 착화에너지가 주어지면 발생한다.
- 유적폭발은 분무폭발에 해당한다.

ⓑ 증기폭발(Vapor Explosion) : 고열의 고체와 저온의 액체가 접촉했을 때 찬 액체가 큰 열을 받아 갑자기 증기가 발생하여 증기의 압력에 의하여 폭발하는 현상이다.

ⓢ 증기운 폭발(UVCE ; Unconfined Vapor Cloud Explosion) : 대기 중에 대량의 가연성 가스나 인화성 액체가 유출되어 발생 증기가 대기 중의 공기와 혼합하여 폭발성인 증기운을 형성하고 착화·폭발하는 현상이다.
- 증기운 폭발에 영향을 주는 인자 : 방출된 물질의 양, 증발된 물질의 분율, 점화원의 위치, 점화확률, 점화 전 증기운의 이동거리, 시간 지연, 폭발확률, 폭발효율 등
- 증기운 폭발의 특징
  - 증기운의 크기가 커지면 점화확률도 커진다.
  - 증기운의 재해는 폭발보다 화재가 보통이다.
  - 폭발효율은 블레비(BLEVE)보다 작다.
  - 증기와 공기와의 난류 혼합은 폭발의 충격을 증가시킨다.
  - 점화 위치가 방출점에서 멀수록 폭발 효율이 증가하므로 폭발 위력이 커진다.
  - 연소에너지의 약 20[%]만 폭풍파로 변한다.

ⓞ 비등액체팽창증기폭발(BLEVE ; Boiling Liquid Expanding Vapor Explosion) : 과열 상태의 탱크에서 내부의 액화가스가 분출, 일시에 기화되어 착화·폭발하는 현상이다.
- 액체가 급격한 상변화를 하여 증기가 된 후 폭발하는 현상
- 액화가스탱크의 폭발
- 액체가 비등하여 증기가 팽창하면서 폭발을 일으키는 현상
- BLEVE 현상의 발생조건 : 비점 이상에서 저장되어 있는 휘발성이 강한 액체가 누출되었을 때

- BLEVE에 영향을 주는 인자 : 저장된 물질의 종류와 형태, 저장용기의 재질, 내용물의 물질적 역학상태, 주위온도와 압력 상태, 내용물의 인화성 및 독성 여부 등

④ 폭발재해의 형태와 예방대책

　㉠ 폭발재해의 형태
- 발화원을 필요로 하는 폭발 : 착화 파괴형 폭발, 누설 착화형 폭발
- 반응열의 축적에 의한 폭발 : 자연발화폭발, 반응폭주형 폭발
- 과열액체의 증기 폭발 : 열이동형 증기폭발, 평형 파괴형 폭발

　㉡ 폭발재해 예방대책
- 착화 파괴형 : 불활성가스 치환, 혼합가스의 조성관리, 발화원 관리, 열에 민감한 물질의 생성 저지
- 누설 착화형 : 위험물질의 누설 방지, 밸브의 오조작 방지, 누설물질의 감지 경보, 발화원 관리
- 자연발화형 : 물질의 자연발화성 조사, 온도 계측관리, 분산·냉각·소각, 혼합 위험 방지
- 반응폭주형 : 발열반응 특성 조사, 반응속도 계측관리, 냉각·교반 조작시설, 반응폭주 시의 처치
- 열이동형 : 작업대의 건조, 물 침입 저지, 고온 폐기물의 처치, 주수 파쇄설비 설계, 저온냉각 액화가스 취급
- 평형 파괴형 : 용기강도 유지, 외부 하중에 의한 파괴 방지, 화재에 의한 용기의 가열 방지, 반응폭주에 의한 압력 상승 방지

10년간 자주 출제된 문제

4-1. 다음 폭발원인에 따른 종류 중 물리적 폭발은?
① 압력폭발　　② 산화폭발
③ 분해폭발　　④ 촉매폭발

4-2. 증기운 폭발에 영향을 주는 인자로서 가장 거리가 먼 것은?
① 방출된 물질의 양
② 증발된 물질의 분율
③ 점화원의 위치
④ 혼합비

4-3. 액체 사이안화수소를 장기간 저장하지 않는 이유로 옳은 것은?
① 산화폭발하기 때문에
② 중합폭발하기 때문에
③ 분해폭발하기 때문에
④ 고결되어 장치를 막기 때문에

[해설]

4-1
②, ③, ④는 화학적 폭발에 해당된다.

4-2
혼합비는 증기운 폭발에 영향을 주는 인자와는 거리가 멀다.

4-3
액체 사이안화수소는 중합폭발 물질이므로 장기간 저장하면 중합폭발을 일으킬 수 있다.

정답 4-1 ①　4-2 ④　4-3 ②

핵심이론 05 가스안전

① 소 화
  ㉠ 소화의 정의 : 화재의 온도를 발화온도 이하로 감소, 산소농도 희석을 위한 산소 공급 차단, 화재현장으로부터 가연물질 제거, 연소 연쇄반응 차단 및 억제 등으로 불을 끄는 것
  ㉡ 소화의 원리
    • 가연성 가스나 가연성 증기의 공급을 차단시킨다.
    • 연소 중에 있는 물질에 물이나 냉각제를 뿌려 온도를 낮춘다.
    • 연소 중에 있는 물질에 공기 공급을 차단시킨다.
    • 연소 중에 있는 물질의 표면에 불활성 가스를 덮어 씌워 가연성 물질과 공기의 접촉을 차단시킨다.
  ㉢ 소화의 3대 효과
    • 제거효과 : 가연물질을 다른 위치로 이동시켜 연소 방지 및 제거로 연소를 중단시키는 소화방법
    • 질식효과 : 이산화탄소 등으로 가연물을 덮는 방법(분말소화기, 포말소화기, CO_2소화기, 할로겐화합물 소화약제 등)
    • 냉각효과 : 기화열로 온도를 인화점·발화점 이하로 낮추는 소화방법(산·알칼리 소화기, 물)
  ㉣ 소화의 4대 효과 : 3대 효과+억제효과
    • 억제효과 : 연소의 연쇄반응을 차단 및 억제시키는 소화방법으로 부촉매효과 또는 화학효과라고도 한다(할로겐화합물 소화약제 등).
  ㉤ 소화의 종류
    • 제거소화
      - 가스화재 시 밸브 및 콕을 잠가 연료 공급을 중단시키는 소화방법
      - LPG 저장탱크의 배관이 파손되어 가스로 인한 화재가 발생하였을 때 안전관리자가 긴급차단장치를 조작하여 LPG 저장탱크로부터의 LPG 공급을 중단시켜 소화하는 방법
    • 질식소화 : 산소(공기)를 차단시켜 연소에 필요한 산소농도 이하가 되도록 소화하는 방법
    • 냉각소화 : 화염온도를 낮추어 소화시키는 방법으로, 물 등 액체의 증발잠열을 이용하여 가연물을 인화점 및 발화점 이하로 낮추어 소화하는 방법
    • 억제소화 : 가연물의 산화연소되는 화학반응이 일어나지 않도록 억제시키는 소화방법
  ㉥ 소화(약)제의 일반 특성
    • 소화약제는 현저한 독성이나 부식성이 없어야 하며 열과 접촉할 때 현저한 독성이나 부식성의 가스를 발생하지 않아야 한다.
    • 수용액의 소화약제 및 액체 상태의 소화약제는 결정의 석출, 용액의 분리, 부유물 또는 침전물의 발생 등의 이상이 생기지 않아야 하며, 과불화옥탄술폰산(PFOS)을 함유하지 않아야 한다.
  ㉦ 소화(약)제의 종류
    • 물계 소화약제 : 물소화약제, 포소화약제
    • 가스계 소화약제 : 이산화탄소 소화약제, 할로겐화합물 소화약제
    ※ 이산화탄소 소화제의 특징
      • 이산화탄소는 상온에서 기체 상태로 존재하는 불활성 가스로 질식성을 갖고 있기 때문에 가연물의 연소에 필요한 산소 공급을 차단한다.
      • 유류 및 전기화재에 적합하다.
      • 소화 후 잔여물을 남기지 않는다.
      • 연소반응을 억제하는 효과와 냉각효과를 동시에 가지고 있다.
      • 소화기의 무게가 무겁고, 사용 시 동상의 우려가 있다.
    • 분말소화약제 : ABC 분말형, BC 분말형

ⓒ 차량에 고정된 탱크 운반 시의 소화설비

가스 종류	소화기 능력 단위	소화약제	비치 개수
가연성 가스	BC용, B-10 이상 또는 ABC용, B-12 이상	분말 소화제	차량 좌우에 각각 1개 이상 (총 2개 이상)
산 소	BC용, B-8 이상 또는 ABC용, B-10 이상		

[비고]
- 가연성 가스 또는 산소 운반 차량에 휴대하여야 하는 소화기 : 분말소화기
- BC용은 유류화재나 전기화재, ABC용은 보통화재·유류화재 및 전기화재 각각에 사용한다.
- 소화기 1개의 소화능력이 소정의 능력 단위에 부족한 경우에는 추가해서 비치하는 다른 소화기와의 합산능력이 소정의 능력 단위에 상당한 능력 이상이면 그 소정의 능력 단위의 소화기를 비치한 것으로 본다.

ⓒ 충전된 용기 차량 적재 운반 시 비치하여야 할 소화설비

운반가스량	소화기 능력 단위	소화약제	비치 개수
압축가스 15[m³] 또는 액화가스 150[kg] 이하	B-3 이상	분말 소화제	1개 이상
압축가스 15[m³] 초과 100[m³] 미만 또는 액화가스 150[kg] 초과 1,000[kg] 미만	BC용 또는 ABC용, B-6(약재 중량 4.5[kg]) 이상		1개 이상
압축가스 100[m³] 또는 액화가스 1,000[kg] 이상			2개 이상

[비고]
소화기 1개의 소화능력이 소정의 능력단위에 부족한 경우에는 추가해서 비치하는 다른 소화기와의 합산능력이 소정의 능력 단위에 상당한 능력 이상이면 그 소정의 능력 단위의 소화기를 비치한 것으로 본다.

ⓒ 가스화재 소화대책
- LNG에 착화할 때에는 노출된 탱크, 용기 및 장비를 냉각시키면서 누출원을 막아야 한다.
- 소규모 화재 시 고성능 포말소화액을 사용하여 소화할 수 있다.
- 큰 화재나 폭발로 확대될 위험이 있을 경우에는 먼저 누출원을 막고 나서 소화해야 한다.
- 진화원을 막는 것이 바람직하다고 판단되면 분말소화약제, 탄산가스, 할론소화기를 사용할 수 있다.

② 위험 장소의 분류
㉠ 제0종 장소
- 인화성 물질이나 가연성 가스가 폭발성 분위기를 생성할 우려가 있는 장소 중 가장 위험한 장소 등급
- 폭발성 가스의 농도가 연속적이거나 장시간 지속적으로 폭발한계 이상이 되는 장소 또는 지속적인 위험 상태가 생성되거나 생성될 우려가 있는 장소
- 상용의 상태에서 가연성 가스의 농도가 연속해서 폭발하한계 이상으로 되는 장소
- 제0종 장소의 예
  - 설비의 내부(용기 내부, 장치 및 배관의 내부 등)
  - 인화성 또는 가연성 액체가 존재하는 피트(Pit) 등의 내부
  - 인화성 또는 가연성의 가스나 증기가 지속적 또는 장기간 체류하는 곳

㉡ 제1종 장소
- 상용의 상태에서 가연성 가스가 체류해 위험하게 될 우려가 있는 장소
- 제1종 장소의 예
  - 통상의 상태에서 위험 분위기가 쉽게 생성되는 곳
  - 운전·유지보수 또는 누설에 의하여 자주 위험 분위기가 생성되는 곳
  - 설비 일부의 고장 시 가연성 물질의 방출과 전기계통의 고장이 동시에 발생되기 쉬운 곳
  - 환기가 불충분한 장소에 설치된 배관계통으로 쉽게 누설될 우려가 있는 곳
  - 주변 지역보다 낮아 가스나 증기가 체류할 수 있는 곳
  - 상용의 상태에서 위험 분위기가 주기적 또는 간헐적으로 존재하는 곳

ⓒ 제2종 장소
- 이상 상태하에서 위험 분위기가 단시간 동안 존재할 수 있는 장소(이 경우 이상 상태는 상용의 상태, 즉 통상적인 유지보수 및 관리 상태 등에서 벗어난 상태를 지칭하는 것으로 일부 기기의 고장, 기능 상실, 오작동 등의 상태)
- 가연성 가스가 밀폐된 용기 또는 설비의 사고로 인해 파손되거나 오조작의 경우에만 누출될 위험이 있는 장소
- 환기장치에 이상이나 사고가 발생한 경우에 가연성 가스가 체류하여 위험하게 될 우려가 있는 장소
- 제2종 장소의 예
  - 환기가 불충분한 장소에 설치된 배관계통으로 쉽게 누설되지 않는 구조의 곳
  - 개스킷(Gasket), 패킹(Packing) 등의 고장과 같이 이상 상태에서만 누출될 수 있는 공정설비 또는 배관이 환기가 충분한 곳에 설치될 경우
  - 제1종 장소와 직접 접하며 개방되어 있는 곳 또는 제1종 장소와 덕트, 트랜치, 파이프 등으로 연결되어 이들을 통해 가스나 증기의 유입이 가능한 곳
  - 강제환기방식이 채용되는 곳 : 환기설비의 고장이나 이상 시에 위험 분위기가 생성될 수 있는 곳

③ 연소가스의 폭발 등급
 ㉠ 폭발 1등급 : 메탄, 에탄, 가솔린 등
 ㉡ 폭발 2등급 : 에틸렌, 석탄가스 등
 ㉢ 폭발 3등급 : 수소, 아세틸렌, 이황화탄소, 수성가스 등

④ 방폭구조
 ㉠ 내압 방폭구조
- 용기 내부에서 가연성 가스의 폭발이 발생할 경우, 그 용기가 폭발압력에 견디고 접합면, 개구부 등을 통하여 외부의 가연성 가스에 인화되지 않도록 한 구조
- 전 폐쇄구조인 용기 내부에서 폭발성 (혼합)가스의 폭발이 일어날 경우 용기가 폭발압력에 견디고 외부의 폭발성 분위기에 불꽃이 전파되는 것을 방지하도록 하여 외부의 폭발성 가스에 인화할 우려가 없도록 한 방폭구조
- 내압 방폭구조로 방폭 전기기기를 설계할 때 가장 중요하게 고려해야 할 사항 : 가연성 가스의 안전간격 또는 가연성 가스의 최대 안전틈새
- 전기기기의 내압 방폭구조의 선택요인 : 가연성 가스의 최대 안전틈새, 발화온도
- 가연성 가스의 폭발 등급 및 이에 대응하는 내압 방폭구조 폭발 등급의 분류 기준 : 최대 안전틈새 범위
- 슬립링, 정류자 등은 내압 방폭구조로 하여야 한다.
- 내압 방폭구조는 내부 폭발에 의한 내용물 손상으로 영향을 미치는 기기에는 부적당하다.
- 내압 방폭구조의 기호 : d

 ㉡ 압력 방폭구조
- 점화원이 될 우려가 있는 부분을 용기 안에 넣고 불활성 가스를 용기 안에 채워 넣어 폭발성 가스가 침입하는 것을 방지한 방폭구조
- 용기 내부에 공기 또는 불활성 가스 등의 보호가스를 압입하여 용기 내의 압력이 유지됨으로써 외부로부터 폭발성 가스 또는 증기가 침입하지 못하도록 한 방폭구조
- 압력 방폭구조의 기호 : p

ⓒ 유입 방폭구조
- 기름면 위에 존재하는 가연성 가스에 인화될 우려가 없도록 한 구조
- 전기기기의 불꽃 또는 아크 발생 부분을 기름 속에 넣어 유면상에 존재하는 폭발성 가스에 인화될 우려가 없도록 한 구조
- 기호 : o

ⓔ 안전증 방폭구조
- 정상 운전 중에 가연성 가스의 점화원이 될 전기불꽃, 아크 등의 발생을 방지하기 위하여 기계적·전기적 구조상 또는 온도 상승에 대해서 안전도를 증가시킨 방폭구조
- 구조상 및 온도의 상승에 대하여 특별히 안전도를 증가시킨 구조
- 안전증 방폭구조의 기호 : e

ⓜ 본질안전 방폭구조
- 공적기관에서 점화시험 등의 방법으로 확인한 구조
- 방폭지역에서 전기(전기기기와 권선 등)에 의한 스파크, 접점단락 등에서 발생되는 전기적 에너지를 제한하여 전기적 점화원 발생을 억제하고, 만약 점화원이 발생하더라도 위험물질을 점화할 수 없다는 것이 시험을 통하여 확인될 수 있는 구조
- 본질안전 방폭구조의 기호 : ia 또는 ib

ⓑ 충전 방폭구조
- 위험 분위기가 전기기기에 접촉되는 것을 방지할 목적으로 모래, 분체 등의 고체 충진물로 채워서 위험원과 차단·밀폐시키는 구조
- 충진물은 불활성 물질이 사용되어야 한다.
- 충전 방폭구조의 기호 : q

ⓢ 비점화 방폭구조
- 정상동작 상태에서 주변의 폭발성 가스 또는 증기에 점화시키지 않고 점화시킬 수 있는 고장이 유발되지 않도록 한 방폭구조
- 정상 운전 중인 고전압 등까지도 적용 가능하며, 특히 계장설비에 에너지 발생을 제한한 본질안전구조의 대용으로 적용 가능하다.
- 비점화 방폭구조의 기호 : n

ⓞ 몰드(캡슐) 방폭구조
- 보호기기를 고체로 차단시켜 열적 안정을 유지하게 하는 방폭구조
- 유지보수가 필요 없는 기기를 영구적으로 보호하는 방법에 효과가 매우 크다.
- 일반적으로 캡슐 방폭구조는 용기와 분리하여 사용하는 전자회로판 등에 사용하는데, 충격·진동 등 기계적 보호효과도 매우 크다.
- 몰드(캡슐) 방폭구조의 기호 : m

ⓩ 특수 방폭구조
- 폭발성 가스 또는 증기에 점화 또는 위험 분위기로 인화를 방지할 수 있는 것이 시험, 기타에 의하여 확인된 구조
- 특수 사용조건 변경 시에는 보호방식에 대한 완벽한 보장이 불가능하므로, 제0종 장소나 제1종 장소에서는 사용할 수 없다.
- 용기 내부에 모래 등의 입자를 채우는 충전 방폭구조 또는 협극 방폭구조 등이 있다.
- 특수 방폭구조의 기호 : s

ⓒ 설치 장소의 위험도에 대한 방폭구조의 선정
- 제0종 장소에서는 원칙적으로 본질 방폭구조를 사용한다.
- 제2종 장소에서는 사용하는 전선관용 부속품은 KS에서 정하는 일반 부품으로서 나사 접속의 것을 사용할 수 있다.

- 두 종류 이상의 가스가 같은 위험 장소에 존재하는 경우에는 그중 위험 등급이 높은 것을 기준으로 하여 방폭 전기기기의 등급을 선정하여야 한다.
- 유입 방폭구조는 제1종 장소에서는 사용을 피하는 것이 좋다.

⑤ 안전조치

㉠ 방폭대책 : 예방, 국한, 소화, 피난대책 등

㉡ 불활성화(Inerting)
- 가연성 혼합가스에 불활성 가스를 주입시켜 산소의 농도를 최소 산소농도 이하로 낮추는 공정이다.
- 이너트(Inert) 가스로는 질소, 이산화탄소 또는 수증기가 사용된다.
- 이너팅(Inerting)은 산소농도를 안전한 농도로 낮추기 위하여 이너트 가스를 용기에 처음 주입시키면서 시작한다.
- 일반적으로 실시되는 산소농도의 제어점은 최소 산소농도 이하로 낮은 농도이다.

㉢ 기상폭발 예방대책
- 환기에 의해 가연성 기체의 농도 상승을 억제한다.
- 집진장치 등으로 분진 및 분무의 퇴적을 방지한다.
- 휘발성 액체와 공기의 접촉을 피하기 위해 불활성 기체로 차단한다.
- 반응에 의해 가연성 기체의 발생 가능성을 검토하고 반응을 억제하거나 발생한 기체를 밀봉한다.

㉣ 분진폭발 위험 방지방법
- 분진의 산란이나 퇴적을 방지하기 위하여 정기적으로 분진을 제거한다.
- 분진의 취급방법은 습식법으로 한다.
- 분진이 일어나는 근처에 습식의 스크러버 장치를 설치한다.
- 환기장치는 공정별로 단독집진기를 사용한다.

㉤ 정전기 방지대책
- 정전기 발생 우려 장소에 접지시설을 설치한다.
- 전기저항이 큰 물질은 대전이 용이하므로 전도체 물질을 사용한다.
- 제전기를 사용하여 대전된 물체를 전기적으로 중성 상태로 한다.
- 정전기는 습도가 낮거나 압력이 높을 때 많이 발생하므로 상대습도를 70[%] 이상으로 습기를 유지한다.
- 인체에서 발생하는 정전기를 방지하기 위하여 방전복 등을 착용하여 정전기 발생을 제거한다.
- 실내 공기를 이온화하여 정전기 발생을 예방한다.
- 전하 생성 방지방법(접속과 접지, 도전성 재료 사용, 침액(Dip) 파이프 설치 등)을 적용한다.
- 동절기의 습도가 50[%] 이하인 경우, 수소용기 밸브의 개폐를 서서히 해야 한다.

㉥ 폭발방지 안전장치 : 안전밸브, 가스누출경보장치, 긴급차단장치 등

㉦ 연소폭발 방지방법
- 가연성 물질 제거
- 조연성 물질의 혼입 차단
- 발화원의 소거 또는 억제
- 불활성 가스로 치환

㉧ 폭굉 발생 가능한 기체가 파이프 내에 있을 때의 폭굉 방지 및 방호
- 파이프라인에 오리피스 같은 장애물이 없도록 한다.
- 공정라인에서 회전이 가능하면 가급적 완만한 회전을 이루도록 한다.
- 파이프의 지름 대 길이의 비는 가급적 작게 한다.
- 파이프라인에 장애물이 있는 곳은 관경을 더 크게 한다.

ⓩ 폭연 벤트(Vent)
- 연소로 내의 폭발에 의한 과압을 안전하게 방출시켜 노의 파손에 의한 피해를 최소화하기 위해 설치하는 장치이다.
- 과압으로 손쉽게 열리는 구조로 한다.
- 과압을 안전한 방향으로 방출시킬 수 있는 장소를 선택한다.
- 크기와 수량은 노의 구조와 규모 등에 의해 결정한다.
- 가능한 한 곡절부에 설치하지 않고 직선부에 설치한다.

ⓧ 퍼지(Purging) 또는 치환 : 가연성 가스 또는 증기에 불활성 가스를 주입시켜 산소의 농도를 최소 산소농도(MOC) 이하로 낮추는 작업을 통하여 제한된 공간에서 화염이 전파되지 않도록 유지된 상태로, 불활성 가스로는 질소, 이산화탄소 및 수증기 등이 있다.
- 스위프 퍼지 또는 일소 퍼지(Sweep-through Purging) : 한쪽 개구부에 퍼지가스를 가하고 다른 개구부로 혼합가스를 대기 또는 스크러버로 빼내는 공정
- 사이펀 퍼지(Siphon Purging) : 용기에 액체를 채운 다음 용기로부터 액체를 배출시키는 동시에 증기층으로 불활성 가스를 주입시켜 원하는 산소농도를 만드는 퍼지방법
- 진공 퍼지 또는 저압 퍼지 : 용기, 반응기에 대한 가장 일반적인 이너팅 방법이며, 큰 용기는 내진공설계가 고려되지 않은 경우가 대부분이므로 큰 저장용기에는 부적합하다.
- 압력 퍼지 : 불활성 가스를 가압하에서 장치 내로 주입시키고 불활성 가스가 공간에 채워진 후에 압력을 대기로 방출함으로써 정상압력으로 환원하는 방법이다. 가압공정이 대단히 빨라 퍼지시간이 매우 짧지만 퍼지가스(불활성 가스) 소모량이 많은 퍼지방법이다.

- 최소 산소농도(MOC ; Minimum Oxygen Concentration) : 가연성 혼합가스 내에 화염이 전파될 수 있는 최소한의 산소농도
- 일반적으로 퍼지(치환작업)의 제어점은 산소농도를 최소 산소농도보다 4[%] 이상 낮게 한다. 즉, 최소 산소농도가 10[%]인 경우, 치환작업으로 산소농도를 6[%] 이하가 되게 한다.

⑥ 질소산화물 생성 억제 및 경감방법
㉠ 물분사법, 2단 연소법, 배기가스 재순환연소법, 저산소(저공기비) 연소법, 저온연소법, 농담연소법
㉡ 건식법 환원제(암모니아, 탄화수소, 일산화탄소)를 사용한다.
㉢ 연료와 공기의 혼합을 양호하게 하여 연소온도를 낮춘다.
㉣ 저온 배출가스 일부를 연소용 공기에 혼입해서 연소용 공기 중의 산소농도를 저하시킨다.
㉤ 버너 부근의 화염온도, 배기가스온도를 낮춘다.
㉥ 연소가스가 고온으로 유지되는 시간을 짧게 한다.
㉦ 저소감 : 과잉공기량, 연소온도, 연소용 공기 중의 산소농도, 노 내 가스 잔류시간, 미연소분
㉧ 질소성분이 적거나 질소성분을 함유하지 않은 연료를 사용한다.

⑦ 집진장치
㉠ 습식 집진장치 : 유수식, 가압수식(벤투리 스크러버, 사이클론 스크러버, 제트 스크러버, 충전탑), 회전식 등
㉡ 건식 집진장치 : 중력식, 관성력식(충돌식, 반전식), 원심식(사이클론, 멀티클론), 백필터(여과식), 진동무화식 등
- 사이클론 집진장치 : 가스의 속도를 크게 할수록 압력손실은 커지나 분리효율이 좋아지는 집진장치

⑧ 폭발 가능 가스 누출량
누출 가능 공간의 체적 × 폭발하한

10년간 자주 출제된 문제

5-1. 가스화재 시 밸브의 콕을 잠그는 소화방법은?
① 질식소화　　② 냉각소화
③ 억제소화　　④ 제거소화

5-2. 인화성 물질이나 가연성 가스가 폭발성 분위기를 생성할 우려가 있는 장소 중 가장 위험한 장소 등급은?
① 제1종 장소　　② 제2종 장소
③ 제3종 장소　　④ 제0종 장소

5-3. 상용의 상태에서 가연성 가스가 체류해 위험하게 될 우려가 있는 장소를 무엇이라 하는가?
① 제0종 장소　　② 제1종 장소
③ 제2종 장소　　④ 제3종 장소

5-4. 방폭구조 및 대책에 관한 설명으로 옳지 않은 것은?
① 방폭대책에는 예방, 국한, 소화, 피난대책이 있다.
② 가연성 가스의 용기 및 탱크 내부는 제2종 위험 장소이다.
③ 분진폭발은 1차 폭발과 2차 폭발로 구분되어 발생한다.
④ 내압 방폭구조는 내부 폭발에 의한 내용물 손상으로 영향을 미치는 기기에는 부적당하다.

5-5. 설치 장소의 위험도에 대한 방폭구조의 선정에 관한 설명 중 틀린 것은?
① 제0종 장소에서는 원칙적으로 내압 방폭구조를 사용한다.
② 제2종 장소에서는 사용하는 전선관용 부속품은 KS에서 정하는 일반 부품으로서 나사 접속의 것을 사용할 수 있다.
③ 두 종류 이상의 가스가 같은 위험 장소에 존재하는 경우에는 그중 위험 등급이 높은 것을 기준으로 하여 방폭 전기기기의 등급을 선정하여야 한다.
④ 유입 방폭구조는 제1종 장소에서는 사용을 피하는 것이 좋다.

5-6. 가연성 혼합기체가 폭발범위 내에 있을 때 점화원으로 작용할 수 있는 정전기의 방지대책으로 틀린 것은?
① 접지를 실시한다.
② 제전기를 사용하여 대전된 물체를 전기적으로 중성 상태로 한다.
③ 습기를 제거하여 가연성 혼합기가 수분과 접촉하지 않도록 한다.
④ 인체에서 발생하는 정전기를 방지하기 위하여 방전복 등을 착용하여 정전기 발생을 제거한다.

|해설|

5-1
제거소화 : 가스화재 시 밸브의 콕을 잠가 연료 공급을 차단시키는 소화방법

5-2
가장 위험한 장소 등급은 제0종 장소이다.

5-3
제1종 장소 : 상용의 상태에서 가연성 가스가 체류해 위험하게 될 우려가 있는 장소

5-4
가연성 가스의 용기 및 탱크 내부는 제0종 위험 장소이다.

5-5
제0종 장소에서는 원칙적으로 본질 방폭구조를 사용한다.

5-6
정전기를 방지하기 위해서는 상대습도를 약 70[%] 이상으로 유지한다.

정답 5-1 ④　5-2 ④　5-3 ②　5-4 ②　5-5 ①　5-6 ③

CHAPTER 02 가스설비

제1절 재료

핵심이론 01 재료의 개요

① 재료의 분류

금속재료	철강재료	순철(전해철), 강(탄소강, 합금강), 주철(보통주철, 특수주철), 주강
	비철재료	구리(Cu, 동), 알루미늄(Al), 마그네슘(Mg), 니켈(Ni), 아연(Zn), 타이타늄(Ti), 베어링합금, 기타-납(Pb), 주석(Sn), 코발트(Co), 텅스텐(W), 몰리브덴(Mo), 은(Ag), 금(Au), 백금(Pt), 게르마늄(Ge), 규소(Si) 등
비금속재료	유기질재료	플라스틱, 고무, 목재, 피혁직물 등
	무기질재료	세라믹, 단열재, 연마재, 탁마재, 유리, 시멘트, 석재 등

② 금속재료의 성질

㉠ 금속의 공통된 성질
- 상온에서 고체이며 결정체이다(단, 상온에서 액체인 수은(Hg)은 예외).
- 빛을 반사하며 금속 특유의 광택이 있다.
- 전성과 연성이 우수하고 소성 변형성이 있어서 가공이 용이하다.
- 비중과 강도, 경도가 크며 용융점이 높다.
- 전도성 우수(열, 전기) : 열과 전기의 양도체

㉡ 금속의 기계적 성질
- 전성(Malleability) : 얇은 판으로 넓게 펼쳐지는 성질(Au > Ag > Pt > Al > Fe)
- 연성(Ductility) : 금속이 탄성한계를 초과한 힘을 받고도 파괴되지 않고 늘어나서 소성 변형이 되는 성질, 길고 가늘게 늘어나는 성질이며 연신율로 표시
- 경도(Hardness) : 재료의 단단한 정도
- 강도(Strength) : 외력(충격)에 견디는 힘(인장강도, 압축강도, 전단강도, 비틀림 강도, 굽힘강도 등)
- 인성(Toughness) : 외력에 저항하는 질긴 성질, 취성의 반대 성질
- 피로(Fatigue) : 작은 힘의 반복작용에 의해 재료가 파괴되는 현상
- 크리프(Creep)
  - 어느 온도 이상에서 일정 하중이 작용할 때 시간의 경과와 더불어 그 변형이 증가하는 현상이다.
  - 금속재료를 고온에서 오랜 시간 외력을 걸어 놓으면 시간의 경과에 따라 서서히 그 변형이 증가하는 현상으로, 고온에 의해 발생(인장강도, 경도 등 저하)되거나 자중에 의해 발생되기도 한다(전기줄).
  - 크리프가 발생되면 변형뿐만 아니라 변형이 증대하고 때로 파괴가 일어난다.
  ※ 저온장치용 금속재료에서 온도가 낮을수록 연신율은 감소하며 인장강도, 항복점, 경도 등은 증가한다.

㉢ 금속의 물리적 성질
- 용융온도 : 고체 상태가 액체 상태로 변하는 온도(Melting Point, 용융점, 녹는점)이다. 텅스텐(W)이 3,410[℃]로 가장 높고, 수은(Hg)이 -38[℃]로 가장 낮다.
  ※ Hg(-38[℃]), Al(660[℃]), Au(1,063[℃]), Cu(1,083[℃]), Fe(1,539[℃]), Ir(2,447[℃]), W(3,410[℃])

- 비중 : 물과 똑같은 부피를 갖는 물체의 무게와 물의 무게의 비(물의 온도 4[℃]일 때)이다. 금속재료 중에서 이리듐(Ir)이 22.5로 가장 크며 리튬(Li)이 0.53으로 가장 가볍다. 금속재료는 비중 4.5(4.6) 전후로 경금속, 중금속으로 구분된다.

경금속	Li(0.53), K(0.86), Na(0.97), Mg(1.74), Be(1.85), Si(2.33), Al(2.7)
중금속	Ti(4.6), Zn(7.13), Cr(7.19), Sn(7.3), Co(8.85), Fe(7.87), Ni(8.85), Cu(8.96), Mo(10.2), Ag(10.5), Pb(11.34), Hg(13.8), Ta(16.6), W(19.3), Au(19.32), Pt(21.5), Ir(22.5)

- 선팽창계수 : 물체의 단위 길이에 대해 온도가 1[℃] 상승하였을 때 팽창된 길이와 원래 길이와의 비이다.
  ※ Pb > Mg > Al > Sn

- 전도율
  - 열전도율 : 길이 1[cm]에 대하여 1[℃] 온도차가 있을 때 1[cm^2]의 단면을 통하여 1초간에 전해지는 열량[cal/cm^{2}sec℃])
  - 전기전도율 : 전기가 잘 통하는 정도
  ※ Ag > Cu > Au > Al > Mg > Zn > Ni > Fe > Pt > Pb > Sn

- 자기적 성질 : 자석에 의하여 자(석)화되는 성질로, 강자성체(Fe, Ni, Co), 상자성체(Cr, Pt, Mn, Al), 반자성체(Bi, Sb, Au, Hg)로 구분한다.

ⓒ 금속의 화학적 성질
- 내부식성, 내열성, 내산성, 내염기성, 내산화성, 이온화 경향(금속원자가 전자를 잃고 양이온으로 되려는 성질, K > Ca > Na > Mg > Al > Zn > Cr > Fe > Co)
- 일산화탄소에 의한 카보닐을 생성시키는 금속은 Fe(철), Ni(니켈), Co(코발트) 등이다.

③ 재료의 기계적 시험
㉠ 인장시험 : 재료를 잡아당겨 견디는 힘을 측정하는 시험으로 비례한도, 탄성한도, 항복점, 인장강도, 연신율, 단면 수축률 등은 측정 가능하지만, 경도나 피로한도 등은 측정 불가능하다.

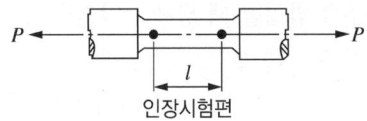

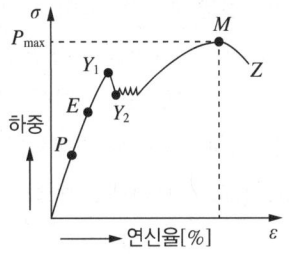

(여기서, P : 비례한도, E : 탄성한도, Y_1 : 상항복점, Y_2 : 하항복점, M : 최대 하중점, 인장강도, Z : 파괴점)

- 인장강도 : $\sigma = \dfrac{\text{최대 하중}}{\text{단면적}} = \dfrac{P_{\max}}{A}$ [kg/cm^2]

- 연신율 : $\varepsilon = \dfrac{\text{시험 후 늘어난 길이}}{\text{표점거리}}$
  $= \dfrac{l - l_0}{l_0} \times 100$ [%]

- 단면수축률 : $\phi = \dfrac{\text{시험 후 단면적 차이}}{\text{원단면적}}$
  $= \dfrac{A_0 - A}{A_0} \times 100$ [%]

㉡ 경도시험 : 금속의 시험편 또는 제품의 표면에 일정한 하중으로 일정 모양의 경질 압자를 압입하거나 일정한 높이에서 해머를 낙하시키는 방법 등으로 금속재료를 시험하는 방법
- 브리넬(Brinell) 경도(HB) : 강구의 자국 크기(표면적)로 경도를 조사한다.

- 비커스(Vickers) 경도(HV)
  - 꼭지각 136[°] 다이아몬드 자국의 대각선 길이로 경도를 측정한다.
  - 질화강과 침탄강의 경도시험에 적합하다.
- 로크웰(Rockwell) 경도 : 강구 또는 다이아몬드 원추를 압입할 때 생기는 압흔의 깊이로 경도를 나타내는 방법
  - HRC : 꼭지각 120[°] 다이아몬드 콘(Cone, 원뿔체) 압입 자국의 깊이를 측정한다.
  - HRB : 지름 1/16[inch] 강구 깊이를 측정한다.
- 쇼어(Shore) 경도(HS) : 다이아몬드 압입추(낙하추)를 낙하시켰을 때 반발되어 튀어 올라오는 높이로 경도를 나타내는 방법

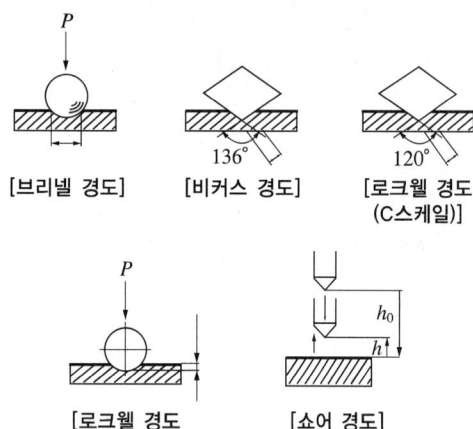

[브리넬 경도] [비커스 경도] [로크웰 경도 (C스케일)]

[로크웰 경도 (A스케일)] [쇼어 경도]

ⓒ 충격시험 : 인성을 측정한다.
ⓔ 에릭센 시험(Erichsen Test) : 재료의 연성을 알아보기 위한 시험으로, 커핑시험(Cupping Test)이라고도 한다.

④ **소성가공(냉간가공과 열간가공)** : 재결정온도 이하에서의 가공을 냉간가공(상온가공), 재결정온도 이상에서의 가공을 열간가공(고온가공)이라고 한다.

㉠ 냉간가공과 열간가공의 비교

냉간가공	열간가공
• 재결정온도 이하에서의 가공	• 재결정온도 이상에서의 가공
• 열간가공에 비해 가공에 필요한 동력이 크다.	• 냉간가공에 비해 가공에 필요한 동력이 작다.
• 소재의 변형저항이 커서 소성가공이 용이하지 않다.	• 소재의 변형저항이 작아 소성가공이 용이하다.
• 가공면이 깨끗하고 정확한 치수가공이 가능하므로 열간가공에 비해 정밀한 허용 치수오차를 갖는다.	• 표면 산화물의 발생이 많고 가공 표면이 거칠다.
• 가공경화가 발생하여 가공품의 강도가 증가한다.	• 냉간가공된 같은 제품에 비해 균일성이 나쁘다.
• 열간가공된 같은 제품에 비해 균일성이 좋다.	• 피니싱 온도 : 열간가공이 끝나는 온도

㉡ 냉간가공의 장단점

장 점	단 점
• 제품 치수가 비교적 정밀하다.	• 가공 방향으로 섬유조직이 발생(방향성)하여 방향에 따라 강도가 다르게 나타난다.
• 가공면이 우수하다.	• 연신율이 감소한다.
• 기계적 성질이 개선(강도 및 경도 증가)된다.	• 가공동력이 많이 소요된다.

※ 열간가공의 장단점은 냉간가공의 반대이다.

㉢ 냉간가공 시 증가 및 감소되는 성질(열간가공 시에는 반대)
- 경도, 인장강도, 피로한도 증가
- 신장, 단면 수축률, 교축 충격치 감소

⑤ **금속재료의 강도를 증가시키는 방법**
㉠ 가공경화 : 금속을 가공하는 도중 결정 내 변형이 생겨 경도가 증가되는 현상이다.
㉡ 고용체 강화 : 합금원소가 고용되어 용질원자 주위의 결정격자에 탄성 변형이 발생하여, 이것이 전위 운동을 방해하여 금속재료가 강화되는 현상이다.
㉢ 석출강화 : 고온과 저온에서의 용해도 차이가 큰 재료를 고온에서 급랭하여 과포화된 합금을 만든 후 저온에서 고체의 일부를 별개의 고체상으로 석출시켜 모재의 강도가 증가되는 현상이다.
㉣ 시효(석출)경화 : 냉간가공이 끝난 후 시간이 지남에 따라 단단해지면서 경화되는 현상으로 강, 두랄루민, 황동 등에서 일어난다(인공시효 : 인공적으

로 100~200[℃]에서 시효경화를 촉진시키는 것). 머레이징강은 극저탄소마텐자이트를 시효 석출에 의하여 강인화시킨 강으로, 시효경화강 중에서 기계적 성질이 가장 우수하다.
- ⑩ 분산강화 : 미세한 입자로 된 합금원소가 첨가되어 이것이 분산되면서 강도가 증가하는 현상이다.
- ⑪ 결정립미세화 강화 : 금속재료의 결정을 미세화시키면 결정립계가 전위 이동의 장애물 역할을 하여 재료의 강도가 증가하는 현상이다.
- ⑫ 규칙화 강화 : 이종원자의 결합에너지가 동종원자의 결합에너지보다 클 경우, 이종원자가 서로 규칙적으로 결합하여 규칙격자를 이루어 고용체가 강화되는 현상이다.

10년간 자주 출제된 문제

1-1. 저온장치용 금속재료에서 온도가 낮을수록 감소하는 기계적 성질은?
① 인장강도
② 연신율
③ 항복점
④ 경 도

1-2. 지름 20[mm], 표점거리 150[mm]의 연강재시험편을 인장시험한 결과, 표점거리가 180[mm]로 늘어났다. 이때의 연신율은 몇 [%]인가?
① 10
② 15
③ 20
④ 25

[해설]

1-1
저온장치용 금속재료에서 온도가 낮을수록 연신율은 감소하고 인장강도, 항복점, 경도 등은 증가한다.

1-2
연신율

$$\varepsilon = \frac{\text{시험 후 늘어난 길이}}{\text{표점거리}} = \frac{l - l_0}{l_0} \times 100[\%]$$

$$= \frac{180 - 150}{150} \times 100[\%] = 20[\%]$$

정답 1-1 ② 1-2 ③

핵심이론 02 철강재료

① 철강재료의 분류
- ㉠ 순철 : 탄소 함유량이 0.02[%] 이하이고 전기분해법으로 제조한다. 담금질이 불가하고 연하고 약하며, 항장력이 낮고 투자율이 높아서 전기재료(변압기 철심, 변압기 및 발전기용 발전 철판), 자성재료 등으로 많이 사용되며 분말야금재료로도 사용된다.
- ㉡ 강 : 탄소 함유량이 0.02~2.0[%]이며 제강로에서 제조한다. 담금질이 가능하고 강도와 경도가 모두 우수하며 일반 기계재료로 사용한다. 강은 탄소 함유량에 따라 다음과 같이 구분한다.
  - 공석강 중심에 따른 분류 : 공석강(0.86[%] C), 아공석강(0.02~0.85[%] C), 과공석강(0.87~2.0[%] C)
  - 탄소 함유량에 따른 분류 : 저탄소강(0.03~0.25[%] C), 중탄소강(0.25~0.6[%] C), 고탄소강(0.6~1.4[%] C)
- ㉢ 주철 : 탄소 함유량이 2.0~6.67[%]이며, 용선로에서 제조한다. 담금질이 불가하며 경도는 높지만 잘 깨지고, 주물용으로 사용한다. 탄소 함유량에 따라 공정주철(4.3[%] C), 아공정주철(2.0~4.2[%] C), 과공정주철(4.4~6.67[%] C)로 구분된다.

② 탄소강 : 철과 탄소를 주성분으로 하는 재료
- ㉠ 탄소강의 5대 원소 : 탄소(C), 망간(Mn), 규소(Si), 황(S), 인(P)
  - 탄소(C) : 주된 경화원소
    - 증가 : 강도, 경도, 담금질효과, 항복점, 전기저항, 비열, 항자력 등
    - 감소 : 인성, 전성, 충격치, 냉간가공성, 용해온도, 비중, 열팽창계수, 열전도도 등
    - 일정 : 탄성계수, 강성률

- 망간(Mn)
  - 증가 : 강도, 경도, 인성, 점성, 고온가공성, 주조성, 담금질성, 탈산
  - 감소 : 적열취성방지(MnS), 결정립 성장, 연성, 황의 해로움
- 규소(Si)
  - 증가 : 경도, 탄성한계, 인장강도, 주조성(유동성), 결정립 성장
  - 감소 : 연신율, 충격치, 전성, 냉간가공성, 단접성
- 황(S)
  - 증가 : 강도, 경도, 연성, 피절삭성
  - 감소 : 적열취성(적열메짐), 기포 발생, 인장강도, 연신율, 충격치, 용접성, 유동성
- 인(P)
  - 증가 : 강도, 경도, 냉간가공성, 피절삭성
  - 감소 : 편석, 균열, 상온취성 발생, 연신율, 충격치

ⓒ 온도에 따라 발생될 수 있는 탄소강의 취성
- 저온취성(상온 이하) : 냉간취성이라고도 하며 온도가 상온 이하의 저온으로 내려가서 연신율이 감소되고 취성이 증가되는 현상이다.
- 상온취성(상온온도) : 인(P)의 영향으로 충격치가 감소되고, 냉간가공 시 균열이 발생한다.
  ※ 강은 100[℃] 부근에서 충격값이 최대이다.
- 청열취성(Blue Shortness, 200~300[℃]) : 200~300[℃]에서 연신율과 단면 수축률이 저하되면서 메짐성(깨지는 성질)이 증가되는 현상으로, 청색의 산화피막을 형성하여 청열취성이라고 한다. 강의 인장강도는 300[℃] 이상이 되면 급격히 저하된다.
- 뜨임취성(500~650[℃]) : 담금질한 뒤 뜨임하면 충격치가 극히 감소되는 현상으로, 이를 방지하는 성분은 몰리브덴(Mo)이다.
- 적열취성(Red Shortness, 900[℃] 이상) : 황이 많은 강이 고온(900[℃] 이상)에서 황(S)이나 산소가 철과 화학반응을 일으켜 황화철, 산화철을 만들어 연신율이 감소되고 메짐성이 증가되는 현상으로, 단조압연 시 균열을 발생시킨다. 망간(Mn)은 적열취성을 방지한다.
- 고온취성 : 고온에서 현저하게 취성이 증가하여 깨지는 현상이다. 일반적으로 강의 구리 함유량은 0.1[%] 이하지만, 구리 함유량이 0.2[%] 이상 되면 이 현상이 발생된다.

ⓒ 고압가스용 기화장치의 기화통의 용접하는 부분에 사용할 수 없는 재료의 기준 : 탄소 함유량이 0.35[%] 이상인 강재 또는 저합금강재

ⓔ 열처리 : 강을 열처리하는 주된 목적은 기계적 성질을 향상시키기 위함이다.
- 담금질(Quenching) : 경도를 올리기 위한 열처리방법
- 뜨임(Tempering) : 철을 담금질하면 경도는 커지지만 탄성이 약해지기 쉬우므로, 이를 적당한 온도로 재가열했다가 공기 중에서 서랭시키는 열처리방법
- 풀림(Annealing) : 금속의 내부응력을 제거하고 가공경화된 재료를 연화시켜 결정조직을 결정하고, 상온가공을 용이하게 할 목적으로 하는 열처리방법
- 불림(Normalizing) : 불균일한 조직을 균일하고 표준화된 조직으로 하기 위한 방법
- 심랭처리(Sub-zero Treatment) : (잔류) 오스테나이트 조직을 마텐자이트 조직으로 바꿀 목적으로, 0[℃] 이하로 처리하는 방법
- 고압가스 용기 및 장치가공 후 열처리를 실시하는 가장 큰 이유는 가공 중 나타난 잔류응력을 제거하기 위해서이다.

ⓒ 표면처리
- 표면경화 : 표면은 견고하게 하여 내마멸성을 높이고, 내부는 강인하게 하여 내충격성을 향상시킨 이중조직을 가지게 하는 열처리방법(침탄법, 질화법, 금속침투법, 화염경화법, 고주파경화법, 피복법 등)
- 금속피복방법 : 용융도금법, 클래딩법, 전기도금법, 증착법

ⓑ 합금원소의 영향
- 니켈(Ni) : 강인성, 내식성, 내마멸성, 저온 충격성이 증가하고, 저온취성이 개선된다.
- 크롬(Cr) : 경도, 인장강도, 내열성, 내식성, 내마멸성이 증가한다.
- 몰리브덴(Mo) : 담금질성, 고온강도, 인성, 내식성, 내크리프성이 증가하고 뜨임취성을 방지한다.
- 구리(Cu) : 내산화성, 내식성이 증가된다.
- 납(Pb) : 기계가공성이 향상된다.

③ 합금강(특수강)
ⓐ 저온, 고압재료로 사용되는 특수강의 구비조건
- 크리프 강도가 클 것
- 접촉유체에 대한 내식성이 클 것
- 고압에 대하여 기계적 강도를 가질 것
- 저온에서 재질의 노화를 일으키지 않을 것

ⓑ 크롬강
- 고온, 고압에서 수소를 사용하는 장치의 재료로, 일반적으로 사용된다.
- 500[℃] 이상의 고온, 고압가스설비에 사용하기 적당한 재료이다.

ⓒ 스테인리스강 : 일반적으로 Fe, Cr, Ni 등의 조성으로 구성되며 고온, 고압하에서 수소를 사용하는 장치공정의 재질로 적당하다.

ⓓ 실리콘강 : 자기감응도가 크고, 잔류자기 및 항자력이 작아 변압기 철심이나 교류기계의 철심 등에 쓰이는 강이다.

④ 주 철
ⓐ 주철의 개요 : 주철은 철에 탄소를 2.0~6.67[%] 함유시킨 기계재료로, 주물을 만들기 쉽고 내마멸성이 우수하다. 상용 주철은 보통 2.5~4.5[%] C 정도 함유된다.

ⓑ 주철의 장단점

장 점	단 점
• High : 주조성(유동성), 복잡한 형상 제작, 마찰저항, 압축강도, 방청성, 피절삭성, 내마모성, (일반) 내식성, 감쇠능(진동흡수능력) • Low : 용융온도, 가격	• High : 취성(메짐) • Low : 인장강도, 충격값, 연신율, 휨 강도, 단련성, 내산성 • Impossible : 소성 변형(소성가공), 단조, 담금질, 뜨임

ⓒ 보통 주철(회주철 GC1~3종) : 보통 주철에는 회주철(탄소가 흑연 상태로 존재, 파단면 회색)과 백주철(탄소가 시멘타이트 상태로 존재, 파단면 백색)이 있지만, 회주철이 대표적이며 회주철은 기계가공성이 우수하고 공작기계의 베드, 기계구조물의 몸체 등에 사용한다.

ⓓ 구상흑연 주철(노듈러 주철, 덕타일 주철) : 마그네슘(Mg), 세륨(Ce), 칼슘(Ca) 등을 첨가하여 흑연을 구상화한 것으로 불스아이(Bull's Eye) 조직이 얻어진다. 크랭크축, 캠축, 브레이크, 드럼 등의 재료로 사용된다. 한편, 흑연 구상화 처리 후 용탕 상태로 방치하면 구상화 효과가 소멸되는데, 이 현상을 페이딩(Fading)이라고 한다. 보통 주철과 마찬가지로 구상흑연 주철에 영향을 미치는 주요 원소는 C, Si, Mn, S, P 등이다.

10년간 자주 출제된 문제

2-1. 금속의 내부응력을 제거하고 가공경화된 재료를 연화시켜 결정조직을 결정하고, 상온가공을 용이하게 할 목적으로 하는 열처리는?

① 담금질　　② 불림
③ 뜨 임　　　④ 풀림

2-2. 고온, 고압하에서 수소를 사용하는 장치공정의 재질은 어느 재료를 사용하는 것이 가장 적당한가?

① 탄소강　　　② 스테인리스강
③ 터프피치동　④ 실리콘강

[해설]

2-1
풀림 : 강을 연하게 하여 기계가공성을 좋게 하거나 내부응력을 제거하는 목적으로 적당한 온도까지 가열한 다음 그 온도를 유지한 후에 서랭하는 열처리방법

2-2
일반적으로 사용되는 스테인리스강은 Fe, Cr, Ni 등의 조성으로 구성되며 고온, 고압하에서 수소를 사용하는 장치공정의 재질로 적당하다.

정답 2-1 ④　2-2 ②

핵심이론 03 비철금속재료와 비금속재료

① 구리와 구리합금
  ㉠ 황동(Brass) : 구리 + 아연
  ㉡ 청동(Bronze) : 구리 + 주석
  ㉢ 구리 및 구리합금은 불활성 가스인 아르곤 가스를 위한 장치 재료로 사용할 수 있으나 암모니아, 아세틸렌, 황화수소 등의 가연성 가스를 위한 장치재료로는 사용할 수 없다.
  ㉣ 고압장치의 재료로 구리관의 성질과 특징
  • 알칼리에는 내식성이 강하지만 산성에는 약하다.
  • 내면이 매끈하여 유체저항이 작다.
  • 굴곡성이 좋아 가공이 용이하다.
  • 전도성이 우수하다.

② 플라스틱
  ㉠ 열가소성 수지 : 가열하여 성형한 후 냉각하면 경화되는 합성수지로, 재가열하면 녹아서 원상태로 되며 새로운 모양으로 다시 성형할 수 있다(폴리에틸렌 수지, 폴리프로필렌 수지, 폴리스티렌 수지, 폴리염화비닐 수지, 초산비닐 수지, 폴리아미드 수지, 폴리카보네이트 수지, 아크릴 수지, 아크릴나이트릴부타다이엔스티렌 수지 등).
  ㉡ 열경화성 수지 : 가열하면 경화하고 재용융하여도 다른 모양으로 다시 성형할 수 없어 재생이 불가능한 합성수지이다. 열경화성 수지의 종류에는 페놀수지, 멜라민 수지, 에폭시 수지(EP, 합성수지 중 가장 우수한 특성을 지니어 널리 이용), 규소수지, 요소수지, 불포화 폴리에스테르 수지 등이 있다.

③ 멤브레인 : 국내에서 주로 사용되는 저장탱크에서 초저온의 LNG와 직접 접촉하는 내부 바닥 및 벽체에 주로 사용되는 재료이다.

> **10년간 자주 출제된 문제**
>
> 황동(Brass)과 청동(Bronze)은 구리와 다른 금속과의 합금이다. 각각 무슨 금속인가?
> ① 주석, 인
> ② 알루미늄, 아연
> ③ 아연, 주석
> ④ 알루미늄, 납
>
> **|해설|**
> • 황동(Brass) : 구리 + 아연
> • 청동(Bronze) : 구리 + 주석
>
> 정답 ③

핵심이론 04 응력과 변형

① 응력(Stress) : 재료에 하중이 작용할 때 재료 내부에 생기는 저항력이다.
  ㉠ 응력(σ) 계산식
   $\sigma = W/A$
   (여기서, W : 내력 또는 하중, A : 단면적)
  ㉡ 재료에 작용하는 하중의 방향에 따라 인장응력, 압축응력, 전단응력, 비틀림 응력, 굽힘응력 등이 있는데, 인장응력과 압축응력은 수직응력이다.
  ㉢ 가위로 물체를 자르거나 전단기로 철판을 전단할 때 생기는 가장 큰 응력은 전단응력이다.

② 탄성계수
  ㉠ 훅의 법칙(Hooke's Law) : 비례한도 이내에서 응력과 변형률은 비례한다. 따라서, 탄성계수 $= \dfrac{응력}{변형률}$ 이며, 늘어난 길이는 $\lambda = \dfrac{Wl}{AE}$ 이다.
   (여기서, W : 인장하중, A : 단면적, E : 탄성계수, l : 길이)
  ㉡ 세로 탄성계수, 영계수
   $$E = \dfrac{\sigma}{\varepsilon} = \dfrac{\dfrac{W}{A}}{\dfrac{\lambda}{l}} = \dfrac{Wl}{\lambda A}$$
  ㉢ 가로 탄성계수(전단 탄성계수)
   $$G = \dfrac{전단응력}{전단변형률} = \dfrac{\tau}{\gamma}$$

③ 열응력 : 온도의 변화에 따라 재료가 팽창과 수축을 하면서 내부에 생기는 응력이다.
  ㉠ 재료의 변형량
   $\lambda = l - l' = l\alpha(t - t')$
   (여기서, l : 처음 길이, l' : 나중 길이, t : 처음 온도, t' : 나중 온도, α : 선팽창계수)

ⓒ 재료에 생기는 변형률

$$\varepsilon = \frac{\lambda}{l} = \alpha(t-t')$$

ⓒ 열응력

$$\sigma = E\varepsilon = E\alpha\Delta t = E\alpha(t-t')$$

(여기서, E : 세로 탄성계수)

④ **변형률(Strain) 또는 변율** : 변형량을 처음 길이로 나눈 값이다.

㉠ 세로 변형률

$$\varepsilon = \frac{l'-l}{l} = \frac{\lambda}{l}$$

(여기서, l : 하중받기 전 처음 길이, l' : 변형 후 길이, λ : 길이 변형량)

㉡ 가로 변형률

$$\varepsilon' = \frac{d-d'}{d} = \frac{\delta}{l}$$

(여기서, d : 처음 지름, d' : 변형 후 지름, δ : 지름의 변형량)

㉢ 전단 변형률

$$\gamma = \frac{\lambda}{l} = \tan\theta$$

㉣ 푸아송비 : 재료에 압축하중과 인장하중이 작용할 때 생기는 세로 변형률 ε과 가로 변형률 ε'의 관계는 탄성한도 이내에서는 일정한 비의 값을 갖는데, 이를 푸아송비(Poisson's Ratio)라고 하며 ν(뉴)로 나타낸다. 푸아송비는 0~0.5의 값을 나타낸다. 푸아송비의 역수($1/\nu = m$)를 푸아송수(Poisson's Number)라고 한다.

$$\nu = \frac{\varepsilon'}{\varepsilon} = \frac{1}{m}, \quad \varepsilon = \frac{1}{\nu} \times \varepsilon'$$

⑤ 안전율 : 기준강도와 허용응력의 비

㉠ 안전율$(S) = \dfrac{기준강도}{허용응력} = \dfrac{\sigma_f}{\sigma_a}$ $(S > 1)$

㉡ 상온에서 연성재료가 정하중을 받는 경우에는 항복응력을, 상온에서 취성재료가 정하중을 받는 경우에는 극한강도를, 고온에서 정하중을 받는 경우에는 크리프 한도를, 반복하중을 받는 경우에는 피로한도를 기준강도로 삼는다.

10년간 자주 출제된 문제

4-1. 지름 50[mm]의 강재로 된 둥근 막대가 8,000[kgf]의 인장하중을 받을 때의 응력은 약 몇 [kgf/mm²]인가?

① 2
② 4
③ 6
④ 8

4-2. 단면적이 300[mm²]인 봉을 매달고 600[kgf]의 추를 그 자유단에 달았더니 재료의 허용 인장응력에 도달하였다. 이 봉의 인장강도가 400[kgf/cm²]이라면 안전율은 얼마인가?

① 1
② 2
③ 3
④ 4

|해설|

4-1

인장응력

$$\sigma = W/A = \frac{8,000 \times 4}{3.14 \times 50^2} \approx 4 [\text{kgf/mm}^2]$$

4-2

안전율

$$S = \frac{기준강도}{허용응력} = \frac{400}{\frac{600}{300} \times 100} = 2$$

정답 4-1 ② 4-2 ②

핵심이론 05 부식과 방식

① 부식(Corrosion)의 개요
  ㉠ 부식의 정의
    - 금속이 공기 중에서 산화물 또는 다른 화합물로 변하는 현상
    - 주위 환경의 성분과 전기화학적 또는 화학적 반응으로 소모되어 금속의 성능을 상실하는 현상(불꽃 없는 화재)
  ㉡ 전기화학반응의 조건(부식의 요소)
    - 전극(금속, Electrode) : 양극, 음극의 전자전도체
    - 전해질(Electrolyte) 용액 : 이온전도체
  ㉢ 방식(부식방지방법)의 분류
    - 전기방식 : 희생양극법(유전양극법), 외부전원법, 배류법 등
    - 가스배관의 부식방지조치로서 피복에 의한 방식법 : 아연도금, 도장, 도복장 등
  ㉣ 부식 관련 사항
    - 혐기성 세균이 번식하는 토양 중의 부식속도는 매우 빠르다.
    - 전식 부식은 주로 전철에 기인하는 미주전류에 의한 부식이다.
    - 콘크리트와 흙이 접촉된 배관은 토양 중에서 부식을 일으킨다.
    - 배관이 점토나 모래에 매설된 경우 모래보다 점토 중의 관이 더 부식되는 경향이 있다.

② 부식의 종류
  ㉠ 균일 부식 또는 일반 부식 : 금속 표면 전체가 전기화학 또는 화학적 반응에 의해서 균일하게 침식하는 부식이다.
    - 특 징
      - 다른 부식에 비해서 부식량이 많다.
      - 부식으로 인한 유효 수명의 예측이 가능하다.
      - 방식방법이 비교적 용이하다.
    - 방지대책 : 적당한 재료 선택, 부식억제제 사용, 음극방식, 도장 등
  ㉡ 갈바닉 부식 : 두 개의 다른 금속이 접촉하여 전해질 용액 내에 존재할 때 다른 재질의 금속 간 전위차에 의해 용액 내에 전류가 흐르는데, 이에 의해 양극부가 부식되는 현상(서로 다른 두 금속이 부식액이나 전해질 용액에 노출되었을 때 각 금속의 전위차에 의해서 발생하는 부식)이다.
    - 특 징
      - 두 종류의 금속이 접촉에 의해서 일어나는 부식이다.
      - 이종금속 접촉 부식이라고도 한다.
      - 부식저항이 작은 금속은 양극, 부식저항이 큰 금속은 음극이다.
      - 전위가 낮은 금속 표면에서 양극반응이 진행된다.
      - 전위가 높은 금속 표면에서 방식한다.
    - 방지대책
      - 다른 종류의 금속을 사용할 경우 가능한 한 갈바닉 계열이 가까운 위치에 있는 금속을 사용할 것
      - 소양극-대음극의 환경을 피할 것
      - 가능하면 다른 금속은 절연할 것
      - 상황을 정확하게 파악하여 도장할 것
      - 환경의 영향을 억제하기 위하여 부식억제제를 사용할 것
      - 양극 부분을 쉽게 바꿀 수 있도록 하고, 양극 부분을 두껍게 할 것
      - 갈바닉 접촉을 이루고 있는 두 금속보다 활성 전위가 큰 금속을 설치(희생양극)할 것
  ㉢ 틈새 부식 : 일반적으로 두 금속이 접촉하고 있는 좁은 틈새에 수용액이 고여 있는 상태에서 일어나는 부식이다.

- 특 징
  - 부식이 진행되는 동안 틈 내부에만 국한되어 국부적으로 일어난다.
  - 긴 잠복기간이 요구되는 경우가 많지만, 일단 부식이 발생하면 가속도적으로 증가한다.
  - 부동태 피막으로 내식성을 지닌 금속 또는 합금은 틈새 부식에 민감하다(스테인리스강, 알루미늄, 타이타늄 등).
- 방지대책
  - 장비의 접합부를 리베팅이나 볼팅으로 하지 않고 가능한 한 용접으로 접합한다.
  - 할로겐이온(Cl^-)을 용액 중에서 제거하거나 감소시킨다.
  - 장비를 완전한 배수가 되도록 설계한다.
  - 장비를 자주 점검하여 침전물을 제거한다.
  - 가능하면 폴리테트라플루오르에틸렌(테프론) 등과 같은 비흡수성 고체를 개스킷으로 사용한다.
  - 금속 표면을 균일하게 한다.

ㄹ) 점(Pitting) 부식 또는 공식 또는 국부 부식 : 부식이 금속 표면의 국부에만 집중되고, 그 부위에서 부식속도가 매우 빠르게 진행되어 금속 내부로 깊이 뚫고 들어가는 국부적인 부식이다.
- 특 징
  - 스테인리스강, 알루미늄 등과 같이 금속 표면에 부동태 피막이 형성되는 것으로, 주로 내식성을 갖는 금속에서 발생한다.
  - 공식이 발생된 이외의 부분은 거의 부식을 일으키지 않는다.
  - 대부분의 공식은 작고, 서로 멀리 떨어져 있거나 집중적으로 생기기도 한다.
  - 일반적으로 부식 생성물에 의해서 가려져 있기 때문에 발견하기 어렵다.
  - 주로 중력장이 미치는 방향으로 발생한다.
  - 재료의 관통으로 매우 위험하고, 몇 [%] 무게의 감소로 장비 사용이 불가한 현상이 생긴다.
- 방지대책 : 틈새 부식의 방지책과 유사, 우수한 재료 선택, 부식억제제 첨가

ㅁ) 입계 부식 : 특수한 조건하에서 결정입자 또는 그 부근에서 발생하는 국부적인 부식이다(일반적인 환경에서는 금속의 결정립계와 결정입자 사이에는 전위차가 아주 작아 입계 부식이 잘 유발되지 않음).
- 방지대책 : 용체화 열처리(약 1,050~1,150[℃] 정도까지 가열 후 수랭), 안정화제 첨가, 탄소 함량 감소

ㅂ) 응력 부식 : 금속재료의 표면에 주위의 부식환경과 인장장력이 복합적으로 작용하여 금속의 기계적 강도에 치명적인 영향을 미쳐 갑작스럽게 파괴를 유발하는 현상이다.
- 특 징
  - 특정의 재료와 환경이 조합되어 일어난다.
  - 균열 부위 이외는 정상적인 표면을 유지한다.
  - 균열은 특정의 경사면을 따라서 일어난다.
  - 입자(Grain) 균열과 입계 균열이 있다.
  - 파괴면에 특유한 모양이 나타난다(입자 균열 : 빗살 모양).
- 방지대책
  - 응력을 낮춘다.
  - 환경의 유해성분을 제거한다.
  - 합금을 변화시킨다.
  - 외부전력 공급에 의하거나 희생양극을 사용하여 음극방식을 한다.
  - 부식억제제를 첨가한다.

ㅅ) 침식 부식 또는 마모 부식 : 부식용액과 금속 표면 사이의 상대적인 운동으로 인하여 금속의 부식속도가 더욱 촉진되어 파괴되는 현상이다.

- 특 징
  - 형태 : 홈(Groove), 도랑(Gully), 파도(Wave), 둥근 구멍, 골짜기 모양 등의 방향성을 가진다.
  - 비교적 짧은 시간에 이루어진다.
  - 예상하지 못한 손상이 크다.
- 발생이 쉬운 부위와 재료
  - 부동태 피막 파괴 시
  - 기계적 손상이 쉬운 연한 금속(Pb, Cu 등)
  - 유체에 노출된 모든 장비 : 파이프(굴곡부), 밸브, 펌프, 프로펠러, 임펠러, 교반기, 열교환기 등
- 방지대책
  - 저항력이 큰 재료를 선택한다.
  - 침식 부식을 방식할 수 있는 설계를 한다.
  - 고체 부유물 침전, 여과 등으로 부식환경을 피한다.
  - 피복하거나 음극방식을 한다.

ⓒ 공동 부식 : 금속 표면 가까이의 액체에서 증기포가 생성 또는 파괴(소멸)되면서 일어나는 손상에 의한 부식(캐비테이션 부식)이다.
- 특징 : 유속이 크고 압력 변화가 큰 곳(선박의 프로펠러, 펌프의 임펠러 등)에서 발생한다.
- 방지대책
  - 수압의 차이가 최소가 되도록 설계한다.
  - 내식성이 강한 재료를 선택한다.
  - 표면조건을 균일하게 하여 기포 발생 부위를 없앤다.
  - 고무나 플라스틱 등으로 피복한다.
  - 음극방식, 충격파를 수소기포의 발생으로 완화시킨다.

ⓒ 프레팅(Fretting) 부식 : 부식환경에서 두 금속이 진동이나 미끄럼 운동을 하는 부분의 금속 접촉면 사이에서 발생하는 부식(Friction Oxidation, Wear Oxidation)이다.

- 특 징
  - 대기 상태의 침식 부식이다.
  - 금속성분이 파괴되어 산화물 입자가 생성된다.
  - 응력과 변형이 증가되어 피로 파괴를 발생시킨다.
- 방지대책
  - 윤활제(윤활유, 그리스 등)를 사용한다.
  - 베어링 표면 사이의 마찰 감소 및 산소제거조치를 한다.
  - 인산염 피막처리(파커라이징, Parkerizing)로 다공질을 형성시켜 윤활제를 저장한다.
  - 경도가 높은 금속 또는 합금을 선택한다.
  - 개스킷을 사용하여 베어링 표면의 진동을 흡수시키고 산소를 제거한다.
  - 마찰계수가 작은 금속을 사용한다.
  - 하중을 크게 하여 두 접촉면 사이에 미끄럼이 발생하지 않도록 한다.

ⓒ 마크로 셀 부식 : 토양과 접촉하여 가스관 표면의 상태, 조성, 환경 등의 작은 차이에 따른 미시적인 양극과 음극의 국부 전지 부식
- 콘크리트/토양 부식
- 토양의 통기차에 의한 부식
- 이종금속 접촉 부식

③ 전기방식법
  ㉠ 전기방식의 개요
  - 지중 및 수중에 설치하는 강재배관 및 저장탱크 외면에 전류를 유입시켜 양극반응을 저지함으로써 배관의 전기적 부식을 방지한다.
  - 전해질 중 물, 토양, 콘크리트 등에 노출된 금속에 전류를 이용하여 부식을 제어하는 방식이다.
  - 부식 자체를 제거하는 것이 아니라 음극에서 일어나는 부식을 양극에서 일어나도록 하는 것이다.

- 방식전류는 양극에서 양극반응에 의하여 전해질로 이온이 누출되어 금속 표면으로 이동하고 음극 표면에서는 음극반응에 의하여 전류가 유입된다.
- 금속의 부식을 방지하기 위해서는 방식전류가 부식 전류 이상이 되어야 한다.

ⓛ 부식 방지를 위한 방식 전위
- 포화 황산동 : $-0.85[V]$ 이하
- 황산염 환원 박테리아 번식 토양 : $-5[V]$ 이상 $-0.95[V]$ 이하

ⓒ 희생양극법 또는 유전양극법
- 지중 또는 수중에 설치된 양극금속과 매설배관을 전선으로 연결하여 양극금속과 매설배관 사이의 전지작용으로 부식을 방지하는 방법
- 가스배관보다 저전위의 금속(마그네슘 등)을 전기적으로 접촉시킴으로써 목적하는 방식 대상 금속 자체를 음극화하여 방식하는 방법
- 특 징
  - 시공이 간단하고 유지보수가 거의 불필요하다.
  - 과방식의 우려가 없다.
  - 양극의 소모가 발생한다.
  - 다른 매설금속에 대한 간섭이 거의 없다.
  - 소규모, 단거리 배관에 경제적이다.
  - 전위차가 일정하고 비교적 작다.
  - 저전압의 방폭지역, 전원 공급이 불가능한 지역, 전위 구배가 작은 장소, 해양구조물 등에 적합하다.
  - 방식효과 범위가 좁다.
  - 방식전류의 세기(강도) 조절이 자유롭지 않다.
  - 양극전류가 제한되어 대용량에는 부적합하다.
- 종류 : 마그네슘합금 양극법(Mg-Anode), 알루미늄합금 양극법(Al-Anode), 아연합금 양극법(Zn-Anode)

ⓔ 외부전원법 : 외부 직류전원장치의 양극(+)은 매설배관이 설치되어 있는 토양이나 수중에 설치한 외부전원용 전극에 접속하고, 음극(-)은 매설배관에 접속시켜 부식을 방지하는 방법이다.
- 특 징
  - 방식효과 범위가 넓다.
  - 거대한 구조물도 하나의 방식시설로 보호 가능하다.
  - 전식에 대한 방식이 가능하며 장거리 배관에 경제적이다.
  - 전압, 전류의 조정이 가능하며 전기방식의 효과범위가 넓다.
  - 별도의 유지관리가 요구된다.
  - 대용량 시설물, 장거리 파이프라인, 대용량 저장탱크 등에 적용된다.
  - 항상 전원 공급이 필요하다.
  - 과방식 그리고 다른 매설물과 간섭이 우려된다.
  - 설비비가 비싸 비경제적이다.
- 종 류
  - 천매법 : 군집형, 분산배치형, 그리드형
  - 심매전극법 : 지표면의 비저항보다 깊은 곳의 비저항이 낮은 경우에 적용하는 양극 설치방법이다. 방식전류의 양을 조절할 수 있으며 비저항이 낮은 곳, 낙뢰 등의 피해 저감에 이용된다.

ⓜ 배류법 : 매설배관의 전위가 주위의 다른 금속구조물의 전위보다 높은 장소에서 매설배관과 주위의 다른 금속구조물을 전기적으로 접속시켜 매설배관에 유입된 누출전류를 전기회로적으로 복귀시키는 방법이다.
- 직접배류법 : 피방식구조물과 전철변전소의 부극 또는 레일 사이를 직접 도체로 접속하는 방법이다. 간단하고 설비비가 가장 적게 들지만, 변전소가 하나밖에 없고 배류선을 통해 전철로부터 피방식구조물로 유입하는 전류(역류)가 없는 경우에만 사용 가능한 방법이다.

- 선택배류법 : 레일과 배관을 도선으로 연결할 때 레일쪽에서 배관으로 직접 유입 누설되는 전류에 의한 전식을 방지하기 위해 순방향 다이오드를 배관의 직류전원 (−)선의 레일에 연결하여 방식하는 방법이다.
  - 전철의 위치에 따라 효과범위가 넓다.
  - 시공비가 저렴하다.
  - 전철전류를 사용하여 비용 절감의 효과가 있다.
  - 과방식 그리고 다른 매설물과 간섭이 우려된다.
  - 전철 운행 중지 시에는 효과가 없다.
- 강제배류법
  - 외부전원법과 선택배류법을 조합하여 레일의 전위가 높아도 방식전류를 흐르게 할 수 있게 한 방식방법이다.
  - 외부의 전원을 이용하여 그 양극을 땅에 접속시키고 땅속에 있는 금속체에 음극을 접속함으로써 매설된 금속체로 전류를 흘러 보내 전기 부식을 일으키는 전류를 상쇄시키는 방법이다.
  - 전압과 전류의 조정이 가능하며 전기방식의 효과범위가 넓다.
  - 전철 운행 중지 중에도 방식이 가능하다.
  - 전식방지방법으로 매우 유효한 수단이며 압출에 의한 전식을 방지할 수 있다.

(ㅂ) 전기방식시설의 유지관리를 위한 전위 측정용 터미널(T/B)의 설치 기준
  - 희생양극법, 배류법 : 배관 길이 300[m] 이내 간격
  - 외부전원법 : 배관 길이 500[m] 이내 간격
  - 직류 전철 횡단부 주위에 설치한다.

10년간 자주 출제된 문제

5-1. 전기방식방법 중 희생양극법의 특징에 대한 설명으로 틀린 것은?
① 시공이 간단하다.
② 과방식의 우려가 없다.
③ 방식효과 범위가 넓다.
④ 단거리 배관에 경제적이다.

5-2. 전기방식시설의 유지관리를 위한 전위 측정용 터미널 설치 기준으로 옳은 것은?
① 희생양극법 : 배관 길이 300[m] 이내 간격
② 외부전원법 : 배관 길이 400[m] 이내 간격
③ 선택적 배류법 : 배관 길이 400[m] 이내 간격
④ 강제배류법 : 배관 길이 500[m] 이내 간격

|해설|

5-1
희생양극법은 방식효과 범위가 좁다.

5-2
② 외부전원법 : 배관 길이 500[m] 이내 간격
③ 선택적 배류법 : 배관 길이 300[m] 이내 간격
④ 강제배류법 : 배관 길이 300[m] 이내 간격

정답 5-1 ③ 5-2 ①

핵심이론 06 용 접

① 용접의 개요

㉠ 용접은 2개 이상의 금속을 용융온도 이상의 고온으로 가열하여 접합하는 금속적 결합이며, 영구이음에 해당한다. 용접 이음의 장단점은 다음과 같다.

장 점	단 점
• 이음효율이 높고 기밀성이 우수하다.	• 고열로 인한 재질 변화가 생긴다.
• 구조가 간단하고, 공수가 적어 제작속도가 신속하다.	• 취성 파손, 강도 저하가 우려된다.
• 재료와 제작비가 경감되고, 판 두께는 무제한이다.	• 진동 감쇠가 곤란하고, 비파괴검사도 곤란하다.
• 별도의 기계 결합요소가 불필요하다.	• 팽창과 수축, 잔류응력이 발생한다.
• 저소음 작업이 가능하다.	• 용접재료에 제한이 있다.

㉡ 용접 이음의 종류
- 모재 배치에 따른 분류 : 맞대기 이음, 양면 덮개판 이음, 겹치기 이음, T 이음, 모서리 이음, 끝단 이음
- 용접부의 형상에 따른 분류
  - 비드용접(Bead Welding) : 홈을 만들지 않고 평판 위에 비드를 용착하는 용접으로, 두께가 얇은 모서리 용접이나 표면을 높일 때 사용한다.
  - 필릿용접(Fillet Welding) : 수직에 가까운 두 면을 접합하는 용접이다.
  - 그루브 용접(Groove Welding) : 모재 사이의 그루브(홈)에 용접(맞대기 용접)하고, 두께가 두꺼울 경우에 사용한다.
  - 플러그 용접(Plug Welding) : 접합하는 모재의 한쪽에 구멍을 뚫고 모재의 표면까지 구멍에 가득 차게 용접하여 다른 쪽 모재와 접합시키는 용접이다.
- 모재 이음의 형식에 따른 분류 : I형, V형, U형, ∠형, J형, X형, H형, K형, 양면 J형

② 용접 토치(Torch)

㉠ 불변압식 토치는 니들밸브가 없는 것으로 독일식이라고 한다.
㉡ 가변압식 토치는 프랑스식이라고 한다.
㉢ 팁의 크기는 용접할 수 있는 판 두께에 따라 선정한다.
㉣ 아세틸렌 토치의 사용압력은 0.007~0.1[MPa] 이하에서 사용한다.

③ 용접 결함

㉠ 뒤틀림 : 용접부 금속의 팽창과 수축으로 인하여 형상과 치수가 변하는 결함
㉡ 아크 스트라이크(Arc Strike) : 용접봉과 모재가 순간적으로 접촉하여 단시간에 아크가 발생할 때 모재 표면이 작게 파인 것
㉢ 용입 불량(부족) : 용접금속이 루트 부분까지 도달하지 못해 모재와 모재 사이에 발생한 결함
㉣ 오버랩(Overlap) : 용접금속이 용접살 끝에서 모재와 융합하지 않고 덮여 있는 부분
㉤ 언더컷(Undercut) : 용접살 끝에 인접하여 모재가 파인 후 용착금속이 채워지지 않고 남은 부분
㉥ 언더필(Underfill) : 용착 부족으로 용접부 표면이 주위 모재의 표면보다 낮은 현상으로, 용접속도가 너무 빠를 때 생긴다.
㉦ 기공(Porosity, Blow Hole) : 용접부에 작은 구멍이 산재된 형태
㉧ 피트(Pit) : 용접부 바깥면에서 발생된 작고 오목한 구멍
㉨ 균열(Crack) : 예리한 노치로서 큰 응력집중이 생기고 강도면에서도 가장 나쁜 결함 중의 하나이다.
㉩ 은점(Fisheye) : 용착금속의 인장 또는 굽힘시험의 파단면에 나타나는 물고기 눈 모양의 취화 파면

④ 비파괴검사 : 제품을 파괴하지 않고 내부 기공, 내부 균열, 용접부 내부 결함 등을 외부에서 검사하는 방법

㉠ 타진법 : 두드려서 소리의 청탁으로 결함을 검사하는 방법

㉡ 방사선투과시험(RT) : 용접부 내부결함검사에 가장 적합하며 검사결과의 기록이 가능한 검사방법

㉢ 초음파탐상법(UT) : 초음파를 이용하여 재료 내·외부의 결함을 검사하는 방법
  - 두께가 50[mm] 이상인 탄소강
  - 두께가 38[mm] 이상인 저합금강
  - 두께가 19[mm] 이상이고 최소 인장강도가 568.4[N/mm^2] 이상인 강
  - 두께가 13[mm] 이상인 2.5[%], 3.5[%] 니켈강
  - 두께가 6[mm] 이상인 9[%] 니켈강

㉣ 자분탐상시험(MT)
  - 주로 표면 결함을 시험하는 방법이다.
  - 재료를 자화시켜 결함 검출, 상자성(자석에 붙는 성질)체만 시험 가능하다.
  - 배관용접부의 비파괴검사에 많이 적용한다.
  - 결함자분 모양의 길이가 4[mm] 초과이면 불합격이다.

㉤ 침투탐상법(PT)
  - 형광침투제 등으로 결함을 조사한다(암실에서 형광물질 이용).
  - 표면의 미세한 균열, 작은 구멍, 슬러그 등을 검출할 수 있으며 철 및 비철재료에 모두 적용되고 전원이 없는 곳에서도 이용할 수 있다.

㉥ 와전류탐상시험(ET) : 전자유도의 원형전류인 와전류를 이용한 비접촉 표면 탐상법

㉦ 용접부의 외관검사(육안검사)
  - 보강 덧붙임은 그 높이가 모재 표면보다 낮지 않도록 하고, 3[mm] 이하로 할 것(알루미늄은 제외)
  - 외면의 언더컷은 그 단면이 V자형으로 되지 않도록 하며, 1개의 언더컷 길이 및 깊이는 각각 30[mm] 이하 및 0.5[mm] 이하일 것
  - 비드 형상이 일정하며 슬러그, 스패터 등이 부착되어 있지 않을 것
  - 용접부 및 그 부근에는 균열, 아크 스트라이크, 위해하다고 인정되는 지그의 흔적, 오버랩 및 피트 등의 결함이 없을 것

10년간 자주 출제된 문제

6-1. 재료 내·외부의 결함 검사방법으로 가장 적당한 방법은?
① 침투탐상법
② 유침법
③ 초음파탐상법
④ 육안검사법

6-2. 도시가스 배관 등의 용접 및 비파괴검사 중 용접부의 외관검사에 대한 설명으로 틀린 것은?
① 보강 덧붙임은 그 높이가 모재 표면보다 낮지 않도록 하고, 3[mm] 이상으로 할 것
② 외면의 언더컷은 그 단면이 V자형으로 되지 않도록 하며, 1개의 언더컷 길이 및 깊이는 각각 30[mm] 이하 및 0.5[mm] 이하일 것
③ 용접부 및 그 부근에는 균열, 아크 스트라이크, 위해하다고 인정되는 지그의 흔적, 오버랩 및 피트 등의 결함이 없을 것
④ 비드 형상이 일정하며 슬러그, 스패터 등이 부착되어 있지 않을 것

[해설]

6-1
초음파탐상법(UT) : 초음파를 이용하여 재료 내·외부의 결함검사

6-2
보강 덧붙임은 그 높이가 모재 표면보다 낮지 않도록 하고, 3[mm] 이하로 할 것(알루미늄은 제외)

정답 6-1 ③ 6-2 ①

핵심이론 07 가스설비의 시험검사

① 단계별 검사항목
  ㉠ 설계단계 검사항목 : 설계검사, 외관검사, 재료검사, 용접부 검사, 용접부 단면 매크로 검사, 방사선투과검사, 다공물질 성능검사, 내압검사, 기밀검사
  ㉡ 생산단계 검사항목
    • 제품 확인검사(상시 제품검사) : 제조기술 기준 준수 여부 확인, 외관검사, 재료검사, 용접부 검사, 방사선투과검사, 다공물질 성능검사, 내압검사, 기밀검사
    • 생산 공정검사
      – 정기 품질검사 : 재료검사, 용접부 검사, 방사선투과검사, 다공물질 성능검사
      – 공정 확인 심사
      – 수시 품질검사 : 제조기술 기준 준수 여부 확인, 외관검사, 내압검사, 기밀검사

② 제반 용기, 용접탱크의 검사
  ㉠ 용접용기의 제품 확인(상시 제품)검사 시 행하는 시험항목 : 외관검사, 내압시험, 방사선투과검사, 재료검사, 용접부 검사, 기밀검사, 제조기술 수준 준수 여부 확인 등
  ㉡ 이동식 부탄연소기용 용접용기 검사방법 : 고압가압검사, 반복사용검사, 진동검사, 기밀검사, 외관검사 등
  ㉢ 저장탱크의 맞대기 용접부 기계 시험방법 : 이음매 인장시험, 표면 굽힘시험, 측면 굽힘시험
  ㉣ 이음매 없는 용기 제조 시 재료시험 항목 : 인장시험, 충격시험, 굽힘시험, 압궤시험(기밀시험은 불필요)
  ㉤ 이음매 없는 용기검사 시 실시하는 검사항목 : 음향검사, 외부 및 내부 외관검사, 영구팽창 측정시험
  ㉥ 고압가스용 이음매 없는 용기의 재검사항목 : 외관검사, 음향검사, 내압검사 등
  ㉦ 고압가스용 차량에 고정된 탱크 재검사항목
    • 초저온탱크 : 외관검사, 자분탐상검사, 침투탐상검사, 기밀검사, 단열성능검사
    • 초저온탱크 이외의 탱크 : 외관검사, 두께 측정검사, 자분탐상검사, 침투탐상검사, 방사선투과검사, 초음파탐상검사, 내압검사, 기밀검사

③ 내압시험
  ㉠ 상용압력 : 내압시험압력 및 기밀시험압력의 기준이 되는 압력으로서 사용 상태에서 해당 설비 등의 각부에 작용하는 최고 사용압력
  ㉡ 내압시험압력
    • 아세틸렌용 용접용기 제조 시 : 최고 압력수치(최고 충전압력)의 3배
    • (아세틸렌가스가 아닌 압축가스를 충전할 때) 압축가스용기, 압축가스를 저장하는 납붙임용기 : 최고 충전압력의 $\frac{5}{3}$배
    • 고압가스특정제조시설 내의 특정가스사용시설 : 상용압력의 1.5배 이상의 압력으로 5~20분 유지
    • 고압가스 일반제조시설에서 고압가스설비의 내압시험압력은 상용압력의 1.5배 이상으로 한다.
  ㉢ 액화석유가스용 강제용기 검사설비 중 내압시험 설비의 가압능력 : 3[MPa] 이상

④ 항구 증가율 또는 영구 증가율
  ㉠ 영구(항구) 증가율 공식
  $$= \frac{\text{영구(항구) 증가량}}{\text{전 증가량}} \times 100[\%]$$
  ㉡ 용기의 내압시험 시 항구 증가율이 10[%] 이하인 용기는 합격이다.

⑤ 아세틸렌 용기의 다공도
  ㉠ 다공질물을 용기에 충전한 상태로 20[℃]에서 아세톤 또는 물의 흡수량으로 측정한다.

ⓒ 다공도 공식

$$\frac{V-E}{V} \times 100[\%]$$

(여기서, V : 다공물질의 용적, E : 침윤 잔용적)
ⓒ 다공도의 합격범위 : 75[%] 이상 92[%] 미만
ⓔ 아세틸렌 용기의 다공성 물질 검사방법 : 진동시험, 부분가열시험, 역화시험, 주위가열시험, 충격시험 등

⑥ 기밀시험
  ㉠ 고압가스배관의 기밀시험
    • 상용압력 이상으로 하되, 0.7[MPa]를 초과하는 경우 0.7[MPa] 압력 이상으로 한다.
    • 원칙적으로 공기 또는 불활성 가스를 사용한다.
    • 취성 파괴를 일으킬 우려가 없는 온도에서 실시한다.
    • 기밀시험압력 및 기밀유지시간에서 누설 등의 이상이 없을 때 합격으로 한다.
  ㉡ 냉동기 냉매설비의 기밀시험압력 기준 : 설계압력 이상의 압력
  ㉢ 기밀시험용 가스 : 질소, 공기, 탄산가스(이산화탄소), 아르곤 등의 불연성, 불활성 가스
  ㉣ 압력측정기의 종류별 기밀시험방법

종류	최고 사용압력	용적	기밀유지시간
수은주 게이지	0.3[MPa] 미만	1[m³] 미만	2분
		1[m³] 이상 10[m³] 미만	10분
		10[m³] 이상 300[m³] 미만	V분. 다만, 120분을 초과할 경우에는 120분으로 할 수 있다.
수주 게이지	저압	1[m³] 미만	1분
		1[m³] 이상 10[m³] 미만	5분
		10[m³] 이상 300[m³] 미만	$0.5 \times V$분. 다만, 60분을 초과할 경우에는 60분으로 할 수 있다.
전기식 다이어 프램형 압력계	저압	1[m³] 미만	4분
		1[m³] 이상 10[m³] 미만	40분
		10[m³] 이상 300[m³] 미만	$4 \times V$분. 다만, 240분을 초과할 경우에는 240분으로 할 수 있다.
압력계 또는 자기 압력 기록계	저압, 중압	1[m³] 미만	24분
		1[m³] 이상 10[m³] 미만	240분
		10[m³] 이상 300[m³] 미만	$24 \times V$분. 다만, 1,440분을 초과한 경우에는 1,440분으로 할 수 있다.
	고압	1[m³] 미만	48분
		1[m³] 이상 10[m³] 미만	480분
		10[m³] 이상 300[m³] 미만	$48 \times V$분. 다만, 2,880분을 초과한 경우에는 2,880분으로 할 수 있다.

[비고]
1. V는 피시험 부분의 용적(단위 : [m³])이다.
2. 전기식 다이어프램형 압력계는 공인검사기관으로부터 성능인증을 받아 합격한 것이어야 한다.

  ㉤ 정기검사 시의 기밀시험
    • 기밀시험압력은 사용압력 이상으로 실시한다.
    • 지하 매설배관은 3년마다 기밀시험을 실시한다.
    • 기밀시험방법은 자기압력계 및 전기식 다이어프램형 압력계를 사용하여 기밀시험을 실시할 경우 기밀유지시간은 위의 표에서 정한 수은주게이지 유지시간으로 실시할 수 있으며, 이 경우 자기압력기록계는 최소 기밀유지시간을 30분으로 하고, 전기식 다이어프램형 압력계는 최소 기밀 유지시간을 4분으로 한다.
    • 다음 중 어느 하나의 검사를 한 경우에는 기밀시험을 한 것으로 볼 수 있다.
      – 노출된 가스설비 및 배관은 가스검지기 등으로 누출 여부를 검사한다.

- 지하 매설배관의 노선상을 50[m] 이하의 간격으로 깊이 50[cm] 이상의 보링을 하고 관을 이용하여 흡입한 후, 가스검지기 등으로 누출 여부를 검사하는 경우에는 기밀시험을 한 것으로 볼 수 있다. 다만, 보도블록, 콘크리트 및 아스팔트 포장 등 도로구조상 보링이 곤란한 경우에는 그 주변의 맨홀 등을 이용하여 누출 여부를 검사할 수 있다.

⑦ 검사 관련 제반사항

㉠ 수집검사 대상 가스용품
- 불특정 다수인이 많이 사용하는 제품
- 가스사고 발생 가능성이 높은 제품
- 동일 제품으로 생산 실적이 많은 제품
- 전년도 수집검사 결과, 문제가 있었던 제품

㉡ 염화비닐호스에 대한 규격 및 검사방법
- 호스의 안지름은 1종, 2종, 3종으로 구분하며, 안지름은 1종 6.3[mm], 2종 9.5[mm], 3종 12.7[mm]이고 그 허용오차는 ±0.7[mm]이다.
- 1[m]의 호스를 −20[℃] 이하의 공기 중에서 24시간 방치한 후 굽힘 최대 반지름으로 좌우 각 5회 실시하는 내압시험을 한 후에 기밀성능시험에서 누출이 없어야 한다.
- 1[m]의 호스를 3[MPa]의 압력으로 5분간 실시하는 내압시험에서 누출이 없으며 4[MPa] 이상의 압력에서 파열되는 것으로 한다.
- 호스의 구조는 안층, 보강층, 바깥층으로 되어 있고 안지름과 두께가 균일한 것으로 굽힘성이 좋고 흠, 기포, 균열 등의 결점이 없어야 한다.
- 호스 안층의 인장강도는 73.6[N/5mm] 폭 이상이다.

㉢ 사이안화수소를 용기에 충전하는 경우, 품질검사 시 합격 최저 순도 : 98[%]

㉣ 금속 플렉시블 호스의 제조 기준 적합 여부에 대해 실시하는 생산단계 검사의 검사 종류별 검사항목 : 구조검사, 치수검사, 기밀시험, 인장시험, 충격시험, 굽힘시험, 비틀림 시험, 반복 부착시험, 표시 적합 여부 시험 등(내압시험은 해당 없다)

㉤ 용기 내장형 LP 가스 난방기용 압력조정기에 사용되는 다이어프램의 물성시험
- 인장강도는 12[MPa] 이상인 것
- 신장률은 300[%] 이상인 것
- 인장응력은 2.0[MPa] 이상인 것
- 경도는 쇼어 경도(A형) 기준으로 50 이상 90 이하인 것
- 신장영구늘음률은 20[%] 이하인 것
- 압축영구줄음률은 30[%] 이하인 것
- −25[℃]의 공기 중에서 24시간 방치한 후 인장강도 및 신장률을 측정하였을 때 인장강도 변화율은 ±15[%] 이내, 신장 변화율은 ±30[%] 이내, 경도변화는 쇼어 경도(A형) 기준 +15 이하인 것

㉥ 도시가스 사용시설에 대해 실시하는 내압시험을 공기 등의 기체로 하는 경우 압력을 일시에 시험압력까지 올리지 않아야 한다. 먼저 상용압력의 50[%]까지 승압하고, 그 후에 상용압력의 10[%]씩 단계적으로 승압한다.

㉦ 에어졸 충전용기의 가스 누출시험 온도 : 46[℃] 이상 50[℃] 미만

◎ 용기 및 특정설비의 재검사기간의 기준
  • 용기의 재검사기간의 기준

용기의 종류		신규검사 후 경과연수		
		15년 미만	15년 이상 20년 미만	20년 이상
		재검사 주기		
액화석유가스용 용접용기를 제외한 용접용기	500[L] 이상	5년마다	2년마다	1년마다
	500[L] 미만	3년마다	2년마다	1년마다
액화석유가스용 용접용기	500[L] 이상	5년마다	2년마다	1년마다
	500[L] 미만	5년마다		2년마다
이음매 없는 용기 또는 복합 재료 용기	500[L] 이상	5년마다		
	500[L] 미만	신규검사 후 경과연수가 10년 이하인 것은 5년마다, 10년을 초과한 것은 3년마다		
액화석유가스용 복합 재료용기		5년마다(설계조건에 반영되고, 산업통상자원부장관으로부터 안전한 것으로 인정을 받은 경우에는 10년마다)		
용기 부속품	용기에 부착되지 아니한 것	용기에 부착되기 전(검사 후 2년이 지난 것만 해당한다)		
	용기에 부착된 것	검사 후 2년이 지나 용기부속품을 부착한 해당 용기의 재검사를 받을 때마다		

- 가스설비 안의 고압가스를 제거한 상태에서 휴지 중인 시설에 있는 특정설비에 대하여는 그 휴지기간은 재검사기간 산정에서 제외한다.
- 재검사기간이 되었을 때에 소화용 충전용기 또는 고정장치된 시험용 충전용기의 경우에는 충전된 고압가스를 모두 사용한 후에 재검사한다.
- 재검사일은 재검사를 받지 않은 용기의 경우에는 신규검사일부터 산정하고, 재검사를 받은 용기의 경우에는 최종 재검사일부터 산정한다.
- 제조 후 경과연수가 15년 미만이고 내용적이 500[L] 미만인 용접용기(액화석유가스용 용접용기를 포함한다)에 대하여는 재검사주기를 다음과 같이 한다.

  • 용기 내장형 가스난방기용 용기 : 6년
  • 내식성 재료로 제조된 초저온 용기 : 5년

- 내용적 20[L] 미만인 용접용기(액화석유가스용 용접용기를 포함한다) 및 지게차용 용기는 10년을 첫 번째 재검사주기로 한다.
- 1회용으로 제조된 용기는 사용 후 폐기한다.
- 내용적 125[L] 미만인 용기에 부착된 용기 부속품(산업통상자원부장관이 정하여 고시하는 것은 제외)은 그 부속품의 제조 또는 수입 시의 검사를 받은 날부터 2년이 지난 후 해당 용기의 첫 번째 재검사를 받게 될 때 폐기한다. 다만, 아세틸렌용기에 부착된 안전장치(용기가 가열되는 경우 용융 합금이 녹아 압력을 방출하는 장치를 말한다)는 용기 재검사 시 적합할 경우 폐기하지 않고 계속 사용할 수 있다.
- 복합 재료용기는 제조검사를 받은 날부터 15년이 되었을 때에 폐기한다.
- 내용적 45[L] 이상 125[L] 미만인 것으로서 제조 후 경과연수가 20년 이상된 액화석유가스용 용접용기(1988년 12월 31일 이전에 제조된 경우로 한정)는 폐기한다.

- 특정설비의 재검사기간의 기준

특정설비의 종류		재검사주기		
		신규검사 후 경과연수		
		15년 미만	15년 이상 20년 미만	20년 이상
차량에 고정된 탱크		5년마다	2년마다	1년마다
		해당 탱크를 다른 차량으로 이동하여 고정할 경우에는 이동하여 고정한 때마다		
저장탱크		1) 5년(재검사에 불합격되어 수리한 것은 3년, 다만 음향방출시험에 의하여 안전성이 확인된 경우에는 5년으로 한다)마다. 다만, 검사주기가 속하는 해에 음향방출시험 등의 신뢰성이 있다고 인정하는 방법에 의하여 안전성이 확인된 경우에는 검사주기를 2년간 연장할 수 있다. 2) 다른 장소로 이동하여 설치한 저장탱크(액화석유가스의 안전관리 및 사업관리법 시행규칙 제2조제1항 제3호에 따른 소형저장탱크는 제외한다)는 이동하여 설치한 때마다		
안전밸브 및 긴급차단장치		검사 후 2년을 경과하여 해당 안전밸브 또는 긴급차단장치가 설치된 저장탱크 또는 차량에 고정된 탱크의 재검사 시마다		
기화장치	저장탱크와 함께 설치된 것	검사 후 2년을 경과하여 해당 탱크의 재검사 시마다		
	저장탱크가 없는 곳에 설치된 것	3년마다		
	설치되지 아니한 것	설치되기 전(검사 후 2년이 지난 것만 해당된다)		
압력용기		4년마다. 다만, 산업통상자원부장관이 정하여 고시하는 기법에 따라 산정하여 그 적합성을 인정받는 경우 그 주기로 할 수 있다.		

- 다음의 어느 하나에 해당하는 특정설비는 재검사대상에서 제외한다.

  - 평저형 및 이중각 진공단열형 저온저장탱크
  - 역화방지장치
  - 독성가스 배관용 밸브
  - 자동차용 가스 자동주입기
  - 냉동용 특정설비
  - 대기식 기화장치
  - 저장탱크 또는 차량에 고정된 탱크에 부착되지 않은 안전밸브 및 긴급차단밸브
  - 저장탱크 및 압력용기 중 다음에서 정한 것
    - 초저온 저장탱크
    - 초저온 압력용기
    - 분리할 수 없는 이중관식 열교환기
    - 그 밖에 산업통상자원부장관이 재검사를 실시하는 것이 현저히 곤란하다고 인정하는 저장탱크 또는 압력용기
  - 특정 고압가스용 실린더 캐비닛
  - 자동차용 압축천연가스 완속충전설비
  - 액화석유가스용 용기잔류가스회수장치

- 재검사를 받아야 하는 연도에 업소가 자체 정기보수를 하고자 하는 경우에는 자체 정기보수 시까지 재검사기간을 연장할 수 있다.
- 기업활동 규제 완화에 관한 특별조치법 시행령 제19조제1항에 따라 동시검사를 받고자 하는 경우에는 재검사를 받아야 하는 연도 내에서 사업자가 희망하는 시기에 재검사를 받을 수 있다.

㉣ 용기 및 특정설비의 신규검사 또는 재검사에서 불합격한 제품의 파기방법
- 신규 용기는 절단 등의 방법으로 파기하여 원형으로 재가공하여 사용할 수 없도록 하여야 한다.
- 재검사에 불합격된 용기는 검사원으로 하여금 파기토록 하여야 하며, 파기 전에 파기 일시, 사유, 장소 등을 검사신청인에게 통지하여야 한다.

- 재검사에 불합격된 용기는 검사장소에서 검사원으로 하여금 파기토록 하거나 검사원의 입회하에 해당 설비의 사용자로 하여금 파기토록 할 수 있다.
- 파기된 용기는 검사신청인이 인수시한(통지일로부터 1개월 이내) 내에 인수하지 아니하면 검사기관이 임의로 매각처분할 수 있다.

10년간 자주 출제된 문제

7-1. 가스 안전사고를 방지하기 위하여 내압시험압력이 25[MPa]인 일반가스 용기에 가스를 충전할 때는 최고 충전압력을 얼마로 하여야 하는가?

① 42[MPa]　　② 25[MPa]
③ 15[MPa]　　④ 12[MPa]

7-2. 용기의 내압시험 시 항구 증가율이 몇 [%] 이하인 용기를 합격한 것으로 하는가?

① 3　　② 5
③ 7　　④ 10

|해설|

7-1

내압시험압력 = 최고 충전압력 $\times \dfrac{5}{3}$

최고 충전압력 = 내압시험압력 $\times \dfrac{3}{5}$

$= 25 \times \dfrac{5}{3} = 15$[MPa]

7-2
용기의 내압시험 시 항구 증가율이 10[%] 이하인 용기를 합격한 것으로 한다.

정답 7-1 ③　**7-2** ④

제2절 배 관

핵심이론 01 배관의 설계와 제작

① 배관설계 시 고려해야 할 사항
　㉠ 가능한 한 옥외에 설치할 것
　㉡ 최단 거리로 할 것
　㉢ 굴곡을 작게 할 것
　㉣ 가능한 한 눈에 보이도록 할 것
　㉤ 건축물 기초 하부 매설을 피할 것

② LP 가스집합 공급설비의 배관설계 시 기본사항
　㉠ 사용목적에 적합한 기능을 가질 것
　㉡ 사용상 안전할 것
　㉢ 고장이 적고 내구성이 있을 것
　㉣ 가스사용자의 선택에 따르지 말 것
　㉤ 안전규정을 따를 것
　㉥ LPG 집단공급시설에서 입상관 : 수용가에 가스를 공급하기 위해 건축물에 수직으로 부착되어 있는 배관으로, 가스의 흐름 방향과 관계없이 수직배관은 입상관으로 본다.

③ 배관재료
　㉠ 강관(탄소강관) : 배관의 바깥지름을 호칭지름의 기준으로 한다.
　　• SPP(일반배관용 탄소강관) : 350[℃] 이하, 사용압력 10[kg/cm^2] 이하에서 사용(증기, 물 등의 유체 수송관)한다. 백관과 흑관으로 구분되며 가스관이라고도 한다.
　　• SPPS(압력배관용 탄소강관) : 350[℃] 이하의 온도, 압력 9.8[N/mm^2] 이하에서 사용한다.
　　• SPPH(고압배관용 탄소강관) : 450[℃] 이하의 온도, 압력 9.8[N/mm^2] 이상에서 사용한다.
　　• SPLT(저온배관용 탄소강관) : 영점 이하의 저온도에서 사용한다.
　　• SPPW(수도용 아연도금강관) : 정수두 100[m] 이하의 급수배관에 사용한다.

ⓛ SPA(배관용 합금강관) : 주로 고온도의 배관에 사용되는 합금강관
ⓒ 주철관
- 탄소 함량이 약 2[%] 이상이다.
- 제조방법 : 수직법, 원심력법
- 인성이 작아(취성이 커서) 충격에 약하다.
- 적용 이음 : 소켓 이음, 플랜지 이음, 메커니컬 이음, 빅토릭 이음, 타이톤 이음 등
- 용접 이음은 불가능하다.
- 용도 : 수도용, 배수용, 가스용

ⓔ 동관(구리관)
- 전도성(전기, 열)이 우수하다.
- 알칼리에는 내식성이 강하지만, 산성에는 약하다.
- 내면이 매끈하여 유체저항이 작다.
- 굴곡성이 좋아 가공이 용이하다.
- 내식성, 전연성, 내압성이 우수하다.
- 고압장치의 재료, 열교환기의 내관(Tube) 및 화학공업용으로 사용한다.
- 직경 20[mm] 이하의 경우 플레어 이음(압축 이음)을 한다.
- 플레어링 툴 : 동관 끝을 나팔형으로 만들어 압축 이음 시 사용하는 동관용 공구

ⓜ 스테인리스강관 : 내식성이 우수한 금속관으로, 일반강관에 비해 기계적 성질이 우수하다. 얇고 가벼워 운반 및 가공 쉽고 위생적이다.

ⓑ 알루미늄관 : 배관재료 중 온도범위 0~100[℃] 사이에서 온도 변화에 의한 팽창계수가 가장 크다.

ⓢ 가스용 PE관(폴리에틸렌관)
- 염화비닐에 비해서 가볍다(경량성 우수).
- 열가소성, 내한성, 내식성, 내약품성, 무독성, 유연성, 절연성, 보온성 등이 우수하며 상온에서도 유연성이 풍부하다.
- 운반 및 취급이 용이하며 균일한 단위 제품을 얻기 쉽다.
- 지하 매설배관 재료 : 가스용 폴리에틸렌관, 폴리에틸렌피복강관, 분말용착식 폴리에틸렌피복강관
- 인장강도가 낮다.
- 일광, 열에 약하다.
- 가스용 PE 배관을 온도 40[℃] 이상의 장소에 설치할 수 있는 가장 적절한 방법 : 파이프 슬리브를 이용한 단열조치

④ 이음매 없는 고압배관 제작방법 : 연속주조법, 만네스만법, 인발

10년간 자주 출제된 문제

배관의 기호와 그 용도 및 사용조건에 대한 설명으로 틀린 것은?

① SPPS는 350[℃] 이하의 온도, 압력 9.8[N/mm²] 이하에서 사용한다.
② SPPH는 450[℃] 이하의 온도, 압력 9.8[N/mm²] 이하에서 사용한다.
③ SPLT는 빙점 이하, 특히 낮은 온도의 배관에 사용한다.
④ SPPW는 정수두 100[m] 이하의 급수배관에 사용한다.

[해설]
SPPH(고압배관용 탄소강관)는 450[℃] 이하의 온도에서, 압력 9.8[N/mm²] 이상에서 사용한다.

정답 ②

핵심이론 02 관 이음

① 관 이음의 개요
  ㉠ 관 이음 부품
    • 캡(Cap), 플러그(Plug) : 관 끝을 마무리할 때(막을 때) 사용되는 부품
    • 리듀서(Reducer), 부싱(Bushing) : 배관의 지름이 서로 다른 관을 이을 때 사용하는 부품
    • 유니언(Union) : 같은 지름의 관을 직선 연결할 때 사용되는 부품
    • 티(Tee) : 유입구와 배출구와 분기구를 잇는 부품
    • 엘보(Elbow), 벤드(Bend) : 직선 배관에서 90[°] 또는 45[°] 방향으로 따라갈 때의 연결 부품
    • 플랜지(Flange) : 관과 관, 관과 다른 기계 부분을 잇는 부품으로, 주철관을 납으로 연결시킬 수 없는 장소에서도 사용한다.
  ㉡ 이격거리(최소 거리)
    • 10[cm] 이상 : 액화석유가스사용시설에서 배관의 이음매와 절연조치를 한 전선과의 거리
    • 30[cm] 이상 : 절연조치를 하지 않은 전선과의 거리, 굴뚝·전기점멸기 및 전기접속기와의 거리
    • 60[cm] 이상 : 배관의 이음매와 전기계량기 및 전기계폐기와의 거리
  ㉢ 고압가스 관 이음 종류 : 용접 이음, 플랜지 이음, 니시 이음, 신축 이음
  ㉣ 관경에 따른 고정장치 설치 기준
    • 13[mm] 미만 : 1[m]마다
    • 13[mm] 이상 33[mm] 미만 : 2[m]마다
    • 33[mm] 이상 : 3[m]마다

② 용접 이음
  ㉠ 배관의 용접 이음
    • 가스배관 설치 시 배관과 배관의 이음은 원칙적으로 용접접합을 하여야 한다.
    • 직관의 접합은 배관과 배관을 직접 연결할 수 있지만 배관이 굽혀지는 부분, 분기하는 부분, 배관의 관경이 급격히 변하는 부분이나 배관의 단말부 등은 배관과 배관을 직접 접합할 수 없으므로 이러한 부분은 관 이음매를 사용하여 접합한다.
  ㉡ 용접 이음매의 효율
    • 45[%] : 플러그 용접을 하지 아니한 한 면 전 두께 필릿 겹치기 용접
    • 50[%] : 플러그 용접을 하는 한 면 전 두께 필릿 겹치기 용접
    • 55[%] : 양면 전 두께 필릿 겹치기 용접
    • 60[%] : 맞대기 한 면 용접
    • 70[%] : 맞대기 양면 용접-방사선검사의 구분 C
    • 95[%] : 맞대기 양면 용접-방사선검사의 구분 B
    • 100[%] : 맞대기 양면 용접-방사선검사의 구분 A

③ 플랜지 이음
  ㉠ 영구적이거나 반영구적인 이음이 아닌 일시적인 이음이다.
  ㉡ 플랜지 접촉면에는 기밀을 유지하기 위하여 패킹을 한다.
  ㉢ 유니언 이음보다 관경이 크고 압력이 많이 걸리는 경우에 사용한다.
  ㉣ 패킹 양면에 그리스와 같은 기름을 바르면 분해 시 편리하다.

④ 신축 조인트(신축 이음)
  ㉠ 신축 조인트는 고압장치 배관에 발생된 열응력을 제거하기 위한 이음이다.
  ㉡ 신축 조인트 방법 : 루프형, 슬라이드형, 벨로스형, 스위블형, 상온 스프링형(콜드 스프링)
    • 콜드 스프링 : 배관의 자유팽창을 미리 계산하여 관의 길이를 약간 짧게 절단하여 강제배관을 함으로써 열팽창을 흡수하는 방법으로, 절단하는 길이는 계산에서 얻은 자유팽창량의 1/2 정도로 한다.

10년간 자주 출제된 문제

2-1. 관경이 13[mm] 이상 33[mm] 미만인 것에는 얼마의 길이마다 고정장치를 하여야 하는가?

① 1[m]마다 ② 2[m]마다
③ 3[m]마다 ④ 4[m]마다

2-2. 다음 중 신축 조인트 방법이 아닌 것은?

① 루프(Loop)형
② 슬라이드(Slide)형
③ 슬립-온(Slip-on)형
④ 벨로스(Bellows)형

[해설]

2-1
관경에 따른 고정장치 설치 기준
- 13[mm] 미만 : 1[m]마다
- 13[mm] 이상 33[mm] 미만 : 2[m]마다
- 33[mm] 이상 : 3[m]마다

2-2
신축 조인트 방법 : 루프형, 슬라이드형, 벨로스형, 스위블형, 상온 스프링형

정답 2-1 ② **2-2** ③

핵심이론 03 배관 관련 계산식과 배관 관련 현상

① 배관 관련 계산식

㉠ 스케줄 번호(SCH No.) : 배관 호칭법으로 사용
- 배관의 두께를 표시하는 번호이다.
- 스케줄 번호가 클수록 강관의 두께가 두껍다.
- 스케줄 번호 산출에 영향을 미치는 요인 : 관의 외경, 관의 사용온도, 관의 허용응력, 사용압력 (열팽창계수는 아님)
- 스케줄 번호 산출에 직접적인 영향을 미치는 요인 : 관의 허용응력, 사용압력
- SCH No.

$$SCH = 10 \times \frac{P}{\sigma}$$

(여기서, P : 사용압력, σ : 허용응력)

㉡ 가스배관의 구경(직경) 산출에 필요한 사항 : 가스 유량, 배관 길이, 압력손실, 가스의 비중 등

㉢ 배관 구경을 이용한 유량 계산
- 저압배관의 유량(도시가스 등)

$$Q = K\sqrt{\frac{hD^5}{SL}}$$

(여기서, K : 유량계수, h : 압력손실(기점, 종점 간의 압력 강하 또는 기점압력과 말단압력의 차이), D : 배관의 지름, S : 가스의 비중, L : 배관의 길이)

- 중압, 고압배관의 유량

$$Q = K\sqrt{\frac{(P_1^2 - P_2^2)D^5}{SL}}$$

(여기서, K : 유량계수, P_1 : 초압, P_2 : 종압, D : 배관의 지름, S : 가스의 비중, L : 배관의 길이)

㉣ 배관의 두께
- 고압가스배관의 최소 두께 계산 시 고려사항 : 상용압력, 안지름에서 부식 여유에 상당하는 부분을 뺀 수치, 최소 인장강도, 관 내면의 부식 여유치, 안전율

- 바깥지름과 안지름의 비가 1.2 미만인 경우

  $$t = \frac{PD}{2f/s - P} + C$$

  (여기서, P : 상용압력, D : 안지름에서 부식 여유에 상당하는 부분을 뺀 수치, f : 최소 인장강도, s : 안전율, C : 관 내면의 부식 여유 수치)

- 바깥지름과 안지름의 비가 1.2 이상인 경우

  $$t = \frac{D}{2}\left(\sqrt{\frac{f/s + P}{f/s - P}} - 1\right) + C$$

  (여기서, P : 상용압력, D : 안지름에서 부식 여유에 상당하는 부분을 뺀 수치, f : 최소 인장강도, s : 안전율, C : 관 내면의 부식 여유 수치)

ⓒ 관에 생기는 응력
- 원주 방향 응력

  $$\sigma_1 = \frac{PD}{2t}$$

- 축 방향 응력

  $$\sigma_2 = \frac{PD}{4t}$$

  (여기서, P : 내압, D : 관의 안지름, t : 두께)

ⓑ 플랜지 이음의 볼트수 = $\dfrac{\text{전체에 걸리는 힘}}{\text{볼트 1개에 걸리는 힘}}$

ⓢ 상온 스프링을 이용한 배관 중간 연결부의 간격

  $$\frac{\Delta L}{2} = \frac{L\alpha\Delta t}{2}$$

  (여기서, ΔL : 배관이 신축 길이(자유팽창량), L : 처음 길이, α : 열팽창계수, Δt : 온도차)

ⓞ 입상관의 압력손실
- $H = 1.293 \times (S-1)h\,[\text{mmH}_2\text{O}]$ 또는 $[\text{kgf/m}^2]$

  (여기서, S : 가스의 비중, h : 입상관의 높이)

- $H = 1.293 \times (S-1)h \times g\,[\text{Pa}]$

  (여기서, S : 가스의 비중, h : 입상관의 높이, g : 중력가속도)

ⓩ 마찰손실
- 유체가 관로 내를 흐를 때 유체가 갖는 에너지 일부가 유체 상호 간 또는 유체와 내벽과의 마찰로 인해 소모되는 것
- 마찰손실 중 주손실수두 : 관 내에서 유체와 관 내벽과의 마찰에 의한 것
- 마찰손실수두

  $$h = f\frac{l}{d}\frac{v^2}{2g}$$

  (여기서, f : 마찰계수, l : 관의 길이, d : 관의 내경, v : 유속, g : 중력가속도)

- 마찰손실 중 국부저항 손실수두
  - 배관 중의 밸브, 이음쇠류 등에 의한 것
  - 관의 굴곡 부분에 의한 것
  - 관의 축소, 확대에 의한 것

② 배관의 부식

㉠ 지하 매몰배관의 부식에 영향을 주는 요인 : pH, 토양의 전기전도성, 배관 주위의 지하전선 등

㉡ 부식 방지효과 : 피복, 잔류응력 제거, 관이 콘크리트 벽을 관통할 때 절연조치

㉢ 배관의 부식과 그 방지에 대한 사항
- 매설되어 있는 배관에 있어서 일반적인 주철관이 강관보다 내식성이 좋다.
- 구상흑연주철관의 인장강도는 강관과 거의 같지만 내식성은 강관보다 좋다.
- 전식이란 땅속으로 흐르는 전류가 배관으로 흘러 들어간 후 이것이 유출되는 부분에서 일어나는 전기적인 부식이다.
- 전식은 일반적으로 천공성 부식이 많다.
- 수중에 설치하는 PE관은 전기방식이 불필요하지만, 지중에 설치하는 PE 피복강관은 전기방식이 필요하다.

- 배관의 부식 방지를 위한 전기방식전류가 흐르는 상태에서 자연전위와 전위 변화는 최소 -300[mV] 이하이어야 한다.
- 매설배관의 경우 유기물질 재료를 피복재로 사용하면 방식이 된다.

ⓔ 타르 에폭시 피복재의 특성
- 밀착성이 좋다.
- 내마모성이 크다.
- 토양응력이 강하다.
- 저온에서의 경화속도가 느리다.

③ 절연
ⓐ 전기방식의 효과를 유지하기 위하여 빗물이나 이 물질의 접촉으로 인한 절연의 효과가 상쇄되지 않도록 절연 이음매 등을 사용하여 절연한다.

ⓑ 절연조치 장소
- 교량횡단배관의 양단
- 배관과 철근콘크리트 구조물 사이
- 배관과 배관 지지물 사이
- 배관과 강재보호관 사이
- 지하에 매설된 배관 부분과 지상에 설치된 부분의 경계(가스사용자에게 공급하기 위하여 지중에서 지상으로 연결되는 배관에 한한다)
- 다른 시설물과 접근 교차지점(단, 다른 시설물과 30[cm] 이상 이격 설치된 경우에는 제외할 수 있다)
- 저장탱크와 배관 사이
- 기타 절연이 필요한 장소

④ 진동, 가스 누출, 응급조치
ⓐ 고압가스배관에서 발생 가능한 진동의 원인
- 펌프 및 압축기의 진동
- 안전밸브의 분출 작동
- 유체의 압력 변화
- 바람이나 지진
- 외부 충격
- 관의 굴곡에 의해 생기는 힘

ⓑ 가스배관 플랜지 부분에서 발생 가능한 가스 누출의 원인
- 재료 부품이 적당하지 않았다.
- 수소취성에 의한 균열이 발생하였다.
- 플랜지 부분의 개스킷이 불량하였다.

ⓒ 가스 충전 시 밸브 및 배관이 얼었을 때 응급조치 방법
- 40[℃] 이하의 물로 녹인다.
- 미지근한 물로 녹인다.
- 얼어 있는 부분에 열습포를 사용한다.
- 석유버너 불은 위험하므로 사용하지 않는다.

| 10년간 자주 출제된 문제 |

3-1. 외경(D)이 216.3[mm], 두께 5.8[mm]인 200A의 배관용 탄소강관이 내압 0.99[MPa]을 받았을 경우에 관에 생기는 원주 방향 응력은 약 몇 [MPa]인가?

① 8.8   ② 17.5
③ 26.3   ④ 35.1

3-2. 안지름 10[cm]의 파이프를 플랜지에 접속하였다. 이 파이프 내에 40[kgf/cm²]의 압력으로 볼트 1개에 걸리는 힘을 400[kgf] 이하로 하고자 할 때 볼트는 최소 몇 개가 필요한가?

① 7개   ② 8개
③ 9개   ④ 10개

3-3. 대기 중에 10[m] 배관을 연결할 때 중간에 상온 스프링을 이용하여 연결하려고 한다면 중간 연결부에서 몇 [mm]의 간격으로 하여야 하는가?(단, 대기 중의 온도는 최저 -20[℃], 최고 30[℃]이고, 배관의 열팽창계수는 7.2×10^{-5}/[℃]이다)

① 18   ② 24
③ 36   ④ 48

10년간 자주 출제된 문제

3-4. 프로판의 비중을 1.5로 하면 입상관의 높이가 20[m]인 경우 압력손실은 몇 [mmH$_2$O]인가?

① 1.293
② 12.93
③ 129.3
④ 1,293

3-5. 20층인 아파트에서 1층의 가스압력이 1.8[kPa]일 때 20층에서의 압력은 약 몇 [kPa]인가?(단, 20층까지의 고저차는 60[m], 가스의 비중은 0.65, 공기의 비중량은 1.3[kg/m^3]이다)

① 1
② 2
③ 3
④ 4

[해설]

3-1
원주 방향 응력
$$\sigma_1 = \frac{PD}{2t} = \frac{0.99 \times (216.3 - 2 \times 5.8)}{2 \times 5.8} \simeq 17.5 [\text{MPa}]$$

3-2
플랜지 이음의 볼트수 = $\frac{\text{전체에 걸리는 힘}}{\text{볼트 1개에 걸리는 힘}}$

$$= \frac{PA}{400} = \frac{40 \times \frac{\pi}{4} \times 10^2}{400} \simeq 8개$$

3-3
중간 연결부의 간격
$$\frac{\Delta L}{2} = \frac{L\alpha \Delta t}{2} = \frac{10 \times 1,000 \times 7.2 \times 10^{-5} \times [30-(-20)]}{2}$$
$$= \frac{36}{2} = 18 [\text{mm}]$$

3-4
입상관의 압력손실
$$H = 1.293 \times (S-1)h = 1.293 \times (1.5-1) \times 20$$
$$= 12.93 [\text{mmH}_2\text{O}]$$

3-5
20층에서의 압력 $= 1.8 - [1.293 \times (S-1)h \times g]$
$= 1.8 - [1.293 \times (0.65-1) \times 60 \times 9.8/1,000]$
$\simeq 1.8 - (-0.2) = 2 [\text{kPa}]$

정답 3-1 ② 3-2 ② 3-3 ① 3-4 ② 3-5 ②

제3절 가 스

핵심이론 01 가스의 특성

① 가스 특성의 개요

㉠ 가스의 비중
- 비중을 정하는 기준 물질로 공기가 이용된다.
- 가스 비중 : $S = \dfrac{\text{가스분자량}}{\text{공기분자량}} = \dfrac{M}{29}$
- 가스의 부력은 비중에 의해 정해진다.
- 비중은 기구의 염구(炎口)의 형에 의해 변화하지 않는다.

㉡ 가스의 비등점[℃] : H$_2$ -252.5, N$_2$ -196, CO -192, O$_2$ -183

㉢ 특정 고압가스이면서 그 성분이 독성가스인 것 : 액화암모니아, 액화염소

㉣ 아세톤, 톨루엔, 벤젠이 제4류 위험물로 분류되는 주된 이유 : 공기보다 밀도가 큰 가연성 증기를 발생시키기 때문이다.

㉤ SNG(Substitute Natural Gas) : 대체(합성) 천연가스

㉥ 작은 구멍을 통해 새어 나오는 가스의 양 : 비중이 작을수록, 압력이 높을수록 많아진다.

㉦ 가연성 가스의 연소
- 폭굉속도는 보통 연소속도의 수배 배 정도이다 (폭굉속도 3,500[m/sec], 보통 연소속도 0.1~10[m/sec]).
- 폭발범위는 온도가 높아지면 일반적으로 넓어진다.
- 혼합가스의 폭굉속도는 3,500[m/sec] 이하이다.
- 가연성 가스와 공기의 혼합가스에 질소를 첨가하면 폭발범위의 상한값은 내려간다.

㉧ 웨버지수
- 가스의 연소성을 판단하는 중요한 수치

- 웨버지수의 공식

$$WI = \frac{Q}{\sqrt{d}}$$

  (여기서, Q : 가스의 총발열량[kcal/m³], d : 공기에 대한 가스의 비중)
- 연소 특성에 따라 4A부터 13A까지 가스를 분류하는 숫자

ⓒ 도시가스의 연소속도

$$C_p = K \cdot \frac{1.0H_2 + 0.6(CO + C_mH_n) + 0.3CH_4}{\sqrt{d}}$$

(여기서, K : 도시가스 중 산소 함유율에 따라 정하는 정수, H_2 : 가스 중 수소의 함유율([vol[%]), CO : 가스 중 일산화탄소의 함유율([vol[%]), C_mH_n : 가스 중 탄화수소의 함유율([vol[%]), CH_4 : 가스 중 메탄의 함유율([vol[%]), d : 가스의 비중)

ⓒ 제조압력[kg/cm²] : 오일 가스화 500, 암모니아 합성 1,000, 메탄올 합성 1,000 폴리에틸렌 합성 2,000

ⓚ 정류(Rectification)
- 비점이 비슷한 혼합물의 분리에 효과적이다.
- 상층의 온도는 하층의 온도보다 낮다.
- 환류비를 크게 하면 제품의 순도는 좋아진다.
- 포종탑에서는 액량이 거의 일정하므로 접촉효과가 우수하다.

② 주요 가스의 특성

㉠ 수소(H_2, 가연성, 비독성 가스)
- 비중이 약 0.07 정도로 공기보다 가볍다.
- 가스 중 비중이 가장 작다.
- 열전도도가 매우 크며 폭발하한계가 낮다.
- 산소, 염소와 폭발반응을 한다.
- 열전달률이 아주 크고, 열에 대하여 안정하다.
- 산화제로 사용되며 용기의 색은 회색이다.
- 공기와 혼합된 상태에서의 폭발범위는 4.1~75[%]이다.
- 무색, 무취, 무미이므로 누출되었을 경우 색깔이나 냄새로 알 수 없다.
- 고온, 고압 시 가스용기의 탈탄작용(수소취성)을 일으킨다(고온, 고압하에서 강 중의 탄소와 반응하여 수소취성을 일으킨다).

㉡ 질소(N_2, 불연성, 비독성 가스)
- 공기에 가장 많이 포함된 기체
- 상온에서 대단히 안정된 불연성 가스로 존재한다.
- 고온, 고압에서는 금속과 반응한다.
- 대기 중에 질소성분이 너무 많을 경우 산소부족증으로 질식사 사고가 발생할 수 있다.

㉢ 산소(O_2, 조연성, 비독성 가스)
- 액체공기를 분류하여 제조하는 반응성이 강한 가스이다.
- 그 자신은 연소하지 않는다.
- 산소제조장치설비에 사용되는 건조제 : NaOH, SiO_2, Al_2O_3, 소바비드 등

㉣ 메탄(CH_4, 가연성, 비독성 가스)
- 분자량 16, 비점 -161.5[℃]이다.
- LNG(천연가스)의 주성분이다.
- 무색의 기체이며 청색의 화염을 낸다.
- 임계온도가 낮으며 상온에서는 액화가 불가능하다.
- 공기 중에 5~15[%](폭발범위)의 메탄가스가 혼합된 경우 점화하면 폭발한다.
- 고온에서 수증기와 작용하면 일산화탄소와 수소를 생성한다.
- 파라핀계 탄화수소로서 가장 간단한 형의 화합물이다.

㉤ 암모니아(NH_3, 가연성, 독성가스)
- 냄새가 강하고 약염기성을 띠는 질소와 수소의 화합물이며 가연성과 독성을 지닌 가스이다.

- 강한 자극성이 있고 무색이며 물에 잘 용해된다.
- 임계압력이 112.5[atm]으로 높아 압축시키면 상온에서도 쉽게 액화된다.
- 용기 내에서 액화 상태로 존재하며 공기보다 가볍다.
- 암모니아를 물에 계속 녹이면 용액의 비중은 약간 내려간다.
- 액체 암모니아가 피부에 접촉되면 동상에 걸려 심한 상처를 입는다.
- 암모니아 가스는 기도, 코, 인후의 점막을 자극한다.
- 붉은 리트머스시험지와 접촉하면 푸른색으로 변한다.
- 고온에서 마그네슘과 반응하여 질화마그네슘을 만든다.
- 산이나 할로겐과도 잘 화합한다.
- 암모니아 합성탑 : 촉매를 사용하여 수소와 질소를 반응시켜 암모니아를 합성하는 탑 모양의 장치
  - 구성 : 동체, 촉매층, 전열 부문, 부속설비 등
  - 재질 : 18-8 스테인리스강
  - 촉매 : 보통 산화철에 CaO나 K_2O 및 Al_2O_3 등을 첨가한 것
- 암모니아의 공업적 제조방식 : 고압합성법(클라우드법, 카자레법), 중압합성법(뉴파우더법, IG법, 케미크법, JCI법, 동공시법), 저압합성법(케로그법, 구우데법)

ⓑ 염소(Cl_2, 조연성, 독성가스)
- 조연성 가스, 독성가스, 반응성이 강한 가스이다.
- 화학적으로 활성이 강한 산화제이다.
- 녹황색의 자극적인 냄새가 나는 기체이다.
- 독성이 강하여 흡입하면 호흡기가 상한다.
- 재해제로 소석회 등이 사용된다.
- 염소압축기의 윤활유는 진한 황산이 사용된다.
- 고온에서 강을 부식시킨다.
- 습기가 있으면 철 등을 부식시키므로 수분과 격리시켜야 한다.
- 염소와 수소는 햇빛 등의 촉매에 의하여 촉발성을 형성하는 염소폭명기를 형성하므로 동일한 차량에 적재를 금한다.
- 염소와 수소를 혼합하면 가열, 일광의 직사, 자외선 등에 의하여 폭발하여 염화수소가 된다.
- 염소와 수소를 혼합하여도 냉암소 내에서는 폭발하지 않고 안전하다.
- 염소와 산소는 조연성이므로 동일한 장소에 혼합 적재하여도 위험하지는 않다.

ⓢ 황화수소(H_2S, 가연성, 독성가스)
- 알칼리와 반응하여 염을 생성한다.
- 발화온도는 약 260[℃]이다.
- 습기를 함유한 공기 중에는 대부분 금속과 작용한다.
- 각종 산화물을 환원시킨다.

ⓞ LP 가스(가연성, 비독성 가스)
- 탄소수 3 및 4의 탄화수소
- 주성분은 프로판(C_3H_8)과 부탄(C_4H_{10})이며 프로필렌(C_3H_6)과 부틸렌(C_4H_8)도 약간 포함한다.

ⓩ 아세틸렌(C_2H_2, 가연성, 비독성 가스)
- 폭발범위가 비교적 광범위하고, 아세틸렌 100[%]에서도 폭발하는 경우가 있다.
- 흡열 화합물이므로 압축하면 분해폭발을 일으킨다.
- 액체 아세틸렌보다 고체 아세틸렌이 안정하다.
- 아세틸렌이 아세톤에 용해되어 있을 때에는 비교적 안정하다.
- 융점과 비점이 각각 -61[℃], -84[℃]로 낮으므로 융해하지 않고 승화한다.
- 아세틸렌의 비중이 0.90(26/29) 정도로 낮아 누출되면 높은 곳으로 확산된다.
- 15[℃]에서 물에는 1.1배로 용해되며 아세톤에는 25배 용해된다.

- 아세틸렌가스의 분해폭발을 방지하기 위해 사용되는 희석제 : 질소, 에틸렌, 메탄, 일산화탄소 등
- 아세틸렌제조설비에서 정제장치가 제거하는 가스류 : PH_3, H_2S, NH_3, N_2, O_2, H_2, CO, SiH_4 등

ㅊ 포스겐($COCl_2$, 가연성, 독성가스)
- 무색, 상큼한 마른 풀 냄새의 독성가스
- 포스겐의 제조 시 사용되는 촉매 : 활성탄
- 합성수지, 고무, 합성섬유(폴리우레탄), 도료, 의약, 용제 등의 원료로 사용된다.
- 인체에 미치는 영향
  - 안구나 피부 자극
  - 인후 작열감
  - 흡입 시 재채기, 호흡곤란 등의 증상이 나타나며 2~8시간 이후부터 폐수종을 일으켜 사망한다.
- 노출기준(TWA) : 0.1[ppm]
- 용기가 가열되면 폭발할 수 있다.
- 취급 시 주의사항
  - 취급 시 방독마스크를 착용할 것
  - 물이나 열을 피할 것
  - 공기보다 무거우므로 환기시설은 보관 장소의 아래쪽에 설치할 것
  - 사용 후 폐가스를 방출할 때에는 중화시킨 후 옥외로 방출시킬 것
  - 취급장소는 직사광선을 피하고 환기가 잘되는 곳일 것

ㅋ 염화메틸(CH_3Cl, 가연성, 독성가스)
- 독성가스이며, 가연성 가스로 자연발화 가능
- 오존층 파괴, 지구온난화, 알루미늄설비의 부식 가능 물질
- 염화메틸 제조법
  - 메탄염소화법 : 메탄을 온도 400[℃]로 염소와 함께 가열하여 생성된 염화메틸(CH_3Cl), 염화메틸렌(CH_2Cl_2), 클로로폼($CHCl_3$), 사염화탄소(CCl_4) 등의 혼합물을 분해 증류하여 제조하는 방법
  - 메탄올법 : 메탄올과 염화수소를 반응시켜 염화메틸을 제조하는 방법

ㅌ 사이안화수소(HCN, 가연성, 독성가스)
- 약산성으로 강한 독성, 가연성, 폭발성이 있다.
- 순수한 액체는 안정하나 소량의 수분에 급격한 중합을 일으키고 폭발할 수 있다.
- 중합폭발하는 성질 때문에 장기간 저장할 수 없다.
- 사이안화수소(HCN)에 첨가되는 안정제로 사용되는 중합방지제 : SO_2, H_2SO_4, $CaCl_2$
- 살충용 훈증제, 전기도금, 화학물질 합성에 이용된다.

ㅍ 프로판(C_3H_8, 가연성, 비독성 가스)
- 착화온도 : 약 450~550[℃]
- 끓는점 : 약 -42.1[℃]
- 임계온도 : 약 96.8[℃]
- 증기압 : 21[℃]에서 약 28.4[kPa]

ㅎ 액화프로판(가연성, 비독성 가스)
- 이음매 없는 용기에 충전할 경우 그 용기에 대하여 음향검사를 실시하고 음향이 불량한 용기는 내부 조명검사를 하지 않아도 되는 가스이다.
- 대기 중으로 방출 시 기화된다.
- 액화되어 체적이 약 1/250 정도로 줄어들게 되므로 저장 및 수송 시 유리하다.

㉮ 산화에틸렌(C_2H_4O, Ethylene Oxide(에틸렌 옥사이드), EO 가스, 가연성, 독성가스)
- 고리 모양 에테르의 하나로 상온에서는 상쾌한 냄새가 나는 무색의 기체이다.
- 발암성과 독성(신경계 독성, 피부 독성 등)이 있다.
- 허용농도 : 50[ppm]
- 휘발성과 활성이 큰 물질이다.
- 사염화탄소, 에테르 등에 잘 녹는다.

- 상온, 상압에서는 비교적 안정적이지만, 427[℃] 이상에서는 화염속도가 빠르게 폭발적으로 분해될 수 있다.
- 중합폭발하기 쉬우므로 취급에 주의하여야 한다.
- 산, 가연성 물질, 염기, 금속염, 금속 화합물, 아민, 할로탄소화합물, 금속, 사이안화물, 산화제 등과는 혼합하여 사용하는 것을 금지해야 한다.
- 산화에틸렌 증기는 공기보다 무거우며, 발원지와 거리가 멀어도 순간적으로 확산되어 화재 및 폭발의 위험이 있으므로 주의해야 한다.
- 물에 녹으면 안정된 수화물을 형성한다.
- 산화에틸렌의 해독제 : 물

㉯ 실란(SiH_4, 수소화규소, 가연성, 독성가스)
- 특이한 냄새가 나는 무색의 독성기체로 공기 중에 누출되면 자연발화한다.
- 파라핀계 탄화수소에 비해 불안정하여 물, 수산화알칼리 용액 등과 반응한다.
- 반도체 제조공정에서 실리콘 중심의 막질 증착 등에 사용된다.
- 가열하면 폭발할 수 있고, 흡입 및 피부 흡수 시 치명적일 수 있다.
- 증기는 자각 없는 현기증 또는 질식을 유발할 수 있다.
- 격렬하게 중합반응하여 화재와 폭발을 일으킬 수 있다.

㉰ 포스핀(PH_3, 가연성, 독성가스)
- 극독성, 반응성 가스이며 고압가스이다.
- 가열하면 폭발할 수 있다.
- 흡입하면 치명적이며 수생생물에 매우 유독하다.
- 환기가 양호한 곳에서 취급하고 용기는 40[℃] 이하를 유지한다.
- 수분과의 접촉을 금지하고 정전기 발생 방지시설을 갖춘다.
- 가연성이 매우 강하여 모든 발화원으로부터 격리시킨다.
- 취급 시 반드시 방독면을 착용한다(누출 시뿐만 아니라 취급 시 항상 착용).

㉱ 프레온(염화플루오린화탄소, 불연성, 비독성 가스)
- 에어로졸, 프레온 가스, 플루오린화탄소라고도 한다.
- 종류 : FC(플루오로카본), HCFC(하이드로클로로플루오로카본), HFC(하이드로플루오로카본), CFC(클로로플루오로카본) 등
- 부식성이 없는 비인화성 기체이지만 오존층을 파괴하는 환경 파괴 가스 중의 하나이다.
- 냉매로 사용되거나 스프레이나 소화기 분무제로도 사용된다.
- 인체에 무해한 가스로 알려져 있지만 밀폐된 곳에서 누출되면 공기보다 무거워 산소를 위로 밀어내 질식사 사고가 발생할 수 있다.
- 실수로 프레온 냉매가 눈에 들어갔을 때 사용되는 눈 세척제 : 희붕산용액

㉲ 이산화탄소(CO_2, 불연성, 비독성 가스)
- 상온에서 무색의 기체로 존재하며 물에 녹으면 약한 산성을 띠는 탄산을 생성한다.
- 기체 상태일 때는 무색, 무취, 무미로 지구의 대기에도 존재하며, 화산가스에도 포함되어 있다.
- 고체 상태로부터 해빙되면 기체로 승화하므로 드라이아이스(Dry Ice)라고도 한다.
- 유기물의 연소, 생물의 호흡, 미생물의 발효 등으로 만들어진다.
- 생물의 광합성 과정에서 주로 이산화탄소를 이용하여 탄수화물을 합성한다.
- 대표적인 온실가스 중의 하나로, 지구온난화의 주요원인가스이다.

- 이산화탄소와 산소는 반응하지 않으므로 동일 장소에 저장해도 위험하지 않다.
- 비독성 가스로 분류되지만 고농도는 독성을 지닌다.

10년간 자주 출제된 문제

1-1. 발열량이 10,000[kcal/Sm³], 비중이 1.2인 도시가스의 웨버지수는?

① 8,333　　　② 9,129
③ 10,954　　④ 12,000

1-2. 다음은 수소의 성질에 대한 설명이다. 옳은 것으로만 나열된 것은?

> ㉠ 공기와 혼합된 상태에서의 폭발범위는 4.0~65[%]이다.
> ㉡ 무색, 무취, 무미이므로 누출되었을 경우 색깔이나 냄새로 알 수 없다.
> ㉢ 고온, 고압하에서 강 중의 탄소와 반응하여 수소취성을 일으킨다.
> ㉣ 열전달률이 아주 낮고, 열에 대하여 불안정하다.

① ㉠, ㉡　　② ㉠, ㉢
③ ㉡, ㉢　　④ ㉡, ㉣

【해설】

1-1
도시가스의 웨버지수
$$WI = \frac{Q}{\sqrt{d}} = \frac{10,000}{\sqrt{1.2}} \simeq 9,129$$

1-2
수소의 성질
- 공기와 혼합된 상태에서의 폭발범위는 4.1~75[%]이다.
- 무색, 무취, 무미이므로 누출되었을 경우 색깔이나 냄새로 알 수 없다.
- 고온, 고압하에서 강 중의 탄소와 반응하여 수소취성을 일으킨다.
- 열전달률이 매우 크고, 열에 대하여 안정하다.

정답 1-1 ②　1-2 ③

핵심이론 02 도시가스의 제조

① 도시가스의 원료와 그 특징
　㉠ 원료로 천연가스, 나프타, LPG 등이 사용되지만, LPG는 도시가스 원료 사용을 줄이는 추세이다.
　㉡ 파라핀계 탄화수소가 많다.
　㉢ C/H비가 작다.
　㉣ 유황분이 적다.
　㉤ 비점이 낮다.

② 부취제
　㉠ 사용목적 : 냄새가 나게 하여 가스 누설을 조기에 발견·조치하여 폭발사고나 중독사고 등을 방지하기 위해
　㉡ 부취제의 구비조건
　　- 물에 녹지 않을 것
　　- 토양에 대한 투과성이 좋을 것
　　- 인체에 해가 없고 독성이 없을 것
　　- 부식성이 없을 것
　　- 화학적으로 안정될 것
　　- 공기 혼합 비율이 1/1,000의 농도에서 가스 냄새가 감지될 것
　㉢ 부취제의 종류
　　- TBM : 양파 썩는 냄새
　　- THT : 석탄가스 냄새
　　- DMS : 마늘 냄새
　㉣ 부취제 냄새
　　- 부취제 냄새의 강도 : TBM > THT > DMS
　　- EM(Ethyl Mercaptan) : 마늘 냄새
　㉤ 부취제 측정방법 : 무취실법, 주사기법, 오더(Odor)미터법, 냄새주머니법

③ 도시가스 제조 프로세스의 분류
　㉠ 가열방식에 의한 도시가스 제조 프로세스의 분류
　　- 자열식 : 가스화에 필요한 열을 발열반응에 의해 가스를 발생시키는 방식

- 축열식 : 반응기 내에서 연료를 연소시켜 충분히 가열한 후 원료를 송입하여 가스화하는 방식
- 외열식 : 원료가 들어있는 용기를 외부에서 가열시키는 방식

ⓒ 가스화 방식에 의한 도시가스 제조 프로세스의 분류 : 열분해 프로세스, 접촉분해 프로세스(수증기 개질 프로세스), 부분연소 프로세스, 수소화 분해 프로세스, 대체 천연가스 프로세스

- 열분해 프로세스(수증기) : 원유, 중유, 나프타 등의 분자량이 큰 탄화수소 원료를 고온(800~900[℃])으로 분해하여 고열량의 가스를 제조하는 방법
- 접촉분해 프로세스(수증기 개질 프로세스) : 촉매를 사용하여 반응온도 400~800[℃]에서 탄화수소와 수증기를 반응시켜 메탄, 수소, 일산화탄소 등으로 변환시키는 공정
  - 사이클링식 접촉분해(수증기 개질)법에서는 천연가스로부터 원유까지의 넓은 범위의 원료를 사용할 수 있다.
  - 반응온도가 상승하면 CH_4, CO_2가 적고 CO, H_2가 많은 가스를 생성한다.
  - 반응압력이 상승하면 CH_4, CO_2가 많고 CO, H_2가 적은 가스를 생성한다.
  - 온도와 압력이 일정할 때 수증기와 원료 탄화수소의 중량비(수증기비)가 증가하면 CO의 변성반응이 촉진된다.
  - 저온 수증기 개질 프로세스 방식 : CRG식, MRG식, Lurgi식
- 부분연소 프로세스(수증기 + 공기) : 원료에 소량의 공기와 산소를 혼합하여 가스발생의 반응기에 넣어 원료의 일부를 연소시켜 그 열을 열원으로 이용하는 방식
- 수소화 분해 프로세스(수첨 분해 프로세스)
  - 방법 1 : C/H비가 큰 탄화수소를 원료로 하여 고온(700~800[℃]), 고압(20~60기압)의 수소 기류 중에서 열분해 또는 접촉분해로 메탄을 주성분으로 하는 고열량의 가스 제조
  - 방법 2 : C/H비가 작은 탄화수소인 나프타 등을 원료로 하여 수소화 촉매(Ni 등)를 사용하여 메탄 제조
- 대체 천연가스 프로세스(수증기 + 수소 + 산소) : 천연가스가 아닌 각종 탄화수소 원료(석탄, 원유, 나프타, LPG 등)에서 천연가스의 물리적·화학적 제반 성질(조성, 열량, 연소성 등)과 거의 일치하는 가스를 제조하는 공정

10년간 자주 출제된 문제

원유, 중유, 나프타 등의 분자량이 큰 탄화수소 원료를 고온(800~900[℃])으로 분해하여 고열량의 가스를 제조하는 방법은?

① 열분해 프로세스
② 접촉분해 프로세스
③ 수소화 분해 프로세스
④ 대체 천연가스 프로세스

|해설|

열분해 프로세스 : 원유, 중유, 나프타 등의 분자량이 큰 탄화수소 원료를 고온(800~900[℃])으로 분해하여 고열량의 가스를 제조하는 방법

정답 ①

제4절 가스설비 장치

핵심이론 01 가스설비 장치의 개요

① 저장능력(충전질량 또는 최대 적재량) 산정 기준

㉠ 압축가스 저장탱크 및 용기의 저장능력[m³]

$$Q = n(10P+1)V_1$$

(여기서, n : 용기 본수, P : 35[℃](아세틸렌가스의 경우에는 15[℃])에서의 최고 충전압력[MPa], V_1 : 내용적[m³])

㉡ 액화가스 저장탱크의 저장능력[kg]

$$W = 0.9dV_2$$

(여기서, d : 상용온도에서 액화가스의 비중[kg/L], V_2 : 탱크의 내용적[L])

※ 액화가스의 저장탱크 설계 시 저장능력에 따른

내용적 : $V_2 = \dfrac{W}{0.9d}$

㉢ 액화가스용기 및 차량에 고정된 탱크의 저장능력

$$W = V_2/C$$

(여기서, V_2 : 내용적[L], C : 저온용기 및 차량에 고정된 저온탱크와 초저온용기 및 차량에 고정된 초저온탱크에 충전하는 액화가스의 경우에는 그 용기 및 탱크의 상용온도 중 최고 온도에서의 그 가스의 비중[kg/L]의 수치에 10분의 9를 곱한 수치의 역수, 그 밖의 액화가스의 충전용기 및 차량에 고정된 탱크의 경우에는 가스 종류에 따르는 정수)

㉣ 저장탱크 및 용기가 다음에 해당하는 경우에는 각각의 저장능력을 합산한다. 다만, 액화가스와 압축가스가 섞여 있는 경우에는 액화가스 10[kg]을 압축가스 1[m³]로 본다.

• 저장탱크 및 용기가 배관으로 연결된 경우

• (상기 것을 제외한) 저장탱크 및 용기 사이의 중심거리가 30[m] 이하인 경우 또는 같은 구축물에 설치되어 있는 경우. 다만, 소화설비용 저장탱크 및 용기는 제외

② 지반의 종류별 허용 지지력도[MPa] : 암반 1, 단단히 응결된 모래층 0.5, 황토흙·조밀한 자갈층 0.3, 조밀한 모래질 지반 0.2, 단단한 점토질 지반·단단한 롬층 0.1, 모래질 지반·롬층 0.05, 점토질 지반 0.02

③ 도시가스 공급시설 관련 제반사항

㉠ 도시가스 공급시설 : 본관, 사용자 공급관, 일반 도시가스사업자의 정압기, 압송기 등

• 압송기 : 도시가스 수요가 증가함으로써 가스압력이 부족하게 될 때 압력을 증가시키기 위해 사용하는 가스 공급시설

㉡ 압력에 따른 공급방식의 분류

• 저압 : 0.1[MPa] 미만

• 중압 : 0.1[MPa] 이상 1[MPa] 미만(천연가스 중압 공급방식은 단시간 정전이 발생하여도 영향을 받지 않고 가스를 공급할 수 있다)

• 고압 : 1[MPa] 이상

※ 도시가스의 저압 공급방식

• 수요량의 변동과 거리에 따라 공급압력이 다르다.

• 압송비용이 저렴하거나 불필요하다.

• 공급량이 적고 공급구역이 좁은 소규모의 가스사업소에 적합하다.

• 일반 수용가를 대상으로 하는 방식이다.

• 공급계통이 간단하므로 유지관리가 쉽다.

㉢ LP 가스를 이용한 도시가스 공급방식 : 직접 혼입 방식, 공기 혼합방식, 변성 혼입방식

㉣ 도시가스용 가스 냉난방제어는 운전 상태를 감시하기 위하여 재생기에 온도계를 설치하여야 한다.

ⓔ 도시가스사용시설에서 액화가스란 상용의 온도 또는 35[℃]에서 압력 0.2[MPa] 이상이 되는 것을 말한다.

ⓗ RTU(Remote Terminal Unit, 원격단말장치) : 기지국에서 발생된 정보를 취합하여 통신선로를 통해 원격감시제어소에 실시간으로 전송하고, 원격감시제어소로부터 전송된 정보에 따라 해당 설비의 원격제어가 가능하도록 제어신호를 출력하는 장치

ⓢ LP 가스 수입기지 플랜트의 기능적 구별 설비시스템 : 수입가스 설비 → 수입설비 → 저온 저장설비 → 이송설비 → 고압 저장설비 → 출하설비

ⓞ 액화가스 안전 및 사업법상 검사대상인 콕 : 퓨즈 콕, 상자 콕, 주물연소기용 노즐 콕, 업무용 대형 연소기용 노즐 콕

10년간 자주 출제된 문제

1-1. 내용적이 500[L], 압력이 12[MPa]이고 용기 본수는 120개일 때, 압축가스의 저장능력은 몇 [m³]인가?
① 3,260　② 5,230
③ 7,260　④ 7,580

1-2. 내용적이 30,000[L]인 액화산소 저장탱크의 저장능력은 몇 [kg]인가?(단, 비중은 1.14이다)
① 27,520　② 30,780
③ 31,780　④ 31,920

1-3. 액화염소가스 68[kg]을 용기에 충전하려면 용기의 내용적은 약 몇 [L]가 되어야 하는가?(단, 염소가스의 정수 C는 0.8이다)
① 54.4　② 68
③ 71.4　④ 75

1-4. 내용적이 50[L]인 용기에 프로판 가스를 충전할 때 얼마의 충전량[kg]을 초과할 수 없는가?(단, 충전상수 C는 프로판의 경우 2.35이다)
① 20　② 20.4
③ 21.3　④ 24.4

1-5. 고압가스설비 설치 시 지반이 단단한 점토질 지반일 때의 허용 지지력도는?
① 0.05[MPa]　② 0.1[MPa]
③ 0.2[MPa]　④ 0.3[MPa]

1-6. 도시가스 공급방식에 의한 분류방법 중 저압 공급방식이란 어떤 압력을 뜻하는가?
① 0.1[MPa] 미만
② 0.5[MPa] 미만
③ 1[MPa] 미만
④ 0.1[MPa] 이상 1[MPa] 미만

|해설|

1-1
압축가스의 저장능력
$Q = n(10P+1)V = 120 \times (10 \times 12 + 1) \times 0.5 = 7,260 [\text{m}^3]$

1-2
액화가스 저장탱크의 저장능력(가스 충전질량)
$W = 0.9d \cdot V = 0.9 \times 1.14 \times 30,000 = 30,780 [\text{kg}]$

1-3
가스 충전질량이 $W = V_2/C$이므로,
용기의 내용적은 $V_2 = WC = 68 \times 0.8 = 54.4 [\text{L}]$이다.

1-4
$W = V_2/C = 50/2.35 \simeq 21.3 [\text{kg}]$

1-5
지반이 단단한 점토질 지반일 때의 허용 지지력도는 0.1[MPa]이다.

1-6
압력에 따른 도시가스 공급방식 중 저압 공급방식은 0.1[MPa] 미만의 경우이다.

정답 1-1 ③　1-2 ②　1-3 ①　1-4 ③　1-5 ②　1-6 ①

핵심이론 02 펌프

① 펌프의 개요
- ㉠ 펌프의 종류
  - 왕복펌프 : 피스톤 펌프, 플런저 펌프, 다이어프램 펌프 등
  - 회전펌프 : 기어펌프, 나사펌프, 베인펌프 등
    ※ 회전펌프는 연속회전하므로 토출액의 맥동이 작다.
  - 터보펌프 : 원심펌프(센트리퓨걸 펌프 : 벌류트 펌프, 터빈펌프), 축류펌프, 사류펌프, 마찰펌프 등
    - 벌류트 펌프는 저양정 시동 시 물이 필요하다.
    - 터빈펌프는 고양정, 저점도의 액체에 적당하다.
  - 특수펌프 : 제트펌프, 수격펌프 등
- ㉡ 펌프용 윤활유의 구비조건
  - 인화점이 높을 것
  - 분해 및 탄화가 안 될 것
  - 온도에 따른 점성의 변화가 없을 것
  - 사용하는 유체와 화학반응을 일으키지 않을 것
- ㉢ 펌프의 전 효율
  $\eta = \eta_v \cdot \eta_m \cdot \eta_h$
  (여기서, η_v : 체적효율, η_m : 기계효율, η_h : 수력효율)
- ㉣ 축동력
  $H = \dfrac{\gamma h Q}{\eta}$
  (여기서, γ : 비중량[kgf/m^3], h : 양정, Q : 유량, η : 펌프효율)
- ㉤ 펌프의 상사법칙(비례법칙)
  - 유량 : $Q_2 = Q_1 \left(\dfrac{N_2}{N_1}\right)^1 \left(\dfrac{D_2}{D_1}\right)^3$
    (여기서, D : 임펠러의 직경, N : 회전수)
  - 양정 : $h_2 = h_1 \left(\dfrac{N_2}{N_1}\right)^2 \left(\dfrac{D_2}{D_1}\right)^2$
  - 소요동력 : $H_2 = H_1 \left(\dfrac{N_2}{N_1}\right)^3 \left(\dfrac{D_2}{D_1}\right)^5$
- ㉥ 비교회전도(비회전도 또는 비속도, Specific Speed, N_s) : 상사조건을 유지하면서 임펠러(회전차)의 크기를 바꾸어 단위 유량에서 단위 양정을 내게 할 때 임펠러에 주어져야 할 회전수
  - 비속도 $N_s = \dfrac{n \times \sqrt{Q}}{h^{0.75}}$
    (여기서, n : 회전수, Q : 유량, h : 양정)
    - 양정 h : 양흡펌프의 경우는 2로 나누고, 다단펌프의 경우는 단수로 나눈 값이다.
    - 비속도는 무차원수가 아니므로 단위는 어떻게 조건을 잡느냐에 따라 다르지만, 일반적으로 [rpm] · [m^3/min] · [m^{-1}]으로 나타낸다.
  - 비속도의 활용
    - 임펠러의 형상을 나타내는 척도이다.
    - 펌프의 성능을 나타내는 척도이다.
    - 최적 회전수의 결정에 이용한다.
  - 펌프 크기와는 무관하고 임펠러의 형식을 표시한다.
  - 비속도가 작을수록 유량이 적고 양정은 높은 펌프이다. 이러한 펌프는 소요양정 20[m] 이상의 수도용 또는 취수용에 적합한 원심펌프, 왕복식 펌프, 소방용 펌프이다. 소방용 펌프는 비속도가 600 이하로 작다.
  - 비속도가 클수록 유량이 많고 양정은 낮은 펌프이다. 이러한 펌프는 소요양정 10[m] 이하의 수도용 또는 취수용에 적합한 축류식, 사류식 펌프이다.
  - 고유량, 고양정의 경우는 다단펌프를 사용하여 비속도를 크게 한다.

② 대표적인 펌프
- ㉠ 왕복펌프(피스톤 펌프) : 작동이 단속적이고 송수량을 일정하게 하기 위하여 공기실을 장치할 필요가 있는 펌프
  - 토출량이 일정하여 정량 토출할 수 있다.
  - 회전수에 따른 토출압력 변화가 작다.
  - 송수량의 가감이 가능하며 흡입양정이 크다.
  - 고압, 고점도의 소유량에 적당하다.
  - 단속적으로 맥동이 일어나기 쉽다.
  - 밸브의 그랜드부가 고장 나기 쉽다.
  - 고압에 의하여 물성이 변화하는 경우가 있다.
  - 진동이 있으며 설치면적이 많이 필요하다.
- ㉡ 나사펌프
  - 고점도액의 이송에 적합하다.
  - 고압에 적합하다.
  - 토출압력이 변하여도 토출량의 변화는 크지 않다.
  - 구조가 간단하고 청소와 분해가 용이하다.
- ㉢ 터보펌프
  - 토출량이 크다.
  - 낮은 점도의 액체용이다.
  - 시동 시 물이 필요하다.
  - 저양정이다.
  - ※ 터보펌프 정지 시 조치 순서
    ① 토출밸브를 천천히 닫는다.
    ② 전동기의 스위치를 끊는다.
    ③ 흡입밸브를 천천히 닫는다.
    ④ 드레인 밸브를 개방시켜 펌프 속의 액을 빼낸다.
- ㉣ 원심펌프
  - 양수원리 : 회전차의 원심력을 압력에너지로 변환시킨다.
  - 원심력에 의하여 액체를 이송한다.
  - 고양정에 적합하다.
  - 가이드 베인이 있는 것을 터빈펌프라고 한다.
  - 직렬연결과 병렬연결
    - 직렬연결 : 유량 불변, 양정 증가
    - 병렬연결 : 유량 증가, 양정 불변
  - 송출구경을 흡입구경보다 작게 설계하는 이유
    - 회전차에서 빠른 속도로 송출된 액체를 갑자기 넓은 와류실에 넣게 되면 속도가 떨어지기 때문이다.
    - 에너지 손실이 커져서 펌프효율이 저하되기 때문이다.
- ㉤ 축류펌프
  - 비속도가 크다(1,200~2,200).
  - 마감 기동이 불가능하다.
  - 펌프의 크기가 작다.
  - 높은 효율을 얻을 수 있다.
- ㉥ 사류펌프
  - 원심펌프와 축류펌프의 중간적인 특징을 가진다.
  - 유체가 회전축에 대하여 경사지게 흘러서 원심력을 받으면서 동시에 축 방향으로도 가속된다.
  - 비교 회전도 : 500~1,200
  - 원심펌프보다 고속 운전이 가능하며 소형, 경량이다.
  - 축류펌프에 비하여 높은 양정으로 사용이 가능하다.
  - 종류 : 가로축 사류펌프, 세로축 사류펌프
  - 펌프가 항상 물속에 있기 때문에 시동 및 조작이 용이하다.
  - 중양정, 중수량의 경우에 많이 사용된다.
  - 5~30[m]의 양정의 상하수도용, 관개배수용, 공업용수용, 복수기의 냉각수 순환용 등에 사용된다.

③ 펌프에서 발생하는 이상현상
- ㉠ 캐비테이션(Cavitation, 공동현상)
  - 캐비테이션의 정의
    - 파이프 내부의 정압이 액체의 증기압 이하로 되면 증기가 발생하여 진동이 발생하는 현상

– 펌프에서 일어나는 현상으로 유수 중에 그 수온의 증기압보다 낮은 부분이 생기면 물이 증발을 일으키고 기포가 발생되는 현상
- 캐비테이션 발생원인 : 액체의 압력이 증기압 이하로 낮아질 때, 유체의 압력이 국부적으로 매우 낮아질 때, 규정속도 이상의 펌프 고속회전, 과도한 유량, 흡입양정이 클 경우, 작동유 온도 상승, 날개차의 부적절한 모양, 흡입필터의 막힘이나 유로의 차단, 과부하, 펌프와 흡수면 사이의 거리가 너무 멀 때, 캐비테이션수가 임계 캐비테이션수보다 낮을 때, 유체의 압력파동 등
- 캐비테이션 영향 : 임펠러의 침식 등의 기계 손상, 소음, 진동, 토출량·효율·양정·펌프수명 등의 저하
- 캐비테이션 방지대책
  - 흡입양정을 작게(짧게) 한다.
  - 흡입관의 지름을 크게 한다.
  - 펌프의 위치를 낮게 한다.
  - 유효 흡입수두를 크게 한다.
  - 손실수두를 작게 한다.
  - 펌프의 회전수를 줄인다.
  - 양흡입펌프 또는 두 대 이상의 펌프를 사용한다.
  - 회전차를 물속에 완전히 잠기게 한다.

ⓒ 서징현상(Surging, 맥동현상)
- 서징현상의 정의 : 펌프를 운전하였을 때에 주기적으로 한숨을 쉬는 듯한 상태가 되어 입·출구 압력계의 지침이 흔들리고 동시에 송출유량이 변화하는 현상
- 서징현상의 발생원인 : 유체의 흐름이 제어밸브 등의 조작에 의한 급격한 변화로 인해 유체의 운동에너지가 압력에너지로 변함에 따른 송출량과 압력의 주기적인 급격한 변동과 진동
- 서징현상의 영향 : 진동 소음 증가, 펌프수명 저하 등
- 서징현상의 방지대책
  - 회전차, 안내깃의 모양을 바꾼다.
  - 배수량을 늘리거나 임펠러의 회전수를 변경한다.
  - 관경을 변경하여 유속을 변화시킨다.
  - 배관 내 잔류공기를 제거한다.

ⓒ 워터 해머링(Water Hammering, 수격현상)
- 수격현상의 정의 : 유속이 빠르게 진행되면서 압력파가 형성되어 유체가 망치처럼 관로를 때리는 현상
- 수격현상의 발생원인 : 빠른 유속, 유속의 급변, 펌프의 급정지 등
- 수격현상의 영향 : 주요 부품·기기의 파손, 진동 소음 증가, 주기적 압력 변동으로 인한 기기들의 난조 발생, 펌프수명 저하 등
- 수격현상의 방지대책
  - 서지(Surge)탱크(조압 수조)를 관 내에 설치한다.
  - 관 내의 유속 흐름속도를 가능한 한 느리게 하기 위하여 관의 지름을 크게 선정한다.
  - 플라이휠을 설치하여 펌프의 속도가 급변하는 것을 막는다.
  - 밸브는 펌프 송출구 근처 가까이에 설치하고 밸브를 적당히 제어한다.
  - 송출 관로에 공기실을 설치한다.
  - 펌프의 급정지를 피하고 밸브 조작을 서서히 한다.

ⓔ 베이퍼로크(Vapor Lock) 현상
- 베이퍼로크 현상의 정의 : 저비등점 액체 이송 시 펌프의 입구측에서 발생되는 액체의 비등현상
- 베이퍼로크 현상의 발생원인 : 액체와 흡입배관 외부의 온도 상승, 펌프 냉각기가 작동하지 않거나 설치되지 않은 경우, 흡입관의 지름이 작거나 펌프 설치 위치가 적당하지 않을 때, 흡입 관로의 막힘, 스케일 부착 등에 의한 저항 증대 등

- 베이퍼로크 현상의 영향 : 초기 운전 시 캐비테이션 발생, 펌프수명 저하
- 베이퍼로크 현상의 방지대책
  - 흡입관의 지름을 크게 하고 펌프의 설치 위치를 최대한 낮춘다.
  - 흡입배관을 단열처리한다.
  - 흡입배관 경로를 청소한다.

10년간 자주 출제된 문제

2-1. 1,000[rpm]으로 회전하는 펌프를 3,000[rpm]으로 하였다. 이 경우 양정 및 소요동력은 각각 얼마가 되는가?
① 2배, 6배
② 3배, 9배
③ 4배, 16배
④ 9배, 27배

2-2. 양정(H) 20[m], 송수량(Q) 0.25[m³/min], 펌프효율(η) 0.65인 2단 터빈펌프의 축동력은 약 몇 [kW]인가?
① 1.26
② 1.37
③ 1.57
④ 1.72

2-3. 펌프의 운전 중 공동현상(Cavitation)을 방지하는 방법으로 적합하지 않은 것은?
① 흡입양정을 크게 한다.
② 손실수두를 작게 한다.
③ 펌프의 회전수를 줄인다.
④ 양흡입펌프 또는 두 대 이상의 펌프를 사용한다.

2-4. 펌프에서 발생하는 수격현상의 방지법으로 틀린 것은?
① 서지(Surge)탱크를 관 내에 설치한다.
② 관 내의 유속 흐름속도를 가능한 느리게 한다.
③ 플라이휠을 설치하여 펌프의 속도가 급변하는 것을 막는다.
④ 밸브는 펌프 주입구에 설치하고 밸브를 적당히 제어한다.

|해설|

2-1

- 양정 : $h_2 = h_1 \left(\dfrac{N_2}{N_1}\right)^2 \left(\dfrac{D_2}{D_1}\right)^2 = h_1 \left(\dfrac{3,000}{1,000}\right)^2 \left(\dfrac{1}{1}\right)^2 = 9h_1$

- 소요동력 : $H_2 = H_1 \left(\dfrac{N_2}{N_1}\right)^3 \left(\dfrac{D_2}{D_1}\right)^5 = H_1 \left(\dfrac{3,000}{1,000}\right)^3 \left(\dfrac{1}{1}\right)^5 = 27H_1$

2-2

축동력

$H = \dfrac{\gamma h Q}{\eta} = \dfrac{1,000 \times 20 \times 0.25}{0.65} \simeq 7,692.3 [\text{kgf/min}]$

$= \dfrac{7,692.3 \times 9.8}{60} [\text{N/sec}] \simeq 1,256.4[\text{W}] \simeq 1.26[\text{kW}]$

2-3

펌프 운전 중 공동현상을 방지하기 위해서는 흡입양정을 작게 해야 한다.

2-4

펌프에서 발생하는 수격현상을 방지하기 위해서는 밸브를 펌프 송출구 근처 가까이에 설치하고 적당히 제어한다.

정답 2-1 ④ 2-2 ① 2-3 ① 2-4 ④

핵심이론 03 탱크

① 탱크의 개요
  ㉠ 도시가스 제조원료의 저장설비에서 액화석유가스(LPG) 저장법 : 가압식 저장법, 저온식(냉동식) 저장법
  ㉡ 지하 암반을 이용한 저장시설에서는 외부에서 압력이 작용되고 있다.
  ㉢ 액화석유가스 저장소의 저장탱크의 유지온도 : 40[℃] 이하
  ㉣ 복수의 인접 저장탱크의 상호 간 최소 유지거리
   • 2개 이상 인접 탱크 상호 간 최소 유지거리 : 1[m] 이상
   • 두 저장탱크 간의 거리 : 두 저장탱크의 최대 지름을 합산한 길이의 $\frac{1}{4}$ 이상
  ㉤ LPG 저장탱크를 지하에 묻을 경우 저장탱크실 상부 윗면으로부터 저장탱크 상부까지의 깊이는 60[cm] 이상, 벽과 저장탱크 사이는 30[cm] 이상을 유지해야 한다.
  ㉥ 가스의 이송법
   • 차압에 의한 방법
   • 액송펌프 이용법
   • 압축기 이용법 : 탱크로리에서 저장탱크로 LP가스 이송 시 잔가스 회수가 가능한 이송법
    - 펌프에 비해 충전시간이 짧다.
    - 사방밸브를 이용하면 가스의 이송 방향을 변경할 수 있다.
    - 압축기를 사용하기 때문에 베이퍼로크 현상이 생기지 않는다.
    - 재액화현상이 일어날 수 있다.
   • 압축가스용기 이용법
  ㉦ 고압가스일반제조시설에서 저장탱크를 지하에 매설하는(묻는) 기준
   • 저장탱크 정상부와 지면과의 거리(깊이) : 60[cm] 이상
   • 저장탱크 주위에 마른 모래를 채울 것
   • 저장탱크를 2개 이상 인접시켜 설치하는 경우 상호 간에 1[m] 이상의 거리를 유지할 것
   • 저장탱크를 묻는 곳의 주위에는 지상에 경계표지를 할 것
  ㉧ 가연성 고압가스 저장탱크의 색상
   • 외부 : 은백색 도료로 도장
   • 가스 명칭 표시의 색상 : 적색
  ㉨ LPG를 탱크로리에서 저장탱크로 이송 시 작업을 중단해야 하는 경우
   • 누출이 생긴 경우
   • 과충전된 경우
   • 작업 중 주위에 화재가 발생한 경우

② 고압 원통형 저장탱크
  ㉠ 지지방법
   • 횡형 탱크 : 새들형
   • 수직형 탱크 : 지주형, 스커트형
  ㉡ 입형 탱크 : 지진에 의한 피해 방지를 위해 2중으로 한다.

③ 구형 저장탱크
  ㉠ 모양이 아름답다.
  ㉡ 동일 용량, 동일 압력의 경우 원통형 탱크보다 두께가 얇다.
  ㉢ 표면적이 다른 탱크보다 작으며 강도가 우수하다.
  ㉣ 기초 구조를 간단하게 할 수 있다.
  ㉤ 부지면적과 기초공사가 경제적이다.
  ㉥ 드레인이 쉽고 유지관리가 용이하다.

④ LPG 저장설비 중 저온저장탱크
  ㉠ 내부압력이 외부압력보다 저하됨에 따른 저장탱크 파괴를 방지하는 설비를 설치한다.

ⓒ 주로 탱커(Tanker)에 의하여 수입되는 LPG를 저장하기 위한 것이다.
　　ⓒ 내부압력이 대기압 정도로서 강재 두께가 얇아도 된다.
　　ⓔ 저온액화의 경우에는 가스체적이 작아 다량 저장에 사용된다.
⑤ 지상탱크
　　㉠ 단열재를 사용한 2중 구조로 하여 진공시키면 LNG도 저장할 수 있다.
　　㉡ 내진설계 적용 대상 시설
　　　• 고법의 적용을 받는 10[ton] 이상의 아르곤 탱크
　　　• 도법의 적용을 받는 3[ton] 이상의 저장탱크
　　　• 액법의 적용을 받는 3[ton] 이상의 액화석유가스 저장탱크
　　　• 고법의 적용을 받는 5[ton] 이상의 암모니아 탱크
　　㉢ 내진설계 시 지반은 6가지로 분류한다.
　　　• S_1 : 암반 지반
　　　• S_2 : 얕고 단단한 지반
　　　• S_3 : 얕고 연약한 지반
　　　• S_4 : 깊고 단단한 지반
　　　• S_5 : 깊고 연약한 지반
　　　• S_6 : 부지 고유의 특성평가 및 지반 응답해석이 필요한 지반
⑥ 리시버 탱크 : 배관 내 가스 중의 수분 응축 또는 배관의 부식 등으로 인하여 지하수가 침입하는 등의 장애 발생으로 가스 공급이 중단되는 것을 방지하기 위해 설치하는 탱크이다.
⑦ (3[ton] 미만의 LP 가스) 소형 저장탱크
　　㉠ 동일한 장소에 설치하는 경우 소형 저장탱크의 수는 6기 이하로 한다.
　　㉡ 동일한 장소에 설치하는 경우 충전질량의 합계는 5,000[kg] 미만으로 한다.
　　㉢ 탱크 지면에서 5[cm] 이상 높게 설치된 콘크리트 바닥 등에 설치한다.
　　㉣ 탱크가 손상받을 우려가 있는 곳에는 가드레일 등의 방호조치를 한다.
　　㉤ 화기와의 우회거리는 5[m] 이상으로 한다.
　　㉥ 주위 5[m] 이내에서는 화기 사용을 금지한다.
　　㉦ 인화성 또는 발화성 물질을 쌓아 두지 않는다.
　　㉧ 지상 설치식으로 한다.
　　㉨ 건축물이나 사람이 통행하는 구조물의 하부에 설치하지 않는다.
⑧ 액화천연가스(LNG) 탱크의 종류
　　㉠ 프리스트레스트 탱크(Prestressed Tank) : 철근 대신에 높은 인장강도를 발휘하는 고강도 강재(강선, 강연선, 강봉 등)를 사용하여 콘크리트에 미리 압축응력(프리스트레스, Prestress)을 가해 주어 하중으로 인한 인장응력을 일부 상쇄시켜서 더 큰 외부하중을 가할 수 있게 만든 탱크
　　㉡ 금속제 이중구조 탱크 : 내부탱크와 외부탱크의 이중 설계구조의 탱크
　　㉢ 멤브레인 탱크 : 저온 수축을 흡수하는 기구를 가진 금속박판을 사용하여 정적하중과 반복하중을 모두 고려하여 충분한 피로강도를 지니게 제작한 탱크
⑨ 가스홀더 : 정제된 가스를 저장하고 가스의 질을 균일하게 유지하면서 가스 생산량을 조절하는 탱크이다. 중고압식으로 원통형과 구형이 있고, 저압식으로 유수식과 무수식이 있다. 가스홀더 배관의 접속부 부근에는 가스차단장치를 설치한다.
　　㉠ 가스홀더의 기능
　　　• 가스 수요의 시간적 변화에 따라 제조가 따르지 못할 때 가스의 공급 및 저장
　　　• 정전, 배관공사 등에 의한 제조 및 공급설비의 일시적 중단 시 공급
　　　• 조성의 변동이 있는 제조가스를 받아들여 공급 가스의 성분, 열량, 연소성 등의 균일화
　　　• 최고 피크 시에 공장에서 수요지에 이르는 배관의 수동능력 이상으로 공급능력 제고

ⓛ 유수식 가스홀더
- 제조설비가 저압인 경우에 사용한다.
- 구형 홀더에 비해 유효 가동량이 많다.
- 물탱크의 수분으로 습기가 있다.
- 가스가 건조하면 물탱크의 수분을 흡수한다.
- 부지면적과 기초 공사비가 많이 든다.
- 물의 동결 방지조치가 필요하다.

ⓒ 무수식 가스홀더
- 대용량 저장에 사용한다.
- 물탱크가 없어 기초가 간단하며 설치비가 적게 든다.
- 건조 상태로 가스가 저장된다.
- 작업 중 압력변동이 작다.

⑩ 오토클레이브(Autoclave) : 액체 가열 시 온도의 상승과 함께 증기압도 상승하는데, 이때 액상을 유지하며 두 종류 이상의 고압가스를 혼합하여 반응시키는 장치로, 일종의 고압 반응솥 또는 고압 반응가마라고 할 수 있다. 종류로는 교반형, 진탕형, 회전형, 가스교반형 등이 있다.

ⓐ 교반형
- 교반기에 의해 내용물을 혼합하며, 수직형과 수평형이 있다.
- 기액반응(기체, 액체의 반응)으로 기체를 계속 유통시킬 수 있다.
- 주로 전자코일을 이용한다.
- 교반효과는 수평형이 뛰어나며, 진탕형보다도 효과가 크다.
- 수직형은 내부에 글라스 용기를 넣어 반응시킬 수 있어서 특수한 라이닝을 하지 않아도 된다.
- 교반축에서 가스 누설의 가능성이 많다.
- 회전속도, 압력을 증가시키면 누설의 우려가 있어서 회전속도와 압력에 제한이 있다.
- 교반축의 패킹에 사용한 물질이 내부에 들어갈 우려가 있다.

ⓑ 진탕형
- 횡형 오토클레이브 전체의 수평 전후 운동으로 교반하여 내용물을 혼합하며, 일반적으로 이 형식을 많이 사용한다.
- 가스 누설의 가능성이 없다.
- 고압력에서 사용할 수 있고 반응물의 오손이 없다.
- 장치 전체가 진동하므로 압력계는 본체에서 떨어져 설치해야 한다.
- 뚜껑판의 뚫린 구멍에 촉매가 끼어 들어갈 염려가 있다.

ⓒ 회전형
- 오토클레이브 자체를 회전시켜서 교반하는 형식이다.
- 고체를 액체나 기체로 처리할 경우에 적합하다.
- 교반효과가 다른 형식에 비해 많이 떨어지기 때문에 용기 벽에 장애판을 설치하거나 용기 내에 다수의 볼을 넣어 내용물의 혼합을 촉진시켜 교반효과를 높인다.

ⓓ 가스교반형
- 오토클레이브 기상부에서 반응가스를 취출하여 액상부의 최저부에 순환 송입하는 방법, 원료가스를 액상부에 송입하여 배출가스를 방출하는 방법이 있다.
- 주로 가늘고 긴 수평 반응기로 유체가 순환되어 교반된다.
- 레페반응장치에 이용된다.
- 실험실에서 연속반응을 연구할 때 사용된다.

10년간 자주 출제된 문제

3-1. LPG 저장탱크 2기를 설치하고자 할 경우, 두 저장탱크의 최대 지름이 각각 2[m], 4[m]일 때 상호 유지하여야 할 최소 이격거리는?

① 0.5[m] ② 1[m]
③ 1.5[m] ④ 2[m]

3-2. 저장능력이 20[ton]인 암모니아 저장탱크 2기를 지하에 인접하여 매설할 경우 상호 간에 최소 몇 [m] 이상의 이격거리를 유지하여야 하는가?

① 0.3 ② 0.6
③ 1   ④ 1.2

3-3. 지상형 탱크 중 내진설계 적용 대상 시설이 아닌 것은?

① 고법의 적용을 받는 10[ton] 이상의 아르곤 탱크
② 도법의 적용을 받는 3[ton] 이상의 저장탱크
③ 액법의 적용을 받는 3[ton] 이상의 액화석유가스 저장탱크
④ 고법의 적용을 받는 3[ton] 이상의 암모니아 탱크

[해설]

3-1

두 저장탱크 간의 거리 = $(2+4) \times \dfrac{1}{4} = 1.5$[m] 이상

3-2

복수의 인접 저장탱크의 상호 간 최소 유지거리
- 2개 이상 인접 탱크 상호 간 최소 유지거리 : 1[m] 이상
- 두 저장탱크 간의 거리 : 두 저장탱크의 최대 지름을 합산한 길이의 $\dfrac{1}{4}$ 이상

3-3

④ 고법의 적용을 받는 5[ton] 이상의 암모니아 탱크

정답 3-1 ③ 3-2 ③ 3-3 ④

핵심이론 04 압축기

① 압축기의 개요

㉠ 상사점과 하사점
- 상사점 : 실린더 체적이 최소일 때 피스톤의 위치
- 하사점 : 실린더의 체적이 최대일 때 피스톤의 위치

㉡ 간극체적(V_C) : 실린더의 최소 체적(피스톤이 상사점에 있을 때 가스가 차지하는 체적)

㉢ 압축비(ε)

$$\varepsilon = \sqrt[n]{\dfrac{P_n}{P}}$$

(여기서, n : 단수, P_n : n단의 토출 절대압력, P : 흡입 절대압력)

- 압축기에서 압축비가 커짐에 따라 나타나는 영향
  - 증가, 상승 : 소요동력, 압축일량, 실린더 내의 온도, 토출가스온도
  - 감소 : 토출가스량, 체적효율

㉣ 가스의 압축방식(온도 상승이 높은 순서) : 단열압축 > 폴리트로픽 압축 > 등온압축

㉤ 압축기 실린더 내부 윤활유
- 공기압축기에는 광유(디젤엔진유)를 사용한다.
- 산소압축기의 내부 윤활제로는 물 또는 10[%] 정도의 묽은 글리세린수를 사용한다. 그 이유는 압축산소에 유기물이 있으면 산화력이 커서 폭발하기 때문이다.
- 염소압축기에는 진한 황산을 사용한다.
- 수소압축기, 아세틸렌압축기에는 양질의 광유를 사용한다.
- LP 가스압축기에는 식물성유를 사용한다.
- 이산화황압축기에는 화이트유, 정제된 용제 터빈유를 사용한다.
- 염화메탄압축기에는 화이트유를 사용한다.

ⓑ 압축기의 피스톤 압출량

$V = lanz\eta$

(여기서, l : 행정거리, a : 단면적, n : 분당 회전수, z : 기통수, η : 체적효율)

ⓢ 암모니아압축기 실린더에 워터재킷을 사용하는 이유
- 압축효율의 향상을 도모한다.
- 윤활유의 탄화를 방지한다.
- 밸브 스프링의 수명을 연장시킨다.
- 압축 소요일량을 작게 한다.

ⓞ 고압식 액체산소분리장치에서 원료공기는 압축기에 흡입되어 150~200[atm] 정도까지 압축된다.

② 단수에 따른 압축기의 종류
㉠ 단단압축기 : 단수가 1개인 압축기
㉡ 다단압축기 : 단수가 2개 이상인 압축기
- 다단압축을 하는 주된 목적 : 압축일 감소(압축기의 일(소비동력) 감소)와 체적효율의 증가
- 다단압축기에서 실린더 냉각의 목적
  - 흡입효율을 좋게 하기 위하여
  - 밸브 및 밸브 스프링에서 열을 제거하여 오손을 줄이기 위하여
  - 흡입 시 가스에 주어진 열을 가급적 낮추기 위하여
  - 피스톤링에 탄소산화물이 발생하는 것을 막기 위하여

③ 구조에 따른 압축기 형식
㉠ 개방형 : 구동모터와 압축기가 분리된 구조로서 벨트나 커플링에 의하여 구동되는 압축기 형식이다.
㉡ 반밀폐형 : 개방형과 밀폐형의 중간 형식이다.
㉢ 밀폐형 : 전동기와 압축기가 한 하우징 속에 밀폐된 형식이며 소음과 진동이 작다.
㉣ 무급유형 : 오일 혼입을 방지한 형식으로 식품, 양조, 특수약품의 제조 시 이용된다.

④ 압축방식에 따른 압축기의 분류
㉠ 왕복동압축기 : 실린더 안에 피스톤의 왕복운동으로 압축공기를 생성하는 압축기이다.
- 용적형이며 기체의 비중에 영향이 없다.
- 압축효율이 높다.
- 토출압력 변화에 의한 유량의 변동이 작다.
- 용량 조절범위가 넓다.
- 쉽게 고압을 얻을 수 있으므로 고압에 적합하다.
- 공기 사용량이 많은 공정에는 부적합하다(최대 생산 가능 유량 : 3,300[m³/h] 정도).
- 피스톤 운동의 특성상 공기의 흐름이 연속적이지 못하다.
- 형태가 커서 설치면적이 많이 소요된다.
- 맥동현상을 갖는다(왕복동 압축기에서의 맥동현상 : 흡입구 토출계에서 압력계의 바늘이 흔들리면서 유량이 감소되는 현상).
- 압축기 흡입온도 상승의 원인 : 흡입밸브 불량에 의한 역류, 전단 냉각기의 능력 저하, 관로에 수열이 있을 경우, 전단 쿨러 고장

㉡ 스크루압축기 : 피스톤 대신 암수로터가 맞물려 회전함으로써 압축공기를 생성하는 압축기이다.
- 공기유량이 많으므로 왕복동 압축기보다 많은 유량을 생산할 수 있다.
  ※ 최대 생산 가능 유량 : 20,000[m³/h] 정도
- 저압에 적합하다.
- 기계적인 소음이 매우 크다.

㉢ 원심식 압축기(터보압축기) : 케이싱 내에 모인 임펠러가 회전하면서 기체가 원심력 작용에 의해 임펠러의 중심부에서 흡입되어 외부로 토출하는 구조의 압축기이다. 임펠라를 고속회전시켜 공기의 속도를 높이고 디퓨저를 통해 속도에너지를 압력에너지로 전환시킴으로써 압축공기를 생성한다.
- 왕복동압축기와 스크루압축기의 단점을 보완한 형식이다.

- 원심형이며 윤활유가 불필요하다(무급유식이다).
- 다른 종류의 압축기보다 전력당 많은 유량을 생산할 수 있다.
- 연속적인 토출로 맥동현상이 작다.
- 마찰손실이 작다.
- 유량을 압력변동 없이 조절할 수 있다.
- 고속회전으로 용량이 크다.
- 형태가 작고 경량이며 대용량에 적합하다.
- 터보압축기의 밀봉장치 형식 : 메커니컬 실, 라비린스 실, 카본 실 등
- 압축비가 작고 효율이 낮다.
- 유량 대비 압축비가 높을 때 맥동현상이 발생될 수 있다.
- 다단식은 압축비를 크게 할 수 있으나, 설비비가 많이 든다.
- 토출압력 변화에 의해 용량 변화가 크다.
- 용량 조정이 어렵고 범위가 좁다.

⑤ 압축기의 설치, 주의사항, 과열원인
  ㉠ 압축기 설치환경
  - 바닥이 평평하고 수평인 면일 것
  - 기초 진동이 심한 장소에는 방진 매트를 깔아 줄 것
  - 습기, 먼지가 적고 통풍이 잘된 곳일 것
  - 점검 및 보수가 용이하도록 벽면과 최소 30[cm] 이상 띄울 것
  - 빗물이나 유해가스가 침입하지 않는 곳일 것
  - 환풍기를 설치할 것(실내온도가 높으면 압축기의 효율이 저하되고 압축에 장해가 발생할 우려가 있다)

  ㉡ 압축기 운전 개시 전의 주의사항
  - 압력조정밸브는 천천히 잠그고 주밸브를 열어 압력을 조정한다.
  - 냉각수 밸브를 닫고 워터재킷 내부의 물을 드레인한다.
  - 드레인 밸브를 1단에서 다음 단으로 서서히 잠근다.

  ㉢ 압축기 운전 후의 주의사항 : 압력계, 압력조정밸브, 드레인 밸브를 전개하여 지시압력의 이상 유무를 확인한다.

  ㉣ 압축기에서 발생 가능한 과열의 원인
  - 증발기의 부하가 증가했을 때
  - 가스량이 부족할 때
  - 윤활유가 부족할 때
  - 압축비가 증대할 때

10년간 자주 출제된 문제

4-1. 압축기에서 압축비가 커짐에 따라 나타나는 영향이 아닌 것은?

① 소요동력 감소
② 토출가스온도 상승
③ 체적효율 감소
④ 압축일량 증가

4-2. 3단 압축기로 압축비가 다같이 3일 때 각 단의 이론토출 압력은 각각 몇 [MPa·g]인가?(단, 흡입압력은 0.1[MPa]이다)

① 0.2, 0.8, 2.6
② 0.2, 1.2, 6.4
③ 0.3, 0.9, 2.7
④ 0.3, 1.2, 6.4

4-3. 왕복압축기의 특징이 아닌 것은?

① 용적형이다.
② 효율이 낮다.
③ 고압에 적합하다.
④ 맥동현상을 갖는다.

4-4. 압축기 실린더 내부 윤활유에 대한 설명으로 옳지 않은 것은?

① 공기압축기에는 광유를 사용한다.
② 산소압축기에는 기계유를 사용한다.
③ 염소압축기에는 진한 황산을 사용한다.
④ 아세틸렌압축기에는 양질의 광유를 사용한다.

10년간 자주 출제된 문제

4-5. 지름이 150[mm], 행정 100[mm], 회전수 800[rpm], 체적효율 85[%]인 4기통 압축기의 피스톤 압출량은 몇 [m³/h]인가?

① 10.2
② 28.8
③ 102
④ 288

[해설]

4-1
압축기에서 압축비가 커짐에 따라 소요동력은 증가된다.

4-2
압축비 $\varepsilon = \sqrt[n]{\dfrac{P_n}{P}}$ 에서

- 1단 : $\varepsilon = \dfrac{P_1}{P}$ 에서 $P_1 = \varepsilon P = 3 \times 0.1 = 0.3[\text{MPa} \cdot \text{abs}]$
  $= (0.3 - 0.1)[\text{MPa} \cdot \text{g}] = 0.2[\text{MPa} \cdot \text{g}]$

- 2단 : $\varepsilon = \sqrt[3]{\dfrac{P_2}{P}}$ 에서 $P_2 = \varepsilon^2 P = 9 \times 0.1 = 0.9[\text{MPa} \cdot \text{abs}]$
  $= (0.9 - 0.1)[\text{MPa} \cdot \text{g}]$
  $= 0.8[\text{MPa} \cdot \text{g}]$

- 3단 : $\varepsilon = \sqrt[3]{\dfrac{P_3}{P}}$ 에서 $P_3 = \varepsilon^3 P = 27 \times 0.1 = 2.7[\text{MPa} \cdot \text{abs}]$
  $= (2.7 - 0.1)[\text{MPa} \cdot \text{g}]$
  $= 2.6[\text{MPa} \cdot \text{g}]$

4-3
왕복압축기의 효율은 높다.

4-4
산소압축기에는 물 또는 10[%] 정도의 묽은 글리세린수를 내부 윤활유로 사용한다.

4-5
압축기의 피스톤 압출량
$V = lanz\eta = 0.1 \times \dfrac{\pi}{4} \times 0.15^2 \times 800 \times 4 \times 0.85 \simeq 4.8[\text{m}^3/\text{min}]$
$= 288[\text{m}^3/\text{h}]$

정답 4-1 ① 4-2 ① 4-3 ② 4-4 ② 4-5 ④

핵심이론 05 냉동 사이클

① 역카르노 사이클

㉠ 역카르노 사이클의 정의
- 이상적인 열기관 사이클인 카르노 사이클을 역작용시킨 사이클이다.
- 저온측에서 고온측으로 열을 이동시킬 수 있는 사이클이다.
- 이상적인 냉동 사이클 또는 열펌프 사이클이다.
  - 냉동기 : 저온측을 사용하는 장치
  - 열펌프 : 고온측을 사용하는 장치

㉡ 사이클 구성 : 카르노 사이클과 마찬가지로 2개의 등온과정과 2개의 등엔트로피 과정으로 구성된다.

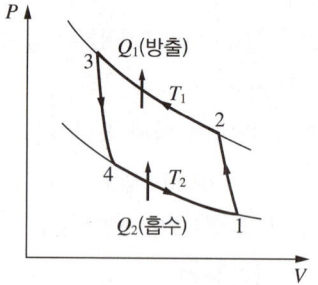

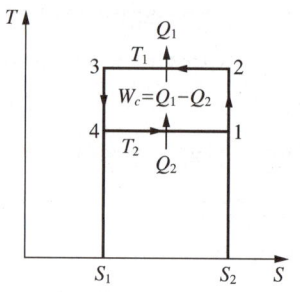

- 과정 : 단열압축 → 등온압축 → 단열팽창 → 등온팽창
- 구성 : 압축기 → 응축기 → 팽창밸브 → 증발기

㉢ 성능계수(성적계수) : 냉동효과 또는 열펌프효과의 척도이다. 냉동 사이클 중에서 성능계수가 가장 크며, 성능계수를 최대로 하기 위해서는 고온열원과 저온열원의 온도차를 작게 하거나 저온열원의 온도(냉동기) 또는 고온열원의 온도(열펌프)를 높여야 한다.

- 냉동기의 성능계수

  $(COP)_R = \varepsilon_R$

  $= \dfrac{\text{냉동열량(저온체에서의 흡수열량)}}{\text{압축일량(공급일)}}$

  $= \dfrac{Q_2}{W_c} = \dfrac{Q_2}{Q_1 - Q_2} = \dfrac{T_2}{T_1 - T_2}$

  $= \dfrac{h_1 - h_3}{h_2 - h_1}$

  (여기서, h_1 : 압축기 입구의 냉매 엔탈피(증발기 출구의 엔탈피), h_2 : 응축기 입구의 냉매 엔탈피, h_3 : 증발기 입구의 엔탈피)

- 열펌프의 성능계수

  $(COP)_H = \varepsilon_H$

  $= \dfrac{\text{방출열량(고온체에 공급한 열량)}}{\text{압축일량(공급일)}}$

  $= \dfrac{Q_1}{W_c} = \dfrac{Q_1}{Q_1 - Q_2} = \dfrac{T_1}{T_1 - T_2}$

  $= \dfrac{h_2 - h_3}{h_2 - h_1} = \varepsilon_R + 1$

- 전체 성능계수 : $\varepsilon_T = \varepsilon_R + \varepsilon_H = 2\varepsilon_R + 1$

㉣ 냉난방 겸용의 열펌프 사이클 구성의 주요 요소 : 전기 구동압축기, 4방밸브, 전자팽창밸브 등

② 역랭킨 사이클

㉠ 증기압축 냉동 사이클(가장 많이 사용되는 냉동 사이클)에 적용한다.

㉡ 역카르노 사이클 중 실현이 곤란한 단열과정(등엔트로피 팽창과정)을 교축팽창시켜 실용화한 사이클이다.

㉢ 증발된 증기가 흡수한 열량은 역카르노 사이클에 의하여 증기를 압축하고, 고온의 열원에서 방출하는 사이클 사이에 액체와 기체의 두 상으로 변하는 물질을 냉매로 하는 냉동 사이클이다.

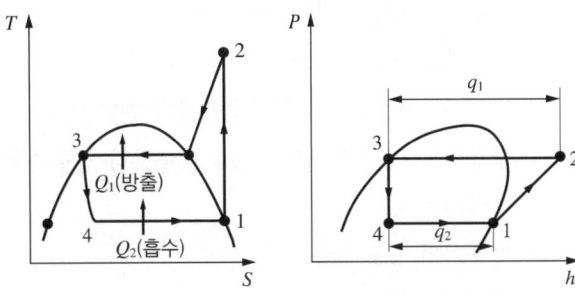

㉣ 과정 : 단열압축 → 정압방열 → 교축과정 → 등온 정압흡열

- 단열압축(압축과정) : 증발기에서 나온 저온·저압의 기체(냉매)를 단열압축하여 고온·고압의 상태가 되게 하여 과열증기로 만든다. 등엔트로피 과정이며, $T-S$ 곡선에서 수직선으로 나타나는 과정(1-2 과정)이다.

- 정압방열(응축과정) : 압축기에 의한 고온·고압의 냉매증기가 응축기에서 냉각수나 공기에 의해 열을 방출하고 냉각되어 액화된다. 냉매의 압력이 일정하며 주위로의 열방출을 통해 기체(냉매)가 액체(포화액)로 응축·변화하면서 열을 방출한다.

- 교축과정(팽창과정) : 응축기에서 액화된 냉매가 팽창밸브를 통하여 교축팽창한다. 온도와 압력이 내려가면서 일부 액체가 증발하여 습증기로 변한다. 교축과정 중에는 외부와 열을 주고받지 않으므로 단열팽창인 동시에 등엔탈피 팽창의 변화과정이 이루어진다.

- 등온정압흡열(증발과정) : 팽창밸브를 통해 증발기의 압력까지 팽창한 냉매는 일정한 압력 상태에서 주위로부터 증발에 필요한 잠열을 흡수하여 증발한다.

㉤ 구성 : 압축기 → 응축기 → 팽창밸브 → 증발기

㉥ 방출열량(응축효과)

$q_1 = h_2 - h_3 = h_2 - h_4$

(여기서, h_2 : 응축기 입구측의 엔탈피, h_3 : 팽창밸브 입구측 엔탈피, h_4 : 증발기 입구측의 엔탈피)

ⓢ 흡입열량(냉동효과)

$q_2 = h_1 - h_4 = h_1 - h_3$

(여기서, h_1 : 압축기 입구에서의 엔탈피, h_3 : 팽창밸브 입구측 엔탈피, h_4 : 증발기 입구측의 엔탈피)

ⓞ 압축기의 소요일량

$W_c = h_2 - h_1$

(여기서, h_1 : 압축기 입구에서의 엔탈피, h_2 : 응축기 입구측의 엔탈피)

ⓩ 냉동기의 성능계수

- $(COP)_R = \varepsilon_R = \dfrac{q_2(냉동효과)}{W_c(압축일량)} = \dfrac{q_2}{q_1 - q_2}$

  $= \dfrac{T_2}{T_1 - T_2} = \dfrac{h_1 - h_4}{h_2 - h_1} = \dfrac{h_1 - h_3}{h_2 - h_1}$

(여기서, q_2 : 냉동효과, q_1 : 응축효과, W_c : 압축일량, h_1 : 압축기 입구에서의 엔탈피, h_2 : 응축기 입구측의 엔탈피, h_3 : 팽창밸브 입구측 엔탈피, h_4 : 증발기 입구에서의 엔탈피)

- 증발온도는 높을수록, 응축온도는 낮을수록 크다.

ⓧ 열펌프의 성능계수

$(COP)_H = \varepsilon_H = \dfrac{q_1(응축효과)}{W_c(압축일량)} = \dfrac{q_1}{q_1 - q_2}$

$= \dfrac{T_1}{T_1 - T_2} = \dfrac{h_2 - h_3}{h_2 - h_1} = \dfrac{h_2 - h_4}{h_2 - h_1}$

(여기서, q_1 : 응축효과, q_2 : 냉동효과, W_c : 압축일량, h_1 : 압축기 입구에서의 엔탈피, h_2 : 응축기 입구측의 엔탈피, h_3 : 팽창밸브 입구측 엔탈피, h_4 : 증발기 입구에서의 엔탈피)

③ 흡수식 냉동 사이클

㉠ 기계적인 일을 사용하지 않고 고온도의 열을 직접 적용시켜 냉동하는 사이클

㉡ 저압조건에서 증발하는 냉매의 증발잠열을 이용하며, 흡수제에 혼합된 냉매를 외부 열원으로 가열하여 분해한 후 냉각수에 의해 응축해서 다시 증발기로 보내는 순환 사이클

㉢ 기계식 방법에 비해 효율이 낮으므로 가열원으로서 폐열을 이용하거나 발생기와 흡수기 사이에 열교환기를 설치하여 열효율을 향상시키는 방법을 사용한다.

※ 고압가스 냉동기의 발생기는 흡수식 냉동설비에 사용하는 발생기에 관계되는 설계온도가 200[℃]를 넘는 열교환기이다.

㉣ 작동 순서 : 증발기 → 흡수기 → (열교환기) → 재생기(발생기) → 응축기

- 증발기 : 증기 발생
- 흡수기 : 리튬브로마이드수용액은 저농도용액(희용액)에서 고농도용액(농용액)으로 녹아 들게(흡수)된다. 이때 흡수과정에서 흡수열이 발생하여 용액의 온도가 상승하므로 증기의 흡수력이 감소하게 되어 지속적인 흡수과정을 위하여 흡수기는 냉각수나 공기에 의하여 지속적인 냉각이 필요하다. 따라서 냉각수가 필요한데 일반적으로 냉각수는 냉각탑(Cooling Tower)에서부터 나와 흡수기와 응축기를 냉각한 후 다시 냉각탑으로 가는 과정을 겪는다. 흡수기 내의 고농도용액은 용액펌프(Solution Pump)를 통하여 용액 열교환기(Solution Heat Exchanger)에서 온도가 상승한 후 재생기로 흘러간다.
- 재생기(발생기) : LiBr-H_2O계(흡수제인 리튬브로마이드와 냉매인 물) 흡수식 냉동기에서 가스를 가열원으로 사용하여 고농도의 용액을 가열하여 흡수제인 리튬브로마이드와 냉매인 물의 비등점 차이를 이용하여 냉매증기를 발생시킨 후 저농도용액으로 만든다.

- 응축기 : 고온 저농도의 리튬브로마이드용액은 용액 열교환기에서 냉각된 후 교축밸브를 지나 흡수기로 되돌아온다. 재생기에서 발생한 냉매 증기는 응축기에서 열을 방출하여 액체가 된 후 증발기에서 증발하면서 냉동효과를 낸다.

※ 증기압축식과 흡수식의 차이
- 증기압축식 냉동기는 냉매증기를 기계적 에너지로 압축시키고, 흡수식 냉동기는 열에너지로 냉매를 압축시키는 점이 서로 다르다.
- 흡수식 냉동시스템에서는 재생기, 흡수기 등이 압축기 역할을 함께하기 때문에 압축기가 없어 압축에 소요되는 일이 감소하고, 소음 및 진동도 작아진다.
- 증기압축 사이클은 냉매의 압력 상승이 일을 요구하는 압축기에 의해 일어나기 때문에 일구동 사이클(Work-operated Cycle)이라고도 한다.
- 흡수 사이클은 작동비의 대부분이 고압액체로부터 증기를 방출하는 열의 제공과 관련 있기 때문에 열구동 사이클(Heat-operation Cycle)이라고도 한다.

④ 역브레이턴 사이클
㉠ 공기압축식 냉동 사이클에 적용한다.

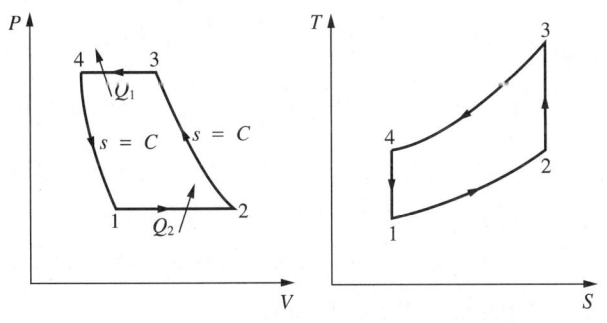

㉡ 과정 : 정압흡열 → 단열압축 → 정압방열 → 단열팽창
㉢ 흡입열량(냉동능력) : $Q_2 = C_p(T_2 - T_1)$
㉣ 방출열량 : $Q_1 = C_p(T_3 - T_4)$
㉤ 소요일량(냉동기가 소비하는 이론상의 일량)
$$W = W_1 - W_2 = Q_1 - Q_2$$
$$= C_p(T_3 - T_4) - C_p(T_2 - T_1)$$
(여기서, W_1 : 압축기에서 소비되는 일, W_2 : 팽창터빈에서 발생되는 일
㉥ 냉동기의 성능계수
$$(COP)_R = \varepsilon_R = \frac{Q_2}{W} = \frac{Q_2}{W_1 - W_2} = \frac{T_1}{T_4 - T_1}$$
$$= \frac{T_2}{T_3 - T_2}$$
(여기서, Q_2 : 냉동능력, W : 소요일량)

⑤ 액화 사이클 : 압력을 크게 하면 액화율은 증가된다.
㉠ 린데식 : 고압으로 압축된 공기를 줄-톰슨 밸브를 통과시켜 자유팽창(등엔탈피 변화)으로 냉각, 액화시키는 공기액화 사이클로 공기압축기, 열교환기, 팽창밸브(줄-톰슨 밸브), 액화기(액화공기 저장용기)로 구성된다. 공기 속의 이산화탄소와 수분을 제거한 후 $-40 \sim -30[℃]$까지 예랭하고, 린데 복식정류탑에서 자유팽창시켜 액화한다. 린데식 정류탑은 압력탑 내에서 정류가 이루어져 탑 정상부에서는 질소를, 윗부분인 정류탑에서는 산소를 얻게 된다.
㉡ 클라우드식 : 린데 사이클의 등엔탈피 변화인 줄-톰슨 밸브 효과와 더불어 피스톤 팽창기의 단열팽창(등엔트로피 변화)을 동시에 이용하는 공기액화 사이클이며, 린데식에 있던 공기의 예랭은 필요하지 않다.
㉢ 캐피자식 : 클라우드 사이클에서 피스톤 팽창기를 터빈식 팽창기(역브레이턴 사이클)로 대체하여 보다 많은 양의 액화공기를 얻는 형식으로, 원료공기를 냉각하면서 동시에 원료공기 중의 수분과 탄산가스를 제거한다. 다량의 공기액화공정에서는 대부분 캐피자식을 사용한다.
㉣ 필립스식 : 수소, 헬륨을 냉매로 하며 2개의 피스톤이 한 실린더에 설치되어 팽창기와 압축기의 역할을 동시에 하는 액화 사이클이다.

ⓒ 캐스케이드식(다원 액화 사이클) : 비등점이 점차 낮은 냉매를 사용하여 낮은 비등점의 기체를 액화시키는 액화 사이클로 암모니아(NH_3), 에틸렌(C_2H_4), 메탄(CH_4) 등이 냉매로 사용된다.

> **10년간 자주 출제된 문제**
>
> **5-1.** 냉동 사이클에 의한 압축냉동기의 작동 순서로서 옳은 것은?
> ① 증발기 → 압축기 → 응축기 → 팽창밸브
> ② 팽창밸브 → 응축기 → 압축기 → 증발기
> ③ 증발기 → 응축기 → 압축기 → 팽창밸브
> ④ 팽창밸브 → 압축기 → 응축기 → 증발기
>
> **5-2.** 증기압축기 냉동 사이클에서 교축과정이 일어나는 곳은?
> ① 압축기 ② 응축기
> ③ 팽창밸브 ④ 증발기

|해설|

5-1
냉동사이클은 증기압축 냉동 사이클이며, 냉매 순환경로와 같다. 압축냉동기의 작동은 증발기 → 압축기 → 응축기 → 팽창밸브의 순으로 진행된다.

5-2
증기압축기 냉동 사이클의 교축과정은 팽창밸브에서 일어나 고온, 고압의 액체냉매를 증발시킬 수 있는 압력까지 감압되면서 교축팽창하여 온도가 내려간다.

정답 5-1 ① 5-2 ③

핵심이론 06 저온장치

① 냉동장치

　㉠ 냉동능력(Q_2) : 단위시간당 냉동기가 흡수하는 열량([kcal/h] 또는 [kJ/h])

　　$Q_2 = m(C\Delta t + \gamma_0)$

　　(여기서, m : 시간당 생산되는 얼음의 질량, C : 비열, Δt : 온도차, γ_0 : 얼음의 융해열)

　㉡ 냉동효과(q_2) : 냉매 1[kg]이 흡수하는 열량([kcal/kg] 또는 [kJ/kg])

　　$q_2 = \varepsilon_R W_c$

　　(여기서, ε_R : 성능계수, W_c : 공급일)

　㉢ 체적냉동효과 : 압축기 입구에서의 증기 1[m³]의 흡열량

　㉣ 냉동톤[RT] : 냉동능력을 나타내는 단위
　　• 0[℃]의 물 1[ton]을 24시간(1일) 동안 0[℃]의 얼음으로 만드는 냉동능력
　　• 1[RT] : 3,320[kcal/h] = 3.86[kW] = 5.18[PS]

　㉤ 제빙톤 : 24시간(1일) 얼음생산능력을 톤으로 나타낸 것. 1제빙톤 = 1.65[RT]

　㉥ 냉매순환량

　　G 또는 $m_R = \dfrac{냉동능력}{냉동효과} = \dfrac{Q_2}{q_2}$[kg/h]

　㉦ 체적효율

　　$\eta_v = \dfrac{실제\ 피스톤의\ 냉매\ 압축량}{이론\ 피스톤의\ 냉매\ 압축량} = \dfrac{V_a}{V_{th}} = \dfrac{V_a}{V}$

　㉧ 고압가스냉동제조시설의 자동제어장치 : 저압차단장치, 과부하보호장치, 단수보호장치

　㉨ 냉동장치의 냉매는 냉동실에서 증발잠열을 흡수함으로써 온도를 강하시킨다.

　㉩ 냉매의 구비조건
　　• 저소 : 응고온도, 액체비열, 비열비, 점도, 표면장력, 증기의 비체적, 포화압력, 응축압력, 절연물 침식성, 가연성, 인화성, 폭발성, 부식성, 누설 시 물품 손상, 악취, 가격

- 고대 : 임계온도, 증발잠열, 증발열, 증발압력, 윤활유와의 상용성, 열전도율, 전열작용, 환경친화성, 절연내력, 화학적 안정성, 무해성(비독성), 내부식성, 불활성, 비가연성(내가연성), 누설 발견 용이성, 자동 운전 용이성

② **가스액화분리장치**

㉠ 가스 액화를 위한 냉각과정 : 압축된 가스에 외부 열이 흡입되지 못하는 단열팽창

㉡ 가스액화분리장치 : 저온에서 정류, 분축, 흡수 등의 조작으로 기체를 분리하는 장치

㉢ 가스액화분리장치의 구성 : 한랭발생장치, 정류장치, 불순물제거장치, 팽창기

- 한랭발생장치 : 액화가스 채취 시 필요한 한랭을 보급하는 장치로 가스액화분리장치의 열손실을 돕는다.
- 정류장치 : 분축 및 흡수장치로 원료가스를 저온에서 분리 및 정제하는 장치이다.
- 불순물제거장치 : 저온 동결되는 수분, CO_2 등을 제거하는 장치이다.
- 팽창기

왕복동식 팽창기	• 팽창비 : 약 40 정도 • 처리가스량 : 1,000[m³/h] 정도 • 효율 : 60~65[%] • 저압~20[atm] 고압까지 흡입압력의 범위가 넓다. • 오일 제거를 잘해야 한다.
터보 팽창기	• 팽창비 : 약 5 정도 • 처리가스량 : 10,000[m³/h] 정도 • 회전수 : 10,000~20,000[rpm] 정도 • 효율 : 80~85[%] • 처리가스에 윤활유가 혼입되지 않는다.

③ **저온단열법** : 상압단열법, 진공단열법

㉠ 상압단열법 : 단열 공간에 분말섬유 등의 단열재를 충전하여 단열하는 방법

- 액체산소장치의 단열에는 불연성 단열재를 사용한다.
- 탱크 기밀 유지를 위하여 외부 수분의 침입을 방지한다.

㉡ 진공단열법 : 공기 열전도율보다 낮은 값을 얻기 위해 단열 공간을 진공으로 하여 공기를 이용하여 전열을 제거하는 단열법

- 고진공단열법 : 단열 공간을 진공으로 하여 열전도를 차단하는 단열법
- 분말진공단열법 : 펄라이트, 규조토 등의 분말로 열전도를 차단하는 단열법
- 다층진공단열법 : 고진공도를 이용하여 열전도를 차단하는 단열법
  - 고진공단열법과 같은 두께의 단열재를 사용해도 단열효과가 더 우수하다.
  - 최고의 단열성능을 얻기 위해서는 높은 진공도가 필요하다.
  - 단열층이 어느 정도의 압력에 잘 견딘다.
  - 저온부일수록 온도분포가 완만하여 유리하다.

④ **공기액화분리장치** : 원료공기를 압축하여 액화산소, 액화아르곤, 액화질소를 비등점 차이로 분리하는 제조공정

㉠ 액화 순서 : $O_2(-183[℃])$, $Ar(-186[℃])$, $N_2(-196[℃])$

㉡ 복식정류장치

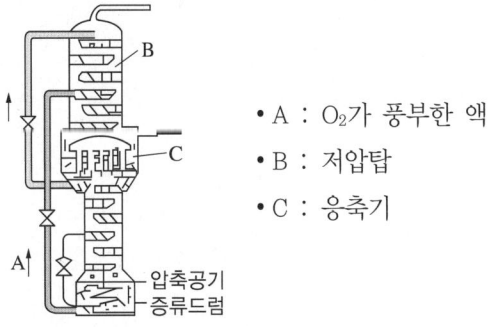

- A : O_2가 풍부한 액
- B : 저압탑
- C : 응축기

㉢ 불순물 : 탄산가스(CO_2), 수분(H_2O)

- 저온장치에서 이산화탄소와 수분이 존재할 때의 영향 : 이산화탄소는 드라이아이스가 되고 수분은 얼음이 되어 배관밸브를 막아 흐름을 저해한다.

- 불순물 제거물질 : 탄산가스는 수산화나트륨(가성소다)으로, 수분은 건조제(실리카겔, 알루미나, 소바비드, 가성소다)로 제거한다.
ⓛ 공기액화분리장치의 폭발원인
  - 공기 취입구로부터 아세틸렌의 혼입(아세틸렌가스가 응고되어 돌아다니다가 산소 중에서 폭발할 수 있다)
  - 압축기용 윤활유의 분해에 따른 탄화수소의 생성
  - 공기 중에 있는 질소화합물(산화질소 및 과산화질소 등)의 혼입
  - 액체공기 중 오존의 혼입
ⓜ 공기액화분리장치의 폭발대책
  - 장치 내 여과기를 설치한다.
  - 맑은 곳에 공기 취입구를 설치한다.
  - 부근에서 카바이드 작업을 금지한다.
  - 연 1회 사염화탄소(CCl_4)로 세척한다.
  - 윤활유로 양질의 광유를 사용한다.

10년간 자주 출제된 문제

6-1. 어떤 냉동기가 20[℃]의 물에서 -10[℃]의 얼음을 만드는 데 [ton]당 50[PSh]의 일이 소요되었다. 물의 융해열이 80[kcal/kg], 얼음의 비열을 0.5[kcal/kg·℃]라고 할 때, 냉동기의 성능계수는 얼마인가?(단, 1[PSh] = 632.3[kcal]이다)

① 3.05 ② 3.32
③ 4.15 ④ 5.17

6-2. 가스액화분리장치 구성기기 중 터보팽창기의 특징에 대한 설명으로 틀린 것은?

① 팽창비는 약 2 정도이다.
② 처리가스량은 10,000[m³/h] 정도이다.
③ 회전수는 10,000 ~ 20,000[rpm] 정도이다.
④ 처리가스에 윤활유가 혼입되지 않는다.

[해설]

6-1

흡수열 = 물 1[ton]을 얼음으로 만드는 데 필요한 열량
= 20[℃] 물이 0[℃] 물로 될 때 필요한 열량(Q_1)
+ 0[℃] 물이 0[℃] 얼음으로 될 때 필요한 열량(Q_2)
+ 0[℃] 얼음이 -10[℃] 얼음으로 될 때 필요한 열량(Q_3)

$Q_1 = mC\Delta T = 1,000 \times 1 \times 20 = 20,000 [kcal]$
$Q_2 = m\gamma = 1,000 \times 80 = 80,000 [kcal]$
$Q_3 = mC\Delta T = 1,000 \times 0.5 \times 10 = 5,000 [kcal]$

냉동기의 성능계수

$$(COP)_R = \varepsilon_R = \frac{흡수열}{받은일} = \frac{Q_1 + Q_2 + Q_3}{W}$$
$$= \frac{20,000 + 80,000 + 5,000}{50 \times 632.3} \simeq 3.32$$

6-2
터보팽창기의 팽창비는 약 5 정도이다.

정답 6-1 ② 6-2 ①

핵심이론 07 압력조정기

① 조정기(Regulator)의 개요
  ㉠ 역할 : 공급가스의 압력을 연소에 적합한 압력으로 감압 및 적정압력을 유지한다.
  ㉡ 조정기의 기본 3요소 : 다이어프램(감지부), 밸브(제어부), 스프링(부하부)

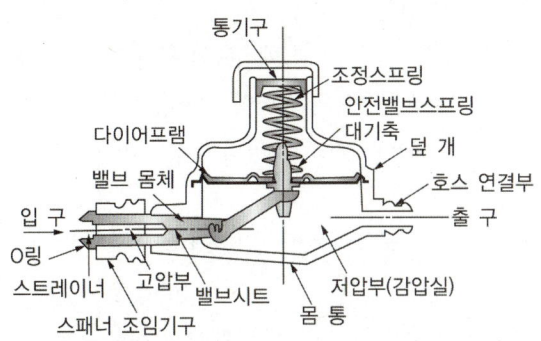

  - 다이어프램(감지부) : 상부는 부하요소로 작용하고, 하부는 감지요소로 작용한다. 사용되는 고무 재료는 전체 배합성분 중 NBR 성분의 함량이 50[%] 이상이며, 가소제 성분은 18[%] 이하이다.
  - 메인밸브(제어부) : 제어부의 유로면적이 배관쪽보다 좁아 유속이 빨라진다. 따라서 운동에너지는 증가하고 위치에너지는 감소하여 압력이 하강된다. 이후 가스 유속이 감소되면 압력이 어느 정도 증가되는데 이를 압력회복(Pressure Recovery)이라고 한다. 제어부의 유속은 음속까지 도달할 수 있다. 이때의 유량은 출구측 압력에 상관없이 증가하지 않는데 이를 임계유량이라고 하며, 제어부 압력 강하를 임계압력 강하라고 한다. 임계유량은 유속이 음속에 도달할 때 입구측과 교축부 사이의 압력차에 의해 결정된다. 이때 교축부의 압력은 하류측 배관의 압력보다 낮다.
  - 부하부(스프링) : 제어부의 위치 조정에 사용되며 재질은 강재이다. 간결하고 유량 변화에 대한 응답속도가 매우 빠르다. 스프링은 힘을 가함에 따라 일정범위 내에서 신축이 용이하므로 넓은 범위의 압력 조절이 가능하다.

  ㉢ 압력조정기의 구성부품 : 커버, 캡, 로드, 다이어프램, 압력조정스프링, 조정나사, 안전밸브, 안전장치용 스프링, 접속금구, 레버, 밸브 등
  ㉣ 공동주택에 압력조정기를 설치할 경우 설치 기준 : 공동주택 등에 공급되는 가스압력이 저압으로서 전 세대수가 250세대 미만인 경우에 설치할 수 있다.

② 1단 감압식 조정기 : 각 연소기구에 맞는 압력으로 공급이 불가능하다.
  ㉠ 1단 감압식 저압조정기 : 일반 소비자 생활용 이외(음식점, 호텔 등)의 용도로 공급하는 경우에 한하여 사용되는 조정기로서, 조정압력은 수주 5[kPa] 이상 30[kPa]까지로 여러 종류가 있다.
   - 출구로부터 연소기 입구까지의 허용압력손실 : 수주 30[mm]를 초과해서는 안 된다.
   - 입구압력 : 0.07~1.56[MPa]
   - 조정압력 : 2.30~3.30[kPa]
   - 최대 폐쇄압력 : 3.50[kPa] 이하
  ㉡ 1단 감압식 준저압조정기 : 용기의 압력(0.07~1.56[MPa])을 연소기의 압력(2~3[kPa])으로 1단 감압하여 공급하는 것으로, 용기와 가스미터기 사이에 설치한다.
   - 장치 및 조작이 간단하다.
   - 배관이 비교적 굵게 되며 압력 조정이 정확하지 않다.
   - 일반 소비자의 생활용 이외의 용도에 공급하는 경우에 사용되고 조정압력의 종류가 다양하다.
   - 입구압력 : 0.1~1.56[MPa]
   - 조정압력 : 5.0~30.0[kPa] 이내에서 제조자가 설정한 기준압력의 ±20[%]
   - 최대 폐쇄압력 : 조정압력의 1.25배 이하

③ 2단 감압식 조정기
  ㉠ 특 징
   - 연소기구에 적합한 압력으로 공급할 수 있다.

- 가스배관이 길어도 공급압력이 안정하다.
- 배관의 관경을 비교적 작게 할 수 있다.
- 입상배관에 의한 압력 강하를 보정할 수 있다.
- 재액화가 발생할 우려가 있다.
- 장치, 검사방법이 복잡하고 조작이 어렵다.
- 조정기의 수가 많아서 점검해야 할 부분이 많다.
- 시설의 압력이 높아서 이음방식에 주의하여야 한다.

ⓒ 2단 감압식 1차용 조정기
- 2단 감압방식의 1차용으로 사용되는 것으로서 중압조정기라고도 한다.
- 각 연소기구에 맞는 압력으로 공급이 불가능하다.
- 입구압력
  - 용량 100[kg/h] 이하 : 0.1~1.56[MPa]
  - 용량 100[kg/h] 초과 : 0.3~1.56[MPa]
- 조정압력 : 57.0~83.0[kPa]
- 최대 폐쇄압력 : 95[kPa] 이하

ⓒ 2단 감압식 2차용 조정기
- 1단 감압식 저압조정기 대신으로 사용할 수 없다(단단식 저압조정기의 대용으로 사용할 수 없다).
- 입구압력
  - 저압조정기 : 0.01~0.1[MPa] 또는 0.025~0.1[MPa]
  - 준저압조정기 : 조정압력 이상~0.1[MPa]
- 조정압력
  - 저압조정기 : 2.30~3.30[kPa]
  - 준저압조정기 : 5.0~30.0[kPa] 이내에서 제조자가 설정한 기준압력의 ±20[%]
- 출구쪽 기밀시험 압력 : 5.5[kPa]
- 최대 폐쇄압력
  - 저압조정기 : 3.50[kPa]
  - 준저압조정기 : 조정압력의 1.25배 이하

④ 자동절체식 조정기
  ㉠ 개 요
  - 자동절체식 조정기는 공급측 용기 내의 가스가 소진되면 자동적으로 예비측의 용기로부터 가스가 공급되며, 절체식 표시창의 표시기가 적색을 나타내어 가스가 소진된 상태를 표시하는 조정기이다.
  - 입구에 사용측과 예비측의 용기가 각각 접속되어 있어 사용측의 압력이 낮아지는 경우, 예비측 용기로부터 가스가 공급된다.

  ㉡ 특 징
  - 가스 공급의 중단 없이 가스가 지속적으로 공급될 수 있다.
  - 잔액이 거의 없어질 때까지 사용 가능하다.
  - 용기 교환주기의 폭을 넓힐 수 있어 가스 발생량이 많아진다.
  - 수동절체방식보다 가스 발생량이 크다.
  - 전체 용기의 수량이 수동교체방식보다 적어도 된다.
  - 가스 소비 시의 압력 변동이 작다.
  - 분리형을 사용하면 1단 감압식 조정기의 경우보다 배관의 압력손실이 어느 정도 커도 문제가 없다.
  - 단단감압식 조정기보다 배관의 압력손실을 크게 해도 된다.
  - 설치 시 사용측과 예비측 용기의 밸브를 모두 연다.
  - 조작 및 장치가 간단하지 않다.

  ㉢ 자동절체식 일체형 저압조정기 : 현재 가장 많이 사용되고 있는 조정기로, 입구에 사용측과 예비측의 용기가 각각 접속되어 있어 사용측의 압력이 낮아지면 예비측 용기로부터 가스가 공급되는 조정기이다.

- 1차 감압과 자동절체기능을 갖는 조정기가 2단 1차용 조정기의 출구측에 직결되어 있는 것과 함께 자동절체부가 부착되어 2개 이상의 용기를 사용하여 사용측 용기로부터 가스 공급량이 부족해지면 예비측 용기로부터 자동적으로 가스를 공급하여 가스 공급이 중단되지 않도록 함과 동시에 가스를 일정한 압력으로 공급한다.
  - 입구압력 : 0.1~1.56[MPa]
  - 조정압력 : 2.55~3.30[kPa]
  - 최대 폐쇄압력 : 3.50[kPa] 이하
- ㉣ 자동절체식 일체형 준저압조정기 : 자동절체부와 2단 2차용 준저압조정기를 일체시킨 것으로서, 용기압력을 자동절체부에서 1차 감압하고 2차용 조정기에서 가스를 일정한 압력으로 공급하는 조정기이다.
  - 자동절체식 일체형 저압조정기와 기능과 구조가 유사하다.
  - 1단 감압식 준저압조정기와 출구압력이 같다.
  - 입구압력 : 0.1~1.56[MPa]
  - 조정압력 : 5.0~30.0[kPa] 이내에서 제조자가 설정한 기준압력의 ±20[%]
  - 최대 폐쇄압력 : 조정압력의 1.25배 이하
- ㉤ 자동절체식 분리형 조정기 : 일체형 자동절체식 조정기의 1차 측 자동절체부를 분리한 것이므로 분리형 자체만으로는 사용할 수 없고, 2단 감압식 2차용 조정기를 부착하여 사용하는 조정기이다.
  - 2단 감압식으로서 자동절체기능과 2단1차 감압기능을 겸한 1차용 조정기로서, 출구측 압력이 0.032~0.083[MPa]로 중압조정기라고도 한다.
  - 조정기의 출구측 배관에 의하여 저압용 연소기(입구압력이 수주 2~3.3[kPa]) 전단에는 2단 2차용 저압조정기를 설치하여 사용하며, 준저압용 연소기(입구압력이 수주 5~30[kPa]) 전단에는 기타 조정기를 설치하여 사용하여야 한다.

※ 압력조정기의 종류에 따른 입구압력·조정압력 요약표

종류	입구압력 [MPa]	조정압력 [kPa]
1단 감압식 저압조정기	0.07~1.56	2.30~3.30
1단 감압식 준저압조정기	0.1~1.56	5.0~30.0 이내에서 제조자가 설정한 기준압력의 ±20[%]
2단 감압식 1차용 조정기 (용량 100[kg/h] 이하)	0.1~1.56	57.0~83.0
2단 감압식 1차용 조정기 (용량 100[kg/h] 초과)	0.3~1.56	57.0~83.0
2단 감압식 2차용 저압조정기	0.01~0.1 또는 0.025~0.1	2.30~3.30
2단 감압식 2차용 준저압조정기	조정압력 이상~0.1	5.0~30.0 내에서 제조자가 설정한 기준압력의 ±20[%]
자동절체식 일체형 저압조정기	0.1~1.56	2.55~3.30
자동절체식 일체형 준저압조정기	0.1~1.56	5.0~30.0 내에서 제조자가 설정한 기준압력의 ±20[%]
그 밖의 압력조정기	조정압력 이상~1.56	5[kPa]를 초과하는 압력범위에서 상기 압력조정기의 종류에 따른 조정압력에 해당하지 않는 것에 한하며, 제조자가 설정한 기준압력의 ±20[%]일 것

⑤ 성능
- ㉠ 제품의 성능 : 내압성능, 기밀성능, 내구성능, 내한성능, 다이어프램 성능
  - 내압성능
    - 입구쪽 내압시험은 3[MPa] 이상으로 1분간 실시한다. 다만, 2단 감압식 2차용 조정기의 경우에는 0.8[MPa] 이상으로 한다.

- 출구쪽 내압시험은 0.3[MPa] 이상으로 1분간 실시한다. 다만, 2단 감압식 1차용 조정기의 경우에는 0.8[MPa] 이상 또는 조정압력의 1.5배 이상 중 압력이 높은 것으로 한다.
- 도시가스용의 경우, 입구쪽은 압력조정기에 표시된 최대 입구압력의 1.5배 이상의 압력, 출구쪽은 압력조정기에 표시된 최대 출구압력 및 최대 폐쇄압력 1.5배 이상의 압력으로 실시한다.

• 기밀성능
- 기밀시험압력

구 분 \ 종 류	입구쪽[MPa]	출구쪽[kPa]
1단 감압식 저압조정기	1.56[MPa] 이상	5.5[kPa]
1단 감압식 준저압조정기	1.56[MPa] 이상	조정압력의 2배 이상
2단 감압식 1차용 조정기	1.8[MPa] 이상	150[kPa] 이상
2단 감압식 2차용 저압조정기	0.5[MPa] 이상	5.5[kPa]
2단 감압식 2차용 준저압조정기	0.5[MPa] 이상	조정압력의 2배 이상
자동절체식 저압조정기	1.8[MPa] 이상	5.5[kPa]
자동절체식 준저압조정기	1.8[MPa] 이상	조정압력의 2배 이상
그 밖의 압력조정기	최대 입구압력의 1.1배 이상	조정압력의 1.5 이상

- 도시가스용의 경우, 입구쪽은 압력조정기에 표시된 최대 입구압력 이상, 출구쪽은 압력조정기에 표시된 최대 출구압력과 최대 폐쇄압력 중 높은 압력의 1.1배 이상의 압력으로 실시한다.

• 내구성능
- 용량 10[kg/h] 미만의 1단 감압식 저압조정기는 입구압력을 0.1[MPa]로 유지한 상태에서 표시용량의 30[%] 이상의 가스나 공기를 사용하여 통과·차단하는 조작을 100,000회 반복 실시하며, 반복시험의 1회 시간은 6초 이상, 통과·차단시간은 각 3초 이상이어야 한다.
- 용량 10[kg/h] 미만의 자동절체식 일체형 저압조정기는 입구압력을 0.1[MPa]로 유지한 상태에서 표시용량의 30[%] 이상의 가스나 공기를 사용하여 통과·차단하는 조작을 좌우 각 50,000회 반복 실시하며, 반복시험의 1회 시간은 6초 이상, 통과·차단시간은 각 3초 이상이어야 한다.
- 반복시험 실시한 후 최대 폐쇄압력이 반복시험 실시 전 최대 폐쇄압력의 110[%] 이내인 것으로 한다.
- 도시가스용의 경우, 60,000회 반복 작동 후 누출이 없고, 폐쇄압력이 내구성시험 전 최대 폐쇄압력의 +10[%] 이내로 한다(최대 표시유량이 10[Nm^3/h] 이하인 것만 말한다).

• 내한성능
- 용량 10[kg/h] 미만의 1단 감압식 저압조정기는 -25[℃] 이하의 공기 중에서 1시간 방치한 후 최대 폐쇄압력성능과 안전장치 성능에 맞는 것으로 한다.
- 도시가스용의 경우, 압력조정기를 -25[℃]에서 1시간 방치한 후 폐쇄압력이 내한성 시험 전 최대 폐쇄압력의 +10[%] 이내이고, 안전장치 작동시험에 이상이 없는 것으로 한다(최대 표시유량이 10[Nm^3/h] 이하인 것만을 말한다).

- 다이어프램 성능
  - 재료와 외관
    ⓐ 다이어프램의 재료는 전체 배합성분 중 NBR의 성분 함유량이 50[%] 이상이고, 가소제 성분은 18[%] 이하인 것으로 한다.
    ⓑ 각 부분은 표면이 매끈하고 흠·균열·기포·터짐 등이 없는 것으로 한다.
    ⓒ 보강층을 사용한 다이어프램의 경우에는 신장을 가하지 아니한 상태에서 그 외의 다이어프램은 최초 길이의 2배만큼 신장시켰을 때 0.5[mm] 이상의 결함이 3개 이하인 것으로 한다.
    ⓓ 보강층이 있는 다이어프램은 액화석유가스와 접촉하는 면에서 천의 직조무늬가 식별되지 아니하는 것으로 한다.
  - 내압시험
    ⓐ 최고 사용압력이 3.5[kPa] 이하의 압력조정기에 사용되는 다이어프램은 0.3[MPa]의 수압을 30분간 가하였을 때 파열 등 이상이 없는 것으로 한다.
    ⓑ 최고 사용압력이 3.5[kPa] 초과 0.1[MPa] 미만에 사용되는 것은 0.8[MPa]의 수압을 각각 30분간 가하였을 때 파열 등 이상이 없는 것으로 한다.
  - 물성시험
    ⓐ 인장강도는 12[MPa] 이상이고, 신장률은 300[%] 이상인 것으로 한다.
    ⓑ 인장응력은 2.0[MPa] 이상이고, 경도는 쇼어경도(A형) 기준으로 50 이상 90 이하인 것으로 한다.
    ⓒ 신장영구늘음률은 20[%] 이하인 것으로 한다.
    ⓓ 압축영구줄음률은 30[%] 이하인 것으로 한다.
    ⓔ −25[℃]의 공기 중에서 24시간 방치한 후 인장강도 및 신장률을 측정하였을 때 인장강도 변화율은 ±15[%] 이내, 신장 변화율은 ±30[%] 이내, 경도변화는 +15[°] 이하인 것으로 한다.
- ⓒ 재료성능 : 내가스성능, 각형 패킹성능
- ⓒ 작동성능 : 최대 폐쇄압력성능, 안전장치 성능, 조정성능, 절체성능
- 최대 폐쇄압력성능
  - 1단 감압식 저압조정기, 2단 감압식 2차용 저압조정기 및 자동절체식 일체형 저압조정기는 3.50[kPa] 이하로 한다.
  - 2단 감압식 1차용 조정기는 95.0[kPa] 이하로 한다.
  - 1단 감압식 준저압조정기, 자동절체식 일체형 준저압조정기 및 그 밖의 압력조정기는 조정압력의 1.25배 이하로 한다.
- 안전장치 성능
  - 조정압력이 3.30[kPa] 이하인 압력조정기의 안전장치 작동압력
    ⓐ 작동표준압력 : 7.0[kPa]
    ⓑ 작동개시압력 : 5.60~8.40[kPa]
    ⓒ 작동정지압력 : 5.04~8.40[kPa]
  - 분출용량
    ⓐ 노즐지름이 3.2[mm] 이하일 때 140[L/h] 이상
    ⓑ 노즐지름이 3.2[mm] 초과일 때 다음 계산식에 의한 값 이상
    $Q = 44D$
    (여기서, Q : 안전장치 분출량[L/h], D : 조정기의 노즐지름[mm])

- 도시가스용의 경우, 안전장치는 제조자가 제시한 최대 출구압력 및 최대 폐쇄압력 이상이고, 제조자가 제시한 최대 작동압력 이하에서 작동하는 것으로 한다.
- 조정성능
  - 조정성능시험에 필요한 시험용 가스는 15[℃]의 건조한 공기로 하고, 15[℃]의 프로판가스의 질량으로 환산하며 환산식은 다음과 같다.
    $W = 1.513Q$
    (여기서, W : 순 프로판의 질량[kg/h], Q : 건공기의 유량[m³/h], 프로판가스 비중 : 1.522(15[℃]), 프로판가스 밀도 : 1.865[kg/m³](15[℃])
  - 압력조정기의 조정압력은 조절스프링을 고정한 상태에서 입구압력의 전 범위에서 최저 및 최대 유량을 통과시켜 조정압력범위 안이어야 한다.
- 절체성능 : 자동절체식 조정기의 경우에는 사용 쪽 용기 안의 압력이 0.1[MPa] 이상일 때 표시용량의 범위에서 예비쪽 용기에서 가스가 공급되지 않아야 한다.

10년간 자주 출제된 문제

LP 가스용 조정기 중 2단 감압식 조정기의 특징에 대한 설명으로 틀린 것은?

① 1차용 조정기의 조정압력은 25[kPa]이다.
② 배관이 길어도 전 공급지역의 압력을 균일하게 유지할 수 있다.
③ 입상배관에 의한 압력손실을 작게 할 수 있다.
④ 배관 구경이 작은 것으로 설계할 수 있다.

[해설]
1차용 조정기의 조정압력은 57~83[kPa]이다.

정답 ①

핵심이론 08 정압기

① 정압기의 개요

㉠ 정압기(Governor)
- 도시가스의 압력을 사용처에 맞게 낮추는 감압기능, 2차 측의 압력을 허용범위 내의 압력으로 유지하는 정압기능 및 가스의 흐름이 없을 때는 밸브를 완전히 폐쇄하여 압력 상승을 방지하는 폐쇄기능을 가진 기기로서, 정압기용 압력조정기(Regulator)와 그 부속설비이다.
- 배관을 통한 도시가스 공급에 있어서 압력을 변경하여야 할 지점마다 설치되는 설비이다.
- 도시가스사용자에게 가스를 안정적으로 공급하기 위하여 수요세대의 가스 사용기기에 적합한 가스 압력을 일정하게 유지시키는 필수시설(전기의 변압기에 해당)이다.
- 도시가스사에서 배관으로 공급하는 압력은 0.2~0.5[MPa]의 중압으로, 일반 가정에서 가스기기를 사용하기 위해서는 저압(2[kPa])으로 감압하는 정압시설이 반드시 필요하다.
- 정압기 1개소는 약 7,000여 수요세대에 공급 가능하고, 정압기를 중심으로 반경 250~300[m] 이내만 공급이 가능하며 거리가 더 멀어지면 압력이 떨어져 가스 공급이 불가능하다.

㉡ 정압기의 부속설비 : 정압기실 내부의 1차 측(Inlet) 최초 밸브(밸브가 없는 경우 플랜지 또는 절연 조인트)로부터 2차 측(Outlet) 말단밸브(밸브가 없는 경우 플랜지 또는 절연 조인트) 사이에 설치된 배관, 가스차단장치(Valve), 정압기용 필터(Gas Filter) 등의 불순물 제거설비, 긴급차단장치(Slam Shut Valve), 안전밸브(Safety Valve) 등의 이상압력상승 방지장치, 압력기록장치(Pressure Recorder), 가스누출검지통보설비 등 각종 통보설비 및 이들과 연결된 배관과 전선

ⓒ 정특성
- 정압기의 정상 상태에서 유량과 2차 압력의 관계이다.
- Lock-up : 폐쇄압력과 기준 유량일 때의 2차 압력과의 차이다.
- 잔류편차(Offset) : 유량이 변화했을 때 2차 압력과 기준압력과의 차이이다.
- 잔류편차의 값은 작을수록 바람직하다.
- 유량이 증가할수록 2차 압력은 점점 낮아진다.
- 다이어프램에서의 압력 변화로 2차 압력을 조정한다.

ⓔ 동특성과 유량특성
- 동특성 : 부하 변동에 대한 응답의 신속성과 안정성이 요구되며 부하 변화가 큰 곳에 사용된다.
- 유량특성 : 메인밸브의 열림과 유량의 관계

ⓜ 메인밸브의 열림(스트로크 리프트)과 유량의 관계를 말하는 유량 특성 : 직선형, 2차형, 평방근형

ⓗ 필터 : 조정기 전단에 설치되어 배관 내의 먼지, 이물질 등을 제거하는 장치

ⓢ 정압기에 설치되는 안전밸브 분출부의 크기
- 정압기 입구측 압력이 0.5[MPa] 이상인 것 : 50[A] 이상
- 정압기 입구측 압력이 0.5[MPa] 미만인 것 : 정압기의 설계유량에 따른 기준 크기
    - 정압기 설계유량이 1,000[Nm^3/h] 이상인 것 : 50[A] 이상
    - 정압기 설계유량이 1,000[Nm^3/h] 미만인 것 : 25[A] 이상

ⓞ 정압기의 기본구조 중 2차 압력을 감지하여 그 2차 압력의 변동을 메인밸브로 전하는 부분이 다이어프램이다.

ⓩ 사용 최대 차압 및 작동 최소 차압 : 메인밸브에 1차 압력과 2차 압력이 작동하여 최대가 되었을 때의 차압 및 정압기가 작동할 수 있는 최소 차압

ⓩ 정압기의 이상감압에 대처할 수 있는 방법
- 저압배관의 루프화
- 2차 측 압력감시장치 설치
- 정압기 2계열 설치

ⓚ 안전밸브 작동압력의 설정
- 환상배관망에 설치되는 정압기의 안전밸브의 작동압력은 정압기 중 1개 이상의 정압기에는 다른 정압기의 안전밸브보다 작동압력을 낮게 설정하여 이상압력 상승의 경우 위해의 우려가 없는 안전한 장소에 가스를 우선적으로 방출할 수 있도록 한다. 다만, 단독 사용자에게 가스를 공급하는 정압기의 경우에는 다른 정압기의 안전밸브보다 작동압력을 낮게 설정하지 않을 수 있다.

② **정압기의 설치**
ⓐ 도시가스 정압기의 일반적인 설치 위치 : 필터와 출구 밸브 사이
ⓑ 가스차단장치의 설치 위치 : 정압기의 입구 및 출구(지하의 경우는 정압기실 외부와 가까운 곳에 추가 설치)
ⓒ 정압기 입구에는 수분 및 불순물제거장치를 설치한다.
ⓔ 정압기 출구에는 가스압력이상상승방지장치를 설치한다.
ⓜ 정압기 출구에는 가스압력 측정·기록장치를 설치한다.
ⓗ 정압기의 분해 점검 및 고장을 대비하여 예비 정압기를 설치한다.
ⓢ 정압기는 설치 후 2년에 1회 이상 분해 점검을 실시한다.

③ **경계표지와 경계책**
ⓐ 경계표지
- 정압기실 주변의 보기 쉬운 곳에 게시한다.
- 명확하게 식별할 수 있는 크기로 한다.

- 단독 사용자에게 가스를 공급하는 정압기의 경우에는 경계표지를 하지 않을 수 있다.
- 경계표지판 : 검정, 파랑, 적색 글씨 등으로 시설명, 공급자, 연락처 등을 표기한다.

ⓒ 경계책
- 정압기의 안전을 확보하기 위하여 정압기실 주위에 외부 사람의 출입을 통제할 수 있도록 경계책을 설치한다.
- 단독 사용자에게 가스를 공급하는 정압기의 경우에는 경계책을 설치하지 않을 수 있다.
- 정압기실 주위에는 높이 1.5[m] 이상의 철책 또는 철망 등의 경계책을 설치하여 일반인의 출입을 통제한다.
- 경계표지만 설치하여도 경계책을 설치한 것으로 간주하는 경우
  - 철근콘크리트 및 콘크리트블록재로 지상에 설치된 정압기실
  - 도로의 지하 또는 도로와 인접하게 설치되어 사람과 차량의 통행에 영향을 주는 장소로서 경계책 설치가 부득이한 정압기실
  - 정압기가 건축물 안에 설치되어 있어 경계책을 설치할 수 있는 공간이 없는 정압기실
  - 상부 덮개에 시건조치를 한 매몰형 정압기
  - 경계책 설치가 불가능하다고 일반 도시가스사업자를 관할하는 시장, 군수, 구청장이 인정하는 경우에 해당하는 정압기실(공원지역이나 녹지지역 등에 설치된 경우, 그 밖에 부득이한 경우)
- 경계책 주위에는 외부 사람의 무단 출입을 금하는 내용의 경계표지를 보기 쉬운 장소에 부착한다.
- 경계책 안에는 누구도 발화 또는 인화하기 쉬운 물질을 휴대하고 들어가서는 안 된다. 다만, 해당 설비의 정비·수리 등 불가피한 사유가 발생할 경우에만 안전관리 책임자의 감독하에 휴대할 수 있다.

④ 직동식 정압기와 파일럿식 정압기
  ㉠ 직동식 정압기
  - 2차 압력이 설정압력보다 높은 경우는 다이어프램을 들어 올리는 힘이 증가한다.
  - 2차 압력이 설정압력보다 낮은 경우는 메인밸브를 열리게 하여 가스량을 증가시킨다.
  ㉡ 파일럿식 정압기
  - 2차 압력이 설정압력보다 높은 경우는 다이어프램을 밀어 올리는 힘이 스프링과 작용하여 가스량이 감소한다.
  - 2차 압력이 설정압력보다 낮은 경우는 다이어프램에 작용하는 힘과 스프링의 힘에 의해 가스량이 증가한다.
  - 대용량이다.
  - 2차 압력이 작은 변화를 증폭시켜 메인 정압기를 작동하기 때문에 잔류편차가 작아진다.
  - 요구유량제어 범위가 넓은 경우에 적합하다.
  - 높은 압력제어 정도가 요구되는 경우에 적합하다.

⑤ 설치 위치, 사용목적에 따른 정압기의 분류
  ㉠ 저압정압기 : 가스홀더의 압력을 소요 공급압력으로 조정하는 정압기
  ㉡ 지구정압기(City Gate Governor)
  - 일반 도시가스사업자의 소유시설로서 가스도매사업자로부터 공급받은 도시가스의 압력을 1차적으로 낮추기 위해 설치하는 정압기이다.
  - 가스도매사업자에서 도시가스사의 소유배관과 연결되기 직전에 설치되는 정압기이다.
  ㉢ 지역정압기(District Governor)
  - 일반 도시가스사업자의 소유시설로서 지구정압기 또는 가스도매사업자로부터 공급받은 도시가스의 압력을 낮추어 다수의 사용자에게 가스를 공급하기 위해 설치하는 정압기이다.

- 일정 구역별로 설치하는 중압의 가스압력을 다수의 사용자가 사용하기 적정한 사용압력으로 조정하는 정압기이며 도시가스 사업자가 설치, 관리한다.
ⓔ 단독 정압기 : 관리 주체가 1인이고 특정 가스사용자가 가스를 공급받기 위한 정압기로, 가스사용자가 설치, 관리한다.

⑥ 로딩에 따른 정압기의 분류
㉠ 로딩형 : 피셔식
㉡ 언로딩형 : 레이놀즈식, KRF식
- 2차 압력이 저하하면 유체 흐름의 양은 증가한다.
- 구동압력이 상승하면 유체 흐름의 양은 감소한다.
- 2차 압력이 상승하면 구동압력은 상승한다.
- 구동압력이 저하하면 메인밸브는 열린다.
㉢ 변칙 언로딩형 : 축류(Axial Flow)식

⑦ 형식에 따른 정압기의 종류
㉠ 레이놀즈(Reynolds)식 정압기 : 언로딩형으로 일반 소비기기용, 지구정압기로 널리 사용되고 구조와 기능이 우수하며 정특성이 좋지만 안전성이 부족하고 크기가 다른 것에 비하여 대형인 정압기이다. 본체는 복좌밸브로 되어 있어서 상부에 다이어프램을 지닌다.
㉡ 피셔(Fisher)식 정압기 : 로딩형으로 중압용으로 주로 사용되고 정특성, 동특성이 양호하며 비교적 콤팩트한 형식의 정압기로, 구동압력이 증가하면 개조도 증가되는 방식이다.
㉢ 축류(Axial Flow)식 정압기 : 변칙 언로딩형으로 정특성, 동특성이 양호한 정압기로, 고차압이 될 수록 특성이 양호해지며 매우 콤팩트하다.
㉣ KRF식 정압기 : 언로딩형으로 정특성은 매우 좋으나 안정성이 부족하다.

10년간 자주 출제된 문제

8-1. 정압기의 유량 특성에서 메인밸브의 열림(스트로크 리프트)과 유량의 관계를 말하는 유량 특성에 해당되지 않는 것은?
① 직선형
② 2차형
③ 3차형
④ 평방근형

8-2. 직동식 정압기와 비교한 파일럿식 정압기의 특성에 대한 설명 중 틀린 것은?
① 대용량이다.
② 오프셋이 커진다.
③ 요구유량제어 범위가 넓은 경우에 적합하다.
④ 높은 압력 제어 정도가 요구되는 경우에 적합하다.

8-3. 레이놀즈(Reynolds)식 정압기의 특징인 것은?
① 로딩형이다.
② 콤팩트하다.
③ 정특성, 동특성이 양호하다.
④ 정특성은 극히 좋으나 안정성이 부족하다.

|해설|

8-1
메인밸브의 열림(스트로크 리프트)과 유량의 관계를 말하는 유량 특성 : 직선형, 2차형, 평방근형

8-2
파일럿식 정압기는 2차 압력이 작은 변화를 증폭하여 메인 정압기를 작동하기 때문에 오프셋이 작아진다.

8-3
레이놀즈식 정압기의 특징
- 언로딩형이다.
- 크기가 크다.
- 정특성은 매우 우수하지만, 안정성이 부족하다

정답 8-1 ③ 8-2 ② 8-3 ④

핵심이론 09 연소기

① 급배기방식에 의한 연소기의 분류
  ㉠ 개방식
  ㉡ 반밀폐식
  ㉢ 밀폐식

② 연소 시 1차 공기의 혼합비율과 혼합방법에 의한 연소기(연소방식)의 분류
  ㉠ 분젠식
    • 연소에 필요한 공기를 1차 공기(40~70[%])와 2차 공기(60~30[%])에서 취하는 방식이다.
    • 일반 가스기구에 주로 적용되는 방식으로 고온을 얻기 쉽다.
    • 염의 온도는 1,300[℃] 정도이다.
    • 염의 길이가 짧고 청록색이다.
    • 버너가 연소가스량에 비해서 크고 역화의 우려가 있다.
    • 노즐에서 분출되는 가스 분출속도에 의해 연소에 필요한 공기의 일부를 흡입하여 혼합기 내에서 잘 혼합하여 염공으로 보내 연소하고, 이때 부족한 연소공기는 불꽃 주위로부터 새로운 공기를 혼입하여 가스를 연소시킨다. 연소온도가 가장 높다.
  ㉡ 세미분젠식
    • 연소에 필요한 공기를 1차 공기(30~40[%])와 2차 공기(70~60[%])에서 취하는 방식이다.
    • 1차 공기를 제한하여 연소시킨다.
    • 염의 온도는 1,000[℃] 정도이다.
    • 염의 길이가 약간 길고 청색이다.
  ㉢ 적화식
    • 연소에 필요한 공기를 모두 2차 공기에서 취하는 방식이다.
    • 가스를 그대로 대기 중에 분출하여 연소시킨다.
    • 염의 온도는 900[℃] 정도이다.
    • 염의 길이가 길고 적색이다.
  ㉣ 전 1차 공기식
    • 연소에 필요한 공기를 모두 1차 공기에서 취하는 방식이다.
    • 2차 공기가 불필요하다.
    • 염의 온도는 950[℃] 정도이다.
    • 세라믹이나 금망의 표면에서 불탄다.

10년간 자주 출제된 문제

LP 가스의 연소방식 중 분젠식 연소방식에 대한 설명으로 틀린 것은?

① 일반 가스기구에 주로 적용되는 방식이다.
② 연소에 필요한 공기를 모두 1차 공기에서 취하는 방식이다.
③ 염의 길이가 짧다.
④ 염의 온도는 1,300[℃] 정도이다.

|해설|

• 연소에 필요한 공기를 모두 1차 공기에서 취하는 방식은 전 1차 공기식 연소방식이다.
• 분젠식 연소방식은 연소에 필요한 공기를 1차 공기(40~70[%])와 2차 공기(60~30[%])에서 취하는 방식이다.

정답 ②

핵심이론 10 기화기(기화장치)

① 기화기의 개요
  ㉠ 기화기(Vaporizer) : 액체 상태의 가스를 기체로 변환시켜 주는 설비
  ㉡ 기화장치의 구성 : 기화부, 조압부, 제어부
  ㉢ 기화기 사용 시의 장점
    • 종류와 관계없이 한랭 시에도 충분히 기화된다.
    • 공급가스의 조성이 일정하다.
    • 공급 발열량이 일정하다.
    • 기화량을 가감할 수 있다.
    • 연속 공급이 가능하다.
    • 설비 장소가 작고 설비비는 적게 든다.
  ㉣ 기화기에 의해 기화된 LPG에 공기를 혼합하는 목적 : 발열량 조절, 재액화 방지, 연소효율 증대, 누설 시의 손실 및 체류 감소
  ㉤ 가연성 가스용 기화장치의 접지저항치 : 10[Ω] 이하
  ㉥ 압력계는 계량법에 의한 검사 합격품이어야 한다.

② 고압가스용 기화기
  ㉠ 전열온수방식 : 물을 열매체로 사용한다.
  ㉡ 전열 고체 전열방식
  ㉢ 온수가열방식 : 온수의 온도 80[℃] 이하(기화장치 내의 물을 쉽게 뺄 수 있는 드레인 밸브 설치)
  ㉣ 증기가열방식 : 증기의 온도 120[℃] 이하(기화장치 내의 물을 쉽게 뺄 수 있는 드레인 밸브 설치)
  ㉤ 구조설계 시 유의사항
    • 열매체 부분은 분해하여 확인이 가능한 구조로 한다.
    • 기화통 내부는 점검구 등을 통하여 확인할 수 있거나 분해점검을 통하여 확인할 수 있는 구조로 한다.
    • 기화장치의 액화가스 인입부에는 이물질 유입 방지를 위한 필터 또는 스트레이너를 설치한다.
    • 기화장치에는 액화가스의 유출을 방지하기 위한 액유출방지장치 또는 액유출방지기구를 설치한다. 다만, 임계온도가 -50[℃] 이하인 액화가스용 기화장치와 이동식 기화장치는 그렇지 않다.
    • 액유출방지장치로서의 전자식 밸브는 액화가스 인입부의 필터 또는 스트레이너 후단에 설치한다.
    • 기화통 또는 기화장치의 기체 부분에는 그 부분의 압력이 허용압력을 초과하는 경우, 즉시 그 압력을 허용압력 이하로 되돌릴 수 있는 안전장치를 설치한다. 다만, 임계온도가 -50[℃] 이하인 액화가스용 고정식 기화장치에는 적용하지 않는다.
    • 기화통의 기체가 통하는 부분으로 배관 또는 동체에는 압력계를 설치하고, 증기 또는 온수가열식에는 열매체의 온도를 측정하기 위한 온도계(임계온도 -50[℃] 이하인 액화가스용 기화장치는 제외)를 설치한다. 다만, 다른 부분에서 온도 및 압력을 측정할 수 있는 기구는 그렇지 않다.
    • 증기 및 온수가열구조의 기화장치에는 응축된 물 또는 기화장치 안의 물을 쉽게 뺄 수 있는 드레인 밸브를 설치한다.
    • 가연성 가스(암모니아, 브롬화 메탄 및 공기 중에서 자기발화하는 가스는 제외한다) 용기화 장치에 부속된 전기설비는 누출된 가스의 점화원이 되는 것을 방지하기 위하여 가스시설 전기방폭 기준에 따라 방폭성능을 가진 것으로 한다.
    • 기화장치는 그 외면에 부식, 변형, 흠, 주름 등의 결함이 없고 그 다듬질이 매끈한 것으로 한다.
    • 가연성 가스용 기화장치에는 정전기 제거조치를 위한 접지단자를 설치한 것으로 한다.
    • 기화기에 설치된 안전장치는 내압시험의 8/10 이하의 압력에서 작동하는 것으로 한다.

③ LP 가스 공급방식(기화방식)
  ㉠ 구조
   • 기화부 : LP 가스를 열교환기에 의해 가스화
   • 온도제어장치 : 열매의 온도 일정 범위 내 보존을 위한 장치
   • 과열방지장치
   • 액유출 방지장치 : 열교환기 밖으로 누출 방지
   • 조정기 : 소비목적에 따라 일정 압력 조정
   • 안전밸브
   • 열매체의 종류 : 온수증기, 공기
  ㉡ 기화방식의 종류 : LP 가스의 주성분은 프로판과 부탄으로 프로판의 비등점은 $-41.1[℃]$, 부탄의 비등점은 $-0.5[℃]$이다. 프로판은 비등점이 낮아 기화가 쉽기 때문에 일반적으로 자연기화방식을 택하지만, 부탄은 비등점이 높아 기화가 어려워 강제기화방식을 택한다.
   • 자연기화방식(C_3H_8) : 용기 내에 LP 가스가 대기 중의 열을 흡수해서 기화된 가스를 공급하는 방식으로, 공급방식이 간단하며 가스 발생능력은 외기온도, 가스 조성비와 가장 밀접한 관계가 있다.
   • 강제기화방식(C_4H_{10}) : 용기 또는 탱크에서 액체의 LP 가스를 도관을 통하여 기화기에 의해서 기화하는 방식으로 생가스 공급방식, 공기혼합가스 공급방식, 변성가스 공급방식 등이 있다. 일반적으로 강제기화 방식은 비점이 높은 부탄을 소비하거나 가스 소비량이 많은 경우 및 한랭지에 LP 가스를 공급할 때 이용한다.
    - 생가스 공급방식 : 기화기에 의해 기화된 가스를 그대로 공급하는 방식으로서 부탄의 경우 온도가 $0[℃]$ 이하가 되면 재액화될 우려가 있어 배관을 보온처리하여 재액화를 방지해야 한다.
    - 공기혼합 가스공급 방식 : 기화기에서 기화된 LP 가스를 혼합기(믹서)에 의해 공기와 혼합하여 공급하는 방식으로 부탄을 다량 소비하는 경우에 적합하다.
④ LNG용 기화장치 : 일반 산업용 초저온기화기에 비해 고압이며 대용량이다.
  ㉠ 해수식 기화장치(ORV ; Open Rack Vaporizer)
   • 따뜻한 바닷물로 천연가스를 데워 주는 방식의 기화장치
   • LNG 수입기지에서 LNG를 NG로 전환하기 위하여 가열원을 해수로 기화시키는 방법
  ㉡ 수중연소식 기화장치(SCV ; Submerged Combustion Vaporizer) 또는 연소열기화장치(Combustion Heat Vaporizer) : 직접 열을 가해 천연가스를 데워 주는 방식의 기화장치로, LNG 인수기지에서 사용되고 있는 기화장치 중 간헐적으로 평균 수요를 넘을 경우 그 수요를 충족(Peak Saving용)시키는 목적으로 주로 사용된다.
  ㉢ 공기식 기화장치 : 대기 중의 공기를 열교환매체로 한 기화장치이다. 기화 시 공기를 사용하기 때문에 친환경적이고 따로 연료를 사용해야 하는 연소식 기화장치(SMV) 대비 운영비가 저렴하고 대기 중의 공기와 직접 열교환이 가능하여 동절기 경우에도 LNG 기화가 가능하지만, 운무와 결빙현상에 주의해야 한다. 운무현상을 해소하기 위해 기화장치 상단에 팬을 설치하고 4시간 운전, 2시간 자동절체방식으로 운영하며, 결빙현상 방지를 위하여 주기적으로 운전을 정지시킨다. 이 방식의 기화장치는 용량이 작아 소규모 생산기지에 적용이 가능하다.
  ㉣ 중간유체기화장치(IFV ; Intermediate Fluid Vaporizers) : 주위의 대기공기 열을 이용하여 열을 교환하는 대기식, 강제통풍식 공기기화기(AAV, FDAAV)가 있다. 폐쇄루프, 개방루프 또는 복합시스템에서 작동하도록 구성되어 있다.

ⓜ 셸 및 튜브기화기(STV ; Shell and Tube Vaporizer) : 원통 다관형 액화천연가스기화장치로, 액화천연가스를 천연가스로 기화시키는 일종의 열교환기이다.
ⓑ 전기가압식 기화기

10년간 자주 출제된 문제

기화기에 의해 기화된 LPG에 공기를 혼합하는 목적으로 가장 거리가 먼 것은?
① 발열량 조절
② 재액화 방지
③ 압력 조절
④ 연소효율 증대

|해설|
기화기에 의해 기화된 LPG에 공기를 혼합하는 목적 : 발열량 조절, 재액화 방지, 연소효율 증대, 누설 시의 손실 및 체류 감소

정답 ③

핵심이론 11 용기

① 가스용기 재료의 구비조건
  ㉠ 충분한 강도를 가질 것
  ㉡ 무게가 가벼울 것
  ㉢ 가공 중 결함이 생기지 않을 것
  ㉣ 내식성을 가질 것

② LP 가스용기
  ㉠ 용기의 재질은 탄소강으로 제작하고 충분한 강도와 내식성이 있어야 한다.
  ㉡ 사용 탄소강의 조성성분 : 탄소(C) 0.33[%](이음매 없는 용기는 0.55[%]) 이하, 인(P) 0.04[%] 이하, 황(S) 0.05[%] 이하로 함유량을 제한한다.
  ㉢ 용기 바탕색은 회색이며 가스 명칭과 충전기한을 표시한다.
  ㉣ 가연성 가스의 용기에 반드시 '연'자를 표시하지만 LP 가스는 제외한다.
  ㉤ 고압산소용기는 이음매 없는 것을 사용하지만, LP 가스용기나 프로판 충전용 용기는 일반적으로 용접용기를 사용한다.
  ㉥ LPG 공급·소비설비에서 용기의 크기와 개수 결정 시 고려사항
    • 피크 시의 기온
    • 소비자 가구수
    • 1가구당 1일 평균 가스소비량
    • 사용 가스의 종류
  ㉦ LP 가스용기의 도장 시 분체 도료(폴리에스테르계) 도장의 최소 도장 두께와 도장 횟수 : 60[μm], 1회 이상

③ 용기 내장형 가스난방기용 부탄 충전용기
  ㉠ 용기 몸통부의 재료는 고압가스용기용 강판 및 강대이다.
  ㉡ 프로텍터의 재료는 KS D 3503(일반구조용 압연강재) SS275의 규격에 적합하여야 한다.

ⓒ 스커트의 재료는 KS D 3533 SG295 이상의 강도 및 성질을 가지는 것이나 KS D 3503 SS275의 규격에 적합하여야 한다.

ⓔ 네크링의 재료는 KS D 3752의 규격에 적합한 것으로 탄소 함유량이 0.28[%] 이하인 것으로 한다.

④ 저온 및 초저온용기
  ㉠ 재료 : 오스테나이트계 스테인리스강 또는 알루미늄 합금
  ㉡ 취급 시 주의사항
    • 용기는 항상 세운 상태로 유지한다.
    • 용기를 운반할 때는 별도로 제작된 운반용구를 이용한다.
    • 용기를 물기나 기름이 있는 곳에 두지 않는다.
    • 용기 주변에서 인화성 물질이나 화기를 취급하지 않는다.

⑤ 용기의 설계와 계산식
  ㉠ 용기 동판의 최대 두께와 최소 두께의 차이는 평균 두께의 20[%] 이하로 한다.
  ㉡ 충전구
    • 나사형식 : 가연성 가스 이외의 가스는 오른나사이며 수소 등의 가연성 가스는 왼나사이지만 암모니아와 브롬화메탄은 오른나사를 적용한다.
    • 왼나사의 경우, 용기 충전구에 'V'홈 표시를 한다.
    • 반드시 나사형이어야 하는 것은 아니다.
  ㉢ 아세틸렌 용기의 압력
    • 충전 중의 압력 : 온도에 불구하고 2.5[MPa] 이하
    • 충전 후의 압력 : 15[℃]에서 1.5[MPa] 이하
  ㉣ 원통형 용기의 응력
    • 원주 방향 응력
    $$\sigma_1 = \frac{PD}{2t}$$
    (여기서, P : 내압, D : 용기의 안지름, t : 용기의 두께)
    • 축 방향 응력
    $$\sigma_2 = \frac{PD}{4t}$$
  ㉤ 필요 용기수
  $$\frac{1호당 \ 평균 \ 가스소비량 \times 호수 \times 소비율}{가스 \ 발생능력} \times 계열수[개]$$
  ㉥ 용접용기의 동판 두께
  $$t = \frac{PD}{2\sigma_a\eta - 1.2P} + C$$
  (여기서, P : 최고 충전압력[kg/cm^2], D : 용기 안지름, σ_a : 허용응력, η : 효율, C : 부식 여유)

10년간 자주 출제된 문제

11-1. 용기 내장형 가스난방기용으로 사용하는 부탄 충전용기에 대한 설명으로 옳지 않은 것은?
① 용기 몸통부의 재료는 고압가스용기용 강판 및 강대이다.
② 프로텍터의 재료는 KS D 3503 SS275의 규격에 적합하여야 한다.
③ 스커트의 재료는 KS D 3533 SG295 이상의 강도 및 성질을 가져야 한다.
④ 네크링의 재료는 탄소 함유량이 0.48[%] 이하인 것으로 한다.

11-2. 프로판 20[kg]이 내용적 50[L]의 용기에 들어 있다. 이 프로판을 매일 0.5[m^3]씩 사용한다면 약 며칠을 사용할 수 있겠는가?(단, 25[℃], 1[atm] 기준이며, 이상기체로 가정한다)
① 22일 ② 31일
③ 35일 ④ 45일

11-3. 소비자 1호당 1일 평균 가스소비량이 1.6[kg/day]이고, 소비 호수 10호인 경우 자동절체조정기를 사용하는 설비를 설계하면 용기는 몇 개 정도 필요한가?(단, 표준 가스 발생능력은 1.6[kg/h]이고, 평균 가스소비율은 60[%], 용기는 2계열 집합으로 사용한다)
① 8개   ② 10개
③ 12개 ④ 14개

[해설]

11-1
네크링의 재료는 탄소 함유량이 0.28[%] 이하인 것으로 한다.

11-2
사용일수 = $\dfrac{20[kg]}{44[kg]} \times 22.4[m^3] \times \dfrac{25+273}{273} \times \dfrac{day}{0.5[m^3]} \simeq 22$ 일

11-3
필요 용기수 = $\dfrac{1호당 \ 평균 \ 가스소비량 \times 호수 \times 소비율}{가스 \ 발생능력}$
$\times 계열수$
= $\dfrac{1.6 \times 10 \times 0.6}{1.6} \times 2 = 12$개

정답 11-1 ④ 11-2 ① 11-3 ③

핵심이론 12 혼합기, 안전장치, 밸브

① 혼합기(Mixer) : 기화기에서 기화된 LP 가스를 공기와 혼합시키는 장치이다.
  ㉠ 벤투리 믹서(Venturi Mixer) : 기화한 LP 가스를 일정한 압력으로 노즐에서 분출시켜 노즐 내를 감압하여 공기를 혼입하는 방식으로, 가장 많이 사용된다. 원료가스 압력제어방식, 전자밸브 개폐방식, 공기흡입 조절방식 등이 있다.
  ㉡ 플로 믹서(Flow Mixer) : 공기와 함께 플로로 흡인하는 방식이다.

② 안전장치
  ㉠ 플레임 로드식 연소안전장치 : 버너의 불꽃을 감지하여 정상적인 연소 중에 불꽃이 꺼졌을 때 신속하게 가스를 차단하여 생가스 누출을 방지하는 장치이다. 불꽃의 도전성에 의한 정류성을 이용하여 불꽃을 감지하는 방식으로 대용량의 연소기에 사용하는 방식의 연소 안전장치이다.
  ㉡ 헛불방지장치(공연소방지장치) : 보일러, 순간온수기 등의 연소기 내부에 목적물이 없는 경우에 자동으로 연료를 차단하는 안전장치이다.
  ㉢ 과열방지장치의 검지부 방식 : 바이메탈식, 액체팽창식, 퓨즈메탈식

③ 안전밸브
  ㉠ 안전밸브의 종류
   • 스프링 안전밸브 : 일정압력 이하로 내려가면 가스 분출이 정지되는 안전밸브
    - 스프링의 힘에 의해 압력을 조절한다.
    - 설정압력 이상이 되면 서서히 개방된다.
    - 저장탱크 또는 용기에서 주로 사용된다.
    - 고압가스의 양을 결정하여 이 양을 충분히 분출시킬 수 있는 구경이어야 한다.
    - 반복 사용이 가능하므로 한 번 작동하면 밸브 전체를 교환할 필요는 없다.

- 가용전식 안전밸브 : 이상고압에 의해 작동하지 않고 설정온도에서 밸브의 개구부 금속이 용융되어 압을 분출시키는 안전밸브
- 파열판식 안전밸브 : 얇은 평판을 작동 부분에 설치하여 이상압력이 발생되면 판이 파열되어 장치 내의 가스를 분출시키는 안전밸브
- 중추식 안전밸브 : 밸브장치에 무게가 있는 추를 달아서 이상압력이 발생하면 추를 밀어 올려 장치 내의 고압가스를 분출시키는 안전밸브

ⓒ 고압가스용 안전밸브에 밸브 몸체를 밸브시트에 들어 올리는 장치를 부착하는 경우에는 안전밸브 설정압력의 75[%] 이상일 때 수동으로 조작되고 압력 해지 시 자동으로 폐지된다.

ⓒ 안전밸브 관련 계산식
- 안전밸브의 작동압력

$$P = 내압시험압력 \times 0.8$$

$$= 최고 충전압력 \times \frac{5}{3} \times 0.8$$

- 안전밸브의 유효 분출 면적

$$A = \frac{W}{230 \times P\sqrt{M/T}}$$

(여기서, W : 시간당 분출가스량, P : 안전밸브 작동압력, M : 가스분자량, T : 절대온도)

④ 기타 밸브류

㉠ 글로브 밸브 : 유량 조절이 정확하고 용이하며 기밀도가 커서 기체의 배관에 주로 사용되는 밸브
- 기밀도가 크므로 가스배관에 적당하다.
- 개폐가 쉽다.
- 유량 조절이 정확하고 용이하여 유량 조절에 주로 사용한다.
- 유체의 저항이 크므로 압력손실이 크다.
- 고압의 대구경 밸브로는 부적합하다.

㉡ 게이트 밸브
- 전개 시 유동저항이 작다.
- 서서히 개폐가 가능하다.
- 충격 발생이 작다.
- 유체 중에 불순물이 있으면 밸브에 고이기 쉬워 차단능력이 저하될 수 있다.

㉢ 팽창밸브 : 증기압축식 냉동기에서 고온, 고압의 액체냉매를 교축작용에 의해 증발을 일으킬 수 있는 압력까지 감압시켜 주는 역할을 하는 기기

㉣ 체크밸브 : 역류방지밸브

㉤ (매몰용접형) 볼밸브 : 가스 유로를 볼로 개폐하는 구조의 밸브
- 개폐용 핸들 휠의 열림 방향은 시계 반대 방향으로 한다.
- 표면은 매끈하고 사용에 지장이 있는 부식, 균열, 주름 등이 없는 것으로 한다.
- 볼밸브의 볼은 진원도가 양호하고, 양쪽 구멍 모서리는 모나지 않는 것으로 한다.
- 회전력은 시험 전 최소한 3회 개폐한 후 핸들 끝에서 294.2[N] 이하의 힘으로 90[°] 회전할 경우에 완전히 개폐하는 구조로 한다. 다만, 공압식, 유압식, 전동식 밸브는 제외한다.
- 완전히 열렸을 때 핸들 방향과 유로의 방향이 평행인 것으로 하고, 볼의 구멍과 유로와는 어긋나지 않은 것으로 한다. 다만, 구동부가 부착된 것은 개폐 표시가 있는 구조로 한다.
- 볼밸브 퍼지관의 구조는 스템 보호관에 고정시켜 용접한 것으로 한다.
- 볼밸브의 외면에는 절연피복을 한다. 이 경우 절연피복 부분은 사용상 지장이 있는 갈라짐, 벗겨짐, 균열, 흠 등이 없고, 핀홀시험기로 10~12[kV]에서 측정하였을 때 이상이 없는 것으로 한다.
- 퍼지밸브는 볼밸브(검사품 사용)로서 출구쪽이 관용테이퍼 수나사인 것을 퍼지관에 용접, 설치한 것으로 한다.

- 볼밸브의 퍼지관의 규격은 호칭지름이 150A 미만인 것은 25A, 호칭지름이 150A 이상인 것은 50A로 한다. 다만, 한국가스안전공사 사장이 인정하는 경우에는 그러하지 아니하다.
- 호칭지름 25A 이하이고 상용압력 2.94[MPa] 이하의 나사식 배관용 볼밸브는 10[회/min] 이하의 속도로 6,000회 개폐 동작 후 기밀시험에서 이상이 없어야 한다.

ⓑ 콕
- 퓨즈 콕 : 가스 유로를 볼로 개폐하고 과류차단안전기구가 부착된 것으로서 배관과 호스, 호스와 호스, 배관과 배관 또는 배관과 커플러를 연결하는 구조의 콕이다.
- 상자 콕 : 커플러 안전기구와 과류차단 안전기구가 부착된 것으로, 배관과 커플러를 연결하는 구조의 콕이다. 커플러를 연결하지 아니하면 핸들을 열림 위치로 돌리지 못하며 핸들을 커플러가 빠지는 위치로 돌려야만 커플러가 빠진다.
- 주물연소기용 노즐 콕 : 주물연소기 부품으로 사용하는 것으로서 볼로 개폐하는 구조의 콕이다.
- 표면은 매끈하고 사용에 지장이 있는 부식, 균열, 주름 등이 없는 것으로 한다.
- 1개의 핸들로 1개의 유로를 개폐하는 구조로 한다.
- 핸들은 90[°] 또는 180[°] 회전하여 개폐되는 구조이고, 핸들의 열림 방향은 시계 반대 방향으로 한다(다만, 주물연소기용 노즐 콕의 핸들 열림 방향은 그렇지 않다).

10년간 자주 출제된 문제

12-1. 스프링 안전밸브에 대한 설명으로 틀린 것은?
① 설정압력 이상이 되면 서서히 개방된다.
② 저장탱크 또는 용기에서 주로 사용된다.
③ 고압가스의 양을 결정하여 이 양을 충분히 분출시킬 수 있는 구경이어야 한다.
④ 한 번 작동하면 밸브 전체를 교환하여야 한다.

12-2. 고압밸브 중 글로브 밸브의 특징에 대한 설명으로 옳은 것은?
① 기밀도가 작다.
② 유량의 조절이 어렵다.
③ 유체의 저항이 크다.
④ 가스배관에 부적당하다.

|해설|

12-1
반복 사용이 가능하므로 한 번 작동하면 밸브 전체를 교환할 필요는 없다.

12-2
글로브 밸브의 특징
- 기밀도가 크다.
- 유량 조절이 쉽다.
- 가스배관에 적당하다.

정답 12-1 ④ 12-2 ③

핵심이론 13 용기 등의 표시

① 용기의 각인
  ㉠ 각인요령
    • 용기 제조자 또는 수입자는 용기의 어깨 부분 또는 프로텍터 부분 등 보기 쉬운 곳에 각인한다.
    • 접합용기 또는 납붙임용기의 경우에는 인쇄한다.
    • 복합재료용기의 경우에는 인쇄한 라벨이 떨어지지 않도록 용기에 부착한다.
    • 재충전금지용기의 경우에는 용기 외면에 지워지지 않도록 인쇄하거나 금속박판에 각인한 것을 그 용기에 부착한다.
    • 각인하기 곤란한 용기의 경우에는 다른 금속박판에 각인한 것을 그 용기에 부착함으로써 용기에 대한 각인을 갈음할 수 있다.
  ㉡ 용기 각인의 내용
    • 납붙임 또는 접합용기
      - 용기 제조업자의 명칭 또는 약호
      - 충전하는 가스의 명칭
      - 내용적(기호 : V, 단위 : [L])(액화석유가스용기는 제외)
      - 충전량[g](납붙임 또는 접합용기에 한정)
    • 기타 용기
      - 용기 제조업자의 명칭 또는 약호
      - 충전하는 가스의 명칭
      - 용기의 번호
      - 내용적(기호 : V, 단위 : [L])(액화석유가스용기는 제외)
      - 초저온용기 외의 용기 : 밸브 및 부속품(분리 가능한 것)을 포함하지 아니한 용기의 질량(기호 : W, 단위 : [kg])
      - 아세틸렌가스 충전용기 : 상기의 질량에 용기의 다공물질, 용제 및 밸브의 질량을 합한 질량(기호 : TW, 단위 : [kg])
      - 내압시험에 합격한 연월
      - 내압시험압력(기호 : TP, 단위 : [MPa])
        ※ 액화석유가스용기, 초저온용기 및 액화천연가스 자동차용 용기는 제외한다.
      - 최고 충전압력(기호 : FP, 단위 : [MPa])
        ※ 압축가스를 충전하는 용기, 초저온용기 및 액화천연가스 자동차용 용기에 한정한다.
      - 내용적이 500[L]를 초과하는 용기에는 동판의 두께(기호 : t, 단위 : [mm])

② 가스용기의 도색과 표기
  ㉠ 도색 및 표기요령
    • 용기 제조자 또는 수입자는 용기의 외면에 도색을 하고 충전하는 가스의 명칭을 표시한다.
    • 수출용 용기의 경우에는 도색을 하지 않을 수 있다.
    • 스테인리스강 등 내식성 재료를 사용한 용기의 경우에는 용기 동체의 외면 상단에 10[cm] 이상의 폭으로 충전가스에 해당하는 색으로 도색할 수 있다.
    • 가연성 가스용기에는 빨간색 테두리에 검은색 불꽃 그림 표시를 한다.
    • 독성가스용기에는 빨간색 테두리에 검은색 해골 그림 표시를 한다.

[가연성 가스]   [독성가스]

    • 내용적 2[L] 미만의 용기는 제조자가 정한 바에 의한다(소방용 용기는 제외).
    • 액화석유가스용기 중 부탄가스를 충전하는 용기는 부탄가스임을 표시하여야 한다.
    • 선박용 액화석유가스용기의 표시방법
      - 용기의 상단부에 폭 2[cm]의 백색 띠를 두 줄로 표시한다(의료용 가스용기는 별도 표기).

- 백색 띠의 하단과 가스 명칭 사이에 백색 글자로 가로×세로 5[cm]의 크기로 선박용이라고 표시한다.
- 자동차의 연료장치용 용기의 외면에는 그 용도를 자동차용으로 표시한다.
- 그 밖의 가스에는 가스 명칭 하단에 가로×세로 5[cm]의 크기의 백색 글자로 용도(절단용)를 표시한다.
- 용기의 도색 색상은 산업표준화법에 따른 한국산업표준을 기준으로 산업통상자원부장관이 정하는 바에 따른다.
- 의료용 가스
  - 용기의 상단부에 폭 2[cm]의 백색(산소는 녹색)의 띠를 두 줄로 표시하여야 한다.
  - 용도의 표시 : 의료용(각 글자마다 백색(산소는 녹색)으로 가로×세로 5[cm] 크기의 띠와 가스 명칭 사이에 표시)

ⓒ 가스용기의 도색 색상
- 공업용(산업용), 일반용 : 액화석유가스(밝은 회색), 산소(녹색), 액화탄산가스(청색), 액화염소(갈색), 그 밖의 가스(회색), 아세틸렌(황색), 액화암모니아(백색), 질소(회색), 수소(주황색), 소방용 용기(소방법에 의한 도색)
- 의료용 가스 : 에틸렌(자색), 헬륨(갈색), 액화탄산가스(회색), 사이크로프로판(주황색), 질소(흑색), 아산화질소(청색), 산소(백색)
- 그 밖의 가스 : 회색
- 충전기한 표시 문자의 색상 : 적색

③ 용기 부속품의 표시

㉠ 용기 부속품의 표시요령
- 용기 부속품의 제조자 또는 수입자는 용기 부속품의 보기 쉬운 곳에 표시내용을 각인한다.
- 각인하기 곤란한 것의 경우에는 다른 금속박판에 각인한 것을 그 용기 부속품에 부착함으로써 그 용기 부속품에 대한 각인을 갈음할 수 있다.

ⓒ 용기 부속품의 각인 표시내용
- 부속품 제조업자의 명칭 또는 약호
- 부속품의 기호와 번호
  - AG : 아세틸렌가스를 충전하는 용기의 부속품
  - PG : 압축가스를 충전하는 용기의 부속품
  - LG : 액화석유가스 외의 액화가스를 충전하는 용기의 부속품
  - LPG : 액화석유가스를 충전하는 용기의 부속품
  - LT : 초저온용기, 저온용기의 부속품
- 질량(기호 : W, 단위 : [kg])
- 부속품검사에 합격한 연월
- 내압시험압력(기호: TP, 단위: [MPa])

④ 수소용기의 각인 표시기호(예)

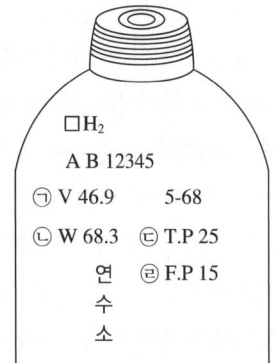

㉠ V : 내용적(단위 : [L])
ⓒ W : 밸브와 부속품을 제외한 용기의 질량(단위 : [kg])
ⓒ TP : 내압시험압력(단위 : [MPa])
㉣ FP : 최고 충전압력(단위 : [MPa])

⑤ 냉동기에 대한 표시

㉠ 냉동기의 표시 요령
- 냉동기의 제조자 또는 수입자는 금속박판에 표시내용을 각인하여 이를 냉동기의 보기 쉬운 곳에 떨어지지 아니하도록 부착한다.
- 독성가스 또는 가연성 가스가 아닌 냉매가스를 사용하는 것으로서 냉동능력이 20[ton] 미만인 경우에는 표시사항이 인쇄된 표지를 부착할 수 있다.

ⓛ 냉동기의 각인 표시내용
- 냉동기 제조자의 명칭 또는 약호
- 냉매가스의 종류
- 냉동능력(단위 : [RT]). 다만, 압력용기의 경우에는 내용적(단위 : [L])을 표시하여야 한다.
- 원동기 소요전력 및 전류(단위 : [kW], [A]). 다만, 압축기의 경우에 한한다.
- 제조번호
- 검사에 합격한 연월
- 내압시험압력(기호 : TP, 단위 : [MPa])
- 최고 사용압력(기호 : DP, 단위 : [MPa])

⑥ 특정설비에 대한 표시
ⓖ 특정설비의 표시요령
- 특정설비의 제조자 또는 수입자는 금속박판에 표시사항을 각인하여 해당 특정설비의 보기 쉬운 곳에 떨어지지 않도록 부착한다.
- 저장탱크, 차량에 고정된 탱크, 기화장치 및 압력용기 외의 특정설비의 경우에는 그 몸통 부분 등의 보기 쉬운 곳에 각인할 수 있다.
- 복합재료 압력용기의 경우에는 인쇄한 라벨이 그 압력용기에서 떨어지지 않도록 부착해야 한다.

ⓛ 저장탱크 및 압력용기
- 제조자의 명칭 또는 약호
- 충전하는 가스의 명칭
- 제조번호 및 제조 연월
- 사용재료명
- 동체 및 경판의 두께(기호 : t, 단위 : [mm])
- 내용적(기호 : V, 단위 : [L])
- 설계압력(기호 : DP, 단위 : [MPa])
- 설계온도(기호 : DT, 단위 : [℃])
- 검사기관의 명칭 또는 약호
- 내압시험에 합격한 연월

ⓒ 차량에 고정된 탱크
- 표기사항을 각인하고 그 외면은 은백색으로 도색하고 충전하는 가스의 명칭 및 충전기한을 표시하여야 하며 구분에 따른 표시를 부착한다.
- 크기는 네 변의 길이가 각각 25[cm] 이상이어야 하며 차량에 고정된 탱크 양측면과 후면에 부착한다.
- 국제연합의 위험물 운송에 관한 권고(RTDG ; Recommendations on the Transport of Dangerous Goods)의 적용 대상인 경우
  - 그림문자 외부에 표시하는 경우에는 주황색 바탕에 검은색 글씨, 그림문자 내부에 표시하는 경우에는 흰색 바탕에 검은색 글씨여야 한다.
  - 글자의 높이는 6.5[cm] 이상이 되도록 해야 하며, 바탕은 가로 25[cm] 이상, 세로 10[cm] 이상이어야 한다.
  - 가연성 가스인 경우에는 빨간색 바탕에 흰색 불꽃 모양, 독성가스인 경우에는 흰색 바탕에 검은색 해골 모양이어야 하며, 크기는 네 변의 길이가 각각 25[cm] 이상이어야 한다.
- 국제연합의 위험물 운송에 관한 권고(RTDG)의 적용 대상이 아닌 경우, 가연성 가스인 경우에는 빨간색 테두리에 검은색 불꽃 모양, 독성가스인 경우에는 빨간색 테두리에 검은색 해골 모양이어야 한다.

ⓔ 기화장치
- 제조자의 명칭 또는 약호
- 사용하는 가스의 명칭
- 제조번호 및 제조 연월일
- 내압시험에 합격한 연월
- 내압시험압력(기호 : TP, 단위 : [MPa])
- 가열방식 및 형식
- 최고 사용압력(기호 : DP, 단위 : [MPa])
- 기화능력(단위 : [kg/h] 또는 [m³/h])

ⓜ 특정 고압가스용 실린더 캐비닛
- 제조자의 명칭 또는 약호
- 사용하는 가스의 명칭
- 제조번호 및 제조 연월
- 최고 사용압력(기호 : DP, 단위: [MPa])
- 내압시험에 합격한 연월

ⓗ 냉동용 특정설비
- 압축기, 응축기 및 증발기의 경우에는 냉동기에 대한 표시 기준을 준용한다. 이 경우 압축기의 냉동능력은 [RT] 또는 [m³/h]로 표시할 수 있다.
- 압력용기의 경우에는 특정설비에 대한 표시 기준을 준용한다.

ⓢ 그 밖의 특정설비
- 제조자의 명칭 또는 약호
- 검사에 합격한 연월
- 질량(기호 : W, 단위 : [kg])
- 내압시험에 합격한 연월
- 내압시험압력(기호 : TP, 단위 : [MPa])
- 특정설비별 기호 및 번호
  - 아세틸렌가스용 : AG
  - 압축가스용 : PG
  - 액화석유가스용 : LPG
  - 저온 및 초저온가스용 : LT
  - 그 밖의 가스용 : LG

10년간 자주 출제된 문제

고압가스 충전용기의 가스 종류에 따른 색깔이 잘못 짝지어진 것은?

① 아세틸렌 : 황색 ② 액화암모니아 : 백색
③ 액화탄산가스 : 갈색 ④ 액화석유가스 : 회색

해설

액화탄산가스 : 청색

정답 ③

CHAPTER 03 가스안전관리

제1절 가스의 안전, 특성, 운반

핵심이론 01 가스안전의 개요

① 용어의 정의

㉠ 가 스
- 가연성 가스 : 공기 중에서 연소하는 가스로, 폭발한계(공기와 혼합된 경우 연소를 일으킬 수 있는 공기 중 가스농도의 한계)의 하한이 10[%] 이하인 것과 폭발한계의 상한과 하한의 차가 20[%] 이상인 가스(아크릴로나이트릴, 아크릴알데하이드, 아세트알데하이드, 아세틸렌, 암모니아, 수소, 황화수소, 사이안화수소, 일산화탄소, 이황화탄소, 메탄, 염화메탄, 브롬화메탄, 에탄, 염화에탄, 염화비닐, 에틸렌, 산화에틸렌, 프로판, 사이클로프로판, 프로필렌, 산화프로필렌, 부탄, 부타다이엔, 부틸렌, 메틸에테르, 모노메틸아민, 다이메틸아민, 트라이메틸아민, 에틸아민, 벤젠, 에틸벤젠 등)
- 독성가스 : 공기 중에 일정량 이상 존재하는 경우 인체에 유해한 독성을 가진 가스로, 허용농도(해당 가스를 성숙한 흰쥐 집단에 대기 중에서 1시간 동안 계속하여 노출시킨 경우 14일 이내에 그 흰쥐의 2분의 1 이상이 죽게 되는 가스의 농도를)가 100만분의 5,000 이하인 가스(아크릴로나이트릴, 아크릴알데하이드, 아황산가스, 암모니아, 일산화탄소, 이황화탄소, 불소, 염소, 브롬화메탄, 염화메탄, 염화프렌, 산화에틸렌, 사이안화수소, 황화수소, 모노메틸아민, 다이메틸아민, 트라이메틸아민, 벤젠, 포스겐, 아이오딘화수소, 브롬화수소, 염화수소, 불화수소, 겨자가스, 알진, 모노실란, 다이실란, 다이보레인, 세렌화수소, 포스핀, 모노게르만 등)

※ 가연성 가스이며 동시에 독성인 가스 : 일산화탄소, 황화수소, 사이안화수소 등

- 액화가스 : 가압 냉각 등의 방법으로 액체 상태로 되어 있는 것으로, 대기압에서의 끓는점이 40[℃] 이하 또는 상용 온도 이하인 가스
- 압축가스 : 일정한 압력에 의하여 압축되어 있는 가스
- 조연성 가스 : 연소를 도와주는 가스(염소)
- 불연성 가스 : 공기 중에서 점화원에 의해 연소하지 않는 가스(아르곤, 탄산가스, 질소 등)

㉡ 시설, 설비, 탱크, 용기
- 집단공급시설 : 저장설비에서 가스사용자가 소유하거나 점유하고 있는 건축물의 외벽(외벽에 가스계량기가 설치된 경우에는 그 계량기의 전단밸브)까지의 배관과 그 밖의 공급시설
- 저장설비 : 액화석유가스를 저장하기 위한 설비로서 저장탱크, 마운드형 저장탱크, 소형 저장탱크 및 용기(용기집합설비와 충전용기보관실을 포함)
- 저장탱크 : 액화석유가스를 저장하기 위하여 지상 또는 지하에 고정 설치된 탱크(선박에 고정 설치된 탱크를 포함)로서 그 저장능력이 3[ton] 이상인 탱크
- 마운드형 저장탱크 : 액화석유가스를 저장하기 위하여 지상에 설치된 원통형 탱크에 흙과 모래를 사용하여 덮은 탱크로서 액화석유가스의 안전관리 및 사업법 시행령 제3조제1항제1호 마목에 따른 자동차에 고정된 탱크 충전사업시설에 설치되는 탱크

- 소형 저장탱크 : 액화석유가스를 저장하기 위하여 지상 또는 지하에 고정 설치된 탱크로서 그 저장능력이 3[ton] 미만인 탱크이다. 소형 저장탱크를 기초에 고정하는 방식은 화재와 같은 경우에 쉽게 분리되는 것으로 한다.
- 가스설비 : 저장설비 외의 설비로서 액화석유가스가 통하는 설비(배관 제외)와 그 부속설비
- 충전설비 : 용기 또는 자동차에 고정된 탱크에 액화석유가스를 충전하기 위한 설비로서 충전기와 저장탱크에 부속된 펌프 및 압축기
- 용기집합설비 : 2개 이상의 용기를 집합하여 액화석유가스를 저장하기 위한 설비로서 용기, 용기집합장치, 자동절체기(사용 중인 용기의 가스 공급압력이 떨어지면 자동적으로 예비용기에서 가스가 공급되도록 하는 장치)와 이를 접속하는 관 및 그 부속설비
- 공급설비 : 용기가스소비자에게 액화석유가스를 공급하기 위한 설비
  - 액화석유가스를 부피 단위로 계량하여 판매하는 방법(체적판매방법)으로 공급하는 경우에는 용기에서 가스계량기 출구까지의 설비
  - 액화석유가스를 무게 단위로 계량하여 판매하는 방법(중량판매방법)으로 공급하는 경우에는 용기
- 소비설비 : 용기가스소비자가 액화석유가스를 사용하기 위한 설비
  - 체적판매방법으로 가스를 공급하는 경우에는 가스계량기 출구에서 연소기까지의 설비
  - 중량판매방법으로 가스를 공급하는 경우에는 용기 출구에서 연소기까지의 설비(액화석유가스를 중량판매방법으로 공급할 수 있는 경우 : 6개월 이내의 기간 동안만 액화석유가스를 사용하는 자)
- 충전용기 : 가스의 충전질량 또는 충전압력의 2분의 1 이상이 충전되어 있는 상태의 용기
- 잔가스용기 : 가스의 충전질량 또는 충전압력의 2분의 1 미만이 충전되어 있는 상태의 용기
- 초저온용기 : $-50[℃]$ 이하의 액화가스를 충전하기 위한 용기

ⓒ 용기가스소비자 : 용기에 충전된 액화석유가스를 연료로 사용하는 자이다. 다만, 다음에 해당하는 자는 제외한다.
- 액화석유가스를 자동차연료용, 용기내장형 가스난방기용, 이동식 부탄연소기용, 이동식 프로판연소기용, 공업용 또는 선박용으로 사용하는 자
- 액화석유가스를 이동하면서 사용하는 자

ⓔ 이외의 용어
- 방호벽 : 높이 2[m] 이상, 두께 12[cm] 이상의 철근콘크리트 또는 이와 같은 수준 이상의 강도를 가지는 구조의 벽
- 처리능력 : (처리설비 또는 감압설비에 의하여 압축, 액화나 그 밖의 방법으로) 1일에 처리할 수 있는 가스의 양

② 보호시설 : 제1종 보호시설 및 제2종 보호시설
ⓐ 제1종 보호시설
- 학교, 유치원, 어린이집, 놀이방, 어린이 놀이터, 학원, 병원(의원을 포함한다), 도서관, 청소년 수련시설, 경로당, 시장, 공중목욕탕, 호텔, 여관, 극장, 교회 및 공회당
- 사람을 수용하는 건축물(가설 건축물은 제외한다)로서 사실상 독립된 부분의 연면적이 1천[m^2] 이상인 것
- 예식장, 장례식장 및 전시장, 그 밖에 이와 유사한 시설로서 300명 이상 수용할 수 있는 건축물
- 아동복지시설 또는 장애인복지시설로서 20명 이상 수용할 수 있는 건축물

• 문화재보호법에 따라 지정문화재로 지정된 건축물
ⓒ 제2종 보호시설
  • 주 택
  • 사람을 수용하는 건축물(가설 건축물 제외)로서 사실상 독립된 부분의 연면적이 100[m^2] 이상 1천[m^2] 미만인 것
ⓒ 보호시설과의 안전거리 : 고압가스의 저장설비 중 보관할 수 있는 고압가스의 용적이 300[m^3](액화가스는 3[ton])을 넘는 저장설비는 그 외면으로부터 보호시설(사업소 안에 있는 보호시설 및 전용공업지역 안에 있는 보호시설 제외)까지 규정된 안전거리 이상을 유지한다.

• 산소의 처리설비 및 저장설비

처리 및 저장능력	제1종 보호시설	제2종 보호시설
1만 이하	12[m]	8[m]
1만 초과 2만 이하	14[m]	9[m]
2만 초과 3만 이하	16[m]	11[m]
3만 초과 4만 이하	18[m]	13[m]
4만 초과	20[m]	14[m]

• 독성가스 또는 가연성 가스의 처리설비 및 저장설비

처리 및 저장능력	제1종 보호시설	제2종 보호시설
1만 이하	17[m]	12[m]
1만 초과 2만 이하	21[m]	14[m]
2만 초과 3만 이하	24[m]	16[m]
3만 초과 4만 이하	27[m]	18[m]
4만 초과 5만 이하	30[m]	20[m]
5만 초과 99만 이하	30[m] 가연성 가스 저온저장탱크는 $\frac{3}{25}\sqrt{X+10,000}$[m]	20[m] 가연성 가스 저온저장탱크는 $\frac{2}{25}\sqrt{X+10,000}$[m]
99만 초과	30[m] 가연성 가스 저온저장탱크는 120[m]	20[m] 가연성 가스 저온저장탱크는 80[m]

• 그 밖의 가스의 처리설비 및 저장설비

저장능력	제1종 보호시설	제2종 보호시설
1만 이하	8[m]	5[m]
1만 초과 2만 이하	9[m]	7[m]
2만 초과 3만 이하	11[m]	8[m]
3만 초과 4만 이하	13[m]	9[m]
4만 초과	14[m]	10[m]

• 각 처리 및 저장능력의 단위 및 X는 1일간의 처리 또는 저장능력으로서 압축가스의 경우에는 [m^3], 액화가스의 경우에는 [kg]으로 한다.
• 한 사업소에 2개 이상의 처리 또는 저장설비가 있는 경우에는 그 처리 및 저장능력별로 각각 안전거리를 유지한다.
• 저장설비를 지하에 설치할 경우의 안전거리는 지상에 설치할 경우의 안전거리의 1/2이다.

③ 교육의 과정, 대상자 및 시기

교육과정	교육 대상자	교육시기
전문교육	1) 안전관리 책임자와 안전관리원(2)의 대상자는 제외) 2) 액화석유가스 특정사용시설의 안전관리 책임자와 안전관리원 3) 시공관리자(건설산업기본법 시행령 제7조에 따른 제종 가스시설 시공업자에 채용된 시공관리자만을 말함) 4) 시공자(건설산업기본법 시행령 제7조에 따른 제2종 가스시설시공업자의 기술능력인 시공자 양성교육 또는 가스시설 시공관리자 양성교육을 이수한 사람으로 한정)와 제2종 가스시설 시공업자에게 채용된 시공관리자 5) 온수보일러 시공자(건설산업기본법 시행령 제7조에 따른 제3종 가스시설 시공업자의 기술능력인 온수보일러 시공자 양성교육 또는 온수보일러 시공관리자 양성교육을 이수한 사람으로 한정)와 제3종 가스시설 시공업자에게 채용된 온수보일러 시공관리자 6) 액화석유가스 운반 책임자	신규 종사 후 6개월 이내 및 그 후에는 3년이 되는 해마다 1회
특별교육	1) 액화석유가스 운반자동차 운전자와 액화석유가스 배달원 2) 액화석유가스 충전시설의 충전원 3) 건설산업기본법 시행령 제7조에 따른 제1종 또는 제2종 가스시설시공업자 중 자동차관리법에 따른 자동차정비 또는 자동차폐차업자의 사업소에서 액화석유가스를 연료로 사용하는 자동차의 액화석유가스연료계통 부품의 정비작업 또는 폐차작업에 직접 종사하는 자 4) 사용시설 점검원	신규 종사 시 1회
양성교육	1) 일반시설 안전관리자가 되려는 자 2) 액화석유가스 충전시설 안전관리자가 되려는 자 3) 판매시설 안전관리자가 되려는 자 4) 사용시설 안전관리자가 되려는 자 5) 가스시설 시공관리자가 되려는 자 6) 시공자가 되려는 자 7) 온수보일러 시공자가 되려는 자 8) 온수보일러 시공관리자가 되려는 자 9) 폴리에틸렌관 융착원이 되려는 자 10) 안전점검원이 되려는 자	-

※ 기출 지문 [2013년 제2회, 2017년 제1회]
- 액화석유가스 배달원으로 신규 종사하게 될 경우 특별교육을 1회 받아야 한다.
- 액화석유가스 특정 사용시설의 안전관리 책임자로 신규 종사하게 될 경우 신규 종사 후 6개월 이내 및 그 이후에는 3년이 되는 해마다 전문교육을 1회 받아야 한다.
- 액화석유가스를 연료로 사용하는 자동차의 정비작업에 종사하는 자가 한국가스안전공사에서 실시하는 액화석유가스 자동차정비 등에 관한 전문교육을 받은 경우에는 별도로 특별교육을 받을 필요가 없다.
- 액화석유가스 충전시설의 충전원으로 신규 종사하게 될 경우 6개월 이내 특별교육을 1회 받아야 한다.

④ 가스 저장과 보관기술 기준
㉠ 장 소
- 용기 보관 장소에는 계량기 등 작업에 필요한 물건 외에는 두지 않는다.
- 용기 보관 장소의 주위 2[m] 이내에는 화기 또는 인화성 물질이나 발화성 물질을 두지 않는다.
- 가연성 가스용기 보관 장소에는 방폭형 휴대용 손전등 외의 등화를 지니고 들어가지 않는다.
- 용기 보관 장소는 그 경계를 명시하고, 외부에서 보기 쉬운 장소에 경계 표시를 한다.
- 가연성 가스 및 산소 충전용기 보관실은 불연성 재료를 사용하고, 지붕은 가벼운 재료로 한다.
- 용기 보관 장소에는 작업에 필요한 물건 외에는 두지 않는다.
- 가연성 가스의 용기 보관실은 가스가 누출될 때 체류하지 아니하도록 통풍구를 갖춘다.
- 통풍이 잘되지 않는 곳에는 강제 환기시설을 설치한다.
- 독성가스용기 보관실에는 가스누출검지경보장치를 설치하여야 한다.
- 공기보다 무거운 가연성 가스의 용기 보관실에는 가스누출검지경보장치를 설치하여야 한다.
- 아세틸렌가스를 용기에 충전하는 장소 및 충전용기 보관 장소에는 화재 등에 의한 파열을 방지하기 위하여 살수장치를 설치해야 한다.

㉡ 요 령
- 충전용기와 잔가스용기는 각각 구분하여 용기 보관 장소에 놓는다.
- 가연성 가스, 독성가스 및 산소의 용기는 각각 구분하여 용기 보관 장소에 놓는다.
- 충전용기는 항상 40[℃] 이하의 온도를 유지하고, 직사광선을 받지 않도록 조치한다.
- (밸브가 돌출된) 충전용기(내용적이 5[L] 이하인 것은 제외)에는 넘어짐 등에 의한 충격 및 밸브의

손상을 방지하는 등의 조치를 하고 난폭하게 취급하지 않는다.
- 산화에틸렌의 저장탱크에는 45[℃]에서 그 내부가스의 압력이 0.4[MPa] 이상이 되도록 탄산가스를 충전한다.
- 소비 중에는 물론 이동, 저장 중에도 아세틸렌 용기를 세워 두는 이유는 아세틸렌의 누출을 막기 위해서이다.
- 사이안화수소의 저장은 용기에 충전한 후 60일을 초과하지 아니한다.

⑤ 도시가스 중의 유해성분 물질
  ㉠ H_2S(황화수소) : 0.02[g] 이하
  ㉡ S(유황) : 0.5[g] 이하
  ㉢ NH_3(암모니아) : 0.2[g] 이하

⑥ 독성가스의 허용농도, 제독조치와 흡수제, 중화제(제독제)
  ㉠ 허용농도 : 포스겐($COCl_2$) 0.1[ppm], 염소(Cl_2) 1[ppm], 황화수소(H_2S) 10[ppm], 사이안화수소(HCN) 10[ppm], 암모니아(NH_3) 25[ppm], 일산화탄소(CO) 50[ppm], 산화에틸렌(C_2H_4O) 50[ppm]
  ㉡ 독성가스의 제독조치 : 흡수제에 의한 흡수, 중화제에 의한 중화, 제독제 살포에 의한 제독
  ㉢ 흡수제, 중화제(제독제)
    - 염소 : 가성소다(수용액, 670[kg]), 탄산소다(수용액, 870[kg]), 소석회(620[kg])
    - 포스겐 : 가성소다(수용액, 390[kg]), 소석회(360[kg])
    - 황화수소 : 가성소다(수용액, 1,140[kg]), 탄산소다(수용액, 1,500[kg])
    - 사이안화수소 : 가성소다(수용액, 250[kg])
    - 아황산가스 : 가성소다(수용액, 530[kg]), 탄산소다(수용액, 700[kg]), 다량의 물
    - 암모니아, 산화에틸렌, 염화메탄 : 다량의 물

⑦ 유황분 정량 시 표준용액 : 수산화나트륨

⑧ 가스의 품질검사

가스	순도	검사방법	검사 시약
산소	99.5[%] 이상	오르자트법	동, 암모니아 시약
수소	98.5[%] 이상	오르자트법	파이로갈롤 또는 하이드로설파이드 시약
아세틸렌	98[%] 이상	오르자트법	발연 황산
		뷰렛법	브롬 시약
		정성시험법	질산은 시약

※ 산소, 아세틸렌 및 수소를 제조하는 자가 실시하여야 하는 품질검사의 주기는 1일 1회 이상이다.

⑨ 허가를 받아야 하는 가스사업
  ㉠ 압력조정기 제조사업을 하고자 하는 자
  ㉡ LPG 자동차 용기충전사업을 하고자 하는 자
  ㉢ 도시가스용 보일러 제조사업을 하고자 하는 자
  ㉣ 가스도매사업을 하려는 자
  ㉤ 액화석유가스 판매사업을 하려는 자

10년간 자주 출제된 문제

1-1. 다음 중 가스 관련 용어에 대한 설명으로 틀린 것은?
① 가연성 가스란 공기 중에서 연소하는 가스로, 폭발하한이 10[%] 이하인 것과 폭발한계의 상한과 하한의 차가 20[%] 이상인 것을 말한다.
② 독성가스란 공기 중에 일정량 이상 존재하는 경우 인체에 유해한 독성을 가진 가스로, LC_{50} 허용농도가 100만분의 5,000 이하인 것을 말한다.
③ 액화가스란 가압 냉각 등의 방법에 의하여 액체 상태로 되어 있는 것으로, 대기압에서의 끓는점이 40[℃] 이상 또는 상용온도 이상인 것을 말한다.
④ 압축가스란 일정한 압력에 의하여 압축되어 있는 가스를 말한다.

1-2. 다음 중 불연성 가스가 아닌 것은?
① 아르곤 ② 탄산가스
③ 질소   ④ 일산화탄소

1-3. 다음 중 독성이면서 가연성인 가스는?
① 일산화탄소, 황화수소, 사이안화수소
② 일산화탄소, 황화수소, 아황산가스
③ 일산화탄소, 염화수소, 사이안화수소
④ 일산화탄소, 염화수소, 아황산가스

10년간 자주 출제된 문제

1-4. 다음 중 독성가스의 제독제로 사용되지 않는 것은?
① 가성소다수용액
② 탄산소다수용액
③ 물
④ 암모니아수

1-5. 저장량 15[ton]의 액화산소 저장탱크를 지하에 설치할 경우 인근에 위치한 연면적 300[m²]인 교회와 몇 [m] 이상의 거리를 유지하여야 하는가?
① 6
② 7
③ 12
④ 14

1-6. 내용적 10[m³]의 액화산소 저장설비(지상 설치)와 제1종 보호시설과 유지해야 할 안전거리는 몇 [m]인가?(단, 액화산소의 비중은 1.14이다)
① 7
② 9
③ 14
④ 21

[해설]

1-1
액화가스란 액체 상태로 되어 있는 것으로, 대기압에서의 끓는점이 40[℃] 이하 또는 상용온도 이하인 것을 말한다.

1-2
일산화탄소는 불연성 가스가 아니라 가연성 가스이며 독성가스이다.

1-3
독성이면서 가연성인 가스: 일산화탄소, 황화수소, 사이안화수소

1-4
암모니아수는 제독제가 아니라 독성가스에 해당한다.

1-5
이 경우 지상에서의 안전거리가 14[m]이므로 지하에 설치할 경우는 $14 \times \frac{1}{2} = 7$[m]이다.

1-6
저장능력 $= 0.9 dV = 0.9 \times 1.14 \times 10 \times 1,000 = 10,260$[kg]이므로, 1만 초과 2만 이하일 때 제1종 보호시설과의 안전거리 14[m]를 유지해야 한다.

정답 1-1 ③ 1-2 ④ 1-3 ① 1-4 ④ 1-5 ② 1-6 ③

핵심이론 02 가스의 특성

① 가스의 제반현상

㉠ 산소 중에서 물질의 연소성 및 폭발성
  • 기름이나 그리스 같은 가연성 물질은 발화 시에 산소 중에서 거의 폭발적으로 반응한다.
  • 산소농도나 산소분압이 높아질수록 물질의 발화온도는 낮아진다.
  • 폭발한계 및 폭굉한계는 공기 중과 비교할 때 산소 중에서 현저하게 넓어진다.
  • 산소 중에서는 물질의 점화에너지가 낮아진다.

㉡ 대기 중에 방출되었을 때 분자량이 작은 기체일수록 빨리 공기 중으로 확산된다.
  예 질소 > 산소 > 프로판 > 부탄

㉢ 분해폭발을 일으키는 가스 : 아세틸렌(C_2H_2), 에틸렌(C_2H_4), 산화에틸렌(C_2H_4O) 등

㉣ 공기 중에 누출되었을 때
  • 바닥에 고이는 가스
    - 분자량이 공기의 평균 분자량 29보다 큰 가스
    - 프로판(C_3H_8), 부탄(C_4H_{10}), 산화에틸렌(C_2H_4O), 염소(Cl_2), 포스겐, 황화수소 등
  • 바닥에 고이지 않는 가스
    - 분자량이 공기의 평균 분자량 29보다 작은 가스
    - 메탄(CH_4), 암모니아(NH_3), 아세틸렌(C_2H_2), 에틸렌(C_2H_4)

② 가스 취급 시 주의사항

㉠ 산소 취급 시 주의사항
  • 액체 충전 시에는 불연성 재료를 밑에 깔 것
  • 가연성 가스 충전용기와 함께 저장하지 말 것
  • 고압가스설비의 기밀시험용으로 사용하지 말 것
  • 밸브의 나사 부분에 그리스를 사용하여 윤활시키지 말 것

ⓛ 염소가스 취급 시 주의사항
- 재해제로 소석회 등이 사용된다.
- 염소압축기의 윤활유로는 진한 황산이 사용된다.
- 수소와 염소폭명기를 일으키므로 동일한 차량에 적재를 금한다.
- 독성이 강하여 흡입하면 호흡기가 상한다.
- 가스용량이 저장탱크 내용적의 90[%]를 초과하는 것을 방지하기 위하여 과충전방지조치를 하여야 한다.

ⓒ 폭발 및 인화성 위험물 취급 시 주의사항
- 습기가 없고 통풍이 잘되는 냉암소에 둔다.
- 취급자 외에는 취급하지 않는다.
- 부근에서 화기를 사용하지 않는다.
- 용기는 난폭하게 취급하거나 충격을 주어서는 안 된다.

③ 가스 충전 시 기준
㉠ 아세틸렌의 충전 시 기준
- 습식 아세틸렌 발생기 표면은 70[℃] 이하의 온도를 유지해야 한다.
- 용기 충전 중의 압력은 2.5[MPa] 이하로 하고, 충전 후에는 정치하여야 한다.
- 용기에 충전하는 다공물질의 다공도는 75[%] 이상 92[%] 미만이어야 한다.
- 아세틸렌가스 충전 시 희석제 : 질소(N_2), 메탄(CH_4), 일산화탄소(CO), 에틸렌(C_2H_4)
- 아세틸렌가스 충전 시 침윤제 : 아세톤, 다이메틸폼아마이드(DMF) 등

ⓒ 사이안화수소의 충전 시 기준
- 아황산가스 또는 황산 등의 안정제를 첨가한 것이어야 한다.
- 충전 후 60일이 경과하기 전에 다른 용기로 옮겨 충전한다.
- 용기에 충전하는 사이안화수소의 순도는 98[%] 이상이며 착색되지 아니한 것이어야 한다(이러한 것은 충전한 후 60일이 경과되기 전 다른 용기에 옮겨 충전하지 않아도 된다).
- 충전한 용기는 24시간 이상 정치하여야 한다.
- 사이안화수소를 충전한 용기는 충전 후 24시간 정치시킨 후 1일 1회 이상 질산구리벤젠 등의 시험지로 가스누출검사를 하여야 한다.

10년간 자주 출제된 문제

2-1. 아세틸렌가스 충전 시 희석제로 적합한 것은?
① N_2
② C_3H_8
③ SO_2
④ H_2

2-2. 사이안화수소의 충전 시 주의사항의 기준으로 틀린 것은?
① 용기에 충전하는 사이안화수소의 순도는 99[%] 이상이어야 한다.
② 아황산가스 또는 황산을 안정제로 첨가하여야 한다.
③ 충전한 용기는 24시간 이상 정치하여야 한다.
④ 질산구리벤젠 시험지로 1일 1회 이상 가스누출검사를 한다.

|해설|

2-1
아세틸렌가스 충전 시 희석제 : 질소(N_2), 메탄(CH_4), 일산화탄소(CO), 에틸렌(C_2H_4)

2-2
용기에 충전하는 사이안화수소의 순도는 98[%] 이상이며 착색되지 아니한 것이어야 한다.

정답 2-1 ① 2-2 ①

핵심이론 03 가스의 운반

① 가스 운반의 개요

  ㉠ 독성가스 용기운반 등의 기준
  - 충전용기를 운반하는 가스 운반 전용 차량의 적재함에는 리프트를 설치한다.
  - 용기의 충격을 완화하기 위하여 완충판 등을 비치한다.
  - 충전용기를 용기 보관 장소로 운반할 때에는 가능한 한 손수레를 사용하거나 용기의 밑부분을 이용하여 운반한다.
  - 충전용기를 차량에 적재할 때에는 운행 중의 동요로 인하여 용기가 충돌하지 않도록 고무링을 씌우거나 적재함에 넣어 세워서 적재한다.
  - 압축가스의 충전용기 중 그 형태 및 운반 차량의 구조상 세워서 적재하기 곤란한 때에는 적재함 높이 이내로 눕혀 적재할 수 있다.
  - 독성가스 충전용기 운반 차량의 경계표지 크기의 가로 치수는 차체 폭의 30[%] 이상으로 한다.

  ㉡ 독성가스 용기 운반 차량 운행 후 조치사항
  - 충전용기를 적재한 차량은 제1종 보호시설에서 15[m] 이상 떨어진 장소에 주정차한다.
  - 충전용기를 적재한 차량은 제2종 보호시설이 밀집한 지역은 피한다.
  - 주정차 장소 선정은 지형을 고려하여 교통량이 적은 안전한 장소를 택한다.
  - 차량의 고장 등으로 인하여 정차하는 경우는 적색 표지판 등을 설치하여 다른 차량과의 충돌을 피하기 위한 조치를 한다.

  ㉢ 2개 이상의 탱크를 동일한 차량에 고정하여 운반하는 경우의 기준
  - 탱크마다 주밸브를 설치한다.
  - 탱크 상호 간 또는 탱크와 차량과 견고하게 부착한다.
  - 충전관에는 긴급탈압밸브를 설치한다.
  - 충전관에는 안전밸브, 압력계를 설치한다.

  ㉣ 가연성 가스 운반 시 반드시 휴대하여야 하는 장비 : 소화설비, 가스누출검지기, 누출방지공구

  ㉤ 운반 책임자의 동승 기준
  - 가스탱크 운반 시 운반 책임자의 동승 기준

압축가스	• 독성(1[ppm] 이상) : 100[m³] 이상 • 가연성 : 300[m³] 이상 • 조연성 : 600[m³] 이상
액화가스	• 독성(1[ppm] 이상) : 1,000[kg] 이상 • 가연성 : 3,000[kg] 이상(에어졸 용기 : 2,000[kg] 이상) • 조연성 : 6,000[kg] 이상

  - 충전용기 운반 시 운반 책임자의 동승 기준

비독성 고압가스	압축가스	• 가연성 : 300[m³] 이상 • 조연성 : 600[m³] 이상
	액화가스	• 가연성 : 3,000[kg] 이상 (에어졸 용기 : 2,000[kg] 이상) • 조연성 : 6,000[kg] 이상
독성 고압가스	압축가스	• 허용농도 100만분의 200 이하 : 10[m³] 이상 • 허용농도 100만분의 200 초과 : 100[m³] 이상
	액화가스	• 허용농도 100만분의 200 이하 : 100[kg] 이상 • 허용농도 100만분의 200 초과 : 1,000[kg] 이상

② 고압가스의 운반

  ㉠ 고압가스 운반 기준
  - 충전용기와 위험물안전관리법이나 소방기본법이 정하는 위험물과는 동일 차량에 적재하여 운반하지 않는다.
  - 고압가스의 운반 기준에서 동일 차량에 적재하여 운반할 수 없는 것 : 염소와 아세틸렌, 염소와 수소, 염소와 암모니아
  - 염소와 아세틸렌, 암모니아 또는 수소는 동일 차량에 혼합 적재 및 운반하지 않는다.
  - 충전용기와 휘발유나 경유는 동일 차량에 적재하여 운반하지 못한다.

- 가연성 가스와 산소를 동일 차량에 적재하여 운반할 때에는 그 충전용기의 밸브가 서로 마주 보지 않도록 적재하여야 한다.
- 가연성 가스 또는 산소를 운반하는 차량에는 소화설비 및 응급조치에 필요한 자재 및 공구를 휴대한다.
- 밸브가 돌출한 충전용기는 캡을 부착시켜 운반한다.
- 차량의 적재함을 초과하여 적재하지 않는다.
- 원칙적으로 이륜차에 적재하여 운반하지 아니한다.
- 차량이 통행하기 곤란한 지역이나 그 밖에 시·도지사가 지정하는 경우에는 다음 기준에 적합한 경우에만 액화석유가스 충전용기를 이륜차(자전거 제외)에 적재하여 운반할 수 있다.
  - 넘어질 경우 용기에 손상이 가지 않도록 제작된 용기 운반 전용 적재함이 장착된 것인 경우
  - 적재하는 충전용기는 충전량이 20[kg] 이하이고, 적재수가 2개를 초과하지 아니한 경우
- 운반 중의 충전용기는 항상 40[℃] 이하로 유지하여야 한다.
- LP 가스를 제외한 수소, 산소 등의 가연성 가스의 탱크의 내용적은 18,000[L]를 초과하지 않아야 한다.
- 액화암모니아를 제외한 액화염소 등의 독성가스의 탱크는 12,000[L]를 초과하지 않아야 한다.
- 저장탱크와 차량 뒷 범퍼와의 수평거리
  - 후부취출식 저장탱크 : 40[cm] 이상
  - 후부취출식 이외의 저장탱크 : 30[cm] 이상
  - 조작상자 : 20[cm] 이상
- 액화가스 중 가연성 가스, 독성가스 또는 산소가 충전된 탱크에는 손상되지 아니하는 재료로 된 액면계를 사용한다.
- 액면 요동을 방지하기 위하여 액화가스 충전탱크 내부에 방파판을 설치한다.
- 방파판은 탱크 내용적 5[m^3] 이하마다 1개씩 설치한다.
- 2개 이상의 탱크를 동일한 차량에 고정하여 운전하는 경우에는 탱크마다 탱크의 주밸브를 설치한다.
- 차량의 앞뒤 보기 쉬운 곳에 각각 붉은 글씨로 '위험고압가스'라는 경계 표시를 하여야 한다.
- 고압가스를 운반하는 차량의 안전경계표지 중 삼각기의 바탕과 글자색 : 적색 바탕 – 황색 글씨

ⓒ 다량의 고압가스를 차량에 적재하여 운반할 경우 운전상의 주의사항
- 부득이한 경우를 제외하고는 장시간 정차해서는 안 된다.
- 차량의 운반 책임자와 운전자가 동시에 차량에서 이탈하지 않아야 한다.
- 200[km] 이상의 거리를 운행하는 경우에는 중간에 충분한 휴식을 취한 후 운행하여야 한다.
- 가스의 명칭, 성질 및 이동 중의 재해방지를 위하여 필요한 주의사항을 기재한 서면을 운반 책임자 또는 운전자에게 교부하고 운반 중에 휴대시켜야 한다.
- 독성가스를 운반하던 중 도난당하거나 분실한 때에는 즉시 그 내용을 경찰서에 신고한다.

③ 차량에 고정된 탱크의 안전
  ㉠ 차량에 고정된 탱크
    - 차량에 고정된 탱크의 내용적
      - 가연성 가스(액화천연가스, 산소 등) : 18,000[L]를 초과할 수 없다(LP 가스 제외).
      - 독성가스(염소 등) : 12,000[L]를 초과할 수 없다(액화암모니아 제외).
    - 차량에 고정된 2개 이상을 서로 연결한 이음매 없는 용기의 운반 차량에 반드시 설치해야 하는 것 : 검지봉, 압력계, 긴급탈압밸브 등

- 차량에 고정된 탱크 운행 시 휴대해야 하는 서류 : 고압가스이동계획서, 차량등록증, 탱크용량환산표, 운전면허증, 차량운행일지, 그 밖에 필요한 서류
ⓒ 차량에 고정된 탱크의 안전 유지 기준
  - 고압가스를 충전하거나 그로부터 가스를 이입받을 때에는 차량정지목을 설치하여야 하나 주변 상황에 따라 이를 생략할 수 있다.
  - 차량에 고정된 탱크에는 안전밸브가 부착되어야 하며 안전밸브는 40[MPa] 이하의 압력에서 작동되어야 한다.
  - 차량에 고정된 탱크에 부착되는 밸브, 부속배관 및 긴급차단장치는 50[MPa] 이상의 압력으로 내압시험을 실시하고 이에 합격된 제품이어야 한다.
  - 차량에 고정된 탱크에 설치된 긴급차단장치는 원격조작에 의하여 작동되고 차량에 고정된 탱크 또는 이에 접속하는 배관의 외면온도가 110[℃]일 때 자동적으로 작동할 수 있어야 한다.
  - 액화석유가스를 충전한 자동차에 고정된 탱크는 지상에 설치된 저장탱크의 외면으로부터 3[m] 이상 떨어져 정차하여야 한다. 다만, 저장탱크와 자동차에 고정된 탱크의 사이에 방호 울타리 등을 설치한 경우에는 3[m] 이상 떨어져 정지하지 아니할 수 있다.
④ LPG 이송설비
  ㉠ 압축기를 이용한 이송방식
    - 펌프에 비해 충전시간이 짧다.
    - 사방밸브를 이용하면 가스의 이송 방향을 변경할 수 있다.
    - 빠르고 용이하게 잔가스를 회수할 수 있다.
    - 베이퍼로크 현상이 생기지 않는다.
    - 드레인, 재액화현상이 발생할 수 있다.
  ㉡ 펌프를 이용한 이송방식
    - 드레인, 재액화현상이 발생하지 않는다.
    - 충전시간이 길다.
    - 잔가스 회수가 불가능하다.
    - 베이퍼로크 현상이 발생할 수 있다.
  ㉢ 차압에 의한 이송방식 : 저장탱크보다 탱크로리의 차압이 더 큰 것을 이용하여 탱크로리에서 저장탱크로 액상가스를 이송하는 방식

> **10년간 자주 출제된 문제**

3-1. 고압가스의 운반 기준에서 동일 차량에 적재하여 운반할 수 없는 것은?
① 염소와 아세틸렌
② 질소와 산소
③ 아세틸렌과 산소
④ 프로판과 부탄

3-2. 액화가스를 차량에 고정된 탱크에 의해 250[km]의 거리까지 운반하려고 한다. 운반 책임자가 동승하여 감독 및 지원을 할 필요가 없는 경우는?
① 에틸렌 : 3,000[kg]
② 아산화질소 : 3,000[kg]
③ 암모니아 : 1,000[kg]
④ 산소 : 6,000[kg]

【해설】

3-1
고압가스의 운반 기준에서 동일 차량에 적재하여 운반할 수 없는 것 : 염소와 아세틸렌, 염소와 수소, 염소와 암모니아

3-2
액화가스의 운반 책임자 동승 기준은 가연성 가스 3,000[kg] 이상, 조연성 가스 6,000[kg] 이상, 독성가스(1[ppm] 이상) 1,000[kg] 이상이다. 아산화질소는 조연성 가스이므로 3,000[kg]이면 운반 책임자가 동승하여 감독 및 지원을 할 필요가 없다.

정답 3-1 ① 3-2 ②

제2절 고압가스의 안전관리

핵심이론 01 고압가스 안전관리의 개요

① 고압가스의 안전
  ㉠ 고압가스 안전관리법의 적용을 받는 고압가스의 종류 및 범위
    - 35[℃]에서 압력 0[Pa]을 초과하는 액화가스 중 액화산화에틸렌가스
    - 상용의 온도에서 압력 1[MPa] 이상이 되는 압축가스로서 실제로 그 압력이 1[MPa] 이상이 되는 것 또는 35[℃]에서 압력 1[MPa] 이상인 압축가스(아세틸렌가스 제외)
    - 상용온도에서 압력 0.2[MPa] 이상인 액화가스로서 실제로 그 압력이 0.2[MPa] 이상이 되는 것
    - 15[℃]에서 압력 0[MPa]을 초과하는 아세틸렌가스
  ㉡ 고압가스안전관리법에서 정하고 있는 특정 고압가스의 종류 : 수소, 산소, 액화암모니아, 아세틸렌, 액화염소, 천연가스, 압축모노실란, 압축다이보레인, 액화알진, 그 밖에 대통령령으로 정하는 고압가스(포스핀, 셀렌화수소, 게르만, 다이실란, 오불화비소, 오불화인, 삼불화인, 삼불화질소, 삼불화붕소, 사불화유황, 사불화규소)
    ※ 고압가스안전관리법에서 정한 특정 고압가스가 아닌 가스 : 염화수소, 질소 등
  ㉢ 고압가스 압축 시 가스를 압축하여서는 안 되는 기준
    - 가연성 가스 중 산소의 용량이 전체 용량의 4[%] 이상의 것
    - 산소 중의 가연성 가스용량이 전체 용량의 4[%] 이상의 것
    - 아세틸렌, 에틸렌 또는 수소 중의 산소용량이 전체 용량의 2[%] 이상의 것
    - 산소 중의 아세틸렌, 에틸렌 또는 수소의 용량 합계가 전체 용량의 2[%] 이상의 것
  ㉣ 에어졸(Aerosol) : 내용액과 액화석유가스(LPG) 등의 분사제가 밀폐용기 안에 혼합되어 있어 사용할 때 분무 형태로 분사되는 가스(제품)
    - 사용의 편리성으로 인해 헤어무스, 헤어스프레이, 살충제, 방향제, 각종 자동차 용품 등 다양한 용도의제품으로 시판된다.
    - 에어졸의 충전 기준에 적합한 용기의 내용적 : 1[L] 이하
    - 에어졸 제조 시 금속제 용기의 두께 : 0.125[mm] 이상

② 고압가스시설 안전
  ㉠ 고압가스 공급시설
    - 안전구획 안에 설치한다.
    - 안전구역의 면적 : 2만[m^2] 미만
  ㉡ 고압가스제조시설
    - 독성가스 및 공기보다 무거운 가연성 가스의 제조시설에는 가스누출검지경보장치를 설치할 것
    - 안전거리 결정요인 : 가스저장능력, 저장하는 가스의 종류, 안전거리를 유지해야 할 건축물의 종류(가스사용량은 아니다)
  ㉢ 고압가스사업소에 설치하는 경계표지
    - 경계표지는 외부에서 보기 쉬운 곳에 게시한다.
    - 사업소 내 시설 중 일부만이 같은 법의 적용을 받을 때에는 사업소 전체가 아닌 해당 시설이 설치되어 있는 구획, 건축물 또는 건축물 내에 구획된 출입구 등에 경계표지를 한다.
    - 충전용기 및 잔가스용기 보관 장소는 각각 구획 또는 경계선에 따라 안전 확보에 필요한 용기 상태를 식별할 수 있도록 한다.
    - 경계표지는 법의 적용을 받는 시설이란 것을 외부 사람이 명확히 식별할 수 있어야 한다.

ⓔ 고압가스제조허가의 종류 : 고압가스 특정 제조, 고압가스 일반 제조, 고압가스 충전, 냉동 제조 등
ⓜ 정밀 안전검진 대상시설
- 고압가스특정제조시설로서 특수 반응설비가 설치된 시설
- 노후시설 : 최초의 완성검사를 받은 날부터 15년을 경과한 시설
ⓗ 정기점검 : 점검기록은 2년간 보존

③ 고압가스설비 안전
㉠ 고압가스 관련설비(특정설비) : 안전밸브, 긴급차단장치, 역화방지장치, 기화장치, 압력용기, 자동차용 가스자동주입기, 독성가스 배관용 밸브, 냉동설비를 구성하는 압축기, 응축기, 증발기 또는 압력용기, 특정 고압가스용 실린더 캐비닛, 자동차용 압축천연가스 완속충전설비, 액화가스용 용기 잔류가스 회수장치 등
㉡ 고압가스설비에 설치하는 안전장치의 기준
- 압력계는 상용압력의 1.5배 이상 2배 이하의 최고 눈금이 있는 것으로 한다.
- 아세틸렌 충전용 교체밸브는 충전하는 장소에서 격리하여 설치한다.
- 공기액화분리기에 설치하는 피트는 양호한 환기구조로 한다.
- 에어졸제조시설에는 과압을 방지할 수 있는 자동충전기를 설치한다.
- 고압가스설비는 상용압력이 1.5배 이상의 압력으로 내압시험을 실시하여 이상이 없어야 한다.
㉢ 가스혼합기, 가스정제설비, 배송기, 압송기, 그 밖의 가스공급시설 부대설비의 거리 규정
- 그 외면으로부터 사업장의 경계까지의 거리 : 3[m] 이상 유지
- 최고 사용압력이 고압인 경우, 그 외면으로부터 사업장의 경계까지의 거리 : 20[m] 이상 유지
- 최고 사용압력이 고압인 경우, 그 외면으로부터 제1종 보호시설까지의 거리 : 30[m] 이상 유지
㉣ 내진설계 : 저장탱크 및 압력용기, 지지구조물 및 기초와 이들의 연결부에 적용

가연성, 독성	5[ton] 또는 500[m³] 이상
비가연성, 비독성	10[ton] 또는 1,000[m³] 이상

㉤ 압축기는 그 최종단에, 그 밖의 고압가스설비에는 압력이 상용압력을 초과한 경우에 그 압력을 직접 받는 부분마다 각각 내압시험압력의 8/10 이하의 압력에서 작동되도록 안전밸브를 설치해야 한다.

④ 고압가스의 충전
㉠ 사이안화수소 충전작업
- 용기에 충전하는 사이안화수소는 순도가 98[%] 이상이고, 아황산가스 또는 황산 등의 안정제를 첨가한 것으로 한다.
- 사이안화수소를 충전한 용기는 충전 후 24시간 정치한다.
- 그 후 1일 1회 이상 질산구리벤젠 등의 시험지로 가스의 누출검사를 한다.
- 용기에 충전 연월일을 명기한 표지를 붙이고, 충전한 후 60일이 경과되기 전에 다른 용기에 옮겨 충전한다. 다만, 순도가 98[%] 이상으로서 착색되지 아니한 것은 다른 용기에 옮겨 충전하지 않을 수 있다.
㉡ 아세틸렌 충전작업
- 아세틸렌을 2.5[MPa] 압력으로 압축하는 때에는 질소·메탄·일산화탄소 또는 에틸렌 등의 희석제를 첨가한다.
- 습식 아세틸렌발생기의 표면은 70[℃] 이하의 온도로 유지하고, 그 부근에서는 불꽃이 튀는 작업을 하지 아니한다.
- 아세틸렌을 용기에 충전하는 때에는 미리 용기에 다공물질을 고루 채워 다공도가 75[%] 이상 92[%] 미만이 되도록 한 후 아세톤 또는 다이메틸폼아마이드를 고루 침윤시키고 충전한다.

- 아세틸렌을 용기에 충전하는 때 충전 중의 압력은 2.5[MPa] 이하로 하고, 충전 후에는 15[℃]에서 압력이 1.5[MPa] 이하로 될 때까지 정치하여 둔다.
- 상하의 통으로 구성된 아세틸렌발생장치로 아세틸렌을 제조하는 때에는 사용 후 그 통을 분리하거나 잔류가스가 없도록 조치한다.

ⓒ 산소 충전작업
- 산소를 용기에 충전하는 때에는 미리 용기밸브 및 용기의 외부에 석유류 또는 유지류로 인한 오염 여부를 확인하고 오염된 경우에는 용기 내·외부를 세척하거나 용기를 폐기한다.
- 용기와 밸브 사이에는 가연성 패킹을 사용하지 아니한다.
- 산소 또는 천연메탄을 용기에 충전하는 때에는 압축기(산소압축기는 물을 내부 윤활제로 사용한 것에 한정)와 충전용 지관 사이에 수취기를 설치하여 그 가스 중의 수분을 제거한다.
- 밀폐형의 수전 해조에는 액면계와 자동급수장치를 설치한다.

ⓔ 산화에틸렌 충전작업
- 산화에틸렌의 저장탱크는 그 내부의 질소가스, 탄산가스 및 산화에틸렌가스의 분위기가스를 질소가스 또는 탄산가스로 치환하고 5[℃] 이하로 유지한다.
- 산화에틸렌을 저장탱크 또는 용기에 충전하는 때에는 미리 그 내부 가스를 질소가스 또는 탄산가스로 바꾼 후에 산 또는 알칼리를 함유하지 아니하는 상태로 충전한다.
- 산화에틸렌의 저장탱크 및 충전용기에는 45[℃]에서 그 내부 가스의 압력이 0.4[MPa] 이상이 되도록 질소가스 또는 탄산가스를 충전한다.

ⓜ 방호벽을 설치해야 하는 장소
- 압축기와 그 충전 장소 사이 (압축가스 압력 9.8[MPa] 이상)
- 압축기와 그 가스 충전용기 보관 장소 사이
- 충전장소와 그 충전용 주관밸브 조작밸브 사이
- 판매시설의 용기 보관실 벽

⑤ 점검, 검사, 시험
ⓐ 고압가스제조설비의 사용 개시 전 점검항목
- 자동제어장치의 기능
- 가스설비의 전반적인 누출 유무
- 배관계통의 밸브 개폐상황
- 가스설비에 있는 내용물 상황
- 전기, 물 등 유틸리티 시설의 준비상황
- 회전기계의 윤활유 보급상황
- 비상전력 등의 준비상황

ⓑ 검사 대상 독성가스 배관용 밸브 : 볼밸브, 글로브밸브, 콕 등

⑥ 수 리
ⓐ 용기 제조자의 수리범위 : 용기 몸체의 용접, 용기 부속품의 부품 교체, 초저온용기의 단열재 교체, 아세틸렌 용기 내의 다공질물 교체, 용기의 스커트·프로텍터·네크링의 교체 및 가공 등
ⓑ 고압가스 특정설비 제조자의 수리범위 : 단열재 교체, 특정설비의 부품 교체, 특정설비의 부속품 교체 및 가공(용기밸브의 부품 교체, 냉동기의 부품 교체 등 포함), 용접가공 등
ⓒ 특정설비의 부품을 교체할 수 있는 수리자격자 : 특정설비 제조자, 고압가스 제조자, 검사기관 등
ⓓ 수리자격별 수리범위
- 저장능력 50[ton]의 액화석유가스용 저장탱크 제조자는 해당 제품의 부속품 교체 및 가공이 가능하며, 필요한 경우 단열재를 교체할 수 있다.
- 액화산소용 초저온용기 제조자는 해당 용기에 부착되는 용기 부속품을 탈부착할 수 있으며 용기 용체의 용접도 가능하다.

- 열처리 설비를 갖춘 용기전문검사기관에서는 LPG 용기의 프로텍터, 스커트 교체가 가능하다.
- 저장능력이 50[ton]인 석유정제업자의 석유정제시설에서 고압가스를 제조하는 자는 해당 저장시설의 단열재 교체를 할 수 없으며 특정 고압가스를 제조하는 자만이 단열재 교체가 가능하다.

ⓒ 가스 치환
- 독성가스 : 독성가스를 제해시키고 독성가스의 농도가 TLV-TWA 기준농도 이하로 될 때까지 불활성 가스로 치환한 후 작업한다.
- 가연성 가스 : 폭발하한의 1/4 이하(25[%] 이하) 또는 허용농도 이하가 되도록 치환한다.
- 산소가스설비를 수리 또는 청소할 때 산소농도 22[%] 이하가 될 때까지 공기나 질소로 치환한다. 이때 작업원이 들어가는 경우는 산소농도 18~22[%] 범위의 치환을 한다.
- 불활성 가스의 경우 치환작업의 제어점은 산소농도를 최소 산소농도보다 4[%] 이상 낮게 한다. 즉, 최소 산소농도가 10[%]인 경우 치환작업으로 산소농도는 6[%] 이하가 되도록 한다.
- 가스 치환 시 농도 확인은 가스검지기로 한다.

ⓑ 운전 정지 후 수리할 때의 유의사항
- 가스 치환작업
- 배관 차단 확인
- 장치 내 가스분석

10년간 자주 출제된 문제

1-1. 고압가스안전관리법의 적용을 받는 고압가스의 종류 및 범위에 대한 설명 중 틀린 것은?(단, 압력은 게이지압력이다)
① 35[℃]의 온도에서 압력이 0[Pa]을 초과하는 액화가스 중 액화산화에틸렌가스
② 상용의 온도에서 압력이 1[MPa] 이상이 되는 압축가스로서 실제로 그 압력이 1[MPa] 이상이 되는 것 또는 35[℃]의 온도에서 압력이 1[MPa] 이상이 되는 압축가스(아세틸렌가스 제외)
③ 상용온도에서 압력이 0.2[MPa] 이상이 되는 액화가스로서 실제로 그 압력이 0.2[MPa] 이상이 되는 것
④ 상용의 온도에서 압력이 0[MPa] 이상인 아세틸렌가스

1-2. 고압가스 특정설비 제조자의 수리범위에 해당되지 않는 것은?
① 단열재 교체
② 특정설비의 부품 교체
③ 특정설비의 부속품 교체 및 가공
④ 아세틸렌 용기 내의 다공질물 교체

1-3. 특정설비의 부품을 교체할 수 없는 수리 자격자는?
① 용기 제조자
② 특정설비 제조자
③ 고압가스 제조자
④ 검사기관

|해설|

1-1
④ 15[℃]에서 압력이 0[MPa]을 초과하는 아세틸렌가스

1-2
고압가스 특정설비 제조자의 수리범위 : 단열재 교체, 특성설비의 부품 교체, 특정설비의 부속품 교체 및 가공(용기밸브의 부품 교체, 냉동기의 부품 교체 등 포함), 용접가공 등

1-3
특정설비의 부품을 교체할 수 있는 수리자격자 : 특정설비 제조자, 고압가스 제조자, 검사기관 등

정답 1-1 ④ 1-2 ④ 1-3 ①

핵심이론 02 고압가스 제조의 시설, 기술 기준

① 고압가스 일반 제조기술 및 시설

㉠ 고압가스 일반 제조기술 및 시설 기준

- 가스설비 또는 저장설비는 그 외면으로부터 화기(그 설비 안의 것은 제외)를 취급하는 장소까지 2[m](가연성 가스 또는 산소의 가스설비 또는 저장설비는 8[m]) 이상의 우회거리를 유지하여야 하고, 가스설비와 화기를 취급하는 장소 사이에는 그 가스설비로부터 누출된 가스가 유동하는 것을 방지하기 위한 적절한 조치를 한다.
- 가연성가스제조시설의 고압가스설비(저장탱크 및 배관은 제외)는 하나의 고압가스설비에서 발생한 위해요소가 다른 고압가스설비로 전이되지 않도록 필요한 조치를 한다.
  - 고압가스설비의 외면으로부터 다른 가연성가스제조시설의 고압가스설비와 5[m] 이상 거리를 유지한다.
  - 고압가스설비의 외면으로부터 산소제조시설의 고압가스설비와 10[m] 이상의 거리를 유지한다.
- 고압가스제조시설에서 재해가 발생할 경우 그 재해의 확대를 방지하기 위하여 가연성 가스설비 또는 독성가스설비는 통로·공지 등으로 구분된 안전구역에 설치하는 등 필요한 조치를 마련한다.
- 고압가스설비에 장치하는 압력계는 상용압력의 1.5배 이상 2배 이하의 최고 눈금이 있어야 한다.
- 소형 저장탱크 및 충전용기는 항상 40[℃] 이하를 유지한다.
- 공기보다 가벼운 가연성 가스의 가스설비실에는 두 방향 이상의 개구부 또는 강제환기설비를 설치하거나 이들을 병설하여 환기를 양호하게 한 구조로 해야 한다(가스의 성질, 처리 또는 저장가스의 양, 설비의 특성 및 실의 넓이 등을 고려해야 한다).
- 저장능력이 1,000[ton] 이상인 가연성 가스(액화가스)의 지상 저장탱크의 주위에는 방류둑을 설치하여야 한다.
- 초저온 저장탱크에의 환형 유리관 액면계 설치 여부 : 산소 또는 불활성 가스에 한정하여 설치 가능하다.
- 아세틸렌의 충전용 교체밸브는 충전하는 장소에서 격리하여 설치한다.
- 공기액화분리기로 처리하는 원료공기의 흡입구는 공기가 맑은 곳에 설치한다.
- 공기액화분리기에 설치하는 피트는 양호한 환기구조로 한다.
- 공기액화분리기(1시간의 공기압축량이 1천[m^3] 이하의 것은 제외)의 액화공기탱크와 액화산소 증발기와의 사이에는 석유류·유지류 그 밖의 탄화수소를 여과·분리하기 위한 여과기를 설치한다.
- 에어졸제조시설에는 정량을 충전할 수 있는 자동충전기를 설치하고, 인체에 사용하거나 가정에서 사용하는 에어졸의 제조시설에는 불꽃길이 시험장치를 설치한다.
- 에어졸제조시설에는 온도를 46[℃] 이상 50[℃] 미만으로 누출시험을 할 수 있는 에어졸 충전용기의 온수시험탱크를 설치한다.
- 액화가스를 용기에 충전하는 시설에는 액화가스의 저장능력을 초과하지 않도록 과충전 방지설비를 갖춘다. 다만, 비독성·비가연성의 초저온가스는 그러하지 아니하다.
- 액화가스의 저장능력 초과 여부를 확인하는 방법은 계측기를 사용하여 측정하는 것이거나 이에 갈음할 수 있는 유효한 방법으로 한다.
- 가연성이거나 독성인 액화가스를 용기에 충전하는 시설에서 검지되었을 때는 지체 없이 경보(버저 등 음향으로 하는 것)를 울리는 것으로 한다.

- 경보는 해당 충전작업 관계자가 상주하는 장소 및 작업 장소에서 명확하게 들을 수 있는 것으로 한다.

ⓒ 고압가스제조장치의 재료
- 상온, 건조 상태의 염소가스에서는 탄소강을 사용할 수 있다.
- 아세틸렌에 접촉하는 부분에 사용하는 재료
  - 동 또는 동 함유량이 62[%]를 초과하는 동합금을 사용할 수 없다.
  - 충전용 지관에는 탄소 함유량이 0.1[%] 이하의 강을 사용한다.
  - 굴곡에 의한 응력이 일부에 집중되지 않도록 된 형상으로 한다.
- 탄소강에 나타나는 조직의 특성은 탄소(C)의 양에 따라 달라진다.
- 암모니아 합성탑 내통의 재료로는 18-8 스테인리스강을 사용한다.

ⓒ 운전 중의 1일 1회 이상 점검항목
- 가스설비로부터의 누출
- 온도, 압력, 유량 등 조업조건의 변동상황
- 탑류, 저장탱크류, 배관 등의 진동 및 이상음

② 안전밸브의 점검주기 : 압축기 최종단에 설치한 경우는 1년에 1회 이상, 나머지의 경우는 2년에 1회 이상

② 고압가스 특정 제조기술 및 시설
  ㉠ 고압가스 특정 제조기술 및 시설 기준
  - 가연성 가스 또는 산소의 가스설비 부근에는 작업에 필요한 양 이상의 연소하기 쉬운 물질을 두지 않을 것
  - 산소 중의 가연성 가스의 용량이 전 용량의 4[%] 이상의 것은 압축을 금지할 것
  - 석유류 또는 글리세린은 산소압축기의 내부 윤활제로 사용하지 말 것
  - 산소 제조 시 공기액화분리기 내에 설치된 액화산소통 내의 액화산소는 1일 1회 이상 분석할 것

  ㉡ 특수반응설비
  - 고압가스설비 중 반응기 또는 이와 유사한 설비로, 현저한 발열반응 또는 부차적으로 발생하는 2차 반응으로 인하여 폭발 등의 위해가 발생할 가능성이 큰 설비이며 내부 반응감시설비를 설치해야 한다.
  - 종류 : 암모니아 2차 개질로, 에틸렌제조시설의 아세틸렌 수첨탑, 사이클로헥산제조시설의 벤젠 수첨 반응기, 산화에틸렌제조시설의 에틸렌과 산소 또는 공기와의 반응기, 석유정제에 있어서 중유수첨탈황 반응기 및 수소화 분해반응기, 저밀도 폴리에틸렌 중합기, 메탄올 합성 반응탑 등

  ㉢ 가스누출검지경보장치
  - 경보농도는 가연성 가스인 경우 폭발하한계의 1/4 이하, 독성가스인 경우 TLV-TWA 기준농도 이하로 하여야 한다.
  - 경보를 발신한 후에는 가스농도가 변화하여도 계속 경보를 울려야 하며, 확인 또는 대책을 조치한 후 경보가 정지되어야 한다.
  - 검지에서 발신까지 걸리는 시간은 경보농도의 1.6배 농도에서 보통 30초 이내로 한다.
  - 지시계의 눈금은 가연성 가스인 경우 0~폭발하한계값, 독성가스인 경우 0~TLV-TWA 기준농도의 3배 값(암모니아를 실내에서 사용하는 경우에는 150[ppm])을 명확하게 지시하여야 한다.
  - 경보기의 정밀도는 경보농도설정치에 대하여 가연성 가스용은 ±25[%] 이하, 그리고 독성가스용은 ±30[%] 이하이어야 한다.
  - 검지경보장치의 경보정밀도는 전원의 전압 등 변동이 ±10[%] 정도일 때에도 저하되지 아니하여야 한다.

- 비상전력설비 : 타처 공급전력, 자가발전, 축전지장치 등
ㄹ) 설비 사이의 거리 기준
- 안전구역 안의 고압가스설비는 그 외면으로부터 다른 안전구역 안에 있는 고압가스설비의 외면까지 30[m] 이상의 거리를 유지한다.
- 제조설비의 외면으로부터 그 제조소의 경계까지 20[m] 이상의 거리를 유지한다.
- 하나의 안전관리체계로 운영되는 2개 이상의 제조소가 한 사업장에 공존하는 경우에는 20[m] 이상의 안전거리를 유지한다.
- 액화천연가스 저장탱크는 그 외면으로부터 처리능력이 20만[m^3] 이상인 압축기까지 30[m] 이상을 유지한다.

ㅁ) 작업원에 대한 제독작업에 필요한 보호구의 장착 훈련주기 : 매 3개월마다 1회 이상

③ 고압가스 냉동제조기술 및 시설
ㄱ) 고압가스 냉동제조의 기술 수준
- 암모니아를 냉매로 사용하는 냉동제조시설에는 제독제로 물을 다량 보유한다.
- 냉동기의 재료는 냉매가스, 흡수용액, 윤활유, 이들의 혼합물 등으로 인한 화학작용에 의하여 약화되지 않는 것으로 한다.
- 냉동기의 냉매설비는 설계압력 이상의 압력으로 실시하는 기밀시험 및 설계압력의 1.5배 이상의 압력으로 하는 내압시험에 각각 합격한 것이어야 한다.
- 독성가스를 사용하는 내용적이 1만[L] 이상인 수액기 주위에는 방류둑을 설치한다.
- 해당 냉동설비의 냉동능력에 대응하는 환기구의 면적을 확보하지 못하는 때에는 그 부족한 환기구 면적에 대하여 냉동능력 1[ton]당 2[m^3/min] 이상의 강제환기장치를 설치해야 한다.

ㄴ) 1일의 냉동능력 1[ton] 산정 기준
- 원심식 압축기를 사용하는 냉동설비 : 압축기의 원동기 정격출력 1.2[kW]
- 흡수식 냉동설비 : 발생기를 가열하는 1시간의 입열량 6,640[kcal]

ㄷ) 고압가스냉동제조시설의 냉동능력 합산 기준
- 냉매가스가 배관에 의하여 공통으로 되어 있는 냉동설비
- 냉매계통을 달리하는 2개 이상의 설비가 1개의 규격품으로 인정되는 설비 내에 조립되어 있는 것(유닛형)
- 2원 이상의 냉동방식에 의한 냉동설비
- 모터 등 압축기의 동력설비를 공통으로 하고 있는 냉동설비
- 브라인(Brine)을 공통으로 사용하는 2개 이상의 냉동설비(브라인 중 물과 공기는 미포함)

ㄹ) 냉동제조의 시설 기준으로 안전장치를 설치해야 하는 경우
- 냉매설비에는 그 설비 내의 냉매가스의 압력이 상용의 압력을 넘는 경우에 즉시 상용의 압력 이하로 되돌릴 수 있는 안전장치를 설치할 것
- 상기의 규정에 의하여 설치한 안전장치(용전 제외) 중 안전밸브에는 방출관을 설치하되 방출관의 방출구 위치는 다음 기준에 의할 것
  - 가연성 가스의 냉매설비에 설치하는 경우에는 지상으로부터 5[m] 이상의 높이로 주위에 화기 등이 없는 안전한 위치에 설치할 것
  - 독성가스의 냉매설비에 설치하는 것은 그 독성가스의 중화를 위한 설비 안에 설치할 것
  - 그 밖의 가스는 건축물 외부의 안전한 위치에 설치할 것. 다만, 지하에 설치된 냉매설비의 경우에는 역류되지 아니하는 배기덕트에 방출구를 연결하여 지상의 안전한 위치로 배출토록 할 수 있다.

10년간 자주 출제된 문제

2-1. 고압가스특정제조시설에 설치되는 가스누출검지경보장치의 설치 기준에 대한 설명으로 옳은 것은?

① 경보농도는 가연성 가스의 경우 폭발한계의 1/2 이하로 하여야 한다.
② 검지에서 발신까지 걸리는 시간은 경보농도의 1.2배 농도에서 보통 20초 이내로 한다.
③ 경보기의 정밀도는 경보농도설정치에 대하여 가연성 가스용은 ±25[%] 이하이어야 한다.
④ 검지경보장치의 경보 정밀도는 전원의 전압 등 변동이 ±20[%] 정도일 때에도 저하되지 아니하여야 한다.

2-2. 시간당 66,400[kcal]를 흡수하는 냉동기의 용량은 몇 냉동톤인가?

① 20 ② 24
③ 28 ④ 32

【해설】

2-1
③ 경보기의 정밀도는 경보농도설정치에 대하여 가연성 가스용은 ±25[%] 이하, 그리고 독성가스용은 ±30[%] 이하이어야 한다.
① 경보농도는 가연성 가스의 경우 폭발한계의 1/4 이하로 하여야 한다.
② 검지에서 발신까지 걸리는 시간은 경보농도의 1.6배 농도에서 보통 30초 이내로 한다.
④ 검지경보장치의 경보 정밀도는 전원의 전압 등 변동이 ±10[%] 정도일 때에도 저하되지 아니하여야 한다.

2-2

$$냉동톤[RT] = \frac{q_2}{3,320} = \frac{66,400}{3,320} = 20[RT]$$

정답 2-1 ③ 2-2 ①

핵심이론 03 고압가스설비

① 고압가스 저장설비

㉠ 고압가스 저장설비에 설치하는 긴급차단장치
- 저장설비의 내부에 설치하여도 된다.
- 동력원은 액압, 기압, 전기 또는 스프링으로 한다.
- 조작 버튼은 저장설비의 외면으로부터 5[m] 이상 떨어진 위치에서 조작할 수 있는 곳에 설치한다.
- 간단하고 확실하며 신속히 차단되는 구조이어야 한다.

㉡ 저장탱크에 가스를 5[m³] 이상 저장하는 것에는 가스방출장치를 설치해야 한다.

㉢ 고압가스 저장설비 내부 수리의 순서 : 작업계획 수립 → 불연성 가스로 치환 → 공기로 치환 → 산소농도 측정(18~21[%]) → 작업

② 고압가스 저장탱크

㉠ (가연성 가스) 고압가스 저장탱크 및 처리설비를 실내에 설치하는 경우의 기준
- 저장탱크실과 처리설비실은 각각 구분하여 설치하되 강제환기시설을 갖춘다.
- 천장, 벽 및 바닥의 두께가 각각 30[cm] 이상인 철근콘크리트로 만든 실로서 방수처리가 된 것으로 한다.
- 저장탱크이 정상부아 저장탱크실 천장까이 거리는 60[cm] 이상으로 한다.
- 가스 방출관의 설치 위치 : 저장탱크에 설치한 안전밸브는 지상으로부터 5[m] 이상 또는 저장탱크의 정상부로부터 2[m]의 높이 중 높은 위치에 방출구가 있는 가스 방출관을 설치한다.

㉡ 특정제조시설의 저장량 15[ton]인 액화산소 저장탱크의 설치
- 저장탱크 외면으로부터 인근 주택과의 안전거리는 9[m] 이상 유지하여야 한다.

- 저장탱크 또는 배관에는 그 저장탱크 또는 배관을 보호하기 위하여 온도 상승 방지 등 필요한 조치를 하여야 한다.
- 저장탱크는 그 외면으로부터 화기를 취급하는 장소까지 8[m] 이상의 우회거리를 유지하여야 한다.
- 저장탱크 주위에는 액상의 가스가 누출한 경우에 그 유출을 방지하기 위한 조치를 반드시 할 필요는 없다.

ⓒ 고압가스특정제조시설의 저장탱크 설치방법 중 위해방지를 위하여 고압가스 저장탱크를 지하에 매설할 경우, 저장탱크 주위에 모래를 채워야 한다.

ⓒ 물분무장치
- 물분무장치는 30분 이상 동시에 방사할 수 있는 수원에 접속되어야 한다.
- 물분무장치는 매월 1회 이상 작동상황을 점검하여야 한다.
- 물분무장치는 저장탱크 외면으로부터 15[m] 이상 떨어진 위치에서 조작할 수 있어야 한다.
- 물분무장치는 표면적 1[m^2]당 8[L/min]을 표준으로 한다.

③ 고압가스용기

ⓐ 용기에 의한 고압가스 판매시설의 기준
- 사업소의 부지는 고압가스 운반 차량의 통행에 지장이 없도록 폭 4[m] 이상의 도로와 접하는 곳으로 한다. 다만, 교통 소통에 지장이 없는 경우에는 폭 4[m] 이상의 도로와 접하지 않을 수 있다.
- 가연성 가스 및 독성가스의 충전용기 보관실의 주위 2[m] 이내에서는 충전용기 보관실에 악영향을 미치지 아니하도록 화기를 사용하거나 인화성 물질이나 발화성 물질을 두지 않는다.
- 저장설비 재료 : 충전용기의 보관실은 불연재료를 사용하고 불연성의 재료나 난연성의 재료를 사용한 가벼운 지붕을 설치한다. 다만, 허가관청이 건축물의 구조로 보아 가벼운 지붕을 설치하기가 현저히 곤란하다고 인정하는 경우에는 허가관청이나 등록관청이 정하는 구조나 시설을 갖추어야 한다.
- 저장설비 구조 : 산소·독성가스 및 가연성 가스의 용기 보관실은 그 용기 보관실에서 누출된 가스가 사무실로 유입되지 아니하는 구조로 하고, 산소·독성가스 또는 가연성 가스를 보관하는 용기 보관실의 면적은 각 고압가스별로 10[m^2] 이상으로 한다.
- 용기 보관실 및 사무실은 동일 부지 내에 구분하여 설치한다. 다만, 해상에서 가스판매업을 하고자 하는 경우에는 용기 보관실을 해상구조물이나 선박에 설치할 수 있다.
- 가연성 가스·산소 및 독성가스의 저장실은 각각 구분하여 설치한다.
- 누출된 가스가 혼합하여 폭발성 가스나 독성가스가 생성될 우려가 있는 경우 그 가스의 용기 보관실은 분리하여 설치한다.

ⓑ 용기의 외면에 도색하는 가스의 종류별 색상
- 액화석유가스 : 회색
- 수소 : 주황색
- 액화염소 : 갈색
- 아세틸렌 : 황색

ⓒ 고압가스용 (용접)용기 제조의 기준
- 용기의 재료는 스테인리스강, 알루미늄 합금, 탄소·인·황의 함유량이 각각 0.33[%], 0.04[%], 0.05[%] 이하인 강 또는 이와 동등 이상의 기계적 성질 및 가공성 등을 가지는 것으로 한다.
- 용기 동판의 최대 두께와 최소 두께의 차이는 평균 두께의 10[%] 이하로 한다.

- 액화석유가스용 강제용기의 스커트 형상은 용기의 축 방향에 대한 수직 단면을 원형으로 하고 하단에는 내측으로 굴곡부를 만들도록 한다.
- 액화석유가스용 강제용기와 스커트 부착은 용접으로 하고, 용기와 접속부의 안쪽 각도는 30[°] 이상으로 한다.
- 용기에는 그 용기의 부속품을 보호하기 위하여 프로텍터 또는 캡을 부착한다.
- 내식성이 없는 용기에는 부식방지도장을 한다.

ⓔ 고압가스 제조자 또는 고압가스 판매자가 실시하는 용기의 안전점검 및 유지관리사항
- 용기는 도색 및 표시가 되어 있는지의 여부를 확인할 것
- 용기 캡이 씌워져 있거나 프로텍터가 부착되어 있는지의 여부를 확인할 것
- 용기밸브의 이탈방지조치 여부를 확인할 것
- 용기의 재검사기간의 도래 여부를 확인할 것
- 유통 중 열영향을 받았는지의 여부를 점검하고 열영향을 받은 용기는 재도색하여 재사용하면 안 되며 폐기 조치할 것

ⓜ 고압가스 용기의 재검사를 받아야 할 경우 : 손상의 발생, 합격 표시의 훼손, 충전할 고압가스 종류의 변경, 산업통상자원부령이 정하는 기간의 경과

④ 고압가스용 이음매 없는 용기 재검사 기준

㉠ 용어 정의
- 카트리지 용기 : 용기 2개 이상을 상호 연결하여 차량에 고정한 이음매 없는 용기
- 점 부식 : 독립된 부식점 지름이 6[mm] 이하이고, 인접한 부식점과의 거리가 50[mm] 이상인 것
- 선 부식 : 선상으로 형성된 부식 및 쇄상이 단속적으로 이어진 부식으로 각각의 폭이 10[mm] 이하인 것
- 일반 부식 : 점 부식과 선 부식 이외의 부식으로 어느 정도 면적이 있는 부식 및 국부적 부식
- 우그러짐 : 두께가 감소하지 아니하고 용기 내부로 변형된 것
- 찍힌 흠 또는 긁힌 흠 : 두께 감소를 동반한 변형으로 금속이 깎이거나 이동된 것
- 열영향 : 용기가 과다한 열로 인하여 영향을 받은 것
  - 도장의 그을음
  - 용기의 일그러짐
  - 밸브 본체 또는 부품의 용융
  - 전기불꽃으로 인한 흠집, 용접불꽃의 흔적
- 최고 충전압력
  - 압축가스를 충전하기 위한 용기 : 35[℃]의 온도에서 그 용기에 충전할 수 있는 가스의 압력 중 최고 압력
  - 저온용기 : 상용압력 중 최고 압력
  - 액화가스를 충전하기 위한 용기 : 내압시험압력의 5분의 3배
- 기밀시험압력 : 초저온용기 및 저온용기의 경우에는 최고 충전압력의 1.1배의 압력, 아세틸렌용기는 최고 충전압력의 1.8배의 압력, 그 밖의 용기는 최고 충전압력
- 내력비 : 내력과 인장강도의 비

㉡ 외관검사 등급 분류(용기의 상태에 따른 등급 분류)
- 1급(합격) : 사용상 지장이 없는 것으로서 2급, 3급 및 4급에 속하지 아니하는 것
- 2급(합격) : 깊이가 1[mm] 이하의 우그러짐이 있는 것 중 사용상 지장 여부를 판단하기 곤란한 것
- 3급(합격)
  - 깊이가 0.3[mm] 미만이라고 판단되는 흠이 있는 것

- 깊이가 0.5[mm] 미만이라고 판단되는 부식이 있는 것
- 4급(불합격)
  - 부식 : 원래의 금속 표면이 알 수 없을 정도로 부식되어 부식 깊이 측정이 곤란한 것, 부식 점의 깊이가 0.5[mm]를 초과하는 점 부식이 있는 것, 길이가 100[mm] 이하이고 부식 깊이가 0.3[m]를 초과하는 선 부식이 있는 것, 길이가 100[mm]를 초과하는 부식 깊이가 0.25[mm]를 초과하는 선 부식이 있는 것, 부식 깊이가 0.25[mm]를 초과하는 일반 부식이 있는 것
  - 우그러짐 및 손상 : 용기 동체 내·외면에 균열·주름 등의 결함이 있는 것, 용기 바닥부 내·외면에 사용상 지장이 있다고 판단되는 균열·주름 등의 결함이 있는 것(다만, 만네스만방식으로 제조된 용기의 경우에는 용기 바닥면 중심부로부터 원주 방향으로 반지름의 1/2 이내 영역에 있는 것을 제외), 우그러진 최대 깊이가 2[mm]를 초과하는 것, 우그러진 부분의 짧은 지름이 최대 깊이의 20배 미만인 것, 찍힌 흠 또는 긁힌 흠의 깊이가 0.3[mm]를 초과하는 것, 찍힌 흠 또는 긁힌 흠의 깊이가 0.25[mm]를 초과하고, 그 길이가 50[mm]를 초과하는 것
  - 열영향을 받은 부분이 있는 것
  - 네클링 부분의 유효 나사수가 제조 시에 비하여 테이퍼 나사인 경우 60[%] 이하, 평행나사인 경우 80[%] 이하인 것
  - 평행나사의 경우 오링이 접촉되는 면에 유해한 상처가 있는 것

⑤ 고압가스의 배관
  ㉠ 고압가스 배관의 지진 해석 시 적용사항
    • 지반운동의 수평 2축 방향성분과 수직 방향성분을 고려한다.
    • 지반을 통한 파의 방사조건을 적절하게 반영한다.
    • 배관-지반의 상호작용 해석 시 배관의 유연성과 변형성을 고려한다.
    • 기능 수행 수준 지진 해석에서 배관의 거동은 비선형으로 가정한다.
  ㉡ 고압가스 배관을 보호하기 위하여 고압가스 배관과의 수평거리 0.3[m] 이내에서는 파일박기작업을 금한다.
  ㉢ 고압가스일반제조시설의 배관
    • 액화가스의 배관에는 반드시 온도계와 압력계를 설치하여야 한다.
    • 배관은 지면으로부터 최소한 1[m] 이상의 깊이에 매설한다.
    • 배관의 부식 방지를 위하여 지면으로부터 30[cm] 이상의 거리를 유지한다.
    • 배관설비는 상용압력의 2배 이상의 압력에 항복을 일으키지 아니하는 두께 이상으로 한다.
    • 이중관으로 하여야 하는 가스 대상 : 암모니아, 아황산가스, 염소, 염화메탄, 산화에틸렌, 사이안화수소, 포스겐, 황화수소 등
  ㉣ 고압가스특정제조시설 배관의 도로 밑 매설 기준
    • 배관의 외면으로부터 도로의 경계까지 1[m] 이상의 수평거리를 유지한다.
    • 배관은 그 외면으로부터 도로 밑의 다른 시설물과 0.3[m] 이상의 거리를 유지한다.
    • 포장되어 있는 차도에 매설하는 경우에는 그 포장 부분의 노반 밑에 매설하고 배관의 외면과 노반의 최하부와의 거리는 0.5[m] 이상으로 한다.

- 시가지 도로 노면 밑에 매설할 때는 노면으로부터 배관의 외면까지의 깊이를 1.5[m] 이상으로 한다.
- 시가지 외의 도로 노면 밑에 매설할 때는 노면으로부터 배관의 외면까지의 깊이를 1.2[m] 이상으로 한다.

⑥ 고압 호스의 제조
  ㉠ 고압 호스제조시설의 설비 : 공작기계, 절단설비, 동력용 조립설비, 작업공구 및 작업대
  ㉡ 검사설비
    - 반드시 갖추어야 할 검사설비의 종류 : 버니어캘리퍼스·마이크로미터·나사게이지 등 치수 측정설비, 액화석유가스액 또는 도시가스 침적설비, 염수분무시험설비, 내압시험설비, 기밀시험설비, 저온시험설비, 이탈력시험설비
    - 필요한 경우 갖추어야 할 검사설비의 종류 : 내구시험설비, 체크밸브 성능시험, 그 밖에 검사에 필요한 설비 및 기구

10년간 자주 출제된 문제

3-1. 고압가스 저장탱크 및 처리설비를 실내에 설치하는 경우의 기준에 대한 설명으로 틀린 것은?

① 천장, 벽 및 바닥의 두께가 각각 30[cm] 이상인 철근콘크리트로 만든 실로서 방수처리가 된 것으로 한다.
② 저장탱크실과 처리설비실은 각각 구분하여 설치하되 출입문은 공용으로 한다.
③ 저장탱크의 정상부와 저장탱크실 천장과의 거리는 60[cm] 이상으로 한다.
④ 저장탱크에 설치한 안전밸브는 지상 5[m] 이상의 높이에 방출구가 있는 가스 방출관을 설치한다.

3-2. 물분무장치 등은 저장탱크의 외면에서 몇 [m] 이상 떨어진 위치에서 조작이 가능하여야 하는가?

① 5[m] ② 10[m]
③ 15[m] ④ 20[m]

3-3. 고압가스 제조자 또는 고압가스 판매자가 실시하는 용기의 안전점검 및 유지관리사항에 해당되지 않는 것은?

① 용기의 도색 상태
② 용기관리 기록대장의 관리 상태
③ 재검사기간 도래 여부
④ 용기밸브의 이탈 방지조치 여부

|해설|

3-1
저장탱크실과 처리설비실은 각각 구분하여 설치하되 강제환기시설을 갖춘다.

3-2
물분무장치는 저장탱크 외면으로부터 15[m] 이상 떨어진 위치에서 조작할 수 있어야 한다.

3-3
고압가스 제조자 또는 고압가스 판매자가 실시하는 용기의 안전점검 및 유지관리사항 : 용기의 도색 상태, 재검사기간 도래 여부, 용기밸브의 이탈방지조치 여부 등

정답 3-1 ② 3-2 ③ 3-3 ②

제3절 LP 가스의 안전관리

핵심이론 01 LP 가스 안전관리의 개요

① 액화석유가스의 특성
  ㉠ 액체는 물보다 가볍고, 기체는 공기보다 무겁다.
    • 액상의 LP 가스는 물보다 가볍다.
    • LP 가스는 공기보다 무겁다.
  ㉡ 기화하면 체적이 커진다.
  ㉢ 액체의 온도에 의한 부피 변화가 크다.
  ㉣ 일반적으로 LNG보다 발열량이 크다.
  ㉤ 연소 시 다량의 공기가 필요하다.
  ㉥ 증발잠열이 크다.

② LP 가스 관련 제반 사항
  ㉠ LPG에 Air를 혼합하는 주된 이유 : 재액화를 방지하고 발열량을 조정하기 위해서
  ㉡ 액화석유가스의 주성분 : 액화된 프로판, 액화된 부탄, 기화된 프로판
  ㉢ 액화석유가스용 용기 잔류가스 회수장치의 성능 등 기밀성능의 기준 : 1.86[MPa] 이상의 공기 등 불활성 기체로 10분간 유지하였을 때 누출 등 이상이 없어야 한다.

10년간 자주 출제된 문제

액화석유가스의 특성에 대한 설명으로 옳지 않은 것은?
① 액체는 물보다 가볍고, 기체는 공기보다 무겁다.
② 액체의 온도에 의한 부피 변화가 작다.
③ 일반적으로 LNG보다 발열량이 크다.
④ 연소 시 다량의 공기가 필요하다.

[해설]
액화석유가스는 액체의 온도에 의한 부피 변화가 크다.

정답 ②

핵심이론 02 LP 가스설비

① 액화석유가스 집단공급시설과 사업
  ㉠ 시설의 점검 기준
    • 충전용 주관의 압력계는 매 분기 1회 이상, 그 밖의 압력계는 1년에 1회 이상 국가표준기본법에 따른 교정을 받은 압력계로 그 기능을 검사한다.
    • 안전밸브 중 압축기의 최종단에 설치한 것은 1년에 1회 이상, 그 밖의 안전밸브는 2년에 1회 이상 설치 시 설정되는 압력 이하의 압력에서 작동하도록 조정한다.
    • 물분무장치, 살수장치와 소화전은 매월 1회 이상 작동상황을 점검한다.
    • 집단공급시설 중 충전설비의 경우에는 1일 1회 이상 작동상황을 점검한다.
  ㉡ 액화석유가스 집단공급사업 허가 대상 : 전체 수용 가구수가 100세대 미만의 공동주택인 경우

② 액화석유가스 사용시설
  ㉠ 가스 저장실 주위에 보기 쉽게 경계표시를 한다.
  ㉡ 저장설비를 용기로 하는 경우 저장능력은 500[kg] 이하로 한다.
  ㉢ 과압 안전장치 설치 위치
    • 액화가스 저장능력이 300[kg] 이상이고, 용기집합장치가 설치된 고압가스설비
    • 내·외부 요인에 따른 압력 상승이 설계압력을 초과할 우려가 있는 압력용기 등
    • 토출측의 막힘으로 인한 압력 상승이 설계압력을 초과할 우려가 있는 압축기(다단압축기의 경우에는 각 단) 또는 펌프의 출구측
    • 배관 내의 액체가 2개 이상의 밸브에 의해 차단되어 외부 열원에 따른 액체의 열팽창으로 파열이 우려되는 배관
    • 용기에 의한 액화석유가스사용시설에서 과압안전장치 설치 대상은 자동절체기가 설치된 가스설비의 경우 저장능력의 500[kg] 이상이다.

- 상기 이외에 압력 조절 실패, 이상반응, 밸브의 막힘 등으로 인한 압력 상승이 설계압력을 초과할 우려가 있는 고압가스설비 또는 배관 등
- ㉣ 용기 저장능력이 100[kg]을 초과 시에는 용기 보관실을 설치한다.
- ㉤ 용기는 용기 집합설비의 저장능력이 100[kg] 이하인 경우 용기, 용기밸브 및 압력조정기가 직사광선, 빗물 등에 노출되지 않도록 한다.
- ㉥ 내용적 20[L] 이상의 충전용기를 옥외에서 이동하여 사용하는 때에는 용기 운반 손수레에 단단히 묶어 사용한다.
- ㉦ 사이펀 용기는 기화장치가 설치되어 있는 시설에서만 사용한다.
- ㉧ 저장탱크에 의한 액화석유가스 저장소에서 지상에 설치하는 저장탱크 및 받침대에는 외면으로부터 5[m] 이상 떨어진 위치에서 조작할 수 있는 냉각장치를 설치하여야 한다.
- ㉨ 용기에 의한 액화석유가스 저장소에서 액화석유가스 저장설비 및 가스설비는 그 외면으로부터 화기를 취급하는 장소까지 최소 8[m] 이상의 우회거리를 두어야 한다(가연성 및 산소가 아닐 경우는 2[m] 이상).
- ㉩ 경계책
  - LPG 저장설비 위에는 경계책을 설치하여 외부인의 출입을 방지할 수 있도록 해야 한다.
  - 경계책의 높이 : 1.5[m] 이상

③ **통풍구조**
- ㉠ 사방을 방호벽으로 설치하는 경우 두 방향으로 분산하여 설치한다.
- ㉡ 강제통풍시설의 통풍능력은 1[m²]마다 0.5[m³/분] 이상으로 한다.
- ㉢ 강제통풍시설의 방출구는 지면에서 5[m] 이상의 높이에 설치한다.
- ㉣ 환기구의 설치
  - 환기구의 1개소 면적 : 2,400[cm²] 이하
  - 환기구의 유효면적 : 환기구 면적 × 개구율
- ㉤ 액화석유가스 저장탱크에는 자동차에 고정된 탱크에서 가스를 이입할 수 있도록 로딩암을 건축물 내부에 설치할 경우 환기구를 설치하여야 한다. 이때 환기구 면적의 합계는 바닥면적의 6[%] 이상으로 하여야 한다.

④ **용 기**
- ㉠ 액화석유가스판매사업소 및 영업소 용기저장소의 시설 기준
  - 용기 보관실 및 사무실은 동일 부지 내에 구분하여 설치한다.
  - 용기 보관실은 불연성 재료를 사용한 가벼운 지붕으로 한다.
  - 판매업소의 용기 보관실 벽은 방호벽으로 한다.
  - 용기 보관실의 전기설비 스위치는 용기 보관실 외부에 설치한다.
  - 가스누출경보기는 용기 보관실에 설치하되 분리형으로 설치한다.
  - 용기 보관실의 실내온도는 40[℃] 이하로 유지한다.
- ㉡ LPG 사용시설에서 용기 보관실 및 용기 집합설비의 설치
  - 저장능력이 100[kg]을 초과하는 경우에는 옥외에 용기 보관실을 설치한다.
  - 용기 보관실의 벽, 문, 지붕은 불연재료(지붕의 경우에는 가벼운 불연재료)로 하고 단층구조로 한다.
  - 건물과 건물 사이 등 용기 보관실 설치가 곤란한 경우에는 외부인의 출입을 방지하기 위한 출입문을 설치한다.
  - 용기 집합설비의 양단 마감조치 시에는 캡 또는 플랜지로 마감한다.

ⓒ 용기에 의한 액화석유가스 사용시설의 기준
- 저장능력 100[kg] 이하 : 용기, 용기밸브, 압력조정기가 직사광선, 눈, 빗물에 노출되지 않도록 조치한다.
- 저장능력 100[kg] 초과 : 용기 보관실 설치
- 저장능력 250[kg] 이상 : 고압부에 안전장치 설치
- 저장능력 500[kg] 초과 : 저장탱크 또는 소형 저장탱크 설치

ⓔ LP 가스용기 저장소를 설치할 때 LP 가스는 공기보다 무거우므로 자연환기시설은 바닥면에 가깝게 설치한다.

ⓜ LP 가스용기의 안전밸브
- 스프링식이 가장 널리 사용된다.
- 액화가스의 고압가스 설비 등에 부착되어 있는 스프링식 안전밸브는 상용온도에서 그 고압가스 설비 등 내 액화가스의 상용체적이 그 고압가스 설비 등 내용적의 98[%]까지 팽창되는 온도에 대응하는 그 고압가스설비 등 내의 압력에서 작동하는 것으로 하여야 한다.

ⓗ 액화석유가스 공급자가 가스 공급 시마다 실시하는 안전점검 기준
- 충전용기의 설치 위치
- 충전용기와 화기와의 거리
- 충전용기 및 배관의 설치 상태
- 충전용기, 충전용기로부터 압력조정기, 호스 및 가스사용기기에 이르는 각 접속부와 배관 또는 호스의 가스 누출 여부 및 그 가스의 적합 여부
- 독성가스의 경우 흡수장치, 제해장치 및 보호구 등에 대한 적합 여부
- 역화방지장치의 설치 여부(용접 또는 용단작업용으로 액화석유가스를 사용하는 시설에 산소를 공급하는 자에 한정)
- 시설 기준에의 적합 여부(정기점검만을 말함)
※ 액화석유가스 공급자 : 액화석유가스 충전사업자, 액화석유가스 집단공급사업자, 액화석유가스 판매사업자

⑤ 충전시설
㉠ 액화석유가스 충전소 내에 설치할 수 있는 시설
- 충전소의 관계자가 근무하는 대기실
- 자동차의 세정을 위한 세차시설
- 충전소에 출입하는 사람을 대상으로 한 자동판매기 및 현금자동지급기
- 충전을 하기 위한 작업장
- 충전소의 업무를 행하기 위한 사무실 및 회의실
- 기타 산업통상자원부장관 고시에서 정한 용기재검사시설, 충전소 종업원의 이용을 위한 연면적 100[m^2] 이하의 식당, 공구 등을 보관하기 위한 연면적 100[m^2] 이하의 창고

㉡ 액화석유가스 충전소 내에 설치할 수 없는 시설 : 충전소의 관계자 및 충전소에 출입하는 사람을 대상으로 한 놀이방

㉢ 액화석유가스 자동차용기 충전의 시설 기준
- 충전 호스에 부착하는 가스 주입기는 원터치형으로 한다.
- 충전기의 충전 호스의 길이는 5[m] 이내로 한다.
- 충전기와 가스 주입기는 분리형으로 하여 분리될 수 있도록 하여야 한다.
- 충전 호스에 과도한 인장력이 가해졌을 때 충전기와 가스 주입기가 분리될 수 있는 안전장치를 설치한다.
- 충전용 호스의 끝에 정전기 제거장치를 반드시 설치해야 한다.
- 충전기 주위에는 정전기 방지를 위하여 충전 이외의 필요 없는 장비는 시설을 금한다.

㉣ 가연성 가스 충전시설의 고압가스 설비 유지거리
- 그 외면으로부터 다른 가연성 가스 충전시설의 고압가스 설비와 5[m] 이상

• 산소 충전시설의 고압가스 설비와 10[m] 이상
ⓔ 소형 저장탱크 설치거리

충전질량 [kg]	가스 충전구로 부터 토지 경계선에 대한 수평거리[m]	탱크 간 거리[m]	가스 충전구로 부터 건축물 개구부에 대한 거리[m]
1,000 미만	0.5 이상	0.3 이상	0.5 이상
1,000 이상 2,000 미만	3.0 이상	0.5 이상	3.0 이상
2,000 이상	5.5 이상	0.5 이상	3.5 이상

ⓕ 충전설비 중 액화석유가스의 안전을 확보하기 위하여 필요한 시설이나 설비에 대하여는 작동상황을 주기적으로 점검 및 확인하여야 한다. LPG 충전설비의 경우 점검주기는 1일 1회 이상이다.

ⓖ 충전시설에 설치되는 안전밸브 성능 확인 작동시험 주기는 1년에 1회 이상이다.

ⓗ 액화석유가스 저장탱크에 가스를 충전할 때 액체부피가 내용적의 90[%]를 넘지 않도록 규제하는데 그 이유는 액체팽창으로 인한 압력 상승과 탱크 파열을 방지하기 위함이다.

ⓘ LPG 충전소 내의 가스사용시설 수리
• 화기를 사용하는 경우에는 설비 내부의 가연성 가스가 폭발하한계의 1/4 이하인 것을 확인하고 수리한다.
• 충격에 의한 불꽃에 가스가 인화할 염려가 있다.
• 내압이 완전히 빠져 있어도 화기를 사용하면 위험하다.
• 볼트를 조일 때는 전체적으로 잘 조여야 한다.

⑥ **저장탱크**

㉠ 액화석유가스 저장탱크의 설치 기준
• 저장탱크에 설치한 안전밸브는 지면으로부터 5[m] 이상의 높이 또는 그 저장탱크의 정상부로부터 2[m] 이상의 높이 중 더 높은 위치에 방출구가 있는 가스 방출관을 설치한다.
• 지하 저장탱크를 2개 이상 인접 설치하는 경우 상호 간에 1[m] 이상의 거리를 유지한다.
• 저장탱크의 지면으로부터 지하 저장탱크의 정상부까지의 깊이는 60[cm] 이상으로 한다.
• 저장탱크의 일부를 지하에 설치한 경우 지하에 묻힌 부분이 부식되지 않도록 조치한다.
• 지상에 설치된 액화석유가스 저장탱크와 가스 충전 장소와의 사이에 방호벽을 설치하여야 한다.
• 탱크로리로부터 저장탱크에 LPG를 주입할 경우 안전관리자는 이송작업 기준을 준수하여야 한다.
• 최저부에 LPG 내의 수분 및 불순물을 제거하는 장치를 한다.
• 지상에 설치하는 액화석유가스 저장탱크의 외면에는 은백색 도료를 칠한다.

㉡ 액화석유가스 집단공급시설에서 지상에 설치하는 저장탱크의 내열구조
• 가스설비실 및 자동차에 고정된 탱크의 이입, 충전 장소에는 외면으로부터 5[m] 이상 떨어진 위치에서 조작할 수 있는 냉각장치를 설치한다.
• 살수장치는 저장탱크 표면적 1[m²]당 5[L/min] 이상의 비율로 계산된 수량을 저장탱크 전 표면적에 분무할 수 있는 고정된 장치로 한다.
• 소화전의 설치 위치는 해당 저장탱크의 외면으로부터 40[m] 이내이고, 소화전의 방수 방향은 저장탱크를 향하며 어느 방향에서도 방수할 수 있어야 한다.
• 소화전은 동시에 방사를 필요로 하는 최대 수량을 30분 이상 연속하여 방사할 수 있는 양을 갖는 수원에 접속되어야 한다.

㉢ 액화석유가스제조시설 저장탱크의 폭발방지장치로 사용되는 금속 : 알루미늄

㉣ 가연성 액화가스 저장탱크에서 가스 누출에 의해 화재가 발생했을 때의 대책
• 즉각 송입펌프를 정지시킨다.
• 소정의 방법으로 경보를 울린다.
• 살수장치를 작동시켜 저장탱크를 냉각한다.

⑦ LPG 압력조정기
  ㉠ 압력조정기 제조자가 갖추어야 할 검사설비 : 유량측정설비, 과류차단성능시험설비, 내압시험설비, 기밀시험설비, 안전장치작동설비, 출구압력 측정시험설비, 저온시험설비, 내구시험설비, 침적설비, 염수분무시험설비 등
  ㉡ 1단 감압식 저압조정기
    • 용량이 10[kg/h] 미만일 경우, 조정기의 몸통과 덮개를 일반 공구(멍키렌치, 드라이버 등)로 분리할 수 없는 구조로 하여야 한다.
    • 조정압력 : 2.3~3.3[kPa]
⑧ 배관 관련
  ㉠ 액화석유가스 수송배관의 온도 : 항상 40[℃] 이하 유지
  ㉡ 가스배관 이음부(용접 이음매 제외)와 전기 개폐기와의 이격거리 : 60[cm] 이상
  ㉢ LPG 배관의 압력손실 요인
    • 마찰저항에 의한 압력손실
    • 배관의 이음류에 의한 압력손실
    • 배관의 수직 상향에 의한 압력손실
⑨ 호 스
  ㉠ LP 가스용 염화비닐 호스
    • 호스의 안지름치수의 허용차는 ±0.7[mm]로 한다.
    • 강선보강층은 직경 0.18[mm] 이상의 강선을 상하로 겹치도록 편조하여 제조한다.
    • 안층의 재료는 염화비닐을 사용한다.
    • 호스는 안층과 바깥층이 잘 접착되어 있는 것으로 한다.
  ㉡ LP 가스용 금속 플렉시블 호스
    • 보일러 입구 또는 실내 저압배관부에 주로 사용되는 호스이다.
    • 배관용 호스는 플레어 또는 유니언의 접속기능을 갖추어야 한다.
    • 연소기용 호스의 길이는 한쪽 이음쇠의 끝에서 다른 쪽 이음쇠까지로 하며, 길이 허용오차는 +3[%], -2[%] 이내로 한다.
    • 튜브의 재료는 스테인리스강이나 동합금을 사용한다.
    • 호스의 내열성 시험은 120±2[℃]에서 30분간 유지 후 균열 등의 이상이 없어야 한다.
⑩ LP 가스 안전관리자의 자격과 선임인원
  ㉠ 액화석유가스 충전시설

저장능력	안전관리자별 선임 인원(자격)
저장능력 500[ton] 초과	• 안전관리 총괄자 1명 • 안전관리 부총괄자 1명 • 안전관리 책임자 1명 이상(가스산업기사 이상의 자격을 가진 사람) • 안전관리원 2명 이상(가스기능사 이상의 자격을 가진 사람 또는 충전시설 안전관리자 양성교육 이수자)
저장능력 100[ton] 초과 500[ton] 이하	• 안전관리 총괄자 1명 • 안전관리 부총괄자 1명 • 안전관리 책임자 1명 이상(가스기능사 이상의 자격을 가진 사람) • 안전관리원 2명 이상(가스기능사 이상의 자격을 가진 사람 또는 충전시설 안전관리자 양성교육 이수자)
저장능력 100[ton] 이하	• 안전관리 총괄자 1명 • 안전관리 부총괄자 1명 • 안전관리 책임자 1명 이상(가스기능사 이상의 자격을 가진 사람 또는 현장실무경력이 5년 이상인 충전시설 안전관리자 양성교육 이수자) • 안전관리원 1명 이상(가스기능사 이상의 자격을 가진 사람 또는 충전시설 안전관리자 양성교육 이수자)
저장능력 30[ton] 이하 (자동차용기 충전시설만 해당)	• 안전관리 총괄자 1명 • 안전관리 책임자 1명 이상(가스기능사 이상의 자격을 가진 사람 또는 충전시설 안전관리자 양성교육 이수자)

ⓒ 액화석유가스 집단공급시설

수용가수	안전관리자별 선임 인원(자격)
수용가 500가구 초과	• 안전관리 총괄자 1명 • 안전관리 책임자 1명 이상(가스기능사 이상의 자격을 가진 사람) • 안전관리원 1명 이상/500가구 초과 1,500가구 이하인 경우, 1천 가구마다 1명 이상 추가/1,500가구 초과인 경우(가스기능사 이상의 자격을 가진 사람 또는 일반시설 안전관리자 양성교육 이수자)
수용가 500가구 이하	• 안전관리 총괄자 1명 • 안전관리 책임자 1명 이상(가스기능사 이상의 자격을 가진 사람 또는 일반시설 안전관리자 양성교육 이수자)

ⓒ 액화석유가스 저장소시설

저장능력	안전관리자별 선임 인원(자격)
저장능력 100[ton] 초과	• 안전관리 총괄자 1명 • 안전관리 부총괄자 1명 • 안전관리 책임자 1명 이상(가스기능사 이상의 자격을 가진 사람) • 안전관리원 2명 이상(가스기능사 이상의 자격을 가진 사람 또는 일반시설 안전관리자 양성교육 이수자)
저장능력 30[ton] 초과 100[ton] 이하	• 안전관리 총괄자 1명 • 안전관리 부총괄자 1명 • 안전관리 책임자 1명 이상(가스기능사 이상의 자격을 가진 사람) • 안전관리원 1명 이상(가스기능사 이상의 자격을 가진 사람 또는 일반시설 안전관리자 양성교육 이수자)
저장능력 30[ton] 이하	• 안전관리 총괄자 1명 • 안전관리 책임자 1명 이상(가스기능사 이상의 자격을 가진 사람 또는 일반시설 안전관리자 양성교육 이수자)

ⓔ 액화석유가스 판매시설 및 영업소
- 안전관리 총괄자 1명
- 안전관리 책임자 1명 이상(가스기능사 이상의 자격을 가진 사람 또는 판매시설 안전관리자 양성교육 이수자)
- 안전관리원 1명 이상/자동차에 고정된 탱크를 이용하여 판매하는 시설만 해당(판매시설 안전관리자 양성교육 이수자)

ⓜ 액화석유가스 위탁운송시설

저장능력	안전관리자별 선임 인원(자격)
저장능력 (자동차에 고정된 탱크의 저장능력 총합) 100[ton] 초과	• 안전관리 총괄자 1명 • 안전관리 부총괄자 1명 • 안전관리 책임자 1명 이상(가스기능사 이상의 자격을 가진 사람) • 안전관리원 2명 이상(가스기능사 이상의 자격을 가진 사람 또는 충전시설 안전관리자 양성교육 이수자)
저장능력 30[ton] 초과 100[ton] 이하	• 안전관리 총괄자 1명 • 안전관리 부총괄자 1명 • 안전관리 책임자 1명 이상(가스기능사 이상의 자격을 가진 사람) • 안전관리원 1명 이상(가스기능사 이상의 자격을 가진 사람 또는 충전시설 안전관리자 양성교육 이수자)
저장능력 30[ton] 이하	• 안전관리 총괄자 1명 • 안전관리 책임자 1명 이상(가스기능사 이상의 자격을 가진 사람 또는 충전시설 안전관리자 양성교육 이수자)

ⓗ 액화석유가스 특정 사용시설 중 공동 저장시설

수용가수	안전관리자별 선임 인원(자격)
수용가 500가구 초과	• 안전관리 총괄자 1명 • 안전관리 책임자 1명 이상(가스기능사 이상의 자격을 가진 사람. 다만, 저장설비가 용기인 경우에는 판매시설 안전관리자 양성교육 이수자로 할 수 있다) • 안전관리원 1명 이상/500가구 초과 1,500가구 이하인 경우, 1천 가구마다 1명 이상 추가/1,500가구 초과인 경우(가스기능사 이상의 자격을 가진 사람 또는 사용시설 안전관리자 양성교육 이수자)
수용가 500가구 이하	• 안전관리 총괄자 1명 • 안전관리 책임자 1명 이상(가스기능사 이상의 자격을 가진 사람 또는 사용시설 안전관리자 양성교육 이수자)

ⓢ 액화석유가스 특정 사용시설 중 공동 저장시설 외의 시설
- 저장능력 250[kg] 초과(소형 저장탱크 설치시설은 저장능력 1[ton] 초과)
  - 안전관리 총괄자 1명
  - 안전관리 책임자 1명 이상(가스기능사 이상의 자격을 가진 사람 또는 사용시설 안전관리자 양성교육 이수자)

- 저장능력 250[kg] 이하(소형 저장탱크 설치시설은 저장능력 1[ton] 이하)
  - 안전관리 총괄자 1명
ⓞ 가스용품제조시설
- 안전관리 총괄자 1명
- 안전관리 부총괄자 1명
- 안전관리 책임자 1명 이상[일반기계기사, 화공기사, 금속기사, 가스산업기사 이상의 자격을 가진 사람 또는 일반시설 안전관리자 양성교육 이수자(상시 근로자수가 10명 미만인 시설로 한정)]
- 안전관리원 1명 이상(가스기능사 이상의 자격을 가진 사람 또는 일반시설 안전관리자 양성교육 이수자)

10년간 자주 출제된 문제

2-1. 액화석유가스 저장탱크에 가스를 충전할 때 액체 부피가 내용적의 90[%]를 넘지 않도록 규제하는 가장 큰 이유는?
① 액체팽창으로 인한 탱크의 파열을 방지하기 위하여
② 온도 상승으로 인한 탱크의 취약 방지를 위하여
③ 등적팽창으로 인한 온도 상승의 방지를 위하여
④ 탱크 내부의 부압(Negative Pressure) 발생 방지를 위하여

2-2. 용기에 의한 액화석유가스사용시설에서 용기 보관실을 설치하여야 할 기준은?
① 용기 저장능력 50[kg] 초과
② 용기 저장능력 100[kg] 초과
③ 용기 저장능력 300[kg] 초과
④ 용기 저장능력 500[kg] 초과

[해설]

2-1
액화석유가스 저장탱크에 가스를 충전할 때 액체 부피가 내용적의 90[%]를 넘지 않도록 규제하는 가장 큰 이유는 액체팽창으로 인한 압력 상승과 탱크 파열을 방지하기 위해서이다.

2-2
용기에 의한 액화석유가스사용시설에서 용기 저장능력 100[kg] 초과의 경우는 용기 보관실을 설치하여야 한다.

정답 2-1 ① 2-2 ②

제4절 도시가스의 안전관리

핵심이론 01 도시가스 안전관리의 개요

① 용어의 정의
㉠ 배관 : 도시가스를 공급하기 위하여 배치된 관으로 본관, 공급관, 내관 또는 그 밖의 관
㉡ 본관
- 가스도매사업의 경우에는 도시가스제조사업소(액화천연가스의 인수기지 포함)의 부지 경계에서 정압기지의 경계까지 이르는 배관. 다만, 밸브기지 안의 배관은 제외한다.
- 일반도시가스사업의 경우에는 도시가스제조사업소의 부지 경계 또는 가스도매사업자의 가스시설 경계에서 정압기까지 이르는 배관
- 나프타부생가스·바이오가스제조사업의 경우에는 해당 제조사업소의 부지 경계에서 가스도매사업자 또는 일반도시가스사업자의 가스시설 경계 또는 사업소 경계까지 이르는 배관
- 합성천연가스제조사업의 경우에는 해당 제조사업소의 부지 경계에서 가스도매사업자의 가스시설 경계 또는 사업소 경계까지 이르는 배관
㉢ 공급관
- 공동주택, 오피스텔, 콘도미니엄, 그 밖에 안전관리를 위하여 산업통상자원부장관이 필요하다고 인정하여 정하는 건축물(공동주택 등)에 도시가스를 공급하는 경우에는 정압기에서 가스사용자가 구분하여 소유하거나 점유하는 건축물의 외벽에 설치하는 계량기의 전단밸브(계량기가 건축물의 내부에 설치된 경우에는 건축물의 외벽)까지 이르는 배관
- 공동주택 등 외의 건축물 등에 도시가스를 공급하는 경우에는 정압기에서 가스사용자가 소유하거나 점유하고 있는 토지의 경계까지 이르는 배관

- 가스도매사업의 경우에는 정압기지에서 일반도시가스사업자의 가스공급시설이나 대량 수요자의 가스사용시설까지 이르는 배관
- 나프타부생가스・바이오가스제조사업 및 합성천연가스제조사업의 경우에는 해당 사업소의 본관 또는 부지 경계에서 가스사용자가 소유하거나 점유하고 있는 토지의 경계까지 이르는 배관

㉣ 사용자공급관 : 공급관 중 가스사용자가 소유하거나 점유하고 있는 토지의 경계에서 가스사용자가 구분하여 소유하거나 점유하는 건축물의 외벽에 설치된 계량기의 전단밸브(계량기가 건축물의 내부에 설치된 경우에는 그 건축물의 외벽)까지 이르는 배관을 말한다.

㉤ 내관 : 가스사용자가 소유하거나 점유하고 있는 토지의 경계(공동주택 등으로 가스사용자가 구분하여 소유하거나 점유하는 건축물의 외벽에 계량기가 설치된 경우에는 그 계량기의 전단밸브, 계량기가 건축물의 내부에 설치된 경우에는 건축물의 외벽)에서 연소기까지 이르는 배관을 말한다.

㉥ 고압 : 1[MPa] 이상의 압력(게이지압력)을 말한다. 다만, 액체상태의 액화가스는 고압으로 본다.

㉦ 중압 : 0.1[MPa] 이상 1[MPa] 미만의 압력을 말한다. 다만, 액화가스가 기화되고 다른 물질과 혼합되지 아니한 경우에는 0.01[MPa] 이상 0.2[MPa] 미만의 압력을 말한다.

㉧ 저압 : 0.1[MPa] 미만의 압력을 말한다. 다만, 액화가스가 기화되고 다른 물질과 혼합되지 아니한 경우에는 0.01[MPa] 미만의 압력을 말한다.

㉨ 액화가스 : 상용의 온도 또는 35[℃]의 온도에서 압력이 0.2[MPa] 이상이 되는 것을 말한다.

㉩ 도시가스사업법에서 정한 가스사용시설
- 내관・연소기 및 그 부속설비. 다만, 선박(선박안전법에 따른 선박)에 설치된 것은 제외한다.
- 공동주택 등의 외벽에 설치된 가스계량기
- 도시가스를 연료로 사용하는 자동차
- 자동차용 압축천연가스 완속충전설비

② 도시가스 공급 시 패널(Panel)에 의한 가스 냄새농도 측정에서 냄새 판정을 위한 시료의 희석 배수는 500배 이상으로 한다.

③ 도시가스사업자가 가스시설에 대한 안전성 평가서를 작성할 때 반드시 포함하여야 할 사항
  ㉠ 절차에 관한 사항
  ㉡ 결과조치에 관한 사항
  ㉢ 기업에 관한 사항
  ※ 품질보증에 관한 사항은 반드시 포함하지 않아도 된다.

④ 도시가스 품질검사의 방법 및 절차
  ㉠ 검사방법은 한국산업표준에서 정한 시험방법에 따른다.
  ㉡ 일반 도시가스사업자가 도시가스제조사업소에서 제조한 도시가스에 대해서 월 1회 이상 품질검사를 실시한다.
  ㉢ 도시가스 충전사업자가 도시가스충전사업소의 도시가스에 대해서 분기별 월 1회 이상 품질검사를 실시한다.
  ㉣ 품질검사기관으로부터 불합격 판정을 통보받은 자는 보관 중인 도시가스에 대하여 품질 보정 등의 조치를 강구해야 한다.

10년간 자주 출제된 문제

도시가스 공급 시 패널(Panel)에 의한 가스 냄새농도 측정에서 냄새 판정을 위한 시료의 희석 배수가 아닌 것은?

① 100배   ② 500배
③ 1,000배   ④ 4,000배

|해설|
도시가스 공급 시 패널(Panel)에 의한 가스 냄새농도 측정에서 냄새 판정을 위한 시료의 희석 배수는 500배 이상으로 한다.

정답 ①

핵심이론 02 도시가스 배관

① 도시가스 배관공사 관련 제반사항
　㉠ 도시가스 배관공사
　　• 배관 접합은 원칙적으로 용접에 의한다.
　　• 지상 배관의 표면 색상은 황색으로 한다.
　　• 지하 매설배관재료는 PE관을 사용한다.
　　• 폭 8[m] 이상의 도로에는 1.2[m] 이상 매설한다.
　　• 도시가스 배관을 도로 매설 시 배관의 외면으로부터 도로 경계까지 1.0[m] 이상의 수평거리를 유지하여야 한다.
　　• 도시가스를 지하에 매설할 경우 배관은 그 외면으로부터 지하의 다른 시설물과 0.3[m] 이상의 거리를 유지하여야 한다.
　　• 도시가스 배관을 지하에 설치 시 되메움재료를 3단계로 구분하여 포설한다.
　　• 도시가스 배관의 내진설계 기준에서 일반 도시가스사업자가 소유하는 배관의 경우, 내진 1등급에 해당되는 압력은 최고 사용압력이 0.5[MPa]인 배관이다.
　㉡ 도시가스 배관공사 시 주의사항
　　• 현장마다 그날의 작업공정을 정하여 기록한다.
　　• 작업현장에는 소화기를 준비하여 화재에 주의한다.
　　• 현장감독자 및 작업원은 지정된 안전모 및 완장을 착용한다.
　　• 가스의 공급을 일시 차단할 경우에는 사용자에게 사전 통보해야 한다.
　㉢ 타 공사로 인하여 노출된 도시가스 배관을 점검하기 위한 점검통로의 설치 기준
　　• 점검통로의 폭은 80[cm] 이상으로 한다.
　　• 가드레일은 90[cm] 이상의 높이로 설치한다.
　　• 배관 양 끝단 및 곡관은 항상 관찰이 가능하도록 점검통로를 설치한다.
　　• 점검통로는 가스배관에서 가능한 한 가까이 설치하는 것을 원칙으로 한다.
　㉣ 일반 도시가스시설에서 배관 매설 시 사용하는 보호포의 기준
　　• 보호포는 일반형 보호포와 탐지형 보호포로 구분한다.
　　※ 탐지형 보호포 : 매설된 보호포의 설치 위치를 지면에서 탐지할 수 있도록 제조된 보호포
　　• 폴리에틸렌 수지, 폴리프로필렌 수지 등 잘 끊어지지 않는 재질로 직조한 것으로, 두께는 0.2[mm] 이상 떨어진 곳에 보호포를 설치한다.
　　• 저압관은 황색, 중압관 이상인 관은 적색으로 하고 가스명, 사용압력, 공급자명 등을 표시한다.
　　• 최고 사용압력이 중압 이상인 배관의 경우에는 보호관의 상부로부터 30[cm] 이상 떨어진 곳에 보호포를 설치한다.
　　• 보호포는 호칭지름에 10[cm]를 더한 폭으로 설치한다.
　　• 2열 이상으로 설치할 경우 보호포 간의 간격은 보호포 넓이 이내로 한다.
　㉤ 도시가스 저압배관의 설계 시 고려사항
　　• 허용 압력손실
　　• 가스소비량
　　• 관의 길이
② 라인마크
　㉠ 도로 밑 도시가스 배관 직상단에는 배관의 위치, 흐름 방향을 표시한 라인마크를 설치(표시)하여야 한다.
　㉡ 직선 배관인 경우 라인마크의 최소 설치 간격은 50[m]이다.
③ 배관의 굴곡 허용 반지름
　㉠ 도시가스용 PE 배관의 매몰 설치 시 배관의 굴곡 허용 반지름은 바깥지름의 20배 이상으로 하여야 한다.

ⓒ 굴곡 허용 반지름이 바깥지름의 20배 미만일 경우에는 엘보를 사용한다.
④ 도시가스 배관망의 전산화 포함내용 : 배관의 설치도면, 정압기의 시방서, 배관의 시공자와 시공 연월일 등
⑤ 배관공사 관련 기타 사항
　　㉠ 침상재료 : 배관에 작용하는 하중을 수직 방향 및 횡 방향에서 지지하고 하중을 기초 아래로 분산하기 위한 재료
　　ⓒ 배관용 밸브
　　　• 도시가스사용시설에 설치하는 중간 밸브 : 배관이 분기되는 경우에는 각각의 배관에 대하여 배관용 밸브(스톱밸브, 긴급차단밸브 등)를 설치한다.
　　　• 배관용 밸브는 합격 표시를 각인으로 하여야 한다.
　　ⓒ 환상망 배관설계 : 도시가스 배관을 설치하고 나서 그 지역에 대규모로 주택이 들어서거나 주택 및 인구가 증가하게 되는데, 이를 방지하기 위하여 인근 배관과 상호 연결하여 압력 저하를 방지하는 공급방식이다.

10년간 자주 출제된 문제

2-1. 다음 중 도시가스 배관공사 시 주의사항으로 틀린 것은?
① 현장마다 그날의 작업공정을 정하여 기록한다.
② 작업현장에는 소화기를 준비하여 화재에 주의한다.
③ 현장감독자 및 작업원은 지정된 안전모 및 완장을 착용한다.
④ 가스의 공급을 일시 차단할 경우에는 사용자에게 사전 통보하지 않아도 된다.

2-2. 도시가스사업자는 가스 공급시설을 효율적으로 안전관리하기 위하여 도시가스 배관망을 전산화하여야 한다. 전산화 내용에 포함되지 않는 사항은?
① 배관의 설치도면
② 정압기의 시방서
③ 배관의 시공자, 시공 연월일
④ 배관의 가스 흐름 방향

|해설|
2-1
가스의 공급을 일시 차단할 경우에는 사용자에게 사전 통보해야 한다.

2-2
도시가스 배관망의 전산화 포함내용 : 배관의 설치도면, 정압기의 시방서, 배관의 시공자와 시공 연월일 등

정답 2-1 ④　2-2 ④

핵심이론 03 도시가스설비

① 정압기실
  ㉠ 정압기실의 시설 기준
    • 정압기실 주위에는 높이 1.5[m] 이상의 경계책을 설치한다.
    • 지하에 설치하는 지역정압기실의 조명도는 150[lx]를 확보한다.
    • 침수 위험이 있는 지하에 설치하는 정압기에는 침수방지조치를 한다.
    • 정압기실에는 가스 공급시설 외의 시설물을 설치하지 아니한다.
  ㉡ 정압기실 경계책의 설치 기준
    • 높이 1.5[m] 이상의 철책 또는 철망으로 경계책을 설치한다.
    • 경계책 주위에는 외부 사람의 무단 출입을 금하는 내용의 경계표지를 부착(설치)한다.
    • 철근콘크리트 및 콘크리트 블록재로 지상에 설치된 정압기실에 경계표지를 설치한 것은 경계책이 설치된 것으로 간주한다.
    • 철근콘크리트로 지상에서 6[m] 이상의 높이에 설치된 정압기는 별도의 경계책을 설치할 필요가 없다.
    • 도로의 지하에 설치되어 사람 또는 차량 통행에 지장을 주는 정압기는 경계표지를 설치하고 경계책 설치는 생략한다.
  ㉢ 정압기 필터 분해 점검 : 가스 공급 개시 후 매년 1회 이상 실시한다.
  ㉣ 일반 도시가스사업자의 정압기에서 시공감리 기준 중 기능검사 기준
    • 2차 압력을 측정하여 작동압력을 확인한다. 다만, 이 경우 확인은 시운전 시에 할 수 있다.
    • 주정압기의 압력 변화에 따라 예비정압기가 정상 가동되는지를 확인한다. 다만, 시운전 시에 확인할 수 있다.
    • 가스차단장치의 개폐 작동성능을 확인한다.
    • 가스누출검지통보설비, 이상압력통보설비, 정압기실 출입문 개폐 여부, 긴급차단밸브 개폐 여부 등이 연결된 원격감시장치의 기능을 작동시험에 따라 확인한다.
    • 압력계와 압력기록장치의 기록압력 오차 여부를 확인한다.
    • 강제통풍시설이 있을 경우 작동시험에 따라 확인한다.
    • 이상압력통보설비, 긴급차단장치 및 안전밸브의 설정압력 적정 여부와 정압기 입구측 압력 및 설계유량에 따른 안전밸브 규격의 크기 및 방출구의 높이를 확인한다.
    • 정압기로 공급되는 전원을 차단한 후 비상전력의 작동 여부를 확인한다.
    • 지하에 설치된 정압기실 내부에 150[lx] 이상의 조명도가 확보되는지 확인한다.

② 압력조정기
  ㉠ 압력조정기 점검 시 확인하여야 할 사항
    • 압력조정기의 정상 작동 유무
    • 필터 또는 스트레이너의 청소 및 손상 유무
    • 건축물 내부에 설치된 압력조정기의 경우는 가스 방출구의 실외 안전장소 설치 여부
    • 압력조정기의 몸체 및 연결부의 가스 누출 유무
    • 격납상자 내부에 설치된 압력조정기의 경우, 격납상자에 견고하게 고정되었는지의 여부
  ㉡ 입구쪽 호칭지름과 최대 표시유량 : 50A 이하, 300[Nm³/h] 이하
  ㉢ 압력조정기의 제품성능
    • 입구쪽은 압력조정기에 표시된 최대 입구압력의 1.5배 이상의 압력으로 내압시험을 하였을 때 이상이 없어야 한다.
    • 출구쪽은 압력조정기에 표시된 최대 출구압력 및 최대 폐쇄압력의 1.5배 이상의 압력으로 내압시험을 하였을 때 이상이 없어야 한다.

- 입구쪽은 압력조정기에 표시된 최대 입구압력 이상의 압력으로 기밀시험하였을 때 누출이 없어야 한다.
- 출구쪽은 압력조정기에 표시된 최대 출구압력 및 최대 폐쇄압력의 1.1배 이상의 압력으로 기밀시험하였을 때 누출이 없어야 한다.
- 압력조정기의 스프링의 재질은 주로 강재를 사용한다.

③ 기화장치의 설치 기준
  ㉠ 기화장치에는 액화가스가 넘쳐흐르는 것을 방지하는 장치를 설치한다.
  ㉡ 기화장치는 직화식 가열구조가 아닌 것으로 한다.
  ㉢ 기화장치 중 온수로 가열하는 구조는 온수부의 동결방지를 위하여 부동액을 첨가하거나 연성 단열재로 피복한다.
  ㉣ 기화장치의 조작용 전원이 정지할 때에도 가스공급을 계속 유지할 수 있도록 자가발전기를 설치한다.

④ 연소기
  ㉠ 연료전지의 설치 기준
    - 연료전지는 연료전지실(연료전지 설치 장소 안의 가스가 거실로 들어가지 아니하는 구조로서 연료전지 설치 장소와 거실 사이의 경계벽은 출입구를 제외하고는 내화구조의 벽으로 한 것)에 설치한다.
    - 밀폐식 연료전지, 연료전지를 옥외에 설치한 경우에는 연료전지실에 설치하지 않을 수도 있다.
    - 밀폐식 연료전지는 방, 거실 그 밖에 사람이 거처하는 곳과 목욕탕, 샤워장 그 밖에 환기가 잘되지 않아 연료전지의 배기가스가 누출되는 경우 사람이 질식할 우려가 있는 곳에는 설치하지 않는다.
    - 연료전지실에는 부압(대기압보다 낮은 압력을 말한다) 형성의 원인이 되는 환기팬을 설치하지 않는다.
    - 연료전지실에는 사람이 거주하는 거실·주방 등과 통기될 수 있는 가스레인지 배기덕트(후드) 등을 설치하지 않는다.
    - 연료전지를 설치하는 주위는 가연성 물질 또는 인화성 물질을 저장·취급하는 장소가 아니어야 하며, 조작·연소·확인 및 점검수리에 필요한 간격을 두어 설치한다.
    - 연료전지를 옥외에 설치할 때는 눈·비·바람 등에 의하여 연소에 지장이 없도록 보호조치를 강구한다. 다만, 옥외형 연료전지는 보호조치를 하지 않을 수 있다.
    - 물이 침입하거나 침투할 우려가 없는 위치에 설치한다.
    - 연료전지 및 구성부품은 출입구의 개폐 및 사람의 움직임에 방해되지 않도록 설치해야 한다.
    - 바닥 설치형 연료전지는 그 하중에 충분히 견디는 구조의 평평한 바닥면 위에 설치하고, 벽걸이형 연료전지는 그 하중에 충분히 견디는 구조의 벽면에 견고하게 설치한다.
    - 연료전지 및 구성부품은 쉽게 탈착되지 않는 구조로 하며, 움직이지 않도록 고정 부착한다.
    - 지진과 그 외의 진동 또는 충격(이하 지진 등이라고 한다)에 의해 쉽게 전도하거나 균열 또는 파손을 일으키지 않으며, 그 배선 및 배관 등의 접속부가 쉽게 풀리지 않는 구조로 한다.
    - 연료전지는 지하실 또는 반지하실에 설치하지 아니한다. 다만, 밀폐식 연료전지 및 급배기시설을 갖춘 연료전지실에 설치된 반밀폐식 연료전지의 경우에는 지하실 또는 반지하실에 설치할 수 있다.
    - 배기통의 재료는 스테인리스강판 또는 배기가스 및 응축수에 내열·내식성이 있는 것으로서, 배기통은 한국가스안전공사 또는 공인시험기관의 성능인증을 받은 것으로 한다.

- 배기통이 가연성의 벽을 통과하는 부분은 방화조치를 하고 배기가스가 실내로 유입되지 아니하도록 조치한다.
- 연료전지의 단독 배기통 탑 및 공동 배기구 탑에는 동력 팬을 부착하지 않는다. 다만, 부득이하여 무동력 팬을 부착할 경우에는 무동력 팬의 유효단면적이 공동 배기구의 단면적 이상이 되도록 한다.
- 연료전지 배기통의 호칭지름은 연료전지의 배기통 접속부의 호칭지름과 동일한 것으로 하며, 배기통과 연료전지의 접속부는 내열 실리콘 등(석고붕대를 제외한다)으로 마감조치하여 기밀이 유지되도록 한다.
- 연료전지에서 발생되는 가연성 가스는 건축물 밖으로 배기되도록 한다.
- 연료전지는 발전전압 및 수전전압에 따라 감전 또는 화재의 우려가 없도록 설치한다.
- 연료전지는 접지하여 설치한다.
- 전선은 나선을 사용하지 않으며 수도관, 가스관 등과 접촉하지 않도록 설치한다.
- 전선은 연료전지의 발열 부분으로부터 15[cm] 이상 이격하여 설치한다.
- 연료전지의 가스 접속배관은 금속배관 또는 가스용품검사에 합격한 가스용 금속 플렉시블 호스를 사용하고, 가스의 누출이 없도록 확실하게 접속한다.
- 연료전지 설치 장소와 연결된 전기 및 가스배관 관통부와 이음부들은 내열 실리콘 등 불연성재료로 기밀이 유지되도록 한다.
- 기준에서 규정하지 아니한 사항은 제조자가 제시한 시공지침에 따른다.
- 연료전지를 설치·시공한 자는 그가 설치·시공한 시설에 대하여 시공표지판을 부착한다.

ⓒ 연소기의 설치 기준
- 개방형 연소기를 설치한 실에는 환풍기 또는 환기구를 설치한다.
- 가스온풍기와 배기통의 접합은 나사식이나 플랜지식 또는 밴드식 등으로 한다.
- 밀폐형 연소기는 급기통, 배기통과 벽과의 사이에 배기가스가 실내에 들어올 수 없도록 밀폐하여 설치한다.
- 배기통의 재료는 스테인리스강판이나 배기가스 및 응축수에 내열, 내식성이 있는 재료를 사용한다.
- 반밀폐형 연소기는 급기구 및 배기통을 설치한다.
- 배기통이 가연성 물질로 된 벽 또는 천장 등을 통과할 때에는 금속 외의 불연성재료로 단열조치를 한다.
- 자연배기식 반밀폐형 및 밀폐형 연소기의 배기통 끝은 배기가 방해되지 아니하는 구조이고, 장애물 또는 외기의 흐름에 의해 배기가 방해받지 아니하는 위치에 설치한다.
- 배기 팬이 있는 밀폐형 또는 반밀폐형의 연소기를 설치한 경우 그 배기 팬의 배기가스와 접촉하는 부분은 불연성재료로 한다.

⑤ **가스누출경보기의 설치**
ⓐ 고정식 압축 도시가스 이동식 충전 차량 충전시설에 설치하는 가스누출검지경보장치의 설치 위치
- 압축가스설비 주변
- 개별 충전설비 본체 내부
- 펌프 주변(개방형 피트 외부에 설치된 배관 접속부 주위는 아니다)

ⓑ 도시가스 배관의 굴착으로 20[m] 이상 노출된 배관에 대하여 누출된 가스가 체류하기 쉬운 장소에 매 20[m]마다 가스누출경보기를 설치하여야 한다.

⑥ 벤트스택(Vent Stack)
  ㉠ 정상 운전 또는 비상 운전 시 방출된 가스 또는 증기를 소각하지 않고 대기 중으로 안전하게 방출시키기 위하여 설치한 설비이다.
  ㉡ 적용범위
    - 수소나 메탄같이 공기보다 가벼운 가스를 대기로 배출하는 경우에 적용한다.
    - 대량 배출에 의해 대기 중에서 증기운 폭발을 일으킬 위험이 있는 경우에는 플래어스택을 통해 소각처리 후 배출하여야 한다.
    - 공기보다 무거운 가스나 증기라도 가연성인 경우 소량 배출하여 착지농도가 해당 가스나 증기 연소범위의 하한치에 25[%] 이하 또는 독성가스일 경우에는 해당 가스의 허용농도 이하로 유지가 가능하다면 대기로 배출하는 데 적용 가능하다.
  ㉢ 설치 기준(고려사항)
    - 벤트스택 높이 : 벤트스택은 배출되는 물질이 가연성인 경우에는 착지농도가 연소하한치(LFL)의 25[%] 이하, 독성인 경우에는 허용농도의 이하가 되도록 정량적인 위험성 평가를 통하여 높이를 결정한다.
    - 벤트스택 지름 : 벤트스택의 지름은 허용 가능한 압력손실과 배출가스가 확산되는 데 필요한 최소의 방출속도를 기준으로 결정하되, 최대 방출속도가 150[m/sec]를 초과하지 않도록 하여야 한다.
    - 액화가스가 함께 방출될 우려가 있는 경우에는 기액분리기를 설치한다.
    - 벤트스택 방출구는 작업원이 통행하는 장소로부터 10[m] 이상 떨어진 곳에 설치한다.
    - 벤트스택에 연결된 배관에는 응축액의 고임을 제거할 수 있는 조치를 한다.
    - 진동, 바람, 지진 등에 견딜 수 있도록 설치되어야 한다.
    - 수소가 벤트되는 경우에는 화재의 가능성이 항상 존재한다. 따라서 벤트스택 끝단에서 화재가 발생하는 경우에도 안전하게 처리될 수 있도록 설치하여야 한다.
    - 수소 벤트시스템에는 수소와 공기의 혼합물이 항시 존재하므로 폭연과 폭굉의 발생 가능성이 있다. 따라서 폭연과 폭굉의 발생에 대비한 안전대책으로 수소 벤트시스템의 길이와 지름(L/D)의 비율을 낮게 하여야 한다.
    - 벤트배관에는 질소 등과 같은 불활성 가스배관을 설치하여 벤트시스템 내에서 수소와 공기의 가연성 혼합물이 생기지 않도록 퍼징하여야 하며, 또한 벤트스택에서의 화재에 대비하여 질소 등을 소화용 가스로 항시 사용할 수 있도록 하여야 한다.
    - 저온가스를 방출시키는 벤트시스템인 경우에는 배관에서의 열수축을 고려하여야 한다.
    - 벤트배관의 가장 낮은 위치에는 배수설비(드레인)를 설치하여 배관 내에서 응축되는 수분을 제거하여야 한다.
    - 설계압력 및 온도 : 벤트스택 및 배관의 설계압력은 3.5[kgf/cm^2]를 기본 설계압력으로 한다. 설계온도는 최고 운전온도에 10[℃]를 더한 수치 또는 최고 운전온도에 1.1을 곱한 수치 중 큰 값을 설계온도로 하며, 저온증기용 벤트스택 및 배관의 설계온도는 최저 운전온도보다 10[%] 이상 낮은 온도를 설계온도로 한다.
    - 수소나 메탄을 방출할 목적으로 설치된 벤트스택의 끝단에는 스테인리스강과 같이 부식되지 않는 재질로 정전기 방지링을 설치하여야 한다.

10년간 자주 출제된 문제

3-1. 도시가스 압력조정기의 제품성능에 대한 설명 중 틀린 것은?

① 입구쪽은 압력조정기에 표시된 최대 입구압력의 1.5배 이상의 압력으로 내압시험을 하였을 때 이상이 없어야 한다.
② 출구쪽은 압력조정기에 표시된 최대 출구압력 및 최대 폐쇄압력의 1.5배 이상의 압력으로 내압시험을 하였을 때 이상이 없어야 한다.
③ 입구쪽은 압력조정기에 표시된 최대 입구압력 이상의 압력으로 기밀시험하였을 때 누출이 없어야 한다.
④ 출구쪽은 압력조정기에 표시된 최대 출구압력 및 최대 폐쇄압력의 1.5배 이상의 압력으로 기밀시험하였을 때 누출이 없어야 한다.

3-2. 일반 도시가스업제조소의 가스공급시설에 설치하는 벤트스택의 기준에 대한 설명으로 틀린 것은?

① 벤트스택 높이는 방출된 가스의 착지농도가 폭발상한계값 미만이 되도록 설치한다.
② 액화가스가 함께 방출될 우려가 있는 경우에는 기액분리기를 설치한다.
③ 벤트스택 방출구는 작업원이 통행하는 장소로부터 10[m] 이상 떨어진 곳에 설치한다.
④ 벤트스택에 연결된 배관에는 응축액의 고임을 제거할 수 있는 조치를 한다.

[해설]

3-1
출구쪽은 압력조정기에 표시된 최대 출구압력 및 최대 폐쇄압력의 1.1배 이상의 압력으로 기밀시험하였을 때 누출이 없어야 한다.

3-2
벤트스택 높이 : 벤트스택은 배출되는 물질이 가연성인 경우에는 착지농도가 연소하한치(LFL)의 25[%] 이하, 독성인 경우에는 허용농도 이하가 되도록 정량적인 위험성 평가를 통하여 높이를 결정한다.

정답 3-1 ④ 3-2 ①

제5절 고압가스, LP 가스, 도시가스 안전관리의 공통사항

핵심이론 01 장치 관련 공통사항

① 역화방지장치
  ㉠ 역화방지장치의 구조 : 소염소자, 역류방지장치, 방출장치
  ㉡ 역화방지장치 설치 장소 : 가연성 가스를 압축하는 압축기와 오토클레이브 사이(의 배관), 아세틸렌 충전용 지관, 아세틸렌의 고압건조기와 충전용 교체밸브 사이

② 역류방지밸브
  ㉠ 설치 장소 : 가연성 가스압축기와 충전용 주관 사이, 아세틸렌을 압축하는 압축기의 유분리기와 고압건조기 사이, 암모니아나 메탄올의 합성 탑 또는 정제 탑과 압축기 사이의 배관, 감압설비와 해당 가스의 반응설비 사이의 배관 등

③ 가스누출경보기
  ㉠ 가스누출경보기의 기능
    • 가스의 누출을 검지하여 그 농도를 지시함과 동시에 경보를 울리는 것으로 한다.
    • 미리 설정된 가스농도(폭발하한계의 1/4 이하)에서 자동적으로 경보를 울리는 것으로 한다.
    • 미리 설정된 가스농도에서 60초 이내에 경보를 울리는 것으로 한다.
    • 경보를 울린 후에는 주위의 가스농도가 변화되어도 계속 경보를 울리며, 그 확인 또는 대책을 강구함에 따라 경보가 정지되는 것으로 한다.
    • 담배 연기 등 잡가스에는 경보가 울리지 아니하는 것으로 한다.
  ㉡ 가스누출경보기의 구조
    • 충분한 강도를 가지며, 취급과 정비(특히 엘리먼트의 교체)가 용이한 것으로 한다.

- 가스누출경보기의 경보부와 검지부는 분리하여 설치할 수 있는 것으로 한다.
- 검지부가 다점식인 경우에는 울릴 때 경보부에서 가스의 검지 장소를 알 수 있는 구조로 한다.
- 경보는 램프의 점등 또는 점멸과 동시에 경보를 울리는 것으로 한다.

ⓒ 가스누출경보기 검지부 설치 위치
- 경보기의 검지부는 저장설비 및 가스설비 중 가스가 누출하기 쉬운 설비가 설치되어 있는 장소의 주위 중에서 누출된 가스가 체류하기 쉬운 장소에 설치한다.
- 가스 검지부의 설치 높이는 공기보다 무거운 가스의 경우 바닥면으로부터 검지부 상단까지의 높이가 30[cm] 이내인 범위에서 가능한 한 바닥에 가까운 곳으로 하고, 공기보다 가벼운 가스의 경우 천장으로부터 검지부 하단까지의 거리가 30[cm] 이하가 되도록 설치한다.
- 검지부 설치 제외 장소 : 출입구의 부근 등으로 외부의 기류가 통하는 곳, 환기구 등 공기가 들어오는 곳으로부터 1.5[m] 이내의 곳, 연소기의 폐가스에 접촉하기 쉬운 곳
- 검지부 설치 개수
  - 도시가스사용시설 : 검지부는 연소기(가스누출자동차단기의 경우에는 소화안전장치가 부착되지 않은 연소기에 한함) 버너 중심 부분으로부터, 수평거리가 8[m](공기보다 무거운 가스를 사용하는 경우에는 4[m]) 이내인 곳에 검지부 1 개 이상이 설치되도록 한다. 다만, 연소기 설치실이 별실로 구분되어 있는 경우에는 실별로 산정한다.
  - LPG(액화석유가스) : 연소기 중심 부분으로부터 4[m] 이내에 1개 이상 설치한다.

ⓔ 가스누출경보기 제어부 설치 위치 : 가스사용실의 연소기 주위로서 조작하기 쉬운 위치 또는 안전관리원 등이 상주하는 장소에 설치한다.

ⓜ 가스누출경보기 차단부 설치 위치
- 동일 건축물 내에 있는 전체 가스사용시설의 주배관(건축물의 외부에 설치)
- 동일 건축물 내로서 구분 밀폐된 2개 이상의 층에서 가스를 사용하는 경우 층별 주배관
- 동일 건축물의 동일 층 내에서 2 이상의 사용자가 가스를 사용하는 경우 사용자별 주배관(가스사용실의 외부에 설치하나 건축물의 구조상 부득이한 경우 건축물의 내부에 설치). 다만, 동일한 가스사용실에서 다수의 가스사용자가 가스를 사용하는 경우에는 그 실의 주배관으로 할 수 있다.

ⓗ 가스누출경보기의 검출부 설치 장소 및 개수
- 특수반응설비의 경우 건축물 내에 설치된 경우 : 바닥면 둘레 10[m]에 대하여 1개 이상의 비율
- 가열로 등 발화원이 있는 제조설비 주위의 경우, 건축물 밖에 설치된 경우 : 바닥면 둘레 20[m]에 대하여 1개 이상의 비율
- 계기실 내부, 독성가스의 충전용 접속구군의 주위 : 1개 이상
- 방류둑 내에 설치된 저장탱크 : 저장탱크마다 1개 이상

ⓢ 검지부의 검지방식별 원리

반도체식	검지부 표면에 가스가 접촉하면 금속 산화물의 전기전도도가 변하는 원리(반도체에 가스가 접촉하면 그 전기 저항이 감소하는 성질을 이용)이다.
접촉연소식	가연성 가스가 백금상에 촉매와 작용하여 연소하고 온도 상승을 발생하여 백금선의 전기 저항이 증가하는 것을 측정한다.
기체열전도식	코일상으로 감겨진 백금선이 칠해진 반도체 가스에 대한 열전도의 차이를 응용한 것으로, 접촉연소와는 반대로 변화한다.

④ 가스누출자동차단기
  ⓘ 구조 및 치수
  - 과류차단성능과 누출점검성능을 가지는 구조로 한다.

- 과류차단되었을 경우 복원 사용이 가능하고 사용에 안전한 구조로 한다.
- 외관은 다듬질면이 매끈하고 사용에 지장이 있는 부식, 균열, 주름 등이 없는 것으로 한다.
- 용기밸브에 연결하는 핸들의 나사는 왼나사로서 W22.5×14T, 나사부의 길이는 12[mm] 이상이고, 핸들지름은 50[mm] 이상인 것으로 한다.
- 관이음부의 나사치수는 관용 테이퍼 나사에 따르고 호스 연결부의 치수는 가스밸브에 적합한 것으로 한다.

ⓒ 가스누출자동차단기의 제품성능
- 내압성능 : 고압부는 3[MPa] 이상, 저압부는 0.3[MPa] 이상의 압력으로 실시하는 내압시험에서 이상이 없는 것으로 한다.
- 기밀성능 : 고압부는 1.8[MPa] 이상, 저압부는 8.4[kPa] 이상 10[kPa] 이하의 압력으로 실시하는 기밀시험에서 누출이 없는 것으로 한다.
- 내구성능 : 전기적으로 개폐하는 자동차단기는 6,000회의 개폐 조작 반복 후에 기밀시험, 과류차단성능 및 누출점검성능에 이상이 없는 것으로 한다.
- 내진동성능 : 제어부 및 차단부는 진동수 600[회/min], 진폭 5[mm]의 진동을 상하, 좌우, 전후의 3방향에서 각각 20분 가한 후 작동시험과 기밀시험을 하여 이상이 없는 것으로 한다.
- 절연저항성능 : 전기적으로 개폐하는 자동차단기의 전기충전부와 비충전 금속부와의 절연저항은 1[MΩ] 이상으로 한다.
- 내전압성능 : 전기적으로 개폐하는 자동차단기는 500[V]의 전압을 1분간 가하였을 때 이상이 없는 것으로 한다.
- 내열성능 : 제어부는 온도 40[℃] 이상, 상대습도 90[%] 이상에서 1시간 이상 유지한 후 10분 이내에 작동시험을 하여 이상이 없는 것으로 한다.

⑤ 가스보일러, 가스온수기, 가스난방기 관련 사항
  ㉠ 가스온수기나 가스보일러는 목욕탕 또는 환기가 잘되지 않는 곳에는 설치하지 않는다.
  ㉡ 가스보일러의 급배기방식
  - 자연배기식(CF식) : 연소용 공기는 옥내에서 취하고, 연소 배기가스는 자연통기력을 이용하여 옥외로 배출하는 방식(반밀폐식)
  - 강제배기식(FE식) : 연소용 공기는 옥내에서 취하고, 연소 배기가스는 배기용 송풍기를 사용하여 강제로 옥외로 배출하는 방식(반밀폐식)
  - 강제급배기식(FF식) : 가스보일러에 장착된 배출기(Fan)와 이중연도를 통하여 연소용 공기를 옥외에서 취하고, 연소 배기가스도 이들을 통하여 강제로 옥외로 배출하는 방식(밀폐식)
    - 시공성이 우수하다.
    - 미관이 좋다.
    - 배기가스 중독사고 우려가 작다.
  - 옥외용(RF) : 옥외에 설치하는 보일러
  ㉢ 전용 보일러실
  - 보일러실 안의 가스가 거실로 들어가지 아니하는 구조로서 보일러실과 거실 사이의 경계벽은 출입구를 제외하고는 내화구조의 벽으로 한다.
  - 전용 보일러실에는 부압(대기압보다 낮은 압력을 말한다) 형성의 원인이 되는 환기 팬을 설치하지 않는다.
  - 전용 보일러실에는 사람이 거주하는 거실, 주방 등과 통기될 수 있는 가스레인지 배기덕트(후드) 등을 설치하지 않는다.
  - 전용 보일러실을 설치하지 않아도 무방한 경우 : 밀폐식 보일러, 가스보일러를 옥외에 설치한 경우, 전용 급기통을 부착시키는 구조로 검사에 합격한 강제배기식 보일러

② 전 가스소비량에 의한 가스보일러의 분류(총발열량 기준)
  - 강제배기식 및 강제급배기식 가스온수보일러 : 70[kW] 이하
  - 중형 가스온수보일러 : 70[kW] 초과 232.6[kW] 이하
  - 강제혼합식 가스버너 : 232.6[kW] 초과
⑩ 전 가스소비량이 232.6[kW] 이하인 가스온수기의 성능 기준에서 전 가스소비량은 표시치의 ±10[%] 이내이어야 한다.
⑪ 가스온수기의 안전장치
  - 주요 안전장치 : 정전안전장치, 역풍방지장치, 소화안전장치
  - 그 밖의 안전장치 : 거버너(세라믹 버너를 사용하는 온수기에만 해당), 과열방지장치, 물온도조절장치, 점화장치(파일럿 버너가 없는 것은 자동점화장치), 물빼기장치, 수압자동가스밸브, 동결방지장치, 과압방지안전장치
  - 구조별 갖추어야 할 장치
    - 자연배기식 온수기 : 역풍방지장치
    - 강제배기식 온수기 : 배기폐쇄안전장치, 과대풍압안전장치
    - 강제급배기식 온수기 : 재점화 시 안전장치 또는 동등 이상의 기능을 보유한 것
⑫ 가스 냉난방기에 설치하는 안전장치
  - 주요 안전장치 : 정전안전장치, 역풍방지장치, 소화안전장치
  - 그 밖의 안전장치 : 경보장치, 가스압력스위치, 공기압력 스위치, 고온재생기 과열방지장치, 고온재생기 과압방지장치, 냉수 흐름(Flow) 스위치 또는 인터로크(Interlock), 동결방지장치, 냉각수 흐름(Flow)스위치 또는 인터로크(Interlock), 운전 상태 감시장치
⑬ 가스난방기의 안전장치
  - 주요 안전장치 : 정전안전장치, 역풍방지장치, 소화안전장치
  - 그 밖의 안전장치 : 거버너(세라믹 버너를 사용하는 난방기에만 해당), 불완전연소방지장치나 산소결핍안전장치(가스소비량이 11.6[kW](10,000[kcal/h] 이하인 가정용 및 업무용의 개방형 가스난방기에만 해당), 전도안전장치(고정 설치형은 제외), 배기폐쇄안전장치(FE식 난방기에 한한다), 과대풍압안전장치(FE식 난방기에 한한다), 과열방지안전장치(강제대류식 난방기에 한한다), 저온차단장치(촉매식 난방기에 한한다)
⑭ 가스보일러 설치, 시공 확인
  - 가스보일러 설치 후 설치·시공확인서를 작성하여 사용자에게 교부하여야 한다.
  - 확인사항 : 사용교육의 실시 여부, 배기가스 적정 배기 여부, 연통의 접속부 이탈 여부 및 막힘 여부 등
⑥ 가연성 또는 독성가스를 냉매로 사용하는 수액기에 사용 가능한 액면계 : 정전용량식 액면계, 편위식 액면계, 회전튜브식 액면계
⑦ 저장탱크
  ⑤ 지상에 설치된 저장탱크 중 저장능력 10[ton] 이상인 저장탱크에는 폭발방지장치를 설치하여야 한다.
  ⑥ 가연성 가스 저온저장탱크가 압력에 의해 파괴되는 것을 방지하기 위한 부압파괴방지설비
    - 압력계
    - 압력경보설비
    - 한 개 이상의 대상설비 : 진공안전밸브, 다른 저장탱크 또는 시설로부터의 가스 도입배관(균압관), 압력과 연동되는 긴급차단장치를 설치한 냉동제어설비, 압력과 연동하는 긴급차단장치를 설치한 송액설비

⑧ 방류둑
  ㉠ 설치목적 : 액상의 가스가 누출된 경우 그 가스의 유출을 방지하기 위해
  ㉡ 설치 위치 : 대용량의 액화석유가스 지상 저장탱크 주위
  ㉢ 설치 기준
   • 2개 이상의 저장탱크가 설치된 것에 대한 저장능력의 산정 : 저장능력을 합한 것
   • 가연성 가스, 산소 : 저장능력 1,000[ton] 이상
   • 독성가스 : 저장능력 5[ton] 이상
   • 독성가스를 사용하는 내용적이 1만[L] 이상인 수액기 주위에는 방류둑을 설치한다.
   • 가스도매사업의 가스공급시설의 설치 기준에 따르면, 액화가스 저장탱크의 저장능력이 500[ton] 이상일 때 방류둑을 설치하여야 한다.
  ㉣ 설치 제반사항
   • 방류둑은 액밀한 것이어야 한다.
   • 성토는 수평에 대하여 45[°] 이하의 기울기로 한다.
   • 방류둑은 그 높이에 상당하는 액화가스의 액두압에 견딜 수 있어야 한다.
   • 성토 윗부분의 폭은 30[cm] 이상으로 한다.

⑨ 지하 정압실 통풍구조를 설치할 수 없는 경우의 적합한 기계환기설비 기준
  ㉠ 통풍능력은 바닥 면적 1[m^2]마다 0.5[m^3/분] 이상으로 한다.
  ㉡ 배기구는 바닥면(공기보다 가벼운 경우는 천장면) 가까이 설치한다.
  ㉢ 배기가스 방출구는 지면에서 5[m] 이상 높게 설치한다.
  ㉣ 공기보다 비중이 가벼운 경우에는 배기가스 방출구를 3[m] 이상 높게 설치한다.

⑩ 인터로크 기구 : 가스설비가 오조작되거나 정상적인 제조를 할 수 없는 경우 자동적으로 원재료를 차단하는 장치이다.

⑪ 제조하고자 하는 자가 반드시 갖추어야 할 설비
  ㉠ LPG 용접용기 제조자가 반드시 갖추어야 할 설비 : 성형설비, 열처리설비, 세척설비 등
  ㉡ LPG 압력조정기를 제조하고자 하는 자가 반드시 갖추어야 할 검사설비 : 유량측정설비, 내압시설설비, 기밀시험설비
  ㉢ 냉동기를 제조하고자 하는 자가 갖추어야 할 제조설비 : 프레스설비, 조립설비, 용접설비, 제관설비, 건조설비 등

⑫ 과압안전장치 방출관 설치 : 과압안전장치 중 안전밸브에는 다음 기준에 따라 가스 방출관을 설치한다.
  ㉠ 가스 방출관의 방출구는 건축물 밖에 화기가 없는 위치로서 지면으로부터 2.5[m] 이상 또는 소형 저장탱크의 정상부로부터 1[m] 이상의 높이 중 높은 위치에 설치한다. 다만, 다음 것을 모두 충족하는 경우에는 가스 방출관의 방출구 위치를 지면으로부터 2[m] 이상 또는 소형 저장탱크의 정상부로부터 50[cm] 이상 중 높은 위치에 설치할 수 있다.
   • 소형 저장탱크의 저장능력(2개 이상의 소형 저장탱크가 가스 방출관을 같이 사용하는 경우에는 합산 저장능력을 말함)이 1[ton] 미만인 경우
   • 가스 방출관 방출구의 수직 상 방향 연장선으로부터 2[m] 이내에 화기나 다른 건축물이 없는 경우
  ㉡ 가스 방출관의 방출구는 공기 중에 수직 상 방향으로 가스를 분출하는 구조로서 방출구의 수직 상 방향 연장선으로부터 다음의 안전밸브 규격에 따른 수평거리 이내에 장애물이 없는 안전한 곳으로 분출하는 구조로 되어 있다.
   • 입구 호칭지름 15A 이하 : 0.3[m]
   • 입구 호칭지름 15A 초과 20A 이하 : 0.5[m]
   • 입구 호칭지름 20A 초과 25A 이하 : 0.7[m]
   • 입구 호칭지름 25A 초과 40A 이하 : 1.3[m]
   • 입구 호칭지름 40A 초과 : 2.0[m]

ⓒ 가스 방출관 끝에는 빗물이 유입되지 않도록 캡을 설치하고, 그 캡은 방출가스의 흐름을 방해하지 않도록 설치하며, 가스 방출관 하부에는 드레인 밸브를 설치한다. 다만, 안전밸브에 드레인 기능이 내장되어 있는 경우에는 드레인 밸브를 설치하지 않을 수 있다.

ⓓ 가스 방출관 단면적은 안전밸브 분출면적(하나의 방출관에 2개 이상의 안전밸브 방출관이 연결되어 있는 경우에는 각 안전밸브 분출면적의 합계 면적) 이상으로 한다.

10년간 자주 출제된 문제

1-1. 가스설비실에 설치하는 가스누출경보기에 대한 설명으로 틀린 것은?
① 담배 연기 등 잡가스에는 경보가 울리지 않아야 한다.
② 경보기의 경보부와 검지부는 분리하여 설치할 수 있어야 한다.
③ 경보가 울린 후 주위의 가스농도가 변화되어도 계속 경보를 울려야 한다.
④ 경보기의 검지부는 연소기의 폐가스가 접촉하기 쉬운 곳에 설치한다.

1-2. 독성인 액화가스 저장탱크 주위에는 합산 저장능력이 몇 [ton] 이상일 경우 방류둑을 설치하여야 하는가?
① 2
② 3
③ 5
④ 10

|해설|

1-1
경보기의 검지부는 저장설비 및 가스설비 중 가스가 누출하기 쉬운 설비가 설치되어 있는 장소의 주위 중에서 누출된 가스가 체류하기 쉬운 장소에 설치한다.

1-2
방류둑 설치 기준
• 2개 이상의 저장탱크가 설치된 것에 대한 저장능력의 산정 : 저장능력을 합한 것
• 가연성 가스, 산소 : 저장능력 1,000[ton] 이상
• 독성가스 : 저장능력 5[ton] 이상

정답 1-1 ④ 1-2 ③

핵심이론 02 가스 트러블

① 가스 누출

㉠ 고압가스의 분출 또는 누출의 원인
• 용기에서 용기밸브의 이탈
• 용기에 부속된 압력계의 파열
• 안전밸브의 작동

㉡ 가연성 가스 운반 차량의 운행 중 가스 누출 시 긴급조치사항(운반 중 가스 누출 부분에 수리 불가능한 상태가 발생했을 때의 조치)
• 누출 방지조치를 취한다.
• 상황에 따라 안전한 장소로 운반한다(주위가 안전한 곳으로 차량을 이동시킨다).
• 부근의 화기를 없앤다(교통 및 화기를 통제한다).
• 소화기를 이용하여 소화하는 것은 부적절하다.
• 비상연락망에 따라 관계업소에 원조를 의뢰한다.

㉢ 고압가스설비를 운전하는 중 플랜지부에서 가연성 가스가 누출하기 시작할 때 취해야 할 대책
• 화기 사용 금지
• 가스 공급 즉시 중지
• 누출 전·후단 밸브 차단

㉣ 고압가스특정제조시설 중 배관의 가스 누출 확산 방지를 위한 시설 및 기술 수준
• 시가지, 하천, 터널 및 수로 중에 배관을 설치하는 경우에는 누출된 가스의 확산 방지조치를 한다.
• 사질토 등의 특수성 지반(해저 제외) 중에 배관을 설치하는 경우에는 누출가스의 확산 방지조치를 한다.
• 독성가스의 용기 보관실은 누출되는 가스의 확산을 적절하게 방지할 수 있는 구조로 한다.
• 고압가스의 종류 및 압력과 배관의 주위상황에 따라 배관을 2중관으로 하고, 가스누출검지경보 장치를 설치한다.

- 2중관으로 하여야 하는 독성가스 : 염소, 포스겐, 불소, 아세트알데하이드, 아황산가스, 사이안화수소, 황화수소, 산화에틸렌, 암모니아, 염화메탄 등
- ⑩ 독성가스의 식별조치
  - 예 : 독성가스 ○○ 제조시설, 독성가스 ○○ 저장소
  - ○○에는 가스 명칭을 적색으로 기재한다.
  - 문자의 크기는 가로, 세로 10[cm] 이상으로 한다.
  - 30[m] 이상의 거리에서 식별이 가능하도록 한다.
  - 경계표지와는 별도로 게시한다.
  - 식별표지에는 다른 법령에 따른 지시사항 등을 명기할 수 있다.
- ⑪ 독성가스 누출 우려 부분의 위험표지
  - 위험표지의 바탕색은 백색, 글씨는 흑색으로 한다.
  - 문자의 크기는 가로×세로 5[cm] 이상으로 한다.
  - 문자는 10[m] 이상 떨어진 위치에서도 알 수 있도록 한다.
  - 문자는 가로 또는 세로 방향으로 모두 쓸 수 있다.
- ⑫ 누출 가스의 TNT 폭발위력

  $$\text{폭발열량}[kcal] \times \frac{1[kg]TNT}{1,100[kcal]}$$

- ⑬ 액체염소가 누출된 경우 필요한 조치 : 소석회 살포, 가성소다 살포, 탄산소다 수용액 살포
- ② **독성가스 누출 시의 제독**
  - ㉠ 확산 방지조치 : 아황산가스, 암모니아, 염소, 염화메틸, 산화에틸렌, 사이안화수소, 포스겐, 황화수소 등의 독성가스가 누출된 때에 확산을 방지하는 조치는 다음의 방법 또는 이와 동등 이상의 효과가 있는 조치 중 독성가스의 종류 및 설비의 상황에 따라 한 가지 또는 두 가지 이상의 것을 선택하여 조치한다.
    - 수용성이거나 물에 독성이 희석되는 가스에 대하여는 확산된 액화가스를 물 등의 용매에 희석하여 가스의 증기압을 저하시키는 조치를 한다.
    - 설비 내에 있는 액화가스 또는 설비 외에 누설된 액화가스를 누설된 가스의 흡입장치와 연동된 중화설비 등의 안전한 장소로 이송하는 조치를 한다.
    - 누설된 액화가스의 액면을 흡착제, 중화제에 의하여 흡착 제거, 흡수 또는 중화하는 조치 또는 기포성 액체나 부유물 등으로 덮어 액화가스의 증발기화를 가능한 한 적게 하는 조치를 한다.
    - 방호벽 또는 국소배기장치 등에 의하여 가스가 주변으로 확산되지 않도록 하는 조치를 한다.
    - 집액구에 의하여 다른 곳으로 유출하는 것을 방지하는 조치를 한다.
  - ㉡ 제독조치 : 제독조치는 다음의 방법이나 이와 동등 이상의 작용을 하는 조치 중 한 가지 또는 두 가지 이상인 것을 선택하여 한다.
    - 물이나 흡수제로 흡수 또는 중화하는 조치
    - 흡착제로 흡착 제거하는 조치
    - 저장탱크 주위에 설치된 유도구로 집액구, 피트 등으로 고인 액화가스를 펌프 등의 이송설비로 안전하게 제조설비로 반송하는 조치
    - 연소설비(플레어스택, 보일러 등)에서 안전하게 연소시키는 조치
  - ㉢ 제독설비 기능 : 제독설비는 누출된 가스의 확산을 적절히 방지할 수 있는 것으로서, 판매시설의 상황 및 가스의 종류에 따라 다음의 설비 또는 이와 동등 이상의 기능을 가지는 것으로 한다.
    - 가압식, 동력식 등에 의하여 작동하는 제독제 살포장치 또는 살수장치
    - 가스를 흡인하여 이를 흡수·중화제와 접속시키는 장치

③ LPG 용기에 있는 잔가스의 처리법
  ㉠ 폐기 시에는 용기를 분리한 후 처리한다.
  ㉡ 잔가스 폐기는 통풍이 양호한 장소에서 소량씩 실시한다.
  ㉢ 되도록 사용 후 용기에 잔가스가 남지 않도록 한다.
  ㉣ 용기를 가열할 때는 온도 40[℃] 이상의 뜨거운 물을 사용한다.

④ 이동식 부탄연소기(휴대용 부탄 가스레인지)
  ㉠ 이동식 부탄연소기 관련 사고 예방방법
    • 연소기에 접합용기를 정확히 장착한 후 사용한다.
    • 과대한 조리기구를 사용하지 않는다.
    • 잔가스 사용을 위해 용기를 가열하지 않는다.
    • 폐기할 때는 환기가 잘되는 넓은 장소에서 바람을 등지고 사용한 접합용기를 평평한 바닥에 휴대용 부탄가스의 노즐을 대고 잔존가스를 완전히 제거한다.
    • 잔가스를 완전히 제거한 후 장갑을 착용하고 송곳이나 날카로운 요철을 사용하여 구멍을 뚫어 화기가 없는 장소(분리수거함 등)에 버린다.
  ㉡ 이동식 부탄연소기의 올바른 사용방법
    • 텐트 안에서 사용하지 않는다.
    • 두 대를 나란히 사용해야 할 경우에는 연결하거나 붙여 사용하면 위험하므로 적당한 거리를 유지한다.
    • 사용하는 그릇은 연소기의 삼발이보다 폭이 좁은 것을 사용한다.
    • 사용 후 과량 남게 되면 노즐이 눌려 가스가 누출되는 것을 예방하기 위하여 빨간 캡으로 닫는다.
    • 사용 후에나 연소기 운반 중에는 용기를 연소기 외부에 보관한다.

⑤ 밀폐식 보일러의 사고원인
  ㉠ 설치 후 이음부에 대한 가스 누출 여부를 확인하지 아니한 경우
  ㉡ 배기통이 수평보다 위쪽을 향하도록 설치한 경우
  ㉢ 배기통과 건물의 외벽 사이에 기밀이 완전히 유지되지 않는 경우

⑥ 저장량이 각각 1,000[ton]인 LP 가스 저장탱크 2기에서 발생 가능한 사고와 상해 발생 메커니즘
  ㉠ 누출 → 화재 → BLEVE → Fireball → 복사열 → 화상
  ㉡ 누출 → 증기운 확산 → 증기운 폭발 → 폭발 과압 → 폐출혈
  ㉢ 누출 → 화재 → BLEVE → Fireball → 화재 확대 → BLEVE

⑦ 제반 안전조치
  ㉠ 위험표지 : 독성가스 충전시설에서 다른 제조시설과 구분하여 외부로부터 독성가스 충전시설임을 쉽게 식별할 수 있도록 설치하는 조치
  ㉡ 질소 충전용기에서 질소의 누출 여부를 확인하는 가장 쉽고 안전한 방법 : 비눗물 사용
  ㉢ 가스사용시설에 퓨즈 콕 설치 시 예방 가능한 사고유형 : 가스레인지 연결 호스 고의 절단사고
  ㉣ 정전기 제거 또는 발생 방지조치(정전기로 인한 화재나 폭발사고의 예방조치)
    • 가습하여 상대습도를 높인다.
    • 공기를 이온화시킨다.
    • 마찰을 작게 한다.
    • 대상물을 본딩하거나 접지시킨다.
    • 가연성 분위기를 불활성화한다.
    • 정전 차단 또는 정전 차폐(접지된 도체로 대전 물체를 덮거나 둘러싸는 것)한다.
    • 유체 분출을 방지한다.
    • 전도성 도료를 칠하거나 전기저항이 큰 물질(절연체) 대신에 전도성 물질을 사용하여 전도성을 증가시킨다.
    • 유체의 이전, 충전 시의 유속을 제한한다.

- 제전기(완전 제전이 아니라 재해나 장애가 발생되지 않을 정도로 정전기를 제거하는 기기)를 사용한다.
ⓓ 공기액화분리기의 운전을 중지하고 액화산소를 방출해야 하는 경우
  - 액화산소 5[L] 중 아세틸렌의 질량이 5[mg]을 넘을 때
  - 탄화수소의 탄소의 질량이 500[mg]을 넘을 때
ⓑ 폭발 방지대책 수립 시 우선적으로 먼저 검토·분석하여야 할 사항 : 요인 분석, 위험성 평가 분석, 피해 예측 분석 등
ⓐ 유해물질의 사고 예방대책
  - 안전보호구 착용
  - 작업시설의 정돈과 청소
  - 유해물질과 발화원 제거

⑧ 제반 트러블 관련 사항
ⓐ 상온, 상압에서 수소용기의 과열원인 : 과충전, 용기의 균열, 용기의 취급 불량 등
ⓑ 국내에서 발생한 대형 도시가스 사고 중 대구 도시가스 폭발사고의 주원인 : 공사 중 도시가스 배관 손상
ⓒ 용기 파열사고의 원인
  - 가열, 일광의 직사, 내용물의 중합반응 등으로 인한 용기 내압의 이상 상승
  - 염소용기는 용기의 부식에 의하여 파열사고가 발생할 수 있다.
  - 수소용기는 산소와 혼합충전으로 격심한 가스폭발에 의한 파열사고가 발생할 수 있다.
  - 고압 아세틸렌가스는 분해폭발에 의한 파열사고가 발생할 수 있다.
  - 고압가스 용기의 파열사고 주원인은 용기의 내압력 부족에 기인한다. 내압력 부족의 원인으로 용접 불량, 용기 내벽의 부식, 강재의 피로 등이 있다.
  - 용기 내에서의 폭발성 혼합가스의 발화
  ※ 용기 내 과다한 수증기 발생으로는 용기 파열이 발생하지 않는다.
ⓓ 공기액화분리에 의한 산소와 질소제조시설에 아세틸렌가스가 소량 혼입되었을 때, 발생 가능한 현상으로 가장 유의하여야 할 사항 : 응고되어 이동하다가 구리 등과 접촉하면 산소 중에서 폭발할 가능성이 크다.
ⓔ 냉장고 수리를 위하여 아세틸렌 용접작업 중 산소가 떨어지자 산소에 연결된 호스를 뽑아 얼마 남지 않은 것으로 생각되는 LPG 용기에 연결하여 용접 토치에 불을 붙이자 LPG 용기가 폭발하였다면, 그 원인으로 가장 가능성이 높은 것은 호스 속의 산소 또는 아세틸렌이 역류되어 역화에 의한 폭발이다.
ⓕ LPG용 가스레인지를 사용하는 도중 불꽃이 치솟는 사고가 발생하였을 때 가장 직접적인 사고원인은 압력조정기의 불량이다.
ⓐ 부식에 의해 염공이 커지면 연소기에서 역화가 발생할 수 있다.
ⓞ 밀폐된 목욕탕에서 도시가스 순간온수기로 목욕하던 중 의식을 잃은 사고가 발생하였을 때 사고원인(추정) : 일산화탄소 중독, 산소결핍에 의한 질식
ⓩ 사람이 사망한 도시가스 사고 발생 시 사업자가 한국가스안전공사에 상보(서면으로 제출하는 상세한 통보)를 할 때 그 기한은 사고 발생 후 20일 이내이다.
ⓩ 가스레인지 점화동작 시도 후 점화가 안 될 때의 조치방법
  - 가스용기 밸브 및 중간밸브가 완전히 열렸는지를 확인한다.
  - 버너 캡 및 버너 보디를 바르게 조립한다.

- 본체 뒷면의 건전지가 사용한지 오래되어 약해졌는지 확인하고, 약하다면 새 건전지로 교환한다(점화 시 '따따따'하는 방전음의 간격이 길어지고 소리가 약할 때는 건전지를 새것으로 교환해야 한다).
- 점화 플러그 주위를 깨끗이 닦아 준다.

㉠ 사람이 사망하거나 부상, 중독 가스사고가 발생하였을 때 사고의 통보내용
- 통보자의 인적사항(통보자의 소속, 직위, 성명 및 연락처)
- 사고 발생 일시 및 장소
- 시설현황
- 사고내용 및 피해현황(인명과 재산)

10년간 자주 출제된 문제

2-1. 프로판(C_3H_8)과 부탄(C_4H_{10})이 동일한 몰(mol)비로 구성된 LP 가스의 폭발하한이 공기 중에서 1.8[vol%]라면 높이 2[m], 넓이 9[m²], 압력 1[atm], 온도 20[℃]인 주방에 최소 몇 [g]의 가스가 유출되면 폭발할 가능성이 있는가?(단, 이상기체로 가정한다)

① 405
② 593
③ 688
④ 782

2-2. 고압가스특정제조시설 중 배관의 누출 확산 방지를 위한 시설 및 기술 수준으로 옳지 않은 것은?

① 시가지, 하천, 터널 및 수로 중에 배관을 설치하는 경우에는 누출된 가스의 확산 방지조치를 한다.
② 사질토 등의 특수성 지반(해저 제외) 중에 배관을 설치하는 경우에는 누출가스의 확산 방지조치를 한다.
③ 고압가스의 온도와 압력에 따라 배관의 유지관리에 필요한 거리를 확보한다.
④ 독성가스의 용기 보관실은 누출되는 가스의 확산을 적절하게 방지할 수 있는 구조로 한다.

2-3. 독성가스의 식별 조치에 대한 설명 중 틀린 것은?(단, 예 : 독성가스 OO 제조시설, 독성가스 OO 저장소)

① OO에는 가스 명칭을 노란색으로 기재한다.
② 문자의 크기는 가로×세로 10[cm] 이상으로 하고 30[m] 이상의 거리에서 식별이 가능하도록 한다.
③ 경계표지와는 별도로 게시한다.
④ 식별표지에는 다른 법령에 따른 지시사항 등을 명기할 수 있다.

2-4. 20[kg]의 LPG가 누출하여 폭발할 경우 TNT 폭발 위력으로 환산하면 TNT는 약 몇 [kg]에 해당하는가?(단, LPG의 폭발효율은 3[%], 발열량은 12,000[kcal/kg], TNT의 연소열은 1,100[kcal/kg]이다)

① 0.6
② 6.5
③ 16.2
④ 26.6

2-5. 독성가스가 누출되었을 경우 이에 대한 제독조치로 적당하지 않은 것은?

① 물 또는 흡수제에 의하여 흡수 또는 중화하는 조치
② 벤트스택을 통하여 공기 중에 방출시키는 조치
③ 흡착제의 의하여 공기 중에 방출시키는 조치
④ 집액구 등으로 고인 액화가스를 펌프 등의 이송설비로 반송하는 조치

2-6. 이동식 부탄연소기의 올바른 사용방법은?

① 바람의 영향을 줄이기 위해서 텐트 안에서 사용한다.
② 효율을 높이기 위해서 두 대를 나란히 연결하여 사용한다.
③ 사용하는 그릇은 연소기의 삼발이보다 폭이 좁은 것을 사용한다.
④ 연소기 운반 중에는 용기를 연소기 내부에 보관한다.

2-7. 정전기 제거 또는 발생 방지조치에 대한 설명으로 틀린 것은?

① 상대습도를 높인다.
② 공기를 이온화시킨다.
③ 대상물을 접지시킨다.
④ 전기저항을 증가시킨다.

[해설]

2-1
- 방의 체적 : $2 \times 9 = 18[m^3]$
- 폭발 가능 누설량 : $18[m^3] \times 1,000[L/m^3] \times 0.018 = 324[L]$
- LP 가스 평균 분자량 : $\dfrac{(44 \times 0.5) + (58 \times 0.5)}{1} = 51[g]$
- 가스누설량 : $\dfrac{324}{22.4} \times 51 \times \dfrac{273}{20+273} \approx 688[g]$

2-2
배관의 누출 확산 방지를 위해 고압가스의 종류 및 압력과 배관의 주위상황에 따라 배관을 2중관으로 하고, 가스누출검지경보장치를 설치한다.

2-3
○○에는 가스 명칭을 적색으로 기재한다.

2-4
폭발열량
$20[kg] \times 12,000[kcal/kg] \times 0.03 = 7,200[kcal]$

누출 가스의 TNT 폭발위력
$$폭발열량[kcal] \times \dfrac{1[kg]TNT}{1,100[kcal]} = 7,200[kcal] \times \dfrac{1[kg]TNT}{1,100[kcal]}$$
$$\approx 6.5[kg]TNT$$

2-5
제독조치는 다음의 방법이나 이와 동등 이상의 작용을 하는 조치 중 한 가지 또는 두 가지 이상인 것을 선택하여 한다.
- 물이나 흡수제로 흡수 또는 중화하는 조치
- 흡착제로 흡착 제거하는 조치
- 저장탱크 주위에 설치된 유도구로 집액구·피트 등으로 고인 액화가스를 펌프 등의 이송설비로 안전하게 제조설비로 반송하는 조치
- 연소설비(플레어스택, 보일러 등)에서 안전하게 연소시키는 조치

2-6
이동식 부탄연소기의 올바른 사용방법
- 텐트 안에서 사용하지 않는다.
- 두 대를 나란히 연결하여 사용하지 않는다.
- 사용하는 그릇은 연소기의 삼발이보다 폭이 좁은 것을 사용한다.
- 연소기 운반 중에는 용기를 연소기 외부에 보관한다.

2-7
정전기를 제거 또는 발생 방지를 위해서는 전기저항을 감소시키고 전도성을 증가시킨다.

정답 2-1 ③ 2-2 ③ 2-3 ① 2-4 ② 2-5 ② 2-6 ③ 2-7 ④

핵심이론 03 안전성 평가

① 안전성 평가의 개요
- ㉠ SMS(Safety Management System, 체계적이고 종합적인 안전관리체계) : 기업활동 전반을 시스템으로 보고 시스템 운영규정을 작성·시행하여 사업장에서의 사고 예방을 위한 모든 형태의 활동 및 노력을 효과적으로 수행하기 위한 체계적이고 종합적인 안전관리체계이다.
- ㉡ 가스안전 영향 평가를 하여야 하는 굴착공사 : 지하보도 공사, 지하차도 공사, 도시철도 공사
- ㉢ 안전성 평가전문가의 구성 : 안전성 평가전문가, 설계전문가, 공정운전전문가(각 1명 이상)

② 안전성(위험성) 평가기법
- ㉠ 정성적 평가기법
  - 체크리스트기법 : 공정 및 설비의 오류, 결함 상태, 위험상황 등을 목록화한 형태로 작성하여 경험적으로 비교함으로써 위험성을 정성적으로 파악하는 안전성 평가기법
  - 사고예상질문분석기법(WHAT-IF) : 공정에 잠재하고 있으면서 원하지 않은 나쁜 결과를 초래할 수 있는 사고에 대하여 예상질문을 통해 사전에 확인함으로써 그 위험과 결과 및 위험을 줄이는 방법을 제시하는 정성적 안전성 평가기법
  - 위험과 운전분석기법(HAZOP ; Hazard and Operability Studies) : 공정에 존재하는 위험요소들과 공정의 효율을 떨어뜨릴 수 있는 운전상의 문제점을 찾아내어 그 원인을 제거하는 정성적인 안전성 평가기법
  - 이상위험도분석기법(FMECA ; Failure Modes, Effects and Criticality Analysis) : 공정 및 설비의 고장의 형태 및 영향, 고장 형태별 위험도 순위 등을 결정하는 기법

ⓒ 정량적 평가기법
- 상대위험순위결정기법(Dow and Mond Indices) : 설비에 존재하는 위험에 대하여 수치적으로 상대위험순위를 지표화하여 그 피해 정도를 나타내는 상대적 위험순위를 정하는 안전성 평가기법
- 작업자실수분석기법(HEA ; Human Error Analysis) : 설비의 운전원, 정비보수원, 기술자 등의 작업에 영향을 미칠만한 요소를 평가하여 그 실수의 원인을 파악하고 추적하여 정량적으로 실수의 상대적 순위를 결정하는 안전성 평가기법
- 결함수분석기법(FTA ; Fault Tree Analysis) : 사고를 일으키는 장치의 이상이나 운전자 실수의 조합을 연역적으로 분석하는 정량적 안전성 평가기법
- 사건수분석기법(ETA ; Event Tree Analysis) : 초기사건으로 알려진 특정한 장치의 이상이나 운전자의 실수로부터 발생되는 잠재적인 사고결과를 예측, 평가하는 정량적인 안전성 평가기법
- 원인결과분석기법(CCA ; Cause Consequence Analysis) : 잠재된 사고의 결과와 이러한 사고의 근본적인 원인을 찾아내고 사고결과와 원인의 상호관계를 예측, 평가하는 정량적 안전성 평가기법

10년간 자주 출제된 문제

고압가스 안전성 평가 기준에서 정성적 위험성 평가 분석방법이 아닌 것은?
① 체크리스트(Checklist)기법
② 위험과 운전분석(HAZOP)기법
③ 사고예방질문분석(WHAT-IF)기법
④ 원인결과분석기법(CCA)

|해설|
원인결과분석기법(CCA)은 정량적 평가기법이다.

정답 ④

CHAPTER 04 가스계측

제1절 계측 일반

핵심이론 01 압력과 온도

① 압 력
  ㉠ 대기압력
    • 표준 대기압
      1[atm], 760[mmHg], 10.33[mAq], 10.332[mH₂O]
      (물의 수두), 1.033[kgf/cm²], 101,325[Pa][=N/m²],
      1.013[bar], 14.7[psi], 29.92[inHg]
    • 공학기압(1[kgf/cm²] 압력 기준)
      1[at], 0.967[atm], 735.5[mmHg], 0.98[bar],
      10.14[mH₂O](물의 수두)
  ㉡ 절대압력
    • 대기압력 + 게이지압력
    • 대기압력 − 진공압력
  ㉢ 게이지압력 : 대기압을 0으로 기준하여 압력계에 지시된 압력
  ㉣ 진공압력 : 대기압보다 낮은 압력

구 분	파스칼 [Pa]	바[bar]	공학기압 [at]	기압 [atm]	토르 [Torr]
1[Pa]	1[N/m²]	10^{-5}	1.0197×10^{-5}	9.8692×10^{-6}	7.5006×10^{-3}
1[bar]	100,000	10^6[dyne/cm²]	1.0197	0.98692	750.06
1[at]	98,066.5	0.980665	1[kgf/cm²]	0.96784	735.56
1[atm]	101,325	1.01325	1.0332	1[atm]	760
1[Torr]	133.322	1.3332×10^{-3}	1.3595×10^{-3}	1.3158×10^{-3}	1[Torr], 1[mmHg]

② 온 도
  ㉠ 온도단위
    • 섭씨온도[℃] : [℃] = $\frac{5}{9}$(°F−32)
    • 화씨온도[°F] : [°F] = $\frac{9}{5}$[℃]+32
    • 절대온도[K] : [℃] + 273.15
    • 랭킨온도[°R] : [°F] + 460 = 1.8[K]
  ㉡ 섭씨온도[℃]와 화씨온도[°F]가 같은 온도 : −40[℃], [°F]=233[K]
  ㉢ 물의 빙점(Icing Point) : 0[℃]=32[°F]=273.15[K]=492[°R]
  ㉣ 평형수소의 3중점 : −259.34[℃]=13.81[K]
  ㉤ 생성열을 나타내는 표준온도 : 25[℃]

10년간 자주 출제된 문제

400[K]는 약 몇 [°R]인가?
① 400   ② 620
③ 720   ④ 820

|해설|
랭킨온도[°R] = [°F] + 460 = 1.8 × [K] = 1.8 × 400 = 720[°R]

정답 ③

핵심이론 02 단위와 차원

① 단위계
   ㉠ CGS 단위계 : cm(길이단위), g(질량단위), s(시간단위, 초)를 기준으로 하는 단위계
   ㉡ MKS 단위(국제단위) : [m], [kg], [s]를 기준으로 하는 단위계
   ※ MKS 단위는 SI 단위의 기본이므로 통상 MKS 단위를 사용하며 CGS 단위는 보조적으로 사용한다.
② 국제단위계(SI) : 7가지 기본 측정단위를 정의하고 있으며, 이로부터 다른 모든 SI 유도단위를 이끌어낸다.
③ SI 기본단위 7가지 : 미터[m], 킬로그램[kg], 초[s], 암페어[A], 켈빈[K], 몰[mol], 칸델라[cd]

기본량	명 칭	기 호	정 의
길 이	미 터	[m]	1미터 : 빛이 진공에서 1/229,792,458초 동안 진행한 경로의 길이
질 량	킬로그램	[kg]	1킬로그램 : 국제 킬로그램 원기의 질량
시 간	초	[s]	1초 : 세슘 133 원자의 바닥 상태에 있는 두 초미세 준위 사이의 전이에 대응하는 복사선의 9,192,631,770 주기의 지속시간
전 류	암페어	[A]	1암페어 : 무한히 길고 무시할 만큼 작은 원형 단면적을 가진 2개의 평행한 직선 도체가 진공 중에서 1[m]의 간격으로 유지될 때, 두 도체 사이에 [m]당 2×10^7 뉴턴의 힘을 발생시키는 일정한 전류
온 도	켈 빈	[K]	1켈빈 : 물의 삼중점에 해당하는 열역학적 온도의 1/273.16
물질량	몰	[mol]	1몰 : 바닥 상태에서 정지해 있고 속박되지 않은 탄소-12의 0.012[kg]에 있는 원자의 개수와 같은 수의 구성요소를 포함하는 계의 물질량
광 도	칸델라	[cd]	1칸델라 : 진동수 540×10^{12}인 단혜르츠인 색광을 방출하는 광원의 복사도가 주어진 방향으로 스테라디안당 1/683[W]일 때의 광도

※ 상기의 기본단위 중에서 물질량은 계량의 기본이 되는 단위는 아니다.

④ 절대단위계 물리량의 차원 표시
   ㉠ 길이 : [L]
   ㉡ 질량 : [M]
   ㉢ 시간 : [T]
⑤ 차원의 예 : 압력의 SI 단위 [Pa] : $[M/LT^2] = [ML^{-1}T^{-2}]$

10년간 자주 출제된 문제

다음 중 기본단위가 아닌 것은?
① 전류[A]   ② 온도[K]
③ 속도[V]   ④ 질량[kg]

[해설]
속도의 단위는 [m/sec]이므로 유도단위이고, [V]는 볼트의 단위이다. 볼트의 단위도 기본단위가 아니다.

정답 ③

핵심이론 03 측정의 기본

① 측정의 기본용어

　㉠ 평균치 : 측정치를 모두 더하여 측정 횟수로 나눈 값이다(측정치의 산술평균값).

　㉡ 오차, 참값, 측정값
- 오차(Error) : 측정값 - 참값 또는 측정값 - 기준값
- 오차율 : $\dfrac{측정값 - 참값}{참값} \times 100[\%]$
  $= \dfrac{측정값 - 기준값}{기준값} \times 100[\%]$
- 참값 : 측정값 - 오차
- 측정값 : 참값 + 오차

　㉢ 편차와 정확도
- 편차(Bias, 치우침) : 측정치로부터 모평균을 뺀 값(측정값 - 평균값)
- 정확도(Accuracy) : 치우침이 작은 정도
- 오차가 작은 계량기는 정확도가 높다.

　㉣ 산포와 정밀도
- 산포(분산) : 흩어짐의 정도
- 정밀도(Precision) : 분산(산포)이 작은 정도, 참값에 가까운 정도
  　예 '계기로 같은 시료를 여러 번 측정하여도 측정값이 일정하지 않다'라고 할 때 이 일치하지 않는 것이 작은 정도를 정밀도라고 한다.

　㉤ 감도(Sensitivity)
- 계측기가 측정량의 변화에 민감한 정도이다.
- 측정량의 변화 ΔM에 대한 지시량의 변화 ΔA의 비
  - $E = \dfrac{지시량의\ 변화}{측정량의\ 변화} = \dfrac{\Delta A}{\Delta M}$
  - 지시량은 눈금상에서 읽을 수 있는 측정량
- 감도가 좋으면 아주 작은 양의 변화도 측정할 수 있다.
- 감도가 좋으면 측정시간이 길어진다.
- 감도가 좋으면 측정범위는 좁아진다.
- 감도의 표시는 지시계의 감도와 눈금의 너비로 나타낸다.

　㉥ 동특성 : 시간 지연과 동오차

② 측정오차의 종류 : 우연오차, 계통적 오차

　㉠ 우연오차 : 발생원인을 알 수 없는 오차로, 측정할 때마다 측정값이 일정하지 않고 분포현상을 일으킨다.

　㉡ 계통적 오차 : 발생원인을 알고 있는 오차로, 측정값의 쏠림(Bias)에 의하여 발생한다.
- 계기오차(기차) : 계측기 자체의 원인으로 발생되는 오차
- 개인오차 : 개인 숙련도에 따른 오차
- 이론오차 : 이론적으로 보정 가능한 오차(열팽창이나 처짐 등)
- 환경오차 : 측정 시의 온도, 습도, 압력 등의 영향으로 발생되는 오차
- ※ 측정기의 정도 표준 : 온도 20±0.5[℃], 습도 65[%], 기압 760[mmHg](1,013[mb])

　㉢ 계통적 오차 제거방법
- 외부조건을 표준조건으로 유지한다.
- 진동, 충격 등을 제거한다.
- 제작 시부터 생긴 기차를 보정한다.

③ 측정의 종류

　㉠ 직접 측정 : 측정기를 피측정물에 직접 접촉시켜서 길이나 각도를 측정기의 눈금으로 읽는 방식(자, 버니어캘리퍼스, 마이크로미터 등)

　㉡ 비교 측정 : 기준 치수와 피측정물을 비교하여 차이를 읽는 방식(다이얼게이지, 미니미터, 공기 마이크로미터, 전기 마이크로미터 등)

　㉢ 간접 측정 : 피측정물의 측정부의 치수를 수학적이나 기하학적인 관계로 측정하는 방식(사인바에 의한 각도 측정, 롤러와 블록게이지에 의한 테이퍼 측정, 삼침법에 의한 나사의 유효지름 측정 등)

② 절대 측정 : 정의에 따라 결정된 양을 사용하여 측정하는 방식(U자관 압력계-수은주 높이, 밀도, 중력가속도를 측정해서 압력의 측정값 결정 등)

④ 측정량 계량방법

㉠ 보상법 : 측정량의 크기가 거의 같은 미리 알고 있는 양의 분동을 준비하여 분동과 측정량의 차이로부터 측정량을 구하는 방법이다.

㉡ 편위법 : 측정량의 크기에 따라 지침 등을 편위시켜 측정량을 구하는 방법으로, 감도는 떨어지지만 취급하기 쉽고 신속하게 측정할 수 있어 전압계 및 전류계 등의 공업용 기기로 많이 사용된다(스프링 저울, 부르동관 압력계, 전류계 등).

㉢ 치환법 : 정확한 기준과 비교 측정하여 측정기 자신의 부정확한 원인이 되는 오차를 제거하기 위하여 사용되는 방법으로, 다이얼게이지를 이용하여 두께를 측정하는 방법 등이 이에 해당한다.

㉣ 영위법 : 측정량(측정하고자 하는 상태량)과 기준량(독립적 크기 조정 가능)을 비교하여 측정량과 똑같이 되도록 기준량을 조정한 후 기준량의 크기로부터 측정량을 구하는 방법(천칭)이다.

⑤ 계량, 계측, 계기

㉠ 계량, 계측기의 교정 : 계량, 계측기의 지시값을 참값과 일치하도록 수정하는 것이다.

㉡ 계량에 관한 법률의 목적
- 계량의 기준을 정한다.
- 적절한 계량을 실시한다.
- 공정한 상거래 질서를 유지한다.
- 산업의 선진화에 기여한다.

㉢ 계측기의 원리
- 액주 높이로부터 압력을 측정한다.
- 초음파 속도의 변화로 유량을 측정한다.
- 기전력의 차이로 온도를 측정한다.
- 전압과 정압의 차를 이용하여 유속을 측정한다.

㉣ 공업계기의 구비조건
- 구조가 간단해야 한다.
- 주변환경에 대하여 내구성이 있어야 한다.
- 경제적이며 수리가 용이하여야 한다.
- 원격 조정 및 연속 측정이 가능하여야 한다.

10년간 자주 출제된 문제

3-1. 길이 2.19[mm]인 물체를 마이크로미터로 측정하였더니 2.10[mm]이었다. 오차율은 몇 [%]인가?

① +4.1　　　　② -4.1
③ -4.3　　　　④ -4.3

3-2. 감도에 대한 설명으로 틀린 것은?
① 감도는 측정량 변화에 대한 지시량 변화의 비로 나타낸다.
② 감도가 좋으면 측정시간이 길어진다.
③ 감도가 좋으면 측정범위는 좁아진다.
④ 감도는 측정결과에 대한 신뢰도의 척도이다.

3-3. 계통적 오차에 해당되지 않는 것은?
① 계기오차　　　　② 환경오차
③ 이론오차　　　　④ 우연오차

[해설]

3-1

$$오차율 = \frac{측정값 - 참값}{참값} \times 100[\%]$$

$$= \frac{2.10 - 2.19}{2.19} \times 100[\%] \simeq -4.1[\%]$$

3-2

감도는 측정량의 변화 ΔM에 대한 지시량의 변화 ΔA의 비이므로 측정결과에 대한 신뢰도의 척도가 될 수 없다.

3-3

우연오차는 발생원인을 모르는 오차이므로, 계통적 오차가 아니다.

정답 3-1 ②　3-2 ④　3-3 ④

제2절 유체 측정

2-1. 압력 측정

핵심이론 01 압력 측정의 개요

① 압력계의 분류
  ㉠ 1차 압력계
    - 액주식 : U자관식, 단관식, 경사관식, 차압식, 플로트식, 환상천평식
    - 기준 분동식(부유 피스톤식)
    - 침종식
  ㉡ 2차 압력계
    - 탄성식 : 부르동관, 벨로스, 다이어프램, 콤파운드게이지
    - 전기식 : 전기저항식, 자기스테인리스식, 압전식
    - 진공식 : 맥라우드 진공계, 열전도형 진공계, 피라니 압력계, 가이슬러관, 열음극 전리 진공계

② 압력계 선택 시 유의사항
  ㉠ 사용용도를 고려하여 선택한다.
  ㉡ 사용압력에 따라 압력계의 측정범위를 정한다.
  ㉢ 진동 등을 고려하여 필요한 부속품을 준비하여야 한다.
  ㉣ 사용목적 중요도에 따라 압력계의 크기, 등급 정도를 결정한다.

10년간 자주 출제된 문제

다음 중 탄성식 압력계가 아닌 것은?
① 시스턴 압력계
② 부르동관 압력계
③ 벨로스 압력계
④ 다이어프램 압력계

[해설]
탄성식 압력계에는 부르동관식 압력계, 벨로스 압력계, 다이어프램 압력계 등이 있으며, 시스턴 압력계는 액주식 압력계 중 단관식 압력계이다.

정답 ①

핵심이론 02 액주식 압력계(Manometer)

① 액주식 압력계의 개요
  ㉠ 액주식 압력계는 측정압력에 의해 발생되는 힘과 액주의 무게가 평형을 이룰 때 액주의 높이로부터 압력을 계산하는 압력계로, 오래 전부터 사용되었다.
  ㉡ 액주식 압력계의 종류
    - 형태에 따른 분류 : U자관식, 단관식, 경사관식, 플로트식, 환상천평식
    - 측정방법에 따른 분류 : 열린식, 차압식, 닫힌식
      - 열린식(Open-end) : 한쪽 끝이 대기 중에 개방되어 있으므로 대기압 기준압력인 상대압력(계기압력)을 측정하는 마노미터
      - 차압식(Differential) : 공정 흐름선상의 두 지점의 압력차를 측정하며 압력 계산 시 유체의 밀도에는 무관하고 단지 마노미터 액의 밀도에만 관계되는 마노미터
      - 닫힌식(Sealed-end) : 한쪽 끝이 진공 상태로 막혀 있으므로 진공 기준압력인 절대압력을 측정하는 마노미터
  ㉢ 구비조건과 취급 시 주의사항
    - 온도에 따른 액체의 밀도 변화를 작게 해야 한다.
    - 모세관현상에 의한 액주의 변화가 없도록 해야 한다.
    - 순수한 액체를 사용한다.
    - 점도를 작게 하여 사용하는 것이 안전하다.
    - 액주식 압력계의 보정방법 : 모세관현상의 보정, 중력의 보정, 온도의 보정
  ㉣ 액주식 압력계의 특징
    - 1차 압력계로 미압 분야의 1차 표준기로 사용되고 있다.
    - 구조가 간단하다.
    - 응답성 및 정도가 양호하다.

- 고장이 적다.
- 현재까지도 고도화된 각종 산업의 압력 측정 분야에서 널리 사용된다.
- 액주식 압력계에 봉입되는 액체 : 수은, 물, 기름(석유류) 등
- 압력 측정범위의 크기 순 : 플로트식 > 단관식 > U자관식 > 침종식
- 온도에 민감하다.
- 액체와 유리관의 오염으로 인한 오차가 발생한다.

ⓒ 액주식 압력계에 사용되는 액주의 구비조건
- 고대 : 화학적 안정성
- 저소 : 점성(점도), 열팽창계수, 모세관현상, 온도 변화에 의한 밀도 변화
- 유지 : 액면은 항상 수평, 일정한 (화학)성분

② U자관식 압력계
㉠ U자관 속에 수은, 물 등을 넣고 한쪽 끝에 측정압력을 도입하여 압력을 측정하는 액주식 압력계로, 차압을 측정할 경우에는 양쪽에 압력을 가한다.

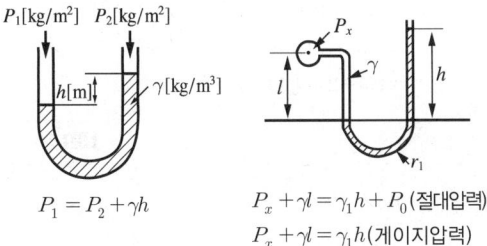

(여기서, P : 압력, γ : 비중)

㉡ 특 징
- 측정범위 : 5~2,000[mmH$_2$O], 정확도 : ±0.1[mmH$_2$O]
- 압력 유도식이며 고압 측정이 가능하다.
- 크기는 특수한 용도를 제외하고는 보통 2[m] 정도로 한다.
- 주로 통풍력을 측정하는 데 사용된다.
- 측정 시 메니스커스, 모세관현상 등의 영향을 받으므로 이에 대한 보정이 필요하다.

③ 단관식 압력계(Cistern)
㉠ U자관 압력계의 한쪽 관의 단면적을 크게 하여 압력계의 크기를 줄인 액주식 압력계로, 유리관을 압력 측정용기에 수직으로 세워 유리관 내의 상승 액주 높이로 액체의 압력을 측정한다.

㉡ 특 징
- 측정범위 : 300~2,000[mmH$_2$O], 정확도 : ±0.1[mmH$_2$O]
- 액체를 넣을 때는 액면이 눈금의 영점과 일치하도록 넣어야 한다.
- 압력을 시스턴에 가하면 액체는 가는 유리관을 통하여 올라간다.
- 주로 저압용으로 사용된다.

④ 경사관식 압력계
㉠ 경사관식 압력계는 액주를 경사지게 하여 눈금을 확대하여 읽을 수 있는 구조로 만든 액주식 압력계이다.

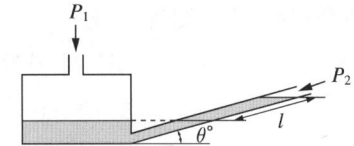

$$P_1 = P_2 + \gamma l \sin\theta$$

(여기서, γ : 액체의 비중량, l : 경사관 압력계의 눈금, θ : 경사각)

㉡ 특 징
- 측정범위 : 10~300[mmH$_2$O], 정확도 : ±0.01[mmH$_2$O]
- 정밀도가 높은 것이 요구되는 미압의 측정에 가장 적합한 압력계이다.
- 미세압 측정용으로 가장 적합하여 통풍계로 사용 가능하다.
- 감도(정도)가 우수하므로 주로 정밀 측정에 사용된다.

⑤ 플로트식 압력계 : 플로트를 이용하여 액의 변화를 기계적, 전기적으로 변환시켜 압력을 측정한다.

⑥ 환상천평식(링밸런스식) 압력계

  ㉠ 환상천평식(링밸런스식) 압력계는 링 모양의 액주 하부에는 봉입액이 절반쯤 채워져 있고, 상부에는 격벽을 두어 하부의 액체와의 사이에는 2개의 실(Chamber)로 구성되어 있다. 각 압력 도입 구멍(총 2개)의 한쪽으로는 대기압이 들어가고, 한쪽으로는 측정하고자 하는 압력이 들어가 압력이 가해지면 각 실의 압력이 불균형하게 되면서 하부에 부착된 평형추가 회전되어 압력차에 비례하여 회전하는 링 본체(Ringbody)의 회전각을 지침이 지시하는 값을 통하여 압력차를 구하는 액주식 압력계이다.

  ㉡ 특 징
- 측정범위 : 25~3,000[mmH$_2$O] 정도
- 봉입액으로 기름이나 수은을 사용한다.
- 도압관은 굵고 짧게 한다.
- 계기는 압력원에 접근하도록 가깝게 설치한다.

10년간 자주 출제된 문제

2-1. 액주식 압력계에 사용되는 액주의 구비조건으로 옳지 않은 것은?
① 점도가 낮을 것
② 혼합성분일 것
③ 밀도 변화가 작을 것
④ 모세관현상이 작을 것

2-2. 깊이 5.0[m]인 어떤 밀폐탱크 안에 물이 3.0[m] 채워져 있고, 2[kgf/cm^2]의 증기압이 작용하고 있을 때 탱크 밑에 작용하는 압력은 몇 [kgf/cm^2]인가?
① 1.2
② 2.3
③ 3.4
④ 4.5

|해설|

2-1
액주식 압력계에 사용되는 액주의 구비조건
- 고대 : 화학적 안정성
- 저소 : 점성(점도), 열팽창계수, 모세관현상, 온도 변화에 의한 밀도 변화
- 유지 : 액면은 항상 수평, 일정한 (화학)성분

2-2
작용압력 = 물의 압력 + 증기압
$= \gamma h + 2[\text{kgf/cm}^2]$
$= 1{,}000 \times 3 \times 10^{-4} + 2[\text{kgf/cm}^2]$
$= 0.3 + 2 = 2.3[\text{kgf/cm}^2]$

정답 2-1 ② 2-2 ②

핵심이론 03 탄성식 압력계

① 탄성식 압력계의 개요
  ㉠ 탄성식 압력계는 탄성한계 내의 변위는 외력에 비례한다는 탄성법칙을 이용하여 수압부(수압소자)를 탄성체로 하여 탄성변위를 측정하여 압력을 구하는 압력계이다.
  ㉡ 탄성식 압력계의 특징
    • 기계적인 압력계로 2차 압력계이다.
    • 취급이 간단하고 공업적으로 적용이 편리하여 산업혁명 이후 가장 많이 사용되고 있는 압력계이다.
    • 탄성의 법칙을 완전히 만족시키는 수압소자를 얻기 곤란하다.
  ㉢ 탄성식 압력계의 오차 유발요인
    • 히스테리시스(Hysteresis) 오차
    • 마찰에 의한 오차
    • 아날로그식 탄성압력계의 측정오차
    • 탄성요소와 압력지시기의 비직진성
    • Creep, Repeatability, 경년변화 및 온도 변화 등

② 부르동(Bourdon)관 압력계
  ㉠ 개 요
    • 부르동관은 곡관에 압력을 가하면 곡률반경이 증대(변화)되는 것을 이용하는 탄성식 압력계이다.
    • 호칭 크기 결정기준 : 눈금판의 바깥지름
    • 부르동관의 선단은 압력이 상승하면 팽창하고, 낮아지면 수축한다.
    • 암모니아용 압력계에는 Cu 및 Cu 합금의 사용을 금한다.
    • 과열증기로부터 부르동관 압력계를 보호하기 위한 방법으로 사이펀(Siphon) 설치가 가장 적당하다.
  ㉡ 형태에 따른 종류 : C자형, 스파이럴형(와권형), 헬리컬형(나선형), 버튼형(토크튜브 타입)
  ㉢ 용도에 따른 종류로 구분할 때 사용하는 기호 : 내진형 V, 증기용 보통형 M, 내열형 H, 증기용 내진형 MV
  ㉣ 부르동관의 재질
    • 저압용 : 황동, 청동, 인청동, 특수청동
    • 고압용 : 니켈(Ni)강, 스테인리스강
  ㉤ 특 징
    • 측정범위 : 0.1~5,000[kg/cm^2], 정확도 : ±0.5~2[%]
    • 구조가 간단하며 제작비가 저렴하다.
    • 높은 압력을 넓은 범위로 측정할 수 있다.
    • 주로 고압용에 사용된다.
    • 다이어프램압력계보다 고압 측정이 가능하다.
    • 일반적으로 장치에 사용되고 있는 부르동관 압력계 등으로 측정되는 압력은 게이지압력이다.
    • 측정 시 외부로부터 에너지를 필요로 하지 않는다.
    • 계기 하나로 2공정의 압력차 측정이 불가능하다.
    • 정도는 좋지 않다.
    • 설치 공간을 비교적 많이 차지한다.
    • 내부 기기들의 마찰에 의한 오차가 발생한다.
    • 비교적 감도가 느리다.
    • 히스테리시스가 크다.

③ 벨로스(Bellows) 압력계
  ㉠ 개 요
    • 벨로스의 내부 또는 외부에 압력을 가하여 중심축 방향으로 팽창 및 수축을 일으키는 양으로 압력을 구하는 탄성식 압력계이다.

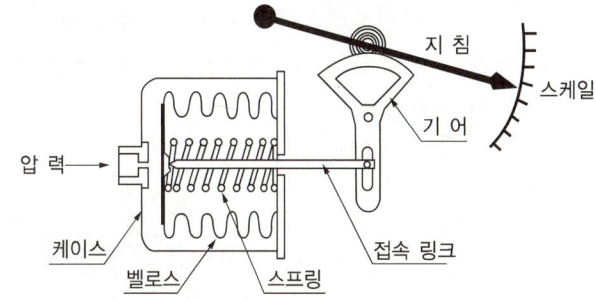

- 벨로스는 외주에 주름상자형의 주름을 갖고 있는 금속박판 원통상이다.
ⓒ 특 징
- 측정범위 : 0.01~10[kg/cm^2], 정확도 : ±1~2[%]
- 진공압 및 차압 측정용으로 주로 사용한다.
- 히스테리시스 현상(압력 측정 시 벨로스 내부에 압력이 가해질 경우 원래 위치로 돌아가지 않는 현상)을 없애기 위하여 벨로스 탄성의 보조로 코일 스프링을 조합하여 사용한다.

④ 다이어프램(Diaphragm) 압력계
ⓐ 개 요
- 다이어프램 압력계는 박막으로 격실을 만들고 압력 변화에 따른 격막의 변위를 링크, 섹터, 피니언 등에 의해 지침에 전달하여 지시계로 나타내는 탄성식 압력계이다.
- 미소압력의 변화에도 민감하게 반응하는 얇은 막을 이용하여 압력을 감지한다.
- 격막식 압력계라고도 한다.
ⓑ 다이어프램의 재질 : 고무(천연고무, 합성고무), 테프론, 양은, 인청동, 스테인리스강 등
ⓒ 다이어프램 압력계의 종류 : 평판형, 물결무늬형, 캡슐형

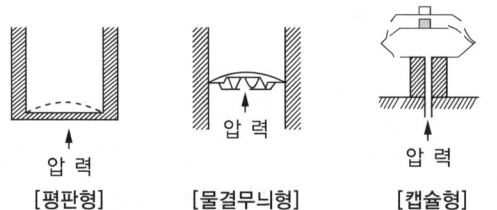

[평판형] [물결무늬형] [캡슐형]

ⓓ 다이어프램의 특성 결정요인 : 다이어프램의 유효경, 박막의 두께, 굴곡의 모양, 굴곡의 횟수, 재료의 탄성계수

ⓔ 특 징
- 측정범위 : 0.01~500[kg/cm^2], 정확도 : ±0.25~2[%]
- 감도가 우수하며 응답성이 좋다.
- 정확성이 높은 편이다.
- 압력증가현상이 일어나면 피니언이 시계 방향으로 회전한다.
- 작은 변화에도 크게 편향하는 성질이 있다.
- 극히 미소한 압력을 측정할 수 있다.
- 저기압, 미소한 압력을 측정하기 적합하다.
- 격막식 압력계로 압력을 측정하기에 적당한 대상 : 점도가 큰 액체, 먼지 등을 함유한 액체, 고체 부유물이 있는 유체, 부식성 유체
- 주로 연소로의 드래프트(Draft)게이지(통풍계 또는 드래프트계)로 주로 사용되며, 공기식 자동제어의 압력 검출용으로도 이용 가능하다.
- 주로 압력의 변화가 크지 않은 곳에 사용된다.
- 과잉압력으로 파손되면 그 위험성은 크지 않다.
- 온도의 영향을 받는다.
ⓕ 격막식 압력계의 겉모양 및 구조
- 영점조절장치를 갖추고 있어야 한다.
- 직결형은 A형, 격리형은 B형을 사용한다.
- 직접 지침에 닿는 멈추개는 원칙적으로 붙이지 않아야 한다.
- 중간 플랜지는 나사식 및 I형 플랜지식에 적용한다.

⑤ 콤파운드게이지(Compound Gage)
ⓐ 콤파운드게이지는 압력계와 진공계 두 가지 기능을 갖춘 탄성식 압력게이지이다.
ⓑ 진공과 양압을 동일 계기에서 측정할 수 있다.

10년간 자주 출제된 문제

일반적으로 장치에 사용되고 있는 부르동관 압력계 등으로 측정되는 압력은?

① 절대압력
② 게이지압력
③ 진공압력
④ 대기압

[해설]
일반적으로 장치에 사용되고 있는 부르동관 압력계 등으로 측정되는 압력은 게이지압력이다.

정답 ②

핵심이론 04 기타 압력계

① **기준 분동식 압력계**
  ㉠ 개요
    - 기준 분동식 압력계는 램, 실린더, 기름탱크, 가압펌프 등으로 구성된 압력계이다.
    - (자유) 피스톤식 압력계(피스톤형 게이지 또는 부유 피스톤형 압력계)의 일종이며 분동식 압력계, 표준 분동식 압력계)라고도 한다.
  ㉡ 사용 액체와 측정압력
    - 모빌유 : 490[MPa](5,000[kgf/cm^2])
    - 스핀들유 : 9.8~98[MPa](100~1,000[kgf/cm^2])
    - 피마자유 : 9.8~98[MPa](100~1,000[kgf/cm^2])
    - 경유 : 3.92~9.8[MPa](40~100[kgf/cm^2])
  ㉢ 특 징
    - 측정범위 : 2~100,000[kg/cm^2], 정확도 : ±0.01[%]
    - 압력계 중 압력 측정범위가 가장 크다.
    - 측정압력이 아주 높고 정도가 좋다.
    - 다른 압력계의 교정 또는 검정용 표준기, 연구실용으로 사용된다.
    - 주로 탄성식 압력계의 일반교정용 시험기(부르동관식 압력계의 눈금 교정)로 사용된다.

② **침종식 압력계**
  ㉠ 수은이나 기름 위에 종 모양의 플로트(부자)를 액속에 넣고 압력에 따라 떠오르는 플로트의 변위량으로 압력을 측정하는 압력계이다.
  ㉡ 측정원리 : 아르키메데스의 원리
  ㉢ 특 징
    - 측정범위 : 단종식 100[mmH$_2$O] 이하, 복종식 5~30[mmH$_2$O]
      ※ [mmH$_2$O]=[mmAq]
    - 진동, 충격의 영향을 작게 받는다.
    - 압력이 낮은 기체의 압력을 측정하는 데 쓰인다(주로 저압가스의 유량 측정에 사용된다).

- 미소 차압의 측정이 가능하다.
- 액체 측정에는 부적당하고, 기체의 압력 측정에는 적당하다.

ㄹ) 설치 시 주의사항
- 봉입액은 자주 세정 혹은 교환하여 청정하도록 유지한다.
- 압력 취출구에서 압력계까지 배관은 직선으로 가능한 한 짧게 한다.
- 계기는 똑바로 수평으로 설치한다.
- 봉입액의 양은 일정하게 유지해야 한다.

② 전기식 압력계
ㄱ) 개 요
- 기계식 압력계는 보통 육인용으로 사용하며, 공정에 대한 기록, 분석, 원격 자동제어를 하기 위해서는 전기식 압력계를 사용해야 한다.
- 전기식 압력계는 변환기, 인디케이터(Indicator), 기록계 등의 측정장치와 분리가 가능하며 정확도 및 신뢰성이 아날로그 압력계보다 우수하다.
- 측정범위 : 수천[mmH$_2$O]~수천[kg/cm^2], 정확도 : ±0.5[%]
- 전기저항식 압력계
  - 금속의 전기저항값이 변화되는 것을 이용하여 압력을 측정하는 전기식 압력계이다.
  - 응답속도가 빠르고, 초고압에서 미압까지 측정한다.
  - 종류 : 자기변형식 전기압력계, 피에조 전기압력계, 퍼텐쇼메트릭형 압력계

ㄴ) 자기변형식 전기압력계 : 압전저항효과를 이용한 전기식 압력계
- 금속은 늘어나면 전기저항은 증가하고, 줄어들면 전기저항은 감소한다는 피에조 저항(Piezo-resistivity)효과원리를 이용한 전기식 압력계
- 별칭 : 스트레인게이지(Strain Gauge), 스트레인게이지형 압력센서, 자기 스트레인리스식 압력계, 스트레인게이지식 압력계
- 전기저항측정기 휘트스톤 브리지(Wheatstone Bridge)를 결합하여 압력을 전기적인 신호로 감지하여 측정한다.

ㄷ) 피에조 전기압력계
- 피에조 전기저항효과라고도 하는 압전효과(Piezoelectric Effect)를 이용한 전기식 압력계이다.
- 몇몇 종류의 결정체는 특정한 방향으로 힘을 받으면 자체 내에 전압이 유기되는 성질이 있는데, 피에조 전기압력계는 이러한 성질을 이용한 압력계이다.
- 수정 등의 결정체에 압력을 가할 때 표면에 발생하는 전기적 변화의 특성을 이용하는 압력계이다.
- 별칭 : 압전식 압력계, 압전형(Piezoelectric Type) 압력센서
- 측정범위 : 7×10^{-8}~700[kg/cm^2], 정확도 : ±0.5~4[%]
- 압전효과는 수정이나 세라믹 등을 매개로 하여 특정한 방향으로 기계적 에너지(압력 등)를 받으면 매개 자체 내에 전압이 발생되는데, 이 전기적 에너지를 측정하여 압력으로 환산하여 사용하는 원리이다.
- 수정이나 전기석 또는 로셸염 등의 결정체의 특정 방향으로 압력을 가할 때 표면에 발생하는 전기적 변화의 특성(표면 전기량)으로 압력을 측정한다.
- 응답이 빠르고, 일반 기체에 부식되지 않는다.
- 기전력을 이용한 것으로 응답이 빠르고 급격히 변화하는 압력의 측정에 적당하다.
- 가스의 폭발 등 급속한 압력 변화를 측정하거나 엔진의 지시계로 사용한다.

ㄹ) 퍼텐쇼메트릭(Potentiometric)형 압력계
- 인가압력에 의해서 벨로스 또는 부르동관이 신축하면 그 변위가 와이퍼 암(Wiper Arm)을 구동해서 전위차계의 저항을 변화시켜 압력을 측정하는 전기식 압력계이다.

- 측정범위 : 사양에 따라 결정, 정확도 : ±0.25[%]
- 전위차계식 압력센서(Potentiometric Pressure Sensor)라고도 한다.
- 부르동 관 또는 벨로스와 전위차계로 구성되어 있다.
- 전위차계 압력센서는 매우 작게 만들 수 있다.
- 추가의 증폭기가 필요 없을 정도로 출력이 커서 저전력이 요구되는 곳에 응용된다.
- 가격이 저렴하다.
- 히스테리시스 오차가 크고, 재현성이 나쁘다.
- 진동에 민감하다.
- 가동 접촉부의 마모 및 접촉저항이 발생된다.

㉤ 커패시턴스(Capacitance)형 압력계 또는 정전용량형(Capacitance Type) 압력센서
- 측정범위 : 수천[mmH$_2$O]~수천[kg/cm^2], 정확도 : ±1.0[%]
- 평판과 전극 사이의 정전용량을 측정하여 압력을 구하는 전기식 압력계이다.
- 평판은 주로 다이어프램이 사용된다.
- 측정원리 : 다이어프램에 압력이 가해지면 고정 전극 사이의 위치에 따른 정전용량의 변화(정전용량은 극판 사이의 거리에 반비례)가 일어나며, 이 정전용량을 측정하여 압력으로 환산하는 원리
- 게이지압, 차압, 절대압 검출이 가능하다.
- 관리 유지가 편리하다.
- 직선성이 좋다.
- 신호변환기가 고가이다.

⑤ **진공식 압력계** : 대기압 이하의 진공압력을 측정하는 압력계

㉠ 진공계의 원리
- 수은주를 이용한 것 : 맥라우드 진공계
- 열전도를 이용한 것 : 피라니 진공계, 열전쌍 진공계, 서미스터 진공계
- 전기적 현상을 이용한 것 : 가이슬러관, 열음극 전리 진공계

㉡ 맥라우드(McLeod) 진공계 : 측정 기체를 압축하여 체적 변화를 수은주로 읽어 원래의 압력을 측정하는 형식의 진공에 대한 폐관식 압력계이다.
- 일종의 폐관식 수은 마노미터이다.
- 표준 진공계, 진공계의 교정용으로 사용된다.
- 측정범위는 1×10^{-2}[Pa] 정도이다.

㉢ 열전도형 진공계
- 진공 속에서 가열된 물체의 열손실이 압력에 비례하는 것을 이용한 진공계이다.
- 필라멘트에 충돌하는 기체분자의 수가 많을수록 증가되는 필라멘트의 열손실로 인한 필라멘트의 온도 변화를 이용한다.
- 압력이 증가하면 열전도현상으로 필라멘트의 온도가 감소한다.
- 필라멘트의 열전대로 측정하는 열전대 진공계의 측정범위 : $10^{-3} \sim 1$[torr](10^{-2}[torr])
- 사용이 간편하며 가격이 저렴하다.
- 필라멘트 재질이나 가스의 종류에 따라 특성이 달라진다.

㉣ 피라니(Pirani) 진공계 : 압력에 따른 기체의 열전도 변화를 이용하여 저압을 측정하는 진공계(압력계)이다.
- 저압에서 기체의 열전도도는 압력에 비례하는 원리를 이용한 진공계이다.
- 응답속도가 빠르며 회로가 간단하다.
- 전기적 출력을 자동기록장치 등에 쉽게 연결할 수 있다.

㉤ 가이슬러관 : 방전을 이용하는 진공식 압력계이다.

㉥ 열음극 전리 진공계 : 정밀도가 가장 우수한 진공계이며, 전리되는 양이온의 수가 충돌되는 기체분자수(기체분자의 밀도)와 방출되는 전자수에 비례하는 것을 이용한다.

10년간 자주 출제된 문제

4-1. 압력계 교정 또는 검정용 표준기로 사용되는 압력계는?
① 기준 분동식
② 표준 침종식
③ 기준 박막식
④ 표준 부르동관식

4-2. 수정이나 전기석 또는 로셸 염 등의 결정체의 특정 방향으로 압력을 가할 때 발생하는 표면 전기량으로 압력을 측정하는 압력계는?
① 스트레인게이지
② 자기변형 압력계
③ 벨로스 압력계
④ 피에조 전기압력계

|해설|

4-1
기준 분동식 압력계
• 램, 실린더, 기름탱크, 가압펌프 등으로 구성된 압력계로 표준 분동식이라고도 한다.
• 용도 : 압력계 교정이나 검정용 표준기로 사용되며 주로 탄성식 압력계의 일반교정용 시험기로 사용한다.
• 사용 액체와 측정압력
 - 경유 : 3.92~9.8[MPa](40~100[kgf/cm^2])
 - 스핀들유 : 9.8~98[MPa](100~1,000[kgf/cm^2])
 - 피마자유 : 9.8~98[MPa](100~1,000[kgf/cm^2])
 - 모빌유 : 490[MPa](5,000[kgf/cm^2])

4-2
피에조 전기압력계 : 수정이나 전기석 또는 로셸염 등의 결정체의 특정 방향으로 압력을 가할 때 발생하는 표면 전기량으로 압력을 측정하는 압력계

정답 4-1 ① 4-2 ④

2-2. 유량 측정

핵심이론 01 유량 측정의 개요

① 유량과 유량계
  ㉠ 유량
   • 유량의 정의 : 단위시간당 통과하는 유체의 양이다(유체의 양/단위시간).
   • 유체의 양은 주로 체적으로 나타내지만, 질량이나 중량으로도 표시한다.
   • 유량의 단위 : [Nm^3/sec], [m^3/sec], [L/sec], [kg/sec], [kg/h], [ft^3/sec] 등
  ㉡ 유량계(Flow Meter) : 유체의 양을 체적, 질량이나 중량으로 나타내는 계측기로 유량측정계라고도 한다.
   • 체적유량계 : 유체의 양을 체적으로 나타내는 유량계
   • 질량유량계 : 유체의 양을 질량으로 나타내는 유량계
   • 중량유량계 : 유체의 양을 중량으로 나타내는 유량계

② 체적유량계의 종류
  ㉠ 직접측정식 유량계(용적식 유량계)
   • 용적식 유량계는 유체의 체적이나 질량을 직접 측정하는 유량계이다.
   • 용적식 유량계의 종류 : 오벌식, 루트식, 로터리 피스톤식, 회전원판식, 나선형 회전자식, 가스미터
  ㉡ 간접측정식 유량계 : 유체의 제반법칙이나 원리, 유체의 흐름에 따른 물리량의 변화, 전기적 현상 등을 근거로 계산을 통하여 간접적으로 유량을 측정하는 유량계로, 추측식 유량계 또는 추량식 유량계라고도 한다.
   • 차압식 : 오리피스미터, 플로 노즐, 벤투리미터

- 유속식 : 임펠러식 유량계, 피토관식 유량계, 열선식 유량계, 아누바 유량계
- 면적식 유량계, 와류유량계, 전자유량계, 초음파유량계

③ **질량유량계와 중량유량계의 종류**
  ㉠ 질량유량계의 종류
   - 직접식 : 열식(기체용), 코리올리식(액체용), 와류식(기체용), 각운동량식
   - 간접식 : 유량계와 밀도계의 조합형, 유량계와 유량계의 조합형, 온도보정형, 온도·압력보정형, MFC
  ㉡ 중량유량계의 종류(일반적이지 않아 설명을 생략함)

④ **직관거리(Straight Pipe)**
  ㉠ 개 요
   - 유량계의 전·후단에 구부러짐 또는 방해물이 없이 직선으로 설치되는 직관거리가 확보되어야 한다.
   - 유량계의 전단부는 파이프 내경의 10배 정도의 직관거리가 필요하고, 유량계 후단부는 파이프 내경의 5배 정도의 직관거리가 필요하다.
   - 직관거리는 길면 길수록 평평한 유속을 얻을 수 있기 때문에 유량계의 오차를 최소화할 수 있다.
   - 직선 파이프가 있는 경우, 총직관의 2/3 지점이 유량계의 전단, 1/3 지점이 유량계의 후단이 되도록 설치한다.
   - 유량계 전단에 구부러짐이나 제어밸브 등의 방해물을 설치해야 한다면 직관거리는 배로 늘리는 것이 좋다.
   - 설치조건상 부득이하게 충분한 직관거리를 확보할 수 없다면 유량계에 측정값에 대해 어느 정도의 오차는 감수해야 한다.
   - 유량계에서는 원리상 직관 길이가 필요하지 않는 유량계도 있다.
  ㉡ 안정된 유속분포를 얻기 위해서 일반적으로 추천하는 직관 길이
   - 상·하류 직관 길이가 필요 없는 유량계 : 용적식, 면적식, 질량식(코리올리식, 열식)
   - 상류 5D, 하류 3D 이상 필요한 경우(D : 파이프 내경) : 전자식(단, 구경이 500[mm] 이상인 다전극형에서는 상류 직관 길이가 3D이면 충분하다)
   - 상류 10~15D, 하류 5~7D : 차압식, 터빈식, 와류식, 초음파식
  ㉢ 유량계 형식에 따른 직관부 길이 규정(국내 상수도법)

구 분		전자식	초음파	기계식
상류측	밸 브	3	30	5
	곡 관	2	10	5
	확대관	5	30	5
	축소관	3	10	5
하류측	확대관	2	5	3
	밸 브	2	10	3

⑤ **유체조건에 따른 유량계의 그루핑**
  ㉠ 유체의 종류에 따라 적합한 유량계
   - 유체의 종류에 관계없이 측정이 가능한 유량계 : 차압식, 와류식, 면적식, 초음파식
   - 액체 및 기체만 측정할 수 있는 유량계 : 용적식, 터빈식
   - 액체만 측정 가능한 유량계 : 전자유량계, 질량식(코리올리식)
   - 기체만 측정 가능한 유량계 : 질량식(열식)
  ㉡ 유체의 온도와 압력에 따라 추천하는 유량계
   - 200[℃] 이상의 고온유체 측정 : 차압식, 터빈식, 와류식, 면적식, 질량식(열식), 용적식
   - −100[℃] 이하의 저온유체 측정 : 와류식, 터빈식, 면적식, 질량식(코리올리식)
   - 10[MPa]을 넘는 고압유체 측정 : 차압식, 와류식, 면적식, 질량식(코리올리식, 열식)

ⓒ 유량계의 압력손실 정도
- 압력손실이 없는 유량계 : 전자식, 초음파식, 코리올리식(단일직관형)
- 압력손실이 작은 유량계 : 면적식, 와류식
- 압력손실이 큰 유량계 : 차압식, 용적식, 터빈식, 질량식(코리올리 곡관형, 열식)

ⓐ 측정 정밀도에 따른 유량계
- 지시값의 0.2~0.3[%] 정밀도를 갖는 유량계 : 코리올리식, 용적식, 터빈식
- 지시값의 0.5~1[%] 정밀도를 갖는 유량계 : 전자식, 와류식, 용적식, 터빈식
- 전 범위의 1~2[%] 정밀도를 갖는 유량계 : 면적식, 차압식, 초음파식, 질량(열식)

ⓜ 측정 가능범위에 따른 유량계
- 광범위한 범위를 가진 유량계(20 : 1 이상) : 전자식, 초음파식, 질량(코리올리식, 열식)
- 중간 범위를 가진 유량계(10 : 1 이상) : 와류식, 용적식, 터빈식
- 좁은 범위를 가진 유량계(10 : 1 미만) : 면적식, 차압식

⑥ 기본식, 선정요령, 유량 측정 관련 제반사항
ⓘ 유량 관련 기본식
- 체적유량 : $Q = Av_m [\text{m}^3/\text{sec}]$
  (여기서, A : 단면적, v_m : 평균유속)
- 질량유량 : $M = \rho Av_m [\text{kg/sec}]$
  (여기서, ρ : 밀도)
- 중량유량 : $Q = \gamma Av_m [\text{N/sec}]$
  (여기서, γ : 비중량)
- 적산유량 : $G = \int \rho Av_m [\text{m}^3, \text{kg}]$

ⓛ 유량 측정 관련 기타 사항
- 유체의 밀도가 변할 경우 질량유량을 측정하는 것이 좋다.
- 유체가 기체일 경우 온도와 압력에 의한 영향이 크다.
- 유체가 액체일 때 온도나 압력에 의한 밀도의 변화는 무시할 수 있다.
- 유체의 흐름이 층류일 때와 난류일 때의 유량 측정방법은 다르다.
- 압력손실의 크기 순 : 오리피스 > 플로 노즐 > 벤투리 > 전자유량계
- 유량계를 교정하는 방법 중 기체유량계의 교정에 가장 적합한 것은 기준 체적관을 사용하는 방법이다.

10년간 자주 출제된 문제

유량의 계측단위가 아닌 것은?
① [kg/h]　　② [kg/sec]
③ [Nm³/sec]　　④ [kg/m³]

|해설|
유량은 단위시간당 통과하는 유체의 양이다(체적 또는 질량 / 단위시간).

정답 ④

핵심이론 02 용적식 유량계(직접식 유량계)

① 개 요
  ㉠ 용적식 유량계[PD(Positive Displacement) Meter]
    • 직접 체적유량을 측정하는 적산유량계이다.
    • 계량실 내부의 회전자나 피스톤 등의 가동부와 그것을 둘러싸고 있는 케이스와 사이에 일정 용적의 공간부를 밸브로 하고, 그 속에 유체를 충만시켜 유체를 연속적으로 유출구로 송출하는 구조로 되어 있다.
    • 계량 횟수를 통하여 용적유량을 측정하는 적산식 유량계이다.
  ㉡ 종류 : 오벌식, 루트식, 로터리 피스톤식, 회전원판식, 나선형 회전자식, 가스미터
  ㉢ 특 징
    • 정밀도가 우수하다.
    • 유체의 성질에 영향을 작게 받는다.
    • 유체의 물성치(온도, 압력 등)에 의한 영향을 거의 받지 않는다.
    • 점도가 높거나 점도 변화가 있는 유체의 유량 측정에 가장 적합하다.
    • 고점도의 유체에 적합하며 주로 액체 유량의 정량 측정에 사용된다.
    • 외부에너지의 공급이 없어도 측정할 수 있다.
    • 유량계 전후의 직관 길이에 영향을 받지 않는다.
    • 직관부가 필요하지 않지만, 유량계 전단에 반쯤 열린 밸브가 있어 기포가 발생할 우려가 있는 경우에는 주의해야 한다.
    • 유량계 상류측에 기체분리기를 설치한다.
    • 여과기(Strainer)는 유량계의 바로 전단에 설치한다.
    • 유량계의 전후 및 우회 파이프(By-pass Line)에는 밸브를 설치한다.
    • 유량계 본체의 입구 및 출력 플랜지는 설치 시까지 더미 플랜지를 설치하여 먼지 등 이물질이 유입되지 않도록 유의해야 한다.
    • 유량계의 점검이 가능하도록 반드시 우회 파이프를 설치하고, 우회 파이프의 크기는 주파이프와 동일하게 한다.
    • 수직 설치의 경우, 유량계는 우회 파이프에 설치한다. 이것은 파이프 중량에 의한 응력이 유량계에 직접 가해지는 것을 피하기 위함이다.
    • 유량계는 펌프의 배기(Discharge)쪽에 설치해야 한다. 펌프의 흡기(Suction)쪽은 압력이 낮기 때문에 유량계의 압력손실보다 압력이 낮은 경우에는 유량계가 회전하지 않는 경우가 생길 수 있다.
    • 설치 시 유량계를 떨어뜨리거나 충격을 주지 않도록 유의해야 한다. 특히 플랜지 표면에 흠이 나지 않도록 유의해야 한다.
    • 유량계의 흐름 방향과 실체 유체의 흐름 방향이 일치하도록 해야 한다.
    • 압력변동의 가압유체의 측정은 어렵다.

② 용적식 유량계의 종류
  ㉠ 오벌식 유량계(Oval) : 맞물린 2개의 타원형의 기어를 유체 흐름 속에 놓고, 유체의 압력으로 생기는 기어의 회전을 계수하는 방식의 유량계이다.

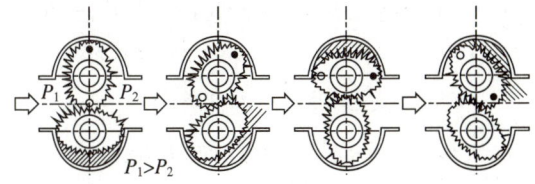

    • 오벌기어식 또는 원형기어식이라고도 한다.
    • 기어의 회전이 유량에 비례하는 것을 이용한 용적식 유량계이다.
    • 유입되는 유체 흐름에 의해 2개의 타원형 기어가 서로 맞물려 회전하며 유체를 출구로 밀어 보낸다.

- 회전체의 회전속도를 측정하여 유량을 구한다.
- 액체의 유량 측정에는 적합하지만 기체의 유량 측정에는 부적합하다.

ⓛ 루트식 유량계 : 오벌기어식과 유사한 구조이지만, 회전자의 모양(누에고치 모양)이 다르며 회전자에 기어가 없다.

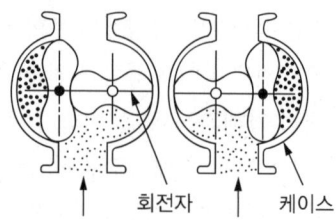
회전자   케이스

ⓒ 로터리 피스톤식 유량계 : 입구에서 유입되는 유체에 의한 회진자의 회진속도를 이용하여 유량을 구하는 용적식 유량계이다.
- 선회피스톤형이라고도 한다.
- 회전자가 1개이므로 회전저항이 작아 작은 유량 측정에 적합하다.
- 계량실과 회전자 사이를 크게 하였기 때문에 고점도 유체의 측정에 적합하다.
- 수평, 수직, 기울임 설치 등 설치방법에 제한이 없다.
- 계량부에 맞물림 기구가 없어 소음, 진동이 작다.
- 유체의 이동이 계량실의 회전자 내·외부에서 동시에 실행되기 때문에 회전자 1회전당 토출량이 다른 용적식 유량계에 비하여 큰 편이다.
- 구조가 간단하여 분해와 세척이 쉽다.
- 주로 수도계량기에 사용된다.
- 로터리 피스톤식에서 중량유량을 구하는 식 :

$$G = CA\sqrt{\frac{2g\gamma W}{a}}$$

(여기서, C : 유량계수, A : 유출구의 단면적, W : 유체 중의 피스톤 중량, a : 피스톤의 단면적)

ⓔ 회전원판식 유량계 : 둥근 축을 갖는 원판이 유량실의 중심에 위치하고 원판의 회전에 따른 유체의 통과량을 측정하는 용적식 유량계이다.

ⓜ 나선형 회전자식 유량계
- 나선형 기어식이라고도 한다.
- 액체유량을 측정한다.
- 오벌기어식과 같이 맥동을 발생시키는 유량계에 비하여 등속회전이고, 동일한 토크이기 때문에 맥동이 발생하지 않는다.
- 진공 및 소음이 매우 작다.
- 토출되는 유량이 연속적이며, 1회전당 토출량이 크다. 회전속도도 비교적 빠르게 할 수 있기 때문에 소형이라도 대용량 측정이 가능하다.
- 두 회전자 사이에 에너지 교환이 없으므로 회전자의 톱니면에 부하가 발생하지 않아 내구성이 뛰어나다.
- 파일럿기어방식에서는 회전자가 비접촉식으로 동작하므로 내구성이 매우 뛰어나다.

ⓗ 가스미터(기체유량계) : 실측식, 추량식이 있으며 기준 체적관을 사용하여 교정한다.
- 실측식
  - 습식 가스미터 : 기준 가스미터, 공해 측정용으로 사용한다.
  - 건식 가스미터(막식, 회전식) : 도시가스 측정으로 사용한다.
- 추량식 : 오리피스식, 벤투리식, 터빈식, 와류식, 델타식

10년간 자주 출제된 문제

2-1. 다음 중 용적식 유량계에 해당하는 것은?
① 오리피스미터
② 습식 가스미터
③ 로터미터
④ 피토관

2-2. 용적식 유량계의 특징에 대한 설명 중 옳지 않은 것은?
① 유체의 물성치(온도, 압력 등)에 의한 영향을 거의 받지 않는다.
② 점도가 높은 액의 유량 측정에는 적합하지 않다.
③ 유량계 전후의 직관 길이에 영향을 받지 않는다.
④ 외부에너지의 공급이 없어도 측정할 수 있다.

해설

2-1
① 오리피스미터 : 차압식 유량계
③ 로터미터 : 면적식 유량계
④ 피토관 : 유속식 유량계

2-2
용적식 유량계는 점도가 높은 액의 유량 측정에 적합하다.

정답 2-1 ② 2-2 ②

핵심이론 03 차압식 유량계

① 차압식 유량계의 개요
  ㉠ 차압식 유량계는 관로 내 조임기구(오리피스, 노즐, 벤투리관)를 설치하고 유량의 크기에 따라 전후에 발생하는 차압 측정으로 유량을 구하는 유량계이다.
  • 조리개식 유량계 또는 (스로틀(Throttle)기구에 의하여 유량 측정(순간치 측정)을 하므로) 교축기구식이라고도 한다.
  ㉡ 측정원리
  • 운동하는 유체의 에너지 법칙
  • 베르누이 방정식
  • 연속의 법칙(질량보존의 법칙)
  ㉢ 유량 계산식

  $Q = C \cdot A v_m$
  $= C \cdot A \sqrt{\dfrac{2g}{1-(d_2/d_1)^4} \times \dfrac{P_1 - P_2}{\gamma}}$
  $= C \cdot A \sqrt{\dfrac{2gh}{1-(d_2/d_1)^4} \times \dfrac{\gamma_m - \gamma}{\gamma}}$
  $= C \cdot A \sqrt{\dfrac{2gh}{1-(d_2/d_1)^4} \times \dfrac{\rho_m - \rho}{\rho}}$

  (여기서, Q : 유량[m³/sec], C : 유량계수, A : 단면적[m²], v_m : 평균유속, g : 중력가속도(9.8[m/sec²]), d_1 : 입구지름, d_2 : 조임기구 목의 지름, P_1 : 교축기구 입구측 압력[kgf/m²], P_2 : 교축기구 출구측 압력[kgf/m²], h : 마노미터 높이차, γ_m : 마노미터 액체비중량[kgf/m³], γ : 유체비중량[kgf/m³], ρ_m : 마노미터 액체밀도[kg/m³], ρ : 유체밀도[kg/m³])

  • 차압식 유량계에서 유량은 압력차의 제곱근에 비례한다.
  • 유량을 계산하기 위하여 설치한 유량계에서 유체를 흐르게 하면서 측정해야 할 값은 마노미터 액주계의 눈금인 h의 값이다.

② 특 징
- 압력 강하를 측정(정압의 차)한다.
- 간접식(간접 계량)이다.
- 액체, 기체, 스팀 등 거의 모든 유체의 유량 측정이 가능하다.
- 기체 및 액체의 양용으로 사용한다.
- 구조가 간단하고 견고하며 가동부가 없으므로 수명이 길고 내구성도 좋다.
- 가격이 저렴하여 특히 대구경인 경우 더욱 유리하다.
- 고온, 고압의 과부하에 잘 견딘다.
- 유체의 점도 및 밀도를 알고 있어야 한다.
- 하류측과 상류측의 절대압력의 비가 0.75 이상이어야 한다.
- 조임기구의 재료의 열팽창계수를 알아야 한다.
- 관로의 수축부가 있어야 하므로 압력손실이 비교적 높은 편이다.
- 압력손실의 크기 순 : 오리피스식 > 플로 노즐식 > 벤투리미터식
- 오리피스의 교축기구를 기하학적으로 닮은꼴이 되도록 정밀하게 끝맺음질을 하면 정확한 측정값을 얻을 수 있다.
- 유량은 압력차의 평방근에 비례한다.
- 레이놀즈수 10^5 이상에서 유량계수가 유지된다.
- 직관부가 필요하며 요구 직관부 길이가 길다.
- 유출계수 및 유량 측정 정확도는 배관의 형태, 유체의 유동 상태에 따라 큰 영향을 받는다.
- 정도가 좋지 않고 측정범위가 좁다.
- 유량에 대한 교정을 하면 높은 정확도를 얻을 수 있지만, 교정을 하지 않으면 2[%] 이내의 정확도를 얻기 힘들다.
- 기계 부분의 마모 및 노후화로 인하여 유량 측정 정확도가 큰 영향을 받을 소지가 있으며, 이에 대한 영향이 정량화되어 있지 않다.
- 일부 유량계의 경우, 특히 오리피스 유량계의 경우 압력손실이 크며, 이로 인한 동력 소모가 높다.

⑩ 탭 입구 위치에 따른 차압 측정 탭(압력 탭 또는 압력 도출구) 방식의 분류

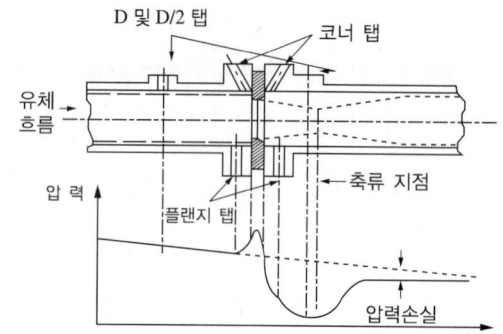

- 플랜지 탭(Flange Tap) : 가장 많이 사용되는 방법으로, 오리피스 전단 및 후단 플랜지로부터 오리피스 전단 및 후단의 표면에 평행하게 천공하여 차압을 측정한다. 오리피스의 압력을 측정하기 위하여 관지름에 관계없이 오리피스 판벽으로부터 상하류 25[mm] 위치에 설치한다.
- 코너 탭(Corner Tap) : 오리피스 전단 및 후단 플랜지로부터 오리피스 전단 및 후단의 표면까지 경사지게 천공하여 차압을 측정하는 방식이다. 오리피스판의 바로 인접한 위치에서 압력을 측정하며, 주로 2[inch] 이하의 라인에 사용된다. 플랜지 탭보다 가공하기 어려워 가격이 플랜지 탭보다 비싸고, 구멍이 작아서 막히기 쉽고 압력이 불안정하다.
- D 및 D/2 탭 : 파이프 탭(Pipe Tap) 또는 Full-flow 탭이라고도 하며 오리피스가 설치될 배관에 천공하여 차압(오리피스 양단의 손실압력)을 측정하는 방식이다. 배관 천공작업은 현장에서 한다. 상류 탭은 판으로부터 관지름의 2-1/2만큼 떨어진 위치에 설치되고 하류 탭은 관의 지름의 8배만큼 떨어진 위치에 설치된다.

- 축류 탭 : 오리피스 하류측 압력 구멍은 오리피스 유량계 직경비의 변화에 따라 가변적인 위치의 값을 갖게 한 방식으로, 이론적으로 최대의 압력을 얻을 수 있는 위치에 설치한다. 제작이 까다롭고 복잡하다.
- 반경 탭 : 축류 탭과 유사하지만, 하류 탭이 오리피스판으로부터 관의 지름의 1/2만큼 떨어진 위치에 설치된다는 것이 다르다.

ⓑ 종류 : 오리피스미터, 플로 노즐, 벤투리미터

② 오리피스(Orifice) 유량계

㉠ 개 요
- 오리피스 유량계는 조임기구의 하나인 오리피스를 이용한 유량계이다.
- 오리피스 플레이트 설계 시 고려요인 : 에지(Edge) 각도, 베벨각, 표면거칠기 등
- 오리피스에서 유출하는 물의 속도수두 : $h \cdot C_v^2$
  (여기서, h : 수면의 높이, C_v : 속도계수)
- 오리피스 유량계의 측정오차 중 맥동에 의한 영향
  - 게이지 라인이 배관 내 압력 변화를 차압계까지 전달하지 못하는 경우
  - 차압계의 반응속도가 좋지 않은 경우
  - SRE(Square Root Error)가 생기는 경우

㉡ 적용원리 : 유체의 운동방정식(베르누이의 원리)

㉢ 오리피스의 종류
- 동심형 오리피스
  - 제작과 교정이 용이하다.
  - 가격이 싸다.
  - 정확도가 좋지 않다.
  - 에지판이 마모되기 쉽다.
  - 정확도의 계속적인 저하가 발생한다.
- 편심형 또는 반원형 오리피스 : 이물질이 많은 유체에 적용한다.
- 콘형(원뿔형), 사분원형 오리피스 : 고점도 유체, 낮은 레이놀즈수의 유체에 적용한다.

㉣ 특 징
- 형상과 구조가 간단하고 제작이 용이하여 널리 사용된다.
- 설치가 쉽고 고압에 적당하다.
- 사용조건에 따라 다르나 거의 반영구적이다.
- 측정유량범위 변경 시 플레이트 변경만으로 가능하다.
- 액체, 가스, 증기의 유량 측정이 가능하고, 광범위한 온도, 압력에서의 유량 측정이 가능하다.
- 충분한 정도를 보증하기 위해서 직관부가 필요하다.
- 관의 곡선부에 설치하면 정도가 떨어진다.
- 압력손실이 크다.
- 유량계수가 작다.
- 에지 마모가 정도에 영향을 미치므로 유체 중에 고형물 함유를 피해야 한다.

③ 플로 노즐(Flow Nozzle)

㉠ 개 요
플로 노즐은 조임기구의 하나인 노즐을 이용한 유량계이다.

㉡ 특 징
- 고속, 고압 및 레이놀즈수가 높은 경우에 사용하기 적정하다.
- 유체 흐름에 의한 유선형의 노즐 형상을 지니므로 유체 중에 이물질에 의한 마모 등의 영향이 매우 작다.
- 같은 사양의 오리피스에 비해 유량계수가 60[%] 이상 많다.
- 소량 고형물이 포함된 슬러지 유체의 유량 측정이 가능하다.
- 오리피스에 비해 압력손실(차압손실)이 작으나 벤투리관보다는 크다.

- 오리피스보다 마모가 정도에 미치는 영향이 작다.
- 고속유체의 유속 측정에는 플로 노즐식이 이용된다.
- 고온, 고압, 고속의 유체 측정에도 사용된다.
- 노즐은 수직 관로상에서 유입부가 위쪽으로 설치하는 것이 바람직하며, 액체보다는 기체유량 측정에 더 적합하다.
- 노즐에 대한 압력 탭 위치는 코너 탭을 사용하나 타원 노즐에 대해서는 오리피스의 D 및 D/2 탭 방식을 사용하고, 압력 탭의 위치가 노즐 출구보다 높은 경우에는 노즐 출구 이내에 위치하도록 한다.
- 유체 중 고압입자가 지나치게 많이 들어 있는 경우에는 사용할 수 없다.
- 유량 측정범위 변경 시 교환이 오리피스에 비하여 어렵다.
- 구조가 다소 복잡하며 오리피스에 비해 고가이다.

④ 벤투리(Venturi)미터 유량계

㉠ 개 요
- 벤투리미터 유량계는 조리개부가 유선형에 가까운 형상으로 설계되어 축류의 영향을 비교적 작게 받고 조리개에 의한 압력손실을 최대한으로 줄인 조리개 형식의 유량계이다.
- 유량은 유량계수, 관지름의 제곱, 차압의 평방근 등에 비례하며 조리개비의 제곱에 반비례한다.

㉡ 특 징
- 압력손실이 작고 측정 정도가 높다.
- 유체 체류부가 없어 마모에 의한 내구성 좋다.
- 오리피스 및 노즐에 비해 압력손실이 작다.
- 축류(縮流)의 영향을 비교적 작게 받는다.
- 침전물이 생성될 우려가 작다.
- 고형물을 함유한 유체에 적합하다(단 차압 취출구의 막힘이 발생하므로 퍼지 등의 대책 필요하다).
- 대유량 측정이 가능하며 취부범위가 크다.
- 동일한 사이즈의 오리피스에 비해서 발생 차압이 작다.
- 구조가 복잡하고 공간을 많이 차지하며 대형이며 비싸다.
- 파이프와 목 부분의 지름비를 변화시킬 수 없다.
- 유량의 측정범위 변경 시 교환이 어렵다.

10년간 자주 출제된 문제

3-1. 다음 중 차압식 유량계에 해당하지 않는 것은?
① 벤투리미터 유량계 ② 로터미터 유량계
③ 오리피스 유량계 ④ 플로 노즐

3-2. 오리피스, 플로노즐, 벤투리 유량계의 공통점은?
① 직접식
② 열전대를 사용
③ 압력 강하 측정
④ 초음속 유체만의 유량 측정

3-3. 차압식 유량계에서 압력차가 처음보다 2배 커지고 관의 지름이 1/2로 되었다면, 나중 유량(Q_2)과 처음 유량(Q_1)과의 관계로 옳은 것은?(단, 나머지 조건은 모두 동일하다)
① $Q_2 = 0.25 Q_1$ ② $Q_2 = 0.35 Q_1$
③ $Q_2 = 0.71 Q_1$ ④ $Q_2 = 0.41 Q_1$

[해설]

3-1
차압식 유량계의 종류는 오리피스 유량계, 플로 노즐, 벤투리미터 유량계 등이며 로터미터 유량계는 면적식 유량계에 속한다.

3-2
오리피스, 플로 노즐, 벤투리 유량계는 압력 강하를 측정하여 유량을 구하는 차압식 유량계이다.

3-3
$$\frac{Q_2}{Q_1} = \frac{A_2 v_2}{A_1 v_1} = \frac{\frac{\pi}{4} d_2^2 \times \sqrt{2gh_2}}{\frac{\pi}{4} d_1^2 \times \sqrt{2gh_1}} = \frac{d_2^2 \times \sqrt{h_2}}{d_1^2 \times \sqrt{h_1}}$$
$$= \frac{(0.5d_1)^2 \times \sqrt{2h_1}}{d_1^2 \times \sqrt{h_1}} \simeq 0.35 \text{이므로,}$$
$$Q_2 = 0.35 Q_1$$

정답 3-1 ② 3-2 ③ 3-3 ②

핵심이론 04 유속식 유량계

① 임펠러식 유량계
  ㉠ 개 요
    - 임펠러식 유량계는 관 속에 설치된 임펠러를 통한 유속의 변화를 이용한 유량계이다.
    - 유체에너지를 이용한다.
    - 종 류
      - 접선식 : 임펠러의 축이 유체 흐름 방향에 수직(단상식, 복상식)
      - 축류식 : 임펠러의 축이 유체 흐름 방향에 수평
  ㉡ 특 징
    - 구조가 간단하고 보수가 용이하다.
    - 내구력이 우수하다.
    - 부식성이 강한 액체에도 사용할 수 있다.
    - 측정 정도는 약 ±0.5[%]이다.
    - 직관 부분이 필요하다.
  ㉢ 접선식 임펠러 유량계 : 배관에 수직으로 임펠러 축을 설치하여 유체의 흐름에 의하여 발생하는 임펠러의 회전수로 유량을 측정하는 임펠러식 유량계이다.
    - 단상식은 복상식에 비해서 감도가 좋고 가격이 저렴하지만, 정밀도가 불안정하고 마모가 심하여 내구력이 떨어진다.
    - 복상시은 단상시보다 정밀도가 우수하고 임펠러에 균일한 힘이 작용하고 회전부 부분 마모가 작아 내구성이 우수하다.
  ㉣ 축류식 임펠러 유량계 : 배관에 수평으로 터빈 축을 설치하여 유체 흐름에 의하여 발생하는 터빈의 회전수로 유량을 측정하는 임펠러식 유량계이다.
    - 유체에너지를 이용하는 유속식 유량계이다.
    - 날개에 부딪히는 유체의 운동량으로 회전체를 회전시켜 운동량과 회전량의 변화로 가스 흐름을 측정한다.

- 터빈 유량계, 월트만(Woaltman)식 또는 터빈미터라고도 한다.
- 원통상의 유로 속에 로터(회전날개)를 설치하고, 이것에 유체가 흐르면 통과하는 유체의 속도에 비례한 회전속도로 로터가 회전한다. 이 로터의 회전속도를 측정하여 흐르는 유체의 유량을 구하는 방식이다.
- 용적식에 비해 소형이고 구조가 간단하여 제작이 쉽고 저가이다.
- 내구력이 있고, 수리가 용이하다.
- 크기가 간결하고 선형도가 우수하며 재현성이 좋아 교정 후 사용하면 ±0.2[%]의 측정 정확도 유지가 가능하다.
- 측정범위가 넓고, 압력손실이 작다.
- 주로 기체용으로 많이 사용되나 액체에도 적용 가능하다.
- 순시유량과 적산유량의 측정에 적당하다.
- 상류측은 5D, 하류측은 3D 정도의 직관부가 필요하다.
- 상부에 밸브나 곡관이 있으면 정확한 측정이 어렵기 때문에 반드시 상부와 하부에 직관부를 두어야 한다.
- 파이프 유동조건과 측정대상 유체의 점도에 따라 특성이 달라진다.
- 유속이 급격히 변화하는 경우 오차가 발생한다.
- 교정 후 사용기간이 길어지면 베어링 등 기계 구동부의 마모로 유량 측정 정확도와 특성이 달라지는 문제가 발생한다.
- 유량 측정 정확도를 보장하기 위해서는 요구되는 직관부의 길이가 길어야 한다.
- 슬러리 유체에는 적용 불가능하다.

② 피토관식 유량계
 ㉠ 개요
  - 피토관식 유량계는 관에 흐르는 유체 흐름의 전압과 정압의 차이를 측정하고 유속을 구하는 장치이다.
  - 관 속을 흐르는 유체의 한 점에서의 속도를 측정하고자 할 때 가장 적당한 유속 측정이 가능한 유속식 유량계이다.
  - 액체의 전압과 정압과의 차(동압)로부터 순간치 유량을 측정한다.
  - 응용원리 : 베르누이 정리
 ㉡ 유량 계산식

$$Q = C \cdot A v_m = C \cdot A \sqrt{2g \times \frac{P_t - P_s}{\gamma}}$$

$$= C \cdot A \sqrt{2gh \times \frac{\gamma_m - \gamma}{\gamma}}$$

$$= C \cdot A \sqrt{2gh \times \frac{\rho_m - \rho}{\rho}}$$

  (여기서, Q : 유량[m³/sec], C : 유량계수, A : 단면적[m²], v_m : 평균유속, g : 중력가속도(9.8[m/sec²]), P_t : 전압[kgf/m²], P_s : 정압[kgf/m²], γ_m : 마노미터 액체비중량[kgf/m³], γ : 유체비중량[kgf/m³], ρ_m : 마노미터 액체밀도[kg/m³], ρ : 유체밀도[kg/m³])

 ㉢ 관련 식
  - 피토관을 이용한 풍속 측정

  풍속 $v = C\sqrt{2gh\left(\dfrac{\gamma_w}{\gamma_{Air}} - 1\right)}$

  (여기서, C : 피스톤속도계수, g : 중력가속도, h : 전압, γ_w : 물의 비중량, γ_{Air} : 공기의 비중량)

- 유 속

  $v = C_v \sqrt{2g\Delta h} = C_v \sqrt{2g(P_t - P_s)/\gamma}$

  (여기서, v : 유속[m/sec], C_v : 속도계수, g : 중력가속도(9.8[m/sec^2]), P_t : 전압[kgf/m^2], P_s : 정압[kgf/m^2], γ : 유체의 비중량[kgf/m^3])

  이므로 피토관의 유속은 $v \propto \sqrt{\Delta h}$, 즉, $\sqrt{\Delta h}$에 비례한다.

  ㉣ 특 징
  - 측정이 간단하다.
  - 피토관의 헤드 부분은 유동 방향에 대해 평행하게(일치) 부착한다.
  - 흐름에 대해 충분한 강도를 가져야 한다.
  - 5[m/sec] 이하의 기체에는 적당하지 않다.
  - 피토관의 단면적은 관 단면적의 1[%] 이하이어야 한다.
  - 노즐 부분의 마모에 의한 오차가 발생한다.
  - 더스트(분진), 미스트, 슬러지 등의 불순물이 많은 유체에는 부적합하다.
  - 비행기의 속도 측정, 수력발전소의 수량 측정, 송풍기의 풍량 측정 등에 사용된다.
  - 사용방법에 따라 오차가 발생하기 쉬우므로 주의가 필요하다.

③ 열선식 유량계

  ㉠ 개 요
  - 열선식 유량계는 관에 전열선을 설치하여 유체 유속 변화에 따른 온도 변화를 측정하여 순간유량을 구하는 유속식 유량계이다.
  - 보일러 공기예열기의 공기유량을 측정하는 데 가장 적합한 유량계이다.

  ㉡ 특 징
  - 유체의 압력손실이 작다.
  - 기체의 질량유량의 직접 측정이 가능하다.
  - 기체의 종류가 바뀌거나 조성이 변하면 정도가 떨어진다.

  ㉢ 종류 : 토마스식 유량계, 열선풍속계(미풍계), 서멀유량계
  - 토마스식 유량계 : 유체의 흐름 중에 전열선을 넣고 유체의 온도를 높이는 데 필요한 에너지를 측정하여 유체의 질량유량을 알 수 있는 열선식 유량계(유체가 필요로 하는 열량이 유체의 양에 비례하는 것을 이용한 유량계)로, 가스의 유량 측정에 적합하다.
  - 열선풍속계 : 열선의 전기저항이 감소하는 것을 이용한 유량계이다.

④ 아누바(Annubar) 유량계

  ㉠ 개 요
  - 아누바 유량계는 관 속의 평균유속을 구하여 유량을 측정하는 속도수두 측정식 유량계이다.
  - 아누바는 특정 회사의 상품명에서 유래되었다.
  - 아누바관 유량계라고도 한다.
  - 2개의 관을 이용하여 1개는 유체와 부딪히는 관으로서 4개의 구멍을 통하여 유속에 의한 압력을 측정하여 평균점을 찾고, 다른 1개의 관은 유로의 반대쪽으로 향하게 하여 일정압을 측정하게 하여 이 두 압력의 차이를 측정하여 유량을 구한다.

  ㉡ 특 징
  - 피토관식과 구조가 유사하다.
  - 구조가 간단하다.
  - 유량범위가 넓다.
  - 측정 정확도가 우수하다.
  - 여러 변수를 측정할 수 있다.

10년간 자주 출제된 문제

4-1. 유속이 6[m/sec]인 물속에 피토관을 세울 때 수주의 높이는 약 몇 [m]인가?

① 0.54
② 0.92
③ 1.63
④ 1.83

4-2. 온도 25[℃], 기압 760[mmHg]인 대기 속의 풍속을 피토관으로 측정하였더니 전압이 대기압보다 40[mmH₂O] 높았다. 이때 풍속은 약 몇 [m/sec]인가?(단, 피스톤 속도계수(C) = 0.9, 공기의 기체상수(R) = 29.27[kgf · m/kg · K])

① 17.2
② 23.2
③ 32.2
④ 37.4

|해설|

4-1

유속 $v = \sqrt{2g\Delta h}$ 에서

$\Delta h = \dfrac{v^2}{2g} = \dfrac{6^2}{2 \times 9.8} \simeq 1.83[\text{m}]$

4-2

$\gamma_{Air} = \dfrac{P}{RT} = \dfrac{10,332}{29.27 \times (25+273)} \simeq 1.185[\text{kgf/m}^3]$

풍속 $v = C\sqrt{2gh\left(\dfrac{\gamma_w}{\gamma_{Air}} - 1\right)}$

$= 0.9 \times \sqrt{2 \times 9.8 \times 0.04 \times \left(\dfrac{1,000}{1.185} - 1\right)} \simeq 23.2[\text{m/sec}]$

정답 4-1 ④　4-2 ②

핵심이론 05 기타 유량계

① 면적식 유량계(Area Flowmeter)

㉠ 개 요
- 면적식 유량계는 관로에 설치된 테이퍼 관에 부자(Float)를 넣고 유체를 관의 밑부분에서 위쪽으로 흘려서 부자가 위쪽으로 변위하는 변위량을 측정하여 유량을 측정하는 유량계이다.
- 변위량은 유량 및 밀도에 비례하는 것을 이용한다.

㉡ 종류 : 부자식(플로트 타입, 로터미터), 게이트식, 피스톤식
- 플로트 타입 면적식 유량계의 검사 및 교정시기 : 유량계를 분해·소제한 경우, 장시간 사용하지 않았던 것을 재사용할 경우, 그 밖의 성능에 의문이 생긴 경우 등
- 로터(Rota)미터 : 부표(Float)와 관의 단면적 차이를 이용하여 유량 측정하는 면적식 순간유량계
  - 수직 유리관 속에 원뿔 모양의 플로트를 넣어 관 속을 흐르는 유체의 유량에 의해 밀어 올리는 위치로 유량을 구한다.
  - 유체가 흐르는 단면적이 변함으로써 직접 유체의 유량을 읽을 수 있고 압력차를 측정할 필요가 없다.

㉢ 특 징
- 압력손실이 작고 균등한 유량을 얻을 수 있다.
- 슬러리나 부식성 액체의 측정이 가능하다.
- 적은 유량(소유량)도 측정이 가능하다.
- 플로트 형상에 따르며, 측정치가 균등한 눈금으로 얻어진다.
- 측정하려는 유체의 밀도를 미리 알아야 한다.
- 고점도 유체의 측정이 가능하지만 점도가 높으면 유동저항의 증가로 정밀 측정이 곤란하다.
- 수직 배관에만 적용 가능하다.
- 정도가 1~2[%]로 낮아 정밀 측정에는 부적당하다.

② 와류(Eddy Flow)유량계
  ㉠ 개 요
  • 와류유량계는 와류에서 발생되는 와류(소용돌이) 발생수를 이용하여 압력 변화나 유속 변화를 검출하여 유량을 측정하는 유량계이다.
  • 계량기 내에서 와류를 발생시켜 초음파로 측정하여 계량하는 방식이다.
  • 볼텍스유량계(Vortex Flow Meter)라고도 한다.
  • 유량계의 입구에 고정된 터빈 형태의 가이드 보디(Guide Body)가 와류현상을 일으켜 발생한 고유의 주파수가 피에조 센서(Piezo Sensor)에 의해 검출되어 유량을 적산하는 방법의 가스미터이다.
  • 유량 출력은 유동유체의 평균유속에 비례한다.
  ㉡ 종류 : 델타식, 칼만(Karman)식, 스와르 미터식 등
  ㉢ 특 징
  • 압전소자인 피에조 센서를 이용한다.
  • 액체, 가스, 증기 모두 측정 가능한 범용형 유량계이지만, 주로 증기 유량계측에 사용된다.
  • 측정범위가 넓다.
  • 유체의 압력이나 밀도에 관계없이 사용 가능하다.
  • 오리피스 유량계 등과 비교해서 높은 정도를 지닌다.
  • 구조가 간단하고 설치·관리가 쉽다.
  • 신뢰성이 높고, 수명이 길다.
  • 압력손실이 작다.
  • 고점도 유량 측정은 어느 정도 가능하지만, 슬러리 유체, 고체를 포함한 액체의 측정에는 사용할 수 없다.
  • 외란에 의해 측정에 영향을 받는다.

③ 전자유량계
  ㉠ 개 요
  • 전자유량계는 유체에 생기는 기전력을 측정하여 유량을 구하는 간접식 유량계이다.
  • 패러데이의 전자유도법칙을 원리로 한다.
  • 유량계 출력이 유량에 비례한다.
  ㉡ 특 징
  • 전도성 액체(도전성 유체)에 한하여 사용할 수 있다.
  • 유속 검출에 지연시간이 없으므로 응답이 매우 빠르다.
  • 측정관 내에 장애물이 없으며, 압력손실이 거의 없다.
  • 정도는 약 1[%]이고 고성능 증폭기를 필요로 한다.
  • 액체의 온도, 압력, 밀도, 점도의 영향을 거의 받지 않으며, 체적유량의 측정이 가능하다.
  • 유체의 밀도, 점성 등의 영향을 받지 않아 밀도, 점도가 높은 유체의 측정도 가능하다.
  • 적절한 라이닝 재질을 선정하면 슬러리나 부식성 액체의 측정이 용이하다.
  • (관 내에 적당한 재료를 라이닝하므로) 높은 내식성을 유지할 수 있다.
  • 유로에 장애물이 없고 압력손실과 이물질 부착의 염려가 없다.
  • 다른 물질이 섞여 있거나 기포가 있는 액체도 측정이 가능하다.
  • 미소한 측정전압에 대하여 고성능의 증폭기가 필요하다.

④ 초음파유량계
  ㉠ 초음파유량계는 관로의 밖에서 유체의 흐름에 초음파를 방사하여 유속에 의하여 변화를 받은 투과파와 반사파를 관 밖에서 포착하여 유량을 측정하는 유량계이다.
  ㉡ 특 징
  • 도플러 효과를 원리로 한다.
  • 압력은 유량에 비례하며 압력손실이 거의 없다.
  • 정확도가 매우 높은 편이다.

- 측정체가 유체와 접촉하지 않는다.
- 비전도성 유체 측정도 가능하다.
- 대구경 관로의 측정이 가능하며 대유량 측정에 적합하다.
- 개방 수로에 적용된다.
- 고온, 고압, 부식성 유체에도 사용 가능하다.
- 액체 중 고형물이나 기포가 많이 포함되어 있으면 정도가 나빠진다.

⑤ 질량유량계(Mass Flow Meter)
  ㉠ 열식 질량유량계 : 압력과 온도가 변화하는 유동성 배관에서 압력이나 온도의 변화에 따른 밀도를 직접 보상하여 질량유량을 측정하는 질량유량계이다.
   - 질량유량을 직접 측정한다.
   - 작은 유속에서도 측정 가능하다.
   - 압력손실이 작다.
   - 반응속도가 빠르다.
   - 설치비용, 운전비용이 적게 든다.
   - 측정 가능한 배관 크기가 4~50,000[mm]로 광범위하다.
   - 먼지나 파티클이 있어도 유량을 측정하는 데 문제가 없다.
   - 다양한 출력이 가능하다.
   - 컴퓨터와의 연계가 가능하다.
  ㉡ 코리올리스 질량유량계 : 양단이 고정된 플로 튜브 내로 유체가 흐를 때 유출의 각 지점의 반대 방향의 힘(Coriolis Force)이 작용하여 진동의 반사이클 지점에서 발생되는 뒤틀림현상이 질량유량에 비례하는 것을 이용하여 질량유량을 측정하는 질량유량계이다.
   - 액체, 기체에 모두 적용 가능하다.
   - 질량유량을 직접 측정하는 것이 가능하다.
   - 정확도가 매우 높다(±0.2[%]).
   - 제한된 온도 및 압력범위에서 거의 모든 유체의 유량 측정이 가능하다.
   - 검출센서는 유체와 접촉하지 않는 비접촉이다.
   - 유량 외에 유체의 밀도 측정도 가능하다.
   - 원리적으로 유체의 점도나 밀도의 영향을 받지 않는다.
  ㉢ MFC(Mass Flow Controller) : 관을 통과하는 기체의 질량유량을 센서로 측정하고 제어하는 유량계이다.
   - 부피가 아니라 질량을 측정하기 때문에 온도나 압력으로 인한 기체의 부피 변화와 상관없이 유량 측정이 가능하다.
   - 질량유량을 매우 성확하게 폭넓은 범위에서 측정 및 제어할 수 있다.
   - 유체의 압력 및 온도 변화에 영향이 작다.
   - 정확한 가스유량의 측정과 제어가 가능하다.
   - 응답속도가 빠르다.
   - 소유량이며 혼합가스 제조 등에 유용하다.
   - 헬륨에 질소용 Mass Flow Controller를 사용하면, 지시계는 변화가 없으나 부피유량은 증가한다.

10년간 자주 출제된 문제

5-1. 면적유량계의 특징에 대한 설명으로 틀린 것은?
① 압력손실이 매우 크다.
② 정밀 측정용으로는 부적당하다.
③ 슬러지 유체의 측정이 가능하다.
④ 균등 유량 눈금으로 측정치를 얻을 수 있다.

5-2. 전자유량계는 다음 중 어느 법칙을 이용한 것인가?
① 쿨롱의 전자유도법칙
② 옴의 전자유도법칙
③ 패러데이의 전자유도법칙
④ 줄의 전자유도법칙

5-3. 초음파유량계에 대한 설명으로 틀린 것은?
① 압력손실이 거의 없다.
② 압력은 유량에 비례한다.
③ 대구경 관로의 측정이 가능하다.
④ 액체 중 고형물이나 기포가 많이 포함되어 있어도 정도가 좋다.

[해설]

5-1
면적유량계는 압력손실이 작다.

5-2
전자유량계는 패러데이의 전자유도법칙을 이용한 것이다.

5-3
액체 중 고형물이나 기포가 많이 포함되면 정도가 나빠진다.

정답 5-1 ① 5-2 ③ 5-3 ④

2-3. 액면 측정

핵심이론 01 액면 측정의 개요

① 액면계의 구비조건 및 선정 시 고려사항
  ㉠ 공업용 액면계(액위계)로서 갖추어야 할 조건
    - 연속 측정이 가능하고, 고온과 고압에 잘 견디어야 한다.
    - 지시기록 또는 원격 측정이 가능하고 내식성이 좋아야 한다.
    - 액면의 상·하한계를 간단히 계측할 수 있어야 하며, 적용이 용이해야 한다.
    - 구조가 간단하고 조작이 용이해야 한다.
    - 자동제어장치에 적용이 가능해야 한다.
    - 가격이 싸고 보수가 용이해야 한다.
  ㉡ 액면계의 선정 시 고려사항
    - 측정범위
    - 측정 정도
    - 측정 장소 조건 : 개방, 밀폐탱크, 탱크의 크기 또는 형상
    - 피측정체의 상태 : 액체, 분말, 온도, 압력, 비중, 점도, 입도(입자 크기)
    - 변동 상태 : 액위의 변화속도
    - 설치조건 : 플랜지 치수, 설치 위치의 분위기
    - 안정성 : 내식성, 방폭성
    - 정식 출력 : 현장 시시, 원격 시시, 세어방식

② 액면계의 분류
  ㉠ 직접측정식 : 유리관식(직관식), 검척식, 플로트식(부자식), 사이트글라스
  ㉡ 간접측정식 : 차압식, 편위식(부력식), 퍼지식(기포식), 초음파식, 정전용량식, 전극식(전도도식), 방사선식(γ선식), 레이더식, 슬립튜브식, 중추식, 중량식

10년간 자주 출제된 문제

1-1. 액면계 선정 시 고려사항이 아닌 것은?
① 동특성
② 안정성
③ 측정범위와 정도
④ 변동 상태

1-2. 공업용 액면계(액위계)로서 갖추어야 할 조건으로 틀린 것은?
① 연속 측정이 가능하고, 고온·고압에 잘 견디어야 한다.
② 지시기록 또는 원격 측정이 가능하고 부식에 약해야 한다.
③ 액면의 상·하한계를 간단히 계측할 수 있어야 하며, 적용이 용이해야 한다.
④ 자동제어장치에 적용이 가능하고, 보수가 용이해야 한다.

|해설|

1-1
액면계 선정 시 동특성은 고려사항이 아니다.

1-2
공업용 액면계(액위계)는 지시기록 또는 원격 측정이 가능하고 부식에 강해야 한다.

정답 1-1 ① 1-2 ②

핵심이론 02 직접측정식 액면계

① 유리관식 액면계
  ㉠ 개 요
   - 유리관식 액면계는 유리 등을 이용하여 액위를 직접 판독할 수 있는 직접측정식 액위계이다.
   - 직관식 액위계 또는 봉상 액위계라고도 한다.
  ㉡ 특 징
   - 직접적으로 자동제어가 가장 어려운 액면계이다.
   - 구조와 설치가 간단하다.
   - 저압용이다.
   - 개방된 액체용 탱크에 적합하다.

② 검척식 액면계
  ㉠ 개 요
   - 검척식 액면계는 액면을 직접 검척봉의 눈금을 읽어 액면을 측정하는 액면계이다.
   - 검척봉으로 직접 액면의 높이를 측정한다.
  ㉡ 특 징
   - 구조와 사용이 간단하다.
   - 액면 변동이 작은 개방된 탱크, 저수탱크 등에 사용한다.
   - 자동차 엔진오일 체크용으로 사용된다.

③ 플로트(Float)식 액면계
  ㉠ 개 요
   - 플로트식 액면계는 액면상에 부자(Float)의 변위를 여러 가지 기구에 의해 지침이 변동되는 것을 이용하여 액면을 측정하는 방식의 직접측정식 액면계이다.
   - 부자식 액면계라고도 한다.
   - 적용원리 : 아르키메데스의 원리
   - 종류 : 도르래식, 차동변압식, 전기저항식 등
  ㉡ 특 징
   - 고압 밀폐탱크의 액면 측정용으로 가장 많이 이용된다.
   - 여러 종류의 액체 레벨을 검출할 수 있다.

- 원리와 구조가 간단하다.
- 견고하고 수명이 길다.
- 고온·고압의 액체에도 사용 가능하다.
- 액면의 상·하한계에 경보용 리밋스위치를 설치할 수 있다.
- 용도 : LPG 자동차 용기의 액면계, 경보 및 액면 제어용 등에 사용된다.
- 액면이 심하게 움직이는 곳에는 사용하기 어렵다.

④ 사이트 글라스(Sight Glass)

㉠ 개 요
- 액체용 탱크에 많이 사용되는 액위계이다.
- 입구를 완만한 동심형으로 축소 설계하여 난류가 촉진되게 하여 유체 흐름 상태 판단을 쉽게 할 수 있다.

㉡ 특 징
- 유체의 흐름 방향이 올바른지 확인이 가능하다.
- 흐름이 막혔는지 확인이 가능하다.
- 생증기 및 재증발증기가 새는지 확인이 가능하다.
- 공정을 통해서 나온 제품의 색상검사가 가능하다.
- 측정범위가 넓은 곳에서 사용하기 곤란하다.
- 동결 방지를 위한 보호가 필요하다.
- 파손되기 쉬우므로 보호대책이 필요하다.
- 외부 설치 시 요동방지를 위해 스틸링 체임버(Stilling Chamber) 설치가 필요하다.

10년간 자주 출제된 문제

플로트형 액위 측정 계측기기의 종류에 속하지 않는 것은?
① 도르래식
② 차동변압식
③ 전기저항식
④ 다이어프램식

[해설]
플로트형 액위 측정 계측기기의 종류 : 도르래식, 차동변압식, 전기저항식 등

정답 ④

핵심이론 03 간접측정식 액면계

① 차압식 액면계

㉠ 개 요
- 차압식 액면계는 기준 수위에서의 압력과 측정 액면계에서 압력의 차이로부터 액위를 구하는 간접측정식 액면계이다.
- 액위는 높이와 비중에 비례하므로 비중만 알면 액위 측정이 가능하다.

  차압 $\Delta P = \gamma h = \rho g h$ 에서

  액체의 높이 $h = \dfrac{\Delta P}{\gamma}$

  (여기서, γ : 비중량, ρ : 밀도, g : 중력가속도)

㉡ 종류 : 다이어프램식, U자관식(햄프슨식)
- 액화산소와 같은 극저온 저장조의 상하부를 U자관에 연결하여 차압에 의하여 액면을 측정하는 방식인 햄프슨식이 대표적이다.
- 햄프슨식 액면계는 액체산소, 액체질소 등과 같이 초저온 저장탱크에 주로 사용된다.

㉢ 특 징
- 정압 측정으로 액위를 구한다.
- 주로 고압 밀폐탱크의 액면 측정용으로 사용한다.
- (고압) 밀폐탱크의 액위를 측정할 수 있다.
- 고압·고온에 사용할 수 있다.
- 공업용 프로세스용에 가장 많이 사용된다.
- 액화산소 등을 저장하는 초저온 저장탱크의 액면 측정용으로 가장 적합하다.
- 액체의 밀도가 변화하면 측정오차가 유발된다.

② 편위식 액면계

㉠ 개 요
- 편위식 액면계는 아르키메데스의 원리를 이용하여 액체에 잠긴 부력기의 무게를 측정하여 액위를 검출하는 액면계이다.
- 부력식 액면계라고도 한다.

ⓒ 특 징
　　　- 구조가 간단하고 견고하다.
　　　- 고온·고압에서 사용이 가능하다.
　　　- 완충효과가 있어 안정적인 검출이 용이하다.
③ 퍼지(Purge)식 액면계
　　ⓐ 개 요
　　　- 퍼지식 액면계는 액 중에 관을 넣고 압축공기의 압력을 조절하여 보내 관 끝에서 기포가 발생될 때의 압력을 측정하여 액위를 계산하는 간접측정식 액면계이다.
　　　- 액체의 압력을 이용하여 액위를 측정하는 방식이다.
　　　- 탱크 내에 퍼지관을 삽입하여 공기나 불활성 가스를 흘리면 퍼지관으로부터 항상 기포가 발생되고, 이때 파이프 내의 압력은 퍼지관 끝단의 정압과 같으므로 이 압력을 측정함으로써 액면을 검출한다.
　　　- 기포식 액면계라고도 한다.
　　ⓑ 특 징
　　　- 압력식 액면계이다.
　　　- 부식성이 강하거나 점도가 높은 액체에 사용한다.
　　　- 주로 개방탱크에 이용된다.
④ 초음파식 액면계
　　ⓐ 개 요
　　　- 초음파식 액면계는 초음파를 이용하여 액면을 측정하는 간접측정식 액면계이다.
　　　- 20[kHz] 이상을 초음파라고 하며, 초음파식 액위계에 적용하는 초음파는 50[kHz]까지 이용된다.
　　　- 초음파 진동식, 초음파 레벨식 등으로 부른다.
　　ⓑ 특 징
　　　- 측정 대상에 직접 접촉하지 않고 레벨을 측정할 수 있다.
　　　- 부식성 액체나 유속이 큰 수로의 레벨을 측정할 수 있다.
　　　- 측정 정도가 높고 측정범위가 넓다.
　　　- 공정온도에 따라 오차가 발생될 수 있으므로 측정온도를 보정해 주어야 한다.
　　　- 고온이나 고압의 환경에서는 사용하기 부적합하다.
⑤ 정전용량식 액면계
　　ⓐ 개 요
　　　- 정전용량식 액면계는 검출소자를 액 속에 넣어 액위에 따른 정전용량의 변화를 측정하여 액면 높이를 측정하는 액면계이다.
　　　- 액 중에 탐사침을 넣어 검출되는 물질의 유전율을 이용하는 액면계이다.
　　　- 프로브 형성 및 부착 위치와 길이에 따라 정전용량이 변화한다.
　　　- 전극 프로브와 전극 벽 사이에 레벨이 상승하면 전극 프로브를 둘러싸고 있던 전기가 다른 유전체(측정물)로 대체되어 레벨에 따라 정전용량값이 변하게 된다. 전극 프로브는 공기 중에 있을 때 초기의 낮은 정전용량값을 가지며 측정물이 상승하면서 전극 프로브를 덮어 정전용량값이 증가하게 된다. 정전용량은 두 개의 서로 절연된 도체가 있을 경우, 두 도체 사이에서 형성되는 두 도체의 크기, 상대적인 위치관계 및 도체 간에 존재하는 매질(내용물)의 유전율에 따라 결정된다.
　　　- 서로 맞서 있는 2개 전극 사이의 정전용량은 전극 사이에 있는 물질 유전율의 함수이다.
　　ⓑ 특 징
　　　- 측정범위가 넓다.
　　　- 온도, 압력 등의 사용범위가 넓다.
　　　- 구조가 간단하고 설치 및 보수가 용이하다.
　　　- 액체 및 분체에 사용 가능하다.
　　　- 도전성이나 비도전성 액체의 수위 측정에 모두 사용된다.
　　　- 저장탱크는 전도성 물질이어야 한다.

- 액체가 탐침에 부착되면 오차가 발생한다.
- 대상 물질 액체의 유전율이 변화하는 경우 오차가 발생한다.
- 온도에 따라 유전율이 변화되는 곳에는 사용할 수 없다.
- 습기가 있거나 전극에 피측정체를 부착하는 곳에는 적당하지 않다.

⑥ 전극식 액면계
  ㉠ 개 요
  - 전극식 액면계는 전도성 액체 내에 전극을 설치하여 저전압을 이용하여 액면을 검지하며, 자동 급배수제어장치에 이용되는 액면계이다.
  - 2개의 전극에 전압을 가하여 전극의 선단에 도전성 액체가 접촉하면, 전기적인 폐회로가 구성되고 전류가 통하면서 릴레이를 구동시켜 경보가 울린다.
  - 전도도식 액면계라고도 한다.
  ㉡ 특 징
  - 내식성이 강한 전극봉이 필요하다.
  - 액체의 고유저항 차이에 따라 동작점의 차이가 발생하기 쉽다.
  - 고유저항이 큰 액체에는 사용이 불가능하다.

⑦ 방사선식 액면계
  ㉠ 개 요
  - 방사선식 액면계는 γ선을 방사시켜 액위를 측정하는 간접측정식 액면계이다.
  - 방사선 동위원소에서 방사되는 γ선이 투과할 때 흡수되는 에너지를 이용한다.
  - 탱크 외벽에 방사선원을 놓고 강한 투과력에 의해 탱크벽을 통해 투과되는 방사선량을 측정하는 방식이다.
  - γ선식 액면계라고도 한다.
  ㉡ 종류 : 조사식, 가반식, 투과식
  ㉢ 특 징
  - 레벨계는 용기 외측에 검출기를 설치한다.
  - 측정범위는 25[m] 정도이다.
  - 방사선원은 코발트60(Co60)의 γ선이 이용된다.
  - 용해 금속의 레벨 측정 등에 이용된다.
  - 액면 측정 가능 대상 : 고온·고압의 액체, 밀폐 고압탱크, 고점도의 부식성 액체, 분립체
  - 매우 까다로운 조건의 레벨 측정이 가능하다.
  - 법적 규제가 있고 취급상에 주의가 필요하며, 고가이다.

⑧ 레이더식 액면계
  ㉠ 개요 : 레이더식 액면계는 극초단파(Microwave) 주파수를 연속적으로 가변하여 탱크 내부에 발사하고, 탱크 내 액체에서 반사되어 되돌아오는 극초단파와 발사된 극초단파의 주파수차를 측정하여 액위를 측정하는 액면계이다.
  ㉡ 특 징
  - 측정면에 비접촉으로 측정할 수 있다.
  - 고정밀 측정을 할 수 있다.
  - 초음파식보다 정도가 좋다.
  - 진공용기에서의 측정이 가능하다.
  - 탱크 내 공기나 증기 또는 거품의 영향을 받지 않는다.
  - 압력 또는 가스의 성질에 영향을 받지 않는다.
  - 모든 액위, 극심한 공정조건에 사용할 수 있다.
  - 고온·고압의 환경에서도 사용이 가능하다.
  - 산업용으로 허가된 주파수 대역을 사용한다.

⑨ 그 밖의 액면계
  ㉠ 슬립튜브식 액면계
  - 슬립튜브식 액면계는 저장탱크 정상부에서 탱크 밑면까지 지름이 작은 스테인리스관을 부착하여 관을 상하로 움직여서 관 내에서 분출하는 가스 상태와 액체 상태의 경계면을 찾아 액면을 측정하는 간접식 액면계이다.

- 액면계로부터 가스가 방출되었을 때 인화 또는 중독의 우려가 없는 장소에 주로 사용한다.
ⓒ 중추식 액면계
- 중추식 액면계는 모터에 의해서 추를 하강시키고 하강 길이를 레벨지시계에 표시하고 추가 원료 표면까지 하강하면, 모터와 레벨지시계는 정지하고 다시 원위치로 추가 복귀되는 것을 반복적으로 측정하는 간접식 액면계이다.
- 탱크 내의 고체 레벨은 추의 이동거리 또는 시간과 관계가 있다.
ⓒ 중량식 액면계
- 탱크의 중량은 무시되도록 교정하고 고체를 포함한 탱크 중량을 로드셀에 의해 측정하여 고체 레벨로 환산하는 액면계이다.
- 저장탱크 내의 고체 레벨은 탱크 내의 고체 중량과 직접적인 관계를 갖는다.
- 로드셀은 스트레인게이지를 포함하는 신호변환기로서, 스트레인게이지는 인가되는 중량에 비례하는 전기적 출력을 발생한다.

10년간 자주 출제된 문제

탐사침을 액 중에 넣어 검출되는 물질의 유전율을 이용하는 액면계는?
① 정전용량형 액면계
② 초음파식 액면계
③ 방사선식 액면계
④ 전극식 액면계

[해설]
정전용량형 액면계 : 탐사침을 액 중에 넣어 검출되는 물질의 유전율을 이용하는 액면계로, 검출소자를 액 속에 넣어 액위에 따른 정전용량의 변화를 측정하여 액면 높이를 측정한다.

정답 ①

2-4. 온도 측정

핵심이론 01 접촉식 온도계와 비접촉식 온도계

① 접촉식 온도계
 ㉠ 측온소자를 접촉시킨다.
 ㉡ 1,600[℃]까지도 측정이 가능하지만, 일반적으로 1,000[℃] 이하의 측온에 적합하다.
 ㉢ 측정범위가 넓고 측정오차가 비교적 작지만 응답속도가 느리다.
 ㉣ 측정 정도는 측정조건에 따라 0.01[%]도 가능하나 일반적으로 0.5~1.0[%] 정도이다.
 ㉤ 응답속도는 조건이 나쁘면 1시간이 걸리기도 하지만, 일반적으로 1~2분 정도 걸린다.
 ㉥ 이동 물체의 온도 측정은 불가능하다.
 ㉦ 접촉식 온도계의 종류 : 유리제 온도계(수은온도계, 알코올 온도계, 베크만 온도계), 열전대 온도계, 바이메탈 온도계, 제게르콘, 압력식 온도계, 전기저항식 온도계, 증기압식 온도계 등
 ㉧ 유리제 온도계(수은온도계, 알코올 온도계, 베크만 온도계), 바이메탈 온도계 등은 열팽창 원리를 이용한다.

② 비접촉식 온도계
 ㉠ 피측정 대상이 충분히 보여야 한다.
 ㉡ 일반적으로 표면온도를 측정한다.
 ㉢ 고온의 노 내 온도 측정에 적절하다.
 ㉣ 1,000[℃] 이하에서는 오차가 크며 일반적으로 1,000[℃] 이상의 측온에 적합하다.
 ㉤ 측정범위가 좁고 측정오차가 비교적 크지만 응답속도가 빠르다.
 ㉥ 측정 정도는 일반적으로 20[°] 정도이며, 좋아도 5~10[°] 정도이다.
 ㉦ 응답속도는 일반적으로 2~3초이며 아무리 늦어도 10초 이하이다.
 ㉧ 움직이는 물체의 온도 측정이 가능하다.
 ㉨ 측정량의 변화가 없다.

ⓒ 측정시간의 지연이 크다.
ⓕ 방사온도계의 경우, 방사율의 보정이 필요하다.
ⓔ 비접촉식 온도계의 종류 : 방사온도계, 광전관식 온도계, 광고온계(광온도계), 색온도계 등
※ 대표적인 온도계의 최고 측정 가능(사용 가능) 온도[℃]
- 접촉식 온도계 : 유리제 온도계 750(수은 360, 수은-불활성 가스 이용 750, 알코올 100, 베크만 150), 바이메탈 온도계 500, 압력식 온도계 600(액체 : 수은 600, 알코올 200, 아닐린 400, 기체압력식 : 420), 전기저항식 온도계 500(백금 500, 니켈 150, 구리 120, 서미스터 300), 열전대 온도계 1,600(PR 1,600, CA 1,200, IC 800, CC 350)
- 비접촉식 온도계 : 광고온계(광온도계) 3,000, 방사온도계 3,000, 광전관온도계 3,000, 색온도계 2,500 (어두운 색 600, 붉은색 800, 오렌지색 1,000, 노란색 1,200, 눈부신 황백색 1,500, 매우 눈부신 흰색 2,000, 푸른 기가 있는 흰 백색 2,500)

10년간 자주 출제된 문제

1-1. 다음 중 접촉식 온도계에 해당하는 것은?
① 바이메탈 온도계
② 광고온계
③ 방사온도계
④ 광전관온도계

1-2. 비접촉식 온도계의 특징으로 옳지 않은 것은?
① 내열성 문제로 고온 측정이 불가능하다.
② 움직이는 물체의 온도 측정이 가능하다
③ 물체의 표면온도만 측정 가능하다.
④ 방사율의 보정이 필요하다.

[해설]

1-1
접촉식 온도계의 종류 : 유리제 온도계(수은온도계, 알코올 온도계, 베크만 온도계), 열전대 온도계, 바이메탈 온도계, 제게르콘, 압력식 온도계, 전기저항식 온도계 등

1-2
비접촉식 온도계는 내열성이 우수하여 고온 측정이 가능하다.

정답 1-1 ① 1-2 ①

핵심이론 02 유리제 온도계

① 수은온도계
ⓐ 모세관의 상부에 수은을 봉입한 부분에 대해 측정 온도에 따라 남은 수은의 양을 가감하여 그 온도 부분의 온도차를 0.01[℃]까지 측정할 수 있다.
ⓑ 상용 온도범위 : -35~350[℃]
ⓒ 알코올 온도계보다 정확하다.
ⓓ 2개의 수은온도계를 사용하는 습도계 : 건습구 습도계

② 알코올 온도계
ⓐ 끓는점 : 78[℃]
ⓑ 저온(78[℃] 이하) 측정에 적합하다.
ⓒ 표면장력이 작아서 모세관현상이 작다.
ⓓ 열팽창계수가 크다.
ⓔ 열전도율이 낮다.
ⓕ 액주가 상승 후 하강하는 데 시간이 많이 걸린다.
ⓖ 수은온도계보다 부정확하다.

③ 베크만 온도계
ⓐ 미세한 온도 변화를 정밀하게 측정하는 수은온도계이다.
ⓑ 모세관의 상부에 수은을 봉입한 부분에 대해 측정 온도에 따라 남은 수은의 양을 가감하여 그 온도 부분의 온도차를 0.01[℃]까지 측정할 수 있다.
ⓒ 온도 그 자체가 아니라 임의 기준온도와의 미세한 온도 차이를 정밀하게 측정한다.
ⓓ 측정온도 범위는 -20~160[℃] 정도가 일반적이다.
ⓔ 용도 : 끓는점이나 응고점의 변화, 발열량, 유기화합물의 분자량 측정 등

10년간 자주 출제된 문제

유리제 온도계 중 알코올 온도계의 특징으로 옳은 것은?
① 저온 측정에 적합하다.
② 표면장력이 커 모세관현상이 작다.
③ 열팽창계수가 작다.
④ 열전도율이 좋다.

[해설]
② 표면장력이 작아 모세관현상이 작다.
③ 열팽창계수가 크다.
④ 열전도율이 낮다.

정답 ①

핵심이론 03 열전대 온도계

① 열전대 온도계의 개요
  ㉠ 열전(대) 온도계(Thermocouple)
    • (열기전력의) 전위차계를 이용한 접촉식 온도계
    • 회로의 두 접점 사이의 온도차로 열기전력을 일으키고 그 전위차를 측정하여 온도를 알아내는 온도계
  ㉡ 열전대 온도계의 원리 : 제베크(Seebeck) 효과
    ※ 제베크 효과 : 2가지 다른 도체의 양끝을 접합하고 두 접점을 다른 온도로 유지할 경우 회로에 생기는 기전력에 의해 열전류가 흐르는 현상(성질이 다른 두 금속의 접점에 온도차를 두면 열기전력이 발생된다)
  ㉢ 열기전력을 이용하는 법칙 : 균일회로의 법칙, 중간 금속의 법칙, 중간 온도의 법칙
  ㉣ 열전대의 구비조건
    • 저소 : 열전도율, 전기저항, 온도계수, 이력현상
    • 고대 : 열기전력, 기계적 강도, 내열성, 내식성, 내변형성, 재생도, 가공 용이성
    • 장시간 사용에 견디며 이력현상이 없을 것
    • 온도 상승에 따라 연속적으로 상승할 것
  ㉤ 열전대의 특징
    • 측정온도(사용온도)의 범위가 넓다.
    • 가격이 비교적 저렴하다.
    • 내구성이 우수하다.
    • 공업용으로 가장 널리 사용된다.
    • 국부온도의 측정이 가능하다.
    • 응답속도가 빠르다.
    • 온도에 대한 열기전력이 크다.
    • 온도 증가에 따라 열기전력이 상승해야 한다.
    • 기준접점의 온도를 일정하게 유지해야 한다.
    • 소자를 보호관 속에 넣어 사용한다.
    • 냉접점의 온도를 0[℃]로 유지해야 하며 0[℃]가 아닐 때는 지시온도를 보정한다.

- 접촉식 온도계에서 비교적 높은 온도 측정에 사용한다.
- 적용 예 : 큐폴라 상부의 배기가스 온도 측정, 가스보일러의 화염온도를 측정하여 가스 및 공기의 유량 조절에 이용한다.
- 열용량이 작다.

ⓑ (가스온도를) 열전대 사용 시 주의사항
- 계기는 수평 또는 수직으로 바르게 달고 먼지와 부식성 가스가 없는 장소에 부착한다.
- 기계적 진동이나 충격은 피한다.
- 사용온도에 따라 적당한 보호관을 선정하고, 바르게 부착한다.
- 열전대를 배선할 때에는 접속에 의한 절연 불량을 고려해야 한다.
- 주위의 고온체로부터 복사열의 영향으로 인한 오차가 생기지 않도록 주의해야 한다.
- 보호관 선택 및 유지관리에 주의한다.
- 열전대는 측정하고자 하는 곳에 정확히 삽입하며 삽입된 구멍에 냉기가 들어가지 않게 한다.
- 단자의 (+), (-)를 보상도선의 (+), (-)와 일치하도록 연결하여 감온부의 열팽창에 의한 오차가 발생하지 않도록 하여야 한다.
- 보호관의 선택에 주의한다.

ⓢ 열전대 온도계의 구성 : 보상도선, 측온접점 및 기준접점, 보호관, 계기
- 보상도선의 원리 : 중간 금속의 법칙
- 금속보호관 : 내부의 온도 변화를 신속하게 열전대에 전달 가능할 것
- 계기 : 전위차계, 자동평형계기, 디지털 온도계, 온도지시계, 온도기록계

ⓞ 보상도선의 구비조건
- 일반용은 비닐로 피복한 것으로 침수 시에도 절연이 저하되지 않을 것
- 내열용은 글라스 울(Glass Wool)로 절연되어 있을 것
- 절연은 500[V] 직류전압하에서 3~10[MΩ] 정도일 것

ⓩ 열전대 보호관의 구비조건
- 기밀을 유지할 것
- 사용온도에 견딜 것
- 화학적으로 강할 것
- 열전도율이 높을 것

ⓩ 열전대 보호관의 재질
- 유 리
- 카보런덤 : 상용온도가 가장 높고 급랭·급열에 강하고, 방사고온계의 단망관이나 2중 보호관의 외관으로 주로 사용되는 재료이다.
- 자기 : 최고 측정온도는 1,600[℃] 이하이며, 상용 사용온도는 약 1,450[℃]이다. 급열이나 급랭에 약하며 이중보호관 외관에 사용되는 비금속 보호관 재료이다.
- 석영 : 최고 측정온도는 1,100[℃] 이하이며 상용 사용온도는 약 1,000[℃]이다. 내열성, 내산성이 우수하나 환원성 가스에서는 기밀성이 약간 떨어진다.
- 내열강 SEH-5
  - 탄소강+크롬(Cr) 25[%]+니켈(Ni) 25[%]로 구성되어 있다.
  - 내식성, 내열성, 강도가 우수하다.
  - 상용온도는 1,050[℃]이고, 최고 사용온도는 1,200[℃]이다.
  - 유황가스 및 산화염과 환원염에도 사용 가능하다.
  - 비금속관(자기관 등)에 비해 비교적 저온 측정에 사용한다.
- Ni-Cr 스테인리스강 : 1,050[℃] 이하
- 구리 : 최고 측정온도는 400[℃] 이하

㉠ 열전대의 결선

- A : 열접점(측온접점)
- AB : 열전대
- B : 보상접점
- BC : 보상도선
- C : 냉접점
- D : 측정단자

※ 열접점 : 측온접점

※ 냉접점 : 냉각을 하여 항상 0[℃]를 유지한 점으로 기준접점이라고도 한다.

㉡ 주위온도에 의한 오차를 전기적으로 보상할 때 주로 구리(Cu) 저항선을 사용한다.

㉢ 측정온도에 대한 기전력의 크기 순 : IC(철-콘스탄탄) > CC(구리-콘스탄탄) > CA(크로멜-알루멜) > PR(백금-백금·로듐)

② 백금·로듐(PR) 열전대 온도계 : B형, R형, S형

㉠ 극성 : (+) 백금·로듐 / (−) 백금 또는 (−) 백금·로듐

㉡ 특 징
- 열전대 중 내열성이 가장 우수하다.
- 측정온도 범위가 0~1,600[℃] 정도이다.
- 보상도선의 허용오차 : 0.5[%] 이내
- 열전대 중에서 측정온도가 가장 높다.
- 주로 정밀 측정용으로 사용된다(다른 열전대에 비하여 측정값이 가장 정밀하다).
- 다른 열전대 온도계보다 안정성이 우수하여 고온 측정에 적합하다.
- 산화 분위기에서 강하다.
- 환원성 분위기에 약하고 금속증기 등에 침식되기 쉽다.
- 열기전력이 작다.

㉢ 종 류
- B형(Pt-30%Rh / Pt-6%Rh) : 약칭으로 PR이라고 하며, 보상도선의 색깔은 회색이다. 측정온도 범위는 0~1,700[℃]이며 다른 백금·로듐 열전대보다 로듐 함량이 높기 때문에 용융점 및 기계적 강도가 우수하다. 1,600[℃]까지의 산화 및 중성 분위기에서 지속적으로 사용할 수 있고, 다른 백금·로듐 열전대보다 환원 분위기에도 장시간 사용할 수 있다. 특히, 정밀 측정 및 고온하에 내구성을 요구하는 장소에 유리하다.
- R형(Pt-13%Rh / Pt) : 약칭으로 PR이라고 하며, 보상도선의 색깔은 검은색이다. 측정온도 범위는 0~1,600[℃]이며 1,400[℃]까지는 연속적으로, 1,600[℃]까지는 간헐적으로 산화 및 비활성 분위기 내에서 측정이 가능하지만, 세라믹 절연관과 보호관으로 올바르게 보호했더라도 진공, 환원 또는 금속증기 분위기 내에서는 사용 불가하다.
- S형(Pt-10%Rh / Pt) : 약칭으로 PR이라고 하며, 보상도선의 색깔은 검은색이다. 측정온도 범위는 0~1,600[℃]이며 1886년 르샤틀리에(Le Chatelier)에 의해 처음으로 개발된 역사적인 열전대이다. IPTS (International Practical Temperature Scale, 국제실용온도눈금)에 의해 정의된 630.74[℃]에서 Antimony(안티모니)로부터 1,064.43[℃]의 Gold(금) 범위까지 동결점으로 정의하는 표준 열전대로 사용된다. 가격이 비싸다.

③ 크로멜-알루멜 열전대 온도계 : K형

㉠ 극성 : (+) 크로멜(Ni 90, Cr 10) / (−) 알루멜(Ni 94, Mn 2)(Si 1, Al 3)

㉡ 특 징
- 구기호는 CA이며, 보상도선의 색깔은 청색이다.

- 온도와 기전력의 관계가 거의 선형적이며 공업용으로 널리 사용된다.
- 다양한 특성을 지녀 신뢰성이 높은 산업용 열전대로 가장 널리 사용된다.
- 측정온도 범위 : -20~1,250[℃]
- 열기전력이 크다.
- 환원성 분위기에 강하지만, 산화성·부식성 분위기에 약하다.

④ 크로멜-콘스탄탄 열전대 온도계 : E형
㉠ 극성 : (+) 크로멜(Ni 90, Cr 10) / (-) 콘스탄탄(Cu 55, Ni 45)
㉡ 특 징
- 구기호는 CRC이며, 보상도선의 색깔은 분홍색이다.
- 산업용 열전대 중 기전력 특성이 가장 높다.
- 대단위 화력 및 원자력 발전소에서 폭넓게 사용된다.
- 측정온도 범위 : -210~900[℃]
- 750[℃]까지 지속적으로 사용할 수 있고, 실제 사용을 위해 E형과 유사한 K형을 예방책으로 사용한다.
- 금속열전대 중 가장 높은 저항성을 갖고 있어 이와 연결시키는 계기 선정 시에 각별한 주의가 요구된다.

⑤ 철-콘스탄탄 열전대 온도계 : J형
㉠ 극성 : (+) 순철(Fe) / (-) 콘스탄탄(Cu 55, Ni 45)
㉡ 특 징
- 구기호는 IC이며, 보상도선의 색깔은 노란색이다.
- 측정온도 범위 : -210~760[℃]
- 열기전력이 크다.
- 환원성 분위기에 강하지만 산화성·부식성 분위기에 약하다.
- E형 열전대 다음으로 기전력 특성이 높다.
- 환원, 비활성, 산화 또는 진공 분위기 등에서 사용 가능하다.
- 가격이 저렴하고 다양한 곳에서 사용된다.
- 538[℃] 이상의 유황 분위기에서는 사용이 불가하다(녹이 슬거나 물러지므로 이때는 저온 측정용 T형을 적용).

⑥ 구리-콘스탄탄 열전대 온도계 : T형
㉠ 극성 : (+) 순동(Cu) / (-) 콘스탄탄(Cu 55, Ni 45)
㉡ 특 징
- 구기호는 CC이며 보상도선의 색깔은 갈색이다.
- 측정온도 범위 : -200~350[℃]
- 열기전력이 크고 저항 및 온도계수가 작다.
- 수분에 의한 습한 분위기에서도 부식에 강하므로 저온 측정에 적합하다.
- 기전력 특성이 안정되고 정확하다.
- 비교적 저온의 실험용으로 주로 사용한다.
- 중간이 0[℃]인 온도 측정에 적합하며 이 범위에서 정도가 가장 우수하다.
- 진공 및 산화, 환원 또는 비활성 분위기 등에서 사용 가능하다.

⑦ Ni-Cr-Si / Ni-Si-Mg 열전대 온도계 : N형
㉠ 극성 : (+) 84%Ni-14.2%Cr-1.4%Si / (-) 95.5%Ni-4.4%Si-0.1%Mg
㉡ 특 징
- K형의 개량형으로 Si 함량을 늘려서 내열성을 증가한 것이다.
- 보상도선의 색깔은 갈색(미국 색상코드 사용)이다.
- 측정온도 범위 : 600~1,250[℃]
- 호주 국방성 재료연구실험실에서 처음 개발하였다.
- 안정되고 산화에 우수한 저항력을 지닌다.
- 1,000~1,200[℃]에서 지속적 산화 분위기에서 사용이 가능하다.

※ 측온접점이 형성되는 열전대 소선 보호 형태에 따른 열전대 분류
- 일반 열전대(General Thermocouple) : 분리 제작된 보호관, 열전대 소선, 절연관, 단자함을 결합하여 구성한다.
- 시스 열전대(Sheath Thermocouple) : 보호관, 열전대 소선, 산화마그네슘(MgO) 등의 절연재가 일체로 구성되며 기계적 내구성이 좋고 임의로 구부릴 수 있는 등의 특징이 있어 일반 열전대보다 많이 사용된다.

⑧ 시스(Sheath) 열전대 온도계 : 열전대가 있는 보호관 속에 무기질 절연체인 마그네시아, 알루미나 등을 넣고 다져서 가늘고 길게 만든 열전대 온도계이다.

㉠ 특 징
- 무기질 절연금속 시스 열전대(Mineral Insulated Metal Sheathed Thermocouple), M.I Cable이라고도 한다.
- 보호관, 소선, 절연재를 일체화한 열전대이다.
- 응답속도가 빠르다.
- 국부적인 온도 측정에 적합하다.
- 피측온체의 온도 저하 없이 측정할 수 있다.
- 시간 지연이 없다.
- 매우 가늘고 가소성이 있다.
- 진동이 심한 곳에 사용 가능하다.

㉡ 종류 : 금속 보호관에 대한 열전대 소선의 접지 여부에 따라 접지식과 비접지식으로 분류한다.
- 접지식 : 열전대 소선을 시스의 선단부에 직접 용접하여 측온접점을 만든 형태로서, 응답이 빠르고 고온·고압하의 온도 측정에 적당하다.
- 비접지식 : 열전대 소선을 시스와 완전히 절연시키고 측온접점을 만든 형태로서, 열기전력의 경시 변화가 작고 장시간의 사용에 견딜 수 있다. 잡음전압에도 영향을 받지 않고 위험한 장소에도 안전하게 사용할 수 있다. 한 쌍의 열전대 소선에 절연저항계를 설치하면 간편하게 절연재의 절연저항을 측정할 수 있다.

10년간 자주 출제된 문제

3-1. 열전대 온도계의 일반적인 종류로 옳지 않은 것은?
① 구리 - 콘스탄탄
② 백금 - 백금·로듐
③ 크로멜 - 콘스탄탄
④ 크로멜 - 알루멜

3-2. 다음 열전대 온도계 중 가장 고온에서 사용할 수 있는 것은?
① R형
② K형
③ T형
④ J형

[해설]

3-1
일반적인 열전대의 종류 : 백금-백금·로듐(PR), 크로멜-알루멜(CA), 철-콘스탄탄(IC), 구리-콘스탄탄(CC)

3-2
① R형(Pt-13%Rh / Pt) : 0~1,600[℃]
② K형(크로멜-알루멜) : -20~1,250[℃]
③ T형(동-콘스탄탄) : -200~350[℃]
④ J형(철-콘스탄탄) : -210~760[℃]

정답 3-1 ③ 3-2 ①

핵심이론 04 기타 접촉식 온도계

① 바이메탈 온도계(열팽창식 온도계) : 열팽창계수가 다른 2종 박판 금속을 맞붙여 온도 변화에 의하여 휘어지는 변위로 온도를 측정하는 접촉식 온도계이다.
  ㉠ 기본 작동원리 : 두 금속판의 열팽창계수의 차
  ㉡ 특 징
    • 온도 측정범위 : -50~500[℃]
    • 고체팽창식 온도계이며 유리온도계보다 견고하다.
    • 변환방식 : 기계적 변환
    • 작용하는 힘이 크다.
    • 오래 사용하면 히스테리시스 오차가 발생할 수 있다.
    • 온도조절스위치, 온도자동조절장치, 온도보정장치, 현장지시용 등에 이용된다.
    • 선팽창계수가 큰 재질로 황동을 주로 사용한다.
② 제게르콘(Segel Cone) : 내화물의 내화도를 측정한다.
③ 압력식 온도계 : 밀폐된 관에 수은 등과 같은 액체나 기체를 봉입한 것으로 온도에 따라 체적 변화를 일으켜 관 내에 생기는 압력의 변화를 이용하여 온도를 측정하는 접촉식 온도계이다.
  ㉠ 원리방식의 종류 : 액체팽창식, 증기팽창식, 기체팽창식
  ㉡ 특징 · 정도가 열선식이나 측온저항체보다는 낮지만 구조가 간단하고 전원이 필요하지 않다.
  ㉢ 압력식 온도계의 종류 : 액체팽창식 온도계, 증기압식 온도계, 가스압력식 온도계 (또는 차압식, 기포식, 액저압식으로도 구분한다)
④ 전기저항식 온도계 : 온도가 증가함에 따라 금속의 전기저항이 증가하는 현상을 이용한 접촉식 온도계이다.
  ㉠ 특 징
    • 저항체의 저항온도계수는 커야 한다.
    • 일정 온도에서 일정한 저항을 지녀야 한다.
    • 전기저항 온도계의 측온저항체의 공칭저항치 : 온도 0[℃]일 때의 저항소자의 저항
    • 자동 기록이 가능하며 원격 측정이 용이하다.
    • 노 내 온도
    $$T = \frac{R_1 - R_0}{\alpha \times R_0}[℃]$$
    (여기서, R_0 : 0[℃]에서의 저항, R_1 : 노 내 삽입 시의 저항, α : 저항온도계의 저항온도계수)
    • 저항값
    $$R_t = R_0(1 + \alpha dt)$$
    (여기서, R_0 : 0[℃]에서의 저항값, α : 저항온도계수, dt : 온도차)
  ㉡ 동 전기저항식 온도계 : 비례성이 좋으나 고온에서 산화되며 온도 측정범위는 0~120[℃]이며 저항률이 낮다.
  ㉢ 니켈저항온도계 : 온도 측정범위는 -50~300[℃]이다. 저항온도계수가 크며 표준측온저항체는 0[℃]에서 500[Ω]이다.
  ㉣ 백금저항온도계
    • 온도 측정범위가 -200~500[℃]로 넓다.
    • 사용 온도범위가 넓어 저항온도계의 저항체 중 재질이 가장 우수하다.
    • 경시변화(시간이 경과함에 따라 열화되는 현상)가 작으며 안정성과 재현성이 우수하다.
    • 큰 출력을 얻을 수 있다.
    • 기준접점의 온도 보상이 필요 없다.
    • 고온에서 열화가 작고 일반적으로 가장 많이 사용된다.
    • 0[℃]에서 100[Ω], 50[Ω], 25[Ω] 등을 사용한다.
    • 저항온도계수가 비교적 낮고 가격이 비싸다.
    • 온도 측정시간이 지연된다.

ⓒ 서미스터(Thermistor) (측온)저항(체) 온도계 : 금속산화물 분말을 혼합 소결시킨 반도체로 만든 전기저항식 온도계이다.
- 이용현상 : 온도에 의한 전기저항의 변화
- 저항온도계수(α_T, 단위 : [%/℃]) : 임의 측정온도에서 온도 1[℃]당 서미스터 저항의 변화 비율을 나타내는 계수로서, 섭씨온도의 제곱에 반비례한다.
- 조성성분 : 니켈(Ni), 코발트(Co), 망간(Mn), 철(Fe), 구리(Cu)
- 온도 측정범위 : -100~300[℃]
- 자기가열현상이 있다.
- 응답이 빠르고 감도가 높다.
- 도선저항에 의한 오차를 작게 할 수 있다.
- 소형으로 좁은 장소의 측온에 적합하다.
- 저항온도계수가 부특성이며 저항온도계 중 저항값이 가장 크다.
- 저항온도계수는 25[℃]에서 백금의 10배 정도이다.
- 온도 증가에 따라 전기저항이 감소된다.
- 온도 변화에 따른 저항 변화가 직선성이 아니다.
- 재현성과 호환성이 좋지 않다.
- 특성을 고르게 얻기 어렵다(소자의 온도특성인 균일성을 얻기 어렵다).
- 흡습 등으로 열화되기 쉽다.
- 충격에 대한 기계적 강도가 떨어진다.

ⓑ 시스(Sheath)형 측온저항체의 특성
- 응답성이 빠르다.
- 진동에 강하다.
- 가소성이 있다.
- 국부적인 측온에 사용된다.

⑤ 증기압식 온도계
ⓐ 측정온도 범위가 0~+150[℃]로 좁다.
ⓑ 특정 온도범위의 것을 제작할 수 있다.
ⓒ 눈금 간격이 불균일하다.
ⓓ 신용도가 높아 공업용 온도계로 광범위한 목적으로 널리 사용된다.
ⓔ 사용 봉입액 물질 : 프로판, 염화에틸, 부탄, 에테르, 물, 톨루엔, 아닐린, 프레온, 에틸에테르, 염화메틸 등
ⓕ 공해와는 무관하며 측정압력이 낮아 안전면에서도 좋은 편이다.
ⓖ 만약 주입액이 누출되어도 증발하기 때문에 인체에 무관하다.
ⓗ 고온이 아닌 장소에 적용한다.

10년간 자주 출제된 문제

4-1. 전기저항식 온도계에서 측온저항체로 사용되지 않는 것은?

① Ni   ② Pt
③ Cu   ④ Fe

4-2. 증기압식 온도계에 사용되지 않는 것은?

① 아닐린   ② 알코올
③ 프레온   ④ 에틸에테르

|해설|

4-1
전기저항식 온도계에서 측온저항체로 사용되는 재료 : 구리(Cu), 니켈(Ni), 백금(Pt)

4-2
사용 봉입액 물질 : 프로판, 염화에틸, 부탄, 에테르, 물, 톨루엔, 아닐린, 프레온, 에틸에테르, 염화메틸 등

정답 4-1 ④ 4-2 ②

핵심이론 05 비접촉식 온도계

① 방사온도계(방사고온계) : 열복사 이용

렌즈 또는 반사경을 이용하여 방사열을 수열판으로 모아 고온 물체의 온도를 측정할 때 주로 사용하는 온도계로, 복사온도계라고도 한다.

㉠ 응용이론 : 슈테판-볼츠만 법칙

㉡ 전 방사에너지와 피측정체의 실제온도
- 전 방사에너지

  $E = \sigma \varepsilon T^4 [W]$

  (여기서, σ : 슈테판-볼츠만 상수 5.67×10^{-12} [W/cm²K⁴], ε : 방사율, T : 흑체 표면온도)

- 피측정체의 실제온도

  $T = \dfrac{S}{\sqrt[4]{Et}}$

  (여기서, S : 계기의 지시온도, Et : 전 방사율)

㉢ 특 징
- 측정 대상의 온도의 영향이 작다.
- 이동 물체에 대한 온도 측정이 가능하다.
- 고온도에 대한 측정에 적합하다.
- 1,000[℃] 이상 최고 2,000[℃]까지 고온 측정이 가능하다.
- 응답속도가 빠르다.
- 발신기의 온도가 상승하지 않도록 필요에 따라 냉각한다.
- 노벽과의 사이에 수증기, 탄산가스 등이 있으면 오차가 생기므로 주의해야 한다.
- 방사율에 대한 보정량이 크다.
- 측정거리에 따라 오차 발생이 크다.

② 광전관식 온도계 : 복사 광전류 이용

㉠ 이동 물체의 온도 측정이 가능하다.

㉡ 응답시간이 매우 빠르다.

㉢ 온도의 연속 기록 및 자동제어가 용이하다.

㉣ 비교증폭기가 부착되어 있다.

③ 광고온도계 또는 광고온계 또는 광온도계 : 특정 파장을 온도계 내에 통과시켜 온도계 내 전구 필라멘트의 휘도를 육안으로 직접 비교하여 온도를 측정하는 비접촉식 온도계이다.

㉠ 특 징
- 물체에서 방사된 빛의 강도와 비교된 필라멘트의 밝기가 일치되는 점을 비교 측정하여 약 3,000[℃] 정도의 고온도까지 측정 가능한 온도계이다.
- 정도가 우수하여 비접촉식 온도측정기 중 가장 정확한 측정이 가능하다.
- 방사온도계에 비해 방사율에 대한 보정량이 적다.
- 구조가 간단하고 휴대가 편리하다.
- 측정온도 범위는 700~2,000[℃]이며, 900[℃] 이하의 경우 오차가 발생된다.
- 측정시간이 지연된다.
- 측정인력이 필요하다(사람의 손이 필요하다).
- 기록, 경보, 자동제어는 불가능하다.

㉡ 사용상 주의점
- 개인차가 발생되므로 여러 명이 모여서 측정한다.
- 측정하는 위치와 각도를 같은 조건으로 한다.
- 광학계의 먼지, 상처 등을 수시로 점검한다.
- 측정체와의 사이에 연기나 먼지 등이 생기지 않도록 주의한다.
- 발신부 설치 시 성립사항

  $\dfrac{L}{D} < \dfrac{l}{d}$

  (여기서, L : 렌즈로부터 물체까지의 거리, D : 물체의 직경, l : 렌즈로부터 수열판까지의 거리, d : 수열판의 직경)

④ 색온도계 : 복사에너지의 온도와 파장과의 관계를 이용한 온도계이다.

㉠ 온도에 따라 색이 변하는 일원적인 관계로부터 온도를 측정하는 비접촉식 온도계이다.

㉡ 측정온도 범위 : 600~2,000[℃]

ⓒ 색에 따른 온도 : 어두운 색 600[℃], 적색 800[℃], 오렌지색 1,000[℃], 노란색 1,200[℃], 눈부신 황백색 1,500[℃], 매우 눈부신 흰색 2,000[℃], 푸른 기가 있는 흰 백색 2,500[℃]

ⓔ 특 징
- 방사율의 영향이 작다.
- 광 흡수에 영향이 작다.
- 응답이 매우 빠르다.
- 휴대와 취급이 간편하다.
- 고온 측정이 가능하며 기록조절용으로 사용된다.
- 구조가 복잡하며 주위로부터 빛 반사의 영향을 받는다.

10년간 자주 출제된 문제

방사고온계에 적용되는 이론은?
① 필터효과
② 제베크 효과
③ 빈-플랑크 법칙
④ 슈테판-볼츠만 법칙

[해설]
방사고온계는 슈테판-볼츠만 법칙을 응용한 온도계이다.

정답 ④

2-5. 습도, 열량 측정

핵심이론 01 습도 측정

① 습도 측정의 개요
  ⊙ 절대습도 : 습공기 중에서 건조공기 1[kg]에 대한 수증기의 양과의 비율
  ⓛ 상대습도 : 포화증기량과 습가스 수증기와의 중량비([%], R.H.)
    - 온도가 상승하면 상대습도는 감소한다.
    - 상대습도가 0이라 함은 공기 중에 수증기가 존재하지 않는다는 의미이다.
  ⓒ 비교습도 : 습공기의 절대습도와 포화증기의 절대습도와의 비

② 습도 측정법
  ⊙ 흡습법(수분흡수법) : 흡수제(건조제)로 오산화인, 실리카겔, 황산, 활성탄 등을 사용한다.
  ⓛ 노점(이슬점)법
    - 습도를 측정하는 가장 간편한 방법은 노점을 측정하는 방법이다.
    - 흡습염(염화리튬)을 이용하여 흡습체 표면에 대기 중의 습도를 흡수시켜 포화용액층을 형성하게 하여 포화용액과 대기와의 증기 평형을 이루는 온도 측정으로 습도를 측정하는 방법이다.

③ 건습구 습도계(Psychrometer) : 2개의 수은온도계를 사용하여 건구온도와 습구온도를 동시에 측정하는 습도계로, 간이 건습구 습도계와 통풍형 건습구 습도계가 있다.
  ⊙ 특 징
    - 구조가 간단하고 가격이 저렴하다.
    - 원격 측정, 자동 기록이 가능하다.
    - 습도 측정 시 계산이 필요하다.
    - 물이 필요하다.
    - 증류수 공급, 거즈 설치·관리가 필요하다.
    - 통풍 상태에 따라 오차가 발생한다.

- 정확한 습도를 구하려면 3~5[m/sec] 정도의 통풍이 필요하다.

ⓒ 종 류
- 간이 건습구 습도계 : 자연통풍에 의한 건습구 습도계
  - 습도가 낮을수록 온도편차가 커진다.
  - 정확도가 낮다.
  - 건구와 습구온도를 측정한 다음 건구와 습구 온도 차이를 구한다.
  - 풍속에 따라 건구와 습구 사이의 열전달에 영향을 미치므로 풍속 1[m/sec] 이하에서 사용한다.
- 통풍형 건습구 습도계 또는 아스만(Assmann) 습도계 : 측정오차에 대한 풍속의 영향을 최소화하기 위해 강제통풍장치를 이용하여 설계된 건습구 습도계이다.
  - 3~5[m/sec]의 통풍이 필요하다.
  - 증류수 공급, 거즈 설치·관리가 필요하다.
  - 습도 측정 시 계산이 필요하다.
  - 습구온도가 0[℃]보다 높은 범위에서 사용하는 것이 바람직하다.
  - 고온쪽은 100[℃] 근처까지 측정할 수 있다.
  - 휴대용으로 상온에서 비교적 정도(정확도)가 좋다.
  - 비교적 가격이 저렴하다.
  - 안정에 많은 시간이 소요되며 숙련이 필요하다.
  - 습구에서 증발한 물이 측정 장소의 습도에 영향을 줄 정도의 좁은 공간에서 사용하는 것은 적당하지 않다.
  - 가스, 먼지 등으로 현저하게 오염된 대기 중에서 사용하는 것은 적당하지 않다.
  - 거즈와 감온부 사이에 틈새가 생기지 않도록 해야 하며 거즈가 원통의 내벽에 접촉하지 않도록 주의하여 설치한다.
  - 장기간 사용하면 습구의 감온부에 물때가 부착되므로 물때를 씻어 내야 한다(유리제 온도계의 경우, 묽은 염산에 담근 후 물로 씻는다).
  - 연료탱크 속에 부착하여 사용하면 안 된다.
  - 측정 위치의 기압이 표준기압과 30[%] 이상 차이가 날 경우에는 측정 정밀도에 영향을 줄 수 있다.

④ 기타 습도계

ⓐ 모발 습도계(Hair Hygrometer) : 습도에 따라 규칙적으로 신축하는 모발의 성질을 이용한 습도계이다.
- 사용이 간편하고 저습도 측정이 가능하다.
- 재현성이 좋아 상대습도계의 감습소자로 사용된다.
- 실내의 습도조절용으로 많이 이용된다.
- 안정성과 응답성이 좋지 않다.
- 실내에서 사용하기 좋지만, 모발은 물에 젖으면 수축하는 성질이 있으므로 야외에서는 사용하기 곤란하다.
- 모발은 10~20개 정도 묶어서 사용하며 2년마다 모발을 바꾸어 주어야 한다.

ⓑ 듀셀 노점계(가열식 노점계) : 염화리튬이 공기 수증기압과 평형을 이룰 때 생기는 온도 저하를 저항 온도계로 측정하여 습도를 알아내는 습도계이다.
- 저습도 측정이 가능하다.
- 구조가 간단하고 고장이 적다.
- 고압에서 사용이 가능하지만, 응답이 늦다.

ⓒ 전기저항식 습도계
- 교류전압을 사용하여 저항치를 측정하여 상대습도를 표시한다.
- 응답이 빠르고 정도가 우수하다.
- 저습도의 측정이 가능하다.
- 물이 필요하다.
- 연속 기록, 원격 측정, 자동제어에 이용된다.

- 온도계수가 비교적 크다.
- 고습도에 장기간 방치하면 감습막이 유동한다.

② 서미스터 습도센서 : 물을 함유한 공기와 건조공기의 열전도율 차이를 이용하여 습도를 측정하는 습도센서이다.
- 사용온도 영역이 0~200[℃]로 넓다.
- 응답이 신속하다.

⑤ 기타 습도센서 : 고분자 습도센서, 염화리튬 습도센서, 수정진동자 습도센서

10년간 자주 출제된 문제

건습구 습도계의 특징에 대한 설명으로 틀린 것은?
① 구조가 간단하다.
② 통풍 상태에 따라 오차가 발생한다.
③ 원격 측정, 자동 기록이 가능하다.
④ 물이 필요 없다.

[해설]
건습구 습도계도 물이 필요하다.

정답 ④

핵심이론 02 열량 측정

① 습증기의 열량을 측정하는 기구 : 조리개 열량계, 분리열량계, 과열열량계
② 간이열량계 : 발생 열량을 모두 용액이 흡수한다고 가정하고 열량을 측정하는 열량계
③ 봄베열량계(단열식 열량계 또는 열연식 단열열량계) : 액체와 고체연료의 열량을 측정하는 열량계
④ 융커스(Junker)식 열량계 : 주로 기체연료의 발열량을 측정하는 열량계

10년간 자주 출제된 문제

주로 기체연료의 발열량을 측정하는 열량계는?
① Richter 열량계
② Scheel 열량계
③ Junker 열량계
④ Tinomaon 열량계

[해설]
Junker 열량계 : 주로 기체연료의 발열량을 측정하는 열량계

정답 ③

2-6. 가스분석

핵심이론 01 가스분석의 개요

① 가스분석의 기초
  ㉠ 연소가스의 주성분은 독성이 없는 질소, 수증기, 이산화탄소 등이며 기타 성분으로 일산화탄소, 탄화수소, 질소산화물, 황산화물, 오존, 매연(검댕), 중금속 등이 있다.
  ㉡ 연소가스 중의 유해성분
    • 일산화탄소 : 연료의 불완전 연소에 의해 발생되며 혈액의 헤모글로빈과 결합해서 혈액의 산소 운반 능력을 급격히 떨어뜨리므로 많은 양에 노출되면 치명적이다.
    • 탄화수소 : 연료가 타지 않고 남은 것으로, 독성물질이며 스모그의 주요 원인이 된다. 장기간 노출되면 천식, 간질환, 폐질환, 암 유발 가능성이 있다.
    • 질소산화물 : 공기 중의 질소가 산소와 결합하여 발생되며 보통 녹스(NO_x)라고 하며 스모그와 산성비의 원인이 된다.
    • 황산화물 : 연료에 포함된 황이 산화되어 생성되며 10[ppm] 이하로 규제한다.
    • 매연 : 미세먼지로 이루어진 검댕이 또는 황의 산화물로 호흡기 질환이나 암 유발의 가능성이 있다.
    • 중금속 : 엔진 부식, 연료 첨가물, 엔진오일 등에 의하여 발생한다.
  ㉢ 가스분석의 목적
    • 공기비의 추정
    • 연소가스량의 파악
    • 열정산
    • 배출가스 손실의 산정

② 시료가스 채취
  ㉠ 시료가스 채취장치 구성
    • 일반 성분의 분석 및 발열량·비중을 측정할 때, 시료가스 중의 수분이 응축될 염려가 있을 때는 도관 가운데에 적당한 응축액 트랩을 설치한다.
    • 특수성분을 분석할 때, 시료가스 중의 수분 또는 기름성분이 유입되지 않도록 분리장치 및 여과장치를 설치한다.
    • 시료가스에 타르류, 먼지류가 포함된 경우는 채취관 또는 도관 가운데에 적당한 여과기를 설치한다.
    • 고온의 장소로부터 시료가스를 채취하는 경우는 도관 가운데에 적당한 냉각기를 설치한다.
  ㉡ 시료가스 채취 시 주의하여야 할 사항
    • 가스 구성성분의 비중을 고려하여 적정 위치에서 측정하여야 한다.
    • 가스 채취구는 외부에서 공기가 유통되지 않도록 잘 밀폐시켜야 한다.
    • 채취된 가스의 온도, 압력의 변화로 측정오차가 생기지 않도록 한다.
    • 가스성분과 화학반응을 일으키지 않는 관을 이용하여 채취한다.

③ 가스분석법의 분류
  ㉠ 화학적 가스분석법 : 연소가스의 주성분인 이산화탄소, 산소, 일산화탄소 등의 가스가 흡수액에 잘 녹는 성질을 이용하여 용적 감소나 흡수제를 적정하여 성분 비율을 구하는 등의 화학적인 성질을 이용하는 가스분석법으로, 물리적 분석법에 비해 신뢰성과 신속성이 떨어진다. 화학적 가스분석법의 종류는 다음과 같다.
    • 흡수분석법 : 시료가스를 각각 특정한 흡수액에 흡수시켜 흡수 전후의 가스체적을 측정하여 가스의 성분을 분석하는 정량 가스분석법이며, 종류에는 오르자트법, 헴펠법, 게겔법 등이 있다.

- 오르자트법 : 용적 감소를 이용하여 연소가스 주성분인 이산화탄소, 산소, 일산화탄소 등을 분석하는 가스분석법으로, 연속 측정과 수분 분석은 불가하며 건배기가스의 성분을 분석한다. 가스분석 순서는 $CO_2 \rightarrow O_2 \rightarrow CO$의 순이다.
- 헴펠법 : 가스분석의 순서는 $CO_2 \rightarrow C_mH_n \rightarrow O_2 \rightarrow CO$의 순이다.
- 게겔법 : 저급 탄화수소 분석에 이용하며 가스 분석의 순서는 $CO_2 \rightarrow C_2H_2 \rightarrow C_3H_6 \sim C_3H_8 \rightarrow C_2H_4 \rightarrow O_2 \rightarrow CO$의 순이다.
- 흡수액

CO_2	33[%]의 수산화칼륨(KOH) 수용액
C_2H_2 (아세틸렌)	아이오딘수은칼륨 용액(옥소수은칼륨 용액)
C_2H_4 (에틸렌)	HBr(브롬화수소 용액)
O_2	알칼리성 파이로갈롤 용액(수산화칼륨+파이로갈롤 수용액)
CO	암모니아성 염화제1동 용액
C_3H_6 (프로필렌), $n-C_4H_8$	87[%] H_2SO_4 용액
중탄화수소(C_mH_n)	발연 황산(진한 황산)

• 연소분석법 : 시료가스를 공기, 산소 등으로 연소하고 그 결과를 가스성분으로 산출하는 가스분석법이다. 우인클러법(완만연소법), 분별연소법, 폭발법, 헴펠법 등이 있다.
  - 우인클러법(완만연소법) : 산소와 시료가스를 피펫에 천천히 넣고 백금선 등으로 연소시켜 가스를 분석하는 방법이다.
  - 분별연소법 : 2종 이상의 동족 탄화수소와 수소가 혼합된 시료를 측정할 수 있는 방법으로, 분별적으로 완전연소시키는 가스로는 수소, 탄화수소 등이 있다.

팔라듐관 연소분석법	촉매로 팔라듐흑연, 팔라듐석면, 백금, 실리카겔 등이 사용된다.
산화구리법	주로 CH_4 가스를 정량한다.

  - 폭발법
  - 헴펠법 : 수소, 메탄을 분석한다.
• 시험지법에서의 검지 가스별 시험지와 누설 변색 색상
  - 아세틸렌(C_2H_2) : 염화제1동착염지-적색
  - 알칼리성 가스 : (적색) 리트머스시험지-청색
  - 암모니아(NH_3) : (적색) 리트머스시험지-청색
  - 염소(Cl_2) : KI 전분지(아이오딘화칼륨, 녹말종이)-청색
  - 일산화탄소(CO) : 염화팔라듐지-흑색
  - 사이안화수소(HCN) : 질산구리벤젠지(초산벤젠지)-청색
  - 포스겐($COCl_2$) : 해리슨시험지-심등색
  - 황화수소(H_2S) : 연당지(초산납지)-흑(갈)색
  ※ 연당지 : 초산납을 물에 용해하여 만든 가스 시험지
• 검지관법 : 화학공장에서 누출된 유독가스를 신속하게 현장에서 검지 정량하는 방법이며, 검지 가스별 측정농도의 범위 및 검지한도는 다음과 같다.
  - 수소(H_2) : 0~1.5[%], 250[ppm]
  - 아세틸렌(C_2H_2) : 0~0.3[%], 10[ppm]
  - 암모니아 : 5[ppm]
  - 염소 : 0.1[ppm]
  - 일산화탄소(CO) : 0~0.1[%], 1[ppm]
  - 프로판(C_3H_8) : 0~5[%], 100[ppm]
• 중화적정법 : 중화반응을 이용하여 시료가스의 농도를 측정하는 가스분석법으로 전유황, 암모니아의 분석에 이용된다.
• 칼피셔법 : 물의 화학반응을 통해 시료의 수분 함량을 측정하며 휘발성 물질 중의 수분을 정량하는 방법이다.

ⓒ 물리적 가스분석법 : 열전도율, 밀도, 자성, 적외선, 자외선, 도전율, 연소열, 점성의 흡수, 화학발광량, 이온전류 등의 물리적 성질을 계측하는 가스 상태를 그대로 분석하는 방법으로, 신뢰성과 신속성이 높다. 물리적 가스분석법의 종류는 다음과 같다.
- 열전도율법 : 측정가스 도입 셀과 공기를 채운 비교 셀 속에 백금선을 넣어 전기저항값을 측정하여 열전도율이 매우 작은 탄산가스(CO_2)의 농도를 측정하는 방법으로, 열전도율이 큰 수소가 혼입되면 측정오차가 커진다.
- 밀도법 : 가스의 밀도차를 이용하는 방법으로, 탄산가스(CO_2)의 밀도가 공기보다 크다는 것을 이용한다.
- 자기법 : 가스의 자성을 이용하는 가스분석법으로 가스 중에서 산소만이 매우 높은 자성을 나타내며, 실내의 열선의 냉각작용이 강해질 때의 온도 저하에 의한 전기저항의 변화를 측정한다. 자기법으로 O_2 농도 측정이 가능하지만 CO_2 농도 측정은 불가능하다.
- 적외선법 또는 적외선분광분석법 또는 적외선흡수법 : 화합물이 가지는 고유의 흡수 정도의 원리를 이용하여 정성 및 정량분석에 이용할 수 있는 가스분석법이다. 적외선을 이용하여 대부분의 가스를 분석할 수 있으며 선택성이 우수하고 연속분석이 가능한 가스분석법이지만, 적외선을 흡수하지 않는 단원자 분자(He, Ne, Ar 등)와 이원자 분자(O_2, N_2, Cl_2 등)는 분석이 불가능하다.
- 자외선법 : 대부분의 물질이 지닌 고유의 특유한 자외선 흡수 스펙트럼을 이용한 가스분석법이다.
- 도전율법 : 흡수액에 시료가스를 흡수시켜서 용액의 도전율 변화로 가스농도를 측정하는 방법이다.
- 이온법 : 이온전류를 이용하는 방법으로, 수소염 속에 유기물을 넣고 연소시켜 유기물 중의 탄소수에 비례하여 발생하는 이온을 모아 전류를 끌어내어 유기물의 농도를 측정하는 분석법이다.
- 고체전지법 : 고온에서 산소이온만 통과시키고 전자나 양이온은 거의 통과시키지 않는 특수한 도전성을 지닌 지르코니아의 특성을 이용하여 산소농담전지를 만들어 시료가스 중의 산소농도를 측정하는 가스분석법이다.
- 액체전지법 : 전해질 액체의 전지반응을 이용하여 산소농도를 측정하는 가스분석법이다.
- 분광광도법 또는 흡광광도법
  - 측정 대상 가스를 흡수한 용액에 적당한 화학적 조작을 가하여 발색시킨 후 발색시료에 가시부 또는 자외부 파장의 빛을 비추어 흡수된 광량으로 가스농도를 측정하는 가스분석법이다.
  - 람베르트-비어의 법칙을 이용한 분석법
  - 람베르트-비어(Lambert-Beer)의 법칙 : 시료가스의 농도는 흡광도에 비례한다는 법칙으로, 비어 법칙 또는 비어-람베르트의 법칙이라고도 한다.
  $A = \varepsilon bc$
  (여기서, A : 흡광도, ε : 시료의 몰 흡광계수(해당 빛의 파장에서 화합물의 특성에 의존), b : 시료의 길이(빛이 시료를 통과하는 길이), c : 시료의 몰농도)
- 질량분석법 : 질량분석계로 가스를 분석하는 방법이며 탄화수소 혼합가스, 희가스, 동위원소 등의 분석에 이용된다.
- 저온증류법 : 시료기체를 냉각하여 액화시킨 후 정밀 증류 분석하는 가스분석법으로 LPG의 성분 분석에 이용되며 지방족 탄화수소의 분리 정량이 가능하다.

- 슐리렌(Schlieren)법 : 기체의 흐름에 대한 밀도 변화를 광학적 방법으로 측정하는 분석법이다.
- 분리분석법 : 두 가지 이상의 성분으로 된 물질을 단일성분으로 분리하는 선택성이 우수한 분석법이다.

※ 가스분석계의 특징
- 적정한 시료가스의 채취장치가 필요하다.
- 선택성에 대한 고려가 필요하다.
- 시료가스의 온도 및 압력의 변화로 측정오차를 유발할 우려가 있다.
- 계기의 교정에는 화학분석에 의해 검정된 표준시료가스를 이용한다.

10년간 자주 출제된 문제

1-1. 다음 중 가스분석법 중 흡수분석법에 해당되지 않는 것은?
① 헴펠법
② 게겔법
③ 오르자트법
④ 우인클러법

1-2. 가스분석법 중 하나인 게겔(Gockel)법의 흡수액으로 잘못 연결된 것은?
① 아세틸렌 - 옥소수은칼륨 용액
② 에틸렌 - 브롬화수소(HBr)
③ 프로필렌 - 87[%] KOH 용액
④ 산소 - 알칼리성 파이로갈롤 용액

1-3. 연소분석법 중 2종 이상의 동족 탄화수소와 수소가 혼합된 시료를 측정할 수 있는 것은?
① 폭발법, 완만연소법
② 분별연소법, 완만연소법
③ 팔라듐관연소법, 산화구리법
④ 산화구리법, 완만연소법

1-4. 포스겐 가스의 검지에 사용되는 시험지는?
① 해리슨시험지
② 리트머스시험지
③ 연당지
④ 염화제1구리착염지

1-5. 다음 중 분리분석법은?
① 광흡수분석법
② 전기분석법
③ Polarography
④ Chromatography

해설

1-1
우인클러법은 연소분석법에 해당된다.

1-2
프로필렌 - 87[%] H_2SO_4 용액

1-3
2종 이상의 동족 탄화수소와 수소가 혼합된 시료를 측정할 수 있는 것은 분별연소법이며, 분별연소법의 종류에는 팔라듐관연소법과 산화구리법이 있다.

1-4
① 해리슨시험지 : 포스겐 가스 검지
② 리트머스시험지 : 산, 알칼리 검지
③ 연당지 : H_2S 검지
④ 염화제1구리착염지 : 아세틸렌 검지

1-5
Chromatography : 분리관, 검출기, 기록계 등으로 구성되어 있으며 분리분석법으로 가스를 분석한다.

정답 1-1 ④ 1-2 ③ 1-3 ③ 1-4 ① 1-5 ④

핵심이론 02 대표적인 화학적 가스분석계

① **오르자트 가스분석계** : 용적 감소를 이용하여 적온인 16~20[℃]에서 연소가스의 주성분을 이산화탄소, 산소, 일산화탄소의 순서대로 분석하는 가스분석계이다.

② **헴펠가스분석계(헴펠식 분석장치)** : 흡수법, 연소법으로 이산화탄소, (중)탄화수소, 산소, 일산화탄소, 질소, 수소, 메탄 등을 분석하는 가스분석계이다.
  ㉠ 구성 : 가스뷰렛(기체 부피 측정), 가스피펫(흡수액 포함), 수준관(차단액인 물 포함)
  ㉡ 흡수법 적용 : 이산화탄소, (중)탄화수소, 산소, 일산화탄소, 질소
  ㉢ 연소법 적용 : 수소, 메탄

③ **자동화학식 CO_2계** : 30[%] KOH 수용액을 흡수제로 사용하여 시료가스의 용적 감소를 측정함으로써 이산화탄소 농도를 측정한다.
  ㉠ 조작은 모두 자동화되어 있다.
  ㉡ 선택성이 비교적 우수하다.
  ㉢ 흡수액 선정에 따라 O_2 및 CO의 분석계로도 사용이 가능하다.
  ㉣ 유리 부분이 많으므로 구조상 약하고 파손되기 쉽다.
  ㉤ 점검과 보수가 용이하지 않다.

④ **연소식 O_2계** : 시료가스가 가연성인 경우 일정량의 시료가스에 가연성 가스(수소 등)를 혼합하여 촉매를 넣고 연소시켰을 때 반응열에 의해 온도 상승이 생기는데, 이 반응열이 측정가스 중에 산소농도에 비례한다는 것을 이용한다.
  ㉠ 원리가 간단하며 취급이 용이하다.
  ㉡ O_2 측정 시 팔라듐(Palladium)계가 이용된다.
  ㉢ 가스의 유량이 변동되면 오차가 발생한다.

⑤ **미연소식 가스계** : 일산화탄소(CO)와 수소(H_2) 분석에 주로 사용한다.

10년간 자주 출제된 문제

오르자트 가스분석기에서 가스의 흡수 순서로 옳은 것은?

① CO → CO_2 → O_2
② CO_2 → CO → O_2
③ O_2 → CO_2 → CO
④ CO_2 → O_2 → CO

[해설]

오르자트 가스분석기에서 가스의 흡수 순서 : CO_2 → O_2 → CO

정답 ④

핵심이론 03 대표적인 물리적 가스분석계

① **열전도율형 CO_2(분석)계**
　㉠ 탄산가스의 열전도율이 매우 작은 특성을 이용한 가스분석계이다.
　㉡ 사용 시 주의사항
　　• 가스의 유속을 거의 일정하게 한다.
　　• 셀의 주위온도와 측정가스의 온도는 거의 일정하게 유지시키고 온도의 과도한 상승을 피한다.
　　• 브리지의 공급전류의 점검을 확실하게 한다.
　　• 수소가스가 혼입되지 않도록 주의한다(열전도율이 큰 수소가 혼입되면 지시값이 저하되어 측정오차가 커진다).

② **밀도식 CO_2계** : 가스의 밀도차(CO_2의 밀도가 공기보다 크다)를 이용하여 CO_2의 농도를 측정하는 가스분석계이다.

③ **자기식 O_2계** : 산소가스의 매우 높은 자(기)성을 이용하는 가스분석계이다.
　㉠ 열선(저항선)의 냉각작용이 강해지면 온도가 저하되고, 온도 저하에 의한 전기저항의 변화를 측정한다.
　㉡ 자기풍 세기 : O_2 농도에 비례하고, 열선온도에 반비례한다.
　㉢ 자화율 : 열선온도에 반비례한다.
　㉣ 가동 부분이 없고 구조도 비교적 간단하며 취급이 용이하다.
　㉤ 가스의 유량, 압력, 점성의 변화에 대하여 지시오차가 거의 발생하지 않는다.
　㉥ 열선은 유리로 피복되어 있어 측정가스 중의 가연성 가스에 대한 백금의 촉매작용을 막아 준다.
　㉦ 다른 가스의 영향이 없고 계기 자체의 지연시간이 작다.
　㉧ 감도가 크고 정도는 1[%] 내외이다.

④ **세라믹식 O_2계** : 기전력을 이용하여 산소농도를 측정하는 가스분석계이다.
　㉠ 세라믹 주성분 : 산화지르코늄(ZrO_2)
　㉡ 고온이 되면 산소이온만 통과시키고 전자나 양이온을 거의 통과시키지 않는 특수한 도전성을 나타내는 지르코니아(Zr)의 특성을 이용하여 산소농담전지를 만들어 시료가스 중의 산소농도를 측정한다.
　㉢ 비교적 응답이 빠르며(5~30초) 측정가스의 유량이나 설치 장소의 주위 온도 변화에 의한 영향이 작다.
　㉣ 연속 측정이 가능하며 측정범위가 광범위[ppm~%]하다.
　㉤ 측정부의 온도 유지를 위하여 온도 조절 전기로가 필요하다.

⑤ **전지식 O_2계** : 액체의 전해질의 전지반응을 이용하는 가스분석계이다.

⑥ **적외선 흡수식 가스분석계** : 단원자 분자와 2원자 분자를 제외한 대부분의 가스가 고유한 흡수 스펙트럼을 가지는 것을 응용한 가스분석계(대상 성분가스만 강하게 흡수하는 파장의 광선을 이용하는 가스분석계)이다.
　㉠ 적외선 분광분석계, 적외선식 가스분석계라고도 한다.
　㉡ 저농도의 분석에 적합하며 선택성이 우수하다.
　㉢ CO_2, CO, CH_4 NH_3, $COCl_2$ 등의 가스 분석이 가능하다.
　㉣ 대칭성 2원자분자(N_2, O_2, H_2, Cl_2 등), 단원자 가스(He, Ar 등) 등의 분석은 불가능하다.

⑦ **도전율식 가스분석계(흡수제의 도전율의 차를 이용하는 방법)** : 용액은 가스를 흡수하면 그 도전율이 변화한다. 이러한 현상을 이용하여 각각 일정량의 시료가스와 용액을 혼합하여 반응시킨 다음 반응 전후 용액의 전극을 사용하여 도전율을 측정함으로써 그 변화에 따라 대상 가스의 농도를 구한다.

⑧ 흡광광도계 또는 분광광도계 : 측정 대상 가스를 흡수한 용액에 적당한 화학적 조작을 가하여 발색시킨 다음 그 발색시료에 가시부 또는 자외부 파장의 빛을 비추어 그 흡수광량에 의해 대상가스의 농도를 알아내는 가스분석계이다.

⑨ 기체크로마토그래피(Gas Chromatography) : 기체 비점 300[℃] 이하의 액체를 측정하는 물리적 가스분석계이다.

10년간 자주 출제된 문제

가스는 분자량에 따라 다른 비중값을 갖는다. 이 특성을 이용하는 가스분석기기는?

① 밀도식 CO_2 분석기기
② 자기식 O_2 분석기기
③ 광화학발광식 NO_x 분석기기
④ 적외선식 가스분석기기

|해설|

밀도식 CO_2계 : 가스의 밀도차(CO_2의 밀도가 공기보다 크다)를 이용하여 CO_2의 농도를 측정하는 가스분석계

정답 ①

핵심이론 04 기체크로마토그래피(Gas Chromatography)

① 기체크로마토그래피의 개요

㉠ 용어
- 이동상(Mobile Phase) : 용리액(흘려 주는 용매)
- 고정상(Stationary Phase) : 충전물질(시료성분의 통과속도를 느리게 하여 성분을 분리시키는 부분)이며 정지상이라고도 한다.
- 용리(Elution) : 용매를 칼럼을 통하여 흘려 주는 과정이다.

㉡ 기체크로마토그래피법
- 두 가지 이상의 성분으로 된 물질을 단일성분으로 분리하는 선택성이 우수한 분리분석기법이다.
- 이동상으로 캐리어 가스(이동기체)를 이용, 고정상으로 액체 또는 고체를 이용해서 혼합성분의 시료를 캐리어 가스로 공급하여 고정상을 통과할 때 시료 중의 각 성분을 분리하는 분석법이다.
- 시료가 칼럼을 지날 때 각 성분의 이동도 차이를 이용해 혼합물의 각 성분을 분리해 낸다.
- 원리 : 흡착의 원리, 분리의 원리
- 흡착제를 충전한 관 속에 혼합시료를 넣고, 용제를 유동시키면 흡수력 차이에 따라 성분의 분리가 일어난다.
- 이용되는 기체의 특성 : 확산속도의 차이
- 용도 : 수소, 이산화탄소, 탄화수소(부탄, 나프탈렌, 할로겐화 탄화수소 등), 산화물, 연소기체 등의 분석

  ※ 기체크로마토그래피 분석방법으로 분석하지 않는 가스 : 염소

- 최근에는 주로 열린관 칼럼을 사용한다.
- 시료를 이동시키기 위하여 흔히 사용되는 기체는 헬륨가스이다.
- 시료의 주입이 반드시 기체이어야 하는 것은 아니다.

- 피크면적측정법 : 주로 적분계(Integrator)에 의한 방법을 이용한다.
ⓒ 기체크로마토그래피의 분류
- 기체-고체 크로마토그래피(GSC) : 시료성분이 정지상 고체 표면에 흡착된다.
- 기체-액체 크로마토그래피(GLC) : 시료성분이 정지상 액체상에 분배된다.
② 기체크로마토그래피의 구성요소 : 시료주입기, 운반기체, 분리관, 검출기, 기록계, 유속조절기(유량측정기), 압력조정기, 유량조절밸브, 압력계 등
- 시료주입기(Injector) : 분석하고자하는 시료를 주입하는 곳으로, 주입한 시료를 기화시켜 분리관으로 보내는 역할을 한다. 주입기온도는 분석물의 비등점보다 20~50[℃] 정도 높으며 시료주입을 서서히 할 경우 피크의 폭이 넓어지므로 시료 주입은 일시에 빠르게 하여야 한다.
- 운반기체(Carrier Gas) : 시료 주입구에서 기화된 시료를 분리관으로 이동시키는 기체이다.
- 분리관(Column) : 여러 용기 내에 충전제가 채워져 있으며 시료성분들을 각각의 단일 화합물로 분리하는 역할을 한다.
  - 칼럼에 사용되는 흡착제 충전물(정지상) : 활성탄, 실리카겔, 규조토, 활성알루미나
  - 가장 널리 사용되는 고체 지지체 물질 : 규조토
  - 분리능에 가장 큰 영향을 미치는 것은 담체에 부착되는 액체의 양이다.
- 검출기(Detector) : 분리관으로부터 분리된 단일 화합물을 검출하여 양에 비례하는 전기적인 신호로 변환시킨다.
- 기록계(Data System) : 검출기에서 나온 신호값을 Y축, 시간을 X축으로 하여 크로마토그램을 그린다.

ⓜ 기체크로마토그래피의 일반적인 특성
- 분리능력과 선택성이 우수하다.
- 한 대의 장치로 여러 가지 가스를 분석할 수 있다.
- 여러 가지 가스성분이 섞여 있는 시료가스분석에 적당하다.
- 다른 분석기기에 비하여 감도가 뛰어나다.
- 미량의 성분도 분석이 가능하다.
- 액체크로마토그래피보다 분석속도가 빠르다.
- 운반기체로서 화학적으로 비활성인 헬륨을 주로 사용한다.
- 칼럼에 사용되는 액체 정지상은 휘발성이 낮아야 한다.
- 빠른 시간 내에 분석이 가능하다.
- 적외선 가스분석계에 비해 응답속도가 느리다.
- 연속분석이 불가능하다.
- 연소가스에서는 SO_2, NO_2 등의 분석이 불가능하다.

② 운반기체(Carrier Gas) : 이동상이며 전개제(Developer)로 이용
ⓘ 구비조건
- 순도가 높아야 한다.
- 비활성이어야 한다.
- 독성이 없어야 한다.
- 건조해야 한다.
- 기체 확산을 최소로 할 수 있어야 한다.
ⓒ 종류 : He, Ar, N_2, H_2 등
- 운반가스는 충전물이나 시료에 대하여 불활성이고 사용하는 검출기의 작동에 적합한 것을 사용한다.
- 열전도도형 검출기 : 순도 99.9[%] 이상의 수소나 헬륨
- 수소염이온화 검출기 : 순도 99.9[%] 이상의 질소 또는 헬륨

- 전자포획형 검출기 : 순도 99.99[%] 이상의 질소 또는 헬륨
- 기타 검출기에서는 각각 규정하는 가스를 사용한다.

ⓒ 운반기체의 불순물을 제거하기 위하여 사용하는 부속품 : 화학필터(Chemical Filter), 산소제거트랩(Oxygen Trap), 수분제거트랩(Moisture Trap)

③ 기체크로마토그래피에서 사용되는 검출기의 구비조건
  ㉠ 적당한 강도를 가져야 한다.
  ㉡ 모든 용질에 대한 감응도가 비슷하거나 선택적인 감응을 보여야 한다.
  ㉢ 일정 질량범위에 걸쳐 직선적인 감응도를 보여야 한다.
  ㉣ 가스 유출속도와 감응시간이 원활하게 이루어져야 한다.
  ㉤ 재현성이 좋아야 한다.
  ㉥ 시료를 파괴하지 않아야 한다.

④ 검출기의 종류
  ㉠ 불꽃이온화검출기 또는 수소염이온화검출기(FID ; Flame Ionization Detector)

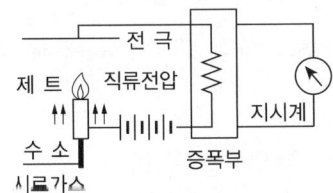

- H_2와 O_2 등에는 감응이 없고 탄화수소에 대한 감응이 아주 우수한 검출기이다.
- 물에 대하여 감도를 나타내지 않기 때문에 자연수 중에 들어 있는 오염물질을 검출하는 데 유용한 검출기이다.
- 도로에 매설된 도시가스가 누출되는 것을 감지하여 분석한 후 가스 누출의 유무를 알려 주는 가스검출기이다.
- 구성 : 본체(수소 연소노즐, 이온수집기와 함께 대극 및 배기구로 구성), 직류전압 변환회로(전극 사이에 직류전압을 주어 흐르는 이온 전류를 측정), 감도조절부, 신호감쇄부 등
- 탄화수소에 대해 감도가 최고이며 가장 높은 검출한계를 갖는다(예를 들면, 프로판의 성분을 분석할 때 FID가 가장 적합하다).
- 유기화합물의 분리에도 가장 적합하다.
- 이온의 형성은 불꽃 속에 들어온 탄소원자의 수에 비례한다.
- 열전도도검출기보다 감도가 높다.
- 연소 시 발생되는 수분의 응축을 방지하기 위해서 검출기의 온도는 100[℃] 이상에서 작동되어야 한다.

ⓒ 염광광도검출기 또는 불꽃광도검출기(FPD ; Flame Photometric Detector)
- 황화합물과 인화합물에 대하여 선택성이 높은 검출기(황화합물, 인화합물을 선택적으로 검출)이다.
- 수소염에 의하여 시료성분을 연소시키고 이때 발생하는 염광의 광도를 분광학적으로 측정하는 방법이다.
- 탄화수소에는 전혀 감응하지 않는다.

ⓒ 열전도도 검출기(TCD ; Thermal Conductivity Detector)
- 이동상 가스와 시료의 열전도도 차이를 측정하는 검출기로, 감도는 사용되는 검출기 중에서 가장 낮다. 비파괴성 검출기이며 모든 화합물의 검출이 가능하여 일반적으로 널리 사용된다.
- 구성 : 금속 필라멘트 또는 전기저항체를 검출소자로 하여 금속판 안에 들어 있는 본체와 여기에 안정된 직류전기를 공급하는 전원회로, 전류조절부, 신호검출 전기회로, 신호 감쇄부 등으로 구성되어 있다.

- 구조가 비교적 간단하고 선형감응범위가 넓다.
- 검출 후에도 용질을 파괴하지 않는다.

※ 산소(O_2) 중에 포함되어 있는 질소(N_2) 성분을 기체크로마토그래피로 정량할 때
  - 열전도도검출기(TCD)를 사용한다.
  - 질소(N_2)의 피크가 산소(O_2)의 피크보다 먼저 나오도록 칼럼을 선택한다.
  - 캐리어 가스로는 헬륨을 쓰는 것이 바람직하다.
  - 산소제거트랩(Oxygen Trap)을 사용하는 것이 좋다.

② 전자포획검출기(ECD ; Electron Capture Detector) : 방사선 동위원소의 자연 붕괴과정에서 발생하는 베타입자를 이용하여 시료의 양을 측정하는 검출기이며 유기할로겐화합물, 나이트로화합물 및 유기금속화합물을 선택적으로 검출할 수 있다.

⑩ 원자방출검출기(AED ; Atomic Emission Detector)

⑪ 알칼리열이온화검출기(FTD ; Flame Thermionic Detector) : 수소염이온화검출기에 알칼리 또는 알칼리토류 금속염의 튜브를 부착한 것으로 유기질소화합물 및 유기염 화합물을 선택적으로 검출할 수 있다.

ⓐ 황화학발광검출기(SCD)

ⓑ 열이온검출기(TID)

ⓒ 방전이온화검출기(DID)

ⓓ 환원성가스 검출기(RGD) : 환원성 가스(H_2, CO, H_2S 등)를 검출한다.

⑤ 제반 계산 문제
  ㉠ 피크의 넓이 계산

  $A = Wh$

  (여기서, W : 피크의 높이의 1/2 지점에서의 피크의 너비, h : 피크의 높이)

  ㉡ 이론단수

  $N = 16 \times \left(\dfrac{l}{W}\right)^2 = 16 \times \left(\dfrac{t}{T}\right)^2 = 16 \times \left(\dfrac{vt}{W}\right)^2$

  (여기서, l : 시료 도입점으로부터 피크 최고점까지의 길이, W : 봉우리(피크)의 폭, t : 머무름 시간, T : 바닥에서의 너비 측정시간, v : 기록지의 속도)

  ㉢ 이론단 해당 높이(HETP ; Height Equivalent to a Theoretical Plate)

  $HETP = \dfrac{L}{N}$

  (여기서, L : 분리관의 길이, N : 이론단수)

  ㉣ 가스 주입시간

  $t_i = \dfrac{V}{Q}$

  (여기서, V : 지속용량, Q : 이동기체의 유량)

  ㉤ 기록지 속도

  $v = \dfrac{l}{t_i} = \dfrac{Q}{V} \times l$

  (여기서, l : 주입점에서 피크까지의 길이, t_i : 가스 주입시간)

10년간 자주 출제된 문제

4-1. 기체크로마토그래피의 일반적인 특성에 해당되지 않는 것은?

① 연속분석이 가능하다.
② 분리능력과 선택성이 우수하다.
③ 적외선 가스분석계에 비해 응답속도가 느리다.
④ 여러 가지 가스성분이 섞여 있는 시료가스 분석에 적당하다.

4-2. 기체크로마토그래피에 대한 설명으로 틀린 것은?

① 액체크로마토그래피보다 분석속도가 빠르다.
② 칼럼에 사용되는 액체 정지상은 휘발성이 높아야 한다.
③ 운반기체로서 화학적으로 비활성인 헬륨을 주로 사용한다.
④ 다른 분석기기에 비하여 감도가 뛰어나다.

10년간 자주 출제된 문제

4-3. 다음 중 가스크로마토그래피의 구성요소가 아닌 것은?
① 분리관(칼럼) ② 검출기
③ 유속조절기 ④ 단색화장치

4-4. 가스크로마토그래피에 사용되는 운반기체의 조건으로 가장 거리가 먼 것은?
① 순도가 높아야 한다.
② 비활성이어야 한다.
③ 독성이 없어야 한다.
④ 기체 확산을 최대로 할 수 있어야 한다.

4-5. 가스크로마토그래피에서 운반기체의 불순물을 제거하기 위하여 사용하는 부속품이 아닌 것은?
① 오일트랩(Oil Trap)
② 화학필터(Chemical Filter)
③ 산소제거트랩(Oxygen Trap)
④ 수분제거트랩(Moisture Trap)

4-6. H_2와 O_2 등에는 감응이 없고 탄화수소에 대한 감응이 아주 우수한 검출기는?
① 열이온(TID)검출기
② 전자포획(ECD)검출기
③ 열전도도(TCD)검출기
④ 불꽃이온화(FID)검출기

4-7. 가스크로마토그래피에서 사용하는 검출기가 아닌 것은?
① 원자방출검출기(AED)
② 황화학발광검출기(SCD)
③ 열추적검출기(TTD)
④ 열이온검출기(TID)

4-8. 산소(O_2) 중에 포함되어 있는 질소(N_2) 성분을 가스크로마토그래피로 정량하는 방법으로 옳지 않은 것은?
① 열전도도검출기(TCD)를 사용한다.
② 산소(O_2)의 피크가 질소(N_2)의 피크보다 먼저 나오도록 칼럼을 선택한다.
③ 캐리어 가스로는 헬륨을 쓰는 것이 바람직하다.
④ 산소제거트랩(Oxygen Trap)을 사용하는 것이 좋다.

4-9. 50[mL]의 시료가스를 CO_2, O_2, CO 순으로 흡수시켰을 때 남은 부피가 각각 32.5[mL], 24.2[mL], 17.8[mL]이었다면 이들 가스의 조성 중 N_2의 조성은 몇 [%]인가?(단, 시료가스는 CO_2, O_2, CO, N_2로 혼합되어 있다)
① 24.2 ② 27.2
③ 34.2 ④ 35.6

해설

4-1
기체크로마토그래피는 연속분석이 불가능하다.

4-2
칼럼에 사용되는 액체 정지상은 휘발성이 낮아야 한다.

4-3
가스크로마토그래피의 구성요소 : 시료주입기(Injector), 운반기체(Carrier Gas), 분리관(Column), 검출기(Detector), 기록계(Data System), 유속조절기(유량측정기), 압력조정기, 유량조절밸브, 압력계 등

4-4
가스크로마토그래피는 기체 확산을 최소로 할 수 있어야 한다.

4-5
가스크로마토그래피에서 운반기체의 불순물을 제거하기 위하여 사용하는 부속품 : 화학필터(Chemical Filter), 산소제거트랩(Oxygen Trap), 수분제거트랩(Moisture Trap)

4-6
불꽃이온화검출기(FID) : H_2와 O_2 등에는 감응이 없고 탄화수소에 대한 감응이 아주 우수한 검출기

4-7
열추적검출기(TTD)는 가스크로마토그래피에서 사용하는 검출기가 아니다.

4-8
질소(N_2)의 피크가 산소(O_2)의 피크보다 먼저 나오도록 칼럼을 선택한다.

4-9
$50 = CO_2 + O_2 + CO + N_2$에서
$50 = (50 - 32.5) + (32.5 - 24.2) + (24.2 - 17.8) + N_2$이므로
$N_2 = 50 - 32.2 = 17.8$이다.

따라서, 가스의 조성 중 N_2의 조성= $\frac{17.8}{50} \times 100[\%] = 35.6[\%]$

정답 4-1 ① 4-2 ② 4-3 ④ 4-4 ④ 4-5 ①
4-6 ④ 4-7 ③ 4-8 ② 4-9 ④

제3절 가스미터(가스계량기)

핵심이론 01 가스미터의 개요

① 가스미터의 분류
  ㉠ 실측식 가스미터 : 직접 측정방법
    • 건식 가스미터
      – 막식(다이어프램식) 가스미터 : 독립내기식(T형, H형), 그로바식 또는 클로버식(B형)
      – 회전자식 가스미터 : 루츠형(Roots), 로터리피스톤식, 오벌식
    • 습식 가스미터 : 정확한 계량이 가능하여 주로 기준기로 이용되는 가스미터이며 기준 습식 가스미터, 드럼형 등이 있다.
  ㉡ 추량식(추측식) 가스미터 : 간접 측정방법으로 터빈형(Turbine), 오리피스식(Orifice), 와류식(Vortex), 델타형(Delta), 벤투리식(Venturi) 등이 있다.

② 가스미터의 구비조건
  ㉠ 고대다(高大多) : 내구성, 계량용량, 계량 정확성, 감도, 구조 간단, 유지관리 및 수리 용이성, 기계오차 조정 용이성
  ㉡ 저소(低少) : 크기(소형), 압력손실

③ 가스미터 선정 시 고려할 사항
  ㉠ 가스의 최대 사용 유량에 적합한 계량능력인 것을 선택한다.
  ㉡ 가스의 기밀성이 좋고 내구성이 큰 것을 선택한다.
  ㉢ 사용 시 기차가 작아 정확하게 계량할 수 있는 것을 선택한다.
  ㉣ 내열성, 내압성이 좋고 유지관리가 용이한 것을 선택한다.
  ㉤ 계량법에서 정한 유효기간에 만족해야 한다.
  ㉥ 외관시험 등을 행한 것이어야 한다.

④ 계량기의 종류별 기호 : A 판수동 저울, B 접시 지시 및 판지시 저울, C 전기식 지시 저울, D 분동, E 이동식 축중기, F 체온계, G 전력량계, H 가스미터, I 수도미터, J 온수미터, K 주유기, L LPG미터, M 오일미터, N 눈새김 탱크, O 눈새김 탱크로리, P 혈압계, Q 적산열량계, R 곡물수분측정기, S 속도측정기

⑤ 가스미터의 표시 : X[L/rev], MAX Y[m^3/h] : 계량실 1주기 체적이 X[L], 사용 최대 유량은 시간당 Y[m^3]

⑥ 가스미터의 설치
  ㉠ 화기와 2[m] 이상의 우회거리를 유지한다.
  ㉡ 수시로 환기가 가능한 곳에 설치한다.
  ㉢ 절연조치를 하지 않은 전선과는 15[cm] 이상의 거리를 유지한다.
  ㉣ 바닥으로부터 1.6~2.0[m] 이내의 높이에 수직, 수평으로 설치한다.
  ㉤ 겨울철 수분 응축에 따른 밸브, 밸브시트 동결 방지를 위하여 입상배관(수직배관)을 금지한다.
  ㉥ 가스미터 부착기준 중 유의해야 할 사항
    • 수평으로 부착한다.
    • 배관의 상호 부담을 배제한다.
    • 입구 배관에 드레인을 부착한다.
    • 입·출구를 구분한다.

⑦ 가스미터의 검정시험계측 등
  ㉠ 가스미터를 검정하기 위하여 표준미터로 시험할 때 시험미터를 최소 유량부터 최대 유량까지 7포인트 유량시험이 가능할 것
  ㉡ 가스계량기의 (재)검정 유효기간
    • 최대 유량 10[m^3/h] 이하의 경우 : 5년
    • 그 밖의 가스미터 : 8년
    • 재검정 유효기간의 기산 : 재검정 완료일의 다음 달 1일부터 기산
  ㉢ 회전차형 및 피스톤형 가스미터를 제외한 건식 가스미터의 검정증인 표시 위치 : 눈금 지시부 및 상판의 접합부

② 도시가스 사용압력이 2.0[kPa]인 배관에 설치된 막식 가스미터의 기밀시험압력 : 기밀시험압력은 최고 사용압력의 1.1배 또는 8.4[kPa] 중 높은 압력 이상의 압력이므로, 이 경우의 기밀시험압력은 8.4[kPa]이다.
⑪ 가스관리용 계기 : 유량계, 온도계, 압력계 등
⑪ 가스미터의 검침시스템 중 원격계측방법 : 기계식, 펄스식, 전자식
⊘ 감도유량 : 가스미터가 작동하기 시작하는 최소 유량
⊙ 공업용 LP 가스미터기의 용량 : 30[m³/h] 초과

⑧ 계산식
  ㉠ 가스의 통과량
   • 지시량 ± 사용공차
   • 최소 지시량 = 지시량 – 사용공차
   • 최대 지시량 = 지시량 + 사용공차
  ㉡ 가스미터의 기차
   $$\frac{계량치 - 기준치}{계량치} \times 100[\%]$$
  ㉢ 가스사용량
   $$V = \sum Q_n T_n N_n$$
   (여기서, Q_n : 가스기기의 용량, T_n : 사용시간, N_n : 사용일수)
  ㉣ 최대 가스사용량
   $$V_{\max} = No \times T \times N$$
   (여기서, No : 호수, T : 작동시간, N : 사용일수)
  ㉤ 배관의 유량
   • 저압배관의 유량(도시가스 등)
   $$Q = K\sqrt{\frac{hD^5}{SL}}$$
   (여기서, K : 유량계수, h : 압력손실(기점, 종점 간의 압력 강하 또는 기점압력과 말단압력의 차이), D : 배관의 지름, S : 가스의 비중, L : 배관의 길이)

   • 중압, 고압배관의 유량
   $$Q = K\sqrt{\frac{(P_1^2 - P_2^2)D^5}{SL}}$$
   (여기서, K : 유량계수, P_1 : 초압, P_2 : 종압, D : 배관의 지름, S : 가스의 비중, L : 배관의 길이)
  ㉥ 피크 시 가스 수요량 : 일 피크 사용량×세대수×피크시율×피크일률
  ㉦ 가스미터의 호칭별(G) 최대 유량($Q_{\max}$)과 최소량의 상한값($Q_{\min}$)

   단위 : [m³/h]

G	$Q_{\max}$	$Q_{\min}$
0.6	1	0.016
1	1.6	
1.6	2.5	
2.5	4	0.025
4	6	0.04
6	10	0.06
10	16	0.1
16	25	0.16
25	40	0.25
40	65	0.4
65	100	0.65
100	160	1
160	250	1.6
250	400	2.5
400	650	4
650	1,000	6.5

10년간 자주 출제된 문제

1-1. 정확한 계량이 가능하여 기준기로 주로 이용되는 것은?

① 막식 가스미터
② 습식 가스미터
③ 회전자식 가스미터
④ 벤투리식 가스미터

1-2. 가스미터 선정 시 고려할 사항으로 틀린 것은?

① 가스의 최대 사용유량에 적합한 계량능력인 것을 선택한다.
② 가스의 기밀성이 좋고 내구성이 큰 것을 선택한다.
③ 사용 시 기차가 커서 정확하게 계량할 수 있는 것을 선택한다.
④ 내열성, 내압성이 좋고 유지관리가 용이한 것을 선택한다.

1-3. 가스미터에 다음과 같이 표시되어 있었다. 다음 중 그 의미에 대한 설명으로 가장 옳은 것은?

$$0.6[L/rev], \ MAX \ 1.8[m^3/h]$$

① 기준실 10주기 체적이 0.6[L], 사용 최대 유량은 시간당 1.8[m^3]이다.
② 계량실 1주기 체적이 0.6[L], 사용 감도유량은 시간당 1.8[m^3]이다.
③ 기준실 10주기 체적이 0.6[L], 사용 감도유량은 시간당 1.8[m^3]이다.
④ 계량실 1주기 체적이 0.6[L], 사용 최대 유량은 시간당 1.8[m^3]이다.

1-4. MAX 1.0[m^3/h], 0.5[L/rev]로 표기된 가스미터가 시간당 50회전하였을 경우 가스유량은 얼마인가?

① 0.5[m^3/h] ② 25[L/h]
③ 25[m^3/h] ④ 50[L/h]

1-5. 최대 유량이 10[m^3/h]인 막식 가스미터를 설치하고 도시가스를 사용하는 시설이 있다. 가스레인지 2.5[m^3/h]를 1일 8시간 사용하고, 가스보일러 6[m^3/h]를 1일 6시간 사용했을 경우 월 가스사용량은 약 몇 [m^3]인가?(단, 1개월은 31일이다)

① 1,570 ② 1,680
③ 1,736 ④ 1,950

1-6. 어느 수용가에 설치한 가스미터의 기차를 측정하기 위하여 지시량을 보니 100[m^3]를 나타내었다. 사용공차를 ±4[%]로 한다면 이 가스미터에는 최소 얼마의 가스가 통과되었는가?

① 40[m^3] ② 80[m^3]
③ 96[m^3] ④ 104[m^3]

1-7. 400[m] 길이의 저압본관에 시간당 200[m^3] 가스를 흐르도록 하려면 가스배관의 관경은 약 몇 [cm]가 되어야 하는가? (단, 기점, 종점 간의 압력 강하를 1.47[mmHg], K값 = 0.707이고, 가스비중은 0.64로 한다)

① 12.45[cm] ② 15.93[cm]
③ 17.23[cm] ④ 21.34[cm]

1-8. 가스미터에 공기가 통과 시 유량이 300[m^3/h]라면 프로판 가스를 통과하면 유량은 약 몇 [kg/h]로 환산되겠는가?(단, 프로판의 비중은 1.52, 밀도는 1.86[kg/m^3]이다)

① 235.9 ② 373.5
③ 452.6 ④ 579.2

1-9. 자연기화방식에 의한 가스 발생설비를 설치하여 가스를 공급할 때 피크 시의 평균 가스수요량은?(단, 1월은 30일로 한다)

㉠ 공급 세대수 : 140세대
㉡ 피크 월 세대당 평균 가스수요량 : 27[kg/월]
㉢ 피크일률 : 120[%]
㉣ 최고 피크시율 : 25[%]
㉤ 피크시율 : 16[%]

① 12[kg/h] ② 24[kg/h]
③ 32[kg/h] ④ 44[kg/h]

|해설|

1-1
습식 가스미터 : 정확한 계량이 가능하여 기준기로 주로 이용되는 가스미터

1-2
가스미터 사용 시 기차가 작아 정확하게 계량할 수 있는 것을 선택한다.

1-4
가스유량 = 0.5[L/rev] × 50[rev/h] = 25[L/h]

[해설]

1-5

가스사용량

$V = \sum Q_n T_n N_n = (2.5 \times 8 \times 31) + (6 \times 6 \times 31) = 1,736 [m^3]$

1-6
- 최소 통과량 = $100 - 100 \times 0.04 = 96 [m^3]$
- 최대 통과량 = $100 + 100 \times 0.04 = 104 [m^3]$

1-7

저압배관의 유량

$Q = K\sqrt{\dfrac{hD^5}{SL}}$ 에서

$D = \sqrt[5]{\dfrac{Q^2 SL}{K^2 h}}$

$= \sqrt[5]{\dfrac{200^2 \times 0.64 \times 400}{0.707^2 \times \dfrac{1.47}{760} \times 10,332}} \simeq 15.93 [cm]$

1-8

공기유량

$Q_{air} = K\sqrt{\dfrac{hD^5}{SL}} = \dfrac{1}{\sqrt{S}} K\sqrt{\dfrac{hD^5}{L}} = 300$ 에서

$\dfrac{1}{\sqrt{1}} K\sqrt{\dfrac{hD^5}{L}} = 300$ 이므로 $K\sqrt{\dfrac{hD^5}{L}} = 300$ 이다.

따라서, 프로판의 유량

$Q_{propane} = K\sqrt{\dfrac{hD^5}{SL}} = \dfrac{1}{\sqrt{1.52}} K\sqrt{\dfrac{hD^5}{L}} = \dfrac{1}{\sqrt{1.52}} \times 300$

$\simeq 243.3 [m^3/h]$ 이며

이것을 단위 환산하면,

$Q_{propane} \simeq 243.3 [m^3/h]$
$= 243.3 [m^3/h] \times 1.86 [kg/m^3] \simeq 452.6 [kg/h]$

1-9

피크 시 가스수요량

일 피크 시 용량 × 세대수 × 피크시율 × 피크일률

$= \dfrac{27}{30} \times 140 \times \dfrac{16}{100} \times \dfrac{120}{100} \simeq 24 [kg/h]$

정답 1-1 ② 1-2 ③ 1-3 ④ 1-4 ② 1-5 ③
　　　 1-6 ③ 1-7 ② 1-8 ③ 1-9 ②

핵심이론 02 대표적인 가스미터

① 건식 실측 가스미터

㉠ 막식 가스미터
- 두 개의 계측실이 가스 흐름에 의해 상호보완 작용으로 밸브시스템을 작동하여 계측실의 왕복운동을 회전운동으로 변환하여 가스량을 적산하는 가스미터이다.
- 일정 부피의 2개 통에 기체를 교대로 충만하고 배출한 횟수를 이용하여 유량을 측정하는 가스미터이다.
- 가스를 일정 부피의 통 속에 넣어 충만 후 배출하여 그 횟수를 부피단위로 환산하여 표시하는 원리이다.
- 가스의 계량실로의 도입 및 배출은 막의 차압에 의해 생기는 밸브와 막의 연동작용에 의해 일어난다.
- 막(다이어프램)의 재질 : (합성)고무, 청동, 스테인리스강 등
- 부착 후 유지관리하는 시간이 필요하지 않아 관리가 용이하다.
- 가격이 비싸며 대용량에서는 설치면적이 많이 소요된다.
- 용량 : $1.5 \sim 200 [m^3/h]$(일반 수용가)

㉡ 루츠미터(Roots Motor) 또는 루트미터
- 고속 회전형이며 고압에서도 사용 가능하다.
- 회전수가 비교적 빠르다.
- 대유량에서 작동이 원활하므로 대용량(대유량)의 계량에 적합하지만, $0.5 [m^3/h]$ 이하의 소용량에서는 작동하지 않을 우려가 있다.
- 중압가스의 계량이 가능하다.
- 유량이 일정하거나 변화가 심한 곳, 깨끗하거나 건조하거나 관계없이 많은 가스 타입을 계량하기에 적합하다.

- 액체 및 아세틸렌, 바이오가스, 침전가스를 계량하는 데에는 다소 부적합하다.
- 측정의 정확도와 예상 수명은 가스 흐름 내에 먼지의 과다 퇴적이나 다른 종류의 이물질에 따라 다르다.
- 소형이므로 설치 공간이 작다.
- 사용 중에 수위 조정 등의 관리가 필요하지 않다.
- 여과기(스트레이너, Strainer)의 설치가 필요하다.
- 설치 후 유지관리가 필요하다.
- 실험실용으로는 부적합하다.
- 습식 가스미터에 비해 유량이 부정확하다.
- 용량 : 100~5,000[m³/h](대용량 수용가)

② 습식 실측 가스미터
  ㉠ 계량원리 : 원통의 회전수를 측정한다.
  ㉡ 사용 중에 수위 조정 등의 관리가 필요하다.
  ㉢ 용량 : 0.2~3,000[m³/h](실험실용)

③ 추량식(추정식) 가스미터
  ㉠ 터빈미터(Turbine Meter)
  - 날개에 부딪히는 유체의 운동량으로 회전체를 회전시켜 운동량과 회전량의 변화로 가스 흐름을 측정하는 가스미터이다.
  - 속도에너지, 압력에너지를 운동에너지로 변환시킨다.
  - 측정범위가 넓고 압력손실이 작다.
  - 정밀도가 높다.
  - 소용량에서 대용량까지 유량 측정범위가 넓다.
  - 스월(Swirl)의 영향을 받는다.
  ㉡ 오리피스미터 : 넓은 판에 각형이나 예리한 변을 지닌 오리피스 구멍을 만들어 이를 관에 부착시켜 유량을 측정하는 미터기이다.
  ㉢ 와류미터(Vortex) : 와류를 이용하여 주파수의 특성과 유속의 비례관계를 유지하여 유량을 측정하는 미터기이다.

10년간 자주 출제된 문제

2-1. 두 개의 계측실이 가스 흐름에 의해 상호보완 작용으로 밸브시스템을 작동하여 계측실의 왕복운동을 회전운동으로 변환하여 가스량을 적산하는 가스미터는?
① 오리피스 유량계
② 막식 유량계
③ 터빈 유량계
④ 볼텍스 유량계

2-2. 루츠(Roots) 가스미터의 특징이 아닌 것은?
① 설치 공간이 작다.
② 여과기 설치를 필요로 한다.
③ 설치 후 유지관리가 필요하다.
④ 소유량에서도 작동이 원활하다.

|해설|

2-1
막식 유량계 : 일정 부피의 2개 통에 기체를 교대로 충만하고 배출한 횟수를 이용하여 유량을 측정하는 가스미터이다.

2-2
루츠(Roots) 가스미터는 대유량에서 작동이 원활하다.

정답 2-1 ② 2-2 ④

핵심이론 03 가스미터의 고장

① 불 통
- ㉠ 가스가 미터기를 통과하지 못하는 고장이다.
- ㉡ 불통의 원인 : 크랭크축의 녹이나 날개 등에서의 납땜 탈락 등으로 인한 회전장치 부분의 고장

② 부 동
- ㉠ 가스가 미터기를 통과하지만 계량기 지침이 작동하지 않아 계량이 되지 않는 고장이다.
- ㉡ 루츠미터의 경우, 회전자는 회전하고 있으나 미터의 지침이 작동하지 않는 고장 형태이다.
- ㉢ 부동의 원인 : 계량막의 파손, 밸브의 탈락, 밸브와 밸브시트 틈새 불량, 밸브와 밸브시트 간격에서의 누설, 지시 기어장치의 물림 불량 등

③ 떨림 : 가스가 통과할 때에 출구측의 압력 변동이 심하게 되어 가스의 연소 형태를 불안정하게 하는 고장 형태이다.

④ 기차 불량
- ㉠ 계량 정밀도가 저하되는 고장이다.
- ㉡ 기차 불량의 원인 : 계량막 신축으로 인한 계량실 부피 변화, 막에서의 가스 누설, 밸브와 밸브시트의 사이에서의 가스 누설, 패킹부에서의 누설, 설치오류, 충격, 부품 마모 등
- ㉢ 기차(오차) = $\dfrac{\text{기준값} - \text{측정값}}{\text{기준값}} \times 100[\%]$

⑤ 감도 불량
- ㉠ 미터의 지침 감도(시도) 변화가 나타나지 않는 고장이다.
- ㉡ 감도 불량의 원인 : 계량막 밸브와 밸브시트의 틈 사이 패킹부에서의 누설 등

⑥ 이물질로 인한 불량이 생기는 원인 : 연동기구가 변형된 경우, 크랭크축에 이물질이 들어가 회전부에 윤활유가 없어진 경우, 밸브와 시트 사이에 점성 물질이 부착된 경우

10년간 자주 출제된 문제

막식 가스미터에서 이물질로 인한 불량이 생기는 원인으로 가장 옳지 않은 것은?
① 연동기구가 변형된 경우
② 계량기의 유리가 파손된 경우
③ 크랭크축에 이물질이 들어가 회전부에 윤활유가 없어진 경우
④ 밸브와 시트 사이에 점성 물질이 부착된 경우

[해설]

막식 가스미터에서 이물질로 인한 불량이 생기는 원인 : 연동기구가 변형된 경우, 크랭크축에 이물질이 들어가 회전부에 윤활유가 없어진 경우, 밸브와 시트 사이에 점성 물질이 부착된 경우

정답 ②

핵심이론 04 가스검지

① 센서에 따른 가스검지방식의 종류

㉠ 접촉연소식 : 백금 필라멘트 촉매가 가연성 가스를 함유한 공기와 접촉하여 산화반응을 일으키는 방식이다.
- 촉매의 표면 위에서 가스의 촉매연소에 의해 발생하는 열의 증감에 따른 저항의 변화를 측정한다.
- 대상 가스 : 가연성 가스
- 가연성 가스의 검지방식으로 가장 적합하다.
- 정밀도가 좋고 안정성이 양호하다.
- 가격이 저렴하다.
- 특정한 성분만을 검지할 수 없다.
- 측정가스의 반응열을 이용하므로 가스는 일정 농도 이상이 필요하다.
- 완전연소가 일어나도록 충분한 공기를 공급해 준다.
- 연소반응에 따른 필라멘트의 전기저항 증가를 검출한다.
- 검지회로

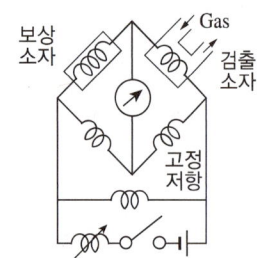

㉡ 반도체식 가스검지기 : 350[℃] 전후에서 가연성 가스를 산화철, 산화주석 등에 통과시키면 그 표면에 가스가 흡착되어 전기전도도가 상승하는 성질을 이용하여 가스 누출을 검지하는 방식이다.
- 대상 가스 : 가연성 가스, 독성가스
- 사용 반도체 재료 : 산화알루미늄(Al_2O_3), 산화타이타늄(TiO_2) 등
- 낮은 농도에서 민감하게 반응하므로 저농도용으로 사용된다.
- 센서 수명이 길다.
- 주위조건에 따른 보상능력이 부족하다.
- 정밀도, 신뢰성, 선택성이 모두 낮다.
- 가격은 보통이다.

㉢ 열선형 반도체식 가스검지기 : 산화된 금속 반도체의 표면에 가스 흡착의 전기적 변화를 백금 코일의 양끝의 저항에 따른 고체의 열전도의 변화를 측정하는 방식이다.
- 대상 가스 : 가연성 가스, 독성가스
- 원리 : 열전도 효과
- 반도체식을 대체할 수 있다.
- 수명이 길며 정밀도, 신뢰성, 선택성이 모두 높다.
- 가격이 비싸다.

㉣ 기체열전도도식 가스검지기 : 열선형으로 백금선의 전기저항의 변화로 가스를 검지하며 열전도의 차이가 클수록 감도가 좋은 가스검지방식이다.
- 출력이 선형적으로 나타나므로 높은 가스농도 측정에 적합하다.
- 오랜 기간 동안 안정한 상태를 유지한다.
- 안정성이 좋고 주변의 온도 변화에 대해 매우 민감한 보상이 가능하다.
- 산소 없이도 측정이 가능하다.

㉤ 갈바닉전지식 가스검지기 : 은이나 금 등의 귀금속을 양극으로 하고 납을 음극으로 하여 이것을 전해질 용액(가성소다 수용액) 속에 침전시켜 가스 중의 산소가 전해질 용액 중에 녹아 남은 산소에 비례하여 발생되는 환원 전류를 측정하는 방식이다.
- 대상가스 : O_2 가스
- 반도체식을 대체할 수 있다.
- 정밀도가 좋고 신뢰성이 높다.
- 가격은 보통이다.

㉥ 정전위전해식 가스검지기 : 가스 투과성의 격막을 통하여 전해질에 확산 및 흡수된 가스를 산화시키고, 이때 발생하는 전류로 가스농도를 측정하는 방식

- 대상가스 : 가연성 가스, 독성가스
- 정밀도와 감도가 좋고 선택성, 반응성이 양호하다.
- 선형 출력 특성을 지닌다.
- 소형, 경량이므로 취급이 용이하다.
- 유지 및 보수비용이 많이 든다.
- 가격이 비싸다.

ⓐ 수소염화이온화식 가스검지기 : 수소 불꽃 속에 시료가 들어가면 전기전도도가 증대하는 현상을 이용한 가스검지방식
- 검지성분은 탄화수소에 한한다.
- 탄화수소의 상대 감도는 탄소수에 비례한다.
- 검지 감도가 다른 감지기에 비하여 매우 높다.

ⓑ 적외선식 가스검출기
- 대상 가스 : 가연성 가스, H_2S 가스
- 정밀도가 양호하고 신뢰성이 높다.
- 가격이 비싸다.

ⓒ 서모스탯(Thermostat)식 검지기 : 가스와 공기의 열전도도가 다른 것을 측정원리로 하는 검지기

② 가연성, 독성가스검출기
㉠ 안전등형 : 석유램프를 사용하여 불꽃 길이에 의하여 가스농도를 측정한다.
㉡ 간섭계형 : 가스의 굴절률 차이로 가스농도를 측정한다.
㉢ 열선형 : 열전도식과 접촉연소식이 이에 속한다.
㉣ 반도체형 : 반도체식과 열선형 반도체식이 이에 속한다.

③ 가스누출검지경보장치와 가스누출경보차단장치
㉠ 가스누출검지경보장치
- 경보농도는 가연성 가스인 경우 폭발하한계의 1/4(25[%]) 이하, 독성가스는 TLV-TWA 기준농도 이하로 한다.
- 가연성 가스누출감지경보기는 담배 연기 등, 독성가스 누출감지경보기는 담배 연기, 기계세척유 가스, 등유의 증발가스, 배기가스 및 탄화수소계 가스, 기타 잡가스에 경보가 울리지 않아야 한다.
- 경보를 발신한 후에는 가스농도가 변화하여도 계속 경보를 울려야 하며, 그 확인 또는 대책을 조치할 때에는 경보가 정지되어야 한다.
- 지시계의 눈금범위
  - 가연성 가스용 : 0~폭발하한계값
  - 독성가스인 경우 : 0~TLV-TWA 기준농도 3배 값
- 가스검지에서 발신까지의 소요시간은 경보농도의 1.6배 농도에서 보통 30초 이내이어야 한다. 다만, 암모니아, 일산화탄소 또는 이와 유사한 가스 등을 감지하는 가스누출감지경보기는 1분 이내로 한다.
- 하나의 검지 대상 가스가 가연성이면서 독성인 경우에는 독성가스를 기준으로 가스누출검지경보장치를 선정한다.
- 가연성 가스, 도시가스제조소에 설치된 가스누출검지경보장치는 미리 설정된 가스농도(폭발하한계의 1/4 이하 값)에서 자동적으로 경보를 울리는 것으로 하여야 한다.
- 독성가스의 가스누출검지경보장치는 허용농도 이하에서 자동적으로 경보를 울리는 것으로 하여야 한다.
- 가스누출검지기의 검지 부분은 백금, 리튬, 바나듐 등의 재질이 사용된다.
- 가스에 접촉하는 부분은 내식성의 재료 또는 충분한 부식 방지처리를 한 재료를 사용하고, 그 외의 부분은 도장이나 도금처리가 양호한 재료이어야 한다.
- 충분한 강도를 지니며 취급 및 정비가 쉬워야 한다.
- 가연성 가스(암모니아 제외) 누출감지경보기는 방폭성능을 갖는 것이어야 한다.

- 수신회로가 작동 상태에 있는 것을 쉽게 식별할 수 있어야 한다.
- 경보는 램프의 점등 또는 점멸과 동시에 경보를 울리는 것이어야 한다.
- 가스누출감지경보기는 항상 작동 상태이어야 하며, 정기적인 점검과 보수를 통하여 정밀도를 유지하여야 한다.
- 검지기의 설치 위치
  - 도시가스(LNG) 등 공기보다 가벼운 가스 : 검지기 하단은 천장면 등의 아래쪽 0.3[m] 이내에 부착한다.
  - LPG 등 공기보다 무거운 가스 : 검지기 상단은 바닥면 등에서 위쪽으로 0.3[m] 이내에 부착한다.
- 경보기는 근로자가 상주하는 곳에 설치하여야 한다.
- 성능시험
  - 시험용 가스는 시판용 표준가스 또는 가스발생장치를 이용하여 정확하게 제조된 표준가스를 사용하여야 한다.
  - 시판용 표준가스 및 검지관은 유효기간 이내의 것을 사용하여야 한다.
  - 측정범위 이내의 경보 설정점과 비슷한 농도의 시험용 가스를 주입하여 가스농도와 지시눈금이 일치되도록 스팬(Span)을 조정한다.
  - 경보 정밀도는 규정한 범위 이내에서 작동되어야 하며, 스팬 조정이 허용오차 이내로 조정되지 않을 경우에는 감지부를 교체하는 등의 수리하여야 한다.
  - 영점(Zero) 조정은 오염되지 않은 대기에서 0[ppm] 또는 0LEL[%]를 지시하도록 조정한다.
  - 응답속도가 규정치 이내에 들어가는지 확인한다.

ⓒ 가스누출경보차단장치
- 원격 개폐가 가능하고 누출된 가스를 검지하여 경보를 울리면서 자동으로 가스 통로를 차단하는 구조이어야 한다.
- 제어부에서 차단부의 개폐 상태를 확인할 수 있는 구조이어야 한다.
- 차단부가 검지부의 가스검지 등에 의하여 닫힌 후에는 복원 조작을 하지 않는 한 열리지 않는 구조이어야 한다.
- 차단부가 전자밸브인 경우에는 통전의 경우에는 열리고, 정전의 경우에는 닫히는 구조이어야 한다.

④ 가스사용시설의 가스 누출 시 검지법
  ㉠ 아세틸렌 가스누출검지에 염화 제1구리 착염지를 사용한다.
  ㉡ 황화수소 가스누출검지에 초산연지를 사용한다.
  ㉢ 일산화탄소 가스누출검지에 염화파라듐지를 사용한다.
  ㉣ 염소가스누출검지에 KI-전분지를 사용한다.

⑤ 가스검지 관련 제반사항
  ㉠ 검사절차를 자동화하려는 계측작업에서 반드시 필요한 장치 : 자동급송장치, 자동선별장치, 자동검사장치
  ㉡ 가스압력조정기(Regulator)는 공급되는 가스의 압력을 연소기구에 적당한 압력까지 감압시키는 역할을 한다.
  ㉢ 전자밸브(Solenoid Valve)의 작동원리 : 전류의 자기작용에 의한 작동
  ㉣ 파이프나 조절밸브로 구성된 계는 유동공정에 속한다.
  ㉤ 매질 중에서 초음파의 전파속도

  $$\frac{L}{t}$$

  (여기서, L : 초음파의 송수파기에서 액면까지의

거리, t : 초음파가 수신될 때까지 걸린 시간의 1/2)

ⓑ 2차 지연형 계측기의 제동비

$$\frac{\delta}{\sqrt{4\pi^2 + \delta^2}}$$

(여기서, δ : 대수감쇠율)

㊈ 도시가스의 누출 여부를 검사할 때 사용되는 검지기의 종류 : 검지관식 검지기, 적외선식 검지기, 가연성 가스검지기

- 검지관식 검지기 : 검지관과 가스채취기 등으로 구성되며, 검지관 내부에 시료가스가 송입되면 검지제와의 반응으로 변색된다. 검지관은 한 번 사용하면 다시 사용할 수 없다.
- 적외선식 검지기 : 적외선식 측정원리를 적용하여 가연성, CO_2, CO, N_2O 등의 가스를 연속적으로 감지한다. 내압 방폭구조로서 폭발 위험지역에 설치하며, 산소가 존재하지 않은 환경에서도 사용 가능하다.
- 가연성 가스검지기 : 메탄, 프로판, 수소, 에틸알코올, 아세톤 등의 가연성 가스를 검지할 때 가장 적합한 검지기이다.

10년간 자주 출제된 문제

도시가스로 사용하는 LNG 누출을 감지하기 위하여 감지기는 어느 위치에 설치하여야 하는가?
① 검지기 하단은 천장면 등의 아래쪽 0.3[m] 이내에 부착
② 검지기 하단은 천장면 등의 아래쪽 3[m] 이내에 부착
③ 검지기 상단은 바닥면 등에서 위쪽으로 0.3[m] 이내에 부착
④ 검지기 상단은 바닥면 등에서 위쪽으로 3[m] 이내에 부착

|해설|

검지기의 설치 위치
- 도시가스(LNG) 등 공기보다 가벼운 가스 : 검지기 하단은 천장면 등의 아래쪽 0.3[m] 이내에 부착한다.
- LPG 등 공기보다 무거운 가스 : 검지기 상단은 바닥면 등에서 위쪽으로 0.3[m] 이내에 부착한다.

정답 ①

제4절 자동제어

핵심이론 01 제어시스템과 자동제어의 개요

① 제어시스템

㉠ 개루프 제어계와 폐루프 제어계
- 개루프 제어(Open Loop Control)시스템 : 가장 간단한 장치이며 제어동작이 출력과 관계없이 신호의 통로가 열려 있는 제어이다. 미리 정해진 순서에 따라 제어의 각 단계를 순차적으로 행하는 시퀀스 제어가 대표적이다. 제어동작이 출력과 무관한 간단한 제어이지만, 오차가 발생하고 출력이 목표값과 비교되어 제어편차를 수정하는 과정이 없어 오차 수정이 어렵다.

목표값 → 제어 요소 → 조작량 → 제어 대상 → 제어량 (외란)

- 폐루프 제어(Closed Loop Control)시스템 : 출력의 결과를 목표치와 비교하여 앞 단계로 되돌려 수정하는 피드백 제어(Feedback Control, 되먹임 제어)가 대표적이다. 출력값을 피드백시켜 목표값과 비교하여 그 차이에 비례하는 동작신호를 제어계에 다시 보내어 오차를 수정시키므로 개루프 제어에 비하여 정확성이 매우 우수하고 신뢰성이 높은 제어방식이다.

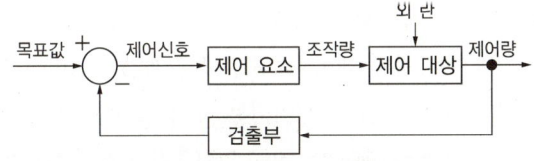

장 점	단 점
• 외부조건 변화에 대한 영향 감소 • 제어기 성능에 영향을 많이 받지 않음 • 제어계 특성 향상 • 정확성 우수(목표값에 정확하게 도달)	• 고 가 • 복잡하며 불안정 우려 요인이 있음 • 특성 변화에 대한 입력 대 출력비의 감도가 감소

ⓛ 제어 정보 표시 형태에 의한 분류
- 아날로그 제어계 : 아날로그신호로 처리되는 제어계로서 연속적인 물리량(온도, 습도, 길이, 조도, 질량 등)의 직접적인 값이 포함된다.
- 디지털 제어계 : 시간과 정보의 크기를 모두 불연속적으로 표현한 제어계이다. 디지털신호를 사용하며 제어정보는 카운터, 레지스터 등의 기구를 통해 입력된다(컴퓨터를 사용하는 제어).
- 2진 제어계 : 2진 신호를 이용하여 제어하는 자동화에 가장 많이 적용하는 시스템이다(하나의 제어변수에 두 가지의 가능한 값, 신호의 유무, 온오프, 인아웃(I/O), 실린더의 전진과 후진, 모터의 기동과 정지 등).

ⓒ 제어 시점에 의한 분류
- 시한 제어 : 제어 순서, 제어명령 실행시간을 기억시키고 정해진 시간이 되면 제어의 각 동작이 행해지는 제어이다.
- 순서 제어 : 제어 순서를 기억시키고 제어의 각 동작은 전 단계 동작 완료 감지장치의 신호에 의해 행해지는 제어로, 가장 많이 사용된다.
- 조건 제어 : 순서 제어가 확정된 제어로, 검출결과를 종합하여 제어명령을 실행, 결정한다.

ⓔ 신호처리방식에 의한 분류
- 동기 제어계 : 시간과 관계된 신호에 의하여 제어되는 제어시스템
- 비동기 제어계 : 시간과 관계없이 입력신호 변화에 의해서 제어되는 제어시스템
- 논리 제어계 : 요구 입력조건에 맞는 신호가 출력되는 시스템
- 시퀀스 제어계 : 제어프로그램에 의해 미리 결정된 순서대로 제어신호가 출력되어 순차적인 제어를 행하는 시스템

ⓜ 제어 대상이 되는 제어량의 종류(성질)에 의한 분류
- 프로세스 제어 : 원료에 물리적·화학적 처리를 가하여 제품을 만들어 내는 온도, 압력, 유량, 액위, 조성, 점도 등의 프로세스량을 제어하며 철강업, 화학공장, 발전소와 같은 제조공정용 플랜트에 이용된다.
- 서보기구 제어 : 서보기구의 제어량(위치, 방향, 자세)을 목표값의 임의 변화에 추종되게 구성시킨 제어계이다. 공작기계, 선박의 방향 제어, 산업용 로봇, 비행기, 미사일 제어, 추적용 레이더 등에 이용된다.
- 자동조정 제어 : 전기적인 양(전압, 전류, 주파수 등) 또는 기계적인 양(위치, 속도, 압력 등)을 제어하며 응답속도가 매우 빨라야 한다. 정전압장치, 발전기의 조속기 등에 이용된다.

ⓗ 제어를 행하는 과정에 따른 분류
- 파일럿 제어 : 메모리 기능이 없고 여러 입출력 요소가 있을 때는 논리적인 해결을 위해 불 대수가 이용되므로 논리제어라고도 하는 제어방식이며, 입력과 출력이 1:1 대응관계에 있는 시스템이다.
- 메모리 제어 : 출력에 영향을 줄 반대되는 입력신호가 들어올 때까지 이전에 출력된 신호를 유지하는 제어이다.
- 시간에 따른 제어 : 전 단계와 다음 단계의 작업 사이와는 상관없이 제어가 시간의 변화에 따라 이루어지는 제어이다.
- 조합 제어 : 요구 입력조건에 관련된 신호가 출력되는 제어이다.
- 시퀀스 제어 : 미리 정해진 순서에 따라 순차적으로 진행하는 제어방식이다.

ⓢ 목표값에 따른 제어의 분류
- 정치 제어(Constant-value Control) : 목표값이 시간적으로 변하지 않고 일정한 제어(프로세스 제어, 자동 조정)
- 추치 제어 또는 추종 제어(Follow-up Control)
  - 목표값의 변화가 시간적으로 임의로 변하는 제어(서보기구)이다.
  - 목표치가 시간에 따라 변화하지만, 변화의 모양은 예측할 수 없다.
- 프로그램 제어(Program Control)
  - 목표값이 미리 정한 프로그램에 따라서 시간과 더불어 변화하는 제어이다.
  - 가스크로마토그래피의 온도제어 등에 사용한다.
- 캐스케이드 제어(Cascade Control)

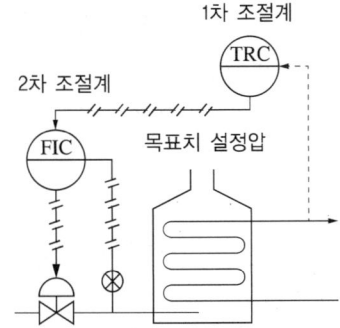

  - 1차 제어장치가 제어량을 측정하여 제어명령을 하고, 2차 제어장치가 이 명령을 바탕으로 제어량을 조절하는 제어방식이다.
  - 2개의 제어계를 조합하여 1차 제어장치의 제어량을 측정하여 제어명령을 발하고, 2차 제어장치의 목표치로 설정하는 제어방식이다.
  - 프로세스계 내에 시간 지연이 크거나 외란이 심할 경우 조절계를 이용하여 설정점을 작동시키게 하는 제어방식이다.

② 제어와 자동제어
㉠ 제어(Control) : 목적에 적합하도록 되어 있는 대상에 필요한 조작을 가하는 것으로, 시스템 내의 하나 또는 여러 개의 입력변수가 약속된 법칙에 의하여 출력변수에 영향을 미치는 공정이다.
- 제어량 : 온도, 압력, 시간, 속도, 유량, 위치, 방향, 전압, 전류, 주파수 등의 제어하고자 하는 물리량이다.
- 제어시스템의 회로 : 신호의 흐름이 열려 있는 제어계(개회로 제어계)로서 입력과 출력이 서로 독립된 제어계이므로 외란의 영향을 무시하고 제어계의 출력을 유지한다. 설치비가 저렴하지만 제어계가 부정확하고 신뢰성이 없다.
- 제어명령
  - 정성적 제어 : 제어회로를 온오프, 유무 상태 등 두 동작 중 한 동작에 의하여 제어명령이 내려지는 제어방법이다.
  - 정량적 제어 : 제어량을 지시하는 지시계와 목표값을 나타내는 지시계를 달아 놓아 양자의 지시량의 비교하여 제어량이 목표값에 일치되도록 하는 제어방법이다.
  - 제어시스템을 선택하는 경우 : 외란 변수에 의한 영향이 무시할 수 있을 정도로 작을 때, 특징과 영향을 확실히 알고 있는 하나의 외란 변수만 존재할 때, 외란 변수의 변화가 아주 작을 때
    ※ 외란 변수(Disturbance Variables)
      - 제어계의 상태를 어지럽게 교란시키는 바람직하지 않은 영향을 주는 외적 요인
      - 외란원인 : 가스의 공급압력, 가스의 공급온도, 저장탱크의 주위온도, 가스 유출량, 틈새바람 등(가스의 공급속도는 내적 요인이므로 외란이 아닌 내란으로 분류되며 탱크의 외관은 이들과 무관하다)

- ⓒ 자동제어 : 제어하고자 하는 하나의 변수가 계속 측정되어서 다른 변수, 즉 지령치와 비교되며 그 결과가 첫 번째의 변수를 지령치에 맞추도록 수정을 가하는 것
  - 자동제어의 회로 : 폐회로 제어시스템
    - 신호의 흐름이 닫혀 있는 제어계로서 외란의 영향에 대응하는 제어가 폐회로 제어이다.
    - 센서를 통해 출력을 연속적으로 감시한다.
    - 설치비가 비싸지만, 제어계가 정확하고 신뢰성이 높다.
  - 외란에 의한 출력값 변동을 입력 변수로 활용한다.
  - 제어하고자 하는 변수가 계속 측정된다.
  - 피드백 신호를 필요로 한다.
  - 자동제어시스템을 선택하는 경우 : 여러 개의 외란 변수가 존재할 때, 외란 변수들의 특징과 값이 변화할 때
  - ※ 시퀀스 제어와 피드백 제어
    - 시퀀스 제어 : 제어프로그램에 의해 미리 결정된 순서대로 제어신호가 출력되어 순차적인 제어를 행하는 제어이다.
      - 일반적으로 공장자동화에 가장 많이 응용되는 제어방법이다.
      - 이전 단계작업의 완료 여부를 리밋스위치 또는 센서를 이용하여 확인한 후 다음 단계의 작업을 수행한다.
      - 메모리 기능이 없고 여러 개의 입출력 사용 시 불 대수가 이용된다.
      - 시퀀스 제어의 예 : 교통신호등의 신호 제어, 승강기의 작동 제어, 자동판매기의 작동 제어 등
    - 피드백 제어 : 폐루프를 형성하여 출력측의 신호를 입력측에 되돌리는 제어이다.
      - 피드백에 의해 제어량과 목표값을 비교하고 그들이 일치되도록 정정동작을 하는 제어이다.
      - 입력과 출력을 비교하는 장치가 반드시 필요하다.
      - 기계 제어에서는 입력신호에 대하여 어떤 출력신호를 얻을 수 있는가를 추산하는 것이 중요하다.
      - 가장 핵심적인 역할을 수행하는 장치는 목표값과 제어량을 비교하는 비교기(비교부)이다.
      - 목표값과 출력결과가 일치할 때까지 제어를 되풀이하므로 외부로부터 예측하지 못한 방해가 들어오는 경우, 이에 대응하기가 쉬운 제어라고 할 수 있다.
      - 설정부 : 피드백 제어계에서 설정한 목표값을 피드백 신호와 같은 종류의 신호로 바꾸는 역할을 하는 부분이다.
      - 자동제어의 분류 중 폐루프 제어는 피드백 신호가 요구된다.
      - 제어폭이 증가(Band Width)되며 정확성이 높다.
      - 대역폭이 증가계의 특성 변화에 대한 입력 대 출력비의 감도가 감소한다.
      - 피드백 제어는 정량적 제어이다.
      - 피드백을 하면 외란이나 잡음신호의 영향을 줄일 수 있다.
      - 설비비의 고액 투입이 요구된다.
      - 운영에 있어 고도의 기술이 요구된다.
      - 설계가 복잡하고 제작비용이 비싸진다.
      - 일부 고장이 있으면 전 생산에 영향을 미친다.
      - 수리가 쉽지 않다.

- 동작신호 : 기준 압력과 주피드백 양의 차로서 제어 동작을 일으키는 신호

③ 자동제어의 4대 기본장치

㉠ 검출부
- 제어 대상으로부터 제어에 필요한 신호를 나타내는 부분
- 압력, 온도, 유량 등의 제어량을 계측하여 신호로 나타내는 부분

㉡ 비교부
- 목표값과 제어량을 비교하는 장치
- 목표량인 기준 입력요소와 주피드백량과의 차이를 구하는 부분

㉢ 조절부(조절기, Controller) 또는 판단부
- 기본입력과 검출부 출력의 차를 조작부에 신호로 전하는 부분
- 기준입력과 주피드백 신호와의 차에 의해서 일정한 신호를 조작요소에 보내는 제어장치

㉣ 조작부(조작기, Actuator)
- 조절부로부터 받은 신호를 조작량으로 변환하여 제어 대상에 보내는 장치
- 전압 또는 전력증폭기, 제어밸브, 서보전동기(Servo Motor) 등으로 구성되어 있으며 조절부에서 나온 신호를 증폭시켜 제어 대상을 작동시키는 장치이다.

④ 동작 순서 및 구성

㉠ 자동제어의 일반적인 동작 순서 : 검출 → 비교 → 판단 → 조작

㉡ 액면 조절을 위한 자동제어의 구성 : 액면계 → 전송기 → 조절기 → 조작기 → 밸브

㉢ 계측기의 일반적인 주요 구성 : 검출부, 변환부, 전송부(전달부), 지시부

10년간 자주 출제된 문제

1-1. 다음 중 자동제어계 일반적인 동작 순서로 맞는 것은?

① 비교 → 판단 → 조작 → 검출
② 조작 → 비교 → 검출 → 판단
③ 검출 → 비교 → 판단 → 조작
④ 판단 → 비교 → 검출 → 조작

1-2. 다음 중 피드백 제어에서 외란의 원인이 될 수 없는 것은?

① 가스의 공급압력
② 가스의 공급온도
③ 저장탱크의 주위온도
④ 가스의 공급속도

[해설]

1-1
자동제어의 일반적인 동작 순서 : 검출 → 비교 → 판단 → 조작

1-2
가스의 공급속도는 내적 요인이므로 외란이 아닌 내란으로 분류된다.

정답 1-1 ③ 1-2 ④

핵심이론 02 제어동작

① 불연속동작 제어계
  ㉠ 온오프동작(2위치 동작)
    - 조작량이 제어편차에 의해서 정해진 2개의 값이 어느 편인가를 택하는 제어방식이다.
    - 제어량이 설정치로부터 벗어났을 때 조작부를 개 또는 폐의 2가지 중 하나로 동작시키는 동작이다.

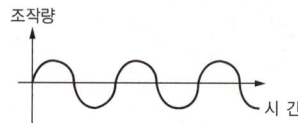

    - 편차의 정(+), 부(−)에 의해서 조작신호가 최대, 최소가 되는 제어동작이다.
    - 2위치 제어 또는 뱅뱅제어라고도 한다.
    - 외란에 의한 잔류편차가 발생하지 않는다.
    - 사이클링(Cycling) 현상을 일으킨다.
    - 설정값 부근에서 제어량이 일정하지 않다.
    - 주로 탱크의 액위를 제어하는 방법으로 이용된다.
  ㉡ 다위치동작 : 제어량이 변화했을때 제어장치의 조작 위치가 3위치 이상이 있어 제어량 편차의 크기에 따라 그중 하나의 위치를 취하는 동작이다.
  ㉢ 부동 제어(불연속 속도동작) : 제어량 편차의 과소에 의하여 조작단을 일정한 속도로 정작동, 역작동 방향으로 움직이게 하는 동작이다.

② 연속동작 제어계
  ㉠ P동작(비례동작) : 동작신호에 대해 조작량의 출력 변화가 일정한 비례관계에 있는 제어동작이다.
    - 조절부 동작의 수식 표현
      $Y(t) = K \cdot e(t)$
      (여기서, $Y(t)$: 출력, K : 비례감도(비례상수), $e(t)$: 편차)
    - 비례대(PB ; Proportional Band, $PB[\%]$)
      – 밸브를 완전히 닫힌 상태로부터 완전히 열린 상태로 움직이는 데 필요한 오차의 크기이다.

      $PB[\%] = \dfrac{CR}{SR} \times 100[\%]$

      (여기서, CR : 제어범위(제어기 측정온도차), SR : 설정 조절범위(비례제어기 온도차 또는 조절온도차))
      – 자동조절기에서 조절기의 입구신호와 출구신호 사이의 비례감도의 역수인 $1/K$을 백분율[%]로 나타낸 값이다.

      $PB[\%] = \dfrac{1}{K} \times 100[\%]$

      $K \times PB[\%] = 100[\%]$

    - 사이클링(상하진동)을 제거할 수 있다.
    - 외란이 작은 제어계, 부하 변화가 작은 프로세스 제어에 적합하다.
    - 오차에 비례한 제어출력신호를 발생시키며 공기식 제어의 경우에는 압력 등을 제어출력신호로 이용한다.
    - 잔류편차가 발생한다.
    - 외란이 큰 제어계(부하가 변화하는 등)에는 부적합하다.
  ㉡ I동작(적분동작) : 출력 변화의 속도가 편차에 비례하는 제어동작이다.
    - 조절부 동작의 수식 표현
      $Y(t) = K \cdot \dfrac{1}{T_i} \int e(t) dt$

      (여기서, $Y(t)$: 출력, K : 비례감도, T_i : 적분시간, $e(t)$: 편차, $\dfrac{1}{T_i}$: 리셋률)
    - 편차의 크기와 지속시간이 비례하는 동작이다.
    - 제어량의 편차가 없어질 때까지 동작을 계속한다.
    - 부하 변화가 커도 잔류편차가 제거된다.
    - 진동하는 경향이 있다.
    - 응답시간이 길어서 제어의 안정성은 떨어진다.
    - 단독으로 사용되지 않고, 비례동작과 조합하여 사용된다.

- 적분동작은 유량제어에 가장 많이 사용된다.
- 적분동작이 좋은 결과를 얻을 수 있는 경우
  - 측정 지연 및 조절 지연이 작은 경우
  - 제어 대상이 자기평형성을 가진 경우
  - 제어 대상의 속응도가 큰 경우
  - 전달 지연과 불감시간이 작은 경우
ⓒ D동작(미분동작) : 조절계의 출력 변화가 편차의 시간 변화(편차의 변화속도)에 비례하는 제어동작이다.

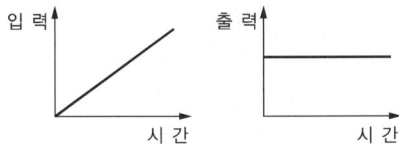

- 조절부 동작의 수식 표현

$$Y(t) = K \cdot T_d \cdot \frac{de}{dt}$$

(여기서, $Y(t)$: 출력, K : 비례감도, T_d : 미분시간, e : 편차)
- 진동이 제거된다.
- 응답시간이 빨라져서 제어의 안정성이 높아진다.
- 오버슈트를 감소시킨다.
- 잔류편차가 제거되지 않는다.
- 단독으로 사용되지 않고, 비례동작과 조합하여 사용된다.

ⓓ PI동작(비례적분동작) : 비례동작에 의해 발생하는 잔류편차를 제거하기 위하여 적분동작을 조합시킨 제어동작이다.
- 조절부 동작의 수식 표현

$$Y(t) = K \cdot \left[e(t) + \frac{1}{T_i} \int e(t) dt \right]$$

- 잔류편차가 제거된다.
  ※ 정상특성 : 출력이 일정한 값에 도달한 이후 제어계의 특성
- 부하 변화가 넓은 범위의 프로세스에도 적용할 수 있다.

- 진동하는 경향이 있다.
- 제어의 안정성이 떨어진다.
- 간헐현상이 발생한다.

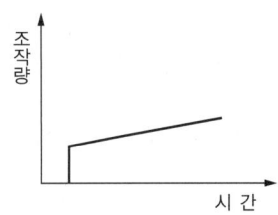

- 제어시간은 단축되지 않다.
- 전달 느림이나 쓸모없는 시간이 크면 사이클링의 주기가 커진다.
- 자동조절계의 비례적분동작에서 적분시간 : P동작에 의한 조작신호의 변화가 I동작만으로 일어나는 데 필요한 시간이다.

ⓔ PD동작(비례미분동작) : 제어결과에 신속하게 도달되도록 비례동작에 미분동작을 조합시킨 제어동작이다.

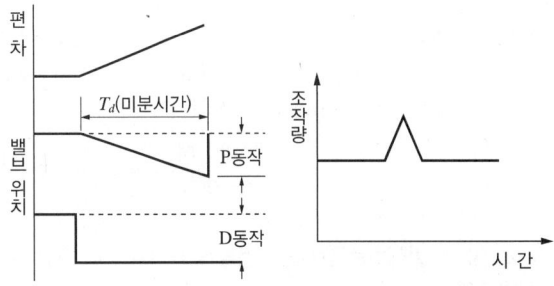

- 조절부 동작의 수식 표현

$$Y(t) = K \cdot \left[e(t) + T_d \cdot \frac{de}{dt} \right]$$

- 오버슈트가 감소한다.
- 진동이 제거된다.
- 응답속도가 개선된다.
- 제어의 안정성이 높아진다.
- 잔류편차는 제거되지 않는다.

ⓕ PID동작(비례적분미분동작) : 비례적분동작에 미분동작을 조합시킨 제어동작이다.

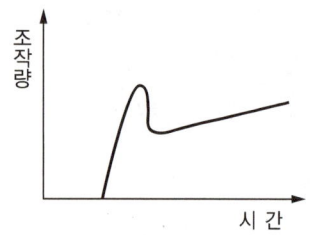

- 조절부 동작의 수식 표현

$$Y(t) = K \cdot \left[e(t) + \frac{1}{T_i} \int e(t)dt + T_d \frac{de}{dt} \right]$$

- 잔류편차와 진동이 제거되어 응답시간이 가장 빠르다.
- 제어계의 난이도가 큰 경우에 가장 적합한 제어동작이다.
- 가장 최적의 제어동작이다.
- 조절효과가 좋다.
- 피드백 제어는 비례미적분 제어(PID Control)를 사용한다.

10년간 자주 출제된 문제

2-1. 비례제어기는 60[℃]에서 100[℃] 사이의 온도를 조절하는 데 사용된다. 이 제어기로 측정된 온도가 81[℃]에서 89[℃]로 될 때 비례대(Proportional Band)는?

① 10[%] ② 20[%]
③ 30[%] ④ 40[%]

2-2. 진동이 발생하는 장치의 진동을 억제시키는 데 가장 효과적인 제어동작은?

① D동작 ② P동작
③ I동작 ④ 뱅뱅동작

|해설|

2-1

비례대(Proportional Band)

$PB = \dfrac{CR}{SR} \times 100[\%] = \dfrac{89-81}{100-60} \times 100[\%] = 20[\%]$

2-2

진동이 발생하는 장치의 진동을 억제시키는 데 가장 효과적인 제어동작은 D동작(미분동작)이다.

정답 2-1 ② 2-2 ①

핵심이론 03 블록선도, 자동 제어계의 응답, 신호전송방법

① 블록선도(Block Diagram)

㉠ 정의
- 자동제어계 내에서 신호가 전달되는 모양을 나타내는 선도이다.
- 제어신호의 전달경로를 표시하는 선도이다.
- 제어시스템을 구성하는 각 요소가 어떻게 동작하고, 신호는 어떻게 전달되는지를 나타내는 선도이다.

㉡ 블록선도의 구성요소 : 전달요소, 가합점, 인출점

㉢ 출력 $B(s) = G(s)A(s)$

㉣ $G(s) = B(s)/A(s)$

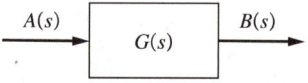

㉤ 블록선도의 등가변환 : 전달요소 치환, 인출점 치환, 병렬 결합, 피드백 결합

블록선도	등가변환
→ $\dfrac{G_1}{1 \mp G_1 G_2}$ →	$X(s) \to \pm \bigcirc \to G_1 \to Y(s)$, 피드백 G_2

② 자동제어계의 응답

㉠ 응답, 정상응답, 과도응답
- 응답(Response) : 계에 입력신호를 가했을 때 출력신호의 변화를 나타내는 것이며 기준입력에 대응하는 정상응답이 계의 정확도의 지표가 되므로 응답 해석을 한다.
- 정상응답(Steady State Response) : 자동제어계의 입력신호가 어떤 상태에 이를 때 출력신호가 최종값으로 되는 정상적인 응답으로, 이 특성은 시험입력에 대한 정상 오차값을 측정하여 판단한다.
- 과도응답(Transient Response) : 입력이 임의의 시간적 변화를 가했을 때 정상 상태가 되기까지의 출력신호의 시간적 변화이다.

- 계단응답(Step Response) : 시스템이 시간적으로 얼마나 빨리 반응(속응성)하는가 등을 정량화하는 척도이다.
  $$Y = 1 - e^{-\frac{t}{T}}$$
  (여기서, t : 변화시간, T : 시정수)

ⓒ 시 간
- 지연시간(Delay Time) : 응답이 최초로 희망값의 50[%] 진행되는 데 요하는 시간
- 상승시간(Rise Time) : 응답이 희망값의 10[%]에서 90[%]까지 도달하는 데 요하는 시간
- 정정시간(Settling Time) : 응답의 최종값의 허용범위가 5~10[%] 내에 안정되기까지 요하는 시간
- Access Time : 정보를 기억장치에 기억시키거나 읽어 내는 명령을 한 후부터 실제로 정보가 기억 또는 읽기 시작할 때까지 소요되는 시간
- 1차 제어계에서 시간 상승에 대한 관계식
  $\tau = CR$
  (여기서, τ : 시간상수, C : 커패시턴스, R : 저항)
- 데드타임(Dead Time, L) : 스위칭 지연시간(처음 펄스에서 다음 펄스가 발생될 때까지의 지연시간)
- 시정수(Time Constant, T) : 전기회로에 갑자기 전압을 가했을 때 전류가 점차 증가하여 일정한 값에 도달할 때까지의 증가의 비율로, 정상값의 63.2[%]에 달할 때까지의 시간을 초로 표시한다.
- L/T(데드타임과 시정수의 비) : 값이 작을수록 응답속도가 빠르고 제어가 용이하다.

ⓒ 편 차
- 정상편차 : 과도응답에 있어서 충분한 시간이 경과하여 제어편차가 일정한 값으로 안정되었을 때의 값
- 제어편차 : 외란의 영향으로 발생된 편차(제어량의 목표값- 제어량의 변화된 목표값)
- 오버슈트(Over Shoot)
  - 응답 중에 생기는 입력과 출력 사이의 편차량
  - 최대 편차량 $= \dfrac{최대\ 초과량}{최종\ 목표값} \times 100[\%]$
  - 제어시스템에서 응답이 계단 변화가 도입된 후에 얻게 될 최종적인 값을 얼마나 초과하게 되는지를 나타내는 척도
  - 자동제어 안정성 척도

ⓔ 헌팅(Hunting) : 제어계가 불안정하여 제어량이 주기적으로 변화하는 좋지 못한 상태이다.

ⓜ 동특성
- 자동제어계에서 응답을 나타낼 때 목표치를 기준한 앞뒤의 진동으로 시간의 지연을 필요로 하는 시간적 동작의 특성
- 동특성응답 : 과도응답, 임펄스응답, 스텝응답

ⓗ 펄스 : 계측시간이 짧은 에너지의 흐름

③ 신호전송방식

㉠ 공기압식
- 신뢰성이 높은 입력신호 송신방식이다.
- 조절기의 자동제어의 조작단의 고장이 거의 없다.
- 방폭 및 내열성이 우수하다.
- 자동제어에 용이하다.
- 조작부의 동특성이 양호하다.
- 석유화학, 화약공장과 같은 화기의 위험성이 있는 곳에 사용한다.
- 전송 지연이 있다.
- 신호 전송거리 : 최대 100[m]

ⓒ 유압식
- 조작력이 크고 응답성이 우수하다.
- 전송 지연이 작고 희망특성을 얻을 수 있다.
- 부식의 염려가 적으나 인화 위험성이 있다.
- 내식성, 방폭이 필요한 설비에 부적당하다.
- 파일럿 밸브식과 분사관식이 있다.
- 신호 전송거리 : 최대 300[m]

ⓒ 전기식
- 신호 지연이 없으며 배선이 용이하다.
- 컴퓨터와의 접속성이 좋다.
- 신호의 복잡한 취급이 용이하다.
- 온오프가 간단하다.
- 취급기술을 요하며 습도에 주의해야 한다.
- 신호전송거리 : 300[m]~수[km]

10년간 자주 출제된 문제

3-1. 블록선도의 구성요소로 이루어진 것은?
① 전달요소, 가합점, 분기점
② 전달요소, 가감점, 인출점
③ 전달요소, 가합점, 인출점
④ 전달요소, 가감점, 분기점

3-2. 제어계가 불안정하여 주기적으로 변화하는 좋지 못한 상태를 무엇이라 하는가?
① Step 응답
② 헌팅(난조)
③ 외 란
④ 오버슈트

3-3. 신호의 전송방법 중 유압전송방법의 특징에 대한 설명으로 틀린 것은?
① 조작력이 크고 전송 지연이 작다.
② 전송거리가 최고 300[m]이다.
③ 파일럿 밸브식과 분사관식이 있다.
④ 내식성, 방폭이 필요한 설비에 적당하다.

|해설|

3-1
블록선도의 구성요소 : 전달요소, 가합점, 인출점

3-2
헌팅(난조) : 제어계가 불안정하여 제어량이 주기적으로 변화하는 좋지 못한 상태

3-3
방폭이 필요한 설비에는 유압식보다는 공기식이 적당하다.

정답 3-1 ③ 3-2 ② 3-3 ④

PART 02

과년도+최근 기출복원문제

2016~2020년　　과년도 기출문제
2021~2024년　　과년도 기출복원문제
2025년　　　　　최근 기출복원문제

2016년 제1회 과년도 기출문제

제1과목 연소공학

01 메탄 80[v%], 프로판 5[v%], 에탄 15[v%]인 혼합가스의 공기 중 폭발하한계는 약 얼마인가?

① 2.1[%] ② 3.3[%]
③ 4.3[%] ④ 5.1[%]

해설

$$\frac{100}{LFL} = \sum \frac{V_i}{L_i}$$

$$\frac{100}{LFL} = \frac{V_1}{L_1} + \frac{V_2}{L_2} + \frac{V_3}{L_3}$$

$$= \frac{80}{5} + \frac{5}{2.1} + \frac{15}{3} \simeq 23.38$$

$$LFL = \frac{100}{23.38} \simeq 4.3[\%] \text{ 이다.}$$

02 1[Sm³]의 합성가스 중의 CO와 H₂의 몰비가 1 : 1일 때 연소에 필요한 이론공기량은 약 몇 [Sm³/Sm³]인가?

① 0.50 ② 1.00
③ 2.38 ④ 4.76

해설

일산화탄소의 연소방정식 : $CO + 0.5O_2 \rightarrow CO_2$
수소의 연소방정식 : $H_2 + 0.5O_2 \rightarrow H_2O$
CO와 H₂의 몰비가 1 : 1이므로,

필요한 이론산소량 $= \left(\frac{1}{2} \times 0.5\right) + \left(\frac{1}{2} \times 0.5\right) = 0.5[\text{Sm}^3]$ 이다.

따라서, 이론공기량 $A_0 = \frac{O_0}{0.21} = \frac{0.5}{0.21} \simeq 2.38[\text{Sm}^3/\text{Sm}^3]$ 이다.

03 다음 중 이론연소온도(화염온도, $t[℃]$)를 구하는 식은?(단, H_h : 고발열량, H_L : 저발열량, G : 연소가스량, C_p : 비열이다)

① $t = \dfrac{H_L}{GC_p}$ ② $t = \dfrac{H_h}{GC_p}$

③ $t = \dfrac{GC_p}{H_L}$ ④ $t = \dfrac{GC_p}{H_h}$

해설

이론연소온도 $t = \dfrac{H_L}{GC_p}$

04 고온체의 색깔과 온도를 나타낸 것 중 옳은 것은?

① 적색 : 1,500[℃]
② 휘백색 : 1,300[℃]
③ 황적색 : 1,100[℃]
④ 백적색 : 850[℃]

해설

① 적색 : 850[℃]
② 휘백색 : 1,500[℃]
④ 백적색 : 1,300[℃]

05 가연성 물질을 공기로 연소시키는 경우 공기 중의 산소농도를 높게 하면 어떻게 되는가?

① 연소속도는 빠르게 되고, 발화온도는 높게 된다.
② 연소속도는 빠르게 되고, 발화온도는 낮게 된다.
③ 연소속도는 느리게 되고, 발화온도는 높게 된다.
④ 연소속도는 느리게 되고, 발화온도는 낮게 된다.

해설
공기 중의 산소농도를 높이면 연소속도는 빨라지고, 발화온도는 낮아진다.

06 공기 중에서 가스가 정상 연소할 때 속도는?

① 0.03~10[m/sec]
② 11~20[m/sec]
③ 21~30[m/sec]
④ 31~40[m/sec]

해설
공기 중에서 기체연료(가스)의 정상 연소속도 : 0.03~10[m/sec]

07 폭굉을 일으킬 수 있는 기체가 파이프 내에 있을 때 폭굉 방지 및 방호에 대한 설명으로 옳지 않은 것은?

① 파이프라인에 오리피스 같은 장애물이 없도록 한다.
② 공정라인에서 회전이 가능하면 가급적 원만한 회전을 이루도록 한다.
③ 파이프의 지름대 길이의 비는 가급적 작게 한다.
④ 파이프라인에 장애물이 있는 곳은 관경을 축소한다.

해설
파이프라인에 장애물이 있는 곳은 관경을 더 크게 한다.

08 연소속도에 대한 설명 중 옳지 않은 것은?

① 공기의 산소분압을 높이면 연소속도는 빨라진다.
② 단위 면적의 화염면이 단위 시간에 소비하는 미연소혼합기의 체적이라고 할 수 있다.
③ 미연소혼합기의 온도를 높이면 연소속도는 증가한다.
④ 일산화탄소 및 수소 기타 탄화수소계 연료는 당량비가 1.1 부근에서 연소속도의 피크가 나타난다.

해설
일산화탄소 및 수소 기타 탄화수소계 연료는 당량비가 1.0 부근에서 연소속도의 피크가 나타난다.

09 점화원이 될 우려가 있는 부분을 용기 안에 넣고 불활성 가스를 용기 안에 채워 넣어 폭발성 가스가 침입하는 것을 방지한 방폭구조는?

① 압력 방폭구조
② 안전증 방폭구조
③ 유입 방폭구조
④ 본질 방폭구조

해설
압력 방폭구조
- 점화원이 될 우려가 있는 부분을 용기 안에 넣고 불활성 가스를 용기 안에 채워 넣어 폭발성 가스가 침입하는 것을 방지한 방폭구조
- 용기 내부에 공기 또는 불활성 가스 등의 보호가스를 압입하여 용기 내의 압력이 유지됨으로써 외부로부터 폭발성 가스 또는 증기가 침입하지 못하도록 한 방폭구조
- 압력 방폭구조의 기호 : p

10 '착화온도가 85[℃]이다'를 가장 잘 설명한 것은?

① 85[℃] 이하로 가열하면 인화한다.
② 85[℃] 이하로 가열하고 점화원이 있으면 연소한다.
③ 85[℃]로 가열하면 공기 중에서 스스로 발화한다.
④ 85[℃]로 가열해서 점화원이 있으면 연소한다.

해설
착화온도 85[℃]의 의미 : 85[℃]로 가열하면 공기 중에서 스스로 발화(연소)한다.

11 화재와 폭발을 구별하기 위한 주된 차이점은?

① 에너지 방출속도
② 점화원
③ 인화점
④ 연소한계

해설
화재와 폭발을 구별하기 위한 주된 차이점 : 에너지 방출속도

12 용기 내의 초기 산소농도를 설정치 이하로 감소시키도록 하는 데 이용되는 퍼지방법이 아닌 것은?

① 진공퍼지
② 온도퍼지
③ 스위프 퍼지
④ 사이펀 퍼지

해설
퍼지방법 : 진공퍼지(저압퍼지), 스위프 퍼지(일소퍼지), 사이펀 퍼지, 압력퍼지

13 최소 점화에너지에 대한 설명으로 옳지 않은 것은?

① 연소속도가 클수록, 열전도도가 작을수록 큰 값을 갖는다.
② 가연성 혼합기체를 점화시키는 데 필요한 최소 에너지를 최소 점화에너지라고 한다.
③ 불꽃방전 시 일어나는 점화에너지의 크기는 전압의 제곱에 비례한다.
④ 일반적으로 산소농도가 높을수록, 압력이 증가할수록 값이 감소한다.

해설
최소 점화에너지에 영향을 주는 요인 : 가연성 혼합기체의 압력, 가연성 물질 중 산소의 농도, 공기 중에서 가연성 물질의 농도, 분위기 온도, 질소농도, 열전도도, 연소속도 등
• 증가요인 : 질소농도, 열전도도
• 감소요인 : 산소농도, 압력, 온도, 연소속도

14 다음 중 불연성 물질이 아닌 것은?

① 주기율표의 0족 원소
② 산화반응 시 흡열반응을 하는 물질
③ 완전연소한 산화물
④ 발열량이 크고 계의 온도 상승이 큰 물질

해설
발열량이 크고 계의 온도 상승이 큰 물질은 가연성 물질이다.

15 다음 중 가연물의 구비조건이 아닌 것은?

① 연소열량이 커야 한다.
② 열전도도가 작아야 된다.
③ 활성화 에너지가 커야 한다.
④ 산소와의 친화력이 좋아야 한다.

해설
가연물은 활성화 에너지가 작아야 한다.

16 아세틸렌(C_2H_2)의 완전연소 반응식은?

① $C_2H_2 + O_2 \rightarrow CO_2 + H_2O$
② $2C_2H_2 + O_2 \rightarrow 4CO_2 + H_2O$
③ $C_2H_2 + 5O_2 \rightarrow CO_2 + 2H_2O$
④ $2C_2H_2 + 5O_2 \rightarrow 4CO_2 + 2H_2O$

해설
아세틸렌의 연소방정식은 $C_2H_2 + 2.5O_2 \rightarrow 2CO_2 + H_2O$이 기본이지만 아세틸렌 2[mol]에 대해서 아세틸렌의 연소방정식은 $2C_2H_2 + 5O_2 \rightarrow 4CO_2 + 2H_2O$가 된다.

17 LPG를 연료로 사용할 때의 장점으로 옳지 않은 것은?

① 발열량이 크다.
② 조성이 일정하다.
③ 특별한 가압장치가 필요하다.
④ 용기, 조정기와 같은 공급설비가 필요하다.

해설
LPG를 연료로 사용할 때는 특별한 가압장치가 필요 없다.

정답 13 ① 14 ④ 15 ③ 16 ④ 17 ③

18 2[kg]의 기체를 0.15[MPa], 15[℃]에서 체적이 0.1[m³]가 될 때까지 등온압축할 때 압축 후 압력은 약 몇 [MPa]인가?(단, 비열은 각각 $C_p = 0.8$, $C_v = 0.6$[kJ/kg·K]이다)

① 1.10　　② 1.15
③ 1.20　　④ 1.25

해설
$R = C_p - C_v = 0.8 - 0.6 = 0.2$[kJ/kg·K]이며
$P_1 V_1 = mRT_1$에서 $0.15 \times V_1 = 2 \times 0.2 \times 288$이므로,
$V_1 = 768$[kJ/MPa] $= 0.768$[m³] 이다.
등온압축 시 $P_1 V_1 = P_2 V_2$이므로,
$P_2 = P_1 \times \dfrac{V_1}{V_2} = 0.15 \times \dfrac{0.768}{0.1} \simeq 1.15$[MPa] 이다.

19 아세틸렌가스의 위험도(H)는 약 얼마인가?

① 21　　② 23
③ 31　　④ 33

해설
아세틸렌가스의 위험도 $H = \dfrac{U - L}{L} = \dfrac{82 - 2.5}{2.5} \simeq 31.8$

20 기체연료의 주된 연소 형태는?

① 확산연소
② 증발연소
③ 분해연소
④ 표면연소

해설
기체연료의 2대 연소 형태 : 확산연소, 예혼합연소

제2과목　가스설비

21 도시가스 원료의 접촉분해공정에서 반응온도가 상승하면 일어나는 현상으로 옳은 것은?

① CH_4, CO가 많고 CO_2, H_2가 적은 가스 생성
② CH_4, CO_2가 적고 CO, H_2가 많은 가스 생성
③ CH_4, H_2가 많고 CO_2, CO가 적은 가스 생성
④ CH_4, H_2가 적고 CO_2, CO가 많은 가스 생성

해설
접촉분해 프로세스(수증기 개질 프로세스) : 촉매를 사용하여 반응온도 400~800[℃]에서 탄화수소와 수증기를 반응시켜 메탄, 수소, 일산화탄소 등으로 변환시키는 공정
• 사이클링식 접촉분해(수증기 개질)법에서는 천연가스로부터 원유까지 넓은 범위의 원료를 사용할 수 있다.
• 반응온도가 상승하면 CH_4, CO_2가 적고 CO, H_2가 많은 가스가 생성된다.
• 반응압력이 상승하면 CH_4, CO_2가 많고 CO, H_2가 적은 가스가 생성된다.

22 2단 감압식 2차용 저압조정기의 출구쪽 기밀시험 압력은?

① 3.3[kPa]
② 5.5[kPa]
③ 8.4[kPa]
④ 10.0[kPa]

해설
2단 감압식 2차용 조정기
• 입구압력 : 0.01(0.025)~0.1[MPa]
• 조정압력 : 2.3~3.3[kPa]
• 출구쪽 기밀시험압력 : 5.5[kPa]

23 지하 정압실 통풍구조를 설치할 수 없는 경우 적합한 기계환기설비 기준으로 맞지 않는 것은?

① 통풍능력이 바닥 면적 1[m²]마다 0.5[m³/분] 이상으로 한다.
② 배기구는 바닥면(공기보다 가벼운 경우는 천장면) 가까이 설치한다.
③ 배기가스 방출구는 지면에서 5[m] 이상 높게 설치한다.
④ 공기보다 비중이 가벼운 경우에는 배기가스 방출구는 5[m] 이상 높게 설치한다.

해설
공기보다 비중이 가벼운 경우에는 배기가스 방출구를 3[m] 이상 높게 설치한다.

24 유체에 대한 저항은 크나 개폐가 쉽고 유량 조절에 주로 사용되는 밸브는?

① 글로브 밸브
② 게이트 밸브
③ 플러그 밸브
④ 버터플라이 밸브

해설
글로브 밸브 : 유량 조절이 정확하고 용이하며 기밀도가 커서 기체의 배관에 주로 사용되는 밸브
- 기밀도가 커서 가스배관에 적당하다.
- 개폐가 쉽다.
- 유량 조절이 정확하고 용이하여 유량 조절에 주로 사용한다.
- 유체의 저항이 커서 압력손실이 크다.
- 고압의 대구경 밸브로는 부적합하다.

25 기화기에 의해 기화된 LPG에 공기를 혼합하는 목적으로 가장 거리가 먼 것은?

① 발열량 조절
② 재액화 방지
③ 압력 조절
④ 연소효율 증대

해설
기화기에 의해 기화된 LPG에 공기를 혼합하는 목적 : 발열량 조절, 재액화 방지, 연소효율 증대, 누설 시의 손실 및 체류 감소

26 다음 중 동 및 동합금을 장치의 재료로 사용할 수 있는 것은?

① 암모니아
② 아세틸렌
③ 황화수소
④ 아르곤

해설
동 및 동합금은 불활성 가스인 아르곤 가스를 위한 장치재료로 사용할 수 있지만 암모니아, 아세틸렌, 황화수소 등의 가연성 가스를 위한 장치재료로는 사용할 수 없다.

27 고온·고압에서 수소를 사용하는 장치는 일반적으로 어떤 재료를 사용하는가?

① 탄소강
② 크롬강
③ 조 강
④ 실리콘강

해설
크롬강
- 고온·고압에서 수소를 사용하는 장치의 재료로 일반적으로 사용되는 재료
- 500[℃] 이상의 고온, 고압가스설비에 사용이 적당한 재료

정답 23 ④ 24 ① 25 ③ 26 ④ 27 ②

28 다음 보기는 터보펌프의 정지 시 조치사항이다. 정지 시의 작업 순서가 올바르게 된 것은?

┌ 보기 ┐
㉠ 토출밸브를 천천히 닫는다.
㉡ 전동기의 스위치를 끊는다.
㉢ 흡입밸브를 천천히 닫는다.
㉣ 드레인 밸브를 개방시켜 펌프 속의 액을 빼낸다.

① ㉠-㉡-㉢-㉣
② ㉠-㉡-㉣-㉢
③ ㉡-㉠-㉢-㉣
④ ㉡-㉠-㉣-㉢

[해설]
터보펌프의 정지 시 조치 순서
① 토출밸브를 천천히 닫는다.
② 전동기의 스위치를 끊는다.
③ 흡입밸브를 천천히 닫는다.
④ 드레인 밸브를 개방시켜 펌프 속의 액을 빼낸다.

29 다음 중 가스홀더의 기능이 아닌 것은?

① 가스 수요의 시간적 변화에 따라 제조가 따르지 못할 때 가스의 공급 및 저장
② 정전, 배관공사 등에 의한 제조 및 공급설비의 일시적 중단 시 공급
③ 조성의 변동이 있는 제조가스를 받아들여 공급가스의 성분, 열량, 연소성 등의 균일화
④ 공기를 주입하여 발열량이 큰 가스로 혼합 공급

[해설]
가스홀더의 기능
• 가스 수요의 시간적 변화에 따라 제조가 따르지 못할 때 가스의 공급 및 저장
• 정전, 배관공사 등에 의한 제조 및 공급설비의 일시적 중단 시 공급
• 조성의 변동이 있는 제조가스를 받아들여 공급가스의 성분, 열량, 연소성 등의 균일화
• 최고 피크 시에 공장에서 수요지에 이르는 배관의 수동능력 이상으로 공급능력 제고

30 원유, 나프타 등의 분자량이 큰 탄화수소를 원료로 하고 고온에서 분해하여 고열량의 가스를 제조하는 공정은?

① 열분해공정
② 접촉분해공정
③ 부분 연소공정
④ 수소화분해공정

[해설]
열분해 프로세스 : 원유, 중유, 나프타 등의 분자량이 큰 탄화수소 원료를 고온(800~900[℃])으로 분해하여 고열량의 가스를 제조하는 방법

31 분젠식 버너의 특징에 대한 설명 중 틀린 것은?

① 고온을 얻기 쉽다.
② 역화의 우려가 없다.
③ 버너가 연소가스량에 비하여 크다.
④ 1차 공기와 2차 공기를 모두 사용한다.

[해설]
분젠식 버너는 역화의 우려가 있다.

32 배관재료의 허용응력(S)이 8.4[kg/mm²]이고 스케줄 번호가 80일 때 최고 사용압력 P[kg/cm²]는?

① 67
② 105
③ 210
④ 650

[해설]
스케줄 번호 $SCH = 10 \times \dfrac{P}{\sigma}$ 에서
$P = \dfrac{SCH \times \sigma}{10} = \dfrac{80 \times 8.4}{10} \approx 67 [\text{kg/cm}^2]$

33 공기액화장치 중 수소, 헬륨을 냉매로 하며 2개의 피스톤이 한 실린더에 설치되어 팽창기와 압축기의 역할을 동시에 하는 형식은?

① 캐스케이드식 ② 캐피자식
③ 클라우드식   ④ 필립스식

해설
필립스식 액화 사이클 형식 : 수소와 헬륨을 냉매로 하며 2개의 피스톤이 한 실린더에 설치되어 팽창기와 압축기의 역할을 동시에 하는 액화 사이클 형식

34 고압가스일반제조시설에서 저장탱크를 지하에 묻는 경우의 기준으로 틀린 것은?

① 저장탱크 정상부와 지면과의 거리는 60[cm] 이상으로 할 것
② 저장탱크의 주위를 마른 흙으로 채울 것
③ 저장탱크를 2개 이상 인접하여 설치하는 경우 상호 간에 1[m] 이상의 거리를 유지할 것
④ 저장탱크를 묻는 곳의 주위에는 지상에 경계표지를 할 것

해설
고압가스일반제조시설에서 저장탱크를 지하에 묻을 때는 저장탱크 주위를 마른 모래로 채워야 한다.

35 강을 연하게 하여 기계가공성을 좋게 하거나, 내부응력을 제거하는 목적으로 적당한 온도까지 가열한 다음 그 온도를 유지한 후에 서랭하는 열처리방법은?

① Marquenching ② Quenching
③ Tempering   ④ Annealing

해설
풀림(Annealing) : 금속의 내부응력을 제거하고 가공경화된 재료를 연화시켜 결정조직을 결정하고, 상온가공을 용이하게 할 목적으로 하는 열처리방법

36 LPG 집단공급시설에서 입상관이란?

① 수용가에 가스를 공급하기 위해 건축물에 수직으로 부착되어 있는 배관을 말하며 가스의 흐름 방향이 공급자에서 수용가로 연결된 것을 말한다.
② 수용가에 가스를 공급하기 위해 건축물에 수평으로 부착되어 있는 배관을 말하며 가스의 흐름 방향이 공급자에서 수용가로 연결된 것을 말한다.
③ 수용가에 가스를 공급하기 위해 건축물에 수직으로 부착되어 있는 배관을 말하며 가스의 흐름 방향과 관계없이 수직배관은 입상관으로 본다.
④ 수용가에 가스를 공급하기 위해 건축물에 수평으로 부착되어 있는 배관을 말하며 가스의 흐름 방향과 관계없이 수직배관은 입상관으로 본다.

해설
LPG 집단공급시설에서 입상관 : 수용가에 가스를 공급하기 위해 건축물에 수직으로 부착되어 있는 배관으로, 가스의 흐름 방향과 관계없이 수직배관은 입상관으로 본다.

37 펌프에서 일반적으로 발생하는 현상이 아닌 것은?

① 서징(Surging)현상
② 실링(Sealing)현상
③ 캐비테이션(공동) 현상
④ 수격(Water Hammering)작용

해설
펌프에서 일반적으로 발생하는 현상 : 서징현상, 캐비테이션 현상, 수격작용, 베이퍼로크 현상 등

정답 33 ④ 34 ② 35 ④ 36 ③ 37 ②

38 직경 100[mm], 행정 150[mm], 회전수 600[rpm], 체적효율이 0.8인 2기통 왕복 압축기의 송출량은 약 몇 [m³/min]인가?

① 0.57　　② 0.84
③ 1.13　　④ 1.54

해설
압축기의 피스톤 압출량
$$V = lanz\eta = 0.15 \times \frac{\pi}{4} \times 0.1^2 \times 600 \times 2 \times 0.8$$
$$\simeq 1.13 [\text{m}^3/\text{min}]$$

39 액화염소가스 68[kg]를 용기에 충전하려면 용기의 내용적은 약 몇 [L]가 되어야 하는가?(단, 연소가스의 정수 C는 0.8이다)

① 54.4　　② 68
③ 71.4　　④ 75

해설
가스 충전질량 $W = V_2/C$이므로,
용기의 내용적 $V_2 = GC = 68 \times 0.8 = 54.4$[L] 이다.

40 가스액화분리장치 구성기기 중 터보팽창기의 특징에 대한 설명으로 틀린 것은?

① 팽창비는 약 2 정도이다.
② 처리가스량은 10,000[m³/h] 정도이다.
③ 회전수는 10,000~20,000[rpm] 정도이다.
④ 처리가스에 윤활유가 혼입되지 않는다.

해설
터보팽창기의 팽창비는 약 5 정도이다.

제3과목 가스안전관리

41 산소 중에서 물질의 연소성 및 폭발성에 대한 설명으로 틀린 것은?

① 기름이나 그리스 같은 가연성 물질은 발화 시에 산소 중에서 거의 폭발적으로 반응한다.
② 산소농도나 산소분압이 높아질수록 물질의 발화온도는 높아진다.
③ 폭발한계 및 폭굉한계는 공기 중과 비교할 때 산소 중에서 현저하게 넓어진다.
④ 산소 중에서는 물질의 점화에너지가 낮아진다.

해설
산소농도나 산소분압이 높아질수록 물질의 발화온도는 낮아진다.

42 액화석유가스판매사업소 및 영업소 용기 저장소의 시설 기준 중 틀린 것은?

① 용기 보관소와 사무실은 동일 부지 내에 설치하지 않을 것
② 판매업소의 용기 보관실 벽은 방호벽으로 할 것
③ 가스누출경보기는 용기 보관실에 설치하되 분리형으로 설치할 것
④ 용기 보관실은 불연성 재료를 사용한 가벼운 지붕으로 할 것

해설
액화석유가스판매사업소 및 영업소 용기 저장소의 시설 기준
• 용기 보관실 및 사무실은 동일 부지 내에 구분하여 설치한다.
• 용기 보관실은 불연성 재료를 사용한 가벼운 지붕으로 한다.
• 판매업소의 용기 보관실 벽은 방호벽으로 한다.
• 용기 보관실의 전기설비 스위치는 용기 보관실 외부에 설치한다.
• 가스누출경보기는 용기 보관실에 설치하되 분리형으로 설치한다.
• 용기 보관실의 실내온도는 40[℃] 이하로 유지한다.

43 정전기 제거 또는 발생 방지조치에 대한 설명으로 틀린 것은?

① 상대습도를 높인다.
② 공기를 이온화시킨다.
③ 대상물을 접지시킨다.
④ 전기저항을 증가시킨다.

[해설]
전기저항을 감소시키고 전도성을 증가시킨다.

44 가연성 가스 및 독성가스 용기의 도색 및 문자 표시의 색상으로 틀린 것은?

① 수소 – 주황색으로 용기 도색, 백색으로 문자 표기
② 아세틸렌 – 황색으로 용기 도색, 흑색으로 문자 표기
③ 액화암모니아 – 백색으로 용기 도색, 흑색으로 문자 표기
④ 액화염소 – 회색으로 용기 도색, 백색으로 문자 표기

[해설]
가연성 가스 및 독성가스 용기의 도색 색상과 문자 색상
(도색 색상 – 문자 색상)
• 액화석유가스(밝은 회색–적색)
• 수소(주황색–백색)
• 아세틸렌(황색–흑색)
• 액화암모니아(백색–흑색)
• 액화염소(갈색–백색)
• 그 밖의 가스(회색–백색)

45 고압가스용기의 재검사를 받아야 할 경우가 아닌 것은?

① 손상의 발생
② 합격 표시의 훼손
③ 충전한 고압가스의 소진
④ 산업통상자원부령이 정하는 기간의 경과

[해설]
고압가스용기의 재검사를 받아야 할 경우 : 손상의 발생, 합격 표시의 훼손, 충전할 고압가스의 종류 변경, 산업통상자원부령이 정하는 기간의 경과

46 도시가스사업이 허가된 지역에서 도로를 굴착하고자 하는 자는 가스안전영향평가를 하여야 한다. 이 때 가스안전영향평가를 하여야 하는 굴착공사가 아닌 것은?

① 지하보도 공사
② 지하차도 공사
③ 광역상수도 공사
④ 도시철도 공사

[해설]
가스안전영향평가를 하여야 하는 굴착 공사 : 지하보도 공사, 지하차도 공사, 도시철도 공사

47 합격용기 각인사항의 기호 중 용기의 내압시험압력을 표시하는 기호는?

① TP   ② TW
③ TV   ④ FP

[해설]
① TP : 내압시험압력
② TW : 아세틸렌가스 충전용기
③ TV : 없음
④ FP : 최고 충전압력

[정답] 43 ④ 44 ④ 45 ③ 46 ③ 47 ①

48 전기방식전류가 흐르는 상태에서 토양 중에 매설되어 있는 도시가스 배관의 방식전위는 포화황산동 기준전극을 몇 [V] 이하이어야 하는가?

① -0.75　　② -0.85
③ -1.2　　　④ -1.5

해설
부식 방지를 위한 방식전위
• 포화황산동 : -0.85[V] 이하
• 황산염 환원 박테리아 번식 토양 : -5[V] 이상 -0.95[V] 이하

49 용기에 의한 액화석유가스 저장소에서 액화석유가스 저장설비 및 가스설비는 그 외면으로부터 화기를 취급하는 장소까지 최소 몇 [m] 이상의 우회거리를 두어야 하는가?

① 3　　② 5
③ 8　　④ 10

해설
가스설비 또는 저장설비는 그 외면으로부터 화기(그 설비 안의 것은 제외)를 취급하는 장소까지 2[m](가연성 가스 또는 산소의 가스설비 또는 저장설비는 8[m]) 이상의 우회거리를 유지하여야 하고, 가스설비와 화기를 취급하는 장소 사이에는 그 가스설비로부터 누출된 가스가 유동하는 것을 방지하기 위한 적절한 조치를 해야 한다.

50 고압가스 운반 등의 기준에 대한 설명으로 옳은 것은?

① 염소와 아세틸렌, 암모니아 또는 수소는 동일 차량에 혼합 적재할 수 있다.
② 가연성 가스와 산소는 충전용기의 밸브가 서로 마주 보게 적재할 수 있다.
③ 충전용기와 경유는 동일 차량에 적재하여 운반할 수 있다.
④ 가연성 가스 또는 산소를 운반하는 차량에는 소화설비 및 응급조치에 필요한 자재 및 공구를 휴대한다.

해설
① 염소와 아세틸렌, 암모니아 또는 수소는 동일 차량에 혼합 적재 및 운반하지 아니한다.
② 가연성 가스와 산소를 동일 차량에 적재하여 운반하는 때에는 그 충전용기의 밸브가 서로 마주 보지 않도록 적재하여야 한다.
③ 충전용기와 휘발유나 경유는 동일 차량에 적재하여 운반하지 못한다.

51 LPG 압력조정기 중 1단 감압식 저압조정기의 용량이 얼마 미만에 대하여 조정기의 몸통과 덮개를 일반 공구(멍키렌치, 드라이버 등)로 분리할 수 없는 구조로 하여야 하는가?

① 5[kg/h]　　② 10[kg/h]
③ 100[kg/h]　　④ 300[kg/h]

해설
1단 감압식 저압조정기
• 용량이 10[kg/h] 미만일 경우, 조정기의 몸통과 덮개를 일반 공구(멍키렌치, 드라이버 등)로 분리할 수 없는 구조로 하여야 한다.
• 조정압력 : 2.3~3.3[kPa]

48 ② 49 ③ 50 ④ 51 ② **정답**

52 액화가스를 충전하는 탱크의 내부에 액면의 요동을 방지하기 위하여 설치하는 장치는?

① 방호벽　　② 방파판
③ 방해판　　④ 방지판

해설
액면 요동을 방지하기 위하여 액화가스 충전탱크 내부에 방파판을 설치한다.

53 가스의 분류에 대하여 바르지 않은 것은?

① 가연성 가스 : 폭발범위 하한이 10[%] 이하이거나, 상한과 하한의 차가 20[%] 이상인 가스
② 독성가스 : 공기 중에 일정량 이상 존재하는 경우 인체에 유해한 독성을 가진 가스
③ 불연성 가스 : 반응을 하지 않는 가스
④ 조연성 가스 : 연소를 도와주는 가스

해설
불연성 가스 : 공기 중에서 점화원에 의해 연소하지 않는 가스(아르곤, 탄산가스, 질소 등)

54 독성가스 용기 운반 차량 운행 후 조치사항에 대한 설명으로 틀린 것은?

① 충전용기를 적재한 차량은 제1종 보호시설에서 15[m] 이상 떨어진 장소에 주정차한다.
② 충전용기를 적재한 차량은 제2종 보호시설에서 10[m] 이상 떨어진 장소에 주정차한다.
③ 주정차 장소 선정은 지형을 고려하여 교통량이 적은 안전한 장소를 택한다.
④ 차량의 고장 등으로 인하여 정차하는 경우는 적색 표지판 등을 설치하여 다른 차량과의 충돌을 피하기 위한 조치를 한다.

해설
충전용기를 적재한 차량은 제2종 보호시설이 밀집한 지역은 피한다.

55 고압가스제조시설은 안전거리를 유지해야 한다. 안전거리를 결정하는 요인이 아닌 것은?

① 가스사용량
② 가스저장능력
③ 저장하는 가스의 종류
④ 안전거리를 유지해야 할 건축물의 종류

해설
안전거리 결정요인 : 가스저장능력, 저장하는 가스의 종류, 안전거리를 유지해야 할 건축물의 종류(가스사용량은 아니다)

정답　52 ②　53 ③　54 ②　55 ①

56 고압가스장치의 운전을 정리하고 수리할 때 유의할 사항으로 가장 거리가 먼 것은?

① 가스의 치환
② 안전밸브의 작동
③ 배관의 차단 확인
④ 장치 내 가스분석

해설
운전 정지 후 수리할 때의 유의사항
• 가스 치환작업
• 배관 차단 확인
• 장치 내 가스분석

57 아세틸렌 용기에 충전하는 다공물질의 다공도값은?

① 62~75[%]   ② 72~85[%]
③ 75~92[%]   ④ 82~95[%]

해설
다공물질의 다공도 : 75~92[%]

58 도시가스용 압력조정기란 도시가스 정압기 이외에 설치되는 압력조정기로서 입구쪽 호칭지름과 최대 표시유량을 각각 바르게 나타낸 것은?

① 50A 이하, 300[Nm³/h] 이하
② 80A 이하, 300[Nm³/h] 이하
③ 80A 이하, 500[Nm³/h] 이하
④ 100A 이하, 500[Nm³/h] 이하

해설
도시가스용 압력조정기의 입구쪽 호칭지름과 최대 표시유량 : 50A 이하, 300[Nm³/h] 이하

59 전기기기의 내압 방폭구조의 선택은 가연성 가스의 무엇에 의해 주로 좌우되는가?

① 인화점, 폭굉한계
② 폭발한계, 폭발 등급
③ 최대 안전틈새, 발화온도
④ 발화도, 최소 발화에너지

해설
전기기기의 내압 방폭구조의 선택요인 : 가연성 가스의 최대 안전 틈새, 발화온도

60 HCN은 충전한 후 며칠이 경과하기 전에 다른 용기로 옮겨 충전하여야 하는가?

① 30일   ② 60일
③ 90일   ④ 120일

해설
사이안화수소의 저장은 용기에 충전한 후 60일을 초과하지 아니한다.

제4과목 가스계측

61 막식 가스미터에서 크랭크축이 녹슬거나, 날개 등의 납땜이 떨어지는 등 회전장치 부분에 고장이 생겨 가스가 미터기를 통과하지 않는 고장의 형태는?

① 부 동
② 불 통
③ 누 설
④ 감도 불량

해설
불 통
- 가스가 미터기를 통과하지 못하는 고장
- 불통의 원인 : 크랭크축의 녹이나 날개에서의 납땜 탈락 등으로 인한 회전장치 부분의 고장

62 수소염이온화식 가스검지기에 대한 설명으로 옳지 않은 것은?

① 검지성분은 탄화수소에 한한다.
② 탄화수소의 상대 감도는 탄소수에 반비례한다.
③ 검지감도가 다른 감지기에 비하여 아주 높다.
④ 수소불꽃 속에 시료가 들어가면 전기전도도가 증대하는 현상을 이용한 것이다.

해설
탄화수소의 상대 감도는 탄소수에 비례한다.

63 현재 산업체와 연구실에서 사용하는 가스크로마토그래피의 각 피크(Peak)면적 측정법으로 주로 이용되는 방식은?

① 중량을 이용하는 방법
② 면적계를 이용하는 방법
③ 적분계(Integrator)에 의한 방법
④ 각 기체의 길이를 총량한 값에 의한 방법

해설
피크면적 측정법 : 적분계(Integrator)에 의한 방법을 주로 이용한다.

64 2원자 분자를 제외한 대부분의 가스가 고유한 흡수 스펙트럼을 가지는 것을 응용한 것으로, 대기오염 측정에 사용되는 가스분석기는?

① 적외선 가스분석기
② 가스크로마토그래피
③ 자동화학식 가스분석기
④ 용액흡수도전율식 가스분석기

해설
적외선 흡수식 가스분석계 : 2원자 분자를 제외한 대부분의 가스가 고유한 흡수 스펙트럼을 가지는 것을 응용한 가스분석계(대상 성분 가스만이 강하게 흡수하는 파장의 광선을 이용하는 가스분석계)
- 별칭 : 적외선 분광분석계, 적외선식 가스분석계
- 저농도의 분석에 적합하며 선택성이 우수하다.
- CO_2, CO, CH_4, NH_3, $COCl_2$ 등의 가스분석이 가능하다.
- 대칭성 2원자 분자(N_2, O_2, H_2, Cl_2 등), 단원자 가스(He, Ar 등) 등의 분석은 불가능하다.

65 내경 50[mm]인 배관으로 비중이 0.98인 액체가 분당 1[m³]의 유량으로 흐르고 있을 때 레이놀즈수는 약 얼마인가?(단, 유체의 점도는 0.05[kg/m·sec]이다)

① 11,210
② 8,320
③ 3,230
④ 2,210

해설
$d = 0.05[m]$, $\rho = 1,000 \times 0.98 = 980[kg/m^3]$,
$\mu = 0.05[kg/m \cdot sec]$
$Q = 1[m^3/min]$

$v = \dfrac{Q}{A} = \dfrac{\frac{1}{60}}{\frac{\pi \times 0.05^2}{4}} \approx 8.49[m/sec]$

레이놀즈수 $R_e = \dfrac{\rho v d}{\mu} = \dfrac{980 \times 8.49 \times 0.05}{0.05} \approx 8,320$

66 가스계량기 중 추량식이 아닌 것은?

① 오리피스식
② 벤투리식
③ 터빈식
④ 루츠식

해설
루츠식 가스미터는 실측 건식 회전식 가스미터에 속한다.

67 가스성분과 그 분석방법으로 가장 옳은 것은?

① 수분 : 노점법
② 전유황 : 아이오딘적정법
③ 나프탈렌 : 중화적정법
④ 암모니아 : 가스크로마토그래피법

해설
② 전유황 : 중화적정법
③ 나프탈렌 : 가스크로마토그래피법
④ 암모니아 : 중화적정법

68 액주식 압력계의 종류가 아닌 것은?

① U자관
② 단관식
③ 경사관식
④ 단종식

해설
액주식 압력계의 종류 : U자관식, 단관식, 경사관식, 차압식, 플로트식, 침종식, 환상천평식

69 같은 무게와 내용적의 빈 실린더에 가스를 충전하였다. 다음 중 가장 무거운 것은?

① 5기압, 300[K]의 질소
② 10기압, 300[K]의 질소
③ 10기압, 360[K]의 질소
④ 10기압, 300[K]의 헬륨

해설
$PV = \dfrac{W}{M}RT$에서 $W = \dfrac{PVM}{RT}$이고 V, R의 조건은 모두 동일하므로, $W = \dfrac{PM}{T}$의 크기만 비교하여 가장 무거운 것을 찾는다.

① $W_1 = \dfrac{P_1 M_1}{T_1} = \dfrac{5 \times 28}{300} \simeq 0.47$
② $W_2 = \dfrac{P_2 M_2}{T_2} = \dfrac{10 \times 28}{300} \simeq 0.93$
③ $W_3 = \dfrac{P_3 M_3}{T_3} = \dfrac{10 \times 28}{360} \simeq 0.78$
④ $W_4 = \dfrac{P_4 M_4}{T_4} = \dfrac{10 \times 4}{300} \simeq 0.13$

70 가스검지법 중 아세틸렌에 대한 염화 제1구리 착염지의 반응색은?

① 청색
② 적색
③ 흑색
④ 황색

해설
시험지법에서의 검지가스별 시험지와 누설 변색 색상
• 아세틸렌(C_2H_2) : 염화제1동착염지 – 적색
• 암모니아(NH_3) : (적색) 리트머스시험지 – 청색
• 염소(Cl_2) : KI 전분지(아이오딘화칼륨, 녹말종이) – 청색
• 일산화탄소(CO) : 염화팔라듐지 – 흑색
• 사이안화수소(HCN) : 질산구리벤젠지(초산벤젠지) – 청색
• 포스겐($COCl_2$) : 해리슨시험지 – 심등색
• 황화수소(H_2S) : 연당지(초산납지) – 흑(갈)색

정답 66 ④ 67 ① 68 ④ 69 ② 70 ②

71 가스미터의 필요조건이 아닌 것은?

① 구조가 간단할 것
② 감도가 좋을 것
③ 대형으로 용량이 클 것
④ 유지관리가 용이할 것

해설
가스미터는 소형으로 용량이 큰 것이 좋다.

72 오차에 비례한 제어 출력신호를 발생시키며 공기식 제어기의 경우에는 압력 등을 제어 출력신호로 이용하는 제어기는?

① 비례제어기
② 비례적분제어기
③ 비례미분제어기
④ 비례적분 – 미분제어기

해설
전기식 신호전송방식
• 신호 지연이 없으며 배선이 용이하다.
• 컴퓨터와의 접속성이 좋다.
• 신호의 복잡한 취급이 용이하다.
• 온오프가 간단하다.
• 취급기술을 요하며 습도에 주의해야 한다.
• 신호 전송거리 : 300[m]~수[km]

73 전기식 제어방식의 장점에 대한 설명으로 틀린 것은?

① 배선작업이 용이하다.
② 신호 전달 지연이 없다.
③ 신호의 복잡한 취급이 쉽다.
④ 조작속도가 빠른 비례 조작부를 만들기 쉽다.

해설
P동작(비례동작)
• 조작량이 제어편차의 변화속도에 비례하는 제어동작
• 오차에 비례한 제어 출력신호를 발생시키며 공기식 제어의 경우에는 압력 등을 제어 출력신호로 이용하는 제어
• 제어 출력신호
$Y = p_s + K_c \varepsilon$
(여기서, p_s : 전 시간에서의 제어 출력신호, K_c : 비례상수, ε : 오차)

74 수면에서 20[m] 깊이에 있는 지점에서의 게이지압이 3.16[kgf/cm²]이었다. 이 액체의 비중량은?

① 1,580[kgf/m³]
② 1,850[kgf/m³]
③ 15,800[kgf/m³]
④ 18,500[kgf/m³]

해설
$P = \gamma h$ 에서 $\gamma = \dfrac{P}{h} = \dfrac{3.16 \times 10^4}{20} = 1,580[\text{kgf/m}^3]$

75 미리 알고 있는 측정량과 측정치를 평형시켜 알고 있는 양의 크기로부터 측정량을 알아내는 방법으로, 대표적인 예로서 천칭을 이용하여 질량을 측정하는 방식을 무엇이라 하는가?

① 영위법
② 평형법
③ 방위법
④ 편위법

해설
영위법 : 측정량(측정하고자 하는 상태량)과 기준량(독립적 크기 조정 가능)을 비교하여 측정량과 똑같이 되도록 기준량을 조정한 후 기준량의 크기로부터 측정량을 구하는 방법(천칭)

정답 71 ③ 72 ① 73 ④ 74 ① 75 ①

76 습증기의 열량을 측정하는 기구가 아닌 것은?

① 조리개 열량계
② 분리열량계
③ 과열열량계
④ 봄베열량계

해설
습증기의 열량을 측정하는 기구 : 조리개 열량계, 분리열량계, 과열열량계

77 계측기의 원리에 대한 설명으로 가장 거리가 먼 것은?

① 기전력의 차이로 온도를 측정한다.
② 액주 높이로부터 압력을 측정한다.
③ 초음파 속도 변화로 유량을 측정한다.
④ 정전용량을 이용하여 유속을 측정한다.

해설
계측기는 전압과 정압의 차를 이용하여 유속을 측정한다.

78 가스분석 중 화학적 방법이 아닌 것은?

① 연소열을 이용한 방법
② 고체 흡수제를 이용한 방법
③ 용액 흡수제를 이용한 방법
④ 가스밀도, 점성을 이용한 방법

해설
화학적 가스분석법의 종류에는 흡수분석법, 연소분석법, 시험지법, 검지관법, 중화적정법, 칼피셔법 등이 있다.

79 400[m] 길이의 저압 본관에 시간당 200[m³] 가스를 흐르도록 하려면 가스배관의 관경은 약 몇 [cm]가 되어야 하는가?(단, 기점, 종점 간의 압력 강하는 1.47[mmHg], K값 = 0.707이고, 가스비중을 0.64로 한다)

① 12.45[cm]
② 15.93[cm]
③ 17.23[cm]
④ 21.34[cm]

해설
저압배관의 유량 $Q = K\sqrt{\dfrac{hD^5}{SL}}$ 에서

$D = \sqrt[5]{\dfrac{Q^2 SL}{K^2 h}} = \sqrt[5]{\dfrac{200^2 \times 0.64 \times 400}{0.707^2 \times \dfrac{1.47}{760} \times 10,332}} \approx 15.93[cm]$

80 검사절차를 자동화하려는 계측작업에서 반드시 필요한 장치가 아닌 것은?

① 자동가공장치
② 자동급송장치
③ 자동선별장치
④ 자동검사장치

해설
검사절차를 자동화하려는 계측작업에서 반드시 필요한 장치 : 자동급송장치, 자동선별장치, 자동검사장치

정답 76 ④ 77 ④ 78 ④ 79 ② 80 ①

2016년 제2회 과년도 기출문제

제1과목 연소공학

01 다음 중 기상폭발에 해당되지 않는 것은?

① 혼합 가스폭발
② 분해폭발
③ 증기폭발
④ 분진폭발

해설
기상폭발의 종류 : (혼합) 가스폭발, 분무폭발, 분진폭발, 분해폭발, 증기운 폭발, 액화가스탱크의 폭발 등

02 비열기관에서 온도 10[℃]의 엔탈피 변화가 단위 중량당 100[kcal]일 때 엔트로피 변화량[kcal/kg·K]은?

① 0.35
② 0.37
③ 0.71
④ 10

해설
$\Delta S = \dfrac{\Delta H}{T} = \dfrac{100[\text{kcal/kg}]}{(10+273)[\text{K}]} \simeq 0.35[\text{kcal/kg}\cdot\text{K}]$

03 내압(耐壓) 방폭구조로 방폭 전기기기를 설계할 때 가장 중요하게 고려해야 할 사항은?

① 가연성 가스의 발화점
② 가연성 가스의 연소열
③ 가연성 가스의 최대 안전틈새
④ 가연성 가스의 최소 점화에너지

해설
내압 방폭구조로 방폭 전기기기를 설계할 때 가장 중요하게 고려해야 할 사항 : 가연성 가스의 안전간격 또는 가연성 가스의 최대 안전틈새

04 가스의 폭발범위(연소범위)에 대한 설명 중 옳지 않은 것은?

① 일반적으로 고압일 경우 폭발범위가 더 넓어진다.
② 수소와 공기 혼합물의 폭발범위는 저온보다 고온일 때 더 넓어진다.
③ 프로판과 공기 혼합물에 질소를 더 가할 때 폭발범위가 더 넓어진다.
④ 메탄과 공기 혼합물의 폭발범위는 저압보다 고압일 때 더 넓어진다.

해설
프로판과 공기 혼합물에 질소를 더 가하면 폭발범위는 더 좁아진다.

정답 1 ③ 2 ① 3 ③ 4 ③

05 층류 확산화염에서 시간이 지남에 따라 유속 및 유량이 증대할 경우 화염의 높이는 어떻게 되는가?

① 높아진다.
② 낮아진다.
③ 거의 변화가 없다.
④ 처음에는 어느 정도 낮아지다가 점점 높아진다.

해설
층류 확산화염에서 시간이 지남에 따라 유속 및 유량이 증대할 경우 화염의 높이는 더 높아진다.

06 사이안화수소를 장기간 저장하지 못하는 주된 이유는?

① 산화폭발
② 분해폭발
③ 중합폭발
④ 분진폭발

해설
액체 사이안화수소는 중합폭발물질이므로 장기간 저장하면 중합폭발을 일으킬 수 있다.

07 상용의 상태에서 가연성 가스가 체류해 위험하게 될 우려가 있는 장소를 무엇이라 하는가?

① 제0종 장소
② 제1종 장소
③ 제2종 장소
④ 제3종 장소

08 자연발화온도(AIT ; Autoignition Temperature)에 영향을 주는 요인에 대한 설명으로 틀린 것은?

① 산소량의 증가에 따라 AIT는 감소한다.
② 압력의 증가에 의하여 AIT는 감소한다.
③ 용량의 크기가 작아짐에 따라 AIT는 감소한다.
④ 유기화합물의 동족열 물질은 분자량이 증가할수록 AIT는 감소한다.

해설
자연발화온도(AIT)는 산소량(산소농도)·유속·압력·분자량·부피·용기의 크기·발화지연시간 등의 증가 시 낮아진다.

09 프로판 가스의 연소과정에서 발생한 열량이 13,000[kcal/kg], 연소할 때 발생된 수증기의 잠열이 2,500[kcal/kg]이면 프로판 가스의 연소효율[%]은 약 얼마인가?(단, 프로판 가스의 진(저)발열량은 11,000[kcal/kg]이다)

① 65.4
② 80.8
③ 92.5
④ 95.4

해설
연소효율 = $\dfrac{\text{실제 발열량}}{\text{진발열량}}$

$= \dfrac{13,000 - 2,500}{11,000} \times 100[\%] \approx 95.4[\%]$

10 융점이 낮은 고체연료가 액상으로 용융되어 발생한 가연성 증기가 착화하여 화염을 내고, 이 화염의 온도에 의하여 액체 표면에서 증기의 발생을 촉진시켜 연소를 계속해 나가는 연소 형태는?

① 증발연소 ② 분무연소
③ 표면연소 ④ 분해연소

해설
증발연소 : 열분해를 일으키지 않고 증발하여 증기가 공기와 혼합하여 일어나는 연소
- 융점이 낮은 고체 연료가 액상으로 용융되어 발생한 가연성 증기가 착화하여 화염을 내고, 이 화염의 온도에 의하여 액체 표면에서 증기의 발생을 촉진시켜 연소를 계속해 나가는 연소 형태이다.
- 고체 가연물이 점화에너지를 공급받아 가연성 증기를 발생하여 발생한 증기와 공기의 혼합 상태에서 연소하는 형태로 불꽃이 없다.
- 파라핀(양초), 유지 등은 가열하면 융해되어 액체로 변화하여 계속적인 가열로 기화되면서 증기가 되어 공기와 혼합하여 연소하는 형태를 보인다.

11 다음 중 질소산화물의 주된 발생원인은?

① 연소실 온도가 높을 때
② 연료가 불완전연소할 때
③ 연료 중 질소분의 연소 시
④ 연료 중에 회분이 많을 때

해설
질소산화물의 주된 발생원인 : 연소실 온도가 높을 때

12 탄소 1[mol]이 불완전연소하여 전량 일산화탄소가 되었을 경우 몇 [mol]이 되는가?

① $\frac{1}{2}$ ② 1
③ $1\frac{1}{2}$ ④ 2

해설
탄소의 연소방정식은 완전연소 시 $C + O_2 \rightarrow CO_2$, 불완전연소 시 $C + 0.5O_2 \rightarrow CO$로 나타난다.
탄소 1[mol]이 전량 일산화탄소가 되었다는 것은 불완전연소하였다는 것이며, 이때 1[mol]의 일산화탄소가 생성된다.

13 폭굉유도거리(DID)에 대한 설명으로 옳은 것은?

① 관경이 클수록 짧다.
② 압력이 낮을수록 짧다.
③ 점화원의 에너지가 약할수록 짧다.
④ 정상 연소속도가 빠른 혼합가스일수록 짧다.

해설
① 관경이 작을수록 짧다.
② 압력이 높을수록 짧다.
③ 점화원의 에너지가 강할수록 짧다.

14 다음 중 염소폭명기의 정의로 옳은 것은?

① 염소와 산소가 점화원에 의해 폭발적으로 반응하는 현상
② 염소와 수소가 점화원에 의해 폭발적으로 반응하는 현상
③ 염화수소가 점화원에 의해 폭발하는 현상
④ 염소가 물에 용해하여 염산이 되어 폭발하는 현상

해설
염소폭명기 : 염소와 수소가 점화원에 의해 폭발적으로 반응하는 현상

정답 10 ① 11 ① 12 ② 13 ④ 14 ②

15 1기압, 40[L]의 공기를 4[L] 용기에 넣었을 때 산소의 분압은 얼마인가?(단, 압축 시 온도 변화는 없고, 공기는 이상기체로 가정하며 공기 중 산소는 20[%]로 가정한다)

① 1기압 ② 2기압
③ 3기압 ④ 4기압

해설
$P_1 V_1 = P_2 V_2$에서 $P_2 = \dfrac{P_1 V_1}{V_2} = \dfrac{1 \times 40}{4} = 10[atm]$이므로, 산소의 분압은 $10 \times 0.2 = 2[atm]$이다.

16 가연성 혼합기체가 폭발범위 내에 있을 때 점화원으로 작용할 수 있는 정전기의 방지대책으로 틀린 것은?

① 접지를 실시한다.
② 제전기를 사용하여 대전된 물체를 전기적 중성 상태로 한다.
③ 습기를 제거하여 가연성 혼합기가 수분과 접촉하지 않도록 한다.
④ 인체에서 발생하는 정전기를 방지하기 위하여 방전복 등을 착용하여 정전기 발생을 제거한다.

해설
상대습도 약 70[%] 이상으로 습기를 유지한다.

17 가연성 물질의 성질에 대한 설명으로 옳은 것은?

① 끓는점이 낮으면 인화의 위험성이 낮아진다.
② 가연성 액체는 온도가 상승하면 점성이 작아지고 화재를 확대시킨다.
③ 전기전도도가 낮은 인화성 액체는 유동이나 여과 시 정전기를 발생시키지 않는다.
④ 일반적으로 가연성 액체는 물보다 비중이 작으므로 연소 시 축소된다.

해설
① 끓는점이 낮으면 인화의 위험성이 높아진다.
③ 전기전도도가 낮은 인화성 액체는 유동이나 여과 시 정전기를 발생시킨다.
④ 일반적으로 가연성 액체는 물보다 비중이 작으므로 연소 시 증가된다.

18 연료와 공기를 별개로 공급하여 연료와 공기의 경계에서 연소시키는 것으로서 화염의 안정범위가 넓고 조작이 쉬우며 역화의 위험성이 작은 연소방식은?

① 예혼합연소 ② 분젠연소
③ 전1차식 연소 ④ 확산연소

해설
확산연소 : 연료·공기 별도 공급
• 연소버너 주변에 가연성 가스를 확산시켜 산소와 접촉, 연소범위의 혼합가스를 생성하여 연소하는 방식으로 기체연료의 일반적 연소 형태이다.
• 연료와 공기를 인접한 2개의 분출구에서 각각 분출시켜 양자의 계면에서 연소를 일으키는 형태이다.
• 연료와 공기를 별개로 공급하여 연료와 공기의 경계에서 연소시키는 것으로서, 화염의 안정범위가 넓고 조작이 쉬우며 역화의 위험성이 적다.
• 가스량의 조절범위가 넓다.
• 가스의 고온예열이 가능하다.
• 개방 대기 중에서는 완전연소가 불가능하다.
• 발염연소, 불꽃(Flaming)연소, 불균질연소라고도 한다.
• 예 : LPG – 공기, 수소 – 산소 등

19 다음 연료 중 착화온도가 가장 높은 것은?

① 메 탄 ② 목 탄
③ 휘발유 ④ 프로판

해설
착화온도[℃]
- 메탄 : 615~682
- 프로판 : 460~520
- 목탄 : 250~300
- 휘발유 : 210~300

20 층류의 연소속도가 작아지는 경우는?

① 압력이 높을수록
② 비중이 작을수록
③ 온도가 높을수록
④ 분자량이 작을수록

해설
층류 연소속도 증가에 미치는 요인
- 비례요인 : 압력, 온도, 열전도율, 산소농도
- 반비례요인 : 비열, 비중, 분자량, 층류화염의 예열대 두께

제2과목 가스설비

21 기지국에서 발생된 정보를 취합하여 통신선로를 통해 원격감시제어소에 실시간으로 전송하고, 원격감시제어소로부터 전송된 정보에 따라 해당 설비의 원격제어가 가능하도록 제어신호를 출력하는 장치를 무엇이라고 하는가?

① Master Station
② Communication Unit
③ Remote Terminal Unit
④ 음성경보장치 및 Map Board

해설
RTU(Remote Terminal Unit, 원격단말장치) : 기지국에서 발생된 정보를 취합하여 통신선로를 통해 원격감시제어소에 실시간으로 전송하고, 원격감시제어소로부터 전송된 정보에 따라 해당 설비의 원격제어가 가능하도록 제어신호를 출력하는 장치

22 프로판(C_3H_8)과 부탄(C_4H_{10})의 몰비가 2 : 1인 혼합가스가 3[atm](절대압력), 25[℃]로 유지되는 용기 속에 존재할 때 이 혼합기체의 밀도는?(단, 이상기체로 가정한다)

① 5.40[g/L] ② 5.98[g/L]
③ 6.55[g/L] ④ 17.7[g/L]

해설
$PV = nRT = \dfrac{W}{M}RT$ 에서

$\dfrac{W}{V} = \rho = \dfrac{PM}{RT} = \dfrac{3 \times \left(44 \times \dfrac{2}{3} + 58 \times \dfrac{1}{3}\right)}{0.082 \times (25 + 273)} \simeq 5.98[\text{g/L}]$

정답 19 ① 20 ② 21 ③ 22 ②

23 내용적 10[m³]의 액화산소저장설비(지상 설치)와 제1종 보호시설과 유지해야 할 안전거리는 몇 [m]인가?(단, 액화산소의 비중은 1.14이다)

① 7
② 9
③ 14
④ 21

해설
액화가스 저장탱크의 저장능력(가스 충전질량)
$W = 0.9d \cdot V = 0.9 \times 1.14 \times 10,000 = 10,260 [\text{kg}]$이므로, 1만 초과 2만 이하일 때 제1종 보호시설과의 안전거리 14[m]를 유지해야 한다.

24 가스배관의 구경을 산출하는 데 필요한 것으로만 짝지어진 것은?

㉮ 가스유량	㉯ 배관 길이
㉰ 압력손실	㉱ 배관 재질
㉲ 가스의 비중	

① ㉮, ㉯, ㉰, ㉱
② ㉯, ㉰, ㉱, ㉲
③ ㉮, ㉯, ㉰, ㉲
④ ㉮, ㉯, ㉱, ㉲

해설
가스배관의 구경(직경) 산출에 필요한 사항 : 가스유량, 배관 길이, 압력손실, 가스의 비중 등

25 배관의 기호와 그 용도 및 사용조건에 대한 설명으로 틀린 것은?

① SPSS는 350[℃] 이하의 온도에서, 압력 9.8[N/mm²] 이하에 사용된다.
② SPPH는 450[℃] 이하의 온도에서, 압력 9.8[N/mm²] 이하에 사용된다.
③ SPLT는 빙점 이하, 특히 낮은 온도의 배관에 사용한다.
④ SPPW는 정수두 100[m] 이하의 급수배관에 사용한다.

해설
SPPH(고압배관용 탄소강관)는 450[℃] 이하의 온도에서, 압력 9.8[N/mm²] 이상에서 사용한다.

26 동일한 가스 입상배관에서 프로판 가스와 부탄가스를 흐르게 할 경우 가스 자체의 무게로 인하여 입상관에서 발생하는 압력손실을 서로 비교하면? (단, 부탄 비중은 2, 프로판 비중은 1.5이다)

① 프로판이 부탄보다 약 2배 정도 압력손실이 크다.
② 프로판이 부탄보다 약 4배 정도 압력손실이 크다.
③ 부탄이 프로판보다 약 2배 정도 압력손실이 크다.
④ 부탄이 프로판보다 약 4배 정도 압력손실이 크다.

해설
입상관의 압력손실 $H = 1.293 \times (S-1)h [\text{mmH}_2\text{O}]$이므로 부탄의 압력손실을 H_1, 프로판의 압력손실을 H_2라고 하면,
$H_1 / H_2 = \dfrac{1.239 \times (2-1)h}{1.239 \times (1.5-1)h} = \dfrac{1}{0.5} = 2$이므로, 압력손실은 부탄이 프로판보다 2배가 크다.

27 작은 구멍을 통해 새어 나오는 가스의 양에 대한 설명으로 옳은 것은?

① 비중이 작을수록 많아진다.
② 비중이 클수록 많아진다.
③ 비중과는 관계가 없다.
④ 압력이 높을수록 적어진다.

해설
작은 구멍을 통해 새어 나오는 가스의 양 : 비중이 작을수록, 압력이 높을수록 많아진다.

28 염소가스압축기에 주로 사용되는 윤활제는?

① 진한 황산
② 양질의 광유
③ 식물성유
④ 묽은 글리세린

해설
염소압축기에는 진한 황산을 사용한다.

29 프로판 용기에 V : 47, TP : 31로 각인이 되어 있다. 프로판의 충전상수가 2.35일 때 충전량[kg]은?

① 10[kg] ② 15[kg]
③ 20[kg] ④ 50[kg]

해설
가스 충전질량 $W = V_2/C = 47/2.35 = 20$[kg]

30 다음 그림의 냉동장치와 일치하는 행정 위치를 표시한 TS 선도는?

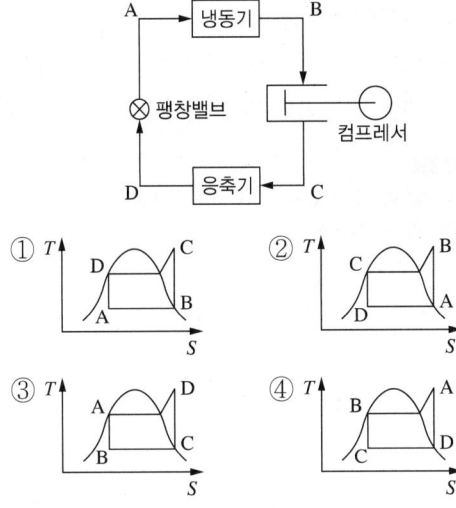

해설
역랭킨 사이클
• 증기압축냉동 사이클(가장 많이 사용되는 냉동 사이클)에 적용한다.
• 역카르노 사이클 중 실현 곤란한 단열과정(등엔트로피 팽창과정)을 교축팽창시켜 실용화한 사이클이다.
• 증발된 증기가 흡수한 열량은 역카르노 사이클에 의하여 증기를 압축하고 고온의 열원에서 방출하는 사이클 사이에 액체와 기체의 두 상으로 변하는 물질을 냉매로 하는 냉동 사이클이다.
• 냉매 순환경로와 같다.

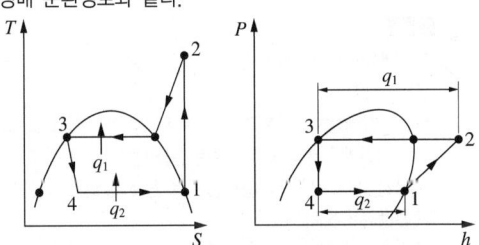

• 과정 구성 : 1-2 단열압축(압축기), 2-3 등압방열(응축기), 3-4 교축(팽창밸브), 4-1 등온등압(증발기)

31 부식을 방지하는 효과가 아닌 것은?

① 피복한다.
② 잔류응력을 없앤다.
③ 이종금속을 접촉시킨다.
④ 관이 콘크리트 벽을 관통할 때 절연한다.

해설
부식을 방지하는 효과 : 피복, 잔류응력 제거, 관이 콘크리트 벽을 관통할 때 절연조치

32 가스액화분리장치의 구성요소에 해당되지 않는 것은?

① 한랭 발생장치
② 정류장치
③ 고온 발생장치
④ 불순물 제거장치

해설
가스액화분리장치의 구성 : 한랭 발생장치, 정류장치, 불순물 제거장치, 팽창기
- 한랭 발생장치 : 액화가스 채취 시 필요한 한랭을 보급하는 장치로 가스액화분리장치의 열손실을 돕는다.
- 정류장치 : 분축 및 흡수장치로 원료가스를 저온에서 분리 및 정제하는 장치
- 불순물 제거장치 : 저온 동결되는 수분, CO_2 등을 제거하는 장치
- 팽창기

왕복동식 팽창기	• 팽창비 : 약 40 정도 • 처리가스량 : 1,000[m^3/h] 정도 • 효율 : 60~65[%] • 저압~20[atm] 고압까지 흡입압력의 범위가 넓다. • 오일 제거를 잘해야 한다.
터보 팽창기	• 팽창비 : 약 5 정도 • 처리가스량 : 10,000[m^3/h] 정도 • 회전수 : 10,000~20,000[rpm] 정도 • 효율 : 80~85[%] • 처리가스에 윤활유가 혼입되지 않는다.

33 LPG 저장설비 중 저온 저장탱크에 대한 설명으로 틀린 것은?

① 외부압력이 내부압력보다 저하됨에 따라 이를 방지하는 설비를 설치한다.
② 주로 탱커(Tanker)에 의하여 수입되는 LPG를 저장하기 위한 것이다.
③ 내부압력이 대기압 정도로서 강재 두께가 얇아도 된다.
④ 저온액화의 경우에는 가스 체적이 적어 다량 저장에 사용된다.

해설
LPG 저장설비 중 저온 저장탱크의 내부압력이 외부압력보다 저하됨에 따른 저장탱크 파괴를 방지하는 설비를 설치한다.

34 나프타를 원료로 접촉분해 프로세스에 의하여 도시가스를 제조할 때 반응온도를 상승시키면 일어나는 현상으로 옳은 것은?

① CH_4, CO_2가 많이 포함된 가스가 생성된다.
② C_3H_8, CO_2가 많이 포함된 가스가 생성된다.
③ CO, CH_4가 많이 포함된 가스가 생성된다.
④ CO, H_2가 많이 포함된 가스가 생성된다.

해설
접촉분해 프로세스(수증기 개질 프로세스) : 촉매를 사용하여 반응온도 400~800[℃]에서 탄화수소와 수증기를 반응시켜 메탄, 수소, 일산화탄소 등으로 변환시키는 공정
- 사이클링식 접촉분해(수증기 개질)법에서는 천연가스로부터 원유까지의 넓은 범위의 원료를 사용할 수 있다.
- 반응온도가 상승하면 CH_4, CO_2가 적고 CO, H_2가 많은 가스가 생성된다.
- 반응압력이 상승하면 CH_4, CO_2가 많고 CO, H_2가 적은 가스가 생성된다.

35 고압가스일반제조시설 중 고압가스설비의 내압시험압력은 상용압력의 몇 배 이상으로 하는가?

① 1
② 1.1
③ 1.5
④ 1.8

해설
고압가스설비는 상용압력이 1.5배 이상의 압력으로, 내압시험을 실시하여 이상이 없어야 한다.

36 다음 그림은 수소용기의 각인이다. Ⓐ V, Ⓑ TP, Ⓒ FP의 의미에 대하여 바르게 나타낸 것은?

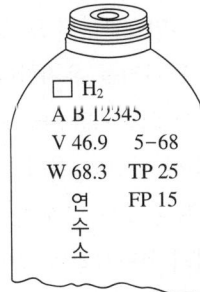

① Ⓐ 내용적, Ⓑ 최고 충전압력, Ⓒ 내압시험압력
② Ⓐ 총부피, Ⓑ 내압시험압력, Ⓒ 기밀시험압력
③ Ⓐ 내용적, Ⓑ 내압시험압력, Ⓒ 최고 충전압력
④ Ⓐ 내용적, Ⓑ 사용압력, Ⓒ 기밀시험압력

해설
수소용기의 각인 : Ⓐ 내용적, Ⓑ 내압시험압력, Ⓒ 최고 충전압력

37 냉동장치의 냉매는 냉동실에서 무슨 열을 흡수함으로써 온도를 강하시키는가?

① 융해잠열
② 용해열
③ 증발잠열
④ 승화잠열

해설
냉동장치의 냉매는 냉동실에서 증발잠열을 흡수함으로써 온도를 강하시킨다.

38 가스가 공급되는 시설 중 지하에 매설되는 강재배관에는 부식을 방지하기 위하여 전기적 부식방지조치를 한다. Mg-Anode를 이용하여 양극 금속과 매설배관을 전선으로 연결하여 양극 금속과 매설배관 사이의 전지작용에 의해 전기적 부식을 방지하는 방법은?

① 직접배류법
② 외부전원법
③ 선택배류법
④ 희생양극법

해설
희생양극법 또는 유전양극법
• 지중 또는 수중에 설치된 양극 금속과 매설배관을 전선으로 연결하여 양극 금속과 매설배관 사이의 전지작용으로 부식을 방지하는 방법
• 가스배관보다 저전위의 금속(마그네슘 등)을 전기적으로 접촉시킴으로써 목적하는 방식 대상 금속 자체를 음극화하여 방식(Anticorrosion)하는 방법

39 지하 매몰배관에 있어서 배관의 부식에 영향을 주는 요인으로 가장 거리가 먼 것은?

① pH
② 가스의 폭발성
③ 토양의 전기전도성
④ 배관 주위의 지하 전선

해설
지하 매몰배관의 부식에 영향을 주는 요인 : pH, 토양의 전기전도성, 배관 주위의 지하 전선 등

40 도시가스 공급시설에 해당되지 않는 것은?

① 본관
② 가스계량기
③ 사용자 공급관
④ 일반 도시가스사업자의 정압기

해설
도시가스 공급시설 : 본관, 사용자 공급관, 일반 도시가스사업자의 정압기, 압송기 등

제3과목 가스안전관리

41 흡수식 냉동설비에서 1일 냉동능력 1[ton]의 산정 기준은?

① 발생기를 가열하는 1시간의 입열량 3,320[kcal]
② 발생기를 가열하는 1시간의 입열량 4,420[kcal]
③ 발생기를 가열하는 1시간의 입열량 5,540[kcal]
④ 발생기를 가열하는 1시간의 입열량 6,640[kcal]

해설
1일의 냉동능력 1[ton] 산정 기준
- 원심식 압축기를 사용하는 냉동설비 : 압축기의 원동기 정격 출력 1.2[kW]
- 흡수식 냉동설비 : 발생기를 가열하는 1시간의 입열량 6,640[kcal]

42 고압가스특정제조시설에서 배관의 도로 밑 매설 기준에 대한 설명으로 틀린 것은?

① 배관의 외면으로부터 도로의 경계까지 2[m] 이상의 수평거리를 유지한다.
② 배관은 그 외면으로부터 도로 밑의 다른 시설물과 0.3[m] 이상의 거리를 유지한다.
③ 시가지 도로 노면 밑에 매설할 때는 노면으로부터 배관의 외면까지의 깊이를 1.5[m] 이상으로 한다.
④ 포장되어 있는 차도에 매설하는 경우에는 그 포장부분의 노반 밑에 매설하고 배관의 외면과 노반의 최하부와의 거리는 0.5[m] 이상으로 한다.

해설
배관의 외면으로부터 도로의 경계까지 1[m] 이상의 수평거리를 유지한다.

43 사이안화수소를 용기에 충전한 후 정치해 두어야 할 기준은?

① 6시간　　② 12시간
③ 20시간　　④ 24시간

해설
사이안화수소의 충전 시 기준
- 아황산가스 또는 황산 등의 안정제를 첨가한 것이어야 한다.
- 충전 후 60일이 경과하기 전에 다른 용기로 옮겨 충전한다.
- 용기에 충전하는 사이안화수소의 순도는 98[%] 이상이며 착색되지 아니한 것이어야 한다(이러한 것은 충전한 후 60일이 경과되기 전 다른 용기에 옮겨 충전하지 않아도 된다).
- 충전한 용기는 24시간 이상 정치하여야 한다.
- 사이안화수소를 충전한 용기는 출전 후 24시간 정치시킨 후 1일 1회 이상 질산구리벤젠 등의 시험지로 가스누출검사를 하여야 한다.

44 LPG 사용시설에서 충전질량이 500[kg]인 소형 저장탱크를 2개 설치하고자 할 때 탱크 간 거리는 얼마 이상을 유지하여야 하는가?

① 0.3[m]　　② 0.5[m]
③ 1[m]　　　④ 2[m]

해설
소형 저장탱크 설치거리

충전질량 [kg]	가스 충전구로부터 토지 경계선에 대한 수평거리[m]	탱크 간 거리[m]	가스 충전구로부터 건축물 개구부에 대한 거리[m]
1,000 미만	0.5 이상	0.3 이상	0.5 이상
1,000 이상 2,000 미만	3.0 이상	0.5 이상	3.0 이상
2,000 이상	5.5 이상	0.5 이상	3.5 이상

45 가스공급자가 수요자에게 액화석유가스를 공급할 때에는 체적 판매방법으로 공급하여야 한다. 다음 중 중량 판매방법으로 공급할 수 있는 경우는?

① 1개월 이내의 기간 동안만 액화석유가스를 사용하는 자
② 3개월 이내의 기간 동안만 액화석유가스를 사용하는 자
③ 6개월 이내의 기간 동안만 액화석유가스를 사용하는 자
④ 12개월 이내의 기간 동안만 액화석유가스를 사용하는 자

해설
액화석유가스를 중량 판매방법으로 공급할 수 있는 경우 : 6개월 이내의 기간 동안만 액화석유가스를 사용하는 자

46 수소의 품질검사에 사용하는 시약으로 옳은 것은?

① 동, 암모니아 시약
② 파이로갈롤 시약
③ 발연 황산 시약
④ 브롬 시약

해설
가스의 품질검사

가 스	순 도	검사방법	검사 시약
산 소	99.5[%] 이상	오르자트법	동, 암모니아 시약
수 소	98.5[%] 이상	오르자트법	파이로갈롤 또는 하이드로설파이드 시약
아세틸렌	98[%] 이상	오르자트법	발연 황산
		뷰렛법	브롬 시약
		정성시험법	질산은 시약

정답　43 ④　44 ①　45 ③　46 ②

47 고압가스특정제조시설에서 저장량 15[ton]인 액화산소 저장탱크의 설치에 대한 설명으로 틀린 것은?

① 저장탱크 외면으로부터 인근 주택과의 안전거리는 9[m] 이상 유지하여야 한다.
② 저장탱크 또는 배관에는 그 저장탱크 또는 배관을 보호하기 위하여 온도 상승 방지 등 필요한 조치를 하여야 한다.
③ 저장탱크는 그 외면으로부터 화기를 취급하는 장소까지 2[m] 이상의 우회거리를 유지하여야 한다.
④ 저장탱크 주위에는 액상의 가스가 누출된 경우에 그 유출을 방지하기 위한 조치를 반드시 할 필요는 없다.

해설
특정제조시설의 저장량 15[ton]인 액화산소 저장탱크의 설치
- 저장탱크 외면으로부터 인근 주택과의 안전거리는 9[m] 이상 유지하여야 한다.
- 저장탱크 또는 배관에는 그 저장탱크 또는 배관을 보호하기 위하여 온도 상승 방지 등 필요한 조치를 하여야 한다.
- 저장탱크는 그 외면으로부터 화기를 취급하는 장소까지 8[m] 이상의 우회거리를 유지하여야 한다.
- 저장탱크 주위에는 액상의 가스가 누출된 경우에 그 유출을 방지하기 위한 조치를 반드시 할 필요는 없다.

48 수소의 성질에 대한 설명으로 옳은 것은?

① 비중이 약 0.07 정도로서 공기보다 가볍다.
② 열전도도가 아주 낮아 폭발하한계도 낮다.
③ 열에 대하여 불안정하여 해리가 잘된다.
④ 산화제로 사용되며 용기의 색은 적색이다.

해설
② 열전도도가 매우 크고 폭발하한계도 낮다.
③ 열에 대하여 안정하다.
④ 산화제로 사용되며 용기의 색은 회색이다.

49 액화석유가스 사용시설의 기준에 대한 설명으로 틀린 것은?

① 용기 저장능력이 100[kg] 초과 시에는 용기 보관실을 설치한다.
② 저장설비를 용기로 하는 경우 저장능력은 500[kg] 이하로 한다.
③ 가스온수기를 목욕탕에 설치할 경우에는 배기가 용이하도록 배기통을 설치한다.
④ 사이펀 용기는 기화장치가 설치되어 있는 시설에서만 사용한다.

해설
가스온수기나 가스보일러는 목욕탕 또는 환기가 잘되지 않는 곳에는 설치하지 않는다.

50 용접 결함에 해당되지 않는 것은?

① 언더컷(Undercut)
② 피트(Pit)
③ 오버랩(Overlap)
④ 비드(Bead)

해설
용접 결함의 종류 : 언더컷, 피트, 오버랩, 뒤틀림, 아크 스트라이크, 용입 불량, 언더필, 기공, 균열, 은점 등

51 공기 중에 누출되었을 때 바닥에 고이는 가스로만 나열된 것은?

① 프로판, 에틸렌, 아세틸렌
② 에틸렌, 천연가스, 염소
③ 염소, 암모니아, 포스겐
④ 부탄, 염소, 포스겐

해설
가스가 공기 중에 누출되었을 때
• 바닥에 고이는 가스 : 분자량이 공기의 평균 분자량 29보다 큰 가스로 프로판(C_3H_8), 부탄(C_4H_{10}), 산화에틸렌(C_2H_4O), 염소(Cl_2), 포스겐, 황화수소 등이 있다.
• 바닥에 고이지 않는 가스 : 분자량이 공기의 평균 분자량 29보다 작은 가스로 메탄(CH_4), 암모니아(NH_3), 아세틸렌(C_2H_2), 에틸렌(C_2H_4)이 있다.

52 고압가스 저장탱크 및 처리설비를 실내에 설치하는 경우의 기준에 대한 설명으로 틀린 것은?

① 천장, 벽 및 바닥의 두께가 각각 30[cm] 이상인 철근콘크리트로 만든 실로서 방수처리가 된 것으로 한다.
② 저장탱크실과 처리설비실은 각각 구분하여 설치하되 출입문은 공용으로 한다.
③ 저장탱크의 정상부와 저장탱크실 천장과의 거리는 60[cm] 이상으로 한다.
④ 저장탱크에 설치한 안전밸브는 지상 5[m] 이상의 높이에 방출구가 있는 가스 방출관을 설치한다.

해설
저장탱크실과 처리설비실은 각각 구분하여 설치하되 강제환기시설을 갖춘다.

53 밸브가 돌출된 용기를 용기 보관소에 보관하는 경우 넘어짐 등으로 인한 충격 및 밸브의 손상을 방지하기 위한 조치를 하지 않아도 되는 용기의 내용적 기준은?

① 1[L] 미만
② 3[L] 미만
③ 5[L] 미만
④ 10[L] 미만

해설
(밸브가 돌출된) 충전용기(내용적이 5[L] 이하인 것은 제외)에는 넘어짐 등에 의한 충격 및 밸브의 손상을 방지하는 등의 조치를 하고 난폭한 취급을 하지 않을 것

54 내용적 50[L]의 용기에 프로판을 충전할 때 최대 충전량은?(단, 프로판 충전정수는 2.35이다)

① 21.3[kg]
② 47[kg]
③ 117.5[kg]
④ 11.8[kg]

해설
최대 충전량
$G = V/C = 50/2.35 = 21.3[kg]$

55 고압가스 배관을 보호하기 위하여 배관과의 수평거리 얼마 이내에서는 파일박기 작업을 하지 아니하여야 하는가?

① 0.1[m]
② 0.3[m]
③ 0.5[m]
④ 1[m]

해설
고압가스 배관을 보호하기 위하여 고압가스 배관과의 수평거리 0.3[m] 이내에서는 파일박기 작업을 금한다.

정답 51 ④ 52 ② 53 ③ 54 ① 55 ②

56 고압가스 충전 등에 대한 기준으로 틀린 것은?

① 산소충전작업 시 밀폐형의 수전해조에는 액면계와 자동급수장치를 설치한다.
② 습식 아세틸렌 발생기의 표면은 70[℃] 이하의 온도로 유지한다.
③ 산화에틸렌의 저장탱크에는 45[℃]에서 그 내부가스의 압력이 0.4[MPa] 이상이 되도록 탄산가스를 충전한다.
④ 사이안화수소를 충전한 용기는 충전한 후 90일이 경과되기 전에 다른 용기에 옮겨 충전한다.

해설
사이안화수소의 저장은 용기에 충전한 후 60일을 초과하지 아니한다.

57 액화가스의 저장탱크 설계 시 저장능력에 따른 내용적 계산식으로 적합한 것은?(단, V : 용적[m³], W : 저장능력[ton], d : 상용온도에서 액화가스의 비중)

① $V = \dfrac{W}{0.9d}$
② $V = \dfrac{W}{0.85d}$
③ $V = \dfrac{W}{0.8d}$
④ $V = \dfrac{W}{0.6d}$

해설
액화가스의 저장탱크 설계 시 저장능력에 따른 내용적 :
$V = \dfrac{W}{0.9d}$

58 고압가스 운반 기준에 대한 설명으로 틀린 것은?

① 충전용기와 휘발유는 동일 차량에 적재하여 운반하지 못한다.
② 산소탱크의 내용적은 16,000[L]를 초과하지 않아야 한다.
③ 액화염소탱크의 내용적은 12,000[L]를 초과하지 않아야 한다.
④ 가연성 가스와 산소를 동일 차량에 적재하여 운반하는 때에는 그 충전용기의 밸브가 서로 마주보지 않도록 적재하여야 한다.

해설
LP 가스를 제외한 수소, 산소 등의 가연성 가스의 탱크의 내용적은 18,000[L]를 초과하지 않아야 한다.

59 염소 누출에 대비하여 보유하여야 하는 제독제가 아닌 것은?

① 가성소다 수용액
② 탄산소다 수용액
③ 암모니아수
④ 소석회

해설
암모니아수는 제독제가 아니라 독성가스에 해당한다.

60 고압가스안전관리법에서 주택은 제 몇 종 보호시설로 분류되는가?

① 제0종
② 제1종
③ 제2종
④ 제3종

해설
제2종 보호시설
• 주 택
• 사람을 수용하는 건축물(가설 건축물 제외)로서 사실상 독립된 부분의 연면적이 100[m²] 이상 1,000[m²] 미만인 것

제4과목 | 가스계측

61 접촉연소식 가스검지기의 특징에 대한 설명으로 틀린 것은?

① 가연성 가스는 검지 대상이 되므로 특정한 성분만을 검지할 수 없다.
② 측정가스의 반응열을 이용하므로 가스는 일정 농도 이상이 필요하다.
③ 완전연소가 일어나도록 순수한 산소를 공급해 준다.
④ 연소반응에 따른 필라멘트의 전기저항 증가를 검출한다.

해설
완전연소가 일어나도록 충분한 공기를 공급해 준다.

62 '계기로 같은 시료를 여러 번 측정하여도 측정값이 일정하지 않다'에서 이 일치하지 않는 것이 작은 정도를 무엇이라고 하는가?

① 정밀도(精密度)
② 정도(程度)
③ 정확도(正確度)
④ 감도(感度)

해설
정밀도(Precision) : 분산(산포)이 작은 정도로, 참값에 가까운 정도이다.('계기로 같은 시료를 여러 번 측정하여도 측정값이 일정하지 않다'라고 할 때 이 일치하지 않는 것의 작은 정도를 정밀도라 한다)

63 날개에 부딪히는 유체의 운동량으로 회전체를 회전시켜 운동량과 회전량의 변화로 가스 흐름을 측정하는 것으로 측정범위가 넓고 압력손실이 작은 가스유량계는?

① 막식 유량계
② 터빈유량계
③ Roots 유량계
④ Vortex 유량계

해설
터빈유량계
• 유체에너지를 이용하는 유속식 유량계
• 날개에 부딪히는 유체의 운동량으로 회전체를 회전시켜 운동량과 회전량의 변화로 가스 흐름을 측정하는 것으로, 측정범위가 넓고 압력손실이 작은 가스유량계

64 기체크로마토그래피에서 시료성분의 통과속도를 느리게 하여 성분을 분리시키는 부분은?

① 고정상
② 이동상
③ 검출기
④ 분리관

해설
고정상(Stationary Phase) : 기체크로마토그래피에서 충전물질(시료성분의 통과속도를 느리게 하여 성분을 분리시키는 부분)이며 정지상이라고도 한다.

65 가스유량 측정기구가 아닌 것은?

① 막식 미터
② 토크미터
③ 델타식 미터
④ 회전자식 미터

해설
막식 미터, 델타식 미터, 회전자식 미터 등은 가스유량 측정기구지만 토크미터는 토크측정기이다.

정답 61 ③ 62 ① 63 ② 64 ① 65 ②

66 피토관을 사용하여 유량을 구할 때의 식으로 옳은 것은?(단, Q : 유량, A : 관의 단면적, C : 유량계수, P_t : 전압, P_s : 정압, γ : 유체의 비중량)

① $Q = AC(P_t - P_s)\sqrt{2g/\gamma}$
② $Q = AC\sqrt{2g(P_t - P_s)/\gamma}$
③ $Q = \sqrt{2gAC(P_t - P_s)/\gamma}$
④ $Q = (P_t - P_s)\sqrt{2g/AC\gamma}$

해설
유 량
$Q = AC\sqrt{2g\Delta P/\gamma}$
(여기서, Q : 유량[m³/sec], A : 단면적[m²], C : 유량계수, g : 중력가속도[m/sec²], ΔP : 전압과 정압의 압력차[kgf/m²], γ : 유체의 비중량[kg/m³])

67 도시가스로 사용하는 NG의 누출을 검지하기 위하여 검지기는 어느 위치에 설치하여야 하는가?

① 검지기 하단은 천장면의 아래쪽 0.3[m] 이내
② 검지기 하단은 천장면의 아래쪽 3[m] 이내
③ 검지기 상단은 바닥면에서 위쪽으로 0.3[m] 이내
④ 검지기 상단은 바닥면에서 위쪽으로 3[m] 이내

해설
검지기의 설치 위치
• 도시가스(LNG) 등 공기보다 가벼운 가스 : 검지기 하단은 천장면 등의 아래쪽 0.3[m] 이내에 부착
• LPG 등 공기보다 무거운 가스 : 검지기 상단은 바닥면 등에서 위쪽으로 0.3[m] 이내에 부착

68 막식 가스미터에서 이물질로 인한 불량이 생기는 원인으로 가장 옳지 않은 것은?

① 연동기구가 변형된 경우
② 계량기의 유리가 파손된 경우
③ 크랭크축에 이물질이 들어가 회전부에 윤활유가 없어진 경우
④ 밸브와 시트 사이에 점성물질이 부착된 경우

해설
막식 가스미터에서 이물질로 인한 불량이 생기는 원인 : 연동기구가 변형된 경우, 크랭크축에 이물질이 들어가 회전부에 윤활유가 없어진 경우, 밸브와 시트 사이에 점성물질이 부착된 경우

69 어떤 분리관에서 얻은 벤젠의 가스크로마토그램을 분석하였더니 시료 도입점으로부터 피크 최고점까지의 길이가 85.4[mm], 봉우리의 폭이 9.6[mm]이었다. 이론단수는?

① 835
② 935
③ 1,046
④ 1,266

해설
이론단수
$N = 16 \times \left(\dfrac{l}{W}\right)^2 = 16 \times \left(\dfrac{85.4}{9.6}\right)^2 \simeq 1,266$

70 방사고온계에 적용되는 이론은?

① 필터효과
② 제베크 효과
③ 윈-프랑크 법칙
④ 슈테판-볼츠만 법칙

해설
방사 고온계는 슈테판-볼츠만 법칙을 응용한 온도계이다.

71 정확한 계량이 가능하여 기준기로 주로 이용되는 것은?

① 막식 가스미터
② 습식 가스미터
③ 회전자식 가스미터
④ 벤투리식 가스미터

해설
습식 가스미터 : 정확한 계량이 가능하여 주로 기준기로 이용되는 가스미터

72 계통적 오차(Systematic Error)에 해당되지 않는 것은?

① 계기오차   ② 환경오차
③ 이론오차   ④ 우연오차

해설
우연오차는 발생원인을 모르는 오차이며, 계통적 오차가 아니다.

73 부르동관 압력계의 특징으로 옳지 않은 것은?

① 정도가 매우 높다.
② 넓은 범위의 압력을 측정할 수 있다.
③ 구조가 간단하고 제작비가 저렴하다.
④ 측정 시 외부로부터 에너지를 필요로 하지 않는다.

해설
부르동관 압력계는 정도가 나쁘다.

74 계측시간이 짧은 에너지의 흐름을 무엇이라 하는가?

① 외 란   ② 시정수
③ 펄 스   ④ 응 답

해설
펄스 : 계측시간이 짧은 에너지의 흐름

75 가스사용시설의 가스 누출 시 검지법으로 틀린 것은?

① 아세틸렌가스 누출검지에 염화 제1구리 착염지를 사용한다.
② 황화수소가스 누출검지에 초산연지를 사용한다.
③ 일산화탄소가스 누출검지에 염화팔라듐지를 사용한다.
④ 염소가스 노출검지에 묽은 황산을 사용한다.

해설
염소가스 누출검지에는 KI 전분지가 사용된다.

정답 71 ② 72 ④ 73 ① 74 ③ 75 ④

76 MKS 단위에서 다음 중 중력 환산인자의 차원은?

① [kg·m/sec²·kgf]
② [kgf·m/sec²·kg]
③ [kgf·m²/sec·kgf]
④ [kg·m²/sec·kgf]

해설
MKS 단위에서 중력 환산계수는 9.8[kg·m/sec²·kgf]이므로, MKS 단위에서 중력 환산인자의 차원은 [kg·m/sec²·kgf]이다.

77 길이 2.19[mm]인 물체를 마이크로미터로 측정하였더니 2.10[mm]이었다. 오차율은 몇 [%]인가?

① +4.1[%]   ② -4.1[%]
③ +4.3[%]   ④ -4.3[%]

해설
$$오차율 = \frac{측정값 - 참값}{참값} \times 100[\%]$$
$$= \frac{2.10 - 2.19}{2.19} \times 100[\%] \approx -4.1[\%]$$

78 루츠(Roots) 가스미터의 특징이 아닌 것은?

① 설치 공간이 작다.
② 여과기 설치를 필요로 한다.
③ 설치 후 유지관리가 필요하다.
④ 소유량에서도 작동이 원활하다.

해설
루츠 가스미터는 대유량에서 작동이 원활하다.

79 속도계수가 C이고 수면의 높이가 h인 오리피스에서 유출하는 물의 속도수두는 얼마인가?

① $h \cdot C$ ② h/C
③ $h \cdot C^2$ ④ h/C^2

해설
오리피스에서 유출하는 물의 속도수두
$h \cdot C^2$
(여기서, h : 수면의 높이, C : 속도계수)

80 다음 중 분리분석법에 해당하는 것은?

① 광흡수분석법
② 전기분석법
③ Polarography
④ Chromatography

해설
Chromatography : 분리관, 검출기, 기록계 등으로 구성되어 있으며 분리분석법으로 가스를 분석한다.

제1과목 연소공학

01 가연물과 일반적인 연소 형태를 짝지어 놓은 것 중 틀린 것은?

① 등유 – 증발연소
② 목재 – 분해연소
③ 코크스 – 표면연소
④ 나이트로글리세린 – 확산연소

해설
나이트로글리세린 – 자기연소

02 내압 방폭구조에 대한 설명이 올바른 것은?

① 용기 내부에 보호가스를 압입하여 내부압력을 유지하여 가연성 가스가 침입하는 것을 방지한 구조
② 정상 및 사고 시에 발생하는 전기불꽃 및 고온부로부터 폭발성 가스에 점화되지 않는다는 것을 공적 기관에서 시험 및 기타 방법에 의해 확인한 구조
③ 정상 운전 중에 전기불꽃 및 고온이 생겨서는 안 되는 부분에 이들이 생기는 것을 방지하도록 구조상 및 온도 상승에 대비하여 특별히 안전도를 증가시킨 구조
④ 용기 내부에서 가연성 가스의 폭발이 일어났을 때 용기가 압력에 견디고 또한 외부의 가연성 가스에 인화되지 않도록 한 구조

해설
① 압력방폭구조
② 본질안전 방폭구조
③ 안전증 방폭구조

03 증기폭발(Vapor Explosion)에 대한 설명으로 옳은 것은?

① 수증기가 갑자기 응축하여 그 결과로 압력 강하가 일어나 폭발하는 현상
② 가연성 기체가 상온에서 혼합기체가 되어 발화원에 의하여 폭발하는 현상
③ 가연성 액체가 비점 이상의 온도에서 발생한 증기가 혼합기체가 되어 폭발하는 현상
④ 고열의 고체와 저온의 물 등 액체가 접촉할 때 찬 액체가 큰 열을 받아 갑자기 증기가 발생하여 증기의 압력에 의하여 폭발하는 현상

해설
증기폭발(Vapor Explosion) : 고열의 고체와 저온의 물 등 액체가 접촉할 때 찬 액체가 큰 열을 받아 갑자기 증기가 발생하여 증기의 압력에 의하여 폭발하는 현상

04 다음 폭발원인에 따른 종류 중 물리적 폭발은?

① 압력폭발   ② 산화폭발
③ 분해폭발   ④ 촉매폭발

해설
②, ③, ④는 화학적 폭발에 해당한다.

정답 1 ④ 2 ④ 3 ④ 4 ①

05 화학 반응속도를 지배하는 요인에 대한 설명으로 옳은 것은?

① 압력이 증가하면 반응속도는 항상 증가한다.
② 생성물질의 농도가 커지면 반응속도는 항상 증가한다.
③ 자신은 변하지 않고 다른 물질의 화학 변화를 촉진하는 물질을 부촉매라고 한다.
④ 온도가 높을수록 반응속도가 증가한다.

해설
① 기체의 경우 압력이 커지면 단위 부피 속 분자수가 많아져서 반응물질의 농도가 증가되어 분자 사이의 충돌수가 증가하여 반응속도가 빨라진다.
② 반응물질의 농도가 커지면 반응속도는 항상 증가한다.
③ 자신은 변하지 않고 다른 물질의 화학 변화를 촉진하는 물질을 촉매라고 한다.

06 수소의 위험도(H)는 얼마인가?(단, 수소의 폭발하한 4[%], 폭발상한 75[%]이다)

① 5.25
② 17.75
③ 27.25
④ 33.75

해설
수소의 위험도
$H = \dfrac{U-L}{L} = \dfrac{75-4}{4} = 17.75$

07 CO_2 32[vol%], O_2 5[vol%], N_2 63[vol%]의 혼합기체의 평균 분자량은 얼마인가?

① 29.3
② 31.3
③ 33.3
④ 35.3

해설
혼합기체의 평균 분자량 = $(44 \times 0.32) + (32 \times 0.05) + (28 \times 0.63)$
$\simeq 33.3$

08 최소 점화에너지(MIE)에 대한 설명으로 틀린 것은?

① MIE는 압력의 증가에 따라 감소한다.
② MIE는 온도의 증가에 따라 증가한다.
③ 질소농도의 증가는 MIE를 증가시킨다.
④ 일반적으로 분진의 MIE는 가연성 가스보다 큰 에너지 준위를 가진다.

해설
MIE는 온도의 증가에 따라 감소한다.

09 착화열에 대한 가장 바른 표현은?

① 연료가 착화해서 발생하는 전 열량
② 외부로부터 열을 받지 않아도 스스로 연소하여 발생하는 열량
③ 연료를 초기 온도로부터 착화온도까지 가열하는 데 필요한 열량
④ 연료 1[kg]이 착화해서 연소하여 나오는 총발열량

해설
착화열 : 연료를 초기 온도로부터 착화온도까지 가열하는 데 필요한 열량

5 ④ 6 ② 7 ③ 8 ② 9 ③ **정답**

10 인화성 물질이나 가연성 가스가 폭발성 분위기를 생성할 우려가 있는 장소 중 가장 위험한 장소 등급은?

① 제1종 장소
② 제2종 장소
③ 제3종 장소
④ 제0종 장소

11 다음 중 가열만으로도 폭발의 우려가 가장 높은 물질은?

① 산화에틸렌
② 에틸렌글리콜
③ 산화철
④ 수산화나트륨

해설
산화에틸렌은 가열만으로도 폭발의 우려가 매우 높은 물질이다.

12 자연발화의 형태와 가장 거리가 먼 것은?

① 산화열에 의한 발열
② 분해열에 의한 발열
③ 미생물의 작용에 의한 발열
④ 반응 생성물의 중합에 의한 발열

해설
자연발화의 원인(자연발화의 형태)
• 분해열에 의한 발열 : 셀룰로이드, 나이트로셀룰로스
• 산화열에 의한 발열 : 석탄, 건성유, 불포화 유지
• 발효열에 의한 발열(미생물의 작용에 의한 발열) : 퇴비, 건초, 먼지
• 흡착열에 의한 발열 : 목탄, 활성탄 등
• 중합열에 의한 발열 : HCN, 산화에틸렌 등

13 이상기체에 대한 돌턴(Dalton)의 법칙을 옳게 설명한 것은?

① 혼합기체의 전 압력은 각 성분의 분압의 합과 같다.
② 혼합기체의 부피는 각 성분의 부피의 합과 같다.
③ 혼합기체의 상수는 각 성분의 상수의 합과 같다.
④ 혼합기체의 온도는 항상 일정하다.

해설
돌턴(Dalton)의 법칙 : 혼합기체의 전압은 각 성분기체들의 분압의 합과 같다.

14 0.5[atm], 10[L]의 기체 A와 1.0[atm] 5.0[L]의 기체 B를 전체 부피 15[L]의 용기에 넣을 경우 전체 압력은 얼마인가?(단, 온도는 일정하다)

① $\frac{1}{3}$[atm]   ② $\frac{2}{3}$[atm]
③ 1[atm]   ④ 2[atm]

해설
$PV = P_1 V_1 + P_2 V_2$ 에서
$P = \frac{P_1 V_1 + P_2 V_2}{V} = \frac{0.5 \times 10 + 1.0 \times 5}{15} = \frac{2}{3}$[atm] 이다.

정답 10 ④ 11 ① 12 ④ 13 ① 14 ②

15 점화지연(Ignition Delay)에 대한 설명으로 틀린 것은?

① 혼합기체가 어떤 온도 및 압력 상태하에서 자기점화가 일어날 때까지만 약간의 시간이 걸린다는 것이다.
② 온도에도 의존하지만, 특히 압력에 의존하는 편이다.
③ 자기점화가 일어날 수 있는 최저 온도를 점화온도(Ignition Temperature)라고 한다.
④ 물리적 점화지연과 화학적 점화지연으로 나눌 수 있다.

해설
점화지연(Ignition Delay)은 압력보다는 주로 온도에 의존한다.

16 탄소 2[kg]이 완전연소할 경우 이론공기량은 약 몇 [kg]인가?

① 5.3   ② 11.6
③ 17.9 ④ 23.0

해설
탄소의 연소방정식 : $C + O_2 \rightarrow CO_2$
이론공기량
$A_0 = \dfrac{O_0}{0.232} = \left(\dfrac{2}{12} \times 32\right) \times \dfrac{1}{0.232} \approx \dfrac{5.3}{0.232} \approx 23[kg]$

17 프로판 30[v%] 및 부탄 70[v%]의 혼합가스 1[L]가 완전연소하는 데 필요한 이론공기량은 약 몇 [L]인가?(단, 공기 중 산소농도는 20[%]로 한다)

① 26   ② 28
③ 30   ④ 32

해설
프로판의 연소방정식 : $C_3H_8 + 5O_2 \rightarrow 3CO_2 + 4H_2O$
부탄의 연소방정식 : $C_4H_{10} + 6.5O_2 \rightarrow 4CO_2 + 5H_2O$
프로판과 부탄의 비가 30[v%] : 70[v%]이므로,
필요한 이론산소량 $= (0.3 \times 5) + (0.7 \times 6.5) = 6.05[L]$이다.
따라서, 이론공기량 $A_0 = \dfrac{O_0}{0.2} = \dfrac{6.05}{0.2} \approx 30[L]$ 이다.

18 폭발과 관련한 가스의 성질에 대한 설명으로 옳지 않은 것은?

① 인화온도가 낮을수록 위험하다.
② 연소속도가 큰 것일수록 위험하다.
③ 안전간격이 큰 것일수록 위험하다.
④ 가스의 비중이 크면 낮은 곳에 체류한다.

해설
안전간격이 작은 것일수록 위험하다.

19 폭발범위가 넓은 것부터 옳게 나열된 것은?

① H_2 > CO > CH_4 > C_3H_8
② CO > H_2 > CH_4 > C_3H_8
③ C_3H_8 > CH_4 > CO > H_2
④ H_2 > CH_4 > CO > C_3H_8

[해설]
폭발범위[%], ( )는 폭발범위 폭 : H_2 4.1~75(70.9) > CO 12.5~75(62.5) > CH_4 5~15(10) > C_3H_8 2.1~9.5(7.4)

20 다음 중 폭발 방지를 위한 안전장치가 아닌 것은?

① 안전밸브
② 가스누출경보장치
③ 방호벽
④ 긴급차단장치

[해설]
폭발방지 안전장치 : 안전밸브, 가스누출경보장치, 긴급차단장치 등

제2과목 가스설비

21 펌프를 운전하였을 때에 주기적으로 한숨을 쉬는 듯한 상태가 되어 입·출구 압력계의 지침이 흔들리고 동시에 송출유량이 변화하는 현상과 이에 대한 대책을 옳게 설명한 것은?

① 서징현상 : 회전차, 안내깃의 모양 등을 바꾼다.
② 캐비테이션 : 펌프의 설치 위치를 낮추어 흡입양정을 짧게 한다.
③ 수격작용 : 플라이휠을 설치하여 펌프의 속도가 급격히 변하는 것을 막는다.
④ 베이퍼로크 현상 : 흡입관의 지름을 크게 하고 펌프의 설치 위치를 최대한 낮춘다.

[해설]
서징현상(Surging, 맥동현상)
- 서징현상의 정의 : 펌프를 운전하였을 때에 주기적으로 한숨을 쉬는 듯한 상태가 되어 입·출구 압력계의 지침이 흔들리고 동시에 송출유량이 변화하는 현상
- 서징현상 발생원인 : 유체의 흐름이 제어밸브 등의 조작에 의한 급격한 변화로 인한 유체의 운동에너지가 압력에너지로 변함에 따른 송출량과 압력의 주기적인 급격한 변동과 진동
- 서징현상 영향 : 진동·소음 증가, 펌프 수명 저하 등
- 서징현상 방지대책
  - 회전차, 안내깃의 모양을 바꾼다.
  - 배수량을 늘리거나 임펠러의 회전수를 변경한다.
  - 관경을 변경하여 유속을 변화시킨다.
  - 배관 내 잔류공기를 제거한다.

22 촉매를 사용하여 반응온도 400~800[℃]에서 탄화수소와 수증기를 반응시켜 메탄, 수소, 일산화탄소 등으로 변환시키는 공정은?

① 열분해공정
② 접촉분해공정
③ 부분 연소공정
④ 대체 천연가스공정

해설
접촉분해 프로세스(수증기 개질 프로세스) : 촉매를 사용하여 반응온도 400~800[℃]에서 탄화수소와 수증기를 반응시켜 메탄, 수소, 일산화탄소 등으로 변환시키는 공정
• 사이클링식 접촉분해(수증기 개질)법에서는 천연가스로부터 원유까지의 넓은 범위의 원료를 사용할 수 있다.
• 반응온도가 상승하면 CH_4, CO_2가 적고, CO, H_2가 많은 가스가 생성된다.
• 반응압력이 상승하면 CH_4, CO_2가 많고, CO, H_2가 적은 가스가 생성된다.
• 온도와 압력이 일정할 때 수증기와 원료 탄화수소의 중량비(수증기비)가 증가하면 CO의 변성반응이 촉진된다.
• 저온 수증기 개질 프로세스 방식 : CRG식, MRG식, Lurgi식

23 내용적 50[L]의 고압가스 용기에 대하여 내압시험을 하였다. 이 경우 30[kg/cm²]의 수압을 걸었을 때 용기의 용적이 50.4[L]로 늘어났고 압력을 제거하여 대기압으로 하였더니 용기 용적은 50.04[L]로 되었다. 영구 증가율은 얼마인가?

① 0.5[%]
② 5[%]
③ 8[%]
④ 10[%]

해설
영구(항구) 증가율 = $\dfrac{영구(항구) 증가량}{전 증가량} \times 100[\%]$
= $\dfrac{50.04-50}{50.4-50} \times 100[\%]$
= $\dfrac{0.04}{0.4} \times 100[\%] = 10[\%]$

24 양정(H)이 10[m], 송출량(Q)이 0.30[m³/min], 효율(η)이 0.65인 2단 터빈펌프의 축출력(L)은 약 몇 [kW]인가?(단, 수송유체인 물의 밀도는 1,000[kg/m³]이다)

① 0.75
② 0.92
③ 1.05
④ 1.32

해설
축출력
$L = \dfrac{\gamma H Q}{\eta} = \dfrac{1{,}000 \times 10 \times 0.3}{0.65} \simeq 4{,}615[\text{kgf/min}]$
$= \dfrac{4{,}615 \times 9.8}{60}[\text{N/sec}] \simeq 753.8[\text{W}] \simeq 0.75[\text{kW}]$

25 이음매 없는 고압배관을 제작하는 방법이 아닌 것은?

① 연속주조법
② 만네스만법
③ 인발하는 방법
④ 전기저항용접법(ERW)

해설
이음매 없는 고압배관 제작방법 : 연속주조법, 만네스만법, 인발

26 Loading형으로 정특성, 동특성이 양호하며 비교적 콤팩트한 형식의 정압기는?

① KRF식 정압기
② Fisher식 정압기
③ Reynolds식 정압기
④ Axial-flow식 정압기

해설
피셔(Fisher)식 정압기 : 로딩형으로 주로 중압용으로 사용되고 정특성, 동특성이 양호하며 비교적 콤팩트한 형식의 정압기이다. 구동압력이 증가하면 개조도 증가되는 방식이다.

27 플랜지 이음에 대한 설명 중 틀린 것은?

① 반영구적인 이음이다.
② 플랜지 접촉면에는 기밀을 유지하기 위하여 패킹을 사용한다.
③ 유니언 이음보다 관경이 크고 압력이 많이 걸리는 경우에 사용한다.
④ 패킹 양면에 그리스 같은 기름을 발라 두면 분해 시 편리하다.

해설
플랜지 이음은 영구적이거나 반영구적인 이음이 아닌 일시적 이음이다.

28 LNG의 주성분은?

① 에탄   ② 프로판
③ 메탄   ④ 부탄

29 도시가스 배관에 사용되는 밸브 중 전개 시 유동저항이 작고 서서히 개폐가 가능하므로 충격을 일으키는 것이 적으나, 유체 중 불순물이 있는 경우 밸브에 고이기 쉬우므로 차단능력이 저하될 수 있는 밸브는?

① 볼밸브
② 플러그 밸브
③ 게이트 밸브
④ 버터플라이 밸브

해설
게이트 밸브
• 전개 시 유동저항이 작다.
• 서서히 개폐 가능하다.
• 충격 발생이 적다.
• 유체 중 불순물이 있으면 밸브에 고이기 쉬워 차단능력이 저하될 수 있다.

30 배관을 통한 도시가스의 공급에 있어서 압력을 변경하여야 할 지점마다 설치되는 설비는?

① 입송기(壓送機)
② 정압기(Governor)
③ 가스전(栓)
④ 홀더(Holder)

해설
정압기(Governor)
• 도시가스 압력을 사용처에 맞게 낮추는 감압기능, 2차 측의 압력을 허용범위 내의 압력으로 유지하는 정압기능 및 가스의 흐름이 없을 때는 밸브를 완전히 폐쇄하여 압력 상승을 방지하는 폐쇄기능을 가진 기기로서, 정압기용 압력조정기(Regulator)와 그 부속설비
• 배관을 통한 도시가스 공급에 있어서 압력을 변경하여야 할 지점마다 설치되는 설비

정답 26 ② 27 ① 28 ③ 29 ③ 30 ②

31 탄소강 그대로는 강의 조직이 약하므로 가공이 필요하다. 다음 설명 중 틀린 것은?

① 열간가공은 고온도로 가공하는 것이다.
② 냉간가공은 상온에서 가공하는 것이다.
③ 냉간가공하면 인장강도, 신장, 교축, 충격치가 증가한다.
④ 금속을 가공하는 도중 결정 내 변형이 생겨 경도가 증가하는 것을 가공경화라고 한다.

해설
냉간가공하면 인장강도는 증가하지만 신장, 교축, 충격치는 감소한다.

32 저압배관의 내경만 10[cm]에서 5[cm]로 변화시킬 때 압력손실은 몇 배 증가하는가?(단, 다른 조건은 모두 동일하다고 본다)

① 4　　② 8
③ 16　　④ 32

해설
$Q = K\sqrt{\dfrac{hD^5}{SL}}$ 에서 압력손실 $h = \dfrac{Q^2 SL}{K^2 D^5}$ 이므로, 배관 직경이 1/2배가 되면 압력손실은 $2^5 = 32$배가 된다.

33 전기방식법 중 가스배관보다 저전위의 금속(마그네슘 등)을 전기적으로 접촉시킴으로써 목적하는 방식 대상 금속 자체를 음극화하여 방식하는 방법은?

① 외부전원법
② 희생양극법
③ 배류법
④ 선택법

해설
희생양극법 또는 유전양극법
- 지중 또는 수중에 설치된 양극 금속과 매설배관을 전선으로 연결하여 양극 금속과 매설배관 사이의 전지작용으로 부식을 방지하는 방법
- 가스배관보다 저전위의 금속(마그네슘 등)을 전기적으로 접촉시킴으로써 목적하는 방식 대상 금속 자체를 음극화하여 방식하는 방법

34 프로판 충전용 용기로 주로 사용되는 것은?

① 용접용기
② 리벳용기
③ 주철용기
④ 이음매 없는 용기

해설
프로판 충전용 용기로 주로 사용되는 것은 용접용기이다.

35 전기방식시설 시공 시 도시가스시설의 전위 측정용 터미널(T/B) 설치방법으로 옳은 것은?

① 희생양극법의 경우에는 배관 길이 300[m] 이내의 간격으로 설치한다.
② 배류법의 경우에는 배관 길이 500[m] 이내의 간격으로 설치한다.
③ 외부전원법의 경우에는 배관 길이 300[m] 이내의 간격으로 설치한다.
④ 희생양극법, 배류법, 외부전원법 모두 배관 길이 500[m] 이내의 간격으로 설치한다.

해설
전기방식시설의 유지관리를 위한 전위 측정용 터미널 설치 기준
- 희생양극법 : 배관 길이 300[m] 이내 간격
- 외부전원법 : 배관 길이 500[m] 이내 간격
- 배류법 : 배관 길이 300[m] 이내 간격

36 저온장치에 사용되는 진공단열법이 아닌 것은?

① 고진공단열법
② 분말진공단열법
③ 다층진공단열법
④ 저위도 단층진공단열법

해설
진공단열법 : 공기 열전도율보다 낮은 값을 얻기 위해 단열 공간을 진공으로 하여 공기를 이용하여 전열을 제거하는 단열법
- 고진공단열법 : 단열 공간을 진공으로 하여 열전도를 차단하는 단열법
- 분말진공단열법 : 펄라이트, 규조토 등의 분말로 열전도를 차단하는 단열법
- 다층진공단열법 : 고진공도를 이용하여 열전도를 차단하는 단열법

37 왕복펌프의 특징에 대한 설명으로 옳지 않은 것은?

① 진동과 설치 면적이 작다.
② 고압, 고점도의 소유량에 적당하다.
③ 단속적이므로 맥동이 일어나기 쉽다.
④ 토출량이 일정하여 정량 토출할 수 있다.

해설
왕복펌프(피스톤 펌프) : 작동이 단속적이고 송수량을 일정하게 하기 위하여 공기실을 장치할 필요가 있는 펌프
- 토출량이 일정하여 정량 토출할 수 있다.
- 회전수에 따른 토출압력 변화가 작다.
- 송수량의 가감이 가능하며 흡입양정이 크다.
- 고압, 고점도의 소유량에 적당하다.
- 단속적으로 맥동이 일어나기 쉽다.
- 밸브의 그랜드부가 고장 나기 쉽다.
- 고압에 의하여 물성이 변화하는 경우가 있다.
- 진동이 있으며 설치 면적이 많이 필요하다.

38 암모니아를 냉매로 하는 냉동설비의 기밀시험에 사용하기 가장 부적당한 가스는?

① 공 기　　② 산 소
③ 질 소　　④ 아르곤

해설
기밀시험용 가스 : 질소, 공기, 탄산가스(이산화탄소), 아르곤 등의 불연성, 불활성 가스

정답 35 ① 36 ④ 37 ① 38 ②

39 고압가스시설에서 사용하는 다음 용어에 대한 설명으로 틀린 것은?

① 압축가스라 함은 일정한 압력에 의하여 압축되어 있는 가스를 말한다.
② 충전용기라 함은 고압가스의 충전질량 또는 충전압력의 2분의 1 이상이 충전되어 있는 상태의 용기를 말한다.
③ 잔가스용기라 함은 고압가스의 충전질량 또는 충전압력의 10분의 1 미만이 충전되어 있는 상태의 용기를 말한다.
④ 처리능력이라 함은 처리설비 또는 감압설비로 압축·액화 그 밖의 방법으로 1일에 처리할 수 있는 가스의 양을 말한다.

해설
잔가스용기 : 가스의 충전질량 또는 충전압력의 2분의 1 미만이 충전되어 있는 상태의 용기

40 도시가스사용시설에서 액화가스란 상용의 온도 또는 35[℃]의 온도에서 압력이 얼마 이상이 되는 것을 말하는가?

① 0.1[MPa] ② 0.2[MPa]
③ 0.5[MPa] ④ 1[MPa]

해설
도시가스사용시설에서 액화가스란 상용의 온도 또는 35[℃]에서 압력 0.2[MPa] 이상이 되는 것을 말한다.

제3과목 가스안전관리

41 고압가스를 압축하는 경우 가스를 압축하여서는 안 되는 기준으로 옳은 것은?

① 가연성 가스 중 산소의 용량이 전체 용량의 10[%] 이상의 것
② 산소 중의 가연성 가스용량이 전체 용량의 10[%] 이상의 것
③ 아세틸렌, 에틸렌 또는 수소 중의 산소용량이 전체 용량의 2[%] 이상의 것
④ 산소 중의 아세틸렌, 에틸렌 또는 수소의 용량 합계가 전체 용량의 4[%] 이상의 것

해설
고압가스 압축 시 가스를 압축하여서는 안 되는 기준
• 가연성 가스 중 산소의 용량이 전체 용량의 4[%] 이상의 것
• 산소 중의 가연성 가스용량이 전체 용량의 4[%] 이상의 것
• 아세틸렌, 에틸렌 또는 수소 중의 산소용량이 전체 용량의 2[%] 이상의 것
• 산소 중의 아세틸렌, 에틸렌 또는 수소의 용량 합계가 전체 용량의 2[%] 이상의 것

42 용접부에서 발생하는 결함이 아닌 것은?

① 오버랩(Overlap)
② 기공(Blow Hole)
③ 언더컷(Undercut)
④ 클래드(Clad)

해설
용접 결함의 종류 : 언더컷, 피트, 오버랩, 뒤틀림, 아크 스트라이크, 용입 불량, 언더필, 기공, 균열, 은점 등

43 저장탱크에 의한 액화석유가스저장소에 설치하는 방류둑의 구조 기준으로 옳지 않은 것은?

① 방류둑은 액밀한 것이어야 한다.
② 성토는 수평에 대하여 30[°] 이하의 기울기로 한다.
③ 방류둑은 그 높이에 상당하는 액화가스의 액두압에 견딜 수 있어야 한다.
④ 성토 윗부분의 폭은 30[cm] 이상으로 한다.

해설
성토는 수평에 대하여 45[°] 이하의 기울기로 한다.

44 배관 설계경로를 결정할 때 고려하여야 할 사항으로 가장 거리가 먼 것은?

① 최단 거리로 할 것
② 가능한 한 옥외에 설치할 것
③ 건축물 기초 하부 매설을 피할 것
④ 굴곡을 크게 하여 신축을 흡수할 것

해설
배관설계 시 고려해야 할 사항
• 가능한 한 옥외에 설치할 것
• 최단 거리로 할 것
• 굴곡을 작게 할 것
• 가능한 한 눈에 보이도록 할 것
• 건축물 기초 하부 매설을 피할 것

45 고압가스특정제조시설에서 안전구역의 면적의 기준은?

① 1만[m²] 이하
② 2만[m²] 이하
③ 3만[m²] 이하
④ 5만[m²] 이하

해설
고압가스특정제조시설에서 안전구역의 면적의 기준은 2만[m²] 이하이다.

46 아세틸렌용 용접용기 제조 시 다공질물의 다공도는 다공질물을 용기에 충전한 상태로 몇 [℃]에서 아세톤 또는 물의 흡수량으로 측정하는가?

① 0[℃]
② 15[℃]
③ 20[℃]
④ 25[℃]

해설
아세틸렌 용기의 다공도
• 다공질물을 용기에 충전한 상태로 20[℃]에서 아세톤 또는 물의 흡수량으로 측정한다.
• $\frac{V-E}{V} \times 100 [\%]$

(여기서, V : 다공물질의 용적, E : 침윤 잔용적)
• 다공도의 합격 범위 : 75[%] 이상 92[%] 미만

47 아세틸렌가스에 대한 설명으로 옳은 것은?

① 습식 아세틸렌 발생기의 표면은 62[℃] 이하의 온도를 유지한다.
② 충전 중의 압력은 일정하게 1.5[MPa] 이하로 한다.
③ 아세틸렌이 아세톤에 용해되어 있을 때에는 비교적 안정해진다.
④ 아세틸렌을 압축하는 때에는 희석제로 PH_3, H_2S, O_2를 사용한다.

해설
① 습식 아세틸렌 발생기 표면은 70[℃] 이하의 온도를 유지해야 한다.
② 용기 충전 중의 압력은 2.5[MPa] 이하로 하고, 충전 후에는 정치하여야 한다.
④ 아세틸렌가스 충전 시 희석제 : 수소(H_2), 질소(N_2), 일산화탄소(CO), 탄산가스(CO_2), 메탄(CH_4), 에틸렌(C_2H_4), 프로판(C_3H_8) 등

정답 43 ② 44 ④ 45 ② 46 ③ 47 ③

48 액화석유가스 압력조정기 중 1단 감압식 저압조정기의 조정압력은?

① 2.3~3.3[MPa]   ② 5~30[MPa]
③ 2.3~3.3[kPa]   ④ 5~30[kPa]

해설
1단 감압식 저압조정기
- 용량이 10[kg/h] 미만일 경우, 조정기의 몸통과 덮개를 일반공구(멍키렌치, 드라이버 등)로 분리할 수 없는 구조로 하여야 한다.
- 조정압력 : 2.3~3.3[kPa]

49 전 가스소비량이 232.6[kW] 이하인 가스온수기의 성능 기준에서 전 가스소비량은 표시치의 얼마 이내이어야 하는가?

① ±1[%]   ② ±3[%]
③ ±5[%]   ④ ±10[%]

해설
전 가스소비량이 232.6[kW] 이하인 가스온수기의 성능 기준에서 전 가스소비량은 표시치의 ±10[%] 이내이어야 한다.

50 일반 도시가스사업 정압기실의 시설 기준으로 틀린 것은?

① 정압기실 주위에는 높이 1.2[m] 이상의 경계책을 설치한다.
② 지하에 설치하는 지역 정압기실의 조명도는 150[lx]를 확보한다.
③ 침수 위험이 있는 지하에 설치하는 정압기에는 침수 방지조치를 한다.
④ 정압기실에는 가스 공급시설 외의 시설물을 설치하지 아니한다.

해설
정압기실 주위에는 높이 1.5[m] 이상의 철책 또는 철망 등의 경계책을 설치하여 일반인의 출입을 통제한다.

51 용기에 의한 고압가스 판매소에서 용기 보관실은 그 보관할 수 있는 압축가스 및 액화가스가 얼마 이상인 경우 보관실 외면으로부터 보호시설까지의 안전거리를 유지하여야 하는가?

① 압축가스 100[m^3] 이상, 액화가스 1[ton] 이상
② 압축가스 300[m^3] 이상, 액화가스 3[ton] 이상
③ 압축가스 500[m^3] 이상, 액화가스 5[ton] 이상
④ 압축가스 500[m^3] 이상, 액화가스 10[ton] 이상

해설
보호시설과의 안전거리 : 고압가스의 저장설비 중 보관할 수 있는 고압가스의 용적이 300[m^3](액화가스는 3[ton])를 넘는 저장설비는 그 외면으로부터 보호시설(사업소 안에 있는 보호시설 및 전용 공업지역 안에 있는 보호시설 제외)까지 규정된 안전거리 이상을 유지한다.

52 다음 가스용품 중 합격 표시를 각인으로 하여야 하는 것은?

① 배관용 밸브
② 전기절연 이음관
③ 금속 플렉시블 호스
④ 강제혼합식 가스버너

해설
배관용 밸브는 합격 표시를 각인으로 하여야 한다.

53 일반 도시가스사업제조소의 가스 공급시설에 설치하는 벤트스택의 기준에 대한 설명으로 틀린 것은?

① 벤트스택 높이는 방출된 가스의 착지농도가 폭발상한계값 미만이 되도록 설치한다.
② 액화가스가 함께 방출될 우려가 있는 경우에는 기액분리기를 설치한다.
③ 벤트스택 방출구는 작업원이 통행하는 장소로부터 10[m] 이상 떨어진 곳에 설치한다.
④ 벤트스택에 연결된 배관에는 응축액의 고임을 제거할 수 있는 조치를 한다.

해설
벤트스택 높이 : 벤트스택은 배출되는 물질이 가연성인 경우에는 착지농도가 연소하한치(LFL)의 25[%] 이하, 독성인 경우에는 허용농도의 이하가 되도록 정량적인 위험성 평가를 통하여 높이를 결정한다.

54 밀폐된 목욕탕에서 도시가스 순간온수기로 목욕하던 중 의식을 잃은 사고가 발생하였다. 사고원인을 추정할 때 가장 옳은 것은?

① 일산화탄소 중독
② 가스 누출에 의한 질식
③ 온도 급상승에 의한 쇼크
④ 부취제(Mercaptan)에 의한 질식

해설
밀폐된 목욕탕에서 도시가스 순간온수기로 목욕하던 중 의식을 잃은 사고가 발생하였을 때 사고원인(추정) : 일산화탄소 중독, 산소결핍에 의한 질식

55 처리능력 및 저장능력이 20[ton]인 암모니아(NH_3)의 처리설비 및 저장설비와 제2종 보호시설과의 안전거리의 기준은?(단, 제2종 보호시설은 사업소 및 전용공업지역 안에 있는 보호시설이 아님)

① 12[m] ② 14[m]
③ 16[m] ④ 18[m]

해설
독성가스 또는 가연성 가스의 처리설비 및 저장설비

처리 및 저장능력	제1종 보호시설	제2종 보호시설
1만 이하	17[m]	12[m]
1만 초과 2만 이하	21[m]	14[m]
2만 초과 3만 이하	24[m]	16[m]
3만 초과 4만 이하	27[m]	18[m]
4만 초과 5만 이하	30[m]	20[m]
5만 초과 99만 이하	30[m] 가연성 가스 저온저장탱크는 $\frac{3}{25}\sqrt{X+10,000}$[m]	20[m] 가연성 가스 저온저장탱크는 $\frac{2}{25}\sqrt{X+10,000}$[m]
99만 초과	30[m] 가연성 가스 저온저장탱크는 120[m]	20[m] 가연성 가스 저온저장탱크는 80[m]

56 LPG 용기에 있는 잔가스의 처리법으로 가장 부적당한 것은?

① 폐기 시에는 용기를 분리한 후 처리한다.
② 잔가스 폐기는 통풍이 양호한 장소에서 소량씩 실시한다.
③ 되도록이면 사용 후 용기에 잔가스가 남지 않도록 한다.
④ 용기를 가열할 때는 온도 60[℃] 이상의 뜨거운 물을 사용한다.

해설
용기를 가열할 때는 온도 40[℃] 이상의 뜨거운 물을 사용한다.

57 질소 충전용기에서 질소가스의 누출 여부를 확인하는 방법으로 가장 쉽고 안전한 방법은?

① 기름 사용
② 소리 감지
③ 비눗물 사용
④ 전기 스파크 이용

58 고압가스특정제조시설 중 배관의 누출 확산 방지를 위한 시설 및 기술 기준을 옳지 않은 것은?

① 시가지, 하천, 터널 및 수로 중에 배관을 설치하는 경우에는 누출된 가스의 확산 방지조치를 한다.
② 사질토 등의 특수성 지반(해저 제외) 중에 배관을 설치하는 경우에는 누출가스의 확산 방지조치를 한다.
③ 고압가스의 온도와 압력에 따라 배관의 유지관리에 필요한 거리를 확보한다.
④ 독성가스의 용기보관실은 누출되는 가스의 확산을 적절하게 방지할 수 있는 구조로 한다.

> 해설
> 고압가스의 종류 및 압력과 배관의 주위상황에 따라 배관을 2중관으로 하고, 가스누출검지경보장치를 설치한다.

59 고압가스안전관리법 시행규칙에서 정의하는 '처리능력'이라 함은?

① 1시간에 처리할 수 있는 가스의 양이다.
② 8시간에 처리할 수 있는 가스의 양이다.
③ 1일에 처리할 수 있는 가스의 양이다.
④ 1년에 처리할 수 있는 가스의 양이다.

> 해설
> 처리능력 : (처리설비 또는 감압설비로 압축, 액화, 그 밖의 방법으로) 1일에 처리할 수 있는 가스의 양

60 액화가스를 충전한 차량에 고정된 탱크는 그 내부에 액면 요동을 방지하기 위하여 무엇을 설치하는가?

① 슬립튜브
② 방파판
③ 긴급차단밸브
④ 역류방지밸브

> 해설
> 액면 요동을 방지하기 위하여 액화가스 충전탱크 내부에 방파판을 설치한다.

제4과목 가스계측

61 소형으로 설치 공간이 작고 가스압력이 높아도 사용 가능하지만 0.5[m³/h] 이하의 소용량에서는 작동하지 않을 우려가 있는 가스계측기는?

① 막식 가스미터
② 습식 가스미터
③ 델타형 가스미터
④ 루츠식(Roots) 가스미터

[해설]
루츠미터(Roots Meter)
- 고속회전형이며 고압에서도 사용 가능하다.
- 회전수가 비교적 빠르다.
- 대유량에서 작동이 원활하므로 대용량(대유량)의 계량에 적합하지만, 0.5[m³/h] 이하의 소용량에서는 작동하지 않을 우려가 있다.
- 중압가스의 계량이 가능하다.
- 유량이 일정하거나 변화가 심한 곳, 깨끗하거나 건조한 것과 관계없이 많은 가스 타입을 계량하기에 적합하다.
- 액체 및 아세틸렌, 바이오가스, 침전가스를 계량하는 데에는 다소 부적합하다.
- 측정의 정확도와 예상 수명은 가스 흐름 내에 먼지의 과다 퇴적이나 다른 종류의 이물질에 따라 다르다.
- 소형이므로 설치 공간이 작다.
- 사용 중에 수위 조정 등의 관리가 필요하지 않다.
- 여과기, 스트레이너의 설치가 필요하다.
- 설치 후 유지관리가 필요하다.
- 실험실용으로는 부적합하다.
- 습식 가스미터에 비해 유량이 부정확하다.
- 용량 : 100~5,000[m³/h](대용량 수용가)

62 작은 압력 변화에도 크게 변형하는 성질이 있어 저기압의 압력 측정에 사용되고 점도가 큰 액체나 고체 부유물이 있는 유체의 압력을 측정하기에 적합한 압력계는?

① 다이어프램 압력계
② 부르동관 압력계
③ 벨로스 압력계
④ 맥라우드 압력계

[해설]
다이어프램 압력계(Diaphragm) : 박막으로 격실을 만들고 압력 변화에 따른 격막의 변위를 링크, 섹터, 피니언 등에 의해 지침에 전달하여 지시계로 나타내는 압력계로 격막식 압력계라고도 한다.
- 저기압, 미소한 압력을 측정하기 위한 압력계이다.
- 점도가 큰 액체나 먼지 등을 함유한 액체, 고체 부유물이 있는 유체의 압력 측정에 적합하다.
- 작은 변화에도 크게 편향하는 성질이 있다.
- 정도 1~2[%]로 감도가 우수하며 응답성이 좋다.
- 측정압력의 범위 : 보통 20~5,000[mmH₂O], 금속의 경우 20[kg/cm²]

63 표준 대기압 1[atm]과 같지 않은 것은?

① 1.013[bar]
② 10.332[mH₂O]
③ 1.013[N/m²]
④ 29.92[inHg]

[해설]
표준 대기압 : 1[atm], 760[mmHg], 10.33[mAq], 10.332[mH₂O](물의 수두), 1.033[kgf/cm²], 101,325[Pa][=N/m²], 1.013[bar], 14.7[psi], 29.92[inHg]

[정답] 61 ④ 62 ① 63 ③

64 FID 검출기를 사용하는 가스크로마토그래피는 검출기의 온도가 100[℃] 이상에서 작동되어야 한다. 주된 이유로 옳은 것은?

① 가스소비량을 적게 하기 위하여
② 가스의 폭발을 방지하기 위하여
③ 100[℃] 이하에서는 점화가 불가능하기 때문에
④ 연소 시 발생하는 수분의 응축을 방지하기 위하여

해설
불꽃이온화검출기 또는 수소염이온화검출기(FID ; Flame Ionization Detector)
- H_2와 O_2 등에는 감응이 없고 탄화수소에 대한 감응이 아주 우수한 검출기이다.
- 물에 대하여 감도를 나타내지 않기 때문에 자연수 중에 들어 있는 오염물질을 검출하는 데 유용한 검출기이다.
- 도로에 매설된 도시가스가 누출되는 것을 감지하여 분석한 후 가스 누출 유무를 알려 주는 가스검출기이다.
- 유기화합물의 분리에도 가장 적합하다.
- 연소 시 발생되는 수분의 응축을 방지하기 위해서 검출기의 온도는 100[℃] 이상에서 작동되어야 한다.

65 가스크로마토그래피의 칼럼(분리관)에 사용되는 충전물로 부적당한 것은?

① 실리카겔
② 석회석
③ 규조토
④ 활성탄

해설
칼럼에 사용되는 흡착제 충전물(정지상) : 활성탄, 실리카겔, 규조토, 활성 알루미나

66 유황분 정량 시 표준 용액으로 적절한 것은?

① 수산화나트륨
② 과산화수소
③ 초 산
④ 아이오딘칼륨

해설
유황분 정량 시 표준 용액 : 수산화나트륨

67 계량기 종류별 기호에서 LPG 미터의 기호는?

① H
② P
③ L
④ G

해설
계량기의 종류별 기호 : A 판수동 저울, B 접시지시 및 판지시 저울, C 전기식 지시 저울, D 분동, E 이동식 축중기, F 체온계, G 전력량계, H 가스미터, I 수도미터, J 온수미터, K 주유기, L LPG미터, M 오일미터, N 눈새김 탱크, O 눈새김 탱크로리, P 혈압계, Q 적산 열량계, R 곡물 수분 측정기, S 속도 측정기

64 ④ 65 ② 66 ① 67 ③

68 다음 온도계 중 연결이 바르지 않은 것은?

① 상태 변화를 이용한 것 – 서모컬러
② 열팽창을 이용한 것 – 유리온도계
③ 열기전력을 이용한 것 – 열전대 온도계
④ 전기저항 변화를 이용한 것 – 바이메탈 온도계

해설
전기저항 변화를 이용한 것은 저항온도계, 서미스터 등이며 바이메탈 온도계는 열팽창을 이용한 것이다.

69 오르자트 가스분석기에서 가스의 흡수 순서로 옳은 것은?

① $CO \rightarrow CO_2 \rightarrow O_2$
② $CO_2 \rightarrow CO \rightarrow O_2$
③ $O_2 \rightarrow CO_2 \rightarrow CO$
④ $CO_2 \rightarrow O_2 \rightarrow CO$

해설
오르자트 가스분석기에서 가스의 흡수 순서 : $CO_2 \rightarrow O_2 \rightarrow CO$

70 다음 중 탄성압력계의 종류가 아닌 것은?

① 시스턴(Cistern) 압력계
② 부르동(Bourdon)관 압력계
③ 벨로스(Bellows) 압력계
④ 다이어프램(Diaphragm) 압력계

해설
탄성식 압력계에는 부르동관식 압력계, 벨로스 압력계, 다이어프램 압력계 등이 있으며, 시스턴 압력계는 액주식 압력계 중 단관식 압력계이다.

71 가스의 발열량 측정에 주로 사용되는 계측기는?

① 봄베열량계
② 단열열량계
③ 융커스식 열량계
④ 냉온수적산열량계

해설
Junker 열량계 : 주로 기체연료의 발열량을 측정하는 열량계

정답 68 ④ 69 ④ 70 ① 71 ③

72 가스미터에서 감도유량의 의미를 가장 바르게 설명한 것은?

① 가스미터 유량이 최대 유량의 50[%]에 도달했을 때의 유량
② 가스미터가 작동하기 시작하는 최소 유량
③ 가스미터가 정상 상태를 유지하는 데 필요한 최소 유량
④ 가스미터 유량이 오차 한도를 벗어났을 때의 유량

해설
감도유량 : 가스미터가 작동하기 시작하는 최소 유량

73 평균 유속이 5[m/sec]인 원관에서 20[kg/sec]의 물이 흐르도록 하려면 관의 지름은 약 몇 [mm]로 해야 하는가?

① 31　② 51
③ 71　④ 91

해설
유량 $Q = \gamma A v = \gamma \times \dfrac{\pi d^2}{4} \times v$ 에서
$d = \sqrt{\dfrac{4Q}{\gamma \pi v}} = \sqrt{\dfrac{4 \times 20}{1{,}000 \times 3.14 \times 5}} \simeq 0.071[\text{m}] = 71[\text{mm}]$

74 다음 중 차압식 유량계에 해당하지 않는 것은?

① 벤투리미터 유량계
② 로터미터 유량계
③ 오리피스 유량계
④ 플로 노즐

해설
차압식 유량계의 종류는 오리피스 유량계, 플로 노즐, 벤투리미터 유량계 등이며 로터미터 유량계는 면적식 유량계에 속한다.

75 수정이나 전기석 또는 로셀 염 등의 결정체의 특정 방향으로 압력을 가할 때 발생하는 표면 전기량으로 압력을 측정하는 압력계는?

① 스트레인게이지
② 자기변형 압력계
③ 벨로스 압력계
④ 피에조 전기압력계

해설
피에조 전기압력계 : 수정이나 전기석 또는 로셀 염 등의 결정체의 특정 방향으로 압력을 가할 때 발생하는 표면 전기량으로 압력을 측정하는 압력계

76 다음 유량계측기 중 압력손실 크기 순서를 바르게 나타낸 것은?

① 전자유량계 > 벤투리 > 오리피스 > 플로 노즐
② 벤투리 > 오리피스 > 전자유량계 > 플로 노즐
③ 오리피스 > 플로 노즐 > 벤투리 > 전자유량계
④ 벤투리 > 플로 노즐 > 오리피스 > 전자유량계

해설
압력손실의 크기 순 : 오리피스 > 플로 노즐 > 벤투리 > 전자유량계

77 기체가 흐르는 관 안에 설치된 피토관의 수주 높이가 0.46[m]일 때 기체의 유속은 약 몇 [m/sec]인가?

① 3 ② 4
③ 5 ④ 6

해설
$v = \sqrt{2gh} = \sqrt{2 \times 9.8 \times 0.46} \approx 3 [\text{m/sec}]$

78 제어계가 불안정하여 주기적으로 변화하는 좋지 못한 상태를 무엇이라 하는가?

① Step 응답
② 헌팅(난조)
③ 외 란
④ 오버슈트

해설
헌팅(난조) : 제어계가 불안정하여 제어량이 주기적으로 변화하는 좋지 못한 상태

79 오르자트 가스분석계로 가스분석 시 가장 적당한 온도는?

① 0~15[℃]
② 10~15[℃]
③ 16~20[℃]
④ 20~28[℃]

해설
오르자트 가스분석계 : 용적 감소를 이용하여 적온인 16~20[℃]에서 연소가스의 주성분을 이산화탄소, 산소, 일산화탄소의 순서대로 분석하는 가스분석계

80 가스크로마토그래피에서 운반기체(Carrier Gas)의 불순물을 제거하기 위하여 사용하는 부속품이 아닌 것은?

① 오일트랩(Oil Trap)
② 화학필터(Chemical Filter)
③ 산소제거트랩(Oxygen Trap)
④ 수분제거트랩(Moisture Trap)

해설
가스크로마토그래피에서 운반기체의 불순물을 제거하기 위해 사용하는 부속품 : 화학필터(Chemical Filter), 산소제거트랩(Oxygen Trap), 수분제거트랩(Moisture Trap)

정답 76 ③ 77 ① 78 ② 79 ③ 80 ①

2017년 제1회 과년도 기출문제

제1과목 연소공학

01 부피로 Hexane 0.8[v%], Methane 2.0[v%], Ethylene 0.5[v%]로 구성된 혼합가스의 LFL을 계산하면 약 얼마인가?(단, Hexane, Methane, Ethylene의 폭발하한계는 각각 1.1[v%], 5.0[v%], 2.7[v%]라고 한다)

① 2.5[%]   ② 3.0[%]
③ 3.3[%]   ④ 3.9[%]

해설

$\dfrac{100}{LFL} = \sum \dfrac{V_i}{L_i}$ 에서

$\dfrac{100}{LFL} = \dfrac{V_1}{L_1} + \dfrac{V_2}{L_2} + \dfrac{V_3}{L_3}$ 이며

$= \left(\dfrac{0.8}{1.1} + \dfrac{2.0}{5.0} + \dfrac{0.5}{2.7}\right) \times \dfrac{100}{3.3} = 39.77$ 이므로,

$LFL = \dfrac{100}{39.77} \approx 2.5[\%]$ 이다.

02 수소의 연소반응식이 다음과 같을 경우 1[mol]의 수소를 일정한 압력에서 이론산소량으로 완전연소시켰을 때의 온도는 약 몇 [K]인가?(단, 정압비열은 10[cal/mol·K], 수소와 산소의 공급온도는 25[℃], 외부로의 열손실은 없다)

$$H_2 + \dfrac{1}{2}O_2 \rightarrow H_2O(g) + 57.8[kcal/mol]$$

① 5,780   ② 5,805
③ 6,053   ④ 6,078

해설

$_1Q_2 = mC_p\Delta T = mC_p(T_2 - T_1)$ 이므로

$T_2 = T_1 + \dfrac{Q}{mC_p} = (25 + 273) + \dfrac{57.8 \times 10^3}{1 \times 10} = 6,078[K]$ 이다.

03 표준 상태에서 질소가스의 밀도는 몇 [g/L]인가?

① 0.97   ② 1.00
③ 1.07   ④ 1.25

해설

표준 상태에서의 밀도 = 가스 분자량/22.4
= 28/22.4 = 1.25[g/L]

04 프로판(C_3H_8)과 부탄(C_4H_{10})의 혼합가스가 표준 상태에서 밀도가 2.25[kg/m³]이다. 프로판의 조성은 약 몇 [%]인가?

① 35.16   ② 42.72
③ 54.28   ④ 68.53

해설

프로판의 조성을 x라고 하면

$x \times \dfrac{44}{22.4} + (1-x) \times \dfrac{58}{22.4} = 2.25$ 이므로,

$x = \dfrac{7.6}{14} \approx 0.5428 = 54.28[\%]$ 이다.

1 ① 2 ④ 3 ④ 4 ③ **정답**

05 다음 중 열전도율의 단위는 어느 것인가?

① [kcal/m·h·℃]
② [kcal/m²·h·℃]
③ [kcal/m²·℃]
④ [kcal/h]

06 연소의 3요소 중 가연물에 대한 설명으로 옳은 것은?

① 0족 원소들은 모두 가연물이다.
② 가연물은 산화반응 시 발열반응을 일으키며 열을 축적하는 물질이다.
③ 질소와 산소가 반응하여 질소산화물을 만들므로 질소는 가연물이다.
④ 가연물은 반응 시 흡열반응을 일으킨다.

[해설]
① 0족 원소들은 불활성 기체로 8족이라고도 한다.
③ 질소는 불활성 기체이며 질소산화물 생성 시 흡열반응이 일어난다.
④ 가연물은 반응 시 발열반응을 일으킨다.

07 액체 사이안화수소를 장기간 저장하지 않는 이유는?

① 산화폭발하기 때문에
② 중합폭발하기 때문에
③ 분해폭발하기 때문에
④ 고결되어 장치를 막기 때문에

[해설]
액체 사이안화수소는 중합폭발물질이므로 장기간 저장하면 중합 폭발을 일으킬 수 있다.

08 대기 중에 대량의 가연성 가스나 인화성 액체가 유출되어 발생 증기가 대기 중의 공기와 혼합하여 폭발성인 증기운을 형성하고 착화폭발하는 현상은?

① BLEVE
② UVCE
③ Jet Fire
④ Flash Over

[해설]
증기운 폭발(UVCE ; Unconfined Vapor Cloud Explosion) : 대기 중에 대량의 가연성 가스나 인화성 액체가 유출되어 발생 증기가 대기 중의 공기와 혼합하여 폭발성인 증기운을 형성하고 착화폭발하는 현상
• 증기운 폭발에 영향을 주는 인자 : 방출된 물질의 양, 증발된 물질의 분율, 혼합비, 점화확률, 점화 전 증기운의 이동거리, 시간지연, 폭발확률, 폭발효율 등
• 증기운 폭발의 특징
 - 증기운의 크기가 커지면 점화확률도 커진다.
 - 증기운의 재해는 폭발보다 화재가 보통이다.
 - 폭발효율은 BLEVE보다 작다.
 - 증기와 공기와의 난류 혼합은 폭발의 충격을 증가시킨다.
 - 점화 위치가 방출점에서 멀수록 폭발효율이 증가하므로 폭발 위력이 커진다.
 - 연소에너지의 약 20[%]만 폭풍파로 변한다.

09 다음 보기에서 설명하는 소화제의 종류는?

┌보기┐
• 유류 및 전기화재에 적합하다.
• 소화 후 잔여물을 남기지 않는다.
• 연소반응을 억제하는 효과와 냉각소화 효과를 동시에 가지고 있다.
• 소화기의 무게가 무겁고, 사용 시 동상의 우려가 있다.

① 물
② 할론
③ 이산화탄소
④ 드라이케미칼 분말

[해설]
이산화탄소 소화제의 특징
• 이산화탄소는 상온에서 기체 상태로 존재하는 불활성 가스로 질식성을 갖고 있기 때문에 가연물의 연소에 필요한 산소 공급을 차단한다.
• 유류 및 전기화재에 적합하다.
• 소화 후 잔여물을 남기지 않는다.
• 연소반응을 억제하는 효과와 냉각효과를 동시에 가지고 있다.
• 소화기의 무게가 무겁고, 사용 시 동상의 우려가 있다.

[정답] 5 ① 6 ② 7 ② 8 ② 9 ③

10 기체연료의 예혼합연소에 대한 설명 중 옳은 것은?

① 화염의 길이가 길다.
② 화염이 전파하는 성질이 있다.
③ 연료와 공기의 경계에서 주로 연소가 일어난다.
④ 연료와 공기의 혼합비가 순간적으로 변한다.

해설
예혼합연소 : 연료·공기 혼합 공급
- 연소시키기 전에 이미 연소 가능한 혼합가스를 만들어 연소시키는 방식이다.
- 화염이 전파되는 성질이 있다.
- 고온의 화염을 얻을 수 있다.
- 혼합기만으로도 연소가 가능하다.
- 화염의 길이가 짧다.
- 조작범위가 좁다.
- 연소부하가 크고, 혼합기로의 역화를 일으킬 위험성이 크다.
- 균질연소, 혼합연소라고도 한다.
- 예 : 탄화수소가 큰 가스에 적합하며 가솔린 엔진의 연소 등

11 연료의 구비조건이 아닌 것은?

① 발열량이 클 것
② 유해성이 없을 것
③ 저장 및 운반효율이 낮을 것
④ 안전성이 있고 취급이 쉬울 것

해설
연료는 저장이 용이하고 운반효율이 높아야 한다.

12 불활성화에 대한 설명으로 틀린 것은?

① 가연성 혼합가스에 불활성 가스를 주입하여 산소의 농도를 최소 산소농도 이하로 낮게 하는 공정이다.
② 이너트 가스로는 질소, 이산화탄소 또는 수증기가 사용된다.
③ 이너팅은 산소농도를 안전한 농도로 낮추기 위하여 이너트 가스를 용기에 처음 주입하면서 시작한다.
④ 일반적으로 실시되는 산소농도의 제어점은 최소 산소농도보다 10[%] 낮은 농도이다.

해설
일반적으로 실시되는 산소농도의 제어점은 최소 산소농도 이하로 낮은 농도이다.

13 연소 및 폭발에 대한 설명 중 틀린 것은?

① 폭발이란 주로 밀폐된 상태에서 일어나며 급격한 압력 상승을 수반한다.
② 인화점이란 가연물이 공기 중에서 가열될 때 그 산화열로 인해 스스로 발화하게 되는 온도를 말한다.
③ 폭굉은 연소파의 화염 전파속도가 음속을 돌파할 때 그 선단에 충격파가 발달하게 되는 현상을 말한다.
④ 연소란 적당한 온도의 열과 일정 비율의 산소와 연료와의 결합반응으로 발열 및 발광현상을 수반하는 것이다.

해설
인화점 또는 인화온도 : 가연성 액체에서 발생한 증기의 공기 중 농도가 연소범위 내에 있을 때 불꽃을 접근시키면 불이 붙는 최저 온도(물질의 위험 정도를 나타내는 지표로 공기 중에서 액체를 가열하는 경우 액체 표면에서 증기가 발생하여 그 증기에 착화원을 접근하면 연소되는 최저의 온도)

14 연소속도를 결정하는 가장 중요한 인자는 무엇인가?

① 환원반응을 일으키는 속도
② 산화반응을 일으키는 속도
③ 불완전 환원반응을 일으키는 속도
④ 불완전 산화반응을 일으키는 속도

해설
연소속도를 결정하는 가장 중요한 인자 : 산화반응을 일으키는 속도

15 '기체분자의 크기가 0이고 서로 영향을 미치지 않는 이상기체의 경우, 온도가 일정할 때 가스의 압력과 부피는 서로 반비례한다'와 관련이 있는 법칙은?

① 보일의 법칙
② 샤를의 법칙
③ 보일-샤를의 법칙
④ 돌턴의 법칙

해설
보일(Boyle)의 법칙
- 온도가 일정할 때 기체의 부피는 압력에 반비례하여 변한다.
- $P_1 V_1 = P_2 V_2 = C$(일정)
- 기체분자의 크기가 0이고 서로 영향을 미치지 않는 이상기체의 경우, 온도가 일정할 때 가스의 압력과 부피는 서로 반비례한다.

16 공기와 혼합하였을 때 폭발성 혼합가스를 형성할 수 있는 것은?

① NH_3
② N_2
③ CO_2
④ SO_2

해설
암모니아는 공기와 혼합하였을 때 폭발성 혼합가스를 형성할 수 있다.

17 상온, 상압하에서 에탄(C_2H_6)이 공기와 혼합되는 경우 폭발범위는 약 몇 [%]인가?

① 3.0~10.5
② 3.0~12.5
③ 2.7~10.5
④ 2.7~12.5

해설
에탄의 폭발범위 : 3.0~12.5[%]

18 가연성 가스의 폭발범위에 대한 설명으로 옳은 것은?

① 폭굉에 의한 폭풍이 전달되는 범위를 말한다.
② 폭굉에 의하여 피해를 받는 범위를 말한다.
③ 공기 중에서 가연성 가스가 연소할 수 있는 가연성 가스의 농도범위를 말한다.
④ 가연성 가스와 공기의 혼합기체가 연소하는 데 있어서 혼합기체의 필요한 압력범위를 말한다.

해설
가연성 가스의 폭발범위 : 공기 중에서 가연성 가스가 연소할 수 있는 가연성 가스의 농도범위

정답 14 ② 15 ① 16 ① 17 ② 18 ③

19 다음 기체 가연물 중 위험도(H)가 가장 큰 것은?

① 수 소　　② 아세틸렌
③ 부 탄　　④ 메 탄

해설
위험도
$H = \dfrac{U-L}{L}$ (여기서, U : 폭발상한, L : 폭발하한)

- 수소 $H = \dfrac{75-4.1}{4.1} \approx 17.3$
- 아세틸렌 $H = \dfrac{82-2.5}{2.5} = 31.8$
- 부탄 $H = \dfrac{8.4-1.8}{1.8} \approx 3.7$
- 메탄 $H = \dfrac{15-5}{5} = 2.0$

20 방폭구조의 종류에 대한 설명으로 틀린 것은?

① 내압 방폭구조는 용기 외부의 폭발에 견디도록 용기를 설계한 구조이다.
② 유입 방폭구조는 기름면 위에 존재하는 가연성 가스에 인화될 우려가 없도록 한 구조이다.
③ 본질안전 방폭구조는 공적기관에서 점화시험 등의 방법으로 확인한 구조이다.
④ 안전증 방폭구조는 구조상 및 온도의 상승에 대하여 특별히 안전도를 증가시킨 구조이다.

해설
내압 방폭구조
- 용기 내부에서 가연성 가스의 폭발이 발생할 경우, 그 용기가 폭발 압력에 견디고 접합면, 개구부 등을 통하여 외부의 가연성 가스에 인화되지 않도록 한 구조
- 전 폐쇄구조인 용기 내부에서 폭발성 (혼합)가스의 폭발이 일어날 경우 용기가 폭발압력에 견디고 외부의 폭발성 분위기에 불꽃이 전파되는 것을 방지하도록 하여 외부의 폭발성 가스에 인화될 우려가 없도록 한 방폭구조

제2과목 가스설비

21 공기액화분리장치의 폭발원인으로 가장 거리가 먼 것은?

① 공기 취입구로부터의 사염화탄소의 침입
② 압축기용 윤활유의 분해에 따른 탄화수소의 생성
③ 공기 중에 있는 질소화합물(산화질소 및 과산화질소 등)의 흡입
④ 액체 공기 중의 오존의 흡입

해설
공기 취입구로부터 아세틸렌의 혼입(아세틸렌가스가 응고되어 돌아다니다가 산소 중에서 폭발할 수 있다)

22 원통형 용기에서 원주 방향 응력은 축 방향 응력의 얼마인가?

① 0.5배　　② 1배
③ 2배　　④ 4배

해설
원통형 용기의 응력
- 원주 방향의 응력
$\sigma_1 = \dfrac{PD}{2t}$ (여기서, P : 내압, D : 용기의 안지름, t : 용기의 두께)
- 축 방향의 응력
$\sigma_2 = \dfrac{PD}{4t}$

23 포스겐의 제조 시 사용되는 촉매는?

① 활성탄 ② 보크사이트
③ 산화철 ④ 니 켈

해설
포스겐(COCl₂)
- 무색, 상큼한 마른 풀 냄새의 독성가스이다.
- 포스겐의 제조 시 사용되는 촉매 : 활성탄
- 합성수지·고무·합성섬유(폴리우레탄)·도료·의약·용제 등의 원료로 사용된다.
- 인체에 미치는 영향
  - 안구나 피부 자극
  - 인후 작열감
  - 흡입 시 재채기, 호흡곤란 등의 증상이 나타나며 2~8시간 이후부터 폐수종을 일으켜 사망한다.

24 대용량의 액화가스 저장탱크 주위에는 방류둑을 설치하여야 한다. 방류둑의 주된 설치목적은?

① 테러범 등 불순분자가 저장탱크에 접근하는 것을 방지하기 위하여
② 액상의 가스가 누출될 경우 그 가스를 쉽게 방류시키기 위하여
③ 빗물이 저장탱크 주위로 들어오는 것을 방지하기 위하여
④ 액상의 가스가 누출된 경우 그 가스의 유출을 방지하기 위하여

해설
방류둑
- 설치목적 : 액상의 가스가 누출된 경우 그 가스의 유출을 방지하기 위함
- 설치 위치 : 대용량의 액화석유가스 지상 저장탱크 주위

25 아세틸렌제조설비에서 정제장치는 주로 어떤 가스를 제거하기 위해 설치하는가?

① PH_3, H_2S, NH_3
② CO_2, SO_2, CO
③ H_2O(수증기), NO, NO_2, NH_3
④ $SiHCl_3$, SiH_2Cl_2, SiH_4

해설
아세틸렌제조설비에서 정제장치가 제거하는 가스류 : PH_3, H_2S, NH_3, N_2, O_2, H_2, CO, SiH_4 등

26 발열량이 10,000[kcal/Sm³], 비중이 1.2인 도시가스의 웨버지수는?

① 8,333
② 9,129
③ 10,954
④ 12,000

해설
도시가스의 웨버지수
$$WI = \frac{Q}{\sqrt{d}} = \frac{10,000}{\sqrt{1.2}} \simeq 9,129$$

27 스테인리스강의 조성이 아닌 것은?

① Cr ② Pb
③ Fe ④ Ni

해설
일반적으로 사용되는 스테인리스강은 Fe, Cr, Ni 등의 조성으로 구성되며 고온·고압하에서 수소를 사용하는 장치공정의 재질로 적당하다.

정답 23 ① 24 ④ 25 ① 26 ② 27 ②

28 기화장치의 구성이 아닌 것은?

① 검출부　② 기화부
③ 제어부　④ 조압부

해설
기화장치의 구성 : 기화부, 조압부, 제어부

29 산소제조장치설비에 사용되는 건조제가 아닌 것은?

① NaOH　② SiO_2
③ $NaClO_3$　④ Al_2O_3

해설
산소제조장치설비에 사용되는 건조제 : NaOH, SiO_2, Al_2O_3, 소바비드 등

30 피셔(Fisher)식 정압기에 대한 설명으로 틀린 것은?

① 로딩형 정압기이다.
② 동특성이 양호하다.
③ 정특성이 양호하다.
④ 다른 것에 비하여 크기가 크다.

해설
피셔(Fisher)식 정압기 : 로딩형으로 주로 중압용으로 사용되고 정특성, 동특성이 양호하며 비교적 콤팩트한 형식의 정압기이다. 구동압력이 증가하면 개조도 증가되는 방식이다.

31 제1종 보호시설은 사람을 수용하는 건축물로서 사실상 독립된 부분의 연면적이 얼마 이상인 것에 해당하는가?

① $100[m^2]$
② $500[m^2]$
③ $1,000[m^2]$
④ $2,000[m^2]$

해설
제1종 보호시설
- 학교, 유치원, 어린이집, 놀이방, 어린이 놀이터, 학원, 병원(의원을 포함한다), 도서관, 청소년 수련시설, 경로당, 시장, 공중 목욕탕, 호텔, 여관, 극장, 교회 및 공회당
- 사람을 수용하는 건축물(가설 건축물은 제외한다)로서 사실상 독립된 부분의 연면적이 $1,000[m^2]$ 이상인 것
- 예식장, 장례식장 및 전시장, 그 밖에 이와 유사한 시설로서 300명 이상 수용할 수 있는 건축물
- 아동복지시설 또는 장애인복지시설로서 20명 이상 수용할 수 있는 건축물
- 문화재보호법에 따라 지정문화재로 지정된 건축물

32 공기냉동기의 표준 사이클은?

① 브레이턴 사이클
② 역브레이턴 사이클
③ 카르노 사이클
④ 역카르노 사이클

해설
역브레이턴 사이클
- 공기냉동기의 표준 사이클이다.
- 일량에 비해 냉동효과가 낮다.

33 3단 압축기로 압축비가 다같이 3일 때 각 단의 이론 토출압력은 각각 몇 [MPa·g]인가?(단, 흡입압력은 0.1[MPa]이다)

① 0.2, 0.8, 2.6　　② 0.2, 1.2, 6.4
③ 0.3, 0.9, 2.7　　④ 0.3, 1.2, 6.4

해설

압축비 $\varepsilon = \sqrt[n]{\dfrac{P_n}{P}}$ 에서

- 1단 : $\varepsilon = \dfrac{P_1}{P}$ 에서 $P_1 = \varepsilon P = 3 \times 0.1 = 0.3 [\text{MPa} \cdot \text{abs}]$
  $= (0.3 - 0.1)[\text{MPa} \cdot \text{g}]$
  $= 0.2 [\text{MPa} \cdot \text{g}]$

- 2단 : $\varepsilon = \sqrt[2]{\dfrac{P_2}{P}}$ 에서 $P_2 = \varepsilon^2 P = 9 \times 0.1 = 0.9 [\text{MPa} \cdot \text{abs}]$
  $= (0.9 - 0.1)[\text{MPa} \cdot \text{g}]$
  $= 0.8 [\text{MPa} \cdot \text{g}]$

- 3단 : $\varepsilon = \sqrt[3]{\dfrac{P_3}{P}}$ 에서 $P_3 = \varepsilon^3 P = 27 \times 0.1 = 2.7 [\text{MPa} \cdot \text{abs}]$
  $= (2.7 - 0.1)[\text{MPa} \cdot \text{g}]$
  $= 2.6 [\text{MPa} \cdot \text{g}]$

34 압축기에서 압축비가 커짐에 따라 나타나는 영향이 아닌 것은?

① 소요동력 감소
② 토출가스 온도 상승
③ 체적 효율 감소
④ 압축 일량 증가

해설

압축기에서 압축비가 커짐에 따라 소요동력은 증가된다.

35 배관 내 가스 중의 수분 응축 또는 배관의 부식 등으로 인하여 지하수가 침입하는 등의 장애 발생으로 가스의 공급이 중단되는 것을 방지하기 위해 설치하는 것은?

① 슬리브　　② 리시버 탱크
③ 솔레노이드　　④ 루프 링

해설

리시버 탱크 : 배관 내 가스 중의 수분 응축 또는 배관의 부식 등으로 인하여 지하수가 침입하는 등의 장애 발생으로 가스 공급이 중단되는 것을 방지하기 위해 설치하는 탱크

36 최고 사용온도가 100[℃], 길이(L)가 10[m]인 배관을 상온(15[℃])에서 설치하였다면 최고 온도로 사용 시 팽창으로 늘어나는 길이는 약 몇 [mm]인가?(단, 선팽창계수 α는 12×10^{-6}[m/m℃]이다)

① 5.1　　② 10.2
③ 102　　④ 204

해설

재료의 변형량
$\lambda = l - l' = l\alpha(t - t')$
$= 10{,}000 \times 12 \times 10^{-6} \times (100 - 15)$
$= 10.2 [\text{mm}]$

37 다음은 수소의 성질에 대한 설명이다. 옳은 것으로만 나열된 것은?

> Ⓐ 공기와 혼합된 상태에서의 폭발범위 4.0~65[%]이다.
> Ⓑ 무색, 무취, 무미이므로 누출되었을 경우 색깔이나 냄새로 알 수 없다.
> Ⓒ 고온, 고압하에서 강(鋼) 중의 탄소와 반응하여 수소취성을 일으킨다.
> Ⓓ 열전달률이 아주 낮고, 열에 대하여 불안정하다.

① Ⓐ, Ⓑ
② Ⓐ, Ⓒ
③ Ⓑ, Ⓒ
④ Ⓑ, Ⓓ

해설
수소의 성질
- 공기와 혼합된 상태에서의 폭발범위는 4.0~75[%]이다.
- 무색, 무취, 무미이므로 누출되었을 경우 색깔이나 냄새로 알 수 없다.
- 고온, 고압하에서 강 중의 탄소와 반응하여 수소취성을 일으킨다.
- 열전달률이 아주 크고, 열에 대하여 안정하다.

38 일정 압력 이하로 내려가면 가스 분출이 정지되는 안전밸브는?

① 가용전식
② 파열식
③ 스프링식
④ 박판식

해설
스프링 안전밸브 : 일정 압력 이하로 내려가면 가스 분출이 정지되는 안전밸브
- 스프링의 힘에 의해 압력을 조절한다.
- 설정 압력 이상이 되면 서서히 개방된다.
- 저장탱크 또는 용기에서 주로 사용된다.
- 고압가스의 양을 결정하여 이 양을 충분히 분출시킬 수 있는 구경이어야 한다.
- 반복 사용이 가능하므로 한 번 작동하면 밸브 전체를 교환할 필요는 없다.

39 피스톤 펌프의 특징으로 옳지 않은 것은?

① 고압, 고점도의 소유량에 적당하다.
② 회전수에 따른 토출압력 변화가 많다.
③ 토출량이 일정하므로 정량 토출이 가능하다.
④ 고압에 의하여 물성이 변화하는 수가 있다.

해설
왕복펌프(피스톤 펌프) : 작동이 단속적이고 송수량을 일정하게 하기 위하여 공기실을 장치할 필요가 있는 펌프
- 토출량이 일정하여 정량 토출할 수 있다.
- 회전수에 따른 토출압력 변화가 작다.
- 송수량의 가감이 가능하며 흡입양정이 크다.
- 고압, 고점도의 소유량에 적당하다.
- 단속적으로 맥동이 일어나기 쉽다.
- 밸브의 그랜드부가 고장 나기 쉽다.
- 고압에 의하여 물성이 변화하는 경우가 있다.
- 진동이 있으며 설치면적이 많이 필요하다.

40 수격작용(Water Hammering)의 방지법으로 적합하지 않은 것은?

① 관 내의 유속을 느리게 한다.
② 밸브를 펌프 송출구 가까이 설치한다.
③ 서지탱크(Surge Tank)를 설치하지 않는다.
④ 펌프의 속도가 급격히 변화하는 것을 막는다.

해설
관 내에 서지(Surge)탱크를 설치한다.

제3과목 가스안전관리

41 저장능력이 20[ton]인 암모니아 저장탱크 2기를 지하에 인접하여 매설할 경우 상호 간에 최소 몇 [m] 이상의 이격거리를 유지하여야 하는가?

① 0.6[m] ② 0.8[m]
③ 1[m]   ④ 1.2[m]

해설
복수의 인접 저장탱크의 상호 간 최소 유지거리
- 2개 이상 인접 탱크 상호 간 최소 유지거리 : 1[m] 이상
- 두 저장탱크 간의 거리 : 두 저장탱크의 최대 지름을 합산한 길이의 $\frac{1}{4}$ 이상

42 공업용 액화염소를 저장하는 용기의 도색은?

① 주황색   ② 회색
③ 갈색   ④ 백색

해설
용기의 외면에 도색하는 가스의 종류별 색상
- 액화석유가스 : 회색
- 수소 : 주황색
- 액화염소 : 갈색
- 아세틸렌 : 황색

43 가스사용시설에 퓨즈 콕 설치 시 예방 가능한 사고 유형은?

① 가스레인지 연결 호스 고의 절단사고
② 소화안전장치고장 가스 누출사고
③ 보일러 팽창탱크 과열 파열사고
④ 연소기 전도 화재사고

해설
가스사용시설에 퓨즈 콕 설치 시 예방 가능한 사고유형 : 가스레인지 연결 호스 고의 절단사고

44 고압가스안전관리법에서 정하고 있는 특정 고압가스가 아닌 것은?

① 천연가스
② 액화염소
③ 게르만
④ 염화수소

해설
고압가스안전관리법에서 정하고 있는 특정 고압가스의 종류 : 수소, 산소, 액화암모니아, 아세틸렌, 액화염소, 천연가스, 압축모노실란, 압축다이보레인, 액화알진, 그 밖에 대통령령으로 정하는 고압가스(포스핀, 셀렌화수소, 게르만, 다이실란, 오불화비소, 오불화인, 삼불화인, 삼불화질소, 삼불화붕소, 사불화유황, 사불화규소)

45 액화석유가스의 특성에 대한 설명으로 옳지 않은 것은?

① 액체는 물보다 가볍고, 기체는 공기보다 무겁다.
② 액체의 온도에 의한 부피 변화가 작다.
③ 일반적으로 LNG보다 발열량이 크다.
④ 연소 시 다량의 공기가 필요하다.

해설
액화석유가스는 액체의 온도에 의한 부피 변화가 크다.

정답 41 ③ 42 ③ 43 ① 44 ④ 45 ②

46 고온, 고압 시 가스용기의 탈탄작용을 일으키는 가스는?

① C_3H_8
② SO_3
③ H_2
④ CO

해설
수소(H_2)는 고온, 고압 시 가스용기의 탈탄작용(수소취성)을 일으킨다.

47 독성의 액화가스 저장탱크 주위에 설치하는 방류둑의 저장능력은 몇 [ton] 이상의 것에 한하는가?

① 3[ton]
② 5[ton]
③ 10[ton]
④ 50[ton]

해설
방류둑 설치 기준
- 2개 이상의 저장탱크가 설치된 것에 대한 저장능력의 산정 : 저장능력을 합한 것
- 가연성 가스, 산소 : 저장능력 1,000[ton] 이상
- 독성가스 : 저장능력 5[ton] 이상

48 가스설비가 오조작되거나 정상적인 제조를 할 수 없는 경우 자동으로 원재료를 차단하는 장치는?

① 인터로크 기구
② 원료제어밸브
③ 가스누출기구
④ 내부반응 감시기구

해설
인터로크 기구 : 가스설비가 오조작되거나 정상적인 제조를 할 수 없는 경우 자동으로 원재료를 차단하는 장치

49 액화암모니아 70[kg]을 충전하여 사용하고자 한다. 충전정수가 1.86일 때 안전관리상 용기의 내용적은?

① 27[L]
② 37.6[L]
③ 75[L]
④ 131[L]

해설
가스 충전질량 $W = V_2/C$이므로,
용기의 내용적은 $V_2 = GC = 70 \times 1.86 = 130.2[L]$이다.

50 고압가스안전관리법상 가스 저장탱크 설치 시 내진설계를 하여야 하는 저장탱크는?(단, 비가연성 및 비독성인 경우는 제외한다)

① 저장능력이 5[ton] 이상 또는 500[m^3] 이상인 저장탱크
② 저장능력이 3[ton] 이상 또는 300[m^3] 이상인 저장탱크
③ 저장능력이 2[ton] 이상 또는 200[m^3] 이상인 저장탱크
④ 저장능력이 1[ton] 이상 또는 100[m^3] 이상인 저장탱크

해설
내진설계 : 저장탱크 및 압력용기, 지지구조물 및 기초와 이들의 연결부에 적용

가연성, 독성	5[ton] 또는 500[m^3] 이상
비가연성, 비독성	10[ton] 또는 1,000[m^3] 이상

51 차량에 혼합 적재할 수 없는 가스끼리 짝지어져 있는 것은?

① 프로판, 부탄
② 염소, 아세틸렌
③ 프로필렌, 프로판
④ 사이안화수소, 에탄

해설
고압가스 운반 기준
• 충전용기와 위험물안전관리법이나 소방기본법이 정하는 위험물과는 동일 차량에 적재하여 운반하지 아니한다.
• 고압가스의 운반 기준에서 동일 차량에 적재하여 운반할 수 없는 것 : 염소와 아세틸렌, 염소와 수소, 염소와 암모니아
• 염소와 아세틸렌, 암모니아 또는 수소는 동일 차량에 혼합 적재 및 운반하지 아니한다.
• 충전용기와 휘발유나 경유는 동일 차량에 적재하여 운반하지 못한다.

52 압력 방폭구조의 표시방법은?

① p   ② d
③ ia   ④ s

해설
압력 방폭구조
• 점화원이 될 우려가 있는 부분을 용기 안에 넣고 불활성 가스를 용기 안에 채워 넣어 폭발성 가스가 침입하는 것을 방지한 방폭구조
• 용기 내부에 공기 또는 불활성 가스 등의 보호가스를 압입하여 용기 내의 압력이 유지됨으로써 외부로부터 폭발성 가스 또는 증기가 침입하지 못하도록 한 방폭구조
• 압력 방폭구조의 기호 : p

53 저장량 15[ton]의 액화산소 저장탱크를 지하에 설치할 경우 인근에 위치한 연면적이 300[m²]인 교회와 몇 [m] 이상의 거리를 유지하여야 하는가?

① 6[m]   ② 7[m]
③ 12[m]   ④ 14[m]

해설
이 경우 지상에서의 안전거리가 14[m]이므로 지하에 설치할 경우, $14 \times \dfrac{1}{2} = 7$[m] 이상의 거리를 유지해야 한다.

54 냉동기의 냉매설비에 속하는 압력용기의 재료는 압력용기의 설계압력 및 설계온도 등에 따른 적절한 것이어야 한다. 다음 중 초음파탐상검사를 실시하지 않아도 되는 재료는?

① 두께가 40[mm] 이상인 탄소강
② 두께가 38[mm] 이상인 저합금강
③ 두께가 6[mm] 이상인 9[%] 니켈강
④ 두께가 19[mm] 이상이고 최소 인장강도가 568.4 [N/mm²] 이상인 강

해설
초음파탐상법(UT) : 초음파를 이용한 재료 내·외부의 결함검사
• 두께가 50[mm] 이상인 탄소강
• 두께가 38[mm] 이상인 저합금강
• 두께가 19[mm] 이상이고 최소 인장강도가 568.4[N/mm²] 이상인 강
• 두께가 13[mm] 이상인 2.5[%], 3.5[%] 니켈강
• 두께가 6[mm] 이상인 9[%] 니켈강

정답 51 ② 52 ① 53 ② 54 ①

55 아세틸렌용 용접용기 제조 시 내압시험압력이란 최고압력 수치의 몇 배의 압력을 말하는가?

① 1.2
② 1.5
③ 2
④ 3

해설
내압시험압력
- 아세틸렌용 용접용기 제조 시 : 최고 압력수치(최고 충전압력)의 3배
- (아세틸렌가스가 아닌 압축가스를 충전할 때) 압축가스 용기, 압축가스를 저장하는 납붙임용기 : 최고 충전압력의 $\frac{5}{3}$배
- 고압가스특정제조시설 내의 특정가스사용시설 : 상용압력의 1.5배 이상의 압력으로 5~20분 유지

56 용기 보관실을 설치한 후 액화석유가스를 사용하여야 하는 시설 기준은?

① 저장능력 1,000[kg] 초과
② 저장능력 500[kg] 초과
③ 저장능력 300[kg] 초과
④ 저장능력 100[kg] 초과

해설
용기에 의한 액화석유가스사용시설에서 용기 저장능력 100[kg] 초과의 경우는 용기 보관실을 설치하여야 한다.

57 고압가스제조설비에서 기밀시험용으로 사용할 수 없는 것은?

① 질 소
② 공 기
③ 탄산가스
④ 산 소

해설
기밀시험용 가스 : 질소, 공기, 탄산가스(이산화탄소), 아르곤 등의 불연성, 불활성 가스

58 아세틸렌가스 충전 시 희석제로 적합한 것은?

① N_2
② C_3H_8
③ SO_2
④ H_2

해설
아세틸렌가스 충전 시 희석제 : 수소(H_2), 질소(N_2), 일산화탄소(CO), 이산화탄소(CO_2), 메탄(CH_4), 에틸렌(C_2H_4), 프로판(C_3H_8) 등

59 액화석유가스사업자 등과 시공자 및 액화석유가스 특정사용자의 안전관리 등에 관계되는 업무를 하는 자는 시·도지사가 실시하는 교육을 받아야 한다. 교육대상자의 교육내용에 대한 설명으로 틀린 것은?

① 액화석유가스 배달원으로 신규 종사하게 될 경우 특별교육을 1회 받아야 한다.
② 액화석유가스 특정사용시설의 안전관리 책임자로 신규 종사하게 될 경우 신규 종사 후 6개월 이내 및 그 이후에는 3년이 되는 해마다 전문교육을 1회 받아야 한다.
③ 액화석유가스를 연료로 사용하는 자동차의 정비작업에 종사하는 자가 한국가스안전공사에서 실시하는 액화석유가스 자동차 정비 등에 관한 전문교육을 받은 경우에는 별도로 특별교육을 받을 필요가 없다.
④ 액화석유가스 충전시설의 충전원으로 신규 종사하게 될 경우 6개월 이내 전문교육을 1회 받아야 한다.

해설
액화석유가스 충전시설의 충전원으로 신규 종사하게 될 경우 6개월 이내 특별교육을 1회 받아야 한다.

60 정전기로 인한 화재·폭발사고를 예방하기 위해 취해야 할 조치가 아닌 것은?

① 유체의 분출 방지
② 절연체의 도전성 감소
③ 공기의 이온화 장치 설치
④ 유체 이·충전 시 유속의 제한

해설
정전기로 인한 화재·폭발사고를 예방하기 위해서는 전기저항을 감소시키고 전도성을 증가시킨다.

제4과목 가스계측

61 토마스식 유량계는 어떤 유체의 유량을 측정하는 데 가장 적당한가?

① 용액의 유량
② 가스의 유량
③ 석유의 유량
④ 물의 유량

해설
토마스식 유량계 : 유체의 흐름 중에 전열선을 넣고 유체의 온도를 높이는 데 필요한 에너지를 측정하여 유체의 질량유량을 알 수 있는 열선식 유량계(유체가 필요로 하는 열량이 유체의 양에 비례하는 것을 이용한 유량계)로, 가스의 유량 측정에 적합하다.

62 크로마토그램에서 머무름 시간이 45초인 어떤 용질을 길이 2.5[m]의 칼럼에서 바닥에서의 너비를 측정하였더니 6초이었다. 이론단수는 얼마인가?

① 800
② 900
③ 1,000
④ 1,200

해설
이론단수 $N = 16 \times \left(\dfrac{l}{W}\right)^2 = 16 \times \left(\dfrac{t}{T}\right)^2 = 16 \times \left(\dfrac{45}{6}\right)^2 \simeq 900$

63 제어량의 종류에 따른 분류가 아닌 것은?

① 서보기구
② 비례제어
③ 자동조정
④ 프로세스 제어

해설
제어 대상이 되는 제어량의 종류(성질)에 의한 분류 : 프로세스 제어, 서보기구 제어, 자동조정 제어

정답 59 ④ 60 ② 61 ② 62 ② 63 ②

64 전기저항식 온도계에 대한 설명으로 틀린 것은?

① 열전대 온도계에 비하여 높은 온도를 측정하는 데 적합하다.
② 저항선의 재료는 온도에 의한 전기저항의 변화(저항온도계수)가 커야 한다.
③ 저항 금속재료는 주로 백금, 니켈, 구리가 사용된다.
④ 일반적으로 금속은 온도가 상승하면 전기저항값이 올라가는 원리를 이용한 것이다.

[해설]
전기저항식 온도계 : 온도가 증가함에 따라 금속의 전기저항이 증가하는 현상을 이용한 접촉식 온도계이며, 열전대 온도계보다 측정 가능 온도가 낮다.

65 자동제어에 대한 설명으로 틀린 것은?

① 편차의 정(+), 부(-)에 의하여 조작신호가 최대, 최소가 되는 제어를 On-off 동작이라고 한다.
② 1차 제어장치가 제어량을 측정하여 제어명령을 하고 2차 제어장치가 이 명령을 바탕으로 제어량을 조절하는 것을 캐스케이드 제어라고 한다.
③ 목표값이 미리 정해진 시간적 변화를 할 경우의 수치제어를 정치제어라고 한다.
④ 제어량 편차의 과소에 의하여 조작단을 일정한 속도로 정작동, 역작동 방향으로 움직이게 하는 동작을 부동제어라고 한다.

[해설]
목표값이 미리 정한 프로그램에 따라서 시간과 더불어 변화하는 제어는 프로그램 제어이다.

66 가스미터에 다음과 같이 표시되어 있었다. 다음 중 그 의미에 대한 설명으로 가장 옳은 것은?

> 0.6[L/rev], MAX 1.8[m^3/hr]

① 기준실 10주기 체적이 0.6[L], 사용 최대 유량은 시간당 1.8[m^3]이다.
② 계량실 1주기 체적이 0.6[L], 사용 감도유량은 시간당 1.8[m^3]이다.
③ 기준실 10주기 체적이 0.6[L], 사용 감도유량은 시간당 1.8[m^3]이다.
④ 계량실 1주기 체적이 0.6[L], 사용 최대 유량은 시간당 1.8[m^3]이다.

[해설]
0.6[L/rev], MAX 1.8[m3/hr] : 계량실 1주기 체적이 0.6[L], 사용 최대 유량은 시간당 1.8[m^3]

67 유량의 계측 단위가 아닌 것은?

① [kg/h]
② [kg/sec]
③ [Nm^3/sec]
④ [kg/m^3]

[해설]
유량은 단위 시간당 통과하는 유체의 양(체적 또는 질량/단위 시간)이다.

68 가스미터에 공기가 통과 시 유량이 300[m³/h]라면 프로판 가스를 통과하면 유량은 약 몇 [kg/h]로 환산되는가?(단, 프로판의 비중은 1.52, 밀도는 1.86[kg/m³]이다)

① 235.9   ② 373.5
③ 452.6   ④ 579.2

해설

공기유량 $Q_{air} = K\sqrt{\dfrac{hD^5}{SL}} = \dfrac{1}{\sqrt{S}}K\sqrt{\dfrac{hD^5}{L}} = 300$에서

$\dfrac{1}{\sqrt{1}}K\sqrt{\dfrac{hD^5}{L}} = 300$이므로, $K\sqrt{\dfrac{hD^5}{L}} = 300$이다.

따라서, 프로판의 유량

$Q_{propane} = K\sqrt{\dfrac{hD^5}{SL}} = \dfrac{1}{\sqrt{1.52}}K\sqrt{\dfrac{hD^5}{L}} \times 300$

$\simeq 243.3[\text{m}^3/\text{h}]$ 이며

이것을 단위 환산하면

$Q_{propane} \simeq 243.3[\text{m}^3/\text{h}] = 243.3[\text{m}^3/\text{h}] \times 1.86[\text{kg/m}^3]$
$\simeq 452.6[\text{kg/h}]$

69 가스누출경보차단장치에 대한 설명 중 틀린 것은?

① 원격 개폐가 가능하고 누출된 가스를 검지하여 경보를 울리면서 자동으로 가스 통로를 차단하는 구조이어야 한다.
② 제어부에서 차단부의 개폐 상태를 확인할 수 있는 구조이어야 한다.
③ 차단부가 검지부의 가스검지 등에 의하여 닫힌 후에는 복원 조작을 하지 않는 한 열리지 않는 구조이어야 한다.
④ 차단부가 전자밸브인 경우에는 통전의 경우에는 닫히고, 정전의 경우에는 열리는 구조이어야 한다.

해설

가스누출경보차단장치의 차단부가 전자밸브인 경우에는 통전의 경우에는 열리고, 정전의 경우에는 닫히는 구조이어야 한다.

70 탐사침을 액 중에 넣어 검출되는 물질의 유전율을 이용하는 액면계는?

① 정전용량형 액면계
② 초음파식 액면계
③ 방사선식 액면계
④ 전극식 액면계

해설

정전용량형 액면계 : 탐사침을 액 중에 넣어 검출되는 물질의 유전율을 이용하는 액면계로, 검출소자를 액 속에 넣어 액위에 따른 정전용량의 변화를 측정하여 액면 높이를 측정한다.

71 일반적으로 장치에 사용되고 있는 부르동관 압력계 등으로 측정되는 압력은?

① 절대압력
② 게이지압력
③ 진공압력
④ 대기압

해설

일반적으로 장치에 사용되고 있는 부르동관 압력계 등으로 측정되는 압력은 게이지압력이다.

72 측정범위가 넓어 탄성체 압력계의 교정용으로 주로 사용되는 압력계는?

① 벨로스식 압력계
② 다이어프램식 압력계
③ 부르동관식 압력계
④ 표준 분동식 압력계

해설
기준 분동식 압력계
- 램, 실린더, 기름탱크, 가압펌프 등으로 구성된 압력계로 표준 분동식이라고도 한다.
- 용도 : 압력계 교정이나 검정용 표준기로 사용되며, 주로 탄성식 압력계의 일반 교정용 시험기로 사용한다.
- 사용 액체 : 모빌유(5,000[kg/cm^2]), 경유(40~100[kg/cm^2]), 스핀들유(100~1,000[kg/cm^2]), 피마자유(100~1,000[kg/cm^2])

73 습공기의 절대습도와 그 온도와 동일한 포화공기의 절대습도와의 비를 의미하는 것은?

① 비교습도 ② 포화습도
③ 상대습도 ④ 절대습도

해설
비교습도 : 습공기의 절대습도와 포화증기의 절대습도와의 비

74 일반적으로 기체크로마토그래피 분석방법으로 분석하지 않는 가스는?

① 염소(Cl_2)
② 수소(H_2)
③ 이산화탄소(CO_2)
④ 부탄(n-C_4H_{10})

해설
기체크로마토그래피는 수소, 이산화탄소, 탄화수소(부탄, 나프탈렌, 할로겐화 탄화수소 등), 산화물, 연소기체 등의 분석에 사용한다.

75 가스크로마토그래피에서 사용하는 검출기가 아닌 것은?

① 원자방출검출기(AED)
② 황화학발광검출기(SCD)
③ 열추적검출기(TTD)
④ 열이온검출기(TID)

해설
열추적검출기(TTD)는 가스크로마토그래피에서 사용하는 검출기가 아니다.

76 계량에 관한 법률의 목적으로 가장 거리가 먼 것은?

① 계량의 기준을 정함
② 공정한 상거래 질서 유지
③ 산업의 선진화 기여
④ 분쟁의 협의 조정

해설
계량에 관한 법률의 목적
- 계량의 기준을 정한다.
- 적절한 계량을 실시한다.
- 공정한 상거래 질서를 유지한다.
- 산업의 선진화에 기여한다.

77 실측식 가스미터가 아닌 것은?

① 터빈식 가스미터
② 건식 가스미터
③ 습식 가스미터
④ 막식 가스미터

해설
터빈식 가스미터는 추량식 가스미터에 속한다.

78 시료가스를 각각 특정한 흡수액에 흡수시켜 흡수 전후의 가스체적을 측정하여 가스의 성분을 분석하는 방법이 아닌 것은?

① 오르자트(Orsat)법
② 헴펠(Hempel)법
③ 적정(滴定)법
④ 게겔(Gockel)법

해설
흡수분석법 : 시료가스를 각각 특정한 흡수액에 흡수시켜 흡수 전후의 가스체적을 측정하여 가스의 성분을 분석하는 정량 가스분석법으로 오르자트법, 헴펠법, 게겔법 등이 있다.

79 관이나 수로의 유량을 측정하는 차압식 유량계는 어떠한 원리를 응용한 것인가?

① 토리첼리(Torricelli's) 정리
② 패러데이(Faraday's) 법칙
③ 베르누이(Bernoulli's) 정리
④ 파스칼(Pascal's) 원리

해설
차압식 유량계의 측정원리
• 운동하는 유체의 에너지 법칙
• 베르누이 방정식
• 연속의 법칙(질량보존의 법칙)

80 다음 가스분석법 중 흡수분석법에 해당되지 않는 것은?

① 헴펠법
② 게겔법
③ 오르자트법
④ 우인클러법

해설
흡수분석법 : 헴펠법, 게겔법, 오르자트법

정답 77 ① 78 ③ 79 ③ 80 ④

2017년 제2회 과년도 기출문제

제1과목 연소공학

01 압력이 0.1[MPa], 체적이 3[m³]인 273.15[K]의 공기가 이상적으로 단열압축되어 그 체적이 1/3로 되었다. 엔탈피의 변화량은 약 몇 [kJ]인가?(단, 공기의 기체상수는 0.287[kJ/kg·K], 비열비는 1.4이다)

① 480
② 580
③ 680
④ 780

해설

$$\Delta H = -W_t = -k \cdot {}_1W_2 = \frac{-kP_1V_1}{k-1}\left[1-\left(\frac{V_1}{V_2}\right)^{k-1}\right]$$

$$= \frac{-1.4 \times 0.1 \times 10^3 \times 3}{1.4-1} \times (1-3^{0.4}) \simeq 579[kJ]$$

02 다음 중 연소와 관련된 식으로 옳은 것은?

① 과잉공기비 = 공기비(m) − 1
② 과잉공기량 = 이론공기량(A_0) + 1
③ 실제공기량 = 공기비(m) + 이론공기량(A_0)
④ 공기비 = (이론산소량/실제공기량) − 이론공기량

해설

② 과잉공기량 = 실제공기량(A) − 이론공기량(A_0)
③ 실제공기량(A) = 공기비 × 이론공기량 = mA_0
④ 공기비 = 실제공기량/이론공기량 = A/A_0

03 다음 중 폭굉(Detonation)의 화염 전파속도는?

① 0.1~10[m/sec]
② 10~100[m/sec]
③ 1,000~3,500[m/sec]
④ 5,000~10,000[m/sec]

04 다음 중 착화온도가 낮아지는 이유가 아닌 것은?

① 반응활성도가 클수록
② 발열량이 클수록
③ 산소농도가 높을수록
④ 분자구조가 단순할수록

해설

분자구조가 복잡할수록 착화온도가 낮아진다.

05 단원자 분자의 정적비열(C_v)에 대한 정압비열(C_p)의 비인 비열비(k)의 값은?

① 1.67
② 1.44
③ 1.33
④ 1.02

해설

비열비 : $k = C_p/C_v$
• 단원자 : $k = 1.67$(He 등)
• 2원자 : $k = 1.4$(O_2 등)
• 다원자 : $k = 1.33$(CH_4 등)

정답 1 ② 2 ① 3 ③ 4 ④ 5 ①

06 증기운 폭발에 영향을 주는 인자로서 가장 거리가 먼 것은?

① 방출된 물질의 양
② 증발된 물질의 분율
③ 점화원의 위치
④ 혼합비

07 사이안화수소는 장기간 저장하지 못하도록 규정되어 있다. 가장 큰 이유는?

① 폭발하기 때문에
② 산화폭발하기 때문에
③ 분진폭발하기 때문에
④ 중합폭발하기 때문에

해설
사이안화수소는 중합폭발물질이므로, 장기간 저장하면 중합폭발을 일으킬 수 있다.

08 다음 중 물리적 폭발에 속하는 것은?

① 가스폭발
② 폭발적 증발
③ 디토네이션
④ 중합폭발

해설
물리적 폭발의 종류 : 고압용기 파열·탱크 감압 파손 등에 의한 압력폭발, 증기폭발, 폭발적 증발, 금속선 폭발, 고체상 전이폭발 등

09 유동층 연소의 장점에 대한 설명으로 가장 거리가 먼 것은?

① 부하 변동에 따른 적응력이 좋다.
② 광범위하게 연료에 적용할 수 있다.
③ 질소산화물의 발생량이 감소된다.
④ 전열 면적이 작게 소요된다.

해설
유동층 연소 : 석탄 분쇄입자와 유동 매체(석회석)의 혼합 가루층에 적정 속도의 공기를 불어넣은 부유 유동층 상태에서의 연소(기술)
• 연료에 광범위하게 적용 가능하다.
• 질소산화물 발생량이 감소된다.
• 전열 면적이 작게 소요된다.
• 부하 변동에 따른 적응력이 나쁘다.

10 0.5[atm], 10[L]의 기체 A와 1.0[atm], 5[L]의 기체 B를 전체 부피 15[L]의 용기에 넣을 경우, 전압은 얼마인가?(단, 온도는 항상 일정하다)

① 1/3[atm]   ② 2/3[atm]
③ 1.5[atm]   ④ 1[atm]

해설
$PV = P_1V_1 + P_2V_2$ 에서
$P = \dfrac{P_1V_1 + P_2V_2}{V} = \dfrac{0.5 \times 10 + 1.0 \times 5}{15} = \dfrac{2}{3}$[atm] 이다.

정답 6 ④ 7 ④ 8 ② 9 ① 10 ②

11 다음 가연성 가스 중 폭발하한값이 가장 낮은 것은?

① 메 탄
② 부 탄
③ 수 소
④ 아세틸렌

해설
폭발범위[%], ( )는 폭발범위 폭
- 메탄 : 5~15(10)
- 부탄 : 1.8~8.4(6.6)
- 수소 : 4.1~75(70.9)
- 아세틸렌 : 2.5~82(79.5, 가장 넓음)

12 피크노미터는 무엇을 측정하는 데 사용되는가?

① 비 중
② 비 열
③ 발화점
④ 열 량

해설
비중 측정기기 : 피크노미터(비중병), 모올-웨스트팔 비중천평, 비중계, 스프렝겔-오스트왈드 피크노미터
※ 피크노미터는 유체의 밀도 측정에 이용되는 기구이기도 하다.

13 피스톤과 실린더로 구성된 어떤 용기 내에 들어 있는 기체의 처음 체적이 0.1[m³]이다. 200[kPa]의 일정한 압력으로 체적이 0.3[m³]으로 변했을 때의 일은 약 몇 [kJ]인가?

① 0.4
② 4
③ 40
④ 400

해설
$W = \int PdV = P(V_2 - V_1) = 200(0.3 - 0.1) = 40[kJ]$

14 미연소혼합기의 흐름이 화염 부근에서 층류에서 난류로 바뀌었을 때의 현상으로 옳지 않은 것은?

① 확산연소일 경우는 단위 면적당 연소율이 높아진다.
② 적화식 연소는 난류 확산연소로서 연소율이 높다.
③ 화염의 성질이 크게 바뀌며 화염대의 두께가 증대한다.
④ 예혼합연소일 경우 화염 전파속도가 가속된다.

해설
적화식 연소는 난류 확산연소로서 연소율이 낮다.

15 어떤 반응물질에 반응을 시작하기 전에 반드시 흡수하여야 하는 에너지의 양을 무엇이라고 하는가?

① 점화에너지
② 활성화 에너지
③ 형성엔탈피
④ 연소에너지

해설
활성화 에너지 : 어떤 반응물질이 반응을 시작하기 전에 반드시 흡수하여야 하는 에너지의 양

16 압력 2[atm], 온도 27[℃]에서 공기 2[kg]의 부피는 약 몇 [m³]인가?(단, 공기의 평균 분자량은 29이다)

① 0.45 ② 0.65
③ 0.75 ④ 0.85

해설

$PV = nRT = \dfrac{w}{M}RT$ 이므로

$V = \dfrac{wRT}{PM} = \dfrac{2 \times 0.082 \times (27 + 273)}{2 \times 29} \simeq 0.85[m^3]$ 이다.

17 정상 동작 상태에서 주변의 폭발성 가스 또는 증기에 점화시키지 않고 점화시킬 수 있는 고장이 유발되지 않도록 한 방폭구조는?

① 특수 방폭구조
② 비점화 방폭구조
③ 본질안전 방폭구조
④ 몰드 방폭구조

해설

비점화 방폭구조
- 정상 동작 상태에서 주변의 폭발성 가스 또는 증기에 점화시키지 않고 점화시킬 수 있는 고장이 유발되지 않도록 한 방폭구조이다.
- 정상 운전 중인 고전압 등까지도 적용 가능하며, 특히 계장설비에 에너지 발생을 제한한 본질 안전구조의 대용으로 적용 가능하다.
- 비점화 방폭구조의 기호 : n

18 고부하연소 중 내연기관의 동작과 같은 흡입, 연소, 팽창, 배기를 반복하면서 연소를 일으키는 것은?

① 펄스연소
② 에멀션 연소
③ 촉매연소
④ 고농도 산소연소

해설

펄스연소 : 고부하연소 중 내연기관의 동작과 같은 흡입, 연소, 팽창, 배기를 반복하는 연소방식

19 연소에서 사용되는 용어와 그 내용에 대하여 가장 바르게 연결된 것은?

① 폭발 – 정상연소
② 착화점 – 점화 시 최대 에너지
③ 연소범위 – 위험도의 계산 기준
④ 자연발화 – 불씨에 의한 최고 연소 시작온도

해설

① 폭발 : 비정상연소
② 착화점 : 점화 시 최소 에너지
④ 자연발화 : 불씨에 의한 최저 연소 시작온도

20 버너 출구에서 가연성 기체의 유출속도가 연소속도보다 큰 경우 불꽃이 노즐에 정착되지 않고 꺼져 버리는 현상을 무엇이라 하는가?

① Boil Over
② Flash Back
③ Blow Off
④ Back Fire

해설

블로오프(Blow Off) : 버너 출구에서 가연성 기체의 유출속도가 연소속도보다 큰 경우 불꽃이 노즐에 정착되지 않고 꺼져 버리는 현상

제2과목　가스설비

21 용기 충전구의 'V'홈의 의미는?

① 왼나사를 나타낸다.
② 독성가스를 나타낸다.
③ 가연성 가스를 나타낸다.
④ 위험한 가스를 나타낸다.

해설
왼나사의 경우, 용기 충전구에 'V'홈 표시를 한다.

22 LP 가스를 이용한 도시가스 공급방식이 아닌 것은?

① 직접 혼입방식
② 공기 혼합방식
③ 변성 혼입방식
④ 생가스 혼합방식

해설
LP 가스를 이용한 도시가스 공급방식 : 직접 혼입방식, 공기 혼합방식, 변성 혼입방식

23 고압가스설비 설치 시 지반이 단단한 점토질 지반일 때의 허용 지지력도는?

① 0.05[MPa]
② 0.1[MPa]
③ 0.2[MPa]
④ 0.3[MPa]

해설
지반이 단단한 점토질 지반일 때의 허용 지지력도는 0.1[MPa]이다.

24 가스온수기에 반드시 부착하지 않아도 되는 안전장치는?

① 정전안전장치
② 역풍방지장치
③ 전도안전장치
④ 소화안전장치

해설
가스온수기의 안전장치
- 주요 안전장치 : 정전안전장치, 역풍방지장치, 소화안전장치
- 그 밖의 안전장치 : 거버너(세라믹 버너를 사용하는 온수기에만 해당), 과열방지장치, 물온도조절장치, 점화장치(파일럿 버너가 없는 것은 자동점화장치), 물빼기장치, 수압자동가스밸브, 동결방지장치, 과압방지안전장치

정답　21 ①　22 ④　23 ②　24 ③

25 폴리에틸렌관(Polyethylene Pipe)의 일반적인 성질에 대한 설명으로 틀린 것은?

① 인장강도가 작다.
② 내열성과 보온성이 나쁘다.
③ 염화비닐관에 비해 가볍다.
④ 상온에도 유연성이 풍부하다.

해설
PE관(폴리에틸렌관)
- 염화비닐에 비해서 가볍다.
- 내열성과 보온성이 우수하며 상온에서도 유연성이 풍부하다.
- 지하 매설배관 재료 : 가스용 폴리에틸렌관, 폴리에틸렌 피복강관, 분말용착식 폴리에틸렌 피복강관
- 인장강도가 작다.
- 가스용 PE 배관을 온도 40[℃] 이상의 장소에 설치할 수 있는 가장 적절한 방법 : 파이프 슬리브를 이용한 단열조치

26 실린더의 단면적이 50[cm²], 피스톤 행정이 10[cm], 회전수가 200[rpm], 체적효율이 80[%]인 왕복 압축기의 토출량은 약 몇 [L/min]인가?

① 60 ② 80
③ 100 ④ 120

해설
왕복 압축기의 토출량
$V = lanz\eta = 10 \times 50 \times 200 \times 1 \times 0.8$
$= 80,000 [cc/min] = 80 [L/min]$

27 철을 담금질하면 경도는 커지지만 탄성이 약해지기 쉬우므로, 이를 적당한 온도로 재가열했다가 공기 중에서 서랭시키는 열처리방법은?

① 담금질(Quenching)
② 뜨임(Tempering)
③ 불림(Normalizing)
④ 풀림(Annealing)

해설
뜨임(Tempering) : 철을 담금질하면 경도는 커지지만 탄성이 약해지기 쉬우므로, 이를 적당한 온도로 재가열했다가 공기 중에서 서랭시키는 열처리방법

28 금속의 시험편 또는 제품의 표면에 일정한 하중으로 일정 모양의 경질입자를 압입하든가 또는 일정한 높이에서 해머를 낙하시키는 등의 방법으로 금속재료를 시험하는 방법은?

① 인장시험
② 굽힘시험
③ 경도시험
④ 크리프시험

해설
경도시험 : 금속의 시험편 또는 제품의 표면에 일정한 하중으로 일정 모양의 경질입자를 압입하거나 일정한 높이에서 해머를 낙하시키는 등의 방법으로 금속재료를 시험하는 방법
- 브리넬(Brinell) 경도(HB) : 강구의 자국 크기(표면적)로 경도 조사
- 비커스(Vickers) 경도(HV)
  - 꼭지각 136[°] 다이아몬드 자국의 대각선 길이로 경도 측정
  - 질화강과 침탄강의 경도시험에 적합
- 로크웰(Rockwell) 경도 : 강구 또는 다이아몬드 원추를 압입할 때 생기는 압흔의 깊이로 경도를 나타내는 방법. HRC(꼭지각 120[°] 다이아몬드 콘(Cone, 원뿔체) 압입 자국의 깊이 측정), HRB(지름 1/16 인치 강구 깊이 측정)
- 쇼어(Shore) 경도(HS) : 다이아몬드 압입추(낙하추)를 낙하시켰을 때 반발되어 튀어 올라오는 높이로 경도를 나타내는 방법

정답 25 ② 26 ② 27 ② 28 ③

29 전기방식 방법의 특징에 대한 설명으로 옳은 것은?

① 전위차가 일정하고 방식전류가 작아 도복장의 저항이 작은 대상에 알맞은 방식법은 희생양극법이다.
② 매설배관과 변전소의 부극 또는 레일을 직접 도선으로 연결해야 하는 경우에 사용하는 방식은 선택배류법이다.
③ 외부전원법과 선택배류법을 조합하여 레일의 전위가 높아도 방식전류를 흐르게 할 수 있는 방식은 강제배류법이다.
④ 전압을 임의적으로 선정할 수 있고 전류의 방출을 많이 할 수 있어 전류 구배가 작은 장소에 사용하는 방식은 외부전원법이다.

해설
① 희생양극법 : 전위차가 일정하며, 비교적 작고 방식효과 범위가 좁으며 저전압의 방폭지역, 전원 공급이 불가능한 지역, 전위 구배가 작은 장소, 해양구조물 등에 적합하다.
② 직접배류법 : 피방식구조물과 전철 변전소의 부극 또는 레일 사이를 직접 도체로 접속하는 방법이다. 간단하고 설비비가 가장 적게 드는 방법이지만 변전소가 하나밖에 없고, 또 배류선을 통해 전철로부터 피방식구조물로 유입하는 전류(역류)가 없는 경우에만 사용 가능한 방법이다.
④ 외부전원법 : 외부 직류전원장치의 양극(+)은 매설배관이 설치되어 있는 토양이나 수중에 설치한 외부전원용 전극에 접속하고, 음극(-)은 매설배관에 접속시켜 부식을 방지하는 방법이며, 전식에 대한 방식이 가능하며 장거리 배관에 경제적이다. 전압, 전류의 조정이 가능하며 전기방식의 효과범위가 넓다. 대용량 시설물, 장거리 파이프라인, 대용량 저장탱크 등에 적용된다.

30 고압가스 용기 및 장치가공 후 열처리를 실시하는 가장 큰 이유는?

① 재료 표면의 경도를 높이기 위하여
② 재료의 표면을 연화시켜 가공하기 쉽도록 하기 위하여
③ 가공 중 나타난 잔류응력을 제거하기 위하여
④ 부동태 피막을 형성시켜 내산성을 증가시키기 위하여

해설
고압가스 용기 및 장치가공 후 열처리를 실시하는 가장 큰 이유는 가공 중 나타난 잔류응력을 제거하기 위함이다.

31 원유, 중유, 나프타 등의 분자량이 큰 탄화수소 원료를 고온(800~900[℃])으로 분해하여 고열량의 가스를 제조하는 방법은?

① 열분해 프로세스
② 접촉분해 프로세스
③ 수소화분해 프로세스
④ 대체 천연가스 프로세스

해설
열분해 프로세스 : 원유, 중유, 나프타 등의 분자량이 큰 탄화수소 원료를 고온(800~900[℃])으로 분해하여 고열량의 가스를 제조하는 방법

32 고압가스용 기화장치의 기화통의 용접하는 부분에 사용할 수 없는 재료의 기준은?

① 탄소 함유량이 0.05[%] 이상인 강재 또는 저합금 강재
② 탄소 함유량이 0.10[%] 이상인 강재 또는 저합금 강재
③ 탄소 함유량이 0.15[%] 이상인 강재 또는 저합금 강재
④ 탄소 함유량이 0.35[%] 이상인 강재 또는 저합금 강재

해설
고압가스용 기화장치 기화통의 용접하는 부분에 사용할 수 없는 재료의 기준 : 탄소 함유량이 0.35[%] 이상인 강재 또는 저합금강재

33 내용적 70[L]의 LPG 용기에 프로판 가스를 충전할 수 있는 최대량은 몇 [kg]인가?

① 50   ② 45
③ 40   ④ 30

해설
가스 충전질량
$W = V_2/C = 70/2.35 \simeq 30[\text{kg}]$

34 물을 전양정 20[m], 송출량 500[L/min]로 이송할 경우 원심펌프의 필요동력은 약 몇 [kW]인가?(단, 펌프의 효율은 60[%]이다)

① 1.7   ② 2.7
③ 3.7   ④ 4.7

해설
원심펌프의 필요동력
$H = \dfrac{\gamma h Q}{\eta} = \dfrac{1{,}000 \times 20 \times 0.5}{0.6} \simeq 16{,}667[\text{kgf/min}]$
$= \dfrac{16{,}667 \times 9.8}{60}[\text{N/sec}] \simeq 2{,}722[\text{W}] \simeq 2.7[\text{kW}]$

35 펌프에서 발생하는 캐비테이션의 방지법 중 옳은 것은?

① 펌프의 위치를 낮게 한다.
② 유효 흡입수두를 작게 한다.
③ 펌프의 회전수를 크게 한다.
④ 흡입관의 지름을 작게 한다.

해설
② 유효 흡입수두를 크게 한다.
③ 펌프의 회전수를 줄인다.
④ 흡입관의 지름을 크게 한다.

36 저온장치용 금속재료에서 온도가 낮을수록 감소하는 기계적 성질은?

① 인장강도   ② 연신율
③ 항복점   ④ 경 도

해설
저온장치용 금속재료에서 온도가 낮을수록 연신율은 감소하며, 인장강도·항복점·경도 등은 증가한다.

정답 32 ④ 33 ④ 34 ② 35 ① 36 ②

37 LP 가스용 조정기 중 2단 감압식 조정기의 특징에 대한 설명으로 틀린 것은?

① 1차용 조정기의 조정압력은 25[kPa]이다.
② 배관이 길어도 전 공급지역의 압력을 균일하게 유지할 수 있다.
③ 입상배관에 의한 압력손실을 작게 할 수 있다.
④ 배관 구경이 작은 것으로 설계할 수 있다.

해설
1차용 조정기의 조정압력은 57~83[kPa]이다.

38 펌프에서 발생하는 수격현상의 방지법으로 틀린 것은?

① 서지(Surge)탱크를 관 내에 설치한다.
② 관 내의 유속 흐름속도를 가능한 작게 한다.
③ 플라이휠을 설치하여 펌프의 속도가 급변하는 것을 막는다.
④ 밸브는 펌프 주입구에 설치하고 밸브를 적당히 제어한다.

해설
밸브는 펌프 송출구 근처 가까이에 설치하고 밸브를 적당히 제어한다.

39 내압시험압력 및 기밀시험압력의 기준이 되는 압력으로서 사용 상태에서 해당 설비 등의 각부에 작용하는 최고 사용압력을 의미하는 것은?

① 설계압력
② 표준압력
③ 상용압력
④ 설정압력

해설
상용압력 : 내압시험압력 및 기밀시험압력의 기준이 되는 압력으로서 사용 상태에서 해당 설비 등의 각부에 작용하는 최고 사용압력

40 레이놀즈(Reynolds)식 정압기의 특징인 것은?

① 로딩형이다.
② 콤팩트하다.
③ 정특성, 동특성이 양호하다.
④ 정특성은 극히 좋으나 안정성이 부족하다.

해설
레이놀즈(Reynolds)식 정압기의 특징
• 언로딩형이다.
• 크기가 크다.
• 정특성은 매우 우수하지만, 안정성이 부족하다.

제3과목 가스안전관리

41 냉동용 특정설비제조시설에서 냉동기 냉매설비에 대하여 실시하는 기밀시험압력의 기준으로 적합한 것은?

① 설계압력 이상의 압력
② 사용압력 이상의 압력
③ 설계압력의 1.5배 이상의 압력
④ 사용압력의 1.5배 이상의 압력

해설
냉동기 냉매설비의 기밀시험압력 기준 : 설계압력 이상의 압력

42 아세틸렌에 대한 설명이 옳은 것으로만 나열된 것은?

㉠ 아세틸렌이 누출되면 낮은 곳으로 체류한다.
㉡ 아세틸렌은 폭발범위가 비교적 광범위하고, 아세틸렌 100[%]에서도 폭발하는 경우가 있다.
㉢ 발열화합물이므로 압축하면 분해폭발할 수 있다.

① ㉠
② ㉡
③ ㉡, ㉢
④ ㉠, ㉡, ㉢

해설
아세틸렌(C_2H_2)
• 아세틸렌의 비중이 0.90(26/29) 정도로 낮으므로 누출되면 높은 곳으로 확산된다.
• 폭발범위가 비교적 광범위하고, 아세틸렌 100[%]에서도 폭발하는 경우가 있다.
• 흡열화합물이므로 압축하면 분해폭발을 일으킨다.
• 액체 아세틸렌보다 고체 아세틸렌이 안정하다.
• 아세틸렌이 아세톤에 용해되어 있을 때에는 비교적 안정해진다.

43 밀폐식 보일러에서 사고원인이 되는 사항에 대한 설명으로 가장 거리가 먼 것은?

① 전용 보일러실에 보일러를 설치하지 아니한 경우
② 설치 후 이음부에 대한 가스 누출 여부를 확인하지 아니한 경우
③ 배기통이 수평보다 위쪽을 향하도록 설치한 경우
④ 배기통과 건물의 외벽 사이에 기밀이 완전히 유지되지 않는 경우

해설
밀폐식 보일러의 사고원인
• 설치 후 이음부에 대한 가스 누출 여부를 확인하지 않은 경우
• 배기통이 수평보다 위쪽을 향하도록 설치한 경우
• 배기통과 건물의 외벽 사이에 기밀이 완전히 유지되지 않는 경우

44 용기 보관 장소에 대한 설명 중 옳지 않은 것은?

① 산소 충전용기 보관실의 지붕은 콘크리트로 견고히 한다.
② 독성가스 용기 보관실에는 가스누출검지경보장치를 설치한다.
③ 공기보다 무거운 가연성 가스의 용기 보관실에는 가스누출검지경보장치를 설치한다.
④ 용기 보관장소의 경계표지는 출입구 등 외부로부터 보기 쉬운 곳에 게시한다.

해설
가연성 가스 및 산소 충전용기 보관실은 불연성 재료를 사용하고 지붕은 가벼운 재료로 한다.

정답 41 ① 42 ② 43 ① 44 ①

45 다음 가스의 치환방법으로 가장 적당한 것은?

① 아황산가스는 공기로 치환할 필요 없이 작업한다.
② 염소는 제해시키고 허용농도 이하가 될 때까지 불활성 가스로 치환한 후 작업한다.
③ 수소는 불활성 가스로 치환한 즉시 작업한다.
④ 산소는 치환할 필요도 없이 작업한다.

해설
가스 치환
- 독성가스 : 독성가스를 제해시키고 독성가스의 농도가 TLV-TWA 기준농도 이하가 될 때까지 불활성 가스로 치환한 후 작업한다.
- 가연성 가스 : 폭발하한의 1/4 이하(25[%] 이하) 또는 허용농도 이하가 되도록 치환한다.
- 산소가스설비를 수리 또는 청소할 때 산소농도 22[%] 이하가 될 때까지 공기나 질소로 치환한다. 이때 작업원이 들어가는 경우는 산소농도 18~22[%] 범위로 치환한다.

46 산소, 아세틸렌 및 수소를 제조하는 자가 실시하여야 하는 품질검사의 주기는?

① 1일 1회 이상
② 1주 1회 이상
③ 월 1회 이상
④ 연 2회 이상

해설
산소, 아세틸렌 및 수소를 제조하는 자가 실시하여야 하는 품질검사의 주기는 1일 1회 이상이다.

47 내용적이 50[L]인 용기에 프로판 가스를 충전하는 때에는 얼마의 충전량[kg]을 초과할 수 없는가? (단, 충전상수 C는 프로판의 경우 2.35이다)

① 20
② 20.4
③ 21.3
④ 24.4

해설
$W = V_2/C = 50/2.35 \simeq 21.3[kg]$

48 액화석유가스제조시설 저장탱크의 폭발방지장치로 사용되는 금속은?

① 아 연
② 알루미늄
③ 철
④ 구 리

해설
액화석유가스제조시설 저장탱크의 폭발 방지장치로 사용되는 금속 : 알루미늄

49 운반 책임자를 동승시켜 운반해야 되는 경우에 해당되지 않는 것은?

① 압축산소 : 100[m³] 이상
② 독성 압축가스 : 100[m³] 이상
③ 액화산소 : 6,000[kg] 이상
④ 독성 액화가스 : 1,000[kg] 이상

해설
압축산소 : 600[m³] 이상

정답 45 ② 46 ① 47 ③ 48 ② 49 ①

50 염소의 성질에 대한 설명으로 틀린 것은?

① 화학적으로 활성이 강한 산화제이다.
② 녹황색의 자극적인 냄새가 나는 기체이다.
③ 습기가 있으면 철 등을 부식시키므로 수분과 격리시켜야 한다.
④ 염소와 수소를 혼합하면 냉암소에서도 폭발하여 염화수소가 된다.

해설
염소(Cl_2)
- 조연성 가스, 독성가스, 반응성이 강한 가스이다.
- 화학적으로 활성이 강한 산화제이다.
- 녹황색의 자극적인 냄새가 나는 기체이다.
- 습기가 있으면 철 등을 부식시키므로 수분과 격리시켜야 한다.
- 염소와 수소는 햇빛 등의 촉매에 의하여 촉발성을 형성하는 염소폭명기를 형성하므로 동일 차량에 적재를 금한다.
- 염소와 수소를 혼합하면 가열, 일광의 직사, 자외선 등에 의하여 폭발하여 염화수소가 된다.
- 염소와 수소를 혼합하여도 냉암소 내에서는 폭발하지 않고 안전하다.
- 염소와 산소는 조연성이므로 동일 장소에 혼합 적재하여도 위험하지는 않다.

51 다음 각 고압가스를 용기에 충전할 때의 기준으로 틀린 것은?

① 아세틸렌은 수산화나트륨 또는 다이메틸폼아마이드를 침윤시킨 후 충전한다.
② 아세틸렌을 용기에 충전한 후에는 15[℃]에서 1.5[MPa] 이하가 될 때까지 정치하여 둔다.
③ 사이안화수소는 아황산가스 등의 안정제를 첨가하여 충전한다.
④ 사이안화수소는 충전 후 24시간 정치한다.

해설
아세틸렌가스 충전 시 침윤제 : 아세톤, 다이메틸폼아마이드(DMF) 등

52 이동식 부탄연소기용 용접용기의 검사방법에 해당하지 않는 것은?

① 고압가압검사   ② 반복사용검사
③ 진동검사   ④ 충수검사

해설
이동식 부탄연소기용 용접용기 검사방법 : 고압가압검사, 반복사용검사, 진동검사, 기밀검사, 외관검사 등

53 LP 가스용 염화비닐 호스에 대한 설명으로 틀린 것은?

① 호스의 안지름치수의 허용차는 ±0.7[mm]로 한다.
② 강선보강층은 직경 0.18[mm] 이상의 강선을 상하로 겹치도록 편조하여 제조한다.
③ 바깥층의 재료는 염화비닐을 사용한다.
④ 호스는 안층과 바깥층이 잘 접착되어 있는 것으로 한다.

해설
LP 가스용 염화비닐 호스 안층의 재료는 염화비닐을 사용한다.

54 도시가스사용시설에 설치하는 가스누출경보기의 기능에 대한 설명으로 틀린 것은?

① 가스의 누출을 검지하여 그 농도를 지시함과 동시에 경보를 울리는 것으로 한다.
② 미리 설정된 가스농도에서 60초 이내에 경보를 울리는 것으로 한다.
③ 담배 연기 등 잡가스에 경보가 울리지 아니하는 것으로 한다.
④ 경보가 울린 후 주위의 가스농도가 기준 이하가 되면 멈추는 구조로 한다.

해설
경보가 울린 후 주위의 가스농도가 변화되어도 계속 경보를 울려야 한다.

정답 50 ④ 51 ① 52 ④ 53 ③ 54 ④

55 이동식 부탄연소기의 올바른 사용방법은?

① 바람의 영향을 줄이기 위해서 텐트 안에서 사용한다.
② 효율을 높이기 위해서 두 대를 나란히 연결하여 사용한다.
③ 사용하는 그릇은 연소기의 삼발이보다 폭이 좁은 것을 사용한다.
④ 연소기 운반 중에는 용기를 연소기 내부에 보관한다.

해설
이동식 부탄연소기의 올바른 사용방법
- 텐트 안에서 사용하지 않는다.
- 두 대를 나란히 사용해야 할 경우에는 연결하거나 붙여 사용하면 위험하므로 적당한 거리를 유지한다.
- 사용하는 그릇은 연소기의 삼발이보다 폭이 좁은 것을 사용한다.
- 사용 후 과량 남게 되면 노즐이 눌려 가스가 누출되는 것을 예방하기 위하여 빨간 캡으로 닫는다.
- 사용 후에나 연소기 운반 중에는 용기를 연소기 외부에 보관한다.

56 고압가스 용기의 파열사고의 큰 원인 중 하나는 용기 내압(內壓)의 이상 상승이다. 이상 상승의 원인으로 가장 거리가 먼 것은?

① 가 열
② 일광의 직사
③ 내용물의 중합반응
④ 적정 충전

해설
용기 파열사고의 원인
- 가열, 일광의 직사, 내용물의 중합반응 등으로 인한 용기 내압의 이상 상승
- 염소용기는 용기의 부식에 의하여 파열사고가 발생할 수 있다.
- 수소용기는 산소와 혼합충전으로 격심한 가스폭발에 의한 파열사고가 발생할 수 있다.
- 고압 아세틸렌가스는 분해폭발에 의한 파열사고가 발생될 수 있다.

57 액화석유가스 자동차용 충전시설의 충전 호스 설치 기준으로 옳은 것은?

① 충전 호스의 길이는 5[m] 이내로 한다.
② 충전 호스에 과도한 인장력을 가하여도 호스와 충전기는 안전하여야 한다.
③ 충전 호스에 부착하는 가스 주입기는 더블터치형으로 한다.
④ 충전기와 가스 주입기는 일체형으로 하여 분리되지 않도록 하여야 한다.

해설
② 충전 호스에 과도한 인장력이 가해졌을 때 충전기와 가스 주입기가 분리될 수 있는 안전장치를 설치한다.
③ 충전 호스에 부착하는 가스주입기는 원터치형으로 한다.
④ 충전기와 가스 주입기는 분리형으로 하여 분리될 수 있도록 하여야 한다.

58 고압가스특정제조시설의 특수반응설비로 볼 수 없는 것은?

① 암모니아 2차 개질로
② 고밀도 폴리에틸렌 분해중합기
③ 에틸렌제조시설의 아세틸렌 수첨탑
④ 사이클로헥산제조시설의 벤젠 수첨반응기

해설
특수반응설비
- 고압가스설비 중 반응기 또는 이와 유사한 설비로, 현저한 발열반응 또는 부차적으로 발생하는 2차 반응으로 인하여 폭발 등의 위해가 발생할 가능성이 큰 설비이며 내부 반응감시설비를 설치해야 한다.
- 종류 : 암모니아 2차 개질로, 에틸렌제조시설의 아세틸렌 수첨탑, 사이클로헥산제조시설의 벤젠 수첨반응기, 산화에틸렌제조시설의 에틸렌과 산소 또는 공기와의 반응기, 석유정제에 있어서 중유수첨탈황 반응기 및 수소화 분해반응기, 저밀도 폴리에틸렌 중합기, 메탄올합성 반응탑 등

59 독성가스 용기 운반 등의 기준으로 옳지 않은 것은?

① 충전용기를 운반하는 가스 운반 전용 차량의 적재함에는 리프트를 설치한다.
② 용기의 충격을 완화하기 위하여 완충판 등을 비치한다.
③ 충전용기를 용기 보관 장소로 운반할 때에는 가능한 한 손수레를 사용하거나 용기의 밑부분을 이용하여 운반한다.
④ 충전용기를 차량에 적재할 때에는 운행 중의 동요로 인하여 용기가 충돌하지 않도록 눕혀서 적재한다.

해설
- 충전용기를 차량에 적재할 때에는 운행 중의 동요로 인하여 용기가 충돌하지 않도록 고무링을 씌우거나 적재함에 넣어 세워서 적재한다.
- 압축가스의 충전용기 중 그 형태 및 운반 차량의 구조상 세워서 적재하기 곤란할 때에는 적재함 높이 이내로 눕혀 적재할 수 있다.

60 액화석유가스설비의 가스안전사고 방지를 위한 기밀시험 시 사용이 부적합한 가스는?

① 공 기   ② 탄산가스
③ 질 소   ④ 산 소

해설
기밀시험용 가스 : 질소, 공기, 탄산가스(이산화탄소), 아르곤 등의 불연성, 불활성 가스

제4과목 가스계측

61 가스계량기의 검정 유효기간은 몇 년인가?(단, 최대 유량 10[m^3/h] 이하이다)

① 1년   ② 2년
③ 3년   ④ 5년

해설
가스계량기의 (재)검정 유효기간
- 최대 유량 10[m^3/h] 이하의 경우 : 5년
- 그 밖의 가스미터 : 8년
- 재검정 유효기간의 기산 : 재검정 완료일의 다음 달 1일부터 기산

62 헴펠식 분석장치를 이용하여 가스성분을 정량하고자 할 때 흡수법에 의하지 않고 연소법에 의해 측정하여야 하는 가스는?

① 수 소   ② 이산화탄소
③ 산 소   ④ 일산화탄소

해설
헴펠 가스분석계(헴펠식 분석장치) : 흡수법, 연소법으로 이산화탄소, (중)탄화수소, 산소, 일산화탄소, 질소, 수소, 메탄 등을 분석하는 가스분석계
- 구성 : 가스뷰렛(기체 부피 측정), 가스피펫(흡수액 포함), 수준관(차단액인 물 포함)
- 흡수법 적용 : 이산화탄소, (중)탄화수소, 산소, 일산화탄소, 질소
- 연소법 적용 : 수소, 메탄

63 공업용 액면계(액위계)로서 갖추어야 할 조건으로 틀린 것은?

① 연속 측정이 가능하고, 고온·고압에 잘 견디어야 한다.
② 지시기록 또는 원격 측정이 가능하고 부식에 약해야 한다.
③ 액면의 상·하한계를 간단히 계측할 수 있어야 하며, 적용이 용이해야 한다.
④ 자동제어장치에 적용이 가능하고, 보수가 용이해야 한다.

해설
공업용 액면계(액위계)는 지시기록 또는 원격 측정이 가능하고 부식에 강해야 한다.

64 산소(O_2) 중에 포함되어 있는 질소(N_2)성분을 가스크로마토그래피로 정량하는 방법으로 옳지 않은 것은?

① 열전도도검출기(TCD)를 사용한다.
② 캐리어 가스로는 헬륨을 쓰는 것이 바람직하다.
③ 산소(O_2)의 피크가 질소(N_2)의 피크보다 먼저 나오도록 칼럼을 선택한다.
④ 산소제거트랩(Oxygen Trap)을 사용하는 것이 좋다.

해설
질소(N_2)의 피크가 산소(O_2)의 피크보다 먼저 나오도록 칼럼을 선택한다.

65 수은을 이용한 U자관식 액면계에서 다음 그림과 같이 높이가 70[cm]일 때 P_2는 절대압으로 약 얼마인가?

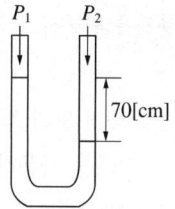

① 1.92[kg/cm^2]
② 1.92[atm]
③ 1.87[bar]
④ 20.24[mH$_2$O]

해설
$$P_2 = P_1 + \gamma h = 76 + 70 = 146[\text{cm}] = \frac{146}{76}[\text{atm}] \simeq 1.92[\text{atm}]$$

66 오리피스 플레이트 설계 시 일반적으로 반영되지 않아도 되는 것은?

① 표면거칠기
② 에지각도
③ 베벨각
④ 스 월

해설
오리피스 플레이트 설계 시 고려요인 : 에지각도, 베벨각, 표면거칠기 등

67 기체의 열전도율을 이용한 진공계가 아닌 것은?

① 피라니 진공계
② 열전쌍 진공계
③ 서미스터 진공계
④ 맥라우드 진공계

해설
맥라우드 진공계 : 측정 기체를 압축하여 체적 변화를 수은주로 읽어 원래의 압력을 측정하는 형식의 진공에 대한 폐관식 압력계로서, 표준 진공계로 사용한다.

68 게이지압력(Gauge Pressure)의 의미를 가장 잘 나타낸 것은?

① 절대압력 0을 기준으로 하는 압력
② 표준 대기압을 기준으로 하는 압력
③ 임의의 압력을 기준으로 하는 압력
④ 측정 위치에서의 대기압을 기준으로 하는 압력

해설
게이지압력은 계기압력이라고도 한다. 주위압력인 현재의 대기압을 0으로 두고 측정한 압력이므로 게이지압력은 측정 위치에서의 대기압을 기준으로 하는 압력이다.

69 아르키메데스의 원리를 이용한 것은?

① 부르동관식 압력계
② 침종식 압력계
③ 벨로스식 압력계
④ U자관식 압력계

해설
침종식 압력계 : 종 모양의 플로트를 액 속에 넣어 압력에 따른 플로트의 변위량으로 압력을 측정한다.
• 측정원리 : 아르키메데스의 원리
• 진동, 충격의 영향을 작게 받으며 미소 차압의 측정이 가능하다.
• 주로 저압가스의 유량 측정에 사용된다.
• 압력 취출구에서 압력계까지 배관은 직선으로 가능한 한 짧게 한다.

70 H_2와 O_2 등에는 감응이 없고 탄화수소에 대한 감응이 아주 우수한 검출기는?

① 열이온(TID)검출기
② 전자포획(ECD)검출기
③ 열전도도(TCD)검출기
④ 불꽃이온화(FID)검출기

해설
불꽃이온화(FID)검출기 : H_2와 O_2 등에는 감응이 없고 탄화수소에 대한 감응이 아주 우수한 검출기

71 다음 가스분석법 중 물리적 가스분석법에 해당하지 않는 것은?

① 열전도율법
② 오르자트법
③ 적외선 흡수법
④ 가스크로마토그래피법

해설
오르자트법은 화학적 가스분석법에 속한다.

정답 67 ④ 68 ④ 69 ② 70 ④ 71 ②

72 가스누출경보기의 검지방법으로 가장 거리가 먼 것은?

① 반도체식　② 접촉연소식
③ 확산분해식　④ 기체 열전도도식

해설
센서에 따른 가스검지방식의 종류 : 접촉연소식, 반도체식, 열선형 반도체식, 기체 열전도도식, 갈바닉전지식, 정전위전해식, 수소염 화이온화식, 적외선식

73 측정 지연 및 조절 지연이 작을 경우 좋은 결과를 얻을 수 있으며 제어량의 편차가 없어질 때까지 동작을 계속하는 제어동작은?

① 적분동작　② 비례동작
③ 평균 2위치동작　④ 미분동작

해설
I동작(적분동작)
- 편차의 크기에 비례하여 조절요소의 속도가 연속적으로 변하는 동작이다.
- 측정 지연 및 조절 지연이 작을 경우 좋은 결과를 얻을 수 있으며, 제어량의 편차가 없어질 때까지 동작을 계속하는 제어동작이다.
- 제어량에 편차가 생겼을 경우 편차의 적분치를 가감해서 조작량의 이동속도가 비례하는 동작으로 유량압력제어에 가장 많이 사용되는 제어이다.
- 잔류편차를 제거한다.
- 진동하는 경향이 있다.
- 제어 안정성이 떨어진다.

74 기체크로마토그래피(Gas Chromatography)의 일반적인 특성에 해당하지 않는 것은?

① 연속분석이 가능하다.
② 분리능력과 선택성이 우수하다.
③ 적외선 가스분석계에 비해 응답속도가 느리다.
④ 여러 가지 가스성분이 섞여 있는 시료가스 분석에 적당하다.

해설
기체크로마토그래피는 연속분석이 불가능하다.

75 오리피스, 플로 노즐, 벤투리 유량계의 공통점은?

① 직접식
② 열전대를 사용
③ 압력강하 측정
④ 초음속 유체만의 유량 측정

해설
오리피스, 플로 노즐, 벤투리 유량계는 압력 강하를 측정하여 유량을 구하는 차압식 유량계이다.

76 시료가스 채취장치를 구성하는 데 있어 다음 설명 중 틀린 것은?

① 일반 성분의 분석 및 발열량·비중을 측정할 때, 시료가스 중의 수분이 응축될 염려가 있을 때는 도관 가운데에 적당한 응축액 트랩을 설치한다.
② 특수성분을 분석할 때, 시료가스 중의 수분 또는 기름성분이 응축되어 분석결과에 영향을 미치는 경우는 흡수장치를 보온하든가 또는 적당한 방법으로 가온한다.
③ 시료가스에 타르류, 먼지류를 포함하는 경우는 채취관 또는 도관 가운데에 적당한 여과기를 설치한다.
④ 고온의 장소로부터 시료가스를 채취하는 경우는 도관 가운데에 적당한 냉각기를 설치한다.

해설
특수성분을 분석할 때, 시료가스 중의 수분 또는 기름 성분이 유입되지 않도록 분리장치 및 여과장치를 설치한다.

77 가스미터의 구비조건으로 틀린 것은?

① 내구성이 클 것
② 소형으로 계량용량이 적을 것
③ 감도가 좋고 압력손실이 작을 것
④ 구조가 간단하고 수리가 용이할 것

해설
가스미터의 구비조건
- 고대다 : 내구성, 계량용량, 계량 정확성, 감도, 구조 간단, 유지관리 및 수리 용이성, 기계오차 조정 용이성
- 저소 : 크기(소형), 압력손실

78 계통적 오차에 대한 설명으로 옳지 않은 것은?

① 계기오차, 개인오차, 이론오차 등으로 분류된다.
② 참값에 대하여 치우침이 생길 수 있다.
③ 측정조건 변화에 따라 규칙적으로 생긴다.
④ 오차의 원인을 알 수 없어 제거할 수 없다.

해설
오차의 원인을 알 수 없어 제거할 수 없는 오차는 비계통적 오차인 우연오차이다.

79 산소농도를 측정할 때 기전력을 이용하여 분석하는 계측기기는?

① 세라믹 O_2계
② 연소식 O_2계
③ 자기식 O_2계
④ 밀도식 O_2계

해설
세라믹 O_2계 : 산소농도를 측정할 때 기전력을 이용하여 분석하는 계측기기

80 루츠미터(Roots Meter)에 대한 설명 중 틀린 것은?

① 유량이 일정하거나 변화가 심한 곳, 깨끗하거나 건조하거나 관계없이 많은 가스 타입을 계량하기에 적합하다.
② 액체 및 아세틸렌, 바이오가스, 침전가스를 계량하는 데에는 다소 부적합하다.
③ 공업용에 사용되고 있는 이 가스미터는 칼만(Karman)식과 스월(Swirl)식의 두 종류가 있다.
④ 측정의 정확도와 예상 수명은 가스 흐름 내에 먼지의 과다 퇴적이나 다른 종류의 이물질에 따라 다르다.

해설
루츠미터(Roots Meter)
- 고속회전형이며 고압에서도 사용 가능하다.
- 회전수가 비교적 빠르다.
- 대유량에서 작동이 원활하므로 대용량(대유량)의 계량에 적합하지만, 0.5[m³/h] 이하의 소용량에서는 작동하지 않을 우려가 있다.
- 중압가스의 계량이 가능하다.
- 유량이 일정하거나 변화가 심한 곳, 깨끗하거나 건조한 것과 관계없이 많은 가스 타입을 계량하기에 적합하다.
- 액체 및 아세틸렌, 바이오가스, 침전가스를 계량하는 데에는 다소 부적합하다.
- 측정의 정확도와 예상 수명은 가스 흐름 내에 먼지의 과다 퇴적이나 다른 종류의 이물질에 따라 다르다.
- 소형이므로 설치 공간이 작다.
- 사용 중에 수위 조정 등의 관리가 필요하지 않다.
- 여과기, 스트레이너의 설치가 필요하다.
- 설치 후 유지관리가 필요하다.
- 실험실용으로는 부적합하다.
- 습식 가스미터에 비해 유량이 부정확하다.
- 용량 : 100~5,000[m³/h](대용량 수용가)

정답 77 ② 78 ④ 79 ① 80 ③

2017년 제4회 과년도 기출문제

제1과목 | 연소공학

01 1[kg]의 공기를 20[℃], 1[kgf/cm²]인 상태에서 일정 압력으로 가열팽창시켜 부피를 처음의 5배로 하려고 한다. 이때 온도는 초기 온도와 비교하여 몇 [℃] 차이가 나는가?

① 1,172
② 1,292
③ 1,465
④ 1,561

해설

$\dfrac{V_1}{T_1} = \dfrac{V_2}{T_2}$ 에서 $\dfrac{V_1}{T_1} = \dfrac{5V_1}{T_2}$ 이므로

$T_2 = \dfrac{5V_1 T_1}{V_1} = 5T_1 = 5 \times (20+273) = 1,465[K] = 1,192[℃]$

이다.

∴ $T_2 - T_1 = 1,192 - 20 = 1,172[℃]$ 이다.

02 95[℃]의 온수를 100[kg/h] 발생시키는 온수보일러가 있다. 이 보일러에서 저위발열량이 45[MJ/Nm³]인 LNG를 1[m³/h] 소비할 때 열효율은 얼마인가?(단, 급수의 온도는 25[℃]이고, 물의 비열은 4.184[kJ/kg·K]이다)

① 60.07[%]
② 65.08[%]
③ 70.09[%]
④ 75.10[%]

해설

$\eta_B = \dfrac{G_a(h_2-h_1)}{H_L \times G_f} = \dfrac{100 \times 4.184 \times (95-25)}{45 \times 1,000 \times 1} \approx 0.6508$
$= 65.08[\%]$

03 완전기체에서 정적비열(C_v), 정압비열(C_p)의 관계식을 옳게 나타낸 것은?(단, R은 기체상수이다)

① $C_p/C_v = R$
② $C_p - C_v = R$
③ $C_v/C_p = R$
④ $C_p + C_v = R$

해설

이상기체의 정압비열과 정적비열의 관계 : $C_p > C_v$, $C_p - C_v = R$, $C_p/C_v = k$

04 다음 중 열역학 제2법칙에 대한 설명이 아닌 것은?

① 열은 스스로 저온체에서 고온체로 이동할 수 없다.
② 효율이 100[%]인 열기관을 제작하는 것은 불가능하다.
③ 자연계에 아무런 변화도 남기지 않고 어느 열원의 열을 계속해서 일로 바꿀 수 없다.
④ 에너지의 한 형태인 열과 일은 본질적으로 서로 같고 열은 일로, 일은 열로 서로 전환이 가능하며, 이때 열과 일 사이의 변환에는 일정한 비례관계가 성립한다.

해설

'에너지의 한 형태인 열과 일은 본질적으로 서로 같고, 열은 일로, 일은 열로 서로 전환이 가능하며, 이때 열과 일 사이의 변환에는 일정한 비례관계가 성립한다'는 열역학 제1법칙이다.

05 프로판 5[L]를 완전연소시키기 위한 이론공기량은 약 몇 [L]인가?

① 25 ② 87
③ 91 ④ 119

해설

프로판의 연소방정식 : $C_3H_8 + 5O_2 \rightarrow 3CO_2 + 4H_2O$

프로판(C_3H_8) 5[L] = $\frac{5}{22.4}$ [mol]이며

필요한 산소량 = $\frac{5}{22.4} \times 5 \times 22.4 = 25$[L] 이므로,

이론공기량 $A_0 = \frac{O_0}{0.21} = \frac{25}{0.21} \approx 119$[L] 이다.

06 이상기체를 일정한 부피에서 냉각하면 온도와 압력의 변화는 어떻게 되는가?

① 온도 저하, 압력 강하
② 온도 상승, 압력 강하
③ 온도 상승, 압력 일정
④ 온도 저하, 압력 상승

해설

이상기체를 일정한 부피에서 냉각하면 온도 저하, 압력 강하 현상이 발생된다.

07 가연성 물질을 공기로 연소시키는 경우에 공기 중의 산소농도를 높게 하면 연소속도와 발화온도는 어떻게 되는가?

① 연소속도는 느리게 되고, 발화온도는 높아진다.
② 연소속도는 빠르게 되고, 발화온도도 높아진다.
③ 연소속도는 빠르게 되고, 발화온도는 낮아진다.
④ 연소속도는 느리게 되고, 발화온도도 낮아진다.

해설

공기 중의 산소농도를 높게 하면 연소속도는 빠르게 되고, 발화온도는 낮아진다.

08 프로판과 부탄이 각각 50[%] 부피로 혼합되어 있을 때 최소 산소농도(MOC)의 부피 [%]는?(단, 프로판과 부탄의 연소하한계는 각각 2.2[v%], 1.8[v%]이다)

① 1.9[%] ② 5.5[%]
③ 11.4[%] ④ 15.1[%]

해설

프로판의 연소방정식 $C_3H_8 + 5O_2 \rightarrow 3CO_2 + 4H_2O$,
부탄의 연소방정식 $C_4H_{10} + 6.5O_2 \rightarrow 4CO_2 + 5H_2O$에 의하면
프로판 1[mol]당 산소 5[mol], 부탄 1[mol]당 산소 6.5[mol]이 소요되므로

$MOC = \left(2.2 \times \frac{5}{1} \times 0.5[\%]\right) + \left(1.8 \times \frac{6.5}{1} \times 0.5[\%]\right) \approx 11.4[\%]$

09 방폭구조 및 대책에 관한 설명으로 옳지 않은 것은?

① 방폭대책에는 예방, 국한, 소화, 피난대책이 있다.
② 가연성 가스의 용기 및 탱크 내부는 제2종 위험장소이다.
③ 분진폭발은 1차 폭발과 2차 폭발로 구분되어 발생한다.
④ 내압 방폭구조는 내부폭발에 의한 내용물 손상으로 영향을 미치는 기기에는 부적당하다.

해설

가연성 가스의 용기 및 탱크 내부는 제0종 위험 장소이다.

정답 5 ④ 6 ① 7 ③ 8 ③ 9 ②

10 '압력이 일정할 때 기체의 부피는 온도에 비례하여 변화한다'라는 법칙은?

① 보일(Boyle)의 법칙
② 샤를(Charles)의 법칙
③ 보일-샤를의 법칙
④ 아보가드로의 법칙

해설
샤를(Charles)의 법칙 또는 게이뤼삭(Gay Lussac)의 법칙
• 압력이 일정할 때 기체의 부피는 온도에 비례하여 변한다.
• $\dfrac{V_1}{T_1} = \dfrac{V_2}{T_2} = C(일정)$

11 다음 가스 중 공기와 혼합될 때 폭발성 혼합가스를 형성하지 않는 것은?

① 아르곤
② 도시가스
③ 암모니아
④ 일산화탄소

해설
아르곤은 불활성 가스이므로 공기와 혼합될 때 폭발성 혼합가스를 형성하지 않는다.

12 액체연료를 수 [μm]에서 수백 [μm]으로 만들어 증발 표면적을 크게 하여 연소시키는 것으로서 공업적으로 주로 사용되는 연소방법은?

① 액면연소
② 등심연소
③ 확산연소
④ 분무연소

해설
분무연소(무화연소) : 공업적으로 가장 많이 이용되고 가장 효율적인 액체연료의 연소방식
• 액체연료를 수 [μm]에서 수백 [μm]으로 만들어 증발 표면적을 크게 하여 연소
• 1차 공기 : 액체연료의 무화에 필요한 공기

13 폭굉이 발생하는 경우 파면의 압력은 정상연소에서 발생하는 것보다 일반적으로 얼마나 큰가?

① 2배
② 5배
③ 8배
④ 10배

해설
폭굉의 파면압력은 정상연소에서 발생하는 것보다 일반적으로 약 2배 크다.

14 메탄 80[vol%]와 아세틸렌 20[vol%]로 혼합된 혼합가스의 공기 중 폭발하한계는 약 얼마인가?(단, 메탄과 아세틸렌의 폭발하한계는 5.0[%]와 2.5[%]이다)

① 6.2[%]
② 5.6[%]
③ 4.2[%]
④ 3.4[%]

해설
$\dfrac{100}{LFL} = \sum \dfrac{V_i}{L_i}$ 에서
$\dfrac{100}{LFL} = \dfrac{V_1}{L_1} + \dfrac{V_2}{L_2}$ 이며
$= \dfrac{80}{5} + \dfrac{20}{2.5} = 24$ 이므로,
$LFL = \dfrac{100}{24} \approx 4.2[\%]$ 이다.

15 연소부하율에 대하여 가장 바르게 설명한 것은?

① 연소실의 염공 면적당 입열량
② 연소실의 단위 체적당 열 발생률
③ 연소실의 염공 면적과 입열량의 비율
④ 연소혼합기의 분출속도와 연소속도와의 비율

해설
연소부하율 : 연소실의 단위 체적당 열 발생률

16 열분해를 일으키기 쉬운 불안전한 물질에서 발생하기 쉬운 연소로 열분해로 발생한 휘발분이 자기점화온도보다 낮은 온도에서 표면연소가 계속되기 때문에 일어나는 연소는?

① 분해연소
② 그을음 연소
③ 분무연소
④ 증발연소

해설
그을음 연소 : 열분해를 일으키기 쉬운 불안전한 물질에서 발생하기 쉬운 연소로, 열분해로 발생한 휘발분이 자기점화온도보다 낮은 온도에서 표면연소가 계속되기 때문에 일어나는 연소

17 다음 보기는 가연성 가스의 연소에 대한 설명이다. 이 중 옳은 것으로만 나열된 것은?

┌보기┐
㉠ 가연성 가스가 연소하는 데에는 산소가 필요하다.
㉡ 가연성 가스가 이산화탄소와 혼합할 때 잘 연소된다.
㉢ 가연성 가스는 혼합하는 공기의 양이 적을 때 완전연소한다.
└────┘

① ㉠, ㉡
② ㉡, ㉢
③ ㉠
④ ㉢

해설
㉡ 가연성 가스가 이산화탄소와 혼합하면 연소가 더 안 된다.
㉢ 가연성 가스는 혼합하는 공기의 양이 적을 때 불완전연소한다.

18 자연발화온도(AIT ; Autoignition Temperature)에 영향을 주는 요인 중에서 증기의 농도에 관한 사항이다. 가장 바르게 설명한 것은?

① 가연성 혼합기체의 AIT는 가연성 가스와 공기의 혼합비가 1 : 1일 때 가장 낮다.
② 가연성 증기에 비하여 산소의 농도가 클수록 AIT는 낮아진다.
③ AIT는 가연성 증기의 농도가 양론농도보다 약간 높을 때가 가장 낮다.
④ 가연성 가스와 산소의 혼합비가 1 : 1일 때 AIT는 가장 낮다.

해설
AIT는 가연성 증기의 농도가 양론농도보다 약간 높을 때가 가장 낮다.

19 가스를 연료로 사용하는 연소의 장점이 아닌 것은?

① 연소의 조절이 신속, 정확하며 자동제어에 적합하다.
② 온도가 낮은 연소실에서도 안정된 불꽃으로 높은 연소효율이 가능하다.
③ 연소속도가 커서 연료로서 안전성이 높다.
④ 소형 버너를 병용하여 노 내 온도분포를 자유로이 조절할 수 있다.

해설
가스연료는 연소속도가 커서 연료로서 안전성이 낮다.

20 액체 프로판(C_3H_8) 10[kg]이 들어 있는 용기에 가스미터가 설치되어 있다. 프로판 가스가 전부 소비되었다고 하면 가스미터에서의 계량값은 약 몇 [m³]로 나타나겠는가?(단, 가스미터에서의 온도와 압력은 각각 T=15[℃]와 P_g=200[mmHg]이고, 대기압은 0.101[MPa]이다)

① 5.3 ② 5.7
③ 6.1 ④ 6.5

해설
가스미터에서의 계량값 $= 22.4 \times \dfrac{10}{44} \times \dfrac{15+273}{273} \approx 5.3[m^3]$

제2과목 가스설비

21 연소기의 이상연소 현상 중 불꽃이 염공 속으로 들어가 혼합관 내에서 연소하는 현상을 의미하는 것은?

① 황 염 ② 역 화
③ 리프팅 ④ 블로 오프

해설
백파이어(Back Fire, 역화현상)
• 화염이 돌발적으로 화구 속으로 역행하는 현상
• 불꽃이 염공 속으로 들어가 혼합관 내에서 연소하는 현상
• 가스의 연소속도가 유출속도보다 커서 연소기 내부에서 연소하는 현상

22 양정(H)이 20[m], 송수량(Q)이 0.25[m³/min], 펌프효율(η)이 0.65인 2단 터빈펌프의 축동력은 약 몇 [kW]인가?

① 1.26 ② 1.37
③ 1.57 ④ 1.72

해설
축동력 $= \dfrac{\gamma h Q}{\eta} = \dfrac{1,000 \times 20 \times 0.25}{0.65} \approx 7,692.3 [kgf/min]$
$= \dfrac{7,692.3 \times 9.8}{60} [N/sec] \approx 1,256.4[W] \approx 1.26[kW]$

23 고압가스 충전용기의 가스 종류에 따른 색깔이 잘못 짝지어진 것은?

① 아세틸렌 : 황색
② 액화암모니아 : 백색
③ 액화탄산가스 : 갈색
④ 액화석유가스 : 회색

해설
액화탄산가스 : 청색

24 용기의 내압시험 시 항구 증가율이 몇 [%] 이하인 용기를 합격한 것으로 하는가?

① 3　　② 5
③ 7　　④ 10

해설
용기의 내압시험 시 항구 증가율이 10[%] 이하인 용기를 합격한 것으로 한다.

25 금속재료에서 어느 온도 이상에서 일정 하중이 작용할 때 시간의 경과와 더불어 그 변형이 증가하는 현상을 무엇이라고 하는가?

① 크리프　　② 시효경과
③ 응력부식　　④ 저온취성

해설
크리프(Creep)
- 어느 온도 이상에서 일정 하중이 작용할 때 시간의 경과와 더불어 그 변형이 증가하는 현상이다.
- 금속재료를 고온에서 오랜 시간 외력을 걸어 놓으면 시간의 경과에 따라 서서히 그 변형이 증가하는 현상으로, 고온에 의해 발생(인장강도, 경도 등 저하)되거나 자중에 의해 발생되기도 한다(전기줄).
- 크리프가 발생되면 변형뿐만 아니라 변형이 증대하고 때로 파괴가 일어난다.

26 도시가스 배관공사 시 주의사항으로 틀린 것은?

① 현장마다 그 날의 작업공정을 정하여 기록한다.
② 작업현장에는 소화기를 준비하여 화재에 주의한다.
③ 현장 감독자 및 작업원은 지정된 안전모 및 완장을 착용한다.
④ 가스의 공급을 일시 차단할 경우에는 사용자에게 사전 통보하지 않아도 된다.

해설
가스 공급을 일시 차단할 경우에는 사용자에게 사전 통보해야 한다.

27 지름이 150[mm], 행정이 100[mm], 회전수가 800[rpm], 체적효율이 85[%]인 4기통 압축기의 피스톤 압출량은 몇 [m³/h]인가?

① 10.2　　② 28.8
③ 102　　④ 288

해설
압축기의 피스톤 압출량
$$V = lanz\eta = 0.1 \times \frac{\pi}{4} \times 0.15^2 \times 800 \times 4 \times 0.85 \simeq 4.8 [\text{m}^3/\text{min}]$$
$$= 288 [\text{m}^3/\text{h}]$$

28 가정용 LP 가스용기로 일반적으로 사용되는 용기는?

① 납땜용기
② 용접용기
③ 구리용기
④ 이음새 없는 용기

해설
가정용 LP 가스용기로는 일반적으로 용접용기가 사용된다.

정답　24 ④　25 ①　26 ④　27 ④　28 ②

29 도시가스제조설비에서 수소화 분해(수첨분해)법의 특징에 대한 설명으로 옳은 것은?

① 탄화수소의 원료를 수소기류 중에서 열분해 또는 접촉분해로 메탄을 주성분으로 하는 고열량의 가스를 제조하는 방법이다.
② 탄화수소의 원료를 산소 또는 공기 중에서 열분해 또는 접촉분해로 수소 및 일산화탄소를 주성분으로 하는 가스를 제조하는 방법이다.
③ 코크스를 원료로 하여 산소 또는 공기 중에서 열분해 또는 접촉분해로 메탄을 주성분으로 하는 고열량의 가스를 제조하는 방법이다.
④ 메탄을 원료로 하여 산소 또는 공기 중에서 부분연소로 수소 및 일산화탄소를 주성분으로 하는 저열량의 가스를 제조하는 방법이다.

해설
수소화 분해 프로세스(수첨분해 프로세스)
- 방법 1 : C/H비가 큰 탄화수소를 원료로 하여 고온(700~800[℃]), 고압(20~60기압)의 수소기류 중에서 열분해 또는 접촉분해로 메탄을 주성분으로 하는 고열량의 가스 제조
- 방법 2 : C/H비가 작은 탄화수소인 나프타 등을 원료로 하여 수소화 촉매(Ni 등)를 사용하여 메탄 제조

30 냉동장치에서 냉매의 일반적인 구비조건으로 옳지 않은 것은?

① 증발열이 커야 한다.
② 증기의 비체적이 작아야 한다.
③ 임계온도가 낮고 응고점이 높아야 한다.
④ 증기의 비열은 크고, 액체의 비열은 작아야 한다.

해설
냉매의 구비조건
- 저소 : 응고온도, 액체 비열, 비열비, 점도, 표면장력, 증기의 비체적, 포화압력, 응축압력, 절연물 침식성, 인화성, 폭발성, 부식성, 누설 시 물품 손상, 악취, 가격
- 고대 : 임계온도, 증발잠열, 증발열, 증발압력, 윤활유와의 상용성, 열전도율, 전열작용, 환경친화성, 절연내력, 화학적 안정성, 무해성(비독성), 내부식성, 불활성, 비가연성(내가연성), 누설 발견 용이성, 자동운전 용이성

31 대기 중에 10[m] 배관을 연결할 때 중간에 상온 스프링을 이용하여 연결하려고 한다면 중간 연결부에서 얼마의 간격으로 하여야 하는가?(단, 대기 중의 온도는 최저 −20[℃], 최고 30[℃]이고, 배관의 열팽창 계수는 7.2×10^5/[℃]이다)

① 18[mm] ② 24[mm]
③ 36[mm] ④ 48[mm]

해설
중간 연결부의 간격
$$\frac{\Delta L}{2} = \frac{L\alpha \Delta t}{2} = \frac{10 \times 1,000 \times 7.2 \times 10^{-5} \times [30-(-20)]}{2}$$
$$= \frac{36}{2} = 18[mm]$$

32 펌프의 운전 중 공동현상(Cavitation)을 방지하는 방법으로 적합하지 않은 것은?

① 흡입양정을 크게 한다.
② 손실수두를 적게 한다.
③ 펌프의 회전수를 줄인다.
④ 양흡입펌프 또는 두 대 이상의 펌프를 사용한다.

해설
공동현상을 방지하기 위해 흡입양정을 작게 한다.

33 표면은 견고하게 하여 내마멸성을 높이고, 내부는 강인하게 하여 내충격성을 향상시킨 이중조직을 가지게 하는 열처리는?

① 불 림 ② 담금질
③ 표면경화 ④ 풀 림

해설
표면경화 : 표면은 견고하게 하여 내마멸성을 높이고, 내부는 강인하게 하여 내충격성을 향상시킨 이중조직을 가지게 하는 열처리(침탄법, 질화법, 금속침투법, 화염경화법, 고주파경화법, 피복법 등)

34 다음 중 신축 조인트 방법이 아닌 것은?

① 루프(Loop)형
② 슬라이드(Slide)형
③ 슬립-온(Slip-on)형
④ 벨로스(Bellows)형

해설
신축 조인트 방법 : 루프형, 슬라이드형, 벨로스형, 스위블형, 상온 스프링형

35 왕복 압축기의 특징이 아닌 것은?

① 용적형이다.
② 효율이 낮다.
③ 고압에 적합하다.
④ 맥동현상을 갖는다.

해설
왕복 압축기의 효율은 높다.

36 다음 지상형 탱크 중 내진설계 적용 대상 시설이 아닌 것은?

① 고법의 적용을 받는 3[ton] 이상의 암모니아 탱크
② 도법의 적용을 받는 3[ton] 이상의 저장탱크
③ 고법의 적용을 받는 10[ton] 이상의 아르곤 탱크
④ 액법의 적용을 받는 3[ton] 이상의 액화석유가스 저장탱크

해설
고법의 적용을 받는 5[ton] 이상의 암모니아 탱크는 내진설계 적용 대상이다.

37 액화석유가스 지상 저장탱크 주위에는 저장능력이 얼마 이상일 때 방류둑을 설치하여야 하는가?

① 6[ton]
② 20[ton]
③ 100[ton]
④ 1,000[ton]

해설
저장능력이 1,000[ton] 이상인 가연성 가스(액화가스)의 지상 저장탱크의 주위에는 방류둑을 설치하여야 한다.

38 다음 그림과 같이 작동되는 냉동장치의 성적계수(ε_R)는?

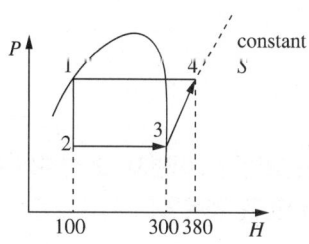

① 0.4
② 1.4
③ 2.5
④ 3.0

해설
$(COP)_R = \varepsilon_R = \dfrac{h_1 - h_3}{h_2 - h_1} = \dfrac{300 - 100}{380 - 300} = 2.5$

(여기서, h_1 : 압축기 입구의 냉매엔탈피, h_2 : 응축기 입구의 냉매엔탈피, h_3 : 증발기 입구의 엔탈피)

39 기계적인 일을 사용하지 않고 고온도의 열을 직접 적용시켜 냉동하는 방법은?

① 증기압축식 냉동기
② 흡수식 냉동기
③ 증기분사식 냉동기
④ 역브레이턴 냉동기

해설
증기압축과 흡수식의 차이
- 증기압축식 냉동기는 냉매증기를 기계적 에너지로 압축시키며, 흡수식 냉동기에서는 열에너지로 냉매를 압축시키는 점이 서로 다르다.
- 증기압축 사이클은 냉매의 압력 상승이 일을 요구하는 압축기에 의해 일어나기 때문에 일구동 사이클(Work-operated Cycle)이라고 한다.
- 흡수 사이클은 작동비의 대부분이 고압액체로부터 증기를 방출하는 열의 제공과 관련 있기 때문에 열구동 사이클(Heat-operation Cycle)이라고 한다.

40 특정 고압가스이면서 그 성분이 독성가스인 것으로 나열된 것은?

① 산소, 수소
② 액화염소, 액화질소
③ 액화암모니아, 액화염소
④ 액화암모니아, 액화석유가스

해설
액화암모니아와 액화염소는 그 성분이 독성가스이면서 특정 고압가스에 해당한다.

제3과목 가스안전관리

41 다음 중 독성가스의 제독조치로서 가장 부적당한 것은?

① 흡수제에 의한 흡수
② 중화제에 의한 중화
③ 국소 배기장치에 의한 포집
④ 제독제 살포에 의한 제독

해설
독성가스의 제독조치 : 흡수제에 의한 흡수, 중화제에 의한 중화, 제독제 살포에 의한 제독

42 사람이 사망한 도시가스 사고 발생 시 사업자가 한국가스안전공사에 상보(서면으로 제출하는 상세한 통보)를 할 때 그 기한은 며칠 이내인가?

① 사고 발생 후 5일
② 사고 발생 후 7일
③ 사고 발생 후 14일
④ 사고 발생 후 20일

해설
사람이 사망한 도시가스 사고 발생 시 사업자가 한국가스안전공사에 상보(서면으로 제출하는 상세한 통보)를 할 때 그 기한은 사고 발생 후 20일 이내이다.

43 20[kg]의 LPG가 누출하여 폭발할 경우 TNT 폭발위력으로 환산하면 TNT 약 몇 [kg]에 해당하는가?(단, LPG의 폭발효율은 3[%]이고 발열량은 12,000[kcal/kg], TNT의 연소열은 1,100[kcal/kg]이다)

① 0.6　　　② 6.5
③ 16.2　　　④ 26.6

[해설]
폭발열량 = 20[kg] × 12,000[kcal/kg] × 0.03 = 7,200[kcal]

누출 가스의 TNT 폭발 위력 = 폭발열량[kcal] × $\frac{1[kg]TNT}{1,100[kcal]}$

= 7,200[kcal] × $\frac{1[kg]TNT}{1,100[kcal]}$

≃ 6.5[kg]TNT

44 고압가스안전관리법에서 정한 특정설비가 아닌 것은?

① 기화장치　　　② 안전밸브
③ 용 기　　　　④ 압력용기

[해설]
고압가스 관련 설비(특정설비) : 안전밸브, 긴급차단장치, 역화방지장치, 기화장치, 압력용기, 자동차용 가스 자동주입기, 독성가스 배관용 밸브, 냉동설비를 구성하는 압축기, 응축기, 증발기 또는 압력용기, 특정 고압가스용 실린더 캐비닛, 자동차용 압축천연가스 완속 충전설비, 액화가스용 용기 잔류가스 회수장치 등

45 소비 중에는 물론 이동, 저장 중에도 아세틸렌 용기를 세워 두는 이유는?

① 정전기를 방지하기 위해서
② 아세톤의 누출을 막기 위해서
③ 아세틸렌이 공기보다 가볍기 때문에
④ 아세틸렌이 쉽게 나오게 하기 위해서

[해설]
소비 중에는 물론 이동, 저장 중에도 아세틸렌 용기를 세워 두는 이유는 아세틸렌의 누출을 막기 위해서이다.

46 도시가스 압력조정기의 제품성능에 대한 설명 중 틀린 것은?

① 입구쪽은 압력조정기에 표시된 최대 입구압력의 1.5배 이상의 압력으로 내압시험을 하였을 때 이상이 없어야 한다.
② 출구쪽은 압력조정기에 표시된 최대 출구압력 및 최대 폐쇄압력의 1.5배 이상의 압력으로 내압시험을 하였을 때 이상이 없어야 한다.
③ 입구쪽은 압력조정기에 표시된 최대 입구압력 이상의 압력으로 기밀시험하였을 때 누출이 없어야 한다.
④ 출구쪽은 압력조정기에 표시된 최대 출구압력 및 최대 폐쇄압력의 1.5배 이상의 압력으로 기밀시험하였을 때 누출이 없어야 한다.

[해설]
출구쪽은 압력조정기에 표시된 최대 출구압력 및 최대 폐쇄압력의 1.1배 이상의 압력으로 기밀시험하였을 때 누출이 없어야 한다.

[정답] 43 ②　44 ③　45 ②　46 ④

47 고압가스의 운반 기준에서 동일 차량에 적재하여 운반할 수 없는 것은?

① 염소와 아세틸렌
② 질소와 산소
③ 아세틸렌과 산소
④ 프로판과 부탄

해설
고압가스의 운반 기준에서 동일 차량에 적재하여 운반할 수 없는 것 : 염소와 아세틸렌, 염소와 수소, 염소와 암모니아

48 물분무장치 등은 저장탱크의 외면에서 몇 [m] 이상 떨어진 위치에서 조작이 가능하여야 하는가?

① 5[m] ② 10[m]
③ 15[m] ④ 20[m]

해설
물분무장치는 저장탱크 외면으로부터 15[m] 이상 떨어진 위치에서 조작할 수 있어야 한다.

49 고압가스특정제조시설에서 고압가스 배관을 시가지 외의 도로 노면 밑에 매설하고자 할 때 노면으로부터 배관 외면까지의 매설 깊이는?

① 1.0[m] 이상
② 1.2[m] 이상
③ 1.5[m] 이상
④ 2.0[m] 이상

해설
시가지 외의 도로 노면 밑에 매설할 때는 노면으로부터 배관의 외면까지의 깊이를 1.2[m] 이상으로 한다.

50 국내에서 발생한 대형 도시가스 사고 중 대구 도시가스폭발사고의 주원인은?

① 내부 부식
② 배관의 응력 부족
③ 부적절한 매설
④ 공사 중 도시가스 배관 손상

51 초저온용기 제조 시 적합 여부에 대하여 실시하는 설계 단계 검사항목이 아닌 것은?

① 외관검사
② 재료검사
③ 마멸검사
④ 내압검사

해설
설계단계 검사항목 : 설계검사, 외관검사, 재료검사, 용접부 검사, 용접부 단면 매크로 검사, 방사선투과검사, 다공물질 성능검사, 내압검사, 기밀검사

52 우리나라는 1970년부터 시범적으로 동부 이촌동의 3,000가구를 대상으로 LPG/AIR 혼합방식의 도시가스를 공급하기 시작하여 사용한 적이 있다. LPG에 Air를 혼합하는 주된 이유는?

① 가스의 가격을 올리기 위해서
② 공기로 LPG 가스를 밀어내기 위해서
③ 재액화를 방지하고 발열량을 조정하기 위해서
④ 압축기로 압축하려면 공기를 혼합해야 하므로

해설
LPG에 Air를 혼합하는 주된 이유 : 재액화를 방지하고 발열량을 조정하기 위해서

53 도시가스 사용시설의 압력조정기 점검 시 확인하여야 할 사항이 아닌 것은?

① 압력조정기의 A/S 기간
② 압력조정기의 정상 작동 유무
③ 필터 또는 스트레이너의 청소 및 손상 유무
④ 건축물 내부에 설치된 압력조정기의 경우는 가스 방출구의 실외 안전장소 설치 여부

해설
압력조정기 점검 시 확인하여야 할 사항
• 압력조정기의 정상 작동 유무
• 필터 또는 스트레이너의 청소 및 손상 유무
• 건축물 내부에 설치된 압력조정기의 경우는 가스 방출구의 실외 안전장소 설치 여부
• 압력조정기의 몸체 및 연결부의 가스 누출 유무
• 격납상자 내부에 설치된 압력조정기의 경우, 격납상자에 견고하게 고정되었는지의 여부

54 가연성 가스 및 독성가스의 충전용기 보관실 주위 몇 [m] 이내에서는 화기를 사용하거나 인화성 물질 또는 발화성 물질을 두지 않아야 하는가?

① 1　　　　② 2
③ 3　　　　④ 5

해설
가연성 가스 및 독성가스의 충전용기 보관실의 주위 2[m] 이내에서는 충전용기 보관실에 악영향을 미치지 아니하도록 화기를 사용하거나 인화성 물질이나 발화성 물질을 두지 않는다.

55 가연성 가스를 운반하는 경우 반드시 휴대하여야 하는 장비가 아닌 것은?

① 소화설비
② 방독마스크
③ 가스누출검지기
④ 누출 방지공구

해설
가연성 가스 운반 시 반드시 휴대하여야 하는 장비 : 소화설비, 가스누출검지기, 누출 방지공구

56 독성가스 저장탱크를 지상에 설치하는 경우 몇 [ton] 이상일 때 방류둑을 설치하여야 하는가?

① 5　　　　② 10
③ 50　　　④ 100

해설
방류둑 설치 기준
• 2개 이상의 저장탱크가 설치된 것에 대한 저장능력의 산정 : 저장능력을 합한 것
• 가연성 가스, 산소 : 저장능력 1,000[ton] 이상
• 독성가스 : 저장능력 5[ton] 이상

정답　52 ③　53 ①　54 ②　55 ②　56 ①

57 다량의 고압가스를 차량에 적재하여 운반할 경우 운전상의 주의사항으로 옳지 않은 것은?

① 부득이한 경우를 제외하고는 장시간 정차해서는 아니 된다.
② 차량의 운반 책임자와 운전자가 동시에 차량에서 이탈하지 아니하여야 한다.
③ 300[km] 이상의 거리를 운행하는 경우에는 중간에 충분한 휴식을 취한 후 운행하여야 한다.
④ 가스의 명칭·성질 및 이동 중의 재해 방지를 위하여 필요한 주의사항을 기재한 서면을 운반 책임자 또는 운전자에게 교부하고 운반 중에 휴대를 시켜야 한다.

해설
200[km] 이상의 거리를 운행하는 경우에는 중간에 충분한 휴식을 취한 후 운행하여야 한다.

58 사이안화수소를 충전, 저장하는 시설에서 가스 누출에 따른 사고예방을 위하여 누출검사 시 사용하는 시험지(액)는?

① 묽은 염산용액
② 질산구리벤젠지
③ 수산화나트륨용액
④ 묽은 질산용액

해설
시험지법에서의 검지가스별 시험지와 누설 변색 색상
• 아세틸렌(C_2H_2) : 염화제1동착염지 – 적색
• 암모니아(NH_3) : (적색) 리트머스시험지 – 청색
• 염소(Cl_2) : KI 전분지(아이오딘화칼륨, 녹말종이) – 청색
• 일산화탄소(CO) : 염화팔라듐지 – 흑색
• 사이안화수소(HCN) : 질산구리벤젠지(초산벤젠지) – 청색
• 포스겐($COCl_2$) : 해리슨시험지 – 심등색
• 황화수소(H_2S) : 연당지(초산납지) – 흑(갈)색

59 특정설비의 부품을 교체할 수 없는 수리자격자는?

① 용기제조자
② 특정설비제조자
③ 고압가스제조자
④ 검사기관

해설
특정설비의 부품을 교체할 수 있는 수리자격자 : 특정설비제조자, 고압가스제조자, 검사기관 등

60 다음 중 불연성 가스가 아닌 것은?

① 아르곤
② 탄산가스
③ 질소
④ 일산화탄소

해설
일산화탄소는 가연성 가스이며 독성가스이다.

제4과목 가스계측

61 물의 화학반응을 통해 시료의 수분 함량을 측정하며 휘발성 물질 중의 수분을 정량하는 방법은?

① 램프법
② 칼피셔법
③ 메틸렌블루법
④ 다트와이라법

해설
칼피셔법 : 물의 화학반응을 통해 시료의 수분 함량을 측정하며 휘발성 물질 중의 수분을 정량하는 방법

62 25[℃], 1[atm]에서 0.21[mol%]의 O_2와 0.79[mol%]의 N_2로 된 공기 혼합물의 밀도는 약 몇 [kg/m³]인가?

① 0.118
② 1.18
③ 0.134
④ 1.34

해설
$$PV = \frac{W}{M}RT$$
$$\frac{W}{V} = \rho = \frac{PM}{RT} = \frac{1 \times (0.21 \times 32 + 0.79 \times 28)}{0.082 \times (25 + 273)} \simeq 1.18 [\text{kg/m}^3]$$

63 압력에 대한 다음 값 중 서로 다른 것은?

① 101,325[N/m²]
② 1,013.25[hPa]
③ 76[cmHg]
④ 10,000[mmAq]

해설
표준 대기압 : 1[atm], 760[mmHg], 10.33[mAq], 10.332[mH₂O](물의 수두), 1.033[kgf/cm²], 101,325[Pa][=N/m²], 1.013[bar], 14.7[psi], 29.92[inHg]

64 이동상으로 캐리어 가스를 이용, 고정상으로 액체 또는 고체를 이용해서 혼합성분의 시료를 캐리어 가스로 공급하여, 고정상을 통과할 때 시료 중의 각 성분을 분리하는 분석법은?

① 자동 오르자트법
② 화학발광식 분석법
③ 가스크로마토그래피법
④ 비분산형 적외선 분석법

해설
가스크로마토그래피법 또는 기체크로마토그래피법
• 두 가지 이상의 성분으로 된 물질을 단일성분으로 분리하는 선택성이 우수한 분리분석기법
• 이동상으로 캐리어 가스(이동기체)를 이용, 고정상으로 액체 또는 고체를 이용해서 혼합성분의 시료를 캐리어 가스로 공급하여, 고정상을 통과할 때 시료 중의 각 성분을 분리하는 분석법

65 감도(感度)에 대한 설명으로 틀린 것은?

① 감도는 측정량의 변화에 대한 지시량 변화의 비로 나타낸다.
② 감도가 좋으면 측정시간이 길어진다.
③ 감도가 좋으면 측정범위는 좁아진다.
④ 감도는 측정결과에 대한 신뢰도의 척도이다.

해설
감도는 측정량의 변화 ΔM에 대한 지시량의 변화 ΔA의 비이므로 측정결과에 대한 신뢰도의 척도가 될 수 없다.

66 400[K]는 약 몇 [°R]인가?

① 400　　② 620
③ 720　　④ 820

해설
랭킨온도[°R] = [°F] + 460 = 1.8 × [K]
　　　　　 = 1.8 × 400 = 720[°R]

67 되먹임 제어계에서 설정한 목표값을 되먹임 신호와 같은 종류의 신호로 바꾸는 역할을 하는 것은?

① 조절부　　② 조작부
③ 검출부　　④ 설정부

해설
설정부 : 피드백 제어계에서 설정한 목표값을 피드백 신호와 같은 종류의 신호로 바꾸는 역할을 하는 부분

68 어느 수용가에 설치한 가스미터의 기차를 측정하기 위하여 지시량을 보니 100[m³]를 나타내었다. 사용공차를 ±4[%]로 한다면 이 가스미터에는 최소 얼마의 가스가 통과되었는가?

① 40[m³]　　② 80[m³]
③ 96[m³]　　④ 104[m³]

해설
- 최소 통과량 = 100 − 100 × 0.04 = 96[m³]
- 최대 통과량 = 100 + 100 × 0.04 = 104[m³]

69 가스계량기의 구비조건이 아닌 것은?

① 감도가 낮아야 한다.
② 수리가 용이하여야 한다.
③ 계량이 정확하여야 한다.
④ 내구성이 우수해야 한다.

해설
가스계량기는 감도가 좋아야 한다.

70 가스크로마토그래피 분석계에서 가장 널리 사용되는 고체 지지체 물질은?

① 규조토
② 활성탄
③ 활성 알루미나
④ 실리카겔

해설
가스크로마토그래피 분석계에서 가장 널리 사용되는 고체 지지체 물질은 규조토이다.

정답 66 ③　67 ④　68 ③　69 ①　70 ①

71 자동제어계의 일반적인 동작 순서로 맞는 것은?

① 비교 → 판단 → 조작 → 검출
② 조작 → 비교 → 검출 → 판단
③ 검출 → 비교 → 판단 → 조작
④ 판단 → 비교 → 검출 → 조작

[해설]
자동제어의 일반적인 동작 순서 : 검출 → 비교 → 판단 → 조작

72 가스누출 검지기의 검지(Sensor) 부분에서 일반적으로 사용하지 않는 재질은?

① 백금
② 리튬
③ 동
④ 바나듐

[해설]
가스누출검지기의 검지 부분에는 백금, 리튬, 바나듐 등의 재질이 사용된다.

73 제어계의 상태를 교란시키는 외란의 원인으로 가장 거리가 먼 것은?

① 가스 유출량
② 탱크 주위의 온도
③ 탱크의 외관
④ 가스 공급압력

[해설]
탱크의 외관은 외란의 원인이 될 수 없다.

74 수소의 품질검사에 사용되는 시약은?

① 네슬러 시약
② 동, 암모니아
③ 아이오딘화칼륨
④ 하이드로설파이드

[해설]
가스의 품질검사

가 스	순 도	검사방법	검사 시약
산 소	99.5[%] 이상	오르자트법	동, 암모니아 시약
수 소	98.5[%] 이상	오르자트법	파이로갈롤 또는 하이드로설파이드 시약
아세틸렌	98[%] 이상	오르자트법	발연 황산
		뷰렛법	브롬 시약
		정성시험법	질산은 시약

75 나프탈렌의 분석에 가장 적당한 분석방법은?

① 중화적정법
② 흡수평량법
③ 아이오딘적정법
④ 가스크로마토그래피법

[해설]
가스크로마토그래피법은 수소, 이산화탄소, 탄화수소(부탄, 나프탈렌, 할로겐화 탄화수소 등), 산화물, 연소기체 등의 분석에 사용된다.
※ 기체크로마토그래피 분석방법으로 분석하지 않는 가스 : 염소

[정답] 71 ③ 72 ③ 73 ③ 74 ④ 75 ④

76 다음 ( ) 안에 알맞은 것은?

> 가스미터(최대 유량 10[m³/h] 이하)의 재검정 유효기간은 ( )년이다. 재검정의 유효기간은 재검정을 완료한 날의 다음 달 1일부터 기산한다.

① 1년　　② 2년
③ 3년　　④ 5년

해설
가스계량기의 (재)검정 유효기간
- 최대 유량 10[m³/h] 이하의 경우 : 5년
- 그 밖의 가스미터 : 8년
- 재검정 유효기간의 기산 : 재검정 완료일의 다음 달 1일부터 기산

77 유속이 6[m/sec]인 물속에 피토(Pitot)관을 세울 때 수주의 높이는 약 몇 [m]인가?

① 0.54　　② 0.92
③ 1.63　　④ 1.83

해설
유속 $v = \sqrt{2g\Delta h}$
$\Delta h = \dfrac{v^2}{2g} = \dfrac{6^2}{2 \times 9.8} \approx 1.83[\text{m}]$

78 회로의 두 접점 사이의 온도차로 열기전력을 일으키고, 그 전위차를 측정하여 온도를 알아내는 온도계는?

① 열전대 온도계
② 저항온도계
③ 광고온도계
④ 방사온도계

해설
열전(대) 온도계(Thermo Couple)
- (열기전력의) 전위차계를 이용한 접촉식 온도계
- 회로의 두 접점 사이의 온도차로 열기전력을 일으키고 그 전위차를 측정하여 온도를 알아내는 온도계

79 증기압식 온도계에 사용되지 않는 것은?

① 아닐린
② 알코올
③ 프레온
④ 에틸에테르

해설
사용 봉입액 물질 : 프로판, 염화에틸, 부탄, 에테르, 물, 톨루엔, 아닐린, 프레온, 에틸에테르, 염화메틸 등

80 가스분석용 검지관법에서 검지관의 검지한도가 가장 낮은 가스는?

① 염소
② 수소
③ 프로판
④ 암모니아

해설
검지관법 : 화학공장에서 누출된 유독가스를 신속하게 현장에서 검지 정량하는 방법으로, 검지가스별 측정농도의 범위 및 검지한도는 다음과 같다.
- 수소(H_2) : 0~1.5[%], 10[ppm]
- 아세틸렌(C_2H_2) : 0~0.3[%], 10[ppm]
- 암모니아 : 5[ppm]
- 염소 : 0.1[ppm]
- 일산화탄소(CO) : 0~0.1[%], 1[ppm]
- C_3H_8(프로판) : 0~0.5[%], 100[ppm]

76 ④　77 ④　78 ①　79 ②　80 ①　**정답**

2018년 제1회 과년도 기출문제

제1과목 연소공학

01 메탄의 완전연소 반응식을 옳게 나타낸 것은?

① $CH_4 + 2O_2 \rightarrow CO_2 + 2H_2O$

② $CH_4 + 3O_2 \rightarrow 2CO_2 + 2H_2O$

③ $CH_4 + 3O_2 \rightarrow 2CO_2 + 3H_2O$

④ $CH_4 + 5O_2 \rightarrow 3CO_2 + 4H_2O$

해설
메탄의 연소방정식 : $CH_4 + 2O_2 \rightarrow CO_2 + 2H_2O$

02 최소 발화에너지(MIE)에 영향을 주는 요인 중 MIE의 변화를 가장 작게 하는 것은?

① 가연성 혼합기체의 압력
② 가연성 물질 중 산소의 농도
③ 공기 중에서 가연성 물질의 농도
④ 양론농도하에서 가연성 기체의 분자량

해설
MIE에 영향을 주는 요인 중 MIE의 변화를 가장 작게 하는 것은 양론농도하에서 가연성 기체의 분자량이다. 가연성 가스의 조성이 화학 양론적 조성(완전연소 조성) 부근일 경우 MIE는 최저가 된다. 이것보다 상한계나 하한계로 향하면 MIE는 증가한다.

03 에탄의 공기 중 폭발범위가 3.0~12.4[%]라고 할 때 에탄의 위험도는?

① 0.76 ② 1.95
③ 3.13 ④ 4.25

해설
에탄의 위험도 $\dfrac{H-L}{L} = \dfrac{12.4-3}{3} \simeq 3.13$

04 액체연료의 연소 형태 중 램프등과 같이 연료를 심지로 빨아 올려 심지의 표면에서 연소시키는 것은?

① 액면연소
② 증발연소
③ 분무연소
④ 등심연소

해설
등심연소 : 램프등과 같이 연료를 심지로 빨아 올려 심지의 표면에서 연소시키는 액체연료의 연소방식

정답 1 ① 2 ④ 3 ③ 4 ④

05 가스의 특성에 대한 설명 중 가장 옳은 내용은?

① 염소는 공기보다 무거우며 무색이다.
② 질소는 스스로 연소하지 않는 조연성이다.
③ 산화에틸렌은 분해폭발을 일으킬 위험이 있다.
④ 일산화탄소는 공기 중에서 연소하지 않는다.

해설
① 염소는 공기보다 무거우며 황록색이다.
② 질소는 불활성 가스이다.
④ 일산화탄소는 공기 중에서 연소한다.

06 메탄 50[v%], 에탄 25[v%], 프로판 25[v%]가 섞여 있는 혼합기체의 공기 중에서의 연소하한계[v%]는 얼마인가?(단, 메탄, 에탄, 프로판의 연소하한계는 각각 5[v%], 3[v%], 2.1[v%]이다)

① 2.3 ② 3.3
③ 4.3 ④ 5.3

해설
$\dfrac{100}{LFL} = \sum \dfrac{V_i}{L_i} = \dfrac{50}{5} + \dfrac{25}{3} + \dfrac{25}{2.1} \approx 30.24$ 이므로,

$LFL = \dfrac{100}{30.24} \approx 3.3[v\%]$

07 연료가 구비하여야 할 조건으로 틀린 것은?

① 발열량이 클 것
② 구입하기 쉽고 가격이 저렴할 것
③ 연소 시 유해가스 발생이 적을 것
④ 공기 중에서 쉽게 연소되지 않을 것

해설
연료는 공기 중에서 쉽게 연소되어야 한다.

08 다음 연료 중 표면연소를 하는 것은?

① 양 초 ② 휘발유
③ LPG ④ 목 탄

해설
목탄은 표면연소된다.

09 자연발화를 방지하는 방법으로 옳지 않은 것은?

① 통풍을 잘 시킬 것
② 저장실의 온도를 높일 것
③ 습도가 높은 것을 피할 것
④ 열이 축적되지 않게 연료의 보관방법에 주의할 것

해설
자연발화를 방지하려면 저장실의 온도를 낮추어야 한다.

10 연소의 3요소가 바르게 나열된 것은?

① 가연물, 점화원, 산소
② 수소, 점화원, 가연물
③ 가연물, 산소, 이산화탄소
④ 가연물, 이산화탄소, 점화원

11 연료발열량(H_L)이 10,000[kcal/kg], 이론공기량이 11[m³/kg], 과잉공기율이 30[%], 이론습가스량이 11.5[m³/kg], 외기온도가 20[℃]일 때 이론연소온도는 약 몇 [℃]인가?(단, 연소가스의 평균비열은 0.31[kcal/m³℃]이다)

① 1,510　　② 2,180
③ 2,200　　④ 2,530

[해설]
실제 배기가스량 $G = G_0 + (m-1)A_0 = 11.5 + (1.3-1) \times 11 = 14.8 [m^3/kg]$

이론연소온도 $T_0 = \dfrac{H_L}{GC} + t = \dfrac{10,000}{14.8 \times 0.31} + 20 \approx 2,200[℃]$

12 다음 보기 중 산소농도가 높을 때 연소의 변화에 대하여 올바르게 설명한 것으로만 나열한 것은?

┌보기┐
Ⓐ 연소속도가 느려진다.
Ⓑ 화염온도가 높아진다.
Ⓒ 연료 [kg]당의 발열량이 높아진다.

① Ⓐ
② Ⓑ
③ Ⓐ, Ⓑ
④ Ⓑ, Ⓒ

[해설]
산소농도가 높을 때는 연소속도는 빨라지고, 화염온도와 연료 [kg]당 발열량은 낮아진다.

13 가스화재 소화대책에 대한 설명으로 가장 거리가 먼 것은?

① LNG에 착화할 때에는 노출된 탱크, 용기 및 장비를 냉각시키면서 누출원을 막아야 한다.
② 소규모 화재 시 고성능 포말소화액을 사용하여 소화할 수 있다.
③ 큰 화재나 폭발로 확대된 위험이 있을 경우에는 누출원을 막지 않고 소화부터 해야 한다.
④ 진화원을 막는 것이 바람직하다고 판단되면 분말소화약제, 탄산가스, 할론소화기를 사용할 수 있다.

[해설]
가스화재 소화대책
• LNG에 착화할 때에는 노출된 탱크, 용기 및 장비를 냉각시키면서 누출원을 막아야 한다.
• 소규모 화재 시 고성능 포말소화액을 사용하여 소화할 수 있다.
• 큰 화재나 폭발로 확대된 위험이 있을 경우에는 먼저 누출원을 막고 나서 소화해야 한다.
• 진화원을 막는 것이 바람직하다고 판단되면 분말소화약제, 탄산가스, 할론소화기를 사용할 수 있다.

[정답] 10 ① 11 ③ 12 ② 13 ③

14 폭발의 정의를 가장 잘 나타낸 것은?

① 화염의 전파속도가 음속보다 큰 강한 파괴작용을 하는 흡열반응
② 화염의 음속 이하의 속도로 미반응물질 속으로 전파되어 가는 발열반응
③ 물질이 산소와 반응하여 열과 빛을 발생하는 현상
④ 물질을 가열하기 시작하여 발화할 때까지의 시간이 극히 짧은 반응

해설
폭발의 정의
- 화염의 음속 이하의 속도로 미반응물질 속으로 전파되어 가는 발열반응
- 혼합기체의 온도를 고온으로 상승시켜 자연착화를 일으키고, 혼합기체의 전 부분이 극히 단시간 내에 연소하는 것으로서 압력 상승의 급격한 현상
- 급격한 압력의 발생결과, 고압의 가스가 폭음을 내면서 급속하게 팽창하는 현상

16 이상기체를 정적하에서 가열하면 압력과 온도의 변화는 어떻게 되는가?

① 압력 증가, 온도 상승
② 압력 일정, 온도 일정
③ 압력 일정, 온도 상승
④ 압력 증가, 온도 일정

해설
이상기체를 정적하에서 가열하면 온도는 상승되고 압력은 증가한다.

17 가연물질이 연소하는 과정 중 가장 고온일 경우의 불꽃색은?

① 황적색   ② 적 색
③ 암적색   ④ 회백색

해설
화염색에 따른 불꽃의 온도[℃] : 암적색 700, 적색 850, 휘적색 950, 황적색 1,100, 백적색 1,300, 황백색 1,350, 백색 1,400, 휘백색 1,500 이상

15 프로판(C_3H_8)의 표준 총발열량이 −530,600[cal/gmol]일 때 표준 진발열량은 약 몇 [cal/gmol]인가?(단, $H_2O(L) \rightarrow H_2O(g)$, ΔH = 10,519[cal/gmol]이다)

① −530,600
② −488,524
③ −520,081
④ −430,432

해설
- 프로판의 연소방정식 : $C_3H_8 + 5O_2 \rightarrow 3CO_2 + 4H_2O$
- 표준 진발열량 = 총발열량 − 잠열
  = −530,600 + (10,519 × 4)
  = −488,524[cal/gmol]

18 연소에 대한 설명 중 옳은 것은?

① 착화온도와 연소온도는 항상 같다.
② 이론연소온도는 실제연소온도보다 높다.
③ 일반적으로 연소온도는 인화점보다 상당히 높다.
④ 연소온도가 그 인화점보다 낮게 되어도 연소는 계속된다.

해설
① 착화온도와 연소온도는 다르다.
③ 일반적으로 연소온도는 인화점보다 높다.
④ 연소온도가 그 인화점보다 낮아지면 연소는 더 이상 진행되지 않는다.

19 폭굉유도거리에 대한 올바른 설명은?

① 최초의 느린 연소가 폭굉으로 발전할 때까지의 거리
② 어느 온도에서 가열, 발화, 폭굉에 이르기까지의 거리
③ 폭굉 등급을 표시할 때의 안전간격을 나타내는 거리
④ 폭굉이 단위 시간당 전파되는 거리

해설
폭굉유도거리(DID)
- 최초의 느린 연소가 폭굉으로 발전할 때까지의 거리
- DID가 짧아지는 요인 : 압력이 높을 때, 점화원의 에너지가 클 때, 관 속에 장애물이 있을 때, 관지름이 작을 때, 정상 연소속도가 빠른 혼합가스일수록

20 어떤 혼합가스가 산소 10[mol], 질소 10[mol], 메탄 5[mol]을 포함하고 있다. 이 혼합가스의 비중은 약 얼마인가?(단, 공기의 평균 분자량은 29이다)

① 0.88　　② 0.94
③ 1.00　　④ 1.07

해설
혼합가스의 비중 $= \dfrac{32 \times 10 + 28 \times 10 + 16 \times 5}{29 \times (10 + 10 + 5)} = \dfrac{680}{725} \simeq 0.94$

제2과목　가스설비

21 다단압축기에서 실린더 냉각의 목적으로 옳지 않은 것은?

① 흡입효율을 좋게 하기 위하여
② 밸브 및 밸브 스프링에서 열을 제거하여 오손을 줄이기 위하여
③ 흡입 시 가스에 주어진 열을 가급적 높이기 위하여
④ 피스톤링에 탄소산화물이 발생하는 것을 막기 위하여

해설
다단압축기에서 실린더 냉각의 목적
- 흡입효율을 좋게 하기 위하여
- 밸브 및 밸브 스프링에서 열을 제거하여 오손을 줄이기 위하여
- 흡입 시 가스에 주어진 열을 가급적 낮추기 위하여
- 피스톤링에 탄소산화물이 발생하는 것을 막기 위하여

22 도시가스용 압력조정기에서 스프링은 어떤 재질을 사용하는가?

① 주 물
② 강 재
③ 알루미늄합금
④ 다이캐스팅

해설
압력조정기의 스프링 재질 : 강재

23 강의 열처리 중 일반적으로 연화를 목적으로 적당한 온도까지 가열한 다음 그 온도에서 서서히 냉각하는 방법은?

① 담금질
② 뜨 임
③ 표면경화
④ 풀 림

해설
풀림(Annealing) : 금속의 내부응력을 제거하고 가공경화된 재료를 연화시켜 결정조직을 결정하고, 상온 가공을 용이하게 할 목적으로 하는 열처리

24 외부의 전원을 이용하여 그 양극을 땅에 접속시키고 땅속에 있는 금속체에 음극을 접속함으로써 매설된 금속체로 전류를 흘러 보내 전기 부식을 일으키는 전류를 상쇄하는 방법이다. 전식 방지방법으로 매우 유효한 수단이며 압출에 의한 전식을 방지할 수 있는 이 방법은?

① 희생양극법　　② 외부전원법
③ 선택배류법　　④ 강제배류법

해설
강제배류법
• 외부전원법과 선택배류법을 조합하여 레일의 전위가 높아도 방식전류를 흐르게 할 수 있게 한 방식방법이다.
• 외부의 전원을 이용하여 그 양극을 땅에 접속시키고 땅속에 있는 금속체에 음극을 접속함으로써 매설된 금속체로 전류를 흘러 보내 전기 부식을 일으키는 전류를 상쇄하는 방법이다.
• 전압, 전류의 조정이 가능하며 전기방식의 효과범위가 넓다.
• 전철 운행 중지 중에도 방식이 가능하다.
• 전식 방지방법으로 매우 유효한 수단이며 압출에 의한 전식을 방지할 수 있다.

25 고압장치의 재료로 구리관의 성질과 특징으로 틀린 것은?

① 알칼리에는 내식성이 강하지만 산성에는 약하다.
② 내면이 매끈하여 유체저항이 작다.
③ 굴곡성이 좋아 가공이 용이하다.
④ 전도 및 전기절연성이 우수하다.

해설
동관(구리관)
• 전도성(전기, 열)이 우수하다.
• 알칼리에는 내식성이 강하지만, 산성에는 약하다.
• 내면이 매끈하여 유체저항이 작다.
• 굴곡성이 좋아 가공이 용이하다.
• 내식성·전연성·내압성이 우수하다.
• 고압장치의 재료, 열교환기의 내관(Tube) 및 화학공업용으로 사용한다.
• 직경 20[mm] 이하의 경우 플레어 이음(압축 이음)을 한다.

26 소비자 1호당 1일 평균 가스소비량 1.6[kg/day], 소비 호수 10호 자동절체조정기를 사용하는 설비를 설계하려면 용기는 몇 개가 필요한가?(단, 액화석유가스 50[kg] 용기 표준 가스 발생능력은 1.6[kg/h]이고, 평균 가스 소비율은 60[%], 용기는 2계열 집합으로 사용한다)

① 3개　　② 6개
③ 9개　　④ 12개

해설
필요한 용기수 = $\dfrac{1\text{호당 평균 가스소비량} \times \text{호수} \times \text{소비율}}{\text{가스 발생능력}} \times \text{계열수}$

$= \dfrac{1.6 \times 10 \times 0.6}{1.6} \times 2 = 12$개

23 ④　24 ④　25 ④　26 ④

27 도시가스에 첨가하는 부취제로서 필요한 조건으로 틀린 것은?

① 물에 녹지 않을 것
② 토양에 대한 투과성이 좋을 것
③ 인체에 해가 없고 독성이 없을 것
④ 공기 혼합 비율이 1/200의 농도에서 가스 냄새가 감지될 수 있을 것

해설
부취제의 구비조건
- 물에 녹지 않을 것
- 토양에 대한 투과성이 좋을 것
- 인체에 해가 없고 독성이 없을 것
- 부식성이 없을 것
- 화학적으로 안정할 것
- 공기 혼합 비율이 1/1,000의 농도에서 가스 냄새가 감지될 수 있을 것

28 액화석유가스 압력조정기 중 1단 감압식 준저압조정기의 입구압력은?

① 0.07~1.56[MPa]
② 0.1~1.56[MPa]
③ 0.3~1.56[MPa]
④ 조정압력 이상~1.56[MPa]

해설
1단 감압식 준저압조정기
- 일반 사용자 등이 LPG를 생활용 이외의 용도에 공급하는 경우에 한하여 사용한다.
- 장치 및 조작이 간단하다.
- 배관이 비교적 굵게 되며 압력 조정이 정확하지 않다.
- 입구압력 : 0.1~1.56[MPa]
- 조정압력 : 5~30[kPa] 이내에서 제조자가 설정한 기준압력의 ±20[%]

29 고압가스설비를 운전하는 중 플랜지부에서 가연성 가스가 누출하기 시작할 때 취해야 할 대책으로 가장 거리가 먼 것은?

① 화기 사용 금지
② 가스 공급 즉시 중지
③ 누출 전·후단 밸브 차단
④ 일상적인 점검 및 정기점검

해설
고압가스설비를 운전하는 중 플랜지부에서 가연성 가스가 누출하기 시작할 때 취해야 할 대책
- 화기 사용 금지
- 가스 공급 즉시 중지
- 누출 전·후단 밸브 차단

30 배관의 자유팽창을 미리 계산하여 관의 길이를 약간 짧게 절단하여 강제배관을 함으로써 열팽창을 흡수하는 방법은?

① 콜드 스프링
② 신축 이음
③ U형 밴드
④ 파열 이음

해설
콜드 스프링 : 배관의 자유팽창을 미리 계산하여 관의 길이를 약간 짧게 절단하여 강제배관을 함으로써 열팽창을 흡수하는 방법으로, 절단하는 길이는 계산에서 얻은 자유팽창량의 1/2 정도로 하는 방법

정답 27 ④ 28 ② 29 ④ 30 ①

31 성능계수가 3.2인 냉동기가 10[ton]을 냉동하기 위해 공급하여야 할 동력은 약 몇 [kW]인가?

① 10
② 12
③ 14
④ 16

해설
1[RT] = 3,320[kcal/h] = 3.86[kW]이며,
성능계수 $= \varepsilon_R = \dfrac{\text{흡수열}}{\text{받은 일}} = \dfrac{q_2}{W_c}$ 이므로
$W_c = \dfrac{q_2}{\varepsilon_R} = \dfrac{10 \times 3.86}{3.2} \simeq 12[\text{kW}]$ 이다.

32 터보압축기에 대한 설명이 아닌 것은?

① 유급유식이다.
② 고속회전으로 용량이 크다.
③ 용량 조정이 어렵고 범위가 좁다.
④ 연속적인 토출로 맥동현상이 작다.

해설
터보압축기
- 왕복동 압축기와 스크루 압축기의 단점을 보완한 형식이다.
- 원심형이며 윤활유가 불필요하다(무급유식이다).
- 다른 종류의 압축기보다 전력당 많은 유량을 생산할 수 있다.
- 연속적인 토출로 맥동현상이 작다.
- 마찰손실이 작다.
- 유량을 압력 변동 없이 조절할 수 있다.
- 고속회전으로 용량이 크다.
- 형태가 작고 경량이며 대용량에 적합하다.
- 터보압축기의 밀봉장치 형식 : 메커니컬 실, 레비린스 실, 카본 실 등
- 압축비가 작고 효율이 낮다.
- 유량 대비 압축비가 높을 때 맥동현상이 발생될 수 있다.
- 다단식은 압축비를 크게 할 수 있으나, 설비비가 많이 소요된다.
- 토출압력 변화에 의해 용량 변화가 크다.
- 용량 조정이 어렵고 범위가 좁다.

33 산소압축기의 내부 윤활제로 주로 사용되는 것은?

① 물
② 유지류
③ 석유류
④ 진한 황산

해설
산소압축기에는 물 또는 10[%] 정도의 묽은 글리세린수를 내부 윤활유로 사용한다.

34 -5[℃]에서 열을 흡수하여 35[℃]에 방열하는 역카르노 사이클에 의해 작동하는 냉동기의 성능계수는?

① 0.125
② 0.15
③ 6.7
④ 9

해설
성능계수$(COP)_R = \varepsilon_R = \dfrac{\text{저온체에서의 흡수열량}}{\text{공급일}}$
$= \dfrac{q_2}{W_c} = \dfrac{T_2}{T_1 - T_2}$
$= \dfrac{-5 + 273}{(35 + 273) - (-5 + 273)} = 6.7$

정답 31 ② 32 ① 33 ① 34 ③

35 가연성 가스 및 독성가스 용기의 도색 구분이 옳지 않은 것은?

① LPG – 회색
② 액화암모니아 – 백색
③ 수소 – 주황색
④ 액화염소 – 청색

해설
가연성 가스 및 독성가스 용기의 도색 색상과 문자 색상
(도색 색상 – 문자 색상)
• 액화석유가스(밝은 회색–적색)
• 수소(주황색–백색)
• 아세틸렌(황색–흑색)
• 액화암모니아(백색–흑색)
• 액화염소(갈색–백색)
• 그 밖의 가스(회색–백색)

36 고압가스제조장치의 재료에 대한 설명으로 틀린 것은?

① 상온, 건조 상태의 염소가스에서는 탄소강을 사용할 수 있다.
② 암모니아, 아세틸렌의 배관재료에는 구리재를 사용한다.
③ 탄소강에 나타나는 조직의 특성은 탄소(C)의 양에 따라 달라진다.
④ 암모니아 합성탑 내통의 재료에는 18-8 스테인리스강을 사용한다.

해설
아세틸렌에 접촉하는 부분에 사용하는 재료
• 동 또는 동 함유량이 62[%]를 초과하는 동합금을 사용할 수 없다.
• 충전용 지관에는 탄소 함유량이 0.1[%] 이하인 강을 사용한다.
• 굴곡에 의한 응력이 일부에 집중되지 않도록 된 형상으로 한다.

37 저온 및 초저온용기의 취급 시 주의사항으로 틀린 것은?

① 용기는 항상 누운 상태를 유지한다.
② 용기를 운반할 때는 별도 제작된 운반용구를 이용한다.
③ 용기를 물기나 기름이 있는 곳에 두지 않는다.
④ 용기 주변에서 인화성 물질이나 화기를 취급하지 않는다.

해설
저온 및 초저온용기는 항상 세운 상태를 유지한다.

38 웨버지수에 대한 설명으로 옳은 것은?

① 정압기의 동특성을 판단하는 중요한 수치이다.
② 배관 관경을 결정할 때 사용되는 수치이다.
③ 가스의 연소성을 판단하는 중요한 수치이다.
④ LPG 용기 설치본수 산정 시 사용되는 수치로 지역별 기화량을 고려한 값이다.

해설
웨버지수
• 가스의 연소성을 판단하는 중요한 수치
• $WI = \dfrac{Q}{\sqrt{d}}$
(여기서, Q : 가스의 총발열량[kcal/m³], d : 공기에 대한 가스의 비중)
• 연소특성에 따라 4A부터 13A까지 가스를 분류할 때의 숫자

정답 35 ④ 36 ② 37 ① 38 ③

39 두 개의 다른 금속이 접촉되어 전해질 용액 내에 존재할 때 다른 재질의 금속 간 전위차에 의해 용액 내에서 전류가 흐르는데, 이에 의해 양극부가 부식되는 현상을 무엇이라 하는가?

① 공 식
② 침식 부식
③ 갈바닉 부식
④ 농담 부식

해설
갈바닉 부식 : 두 개의 다른 금속이 접촉되어 전해질 용액 내에 존재할 때 다른 재질의 금속 간 전위차에 의해 용액 내에서 전류가 흐르는데, 이에 의해 양극부가 부식이 되는 현상(서로 다른 두 금속이 부식액이나 전해질 용액에 노출되었을 때 각 금속의 전위차에 의해서 발생하는 부식)
• 두 종류의 금속이 접촉에 의해서 일어나는 부식이다.
• 이종금속 접촉 부식이라고도 한다.
• 부식저항이 작은 금속은 양극, 부식저항이 큰 금속은 음극이다.
• 전위가 낮은 금속 표면에서 양극반응이 진행된다.
• 전위가 높은 금속 표면에서 방식된다.

40 고압장치 배관에 발생된 열응력을 제거하기 위한 이음이 아닌 것은?

① 루프형
② 슬라이드형
③ 벨로스형
④ 플랜지형

해설
신축 조인트(신축 이음) : 고압장치 배관에 발생된 열응력을 제거하기 위한 이음으로 루프형, 슬라이드형, 벨로스형, 스위블형, 상온 스프링형 등이 있다.

제3과목 가스안전관리

41 염소가스 취급에 대한 설명 중 옳지 않은 것은?

① 재해제로 소석회 등이 사용된다.
② 염소압축기의 윤활유는 진한 황산이 사용된다.
③ 산소와 염소폭명기를 일으키므로 동일 차량에 적재를 금한다.
④ 독성이 강하여 흡입하면 호흡기가 상한다.

해설
염소는 수소와 염소폭명기를 일으키므로 동일 차량에 적재를 금한다.

42 가연성 가스의 폭발 등급 및 이에 대응하는 내압 방폭구조 폭발 등급의 분류 기준이 되는 것은?

① 폭발범위
② 발화온도
③ 최대 안전틈새 범위
④ 최소 점화전류비 범위

해설
가연성 가스의 폭발 등급 및 이에 대응하는 내압 방폭구조 폭발 등급의 분류 기준 : 최대 안전틈새 범위

43 액화석유가스의 안전관리 및 사업법에서 규정한 용어의 정의 중 틀린 것은?

① '방호벽'이란 높이 1.5[m], 두께 10[cm]의 철근 콘크리트 벽을 말한다.
② '충전용기'란 액화석유가스 충전질량의 2분의 1 이상이 충전되어 있는 상태의 용기를 말한다.
③ '소형 저장탱크'란 액화석유가스를 저장하기 위하여 지상 또는 지하에 고정 설치된 탱크로서 그 저장능력이 3[ton] 미만인 탱크를 말한다.
④ '가스설비'란 저장설비 외의 설비로서 액화석유가스가 통하는 설비(배관은 제외한다)와 그 부속설비를 말한다.

해설
방호벽 : 높이 2[m] 이상, 두께 12[cm] 이상의 철근콘크리트 또는 이와 같은 수준 이상의 강도를 가지는 구조의 벽

44 동절기의 습도 50[%] 이하인 경우에는 수소용기 밸브의 개폐를 서서히 하여야 한다. 주된 이유는?

① 밸브 파열
② 분해폭발
③ 정전기 방지
④ 용기압력 유지

해설
정전기 방지대책
• 정전기 발생 우려 장소에 접지시설을 한다.
• 전기저항이 큰 물질은 대전이 용이하므로 전도체 물질을 사용한다.
• 제전기를 사용하여 대전된 물체를 전기적으로 중성 상태로 한다.
• 정전기는 습도가 낮거나 압력이 높을 때 많이 발생하므로 상대습도를 70[%] 이상으로 유지한다.
• 인체에서 발생하는 정전기를 방지하기 위하여 방전복 등을 착용하여 정전기 발생을 제거한다.
• 실내 공기를 이온화하여 정전기 발생을 예방한다.
• 전하 생성 방지방법(접속과 접지, 도전성 재료 사용, 침액(Dip) 파이프 설치 등)을 적용한다.
• 동절기의 습도 50[%] 이하인 경우, 수소용기 밸브의 개폐를 서서히 해야 한다.

45 LPG 압력조정기를 제조하고자 하는 자가 반드시 갖추어야 할 검사설비가 아닌 것은?

① 유량측정설비
② 내압시험설비
③ 기밀시험설비
④ 과류차단성능시험설비

해설
LPG 압력조정기를 제조하고자 하는 자가 반드시 갖추어야 할 검사설비 : 유량측정설비, 내압시설설비, 기밀시험설비

46 동일 차량에 적재하여 운반할 수 없는 가스는?

① C_2H_4와 HCN
② C_2H_4와 NH_3
③ CH_4와 C_2H_2
④ Cl_2와 C_2H_2

해설
고압가스의 운반기준에서 동일 차량에 적재하여 운반할 수 없는 것 : 염소와 아세틸렌, 염소와 수소, 염소와 암모니아

정답 43 ① 44 ③ 45 ④ 46 ④

47 액화석유가스 자동차 충전소에 설치할 수 있는 건축물 또는 시설은?

① 액화석유가스충전사업자가 운영하고 있는 용기를 재검사하기 위한 시설
② 충전소의 종사자가 이용하기 위한 연면적 200[m²] 이하의 식당
③ 충전소를 출입하는 사람을 위한 연면적 200[m²] 이하의 매점
④ 공구 등을 보관하기 위한 연면적 200[m²] 이하의 창고

해설
액화석유가스 충전소 내에 설치할 수 있는 시설
- 충전소의 관계자기 근무하는 대기실
- 자동차의 세정을 위한 세차시설
- 충전소에 출입하는 사람을 대상으로 한 자동판매기 및 현금자동지급기
- 충전을 하기 위한 작업장
- 충전소의 업무를 행하기 위한 사무실 및 회의실
- 기타 산업통상자원부장관 고시에서 정한 용기재검사시설, 충전소 종업원의 이용을 위한 연면적 100[m²] 이하의 식당, 공구 등을 보관하기 위한 연면적 100[m²] 이하의 창고

48 가스보일러 설치 후 설치·시공확인서를 작성하여 사용자에게 교부하여야 한다. 이때 가스보일러 설치·시공 확인사항이 아닌 것은?

① 사용교육의 실시 여부
② 최근의 안전점검 결과
③ 배기가스 적정 배기 여부
④ 연통의 접속부 이탈 여부 및 막힘 여부

해설
가스보일러 설치·시공 확인
- 가스보일러 설치 후 설치·시공확인서를 작성하여 사용자에게 교부하여야 한다.
- 확인사항 : 사용교육의 실시 여부, 배기가스 적정 배기 여부, 연통의 접속부 이탈 여부 및 막힘 여부 등

49 냉동기에 반드시 표기하지 않아도 되는 기호는?

① RT ② DP
③ TP ④ DT

해설
DT는 설계온도로서 냉동기에 반드시 표기할 필요가 없다.

50 액화염소가스를 운반할 때 운반 책임자가 반드시 동승하여야 할 경우로 옳은 것은?

① 100[kg] 이상 운반할 때
② 1,000[kg] 이상 운반할 때
③ 1,500[kg] 이상 운반할 때
④ 2,000[kg] 이상 운반할 때

해설
충전용기 운반 시 운반 책임자의 동승 기준

독성 고압가스	압축가스	• 허용농도 100만분의 200 이하 : 10[m³] 이상 • 허용농도 100만분의 200 초과 : 100[m³] 이상
	액화가스	• 허용농도 100만분의 200 이하 : 100[kg] 이상 • 허용농도 100만분의 200 초과 : 1,000[kg] 이상

47 ① 48 ② 49 ④ 50 ②

51 충전설비 중 액화석유가스의 안전을 확보하기 위하여 필요한 시설 또는 설비에 대하여는 작동상황을 주기적으로 점검, 확인하여야 한다. 충전설비의 경우 점검주기는?

① 1일 1회 이상
② 2일 1회 이상
③ 1주일 1회 이상
④ 1월 1회 이상

해설
충전설비 중 액화석유가스의 안전을 확보하기 위하여 필요한 시설이나 설비에 대해서는 작동상황을 주기적으로 점검 및 확인하여야 한다. LPG 충전설비의 경우 점검주기는 1일 1회 이상이다.

52 사이안화수소는 충전 후 며칠이 경과되기 전에 다른 용기에 옮겨 충전하여야 하는가?

① 30일   ② 45일
③ 60일   ④ 90일

해설
사이안화수소의 충전 시 기준
- 아황산가스 또는 황산 등의 안정제를 첨가한 것이어야 한다.
- 충전 후 60일이 경과하기 전에 다른 용기로 옮겨 충전한다.
- 용기에 충전하는 사이안화수소의 순도는 98[%] 이상이며 착색되지 아니한 것이어야 한대(이러한 것은 충전한 후 60일이 경과되기 전 다른 용기에 옮겨 충전하지 않아도 된다).
- 충전한 용기는 24시간 이상 정치하여야 한다.
- 사이안화수소를 충전한 용기는 충전 후 24시간 정치시킨 후 1일 1회 이상 질산구리벤젠 등의 시험지로 가스누출검사를 하여야 한다.

53 액체 염소가 누출된 경우 필요한 조치가 아닌 것은?

① 물 살포
② 소석회 살포
③ 가성소다 살포
④ 탄산소다 수용액 살포

해설
액체염소가 누출된 경우 필요한 조치 : 소석회 살포, 가성소다 살포, 탄산소다 수용액 살포

54 고압가스 용기의 취급 및 보관에 대한 설명으로 틀린 것은?

① 충전용기와 잔가스용기는 넘어지지 않도록 조치한 후 용기 보관 장소에 놓는다.
② 용기는 항상 40[℃] 이하의 온도를 유지한다.
③ 가연성 가스 용기 보관 장소에는 방폭형 손전등 외의 등화를 휴대하고 들어가지 아니한다.
④ 용기 보관 장소 주위 2[m] 이내에는 화기 등을 두지 아니한다.

해설
충전용기와 잔가스용기는 각각 구분하여 용기 보관 장소에 놓아야 한다.

55 액화석유가스의 일반적인 특징으로 틀린 것은?

① 증발잠열이 작다.
② 기화하면 체적이 커진다.
③ LP 가스는 공기보다 무겁다.
④ 액상의 LP 가스는 물보다 가볍다.

해설
액화석유가스는 증발잠열이 크다.

정답 51 ① 52 ③ 53 ① 54 ① 55 ①

56 용기 내장형 가스 난방기용으로 사용하는 부탄 충전용기에 대한 설명으로 옳지 않은 것은?

① 용기 몸통부의 재료는 고압가스 용기용 강판 및 강대이다.
② 프로텍터의 재료는 일반구조용 압연강재이다.
③ 스커트의 재료는 고압가스 용기용 강판 및 강대이다.
④ 네크링의 재료는 탄소 함유량이 0.48[%] 이하인 것으로 한다.

해설
네크링의 재료는 KS D 3752의 규격에 적합한 것으로 탄소 함유량이 0.28[%] 이하인 것으로 한다.

57 내용적이 50[L]인 가스용기에 내압시험압력 3.0[MPa]의 수압을 걸었더니 용기의 내용적이 50.5[L]로 증가하였고, 다시 압력을 제거하여 대기압으로 하였더니 용적이 50.002[L]가 되었다. 이 용기의 영구 증가율을 구하고 합격인가, 불합격인가 판정한 것으로 옳은 것은?

① 0.2[%], 합격
② 0.2[%], 불합격
③ 0.4[%], 합격
④ 0.4[%], 불합격

해설
영구 증가율 = $\dfrac{\text{영구(항구) 증가량}}{\text{전 증가량}} \times 100[\%]$

$= \dfrac{0.002}{0.5} \times 100[\%] = 0.4[\%]$ 이므로

영구 증가율이 10[%] 이하로 합격이다.

58 호칭지름이 25A 이하이고, 상용압력이 2.94[MPa] 이하의 나사식 배관용 볼밸브는 10[회/min] 이하의 속도로 몇 회 개폐 동작 후 기밀시험에서 이상이 없어야 하는가?

① 3,000회
② 6,000회
③ 30,000회
④ 60,000회

해설
호칭지름이 25A 이하이고, 상용압력이 2.94[MPa] 이하의 나사식 배관용 볼밸브는 10[회/min] 이하의 속도로 6,000회 개폐 동작 후 기밀시험에서 이상이 없어야 한다.

59 암모니아 저장탱크에는 가스용량이 저장탱크 내용적의 몇 [%]를 초과하는 것을 방지하기 위하여 과충전 방지조치를 하여야 하는가?

① 65[%]
② 80[%]
③ 90[%]
④ 95[%]

해설
암모니아 저장탱크에는 가스용량이 저장탱크 내용적의 90[%]를 초과하는 것을 방지하기 위하여 과충전 방지조치를 하여야 한다.

60 다음 물질 중 아세틸렌을 용기에 충전할 때 침윤제로 사용되는 것은?

① 벤젠
② 아세톤
③ 케톤
④ 알데하이드

해설
아세틸렌을 용기에 충전할 때 침윤제로 아세톤, 다이메틸폼아마이드(DMF) 등을 사용한다.

제4과목 가스계측

61 전기저항온도계에서 측온저항체의 공칭저항치는 몇 [℃]의 온도일 때 저항소자의 저항을 의미하는가?

① −273[℃] ② 0[℃]
③ 5[℃] ④ 21[℃]

해설
전기저항온도계에서 측온저항체의 공칭저항치는 0[℃]의 온도일 때 저항소자의 저항이다.

62 적외선 흡수식 가스분석계로 분석하기에 가장 어려운 가스는?

① CO_2 ② CO
③ CH_4 ④ N_2

해설
대칭성 2원자 분자(N_2, O_2, H_2, Cl_2 등), 단원자 가스(He, Ar 등) 등은 적외선 흡수식 가스분석계로 분석이 불가능하다.

63 기준 입력과 주피드백량의 차로 제어동작을 일으키는 신호는?

① 기준 입력신호
② 조작신호
③ 동작신호
④ 주피드백 신호

해설
동작신호 : 기준압력과 주피드백 양의 차로서 제어동작을 일으키는 신호

64 가스미터의 구비조건으로 옳지 않은 것은?

① 감도가 예민할 것
② 기계오차 조정이 쉬울 것
③ 대형이며 계량용량이 클 것
④ 사용가스량을 정확하게 지시할 수 있을 것

해설
가스미터의 구비조건
- 고대다 : 내구성, 계량용량, 계량 정확성, 감도, 구조 간단, 유지관리 및 수리 용이성, 기계오차 조정 용이성
- 저소 : 크기(소형), 압력손실

65 물체에서 방사된 빛의 강도와 비교된 필라멘트의 밝기가 일치되는 점을 비교 측정하여 약 3,000[℃] 정도의 고온도까지 측정이 가능한 온도계는?

① 광고온도계
② 수은온도계
③ 베크만 온도계
④ 백금저항온도계

해설
광고온도계 또는 광고온계 또는 광온도계 : 특정 파장을 온도계 내에 통과시켜 온도계 내의 전구 필라멘트의 휘도를 육안으로 직접 비교하여 온도를 측정하는 비접촉식 온도계
- 물체에서 방사된 빛의 강도와 비교된 필라멘트의 밝기가 일치되는 점을 비교 측정하여 약 3,000[℃] 정도의 고온도까지 측정이 가능한 온도계이다.
- 정도가 우수하여 비접촉식 온도 측정기 중 가장 정확한 측정이 가능하다.
- 방사온도계에 비해 방사율에 대한 보정량이 적다.
- 구조가 간단하고 휴대가 편리하다.
- 측정 온도범위는 700~2,000[℃]이며 900[℃] 이하의 경우 오차가 발생된다.
- 측정시간이 지연된다.
- 측정인력이 필요하다(사람 손이 필요하다).
- 기록, 경보, 자동제어는 불가능하다.

정답 61 ② 62 ④ 63 ③ 64 ③ 65 ①

66 가스누출검지경보장치의 기능에 대한 설명으로 틀린 것은?

① 경보농도는 가연성 가스인 경우 폭발하한계의 1/4 이하 독성가스인 경우 TLV-TWA 기준농도 이하로 할 것
② 경보를 발신한 후 5분 이내에 자동적으로 경보 정지가 되어야 할 것
③ 지시계의 눈금은 독성가스인 경우 0~TLV-TWA 기준 농도 3배 값을 명확하게 지시하는 것일 것
④ 가스검지에서 발신까지의 소요시간은 경보농도 1.6배 농도에서 보통 30초 이내일 것

해설
경보를 발신한 후에는 가스농도가 변화하여도 계속 경보를 울려야 하며, 확인 또는 대책을 조치한 후 정지되어야 한다.

67 상대습도가 '0'이라 함은 어떤 뜻인가?

① 공기 중에 수증기가 존재하지 않는다.
② 공기 중에 수증기가 760[mmHg]만큼 존재한다.
③ 공기 중에 포화 상태의 습증기가 존재한다.
④ 공기 중에 수증기압이 포화증기압보다 높음을 의미한다.

해설
상대습도 : 포화증기량과 습가스 수증기와의 중량비([%], R.H.)
• 온도가 상승하면 상대습도는 감소한다.
• 상대습도가 '0'이라 함은 공기 중에 수증기가 존재하지 않는다는 의미이다.

68 가스크로마토그래피(Gas Chromatography)에서 전개제로 주로 사용되는 가스는?

① He
② CO
③ Rn
④ Kr

해설
운반기체(Carrier Gas)는 이동상이고 전개제(Developer)로 이용되며, 종류에는 He, Ar, N_2, H_2 등이 있다.

69 다음 중 전자유량계의 원리는?

① 옴(Ohm)의 법칙
② 베르누이(Bernoulli)의 법칙
③ 아르키메데스(Archimedes)의 원리
④ 패러데이(Faraday)의 전자유도법칙

해설
전자유량계 : 유체에 생기는 기전력을 직접 측정하여 유량을 구하는 직접식 유량계
• 원리 : 패러데이의 전자유도법칙
• 유속검출에 지연시간이 없으므로 응답이 매우 빠르다.
• 압력손실이 거의 없다.
• 높은 내식성을 유지할 수 있다.
• 다른 물질이 섞여 있거나 기포가 있는 액체도 측정이 가능하다.
• 미소한 측정전압에 대하여 고성능의 증폭기가 필요하다.

70 초음파 유량계에 대한 설명으로 옳지 않은 것은?

① 정확도가 아주 높은 편이다.
② 개방수로에는 적용되지 않는다.
③ 측정체가 유체와 접촉하지 않는다.
④ 고온, 고압, 부식성 유체에도 사용이 가능하다.

해설
초음파 유량계는 개방 수로에 적용된다.

71 계측계통의 특성을 정특성과 동특성으로 구분할 경우 동특성을 나타내는 표현과 가장 관계가 있는 것은?

① 직선성(Linerity)
② 감도(Sensitivity)
③ 히스테리시스(Hysteresis) 오차
④ 과도응답(Transient Response)

해설
동특성
• 자동제어계에서 응답을 나타낼 때 목표치를 기준으로 한 앞뒤의 진동으로 시간의 지연을 필요로 하는 시간적 동작의 특성
• 동특성 응답 : 과도응답, 임펄스 응답, 스텝응답

72 가스미터 설치 시 입상배관을 금지하는 가장 큰 이유는?

① 균열에 따른 누출 방지를 위하여
② 고장 및 오차 발생 방지를 위하여
③ 겨울철 수분 응축에 따른 밸브, 밸브시트 동결 방지를 위하여
④ 계량막 밸브와 밸브시트 사이의 누출 방지를 위하여

해설
겨울철 수분 응축에 따른 밸브, 밸브시트 동결 방지를 위하여 입상배관(수직배관)을 금지한다.

73 가스크로마토그래피 캐리어 가스의 유량이 70[mL/min]에서 어떤 성분시료를 주입하였더니 주입점에서 피크까지의 길이가 18[cm]이었다. 지속용량이 450[mL]라면 기록지의 속도는 약 몇 [cm/min]인가?

① 0.28   ② 1.28
③ 2.8   ④ 3.8

해설
기록지 속도 $v = \dfrac{l}{t_i} = \dfrac{Q}{V} \times l = \dfrac{70}{450} \times 18 = 2.8 [\text{cm/min}]$

74 방사성 동위원소의 자연붕괴과정에서 발생하는 베타입자를 이용하여 시료의 양을 측정하는 검출기는?

① ECD   ② FID
③ TCD   ④ TID

해설
전자포획검출기(ECD ; Electron Capture Detector) : 방사선 동위원소의 자연붕괴과정에서 발생하는 베타입자를 이용하여 시료의 양을 측정하는 검출기이며 유기할로겐화합물, 나이트로화합물 및 유기금속화합물을 선택적으로 검출할 수 있다.

75 막식 가스미터에서 계량막의 파손, 밸브의 탈락, 밸브와 밸브시트 간격에서의 누설이 발생하여 가스는 미터를 통과하나 지침이 작동하지 않는 고장 형태는?

① 부 동   ② 누 출
③ 불 통   ④ 기차 불량

해설
부 동
• 가스가 미터기를 통과하지만 계량기 지침이 작동하지 않아 계량이 되지 않는 고장
• 루츠미터의 경우, 회전자는 회전하고 있으나 미터의 지침이 작동하지 않는 고장 형태
• 부동의 원인 : 계량막의 파손, 밸브의 탈락, 밸브와 밸브시트 틈새 불량, 밸브와 밸브시트 간격에서의 누설, 지시 기어장치의 물림 불량 등

정답 71 ④ 72 ③ 73 ③ 74 ① 75 ①

76 계량기의 감도가 좋으면 어떠한 변화가 오는가?

① 측정시간이 짧아진다.
② 측정범위가 좁아진다.
③ 측정범위가 넓어지고, 정도가 좋다.
④ 폭넓게 사용할 수가 있고, 편리하다.

해설
계량기의 감도가 좋으면 측정범위가 좁아진다.

77 온도 25[℃], 노점 19[℃]인 공기의 상대습도를 구하면?(단, 25[℃] 및 19[℃]에서의 포화 수증기압은 각각 23.76[mmHg] 및 16.47[mmHg]이다)

① 56[%] ② 69[%]
③ 78[%] ④ 84[%]

해설
상대습도 = $\frac{16.47}{23.76} \times 100[\%] \approx 69[\%]$

78 50[m]의 시료가스를 CO_2, O_2, CO 순으로 흡수시켰을 때 이때 남은 부피가 각각 32.5[mL], 24.2[mL], 17.8[mL]이었다면 이들 가스의 조성 중 N_2의 조성은 몇 [%]인가?(단, 시료 가스는 CO_2, O_2, CO, N_2로 혼합되어 있다)

① 24.2[%] ② 27.2[%]
③ 34.2[%] ④ 35.6[%]

해설
50 = CO_2 + O_2 + CO + N_2에서
50 = (50 − 32.5) + (32.5 − 24.2) + (24.2 − 17.8) + N_2이므로,
N_2 = 50 − 32.2 = 17.80이다.
따라서, 가스의 조성 중 N_2의 조성 = $\frac{17.8}{50} \times 100[\%]$ = 35.6[%] 이다.

79 오리피스 유량계의 유량 계산식은 다음과 같다. 유량을 계산하기 위하여 설치한 유량계에서 유체를 흐르게 하면서 측정해야 할 값은?(단, C : 오리피스계수, A_2 : 오리피스 단면적, H : 마노미터 액주계 눈금, γ_1 : 유체의 비중량이다)

$$Q = C \times A_2 \left(2gH \left[\frac{\gamma_1 - 1}{\gamma} \right] \right)^{0.5}$$

① C ② A_2
③ H ④ γ_1

해설
유량을 계산하기 위하여 설치한 오리피스 유량계에서 유체를 흐르게 하면서 측정해야 할 값은 마노미터 액주계의 눈금이다.

80 목표치가 미리 정해진 시간적 순서에 따라 변할 경우의 추치 제어방법의 하나로서 가스크로마토그래피의 오븐 온도제어 등에 사용되는 제어방법은?

① 정격치 제어
② 비율 제어
③ 추종 제어
④ 프로그램 제어

해설
프로그램 제어(Program Control)
- 목표값을 미리 정한 프로그램에 따라서 시간과 더불어 변화하는 제어이다.
- 가스크로마토그래피의 온도 제어 등에 사용한다.

2018년 제2회 과년도 기출문제

제1과목 연소공학

01 방폭구조 중 점화원이 될 우려가 있는 부분을 용기 내에 넣고 신선한 공기 또는 불연성 가스 등의 보호기체를 용기의 내부에 넣음으로써 용기 내부에는 압력이 형성되어 외부로부터 폭발성 가스 또는 증기가 침입하지 못하도록 한 구조는?

① 내압 방폭구조
② 안전증 방폭구조
③ 본질안전 방폭구조
④ 압력 방폭구조

[해설]
압력 방폭구조
- 점화원이 될 우려가 있는 부분을 용기 안에 넣고 불활성 가스를 용기 안에 채워 넣어 폭발성 가스가 침입하는 것을 방지한 방폭구조
- 용기 내부에 공기 또는 불활성 가스 등의 보호가스를 압입하여 용기 내의 압력이 유지됨으로써 외부로부터 폭발성 가스 또는 증기가 침입하지 못하도록 한 방폭구조
- 압력 방폭구조의 기호 : p

02 화염 전파속도에 영향을 미치는 인자와 가장 거리가 먼 것은?

① 혼합기체의 농도
② 혼합기체의 압력
③ 혼합기체의 발열량
④ 가연 혼합기체의 성분 조성

[해설]
화염 전파속도에 영향을 미치는 인자 : 혼합기체의 농도, 혼합기체의 압력, 가연 혼합기체의 성분 조성

03 기체연료가 공기 중에서 정상 연소할 때 정상 연소 속도의 값으로 가장 옳은 것은?

① 0.1~10[m/sec]
② 11~20[m/sec]
③ 21~30[m/sec]
④ 31~40[m/sec]

[해설]
기체연료가 공기 중에서 정상 연소할 때 정상 연소속도는 0.1~10[m/sec]이다.

04 발화지연에 대한 설명으로 가장 옳은 것은?

① 저온, 저압일수록 발화지연은 짧아진다.
② 화염의 색이 적색에서 청색으로 변하는 데 걸리는 시간을 말한다.
③ 특정온도에서 가열하기 시작하여 발화 시까지 소요되는 시간을 말한다.
④ 가연성 가스와 산소의 혼합비가 완전 산화에 근접할수록 발화지연은 길어진다.

[해설]
점화지연 또는 발화지연(Ignition Delay) : 특정온도에서 가열하기 시작하여 발화까지 소요되는 시간

05 다음 중 가스연소 시 기상 정지반응을 나타내는 기본반응식은?

① $H + O_2 \to OH + O$
② $O + H_2 \to OH + H$
③ $OH + H_2 \to H_2O + H$
④ $H + O_2 + M \to HO_2 + M$

[해설]
①, ② 연쇄분지반응
③ 연쇄이동반응

06 비중(60/60[°F])이 0.95인 액체연료의 API도는?

① 15.45 ② 16.45
③ 17.45 ④ 18.45

해설
$API = \dfrac{141.5}{비중} - 131.5 = \dfrac{141.5}{0.95} - 131.5 \approx 17.45$

07 메탄을 공기비 1.1로 완전연소시키고자 할 때 메탄 1[Nm³]당 공급해야 할 공기량은 약 몇 [Nm³]인가?

① 2.2 ② 6.3
③ 8.4 ④ 10.5

해설
메탄의 연소방정식 : $CH_4 + 2O_2 \rightarrow CO_2 + 2H_2O$

- 이론산소량 $O_0 = \dfrac{1 \times 2 \times 22.4}{22.4} = 2[\text{Nm}^3/\text{Nm}^3]$
- 이론공기량 $A_0 = \dfrac{O_0}{0.21} = \dfrac{2}{0.21} \approx 9.52[\text{Nm}^3/\text{Nm}^3]$
- ∴ 실제공기량 $A = mA_0 = 1.1 \times 9.52 \approx 10.5[\text{Nm}^3/\text{Nm}^3]$

08 연소범위에 대한 설명 중 틀린 것은?

① 수소가스의 연소범위는 약 4~75[v%]이다.
② 가스의 온도가 높아지면 연소범위는 좁아진다.
③ 아세틸렌은 자체 분해폭발이 가능하므로 연소상한계를 100[%]로도 볼 수 있다.
④ 연소범위는 가연성 기체의 공기와의 혼합에 있어 점화원에 의해 연소가 일어날 수 있는 범위를 말한다.

해설
가스의 온도가 높아지면 연소범위는 넓어진다.

09 BLEVE(Boiling Liquid Expanding Vapor Explosion)현상에 대한 설명으로 옳은 것은?

① 물이 점성이 있는 뜨거운 기름 표면 아래서 끓을 때 연소를 동반하지 않고 Overflow되는 현상
② 물이 연소유(Oil)의 뜨거운 표면에 들어갈 때 발생되는 Overflow 현상
③ 탱크 바닥에 물과 기름의 에멀션이 섞여 있을 때, 기름의 비등으로 인하여 급격하게 Overflow 되는 현상
④ 과열 상태의 탱크에서 내부의 액화가스가 분출, 일시에 기화되어 착화, 폭발하는 현상

해설
비등액체팽창증기폭발(BLEVE ; Boiling Liquid Expanding Vapor Explosion)
- 과열 상태의 탱크에서 내부의 액화가스가 분출, 일시에 기화되어 착화·폭발하는 현상
- 액체가 급격한 상변화를 하여 증기가 된 후 폭발하는 현상
- 액화가스탱크의 폭발
- 액체가 비등하여, 증기가 팽창하면서 폭발을 일으키는 현상

10 다음 반응식을 이용하여 메탄(CH_4)의 생성열을 계산하면?

$C + O_2 \rightarrow CO_2$	$\Delta H = -97.2[\text{kcal/mol}]$
$H_2 + \dfrac{1}{2}O_2 \rightarrow H_2O$	$\Delta H = -57.6[\text{kcal/mol}]$
$CH_4 + 2O_2 \rightarrow CO_2 + 2H_2O$	$\Delta H = -194.4[\text{kcal/mol}]$

① $\Delta H = -17[\text{kcal/mol}]$
② $\Delta H = -18[\text{kcal/mol}]$
③ $\Delta H = -19[\text{kcal/mol}]$
④ $\Delta H = -20[\text{kcal/mol}]$

해설
메탄의 생성열
$\Delta H = 194.4 - 97.2 - (2 \times 57.6) = -18[\text{kcal/mol}]$

11 공기 중 폭발한계의 상한값이 가장 높은 가스는?

① 프로판
② 아세틸렌
③ 암모니아
④ 수 소

해설
폭발한계 상한값
• 아세틸렌 : 82
• 수소 : 75
• 암모니아 : 28
• 프로판 : 9.5

12 폭발에 관한 가스의 일반적인 성질에 대한 설명 중 틀린 것은?

① 안전간격이 클수록 위험하다.
② 연소속도가 클수록 위험하다.
③ 폭발범위가 넓은 것이 위험하다.
④ 압력이 높아지면 일반적으로 폭발범위가 넓어진다.

해설
안전간격이 좁을수록 위험하다.

13 기체 혼합물의 각 성분을 표현하는 방법에는 여러 가지가 있다. 혼합가스의 성분비를 표현하는 방법 중 다른 값을 갖는 것은?

① 몰 분율
② 질량 분율
③ 압력 분율
④ 부피 분율

해설
혼합가스의 성분비 표현방법 중 몰 분율, 압력 분율, 부피 분율은 같은 값을 갖지만 질량 분율 각 가스의 분자량이 서로 다르므로 다른 값을 갖는다.

14 공기비(m)에 대한 가장 옳은 설명은?

① 연료 1[kg]당 실제로 혼합된 공기량과 완전연소에 필요한 공기량의 비를 말한다.
② 연료 1[kg]당 실제로 혼합된 공기량과 불완전연소에 필요한 공기량의 비를 말한다.
③ 기체 1[m³]당 실제로 혼합된 공기량과 완전연소에 필요한 공기량의 차를 말한다.
④ 기체 1[m³]당 실제로 혼합된 공기량과 불완전연소에 필요한 공기량의 차를 말한다.

해설
공기비 또는 과잉공기계수(m)
• 실제공기량과 이론공기량의 비
• 연료 1[kg]당 실제로 혼합된 공기량과 완전연소에 필요한 공기량의 비

15 기체연료의 연소에서 일반적으로 나타나는 연소의 형태는?

① 확산연소 ② 증발연소
③ 분무연소 ④ 액면연소

해설
기체연료의 연소에서 일반적으로 나타나는 연소는 확산연소이다.

정답 11 ② 12 ① 13 ② 14 ① 15 ①

16 아세톤, 톨루엔, 벤젠이 제4류 위험물로 분류되는 주된 이유는?

① 공기보다 밀도가 큰 가연성 증기를 발생시키기 때문에
② 물과 접촉하여 많은 열을 방출하여 연소를 촉진시키기 때문에
③ 나이트로기를 함유한 폭발성 물질이기 때문에
④ 분해 시 산소를 발생하여 연소를 돕기 때문에

해설
아세톤, 톨루엔, 벤젠 등이 제4류 위험물로 분류되는 주된 이유는 공기보다 밀도가 큰 가연성 증기를 발생시키기 때문이다.

17 다음 중 조연성가스에 해당하지 않는 것은?

① 공 기   ② 염 소
③ 탄산가스 ④ 산 소

해설
조연성 가스에는 공기, 염소, 산소, 불소(플루오린), 이산화탄소 등이 있으며 탄산가스(CO_2)는 불연성 가스이다.

18 다음 중 연소의 3요소에 해당하는 것은?

① 가연물, 산소, 점화원
② 가연물, 공기, 질소
③ 불연재, 산소, 열
④ 불연재, 빛, 이산화탄소

19 표준 상태에서 고발열량(총발열량)과 저발열량(진발열량)과의 차이는 얼마인가?(단, 표준 상태에서 물의 증발잠열은 540[kcal/kg]이다)

① 540[kcal/kg-mol]
② 1,970[kcal/kg-mol]
③ 9,720[kcal/kg-mol]
④ 15,400[kcal/kg-mol]

해설
고발열량과 저발열량과의 차이는 수소성분의 차이이다.
수소의 연소방정식 : $H_2 + \frac{1}{2}O_2 \rightarrow H_2O$
고발열량과 저발열량과의 열량 차이
= 18[kg/kg·mol] × 540[kcal/kg]
= 9,720[kcal/kg·mol]

20 아세틸렌(C_2H_2, 연소범위 : 2.5~81[%])의 연소범위에 따른 위험도는?

① 30.4   ② 31.4
③ 32.4   ④ 33.4

해설
위험도
$H = \dfrac{U-L}{L} = \dfrac{81-2.5}{2.5} = 31.4$

제2과목 가스설비

21 용기 종류별 부속품의 기호가 틀린 것은?

① 초저온용기 및 저온용기의 부속품 : LT
② 액화석유가스를 충전하는 용기의 부속품 : LPG
③ 아세틸렌을 충전하는 용기의 부속품 : AG
④ 압축가스를 충전하는 용기의 부속품 : LG

[해설]
압축가스를 충전하는 용기 부속품의 기호는 PG이며, LG는 액화석유가스 외의 가스를 충전하는 용기 부속품의 기호 표시이다.

22 펌프에서 공동현상(Cavitation)의 발생에 따라 일어나는 현상이 아닌 것은?

① 양정효율이 증가한다.
② 진동과 소음이 생긴다.
③ 임펠러의 침식이 생긴다.
④ 토출량이 점차 감소한다.

[해설]
공동현상이 발생하면 양정효율이 감소된다.

23 황화수소(H_2S)에 대한 설명으로 틀린 것은?

① 각종 산화물을 환원시킨다.
② 알칼리와 반응하여 염을 생성한다.
③ 습기를 함유한 공기 중에는 대부분 금속과 작용한다.
④ 발화온도가 약 450[℃] 정도로서 높은 편이다.

[해설]
황화수소의 발화온도는 약 260[℃] 정도이다.

24 LPG 이송설비 중 압축기를 이용한 방식의 장점이 아닌 것은?

① 펌프에 비해 충전시간이 짧다.
② 재액화현상이 일어나지 않는다.
③ 사방밸브를 이용하면 가스의 이송 방향을 변경할 수 있다.
④ 압축기를 사용하기 때문에 베이퍼로크 현상이 생기지 않는다.

[해설]
재액화현상이 일어날 수 있으며 이것은 LPG 이송설비 중 압축기를 이용한 방식의 단점이다.

25 탱크에 저장된 액화프로판(C_3H_8)을 시간당 50[kg]씩 기체로 공급하려고 증발기에 전열기를 설치했을 때 필요한 전열기의 용량은 약 몇 [kW]인가?(단, 프로판의 증발열은 3,740[cal/gmol], 온도 변화는 무시하고, 1[cal]는 1.163×10^{-6}[kW]이다)

① 0.2
② 0.5
③ 2.2
④ 4.9

[해설]
전열기의 용량 $= \dfrac{50 \times 1{,}000 \times 3{,}740}{44} \times 1.163 \times 10^{-6}$
≈ 4.9[kW]

정답 21 ④ 22 ① 23 ④ 24 ② 25 ④

26 LPG 공급·소비설비에서 용기의 크기와 개수를 결정할 때 고려할 사항으로 가장 거리가 먼 것은?

① 소비자 가구수
② 피크 시의 기온
③ 감압방식의 결정
④ 1가구당 1일의 평균 가스소비량

해설
LPG 공급·소비설비에서 용기의 크기와 개수 결정 시 고려해야 할 사항
• 피크 시의 기온
• 소비자 가구수
• 1가구당 1일 평균 가스소비량

27 저온, 고압재료로 사용되는 특수강의 구비조건이 아닌 것은?

① 크리프 강도가 작을 것
② 접촉유체에 대한 내식성이 클 것
③ 고압에 대하여 기계적 강도를 가질 것
④ 저온에서 재질의 노화를 일으키지 않을 것

해설
저온, 고압재료로 사용되는 특수강은 크리프 강도가 커야 한다.

28 LPG 배관의 압력손실 요인으로 가장 거리가 먼 것은?

① 마찰저항에 의한 압력손실
② 배관의 이음류에 의한 압력손실
③ 배관의 수직 하향에 의한 압력손실
④ 배관의 수직 상향에 의한 압력손실

해설
LPG 배관의 압력손실
• 마찰저항에 의한 압력손실
• 배관의 이음류에 의한 압력손실
• 배관의 수직 상향에 의한 압력손실

29 고압가스용 안전밸브에서 밸브 몸체를 밸브시트에 들어 올리는 장치를 부착하는 경우에는 안전밸브 설정 압력의 얼마 이상일 때 수동으로 조작되고 압력 해지 시 자동으로 폐지되는가?

① 60[%]
② 75[%]
③ 80[%]
④ 85[%]

해설
고압가스용 안전밸브에서 밸브 몸체를 밸브시트에 들어 올리는 장치를 부착하는 경우에는 안전밸브 설정압력의 75[%] 이상일 때 수동으로 조작되고 압력 해지 시 자동으로 폐지된다.

30 정압기의 부속설비가 아닌 것은?

① 수취기
② 긴급차단장치
③ 불순물 제거설비
④ 가스누출검지통보설비

해설
정압기의 부속설비 : 정압기실 내부의 1차 측(Inlet) 최초 밸브(밸브가 없는 경우 플랜지 또는 절연 조인트)로부터 2차 측(Outlet) 말단 밸브(밸브가 없는 경우 플랜지 또는 절연 조인트) 사이에 설치된 배관, 가스차단장치(Valve), 정압기용 필터(Gas Filter) 등의 불순물 제거설비, 긴급차단장치(Slam Shut Valve), 안전밸브(Safety Valve) 등의 이상압력 상승 방지장치, 압력기록장치(Pressure Recorder), 가스누출검지통보설비 등의 각종 통보설비 및 이들과 연결된 배관과 전선

31 구형(Spherical Type) 저장탱크에 대한 설명으로 틀린 것은?

① 강도가 우수하다.
② 부지 면적과 기초 공사가 경제적이다.
③ 드레인이 쉽고 유지관리가 용이하다.
④ 동일 용량에 대하여 표면적이 가장 크다.

해설
구형 저장탱크는 동일 용량에 대하여 표면적이 가장 작다.

32 매설관의 전기방식법 중 유전양극법에 대한 설명으로 옳은 것은?

① 타 매설물에의 간섭이 거의 없다.
② 강한 전식에 대해서도 효과가 좋다.
③ 양극만 소모되므로 보충할 필요가 없다.
④ 방식전류의 세기(강도) 조절이 자유롭다.

해설
② 강한 전식에 대해서는 효과가 없다.
③ 양극(전극)이 소모되므로 정기적으로 보충해야 한다.
④ 방식전류의 세기(강도) 조절이 불가능하다.

33 오토클레이브(Auto Clave)의 종류 중 교반효율이 떨어지기 때문에 용기 벽에 장애판을 설치하거나 용기 내에 다수의 볼을 넣어 내용물의 혼합을 촉진시켜 교반효과를 올리는 형식은?

① 교반형 ② 정치형
③ 진탕형 ④ 회전형

해설
회전형 오토클레이브 : 교반효율이 떨어지기 때문에 용기 벽에 장애판을 설치하거나 용기 내에 다수의 볼을 넣어 내용물의 혼합을 촉진시켜 교반효과를 올리는 형식
• 오토클레이브 자체를 회전시켜서 교반한다.
• 액체에 가스를 적용시키는 데는 적합하지만 교반효과는 떨어진다.

34 배관의 관경을 50[cm]에서 25[cm]로 변화시키면 일반적으로 압력손실은 몇 배가 되는가?

① 2배 ② 4배
③ 16배 ④ 32배

해설
$Q = K\sqrt{\dfrac{hD^5}{SL}}$ 에서 기점, 종점 간의 압력 강하 $h = \dfrac{Q^2 SL}{K^2 D^5}$ 이므로, 배관 직경이 1/2배가 되면 압력손실은 $2^5 = 32$배가 된다.

35 부탄의 C/H 중량비는 얼마인가?

① 3 ② 4
③ 4.5 ④ 4.8

해설

부탄(C_4H_{10})의 C/H 중량비 = $\dfrac{4 \times 12}{10}$ = 4.8

36 도시가스 제조에서 사이클링식 접촉분해(수증기 개질)법에 사용하는 원료에 대한 설명으로 옳은 것은?

① 메탄만 사용할 수 있다.
② 프로판만 사용할 수 있다.
③ 석탄 또는 코크스만 사용할 수 있다.
④ 천연가스에서 원유에 이르는 넓은 범위의 원료를 사용할 수 있다.

해설

도시가스 제조에서 사이클링식 접촉분해(수증기 개질)법에 사용하는 원료는 천연가스에서 원유에 이르는 넓은 범위의 원료 사용이 가능하다.

37 다음 중 암모니아의 공업적 제조방식은?

① 수은법
② 고압합성법
③ 수성가스법
④ 앤드류소오법

해설

암모니아의 공업적 제조방식 : 고압합성법(클로드법, 카자레법), 중압합성법(뉴파우더법, IG법, 케미크법, JCI법, 동공시법), 저압합성법(케로그법, 구우데법)

38 케이싱 내에 모인 임펠러가 회전하면서 기체가 원심력 작용에 의해 임펠러의 중심부에서 흡입되어 외부로 토출하는 구조의 압축기는?

① 회전식 압축기
② 축류식 압축기
③ 왕복식 압축기
④ 원심식 압축기

해설

원심식 압축기 : 케이싱 내에 모인 임펠러가 회전하면서 기체가 원심력 작용에 의해 임펠러의 중심부에서 흡입되어 외부로 토출하는 구조의 압축기이다. 임펠라를 고속회전시켜 공기의 속도를 높이고 디퓨저를 통해 속도에너지를 압력에너지로 전환시킴으로써 압축공기를 생성한다.
- 왕복동 압축기와 스크루 압축기의 단점을 보완한 형식이다.
- 원심형이며 윤활유가 불필요하다(무급유식이다).
- 다른 종류의 압축기보다 전력당 많은 유량을 생산할 수 있다.
- 연속적인 토출로 맥동현상이 작다.
- 마찰손실이 작다.
- 유량을 압력 변동 없이 조절할 수 있다.
- 고속회전으로 용량이 크다.
- 형태가 작고 경량이며 대용량에 적합하다.
- 터보압축기의 밀봉 장치형식 : 메커니컬 실, 레버린스 실, 카본 실 등
- 압축비가 작고 효율이 낮다.
- 유량 대비 압축비가 높을 때 맥동현상이 발생될 수 있다.
- 다단식은 압축비를 크게 할 수 있으나, 설비비가 많이 소요된다.
- 토출압력 변화에 의해 용량 변화가 크다.
- 용량 조정이 어렵고 범위가 좁다.

39 아세틸렌 용기의 다공물질의 용적이 30[L], 침윤 잔용적이 6[L]일 때 다공도는 몇 [%]이며 관련법상 합격 여부의 판단으로 옳은 것은?

① 20[%]로서 합격이다.
② 20[%]로서 불합격이다.
③ 80[%]로서 합격이다.
④ 80[%]로서 불합격이다.

해설
다공도 = $\dfrac{V-E}{V} \times 100[\%] = \dfrac{30-6}{30} \times 100[\%] = 80[\%]$ 이므로 합격이다.
※ 다공도의 합격범위 : 75[%] 이상 92[%] 미만

40 저압배관의 관경 결정 공식이 다음 보기와 같을 때 ( )에 알맞은 것은?(단, H : 압력손실, Q : 유량, L : 배관 길이, D : 배관 관경, S : 가스 비중, K : 상수)

┌보기┐
$H = (\text{Ⓐ}) \times S \times (\text{Ⓑ}) / K^2 \times (\text{Ⓒ})$

① Ⓐ : Q^2, Ⓑ : L, Ⓒ : D^5
② Ⓐ : L, Ⓑ : D^5, Ⓒ : Q^2
③ Ⓐ : D^5, Ⓑ : L, Ⓒ : Q^2
④ Ⓐ : L, Ⓑ : Q^5, Ⓒ : D^2

해설
$Q = K\sqrt{\dfrac{hD^5}{SL}}$ 에서 기점, 종점 간의 압력 강하 $h = \dfrac{Q^2 SL}{K^2 D^5}$

제3과목 가스안전관리

41 에어졸의 충전 기준에 적합한 용기의 내용적은 몇 [L] 이하여야 하는가?

① 1　　② 2
③ 3　　④ 5

해설
에어졸의 충전 기준에 적합한 용기의 내용적 : 1[L] 이하

42 최고 사용압력이 고압이고 내용적이 5[m³]인 일반도시가스배관의 자기압력기록계를 이용한 기밀시험 시 기밀유지시간은?

① 24분 이상　　② 240분 이상
③ 48분 이상　　④ 480분 이상

해설
압력 측정기의 종류별 기밀시험방법

종류	최고 사용압력	용적	기밀유지시간
압력계 또는 자기압력 기록계	저압, 중압	1[m³] 미만	24분
		1[m³] 이상 10[m³] 미만	240분
		10[m³] 이상 300[m³] 미만	24 × V분. 다만, 1,440분을 초과한 경우에는 1,440분으로 할 수 있다.
	고압	1[m³] 미만	48분
		1[m³] 이상 10[m³] 미만	480분
		10[m³] 이상 300[m³] 미만	48 × V분. 다만, 2,880분을 초과한 경우에는 2,880분으로 할 수 있다.

43 산화에틸렌의 제독제로 적당한 것은?

① 물
② 가성소다 수용액
③ 탄산소다 수용액
④ 소석회

해설
암모니아, 산화에틸렌, 염화메탄 등의 제독제 : 다량의 물

44 고압가스안전관리법에 적용받는 고압가스 중 가연성 가스가 아닌 것은?

① 황화수소
② 염화메탄
③ 공기 중에서 연소하는 가스로서 폭발한계의 하한이 10[%] 이하인 가스
④ 공기 중에서 연소하는 가스로서 폭발한계의 상한과 하한의 차가 20[%] 미만인 가스

해설
가연성 가스 : 공기 중에서 연소하는 가스로, 폭발한계(공기와 혼합된 경우 연소를 일으킬 수 있는 공기 중 가스농도의 한계)의 하한이 10[%] 이하인 것과 폭발한계의 상한과 하한의 차가 20[%] 이상인 가스

45 고압가스를 운반하는 차량의 안전 경계표지 중 삼각기의 바탕과 글자색은?

① 백색 바탕 – 적색 글씨
② 적색 바탕 – 황색 글씨
③ 황색 바탕 – 적색 글씨
④ 백색 바탕 – 청색 글씨

해설
고압가스를 운반하는 차량의 안전 경계표지 중 삼각기의 바탕과 글자색 : 적색 바탕 – 황색 글씨

46 수소의 특성에 대한 설명으로 옳은 것은?

① 가스 중 비중이 큰 편이다.
② 냄새는 있으나 색깔은 없다.
③ 기체 중에서 확산속도가 가장 빠르다.
④ 산소, 염소와 폭발반응을 하지 않는다.

해설
① 가스 중 비중이 가장 작다.
② 냄새와 색깔이 없다.
④ 산소, 염소와 폭발반응을 한다.

47 가연성 및 독성가스의 용기 도색 후 그 표기방법으로 틀린 것은?

① 가연성 가스는 빨간색 테두리에 검은색 불꽃 모양이다.
② 독성가스는 빨간색 테두리에 검은색 해골 모양이다.
③ 내용적 2[L] 미만의 용기는 그 제조자가 정한 바에 의한다.
④ 액화석유가스 용기 중 프로판 가스를 충전하는 용기는 프로판 가스임을 표시하여야 한다.

해설
액화석유가스 용기 중 부탄가스를 충전하는 용기는 부탄가스임을 표시하여야 한다.

48 차량에 고정된 탱크에 의하여 가연성 가스를 운반할 때 비치하여야 할 소화기의 종류와 최소 수량은?(단, 소화기의 능력 단위는 고려하지 않는다)

① 분말소화기 1개
② 분말소화기 2개
③ 포말소화기 1개
④ 포말소화기 2개

해설
차량에 고정된 탱크운반 시의 소화설비

가스 종류	소화기 능력 단위	소화약제	비치 개수
가연성 가스	BC용, B-10 이상 또는 ABC용, B-12 이상	분말소화제	차량 좌우에 각각 1개 이상 (총 2개 이상)
산소	BC용, B-8 이상 또는 ABC용, B-10 이상		

49 유해물질의 사고 예방대책으로 가장 거리가 먼 것은?

① 작업의 일원화
② 안전보호구 착용
③ 작업시설의 정돈과 청소
④ 유해물질과 발화원 제거

해설
유해물질의 사고 예방대책 : 안전보호구 착용, 작업시설의 정돈과 청소, 유해물질과 발화원 제거

50 고압가스특정제조시설의 저장탱크 설치방법 중 위해방지를 위하여 고압가스 저장탱크를 지하에 매설할 경우 저장탱크 주위는 무엇으로 채워야 하는가?

① 흙
② 콘크리트
③ 모래
④ 자갈

해설
고압가스특정제조시설의 저장탱크 설치방법 중 위해 방지를 위하여 고압가스 저장탱크를 지하에 매설할 경우, 저장탱크 주위는 모래로 채워야 한다.

51 고압가스의 처리시설 및 저장시설 기준으로 독성가스와 제1종 보호시설의 이격거리를 바르게 연결한 것은?

① 1만 이하 : 13[m] 이상
② 1만 초과 2만 이하 : 17[m] 이상
③ 2만 초과 3만 이하 : 20[m] 이상
④ 3만 초과 4만 이하 : 27[m] 이상

해설
독성가스와 보호시설 간의 안전거리

처리 및 저장능력	제1종 보호시설	제2종 보호시설
1만 이하	17[m]	12[m]
1만 초과 2만 이하	21[m]	14[m]
2만 초과 3만 이하	24[m]	16[m]
3만 초과 4만 이하	27[m]	18[m]
4만 초과 5만 이하	30[m]	20[m]

정답 48 ② 49 ① 50 ③ 51 ④

52 초저온용기의 정의로 옳은 것은?

① -30[℃] 이하의 액화가스를 충전하기 위한 용기
② -50[℃] 이하의 액화가스를 충전하기 위한 용기
③ -70[℃] 이하의 액화가스를 충전하기 위한 용기
④ -90[℃] 이하의 액화가스를 충전하기 위한 용기

해설
초저온용기(섭씨) : -50[℃] 이하의 액화가스를 충전하기 위한 용기

53 용기 파열사고의 원인으로서 가장 거리가 먼 것은?

① 염소용기는 용기의 부식에 의하여 파열사고가 발생할 수 있다.
② 수소용기는 산소와 혼합 충전으로 격심한 가스폭발에 의하여 파열사고가 발생할 수 있다.
③ 고압 아세틸렌가스는 분해폭발에 의하여 파열사고가 발생할 수 있다.
④ 용기 내 수증기 발생에 의해 파열사고가 발생할 수 있다.

해설
용기 파열사고의 원인
- 염소용기는 용기의 부식에 의하여 파열사고가 발생할 수 있다.
- 수소용기는 산소와 혼합 충전으로 격심한 가스폭발에 의한 파열사고가 발생할 수 있다.
- 고압 아세틸렌가스는 분해폭발에 의한 파열사고가 발생될 수 있다.
- 가열, 일광의 직사, 내용물의 중합반응 등으로 인한 용기 내압의 이상 상승
※ 용기 내 과다한 수증기 발생으로는 용기 파열이 발생되지 않는다.

54 고압가스용 이음매 없는 용기의 재검사는 그 용기를 계속 사용할 수 있는지 확인하기 위하여 실시한다. 재검사항목이 아닌 것은?

① 외관검사　　② 침입검사
③ 음향검사　　④ 내압검사

해설
고압가스용 이음매 없는 용기의 재검사항목 : 외관검사, 음향검사, 내압검사 등

55 의료용 산소 가스용기를 표시하는 색깔은?

① 갈 색　　② 백 색
③ 청 색　　④ 자 색

해설
의료용 산소 가스용기 표시 색상 : 백색

56 차량에 고정된 탱크로 고압가스를 운반할 때의 기준으로 틀린 것은?

① 차량의 앞뒤 보기 쉬운 곳에 붉은 글씨로 '위험 고압가스'라는 경계표지를 한다.
② 액화가스를 충전하는 탱크는 그 내부에 방파판을 설치한다.
③ 산소탱크의 내용적은 18,000[L]를 초과하지 아니하여야 한다.
④ 염소탱크의 내용적은 15,000[L]를 초과하지 아니하여야 한다.

해설
액화암모니아를 제외한 액화염소 등의 독성가스의 탱크는 12,000[L]를 초과하지 않아야 한다.

정답　52 ②　53 ④　54 ②　55 ②　56 ④

57 액화석유가스에 주입하는 부취제(냄새 나는 물질)의 측정방법으로 볼 수 없는 것은?

① 무취실법
② 주사기법
③ 시험가스 주입법
④ 오더(Odor)미터법

해설
부취제 측정방법 : 무취실법, 주사기법, 오더(Odor)미터법, 냄새주머니법

58 사이안화수소(HCN)에 첨가되는 안정제로 사용되는 중합방지제가 아닌 것은?

① NaOH
② SO_2
③ H_2SO_4
④ $CaCl_2$

해설
사이안화수소(HCN)에 첨가되는 안정제로 사용되는 중합방지제 : SO_2, H_2SO_4, $CaCl_2$

59 내용적이 50[L]인 이음매 없는 용기 재검사 시 용기에 깊이가 0.5[mm]를 초과하는 점 부식이 있을 경우 용기의 합격 여부는?

① 등급 분류 결과 3급으로서 합격이다.
② 등급 분류 결과 3급으로서 불합격이다.
③ 등급 분류 결과 4급으로서 불합격이다.
④ 용접부 비파괴시험을 실시하여 합격 여부를 결정한다.

해설
내용적이 50[L]인 이음매 없는 용기 재검사 시 용기에 깊이가 0.5[mm]를 초과하는 점 부식이 있을 경우 용기의 합격 여부는 등급 분류결과, 4급으로서 불합격이다.

60 다음 중 가장 무거운 기체는?

① 산 소
② 수 소
③ 암모니아
④ 메 탄

해설
분자량이 클수록 무거우므로 보기 중 분자량이 가장 큰 산소가 가장 무겁다.

정답 57 ③ 58 ① 59 ③ 60 ①

제4과목 가스계측

61 아르키메데스 부력의 원리를 이용한 액면계는?

① 기포식 액면계
② 차압식 액면계
③ 정전용량식 액면계
④ 편위식 액면계

해설
편위식 액면계 : 부력식 액면계라고도 하며, 아르키메데스의 원리를 이용하여 액체에 잠긴 부력기의 무게를 측정하여 액위를 검출하는 액면계이다.

62 건습구 습도계에 대한 설명으로 틀린 것은?

① 통풍형 건습구 습도계는 연료탱크 속에 부착하여 사용한다.
② 2개의 수은유리온도계를 사용한 것이다.
③ 자연통풍에 의한 간이 건습구 습도계도 있다.
④ 정확한 습도를 구하려면 3~5[m/sec] 정도의 통풍이 필요하다.

해설
통풍형 건습구 습도계 또는 아스만(Assmann) 습도계는 측정오차에 대한 풍속의 영향을 최소화하기 위해 강제통풍장치를 이용하여 설계된 건습구 습도계로서, 연료탱크 속에 부착하여 사용하면 안 된다.

63 가스크로마토그래피와 관련이 없는 것은?

① 칼럼
② 고정상
③ 운반기체
④ 슬릿

해설
가스크로마토그래피와 슬릿은 무관하다.

64 도시가스 제조소에 설치된 가스누출검지경보장치는 미리 설정된 가스농도에서 자동적으로 경보를 울리는 것으로 하여야 한다. 이때 미리 설정된 가스농도란?

① 폭발하한계값
② 폭발상한계값
③ 폭발하한계의 1/4 이하 값
④ 폭발하한계의 1/2 이하 값

해설
도시가스제조소에 설치된 가스누출검지경보장치의 미리 설정된 가스농도는 폭발하한계의 1/4(25[%]) 이하 값이다.

65 연속동작 중 비례동작(P동작)의 특징에 대한 설명으로 옳은 것은?

① 잔류편차가 생긴다.
② 사이클링을 제거할 수 없다.
③ 외란이 큰 제어계에 적당하다.
④ 부하 변화가 작은 프로세스에는 부적당하다.

해설
P동작(비례동작)
• 잔류편차가 발생한다.
• 사이클링을 제거할 수 있다.
• 외란이 작은 제어계에 적당하다.
• 부하 변화가 작은 프로세스에 적당하다.

정답 61 ④ 62 ① 63 ④ 64 ③ 65 ①

66 압력의 종류와 관계를 표시한 것으로 옳은 것은?

① 전압 = 동압 − 정압
② 전압 = 게이지압 + 동압
③ 절대압 = 대기압 + 진공압
④ 절대압 = 대기압 + 게이지압

해설
절대압 = 대기압 + 게이지압

67 가스분석에서 흡수분석법에 해당하는 것은?

① 적정법
② 중량법
③ 흡광광도법
④ 헴펠법

해설
흡수분석법 : 시료가스를 각각 특정한 흡수액에 흡수시켜 흡수 전후의 가스체적을 측정하여 가스성분을 분석하는 방법으로, 종류에는 오르자트법, 헴펠법, 게겔법 등이 있다.

68 가스설비에 사용되는 계측기기의 구비조건으로 틀린 것은?

① 견고하고 신뢰성이 높을 것
② 주위 온도, 습도에 민감하게 반응할 것
③ 원거리 지시 및 기록이 가능하고 연속 측정이 용이할 것
④ 설치방법이 간단하고 조작이 용이하며 보수가 쉬울 것

해설
가스설비에서 사용되는 계측기는 주위 온도나 습도에 민감하게 반응하지 않아야 한다.

69 차압식 유량계 중 벤투리식(Venturi Type)에서 교축기구 전후의 관계에 대한 설명으로 옳지 않은 것은?

① 유량은 유량계수에 비례한다.
② 유량은 차압의 평방근에 비례한다.
③ 유량은 관지름의 제곱에 비례한다.
④ 유량은 조리개 비의 제곱에 비례한다.

해설
유량 $Q = CAv = CA\sqrt{\dfrac{2gh(\rho_w/\rho_a - 1)}{1 - (d_2/d_1)^4}}$ 이므로, 조리개 비의 제곱에 반비례한다.

70 HCN 가스의 검지반응에 사용하는 시험지와 반응색이 옳게 짝지어진 것은?

① KI 전분지 − 청색
② 질산구리벤젠지 − 청색
③ 염화팔라듐지 − 적색
④ 염화제일구리착염지 − 적색

해설
검지 가스별 시험지와 누설 변색 색상
• 아세틸렌(C_2H_2) : 염화제1동착염지 − 적색
• 암모니아(NH_3) : (적색) 리트머스시험지 − 청색
• 염소(Cl_2) : KI 전분지(아이오딘화칼륨, 녹말종이) − 청색
• 일산화탄소(CO) : 염화팔라듐지 − 흑색
• 사이안화수소(HCN) : 질산구리벤젠지(초산벤젠지) − 청색
• 포스겐($COCl_2$) : 해리슨시험지 − 심등색
• 황화수소(H_2S) : 연당지(초산납지) − 흑(갈)색
※ 연당지 : 초산납을 물에 용해하여 만든 가스시험지

정답 66 ④ 67 ④ 68 ② 69 ④ 70 ②

71 2가지 다른 도체의 양끝을 접합하고 두 접점을 다른 온도로 유지할 경우 회로에 생기는 기전력에 의해 열전류가 흐르는 현상을 무엇이라고 하는가?

① 제베크 효과
② 존슨효과
③ 슈테판-볼츠만 법칙
④ 스케일링 삼승근 법칙(세제곱 스케일링 법칙)

해설
제베크 효과 : 2가지 다른 도체의 양끝을 접합하고 두 접점을 다른 온도로 유지할 경우 회로에 생기는 기전력에 의해 열전류가 흐르는 현상(성질이 다른 두 금속의 접점에 온도차를 두면 열기전력이 발생된다)

72 고속회전이 가능하므로 소형으로 대유량의 계량이 가능하나 유지관리로서 스트레이너가 필요한 가스미터는?

① 막식 가스미터   ② 베인미터
③ 루츠미터   ④ 습식 미터

해설
루츠미터(Roots Meter)
• 고속회전형이며 고압에서도 사용 가능하다.
• 회전수가 비교적 빠르다.
• 대유량에서 작동이 원활하므로 대용량(대유량)의 계량에 적합하지만, 0.5[m³/h] 이하의 소용량에서는 작동하지 않을 우려가 있다.
• 중압가스의 계량이 가능하다.
• 유량이 일정하거나 변화가 심한 곳, 깨끗하거나 건조한 것과 관계없이 많은 가스 타입을 계량하기에 적합하다.
• 액체 및 아세틸렌, 바이오가스, 침전가스를 계량하는 데에는 다소 부적합하다.
• 측정의 정확도와 예상 수명은 가스 흐름 내에 먼지의 과다 퇴적이나 다른 종류의 이물질에 따라 다르다.
• 소형이므로 설치 공간이 작다.
• 사용 중에 수위 조정 등의 관리가 필요하지 않다.
• 여과기, 스트레이너의 설치가 필요하다.
• 설치 후 유지관리가 필요하다.
• 실험실용으로는 부적합하다.
• 습식 가스미터에 비해 유량이 부정확하다.
• 용량 : 100~5,000[m³/h](대용량 수용가)

73 신호의 전송방법 중 유압 전송방법의 특징에 대한 설명으로 틀린 것은?

① 전송거리가 최고 300[m]이다.
② 조작력이 크고 전송 지연이 작다.
③ 파이럿 밸브식과 분사관식이 있다.
④ 내식성, 방폭이 필요한 설비에 적당하다.

해설
유압식 신호전송방식
• 조작력이 크고 응답성이 우수하다.
• 전송 지연이 작고 희망특성을 얻을 수 있다.
• 부식의 염려가 적으나 인화 위험성이 있다.
• 내식성, 방폭이 필요한 설비에 부적당하다.
• 파일럿 밸브식과 분사관식이 있다.
• 신호 전송거리 : 최대 300[m]

74 파이프나 조절밸브로 구성된 계는 어떤 공정에 속하는가?

① 유동공정
② 1차계 액위공정
③ 데드타임 공정
④ 적분계 액위공정

해설
파이프나 조절밸브로 구성된 계는 유동공정에 속한다.

75 시험 대상인 가스미터의 유량이 350[m³/h]이고 기준 가스미터의 지시량이 330[m³/h]일 때 기준 가스미터의 기차는 약 몇 [%]인가?

① 4.4[%]   ② 5.7[%]
③ 6.1[%]   ④ 7.5[%]

해설
기차 $= \dfrac{350-330}{350} \times 100[\%] \approx 5.7[\%]$

정답 71 ① 72 ③ 73 ④ 74 ① 75 ②

76 다음 중 유량의 단위가 아닌 것은?

① [m³/sec] ② [ft³/h]
③ [m²/min] ④ [L/sec]

해설
[m²/min]이 유량의 단위가 되려면 [m³/min]으로 바꾸어야 한다.

77 습식 가스미터의 계량원리를 가장 바르게 나타낸 것은?

① 가스의 압력 차이를 측정
② 원통의 회전수를 측정
③ 가스의 농도를 측정
④ 가스의 냉각에 따른 효과를 이용

해설
습식 가스미터의 계량원리 : 원통의 회전수를 측정

78 시정수(Time Constant)가 10초인 1차 지연형 계측기의 스텝응답에서 전체 변화의 95[%]까지 변화시키는 데 걸리는 시간은?

① 13초 ② 20초
③ 26초 ④ 30초

해설
스텝응답 $Y = 1 - e^{-\frac{t}{T}}$ (여기서, t : 변화시간, T : 시정수)에서
$1 - Y = e^{-\frac{t}{T}}$ 이며 양변에 ln을 취하면,
$\ln(1-Y) = -\frac{t}{T}$ 이므로
$t = -\ln(1-Y) \times T = -\ln(1-0.95) \times 10 \simeq 30$초이다.

79 화학공장 내에서 누출된 유독가스를 현장에서 신속히 검지할 수 있는 방식으로 가장 거리가 먼 것은?

① 열선형
② 간섭계형
③ 분광광도법
④ 검지관법

해설
가연성·독성가스검출기 : 안전등형, 간섭계형, 열선형, 반도체형

80 입력게 교정 또는 검정용 표준기로 사용되는 입력계는?

① 기준 분동식
② 표준 침종식
③ 기준 박막식
④ 표준 부르동관식

해설
기준 분동식 압력계
- 램, 실린더, 기름탱크, 가압펌프 등으로 구성된 압력계로 표준 분동식이라고도 한다.
- 용도 : 압력계 교정이나 검정용 표준기로 사용되며, 주로 탄성식 압력계의 일반 교정용 시험기로 사용한다.

2018년 제4회 과년도 기출문제

제1과목 연소공학

01 어떤 기체가 열량 80[kJ]을 흡수하여 외부에 대하여 20[kJ]의 일을 하였다면 내부에너지 변화는 몇 [kJ]인가?

① 20　　② 60
③ 80　　④ 100

[해설]
내부에너지의 변화
$\Delta U = 80 - 20 = 60 [kJ]$

02 가스화재 시 밸브 및 콕을 잠그는 소화방법은?

① 질식소화
② 냉각소화
③ 억제소화
④ 제거소화

[해설]
제거소화
- 가스 화재 시 밸브 및 콕을 잠가 연료 공급을 중단시키는 소화방법
- LPG 저장탱크의 배관이 파손되어 가스로 인한 화재가 발생하였을 때 안전관리자가 긴급차단장치를 조작하여 LPG 저장탱크로부터의 LPG 공급을 중단하여 소화하는 방법

03 어떤 연료의 저위발열량은 9,000[kcal/kg]이다. 이 연료 1[kg]을 연소시킨 결과 발생한 연소열은 6,500[kcal/kg]이었다. 이 경우의 연소효율은 약 몇 [%]인가?

① 38[%]　　② 62[%]
③ 72[%]　　④ 138[%]

[해설]
연소장치의 연소효율
$\eta_e = \dfrac{\text{실제 연소열량}}{\text{연료의 발열량}} = \dfrac{6{,}500}{9{,}000} \times 100[\%] \approx 72[\%]$

04 연소에 대하여 가장 적절하게 설명한 것은?

① 연소는 산화반응으로 속도가 느리고, 산화열이 발생한다.
② 물질의 열전도율이 클수록 가연성이 되기 쉽다.
③ 활성화 에너지가 큰 것은 일반적으로 발열량이 크므로 가연성이 되기 쉽다.
④ 가연성 물질이 공기 중의 산소 및 그 외의 산소원의 산소와 작용하여 열과 빛을 수반하는 산화작용이다.

[해설]
연소의 정의
- 물질이 빛과 열을 내면서 산소와 결합하는 현상이다.
- 탄소, 수소 등의 가연성 물질이 산소와 화합하여 열과 빛을 발하는 현상이다.
- 열, 빛을 동반하는 발열반응이다.
- 활성물질에 의해 자발적으로 반응이 계속되는 현상이다.
- 적당한 온도의 열과 일정 비율의 산소와 연료와의 결합반응으로 발열 및 발광현상을 수반한다.
- 분자 내 반응에 의해 열에너지를 발생하는 발열 분해반응도 연소의 범주에 속한다.

05
파열의 원인이 될 수 있는 용기 두께 축소의 원인으로 가장 거리가 먼 것은?

① 과 열
② 부 식
③ 침 식
④ 화학적 침해

해설
파열의 원인이 될 수 있는 용기 두께 축소의 원인 : 부식, 침식, 화학적 침해 등

06
1[kg]의 공기가 100[℃]하에서 열량 25[kcal]를 얻어 등온팽창할 때 엔트로피의 변화량은 약 몇 [kcal/K]인가?

① 0.038
② 0.043
③ 0.058
④ 0.067

해설
엔트로피의 변화량
$\Delta S = \dfrac{\Delta Q}{T} = \dfrac{25}{100+273} \simeq 0.067 [kcal/K]$

07
목재, 종이와 같은 고체 가연성 물질의 주된 연소 형태는?

① 표면연소
② 자기연소
③ 분해연소
④ 확산연소

해설
목재, 종이와 같은 고체 가연성 물질의 주된 연소 형태는 분해연소이다.

08
탄소(C) 1[g]을 완전연소시켰을 때 발생되는 연소가스인 CO_2는 약 몇 [g] 발생하는가?

① 2.7[g]
② 3.7[g]
③ 4.7[g]
④ 8.9[g]

해설
탄소 1[g]을 완전연소시켰을 때 발생되는 연소가스인 CO_2의 양은
$44 \times \dfrac{1}{12} \simeq 3.7[g]$이다.

09
일반기체상수의 단위를 바르게 나타낸 것은?

① [kg·m/kg·K]
② [kcal/kmol]
③ [kg·m/kmol·K]
④ [kcal/kg·℃]

해설
이상기체 상수(R)값
8.314[J/mol·K] = 1.987[cal/mol·K] = 1.987[kcal/kmol·K] = 82.05[cc-atm/mol·K] = 0.082[m³·atm/kmol·K] = 848[kg·m/kmol·K]

정답 5① 6④ 7③ 8② 9③

10 실제기체가 완전기체의 특성식을 만족하는 경우는?

① 고온, 저압
② 고온, 고압
③ 저온, 고압
④ 저온, 저압

> **해설**
> 실제기체가 완전기체의 특성식을 만족하는 경우는 고온, 저압의 상태이다.

11 LPG에 대한 설명 중 틀린 것은?

① 포화 탄화수소화합물이다.
② 휘발유 등 유기용매에 용해된다.
③ 액체 비중은 물보다 무겁고, 기체 상태에서는 공기보다 가볍다.
④ 상온에서는 기체이나 가압하면 액화된다.

> **해설**
> LPG의 액체 비중(0.5)은 물보다 가볍고 기체 상태에서는 공기보다 무겁다.

12 이상기체에 대한 설명이 틀린 것은?

① 실제로는 존재하지 않는다.
② 체적이 커서 무시할 수 없다.
③ 보일의 법칙에 따르는 가스를 말한다.
④ 분자 상호 간에 인력이 작용하지 않는다.

> **해설**
> 이상기체의 경우, 분자 자신이 차지하는 부피(체적)를 무시한다.

13 상온, 상압하에서 메탄-공기의 가연성 혼합기체를 완전연소시킬 때 메탄 1[kg]을 완전연소시키기 위해서는 공기 약 몇 [kg]이 필요한가?

① 4
② 17
③ 19
④ 64

> **해설**
> $$A_0 = \frac{O_0}{0.232} = \left(\frac{1}{16} \times 2 \times 32\right) \times \frac{1}{0.232} \simeq 17[kg]$$

14 다음 중 중합폭발을 일으키는 물질은?

① 하이드라진
② 과산화물
③ 부타다이엔
④ 아세틸렌

> **해설**
> **폭발성 물질의 분류**
> • 분해폭발성 물질 : 아세틸렌, 하이드라진, 산화에틸렌, 제5류 위험물(자기반응성 물질)
> • 중합폭발성 물질 : 사이안화수소, 산화에틸렌, 부타다이엔, 염화비닐
> • 화합폭발성 물질 : 아세틸렌, 아세트알데하이드, 산화프로필렌

15 다음 반응식을 이용하여 메탄(CH_4)의 생성열을 구하면?

> (1) $C + O_2 \rightarrow CO_2$, $\Delta H = -97.2[kcal/mol]$
> (2) $H_2 + \frac{1}{2}O_2 \rightarrow H_2O$, $\Delta H = -57.6[kcal/mol]$
> (3) $CH_4 + 2O_2 \rightarrow CO_2 + 2H_2O$, $\Delta H = -194.4[kcal/mol]$

① $\Delta H = -20[kcal/mol]$
② $\Delta H = -18[kcal/mol]$
③ $\Delta H = 18[kcal/mol]$
④ $\Delta H = 20[kcal/mol]$

해설
메탄의 생성열
$\Delta H = 194.4 - 97.2 - (2 \times 57.6) = -18[kcal/mol]$

16 다음은 폭굉의 정의에 관한 설명이다. ( ) 안에 알맞은 용어는?

> 폭굉이란 가스의 화염(연소)( )가(이) ( )보다 큰 것으로 파면선단의 압력파에 의해 파괴작용을 일으키는 것을 말한다.

① 전파속도 - 음속
② 폭발파 - 충격파
③ 진파온도 - 충격파
④ 전파속도 - 화염온도

해설
폭굉(Detonation)
• 염소파의 화염 전파속도가 음속을 돌파할 때 그 선단에 충격파가 발달하게 되는 현상
• 가스의 화염(연소) 전파속도가 음속보다 큰 것으로 파면선단의 압력파에 의해 파괴작용을 일으키는 것
• 배관 내 혼합가스의 한 점에서 착화되었을 때 연소파가 일정거리를 진행한 후 급격히 화염 전파속도가 증가되어 1,000~3,500[m/sec]에 도달하는 현상
• 물질 내에서 충격파가 발생하여 반응을 일으키고 그 반응을 유지하는 현상
• 충격파에 의해 유지되는 화학반응현상

17 화재나 폭발의 위험이 있는 장소를 위험 장소라 한다. 다음 중 제1종 위험 장소에 해당하는 것은?

① 상용의 상태에서 가연성 가스의 농도가 연속해서 폭발하한계 이상으로 되는 장소
② 상용 상태에서 가연성 가스가 체류해 위험해질 우려가 있는 장소
③ 가연성 가스가 밀폐된 용기 또는 설비의 사고로 인해 파손되거나 오조작의 경우에만 누출될 위험이 있는 장소
④ 환기장치에 이상이나 사고가 발생한 경우에 가연성 가스가 체류하여 위험하게 될 우려가 있는 장소

해설
제1종 위험 장소
• 상용의 상태에서 가연성 가스가 체류해 위험하게 될 우려가 있는 장소
• 제1종 장소의 예
 - 통상의 상태에서 위험 분위기가 쉽게 생성되는 곳
 - 운전·유지보수 또는 누설에 의하여 자주 위험 분위기가 생성되는 곳
 - 설비 일부의 고장 시 가연성 물질의 방출과 전기계통의 고장이 동시에 발생되기 쉬운 곳
 - 환기가 불충분한 장소에 설치된 배관계통으로 쉽게 누설될 우려가 있는 곳
 - 주변 지역보다 낮아 가스나 증기가 체류할 수 있는 곳
 - 상용의 상태에서 위험 분위기가 주기적 또는 간헐적으로 존재하는 곳

18 연소가스의 폭발 및 안전에 대한 다음 내용은 무엇에 관한 설명인가?

> 두 면의 평행판 거리를 좁혀가며 화염이 전파하지 않게 될 때의 면간거리

① 안전간격　② 한계직경
③ 소염거리　④ 화염일주

해설
소염거리와 화염일주
• 소염거리(Quenching Distance) : 두 면의 평행판 거리를 좁혀가며 화염이 전파되지 않게 될 때의 면간거리
• 화염일주 : 화염이 소실되는 것

정답 15 ② 16 ① 17 ② 18 ③

19 다음 중 가연성 가스만으로 나열된 것은?

```
Ⓐ 수 소        Ⓑ 이산화탄소
Ⓒ 질 소        Ⓓ 일산화탄소
Ⓔ LNG         Ⓕ 수증기
Ⓖ 산 소        Ⓗ 메 탄
```

① Ⓐ, Ⓑ, Ⓔ, Ⓗ
② Ⓐ, Ⓓ, Ⓔ, Ⓗ
③ Ⓐ, Ⓓ, Ⓕ, Ⓗ
④ Ⓑ, Ⓓ, Ⓔ, Ⓗ

해설
가연성 가스 : 공기 중에서 연소하는 가스로, 폭발한계(공기와 혼합된 경우 연소를 일으킬 수 있는 공기 중의 가스농도의 한계)의 하한이 10[%] 이하인 것과 폭발한계의 상한과 하한의 차가 20[%] 이상인 가스(아크릴로니트릴 · 아크릴알데히드 · 아세트알데히드 · 아세틸렌 · 암모니아 · 수소 · 황화수소 · 사이안화수소 · 일산화탄소 · 이황화탄소 · 메탄 · 염화메탄 · 브롬화메탄 · 에탄 · 염화에탄 · 염화비닐 · 에틸렌 · 산화에틸렌 · 프로판 · 사이클로프로판 · 프로필렌 · 산화프로필렌 · 부탄 · 부타다이엔 · 부틸렌 · 메틸에테르 · 모노메틸아민 · 다이메틸아민 · 트라이메틸아민 · 에틸아민 · 벤젠 · 에틸벤젠 등)

20 폭발하한계가 가장 낮은 가스는?

① 부 탄   ② 프로판
③ 에 탄   ④ 메 탄

해설
폭발범위[%]
• 부탄 : 1.8~8.4
• 프로판 : 2.1~9.5
• 에탄 : 3~12.5
• 메탄 : 5~15

제2과목 가스설비

21 카르노 사이클 기관이 27[℃]와 −33[℃] 사이에서 작동될 때 이 냉동기의 열효율은?

① 0.2   ② 0.25
③ 4   ④ 5

해설
열효율
$$\eta = \frac{T_1 - T_2}{T_1} = \frac{(27+273)-(-33+273)}{27+273} = 0.2$$

22 다음은 용접용기의 동판 두께를 계산하는 식이다. 이 식에서 S는 무엇을 나타내는가?

$$t = \frac{PD}{2S\eta - 1.2P} + C$$

① 여유 두께
② 동판의 내경
③ 최고 충전압력
④ 재료의 허용응력

해설
용접용기의 동판 두께
$t = \frac{PD}{2\sigma_a \eta - 1.2P} + C$에서
(여기서, P : 최고 충전압력[kg/cm²], D : 용기 안지름, σ_a : 재료의 허용응력, η : 효율, C : 부식 여유)
재료의 허용응력을 S로 표시한 것이다.

23 강을 열처리하는 주된 목적은?

① 표면에 광택을 내기 위하여
② 사용시간을 연장하기 위하여
③ 기계적 성질을 향상시키기 위하여
④ 표면에 녹이 생기지 않게 하기 위하여

해설
강을 열처리하는 주된 목적은 기계적 성질을 향상시키기 위함이다.

24 고압가스 냉동기의 발생기는 흡수식 냉동설비에 사용하는 발생기에 관계되는 설계온도가 몇 [℃]를 넘는 열교환기를 말하는가?

① 80[℃] ② 100[℃]
③ 150[℃] ④ 200[℃]

해설
고압가스 냉동기의 발생기는 흡수식 냉동설비에 사용하는 발생기에 관계되는 설계온도가 200[℃]를 넘는 열교환기이다.

25 물을 양정 20[m], 유량 2[m³/min]으로 수송하고자 한다. 축동력 12.7[PS]를 필요로 하는 원심펌프의 효율은 약 몇 [%]인가?

① 65[%] ② 70[%]
③ 75[%] ④ 80[%]

해설
축동력
$$H = \frac{\gamma h Q}{\eta}$$
$$\eta = \frac{\gamma h Q}{H} = \frac{1,000 \times 20 \times 2}{12.7} = \frac{40,000[\text{kg/m·min}]}{12.7[\text{PS}]}$$
$$= \frac{40,000}{75 \times 60 \times 12.7} \times 100 \simeq 70[\%]$$

26 공기액화장치에 들어가는 공기 중 아세틸렌가스가 혼입되면 안 되는 가장 큰 이유는?

① 산소의 순도가 저하된다.
② 액체 산소 속에서 폭발을 일으킨다.
③ 질소와 산소의 분리작용에 방해가 된다.
④ 파이프 내에서 동결되어 막히기 때문이다.

해설
공기액화장치에 들어가는 공기 중 아세틸렌가스가 혼입되면 안 되는 가장 큰 이유는 아세틸렌가스가 혼입될 경우, 액체 산소 속에서 폭발을 일으킬 수 있기 때문이다.

27 다음 중 신축 이음이 아닌 것은?

① 벨로스형 이음
② 슬리브형 이음
③ 루프형 이음
④ 턱걸이형 이음

해설
신축 조인트(신축 이음)
• 신축 조인트는 고압장치 배관에 발생된 열응력을 제거하기 위한 이음이다.
• 신축 조인트 방법 : 루프형, 슬라이드형, 벨로스형, 스위블형, 상온 스프링형

28 냉간가공의 영역 중 약 210~360[℃]에서 기계적 성질인 인장강도는 높아지나 연신이 갑자기 감소하여 취성을 일으키는 현상을 의미하는 것은?

① 저온메짐
② 뜨임메짐
③ 청열메짐
④ 적열메짐

해설
청열취성 또는 청열메짐(Blue Shortness, 200~300[℃])
200~300[℃]에서 연신율과 단면 수축률이 저하되면서 메짐성(깨지는 성질)이 증가되는 현상으로, 청색의 산화피막을 형성하여 청열취성이라고도 한다. 강의 인장강도는 300[℃] 이상이 되면 급격히 저하된다.

29 원심펌프는 송출 구경을 흡입 구경보다 작게 설계한다. 이에 대한 설명으로 틀린 것은?

① 흡인 구경보다 와류실을 크게 설계한다.
② 회전차에서 빠른 속도로 송출된 액체를 갑자기 넓은 와류실에 넣게 되면 속도가 떨어지기 때문이다.
③ 에너지 손실이 커져서 펌프효율이 저하되기 때문이다.
④ 대형 펌프 또는 고양정의 펌프에 적용된다.

해설
송출 구경을 흡입 구경보다 작게 설계하는 이유
• 회전차에서 빠른 속도로 송출된 액체를 갑자기 넓은 와류실에 넣게 되면 속도가 떨어지기 때문이다.
• 에너지 손실이 커져서 펌프효율이 저하되기 때문이다.
• 대형 펌프 또는 고양정의 펌프에 적용된다.

30 용접장치에서 토치에 대한 설명으로 틀린 것은?

① 아세틸렌 토치의 사용압력은 0.1[MPa] 이상에서 사용한다.
② 가변압식 토치를 프랑스식이라고 한다.
③ 불변압식 토치는 니들밸브가 없는 것으로 독일식이라고 한다.
④ 팁의 크기는 용접할 수 있는 판 두께에 따라 선정한다.

해설
토치(Torch)
• 불변압식 토치는 니들밸브가 없는 것으로 독일식이라고 한다.
• 가변압식 토치를 프랑스식이라고 한다.
• 팁의 크기는 용접할 수 있는 판 두께에 따라 선정한다.
• 아세틸렌 토치의 사용압력은 0.007~0.1[MPa] 이하에서 사용한다.

31 고압가스 용기의 안전밸브 중 밸브 부근의 온도가 일정 온도를 넘으면 퓨즈메탈이 녹아 가스를 전부 방출시키는 방식은?

① 가용전식   ② 스프링식
③ 파열판식   ④ 수동식

해설
가용전식 안전밸브 : 이상 고압에 의해 작동하지 않고 설정온도에서 밸브의 개구부 금속이 용융되어 압을 분출시키는 안전밸브로, 밸브 부근의 온도가 일정 온도를 넘으면 퓨즈메탈이 녹아 가스를 전부 방출시킨다.

32 정압기의 이상감압에 대처할 수 있는 방법이 아닌 것은?

① 필터 설치
② 정압기 2계열 설치
③ 저압배관의 Loop화
④ 2차 측 압력 감시장치 설치

해설
정압기의 이상감압에 대처할 수 있는 방법
• 저압배관의 루프화
• 2차 측 압력감시장치 설치
• 정압기 2계열 설치

33 도시가스의 저압 공급방식에 대한 설명으로 틀린 것은?

① 수요량의 변동과 거리에 무관하게 공급압력이 일정하다.
② 압송비용이 저렴하거나 불필요하다.
③ 일반 수용가를 대상으로 하는 방식이다.
④ 공급계통이 간단하므로 유지관리가 쉽다.

해설
도시가스의 저압 공급방식
• 수요량의 변동과 거리에 따라 공급압력이 다르다.
• 압송비용이 저렴하거나 불필요하다.
• 공급량이 적고 공급구역이 좁은 소규모의 가스사업소에 적합하다.
• 일반 수용가를 대상으로 하는 방식이다.
• 공급계통이 간단하므로 유지관리가 쉽다.

34 액화암모니아 용기의 도색 색깔로 옳은 것은?

① 밝은 회색   ② 황 색
③ 주황색   ④ 백 색

해설
가연성 가스 및 독성가스 용기의 도색 색상과 문자 색상
(도색 색상 – 문자 색상)
• 액화석유가스(밝은 회색–적색)
• 수소(주황색–백색)
• 아세틸렌(황색–흑색)
• 액화암모니아(백색–흑색)
• 액화염소(갈색–백색)
• 그 밖의 가스(회색–백색)

35 가스시설의 전기방식에 대한 설명으로 틀린 것은?

① 전기방식이란 강재배관 외면에 전류를 유입시켜 양극반응을 저지함으로써 배관의 전기적 부식을 방지하는 것을 말한다.
② 방식전류가 흐르는 상태에서 토양 중에 있는 방식전위는 포화황산동 기준전극으로 −0.85[V] 이하로 한다.
③ '희생양극법'이란 매설배관의 전위가 주위의 타 금속구조물의 전위보다 높은 장소에서 매설배관과 주위의 타 금속구조물을 전기적으로 접속시켜 매설배관에 유입된 누출전류를 전기회로적으로 복귀시키는 방법을 말한다.
④ '외부전원법'이란 외부직류 전원장치의 양극은 매설배관이 설치되어 있는 토양에 접속하고, 음극은 매설배관에 접속시켜 부식을 방지하는 방법을 말한다.

해설
희생양극법 또는 유전양극법
• 지중 또는 수중에 설치된 양극 금속과 매설배관을 전선으로 연결하여 양극 금속과 매설배관 사이의 전지작용으로 부식을 방지하는 방법
• 가스배관보다 저전위의 금속(마그네슘 등)을 전기적으로 접촉시킴으로써 목적하는 방식 대상 금속 자체를 음극화하여 방식하는 방법

36 특수강에 내식성, 내열성 및 자경성을 부여하기 위하여 주로 첨가하는 원소는?

① 니 켈   ② 크 롬
③ 몰리브덴   ④ 망 간

해설
특수강에 내식성, 내열성 및 자경성을 부여하기 위하여 주로 첨가하는 원소는 크롬이다.

37 직경 5[m] 및 7[m]인 두 구형 가연성 고압가스 저장탱크가 유지해야 할 간격은?(단, 저장탱크에 물분무장치는 설치되어 있지 않음)

① 1[m] 이상   ② 2[m] 이상
③ 3[m] 이상   ④ 4[m] 이상

해설
저장탱크 간의 유지거리 $= \dfrac{5+7}{4} = 3[m]$ 이상

38 다음 그림은 가정용 LP 가스 소비시설이다. R_1에 사용되는 조정기의 종류는?

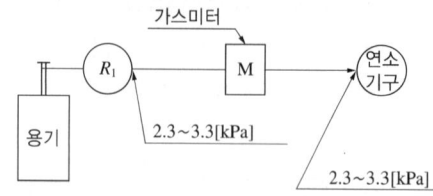

① 1단 감압식 저압조정기
② 1단 감압식 준저압조정기
③ 2단 감압식 1차용 조정기
④ 2단 감압식 2차용 조정기

해설
1단 감압식 저압조정기
• 용량이 10[kg/h] 미만일 경우, 조정기의 몸통과 덮개를 일반공구(멍키렌치, 드라이버 등)로 분리할 수 없는 구조로 하여야 한다.
• 조정압력 : 2.3~3.3[kPa]

39 부식에 대한 설명으로 옳지 않은 것은?

① 혐기성 세균이 번식하는 토양 중의 부식속도는 매우 빠르다.
② 전식 부식은 주로 전철에 기인하는 미주 전류에 의한 부식이다.
③ 콘크리트와 흙이 접촉된 배관은 토양 중에서 부식을 일으킨다.
④ 배관이 점토나 모래에 매설된 경우 점토보다 모래 중의 관이 더 부식되는 경향이 있다.

해설
배관이 점토나 모래에 매설된 경우 모래보다 점토 중의 관이 더 부식되는 경향이 있다.

40 공기액화분리장치의 폭발원인과 대책에 대한 설명으로 옳지 않은 것은?

① 장치 내에 여과기를 설치하여 폭발을 방지한다.
② 압축기의 윤활유에는 안전한 물을 사용한다.
③ 공기 취입구에서 아세틸렌의 침입으로 폭발이 발생한다.
④ 질화화합물의 혼입으로 폭발이 발생한다.

해설
압축기의 윤활유로는 양질의 광유를 사용한다.

제3과목 가스안전관리

41 소형 저장탱크의 가스 방출구의 위치를 지면에서 5[m] 이상 또는 소형 저장탱크 정상부로부터 2[m] 이상 중 높은 위치에 설치하지 않아도 되는 경우는?

① 가스 방출구의 위치를 건축물 개구부로부터 수평거리 0.5[m] 이상 유지하는 경우
② 가스 방출구의 위치를 연소기의 개구부 및 환기용 공기 흡입구로부터 각각 1[m] 이상 유지하는 경우
③ 가스 방출구의 위치를 건축물 개구부로부터 수평거리 1[m] 이상 유지하는 경우
④ 가스 방출구의 위치를 건축물 연소기의 개구부 및 환기용 공기 흡입구로부터 각각 1.2[m] 이상 유지하는 경우

해설

소형 저장탱크 가스 방출구의 위치를 지면에서 5[m] 이상 또는 소형 저장탱크 정상부로부터 2[m] 이상 중 높은 위치에 설치하는 경우	소형 저장탱크 가스 방출구의 위치를 지면에서 5[m] 이상 또는 소형 저장탱크 정상부로부터 2[m] 이상 중 높은 위치에 설치하지 않아도 되는 경우
• 가스 방출구의 위치를 건축물 개구부로부터 수평거리 0.5[m] 이상 유지하는 경우 • 가스 방출구의 위치를 연소기의 개구부 및 환기용 공기 흡입구로부터 각각 1[m] 이상 유지하는 경우 • 가스방출구의 위치를 건축물 연소기의 개구부 및 환기용 공기 흡입구로부터 각각 1.2[m] 이상 유지하는 경우	• 가스 방출구의 위치를 연소기의 개구부로부터 수평거리 1[m] 이상 유지하는 경우

42 다음은 고압가스를 제조하는 경우 품질검사에 대한 내용이다. ( ) 안에 들어갈 사항을 알맞게 나열한 것은?

산소, 아세틸렌 및 수소를 제조하는 자는 일정한 순도 이상의 품질 유지를 위하여 (Ⓐ) 이상 적절한 방법으로 품질검사를 하여 그 순도가 산소의 경우에는 (Ⓑ)[%], 아세틸렌의 경우에는 (Ⓒ)[%], 수소의 경우에는 (Ⓓ)[%] 이상이어야 하고 그 검사결과를 기록할 것

① Ⓐ 1일 1회 Ⓑ 99.5 Ⓒ 98 Ⓓ 98.5
② Ⓐ 1일 1회 Ⓑ 99 Ⓒ 98.5 Ⓓ 98
③ Ⓐ 1주 1회 Ⓑ 99.5 Ⓒ 98 Ⓓ 98.5
④ Ⓐ 1주 1회 Ⓑ 99 Ⓒ 98.5 Ⓓ 98

해설
산소, 아세틸렌 및 수소를 제조하는 자는 일정한 순도 이상의 품질 유지를 위하여 1일 1회 이상 적절한 방법으로 품질검사를 하여 그 순도가 산소의 경우에는 99.5[%], 아세틸렌의 경우에는 98[%], 수소의 경우에는 98.5[%] 이상이어야 하고, 그 검사결과를 기록해야 한다.

43 아세틸렌의 품질검사에 사용하는 시약으로 맞는 것은?

① 발연 황산 시약
② 구리, 암모니아 시약
③ 파이로갈롤 시약
④ 하이드로설파이드 시약

해설
아세틸렌의 품질검사에는 발연 황산 시약을 사용한다.

[정답] 41 ③ 42 ① 43 ①

44 저장탱크에 의한 액화석유가스사용시설에서 배관 이음부와 절연조치를 한 전선과의 이격거리는?

① 10[cm] 이상
② 20[cm] 이상
③ 30[cm] 이상
④ 60[cm] 이상

해설
저장탱크에 의한 액화석유가스사용시설에서 배관 이음부와 절연조치를 한 전선과의 이격거리는 10[cm] 이상이다.

45 고압가스 사용상 주의할 점으로 옳지 않은 것은?

① 저장탱크의 내부압력이 외부압력보다 낮아짐에 따라 그 저장탱크가 파괴되는 것을 방지하기 위하여 긴급차단장치를 설치한다.
② 가연성 가스를 압축하는 압축기와 오토클레이브 사이의 배관에 역화 방지장치를 설치해 두어야 한다.
③ 밸브, 배관, 압력게이지 등의 부착부로부터 누출(Leakage) 여부를 비눗물, 검지기 및 검지액 등으로 점검한 후 작업을 시작해야 한다.
④ 각각의 독성에 적합한 방독마스크, 가급적이면 송기식 마스크, 공기 호흡기 및 보안경 등을 준비해 두어야 한다.

해설
고압가스 저장설비에 설치하는 긴급차단장치
• 저장설비의 내부에 설치하여도 된다.
• 동력원은 액압, 기압, 전기 또는 스프링으로 한다.
• 조작 버튼은 저장설비의 외면으로부터 5[m] 이상 떨어진 위치에서 조작할 수 있는 곳에 설치한다.
• 간단하고 확실하며 신속히 차단되는 구조이어야 한다.

46 이동식 부탄연소기 및 접합용기(부탄 캔) 폭발사고의 예방대책이 아닌 것은?

① 이동식 부탄연소기보다 큰 과대 불판을 사용하지 않는다.
② 접합용기(부탄 캔) 내 가스를 다 사용한 후에는 용기에 구멍을 내어 내부의 가스를 완전히 제거한 후 버린다.
③ 이동식 부탄연소기를 사용하여 음식물을 조리한 경우에는 조리 완료 후 이동식 부탄연소기의 용기 체결 홀더 밖으로 접합용기(부탄 캔)를 분리한다.
④ 접합용기(부탄 캔)는 스틸이므로 가스를 다 사용한 후에는 그대로 재활용 쓰레기통에 버린다.

해설
이동식 부탄연소기 관련 사고 예방방법
• 연소기에 접합용기를 정확히 장착한 후 사용한다.
• 과대한 조리기구를 사용하지 않는다.
• 잔가스 사용을 위해 용기를 가열하지 않는다.
• 폐기할 때는 환기가 잘되는 넓은 장소에서 바람을 등지고 사용한 접합용기를 평평한 바닥에 휴대용 부탄가스의 노즐을 대고 잔존가스를 완전히 제거한다.
• 잔가스를 완전히 제거한 후 (장갑을 착용하고 송곳이나 날카로운 요철을 사용하여) 구멍을 뚫어 화기가 없는 장소(분리수거함 등)에 버린다.

47 독성가스의 처리설비로서 1일 처리능력이 15,000[m³]인 저장시설과 21[m] 이상 이격하지 않아도 되는 보호시설은?

① 학 교
② 도서관
③ 수용능력이 15인 이상인 아동복지시설
④ 수용능력이 300인 이상인 교회

해설
독성가스 또는 가연성 가스의 처리설비 및 저장설비

처리 및 저장능력	제1종 보호시설	제2종 보호시설
1만 이하	17[m]	12[m]
1만 초과 2만 이하	21[m]	14[m]
2만 초과 3만 이하	24[m]	16[m]
3만 초과 4만 이하	27[m]	18[m]
4만 초과 5만 이하	30[m]	20[m]

44 ① 45 ① 46 ④ 47 ③ 정답

48 고압 호스제조시설설비가 아닌 것은?

① 공작기계
② 절단설비
③ 동력용 조립설비
④ 용접설비

해설
고압 호스제조시설설비 : 공작기계, 절단설비, 동력용 조립설비, 작업공구 및 작업대

49 차량에 고정된 탱크로 고압가스를 운반하는 차량의 운반 기준으로 적합하지 않은 것은?

① 액화가스를 충전하는 탱크에는 그 내부에 방파판을 설치한다.
② 액화가스 중 가연성 가스, 독성가스 또는 산소가 충전된 탱크에는 손상되지 아니하는 재료로 된 액면계를 사용한다.
③ 후부취출식 외의 저장탱크는 저장탱크 후면과 차량 뒷범퍼와의 수평거리가 20[cm] 이상 유지하여야 한다.
④ 2개 이상의 탱크를 동일한 차량에 고정하여 운반하는 경우에는 탱크마다 탱크의 주밸브를 설치한다.

해설
후부 취출식 외의 저장탱크는 저장탱크 후면과 차량 뒷범퍼와의 수평거리가 30[cm] 이상 유지되어야 한다.

50 공기의 조성 중 질소, 산소, 아르곤, 탄산가스 이외의 비활성 기체에서 함유량이 가장 많은 것은?

① 헬륨
② 크립톤
③ 제논
④ 네온

해설
공기의 조성 중 질소, 산소, 아르곤, 탄산가스 이외의 비활성 기체에서 함유량이 가장 많은 것은 네온이다.

51 가스레인지를 점화시키기 위하여 점화동작을 하였으나 점화가 이루어지지 않았다. 다음 중 조치방법으로 가장 거리가 먼 내용은?

① 가스용기 밸브 및 중간 밸브가 완전히 열렸는지 확인한다.
② 버너 캡 및 버너 보디를 바르게 조립힌다.
③ 창문을 열어 환기시킨 다음 다시 점화동작을 한다.
④ 점화플러그 주위를 깨끗이 닦아 준다.

해설
가스레인지 점화동작 시도 후 점화가 안 될 때의 조치방법
• 가스용기 밸브 및 중간 밸브가 완전히 열렸는지 확인한다.
• 버너 캡 및 버너 보디를 바르게 조립한다.
• 본체 뒷면의 건전지가 사용한지 오래되어 약해졌는지를 확인하고, 약하다면 새 건전지로 교환한다(점화 시 '따따따'하는 방전음의 간격이 길어지고 소리가 약할 때는 건전지를 새것으로 교환해야 한다).
• 점화플러그 주위를 깨끗이 닦아 준다.

정답 48 ④ 49 ③ 50 ④ 51 ③

52 고압가스 충전용기의 운반 기준 중 운반책임자가 동승하지 않아도 되는 경우는?

① 가연성 압축가스 400[m³]을 차량에 적재하여 운반하는 경우
② 독성 압축가스 90[m³]을 차량에 적재하여 운반하는 경우
③ 조연성 액화가스 6,500[kg]을 차량에 적재하여 운반하는 경우
④ 독성 액화가스 1,200[kg]을 차량에 적재하여 운반하는 경우

해설

운반책임자의 동승 기준
• 가스탱크 운반 시 운반책임자의 동승 기준

압축가스	• 독성(1[ppm] 이상) : 100[m³] 이상 • 가연성 : 300[m³] 이상 • 조연성 : 600[m³] 이상
액화가스	• 독성(1[ppm] 이상) : 1,000[kg] 이상 • 가연성 : 3,000[kg] 이상 (에어졸 용기 : 2,000[kg] 이상) • 조연성 : 6,000[kg] 이상

• 충전용기 운반 시 운반책임자의 동승 기준

비독성 고압가스	압축가스	• 가연성 : 300[m³] 이상 • 조연성 : 600[m³] 이상
	액화가스	• 가연성 : 3,000[kg] 이상 (에어졸 용기 : 2,000[kg] 이상) • 조연성 : 6,000[kg] 이상

독성
고압가스
	압축가스	• 허용농도 100만분의 200 이하 :
		  10[m³] 이상
		• 허용농도 100만분의 200 초과 :
		  100[m³] 이상

	액화가스	• 허용농도 100만분의 200 이하 :
		  100[kg] 이상
		• 허용농도 100만분의 200 초과 :
		  1,000[kg] 이상

53 특정고압가스사용시설 기준 및 기술상 기준으로 옳은 것은?

① 산소의 저장설비 주위 20[m] 이내에는 화기 취급을 하지 말 것
② 사용시설은 해당 설비의 작동상황을 연 1회 이상 점검할 것
③ 액화가스의 저장능력이 300[kg] 이상인 고압가스설비에는 안전밸브를 설치할 것
④ 액화가스 저장량이 10[kg] 이상인 용기 보관실의 벽은 방호벽으로 할 것

해설

① 산소의 저장설비 주위 5[m] 이내에는 화기 취급을 하지 말 것
② 사용시설은 해당 설비의 작동상황을 1일 1회 이상 점검할 것
④ 액화가스 저장량이 300[kg] 이상인 용기 보관실의 벽은 방호벽으로 할 것

54 특정고압가스사용시설의 기준에 대한 설명 중 옳은 것은?

① 산소 저장설비 주위 8[m] 이내에는 화기를 취급하지 않는다.
② 고압가스설비는 상용압력 2.5배 이상의 내압시험에 합격한 것을 사용한다.
③ 독성가스 감압설비와 당해 가스반응설비 간의 배관에는 역류 방지장치를 설치한다.
④ 액화가스 저장량이 100[kg] 이상인 용기 보관실에는 방호벽을 설치한다.

해설

① 산소 저장설비 주위 5[m] 이내에는 화기를 취급하지 않는다.
② 고압가스설비는 상용압력의 1.5배 이상의 내압시험에 합격한 것을 사용한다.
④ 액화가스 저장량이 300[kg] 이상인 용기 보관실에는 방호벽을 설치한다.

55 다음 액화가스 저장탱크 중 방류둑을 설치하여야 하는 것은?

① 저장능력이 5[ton]인 염소 저장탱크
② 저장능력이 800[ton]인 산소 저장탱크
③ 저장능력이 500[ton]인 수소 저장탱크
④ 저장능력이 900[ton]인 프로판 저장탱크

해설
방류둑의 설치 기준
- 2개 이상의 저장탱크가 설치된 것에 대한 저장능력의 산정 : 저장능력을 합한 것
- 가연성 가스, 산소 : 저장능력 1,000[ton] 이상
- 독성가스 : 저장능력 5[ton] 이상
- 독성가스를 사용하는 내용적이 10,000[L] 이상인 수액기 주위에는 방류둑을 설치한다.
- 가스도매사업의 가스공급시설의 설치 기준에 따르면, 액화가스 저장탱크의 저장능력이 500[ton] 이상일 때 방류둑을 설치하여야 한다.

56 고압가스 저장설비에 설치하는 긴급차단장치에 대한 설명으로 틀린 것은?

① 저장설비의 내부에 설치하여도 된다.
② 조작 버튼(Button)은 저장설비에서 가장 가까운 곳에 설치한다.
③ 동력원(動力源)은 액압, 기압, 전기 또는 스프링으로 한다.
④ 간단하고 확실하며 신속히 차단되는 구조로 한다.

해설
고압가스 저장설비에 설치하는 긴급차단장치
- 저장설비의 내부에 설치하여도 된다.
- 동력원은 액압, 기압, 전기 또는 스프링으로 한다.
- 조작 버튼은 저장설비의 외면으로부터 5[m] 이상 떨어진 위치에서 조작할 수 있는 곳에 설치한다.
- 간단하고 확실하며 신속히 차단되는 구조이어야 한다.

57 1일 처리능력이 60,000[m³]인 가연성 가스 저온 저장탱크와 제2종 보호시설과의 안전거리 기준은?

① 20.0[m] ② 21.2[m]
③ 22.0[m] ④ 30.0[m]

해설
안전거리 $= \frac{2}{25}\sqrt{60,000+10,000} \simeq 21.2[m]$

58 독성가스 누출을 대비하기 위하여 충전설비에 제해설비를 한다. 제해설비를 하지 않아도 되는 독성가스는?

① 아황산가스
② 암모니아
③ 염 소
④ 사염화탄소

해설
사염화탄소는 제해설비를 하지 않아도 되는 독성가스이다.

59 공기액화분리장치의 폭발원인이 아닌 것은?

① 이산화탄소와 수분 제거
② 액체공기 중 오존의 혼입
③ 공기 취입구에서 아세틸렌 혼입
④ 윤활유 분해에 따른 탄화수소 생성

해설
공기액화분리장치의 폭발원인
- 공기 취입구로부터 아세틸렌의 혼입(아세틸렌가스가 응고되어 돌아다니다가 산소 중에서 폭발할 수 있다)
- 압축기용 윤활유의 분해에 따른 탄화수소의 생성
- 공기 중에 있는 질소화합물(산화질소 및 과산화질소 등)의 혼입
- 액체공기 중 오존의 혼입

60 액화석유가스 판매사업소 용기 보관실의 안전사항으로 틀린 것은?

① 용기는 3단 이상 쌓지 말 것
② 용기 보관실 주위의 2[m] 이내에는 인화성 및 가연성 물질을 두지 말 것
③ 용기 보관실 내에서 사용하는 손전등은 방폭형일 것
④ 용기 보관실에는 계량기 등 작업에 필요한 물건 이외에 두지 말 것

해설
액화석유가스 판매사업소 용기 보관실에서 용기는 2단 이상 쌓지 않는다.

제4과목 가스계측

61 표준 전구의 필라멘트 휘도와 복사에너지의 휘도를 비교하여 온도를 측정하는 온도계는?

① 광고온도계
② 복사온도계
③ 색온도계
④ 서미스터(Thermister)

해설
광고온도계 또는 광고온계 또는 광온도계 : 특정 파장을 온도계 내에 통과시켜 온도계 내의 전구 필라멘트의 휘도를 육안으로 직접 비교하여 온도를 측정하는 비접촉식 온도계

62 일산화탄소 검지 시 흑색반응을 나타내는 시험지는?

① KI 전분지
② 연당지
③ 해리슨 시약
④ 염화팔라듐지

해설
일산화탄소 검지 시 흑색반응을 나타내는 시험지는 염화팔라듐지이다.

63 가스분석법 중 흡수분석법에 해당하지 않는 것은?

① 헴펠법
② 산화구리법
③ 오르자트법
④ 게겔법

해설
산화구리법은 연소분석법이다.

64 정밀도(Precision Degree)에 대한 설명 중 옳은 것은?

① 산포가 큰 측정은 정밀도가 높다.
② 산포가 작은 측정은 정밀도가 높다.
③ 오차가 큰 측정은 정밀도가 높다.
④ 오차가 작은 측정은 정밀도가 높다.

해설
산포가 작은 측정은 정밀도가 높다.

65 가연성 가스검출기의 종류가 아닌 것은?

① 안전등형
② 간섭계형
③ 광조사형
④ 열선형

해설
가연성 가스검출기 : 안전등형, 간섭계형, 열선형, 반도체형

66 액면계의 구비조건으로 틀린 것은?

① 내식성이 있을 것
② 고온, 고압에 견딜 것
③ 구조가 복잡하더라도 조작은 용이할 것
④ 지시기록 또는 원격 측정이 가능할 것

해설
액면계는 구조가 간단하고 조작이 용이해야 한다.

67 어느 가정에 설치된 가스미터의 기차를 검사하기 위해 계량기의 지시량을 보니 100[m^3]이었다. 다시 기준기로 측정하였더니 95[m^3]이었다면 기차는 약 몇 [%]인가?

① 0.05
② 0.95
③ 5
④ 95

해설
기차 = $\dfrac{100-95}{100} \times 100[\%] = 5[\%]$

68 Roots 가스미터에 대한 설명으로 옳지 않은 것은?

① 설치 공간이 작다.
② 대유량 가스 측정에 적합하다.
③ 중압가스의 계량이 가능하다.
④ 스트레이너의 설치가 필요 없다.

해설
루츠미터는 스트레이너의 설치가 필요하다.

정답 64 ② 65 ③ 66 ③ 67 ③ 68 ④

69 국제단위계(SI 단위) 중 압력단위에 해당되는 것은?

① [Pa]　　② [bar]
③ [atm]　　④ [kgf/cm²]

해설
압력은 단위 면적당 받는 힘의 크기로 나타내는 것이므로, [N/m²]의 의미인 [Pa]이 정답이다.

70 가스분석계 중 화학반응을 이용한 측정방법은?

① 연소열법
② 열전도율법
③ 적외선 흡수법
④ 가시광선 분광광도법

해설
연소열법은 화학적 가스분석법이며, ②, ③, ④는 물리적 가스분석법이다.

71 오리피스 유량계의 측정원리로 옳은 것은?

① 패닝의 법칙
② 베르누이의 원리
③ 아르키메데스의 원리
④ 하겐-푸아죄유의 원리

해설
오리피스 유량계의 측정원리는 베르누이의 원리이다.

72 다음 그림과 같이 시차 액주계의 높이 H가 60[mm]일 때 유속(V)은 약 몇 [m/sec]인가?(단, 비중 γ와 γ'는 1과 13.6이고, 속도계수는 1, 중력가속도는 9.8[m/sec²]이다)

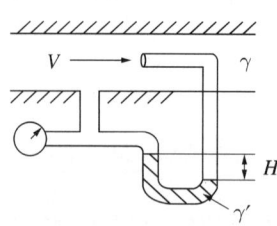

① 1.1　　② 2.4
③ 3.8　　④ 5.0

해설
유속
$$v = C\sqrt{2gh\left(\frac{\gamma_w}{\gamma_{Air}}-1\right)}$$
$$= 1 \times \sqrt{2 \times 9.8 \times 0.06 \times \left(\frac{13.6}{1}-1\right)} \approx 3.8[m/sec]$$

73 일반적인 계측기의 구조에 해당하지 않는 것은?

① 검출부　　② 보상부
③ 전달부　　④ 수신부

해설
일반적인 계측기의 구조 : 검출부, 수신부, 제어부, 전달부

74 건습구 습도계에서 습도를 정확히 하려면 얼마 정도의 통풍속도가 가장 적당한가?

① 3~5[m/sec]
② 5~10[m/sec]
③ 10~15[m/sec]
④ 30~50[m/sec]

해설
건습구 습도계에서 습도를 정확히 하려면 통풍속도는 3~5[m/sec]가 가장 적당하다.

75 차압식 유량계의 교축기구로 사용되지 않는 것은?

① 오리피스
② 피스톤
③ 플로 노즐
④ 벤투리

해설
차압식 유량계의 교축기구 : 오리피스, 플로 노즐, 벤투리

76 Dial Gauge는 다음 중 어느 측정방법에 속하는가?

① 비교 측정
② 절대 측정
③ 간접 측정
④ 직접 측정

해설
다이얼게이지는 비교 측정기에 속한다.

정답　73 ②　74 ①　75 ②　76 ①

77 다음 중 막식 가스미터는?

① 그로바식
② 루츠식
③ 오리피스식
④ 터빈식

해설
① 그로바식 : 실측식, 건식, 막식
② 루츠식 : 실측식, 건식, 회전식
③ 오리피스 : 추량식
④ 터빈식 : 추량식

78 다음 그림은 불꽃이온화검출기(FID)의 구조를 나타낸 것이다. ①~④의 명칭으로 부적당한 것은?

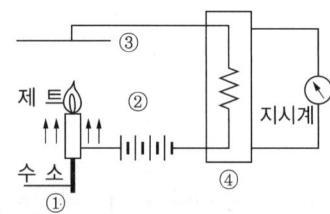

① 시료가스
② 직류전압
③ 전 극
④ 가열부

해설
④ 열교환기

79 공정제어에서 비례미분(PD)제어동작을 사용하는 주된 목적은?

① 안정도
② 이 득
③ 속응성
④ 정상특성

해설
비례미분(PD)제어동작

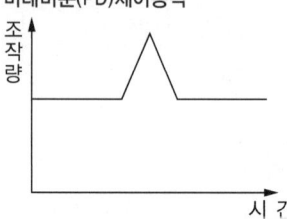

- 동작신호의 미분값을 계산하여 이것과 동작신호를 합한 조작량 변화를 나타내는 동작이다.
- 오버슈트(Overshoot)가 감소한다.
- 주목적 : 응답속도 개선(속응성)

80 다음 보기에서 설명하는 액주식 압력계의 종류는?

┤보기├
- 통풍계로도 사용한다.
- 정도가 0.01~0.05[mmH$_2$O]로서 아주 좋다.
- 미세압 측정이 가능하다.
- 측정범위는 약 10~50[mmH$_2$O] 정도이다.

① U자관 압력계
② 단관식 압력계
③ 경사관식 압력계
④ 링밸런스 압력계

해설
경사관식 압력계
- 눈금을 확대하여 읽을 수 있는 구조로 되어 있다.
- 측정범위 : 10~50[mmH$_2$O]
- 미세압 측정용으로 가장 적합하여 통풍계로 사용 가능하다.
- 정도 : 0.01~0.05[mmH$_2$O]
- 감도(정도)가 우수하여 주로 정밀 측정에 사용된다.

2019년 제1회 과년도 기출문제

제1과목 연소공학

01 다음 중 연소속도에 영향을 미치지 않는 것은?

① 관의 단면적
② 내염 표면적
③ 염의 높이
④ 관의 염경

해설
연소속도 지배인자(영향을 미치는 요인) : 온도(반응계 온도, 화염온도), 압력(산소와의 혼합비), 농도(산소농도), 가연물질의 종류와 표면적, 활성화 에너지, 미연소가스의 열전도율, 관의 단면적, 내염 표면적, 관의 염경 등
※ 연소속도에 영향을 미치지 않는 것으로 염의 높이, 지연성 물질, 연소요소 등이 출제된다.

02 배관 내 혼합가스의 한 점에서 착화되었을 때 연소파가 일정거리를 진행한 후 급격히 화염 전파속도가 증가되어 1,000~3,500[m/sec]에 도달하는 경우가 있다. 이와 같은 현상을 무엇이라고 하는가?

① 폭발(Explosion)
② 폭굉(Detonation)
③ 충격(Shock)
④ 연소(Combustion)

해설
폭굉(Detonation)
- 염소파의 화염 전파속도가 음속을 돌파할 때 그 선단에 충격파가 발달하게 되는 현상
- 가스의 화염(연소) 전파속도가 음속보다 큰 것으로 파면선단의 압력파에 의해 파괴작용을 일으키는 것
- 배관 내 혼합가스의 한 점에서 착화되었을 때 연소파가 일정거리를 진행한 후 급격히 화염전파속도가 증가되어 1,000~3,500[m/sec]에 도달하는 현상

03 CO_{2max}는 어느 때의 값인가?

① 실제공기량으로 연소시켰을 때
② 이론공기량으로 연소시켰을 때
③ 과잉공기량으로 연소시켰을 때
④ 부족공기량으로 연소시켰을 때

해설
CO_{2max}[%] : 최대 탄산가스율 또는 탄산가스 최대량이며 이론공기량으로 완전연소(공기비 $m=1$)했을 때의 CO_2[%]값 혹은 이론건연소가스 중의 CO_2[%]로, 탄소가 가장 높다.

04 가연물의 연소 형태를 나타낸 것 중 틀린 것은?

① 금속분 – 표면연소
② 파라핀 – 증발연소
③ 목재 – 분해연소
④ 유황 – 확산연소

해설
유황 – 증발연소

05 착화온도가 낮아지는 조건이 아닌 것은?

① 발열량이 높을수록
② 압력이 작을수록
③ 반응활성도가 클수록
④ 분자구조가 복잡할수록

해설
압력이 높을수록 착화온도가 낮아진다.

정답 1 ③ 2 ② 3 ② 4 ④ 5 ②

06 이상기체에 대한 설명 중 틀린 것은?

① 이상기체는 분자 상호 간의 인력을 무시한다.
② 이상기체에 가까운 실체기체로는 H_2, He 등이 있다.
③ 이상기체는 분자 자신이 차지하는 부피를 무시한다.
④ 저온, 고압일수록 이상기체에 가까워진다.

해설
고온, 저압일수록 이상기체에 가까워진다.

07 휘발유의 한 성분인 옥탄의 완전연소반응식으로 옳은 것은?

① $C_8H_{18} + O_2 \rightarrow CO_2 + H_2O$
② $C_8H_{18} + 25O_2 \rightarrow CO_2 + 18H_2O$
③ $2C_8H_{18} + 25O_2 \rightarrow 16CO_2 + 18H_2O$
④ $2C_8H_{18} + O_2 \rightarrow 16CO_2 + H_2O$

해설
옥탄의 연소방정식은 $C_8H_{18} + 12.5O_2 \rightarrow 8CO_2 + 9H_2O$이며, 옥탄이 2[mol]이라면 옥탄의 연소방정식은 $2C_8H_{18} + 25O_2 \rightarrow 16CO_2 + 18H_2O$이다.

08 폭굉을 일으킬 수 있는 기체가 파이프 내에 있을 때 폭굉 방지 및 방호에 대한 설명으로 틀린 것은?

① 파이프라인에 오리피스 같은 장애물이 없도록 한다.
② 공정라인에서 회전이 가능하면 가급적 완만한 회전을 이루도록 한다.
③ 파이프의 지름대 길이의 비는 가급적 작게 한다.
④ 파이프라인에 장애물이 있는 곳은 관경을 축소한다.

해설
파이프 라인에 장애물이 있는 곳은 관경을 크게 한다.

09 층류 연소속도에 대한 설명으로 옳은 것은?

① 미연소혼합기의 비열이 클수록 층류 연소속도는 크게 된다.
② 미연소혼합기의 비중이 클수록 층류 연소속도는 크게 된다.
③ 미연소혼합기의 분자량이 클수록 층류 연소속도는 크게 된다.
④ 미연소혼합기의 열전도율이 클수록 층류 연소속도는 크게 된다.

해설
층류 연소속도 증가에 미치는 요인
• 비례요인 : 압력, 온도, 열전도율, 산소농도
• 반비례요인 : 비열, 비중, 분자량, 층류화염의 예열대 두께

10 다음 탄화수소 연료 중 착화온도가 가장 높은 것은?

① 메 탄 ② 가솔린
③ 프로판 ④ 석 탄

해설
착화온도
- 메탄 : 615~682[℃]
- 가솔린 : 210~300[℃]
- 프로판 : 460~520[℃]
- 석탄 : 330~450[℃]

11 액체연료가 공기 중에서 연소하는 현상은 다음 중 어느 것에 해당하는가?

① 증발연소
② 확산연소
③ 분해연소
④ 표면연소

해설
증발연소(액면연소) : 액체연소의 대부분을 차지하며 액체 표면에서 발생된 증기가 공기와 혼합하여 발생하는 연소로, 가장 일반적인 액체연료의 연소 형태이다.

12 메탄 80[v%], 프로판 5[v%], 에탄 15[v%]인 혼합가스의 공기 중 폭발하한계는 약 얼마인가?

① 2.1[%] ② 3.3[%]
③ 4.3[%] ④ 5.1[%]

해설
$\frac{100}{LFL} = \sum \frac{V_i}{L_i}$ 에서 $\frac{100}{LFL} = \frac{V_1}{L_1} + \frac{V_2}{L_2} + \frac{V_3}{L_3}$ 이다.

$\frac{100}{LFL} = \frac{80}{5} + \frac{5}{2.1} + \frac{15}{3} \simeq 23.38$ 이므로,

$LFL = \frac{100}{23.38} \simeq 4.3[\%]$

13 기상폭발에 대한 설명으로 틀린 것은?

① 반응이 기상으로 일어난다.
② 폭발 상태는 압력에너지의 축적 상태에 따라 달라진다.
③ 반응에 의해 발생하는 열에너지는 반응기 내 압력 상승의 요인이 된다.
④ 가연성 혼합기를 형성하면 혼합기의 양에 관계없이 압력파가 생겨 압력 상승을 기인한다.

해설
가연성 혼합기를 형성하면 혼합기의 양에 비례하여 압력파가 생겨 압력이 상승된다.

14 가스의 성질을 바르게 설명한 것은?

① 산소는 가연성이다.
② 일산화탄소는 불연성이다.
③ 수소는 불연성이다.
④ 산화에틸렌은 가연성이다.

해설
① 산소는 조연성이다.
② 일산화탄소는 가연성이다.
③ 수소는 가연성이다.

15 임계 상태를 가장 올바르게 표현한 것은?

① 고체, 액체, 기체가 평형으로 존재하는 상태
② 순수한 물질이 평형에서 기체-액체로 존재할 수 있는 최고 온도 및 압력 상태
③ 액체상과 기체상이 공존할 수 있는 최소한의 한계 상태
④ 기체를 일정한 온도에서 압축하면 밀도가 아주 작아져 액화되기 시작하는 상태

해설
임계 상태 : 순수한 물질이 평형에서 기체-액체로 존재할 수 있는 최고 온도 및 압력 상태

16 폭발에 관련된 가스의 성질에 대한 설명으로 틀린 것은?

① 폭발범위가 넓은 것은 위험하다.
② 압력이 높게 되면 일반적으로 폭발범위가 좁아진다.
③ 가스의 비중이 큰 것은 낮은 곳에 체류할 염려가 있다.
④ 연소속도가 빠를수록 위험하다.

해설
가스의 압력이 높아지면 일반적으로 폭발범위가 넓어진다.

17 동일 체적의 에탄, 에틸렌, 아세틸렌을 완전연소시킬 때 필요한 공기량의 비는?

① 3.5 : 3.0 : 2.5
② 7.0 : 6.0 : 6.0
③ 4.0 : 3.0 : 5.0
④ 6.0 : 6.5 : 5.0

해설
- 에탄의 연소방정식 : $C_2H_6 + 3.5O_2 \rightarrow 2CO_2 + 3H_2O$
- 에틸렌의 연소방정식 : $C_2H_4 + 3O_2 \rightarrow 2CO_2 + 2H_2O$
- 아세틸렌의 연소방정식 : $C_2H_2 + 2.5O_2 \rightarrow 2CO_2 + H_2O$

완전연소 시 필요한 산소량의 비는
에탄 : 에틸렌 : 아세틸렌 = 3.5 : 3.0 : 2.5이며,
필요한 공기량의 비는 필요한 산소량의 비와 같다.

18 기체연료 중 수소가 산소와 화합하여 물이 생성되는 경우에 있어 $H_2 : O_2 : H_2O$의 비례관계는?

① 2 : 1 : 2
② 1 : 1 : 2
③ 1 : 2 : 1
④ 2 : 2 : 3

해설
$2H_2 + O_2 \rightarrow 2H_2O$이므로, $H_2 : O_2 : H_2O = 2 : 1 : 2$이다.

19 수소가스의 공기 중 폭발범위로 가장 가까운 것은?

① 2.5~81[%]
② 3~80[%]
③ 4.0~75[%]
④ 12.5~74[%]

해설
수소가스의 공기 중 폭발범위 : 4.0~75[%]

20 에틸렌(Ethylene) 1[m³]를 완전연소시키는 데 필요한 산소의 양은 약 몇 [m³]인가?

① 2.5
② 3
③ 3.5
④ 4

해설
에틸렌의 연소방정식 $C_2H_4 + 3O_2 \rightarrow 2CO_2 + 2H_2O$에서 에틸렌 1[m³]를 완전연소시키는 데 필요한 산소의 양은 약 3[m³]이다.

제2과목 가스설비

21 전기방식을 실시하고 있는 도시가스 매몰배관에 대하여 전위 측정을 위한 기준전극으로 사용되고 있으며, 방식전위 기준으로 상한값 −0.85[V] 이하를 사용하는 것은?

① 수소 기준전극
② 포화황산동 기준전극
③ 염화은 기준전극
④ 칼로멜 기준전극

해설
전기방식전류가 흐르는 상태에서 토양 중에 있는 배관 등의 방식전위 상한값은 포화황산동 기준전극으로 −0.85[V] 이하(황산염환원 박테리아가 번식하는 토양에서는 −0.95[V] 이하)이어야 하고, 방식 전위 하한값은 전기철도 등의 간섭 영향을 받는 곳을 제외하고는 포화황산동 기준전극으로 −2.5[V] 이상이 되도록 한다.

22 알루미늄(Al)의 방식법이 아닌 것은?

① 수산법
② 황산법
③ 크롬산법
④ 메타인산법

해설
알루미늄(Al)의 방식법 : 수산법, 황산법, 크롬산법

정답 18 ① 19 ③ 20 ② 21 ② 22 ④

23 용기 내압시험 시 뷰렛의 용적은 300[mL]이고, 전 증가량은 200[mL], 항구 증가량은 15[mL]일 때 이 용기의 항구 증가율은?

① 5[%]
② 6[%]
③ 7.5[%]
④ 8.5[%]

해설

항구 증가율 = $\dfrac{\text{항구 증가량}}{\text{전 증가량}} \times 100[\%]$

$= \dfrac{15}{200} \times 100[\%] = 7.5[\%]$

24 고압가스일반제조시설에서 고압가스설비의 내압시험압력은 상용압력의 몇 배 이상으로 하는가?

① 1
② 1.1
③ 1.5
④ 1.8

해설
고압가스일반제조시설에서 고압가스설비의 내압시험압력은 상용압력의 1.5배 이상으로 한다.

25 LPG 용기의 내압시험압력은 얼마 이상이어야 하는가?(단, 최고 충전압력은 1.56[MPa]이다)

① 1.56[MPa]
② 2.08[MPa]
③ 2.34[MPa]
④ 2.60[MPa]

해설

내압시험압력 = 최고 충전압력 $\times \dfrac{5}{3}$ = $1.56 \times \dfrac{5}{3}$ = 2.60[MPa]

26 1단 감압식 저압조정기의 최대 폐쇄압력 성능은?

① 3.5[kPa] 이하
② 5.5[kPa] 이하
③ 95[kPa] 이하
④ 조정압력의 1.25배 이하

해설
1단 감압식 저압조정기의 최대 폐쇄압력 성능은 3.5[kPa] 이하이다.

27 다층진공단열법에 대한 설명으로 틀린 것은?

① 고진공단열법과 같은 두께의 단열재를 사용해도 단열효과가 더 우수하다.
② 최고의 단열성능을 얻기 위해서는 높은 진공도가 필요하다.
③ 단열층이 어느 정도의 압력에 잘 견딘다.
④ 저온부일수록 온도분포가 완만하여 불리하다.

해설
최고의 단열성능을 얻으려면 10^{-5}[torr] 정도의 높은 진공도가 필요하며, 저온단열법으로 열용량이 적어 유리하다.

28 소형 저장탱크에 대한 설명으로 틀린 것은?

① 옥외에 지상설치식으로 설치한다.
② 소형 저장탱크를 기초에 고정하는 방식은 화재 등의 경우에도 쉽게 분리되지 않는 것으로 한다.
③ 건축물이나 사람이 통행하는 구조물의 하부에 설치하지 아니한다.
④ 동일 장소에 설치하는 소형 저장탱크의 수는 6기 이하로 한다.

해설
소형저장탱크를 기초에 고정하는 방식은 화재 등의 경우에 쉽게 분리되는 것으로 한다.

29 고압산소용기로 가장 적합한 것은?

① 주강용기
② 이중 용접용기
③ 이음매 없는 용기
④ 접합용기

해설
고압산소용기로 이음매 없는 용기가 가장 적합하다.

30 탄소강에 대한 설명으로 틀린 것은?

① 용도가 다양하다.
② 가공 변형이 쉽다.
③ 기계적 성질이 우수하다.
④ C의 양이 적은 것은 스프링, 공구강 등의 재료로 사용된다.

해설
C의 양이 많은 것은 스프링, 공구강 등의 재료로 사용된다.

31 LPG 저장탱크에 가스를 충전하려면 가스의 용량이 상용온도에서 저장탱크 내용적의 얼마를 초과하지 아니하여야 하는가?

① 95[%]
② 90[%]
③ 85[%]
④ 80[%]

해설
액체팽창으로 인한 압력 상승과 탱크 파열을 방지하기 위해서 LPG 저장탱크에 가스 충전 시 가스용량이 상용온도에서 저장탱크 내용적의 90[%]를 초과하지 아니하여야 한다.

32 내진설계 시 지반의 분류는 몇 종류로 하고 있는가?

① 6
② 5
③ 4
④ 3

해설
내진설계 시 지반은 6가지로 분류한다.
- S_1 : 암반 지반
- S_2 : 얕고 단단한 지반
- S_3 : 얕고 연약한 지반
- S_4 : 깊고 단단한 지반
- S_5 : 깊고 연약한 지반
- S_6 : 부지 고유의 특성평가 및 지반 응답해석이 필요한 지반

33 압축기 실린더 내부 윤활유에 대한 설명으로 틀린 것은?

① 공기압축기에는 광유(鑛油)를 사용한다.
② 산소압축기에는 기계유를 사용한다.
③ 염소압축기에는 진한 황산을 사용한다.
④ 아세틸렌압축기에는 양질의 광유(鑛油)를 사용한다.

해설
산소압축기에는 물 또는 10[%] 정도의 묽은 글리세린수를 내부 윤활유로 사용한다.

34 냉동설비에 사용되는 냉매가스의 구비조건으로 틀린 것은?

① 안전성이 있어야 한다.
② 증기의 비체적이 커야 한다.
③ 증발열이 커야 한다.
④ 응고점이 낮아야 한다.

해설
냉동설비에 사용되는 냉매가스의 증기 비체적은 작아야 한다.

35 유체가 흐르는 관의 지름이 입구 0.5[m], 출구 0.2[m]이고, 입구 유속이 5[m/sec]라면 출구 유속은 약 몇 [m/sec]인가?

① 21　　② 31
③ 41　　④ 51

해설
유량 $Q = A_1 v_1 = A_2 v_2$ 에서
$v_2 = \dfrac{A_1}{A_2} \times v_1 = \left(\dfrac{0.5}{0.2}\right)^2 \times 5 \approx 31[\text{m/sec}]$

36 저온장치에서 CO_2와 수분이 존재할 때 그 영향에 대한 설명으로 옳은 것은?

① CO_2는 저온에서 탄소와 산소로 분리된다.
② CO_2는 저장장치에서 촉매역할을 한다.
③ CO_2는 가스로서 별로 영향을 주지 않는다.
④ CO_2는 드라이아이스가 되고 수분은 얼음이 되어 배관밸브를 막아 흐름을 저해한다.

해설
저온장치에서 CO_2와 수분이 존재할 때 CO_2는 드라이아이스가 되고, 수분은 얼음이 되어 배관밸브를 막아 흐름을 저해한다.

37 냉간가공과 열간가공을 구분하는 기준이 되는 온도는?

① 끓는 온도
② 상용 온도
③ 재결정온도
④ 섭씨 0도

해설
냉간가공과 열간가공은 재결정온도로 구분한다.

38 냉동기의 성적(성능)계수를 ε_R로 하고 열펌프의 성적계수를 ε_H로 할 때 ε_R과 ε_H 사이에는 어떠한 관계가 있는가?

① $\varepsilon_R < \varepsilon_H$
② $\varepsilon_R = \varepsilon_H$
③ $\varepsilon_R > \varepsilon_H$
④ $\varepsilon_R > \varepsilon_H$ 또는 $\varepsilon_R < \varepsilon_H$

해설
열펌프의 성능계수
$$(COP)_H = \varepsilon_H = \frac{\text{고온체에 공급한 열량}}{\text{공급일}} = \frac{\text{고온부 방출열}}{\text{입력일}}$$
$$= \frac{q_1}{W_c} = \frac{T_1}{T_1 - T_2}$$
$$= \frac{\text{응축열}}{\text{압축일}} = \frac{h_2 - h_3}{h_2 - h_1} = \varepsilon_R + 1$$

39 LPG 충전소 내의 가스사용시설 수리에 대한 설명으로 옳은 것은?

① 화기를 사용하는 경우에는 설비 내부의 가연성 가스가 폭발하한계의 1/4 이하인 것을 확인하고 수리한다.
② 충격에 의한 불꽃에 가스가 인화할 염려는 없다고 본다.
③ 내압이 완전히 빠져 있으면 화기를 사용해도 좋다.
④ 볼트를 조일 때는 한쪽만 잘 조이면 된다.

해설
② 충격에 의한 불꽃에 가스가 인화할 염려가 있다고 본다.
③ 내압이 완전히 빠져 있어도 화기를 사용하지 않아야 한다.
④ 볼트를 조일 때는 양쪽을 골고루 잘 조여야 한다.

40 산소 또는 불활성 가스 초저온 저장탱크의 경우에 한정하여 사용이 가능한 액면계는?

① 평형반사식 액면계
② 슬립튜브식 액면계
③ 환형 유리관 액면계
④ 플로트식 액면계

해설
환형 유리관 액면계 : 산소 또는 불활성 가스 초저온 저장탱크의 경우에 한정하여 사용이 가능한 액면계

제3과목 가스안전관리

41 산소, 수소 및 아세틸렌의 품질검사에서 순도는 각각 얼마 이상이어야 하는가?

① 산소 : 99.5[%], 수소 : 98.0[%], 아세틸렌 : 98.5[%]
② 산소 : 99.5[%], 수소 : 98.5[%], 아세틸렌 : 98.0[%]
③ 산소 : 98.0[%], 수소 : 99.5[%], 아세틸렌 : 98.5[%]
④ 산소 : 98.5[%], 수소 : 99.5[%], 아세틸렌 : 98.0[%]

해설
산소, 수소 및 아세틸렌의 품질검사에서 순도는 각각 99.5[%] 이상, 98.5[%] 이상, 98.0[%] 이상이어야 한다.

42 일반 도시가스사업제조소의 가스홀더 및 가스발생기는 그 외면으로부터 사업장의 경계까지 최고 사용압력이 중압인 경우 몇 [m] 이상의 안전거리를 유지하여야 하는가?

① 5[m]   ② 10[m]
③ 20[m]   ④ 30[m]

해설
일반 도시가스사업제조소의 가스홀더 및 가스발생기는 그 외면으로부터 사업장의 경계까지 최고 사용압력이 중압인 경우 10[m] 이상의 안전거리를 유지하여야 한다.

43 도시가스사업법상 배관 구분 시 사용되지 않는 것은?

① 본 관
② 사용자 공급관
③ 가정관
④ 공급관

해설
배관이란 도시가스를 공급하기 위하여 배치된 관으로서 본관, 공급관, 내관 또는 그 밖의 관이다.

44 포스핀(PH_3)의 저장과 취급 시 주의사항에 대한 설명으로 가장 거리가 먼 것은?

① 환기가 양호한 곳에서 취급하고 용기는 40[℃] 이하를 유지한다.
② 수분과의 접촉을 금지하고 정전기 발생 방지시설을 갖춘다.
③ 가연성이 매우 강하여 모든 발화원으로부터 격리한다.
④ 방독면을 비치하여 누출 시 착용한다.

해설
취급 시 반드시 방독면을 착용한다(누출 시뿐만 아니라 취급 시에도 항상 착용해야 한다).

45 저장탱크에 부착된 배관에 유체가 흐르고 있을 때 유체의 온도 또는 주위의 온도가 비정상적으로 높아진 경우 또는 호스커플링 등의 접속이 빠져 유체가 누출될 때 신속하게 작동하는 밸브는?

① 온도조절밸브
② 긴급차단밸브
③ 감압밸브
④ 전자밸브

해설
긴급차단밸브 : 저장탱크에 부착된 배관에 유체가 흐르고 있을 때, 유체의 온도 또는 주위의 온도가 비정상적으로 높아진 경우 또는 호스커플링 등의 접속이 빠져 유체가 누출될 때 신속하게 작동하는 밸브

정답 41 ② 42 ② 43 ③ 44 ④ 45 ②

46 액화석유가스 집단공급사업 허가대상인 것은?

① 70개소 미만의 수요자에게 공급하는 경우
② 전체 수용 가구수가 100세대 미만인 공동주택의 단지 내인 경우
③ 시장 또는 군수가 집단공급사업에 의한 공급이 곤란하다고 인정하는 공공주택단지에 공급하는 경우
④ 고용주가 종업원의 후생을 위하여 사원주택·기숙사 등에게 직접 공급하는 경우

[해설]
액화석유가스 집단공급사업 허가대상 : 전체 수용 가구수가 100세대 미만의 공동주택인 경우

47 사이안화수소를 저장하는 때에는 1일 1회 이상 다음 중 무엇으로 가스의 누출검사를 실시하는가?

① 질산구리벤젠지
② 묽은 질산은 용액
③ 묽은 황산 용액
④ 염화파라듐지

[해설]
사이안화수소를 저장하는 때에는 1일 1회 이상 질산구리벤젠지로 가스의 누출검사를 실시한다.

48 액화프로판을 내용적이 4,700[L]인 차량에 고정된 탱크를 이용하여 운행 시 기준으로 적합한 것은?(단, 폭발방지장치가 설치되지 않았다)

① 최대 저장량이 2,000[kg]이므로 운반책임자 동승이 필요 없다.
② 최대 저장량이 2,000[kg]이므로 운반책임자 동승이 필요하다.
③ 최대 저장량이 5,000[kg]이므로 200[km] 이상 운행 시 운반책임자 동승이 필요하다.
④ 최대 저장량이 5,000[kg]이므로 운행거리에 관계없이 운반책임자 동승이 필요 없다.

49 냉매설비에는 안전을 확보하기 위하여 액면계를 설치하여야 한다. 가연성 또는 독성가스를 냉매로 사용하는 수액기에 사용할 수 없는 액면계는?

① 환형 유리관 액면계
② 정전용량식 액면계
③ 편위식 액면계
④ 회전튜브식 액면계

[해설]
환형 유리관 액면계는 가연성 또는 독성가스를 냉매로 사용하는 수액기에 사용할 수 없다.

[정답] 46 ② 47 ① 48 ① 49 ①

50 다음 보기에서 고압가스제조설비의 사용 개시 전 점검사항을 모두 나열한 것은?

┌ 보기 ┐
ⓐ 가스설비에 있는 내용물의 상황
ⓑ 전기, 물 등 유틸리티 시설의 준비상황
ⓒ 비상전력 등의 준비사항
ⓓ 회전기계의 윤활유 보급상황

① ㉠, ㉢
② ㉡, ㉢
③ ㉠, ㉡, ㉢
④ ㉠, ㉡, ㉢, ㉣

해설
고압가스제조설비의 사용 개시 전 점검항목
- 자동제어장치의 기능
- 가스설비의 전반적인 누출 유무
- 배관계통의 밸브 개폐상황
- 가스설비에 있는 내용물의 상황
- 전기, 물 등 유틸리티 시설의 준비상황
- 회전기계의 윤활유 보급상황
- 비상전력 등의 준비상황

51 고압가스 용기(공업용)의 외면에 도색하는 가스 종류별 색상이 바르게 짝지어진 것은?

① 수소 – 갈색
② 액화염소 – 황색
③ 아세틸렌 – 밝은 회색
④ 액화암모니아 – 백색

해설
① 수소 – 주황색
② 액화염소 – 갈색
③ 아세틸렌 – 황색

52 LP 가스용기를 제조하여 분체도료(폴리에스테르계) 도장을 하려고 한다. 최소 도장 두께와 도장 횟수는?

① 25[μm], 1회 이상
② 25[μm], 2회 이상
③ 60[μm], 1회 이상
④ 60[μm], 2회 이상

해설
LP 가스용기의 도장 시 분체도료(폴리에스테르계) 도장의 최소 도장 두께와 도장 횟수 : 60[μm], 1회 이상

53 고압가스특정제조시설에서 고압가스 설비의 수리 등을 할 때의 가스 치환에 대한 설명으로 옳은 것은?

① 가연성 가스의 경우 가스의 농도가 폭발하한계의 1/2에 도달할 때까지 치환한다.
② 가스 치환 시 농도의 확인은 관능법에 따른다.
③ 불활성 가스의 경우 산소의 농도가 16[%] 이하에 도달할 때까지 공기로 치환한다.
④ 독성가스의 경우 독성가스의 농도가 TLV-TWA 기준농도 이하로 될 때까지 치환을 계속한다.

해설
① 가연성 가스의 경우 가스의 농도가 폭발하한계의 1/4에 도달할 때까지 치환한다.
② 가스 치환 시 농도의 확인은 가스검지기로 한다.
③ 불활성 가스의 경우 산소농도가 22[%] 이하에 도달할 때까지 공기로 치환한다.

54 가연성 액화가스 저장탱크에서 가스 누출에 의해 화재가 발생했다. 다음 중 그 대책으로 가장 거리가 먼 것은?

① 즉각 송입펌프를 정지시킨다.
② 소정의 방법으로 경보를 울린다.
③ 즉각 저조 내부의 액을 모두 플로다운(Flow-down)시킨다.
④ 살수장치를 작동시켜 저장탱크를 냉각한다.

해설
즉각 저조 내부의 액을 모두 플로다운(Flow-down)시키면 더 위험하다.

55 고압가스 용기의 파열사고 주원인은 용기의 내압력(耐壓力) 부족에 기인한다. 내압력 부족의 원인으로 가장 거리가 먼 것은?

① 용기 내벽의 부식
② 강재의 피로
③ 적정 충전
④ 용접 불량

해설
내압력 부족의 원인으로 용접 불량, 용기 내벽의 부식, 강재의 피로 등이 있다.

56 저장능력 18,000[m³]인 산소 저장시설은 전시장, 그 밖에 이와 유사한 시설로서 수용능력이 300인 이상인 건축물에 대하여 몇 [m]의 안전거리를 두어야 하는가?

① 12[m]   ② 14[m]
③ 16[m]   ④ 18[m]

해설
저장능력 18,000[m³]인 산소 저장시설은 전시장, 그 밖에 이와 유사한 시설로서 수용능력이 300인 이상인 건축물에 대하여 14[m]의 안전거리를 두어야 한다.

57 고압가스 특정설비 제조자의 수리범위에 해당되지 않는 것은?

① 단열재 교체
② 특정설비의 부품 교체
③ 특정설비의 부속품 교체 및 가공
④ 아세틸렌 용기 내의 다공질물 교체

해설
고압가스 특정설비 제조자의 수리범위 : 단열재 교체, 특정설비의 부품 교체, 특정설비의 부속품 교체 및 가공(용기밸브의 부품 교체, 냉동기의 부품 교체 등 포함), 용접가공 등

58 가스사용시설에 상자 콕 설치 시 예방 가능한 사고 유형으로 가장 옳은 것은?

① 연소기 과열 화재사고
② 연소기 폐가스 중독 질식사고
③ 연소기 호스 이탈 가스 누출사고
④ 연소기 소화안전장치 고장 가스 폭발사고

해설
가스사용시설에 상자 콕 설치 시 예방 가능한 사고유형 : 연소기 호스 이탈 가스 누출사고

정답 54 ③ 55 ③ 56 ② 57 ④ 58 ③

59 고압가스 저장시설에서 가스 누출사고가 발생하여 공기와 혼합하여 가연성, 독성가스로 되었다면 누출된 가스는?

① 질소
② 수소
③ 암모니아
④ 아황산가스

해설
고압가스 저장시설에서 가스 누출사고가 발생하여 공기와 혼합하여 가연성, 독성가스로 되었다면 누출된 가스는 암모니아이다.

60 액화석유가스의 안전관리 및 사업법에 의한 액화석유가스의 주성분에 해당되지 않는 것은?

① 액화된 프로판
② 액화된 부탄
③ 기화된 프로판
④ 기화된 메탄

해설
액화석유가스의 안전관리 및 사업법에 의한 액화석유가스의 주성분 : 액화된 프로판, 액화된 부탄, 기화된 프로판

제4과목 가스계측

61 가스사용시설의 가스 누출 시 검지법으로 틀린 것은?

① 아세틸렌가스 누출 검지에 염화제1구리착염지를 사용한다.
② 황화수소가스 누출 검지에 초산납시험지를 사용한다.
③ 일산화탄소가스 누출 검지에 염화파라듐지를 사용한다.
④ 염소가스 누출 검지에 묽은 황산을 사용한다.

해설
염소가스 누출 검지에는 KI-전분지를 사용한다.

62 차압식 유량계로 유량을 측정하였더니 교축기구 전후의 차압이 20.25[Pa]일 때 유량이 25[m³/h]이었다. 차압이 10.50[Pa]일 때의 유량은 약 몇 [m³/h]인가?

① 13   ② 18
③ 23   ④ 28

해설
$Q_1 = k\sqrt{\Delta P_1}$ 에서 $k = \dfrac{Q_1}{\sqrt{\Delta P_1}} = \dfrac{25}{\sqrt{20.25}}$ 이므로,
$Q_2 = k\sqrt{\Delta P_2} = \dfrac{25}{\sqrt{20.25}} \times \sqrt{10.50} \approx 18[\text{m}^3/\text{h}]$

63 화학공장에서 누출된 유독가스를 신속하게 현장에서 검지 정량하는 방법은?

① 전위적정법
② 흡광광도법
③ 검지관법
④ 적정법

64 제어동작에 따른 분류 중 연속되는 동작은?

① On-Off 동작
② 다위치 동작
③ 단속도 동작
④ 비례동작

해설
연속 동작 : 비례동작, 미분동작, 적분동작, 비례미분동작, 비례적분동작, 비례적분미분동작

65 피드백(Feedback) 제어에 대한 설명으로 틀린 것은?

① 다른 제어계보다 판단·기억의 논리기능이 뛰어나다.
② 입력과 출력을 비교하는 장치는 반드시 필요하다.
③ 다른 제어계보다 정확도가 증가된다.
④ 제어대상 특성이 다소 변하더라도 이것에 의한 영향을 제어할 수 있다.

해설
피드백 제어는 다른 제어계보다 판단·기억의 논리기능이 뛰어나지 않다.

66 액위(Level) 측정 계측기기의 종류 중 액체용 탱크에 사용되는 사이트글라스(Sight Glass)의 단점에 해당하지 않는 것은?

① 측정범위가 넓은 곳에서 사용이 곤란하다.
② 동결방지를 위한 보호가 필요하다.
③ 파손되기 쉬우므로 보호대책이 필요하다.
④ 내부 설치 시 요동(Turbulence) 방지를 위해 Stilling Chamber 설치가 필요하다.

해설
사이트글라스(Sight Glass)의 단점
• 측정범위가 넓은 곳에서는 사용이 곤란하다.
• 동결방지를 위한 보호가 필요하다.
• 파손되기 쉬우므로 보호대책이 필요하다.

67 계량이 정확하고 사용 기차의 변동이 크지 않아 발열량 측정 및 실험실의 기준 가스미터로 사용되는 것은?

① 막식 가스미터
② 건식 가스미터
③ Roots 가스미터
④ 습식 가스미터

해설
습식 가스미터 : 계량이 정확하고 사용 기차의 변동이 크지 않아 발열량 측정 및 실험실의 기준으로 사용되는 가스미터

정답   63 ③   64 ④   65 ①   66 ④   67 ④

68 사이안화수소(HCN) 가스 누출 시 검지지와 변색 상태로 옳은 것은?

① 염화파라듐지 – 흑색
② 염화제1구리착염지 – 적색
③ 연당지 – 흑색
④ 초산(질산)구리벤젠지 – 청색

해설
사이안화수소(HCN)가스 누출 시 검지지와 변색 상태 : 초산(질산)구리벤젠지–청색

69 가스는 분자량에 따라 다른 비중값을 갖는다. 이 특성을 이용하는 가스분석기기는?

① 자기식 O_2 분석기기
② 밀도식 CO_2 분석기기
③ 적외선식 가스분석기기
④ 광화학 발광식 NO_x 분석기기

해설
밀도식 CO_2계 : 가스의 밀도차(CO_2의 밀도가 공기보다 크다)를 이용하여 CO_2의 농도를 측정하는 가스분석계

70 오르자트 분석법은 어떤 시약이 CO를 흡수하는 방법을 이용하는 것이다. 이때 사용하는 흡수액은?

① 수산화나트륨 25[%] 용액
② 암모니아성 염화제1구리 용액
③ 30[%] KOH 용액
④ 알칼리성 파이로갈롤 용액

해설
오르자트 분석법은 암모니아성 염화제1구리 용액이 CO를 흡수하는 방법을 이용하는 것이다.

71 제어기기의 대표적인 것을 들면 검출기, 증폭기, 조작기기, 변환기로 구분되는데 서보전동기(Servo Motor)는 어디에 속하는가?

① 검출기
② 증폭기
③ 변환기
④ 조작기기

72 다음 보기에서 설명하는 열전대 온도계는?

┌보기├─
• 열전대 중 내열성이 가장 우수하다.
• 측정온도 범위가 0~1,600[℃] 정도이다.
• 환원성 분위기에 약하고 금속증기 등에 침식하기 쉽다.

① 백금–백금·로듐 열전대
② 크로멜–알루멜 열전대
③ 철–콘스탄탄 열전대
④ 동–콘스탄탄 열전대

해설
백금–백금·로듐 열전대
• 열전대 중 내열성이 가장 우수하다.
• 측정온도의 범위가 0~1,600[℃] 정도이다.
• 보상도선의 허용오차 : 0.5[%] 이내
• 열전대 중에서 측정온도가 가장 높다.
• 주로 정밀 측정용으로 사용된다(다른 열전대에 비하여 측정값이 가장 정밀하다).
• 다른 열전대 온도계보다 안정성이 우수하여 고온 측정에 적합하다.
• 산화 분위기에서 강하다.
• 환원성 분위기에 약하고 금속증기 등에 침식되기 쉽다.
• 열기전력이 작다.

73 도시가스로 사용하는 NG의 누출을 검지하기 위하여 검지기는 어느 위치에 설치하여야 하는가?

① 검지기 하단은 천장면의 아래쪽 0.3[m] 이내
② 검지기 하단은 천장면의 아래쪽 3[m] 이내
③ 검지기 상단은 바닥면에서 위쪽으로 0.3[m] 이내
④ 검지기 상단은 바닥면에서 위쪽으로 3[m] 이내

해설
검지기의 설치 위치
- 도시가스(LNG) 등 공기보다 가벼운 가스 : 검지기 하단은 천장면 등의 아래쪽 0.3[m] 이내에 부착
- LPG 등 공기보다 무거운 가스 : 검지기 상단은 바닥면 등에서 위쪽으로 0.3[m] 이내에 부착

74 다음 중 기본단위가 아닌 것은?

① 킬로그램[kg]
② 센티미터[cm]
③ 켈빈[K]
④ 암페어[A]

해설
길이의 기본단위는 미터[m]이다.

75 열전도형 진공계 중 필라멘트의 열전대로 측정하는 열전대 진공계의 측정범위는?

① $10^{-5} \sim 10^{-3}$[torr]
② $10^{-3} \sim 0.1$[torr]
③ $10^{-3} \sim 1$[torr]
④ $10 \sim 100$[torr]

76 온도 49[℃], 압력 1[atm]의 습한 공기 205[kg]이 10[kg]의 수증기를 함유하고 있을 때 이 공기의 절대습도는?(단, 49[℃]에서 물의 증기압은 88[mmHg]이다)

① 0.025[kg H$_2$O/kg Dry Air]
② 0.048[kg H$_2$O/kg Dry Air]
③ 0.051[kg H$_2$O/kg Dry Air]
④ 0.25[kg H$_2$O/kg Dry Air]

해설
절대습도는 습공기 중에서 건조공기 1[kg]에 대한 수증기의 양과의 비율이므로,

절대습도 $= \dfrac{10}{205-10} \approx 0.051$[kg H$_2$O/kg Dry Air]

77 면적유량계의 특징에 대한 설명으로 틀린 것은?

① 압력손실이 아주 크다.
② 정밀 측정용으로는 부적당하다.
③ 슬러지 유체의 측정이 가능하다.
④ 균등 유량 눈금으로 측정치를 얻을 수 있다.

해설
면적유량계는 압력손실이 작다.

78 다음 중 정도가 가장 높은 가스미터는?

① 습식 가스미터
② 벤투리미터
③ 오리피스미터
④ 루츠미터

해설
습식 가스미터는 정도가 높다.

79 최대 유량이 10[m³/h]인 막식 가스미터기를 설치하여 도시가스를 사용하는 시설이 있다. 가스레인지 2.5[m³/h]를 1일 8시간 사용하고, 가스보일러 6[m³/h]를 1일 6시간 사용했을 경우 월 가스사용량은 약 몇 [m³]인가?(단, 1개월은 31일이다)

① 1,570   ② 1,680
③ 1,736   ④ 1,950

해설
가스사용량
$$V = \sum Q_n T_n N_n = (2.5 \times 8 \times 31) + (6 \times 6 \times 31) = 1,736[m^3]$$

80 다음 온도계 중 가장 고온을 측정할 수 있는 것은?

① 저항온도계
② 서미스터 온도계
③ 바이메탈 온도계
④ 광고온계

해설
최고 측정온도
· 저항온도계 : 500[℃]
· 서미스터 온도계 : 300[℃]
· 바이메탈 온도계 : 500[℃]
· 광고온계 : 3,000[℃]

2019년 제2회 과년도 기출문제

제1과목 연소공학

01 가연성 물질의 인화 특성에 대한 설명으로 틀린 것은?

① 비점이 낮을수록 인화 위험이 커진다.
② 최소 점화에너지가 높을수록 인화 위험이 커진다.
③ 증기압을 높게 하면 인화 위험이 커진다.
④ 연소범위가 넓을수록 인화 위험이 커진다.

해설
최소 점화에너지가 낮을수록 인화 위험이 커진다.

02 프로판 1[kg]을 완전연소시키면 약 몇 [kg]의 CO_2가 생성되는가?

① 2[kg] ② 3[kg]
③ 4[kg] ④ 5[kg]

해설
프로판의 연소방정식 $C_3H_8 + 5O_2 \rightarrow 3CO_2 + 4H_2O$에서 프로판 1[kg]을 완전연소시키면 3[kg]의 CO_2가 생성된다.

03 분진폭발은 가연성 분진이 공기 중에 분산되어 있다가 점화원이 존재할 때 발생한다. 분진폭발이 전파되는 조건과 다른 것은?

① 분진은 가연성이어야 한다.
② 분진은 적당한 공기를 수송할 수 있어야 한다.
③ 분진의 농도는 폭발 위험을 벗어나 있어야 한다.
④ 분진은 화염을 전파할 수 있는 크기로 분포해야 한다.

해설
분진의 농도는 폭발 위험 이내에 있어야 한다.

04 오토 사이클에서 압축비(ε)가 10일 때 열효율은 약 몇 [%]인가?(단, 비열비[k]는 1.4이다)

① 58.2 ② 59.2
③ 60.2 ④ 61.2

해설
$$\eta_o = 1 - \left(\frac{1}{\varepsilon}\right)^{k-1} = 1 - \left(\frac{1}{10}\right)^{1.4-1} \approx 60.2[\%]$$

05 가연성 고체의 연소에서 나타나는 연소현상으로 고체가 열분해되면서 가연성 가스를 내며 연소열로 연소가 촉진되는 연소는?

① 분해연소 ② 자기연소
③ 표면연소 ④ 증발연소

해설
분해연소 : 가연성 고체의 연소에서 나타나는 연소현상으로, 고체가 열분해되면서 가연성 가스를 내며 연소열로 연소가 촉진되는 연소

정답 1 ② 2 ② 3 ③ 4 ③ 5 ①

06 완전가스의 성질에 대한 설명으로 틀린 것은?

① 비열비는 온도에 의존한다.
② 아보가드로의 법칙에 따른다.
③ 보일-샤를의 법칙을 만족한다.
④ 기체의 분자력과 크기는 무시된다.

해설
비열비는 온도에 의존하지 않는다.

07 용기의 내부에서 가스 폭발이 발생하였을 때 용기가 폭발압력을 견디고 외부의 가연성 가스에 인화되지 않도록 한 구조는?

① 특수(特殊) 방폭구조
② 유입(油入) 방폭구조
③ 내압(耐壓) 방폭구조
④ 안전증(安佺增) 방폭구조

해설
내압 방폭구조 : 용기의 내부에서 가스 폭발이 발생하였을 때 용기가 폭발압력을 견디고 외부의 가연성 가스에 인화되지 않도록 한 방폭구조

08 혼합기체의 온도를 고온으로 상승시켜 자연착화를 일으키고, 혼합기체의 전 부분이 극히 단시간 내에 연소하는 것으로서 압력 상승의 급격한 현상을 무엇이라고 하는가?

① 전파연소
② 폭 발
③ 확산연소
④ 예혼합연소

해설
폭발 : 혼합기체의 온도를 고온으로 상승시켜 자연착화를 일으키고, 혼합기체의 전 부분이 극히 단시간 내에 연소하는 것으로서 압력 상승의 급격한 현상

09 가스 용기의 물리적 폭발의 원인으로 가장 거리가 먼 것은?

① 누출된 가스의 점화
② 부식으로 인한 용기의 두께 감소
③ 과열로 인한 용기의 강도 감소
④ 압력 조정 및 압력 방출장치의 고장

해설
가스 용기의 물리적 폭발의 원인
• 부식으로 인한 용기의 두께 감소
• 과열로 인한 용기의 강도 감소
• 압력 조정 및 압력 방출 장치의 고장

10 $CO_{2max}[\%]$는 어느 때의 값인가?

① 실제공기량으로 연소시켰을 때
② 이론공기량으로 연소시켰을 때
③ 과잉공기량으로 연소시켰을 때
④ 부족공기량으로 연소시켰을 때

해설
$CO_{2max}[\%]$: 최대 탄산가스율 또는 탄산가스 최대량이며 이론공기량으로 완전연소(공기비 $m=1$)했을 때의 $CO_2[\%]$값 또는 이론건연소가스 중의 $CO_2[\%]$로, 탄소가 가장 높다.

11 다음 혼합가스 중 폭굉이 발생되기 가장 쉬운 것은?

① 수소 – 공기
② 수소 – 산소
③ 아세틸렌 – 공기
④ 아세틸렌 – 산소

해설
아세틸렌-산소 혼합가스는 폭굉이 발생되기 쉽다.

12 프로판가스 1[kg]을 완전연소시킬 때 필요한 이론 공기량은 약 몇 [Nm³/kg]인가?(단, 공기 중 산소는 21[v%]이다)

① 10.1
② 11.2
③ 12.1
④ 13.2

해설
프로판의 연소방정식 $C_3H_8 + 5O_2 \rightarrow 3CO_2 + 4H_2O$
이론산소량 O_0 = 가연물질의 몰수 × 산소의 몰수 × 22.4
$= \frac{1}{44} \times 5 \times 22.4 = 2.545$
이론공기량 $A_0 = \frac{O_0}{0.21} = \frac{2.545}{0.21} \approx 12.1 [Nm^3/kg]$

13 자연발화를 방지하기 위해 필요한 사항이 아닌 것은?

① 습도를 높여 준다.
② 통풍을 잘 시킨다.
③ 저장실 온도를 낮춘다.
④ 열이 쌓이지 않도록 주의한다.

해설
자연발화를 방지하기 위해서는 습도를 내려 준다.

14 불완전연소의 원인으로 가장 거리가 먼 것은?

① 불꽃의 온도가 높을 때
② 필요량의 공기가 부족할 때
③ 배기가스의 배출이 불량할 때
④ 공기와의 접촉 혼합이 불충분할 때

해설
불꽃의 온도가 낮을 때 불완전연소가 발생한다.

15 연소 및 폭발 등에 대한 설명 중 틀린 것은?

① 점화원의 에너지가 약할수록 폭굉유도거리는 길어진다.
② 가스의 폭발범위는 측정조건을 바꾸면 변화한다.
③ 혼합가스의 폭발한계는 르샤틀리에식으로 계산한다.
④ 가스연료의 최소 점화에너지는 가스농도에 관계없이 결정되는 값이다.

해설
가스연료의 최소 점화에너지는 가스농도에 따라 달라진다.

16 고체연료의 성질에 대한 설명 중 옳지 않은 것은?

① 수분이 많으면 통풍 불량의 원인이 된다.
② 휘발분이 많으면 점화가 쉽고, 발열량이 높아진다.
③ 착화온도는 산소량이 증가할수록 낮아진다.
④ 회분이 많으면 연소를 나쁘게 하여 열효율이 저하된다.

해설
고체연료의 휘발분이 많으면 점화가 쉽고 연소가 잘되지만, 발열량은 물질의 특성에 따라 다르다.

17 물질의 화재 위험성에 대한 설명으로 틀린 것은?

① 인화점이 낮을수록 위험하다.
② 발화점이 높을수록 위험하다.
③ 연소범위가 넓을수록 위험하다.
④ 착화에너지가 낮을수록 위험하다.

해설
발화점이 낮을수록 위험하다.

18 열역학 제1법칙을 바르게 설명한 것은?

① 열평형에 관한 법칙이다.
② 제2종 영구기관의 존재 가능성을 부인하는 법칙이다.
③ 열은 다른 물체에 아무런 변화도 주지 않고, 저온 물체에서 고온 물체로 이동하지 않는다.
④ 에너지 보존법칙 중 열과 일의 관계를 설명한 것이다.

해설
① 열평형에 관한 법칙은 열역학 제0법칙이다.
② 제2종 영구기관의 존재 가능성을 부인하는 법칙은 열역학 제2법칙이다.
③ 열역학 제2법칙에 의하면, 열은 다른 물체에 아무런 변화도 주지 않으면서 저온 물체에서 고온 물체로 이동하지 않는다.

19 다음 반응에서 평형을 오른쪽으로 이동시켜 생성물을 더 많이 얻으려면 어떻게 해야 하는가?

$$CO + H_2O \rightleftarrows H_2 + CO_2 + Q[kcal]$$

① 온도를 높인다.
② 압력을 높인다.
③ 온도를 낮춘다.
④ 압력을 낮춘다.

해설
평형반응식의 이동
• 반응식은 온도를 낮추면 온도가 올라가는 방향인 발열반응쪽으로 이동한다.
• 반응식은 온도를 높이면 온도가 내려가는 방향인 흡열반응쪽으로 이동한다.

20 탄소 2[kg]을 완전연소시켰을 때 발생된 연소가스(CO_2)의 양은 얼마인가?

① 3.66[kg]
② 7.33[kg]
③ 8.89[kg]
④ 12.34[kg]

해설
탄소의 연소방정식 : $C + O_2 \rightarrow CO_2$

탄소 2[kg]의 몰수 $= \dfrac{2}{12} = \dfrac{1}{6}$[mol]이므로

탄소 2[kg]을 완전연소시켰을 때 발생된 연소가스(CO_2)의 양은 $\dfrac{1}{6} \times 44 \approx 7.33$[kg]이다.

정답 16 ② 17 ② 18 ④ 19 ③ 20 ②

제2과목 가스설비

21 도시가스 제조공정 중 촉매 존재하에 약 400~800[℃]의 온도에서 수증기와 탄화수소를 반응시켜 CH_4, H_2, CO, CO_2 등으로 변화시키는 프로세스는?

① 열분해 프로세스
② 부분연소 프로세스
③ 접촉분해 프로세스
④ 수소화 분해 프로세스

해설
접촉분해 프로세스 : 도시가스 제조공정 중 촉매 존재하에 약 400~800[℃]의 온도에서 수증기와 탄화수소를 반응시켜 CH_4, H_2, CO, CO_2 등으로 변화시키는 프로세스

22 직류전철 등에 의한 누출전류의 영향을 받는 배관에 적합한 전기방식법은?

① 희생양극법
② 교호법
③ 배류법
④ 외부전원법

해설
배류법 : 직류전철 등에 의한 누출전류의 영향을 받는 배관에 적합한 전기방식법

23 전양정이 54[m], 유량이 1.2[m³/min]인 펌프로 물을 이송하는 경우, 이 펌프의 축동력은 약 몇 [PS]인가?(단, 펌프의 효율은 80[%], 물의 밀도는 1[g/cm³]이다)

① 13
② 18
③ 23
④ 28

해설
축동력
$$H = \frac{\gamma h Q}{\eta} = \frac{1,000 \times 54 \times 1.2}{0.8} = 81,000[\text{kgf/min}]$$
$$= \frac{81,000 \times 9.8}{60}[\text{N/sec}] = 13,230[W] = 13.23[\text{kW}]$$
$$\simeq 18[\text{PS}]$$

24 LNG 수입기지에서 LNG를 NG로 전환하기 위하여 가열원을 해수로 기화시키는 방법은?

① 냉열기화
② 중앙매체식 기화기
③ Open Rack Vaporizer
④ Submerged Conversion Vaporizer

해설
Open Rack Vaporizer : LNG 수입기지에서 LNG를 NG로 전환하기 위하여 가열원을 해수로 기화시키는 방법

정답 21 ③ 22 ③ 23 ② 24 ③

25 Vapor Lock 현상의 원인과 방지방법에 대한 설명으로 틀린 것은?

① 흡입관 지름을 작게 하거나 펌프의 설치 위치를 높게 하여 방지할 수 있다.
② 흡입관로를 청소하여 방지할 수 있다.
③ 흡입관로의 막힘, 스케일 부착 등에 의해 저항이 증대했을 때 원인이 된다.
④ 액 자체 또는 흡입배관 외부의 온도가 상승될 때 원인이 될 수 있다.

해설
흡입관 지름을 크게 하거나 펌프의 설치 위치를 낮게 하여 Vapor Lock 현상을 방지할 수 있다.

26 저압 가스배관에서 관의 내경이 1/2로 되면 압력손실은 몇 배가 되는가?(단, 다른 모든 조건은 동일한 것으로 본다)

① 4 ② 16
③ 32 ④ 64

해설
저압배관의 유량(도시가스 등)
$$Q = K\sqrt{\frac{hD^5}{SL}}$$
(여기서, K : 유량계수, S : 가스의 비중, L : 배관의 길이, D : 배관의 지름, h : 압력손실(기점, 종점 간의 압력 강하 또는 기점압력과 말단압력의 차이))
관의 내경이 1/2이 되면 $(0.5D)^5 h' = D^5 h$ 이므로,
$h' = 2^5 h = 32h$

27 사용압력이 60[kg/cm²], 관의 허용응력이 20[kg/mm²]일 때의 스케줄 번호는 얼마인가?

① 15 ② 20
③ 30 ④ 60

해설
SCH No.
$$SCH = 10 \times \frac{P}{\sigma} = 10 \times \frac{60}{20} = 30$$
(여기서, P : 사용압력, σ : 허용응력)

28 도시가스 배관 등의 용접 및 비파괴검사 중 용접부의 육안검사에 대한 설명으로 틀린 것은?

① 보강 덧붙임은 그 높이가 모재 표면보다 낮지 않도록 하고, 3[mm] 이상으로 할 것
② 외면의 언더컷은 그 단면이 V자형으로 되지 않도록 하며, 1개의 언더컷 길이 및 깊이는 각각 30[mm] 이하 및 0.5[mm] 이하일 것
③ 용접부 및 그 부근에는 균열, 아크 스트라이크, 위해하다고 인정되는 지그의 흔적, 오버랩 및 피트 등의 결함이 없을 것
④ 비드 형상이 일정하며 슬러그, 스패터 등이 부착되어 있지 않을 것

해설
보강 덧붙임은 그 높이가 모재표면보다 낮지 않도록 하고, 3[mm] 이하로 해야 한다(알루미늄은 제외).

29 기화장치의 성능에 대한 설명으로 틀린 것은?

① 온수가열방식은 그 온수의 온도가 80[℃] 이하이어야 한다.
② 증기가열방식은 그 온수의 온도가 120[℃] 이하이어야 한다.
③ 기화통 내부는 밀폐구조로 하며 분해할 수 없는 구조로 한다.
④ 액유출방지장치로서의 전자식 밸브는 액화가스 인입부의 필터 또는 스트레이너 후단에 설치한다.

해설
기화통 내부는 점검구 등을 통하여 확인할 수 있거나 분해점검을 통하여 확인할 수 있는 구조로 한다.

30 동일한 펌프로 회전수를 변경시킬 경우 양정을 변화시켜 상사조건이 되려면 회전수와 유량은 어떤 관계가 있는가?

① 유량에 비례한다.
② 유량에 반비례한다.
③ 유량의 2승에 비례한다.
④ 유량의 2승에 반비례한다.

해설
유량 $Q_2 = Q_1 \left(\dfrac{N_2}{N_1}\right)^1 \left(\dfrac{D_2}{D_1}\right)^3$
(여기서, D : 임펠러의 직경, N : 회전수)
양정 $h_2 = h_1 \left(\dfrac{N_2}{N_1}\right)^2 \left(\dfrac{D_2}{D_1}\right)^2$
동일한 펌프이므로,
유량 $Q_2 = Q_1 \left(\dfrac{N_2}{N_1}\right)^1 \left(\dfrac{D_2}{D_1}\right)^3 = Q_2 = Q_1 \left(\dfrac{N_2}{N_1}\right)^1$
양정 $h_2 = h_1 \left(\dfrac{N_2}{N_1}\right)^2$
따라서 유량의 2승에 비례한다.

31 도시가스 정압기 출구측의 압력이 설정압력보다 비정상적으로 상승하거나 낮아지는 경우에 이상 유무를 상황실에서 알 수 있도록 알려 주는 설비는?

① 압력기록장치
② 이상압력통보설비
③ 가스누출경보장치
④ 출입문 개폐통보장치

해설
이상압력통보설비 : 도시가스 정압기 출구측의 압력이 설정압력보다 비정상적으로 상승하거나 낮아지는 경우에 이상 유무를 상황실에서 알 수 있도록 알려 주는 설비

32 가연성 가스를 충전하는 차량에 고정된 탱크 및 용기에 부착되어 있는 안전밸브의 작동압력으로 옳은 것은?

① 상용압력의 1.5배 이하
② 상용압력의 10분의 8 이하
③ 내압시험압력의 1.5배 이하
④ 내압시험압력의 10분의 8 이하

해설
가연성 가스를 충전하는 차량에 고정된 탱크 및 용기에 부착되어 있는 안전밸브의 작동압력은 내압시험압력의 10분의 8 이하이다.

정답 29 ③ 30 ③ 31 ② 32 ④

33 자연기화와 비교한 강제기화기 사용 시 특징에 대한 설명으로 틀린 것은?

① 기화량을 가감할 수 있다.
② 공급가스의 조성이 일정하다.
③ 설비장소가 커지고 설비비는 많이 든다.
④ LPG 종류에 관계없이 한랭 시에도 충분히 기화된다.

해설
강제기화기는 설비 장소가 작고 설비비는 적게 든다.

34 재료의 성질 및 특성에 대한 설명으로 옳은 것은?

① 비례한도 내에서 응력과 변형은 반비례한다.
② 안전율은 파괴강도와 허용응력에 각각 비례한다.
③ 인장시험에서 하중을 제거시킬 때 변형이 원상태로 되돌아가는 최대 응력값을 탄성한도라고 한다.
④ 탄성한도 내에서 가로와 세로 변형률의 비는 재료에 관계없이 일정한 값이 된다.

해설
① 비례한도 내에서 응력과 변형은 비례한다.
② 안전율은 파괴강도에 비례하고, 허용응력에 반비례한다.
③ 인장시험에서 하중을 제거시킬 때 변형이 원상태로 되돌아가는 최대 응력값을 항복점이라고 한다.

35 펌프에서 일어나는 현상 중 송출압력과 송출유량 사이에 주기적인 변동이 일어나는 현상은?

① 서징현상
② 공동현상
③ 수격현상
④ 진동현상

해설
② 공동현상 : 파이프 내부의 정압이 액체의 증기압 이하로 되면 증기가 발생하여 진동이 발생하는 현상
③ 수격현상 : 유속이 빠르게 진행되면서 압력파가 형성되어 유체가 망치처럼 관로를 때리는 현상

36 냉동기에 대한 옳은 설명으로만 모두 나열된 것은?

Ⓐ CFC 냉매는 염소, 플루오린, 탄소만으로 화합된 냉매이다.
Ⓑ 물은 비체적이 커서 증기압축식 냉동기에 적당하다.
Ⓒ 흡수식 냉동기는 서로 잘 용해하는 두 가지 물질을 사용한다.
Ⓓ 냉동기의 냉동효과는 냉매가 흡수한 열량을 뜻한다.

① Ⓐ, Ⓑ
② Ⓑ, Ⓒ
③ Ⓐ, Ⓓ
④ Ⓐ, Ⓒ, Ⓓ

해설
물은 비체적이 커서 증기압축식 냉동기에 적당하지 않다.

37 정류(Rectification)에 대한 설명으로 틀린 것은?

① 비점이 비슷한 혼합물의 분리에 효과적이다.
② 상층의 온도는 하층의 온도보다 높다.
③ 환류비를 크게 하면 제품의 순도는 좋아진다.
④ 포종탑에서는 액량이 거의 일정하므로 접촉효과가 우수하다.

해설
정류의 상층 온도는 하층 온도보다 낮다.

38 고압가스 설비에 설치하는 압력계의 최고 눈금은?

① 상용압력의 2배 이상, 3배 이하
② 상용압력의 1.5배 이상, 2배 이하
③ 내압시험압력의 1배 이상, 2배 이하
④ 내압시험압력의 1.5배 이상, 2배 이하

해설
고압가스 설비에 설치하는 압력계의 최고 눈금은 상용압력의 1.5배 이상, 2배 이하이다.

39 천연가스의 비점은 약 몇 [℃]인가?

① −84
② −162
③ −183
④ −192

40 가스 용기재료의 구비조건으로 가장 거리가 먼 것은?

① 내식성을 가질 것
② 무게가 무거울 것
③ 충분한 강도를 가질 것
④ 가공 중 결함이 생기지 않을 것

해설
가스 용기재료는 무게가 가벼워야 한다.

정답 37 ② 38 ② 39 ② 40 ②

제3과목 가스안전관리

41 고압가스 용기의 보관에 대한 설명으로 틀린 것은?

① 독성가스, 가연성 가스 및 산소용기는 구분한다.
② 충전용기 보관은 직사광선 및 온도와 관계없다.
③ 잔가스용기와 충전용기는 구분한다.
④ 가연성 가스 용기 보관 장소에는 방폭형 휴대용 손전등 외의 등화를 휴대하지 않는다.

해설
충전용기는 항상 40[℃] 이하의 온도를 유지하고, 직사광선을 받지 않도록 조치해야 한다.

42 고압가스 분출 시 정전기가 가장 발생하기 쉬운 경우는?

① 가스의 온도가 높을 경우
② 가스의 분자량이 적을 경우
③ 가스 속에 액체 미립자가 섞여 있을 경우
④ 가스가 충분히 건조되어 있을 경우

해설
가스 속에 액체 미립자가 섞여 있을 경우 고압가스 분출 시 정전기가 가장 발생하기 쉽다.

43 냉동기를 제조하고자 하는 자가 갖추어야 하는 제조설비가 아닌 것은?

① 프레스 설비   ② 조립설비
③ 용접설비   ④ 도막측정기

해설
냉동기를 제조하고자 하는 자가 갖추어야 하는 제조설비 : 프레스 설비, 조립설비, 용접설비, 제관설비, 건조설비 등

44 일반 도시가스사업제조소의 도로 밑 도시가스 배관 직상단에는 배관의 위치, 흐름 방향을 표시한 라인마크(Line Mark)를 설치(표시)하여야 한다. 직선 배관인 경우 라인마크의 최소 설치 간격은?

① 25[m]   ② 50[m]
③ 100[m]   ④ 150[m]

해설
직선 배관인 경우 라인마크의 최소 설치 간격 : 50[m]

45 액화석유가스 저장탱크에는 자동차에 고정된 탱크에서 가스를 이입할 수 있도록 로딩암을 건축물 내부에 설치할 경우 환기구를 설치하여야 한다. 환기구 면적의 합계는 바닥면적의 얼마 이상을 기준으로 하는가?

① 1[%]   ② 3[%]
③ 6[%]   ④ 10[%]

해설
환기구 면적의 합계는 바닥면적의 6[%] 이상을 기준으로 한다.

정답 41 ② 42 ③ 43 ④ 44 ② 45 ③

46 가연성 가스를 충전하는 차량의 고정된 탱크에 설치하는 것으로, 내압시험압력의 10분의 8 이하의 압력에서 작동하는 것은?

① 역류방지밸브
② 안전밸브
③ 스톱밸브
④ 긴급차단장치

해설
안전밸브 : 가연성 가스를 충전하는 차량의 고정된 탱크에 설치하는 것으로, 내압시험압력의 10분의 8 이하의 압력에서 작동하는 밸브

47 차량에 고정된 탱크의 운반기준에서 가연성 가스 및 산소탱크의 내용적은 얼마를 초과할 수 없는가?

① 18,000[L]
② 12,000[L]
③ 10,000[L]
④ 8,000[L]

해설
차량에 고정된 탱크의 운반기준에서 가연성 가스 및 산소탱크의 내용적은 18,000[L]를 초과할 수 없다.

48 공기액화분리장치의 액화산소 5[L] 중에 메탄 360 [mg], 에틸렌 196[mg]이 섞여 있다면 탄화수소 중 탄소의 질량[mg]은 얼마인가?

① 438
② 458
③ 469
④ 500

해설
탄화수소 중 탄소의 질량 $= 360 \times \dfrac{12}{16} + 196 \times \dfrac{24}{28} = 438[mg]$

49 산소용기를 이동하기 전에 취해야 할 사항으로 가장 거리가 먼 것은?

① 안전밸브를 떼어 낸다.
② 밸브를 잠근다.
③ 조정기를 떼어 낸다.
④ 캡을 확실히 부착한다.

해설
산소용기를 이동하기 전에 안전밸브 부착 상태를 확인해야 한다.

50 고압가스 용기 파열사고의 주요 원인으로 가장 거리가 먼 것은?

① 용기의 내압력(耐壓力) 부족
② 용기밸브의 용기에서의 이탈
③ 용기 내압(內壓)의 이상 상승
④ 용기 내에서의 폭발성 혼합가스의 발화

해설
용기 파열사고의 원인
• 가열, 일광의 직사, 내용물의 중합반응 등으로 인한 용기 내압의 이상 상승
• 염소용기는 용기의 부식에 의하여 파열사고가 발생할 수 있다.
• 수소용기는 산소와 혼합 충전으로 격심한 가스폭발에 의한 파열사고가 발생할 수 있다.
• 고압 아세틸렌가스는 분해폭발에 의한 파열사고가 발생될 수 있다.
• 고압가스 용기의 파열사고 주원인은 용기의 내압력 부족에 기인한다. 내압력 부족의 원인으로 용접 불량, 용기 내벽의 부식, 강재의 피로 등이 있다.
• 용기 내에서 폭발성 혼합가스가 발화되면 파열사고가 발생한다.

51 내용적이 25,000[L]인 액화산소 저장탱크의 저장능력은 얼마인가?(단, 비중은 1.04이다)

① 26,000[kg]
② 23,400[kg]
③ 22,780[kg]
④ 21,930[kg]

해설
액화가스 저장탱크의 저장능력
$W = 0.9 d V_2 = 0.9 \times 1.04 \times 25,000 = 23,400 [\text{kg}]$

52 다음 중 독성가스와 그 제독제가 옳지 않게 짝지어진 것은?

① 아황산가스 – 물
② 포스겐 – 소석회
③ 황화수소 – 물
④ 염소 – 가성소다 수용액

해설
황화수소 : 가성소다(수용액, 1,140[kg]), 탄산소다(수용액, 1,500[kg])

53 용기에 의한 액화석유가스 사용시설에서 과압안전장치 설치 대상은 자동절체기가 설치된 가스설비의 경우 저장능력의 몇 [kg] 이상인가?

① 100[kg]   ② 200[kg]
③ 400[kg]   ④ 500[kg]

해설
용기에 의한 액화석유가스 사용시설에서 과압안전장치 설치 대상은 자동절체기가 설치된 가스설비의 경우 저장능력의 500[kg] 이상이다.

54 용접부의 용착 상태의 양부를 검사할 때 가장 적당한 시험은?

① 인장시험
② 경도시험
③ 충격시험
④ 피로시험

해설
용접부의 용착 상태의 양부를 검사할 때 가장 적당한 시험은 인장시험이다.

55 수소의 성질에 관한 설명으로 틀린 것은?

① 모든 가스 중에 가장 가볍다.
② 열전달률이 아주 작다.
③ 폭발범위가 아주 넓다.
④ 고온, 고압에서 강제 중의 탄소와 반응한다.

해설
수소는 열전달률이 아주 크고, 열에 대하여 안정하다.

56 일정 기준 이상의 고압가스를 적재 운반 시에는 운반책임자가 동승한다. 다음 중 운반책임자의 동승 기준으로 틀린 것은?

① 가연성 압축가스 : 300[m³] 이상
② 조연성 압축가스 : 600[m³] 이상
③ 가연성 액화가스 : 4,000[kg] 이상
④ 조연성 액화가스 : 6,000[kg] 이상

해설
가스탱크 운반 시 운반책임자의 동승 기준

압축가스	• 독성(1[ppm] 이상) : 100[m³] 이상 • 가연성 : 300[m³] 이상 • 조연성 : 600[m³] 이상
액화가스	• 독성(1[ppm] 이상) : 1,000[kg] 이상 • 가연성 : 3,000[kg] 이상 　(에어졸 용기 : 2,000[kg] 이상) • 조연성 : 6,000[kg] 이상

57 다음 중 특정 고압가스에 해당하는 것만으로 나열된 것은?

① 수소, 아세틸렌, 염화가스, 천연가스, 포스겐
② 수소, 산소, 액화석유가스, 포스핀, 압축다이보레인
③ 수소, 염화수소, 천연가스, 포스겐, 포스핀
④ 수소, 산소, 아세틸렌, 천연가스, 포스핀

58 아세틸렌가스를 2.5[MPa]의 압력으로 압축할 때 첨가하는 희석제가 아닌 것은?

① 질 소
② 메 탄
③ 일산화탄소
④ 산 소

해설
아세틸렌가스의 분해폭발을 방지하기 위해 사용되는 희석제 : 질소, 에틸렌, 메탄, 일산화탄소 등

59 LP 가스 사용시설의 배관 내용적이 10[L]인 저압배관에 압력계로 기밀시험을 할 때 기밀시험압력 유지시간은 얼마인가?

① 5분 이상
② 10분 이상
③ 24분 이상
④ 48분 이상

해설
LP 가스 사용시설의 배관 내용적이 10[L]인 저압배관에 압력계로 기밀시험을 할 때 기밀시험압력 유지시간은 5분 이상이다.

60 액화염소 2,000[kg]을 차량에 적재하여 운반할 때 휴대하여야 할 소석회는 몇 [kg] 이상을 기준으로 하는가?

① 10　　　　② 20
③ 30　　　　④ 40

해설
액화염소 2,000[kg]을 차량에 적재하여 운반할 때 휴대하여야 할 소석회는 40[kg] 이상을 기준으로 한다.

정답 56 ③ 57 ④ 58 ④ 59 ① 60 ④

제4과목 가스계측

61 바이메탈 온도계에 사용되는 변환방식은?

① 기계적 변환
② 광학적 변환
③ 유도적 변환
④ 전기적 변환

해설
바이메탈 온도계에 사용되는 변환방식은 기계적 변환방식이다.

62 계량, 계측기의 교정이라 함은 무엇을 뜻하는가?

① 계량, 계측기의 지시값과 표준기의 지시값과의 차이를 구하여 주는 것
② 계량, 계측기의 지시값을 평균하여 참값과의 차이가 없도록 가산하여 주는 것
③ 계량, 계측기의 지시값과 참값과의 차를 구하여 주는 것
④ 계량, 계측기의 지시값을 참값과 일치하도록 수정하는 것

해설
계량, 계측기의 교정이란 계량, 계측기의 지시값을 참값과 일치하도록 수정하는 것이다.

63 주로 기체연료의 발열량을 측정하는 열량계는?

① Richter 열량계
② Scheel 열량계
③ Junker 열량계
④ Thomson 열량계

해설
Junker 열량계는 주로 기체연료의 발열량을 측정한다.

64 염소(Cl_2)가스 누출 시 검지하는 가장 적당한 시험지는?

① 연당지
② KI-전분지
③ 초산벤젠지
④ 염화제일구리착염지

해설
시험지법에서의 검지가스별 시험지와 누설 변색 색상
• 아세틸렌(C_2H_2) : 염화제1동착염지 - 적색
• 암모니아(NH_3) : (적색) 리트머스시험지 - 청색
• 염소(Cl_2) : KI 전분지(아이오딘화칼륨, 녹말종이) - 청색
• 일산화탄소(CO) : 염화팔라듐지 - 흑색
• 사이안화수소(HCN) : 질산구리벤젠지(초산벤젠지) - 청색
• 포스겐($COCl_2$) : 해리슨시험지 - 심등색
• 황화수소(H_2S) : 연당지(초산납지) - 흑(갈)색

65 전기식 제어방식의 장점으로 틀린 것은?

① 배선작업이 용이하다.
② 신호 전달 지연이 없다.
③ 신호의 복잡한 취급이 쉽다.
④ 조작속도가 빠른 비례 조작부를 만들기 쉽다.

해설
전기식 제어방식의 특징
• 신호 지연이 없으며 배선이 용이하다.
• 컴퓨터와의 접속성이 좋다.
• 신호의 복잡한 취급이 용이하다.
• 온오프가 간단하다.
• 취급기술을 요하며 습도에 주의해야 한다.

정답 61 ① 62 ④ 63 ③ 64 ② 65 ④

66 오리피스로 유량을 측정하는 경우 압력차가 4배로 증가하면 유량은 몇 배로 변하는가?

① 2배 증가
② 4배 증가
③ 8배 증가
④ 16배 증가

해설
$\dfrac{Q_2}{Q_1} = \dfrac{k\sqrt{\Delta P_2}}{k\sqrt{\Delta P_1}} = \dfrac{\sqrt{4\Delta P_1}}{\sqrt{\Delta P_1}} = \sqrt{4} = 2$ 에서 $Q_2 = 2Q_1$

67 내경 50[mm]의 배관에서 평균 유속 1.5[m/sec]의 속도로 흐를 때의 유량[m³/h]은 얼마인가?

① 10.6
② 11.2
③ 12.1
④ 16.2

해설
유량
$Q = Av = \dfrac{\pi(0.05)^2}{4} \times 1.5 \times 3{,}600 \simeq 10.6 [m^3/h]$

68 습증기의 열량을 측정하는 기구가 아닌 것은?

① 조리개 열량계
② 분리열량계
③ 과열열량계
④ 봄베열량계

해설
습증기의 열량을 측정하는 기구 : 조리개 열량계, 분리열량계, 과열열량계

69 가스크로마토그래피에 사용되는 운반기체의 조건으로 가장 거리가 먼 것은?

① 순도가 높아야 한다.
② 비활성이어야 한다.
③ 독성이 없어야 한다.
④ 기체 확산을 최대로 할 수 있어야 한다.

해설
가스크로마토그래피에 사용되는 운반기체는 기체 확산을 최소로 할 수 있어야 한다.

70 막식 가스미터 고장의 종류 중 부동(不動)의 의미를 가장 바르게 설명한 것은?

① 가스가 크랭크축이 녹슬거나 밸브와 밸브시트가 타르(Tar) 접착 등으로 통과하지 않는다.
② 가스의 누출로 통과하나 정상적으로 미터가 작동하지 않아 부정확한 양만 측정된다.
③ 가스가 미터는 통과하나 계량막의 파손, 밸브의 탈락 등으로 계량기 지침이 작동하지 않는 것이다.
④ 날개나 조절기에 고장이 생겨 회전장치에 고장이 생긴 것이다.

해설
부 동
• 가스가 미터기를 통과하지만 계량기 지침이 작동하지 않아 계량이 되지 않는 고장
• 루츠미터의 경우, 회전자는 회전하고 있으나 미터의 지침이 작동하지 않는 고장 형태
• 부동의 원인 : 계량막의 파손, 밸브의 탈락, 밸브와 밸브시트 틈새 불량, 밸브와 밸브시트 간격에서의 누설, 지시 기어장치의 물림 불량 등

71 오르자트 가스분석기에서 CO 가스의 흡수액은?

① 30[%] KOH 용액
② 염화제1구리 용액
③ 파이로갈롤 용액
④ 수산화나트륨 25[%] 용액

해설
오르자트 가스분석기에서 CO 가스의 흡수액 : 염화제1구리 용액

72 1[kΩ] 저항에 100[V]의 전압이 사용되었을 때 소모된 전력은 몇 [W]인가?

① 5
② 10
③ 20
④ 50

해설
소모전력 $P = V \times I = I^2 R = \dfrac{V^2}{R} = \dfrac{100^2}{1,000} = 10[\text{W}]$

73 공업용 계측기의 일반적인 주요 구성으로 가장 거리가 먼 것은?

① 전달부
② 검출부
③ 구동부
④ 지시부

해설
공업용 계측기의 일반적인 주요 구성 : 검출부, 변환부, 전송부(전달부), 지시부

74 다음 그림과 같은 자동제어방식은?

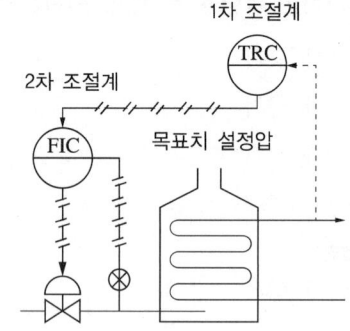

① 피드백 제어
② 시퀀스 제어
③ 캐스케이드 제어
④ 프로그램 제어

해설
캐스케이드 제어 : 1차 제어장치가 제어량을 측정하여 제어명령을 하고, 2차 제어장치가 이 명령을 바탕으로 제어량을 조절하는 제어방식

75 가스의 자기성(磁器性)을 이용하여 검출하는 분석기기는?

① 가스크로마토그래피
② SO_2계
③ O_2계
④ CO_2계

해설
O_2계는 가스의 자기성(磁器性)을 이용하여 검출하는 분석기기이다.

76 가스미터의 종류 중 정도(정확도)가 우수하여 실험실용 등 기준기로 사용되는 것은?

① 막식 가스미터
② 습식 가스미터
③ Roots 가스미터
④ Orifice 가스미터

해설
습식 가스미터 : 정도(정확도)가 우수하여 실험실용 등 기준기로 사용되는 가스미터

77 훅의 법칙에 의해 작용하는 힘과 변형이 비례한다는 원리를 적용한 압력계는?

① 액주식 압력계
② 점성 압력계
③ 부르동관식 압력계
④ 링밸런스 압력계

해설
부르동관식 압력계는 훅의 법칙에 의해 작용하는 힘과 변형이 비례한다는 원리를 적용한 압력계이다.

78 루츠 가스미터에서 일반적으로 일어나는 고장의 형태가 아닌 것은?

① 부 동
② 불 통
③ 감 도
④ 기차 불량

해설
루츠 가스미터에서 일반적으로 일어나는 고장의 형태 : 부동, 불통, 기차 불량

79 수분흡수제로 사용하기에 가장 부적당한 것은?

① 염화칼륨
② 오산화인
③ 황 산
④ 실리카겔

해설
수분흡수법에 의해 습도를 측정할 때 흡수제 : 오산화인, 실리카겔, 황산, 활성탄 등

80 다음 중 계통오차가 아닌 것은?

① 계기오차
② 환경오차
③ 과오오차
④ 이론오차

해설
계통적 오차 : 발생원인을 알고 있는 오차이며 측정값의 쏠림(Bias)에 의하여 발생하는 오차
• 계기오차(기차) : 계측기 자체에 원인으로 발생되는 오차
• 개인오차 : 개인 숙련도의 따른 오차
• 이론오차 : 이론적으로 보정 가능한 오차(열팽창이나 처짐 등)
• 환경오차 : 측정 시의 온도, 습도, 압력 등의 영향으로 발생되는 오차

정답 76 ② 77 ③ 78 ③ 79 ① 80 ③

2019년 제4회 과년도 기출문제

제1과목 연소공학

01 최소 점화에너지에 대한 설명으로 옳은 것은?

① 유속이 증가할수록 작아진다.
② 혼합기 온도가 상승함에 따라 작아진다.
③ 유속 20[m/sec]까지는 점화에너지가 증가하지 않는다.
④ 점화에너지의 상승은 혼합기 온도 및 유속과는 무관하다.

해설
점화에너지
- 증가요인 : 질소농도, 열전도도, 유속
- 감소요인 : 산소농도, 압력, 온도, 연소속도

02 기체 동력 사이클 중 가장 이상적인 이론 사이클로 열역학 제2법칙과 엔트로피의 기초가 되는 사이클은?

① 카르노 사이클(Carnot Cycle)
② 사바테 사이클(Sabathe Cycle)
③ 오토 사이클(Otto Cycle)
④ 브레이턴 사이클(Brayton Cycle)

해설
카르노 사이클
- 실제로 존재하지 않는 이상 사이클
- 2개의 등온 변화(과정)와 2개의 단열 변화(과정 = 등엔트로피 변화)로 구성된 가역 사이클
- 카르노 사이클 구성과정 : 등온팽창 → 단열팽창 → 등온압축 → 단열압축
- 열기관 사이클 중에서 열효율이 최대인 사이클
- 열역학 제2법칙과 엔트로피의 기초가 되는 사이클

03 분젠버너에서 공기의 흡입구를 닫았을 때의 연소나 가스라이터의 연소 등 주변에 볼 수 있는 전형적인 기체연료의 연소 형태로서 화염이 전파하는 특징을 갖는 연소는?

① 분무연소
② 확산연소
③ 분해연소
④ 예비 혼합연소

해설
확산연소 : 연료와 공기 별도 공급
- 연소버너 주변에 가연성 가스를 확산시켜 산소와 접촉, 연소범위의 혼합가스를 생성하여 연소하는 방식으로 기체연료의 일반적 연소 형태이다.
- 연료와 공기를 인접한 2개의 분출구에서 각각 분출시켜 양자의 계면에서 연소를 일으키는 형태이다.
- 분젠버너에서 공기의 흡입구를 닫았을 때의 연소나 가스라이터의 연소 등 주변에서 볼 수 있는 전형적인 기체연료의 연소 형태이다.
- 연료와 공기를 별개로 공급하여 연료와 공기의 경계에서 연소시키는 것으로서 화염의 안정범위가 넓고 조작이 쉬우며 역화의 위험성이 작다.
- 가스량의 조절범위가 넓다.
- 가스의 고온 예열이 가능하다.
- 개방 대기 중에서는 완전연소가 불가능하다.
- 발염연소, 불꽃(Flaming)연소, 불균질연소라고도 한다.
- 확산연소의 예 : LPG - 공기, 수소 - 산소 등

04 메탄을 이론공기로 연소시켰을 때 생성물 중 질소의 분압은 약 몇 [kPa]인가?

① 36
② 71
③ 81
④ 92

해설
질소의 분압 = 전압 × 성분 부피비 = 100 × 0.71 = 71[kPa]

정답 1② 2① 3② 4②

05 가연성 가스의 위험성에 대한 설명으로 틀린 것은?

① 폭발범위가 넓을수록 위험하다.
② 폭발범위의 밖에서는 위험성이 감소한다.
③ 일반적으로 온도나 압력이 증가할수록 위험성이 증가한다.
④ 폭발범위가 좁고 하한계가 낮은 것은 위험성이 매우 작다.

해설
폭발범위가 좁고 하한계가 높으면 위험성이 매우 작다.

06 불꽃 중 탄소가 많이 생겨서 황색으로 빛나는 불꽃을 무엇이라고 하는가?

① 휘 염   ② 층류염
③ 환원염   ④ 확산염

해설
② 층류염 : 가연성 기체가 염공에서 분출될 때 그 흐름이 층류인 경우의 화염으로, 형상이 일정하고 안정적이다.
③ 환원염 : 수소나 불완전 연소에 의한 일산화탄소를 함유한 것으로 청록색으로 빛나는 화염이다.
④ 확산염 : 가연물의 표면에서 증발하는 가연성 기체가 공기와의 접촉면 또는 가연성 기체가 1차 공기와 혼합되지 않고 공기 중으로 유출되면서 연소하는 불꽃 형태이다. 불꽃의 색은 적황색이고, 화염의 온도는 비교적 저온이다.

07 물질의 상변화는 일으키지 않고 온도만 상승시키는 데 필요한 열을 무엇이라고 하는가?

① 잠 열   ② 현 열
③ 증발열   ④ 융해열

해설
현열(감열, Sensible Heat)
• 물질의 상태 변화 없이 온도 변화에만 필요한 열량
• $Q_s = mC\Delta t$ (여기서, m : 질량, C : 비열, Δt : 온도차)

08 실제 가스가 이상기체 상태방정식을 만족하기 위한 조건으로 옳은 것은?

① 압력이 낮고, 온도가 높을 때
② 압력이 높고, 온도가 낮을 때
③ 압력과 온도가 낮을 때
④ 압력과 온도가 높을 때

해설
이상기체의 특징
• 고온·저압일수록 이상기체에 가까워진다.
• 기체 분자 간의 인력이나 반발력이 없는 것으로 간주한다(분자 상호 간의 인력이나 척력을 무시한다).
• 분자의 충돌로 총운동에너지가 감소되지 않는 완전탄성체이다.
• 온도에 대비하여 일정한 비열을 가진다.
• 비열비는 온도와 무관하며 일정하다.

09 가스의 연소속도에 영향을 미치는 인자에 대한 설명으로 틀린 것은?

① 연소속도는 주변 온도가 상승함에 따라 증가한다.
② 연소속도는 이론혼합기 근처에서 최대이다.
③ 압력이 증가하면 연소속도는 급격히 증가한다.
④ 산소농도가 높아지면 연소범위가 넓어진다.

해설
압력이 증가하면 연소속도는 증가하지만, 연소속도에 따라 차이를 보이며 급격히 증가되지는 않는다.

10 층류 연소속도 측정법 중 단위화염 면적당 단위시간에 소비되는 미연소 혼합기체의 체적을 연소속도로 정의하여 결정하며, 오차가 크지만 연소속도가 큰 혼합기체에 편리하게 이용되는 측정방법은?

① Slot 버너법
② Bunsen 버너법
③ 평면화염버너법
④ Soap Bubble법

해설
① 슬롯노즐버너법 : 가로와 세로의 비율이 3 이상인 노즐 내부에서는 균일한 속도분포를 얻을 수 있게 하여 착화시킨 후, 노즐 위에 역V자의 화염콘(Flame Cone)이 만들어진 것을 이용하여 화염모형도로부터 연소속도를 구하는 방법이다.
③ 평면화염버너법 : 가연성 혼합기를 일정 속도분포로 만들어 혼합기의 유속과 연소속도가 균형을 이루어 혼합기의 유속을 연소속도로 가정하는 기법이다.
④ 비누거품법 : 연료-산화제 혼합기로 비누거품을 만들고 그 중심에 전기불꽃 점화전극을 이용하여 점화시켜 화염을 구상으로 만들어 밖으로 전파시켜 비눗방울 내부가 연소 진행과 동시에 팽창하여 터지는 정압연소되는 속도를 측정한다. 비눗방울법이라고 한다.

11 아세틸렌가스의 위험도(H)는 약 얼마인가?

① 21   ② 23
③ 31   ④ 33

해설
아세틸렌 $H = \dfrac{82 - 2.5}{2.5} = 31.8$

12 전 폐쇄구조인 용기 내부에서 폭발성 가스의 폭발이 일어났을 때 용기가 압력을 견디고 외부의 폭발성 가스에 인화할 우려가 없도록 한 방폭구조는?

① 안전증 방폭구조
② 내압 방폭구조
③ 특수 방폭구조
④ 유입 방폭구조

해설
① 안전증 방폭구조 : 정상 운전 중에 가연성 가스의 점화원이 될 전기불꽃, 아크 등의 발생을 방지하기 위하여 기계적, 전기적 구조상 또는 온도 상승에 대해서 안전도를 증가시킨 방폭구조
③ 특수 방폭구조 : 폭발성 가스 또는 증기에 점화 또는 위험 분위기로 인화를 방지할 수 있는 것이 시험, 기타에 의하여 확인된 구조
④ 유입 방폭구조 : 전기기기의 불꽃 또는 아크 발생 부분을 기름 속에 넣어 유면상에 존재하는 폭발성 가스에 인화될 우려가 없도록 한 구조

13 C_mH_n 1[Sm³]을 완전연소시켰을 때 생기는 H_2O의 양은?

① $\dfrac{n}{2}$[Sm³]
② n[Sm³]
③ $2n$[Sm³]
④ $4n$[Sm³]

해설
탄화수소의 일반 반응식은
$C_mH_n + \left(m + \dfrac{n}{4}\right)O_2 \to mCO_2 + \dfrac{n}{2}H_2O$ 이므로,
생기는 H_2O의 양은 $\dfrac{n}{2}$[Sm³]이다.

14 공기 중에서 압력을 증가시켰더니 폭발범위가 좁아지다가 고압 이후부터 폭발범위가 넓어지기 시작하였다. 이는 어떤 가스인가?

① 수 소
② 일산화탄소
③ 메 탄
④ 에틸렌

해설
수소와 공기의 혼합가스는 압력을 증가시키면 (1기압까지는) 폭발범위가 좁아지다가 10[atm] 이상의 고압 이후부터는 폭발범위가 넓어진다.

15 수소 25[v%], 메탄 50[v%], 에탄 25[v%]인 혼합가스가 공기와 혼합된 경우 폭발하한계[v%]는 약 얼마인가?(단 폭발하한계는 수소 4[v%], 메탄 5[v%], 에탄 3[v%]이다)

① 3.1 ② 3.6
③ 4.1 ④ 4.6

해설
$\dfrac{100}{LFL} = \dfrac{V_1}{L_1} + \dfrac{V_2}{L_2} + \dfrac{V_3}{L_3} = \dfrac{25}{4} + \dfrac{50}{5} + \dfrac{25}{3} \simeq 24.58$

∴ $LFL \simeq 4.1[v\%]$

16 다음 중 공기비를 옳게 표시한 것은?

① $\dfrac{\text{실제공기량}}{\text{이론공기량}}$

② $\dfrac{\text{이론공기량}}{\text{실제공기량}}$

③ $\dfrac{\text{사용공기량}}{1 - \text{이론공기량}}$

④ $\dfrac{\text{이론공기량}}{1 - \text{사용공기량}}$

해설
공기비 또는 과잉공기계수(m)
- 실제공기량과 이론공기량의 비
- 공기비 $m = \dfrac{A}{A_0}$ (여기서, A : 실제공기량, A_0 : 이론공기량)
- 연료 1[kg]당 실제로 혼합된 공기량과 완전연소에 필요한 공기량의 비

17 난류 확산화염에서 유속 또는 유량이 증대할 경우 시간이 지남에 따라 화염의 높이는 어떻게 되는가?

① 높아진다.
② 낮아진다.
③ 거의 변화가 없다.
④ 어느 정도 낮아지다가 높아진다.

해설
난류연소
- 층류일 때보다 연소가 잘되며 화염이 짧아진다.
- 난류 유동은 화염 전파를 증가시키지만 화학적 내용은 거의 변하지 않는다.
- 유속이나 유량이 증대할 경우 시간이 지남에 따라 화염의 높이는 거의 변화가 없다.
- 층류 시보다 열효율이 좋아진다.

18 일정 온도에서 발화할 때까지의 시간을 발화지연이라고 한다. 발화지연이 짧아지는 요인으로 가장 거리가 먼 것은?

① 가열온도가 높을수록
② 압력이 높을수록
③ 혼합비가 완전산화에 가까울수록
④ 용기의 크기가 작을수록

해설
발화지연시간에 영향을 주는 요인 : 온도, 압력, 가연성 가스의 농도, 혼합비 등
- 압력에도 의존하지만 압력보다는 주로 온도에 의존한다.
- 저온, 저압일수록 발화지연은 길어진다.
- 고온, 고압, 혼합비가 완전산화에 가까울수록 발화지연은 짧아진다.

19 B, C급 분말소화기의 용도가 아닌 것은?

① 유류화재
② 가스화재
③ 전기화재
④ 일반화재

해설
B, C급 분말소화기의 용도 : 유류화재, 가스화재, 전기화재

20 0[°C], 1[atm]에서 2[L]의 산소와 0[°C], 2[atm]에서 3[L]의 질소를 혼합하여 1[L]로 하면 압력은 약 몇 [atm]이 되는가?

① 1   ② 2
③ 6   ④ 8

해설
혼합가스의 전압 $P = 1 \times \frac{2}{5} + 2 \times \frac{3}{5} = 1.6[\text{atm}]$
혼합가스 5[L]를 1[L]로 하면 압력은 5배 증가되므로, 압력 $P' = 1.6 \times 5 = 8[\text{atm}]$

제2과목 가스설비

21 금속의 열처리에서 풀림(Annealing)의 주된 목적은?

① 강도 증가
② 인성 증가
③ 조직의 미세화
④ 강을 연하게 하여 기계가공성을 향상

해설
풀림(Annealing) : 금속의 내부응력을 제거하고 가공경화된 재료를 연화시켜 결정조직을 결정하고, 상온 가공을 용이하게 할 목적으로 하는 열처리

22 원심펌프의 회전수가 1,200[rpm]일 때 양정 15[m], 송출유량 2.4[m³/min], 축동력 10[PS]이다. 이 펌프를 2,000[rpm]으로 운전할 때의 양정(h)은 약 몇 [m]가 되는가?(단, 펌프의 효율은 변하지 않는다)

① 41.67   ② 33.75
③ 27.78   ④ 22.72

해설
양 정
$$h_2 = h_1 \left(\frac{N_2}{N_1}\right)^2 \left(\frac{D_2}{D_1}\right)^2 = 15 \times \left(\frac{2,000}{1,200}\right)^2 \approx 41.67[\text{m}]$$

23 가스액화분리장치의 구성이 아닌 것은?

① 한랭발생장치
② 불순물 제거장치
③ 정류(분축, 흡수)장치
④ 내부 연소식 반응장치

해설
가스액화분리장치의 구성 : 한랭발생장치, 정류장치, 불순물 제거장치, 팽창기

24 동관용 공구 중 동관 끝을 나팔형으로 만들어 압축이음 시 사용하는 공구는?

① 익스펜더
② 플레어링 툴
③ 사이징 툴
④ 리 머

해설
플레어링 툴 : 동관 끝을 나팔형으로 만들어 압축 이음 시 사용하는 동관용 공구

25 조정압력이 3.3[kPa] 이하이고, 노즐지름이 3.2[mm] 이하인 일반용 LPG 가스 압력조정기의 안전장치 분출 용량은 몇 [L/h] 이상이어야 하는가?

① 100
② 140
③ 200
④ 240

해설
안전장치 분출용량 $Q=44d$(여기서, d : 노즐 관경)으로 계산하지만, 노즐 관경이 3.2[mm] 이하일 때는 안전장치 분출 용량을 140[L/h] 이상으로 고려한다.

26 시간당 50,000[kcal]를 흡수하는 냉동기의 용량은 약 몇 냉동톤인가?

① 3.8
② 7.5
③ 15
④ 30

해설
냉동톤
$$RT = \frac{q_2}{3,320} = \frac{50,000}{3,320} \simeq 15[\text{RT}]$$

27 메탄염소화에 의해 염화메틸(CH_3Cl)을 제조할 때 반응온도는 얼마 정도로 하는가?

① 100[℃]
② 200[℃]
③ 300[℃]
④ 400[℃]

해설
염화메틸 제조법
- 메탄염소화법 : 메탄을 온도 400[℃]로 염소와 함께 가열하여 생성된 염화메틸(CH_3Cl), 염화메틸렌(CH_2Cl_2), 클로로폼($CHCl_3$), 사염화탄소(CCl_4) 등의 혼합물을 분해 증류하여 제조하는 방법
- 메탄올법 : 메탄올과 염화수소를 반응시켜 염화메틸을 제조하는 방법

정답 23 ④ 24 ② 25 ② 26 ③ 27 ④

28 가스배관의 구경을 산출하는 데 필요한 것으로만 짝지어진 것은?

㉮ 가스유량	㉯ 배관 길이
㉰ 압력손실	㉱ 배관 재질
㉲ 가스의 비중	

① ㉮, ㉯, ㉰, ㉱
② ㉯, ㉰, ㉱, ㉲
③ ㉮, ㉯, ㉰, ㉲
④ ㉮, ㉯, ㉱, ㉲

해설
가스배관 구경(직경) 산출에 필요한 사항 : 가스유량, 배관 길이, 압력손실, 가스의 비중 등

29 LPG 소비설비에서 용기의 개수를 결정할 때 고려사항으로 가장 거리가 먼 것은?

① 감압방식
② 1가구당 1일 평균 가스소비량
③ 소비자 가구수
④ 사용 가스의 종류

해설
LPG 공급·소비설비에서 용기의 크기와 개수 결정 시 고려해야 할 사항
• 피크 시의 기온
• 소비자 가구수
• 1가구당 1일 평균 가스소비량
• 사용 가스의 종류

30 펌프의 토출량이 6[m³/min]이고, 송출구의 안지름이 20[cm]일 때 유속은 약 몇 [m/sec]인가?

① 1.5
② 2.7
③ 3.2
④ 4.5

해설
$Q = Av$
$$v = \frac{Q}{A} = \frac{6}{\frac{\pi \times 0.2^2}{4}} = \frac{6 \times 4}{\pi \times 0.2^2} \approx 191[\text{m/min}] \approx 3.2[\text{m/sec}]$$

31 탱크로리로부터 저장탱크로 LPG 이송 시 잔가스 회수가 가능한 이송방법은?

① 압축기 이용법
② 액송펌프 이용법
③ 차압에 의한 방법
④ 압축가스 용기 이용법

해설
압축기를 이용한 이송방식
• 펌프에 비해 충전시간이 짧다.
• 사방밸브를 이용하면 가스의 이송 방향을 변경할 수 있다.
• 빠르고 용이하게 잔가스를 회수할 수 있다.

32 메탄가스에 대한 설명으로 옳은 것은?

① 담청색의 기체로서 무색의 화염을 낸다.
② 고온에서 수증기와 작용하면 일산화탄소와 수소를 생성한다.
③ 공기 중에 30[%]의 메탄가스가 혼합된 경우 점화하면 폭발한다.
④ 올레핀계 탄화수소로서 가장 간단한 형의 화합물이다.

해설
① 무색의 가연성 기체로서 연소 시 약한 빛을 내면서 탄다.
③ 공기 중 메탄 성분이 5~11[%] 정도 함유되어 있는 혼합기체는 점화되면 폭발한다.
④ 알케인계 탄화수소로서 가장 간단한 형의 화합물이다.

33 공기액화장치 중 수소, 헬륨을 냉매로 하며 2개의 피스톤이 한 실린더에 설치되어 팽창기와 압축기의 역할을 동시에 하는 형식은?

① 캐스케이드식
② 캐피자식
③ 클라우드식
④ 필립스식

해설
① 캐스케이드식(다원 액화 사이클) : 비등점이 점차 낮은 냉매를 사용하여 낮은 비등점의 기체를 액화시키는 액화 사이클로 암모니아(NH_3), 에틸렌(C_2H_4), 메탄(CH_4) 등이 냉매로 사용된다.
② 캐피자식 : 클라우드 사이클에서 피스톤 팽창기를 터빈식 팽창기(역브레이튼 사이클)로 대체하여 보다 많은 양의 액화공기를 얻는 형식으로 원료공기를 냉각하면서 동시에 원료공기 중의 수분과 탄산가스를 제거한다. 다량의 공기액화공정에서는 대부분 캐피자식을 사용한다.
③ 클라우드식 : 린데 사이클의 등엔탈피 변화인 줄-톰슨 밸브 효과와 더불어 피스톤 팽창기의 단열팽창(등엔트로피 변화)을 동시에 이용하는 공기액화 사이클이며 린데식에 있던 공기의 예랭은 필요하지 않다.

34 강제 급배기식 가스온수보일러에서 보일러의 최대 가스소비량과 각 버너의 가스소비량은 표시치의 얼마 이내인 것으로 하여야 하는가?

① ±5[%]   ② ±8[%]
③ ±10[%] ④ ±15[%]

해설
전 가스소비량이 232.6[kW] 이하인 가스온수기의 성능 기준에서 전 가스소비량은 표시치의 ±10[%] 이내이어야 한다.

35 탄소강에서 탄소 함유량의 증가와 더불어 증가하는 성질은?

① 비 열
② 열팽창률
③ 탄성계수
④ 열전도율

해설
탄소(C) : 탄소강의 주된 경화원소
• 증가 : 강도, 경도, 담금질 효과, 항복점, 전기저항, 비열, 항자력 등
• 감소 : 인성, 전성, 충격치, 냉간가공성, 용해온도, 비중, 열팽창계수, 열전도도 등
• 일정 : 탄성계수, 강성률

36 펌프의 공동현상(Cavitation) 방지방법으로 틀린 것은?

① 흡입양정을 짧게 한다.
② 양흡입펌프를 사용한다.
③ 흡입 비교 회전도를 크게 한다.
④ 회전차를 물속에 완전히 잠기게 한다.

해설
펌프의 공동현상을 방지하려면 흡입 비교 회전도를 작게 한다.

정답 32 ② 33 ④ 34 ③ 35 ① 36 ③

37 기밀성 유지가 양호하고 유량 조절이 용이하지만 압력손실이 비교적 크고 고압의 대구경 밸브로 적합하지 않은 특징을 가지는 밸브는?

① 플러그 밸브
② 글로브 밸브
③ 볼밸브
④ 게이트 밸브

해설
글로브 밸브 : 유량 조절이 정확하고 용이하며 기밀도가 커서 기체의 배관에 주로 사용되는 밸브
- 기밀도가 커서 가스배관에 적당하다.
- 개폐가 쉽다.
- 유량 조절이 정확하고 용이하여 유량 조절에 주로 사용한다.
- 유체저항이 커서 압력손실이 크다.
- 고압의 대구경 밸브로는 부적합하다.

38 가스 충전구의 나사 방향이 왼나사이어야 하는 것은?

① 암모니아
② 브롬화메틸
③ 산 소
④ 아세틸렌

해설
충전구
- 나사 형식 : 가연성 가스 이외의 가스는 오른나사이며 수소 등의 가연성 가스는 왼나사이지만 암모니아와 브롬화메탄은 오른나사를 적용한다.
- 왼나사의 경우, 용기 충전구에 'V' 홈 표시를 한다.
- 반드시 나사형이어야 하는 것은 아니다.

39 공기액화분리장치의 폭발원인이 될 수 없는 것은?

① 공기 취입구에서 아르곤 혼입
② 공기 취입구에서 아세틸렌 혼입
③ 공기 중 질소화합물(NO, NO_2) 혼입
④ 압축기용 윤활유의 분해에 의한 탄화수소의 생성

해설
아르곤가스는 불활성 가스이므로 폭발원인이 아니다.

40 밀폐식 가스연소기의 일종으로 시공성은 물론 미관상도 좋고, 배기가스 중독사고의 우려도 작은 연소기 유형은?

① 자연배기(CF)식
② 강제배기(FE)식
③ 자연급배기(BF)식
④ 강제급배기(FF)식

해설
① 자연배기식(CF식) : 연소용 공기는 옥내에서 취하고 연소 배기가스는 자연통기력을 이용하여 옥외로 배출하는 방식(반밀폐식)
② 강제배기식(FE식) : 연소용 공기는 옥내에서 취하고 연소 배기가스는 배기용 송풍기를 사용하여 강제로 옥외로 배출하는 방식(반밀폐식)
③ 자연급배기식(BF식) : 급·배기통을 외기와 접하는 벽을 관통하여 옥외로 빼고, 자연통기력에 의해 급·배기하는 방식(밀폐식)

제3과목 가스안전관리

41 다음 중 가연성 가스가 아닌 것은?

① 아세트알데하이드
② 일산화탄소
③ 산화에틸렌
④ 염 소

해설
염소는 독성가스이다.

42 산소와 혼합가스를 형성할 경우 화염온도가 가장 높은 가연성 가스는?

① 메 탄   ② 수 소
③ 아세틸렌 ④ 프로판

해설
연료온도와 공기온도가 모두 25[℃]인 경우 기체연료의 이론화염 온도
• 아세틸렌 : 2,526[℃]
• 수소 : 2,252[℃]
• 메탄 : 2,000[℃]
• 일산화탄소 : 2,182[℃]
• 프로판 : 2,120[℃]

43 차량에 고정된 탱크의 내용적에 대한 설명으로 틀린 것은?

① 액화천연가스탱크의 내용적은 18,000[L]를 초과할 수 없다.
② 산소탱크의 내용적은 18,000[L]를 초과할 수 없다.
③ 염소탱크의 내용적은 12,000[L]를 초과할 수 없다.
④ 암모니아탱크의 내용적은 12,000[L]를 초과할 수 없다.

해설
• LP 가스를 제외한 수소, 산소 등의 가연성 가스의 탱크의 내용적은 18,000[L]를 초과하지 않아야 한다.
• 액화암모니아를 제외한 액화염소 등의 독성가스의 탱크는 12,000[L]를 초과하지 않아야 한다.

44 액화석유가스의 안전관리 및 사업법상 허가대상이 아닌 콕은?

① 퓨즈 콕
② 상자 콕
③ 주물연소기용 노즐 콕
④ 호스 콕

해설
액화가스 안전 및 사업법상 검사대상인 콕 : 퓨즈 콕, 상자 콕, 주물연소기용 노즐 콕, 업무용 대형 연소기용 노즐 콕

정답 41 ④ 42 ③ 43 ④ 44 ④

45 신규검사 후 경과연수가 20년 이상된 액화석유가스용 100[L] 용접용기의 재검사주기는?

① 1년마다
② 2년마다
③ 3년마다
④ 5년마다

해설
용기 재검사기간의 기준

용기의 종류		신규검사 후 경과연수		
		15년 미만	15년 이상 20년 미만	20년 이상
		재검사주기		
액화석유가스용 용접용기를 제외한 용접용기	500[L] 이상	5년마다	2년마다	1년마다
	500[L] 미만	3년마다	2년마다	1년마다
액화석유가스용 용접용기	500[L] 이상	5년마다	2년마다	1년마다
	500[L] 미만	5년마다		2년마다

46 고압가스 냉동제조시설에서 해당 냉동설비의 냉동능력에 대응하는 환기구의 면적을 확보하지 못하는 때에는 그 부족한 환기구 면적에 대하여 냉동능력 1[ton]당 얼마 이상의 강제환기장치를 설치해야 하는가?

① 0.05[m^3/min]
② 1[m^3/min]
③ 2[m^3/min]
④ 3[m^3/min]

해설
해당 냉동설비의 냉동능력에 대응하는 환기구의 면적을 확보하지 못하는 때에는 그 부족한 환기구 면적에 대하여 냉동능력 1[ton]당 2[m^3/min] 이상의 강제환기장치를 설치해야 한다.

47 기업활동 전반을 시스템으로 보고 시스템 운영규정을 작성·시행하여 사업장에서의 사고 예방을 위하여 모든 형태의 활동 및 노력을 효과적으로 수행하기 위한 체계적이고 종합적인 안전관리체계를 의미하는 것은?

① MMS
② SMS
③ CRM
④ SSS

해설
SMS(Safety Management System, 체계적이고 종합적인 안전관리체계) : 기업활동 전반을 시스템으로 보고 시스템 운영규정을 작성·시행하여 사업장에서의 사고 예방을 위한 모든 형태의 활동 및 노력을 효과적으로 수행하기 위한 체계적으로 종합적인 안전관리체계

48 가스안전성 평가기법 중 정성적 안전성 평가기법은?

① 체크리스트기법
② 결함수분석기법
③ 원인결과분석기법
④ 작업자실수분석기법

해설
- 정성적 안전성 평가기법 : ①
- 정량적 안전성 평가기법 : ②, ③, ④

49 다음의 액화가스를 이음매 없는 용기에 충전할 경우 그 용기에 대하여 음향검사를 실시하고 음향이 불량한 용기는 내부 조명검사를 하지 않아도 되는 것은?

① 액화프로판
② 액화암모니아
③ 액화탄산가스
④ 액화염소

해설
액화프로판
- 이음매 없는 용기에 충전할 경우 그 용기에 대하여 음향검사를 실시하고 음향이 불량한 용기는 내부 조명검사를 하지 않아도 되는 가스이다.
- 대기 중으로 방출 시 기화된다.
- 액화되면 체적이 약 1/250 정도로 줄어들어 저장 및 수송 시 유리하다.

50 다음 중 특정 고압가스가 아닌 것은?

① 수소
② 질소
③ 산소
④ 아세틸렌

해설
고압가스안전관리법에서 정하고 있는 특정 고압가스의 종류 : 수소, 산소, 액화암모니아, 아세틸렌, 액화염소, 천연가스, 압축모노실란, 압축다이보레인, 액화알진 그 밖에 대통령령으로 정하는 고압가스(포스핀, 셀렌화수소, 게르만, 다이실란, 오불화비소, 오불화인, 삼불화인, 삼불화질소, 삼불화붕소, 사불화유황, 사불화규소)

51 도시가스용 압력조정기란 도시가스 정압기 이외에 설치되는 압력조정기로서 입구쪽 호칭지름과 최대 표시유량을 각각 바르게 나타낸 것은?

① 50A 이하, 300[Nm^3/h] 이하
② 80A 이하, 300[Nm^3/h] 이하
③ 80A 이하, 500[Nm^3/h] 이하
④ 100A 이하, 500[Nm^3/h] 이하

해설
압력조정기 입구쪽 호칭지름과 최대 표시 유량 : 50A 이하, 300[Nm^3/h] 이하

52 용기에 의한 액화석유가스 사용시설에서 저장능력이 100[kg]을 초과하는 경우에 설치하는 용기 보관실의 설치 기준에 대한 설명으로 틀린 것은?

① 용기는 용기 보관실 안에 설치한다.
② 단층 구조로 설치한다.
③ 용기 보관실의 지붕은 무거운 방염재료로 설치한다.
④ 보기 쉬운 곳에 경계표지를 설치한다.

해설
용기 보관실의 벽, 문, 지붕은 불연재료(지붕의 경우에는 가벼운 불연재료)로 하고 단층 구조로 한다.

53 고압가스일반제조시설의 설치 기준에 대한 설명으로 틀린 것은?

① 아세틸렌의 충전용 교체밸브는 충전하는 장소에서 격리하여 설치한다.
② 공기액화분리기로 처리하는 원료공기의 흡입구는 공기가 맑은 곳에 설치한다.
③ 공기액화분리기의 액화공기탱크와 액화산소증발기 사이에는 석유류, 유지류 그 밖의 탄화수소를 여과, 분리하기 위한 여과기를 설치한다.
④ 에어졸 제조시설에는 정압 충전을 위한 레벨장치를 설치하고 공업용 제조시설에는 불꽃 길이 시험장치를 설치한다.

해설
- 에어졸 제조시설에는 정량을 충전할 수 있는 자동충전기를 설치하고, 인체에 사용하거나 가정에서 사용하는 에어졸의 제조시설에는 불꽃 길이 시험장치를 설치한다.
- 에어졸 제조시설에는 온도를 46[℃] 이상 50[℃] 미만으로 누출시험을 할 수 있는 에어졸 충전용기의 온수시험탱크를 설치한다.

54 사람이 사망하거나 부상, 중독 가스사고가 발생하였을 때 사고의 통보내용에 포함되는 사항이 아닌 것은?

① 통보자의 인적사항
② 사고 발생 일시 및 장소
③ 피해자 보상 방안
④ 사고내용 및 피해현황

해설
사람이 사망하거나 부상, 중독 가스사고가 발생하였을 때 사고의 통보내용
- 통보자의 인적사항(통보자의 소속, 직위, 성명 및 연락처)
- 사고 발생 일시 및 장소
- 시설현황
- 사고내용 및 피해현황(인명과 재산)

55 공업용 용기의 도색 및 문자 표시의 색상으로 틀린 것은?

① 수소 – 주황색으로 용기 도색, 백색으로 문자 표기
② 아세틸렌 – 황색으로 용기 도색, 흑색으로 문자 표기
③ 액화암모니아 – 백색으로 용기 도색, 흑색으로 문자 표기
④ 액화염소 – 회색으로 용기 도색, 백색으로 문자 표기

해설
액화염소–갈색으로 용기 도색, 백색으로 문자 표기

56 용기의 각인기호에 대해 잘못 나타낸 것은?

① V : 내용적
② W : 용기의 질량
③ TP : 기밀시험압력
④ FP : 최고 충전압력

해설
TP : 내압시험압력

57 저장탱크에 의한 액화석유가스저장소에서 지상에 설치하는 저장탱크, 그 받침대, 저장탱크에 부속된 펌프 등이 설치된 가스설비실에는 그 외면으로부터 몇 [m] 이상 떨어진 위치에서 조작할 수 있는 냉각장치를 설치하여야 하는가?

① 2[m]　② 5[m]
③ 8[m]　④ 10[m]

해설
저장탱크에 의한 액화석유가스저장소에서 지상에 설치하는 저장탱크 및 받침대에는 외면으로부터 5[m] 이상 떨어진 위치에서 조작할 수 있는 냉각장치를 설치하여야 한다.

58 일반 도시가스시설에서 배관 매설 시 사용하는 보호포의 기준으로 틀린 것은?

① 일반형 보호포와 내압력형 보호포로 구분한다.
② 잘 끊어지지 않는 재질로 직조한 것으로 두께는 0.2[mm] 이상으로 한다.
③ 최고 사용압력이 중압 이상인 배관의 경우에는 보호판의 상부로부터 30[cm] 이상 떨어진 곳에 보호포를 설치한다.
④ 보호포는 호칭지름 10[cm]를 더한 폭으로 설치한다.

해설
보호포는 일반형 보호포와 탐지형 보호포로 구분한다.

59 안전관리규정의 실시 기록은 몇 년간 보존하여야 하는가?

① 1년 ② 2년
③ 3년 ④ 5년

해설
안전관리규정의 실시 기록은 5년간 보존하여야 한다.

60 용기에 의한 액화석유가스사용시설에서 호칭지름이 20[mm]인 가스배관을 노출하여 설치할 경우 배관이 움직이지 않도록 고정장치를 몇 [m]마다 설치하여야 하는가?

① 1[m] ② 2[m]
③ 3[m] ④ 4[m]

해설
관경에 따른 고정장치 설치 기준
• 13[mm] 미만 : 1[m]마다
• 13[mm] 이상 33[mm] 미만 : 2[m]마다
• 33[mm] 이상 : 3[m]마다

제4과목 가스계측

61 압력계와 진공계 두 가지 기능을 갖춘 압력게이지를 무엇이라고 하는가?

① 전자압력계
② 초음파압력계
③ 부르동관(Bourdon Tube) 압력계
④ 콤파운드게이지(Compound Gauge)

해설
콤파운드게이지(Compound Gauge)
• 압력계와 진공계 두 가지 기능을 갖춘 압력게이지이다.
• 진공과 양압을 동일 계기에서 측정할 수 있다.

62 전기세탁기, 자동판매기, 승강기, 교통신호기 등에 기본적으로 응용되는 제어는?

① 피드백 제어
② 시퀀스 제어
③ 정치제어
④ 프로세스 제어

해설
시퀀스 제어 : 제어프로그램에 의해 미리 결정된 순서대로 제어신호가 출력되어 순차적인 제어를 행하는 제어
• 일반적으로 공장 자동화에 가장 많이 응용되는 제어방법이다.
• 이전 단계작업의 완료 여부를 리밋스위치 또는 센서를 이용하여 확인한 후 다음 단계의 작업을 수행한다.
• 메모리 기능이 없고 여러 개의 입출력 사용 시 불 대수가 이용된다.
• 시퀀스 제어의 예 : 교통신호등의 신호제어, 승강기의 작동제어, 자동판매기의 작동제어 등

63 가스 누출 시 사용하는 시험지의 변색현상이 옳게 연결된 것은?

① H₂S : 전분지 → 청색
② CO : 염화파라듐지 → 적색
③ HCN : 해리슨 시약 → 황색
④ C₂H₂ : 염화제일동 착염지 → 적색

해설
① 황화수소(H₂S) : 연당지(초산납지) – 흑(갈)색
② 일산화탄소(CO) : 염화파라듐지 – 흑색
③ 사이안화수소(HCN) : 질산구리벤젠지(초산벤젠지) – 청색

64 출력이 일정한 값에 도달한 이후의 제어계의 특성을 무엇이라고 하는가?

① 스텝 응답
② 과도특성
③ 정상특성
④ 주파수 응답

해설
정상특성 : 출력이 일정한 값에 도달한 이후의 제어계의 특성

65 기체크로마토그래피의 측정원리로서 가장 옳은 설명은?

① 흡착제를 충전한 관 속에 혼합시료를 넣고, 용제를 유동시키면 흡수력 차이에 따라 성분의 분리가 일어난다.
② 관 속을 지나가는 혼합기체 시료가 운반기체에 따라 분리가 일어난다.
③ 혼합기체의 성분이 운반기체에 녹는 용해도 차이에 따라 성분의 분리가 일어난다.
④ 혼합기체의 성분은 관 내에 자기장의 세기에 따라 분리가 일어난다.

해설
기체크로마토그래피법
- 두 가지 이상의 성분으로 된 물질을 단일 성분으로 분리하는 선택성이 우수한 분리분석기법이다.
- 이동상으로 캐리어가스(이동기체)를 이용, 고정상으로 액체 또는 고체를 이용해서 혼합성분의 시료를 캐리어가스로 공급하여 고정상을 통과할 때 시료 중의 각 성분을 분리하는 분석법이다.
- 시료가 칼럼을 지날 때 각 성분의 이동도 차이를 이용해 혼합물의 각 성분을 분리해 낸다.
- 흡착제를 충전한 관 속에 혼합시료를 넣고, 용제를 유동시키면 흡수력 차이에 따라 성분의 분리가 일어난다.
- 원리 : 흡착의 원리, 분리의 원리
- 이용되는 기체의 특성 : 확산속도의 차이

66 다음 중 기기분석법이 아닌 것은?

① Chromatography
② Iodometry
③ Colorimetry
④ Polarography

해설
Iodometry : 간접적인 아이오딘적정법

67 렌즈 또는 반사경을 이용하여 방사열을 수열판으로 모아 고온 물체의 온도를 측정할 때 주로 사용하는 온도계는?

① 열전온도계
② 저항온도계
③ 열팽창온도계
④ 복사온도계

해설
복사온도계 : 렌즈 또는 반사경을 이용하여 방사열을 수열판으로 모아 고온 물체의 온도를 측정할 때 주로 사용하는 비접촉식 온도계로, 응용이론은 슈테판-볼츠만 법칙이다.

68 가스누출검지기 중 가스와 공기의 열전도도가 다른 것을 측정원리로 하는 검지기는?

① 반도체식 검지기
② 접촉연소식 검지기
③ 서모스탯식 검지기
④ 불꽃이온화식 검지기

해설
③ 서모스탯(Thermostat) : 가스와 공기의 열전도도가 다른 것을 이용한 방식
① 반도체식 검지기 : 세라믹 반도체 표면에 가스가 접촉했을 때 전기전도도의 변화를 이용하는 방식
② 접촉연소식 검지기 : 가연성 가스와 산소의 반응열을 전기신호로 변환시켜 가스의 유무 및 농도를 감지하는 방식
④ 불꽃이온화식 검지기 : 수소불꽃 속에 탄화수소가 들어가면 불꽃의 전기전도도가 증대하는 현상을 이용한 방식

69 오리피스로 유량을 측정하는 경우 압력차가 2배로 변했다면 유량은 몇 배로 변하겠는가?

① 1배
② $\sqrt{2}$ 배
③ 2배
④ 4배

해설
유량 $Q = \gamma Av = k\sqrt{2g\Delta P/\gamma}$ 이므로, 압력차 ΔP가 2배로 변하면 유량은 $\sqrt{2}$ 배로 변한다.

70 화씨[°F]와 섭씨[℃]의 온도 눈금 수치가 일치하는 경우의 절대온도[K]는?

① 201
② 233
③ 313
④ 345

해설
섭씨온도[℃]와 화씨온도[°F]가 같은 온도 : -40[℃], [°F]=233[K]

71 다음 중 유체에너지를 이용하는 유량계는?

① 터빈유량계
② 전자기유량계
③ 초음파유량계
④ 열유량계

해설
터빈유량계
- 유체에너지를 이용하는 유속식 유량계
- 날개에 부딪히는 유체의 운동량으로 회전체를 회전시켜 운동량과 회전량의 변화로 가스 흐름을 측정하는 것으로 측정범위가 넓고 압력손실이 작은 가스유량계

정답 67 ④ 68 ③ 69 ② 70 ② 71 ①

72 오르자트 가스분석계에서 알칼리성 파이로갈롤을 흡수액으로 하는 가스는?

① CO
② H_2S
③ CO_2
④ O_2

해설
오르자트 가스분석계에서 알칼리성 파이로갈롤을 흡수액으로 하는 가스는 O_2 가스이다.

73 도로에 매설된 도시가스가 누출되는 것을 감지하여 분석한 후 가스 누출 유무를 알려 주는 가스검출기는?

① FID
② TCD
③ FTD
④ FPD

해설
불꽃이온화검출기 또는 수소염이온화검출기(FID ; Flame Ionization Detector)
- H_2와 O_2 등에는 감응이 없고 탄화수소에 대한 감응이 아주 우수한 검출기
- 물에 대하여 감도를 나타내지 않기 때문에 자연수 중에 들어 있는 오염물질을 검출하는 데 유용한 검출기
- 도로에 매설된 도시가스가 누출되는 것을 감지하여 분석한 후 가스 누출 유무를 알려 주는 가스검출기

74 고압으로 밀폐된 탱크에 가장 적합한 액면계는?

① 기포식
② 차압식
③ 부자식
④ 편위식

해설
차압식 액면계 : 정압 측정으로 액위를 구하며 고압 밀폐탱크에 사용되는 액면계(다이어프램식, U자관식)로, 기준 수위에서의 압력과 측정 액면계에서 압력의 차이로부터 액위를 구한다.

75 루츠미터에 대한 설명으로 가장 옳은 것은?

① 설치면적이 작다.
② 실험실용으로 적합하다.
③ 사용 중에 수위 조정 등의 유지관리가 필요하다.
④ 습식 가스미터에 비해 유량이 정확하다.

해설
② 실험실용으로는 부적합하다.
③ 사용 중에 수위 조정 등의 관리가 필요하지 않다.
④ 습식 가스미터에 비해 유량이 부정확하다.

76 목표치에 따른 자동제어의 종류 중 목표값이 미리 정해진 시간적 변화를 행할 경우 목표값에 따라서 변동하도록 한 제어는?

① 프로그램 제어
② 캐스케이드 제어
③ 추종 제어
④ 프로세스 제어

해설
프로그램 제어(Program Control)
• 목표값이 미리 정한 프로그램에 따라서 시간과 더불어 변화하는 제어이다.
• 가스크로마토그래피의 온도제어 등에 사용한다.

77 공업용 액면계가 갖추어야 할 조건으로 옳지 않은 것은?

① 자동제어장치에 적용 가능하고 보수가 용이해야 한다.
② 지시, 기록 또는 원격 측정이 가능해야 한다.
③ 연속 측정이 가능하고 고온, 고압에 견디어야 한다.
④ 액위의 변화속도가 느리고 액면의 상·하한계의 적용이 어려워야 한다.

해설
액면의 상·하한계를 간단히 계측할 수 있어야 하며, 적용이 용이해야 한다.

78 계량기 형식 승인번호의 표시방법에서 계량기의 종류별 기호 중 가스미터의 표시기호는?

① G
② M
③ L
④ H

해설
① G : 전력량계
② M : 오일미터
③ L : LPG 미터

79 감도에 대한 설명으로 옳지 않은 것은?

① 지시량 변화/측정량 변화로 나타낸다.
② 측정량의 변화에 민감한 정도를 나타낸다.
③ 감도가 좋으면 측정시간은 짧아지고 측정범위는 좁아진다.
④ 감도의 표시는 지시계의 감도와 눈금 너비로 표시한다.

해설
감도가 좋으면 측정시간은 길어지고 측정범위는 좁아진다.

80 가스계량기의 1주기 체적의 단위는?

① [L/min]
② [L/hr]
③ [L/rev]
④ [cm^3/g]

해설
가스미터의 표시는 X[L/rev], MAX Y[m^3/hr]로 하며, 이것은 계량실 1주기 체적이 X[L], 사용 최대 유량은 시간당 Y[m^3]이라는 의미이다.

제1과목 　연소공학

01 등심연소 시 화염의 길이에 대하여 옳게 설명한 것은?

① 공기온도가 높을수록 길어진다.
② 공기온도가 낮을수록 길어진다.
③ 공기유속이 높을수록 길어진다.
④ 공기유속 및 공기온도가 낮을수록 길어진다.

해설
③ 공기유속이 느릴수록 길어진다.
④ 공기유속은 느리고, 공기온도는 높을수록 길어진다.

02 메탄올 96[g]과 아세톤 116[g]을 함께 진공 상태의 용기에 넣고 기화시켜 25[℃]의 혼합기체를 만들었다. 이때 전압력은 약 몇 [mmHg]인가?(단, 25[℃]에서 순수한 메탄올과 아세톤의 증기압 및 분자량은 각각 96.5[mmHg], 56[mmHg] 및 32, 58이다)

① 76.3 ② 80.3
③ 152.5 ④ 170.5

해설
• 메탄올의 몰수 : $\dfrac{W_1}{M_1} = \dfrac{96}{32} = 3[\text{mol}]$
• 아세톤의 몰수 : $\dfrac{W_2}{M_2} = \dfrac{116}{58} = 2[\text{mol}]$
∴ 전압력 $P = P_1 + P_2 = 96.5 \times \dfrac{3}{5} + 56 \times \dfrac{2}{5} = 80.3[\text{mmHg}]$

03 완전연소의 구비조건으로 틀린 것은?

① 연소에 충분한 시간을 부여한다.
② 연료를 인화점 이하로 냉각하여 공급한다.
③ 적정량의 공기를 공급하여 연료와 잘 혼합한다.
④ 연소실 내의 온도를 연소조건에 맞게 유지한다.

해설
연료를 인화점 이하로 냉각하여 공급하면 완전연소에 지장을 준다.

04 위험성 평가기법 중 공정에 존재하는 위험요소들과 공정의 효율을 떨어뜨릴 수 있는 운전상의 문제점을 찾아내어 그 원인을 제거하는 정성적인 안전성 평가 기법은?

① What-if
② HEA
③ HAZOP
④ FMECA

해설
③ HAZOP(위험과 운전분석기법, Hazard And Operability Studies) : 공정에 존재하는 위험요소들과 공정의 효율을 떨어뜨릴 수 있는 운전상의 문제점을 찾아내어 그 원인을 제거하는 정성적인 안전성 평가기법
① What-if(사고예상질문분석기법) : 공정에 잠재하고 있으면서 원하지 않은 나쁜 결과를 초래할 수 있는 사고에 대하여 예상 질문을 통해 사전에 확인함으로써 그 위험과 결과 및 위험을 줄이는 방법을 제시하는 정성적 안전성 평가기법
② HEA(작업자실수분석기법, Human Error Analysis) : 설비의 운전원, 정비보수원, 기술자 등의 작업에 영향을 미칠만한 요소를 평가하여 그 실수의 원인을 파악하고 추적하여 정량적으로 실수의 상대적 순위를 결정하는 안전성 평가기법
④ FMECA(이상위험도분석기법, Failure Modes Effects and Criticality Analysis) : 공정 및 설비의 고장의 형태 및 영향, 고장 형태별 위험도 순위 등을 결정하는 기법

05 중유의 저위발열량이 10,000[kcal/kg]의 연료 1[kg]을 연소시킨 결과, 연소열은 5,500[kcal/kg]이었다. 연소효율은 얼마인가?

① 45[%] ② 55[%]
③ 65[%] ④ 75[%]

해설
연소효율
$$\eta = \frac{5,500}{10,000} \times 100[\%] = 55[\%]$$

06 연소반응이 일어나기 위한 필요충분조건으로 볼 수 없는 것은?

① 점화원
② 시 간
③ 공 기
④ 가연물

해설
연소반응이 일어나기 위한 필요충분조건은 연소의 3요소인 점화원, 산소공급원(공기), 가연물이다.

07 기체연료-공기혼합기체의 최대 연소속도(대기압, 25[%])가 가장 빠른 가스는?

① 수 소
② 메 탄
③ 일산화탄소
④ 아세틸렌

해설
가벼운 기체일수록 기체연료-공기혼합기체의 최대 연소속도가 빠르므로, 수소의 최대 연소속도가 가장 빠르다.

08 일반적인 연소에 대한 설명으로 옳은 것은?

① 온도의 상승에 따라 폭발범위는 넓어진다.
② 압력 상승에 따라 폭발범위는 좁아진다.
③ 가연성 가스에서 공기 또는 산소의 농도 증가에 따라 폭발범위는 좁아진다.
④ 공기 중보다 산소 중에서 폭발범위는 좁아진다.

해설
② 압력 상승에 따라 폭발범위는 넓어진다.
③ 가연성 가스에서 공기 또는 산소의 농도 증가에 따라 폭발범위는 넓어진다.
④ 공기 중보다 산소 중에서 폭발범위는 넓어진다.

09 이상기체에 대한 설명으로 틀린 것은?

① 이상기체 상태방정식을 따르는 기체이다.
② 보일-샤를의 법칙을 따르는 기체이다.
③ 아보가드로 법칙을 따르는 기체이다.
④ 반 데르 발스 법칙을 따르는 기체이다.

해설
반 데르 발스 법칙을 따르는 기체는 실제기체이다.

정답 5 ② 6 ② 7 ① 8 ① 9 ④

10 이산화탄소로 가연물을 덮는 방법은 소화의 3대 효과 중 어느 것에 해당하는가?

① 제거효과
② 질식효과
③ 냉각효과
④ 촉매효과

해설
이산화탄소로 가연물을 덮으면 산소 공급이 차단되므로 이는 질식효과에 의한 질식소화방법이다.

11 표면연소란 다음 중 어느 것을 말하는가?

① 오일 표면에서 연소하는 상태
② 고체연료가 화염을 길게 내면서 연소하는 상태
③ 화염의 외부 표면에 산소가 접촉해 연소하는 현상
④ 적열된 코크스 또는 숯의 표면 또는 내부에 산소가 접촉하여 연소하는 상태

해설
①, ②, ③은 연소에 대한 설명이다.

12 화재와 폭발을 구별하기 위한 주된 차이는?

① 에너지 방출속도
② 점화원
③ 인화점
④ 연소한계

13 사이안화수소의 위험도(H)는 약 얼마인가?

① 5.8 ② 8.8
③ 11.8 ④ 14.8

해설
사이안화수소의 폭발범위는 6~41이므로, 위험도는
$H = \dfrac{U-L}{L} = \dfrac{41-6}{6} \approx 5.8$이다.

14 폭굉유도거리(DID)에 대한 설명으로 옳은 것은?

① 관경이 클수록 짧다.
② 압력이 낮을수록 짧다.
③ 점화원의 에너지가 약할수록 짧다.
④ 정상 연소속도가 빠른 혼합가스일수록 짧다.

해설
폭굉유도거리(DID)가 짧아지는 요인
• 압력이 높을 때
• 점화원의 에너지가 클 때
• 관 속에 장애물이 있을 때
• 관지름이 작을 때
• 정상 연소속도가 빠른 혼합가스일수록

정답 10 ② 11 ④ 12 ① 13 ① 14 ④

15 최소 점화에너지(MIE)에 대한 설명으로 틀린 것은?

① MIE는 압력의 증가에 따라 감소한다.
② MIE는 온도의 증가에 따라 증가한다.
③ 질소농도의 증가는 MIE를 증가시킨다.
④ 일반적으로 분진의 MIE는 가연성 가스보다 큰 에너지 준위를 가진다.

해설
MIE는 온도의 증가에 따라 감소한다.

16 프로판 1[Sm^3]를 완전연소시키는 데 필요한 이론 공기량은 몇 [Sm^3]인가?

① 5.0 ② 10.5
③ 21.0 ④ 23.8

해설
프로판의 연소방정식 : $C_3H_8 + 5O_2 \rightarrow 3CO_2 + 4H_2O$

프로판(C_3H_8) 1[Sm^3]은 $\frac{1}{22.4}$[kmol]이며,

필요한 산소량은 $\frac{1}{22.4} \times 5 \times 22.4 = 5$[$Sm^3$]이므로,

이론공기량 $A_0 = \frac{O_0}{0.21} = \frac{5}{0.21} \simeq 23.8$[$Sm^3$]

17 증기운 폭발에 영향을 주는 인자로 가장 거리가 먼 것은?

① 혼합비
② 점화원의 위치
③ 방출된 물질의 양
④ 증발된 물질의 분율

해설
증기운 폭발에 영향을 주는 인자 : 방출된 물질의 양, 증발된 물질의 분율, 점화원의 위치, 점화확률, 점화 전 증기운의 이동거리, 시간 지연, 폭발확률, 폭발효율 등

18 다음 기체연료 중 CH_4 및 H_2를 주성분으로 하는 가스는?

① 고로가스
② 발생로가스
③ 수성가스
④ 석탄가스

해설
부생가스의 주성분[%]
• 코크스로가스(COG) : H_2[55.5], CH_4[25.2]
• 고로가스(BFG) : N_2[49.6], CO[25.2], CO_2[21.1]
• 전로가스(LDG) : CO[68], N_2[18], CO_2[12]
• 발생로가스 : N_2[53.4], CO[27.3], H_2[12.4]
• 석탄가스 : H_2[54.4], CH_4[31.5]
• 수성가스 : H_2[49], CO[39.2]
• 오일가스 : C_nH_{2n}[35.3], CH_4[29]

19 메탄 85[v%], 에탄 10[v%], 프로판 4[v%], 부탄 1[v%]의 조성을 갖는 혼합가스의 공기 중 폭발하한계는 약 얼마인가?

① 4.4[%]   ② 5.4[%]
③ 6.2[%]   ④ 7.2[%]

해설

$\dfrac{100}{LFL} = \sum \dfrac{V_i}{L_i}$ 에서 $\dfrac{100}{LFL} = \dfrac{V_1}{L_1} + \dfrac{V_2}{L_2} + \dfrac{V_3}{L_3} + \dfrac{V_4}{L_4}$ 이며

$\dfrac{100}{LFL} = \dfrac{85}{5} + \dfrac{10}{3} + \dfrac{4}{2.1} + \dfrac{1}{1.8} = 22.79$ 이므로,

$LFL = \dfrac{100}{22.79} \simeq 4.4[\%]$

20 LPG를 연료로 사용할 때의 장점으로 옳지 않은 것은?

① 발열량이 크다.
② 조성이 일정하다.
③ 특별한 가압장치가 필요하다.
④ 용기, 조정기와 같은 공급설비가 필요하다.

해설
LPG를 연료로 사용할 때에는 특별한 가압장치가 필요하지 않다.

제2과목 가스설비

21 아세틸렌가스를 2.5[MPa]의 압력으로 압축할 때 주로 사용되는 희석제는?

① 질 소
② 산 소
③ 이산화탄소
④ 암모니아

해설
아세틸렌가스의 희석제 : 질소(N_2), 메탄(CH_4), 일산화탄소(CO), 에틸렌(C_2H_4)

22 2개의 단열과정과 2개의 등압과정으로 이루어진 가스터빈의 이상 사이클은?

① 에릭슨 사이클
② 브레이턴 사이클
③ 스털링 사이클
④ 앳킨슨 사이클

해설
① 에릭슨 사이클 : 2개의 등온과정과 2개의 정압과정으로 이루어진 가스터빈의 기본 사이클이다. 브레이턴 사이클의 단열과정을 등온과정으로 대치한 사이클이기도 하며, 스털링 사이클의 정적과정이 정압과정으로 대치된 사이클이기도 하다.
② 브레이턴 사이클 : 2개의 단열과정과 2개의 등압과정으로 이루어진 가스터빈의 이상 사이클이다.
③ 스털링 사이클 : 2개의 등적과정과 2개의 등온과정으로 이루어진 스털링기관(밀폐식 외연기관)의 기본 사이클이다.
④ 앳킨슨 사이클 : 2개의 단열과정과 1개의 등적과정, 1개의 등압과정으로 구성되며 등적 브레이턴 사이클이라고도 한다.

23 전기방식에 대한 설명으로 틀린 것은?

① 전해질 중 물, 토양, 콘크리트 등에 노출된 금속에 대하여 전류를 이용하여 부식을 제어하는 방식이다.
② 전기방식은 부식 자체를 제거할 수 있는 것이 아니라 음극에서 일어나는 부식을 양극에서 일어나도록 하는 것이다.
③ 방식전류는 양극에서 양극반응에 의하여 전해질로 이온이 누출되어 금속 표면으로 이동하게 되고, 음극 표면에서는 음극반응에 의하여 전류가 유입되게 된다.
④ 금속에서 부식을 방지하기 위해서는 방식전류가 부식전류 이하가 되어야 한다.

해설
금속에서 부식을 방지하기 위해서는 방식전류가 부식전류 이상이 되어야 한다.

24 암모니아 압축기 실린더에 일반적으로 워터재킷을 사용하는 이유가 아닌 것은?

① 윤활유의 탄화를 방지한다.
② 압축 소요일량을 크게 한다.
③ 압축효율의 향상을 도모한다.
④ 밸브 스프링의 수명을 연장시킨다.

해설
암모니아압축기 실린더에 워터재킷을 사용하는 이유
• 압축효율의 향상을 도모한다.
• 윤활유의 탄화를 방지한다.
• 밸브 스프링의 수명을 연장시킨다.
• 압축 소요일량을 작게 한다.

25 일반도시가스사업자의 정압기에서 시공감리 기준 중 기능검사에 대한 설명으로 틀린 것은?

① 2차 압력을 측정하여 작동압력을 확인한다.
② 주정압기의 압력 변화에 따라 예비정압기가 정상 작동되는지 확인한다.
③ 가스차단장치의 개폐 상태를 확인한다.
④ 지하에 설치된 정압기실 내부에 100[lx] 이상의 조명도가 확보되는지 확인한다.

해설
지하에 설치된 정압기실 내부에 150[lx] 이상의 조명도가 확보되는지 확인한다.

26 금속재료에 대한 풀림의 목적으로 옳지 않은 것은?

① 인성을 향상시킨다.
② 내부응력을 제거한다.
③ 조직을 조대화하여 높은 경도를 얻는다.
④ 일반적으로 강의 경도가 낮아져 연화된다.

해설
조직을 조대화하여 연화(Softening)시키면 경도는 더 낮아진다.
※ 저자의견 : 한국산업인력공단의 확정 정답은 ③번이나, ①번은 인성을 향상시키는 열처리 공법은 뜨임(Tempering)의 목적이기 때문에 풀림은 인성이 아니라 연성을 증가시킨다가 옳다. 따라서 엄밀히 말하면 ①번도 정답으로 처리하는 것이 맞지만, 실제 시험을 치를 때는 더 옳지 않은 ③번을 택하는 것이 좋다.

정답 23 ④ 24 ② 25 ④ 26 ③

27 LPG를 탱크로리에서 저장탱크로 이송 시 작업을 중단해야 하는 경우로서 가장 거리가 먼 것은?

① 누출이 생긴 경우
② 과충전된 경우
③ 작업 중 주위에 화재 발생 시
④ 압축기 이용 시 베이퍼로크 발생 시

해설
LPG를 탱크로리에서 저장탱크로 이송 시 작업을 중단해야 하는 경우
• 누출이 생긴 경우
• 과충전된 경우
• 작업 중 주위에 화재 발생 시

28 발열량 10,500[kcal/m³]인 가스를 출력 12,000 [kcal/h]인 연소기에서 연소효율 80[%]로 연소시켰다. 이 연소기의 용량은?

① 0.70[m³/h]
② 0.91[m³/h]
③ 1.14[m³/h]
④ 1.43[m³/h]

해설
용량 = $\dfrac{출력}{발열량 \times 효율}$ = $\dfrac{12,000}{10,500 \times 0.8}$ ≈ 1.43[m³/h]

29 액화프로판 400[kg]을 내용적 50[L]의 용기에 충전 시 필요한 용기의 개수는?

① 13개
② 15개
③ 17개
④ 19개

해설
프로판이 액화되면 체적은 $\dfrac{1}{250}$배로 감소된다.
액화프로판 400[kg]의 체적
= $\dfrac{400 \times 1,000}{44} \times 22.4 \times \dfrac{1}{250}$ ≈ 814.5[L]
용기에는 85[%]를 채운다.
필요한 용기의 개수 = $\dfrac{814.5}{50 \times 0.85}$ ≈ 19개

30 조정압력이 3.3[kPa] 이하인 액화석유가스조정기의 안전장치 작동정지압력은?

① 7[kPa]
② 5.04~8.4[kPa]
③ 5.6~8.4[kPa]
④ 8.4~10[kPa]

해설
조정압력이 3.3[kPa] 이하인 압력조정기의 안전장치 작동압력
• 작동표준압력 : 7.0[kPa]
• 작동개시압력 : 5.60~8.40[kPa]
• 작동정지압력 : 5.04~8.40[kPa]

31 도시가스 저압배관 설계 시 반드시 고려하지 않아도 되는 사항은?

① 허용 압력손실
② 가스소비량
③ 연소기의 종류
④ 관의 길이

[해설]
도시가스 저압배관 설계 시 고려사항
• 허용 압력손실
• 가스소비량
• 관의 직경
• 가스의 비중
• 관의 길이 등

※ 가스소비량(가스사용량) : $Q = K\sqrt{\dfrac{hD^5}{SL}}$

32 유수식 가스홀더의 특징에 대한 설명으로 틀린 것은?

① 제조설비가 저압인 경우에 사용한다.
② 구형 홀더에 비해 유효 가동량이 많다.
③ 가스가 건조하면 물탱크의 수분을 흡수한다.
④ 부지면적과 기초공사비가 적게 소요된다.

[해설]
유수식 가스홀더는 부지면적과 기초공사비가 많이 소요된다.

33 정압기(Governor)의 기본 구성 중 2차 압력을 감지하고 변동사항을 알려주는 역할을 하는 것은?

① 스프링
② 메인밸브
③ 다이어프램
④ 웨이트

[해설]
정압기의 기본구조 중 2차 압력을 감지하여 그 2차 압력의 변동을 메인밸브로 전하는 부분은 다이어프램이다.

34 LP 가스를 이용한 도시가스 공급방식이 아닌 것은?

① 직접 혼입방식
② 공기 혼합방식
③ 변성 혼입방식
④ 생가스 혼합방식

[해설]
LP 가스를 이용한 도시가스 공급방식 : 직접 혼입방식, 공기 혼합방식, 변성 혼입방식

35 Loading형으로 정특성, 동특성이 양호하며 비교적 콤팩트한 형식의 정압기는?

① KRF식 정압기
② Fisher식 정압기
③ Reynolds식 정압기
④ Axial-flow식 정압기

[해설]
② Fisher식 정압기 : 로딩형으로 주로 중압용으로 사용되고 정특성, 동특성이 양호하며 비교적 콤팩트한 형식의 정압기이다. 구동압력이 증가하면 개조도 증가되는 방식이다.
① KRF식 정압기 : 언로딩형으로 정특성은 극히 좋으나 안정성이 부족하다.
③ Reynolds식 정압기 : 언로딩형으로 일반 소비기기용, 지구정압기로 널리 사용되고 구조와 기능이 우수하며 정특성이 좋지만, 안전성이 부족하고 다른 것에 비하여 대형이다.
④ Axial-flow식 정압기 : 변칙 언로딩형으로 정특성, 동특성이 양호한 정압기이다.

36 염소가스압축기에 주로 사용되는 윤활제는?

① 진한 황산
② 양질의 광유
③ 식물성유
④ 묽은 글리세린

해설
② 양질의 광유 : 수소압축기와 아세틸렌압축기의 윤활제
③ 식물성유 : LP 가스압축기의 윤활제
④ 묽은 글리세린 : 산소압축기의 윤활제

37 캐비테이션 현상의 발생 방지책에 대한 설명으로 가장 거리가 먼 것은?

① 펌프의 회전수를 높인다.
② 흡입 관경을 크게 한다.
③ 펌프의 위치를 낮춘다.
④ 양흡입펌프를 사용한다.

해설
캐비테이션 방지대책
• 흡입양정을 작게(짧게) 한다.
• 흡입관의 지름을 크게 한다.
• 펌프의 위치를 낮게 한다.
• 유효 흡입수두를 크게 한다.
• 손실수두를 작게 한다.
• 펌프의 회전수를 줄인다.
• 양흡입펌프 또는 두 대 이상의 펌프를 사용한다.
• 회전차를 물속에 완전히 잠기게 한다.

38 가스용 폴리에틸렌관의 장점이 아닌 것은?

① 부식에 강하다.
② 일광, 열에 강하다.
③ 내한성이 우수하다.
④ 균일한 단위제품을 얻기 쉽다.

해설
가스용 폴리에틸렌관은 일광과 열에 약하다는 단점이 있다.

39 어떤 냉동기에서 0[℃]의 물로 0[℃]의 얼음 2[ton]을 만드는 데 50[kW·h]의 일이 소요되었다. 이 냉동기의 성능계수는?(단, 물의 응고열은 80[kcal/kg]이다)

① 3.7
② 4.7
③ 5.7
④ 6.7

해설
성능계수 $\varepsilon_R = \dfrac{q_2}{W_c} = \dfrac{2,000[\text{kg}] \times 80[\text{kcal/kg}]}{50[\text{kW·h}]}$
$= \dfrac{160,000[\text{kcal}]}{50[\text{kW·h}]} = \dfrac{160,000 \times 4.184}{50 \times 3,600} \simeq 3.7$

40 터보형 펌프에 속하지 않는 것은?

① 사류펌프
② 축류펌프
③ 플런저 펌프
④ 센트리퓨걸 펌프

해설
플런저 펌프는 왕복형 펌프에 해당된다.

제3과목 가스안전관리

41 액화석유가스 자동차에 고정된 용기 충전의 시설에 설치되는 안전밸브 중 압축기의 최종단에 설치된 안전밸브의 작동 조정의 최소 주기는?

① 6월에 1회 이상
② 1년에 1회 이상
③ 2년에 1회 이상
④ 3년에 1회 이상

42 특정설비에 대한 표시 중 기화장치에 각인 또는 표시해야 할 사항이 아닌 것은?

① 내압시험압력
② 가열방식 및 형식
③ 설비별 기호 및 번호
④ 사용하는 가스의 명칭

해설
기화장치의 각인내용
• 제조자의 명칭 또는 약호
• 사용하는 가스의 명칭
• 제조번호 및 제조 연월일
• 내압시험에 합격한 연월
• 내압시험압력(기호 : TP, 단위 : [MPa])
• 가열방식 및 형식
• 최고 사용압력(기호 : DP, 단위 : [MPa])
• 기화능력(단위 : [kg/hr] 또는 [m³/hr])

43 고압가스특정제조시설에서 안전구역 안의 고압가스설비는 그 외면으로부터 다른 안전구역 안에 있는 고압가스설비의 외면까지 몇 [m] 이상의 거리를 유지하여야 하는가?

① 10[m]   ② 20[m]
③ 30[m]   ④ 50[m]

44 고압가스 운반 차량의 운행 중 조치사항으로 틀린 것은?

① 400[km] 이상 거리를 운행할 경우 중간에 휴식을 취한다.
② 독성가스를 운반 중 도난당하거나 분실한 때에는 즉시 그 내용을 경찰서에 신고한다.
③ 독성가스를 운반하는 때는 그 고압가스의 명칭, 성질 및 이동 중의 재해방지를 위하여 필요한 주의사항을 기재한 서류를 운전자 또는 운반 책임자에게 교부한다.
④ 고압가스를 적재하여 운반하는 차량은 차량의 고장, 교통 사정, 운전자 또는 운반 책임자의 휴식할 경우 운반 책임자와 운전자가 동시에 이탈하지 아니한다.

해설
고압가스 운반 차량은 200[km] 이상의 거리를 운행하는 경우에는 중간에 충분한 휴식을 취한 후 운행하여야 한다.

정답 41 ② 42 ③ 43 ③ 44 ①

45 고압가스 안전성 평가 기준에서 정한 위험성 평가 기법 중 정성적 평가기법에 해당되는 것은?

① Check List기법
② HEA기법
③ FTA기법
④ CCA기법

해설
① Check List기법 : 공정 및 설비의 오류, 결함 상태, 위험상황 등을 목록화한 형태로 작성하여 경험적으로 비교함으로써 위험성을 정성적으로 파악하는 안전성 평가기법
② HEA기법(HEA ; Human Error Analysis) : 설비의 운전원, 정비 보수원, 기술자 등의 작업에 영향을 미칠만한 요소를 평가하여 그 실수의 원인을 파악하고 추적하여 정량적으로 실수의 상대적 순위를 결정하는 안전성 평가기법
③ FTA기법(FTA ; Fault Tree Analysis) : 사고를 일으키는 장치의 이상이나 운전자 실수의 조합을 연역적으로 분석하는 정량적인 안전성 평가기법
④ CCA기법(CCA ; Cause-Consequence Analysis) : 잠재된 사고의 결과와 이러한 사고의 근본적인 원인을 찾아내고 사고의 결과와 원인의 상호관계를 예측·평가하는 정량적인 안전성 평가기법

46 일반적인 독성가스의 제독제로 사용되지 않는 것은?

① 소석회
② 탄산소다 수용액
③ 물
④ 암모니아 수용액

해설
① 소석회 : 포스겐의 제독제
② 탄산소다 수용액 : 황화수소, 아황산가스의 제독제
③ 물 : 아황산가스, 암모니아, 산화에틸렌, 염화메탄의 제독제

47 암모니아 저장탱크에는 가스의 용량이 저장탱크 내용적의 몇 [%]를 초과하는 것을 방지하기 위한 과충전 방지조치를 강구하여야 하는가?

① 85[%]
② 90[%]
③ 95[%]
④ 98[%]

48 고압가스용 이음매 없는 용기 제조 시 탄소 함유량은 몇 [%] 이하를 사용하여야 하는가?

① 0.04
② 0.05
③ 0.33
④ 0.55

49 가스를 충전하는 경우에 밸브 및 배관이 얼었을 때의 응급조치하는 방법으로 부적절한 것은?

① 열습포를 사용한다.
② 미지근한 물로 녹인다.
③ 석유버너 불로 녹인다.
④ 40[℃] 이하의 물로 녹인다.

해설
가스 충전 시 밸브나 배관이 얼었을 때 석유버너 불로 녹이는 것은 위험하므로 금지한다.

50 고압가스 일반제조의 시설 기준에 대한 설명으로 옳은 것은?

① 산소 초저온저장탱크에는 환형 유리관 액면계를 설치할 수 없다.
② 고압가스설비에 장치하는 압력계는 사용압력의 1.1배 이상 2배 이하의 최고 눈금이 있어야 한다.
③ 공기보다 가벼운 가연성 가스의 가스설비실에는 1방향 이상의 개구부 또는 자연환기설비를 설치하여야 한다.
④ 저장능력이 1,000[ton] 이상인 가연성 액화가스의 지상 저장탱크의 주위에는 방류둑을 설치하여야 한다.

해설
① 초저온저장탱크의 환형 유리관 액면계 설치 여부 : 산소 또는 불활성 가스에 한정하여 설치 가능하다.
② 고압가스설비에 장치하는 압력계는 상용압력의 1.5배 이상 2배 이하의 최고 눈금이 있어야 한다.
③ 공기보다 가벼운 가연성 가스의 가스설비실에는 두 방향 이상의 개구부 또는 강제환기설비를 설치하여야 한다.

51 포스겐 가스($COCl_2$)를 취급할 때의 주의사항으로 옳지 않은 것은?

① 취급 시 방독마스크를 착용할 것
② 공기보다 가벼우므로 환기시설은 보관 장소의 위쪽에 설치할 것
③ 사용 후 폐가스를 방출할 때에는 중화시킨 후 옥외로 방출시킬 것
④ 취급 장소는 환기가 잘되는 곳일 것

해설
포스겐 가스($COCl_2$)는 공기보다 무겁기 때문에 환기시설은 보관 장소의 아래쪽에 설치해야 한다.

52 초저온용기의 재료로 적합한 것은?

① 오스테나이트계 스테인리스강 또는 알루미늄합금
② 고탄소강 또는 Cr강
③ 마텐자이트계 스테인리스강 또는 고탄소강
④ 알루미늄합금 또는 Ni-Cr강

53 지름이 각각 8[m]인 LPG 지상 저장탱크 사이에 물분무장치를 하지 않은 경우, 탱크 사이에 유지해야 되는 간격은?

① 1[m]   ② 2[m]
③ 4[m]   ④ 8[m]

해설
탱크 사이 유지 간격 $= \dfrac{8+8}{4} = 4[m]$

54 고압가스 일반제조시설에서 저장탱크 및 처리설비를 실내에 설치하는 경우의 기준으로 틀린 것은?

① 저장탱크실과 처리설비실은 각각 구분하여 설치하고 강제환기시설을 갖춘다.
② 저장탱크실의 천장, 벽 및 바닥의 두께는 20[cm] 이상으로 한다.
③ 저장탱크를 2개 이상 설치하는 경우에는 저장탱크실을 각각 구분하여 설치한다.
④ 저장탱크에 설치한 안전밸브는 지상 5[m] 이상인 높이에 방출구가 있는 가스방출관을 설치한다.

해설
저장탱크실의 천장, 벽 및 바닥의 두께는 30[cm] 이상으로 한다.

정답 50 ④ 51 ② 52 ① 53 ③ 54 ②

55 액화가스 저장탱크의 저장능력을 산출하는 식은?(단, Q : 저장능력[m³], W : 저장능력[kg], V : 내용적[L], P : 35[℃]에서 최고 충전압력[MPa], d : 상용온도 내에서 액화가스 비중[kg/L], C : 가스의 종류에 따른 정수이다)

① $W = \dfrac{V}{C}$

② $W = 0.9dV$

③ $Q = (10P+1)V$

④ $Q = (P+2)V$

해설
액화가스 저장탱크의 저장능력
$W = 0.9dV$

56 폭발 및 인화성 위험물 취급 시 주의하여야 할 사항으로 틀린 것은?

① 습기가 없고 양지바른 곳에 둔다.
② 취급자 외에는 취급하지 않는다.
③ 부근에서 화기를 사용하지 않는다.
④ 용기는 난폭하게 취급하거나 충격을 주어서는 아니 된다.

해설
폭발 및 인화성 위험물은 습기가 없고 통풍이 잘되는 냉암소에 둔다.

57 폭발 예방대책을 수립하기 위하여 우선적으로 검토하여야 할 사항으로 가장 거리가 먼 것은?

① 요인분석
② 위험성 평가
③ 피해 예측
④ 피해 보상

해설
폭발 예방대책을 수립하기 위하여 우선적으로 검토해야 할 사항 : 요인분석, 위험성 평가, 피해 예측

58 아세틸렌용 용접용기 제조 시 내압시험압력이란 최고 충전압력 수치의 몇 배의 압력을 말하는가?

① 1.2   ② 1.8
③ 2   ④ 3

해설
내압시험압력
• 아세틸렌용 용접용기 제조 시 : 최고 압력수치(최고 충전압력)의 3배
• (아세틸렌가스가 아닌 압축가스를 충전할 때) 압축가스 용기, 압축가스를 저장하는 납붙임용기 : 최고 충전압력의 $\dfrac{5}{3}$배
• 고압가스특정제조시설 내의 특정가스사용시설 : 상용압력의 1.5배 이상의 압력으로 5~20분 유지

59 질소 충전용기에서 질소가스의 누출 여부를 확인하는 방법으로 가장 쉽고 안전한 방법은?

① 기름 사용
② 소리 감지
③ 비눗물 사용
④ 전기스파크 이용

60 2단 감압식 1차용 액화석유가스조정기를 제조할 때 최대 폐쇄압력은 얼마 이하로 해야 하는가?(단, 입구압력이 0.1~1.56[MPa]이다)

① 3.5[kPa]
② 83[kPa]
③ 95[kPa]
④ 조정압력의 2.5배 이하

[해설]
2단 감압식 1차용 조정기
• 입구압력 : 0.1~1.56[MPa]
• 조정압력 : 57~83[kPa]
• 최대 폐쇄압력 : 95[kPa]

제4과목 가스계측

61 되먹임 제어에 대한 설명으로 옳은 것은?

① 열린 회로 제어이다.
② 비교부가 필요 없다.
③ 되먹임이란 출력신호를 입력신호로 다시 되돌려 보내는 것을 말한다.
④ 되먹임 제어시스템은 선형 제어시스템에 속한다.

[해설]
① 닫힌 회로 제어이다.
② 비교부가 필요하다.
④ 되먹임 제어시스템은 비선형 제어시스템에 속한다.

62 He 가스 중 불순물로서 N_2 : 2[%], CO : 5[%], CH_4 : 1[%], H_2 : 5[%]가 들어있는 가스를 가스크로마토그래피로 분석하고자 한다. 다음 중 가장 적당한 검출기는?

① 열전도검출기(TCD)
② 불꽃이온화검출기(FID)
③ 불꽃광도검출기(FPD)
④ 환원성가스검출기(RGD)

[해설]
① 열전도검출기(TCD) : 이동상 가스와 시료의 열전도도 차이를 측정하는 검출기로, 감도는 사용되는 검출기 중에서 가장 낮다. 비파괴성 검출기이며 모든 화합물의 검출이 가능하여 일반적으로 널리 사용된다.
② 불꽃이온화검출기(FID) : H_2와 O_2 등에는 감응이 없고 탄화수소에 대한 감응이 아주 우수한 검출기이다.
③ 불꽃광도검출기(FPD) : 황화합물과 인화합물에 대하여 선택성이 높은 검출기이다.
④ 환원성가스검출기(RGD) : 환원성 가스(H_2, CO, H_2S 등)를 검출한다.

63 다음 가스분석법 중 흡수분석법에 해당되지 않는 것은?

① 헴펠법
② 게겔법
③ 오르자트법
④ 우인클러법

해설
우인클러법(완만연소법)은 연소분석법에 해당한다.

64 Block 선도의 등가변환에 해당하는 것만으로 짝지어진 것은?

① 전달요소 결합, 가합점 치환, 직렬 결합, 피드백 치환
② 전달요소 치환, 인출점 치환, 병렬 결합, 피드백 결합
③ 인출점 치환, 가합점 결합, 직렬 결합, 병렬 결합
④ 전달요소 이동, 가합점 결합, 직렬 결합, 피드백 결합

해설
Block 선도의 등가변환 : 전달요소 치환, 인출점 치환, 병렬 결합, 피드백 결합

블록선도	등가변환
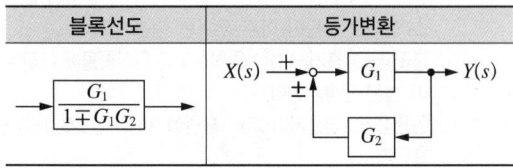	

65 가스센서에 이용되는 물리적 현상으로 가장 옳은 것은?

① 압전효과
② 조지프슨효과
③ 흡착효과
④ 광전효과

해설
물리적 현상의 이용
- 압전효과 : 고체에 힘을 가하였을 때 결정 겉면에 전기적 분극이 일어나는 현상으로, 피에조 저항효과라고도 하며 압력측정(압전식 압력계)에 이용된다.
- 조지프슨효과 : 초전도체와 초전도체 사이에 전류가 흐르지 못하는 부도체를 끼워 넣어도 전류가 흐르는 현상으로, 양자 역학적 회로에 응용된다.
- 흡착효과 : 기상의 가스성분이 다공성 고체 표면에 물리적 또는 화학적으로 결합되는 현상으로, 가스센서에 이용된다.
- 광전효과 : 금속 표면에 특정 진동수(문턱 진동수)보다 큰 진동수의 빛을 비추었을 때 금속에서 전자가 튀어나오는 현상으로, 광센서에 이용된다.

66 접촉식 온도계의 종류와 특징을 연결한 것 중 틀린 것은?

① 유리온도계 : 액체의 온도에 따른 팽창을 이용한 온도계
② 바이메탈 온도계 : 바이메탈이 온도에 따라 굽히는 정도가 다른 점을 이용한 온도계
③ 열전대 온도계 : 온도 차이에 의한 금속의 열 상승 속도의 차이를 이용한 온도계
④ 저항온도계 : 온도 변화에 따른 금속의 전기저항 변화를 이용한 온도계

해설
열전대 온도계 : 회로의 두 접점 사이의 온도차로 열기전력을 일으키고 그 전위차를 측정하여 온도를 알아내는 온도계

67 여과기(Strainer)의 설치가 필요한 가스미터는?

① 터빈 가스미터
② 루츠 가스미터
③ 막식 가스미터
④ 습식 가스미터

68 초음파 유량계에 대한 설명으로 틀린 것은?

① 압력손실이 거의 없다.
② 압력은 유량에 비례한다.
③ 대구경 관로의 측정이 가능하다.
④ 액체 중 고형물이나 기포가 많이 포함되어 있어도 정도가 좋다.

[해설]
초음파 유량계
• 원리 : 도플러 효과
• 압력은 유량에 비례하며 압력손실이 거의 없다.
• 정확도가 매우 높은 편이다.
• 측정체가 유체와 접촉하지 않는다.
• 비전도성 유체 측정도 가능하다.
• 대구경 관로의 측정이 가능하며 대유량 측정에 적합하다.
• 개방 수로에 적용된다.
• 고온, 고압, 부식성 유체에도 사용이 가능하다.
• 액체 중 고형물이나 기포가 많이 포함되어 있으면 정도가 나빠진다.

69 외란의 영향으로 인하여 제어량이 목표치 50[L/min]에서 53[L/min]으로 변하였다면, 이때 제어편차는 얼마인가?

① +3[L/min]
② −3[L/min]
③ +6.0[%]
④ −6.0[%]

[해설]
50 − 53 = −3[L/min]

70 가스미터의 원격계측(검침)시스템에서 원격계측방법으로 가장 거리가 먼 것은?

① 제트식   ② 기계식
③ 펄스식   ④ 전자식

[해설]
가스미터의 검침시스템 중 원격계측방법 : 기계식, 펄스식, 전자식

71 전극식 액면계의 특징에 대한 설명으로 틀린 것은?

① 프로브 형성 및 부착 위치와 길이에 따라 정전용량이 변화한다.
② 고유저항이 큰 액체에는 사용이 불가능하다.
③ 액체의 고유저항 차이에 따라 동작점의 차이가 발생하기 쉽다.
④ 내식성이 강한 전극봉이 필요하다.

[해설]
프로브 형성 및 부착 위치와 길이에 따라 정전용량이 변화하는 것은 정전용량식 액면계이다.

[정답] 67 ② 68 ④ 69 ② 70 ① 71 ①

72 가스보일러에서 가스를 연소시킬 때 불완전연소로 발생하는 가스에 중독될 경우 생명을 잃을 수도 있다. 이때 이 가스를 검지하기 위하여 사용하는 시험지는?

① 연당지
② 염화팔라듐지
③ 해리슨 시약
④ 질산구리벤젠지

해설
② 염화팔라듐지 : 일산화탄소(CO) 검지용 시험지
① 연당지 : 황화수소(H_2S) 검지용 시험지
③ 해리슨 시약 : 포스겐($COCl_2$) 검지용 시험지
④ 질산구리벤젠지 : 사이안화수소(HCN) 검지용 시험지

73 헴펠(Hempel)법에 의한 분석 순서가 바른 것은?

① $CO_2 \rightarrow C_mH_n \rightarrow O_2 \rightarrow CO$
② $CO \rightarrow C_mH_n \rightarrow O_2 \rightarrow CO_2$
③ $CO_2 \rightarrow O_2 \rightarrow C_mH_n \rightarrow CO$
④ $CO \rightarrow O_2 \rightarrow C_mH_n \rightarrow CO_2$

74 실측식 가스미터가 아닌 것은?

① 터빈식
② 건 식
③ 습 식
④ 막 식

해설
터빈식 가스미터는 추량식(추측식) 가스미터에 해당된다.

75 아르키메데스의 원리를 이용하는 압력계는?

① 부르동관 압력계
② 링밸런스식 압력계
③ 침종식 압력계
④ 벨로스식 압력계

해설
침종식 압력계 : 아르키메데스의 원리를 이용하여 종 모양의 플로트를 액 속에 넣어 압력에 따른 플로트의 변위량으로 압력을 측정하는 압력계

76 습식 가스미터 특징에 대한 설명으로 옳지 않은 것은?

① 계량이 정확하다.
② 설치 공간이 작다.
③ 사용 중에 기차의 변동이 거의 없다.
④ 사용 중에 수위 조정 등의 관리가 필요하다.

해설
습식 가스미터는 설치 공간을 많이 차지한다.

72 ② 73 ① 74 ① 75 ③ 76 ② **정답**

77 전기저항식 습도계의 특징에 대한 설명 중 틀린 것은?

① 저온도의 측정이 가능하고, 응답이 빠르다.
② 고습도에 장기간 방치하면 감습막이 유동한다.
③ 연속 기록, 원격 측정, 자동제어에 주로 이용된다.
④ 온도계수가 비교적 작다.

해설
전기저항식 습도계는 온도계수가 비교적 크다.

78 반도체 스트레인게이지의 특징이 아닌 것은?

① 높은 저항
② 높은 안정성
③ 큰 게이지 상수
④ 낮은 피로수명

해설
반도체 스트레인게이지는 피로수명이 높다.

79 평균 유속이 3[m/sec]인 파이프를 25[L/sec]의 유량이 흐르도록 하려면 이 파이프의 지름을 약 몇 [mm]로 해야 하는가?

① 88[mm]   ② 93[mm]
③ 98[mm]   ④ 103[mm]

해설
$Q = Av$
$25 \times 10^{-3} = \dfrac{\pi d^2}{4} \times 3$
$d = 0.103[m] = 103[mm]$

80 계측에 사용되는 열전대 중 다음 보기의 특징을 가지는 온도계는?

―보기―
• 열기전력이 크고, 저항 및 온도계수가 작다.
• 수분에 의한 부식에 강하므로 저온 측정에 적합하다.
• 비교적 저온의 실험용으로 주로 사용된다.

① R형   ② T형
③ J형   ④ K형

해설
② T형 : 구리-콘스탄탄(CC) 열전대 온도계로, 측정 온도범위는 -200~350[℃]이다. 열기전력이 크고 저항 및 온도계수가 작다. 수분에 의한 습한 분위기에서도 부식에 강해서 저온 측정에 적합하다. 기전력 특성이 안정되고 정확하며 주로 저온의 실험용으로 사용한다.
① R형 : Pt-13%Rh/Pt 열전대 온도계로, 측정 온도범위는 0~1,600[℃]이다. 1,400[℃]까지는 연속적으로, 1,600[℃]까지는 간헐적으로 산화 및 비활성 분위기 내에서 되지만, 세라믹 절연관과 보호관으로 올바르게 보호했더라도 진공, 환원 또는 금속증기 분위기 내에서는 사용할 수 없다.
③ J형 : 철-콘스탄탄(IC) 열전대 온도계로, 측정 온도범위는 -210~760[℃]이다. 열기전력이 크며 환원성 분위기에 강하지만 산화성·부식성 분위기에 약하다.
④ K형 : 크로멜-알루멜(CA) 열전대 온도계로, 측정 온도범위는 -20~1,250[℃]이다. 온도와 기전력의 관계가 거의 선형적이며 공업용으로 널리 사용된다. 다양한 특성이 있어 신뢰성이 높은 산업용 열전대로도 가장 널리 사용된다.

2020년 제3회 과년도 기출문제

제1과목 연소공학

01 연소열에 대한 설명으로 틀린 것은?

① 어떤 물질이 완전연소할 때 발생하는 열량이다.
② 연료의 화학적 성분은 연소열에 영향을 미친다.
③ 이 값이 클수록 연료로서 효과적이다.
④ 발열반응과 함께 흡열반응도 포함한다.

해설
연소열은 발열반응에 의해 발생된다.
- 발열반응의 예 : 연소반응, 중화반응, 금속과 산의 반응, 수산화나트륨의 용해, 진한 황산의 묽음 등
- 흡열반응의 예 : 광합성, 열분해반응, 수산화바륨($Ba(OH)_2$)과 염화암모늄(NH_4Cl)의 반응, 냉매의 기화, 질산암모늄(NH_3NO_3)의 용해 등

02 연소가스량 10[m³/kg], 비열 0.325[kcal/m³·℃]인 어떤 연료의 저위발열량이 6,700[kcal/kg]이었다면 이론연소온도는 약 몇 [℃]인가?

① 1,962[℃]   ② 2,062[℃]
③ 2,162[℃]   ④ 2,262[℃]

해설
이론연소온도
$$T_0 = \frac{H_L}{GC} + t = \frac{6,700}{10 \times 0.325} + 0 \simeq 2,062[℃]$$

03 황(S) 1[kg]이 이산화황(SO_2)으로 완전연소할 경우 이론산소량[kg/kg]과 이론공기량[kg/kg]은 각각 얼마인가?

① 1, 4.31   ② 1, 8.62
③ 2, 4.31   ④ 2, 8.62

해설
황의 연소방정식 : $S + O_2 \rightarrow SO_2$
- 이론산소량 O_0 = 가연물질의 몰수 × 산소의 몰수 × 32
$$= \frac{1}{32} \times 1 \times 32 = 1[kg/kg]$$
- 이론공기량 $A_0 = \frac{O_0}{0.232} = \frac{1}{0.232} \simeq 4.31[kg/kg]$

04 메탄 60[v%], 에탄 20[v%], 프로판 15[v%], 부탄 5[v%]인 혼합가스의 공기 중 폭발하한계[v%]는 약 얼마인가?(단, 각 성분의 폭발하한계는 메탄 5.0[v%], 에탄 3.0[v%], 프로판 2.1[v%], 부탄 1.8[v%]로 한다)

① 2.5   ② 3.0
③ 3.5   ④ 4.0

해설
$\frac{100}{LFL} = \sum \frac{V_i}{L_i}$ 에서 $\frac{100}{LFL} = \frac{V_1}{L_1} + \frac{V_2}{L_2} + \frac{V_3}{L_3} + \frac{V_4}{L_4}$ 이며,

$\frac{100}{LFL} = \frac{60}{5} + \frac{20}{3} + \frac{15}{2.1} + \frac{5}{1.8} \simeq 28.588$ 이므로,

$LFL = \frac{100}{28.588} \simeq 3.5[\%]$

정답 1 ④ 2 ② 3 ① 4 ③

05 기체연료의 확산연소에 대한 설명으로 틀린 것은?

① 확산연소는 폭발의 경우에 주로 발생하는 형태이며, 예혼합연소에 비해 반응대가 좁다.
② 연료가스와 공기를 별개로 공급하여 연소하는 방법이다.
③ 연소 형태는 연소기기의 위치에 따라 달라지는 비균일연소이다.
④ 일반적으로 확산과정은 화학반응이나, 화염의 전파과정보다 늦기 때문에 확산에 의한 혼합속도가 연소속도를 지배한다.

해설
확산연소는 가연성 가스의 연소에서 주로 발생하는 형태이며, 예혼합연소에 비해 반응대가 넓다.

06 프로판가스의 분자량은 얼마인가?

① 17   ② 44
③ 58   ④ 64

해설
프로판(C_3H_8)의 분자량 = $12 \times 3 + 1 \times 8 = 44$

07 0[℃], 1기압에서 C_3H_8 5[kg]의 체적은 약 몇 [m³]인가?(단, 이상기체로 가정하고 C의 원자량은 12, H의 원자량은 1이다)

① 0.6   ② 1.5
③ 2.5   ④ 3.6

해설
C_3H_8 5[kg]의 체적 = $\frac{5}{44} \times 22.4 \approx 2.5 [m^3]$

08 다음 보기의 성질을 가지고 있는 가스는?

보기
- 무색, 무취, 가연성 기체
- 폭발범위 : 공기 중 4~75[vol%]

① 메 탄
② 암모니아
③ 에틸렌
④ 수 소

해설
수소(H_2)
- 비중이 약 0.07 정도로 공기보다 가볍다.
- 가스 중 비중이 가장 작다.
- 열전도도가 매우 크며, 폭발하한계가 낮다.
- 산소, 염소와 폭발반응한다.
- 열전달률이 매우 크고, 열에 대하여 안정하다.
- 산화제로 사용되며 용기의 색은 회색이다.
- 공기와 혼합된 상태에서의 폭발범위는 4.0~75[%]이다.
- 무색무취, 무미이므로 누출되었을 경우 색깔이나 냄새로 알 수 없다.

09 공기비가 작을 경우 나타나는 현상과 가장 거리가 먼 것은?

① 매연 발생이 심해진다.
② 폭발사고 위험성이 커진다.
③ 연소실 내의 연소온도가 저하된다.
④ 미연소로 인한 열손실이 증가한다.

해설
공기비가 작으면 연소실 내의 연소온도가 올라간다.

정답 5 ① 6 ② 7 ③ 8 ④ 9 ③

10 1[atm], 27[℃]의 밀폐된 용기에 프로판과 산소가 1:5의 부피비로 혼합되어 있다. 프로판이 완전연소하여 화염의 온도가 1,000[℃]가 되었다면 용기 내에 발생하는 압력은 약 몇 [atm]인가?

① 1.95[atm]
② 2.95[atm]
③ 3.95[atm]
④ 4.95[atm]

해설
프로판의 연소방정식 $C_3H_8 + 5O_2 \rightarrow 3CO_2 + 4H_2O$에서 프로판 1[mol]과 산소 5[mol]이 반응하여 이산화탄소 3[mol]과 물 4[mol]이 생성된다. 밀폐된 용기에 프로판과 산소가 1:5 부피비로 혼합되었으므로 이것은 연소방정식의 몰비와 같다.
- 반응 전 상태방정식 $P_1V_1 = m_1R_1T_1$
- 반응 후 상태방정식 $P_2V_2 = m_2R_2T_2$

$V_1 = V_2$, $R_1 = R_2$이므로, $\dfrac{P_1}{P_2} = \dfrac{m_1T_1}{m_2T_2}$

$\therefore P_2 = \dfrac{P_1m_2T_2}{m_1T_1} = \dfrac{1 \times 7 \times (1,000+273)}{6 \times (27+273)} \simeq 4.95[\text{atm}]$

11 기체상수 R을 계산한 결과 1.987이었다. 이때 사용되는 단위는?

① [cal/mol・K]
② [erg/kmol・K]
③ [Joule/mol・K]
④ [L・atm/mol・K]

해설
이상기체 상수(R)값
8.314[J/mol・K] = 1.987[cal/mol・K] = 1.987[kcal/kmol・K]
= 82.05[cc-atm/mol・K] = 0.082[m³・atm/kmol・K]
= 848[kg・m/kmol・K]

12 분진폭발과 가장 관련이 있는 물질은?

① 소맥분
② 에테르
③ 탄산가스
④ 암모니아

해설
분진폭발을 야기할 수 있는 물질은 목공소의 톱밥가루, 석탄갱이나 석탄공장의 석탄분진, 밀가루공장의 밀가루(소맥분), 철공소나 플라스틱 가공공장의 철가루, 플라스틱가루 등이다.

13 폭굉이란 가스 중의 음속보다 화염 전파속도가 큰 경우로, 마하수 약 얼마를 말하는가?

① 1~2
② 3~12
③ 12~21
④ 21~30

해설
폭굉의 화염 전파속도는 가스 중의 음속보다 큰 3~12[mach] 정도이다.

14 다음 중 자기연소를 하는 물질로만 나열된 것은?

① 경유, 프로판
② 질화면, 셀룰로이드
③ 황산, 나프탈렌
④ 석탄, 플라스틱(FRP)

해설
자기연소성(자기반응성) 물질은 산소 없이도 자기분해하여 폭발을 일으킬 수 있는 물질이다. 연소속도가 빠르고, 분자 내에 가연물과 산소를 충분히 함유하고 있는 제5류 위험물인 나이트로글리세린(NG), 셀룰로이드, 질산에스터, 아세틸렌, 산화에틸렌, 질화면, 하이드라진, TNT(트라이나이트로톨루엔) 등이 있다.

15 가연물의 위험성에 대한 설명으로 틀린 것은?

① 비등점이 낮으면 인화의 위험성이 높아진다.
② 파라핀 등 가연성 고체는 화재 시 가연성 액체가 되어 화재를 확대시킨다.
③ 물과 혼합되기 쉬운 가연성 액체는 물과 혼합되면 증기압이 높아져 인화점이 낮아진다.
④ 전기전도도가 낮은 인화성 액체는 유동이나 여과 시 정전기를 발생하기 쉽다.

해설
물과 혼합되기 쉬운 가연성 액체는 물과 혼합되면 증기압이 낮아져서 인화점이 올라간다.

16 정전기를 제어하는 방법으로 전하의 생성을 방지하는 방법이 아닌 것은?

① 접속과 접지(Bonding and Grounding)
② 도전성 재료 사용
③ 침액 파이프(Dip Pipes) 설치
④ 첨가물에 의한 전도도 억제

해설
전하 생성 방지방법 : 접속과 접지, 도전성 재료 사용, 침액 파이프 설치 등

17 어떤 반응물질이 반응을 시작하기 전에 반드시 흡수하여야 하는 에너지의 양을 무엇이라고 하는가?

① 점화에너지
② 활성화 에너지
③ 형성엔탈피
④ 연소에너지

해설
활성화 에너지 : 어떤 반응물질이 반응을 시작하기 전에 반드시 흡수해야 하는 에너지의 양으로, 가연물은 활성화 에너지가 작아야 한다.

18 연료의 발열량 계산에서 유효 수소를 옳게 나타낸 것은?

① $\left(H + \dfrac{O}{8}\right)$
② $\left(H - \dfrac{O}{8}\right)$
③ $\left(H + \dfrac{O}{16}\right)$
④ $\left(H - \dfrac{O}{16}\right)$

19 표준 상태에서 기체 1[m³]은 약 몇 [mol]인가?

① 1
② 2
③ 22.4
④ 44.6

해설
$1[m^3] = 1,000[L] = \frac{1,000}{22.4}[mol] \approx 44.6[mol]$

20 다음 중 열전달계수의 단위는?

① [kcal/h]
② [kcal/m² · h · ℃]
③ [kcal/m · h · ℃]
④ [kcal/℃]

해설
열전달계수
$U = \frac{1}{1/h_1 + L/k + 1/h_2}[kcal/m^2 h℃]$
(여기서, U : 열전달계수, h_1 : 고온유체측의 전열계수, L : 고체벽의 두께[m], k : 고체의 열전도율, h_2 : 저온유체측의 전열계수)

제2과목 가스설비

21 조정기 감압방식 중 2단 감압방식의 장점이 아닌 것은?

① 공급압력이 안정하다.
② 장치와 조작이 간단하다.
③ 배관의 지름이 가늘어도 된다.
④ 각 연소기구에 알맞은 압력으로 공급이 가능하다.

해설
2단 감압방식은 장치와 조작이 간단하지 않다.

22 지하 도시가스 매설배관에 Mg과 같은 금속을 배관과 전기적으로 연결하여 방식하는 방법은?

① 희생양극법
② 외부전원법
③ 선택배류법
④ 강제배류법

해설
② 외부전원법 : 외부 직류전원장치의 양극(+)은 매설배관이 설치되어 있는 토양이나 수중에 설치한 외부전원용 전극에 접속하고, 음극(-)은 매설배관에 접속시켜 부식을 방지하는 방법
③ 선택배류법 : 레일과 배관을 도선으로 연결할 때 레일쪽에서 배관으로 직접 유입 누설되는 전류에 의한 전식을 방지하기 위해 순방향 다이오드를 배관의 직류전원 (-)선을 레일에 연결하여 방식하는 방법
④ 강제배류법 : 외부전원법과 선택배류법을 조합한 방법으로, 레일의 전위가 높아도 방식전류를 흐르게 하는 방식방법

23 고압가스설비 내에서 이상 사태가 발생한 경우 긴급이송설비에 의하여 이송되는 가스를 안전하게 연소시킬 수 있는 안전장치는?

① 벤트스택
② 플레어스택
③ 인터로크 기구
④ 긴급차단장치

해설
① 벤트스택 : 정상 운전 또는 비상 운전 시 방출된 가스 또는 증기를 소각하지 않고 대기 중으로 안전하게 방출시키기 위하여 설치한 설비
③ 인터로크 기구 : 가스설비가 오조작되거나 정상적인 제조를 할 수 없는 경우 자동적으로 원재료를 차단하는 장치

24 도시가스시설에서 전기방식효과를 유지하기 위하여 빗물이나 이물질의 접촉으로 인한 절연의 효과가 상쇄되지 아니하도록 절연 이음매 등을 사용하여 절연한다. 절연조치를 하는 장소에 해당되지 않는 것은?

① 교량횡단배관의 양단
② 배관과 철근콘크리트 구조물 사이
③ 배관과 배관 지지물 사이
④ 타 시설물과 30[cm] 이상 이격되어 있는 배관

해설
절연조치 장소
- 교량횡단배관의 양단
- 배관과 철근콘크리트 구조물 사이
- 배관과 배관 지지물 사이
- 배관과 강재보호관 사이
- 지하에 매설된 배관 부분과 지상에 설치된 부분의 경계(가스사용자에게 공급하기 위하여 지중에서 지상으로 연결되는 배관에 한한다)
- 다른 시설물과 접근 교차지점(단, 다른 시설물과 30[cm] 이상 이격 설치된 경우에는 제외할 수 있다)
- 저장탱크와 배관 사이
- 기타 절연이 필요한 장소

25 원심펌프를 병렬로 연결하는 것은 무엇을 증가시키기 위한 것인가?

① 양정
② 동력
③ 유량
④ 효율

해설
원심펌프를 병렬로 연결하면 병렬펌프 대수의 배만큼 유량이 증가한다.
원심펌프의 직렬연결과 병렬연결
- 직렬연결 : 유량 불변, 양정 증가
- 병렬연결 : 유량 증가, 양정 불변

26 저온장치에서 저온을 얻을 수 있는 방법이 아닌 것은?

① 단열교축팽창
② 등엔트로피팽창
③ 단열압축
④ 기체의 액화

해설
저온장치에서 저온을 얻을 수 있는 방법 : 단열교축팽창, 등엔트로피팽창(단열팽창), 기체의 액화

27 두께 3[mm], 내경 20[mm], 강관의 내압이 2[kgf/cm²]일 때, 원주 방향으로 강관에 작용하는 응력은 약 몇 [kgf/cm²]인가?

① 3.33
② 6.67
③ 9.33
④ 12.67

해설
원주 방향으로 강관에 작용하는 응력
$$\sigma_1 = \frac{Pd}{2t} = \frac{2 \times 20}{2 \times 3} \simeq 6.67 [\text{kgf/cm}^2]$$

28 용적형 압축기에 속하지 않는 것은?

① 왕복압축기
② 회전압축기
③ 나사압축기
④ 원심압축기

해설
원심압축기는 비용적형 압축기에 해당된다.

29 비교 회전도 175, 회전수 3,000[rpm], 양정 210[m]인 3단 원심펌프의 유량은 약 몇 [m³/min]인가?

① 1
② 2
③ 3
④ 4

해설
3단이므로, 비교 회전도 $N_s = \dfrac{n \times \sqrt{Q}}{\left(\dfrac{h}{3}\right)^{0.75}}$ 에서

$175 = \dfrac{3,000 \times \sqrt{Q}}{\left(\dfrac{210}{3}\right)^{0.75}}$ 이므로,

$\therefore Q = \left(\dfrac{175 \times 70^{0.75}}{3,000}\right)^2 \simeq 2[\text{m}^3/\text{min}]$

30 고압고무호스의 제품 성능항목이 아닌 것은?

① 내열성능
② 내압성능
③ 호스부 성능
④ 내이탈성능

해설
• 고압고무호스의 제품 성능항목 : 내압성능, 기밀성능, 내한성능, 내구성능, 내이탈성능, 호스부 성능
• 고압고무호스의 재료 성능항목 : 내가스성능, 내충격성능
• 작동 성능항목 : 체크밸브 성능

31 이중각식 구형 저장탱크에 대한 설명으로 틀린 것은?

① 상온 또는 −30[℃] 전후까지의 저온범위에 적합하다.
② 내구에는 저온강재, 외구에는 보통 강판을 사용한다.
③ 액체산소, 액체질소, 액화메탄 등의 저장에 사용된다.
④ 단열성이 아주 우수하다.

해설
이중각식 구형 저장탱크는 −169[℃] 이하의 극저온범위에 적합하다.

32 저온(T_2)으로부터 고온(T_1)으로 열을 보내는 냉동기의 성능계수 산정식은?

① $\dfrac{T_2}{T_1}$
② $\dfrac{T_2}{T_1 - T_2}$
③ $\dfrac{T_1}{T_1 - T_2}$
④ $\dfrac{T_1 - T_2}{T_1}$

해설
• 냉동기의 성능계수 : $\dfrac{T_2}{T_1 - T_2}$
• 열펌프의 성능계수 : $\dfrac{T_1}{T_1 - T_2}$

33 액화석유가스를 소규모 소비하는 시설에서 용기 수량을 결정하는 조건으로 가장 거리가 먼 것은?

① 용기의 가스 발생능력
② 조정기의 용량
③ 용기의 종류
④ 최대 가스소비량

해설
액화석유가스를 소규모 소비하는 시설에서 용기 수량을 결정하는 조건 : 용기의 가스 발생능력, 용기의 종류, 최대 가스소비량

34 LPG 용기 충전시설이 저잔설비실에 설치하는 자연환기설비에서 외기에 면하여 설치된 환기구의 통풍 가능 면적의 합계는 어떻게 하여야 하는가?

① 바닥면적 1[m^2]마다 100[cm^2]의 비율로 계산한 면적 이상
② 바닥면적 1[m^2]마다 300[cm^2]의 비율로 계산한 면적 이상
③ 바닥면적 1[m^2]마다 500[cm^2]의 비율로 계산한 면적 이상
④ 바닥면적 1[m^2]마다 600[cm^2]의 비율로 계산한 면적 이상

35 정압기를 사용압력별로 분류한 것이 아닌 것은?

① 단독 사용자용 정압기
② 중압정압기
③ 지역정압기
④ 지구정압기

해설
설치 위치와 사용목적에 따른 정압기의 분류
- 저압정압기 : 가스홀더의 압력을 소요 공급압력으로 조정하는 정압기이다.
- 지구정압기(City Gate Governor)
  - 일반 도시가스사업자의 소유시설로서 가스도매사업자로부터 공급받은 도시가스의 압력을 1차적으로 낮추기 위해 설치하는 정압기이다.
  - 가스도매사업자에서 도시가스사의 소유배관과 연결되기 직전에 설치되는 정압기이다.
- 지역정압기(District Governor)
  - 일반 도시가스사업자의 소유시설로서 지구정압기 또는 가스도매사업자로부터 공급받은 도시가스의 압력을 낮추어 다수의 사용자에게 가스를 공급하기 위해 설치하는 정압기이다.
  - 일정 구역별로 설치하는 중압의 가스압력을 다수의 사용자가 사용하기 적정한 사용압력으로 조정하는 정압기이며 도시가스 사업자가 설치, 관리한다.
- 단독 정압기 : 관리 주체가 1인이고, 특정 가스사용자가 가스를 공급받기 위한 정압기로 가스사용자가 설치·관리한다.

36 액화 사이클 중 비점이 점차 낮은 냉매를 사용하여 저비점의 기체를 액화하는 사이클은?

① 린데 공기액화 사이클
② 가역 가스액화 사이클
③ 캐스케이드 액화 사이클
④ 필립스 공기액화 사이클

해설
③ 캐스케이드 액화 사이클(다원 액화 사이클) : 비등점이 점차 낮은 냉매를 사용하여 낮은 비등점의 기체를 액화시키는 액화 사이클로, 암모니아(NH_3), 에틸렌(C_2H_4), 메탄(CH_4) 등이 냉매로 사용된다.
① 린데 공기액화 사이클 : 줄-톰슨효과를 이용하여 공기액화를 연속적으로 수행할 수 있도록 한 사이클이다.
④ 필립스 공기액화 사이클 : 수소, 헬륨을 냉매로 하며 2개의 피스톤이 한 실린더에 설치되어 팽창기와 압축기의 역할을 동시에 하는 액화 사이클이다.

정답 33 ② 34 ② 35 ② 36 ③

37 추의 무게가 5[kg]이며, 실린더의 지름이 4[cm]일 때 작용하는 게이지압력은 약 몇 [kg/cm²]인가?

① 0.3 ② 0.4
③ 0.5 ④ 0.6

해설
게이지압력
$$P = \frac{F}{A} = \frac{5}{\frac{\pi d^2}{4}} = \frac{20}{3.14 \times 16} \simeq 0.4 [\text{kg/cm}^2]$$

38 사이안화수소를 용기에 충전하는 경우 품질검사 시 합격 최저 순도는?

① 98[%]
② 98.5[%]
③ 99[%]
④ 99.5[%]

39 용적형(왕복식) 펌프에 해당하지 않는 것은?

① 플런저 펌프
② 다이어프램 펌프
③ 피스톤 펌프
④ 제트펌프

해설
제트펌프(분사펌프)는 특수펌프에 해당된다. 수중에 제트(Jet)부를 설치하고 벤투리관의 원리를 이용하여 증기 또는 물을 고속으로 노즐에서 분사시켜 압력 저하에 의한 흡인작용으로 양수하는 펌프이다. 가동부가 없어 고장이 적고 취급이 간단하지만, 효율이 낮다. 증기를 사용하여 보일러의 급수에 사용하는 인젝터(Injector), 물 또는 공기를 사용해서 수(水)를 배출시키는 배수펌프, 깊은 우물의 양수에 사용되는 가정용 제트펌프(흡상 높이 12[m]까지 가능) 등에 사용된다.

40 조정기의 주된 설치목적은?

① 가스의 유속 조절
② 가스의 발열량 조절
③ 가스의 유량 조절
④ 가스의 압력 조절

제3과목　가스안전관리

41 고압가스 저장탱크를 지하에 묻는 경우 지면으로부터 저장탱크의 정상부까지의 깊이는 최소 얼마 이상으로 하여야 하는가?

① 20[cm]　　② 40[cm]
③ 60[cm]　　④ 1[m]

42 동일 차량에 적재하여 운반이 가능한 것은?

① 염소와 수소
② 염소와 아세틸렌
③ 염소와 암모니아
④ 암모니아와 LPG

[해설]
- 충전용기와 위험물안전관리법이나 소방기본법이 정하는 위험물은 동일 차량에 적재하여 운반하지 아니한다.
- 고압가스의 운반 기준에서 동일 차량에 적재하여 운반할 수 없는 것 : 염소와 아세틸렌, 염소와 수소, 염소와 암모니아
- 염소와 아세틸렌, 암모니아 또는 수소는 동일 차량에 혼합 적재 및 운반하지 아니한다.
- 충전용기와 휘발유나 경유는 동일 차량에 적재하여 운반하지 못한다.

43 고압가스 제조 시 압축하면 안 되는 경우는?

① 가연성 가스(아세틸렌, 에틸렌 및 수소를 제외) 중 산소용량이 전 용량의 2[%]일 때
② 산소 중의 가연성 가스(아세틸렌, 에틸렌 및 수소를 제외)의 용량이 전 용량의 2[%]일 때
③ 아세틸렌, 에틸렌 또는 수소 중의 산소용량이 전 용량의 3[%]일 때
④ 산소 중 아세틸렌, 에틸렌 및 수소의 용량 합계가 전 용량의 1[%]일 때

[해설]
고압가스 압축 시 가스를 압축해서는 안 되는 기준
- 가연성 가스 중 산소의 용량이 전체 용량의 4[%] 이상의 것
- 산소 중의 가연성 가스 용량이 전체 용량의 4[%] 이상의 것
- 아세틸렌, 에틸렌 또는 수소 중의 산소 용량이 전체 용량의 2[%] 이상의 것
- 산소 중의 아세틸렌, 에틸렌 또는 수소의 용량 합계가 전체 용량의 2[%] 이상의 것

44 액화석유가스의 특성에 대한 설명으로 옳지 않은 것은?

① 액체는 물보다 가볍고, 기체는 공기보다 무겁다.
② 액체의 온도에 의한 부피 변화가 작다.
③ LNG보다 발열량이 크다.
④ 연소 시 다량의 공기가 필요하다.

[해설]
액화석유가스는 액체의 온도에 의한 부피 변화가 크다.

45 자기압력기록계로 최고 사용압력이 중압인 도시가스배관에 기밀시험을 하고자 한다. 배관의 용적이 15[m³]일 때 기밀유지시간은 몇 분 이상이어야 하는가?

① 24분　　　② 36분
③ 240분　　④ 360분

해설
압력측정기의 종류별 기밀시험방법

종류	최고 사용압력	용적	기밀유지시간
압력계 또는 자기압력기록계	저압, 중압	1[m³] 미만	24분
		1[m³] 이상 10[m³] 미만	240분
		10[m³] 이상 300[m³] 미만	24×V분. 다만, 1,440분을 초과한 경우에는, 1,440분으로 할 수 있다.
	고압	1[m³] 미만	48분
		1[m³] 이상 10[m³] 미만	480분
		10[m³] 이상 300[m³] 미만	48×V분. 다만, 2,880분을 초과한 경우에는 2,880분으로 할 수 있다.

배관의 용적이 15[cm³]일 때 기밀유지시간 : 24×V = 24×15 = 360분

46 차량에 고정된 탱크 운행 시 반드시 휴대하지 않아도 되는 서류는?

① 고압가스이동계획서
② 탱크내압시험 성적서
③ 차량등록증
④ 탱크용량환산표

해설
차량에 고정된 탱크 운행 시 휴대해야 하는 서류 : 고압가스이동계획서, 차량등록증, 탱크용량환산표, 운전면허증, 차량운행일지, 그 밖에 필요한 서류

47 이동식 부탄연소기와 관련된 사고가 액화석유가스 사고의 약 10[%] 수준으로 발생하고 있다. 이를 예방하기 위한 방법으로 가장 부적당한 것은?

① 연소기에 접합용기를 정확히 장착한 후 사용한다.
② 과대한 조리기구를 사용하지 않는다.
③ 잔가스 사용을 위해 용기를 가열하지 않는다.
④ 사용한 접합용기는 파손되지 않도록 조치한 후 버린다.

해설
폐기할 때는 환기가 잘되는 넓은 장소에서 바람을 등지고, 사용한 접합용기를 평평한 바닥에 휴대용 부탄가스의 노즐을 대고 잔존가스를 완전히 제거한다.

48 액화석유가스사용시설의 시설 기준에 대한 안전사항으로 다음 (　) 안에 들어갈 수치가 모두 바르게 나열된 것은?

- 가스계량기와 전기계량기와의 거리는 (㉠) 이상, 전기점멸기와의 거리는 (㉡) 이상, 절연조치를 하지 아니한 전선과의 거리는 (㉢) 이상의 거리를 유지할 것
- 주택에 설치된 저장설비는 그 설비 안의 것을 제외한 화기 취급장소와 (㉣) 이상의 거리를 유지하거나 누출된 가스가 유동되는 것을 방지하기 위한 시설을 설치할 것

① ㉠ 60[cm] ㉡ 30[cm] ㉢ 15[cm] ㉣ 8[m]
② ㉠ 30[cm] ㉡ 20[cm] ㉢ 15[cm] ㉣ 8[m]
③ ㉠ 60[cm] ㉡ 30[cm] ㉢ 15[cm] ㉣ 2[m]
④ ㉠ 30[cm] ㉡ 20[cm] ㉢ 15[cm] ㉣ 2[m]

해설
- 가스계량기와 전기계량기의 거리는 60[cm] 이상, 전기점멸기와의 거리는 30[cm] 이상, 절연조치를 하지 아니한 전선과의 거리는 15[cm] 이상의 거리를 유지할 것
- 주택에 설치된 저장설비는 그 설비 안의 것을 제외한 화기 취급장소와 2[m] 이상의 거리를 유지하거나 누출된 가스가 유동되는 것을 방지하기 위한 시설을 설치할 것

49 독성가스용기 운반 등의 기준으로 옳은 것은?

① 밸브가 돌출한 운반용기는 이동식 프로텍터 또는 보호구를 설치한다.
② 충전용기를 차에 실을 때에는 넘어짐 등으로 인한 충격을 고려할 필요가 없다.
③ 기준 이상의 고압가스를 차량에 적재하여 운반할 경우 운반책임자가 동승하여야 한다.
④ 시·도지사가 지정한 장소에서 이륜차에 적재할 수 있는 충전용기는 충전량이 50[kg] 이하이고 적재 수는 2개 이하이다.

해설
① 밸브가 돌출된 운반용기는 캡을 부착시켜 운반한다.
② 충전용기를 차에 실을 때에는 넘어짐 등으로 인한 충격을 고려해야 한다. 용기의 충격을 완화하기 위하여 완충판 등을 비치한다.
④ 시·도지사가 지정한 장소에서 이륜차에 적재할 수 있는 충전용기는 충전량이 20[kg] 이하이고 적재 수는 2개 이하이다.

51 다음 각 용기의 기밀시험압력으로 옳은 것은?

① 초저온가스용 용기는 최고 충전압력의 1.1배의 압력
② 초저온가스용 용기는 최고 충전압력의 1.5배의 압력
③ 아세틸렌용 용접용기는 최고 충전압력의 1.1배의 압력
④ 아세틸렌용 용접용기는 최고 충전압력의 1.6배의 압력

해설
기밀시험압력 : 초저온용기 및 저온용기의 경우에는 최고 충전압력의 1.1배의 압력, 아세틸렌용기는 최고 충전압력의 1.8배의 압력, 그 밖의 용기는 최고 충전압력

50 독성가스이면서 조연성 가스인 것은?

① 암모니아
② 사이안화수소
③ 황화수소
④ 염소

해설
염소(Cl_2)
• 조연성 가스, 독성가스, 반응성이 강한 가스이다.
• 화학적으로 활성이 강한 산화제이다.
• 녹황색의 자극적인 냄새가 나는 기체이다.
• 독성이 강하여 흡입하면 호흡기가 상한다.

52 LPG용 가스레인지를 사용하는 도중 불꽃이 치솟는 사고가 발생하였을 때 가장 직접적인 사고원인은?

① 압력조정기 불량
② T관으로 가스 누출
③ 연소기의 연소 불량
④ 가스누출자동차단기 미작동

정답 49 ③ 50 ④ 51 ① 52 ①

53 고압가스용 이음매 없는 용기에서 내용적 50[L]인 용기에 4[MPa]의 수압을 걸었더니 내용적이 50.8[L]가 되었고, 압력을 제거하여 대기압으로 하였더니 내용적이 50.02[L]가 되었다면, 이 용기의 영구 증가율은 몇 [%]이며, 이 용기는 사용 가능한지를 판단하면?

① 1.6[%], 가능
② 1.6[%], 불능
③ 2.5[%], 가능
④ 2.5[%], 불능

해설

영구(항구) 증가율 = $\dfrac{\text{영구(항구) 증가량}}{\text{전 증가량}} \times 100[\%]$

$= \dfrac{50.02 - 50}{50.8 - 50} \times 100[\%] = 2.5[\%]$이며

용기의 내압시험 시 항구 증가율이 10[%] 이하인 용기를 합격한 것으로 하므로 사용 가능하다.

54 산소와 함께 사용하는 액화석유가스사용시설에서 압력조정기와 토치 사이에 설치하는 안전장치는?

① 역화방지기
② 안전밸브
③ 파열판
④ 조정기

55 아세틸렌을 2.5[MPa]의 압력으로 압축할 때 첨가하는 희석제가 아닌 것은?

① 질소
② 에틸렌
③ 메탄
④ 황화수소

해설
아세틸렌가스의 분해 폭발을 방지하기 위해 사용되는 희석제 : 질소, 에틸렌, 메탄, 일산화탄소 등

56 LPG 충전기의 충전호스의 길이는 몇 [m] 이내로 하여야 하는가?

① 2[m] ② 3[m]
③ 5[m] ④ 8[m]

57 염소 누출에 대비하여 보유해야 하는 제독제가 아닌 것은?

① 가성소다 수용액
② 탄산소다 수용액
③ 암모니아 수용액
④ 소석회

해설
염소의 제독제 : 가성소다(수용액, 670[kg]), 탄산소다(수용액, 870[kg]), 소석회(620[kg])

58 가스설비가 오조작되거나 정상적인 제조를 할 수 없는 경우 자동적으로 원재료를 차단하는 장치는?

① 인터로크 기구
② 원료제어밸브
③ 가스누출기구
④ 내부반응감시기구

59 도시가스사업법에서 정한 가스사용시설에 해당되지 않는 것은?

① 내 관
② 본 관
③ 연소기
④ 공동주택 외벽에 설치된 가스계량기

해설
도시가스사업법에서 정한 가스사용시설
• 내관·연소기 및 그 부속설비. 다만, 선박(선박안전법에 따른 선박)에 설치된 것은 제외한다.
• 공동주택 등의 외벽에 설치된 가스계량기
• 도시가스를 연료로 사용하는 자동차
• 자동차용 압축천연가스 완속충전설비

60 도시가스사용시설에서 입상관은 환기가 양호한 장소에 설치하며 입상관의 밸브는 바닥으로부터 몇 [m] 이내에 설치하는가?

① 1[m] 이상 1.3[m] 이내
② 1.3[m] 이상 1.5[m] 이내
③ 1.5[m] 이상 1.8[m] 이내
④ 1.6[m] 이상 2[m] 이내

정답 57 ③ 58 ① 59 ② 60 ④

제4과목 가스계측

61 다음 중 기본단위가 아닌 것은?

① 길 이 ② 광 도
③ 물질량 ④ 압 력

해설
SI 기본단위 7가지
- 길이 : 미터[m]
- 질량 : 킬로그램[kg]
- 시간 : 초[s]
- 전류 : 암페어[A]
- 온도 : 켈빈[K]
- 물질량 : 몰[mol]
- 광도 : 칸델라[cd]

62 기체크로마토그래피를 이용하여 가스를 검출할 때 반드시 필요하지 않는 것은?

① Column
② Gas Sampler
③ Carrier Gas
④ UV Detector

해설
- Gas Sampler : 시료가스를 분석에 적합한 흡착물질로 충진된 트랩에 포집하였다가 가스크로마토그래피로 시료가스를 도입하는 장치
- UV Detector(자외선검출기) : 액체크로마토그래피에서 사용되는 검출기

63 적분동작이 좋은 결과를 얻기 위한 조건이 아닌 것은?

① 불감시간이 적을 때
② 전달지연이 적을 때
③ 측정지연이 적을 때
④ 제어대상의 속응도(速應度)가 적을 때

해설
제어대상의 속응도(速應度)가 빠를 때 적분동작이 좋은 결과를 얻는다.

64 보상도선의 색깔이 갈색이며 매우 낮은 온도를 측정하기에 적당한 열전대 온도계는?

① PR 열전대
② IC 열전대
③ CC 열전대
④ CA 열전대

해설
① PR 열전대(B형, R형, S형) : 보상도선의 색깔이 회색(B형), 검은색(R형, S형)이며, 열전대 중 측정온도가 가장 높은 열전대 온도계
② IC 열전대(J형) : 보상도선의 색깔이 노란색이며, 가격이 저렴하고 다양한 곳에서 사용되는 열전대 온도계
④ CA 열전대(K형) : 보상도선의 색깔이 청색이며, 신뢰성이 높은 산업용 열전대로 가장 널리 사용되는 열전대 온도계

61 ④ 62 ④ 63 ④ 64 ③

65 측정기의 감도에 대한 일반적인 설명으로 옳은 것은?

① 감도가 좋으면 측정시간이 짧아진다.
② 감도가 좋으면 측정범위가 넓어진다.
③ 감도가 좋으면 아주 작은 양의 변화를 측정할 수 있다.
④ 측정량의 변화를 지시량의 변화로 나누어 준 값이다.

해설
① 감도가 좋으면 측정시간이 길어진다.
② 감도가 좋으면 측정범위가 좁아진다.
④ 지시량의 변화를 측정량의 변화로 나누어 준 값이다.

66 가스누출확인시험지와 검지가스가 옳게 연결된 것은?

① KI 전분지 – CO
② 연당지 – 할로겐가스
③ 염화팔라듐지 – HCN
④ 리트머스시험지 – 알칼리성가스

해설
시험지법에서의 검지가스별 시험지와 누설 변색 색상
• 아세틸렌(C_2H_2) : 염화제1동착염지-적색
• 알칼리성 가스 : (적색) 리트머스시험지-청색
• 암모니아(NH_3) : (적색) 리트머스시험지-청색
• 염소(Cl_2) : KI 전분지(아이오딘화칼륨, 녹말종이)-청색
• 일산화탄소(CO) : 염화팔라듐지-흑색
• 사이안화수소(HCN) : 질산구리벤젠지(초산벤젠지)-청색
• 포스겐($COCl_2$) : 해리슨시험지-심등색
• 황화수소(H_2S) : 연당지(초산납지)-흑(갈)색

67 시료가스를 각각 특정한 흡수액에 흡수시켜 흡수 전후의 가스체적을 측정하여 가스의 성분을 분석하는 방법이 아닌 것은?

① 적정(摘定)법
② 게겔(Gockel)법
③ 헴펠(Hempel)법
④ 오르자트(Orsat)법

해설
• 흡수분석법 : 시료가스를 각각 특정한 흡수액에 흡수시켜 흡수 전후의 가스체적을 측정하여 가스의 성분을 분석하는 정량 가스분석법이며, 종류로는 오르자트법, 헴펠법, 게겔법 등이 있다.
• (중화)적정법 : 중화반응을 이용하여 시료가스의 농도를 측정하는 가스분석법으로 전유황, 암모니아의 분석에 이용된다.

68 가연성가스누출검지기에는 반도체 재료가 널리 사용되고 있다. 이 반도체 재료로 가장 적당한 것은?

① 산화니켈(NiO)
② 산화주석(SnO_2)
③ 이산화망간(MnO_2)
④ 산화알루미늄(Al_2O_3)

해설
반도체식 가스검지기 : 350[℃] 전후에서 가연성 가스를 산화철, 산화주석 등에 통과시키면 그 표면에 가스가 흡착되어 전기전도도가 상승하는 성질을 이용하여 가스 누출을 검지하는 방식

69 접촉식 온도계 중 알코올 온도계의 특징에 대한 설명으로 옳은 것은?

① 열전도율이 좋다.
② 열팽창계수가 작다.
③ 저온 측정에 적합하다.
④ 액주의 복원시간이 짧다.

해설
① 열전도율이 나쁘다.
② 열팽창계수가 크다.
④ 액주의 복원시간이 길다.

70 계량이 정확하고 사용 중 기차의 변동이 거의 없는 특징의 가스미터는?

① 벤투리미터
② 오리피스미터
③ 습식 가스미터
④ 로터리 피스톤식 미터

해설
습식 가스미터는 계량이 정확하고 사용 중 기차의 변동이 거의 없어 더 정확한 계량이 가능하므로 주로 기준기로 이용된다.

71 전기저항식 습도계의 특징에 대한 설명으로 틀린 것은?

① 자동제어에 이용된다.
② 연속 기록 및 원격 측정이 용이하다.
③ 습도에 의한 전기저항의 변화가 작다.
④ 저온도의 측정이 가능하고, 응답이 빠르다.

해설
전기저항식 습도계는 습도에 의한 전기저항의 변화가 크다.

72 FID 검출기를 사용하는 기체크로마토그래피는 검출기의 온도가 100[℃] 이상에서 작동되어야 한다. 주된 이유로 옳은 것은?

① 가스소비량을 적게 하기 위하여
② 가스의 폭발을 방지하기 위하여
③ 100[℃] 이하에서는 점화가 불가능하기 때문에
④ 연소 시 발생하는 수분의 응축을 방지하기 위하여

해설
FID 검출기를 사용하는 기체크로마토그래피는 연소 시 발생하는 수분의 응축을 방지하기 위하여 검출기의 온도가 100[℃] 이상에서 작동되어야 한다.

73 가스시험지법 중 염화제일구리 착염지로 검지하는 가스 및 반응색으로 옳은 것은?

① 아세틸렌 – 적색
② 아세틸렌 – 흑색
③ 할로겐화물 – 적색
④ 할로겐화물 – 청색

74 탄성식 압력계에 속하지 않는 것은?

① 박막식 압력계
② U자관형 압력계
③ 부르동관식 압력계
④ 벨로스식 압력계

[해설]
U자관형 압력계는 액주식 압력계에 속한다.

75 도시가스 사용압력이 2.0[kPa]인 배관에 설치된 막식 가스미터의 기밀시험압력은?

① 2.0[kPa]   ② 4.4[kPa]
③ 6.4[kPa]   ④ 8.4[kPa]

[해설]
기밀시험압력은 최고 사용압력의 1.1배 또는 8.4[kPa] 중 높은 압력 이상의 압력이므로, 도시가스 사용압력이 2.0[kPa]인 배관에 설치된 막식 가스미터의 기밀시험압력은 8.4[kPa]이다.

76 가스계량기의 검정 유효기간은 몇 년인가?(단, 최대 유량 10[m^3/h] 이하이다)

① 1년   ② 2년
③ 3년   ④ 5년

[해설]
가스계량기의 (재)검정유효기간
• 최대 유량 10[m^3/h] 이하의 경우 : 5년
• 그 밖의 가스미터 : 8년
• 재검정 유효기간의 기산 : 재검정 완료일의 다음 달 1일부터 기산

77 습한 공기 200[kg] 중에 수증기가 25[kg] 포함되어 있을 때의 절대습도는?

① 0.106   ② 0.125
③ 0.143   ④ 0.171

[해설]
절대습도 : 습공기 중에서 건조공기 1[kg]에 대한 수증기의 양과의 비율

절대습도 $= \dfrac{25}{200-25} \approx 0.143$

78 계측기의 원리에 대한 설명으로 가장 거리가 먼 것은?

① 기전력의 차이로 온도를 측정한다.
② 액주 높이로부터 압력을 측정한다.
③ 초음파속도 변화로 유량을 측정한다.
④ 정전용량을 이용하여 유속을 측정한다.

해설
계측기는 정전용량을 이용하여 액면, 압력 등을 측정한다.

79 전기저항식 온도계에 대한 설명으로 틀린 것은?

① 열전대 온도계에 비하여 높은 온도를 측정하는 데 적합하다.
② 저항선의 재료는 온도에 의한 전기저항의 변화(저항온도계수)가 커야 한다.
③ 저항 금속재료는 주로 백금, 니켈, 구리가 사용된다.
④ 일반적으로 금속은 온도가 상승하면 전기저항값이 올라가는 원리를 이용한 것이다.

해설
- 열전대 온도계에 비하여 낮은 온도를 측정하는 데 적합하다.
- 전기저항식 온도계의 최고 측정 가능(사용 가능) 온도[℃] : 백금 500, 니켈 150, 구리 120, 서미스터 300

80 평균 유속이 5[m/sec]인 배관 내에 물의 질량유속이 15[kg/sec]이 되기 위해서는 관의 지름을 약 몇 [mm]로 해야 하는가?

① 42
② 52
③ 62
④ 72

해설
질량유속 또는 질량유량 $\dot{m}$[kg/sec]은
$\dot{m} = \rho A v = 1,000 \times \dfrac{\pi d^2}{4} \times 5 = 15$[kg/sec]이다.

∴ 관의 지름
$$d = \sqrt{\dfrac{4 \times 15}{1,000 \times \pi \times 5}} \simeq \sqrt{3.821 \times 10^{-3}} \simeq 0.0618\text{[m]}$$
$\simeq 62$[mm]

2021년 제1회 과년도 기출복원문제

※ 2021년부터는 CBT(컴퓨터 기반 시험)로 진행되어 수험자의 기억에 의해 문제를 복원하였습니다. 실제 시행문제와 일부 상이할 수 있음을 알려드립니다.

제1과목 연소공학

01 표준 상태에서 질소가스의 밀도는 몇 [g/L]인가?

① 0.97 ② 1.00
③ 1.07 ④ 1.25

해설
표준 상태에서의 밀도 = 가스 분자량/22.4
= 28/22.4 = 1.25[g/L]

02 다음 중 연소속도에 영향을 미치지 않는 것은?

① 관의 단면적
② 내염 표면적
③ 염의 높이
④ 관의 염경

해설
연소속도 지배인자(영향을 미치는 요인) : 온도(반응계 온도, 화염온도), 압력(산소와의 혼합비), 농도(산소농도), 가연물질의 종류와 표면적, 활성화 에너지, 미연소가스의 열전도율, 관의 단면적, 내염 표면적, 관의 염경
※ 연소속도에 영향을 미치지 않는 것으로 염의 높이, 지연성 물질, 연소요소 등이 출제된다.

03 다음 중 물리적 폭발에 속하는 것은?

① 가스폭발
② 폭발적 증발
③ 디토네이션
④ 중합폭발

해설
물리적 폭발의 종류 : 고압용기 파열・탱크 감압 파손 등에 의한 압력폭발, 증기폭발, 폭발적 증발, 금속선폭발, 고체 상전이폭발 등

04 메탄 80[v%], 프로판 5[v%], 에탄 15[v%]인 혼합가스의 공기 중 폭발하한계는 약 얼마인가?

① 2.1[%] ② 3.3[%]
③ 4.3[%] ④ 5.1[%]

해설
$$\frac{100}{LFL} = \sum \frac{V_i}{L_i}$$
$$\frac{100}{LFL} = \frac{V_1}{L_1} + \frac{V_2}{L_2} + \frac{V_3}{L_3}$$
$$\frac{100}{LFL} = \frac{80}{5} + \frac{5}{2.1} + \frac{15}{3} \simeq 23.38$$
$$LFL = \frac{100}{23.38} \simeq 4.3[\%]$$

정답 1 ④ 2 ③ 3 ② 4 ③

05 화학 반응속도를 지배하는 요인에 대한 설명으로 옳은 것은?

① 압력이 증가하면 반응속도는 항상 증가한다.
② 생성물질의 농도가 커지면 반응속도는 항상 증가한다.
③ 자신은 변하지 않고 다른 물질의 화학 변화를 촉진하는 물질을 부촉매라고 한다.
④ 온도가 높을수록 반응속도가 증가한다.

해설
① 기체의 경우 압력이 커지면 단위 부피 속 분자수가 많아져서 반응물질의 농도가 증가하여 분자 사이의 충돌수가 증가하므로 반응속도는 빨라진다.
② 반응물질의 농도가 높을수록 단위 부피 속 입자수가 증가되어 충돌 횟수가 많아져서 반응속도가 빨라진다.
③ 자신은 변하지 않고 다른 물질의 화학 변화를 촉진하는 물질을 촉매라고 한다.

06 다음 반응식을 이용하여 메탄(CH_4)의 생성열을 계산하면?

> ㉠ $C + O_2 \rightarrow CO_2$ $\Delta H = -97.2$[kcal/mol]
> ㉡ $H_2 + \frac{1}{2}O_2 \rightarrow H_2O$ $\Delta H = -57.6$[kcal/mol]
> ㉢ $CH_4 + 2O_2 \rightarrow CO_2 + 2H_2O$ $\Delta H = -194.4$[kcal/mol]

① $\Delta H = -17$[kcal/mol]
② $\Delta H = -18$[kcal/mol]
③ $\Delta H = -19$[kcal/mol]
④ $\Delta H = -20$[kcal/mol]

해설
㉠ + 2×㉡ - ㉢을 하면 $C + 2H_2 \rightarrow CH_4$가 된다.
발열량(반응물의 생성열) = 생성물의 생성열 - 반응물의 반응열(연소열)
$\Delta H = \{-97.2 + 2 \times (-57.6)\} - (-194.4) = -18$[kcal/mol]

07 메탄을 공기비 1.1로 완전연소시키고자 할 때 메탄 1[Nm^3]당 공급해야 할 공기량은 약 몇 [Nm^3]인가?

① 2.2
② 6.3
③ 8.4
④ 10.5

해설
메탄의 연소방정식 : $CH_4 + 2O_2 \rightarrow CO_2 + 2H_2O$

- 이론산소량 $O_0 = \frac{1 \times 2 \times 22.4}{22.4} = 2$[$Nm^3/Nm^3$]
- 이론공기량 $A_0 = \frac{O_0}{0.21} = \frac{2}{0.21} \simeq 9.52$[$Nm^3/Nm^3$]
- ∴ 실제공기량 $A = mA_0 = 1.1 \times 9.52 \simeq 10.5$[$Nm^3/Nm^3$]

08 95[℃]의 온수를 100[kg/h] 발생시키는 온수보일러가 있다. 이 보일러에서 저위발열량이 45[MJ/Nm^3]인 LNG를 1[m^3/h] 소비할 때 열효율은 얼마인가?(단, 급수의 온도는 25[℃]이고, 물의 비열은 4.184[kJ/kg·K]이다)

① 60.07[%]
② 65.08[%]
③ 70.09[%]
④ 75.10[%]

해설
$\eta_B = \frac{G_a(h_2 - h_1)}{H_L \times G_f} = \frac{100 \times 4.184 \times (95-25)}{45 \times 1,000 \times 1} \simeq 0.6508$
$= 65.08$[%]

09 다음 보기에서 설명하는 소화제의 종류는?

> 보기
> - 유류 및 전기 화재에 적합하다.
> - 소화 후 잔여물을 남기지 않는다.
> - 연소반응을 억제하는 효과와 냉각효과를 동시에 가지고 있다.
> - 소화기의 무게가 무겁고, 사용 시 동상의 우려가 있다.

① 물
② 할 론
③ 이산화탄소
④ 드라이케미칼 분말

해설
이산화탄소 소화제의 특징
- 이산화탄소는 상온에서 기체 상태로 존재하는 불활성 가스로 질식성을 갖고 있기 때문에 가연물의 연소에 필요한 산소 공급을 차단한다.
- 유류 및 전기 화재에 적합하다.
- 소화 후 잔여물을 남기지 않는다.
- 연소반응을 억제하는 효과와 냉각효과를 동시에 가지고 있다.
- 소화기의 무게가 무겁고, 사용 시 동상의 우려가 있다.

10 가스의 특성에 대한 설명 중 가장 옳은 내용은?

① 염소는 공기보다 무겁고, 무색이다.
② 질소는 스스로 연소하지 않는 조연성이다.
③ 산화에틸렌은 분해폭발을 일으킬 위험이 있다.
④ 일산화탄소는 공기 중에서 연소하지 않는다.

해설
① 염소는 공기보다 무겁고, 황록색이다.
② 질소는 불활성 가스이다.
④ 일산화탄소는 공기 중에서 연소한다.

11 비중(60/60[°F])이 0.95인 액체연료의 API도는?

① 15.45 ② 16.45
③ 17.45 ④ 18.45

해설
$$API = \frac{141.5}{\text{비중}} - 131.5 = \frac{141.5}{0.95} - 131.5 \simeq 17.45$$

12 1[kg]의 공기가 100[℃]하에서 열량 25[kcal]를 얻어 등온팽창할 때 엔트로피의 변화량은 약 몇 [kcal/K]인가?

① 0.038 ② 0.043
③ 0.058 ④ 0.067

해설
엔트로피의 변화량
$$\Delta S = \frac{\Delta Q}{T} = \frac{25}{100+273} \simeq 0.067 [\text{kcal/K}]$$

13 임계 상태를 가장 올바르게 표현한 것은?

① 고체, 액체, 기체가 평형으로 존재하는 상태
② 순수한 물질이 평형에서 기체-액체로 존재할 수 있는 최고 온도 및 압력 상태
③ 액체상과 기체상이 공존할 수 있는 최소한의 한계 상태
④ 기체를 일정한 온도에서 압축하면 밀도가 아주 작아져 액화되기 시작하는 상태

14 전 폐쇄구조인 용기 내부에서 폭발성 가스의 폭발이 일어났을 때, 용기가 압력을 견디고 외부의 폭발성 가스에 인화할 우려가 없도록 한 방폭구조는?

① 안전증 방폭구조
② 내압 방폭구조
③ 특수 방폭구조
④ 유입 방폭구조

[해설]
① 안전증 방폭구조 : 정상 운전 중에 가연성 가스의 점화원이 될 전기불꽃, 아크 등의 발생을 방지하기 위하여 기계적, 전기적 구조상 또는 온도 상승에 대해서 안전도를 증가시킨 방폭구조
③ 특수 방폭구조 : 폭발성 가스 또는 증기에 점화 또는 위험 분위기로 인화를 방지할 수 있는 것이 시험, 기타에 의하여 확인된 구조
④ 유입 방폭구조 : 전기기기의 불꽃 또는 아크 발생 부분을 기름 속에 넣어 유면상에 존재하는 폭발성 가스에 인화될 우려가 없도록 한 구조

15 탄화도가 커질수록 연료에 미치는 영향이 아닌 것은?

① 연료비가 증가한다.
② 연소속도가 늦어진다.
③ 매연 발생이 상대적으로 많아진다.
④ 고정탄소가 많아지고 발열량이 커진다.

[해설]
탄화도가 커질수록 매연 발생이 상대적으로 감소된다.

16 프로판(C_3H_8)가스 1[Sm^3]를 완전연소시켰을 때의 건조연소가스량은 약 몇 [Sm^3]인가?(단, 공기 중 산소의 농도는 21vol[%]이다)

① 19.8   ② 21.8
③ 23.8   ④ 25.8

[해설]
프로판의 연소방정식 : $C_3H_8 + 5O_2 \rightarrow 3CO_2 + 4H_2O$
건조연소가스량
$$G' = (m-0.21)A_0 + CO + H_2 + \sum(m)C_mH_n + (N_2 + CO_2)$$
$$= (1-0.21) \times 5 \times \frac{1}{0.21} + 3 \approx 21.8[Sm^3]$$

17 상용의 상태에서 가연성 가스가 체류해 위험하게 될 우려가 있는 장소는?

① 제0종 장소
② 제1종 장소
③ 제2종 장소
④ 제3종 장소

해설
제1종 위험 장소
- 상용의 상태에서 가연성 가스가 체류해 위험하게 될 우려가 있는 장소
- 제1종 장소의 예
  - 통상의 상태에서 위험 분위기가 쉽게 생성되는 곳
  - 운전·유지보수 또는 누설에 의하여 자주 위험 분위기가 생성되는 곳
  - 설비 일부의 고장 시 가연성 물질의 방출과 전기계통의 고장이 동시에 발생되기 쉬운 곳
  - 환기가 불충분한 장소에 설치된 배관계통으로 쉽게 누설될 우려가 있는 곳
  - 주변 지역보다 낮아 가스나 증기가 체류할 수 있는 곳
  - 상용의 상태에서 위험 분위기가 주기적 또는 간헐적으로 존재하는 곳

18 1[atm], 27[℃]의 밀폐된 용기에 프로판과 산소가 1 : 5의 부피비로 혼합되어 있다. 프로판이 완전연소하여 화염의 온도가 1,000[℃]가 되었다면 용기 내에 발생하는 압력은 약 몇 [atm]인가?

① 1.95[atm]   ② 2.95[atm]
③ 3.95[atm]   ④ 4.95[atm]

해설
프로판의 연소방정식 $C_3H_8 + 5O_2 \rightarrow 3CO_2 + 4H_2O$에서 프로판 1[mol]과 산소 5[mol]이 반응하여 이산화탄소 3[mol]과 물 4[mol]이 생성된다. 밀폐된 용기에 프로판과 산소가 1 : 5 부피비로 혼합되었으므로 이것은 연소방정식의 몰비와 같다.
- 반응 전 상태방정식 $P_1 V_1 = m_1 R_1 T_1$
- 반응 후 상태방정식 $P_2 V_2 = m_2 R_2 T_2$

$V_1 = V_2$, $R_1 = R_2$이므로, $\dfrac{P_1}{P_2} = \dfrac{m_1 T_1}{m_2 T_2}$

$\therefore P_2 = \dfrac{P_1 m_2 T_2}{m_1 T_1} = \dfrac{1 \times 7 \times (1{,}000 + 273)}{6 \times (27 + 273)} \simeq 4.95[atm]$

19 다음 기체 가연물 중 위험도(H)가 가장 큰 것은?

① 수소
② 아세틸렌
③ 부탄
④ 메탄

해설
위험도 $H = \dfrac{U-L}{L}$ (여기서, U : 폭발상한, L : 폭발하한)

- 아세틸렌 $H = \dfrac{82 - 2.5}{2.5} = 31.8$
- 수소 $H = \dfrac{75 - 4.1}{4.1} \simeq 17.3$
- 부탄 $H = \dfrac{8.4 - 1.8}{1.8} \simeq 3.7$
- 메탄 $H = \dfrac{15 - 5}{5} = 2.0$

20 위험성 평가기법 중 공정에 존재하는 위험요소들과 공정의 효율을 떨어뜨릴 수 있는 운전상의 문제점을 찾아내어 그 원인을 제거하는 정성적인 안전성 평가기법은?

① WHAT-IF
② HEA
③ HAZOP
④ FMECA

해설
① WHAT-IF(사고예상질문분석기법) : 공정에 잠재하고 있으면서 원하지 않은 나쁜 결과를 초래할 수 있는 사고에 대하여 예상 질문을 통해 사전에 확인함으로써 그 위험과 결과 및 위험을 줄이는 방법을 제시하는 정성적 안전성 평가기법
② HEA(작업자실수분석기법, Human Error Analysis) : 설비의 운전원, 정비보수원, 기술자 등의 작업에 영향을 미칠만한 요소를 평가하여 그 실수의 원인을 파악하고 추적하여 정량적으로 실수의 상대적 순위를 결정하는 안전성 평가기법
③ HAZOP(위험과 운전분석기법, Hazard And Operability Studies) : 공정에 존재하는 위험요소들과 공정의 효율을 떨어뜨릴 수 있는 운전상의 문제점을 찾아내어 그 원인을 제거하는 정성적인 안전성 평가기법
④ FMECA(이상위험도분석 기법, Failure Modes Effects and Criticality Analysis) : 공정 및 설비의 고장 형태 및 영향, 고장 형태별 위험도 순위 등을 결정하는 기법

제2과목 가스설비

21 자동절체식 조정기 설치에 있어서 사용측과 예비측 용기의 밸브 개폐방법에 대한 설명으로 옳은 것은?

① 사용측 밸브는 열고 예비측 밸브는 닫는다.
② 사용측 밸브는 닫고 예비측 밸브는 연다.
③ 사용측, 예비측 밸브를 전부 닫는다.
④ 사용측, 예비측 밸브를 전부 연다.

해설
자동절체식 조정기
- 잔액이 거의 없어질 때까지 사용이 가능하다.
- 용기 교환주기의 폭을 넓힐 수 있다.
- 전체 용기의 수량이 수동 교체방식보다 적어도 된다.
- 수동절체방식보다 가스 발생량이 크다.
- 분리형을 사용하면 1단 감압식 조정기의 경우보다 배관의 압력손실이 어느 정도 커도 문제없다.
- 설치 시 사용측과 예비측 용기의 밸브를 모두 연다.

22 가연성 가스 운반 차량의 운행 중 가스가 누출할 경우 취해야 할 긴급조치사항으로 가장 거리가 먼 것은?

① 신속히 소화기를 사용한다.
② 주위가 안전한 곳으로 차량을 이동시킨다.
③ 누출 방지조치를 취한다.
④ 교통 및 화기를 통제한다.

해설
가연성 가스 운반 차량의 운행 중 가스누출 시 긴급 조치사항(운반 중 가스 누출 부분에 수리 불가능한 상태가 발생했을 때의 조치)
- 누출 방지조치를 취한다.
- 상황에 따라 안전한 장소로 운반한다(주위가 안전한 곳으로 차량을 이동시킨다).
- 부근의 화기를 없앤다(교통 및 화기를 통제한다).
- 소화기를 이용하여 소화하는 것은 부적절하다.
- 비상연락망에 따라 관계업소에 원조를 의뢰한다.

23 압축가스를 저장하는 납붙임용기의 내압시험압력은?

① 상용압력 수치의 5분의 3배
② 상용압력 수치의 3분의 5배
③ 최고 충전압력 수치의 5분의 3배
④ 최고 충전압력 수치의 3분의 5배

해설
내압시험압력
- 아세틸렌용 용접용기 제조 시 : 최고 압력 수치(최고 충전압력)의 3배
- (아세틸렌가스가 아닌 압축가스를 충전할 때) 압축가스용기, 압축가스를 저장하는 납붙임용기 : 최고 충전압력의 $\frac{5}{3}$배
- 고압가스특정제조시설 내의 특정가스 사용시설 : 상용압력의 1.5배 이상의 압력으로 5~20분 유지

24 탱크로리에서 저장탱크로 LP 가스 이송 시 잔가스 회수가 가능한 이송법은?

① 차압에 의한 방법
② 액송펌프 이용법
③ 압축기 이용법
④ 압축가스용기 이용법

해설
압축기 이용법 : 탱크로리에서 저장탱크로 LP 가스 이송 시 잔가스 회수가 가능한 이송법
- 펌프에 비해 충전시간이 짧다.
- 사방밸브를 이용하면 가스의 이송 방향을 변경할 수 있다.
- 압축기를 사용하기 때문에 베이퍼로크 현상이 생기지 않는다.
- 재액화현상이 일어날 수 있다.

정답 21 ④ 22 ① 23 ④ 24 ③

25 전기방식방법 중 희생양극법의 특징에 대한 설명으로 틀린 것은?

① 시공이 간단하다.
② 과방식의 우려가 없다.
③ 방식효과의 범위가 넓다.
④ 단거리 배관에 경제적이다.

해설
희생양극법은 방식효과의 범위가 좁다.

26 안지름 10[cm]의 파이프를 플랜지에 접속하였다. 이 파이프 내에 40[kgf/cm²]의 압력으로 볼트 1개에 걸리는 힘을 300[kgf] 이하로 하고자 할 때 볼트의 수는 최소 몇 개 필요한가?

① 7개
② 11개
③ 15개
④ 19개

해설
플랜지 이음의 볼트수 = $\dfrac{전체에 걸리는 힘}{볼트 1개에 걸리는 힘}$

$= \dfrac{PA}{300} = \dfrac{40 \times \frac{\pi}{4} \times 10^2}{300} \simeq 11개$

27 다음 보기는 터보펌프의 정지 시 조치사항이다. 정지 시의 작업 순서가 올바르게 된 것은?

┌보기├
㉠ 토출밸브를 천천히 닫는다.
㉡ 전동기의 스위치를 끊는다.
㉢ 흡입밸브를 천천히 닫는다.
㉣ 드레인 밸브를 개방시켜 펌프 속의 액을 빼낸다.

① ㉠-㉡-㉢-㉣
② ㉠-㉡-㉣-㉢
③ ㉡-㉠-㉢-㉣
④ ㉡-㉠-㉣-㉢

해설
터보펌프의 정지 시 조치 순서
① 토출밸브를 천천히 닫는다.
② 전동기의 스위치를 끊는다.
③ 흡입밸브를 천천히 닫는다.
④ 드레인 밸브를 개방시켜 펌프 속의 액을 빼낸다.

28 원심펌프의 유량 1[m³/min], 전양정 50[m], 효율이 80[%]일 때, 회전수율 10[%] 증가시키려면 동력은 몇 배 필요한가?

① 1.22
② 1.33
③ 1.51
④ 1.73

해설
소요동력 : $H_2 = H_1 \left(\dfrac{N_2}{N_1}\right)^3 \left(\dfrac{D_2}{D_1}\right)^5 = H_1 (1.1)^3 \left(\dfrac{1}{1}\right)^5 \simeq 1.33 H_1$

29 LiBr-H₂O계 흡수식 냉동기에서 가열원으로서 가스가 사용되는 곳은?

① 증발기
② 흡수기
③ 재생기
④ 응축기

해설
재생기(발생기) : LiBr-H₂O계(흡수제인 리튬브로마이드와 냉매인 물) 흡수식 냉동기에서 가열원으로서 가스를 사용하여 고농도의 용액을 가열하여 흡수제인 리튬브로마이드와 냉매인 물의 비등점 차이를 이용하여 냉매증기를 발생시킨 후 저농도 용액으로 만든다.

정답 25 ③ 26 ② 27 ① 28 ② 29 ③

30 다음 그림의 냉동장치와 일치하는 행정 위치를 표시한 $T-S$선도는?

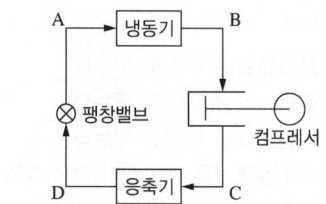

① 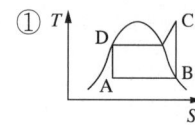 ②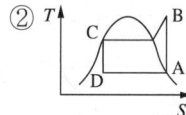

③ 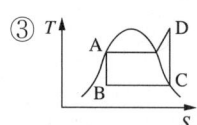 ④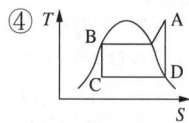

해설
역랭킨 사이클
- 증기압축냉동 사이클(가장 많이 사용되는 냉동 사이클)에 적용한다.
- 역카르노 사이클 중 실현 곤란한 단열과정(등엔트로피 팽창과정)을 교축팽창시켜 실용화한 사이클이다.
- 증발된 증기가 흡수한 열량은 역카르노 사이클에 의하여 증기를 압축하고 고온의 열원에서 방출하는 사이클 사이에 액체와 기체의 두 상으로 변하는 물질을 냉매로 하는 냉동 사이클이다.
- 냉매 순환경로와 같다.

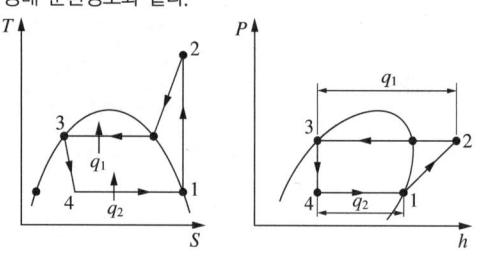

- 과정 구성 : 1-2 단열압축(압축기), 2-3 등압방열(응축기), 3-4 교축(팽창밸브), 4-1 등온등압(증발기)

31 탄소강 그대로는 강의 조직이 약해 가공이 필요하다. 다음 설명 중 틀린 것은?

① 열간가공은 고온도로 가공하는 것이다.
② 냉간가공은 상온에서 가공하는 것이다.
③ 냉간가공하면 인장강도, 신장, 교축, 충격치가 증가한다.
④ 금속을 가공하는 도중 결정 내 변형이 생겨 경도가 증가하는 것을 가공경화라고 한다.

해설
냉간가공하면 인장강도는 증가하지만 신장, 교축, 충격치는 감소한다.

32 저압배관의 내경만 10[cm]에서 5[cm]로 변화시킬 때 압력손실은 몇 배 증가하는가?(단, 다른 조건은 모두 동일하다고 본다)

① 4   ② 8
③ 16   ④ 32

해설
$Q = K\sqrt{\dfrac{hD^5}{SL}}$ 에서 압력손실 $h = \dfrac{Q^2 SL}{K^2 D^5}$ 이므로, 배관 직경이 1/2배가 되면 압력손실은 $2^5 = 32$배가 된다.

33 용기 충전구에 'V' 홈의 의미는?

① 왼나사를 나타낸다.
② 독성가스를 나타낸다.
③ 가연성가스를 나타낸다.
④ 위험한 가스를 나타낸다.

해설
왼나사의 경우, 용기 충전구에 'V' 홈 표시를 한다.

34 냉동장치에서 냉매의 일반적인 구비조건으로 옳지 않은 것은?

① 증발열이 커야 한다.
② 증기의 비체적이 작아야 한다.
③ 임계온도가 낮고 응고점이 높아야 한다.
④ 증기의 비열은 크고 액체의 비열은 작아야 한다.

해설
냉매의 구비조건
- 저소 : 응고온도, 액체 비열, 비열비, 점도, 표면장력, 증기의 비체적, 포화압력, 응축압력, 절연물 침식성, 가연성, 인화성, 폭발성, 부식성, 누설 시 물품 손상, 악취, 가격
- 고대 : 임계온도, 증발잠열, 증발열, 증발압력, 윤활유와의 상용성, 열전도율, 전열작용, 환경친화성, 절연내력, 화학적 안정성, 무해성(비독성), 내부식성, 불활성, 비가연성(내가연성), 누설 발견 용이성, 자동운전 용이성

35 다음 지상형 탱크 중 내진설계 적용대상 시설이 아닌 것은?

① 고법의 적용을 받는 3[ton] 이상의 암모니아 탱크
② 도법의 적용을 받는 3[ton] 이상의 저장탱크
③ 고법의 적용을 받는 10[ton] 이상의 아르곤 탱크
④ 액법의 적용을 받는 3[ton] 이상의 액화석유가스 저장탱크

해설
고법의 적용을 받는 5[ton] 이상의 암모니아 탱크는 내진설계 적용대상이다.

36 발열량이 10,000[kcal/Sm³], 비중이 1.2인 도시가스의 웨버지수는?

① 8,333
② 9,129
③ 10,954
④ 12,000

해설
도시가스의 웨버지수
$$WI = \frac{Q}{\sqrt{d}} = \frac{10,000}{\sqrt{1.2}} \approx 9,129$$

37 도시가스에 첨가하는 부취제로서 필요한 조건으로 틀린 것은?

① 물에 녹지 않을 것
② 토양에 대한 투과성이 좋을 것
③ 인체에 해가 없고 독성이 없을 것
④ 공기 혼합 비율이 1/200의 농도에서 가스 냄새가 감지될 수 있을 것

해설
부취제의 구비조건
- 물에 녹지 않을 것
- 토양에 대한 투과성이 좋을 것
- 인체에 해가 없고 독성이 없을 것
- 부식성이 없을 것
- 화학적으로 안정할 것
- 공기 혼합 비율이 1/1,000의 농도에서 가스 냄새가 감지될 수 있을 것

38 축류펌프의 특징에 대한 설명으로 틀린 것은?

① 비속도가 작다.
② 마감기동이 불가능하다.
③ 펌프의 크기가 작다.
④ 높은 효율을 얻을 수 있다.

해설
축류펌프의 비속도는 크다.

39 신규검사 후 경과연수가 20년 이상된 액화석유가스용 100[L] 용접용기의 재검사주기는?

① 1년마다　　② 2년마다
③ 3년마다　　④ 5년마다

해설
용기의 재검사기간의 기준

용기의 종류		신규검사 후 경과연수		
		15년 미만	15년 이상 20년 미만	20년 이상
		재검사주기		
액화석유가스용 용접용기를 제외한 용접용기	500[L] 이상	5년마다	2년마다	1년마다
	500[L] 미만	3년마다	2년마다	1년마다
액화석유가스용 용접용기	500[L] 이상	5년마다	2년마다	1년마다
	500[L] 미만	5년마다		2년마다

40 지름이 150[mm], 행정 100[mm], 회전수 800[rpm], 체적효율 85[%]인 4기통 압축기의 피스톤 압출량은 몇 [m³/h]인가?

① 10.2　　② 28.8
③ 102　　④ 288

해설
압축기의 피스톤 압출량

$V = lanz\eta = 0.1 \times \dfrac{\pi}{4} \times 0.15^2 \times 800 \times 4 \times 0.85$

$\approx 4.8 [\text{m}^3/\text{min}] = 288 [\text{m}^3/\text{h}]$

제3과목　가스안전관리

41 가연성 가스와 공기 혼합물의 점화원이 될 수 없는 것은?

① 정전기
② 단열압축
③ 융해열
④ 마 찰

해설
점화원 : 가연물이 연소를 시작할 때 가해지는 활성화 에너지이며 생성물질을 형성하는 데 필요한 에너지이다. 열적, 기계적, 전기적, 화학적, 원자력 에너지 등으로 분류되며 점화원의 강도는 온도로 표시한다(전기불꽃, 충격·마찰, 단열압축, 나화 및 고온 표면, 정전기 불꽃, 자연발화, 복사열 등).

42 내용적 20,000[L]의 저장탱크에 비중량이 0.8[kg/L]인 액화가스를 충전할 수 있는 양은?

① 13.6[ton]　　② 14.4[ton]
③ 16.5[ton]　　④ 17.7[ton]

해설
액화가스 저장탱크의 저장능력(가스 충전질량)
$W = 0.9d \cdot V = 0.9 \times 0.8 \times 20,000 = 14,400 [\text{kg}] = 14.4 [\text{ton}]$

39 ② 40 ④ 41 ③ 42 ②

43 다음 중 2중관으로 해야 하는 독성가스가 아닌 것은?

① 염화메탄
② 아황산가스
③ 염화수소
④ 산화에틸렌

해설
2중관으로 해야 하는 가스 대상 : 암모니아, 아황산가스, 염소, 염화메탄, 산화에틸렌, 사이안화수소, 포스겐, 황화수소 등

44 고정식 압축도시가스 이동식 충전 차량 충전시설에 설치하는 가스누출검지경보장치의 설치 위치가 아닌 것은?

① 개방형 피트 외부에 설치된 배관 접속부 주위
② 압축가스설비 주변
③ 개별 충전설비 본체 내부
④ 펌프 주변

해설
고정식 압축도시가스 이동식 충전차량 충전시설에 설치하는 가스누출검지경보장치의 설치 위치
- 압축가스설비 주변
- 개별 충전설비 본체 내부
- 펌프 주변(개방형 피트 외부에 설치된 배관 접속부 주위는 아니다)

45 용기 보관 장소에 고압가스용기를 보관할 때 준수해야 하는 사항 중 틀린 것은?

① 용기는 항상 40[℃] 이하를 유지해야 한다.
② 용기 보관 장소 주위 3[m] 이내에는 화기 또는 인화성 물질을 두지 않는다.
③ 가연성 가스용기 보관 장소에는 방폭형 휴대용 전등 외의 등화를 휴대하지 않는다.
④ 용기 보관 장소에는 충전용기와 잔가스용기를 각각 구분하여 놓는다.

해설
고압가스 일반 제조기술 및 시설 기준
가스설비 또는 저장설비는 그 외면으로부터 화기(그 설비 안의 것은 제외)를 취급하는 장소까지 2[m](가연성 가스 또는 산소의 가스설비 또는 저장설비는 8[m]) 이상의 우회거리를 유지하여야 하고, 가스설비와 화기를 취급하는 장소 사이에는 그 가스설비로부터 누출된 가스가 유동하는 것을 방지하기 위한 적절한 조치를 할 것

46 고압가스용기의 재검사를 받아야 하는 경우가 아닌 것은?

① 손상의 발생
② 합격 표시의 훼손
③ 충전한 고압가스의 소진
④ 산업통상자원부령이 정하는 기간의 경과

해설
고압가스용기의 재검사를 받아야 하는 경우 : 손상의 발생, 합격 표시의 훼손, 충전할 고압가스 종류의 변경, 산업통상자원부령이 정하는 기간의 경과

정답 43 ③ 44 ① 45 ② 46 ③

47 고압가스안전관리법에서 정하고 있는 특정 고압가스가 아닌 것은?

① 천연가스
② 액화염소
③ 게르만
④ 염화수소

해설
고압가스안전관리법에서 정하고 있는 특정 고압가스의 종류 : 수소, 산소, 액화암모니아, 아세틸렌, 액화염소, 천연가스, 압축모노실란, 압축다이보레인, 액화알진, 그 밖에 대통령령으로 정하는 고압가스(포스핀, 셀렌화수소, 게르만, 다이실란, 오불화비소, 오불화인, 삼불화인, 삼불화질소, 삼불화붕소, 사불화유황, 사불화규소)
※ 고압가스 안전관리법에서 정한 특정 고압가스가 아닌 가스 : 염화수소 등

48 소비자 1호당 1일 평균 가스소비량이 1.6[kg/day]이고, 소비 호수 10호인 경우 자동절체조정기를 사용하는 설비를 설계하면 용기는 몇 개 정도 필요한가?(단, 표준 가스발생능력은 1.6[kg/h]이고, 평균 가스소비율은 60[%], 용기는 2계열 집합으로 사용한다)

① 8개
② 10개
③ 12개
④ 14개

해설
필요 용기수 = $\dfrac{1호당 \ 평균 \ 가스소비량 \times 호수 \times 소비율}{가스발생능력} \times 계열수$

= $\dfrac{1.6 \times 10 \times 0.6}{1.6} \times 2 = 12개$

49 사이안화수소를 용기에 충전한 후 정치해 두어야 할 기준은?

① 6시간
② 12시간
③ 20시간
④ 24시간

해설
사이안화수소의 충전 시 기준
• 아황산가스 또는 황산 등의 안정제를 첨가한 것이어야 한다.
• 충전 후 60일이 경과하기 전에 다른 용기로 옮겨 충전한다.
• 용기에 충전하는 사이안화수소의 순도는 98[%] 이상이며 착색되지 아니한 것이어야 한다(이러한 것은 충전 후 60일이 경과되기 전 다른 용기에 옮겨 충전하지 않아도 된다).
• 충전한 용기는 24시간 이상 정치하여야 한다.
• 사이안화수소를 충전한 용기는 출전 후 24시간 정치시킨 후 1일 1회 이상 질산구리벤젠 등의 시험지로 가스누출검사를 하여야 한다.

50 배관 설계경로를 결정할 때 고려하여야 할 사항으로 가장 거리가 먼 것은?

① 최단 거리로 할 것
② 가능한 한 옥외에 설치할 것
③ 건축물 기초 하부 매설을 피할 것
④ 굴곡을 크게 하여 신축을 흡수할 것

해설
배관설계 시 고려해야 할 사항
• 가능한 한 옥외에 설치할 것
• 최단거리로 할 것
• 굴곡을 작게 할 것
• 가능한 한 눈에 보이도록 할 것
• 건축물 기초 하부 매설을 피할 것

47 ④ 48 ③ 49 ④ 50 ④

51 독성의 액화가스 저장탱크 주위에 설치하는 방류둑의 저장능력은 몇 [ton] 이상의 것에 한하는가?

① 3[ton] ② 5[ton]
③ 10[ton] ④ 50[ton]

해설
방류둑 설치 기준
- 2개 이상의 저장탱크가 설치된 것에 대한 저장능력의 산정 : 저장능력을 합한 것
- 가연성 가스, 산소 : 저장능력 1,000[ton] 이상
- 독성가스 : 저장능력 5[ton] 이상

52 염소의 성질에 대한 설명으로 틀린 것은?

① 화학적으로 활성이 강한 산화제이다.
② 녹황색의 자극적인 냄새가 나는 기체이다.
③ 습기가 있으면 철 등을 부식시키므로 수분과 격리시켜야 한다.
④ 염소와 수소를 혼합하면 냉암소에서도 폭발하여 염화수소가 된다.

해설
염소(Cl_2)
- 조연성 가스, 독성가스, 반응성이 강한 가스이다.
- 화학적으로 활성이 강한 산화제이다.
- 녹황색의 자극적인 냄새가 나는 기체이다.
- 습기가 있으면 철 등을 부식시키므로 수분과 격리시켜야 한다.
- 염소와 수소는 햇빛 등의 촉매에 의하여 촉발성을 형성하는 염소폭명기를 형성하므로 동일한 차량에 적재를 금한다.
- 염소와 수소를 혼합하면 가열, 일광의 직사, 자외선 등에 의하여 폭발하여 염화수소가 된다.
- 염소와 수소를 혼합하여도 냉암소 내에서는 폭발하지 않고 안전하다.
- 염소와 산소는 조연성이므로 동일한 장소에 혼합 적재하여도 위험하지 않다.

53 사람이 사망한 도시가스 사고 발생 시 사업자가 한국가스안전공사에 상보(서면으로 제출하는 상세한 통보)를 할 때 그 기한은 며칠 이내인가?

① 사고 발생 후 5일
② 사고 발생 후 7일
③ 사고 발생 후 14일
④ 사고 발생 후 20일

해설
사람이 사망한 도시가스 사고 발생 시 사업자가 한국가스안전공사에 상보(서면으로 제출하는 상세한 통보)를 할 때 그 기한은 사고 발생 후 20일 이내이다.

54 동절기의 습도 50[%] 이하인 경우에는 수소용기 밸브의 개폐를 서서히 하여야 한다. 주된 이유는?

① 밸브 파열   ② 분해폭발
③ 정전기 방지   ④ 용기압력 유지

해설
정전기 방지대책
- 정전기 발생 우려 장소에 접지시설을 한다.
- 전기저항이 큰 물질은 대전이 용이하므로 전도체 물질을 사용한다.
- 제전기를 사용하여 대전된 물체를 전기적으로 중성 상태로 한다.
- 정전기는 습도가 낮거나 압력이 높을 때 많이 발생하므로 상대습도를 70[%] 이상으로 유지한다.
- 인체에서 발생하는 정전기를 방지하기 위하여 방전복 등을 착용하여 정전기 발생을 제거한다.
- 실내 공기를 이온화하여 정전기 발생을 예방한다.
- 전하 생성 방지방법(접속과 접지, 도전성 재료 사용, 침액(Dip) 파이프 설치 등)을 적용한다.
- 동절기의 습도 50[%] 이하인 경우 수소용기 밸브의 개폐를 서서히 해야 한다.

정답 51 ② 52 ④ 53 ④ 54 ③

55 최고 사용압력이 고압이고, 내용적이 5[m³]인 일반 도시가스배관의 자기압력기록계를 이용한 기밀시험 시 기밀유지시간은?

① 24분 이상   ② 240분 이상
③ 48분 이상   ④ 480분 이상

해설
압력측정기의 종류별 기밀시험방법

종 류	최고 사용압력	용 적	기밀유지시간
압력계 또는 자기압력 기록계	저압, 중압	1[m³] 미만	24분
		1[m³] 이상 10[m³] 미만	240분
		10[m³] 이상 300[m³] 미만	24× V분. 다만, 1,440분을 초과한 경우에는 1,440분으로 할 수 있다.
	고 압	1[m³] 미만	48분
		1[m³] 이상 10[m³] 미만	480분
		10[m³] 이상 300[m³] 미만	48× V분. 다만, 2,880분을 초과한 경우에는 2,880분으로 할 수 있다.

56 이동식 부탄연소기의 올바른 사용방법은?

① 바람의 영향을 줄이기 위해서 텐트 안에서 사용한다.
② 효율을 높이기 위해서 두 대를 나란히 연결하여 사용한다.
③ 사용하는 그릇은 연소기의 삼발이보다 폭이 좁은 것을 사용한다.
④ 연소기 운반 중에는 용기를 내부에 보관한다.

해설
① 텐트 안에서 사용하지 않는다.
② 두 대를 나란히 연결하여 사용하지 않는다.
④ 연소기 운반 중에는 용기를 연소기 외부에 보관한다.

57 검사에 합격한 고압가스용기의 각인사항에 해당하지 않는 것은?

① 용기 제조업자의 명칭 또는 약호
② 충전하는 가스의 명칭
③ 용기의 번호
④ 기밀시험압력

해설
검사에 합격한 고압가스용기의 각인사항
• 용기 제조업자의 명칭 또는 약호
• 충전하는 가스의 명칭
• 용기의 번호
• 내용적(기호 : V, 단위 : [L])
  ※ 액화석유가스용기는 제외
• 초저온용기 외의 용기 : 밸브 및 부속품(분리 가능한 것)을 포함하지 아니한 용기의 질량(기호 : W, 단위 : [kg])
• 아세틸렌가스 충전용기 : 상기의 질량에 용기의 다공물질·용제 및 밸브의 질량을 합한 질량(기호 : TW, 단위 : [kg])
• 내압시험에 합격한 연월
• 내압시험압력(기호 : TP, 단위 : [MPa])
  ※ 액화석유가스용기, 초저온용기 및 액화천연가스 자동차용 용기는 제외
• 최고 충전압력(기호 : FP, 단위 : [MPa])
  ※ 압축가스를 충전하는 용기, 초저온 용기 및 액화천연가스 자동차용 용기에 한정
• 내용적이 500[L]를 초과하는 용기에는 동판의 두께(기호 : t, 단위 : [mm])

58 액화석유가스 충전시설에서 가스산업기사 이상의 자격을 선임하여야 하는 저장능력의 기준은?

① 30[ton] 초과
② 100[ton] 초과
③ 300[ton] 초과
④ 500[ton] 초과

해설
액화석유가스충전시설 안전관리자의 자격과 선임인원

저장능력	안전관리자별 선임인원(자격)
저장능력 500[ton] 초과	• 안전관리 총괄자 1명 • 안전관리 부총괄자 1명 • 안전관리 책임자 1명 이상(가스산업기사 이상의 자격을 가진 사람) • 안전관리원 2명 이상(가스기능사 이상의 자격을 가진 사람 또는 충전시설 안전관리자 양성교육 이수자)
저장능력 100[ton] 초과 500[ton] 이하	• 안전관리 총괄자 1명 • 안전관리 부총괄자 1명 • 안전관리 책임자 1명 이상(가스기능사 이상의 자격을 가진 사람) • 안전관리원 2명 이상(가스기능사 이상의 자격을 가진 사람 또는 충전시설 안전관리자 양성교육 이수자)
저장능력 100[ton] 이하	• 안전관리 총괄자 1명 • 안전관리 부총괄자 1명 • 안전관리 책임자 1명 이상(가스기능사 이상의 자격을 가진 사람 또는 현장실무경력이 5년 이상인 충전시설 안전관리자 양성교육 이수자) • 안전관리원 1명 이상(가스기능사 이상의 자격을 가진 사람 또는 충전시설 안전관리자 양성교육 이수자)
저장능력 30[ton] 이하 (자동차용기 충전시설만 해당)	• 안전관리 총괄자 1명 • 안전관리 책임자 1명 이상(가스기능사 이상의 자격을 가진 사람 또는 충전시설 안전관리자 양성교육 이수자)

59 가연성 가스를 차량에 고정된 탱크에 의하여 운반할 때 갖추어야 할 소화기의 능력 단위 및 비치 개수가 옳게 짝지어진 것은?

① ABC용, B-12 이상 - 차량 좌우에 각각 1개 이상
② AB용, B-12 이상 - 차량 좌우에 각각 1개 이상
③ ABC용, B-12 이상 - 차량에 1개 이상
④ AB용, B-12 이상 - 차량에 1개 이상

해설
차량에 고정된 탱크 운반 시의 소화설비

가스 종류	소화기 능력 단위	소화약제	비치 개수
가연성 가스	BC용, B-10 이상 또는 ABC용, B-12 이상	분말소화제	차량 좌우에 각각 1개 이상 (총 2개 이상)
산소	BC용, B-8 이상 또는 ABC용, B-10 이상		

※ 가연성 가스 또는 산소 운반 차량에 휴대하여야 하는 소화기 : 분말소화기

60 도시가스사업법에서 정한 가스사용시설에 해당되지 않는 것은?

① 내 관
② 본 관
③ 연소기
④ 공동주택 외벽에 설치된 가스계량기

해설
도시가스사업법에서 정한 가스사용시설
• 내관·연소기 및 그 부속설비. 다만, 선박(선박안전법에 따른 선박)에 설치된 것은 제외한다.
• 공동주택 등의 외벽에 설치된 가스계량기
• 도시가스를 연료로 사용하는 자동차
• 자동차용 압축천연가스 완속충전설비

제4과목 가스계측

61 다음 중 압력에 대한 값이 서로 다른 것은?

① 101,325[N/m²]
② 1,013.25[hPa]
③ 76[cmHg]
④ 10,000[mmAq]

해설
표준 대기압 : 1[atm], 760[mmHg], 10.33[mAq], 10.332[mH₂O](물의 수두), 1.033[kgf/cm²], 101,325[Pa][= N/m²], 1.013[bar], 14.7[psi], 29.92[inHg]

62 가스미터의 구비조건으로 옳지 않은 것은?

① 감도가 예민할 것
② 기계오차 조정이 쉬울 것
③ 대형이며 계량용량이 클 것
④ 사용가스량을 정확하게 지시할 수 있을 것

해설
가스미터의 구비조건
• 고대다 : 내구성, 계량용량, 계량 정확성, 감도, 구조 간단, 유지관리 및 수리 용이성, 기계오차 조정 용이성
• 저소 : 크기(소형), 압력손실

63 어느 수용가에 설치한 가스미터의 기차를 측정하기 위하여 지시량을 보니 100[m³]를 나타내었다. 사용공차를 ±4[%]로 한다면 이 가스미터에는 최소 얼마의 가스가 통과되었는가?

① 40[m³]
② 80[m³]
③ 96[m³]
④ 104[m³]

해설
• 최소 통과량 = 100 − 100 × 0.04 = 96[m³]
• 최대 통과량 = 100 + 100 × 0.04 = 104[m³]

64 HCN 가스의 검지반응에 사용하는 시험지와 반응색이 옳게 짝지어진 것은?

① KI 전분지 – 청색
② 질산구리벤젠지 – 청색
③ 염화팔라듐지 – 적색
④ 염화 제일구리착염지 – 적색

해설
검지 가스별 시험지와 누설 변색 색상
• 아세틸렌(C₂H₂) : 염화제1동착염지–적색
• 암모니아(NH₃) : (적색) 리트머스시험지–청색
• 염소(Cl₂) : KI 전분지(아이오딘화칼륨, 녹말종이)–청색
• 일산화탄소(CO) : 염화팔라듐지–흑색
• 사이안화수소(HCN) : 질산구리벤젠지(초산벤젠지)–청색
• 포스겐(COCl₂) : 해리슨시험지–심등색
• 황화수소(H₂S) : 연당지(초산납지)–흑(갈)색
※ 연당지 : 초산납을 물에 용해하여 만든 가스시험지

65 다음 그림과 같이 시차 액주계의 높이 H가 60[mm]일 때 유속(V)은 약 몇 [m/sec]인가?(단, 비중 γ와 γ'는 1과 13.6이고, 속도계수는 1, 중력가속도는 9.8[m/sec²]이다)

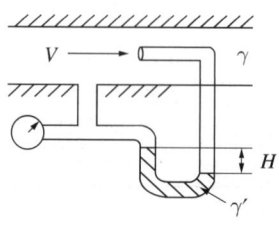

① 1.1
② 2.4
③ 3.8
④ 5.0

해설
유 속
$$v = C\sqrt{2gh\left(\frac{\gamma_w}{\gamma_{Air}}-1\right)} = 1 \times \sqrt{2 \times 9.8 \times 0.06 \times \left(\frac{13.6}{1}-1\right)}$$
$\simeq 3.8$[m/sec]

정답 61 ④ 62 ③ 63 ③ 64 ② 65 ③

66 제어동작에 따른 분류 중 연속되는 동작은?

① On-Off 동작
② 다위치 동작
③ 단속도 동작
④ 비례동작

해설
연속동작 : 비례동작, 미분동작, 적분동작, 비례미분동작, 비례적분 동작, 비례적분미분동작

67 전기식 제어방식의 장점으로 틀린 것은?

① 배선작업이 용이하다.
② 신호 전달 지연이 없다.
③ 신호의 복잡한 취급이 쉽다.
④ 조작속도가 빠른 비례 조작부를 만들기 쉽다.

해설
전기식 제어방식의 특징
• 신호 지연이 없으며 배선이 용이하다.
• 컴퓨터와의 접속성이 좋다.
• 신호의 복잡한 취급이 용이하다.
• 온오프가 간단하다.
• 취급기술을 요하며 습도에 주의해야 한다.

68 화씨[°F]와 섭씨[℃]의 온도 눈금 수치가 일치하는 경우의 절대온도[K]는?

① 201　　　② 233
③ 313　　　④ 345

해설
섭씨온도[℃]와 화씨온도[°F]가 같은 온도 : -40[℃], [°F] = 233[K]

69 다음 중 기본단위가 아닌 것은?

① 길 이　　　② 광 도
③ 물질량　　　④ 압 력

해설
SI 기본단위 7가지
• 길이 : 미터(m)
• 질량 : 킬로그램(kg)
• 시간 : 초(s)
• 전류 : 암페어(A)
• 온도 : 켈빈(K)
• 물질량 : 몰(mol)
• 광도 : 칸델라(cd)

70 물 100[cm] 높이에 해당하는 압력은 몇 [Pa]인가?(단, 물의 비중량은 9,803[N/m³]이다)

① 4,901
② 490,150
③ 9,803
④ 980,300

해설
$P = \gamma h = 9,803 \times 1 = 9,803 [N/m^2] = 9,803 [Pa]$

정답　66 ④　67 ④　68 ②　69 ④　70 ③

71 계측기기의 감도(Sensitivity)에 대한 설명으로 틀린 것은?

① 감도가 좋으면 측정시간이 길어진다.
② 감도가 좋으면 측정범위가 좁아진다.
③ 계측기가 측정량의 변화에 민감한 정도를 말한다.
④ 측정량의 변화를 지시량의 변화로 나누어 준 값이다.

해설
감도는 측정량의 변화에 대한 지시량의 변화의 비로 나타낸다.

72 접촉식 온도계의 종류와 특징을 연결한 것 중 틀린 것은?

① 유리온도계 – 액체의 온도에 따른 팽창을 이용한 온도계
② 바이메탈 온도계 – 바이메탈이 온도에 따라 굽히는 정도가 다른 점을 이용한 온도계
③ 열전대 온도계 – 온도 차이에 의한 금속의 열 상승속도의 차이를 이용한 온도계
④ 저항 온도계 – 온도 변화에 따른 금속의 전기저항 변화를 이용한 온도계

해설
열전대 온도계 : 회로의 두 접점 사이의 온도차로 열기전력을 일으키고 그 전위차를 측정하여 온도를 알아내는 온도계

73 헴펠식 분석장치를 이용하여 가스 성분을 정량하고자 할 때 흡수법에 의하지 않고 연소법에 의해 측정해야 하는 가스는?

① 수 소   ② 이산화탄소
③ 산 소   ④ 일산화탄소

해설
헴펠 가스분석계(헴펠식 분석장치) : 흡수법과 연소법으로 이산화탄소, (중)탄화수소, 산소, 일산화탄소, 질소, 수소, 메탄 등을 분석하는 가스분석계이다.
• 구성 : 가스뷰렛(기체 부피 측정), 가스피펫(흡수액 포함), 수준관(차단액인 물 포함)
• 흡수법 적용 : 이산화탄소, (중)탄화수소, 산소, 일산화탄소, 질소
• 연소법 적용 : 수소, 메탄

74 액면계의 종류로만 나열된 것은?

① 플로트식, 퍼지식, 차압식, 정전용량식
② 플로트식, 터빈식, 액비중식, 광전관식
③ 퍼지식, 터빈식, Oval식, 차압식
④ 퍼지식, 터빈식, Roots식, 차압식

해설
액면계의 분류
• 직접측정식 : 유리관식(직관식), 검척식, 플로트식, 사이트 글라스
• 간접측정식 : 차압식, 편위식(부력식), 정전용량식, 전극식(전도도식), 초음파식, 퍼지식(기포식), 방사선식(γ선식), 슬립튜브식, 레이더식, 중추식, 중량식

75 도시가스로 사용하는 NG의 누출을 검지하기 위하여 검지기는 어느 위치에 설치하여야 하는가?

① 검지기 하단은 천장면의 아래쪽 0.3[m] 이내
② 검지기 하단은 천장면의 아래쪽 3[m] 이내
③ 검지기 상단은 바닥면에서 위쪽으로 0.3[m] 이내
④ 검지기 상단은 바닥면에서 위쪽으로 3[m] 이내

해설
검지기의 설치 위치
• 도시가스(LNG) 등 공기보다 가벼운 가스 : 검지기 하단은 천장면 등의 아래쪽 0.3[m] 이내에 부착한다.
• LPG 등 공기보다 무거운 가스 : 검지기 상단은 바닥면 등에서 위쪽으로 0.3[m] 이내에 부착한다.

76 오르자트 가스분석기에서 가스의 흡수 순서로 옳은 것은?

① CO → CO_2 → O_2
② CO_2 → CO → O_2
③ O_2 → CO_2 → CO
④ CO_2 → O_2 → CO

77 크로마토그램에서 머무름 시간이 45초인 어떤 용질을 길이 2.5[m]의 칼럼에서 바닥에서의 너비를 측정하였더니 6초이었다. 이론단수는 얼마인가?

① 800
② 900
③ 1,000
④ 1,200

해설
이론단수 $N = 16 \times \left(\frac{l}{W}\right)^2 = 16 \times \left(\frac{t}{T}\right)^2 = 16 \times \left(\frac{45}{6}\right)^2 \simeq 900$

78 막식 가스미터의 고장에 대한 설명으로 틀린 것은?

① 부동 : 가스미터기를 통과하지만 계량되지 않는 고장
② 떨림 : 가스가 통과할 때 출구측의 압력 변동이 심하게 되어 가스의 연소 형태를 불안정하게 하는 고장 형태
③ 기차 불량 : 설치 오류, 충격, 부품의 마모 등으로 계량 정밀도가 저하되는 경우
④ 불통 : 회전자 베어링 마모에 의한 회전저항이 크거나 설치 시 이물질이 기어 내부에 들어갈 경우

해설
불통
- 가스가 미터기를 통과하지 못하는 고장
- 불통의 원인 : 크랭크축의 녹이나 날개 등에서의 납땜 탈락 등으로 인한 회전장치 부분의 고장

79 가스성분과 그 분석방법으로 가장 옳은 것은?

① 수분 : 노점법
② 전유황 : 아이오딘적정법
③ 나프탈렌 : 중화적정법
④ 암모니아 : 가스크로마토그래피법

해설
② 전유황 : 중화적정법
③ 나프탈렌 : 가스크로마토그래피법
④ 암모니아 : 중화적정법

80 최대 유량이 10[m³/h]인 막식 가스미터기를 설치하고 도시가스를 사용하는 시설이 있다. 가스레인지 2.5[m³/h]를 1일 8시간 사용하고, 가스보일러 6[m³/h]를 1일 6시간 사용했을 경우 월 가스사용량은 약 몇 [m³]인가?(단, 1개월은 31일이다)

① 1,570
② 1,680
③ 1,736
④ 1,950

해설
가스사용량
$V = \sum Q_n T_n N_n$
$= (2.5 \times 8 \times 31) + (6 \times 6 \times 31) = 1,736[m^3]$

정답 76 ④ 77 ② 78 ④ 79 ① 80 ③

2021년 제2회 과년도 기출복원문제

제1과목 연소공학

01 1[Sm³]의 합성가스 중 CO와 H_2의 몰비가 1 : 1일 때 연소에 필요한 이론공기량은 약 몇 [Sm³/Sm³]인가?

① 0.50　　② 1.00
③ 2.38　　④ 4.76

해설
일산화탄소의 연소방정식 : $CO + 0.5O_2 \rightarrow CO_2$
수소의 연소방정식 : $H_2 + 0.5O_2 \rightarrow H_2O$
CO와 H_2의 몰비가 1 : 1이므로

필요한 이론산소량 $= \left(\dfrac{1}{2} \times 0.5\right) + \left(\dfrac{1}{2} \times 0.5\right) = 0.5[Sm^3]$ 이다.

따라서, 이론공기량 $A_0 = \dfrac{O_0}{0.21} = \dfrac{0.5}{0.21} \approx 2.38[Sm^3/Sm^3]$ 이다.

02 기체의 압력이 클수록 액체용매에 잘 용해된다는 것을 설명한 법칙은?

① 아보가드로
② 게이뤼삭
③ 보 일
④ 헨 리

해설
헨리(Henry)의 법칙
- 기체의 압력이 클수록 액체용매에 잘 용해된다는 것을 설명한 법칙
- 일정 온도에서 기체의 용해도는 용매와 평형을 이루고 있는 기체의 부분 압력에 비례한다는 법칙

03 기체상수 R을 계산한 결과, 1.987이었다. 이때 사용되는 단위는?

① [cal/mol・K]
② [erg/kmol・K]
③ [Joule/mol・K]
④ [L・atm/mol・K]

해설
① 1.987[cal/mol・K]
② 8.314[erg/kmol・K]
③ 8.314[Joule/mol・K]
④ 0.0821[L・atm/mol・K]
이상기체 상수(R)값
8.314[J/mol・K] = 1.987[cal/mol・K] = 1.987[kcal/kmol・K]
= 82.05[cc-atm/mol・K] = 0.082[m³・atm/kmol・K]
= 848[kg・m/kmol・K]

04 이너트 가스(Inert Gas)로 사용되지 않는 것은?

① 질 소
② 이산화탄소
③ 수증기
④ 수 소

해설
이너트 가스로는 질소, 이산화탄소 또는 수증기가 사용된다.

정답 1 ③　2 ④　3 ①　4 ④

05 산소 32[kg]과 질소 28[kg]의 혼합가스가 나타내는 전압이 20[atm]이다. 이때 산소의 분압은 몇 [atm]인가?(단, O_2의 분자량은 32, N_2의 분자량은 28이다)

① 5
② 10
③ 15
④ 20

해설

- 산소의 몰수 $= \dfrac{w_1}{M_1} = \dfrac{32}{32} \times 1{,}000 = 1{,}000$[mol]
- 질소의 몰수 $= \dfrac{w_2}{M_2} = \dfrac{28}{28} \times 1{,}000 = 1{,}000$[mol]

∴ 산소의 분압 $P_1 =$ 전압 $\times \dfrac{\text{산소의 몰수}}{\text{산소의 몰수} + \text{질소의 몰수}}$

$= 20 \times \dfrac{1{,}000}{1{,}000 + 1{,}000} = 10$[atm]

06 가스의 폭발범위(연소범위)에 대한 설명 중 옳지 않은 것은?

① 일반적으로 고압일 경우 폭발범위가 더 넓어진다.
② 수소와 공기 혼합물의 폭발범위는 저온보다 고온일 때 더 넓어진다.
③ 프로판과 공기 혼합물에 질소를 더 가할 때 폭발범위가 더 넓어진다.
④ 메탄과 공기 혼합물의 폭발범위는 저압보다 고압일 때 더 넓어진다.

해설
프로판과 공기 혼합물에 질소를 더 가하면 폭발범위는 더 좁아진다.

07 연소의 3요소 중 가연물에 대한 설명으로 옳은 것은?

① 0족 원소들은 모두 가연물이다.
② 가연물은 산화반응 시 발열반응을 일으키며 열을 축적하는 물질이다.
③ 질소와 산소가 반응하여 질소산화물을 만들므로 질소는 가연물이다.
④ 가연물은 반응 시 흡열반응을 일으킨다.

해설
① 0족 원소들은 불활성 기체로 8족이라고도 한다.
③ 질소는 불활성 기체이며 질소산화물 생성 시 흡열반응이 일어난다.
④ 가연물은 반응 시 발열반응을 일으킨다.

08 압력이 0.1[MPa], 체적이 3[m³]인 273.15[K]의 공기가 이상적으로 단열압축되어 그 체적이 1/3로 되었다. 엔탈피의 변화량은 약 몇 [kJ]인가?(단, 공기의 기체상수는 0.287[kJ/kg·K], 비열비는 1.4이다)

① 480
② 580
③ 680
④ 780

해설

$\Delta H = -W_t = -k \cdot {}_1W_2 = \dfrac{-kP_1V_1}{k-1}\left[1 - \left(\dfrac{V_1}{V_2}\right)^{k-1}\right]$

$= \dfrac{-1.4 \times 0.1 \times 10^3 \times 3}{1.4 - 1} \times [1 - 3^{0.4}] \simeq 579$[kJ]

09 연료가 구비해야 할 조건으로 틀린 것은?

① 발열량이 클 것
② 구입하기 쉽고 가격이 저렴할 것
③ 연소 시 유해가스 발생이 적을 것
④ 공기 중에서 쉽게 연소되지 않을 것

해설
연료는 공기 중에서 쉽게 연소되어야 한다.

10 BLEVE(Boiling Liquid Expanding Vapour Explosion) 현상에 대한 설명으로 옳은 것은?

① 물이 점성이 있는 뜨거운 기름 표면 아래에서 끓을 때 연소를 동반하지 않고 Overflow되는 현상
② 물이 연소유(Oil)의 뜨거운 표면에 들어갈 때 발생되는 Overflow 현상
③ 탱크 바닥에 물과 기름의 에멀션이 섞여 있을 때 기름의 비등으로 인하여 급격하게 Overflow되는 현상
④ 과열 상태의 탱크에서 내부의 액화가스가 분출, 일시에 기화되어 착화·폭발하는 현상

해설
비등액체팽창증기 폭발(BLEVE ; Boiling Liquid Expanding Vapor Explosion)
• 과열 상태의 탱크에서 내부의 액화가스가 분출, 일시에 기화되어 착화·폭발하는 현상
• 액체가 급격한 상변화를 하여 증기가 된 후 폭발하는 현상
• 액화가스탱크의 폭발
• 액체가 비등하여 증기가 팽창하면서 폭발을 일으키는 현상

11 1[kg]의 공기를 20[℃], 1[kgf/cm²]인 상태에서 일정 압력으로 가열팽창시켜 부피를 처음의 5배로 하려고 한다. 이때 온도는 초기 온도와 비교하여 몇 [℃] 차이가 나는가?

① 1,172 ② 1,292
③ 1,465 ④ 1,561

해설
$\dfrac{V_1}{T_1} = \dfrac{V_2}{T_2}$ 에서 $\dfrac{V_1}{T_1} = \dfrac{5V_1}{T_2}$ 이므로

$T_2 = \dfrac{5V_1 T_1}{V_1} = 5T_1 = 5 \times (20+273) = 1,465[K] = 1,192[℃]$

따라서, $T_2 - T_1 = 1,192 - 20 = 1,172[℃]$ 이다.

12 가스화재 시 밸브 및 콕을 잠그는 소화방법은?

① 질식소화
② 냉각소화
③ 억제소화
④ 제거소화

해설
제거소화
• 가스화재 시 밸브 및 콕을 잠가 연료 공급을 중단시키는 소화방법
• LPG 저장탱크의 배관이 파손되어 가스로 인한 화재가 발생하였을 때 안전관리자가 긴급차단장치를 조작하여 LPG 저장탱크로부터의 LPG 공급을 중단하여 소화하는 방법

13 연도가스를 분석한 결과 값이 각각 CO_2 12.6[%], O_2 6.4[%]일 때 CO_{2max} 값은?

① 15.1[%] ② 18.1[%]
③ 21.1[%] ④ 24.1[%]

해설
$CO_{2max} = \dfrac{21 \times CO_2[\%]}{21 - O_2[\%]} = \dfrac{21 \times 12.6}{21 - 6.4} \simeq 18.1[\%]$

14 95[%] 효율을 가진 집진장치계통을 요구하는 어느 공장에서 35[%] 효율을 가진 전처리장치를 이미 설치하였다. 주처리장치는 몇 [%] 효율을 가진 것이어야 하는가?

① 60.00 ② 85.76
③ 92.31 ④ 95.45

해설
집진장치의 전체 효율
$\eta_t = \eta_1 + \eta_2(1 - \eta_1)$
$0.95 = 0.35 + \eta_2(1 - 0.35) = 0.35 + 0.65\eta_2$
$\therefore \eta_2 = \dfrac{0.95 - 0.35}{0.65} = \dfrac{0.60}{0.65} \simeq 92.31[\%]$

정답 10 ④ 11 ① 12 ④ 13 ② 14 ③

15 폭굉유도거리(DID)가 짧아지는 요인이 아닌 것은?

① 압력이 낮을 때
② 점화원의 에너지가 클 때
③ 관 속에 장애물이 있을 때
④ 관지름이 작을 때

해설
DID가 짧아지는 요인 : 압력이 높을 때, 점화원의 에너지가 클 때, 관 속에 장애물이 있을 때, 관지름이 작을 때, 정상 연소속도가 빠른 혼합가스일수록

16 어느 용기에서 압력(P)과 체적(V)의 관계는 $P = (50V+10) \times 10^2$[kPa]과 같을 때 체적이 2[m³]에서 4[m³]로 변하는 경우 일량은 몇 [MJ]인가? (단, 체적의 단위는 [m³]이다)

① 32 ② 34
③ 36 ④ 38

해설
$$_1W_2 = \int PdV = \int (50V+10) \times 10^2 dV$$
$$= \left[50 \times \left(\frac{V_2^2 - V_1^2}{2}\right) + 10(V_2 - V_1)\right]_2^4 \times 10^2$$
$$= \left[50 \times \left(\frac{4^2 - 2^2}{2}\right) + 10(4-2)\right] \times 10^2$$
$$= 32,000[\text{kJ}] = 32[\text{MJ}]$$

17 고위발열량이 9,000[kcal/kg]인 연료 3[kg]이 연소할 때의 총저위발열량은 몇 [kcal]인가?(단, 이 연료 1[kg]당 수소분은 15[%], 수분은 1[%]의 비율로 들어 있다)

① 12,300
② 24,552
③ 43,882
④ 51,888

해설
$H_L = H_h - 600(9\text{H} + w) = 9,000 - 600 \times (9 \times 0.15 + 0.01)$
$\approx 8,184[\text{kcal/kg}]$
연료 3[kg]이므로, 총저위발열량은 8,184 × 3 = 24,552[kcal]이다.

18 1차, 2차 연소 중 2차 연소란?

① 공기보다 먼저 연료를 공급했을 경우 1차, 2차 반응에 이해서 연소하는 것
② 불완전연소에 의해 발생한 미연가스가 연도 내에서 다시 연소하는 것
③ 완전연소에 의한 연소가스가 2차 공기에 의해서 폭발되는 것
④ 점화할 때 착화가 늦었을 경우 재점화에 의해서 연소하는 것

해설
1차 연소와 2차 연소
• 1차 연소 : 화실 내에서의 연소
• 2차 연소 : 불완전연소에 의해 발생한 미연가스가 연도 내에서 다시 연소하는 것

19 순수한 탄소 1[kg]을 이론공기량으로 완전연소시켜서 나오는 연소가스량은?

① 약 8.89[Nm³/kg]
② 약 10.593[Nm³/kg]
③ 약 12.89[Nm³/kg]
④ 약 14.59[Nm³/kg]

해설
탄소의 연소방정식 : $C + O_2 \rightarrow CO_2$
탄소분자량이 12이고, 산소 몰수가 1[mol]이므로
이론산소량 $O_0 = 22.4/12 \approx 1.87[Nm^3]$
∴ 이론공기량 $A_0 = \dfrac{O_0}{0.21} = \dfrac{1.87}{0.21} \approx 8.89[Nm^3/kg]$

20 댐퍼를 설치하는 목적으로 가장 거리가 먼 것은?

① 통풍력을 조절한다.
② 가스의 흐름을 조절한다.
③ 가스가 새어 나가는 것을 방지한다.
④ 덕트 내 흐르는 공기 등의 양을 제어한다.

해설
댐퍼의 설치목적
• 통풍력 조절, 배기가스의 흐름을 차단하기 위해
• 주연도, 부연도가 있는 경우 가스 흐름을 변경하기 위해
• 안전상의 이유 : 배기가스, 연소물질, 외부 습기, 빗물, 이물질 등의 유입 차단
• 절약상의 이유 : 에너지 절약

제2과목 가스설비

21 2개의 단열과정과 2개의 등압과정으로 이루어진 가스터빈의 이상 사이클은?

① 에릭슨 사이클
② 브레이턴 사이클
③ 스털링 사이클
④ 앳킨슨 사이클

해설
① 에릭슨 사이클 : 2개의 등온과정과 2개의 정압과정으로 이루어진 가스터빈의 기본 사이클이다. 브레이턴 사이클의 단열과정을 등온과정으로 대치한 사이클이기도 하며, 스털링 사이클의 정적과정이 정압과정으로 대치된 사이클이기도 하다.
③ 스털링 사이클 : 2개의 등적과정과 2개의 등온과정으로 이루어진 스털링기관(밀폐식 외연기관)의 기본 사이클이다.
④ 앳킨슨 사이클 : 2개의 단열과정과 1개의 등적과정, 1개의 등압과정으로 구성되며 등적 브레이턴 사이클이라고도 한다.

22 도시가스시설에서 전기방식효과를 유지하기 위하여 빗물이나 이물질의 접촉으로 인한 절연의 효과가 상쇄되지 아니하도록 절연 이음매 등을 사용하여 절연한다. 절연조치를 하는 장소에 해당되지 않는 것은?

① 교량횡단배관의 양단
② 배관과 철근콘크리트 구조물 사이
③ 배관과 배관 지지물 사이
④ 타 시설물과 30[cm] 이상 이격되어 있는 배관

해설
절연조치 장소
• 교량횡단배관의 양단
• 배관과 철근콘크리트 구조물 사이
• 배관과 배관 지지물 사이
• 배관과 강재보호관 사이
• 지하에 매설된 배관 부분과 지상에 설치된 부분의 경계(가스사용자에게 공급하기 위하여 지중에서 지상으로 연결되는 배관에 한한다)
• 다른 시설물과 접근 교차지점(단, 다른 시설물과 30[cm] 이상 이격 설치된 경우에는 제외할 수 있다)
• 저장탱크와 배관 사이
• 기타 절연이 필요한 장소

23 펌프에서 메커니컬 실을 사용해야 하는 이유는?

① 내부 유체의 누설 및 공기의 유입을 방지하기 위하여
② 발열 방지 및 용이한 유체 순환을 위하여
③ 펌프의 크기를 줄이기 위하여
④ 수격작용 및 캐비테이션 방지를 위하여

해설
메커니컬 실(Mechanical Seal) : 회전축의 누설 방지에 절대적으로 필요한 부품으로, 실 페이스의 윤활은 자체적으로 형성되는 유체막($0.025 \sim 0.25[\mu m]$)에 의해 이루어진다.

24 LPG 용기에 대한 설명으로 옳은 것은?

① 재질은 탄소강으로서 성분은 C : 0.33[%] 이하, P : 0.04[%] 이하, S : 0.05[%] 이하로 한다.
② 용기는 주물형으로 제작하고 충분한 강도와 내식성이 있어야 한다.
③ 용기의 바탕색은 회색이며 가스명칭과 충전기한은 표시하지 아니한다.
④ LPG는 가연성 가스로서 용기에 반드시 '연'자 표시를 한다.

해설
② 용기의 재질은 탄소강으로 제작하고 충분한 강도와 내식성이 있어야 한다.
③ 용기 바탕색은 회색이며 가스 명칭과 충전기한을 표시한다.
④ 가연성 가스의 용기에 반드시 '연'자를 표시하지만, LP 가스는 제외한다.

25 압축기의 종류 중 구동모터와 압축기가 분리된 구조로서 벨트나 커플링에 의하여 구동되는 압축기의 형식은?

① 개방형   ② 반밀폐형
③ 밀폐형   ④ 무급유형

해설
구조에 따른 압축기 형식
• 개방형 : 구동모터와 압축기가 분리된 구조로서 벨트나 커플링에 의하여 구동되는 압축기 형식이다.
• 반밀폐형 : 개방형과 밀폐형의 중간 형식이다.
• 밀폐형 : 전동기와 압축기가 한 하우징 속에 밀폐된 형식이며 소음과 진동이 작다.
• 무급유형 : 오일 혼입을 방지한 형식으로 식품, 양조, 특수 약품의 제조 시 이용된다.

26 물 수송량이 6,000[L/min], 전양정이 45[m], 효율이 75[%]인 터빈펌프의 소요마력은 약 몇 [kW]인가?

① 40   ② 47
③ 59   ④ 68

해설
터빈펌프의 소요마력

$$H = \frac{\gamma h Q}{\eta} = \frac{1,000 \times 45 \times 6}{0.75} = 360,000[kg \cdot m/min]$$

$$= \frac{360,000 \times 9.8}{60}[N/sec] = 58,800[W] \approx 59[kW]$$

27 3[ton] 미만의 LP 가스 소형 저장탱크에 대한 설명으로 틀린 것은?

① 동일한 장소에 설치하는 소형 저장탱크의 수는 6기 이하로 한다.
② 화기와의 우회거리는 3[m] 이상을 유지한다.
③ 지상 설치식으로 한다.
④ 건축물이나 사람이 통행하는 구조물의 하부에 설치하지 않는다.

해설
(3[ton] 미만의 LP 가스) 소형 저장탱크
- 동일한 장소에 설치하는 경우 소형 저장탱크의 수는 6기 이하로 한다.
- 동일한 장소에 설치하는 경우 충전질량의 합계는 5,000[kg] 미만으로 한다.
- 탱크 지면에서 5[cm] 이상 높게 설치된 콘크리트 바닥 등에 설치한다.
- 탱크가 손상받을 우려가 있는 곳에는 가드레일 등의 방호조치를 한다.
- 화기와의 우회거리는 5[m] 이상으로 한다.
- 주위 5[m] 이내에서는 화기의 사용을 금지한다.
- 인화성 또는 발화성 물질을 쌓아 두지 않는다.
- 지상 설치식으로 한다.
- 건축물이나 사람이 통행하는 구조물의 하부에 설치하지 않는다.

28 정압기의 정특성에 대한 설명으로 옳지 않은 것은?

① 정상 상태에서의 유량과 2차 압력의 관계를 뜻한다.
② Lock-up이란 폐쇄압력과 기준유량일 때의 2차 압력과의 차를 뜻한다.
③ 오프셋값은 클수록 바람직하다.
④ 유량이 증가할수록 2차 압력은 점점 낮아진다.

해설
정압기의 정특성
- 정압기의 정상 상태에서 유량과 2차 압력의 관계
- Lock-up : 폐쇄압력과 기준유량일 때의 2차 압력과의 차
- 오프셋(Off-set) : 유량이 변화했을 때 2차 압력과 기준압력의 차이
- 오프셋값은 작을수록 바람직하다.
- 유량이 증가할수록 2차 압력은 점점 낮아진다.
- 다이어프램에서의 압력 변화로 2차 압력을 조정한다.

29 20[kg] 용기(내용적 47[L])를 3.1[MPa] 수압으로 내압시험 결과, 내용적이 47.8[L]로 증가하였다. 영구(항구) 증가율은 얼마인가?(단, 압력을 제거하였을 때 내용적은 47.1[L]이었다)

① 8.3[%] ② 9.7[%]
③ 11.4[%] ④ 12.5[%]

해설
영구(항구) 증가율 = $\dfrac{\text{영구(항구) 증가량}}{\text{전 증가량}} \times 100[\%]$

$= \dfrac{47.1 - 47}{47.8 - 47} \times 100[\%] = 12.5[\%]$

30 구형 저장탱크의 특징이 아닌 것은?

① 모양이 아름답다.
② 기초구조를 간단하게 할 수 있다.
③ 동일 용량, 동일 압력의 경우 원통형 탱크보다 두께가 두껍다.
④ 표면적이 다른 탱크보다 작으며 강도가 높다.

해설
구형 저장탱크
- 모양이 아름답다.
- 동일 용량, 동일 압력의 경우 원통형 탱크보다 두께가 얇다.
- 표면적이 다른 탱크보다 작으며 강도가 우수하다.
- 기초구조를 간단하게 할 수 있다.
- 부지면적과 기초공사가 경제적이다.
- 드레인이 쉽고 유지관리가 용이하다.

31 프로판(C_3H_8)과 부탄(C_4H_{10})의 몰비가 2 : 1인 혼합가스가 3[atm](절대압력), 25[℃]로 유지되는 용기 속에 존재할 때 이 혼합기체의 밀도는?(단, 이상기체로 가정한다)

① 5.40[g/L]
② 5.98[g/L]
③ 6.55[g/L]
④ 17.7[g/L]

해설

$PV = nRT = \dfrac{w}{M}RT$에서

$\dfrac{w}{V} = \rho = \dfrac{PM}{RT} = \dfrac{3 \times \left(44 \times \dfrac{2}{3} + 58 \times \dfrac{1}{3}\right)}{0.082 \times (25 + 273)} \simeq 5.98[g/L]$

32 공업용 액화염소를 저장하는 용기의 도색은?

① 주황색   ② 회색
③ 갈색   ④ 백색

해설
용기의 외면에 도색하는 가스의 종류별 색상
• 액화석유가스 : 회색
• 수소 : 주황색
• 액화염소 : 갈색
• 아세틸렌 : 황색

33 3단 압축기로 압축비가 다같이 3일 때 각 단의 이론토출압력은 각각 몇 [MPa·g]인가?(단, 흡입압력은 0.1[MPa]이다)

① 0.2, 0.8, 2.6
② 0.2, 1.2, 6.4
③ 0.3, 0.9, 2.7
④ 0.3, 1.2, 6.4

해설
압축비

$\varepsilon = \sqrt[n]{\dfrac{P_n}{P}}$

• 1단 : $\varepsilon = \dfrac{P_1}{P}$에서 $P_1 = \varepsilon P = 3 \times 0.1 = 0.3[MPa \cdot abs]$
$= (0.3 - 0.1)[MPa \cdot g]$
$= 0.2[MPa \cdot g]$

• 2단 : $\varepsilon = \sqrt[2]{\dfrac{P_2}{P}}$에서 $P_2 = \varepsilon^2 P = 9 \times 0.1 = 0.9[MPa \cdot abs]$
$= (0.9 - 0.1)[MPa \cdot g]$
$= 0.8[MPa \cdot g]$

• 3단 : $\varepsilon = \sqrt[3]{\dfrac{P_3}{P}}$에서 $P_3 = \varepsilon^3 P = 27 \times 0.1 = 2.7[MPa \cdot abs]$
$= (2.7 - 0.1)[MPa \cdot g]$
$= 2.6[MPa \cdot g]$

34 LNG의 주성분은?

① 에탄   ② 프로판
③ 메탄   ④ 부탄

35 도시가스 원료의 접촉분해공정에서 반응온도가 상승하면 일어나는 현상으로 옳은 것은?

① CH_4, CO가 많고 CO_2, H_2가 적은 가스 생성
② CH_4, CO_2가 적고 CO, H_2가 많은 가스 생성
③ CH_2, H_2가 많고 CO_2, CO가 적은 가스 생성
④ CH_2, H_2가 적고 CO_2, CO가 많은 가스 생성

해설
접촉분해 프로세스(수증기 개질 프로세스) : 촉매를 사용하여 반응온도 400~800[℃]에서 탄화수소와 수증기를 반응시켜 메탄, 수소, 일산화탄소 등으로 변환시키는 공정
- 사이클링식 접촉분해(수증기 개질)법에서는 천연가스로부터 원유까지의 넓은 범위의 원료를 사용할 수 있다.
- 반응온도가 상승하면 CH_4, CO_2가 적고 CO, H_2가 많은 가스가 생성된다.
- 반응압력이 상승하면 CH_4, CO_2가 많고 CO, H_2가 적은 가스가 생성된다.

36 압력조정기의 다이어프램에 사용하는 고무의 재료는 전체 배합성분 중 NBR의 성분 함량 및 가소제 성분은 각각 얼마 이상이어야 하는지 순서대로 옳게 나타낸 것은?

① 50[%], 15[%]
② 50[%], 18[%]
③ 55[%], 15[%]
④ 55[%], 18[%]

해설
압력조정기의 다이어프램(감지부)
- 상부는 부하요소로 작용하고, 하부는 감지요소로 작용한다.
- 사용되는 고무재료는 전체 배합 성분 중 NBR 성분의 함량이 50[%] 이상이며, 가소제 성분은 18[%] 이하이다.

37 단면적이 300[mm²]인 봉을 매달고 600[kg]의 추를 그 자유단에 달았더니 재료의 허용 인장응력에 도달하였다. 이 봉의 인장강도가 400[kg/cm²]이라면 안전율은 얼마인가?

① 1   ② 2
③ 3   ④ 4

해설
안전율
$$S = \frac{\text{기준강도}}{\text{허용응력}} = \frac{400}{\frac{600}{300} \times 100} = 2$$

38 폴리에틸렌관(Polyethylene Pipe)의 일반적인 성질에 대한 설명으로 틀린 것은?

① 인장강도가 작다.
② 내열성과 보온성이 나쁘다.
③ 염화비닐관에 비해 가볍다.
④ 상온에서도 유연성이 풍부하다.

해설
PE관(폴리에틸렌관)
- 염화비닐에 비해서 가볍다.
- 내열성과 보온성이 우수하며, 상온에서도 유연성이 풍부하다.
- 지하 매설배관 재료 : 가스용 폴리에틸렌관, 폴리에틸렌 피복강관, 분말용착식 폴리에틸렌 피복강관
- 인장강도가 낮다.
- 가스용 PE 배관을 온도 40[℃] 이상의 장소에 설치할 수 있는 가장 적절한 방법 : 파이프 슬리브를 이용한 단열조치

39 흡수식 냉동기의 구성요소가 아닌 것은?

① 압축기
② 응축기
③ 증발기
④ 흡수기

해설
흡수식 냉동기 구성요소의 작동 순서 : 증발기 → 흡수기 → (열교환기) → 재생기(발생기) → 응축기

40 고압가스용 안전밸브에서 밸브 몸체를 밸브시트에 들어 올리는 장치를 부착하는 경우에는 안전밸브 설정압력의 얼마 이상일 때 수동으로 조작되고, 압력 해지 시 자동으로 폐지되는가?

① 60[%] ② 75[%]
③ 80[%] ④ 85[%]

해설
고압가스용 안전밸브에서 밸브 몸체를 밸브시트에 들어 올리는 장치를 부착하는 경우에는 안전밸브 설정압력의 75[%] 이상일 때 수동으로 조작되고, 압력 해지 시 자동으로 폐지된다.

제3과목 가스안전관리

41 도시가스 제조시설에서 벤트스택의 설치에 대한 설명으로 틀린 것은?

① 벤트스택의 높이는 방출된 가스의 착지농도가 폭발상한계값 미만이 되도록 설치한다.
② 벤트스택에는 액화가스가 함께 방출되지 않도록 하는 조치를 한다.
③ 벤트스택 방출구는 작업원이 통행하는 장소로부터 5[m] 이상 떨어진 곳에 설치한다.
④ 벤트스택에 연결된 배관에는 응축액의 고임을 제거할 수 있는 조치를 한다.

해설
벤트스택 높이 : 벤트스택은 배출되는 물질이 가연성인 경우에는 착지농도가 연소하한치(LFL)의 25[%] 이하, 독성인 경우에는 허용농도의 이하가 되도록 정량적인 위험성평가를 통하여 높이를 결정한다.

42 1일 처리능력이 60,000[m³]인 가연성 가스 저온 저장탱크와 제2종 보호시설과의 안전거리의 기준은?

① 20.0[m] ② 21.2[m]
③ 22.0[m] ④ 30.0[m]

해설
안전거리 = $\frac{2}{25}\sqrt{60,000+10,000} \simeq 21.2[m]$

정답 39 ① 40 ② 41 ① 42 ②

43 도시가스 사용시설에서 입상관은 환기가 양호한 장소에 설치하며, 입상관의 밸브는 바닥으로부터 몇 [m] 이내에 설치하는가?

① 1[m] 이상 1.3[m] 이내
② 1.3[m] 이상 1.5[m] 이내
③ 1.5[m] 이상 1.8[m] 이내
④ 1.6[m] 이상 2[m] 이내

44 차량에 고정된 탱크에 설치된 긴급차단장치는 차량에 고정된 탱크 또는 이에 접속하는 배관 외면의 온도가 몇 [℃]일 때 자동적으로 작동할 수 있어야 하는가?

① 40[℃]   ② 65[℃]
③ 80[℃]   ④ 110[℃]

해설
차량에 고정된 탱크에 설치된 긴급차단장치는 원격 조작에 의하여 작동되고, 차량에 고정된 탱크 또는 이에 접속하는 배관의 외면온도가 110[℃]일 때 자동적으로 작동할 수 있어야 한다.

45 일반 도시가스사업소에 설치된 정압기 필터 분해 점검에 대하여 옳게 설명한 것은?

① 가스 공급 개시 후 매년 1회 이상 실시한다.
② 가스 공급 개시 후 2년에 1회 이상 실시한다.
③ 설치 후 매년 1회 이상 실시한다.
④ 설치 후 2년에 1회 이상 실시한다.

해설
정압기 필터 분해점검 : 가스 공급 개시 후 매년 1회 이상 실시

46 고압가스 충전용기의 운반기준으로 틀린 것은?

① 밸브가 돌출된 충전용기는 캡을 부착시켜 운반한다.
② 원칙적으로 이륜차에 적재하여 운반이 가능하다.
③ 충전용기와 위험물안전관리법에서 정하는 위험물과는 동일한 차량에 적재, 운반하지 않는다.
④ 차량의 적재함을 초과하여 적재하지 않는다.

해설
고압가스 충전용기는 원칙적으로 이륜차에 적재하여 운반하지 아니한다.

47 특수가스 중의 하나인 실란(SiH₄)의 주요 위험성은?

① 상온에서 쉽게 분해된다.
② 분해 시 독성물질을 생성한다.
③ 태양광에 의해 쉽게 분해된다.
④ 공기 중에 누출되면 자연발화한다.

해설
실란(SiH_4, 수소화규소)
• 특이한 냄새가 나는 무색의 독성기체로 공기 중에 누출되면 자연발화한다.
• 파라핀계 탄화수소에 비해 불안정하여 물, 수산화알칼리 용액 등과 반응한다.
• 반도체 제조공정에서 실리콘 중심의 막질 증착 등에 사용된다.
• 가열하면 폭발할 수 있고, 흡입 및 피부 흡수 시 치명적일 수 있다.
• 증기는 자각 없는 현기증 또는 질식을 유발할 수 있다.
• 격렬하게 중합반응하여 화재와 폭발을 일으킬 수 있다.

48 고압가스 일반 제조의 시설 기준 및 기술 기준으로 틀린 것은?

① 가연성 가스 제조시설의 고압가스설비 외면으로부터 다른 가연성 가스 제조시설의 고압가스설비까지의 거리는 5[m] 이상으로 한다.
② 저장설비 주위 5[m] 이내에는 화기 또는 인화성 물질을 두지 않는다.
③ 5[m³] 이상의 가스를 저장하는 것에는 가스방출장치를 설치한다.
④ 가연성 가스 제조시설의 고압가스설비 외면으로부터 산소 제조시설의 고압가스설비까지의 거리는 10[m] 이상으로 한다.

해설
고압가스 일반 제조기술 및 시설 기준 : 가스설비 또는 저장설비는 그 외면으로부터 화기(그 설비 안의 것은 제외)를 취급하는 장소까지 2[m](가연성 가스 또는 산소의 가스설비 또는 저장설비는 8[m]) 이상의 우회거리를 유지하여야 하고, 가스설비와 화기를 취급하는 장소 사이에는 그 가스설비로부터 누출된 가스가 유동하는 것을 방지하기 위한 적절한 조치를 할 것

49 공기액화분리에 의한 산소와 질소 제조시설에 아세틸렌가스가 소량 혼입되었다. 이때 발생 가능한 현상으로 가장 유의해야 할 사항은?

① 산소에 아세틸렌이 혼합되어 순도가 감소한다.
② 아세틸렌이 동결되어 파이프를 막고 밸브를 고장 낸다.
③ 질소와 산소 분리 시 비점 차이의 변화로 분리를 방해한다.
④ 응고되어 이동하다가 구리 등과 접촉하면 산소 중에서 폭발할 가능성이 있다.

해설
공기액화분리에 의한 산소와 질소제조시설에 아세틸렌가스가 소량 혼입되었을 때, 발생 가능한 현상으로 가장 유의하여야 할 사항 : 응고되어 이동하다가 구리 등과 접촉하면 산소 중에서 폭발할 가능성이 높다.

50 최대 지름이 6[m]인 고압가스 저장탱크 2기가 있다. 이 탱크에 물분무장치가 없을 때 상호 유지되어야 할 최소 이격거리는?

① 1[m] ② 2[m]
③ 3[m] ④ 4[m]

해설
두 저장탱크 간의 거리 = $(6+6) \times \frac{1}{4} = 3[m]$ 이상

51 액화석유가스판매사업소 및 영업소 용기저장소의 시설 기준 중 틀린 것은?

① 용기 보관소와 사무실은 동일 부지 내에 설치하지 않을 것
② 판매업소의 용기 보관실 벽은 방호벽으로 할 것
③ 가스누출경보기는 용기 보관실에 설치하되 분리형으로 설치할 것
④ 용기 보관실은 불연성 재료를 사용한 가벼운 지붕으로 할 것

해설
액화석유가스판매사업소 및 영업소 용기저장소의 시설 기준
- 용기 보관실 및 사무실은 동일 부지 내에 구분하여 설치한다.
- 용기 보관실은 불연성 재료를 사용한 가벼운 지붕으로 한다.
- 판매업소의 용기 보관실 벽은 방호벽으로 한다.
- 용기 보관실의 전기설비 스위치는 용기 보관실 외부에 설치한다.
- 가스누출경보기는 용기 보관실에 설치하되 분리형으로 설치한다.
- 용기 보관실의 실내온도는 40[℃] 이하로 유지한다.

정답 48 ② 49 ④ 50 ③ 51 ①

52 흡수식 냉동설비에서 1일 냉동능력 1[ton]의 산정 기준은?

① 발생기를 가열하는 1시간의 입열량 3,320[kcal]
② 발생기를 가열하는 1시간의 입열량 4,420[kcal]
③ 발생기를 가열하는 1시간의 입열량 5,540[kcal]
④ 발생기를 가열하는 1시간의 입열량 6,640[kcal]

해설
1일 냉동능력 1[ton] 산정 기준
• 원심식 압축기를 사용하는 냉동설비 : 압축기의 원동기 정격출력 1.2[kW]
• 흡수식 냉동설비 : 발생기를 가열하는 1시간의 입열량 6,640 [kcal]

53 수소의 품질검사에 사용하는 시약으로 옳은 것은?

① 동, 암모니아 시약
② 파이로갈롤 시약
③ 발연 황산 시약
④ 브롬 시약

해설
가스의 품질검사

가스	순도	검사방법	검사 시약
산소	99.5[%] 이상	오르자트법	동, 암모니아 시약
수소	98.5[%] 이상	오르자트법	파이로갈롤 또는 하이드로설파이드 시약
아세틸렌	98[%] 이상	오르자트법	발연황산
		뷰렛법	브롬 시약
		정성시험법	질산은 시약

54 밀폐된 목욕탕에서 도시가스 순간온수기로 목욕하던 중 의식을 잃은 사고가 발생하였다. 사고원인을 추정할 때 가장 옳은 것은?

① 일산화탄소 중독
② 가스 누출에 의한 질식
③ 온도 급상승에 의한 쇼크
④ 부취제(Mercaptan)에 의한 질식

해설
밀폐된 목욕탕에서 도시가스 순간온수기로 목욕하던 중 의식을 잃은 사고가 발생하였을 때 사고 원인(추정) : 일산화탄소 중독, 산소결핍에 의한 질식

55 냉동기의 냉매설비에 속하는 압력용기의 재료는 압력용기의 설계압력 및 설계온도 등에 따른 적절한 것이어야 한다. 다음 중 초음파탐상 검사를 실시하지 않아도 되는 재료는?

① 두께가 40[mm] 이상인 탄소강
② 두께가 38[mm] 이상인 저합금강
③ 두께가 6[mm] 이상인 9[%] 니켈강
④ 두께가 19[mm] 이상이고 최소 인장강도가 568.4 [N/mm^2] 이상인 강

해설
초음파탐상법(UT) : 초음파를 이용하여 재료 내·외부의 결함검사
• 두께가 50[mm] 이상인 탄소강
• 두께가 38[mm] 이상인 저합금강
• 두께가 19[mm] 이상이고 최소 인장강도가 568.4[N/mm^2] 이상인 강
• 두께가 13[mm] 이상인 2.5[%], 3.5[%] 니켈강
• 두께가 6[mm] 이상인 9[%] 니켈강

56 LP 가스용 염화비닐 호스에 대한 설명으로 틀린 것은?

① 호스의 안지름 치수의 허용차는 ±0.7[mm]로 한다.
② 강선보강층은 직경 0.18[mm] 이상의 강선을 상하로 겹치도록 편조하여 제조한다.
③ 바깥층의 재료는 염화비닐을 사용한다.
④ 호스는 안층과 바깥층이 잘 접착되어 있는 것으로 한다.

[해설]
LP 가스용 염화비닐 호스 안층의 재료는 염화비닐을 사용한다.

57 20[kg]의 LPG가 누출하여 폭발할 경우 TNT 폭발 위력으로 환산하면 TNT 약 몇 [kg]에 해당하는가?(단, LPG의 폭발효율은 3[%]이고 발열량은 12,000[kcal/kg], TNT의 연소열은 1,100[kcal/kg]이다)

① 0.6
② 6.5
③ 16.2
④ 26.6

[해설]
폭발열량 = 20[kg] × 12,000[kcal/kg] × 0.03 = 7,200[kcal]

누출 가스의 TNT 폭발 위력 = 폭발 열량[kcal] × $\frac{1[kg]TNT}{1,100[kcal]}$

= 7,200[kcal] × $\frac{1[kg]TNT}{1,100[kcal]}$

≃ 6.5[kg]TNT

58 가연성 가스를 운반하는 경우 반드시 휴대해야 하는 장비가 아닌 것은?

① 소화설비
② 방독마스크
③ 가스누출검지기
④ 누출방지 공구

[해설]
가연성 가스 운반 시 반드시 휴대해야 하는 장비 : 소화설비, 가스누출 검지기, 누출방지 공구

59 용기 내장형 가스 난방기용으로 사용하는 부탄 충전용기에 대한 설명으로 옳지 않은 것은?

① 용기 몸통부의 재료는 고압가스용기용 강판 및 강대이다.
② 프로텍터의 재료는 일반구조용 압연강재이다.
③ 스커트의 재료는 고압가스용기용 강판 및 강대이다.
④ 네크링의 재료는 탄소 함유량이 0.48[%] 이하인 것으로 한다.

[해설]
네크링의 재료는 KS D 3752의 규격에 적합한 것으로 탄소 함유량이 0.28[%] 이하인 것으로 한다.

60 액화석유가스에 주입하는 부취제(냄새 나는 물질)의 측정방법이 아닌 것은?

① 무취실법
② 주사기법
③ 시험가스 주입법
④ 오더(Odor)미터법

[해설]
부취제 측정방법 : 무취실법, 주사기법, 오더(Odor)미터법, 냄새주머니법

제4과목 가스계측

61 압력의 단위를 차원(Dimension)으로 표시한 것은?

① [MLT]
② [ML²T²]
③ [M/LT²]
④ [M/L²T²]

해설
압력의 단위 : [Pa]
[Pa] = [N/m²] = [(kg·m/s²)/m²] = [kg/m·s²]이므로,
압력의 차원 → [M/LT²] = [ML⁻¹T⁻²]

62 점도가 높거나 점도 변화가 있는 유체에 가장 적합한 유량계는?

① 차압식 유량계
② 면적식 유량계
③ 유속식 유량계
④ 용적식 유량계

해설
용적식 유량계 : 점도가 높거나 점도 변화가 있는 유체에 가장 적합한 유량계

63 다음 중 탄성압력계의 종류가 아닌 것은?

① 시스턴(Cistern) 압력계
② 부르동(Bourdon)관 압력계
③ 벨로스(Bellows) 압력계
④ 다이어프램(Diaphragm) 압력계

해설
탄성식 압력계에는 부르동관식 압력계, 벨로스 압력계, 다이어프램 압력계 등이 있다. 시스턴 압력계는 액주식 압력계 중 단관식 압력계이다.

64 막식 가스미터에 대한 설명으로 거리가 먼 것은?

① 저가이다.
② 일반 수요가에 널리 사용된다.
③ 정확한 계량이 가능하다.
④ 부착 후의 유지관리의 필요성이 없다.

해설
정확한 계량이 가능한 것은 습식 가스미터이다.

65 자동제어에 대한 설명으로 틀린 것은?

① 편차의 정(+), 부(−)에 의하여 조작신호가 최대, 최소가 되는 제어를 On-off 동작이라고 한다.
② 1차 제어장치가 제어량을 측정하여 제어명령을 하고 2차 제어장치가 이 명령을 바탕으로 제어량을 조절하는 것을 캐스케이드 제어라고 한다.
③ 목표값이 미리 정해진 시간적 변화를 할 경우의 수치제어를 정치제어라고 한다.
④ 제어량 편차의 과소에 의하여 조작단을 일정한 속도로 정작동, 역작동 방향으로 움직이게 하는 동작을 부동 제어라고 한다.

해설
목표값이 미리 정한 프로그램에 따라서 시간과 더불어 변화하는 제어는 프로그램 제어이다.

정답 61 ③ 62 ④ 63 ① 64 ③ 65 ③

66 비례제어기는 60[℃]에서 100[℃] 사이의 온도를 조절하는 데 사용된다. 이 제어기로 측정된 온도가 81[℃]에서 89[℃]로 될 때의 비례대(Proportional Band)는?

① 10[%] ② 20[%]
③ 30[%] ④ 40[%]

해설
비례대(Proportional Band)
$$PB = \frac{CR}{SR} \times 100[\%] = \frac{89-81}{100-60} \times 100[\%] = 20[\%]$$

67 가스계량기의 검정 유효기간은 몇 년인가?(단, 최대 유량 10[m³/h] 이하이다)

① 1년 ② 2년
③ 3년 ④ 5년

해설
가스계량기의 (재)검정 유효기간
• 최대 유량 10[m³/h] 이하의 경우 : 5년
• 그 밖의 가스미터 : 8년
• 재검정 유효기간의 기산 : 재검정 완료일의 다음 달 1일부터 기산

68 측정 지연 및 조절 지연이 작을 경우 좋은 결과를 얻을 수 있으며 제어량의 편차가 없어질 때까지 동작을 계속하는 제어동작은?

① 적분동작
② 비례동작
③ 평균2위치동작
④ 미분동작

해설
I동작(적분동작)
• 편차의 크기에 비례하여 조절요소의 속도가 연속적으로 변하는 동작이다.
• 측정 지연 및 조절 지연이 작을 경우 좋은 결과를 얻을 수 있으며, 제어량의 편차가 없어질 때까지 동작을 계속하는 제어동작이다.
• 제어량에 편차가 생겼을 경우 편차의 적분차를 가감해서 조작량의 이동속도가 비례하는 동작으로 유량압력제어에 가장 많이 사용되는 제어이다.
• 잔류편차를 제거한다.
• 진동하는 경향이 있다.
• 제어 안정성이 떨어진다.

69 시료가스 채취장치를 구성하는 데 있어 다음 설명 중 틀린 것은?

① 일반성분의 분석 및 발열량·비중을 측정할 때, 시료 가스 중의 수분이 응축될 염려가 있을 때는 도관 가운데에 적당한 응축액 트랩을 설치한다.
② 특수성분을 분석할 때 시료가스 중의 수분 또는 기름성분이 응축되어 분석결과에 영향을 미치는 경우에는 흡수장치를 보온하거나 적당한 방법으로 가온한다.
③ 시료가스에 타르류, 먼지류를 포함하는 경우는 채취관 또는 도관 가운데에 적당한 여과기를 설치한다.
④ 고온의 장소로부터 시료가스를 채취하는 경우는 도관 가운데에 적당한 냉각기를 설치한다.

해설
특수성분을 분석할 때 시료가스 중의 수분 또는 기름성분이 유입되지 않도록 분리장치 및 여과장치를 설치한다.

정답 66 ② 67 ④ 68 ① 69 ②

70 보일러의 통풍계 등에도 사용되며 미세압을 측정하는 데 가장 적당한 압력계는?

① 경사관식 액주형 압력계
② 분동식 액주형 압력계
③ 부르동관식 압력계
④ 단관식 압력계

해설
경사관식(액주형) 압력계(Inclined Micromanometer)
- 눈금을 확대하여 읽을 수 있는 구조로 되어 있다.
- 미세압 측정용으로 가장 적합하다.
- 정도가 우수하여 주로 정밀 측정에 사용된다.
- 통풍계로 사용 가능하다.

71 다음 가스분석계 중 산소를 분석할 수 없는 것은?

① 연소식　　② 자기식
③ 적외선식　④ 지르코니아식

해설
적외선식 가스분석계 : 대상 성분 가스만이 강하게 흡수하는 파장의 광선을 이용하는 가스분석계
- 저농도의 분석에 적합하며 선택성이 우수하다.
- CO_2, CO, CH_4 등의 가스 분석이 가능하다.
- 대칭성 2원자 분자(N_2, O_2, H_2, Cl_2 등), 단원자 가스(He, Ar 등) 등의 분석은 불가능하다.

72 기체크로마토그래피에 대한 설명으로 틀린 것은?

① 캐리어 기체로는 수소, 질소 및 헬륨 등이 사용된다.
② 충전재로는 활성탄, 알루미나 및 실리카겔 등이 사용된다.
③ 기체의 확산속도 특성을 이용하여 기체의 성분을 분리하는 물리적인 가스분석기이다.
④ 적외선 가스분석기에 비하여 응답속도가 빠르다.

해설
기체크로마토그래피는 적외선 가스분석기에 비하여 응답속도가 느리다.

73 다음 중 사하중계(Dead Weight Gauge)의 주된 용도는?

① 압력계 보정
② 온도계 보정
③ 유체 밀도 측정
④ 기체 무게 측정

해설
사하중계(Dead Weight Gauge)는 기본적인 압력 측정의 기준이 되는 게이지로, 분동식 압력교정기라고도 한다.

74 각 습도계의 특징에 대한 설명으로 틀린 것은?

① 노점 습도계는 저습도를 측정할 수 있다.
② 모발 습도계는 2년마다 모발을 바꾸어 주어야 한다.
③ 통풍 건습구 습도계는 2.5~5[m/sec]의 통풍이 필요하다.
④ 저항식 습도계는 직류전압을 사용하여 측정한다.

[해설]
저항식 습도계는 교류전압을 사용하여 측정한다.

75 피토관에 의한 유속 측정식이 다음 보기와 같다. 이때 P_1, P_2 각각의 의미는?(단, v는 유속, g는 중력가속도이고, γ는 비중량이다)

┌보기────────────┐
│ $v = \sqrt{\dfrac{2g(P_1 - P_2)}{\gamma}}$ │
└─────────────────┘

① 동압과 전압을 뜻한다.
② 전압과 정압을 뜻한다.
③ 정압과 동압을 뜻한다.
④ 동압과 유체압을 뜻한다.

[해설]
P_1, P_2는 각각 전압과 정압을 뜻한다.

76 추의 무게가 공기와 액체 중에서 각각 5[N], 3[N]이었다. 추가 밀어낸 액체의 체적이 $1.3 \times 10^{-4}[m^3]$일 때 액체의 비중은 약 얼마인가?

① 0.98
② 1.24
③ 1.57
④ 1.87

[해설]
액체의 비중

$$S = \frac{5-3}{1.3 \times 10^{-4} \times 1{,}000 \times 9.8} \simeq 1.57$$

77 어떤 가스의 유량을 막식 가스미터로 측정하였더니 65[L]이었다. 표준 가스미터로 측정하였더니 71[L]이었다면 이 가스미터의 기차는 약 몇 [%]인가?

① -8.4[%]
② -9.2[%]
③ -10.9[%]
④ -12.5[%]

[해설]
가스미터의 기차 $= \dfrac{계량치 - 기준치}{계량치} \times 100[\%]$

$= \dfrac{65 - 71}{65} \times 100[\%]$

$\simeq -9.2[\%]$

[정답] 74 ④ 75 ② 76 ③ 77 ②

78 가스미터 선정 시 주의사항으로 가장 거리가 먼 것은?

① 내구성
② 내관검사
③ 오차의 유무
④ 사용 가스의 적정성

79 방사고온계에 적용되는 이론은?

① 제베크 효과
② 펠티에 효과
③ 빈-플랑크의 법칙
④ 슈테판-볼츠만 법칙

해설
방사고온계는 슈테판-볼츠만 법칙을 이용한 비접촉식 온도계이다.

80 안전등형 가스검출기에서 청색 불꽃의 길이로 농도를 알 수 있는 가스는?

① 수 소
② 메 탄
③ 프로판
④ 산 소

해설
안전등형 가스검출기 : 석유램프를 사용하여 불꽃 길이에 의하여 가스농도를 측정한다. 청색 불꽃의 길이로 농도를 알 수 있는 가스는 메탄이다.

정답 78 ② 79 ④ 80 ②

2021년 제4회 과년도 기출복원문제

제1과목 연소공학

01 메탄올 96[g]과 아세톤 116[g]을 함께 진공 상태의 용기에 넣고 기화시켜 25[℃]의 혼합기체를 만들었다. 이때 전압력은 약 몇 [mmHg]인가?(단, 25[℃]에서 순수한 메탄올과 아세톤의 증기압 및 분자량은 각각 96.5[mmHg], 56[mmHg] 및 32, 58이다)

① 76.3
② 80.3
③ 152.5
④ 170.5

해설

- 메탄올의 몰수 : $\dfrac{W_1}{M_1} = \dfrac{96}{32} = 3[\text{mol}]$
- 아세톤의 몰수 : $\dfrac{W_2}{M_2} = \dfrac{116}{58} = 2[\text{mol}]$

∴ 전압력 $P = P_1 + P_2 = 96.5 \times \dfrac{3}{5} + 56 \times \dfrac{2}{5} = 80.3[\text{mmHg}]$

02 C_mH_n 1[Nm³]를 완전연소시켰을 때 생기는 H_2O의 양[Nm³]은?(단, 분자식의 첨자 m, n과 답항의 n은 상수이다)

① $n/4$
② $n/2$
③ n
④ $2n$

해설

탄화수소의 연소방정식은 $C_mH_n + \left(m + \dfrac{n}{4}\right)O_2 \to mCO_2 + \dfrac{n}{2}H_2O$이므로, C_mH_n 1[Nm³]를 완전연소시켰을 때 생기는 H_2O의 양[Nm³]은 $n/2$이다.

03 다음과 같은 질량 조성을 가진 석탄의 완전연소에 필요한 이론공기량[kg/kg]은 얼마인가?

C : 64.0[%], H : 5.3[%], S : 0.1[%], O : 8.8[%],
N : 0.8[%], Ash : 12.0[%], Water : 9.0[%]

① 7.5
② 8.8
③ 9.7
④ 10.4

해설

이론공기량

$A_0 = \dfrac{\text{이론산소량}}{0.232}$

$= \left(\dfrac{32}{0.232}\right) \times \sum (\text{각 가연원소의 필요산소량})$

$= \left(\dfrac{32}{0.232}\right) \times \left\{\dfrac{C}{12} + \dfrac{(H - O/8)}{4} + \dfrac{S}{32}\right\}$

$= \dfrac{1}{0.232} \times \left\{2.667C + 8\left(H - \dfrac{O}{8}\right) + S\right\}$

$= \dfrac{1}{0.232} \times \left\{2.667 \times 0.64 + 8 \times \left(0.053 - \dfrac{0.088}{8}\right) + 0.01\right\}$

$\simeq 8.849$

04 연소 배출가스 중 CO_2 함량을 분석하는 이유로 가장 거리가 먼 것은?

① 연소 상태를 판단하기 위하여
② CO 농도를 판단하기 위하여
③ 공기비를 계산하기 위하여
④ 열효율을 높이기 위하여

해설

연소 배출가스 중 CO_2 함량을 분석하는 이유
- 연소 상태를 판단하기 위하여
- 공기비를 계산하기 위하여
- 열효율을 높이기 위하여

정답 1 ② 2 ② 3 ② 4 ②

05 완전연소의 구비조건으로 틀린 것은?

① 연소에 충분한 시간을 부여한다.
② 연료를 인화점 이하로 냉각하여 공급한다.
③ 적정량의 공기를 공급하여 연료와 잘 혼합한다.
④ 연소실 내의 온도를 연소조건에 맞게 유지한다.

해설
연료를 인화점 이하로 냉각하여 공급하면 완전연소에 지장을 준다.

06 화염온도를 높이려고 할 때 조작방법으로 틀린 것은?

① 공기를 예열한다.
② 과잉공기를 사용한다.
③ 연료를 완전연소시킨다.
④ 노 벽 등의 열손실을 막는다.

해설
화염온도를 높이려고 할 때 조작방법
• 공기를 예열한다.
• 연료를 완전연소시킨다.
• 노 벽 등의 열손실을 막는다.
• 과잉공기를 적게 공급한다.
• 발열량이 높은 연료를 사용한다.

07 연소가스량 10[m³/kg], 비열 0.325[kcal/m³·℃]인 어떤 연료의 저위발열량이 6,700[kcal/kg]이었다면 이론연소온도는 약 몇 [℃]인가?

① 1,962[℃]
② 2,062[℃]
③ 2,162[℃]
④ 2,262[℃]

해설
이론연소온도

$$T_0 = \frac{H_L}{GC} + t = \frac{6,700}{10 \times 0.325} + 0 \simeq 2,062[℃]$$

08 메탄 50[v%], 에탄 25[v%], 프로판 25[v%]가 섞여 있는 혼합기체의 공기 중에서 연소하한계는 약 몇 [v%]인가?(단, 메탄, 에탄, 프로판의 연소하한계는 각각 5[v%], 3[v%], 2.1[v%]이다)

① 2.3
② 3.3
③ 4.3
④ 5.3

해설
연소하한계(LFL)

$$\frac{100}{LFL} = \sum \frac{V_i}{L_i}$$

$$\frac{100}{LFL} = \frac{50}{5} + \frac{25}{3} + \frac{25}{2.1} \simeq 30.24$$

∴ $LFL \simeq 3.3[v\%]$

09 연소범위에 대한 온도의 영향으로 옳은 것은?

① 온도가 낮아지면 방열속도가 느려져서 연소범위가 넓어진다.
② 온도가 낮아지면 방열속도가 느려져서 연소범위가 좁아진다.
③ 온도가 낮아지면 방열속도가 빨라져서 연소범위가 넓어진다.
④ 온도가 낮아지면 방열속도가 빨라져서 연소범위가 좁아진다.

해설
온도가 낮아지면 방열속도가 빨라져서 연소범위가 좁아진다.

10 다음 중 중유의 성질에 대한 설명으로 옳은 것은?

① 점도에 따라 1, 2, 3급 중유로 구분한다.
② 원소 조성은 H가 가장 많다.
③ 비중은 약 0.72~0.76 정도이다.
④ 인화점은 약 60~150[℃] 정도이다.

해설
① 점도에 따라 A, B, C급 중유로 구분한다.
② 원소 조성은 C(탄소)가 가장 많다.
③ 비중은 약 0.85~0.99 정도이다.

11 LP 가스의 연소 특성에 대한 설명으로 옳은 것은?

① 일반적으로 발열량이 작다.
② 공기 중에서 쉽게 연소폭발하지 않는다.
③ 공기보다 무겁기 때문에 바닥에 체류한다.
④ 금수성 물질이므로 흡수하여 발화한다.

해설
액화석유가스의 특성
- 일반적으로 LNG보다 발열량이 크다.
- 공기 중에서 쉽게 연소폭발한다.
- 액체는 물보다 가볍고, 기체는 공기보다 무겁다.
  - 액상의 LP 가스는 물보다 가볍다.
  - LP 가스는 공기보다 무겁다.
- 액체의 온도에 의한 부피 변화가 크다.
- 연소 시 다량의 공기가 필요하다.
- 증발잠열이 크다.

12 C_2H_4가 10[g] 연소할 때 표준상태인 공기는 160[g] 소모되었다. 이때 과잉공기량은 약 몇 [g]인가?(단, 공기 중의 산소의 중량비는 23.2[%]이다)

① 12.22 ② 13.22
③ 14.22 ④ 15.22

해설
에틸렌의 연소방정식 : $C_2H_4 + 3O_2 \rightarrow 2CO_2 + 2H_2O$

- 이론산소량 $O_0 = \dfrac{10}{28} \times (3 \times 32) \approx 34.286[g]$

- 이론공기량 $A_0 = \dfrac{O_0}{0.232} = \dfrac{34.286}{0.232} \approx 147.78[g]$

∴ 과잉공기량 = 160 − 147.78 ≈ 12.22[g]

13 등심연소 시 화염의 길이에 대하여 옳게 설명한 것은?

① 공기온도가 높을수록 길어진다.
② 공기온도가 낮을수록 길어진다.
③ 공기유속이 높을수록 길어진다.
④ 공기유속 및 공기온도가 낮을수록 길어진다.

해설
② 공기온도가 높을수록 길어진다.
③ 공기유속이 느릴수록 길어진다.
④ 공기유속은 느리고 공기온도는 높을수록 길어진다.

14 고로가스의 주요 가연분은?

① 수 소
② 탄 소
③ 탄화수소
④ 일산화탄소

해설
고로가스의 주성분은 질소(55.8[%]), 일산화탄소(25.4[%]), 수소(13[%])이며 주요 가연분은 일산화탄소이다.

15 500[L]의 용기에 40[atm·abs], 30[℃]에서 산소(O_2)가 충전되어 있다. 이때 산소는 몇 [kg]인가?

① 7.8[kg] ② 12.9[kg]
③ 25.7[kg] ④ 31.2[kg]

해설
$PV = mRT = \dfrac{w}{M}RT$

$\therefore w = \dfrac{PVM}{RT} = \dfrac{40 \times 0.5 \times 32}{0.082 \times (30+273)} \simeq 25.7[\text{kg}]$

16 오토 사이클에서 압축비(ε)가 10일 때 열효율은 약 몇 [%]인가?(단, 비열비(k)는 1.4이다)

① 58.2 ② 59.2
③ 60.2 ④ 61.2

해설
$\eta_o = 1 - \left(\dfrac{1}{\varepsilon}\right)^{k-1} = 1 - \left(\dfrac{1}{10}\right)^{1.4-1} \simeq 60.2[\%]$

17 열역학 제1법칙을 바르게 설명한 것은?

① 열평형에 관한 법칙이다.
② 제2종 영구기관의 존재 가능성을 부인하는 법칙이다.
③ 열은 다른 물체에 아무런 변화도 주지 않고, 저온 물체에서 고온 물체로 이동하지 않는다.
④ 에너지 보존법칙 중 열과 일의 관계를 설명한 것이다.

해설
① 열평형에 관한 법칙은 열역학 제0법칙이다.
② 제2종 영구기관의 존재 가능성을 부인하는 법칙은 열역학 제2법칙이다.
③ 열역학 제2법칙에 의하면, 열은 다른 물체에 아무런 변화도 주지 않으면서 저온 물체에서 고온 물체로 이동하지 않는다.

18 프로판가스의 분자량은 얼마인가?

① 17 ② 44
③ 58 ④ 64

해설
프로판(C_3H_8)의 분자량 = $12 \times 3 + 1 \times 8 = 44$

19 연소열에 대한 설명으로 틀린 것은?

① 어떤 물질이 완전연소할 때 발생하는 열량이다.
② 연료의 화학적 성분은 연소열에 영향을 미친다.
③ 이 값이 클수록 연료로서 효과적이다.
④ 발열반응과 함께 흡열반응도 포함한다.

해설
열소열은 발열반응에 의해 발생된다.
- 발열반응의 예 : 연소반응, 중화반응, 금속과 산의 반응, 수산화나트륨의 용해, 진한 황산의 묽힘 등
- 흡열반응의 예 : 광합성, 열분해반응, 수산화바륨($Ba(OH)_2$)과 염화암모늄(NH_4Cl)의 반응, 냉매의 기화, 질산암모늄(NH_3NO_3)의 용해 등

20 분진폭발과 가장 관련 있는 물질은?

① 소맥분
② 에테르
③ 탄산가스
④ 암모니아

해설
분진폭발을 야기할 수 있는 물질은 목공소의 톱밥가루, 석탄갱이나 석탄공장의 석탄분진, 밀가루공장의 밀가루(소맥분), 철공소나 플라스틱 가공공장의 철가루, 플라스틱가루 등이다.

제2과목 가스설비

21 고압가스냉동제조시설의 자동제어장치에 해당하지 않는 것은?

① 저압차단장치
② 과부하보호장치
③ 자동급수 및 살수장치
④ 단수보호장치

해설
고압가스 냉동제조시설의 자동제어장치 : 저압차단장치, 과부하보호장치, 단수보호장치

22 고온·고압하에서 수소를 사용하는 장치공정의 재질은 어느 재료를 사용하는 것이 가장 적당한가?

① 탄소강   ② 스테인리스강
③ 타프치동   ④ 실리콘강

해설
스테인리스강 : 일반적으로 Fe, Cr, Ni 등의 조성으로 구성되며, 고온·고압하에서 수소를 사용하는 장치공정의 재질로 적당하다.

23 최고 충전압력이 15[MPa]인 질소용기에 12[MPa]로 충전되어 있다. 이 용기의 안전밸브 작동압력은 얼마인가?

① 15[MPa]   ② 18[MPa]
③ 20[MPa]   ④ 25[MPa]

해설
안전밸브의 작동압력 P = 내압시험압력 × 0.8
$$= 최고\ 충전압력 \times \frac{5}{3} \times 0.8$$
$$= 15 \times \frac{5}{3} \times 0.8 = 20[MPa]$$

정답 19 ④ 20 ① 21 ③ 22 ② 23 ③

24 조정기 감압방식 중 2단 감압방식의 장점이 아닌 것은?

① 공급압력이 안정하다.
② 장치와 조작이 간단하다.
③ 배관의 지름이 가늘어도 된다.
④ 각 연소기구에 알맞은 압력으로 공급이 가능하다.

해설
2단 감압방식은 장치와 조작이 간단하지 않다.

25 비중이 1.5인 프로판이 입상 30[m]일 경우의 압력손실은 약 몇 [Pa]인가?

① 130　　② 190
③ 256　　④ 450

해설
압력손실 $= 1.293 \times (S-1) h \times g$
$= 1.293 \times (1.5-1) \times 30 \times 9.8 \simeq 190 [\text{Pa}]$

26 고온·고압 상태의 암모니아 합성탑에 대한 설명으로 틀린 것은?

① 재질은 탄소강을 사용한다.
② 재질은 18-8 스테인리스강을 사용한다.
③ 촉매로는 보통 산화철에 CaO를 첨가한 것이 사용된다.
④ 촉매로는 보통 산화철에 K_2O 및 Al_2O_3를 첨가한 것이 사용된다.

해설
암모니아 합성탑 내통의 재료로는 18-8 스테인리스강을 사용한다.

27 20[kg] 용기(내용적 47[L])를 3.1[MPa] 수압으로 내압시험 결과, 내용적이 47.8[L]로 증가하였다. 영구(항구) 증가율은 얼마인가?(단, 압력을 제거하였을 때 내용적은 47.1[L]이었다)

① 8.3[%]　　② 9.7[%]
③ 11.4[%]　　④ 12.5[%]

해설
영구(항구) 증가율 $= \dfrac{\text{영구(항구) 증가량}}{\text{전 증가량}} \times 100$
$= \dfrac{47.1-47}{47.8-47} \times 100 [\%] = 12.5 [\%]$

28 유체에 대한 저항은 크지만 개폐가 쉽고 유량 조절에 주로 사용되는 밸브는?

① 글로브 밸브
② 게이트 밸브
③ 플러그 밸브
④ 버터플라이 밸브

해설
글로브 밸브 : 유량 조절이 정확하고 용이하며 기밀도가 커서 기체의 배관에 주로 사용되는 밸브
• 기밀도가 커서 가스배관에 적당하다.
• 개폐가 쉽다.
• 유량 조절이 정확하고 용이하여 주로 유량 조절에 사용한다.
• 유체의 저항이 커서 압력손실이 크다.
• 고압의 대구경 밸브로는 부적합하다.

29 내용적 10[m³]의 액화산소 저장설비(지상 설치)와 제1종 보호시설과 유지해야 할 안전거리는 몇 [m]인가?(단, 액화산소의 비중은 1.14이다)

① 7 ② 9
③ 14 ④ 21

해설
액화가스 저장탱크의 저장능력(가스 충전질량)
$W = 0.9d \cdot V = 0.9 \times 1.14 \times 10,000 = 10,260$[kg]이므로, 1만 초과 2만 이하일 때 제1종 보호시설과의 안전거리 14[m]를 유지해야 한다.

30 펌프를 운전하였을 때에 주기적으로 한숨을 쉬는 듯한 상태가 되어 입·출구 압력계의 지침이 흔들리고 동시에 송출유량이 변화하는 현상과 이에 대한 대책을 옳게 설명한 것은?

① 서징현상 : 회전차, 안내깃의 모양 등을 바꾼다.
② 캐비테이션 : 펌프의 설치 위치를 낮추어 흡입양정을 짧게 한다.
③ 수격작용 : 플라이휠을 설치하여 펌프의 속도가 급격히 변하는 것을 막는다.
④ 베이퍼로크 현상 : 흡입관의 지름을 크게 하고 펌프의 설치 위치를 최대한 낮춘다.

해설
서징현상(Surging, 맥동현상)
- 서징현상의 정의 : 펌프를 운전하였을 때에 주기적으로 한숨을 쉬는 듯한 상태가 되어 입·출구 압력계의 지침이 흔들리고 동시에 송출유량이 변화하는 현상
- 서징현상 발생원인 : 유체의 흐름이 제어밸브 등의 조작에 의한 급격한 변화로 인한 유체의 운동에너지가 압력에너지로 변함에 따른 송출량과 압력의 주기적인 급격한 변동과 진동
- 서징현상 영향 : 진동 소음 증가, 펌프의 수명 저하 등
- 서징현상 방지대책
  - 회전차, 안내깃의 모양을 바꾼다.
  - 배수량을 늘리거나 임펠러의 회전수를 변경한다.
  - 관경을 변경하여 유속을 변화시킨다.
  - 배관 내 잔류 공기를 제거한다.

31 대용량의 액화가스 저장탱크 주위에는 방류둑을 설치하여야 한다. 방류둑의 주된 설치목적은?

① 테러범 등 불순분자가 저장탱크에 접근하는 것을 방지하기 위하여
② 액상의 가스가 누출될 경우 그 가스를 쉽게 방류시키기 위하여
③ 빗물이 저장탱크 주위로 들어오는 것을 방지하기 위하여
④ 액상의 가스가 누출된 경우 그 가스의 유출을 방지하기 위하여

해설
방류둑
- 설치 목적 : 액상의 가스가 누출된 경우 그 가스의 유출을 방지하기 위해
- 설치 위치 : 대용량의 액화석유가스 지상 저장탱크 주위

32 외경(D)이 216.3[mm], 구경 두께가 5.8[mm]인 200A의 배관용 탄소강관이 내압 0.99[MPa]을 받았을 경우에 관에 생긴 원주 방향의 응력은 약 몇 [MPa]인가?

① 8.8 ② 17.5
③ 26.3 ④ 35.1

해설
관에 생기는 원주 방향의 응력
$$\sigma_1 = \frac{PD}{2t} = \frac{0.99 \times (216.3 - 5.8 \times 2)}{2 \times 5.8} \approx 17.5[\text{MPa}]$$

정답 29 ③ 30 ① 31 ④ 32 ②

33 전기방식 방법의 특징에 대한 설명으로 옳은 것은?

① 전위차가 일정하고 방식전류가 작아 도복장의 저항이 작은 대상에 알맞은 방식법은 희생양극법이다.
② 매설배관과 변전소의 부극 또는 레일을 직접 도선으로 연결해야 하는 경우에 사용하는 방식은 선택배류법이다.
③ 외부전원법과 선택배류법을 조합하여 레일의 전위가 높아도 방식전류를 흐르게 할 수가 있는 방식은 강제배류법이다.
④ 전압을 임의적으로 선정할 수 있고 전류의 방출을 많이 할 수 있어 전류구배가 작은 장소에 사용하는 방식은 외부전원법이다.

해설
① 희생양극법 : 전위차가 일정하며, 비교적 작고 방식효과 범위가 좁으며 저전압의 방폭지역, 전원 공급이 불가능한 지역, 전위구배가 작은 장소, 해양구조물 등에 적합하다.
② 직접배류법 : 피방식구조물과 전철 변전소의 부극 혹은 레일 사이를 직접 도체로 접속하는 방법이다. 간단하고 설비비가 가장 적게 드는 방법이지만 변전소가 하나밖에 없고, 배류선을 통해 전철로부터 피방식구조물로 유입하는 전류(역류)가 없는 경우에만 사용 가능한 방법이다.
④ 외부전원법 : 외부 직류전원장치의 양극(+)은 매설배관이 설치되어 있는 토양이나 수중에 설치한 외부전원용 전극에 접속하고, 음극(-)은 매설배관에 접속시켜 부식을 방지하는 방법이며, 전식에 대한 방식이 가능하여 장거리 배관에 경제적이다. 전압, 전류의 조정이 가능하여 전기방식의 효과범위가 넓다. 대용량 시설물, 장거리 파이프라인, 대용량 저장탱크 등에 적용된다.

34 다단압축기에서 실린더 냉각의 목적으로 옳지 않은 것은?

① 흡입효율을 좋게 하기 위하여
② 밸브 및 밸브 스프링에서 열을 제거하여 오손을 줄이기 위하여
③ 흡입 시 가스에 주어진 열을 가급적 높이기 위하여
④ 피스톤링에 탄소산화물이 발생하는 것을 막기 위하여

해설
다단압축기에서 실린더 냉각의 목적
• 흡입효율을 좋게 하기 위하여
• 밸브 및 밸브 스프링에서 열을 제거하여 오손을 줄이기 위하여
• 흡입 시 가스에 주어진 열을 가급적 낮추기 위하여
• 피스톤링에 탄소산화물이 발생하는 것을 막기 위하여

35 LPG 공급·소비설비에서 용기의 크기와 개수를 결정할 때 고려해야 할 사항으로 가장 거리가 먼 것은?

① 소비자 가구수
② 피크 시의 기온
③ 감압방식의 결정
④ 1가구당 1일의 평균 가스소비량

해설
LPG 공급·소비설비에서 용기의 크기와 개수 결정 시 고려사항
• 피크 시의 기온
• 소비자 가구수
• 1가구당 1일 평균 가스소비량

36 밀폐식 가스연소기의 일종으로 시공성은 물론 미관상으로도 좋고, 배기가스 중독사고의 우려도 적은 연소기 유형은?

① 자연배기(CF)식
② 강제배기(FE)식
③ 자연급배기(BF)식
④ 강제급배기(FF)식

해설
① 자연배기식(CF식) : 연소용 공기는 옥내에서 취하고 연소 배기가스는 자연통기력을 이용하여 옥외로 배출하는 방식(반밀폐식)
② 강제배기식(FE식) : 연소용 공기는 옥내에서 취하고 연소 배기가스는 배기용 송풍기를 사용하여 강제로 옥외로 배출하는 방식(반밀폐식)
③ 자연급배기식(BF식) : 급·배기통을 외기와 접하는 벽을 관통하여 옥외로 빼고, 자연통기력에 의해 급·배기하는 방식(밀폐식)

37 아세틸렌가스를 2.5[MPa]의 압력으로 압축할 때 주로 사용되는 희석제는?

① 질소
② 산소
③ 이산화탄소
④ 암모니아

해설
아세틸렌가스의 희석제 : 질소(N_2), 메탄(CH_4), 일산화탄소(CO), 에틸렌(C_2H_4)

38 액화 사이클 중 비점이 점차 낮은 냉매를 사용하여 저비점의 기체를 액화하는 사이클은?

① 린데 공기액화 사이클
② 가역 가스액화 사이클
③ 캐스케이드 액화 사이클
④ 필립스 공기액화 사이클

해설
③ 캐스케이드식(다원 액화 사이클) : 비등점이 점차 낮은 냉매를 사용하여 낮은 비등점의 기체를 액화시키는 액화 사이클로, 암모니아(NH_3), 에틸렌(C_2H_4), 메탄(CH_4) 등이 냉매로 사용된다.
① 린데 공기액화 사이클 : 줄-톰슨효과를 이용하여 공기액화를 연속적으로 수행할 수 있도록 한 사이클이다.
④ 필립스 공기액화 사이클 : 수소, 헬륨을 냉매로 하며 2개의 피스톤이 한 실린더에 설치되어 팽창기와 압축기의 역할을 동시에 하는 액화 사이클이다.

39 전열 온수식 기화기에서 사용되는 열매체는?

① 공기
② 기름
③ 물
④ 액화가스

해설
전열 온수방식은 물을 열매체로 사용한다.

40 양정(H) 20[m], 송수량(Q) 0.25[m³/min], 펌프효율(η) 0.65인 2단 터빈펌프의 축동력은 약 몇 [kW]인가?

① 1.26
② 1.37
③ 1.57
④ 1.72

해설
축동력
$$H = \frac{\gamma h Q}{\eta} = \frac{1,000 \times 20 \times 0.25}{0.65} \simeq 7,692.3 [\text{kgf/min}]$$
$$= \frac{7,692.3 \times 9.8}{60} [\text{N/sec}] \simeq 1,256.4[\text{W}] \simeq 1.26[\text{kW}]$$

제3과목 가스안전관리

41 내용적이 50[L]인 이음매 없는 용기 재검사 시 용기에 깊이가 0.5[mm]를 초과하는 점 부식이 있을 경우 용기의 합격 여부는?

① 등급 분류결과 3급으로서 합격이다.
② 등급 분류결과 3급으로서 불합격이다.
③ 등급 분류결과 4급으로서 불합격이다.
④ 용접부 비파괴시험을 실시하여 합격 여부를 결정한다.

[해설]
내용적이 50[L]인 이음매 없는 용기 재검사 시 용기에 깊이가 0.5[mm]를 초과하는 점부식이 있을 경우 용기의 합격 여부는 등급 분류결과 4급으로서 불합격이다.

42 고압가스 사용상 주의할 점으로 옳지 않은 것은?

① 저장탱크의 내부압력이 외부압력보다 낮아짐에 따라 그 저장탱크가 파괴되는 것을 방지하기 위하여 긴급 차단장치를 설치한다.
② 가연성 가스를 압축하는 압축기와 오토크레이브 사이의 배관에 역화방지장치를 설치해 두어야 한다.
③ 밸브, 배관, 압력게이지 등의 부착부로부터 누출(Leakage) 여부를 비눗물, 검지기 및 검지액 등으로 점검한 후 작업을 시작해야 한다.
④ 각각의 독성에 적합한 방독마스크, 가급적이면 송기식 마스크, 공기 호흡기 및 보안경 등을 준비해 두어야 한다.

[해설]
고압가스 저장설비에 설치하는 긴급차단장치
• 저장설비의 내부에 설치하여도 된다.
• 동력원은 액압, 기압, 전기 또는 스프링으로 한다.
• 조작 버튼은 저장설비의 외면으로부터 5[m] 이상 떨어진 위치에서 조작할 수 있는 곳에 설치한다.
• 간단하고 확실하며 신속히 차단되는 구조이어야 한다.

43 산소, 수소 및 아세틸렌의 품질검사에서 순도는 각각 얼마 이상이어야 하는가?

① 산소 : 99.5[%], 수소 : 98.0[%], 아세틸렌 : 98.5[%]
② 산소 : 99.5[%], 수소 : 98.5[%], 아세틸렌 : 98.0[%]
③ 산소 : 98.0[%], 수소 : 99.5[%], 아세틸렌 : 98.5[%]
④ 산소 : 98.5[%], 수소 : 99.5[%], 아세틸렌 : 98.0[%]

[해설]
산소, 수소 및 아세틸렌의 품질검사에서 순도는 각각 99.5[%] 이상, 98.5[%] 이상, 98.0[%] 이상이어야 한다.

44 고압가스 분출 시 정전기가 가장 발생하기 쉬운 경우는?

① 가스의 온도가 높을 경우
② 가스의 분자량이 적을 경우
③ 가스 속에 액체 미립자가 섞여 있을 경우
④ 가스가 충분히 건조되어 있을 경우

[해설]
가스 속에 액체 미립자가 섞여 있을 경우 고압가스 분출 시 정전기가 가장 발생하기 쉽다.

정답 41 ③ 42 ① 43 ② 44 ③

45 공기액화분리장치의 액화산소 5[L] 중에 메탄 360[mg], 에틸렌 196[mg]이 섞여 있다면 탄화수소 중 탄소의 질량[mg]은 얼마인가?

① 438　　② 458
③ 469　　④ 500

해설

탄화수소 중 탄소의 질량 = $360 \times \frac{12}{16} + 196 \times \frac{24}{28} = 438$[mg]

46 다음 중 가연성 가스가 아닌 것은?

① 아세트알데하이드
② 일산화탄소
③ 산화에틸렌
④ 염소

해설

염소는 조연성 가스이며 독성가스이다.

47 고압가스 운반 차량의 운행 중 조치사항으로 틀린 것은?

① 400[km] 이상 거리를 운행할 경우 중간에 휴식을 취한다.
② 독성가스를 운반 중 도난당하거나 분실한 때에는 즉시 그 내용을 경찰서에 신고한다.
③ 독성가스를 운반하는 때는 그 고압가스의 명칭, 성질 및 이동 중의 재해방지를 위하여 필요한 주의사항을 기재한 서류를 운전자 또는 운반 책임자에게 교부한다.
④ 고압가스를 적재하여 운반하는 차량은 차량의 고장, 교통 사정, 운전자 또는 운반 책임자가 휴식할 경우 운반 책임자와 운전자가 동시에 이탈하지 않는다.

해설

200[km] 이상의 거리를 운행하는 경우에는 중간에 충분한 휴식을 취한 후 운행하여야 한다.

48 차량에 고정된 탱크 운행 시 반드시 휴대하지 않아도 되는 서류는?

① 고압가스이동계획서
② 탱크내압시험성적서
③ 차량등록증
④ 탱크용량환산표

해설

차량에 고정된 탱크 운행 시 휴대해야 하는 서류 : 고압가스이동계획서, 차량등록증, 탱크용량환산표, 운전면허증, 차량운행일지, 그 밖에 필요한 서류

49 액화석유가스사용시설의 시설 기준에 대한 안전사항으로 다음 ( ) 안에 들어갈 수치가 모두 바르게 나열된 것은?

> • 가스계량기와 전기계량기의 거리는 (㉠) 이상, 전기점멸기와의 거리는 (㉡) 이상, 절연조치를 하지 아니한 전선과의 거리는 (㉢) 이상의 거리를 유지할 것
> • 주택에 설치된 저장설비는 그 설비 안의 것을 제외한 화기 취급 장소와 (㉣) 이상의 거리를 유지하거나 누출된 가스가 유동되는 것을 방지하기 위한 시설을 설치할 것

① ㉠ 60[cm] ㉡ 30[cm] ㉢ 15[cm] ㉣ 8[m]
② ㉠ 30[cm] ㉡ 20[cm] ㉢ 15[cm] ㉣ 8[m]
③ ㉠ 60[cm] ㉡ 30[cm] ㉢ 15[cm] ㉣ 2[m]
④ ㉠ 30[cm] ㉡ 20[cm] ㉢ 15[cm] ㉣ 2[m]

해설
• 가스계량기와 전기계량기의 거리는 60[cm] 이상, 전기점멸기와의 거리는 30[cm] 이상, 절연조치를 하지 아니한 전선과의 거리는 15[cm] 이상의 거리를 유지할 것
• 주택에 설치된 저장설비는 그 설비 안의 것을 제외한 화기 취급 장소와 2[m] 이상의 거리를 유지하거나 누출된 가스가 유동되는 것을 방지하기 위한 시설을 설치할 것

50 가스 관련법에서 정한 고압가스 관련 설비에 해당되지 않는 것은?

① 안전밸브
② 압력용기
③ 기화장치
④ 정압기

해설
고압가스 관련 설비(특정설비) : 안전밸브, 긴급차단장치, 역화방지장치, 기화장치, 압력용기, 자동차용 가스자동주입기, 독성가스 배관용 밸브, 냉동설비를 구성하는 압축기, 응축기, 증발기 또는 압력용기, 특정 고압가스용 실린더 캐비닛, 자동차용 압축천연가스 완속충전설비, 액화가스용 용기 잔류가스 회수장치 등

51 저장능력이 20[ton]인 암모니아 저장탱크 2기를 지하에 인접하여 매설할 경우 상호 간에 최소 몇 [m] 이상의 이격거리를 유지하여야 하는가?

① 0.6[m]
② 0.8[m]
③ 1[m]
④ 1.2[m]

해설
복수의 인접 저장탱크의 상호 간 최소 유지거리
• 2개 이상 인접 탱크 상호 간 최소 유지거리 : 1[m] 이상
• 두 저장탱크 간의 거리 : 두 저장탱크의 최대 지름을 합산한 길이의 $\frac{1}{4}$ 이상

52 저장탱크의 설치방법 중 위해방지를 위하여 저장탱크를 지하에 매설할 경우 저장탱크의 주위는 무엇으로 채워야 하는가?

① 흙
② 콘크리트
③ 마른 모래
④ 자 갈

해설
고압가스 일반제조시설에서 저장탱크를 지하에 매설하는(묻는) 기준
• 저장탱크 정상부와 지면과의 거리(깊이) : 60[cm] 이상
• 저장탱크 주위에 마른 모래를 채울 것
• 저장탱크를 2개 이상 인접하여 설치하는 경우 상호 간에 1[m] 이상의 거리를 유지할 것
• 저장탱크를 묻는 곳의 주위에는 지상에 경계표지를 할 것

49 ③ 50 ④ 51 ③ 52 ③

53 액화가스 저장탱크의 저장능력을 산출하는 식은?(단, Q : 저장능력[m³], W : 저장능력[kg], P : 35[℃]에서 최고 충전압력[MPa], V : 내용적[L], d : 상용온도 내에서 액화가스 비중[kg/L], C : 가스의 종류에 따르는 정수이다)

① $W = \dfrac{C}{V}$

② $W = 0.9dV$

③ $Q = (10P+1)V$

④ $Q = (P+2)V$

해설
액화가스 저장탱크의 저장능력(가스 충전질량)
$W = 0.9d \cdot V$

---

54 액화석유가스 저장설비 및 가스설비실의 통풍구조 기준에 대한 설명으로 옳은 것은?

① 사방을 방호벽으로 설치하는 경우 한 방향으로 2개소의 환기구를 설치한다.
② 환기구의 1개소 면적은 2,400[cm²] 이하로 한다.
③ 강제통풍시설의 방출구는 지면에서 2[m] 이상의 높이에서 설치한다.
④ 강제통풍시설의 통풍능력은 1[m²]마다 0.1[m³/min] 이상으로 한다.

해설
① 사방을 방호벽으로 설치하는 경우 두 방향으로 분산 설치한다.
③ 강제통풍시설의 방출구는 지면에서 5[m] 이상의 높이에 설치한다.
④ 강제통풍시설의 통풍능력은 1[m²]마다 0.5[m³/min] 이상으로 한다.

---

55 다음 보기 중 용기 제조자의 수리범위에 해당하는 것을 모두 옳게 나열된 것은?

|보기|
Ⓐ 용기 몸체의 용접
Ⓑ 용기 부속품의 부품 교체
Ⓒ 초저온용기의 단열재 교체
Ⓓ 아세틸렌용기 내의 다공물질 교체

① Ⓐ, Ⓑ
② Ⓒ, Ⓓ
③ Ⓐ, Ⓑ, Ⓒ
④ Ⓐ, Ⓑ, Ⓒ, Ⓓ

해설
용기 제조자의 수리범위 : 용기 몸체의 용접, 용기 부속품의 부품 교체, 초저온용기의 단열재 교체, 아세틸렌 용기 내의 다공물질 교체, 용기의 스커트·프로텍터·네크링의 교체 및 가공 등

---

56 고압가스사업소에 설치하는 경계표지에 대한 설명으로 틀린 것은?

① 경계표지는 외부에서 보기 쉬운 곳에 게시한다.
② 사업소 내 시설 중 일부만 같은 법의 적용을 받더라도 사업소 전체에 경계표지를 한다.
③ 충전용기 및 잔가스용기 보관 장소는 각각 구획 또는 경계선에 따라 안전 확보에 필요한 용기 상태를 식별할 수 있도록 한다.
④ 경계표지는 법의 적용을 받는 시설이란 것을 외부 사람이 명확히 식별할 수 있어야 한다.

해설
사업소 내 시설 중 일부만 같은 법의 적용을 받을 때에는 사업소 전체가 아닌 해당 시설이 설치되어 있는 구획, 건축물 또는 건축물 내에 구획된 출입구 등에 경계표지를 한다.

57 아세틸렌용기에 충전하는 다공물질의 다공도값은?

① 62~75[%]
② 72~85[%]
③ 75~92[%]
④ 82~95[%]

해설
다공물질의 다공도 : 75~92[%]

58 내용적 50[L]의 용기에 프로판을 충전할 때 최대 충전량은?(단, 프로판 충전정수는 2.35이다)

① 21.3[kg]
② 47[kg]
③ 117.5[kg]
④ 11.8[kg]

해설
최대 충전량
$G = V/C = 50/2.35 = 21.3[\text{kg}]$

59 고압가스를 압축하는 경우 가스를 압축해서는 안 되는 기준으로 옳은 것은?

① 가연성 가스 중 산소의 용량이 전체 용량의 10[%] 이상의 것
② 산소 중의 가연성 가스용량이 전체 용량의 10[%] 이상의 것
③ 아세틸렌, 에틸렌 또는 수소 중의 산소용량이 전체 용량의 2[%] 이상의 것
④ 산소 중의 아세틸렌, 에틸렌 또는 수소의 용량 합계가 전체 용량의 4[%] 이상의 것

해설
고압가스 압축 시 가스를 압축해서는 안 되는 기준
- 가연성 가스 중 산소의 용량이 전체 용량의 4[%] 이상의 것
- 산소 중의 가연성 가스용량이 전체 용량의 4[%] 이상의 것
- 아세틸렌, 에틸렌 또는 수소 중의 산소용량이 전체 용량의 2[%] 이상의 것
- 산소 중의 아세틸렌, 에틸렌 또는 수소의 용량 합계가 전체 용량의 2[%] 이상의 것

60 아세틸렌용 용접용기 제조 시 내압시험압력이란 최고 압력 수치의 몇 배의 압력인가?

① 1.2
② 1.5
③ 2
④ 3

해설
내압시험압력
- 아세틸렌용 용접용기 제조 시 : 최고 압력수치(최고 충전압력)의 3배
- (아세틸렌가스가 아닌 압축가스를 충전할 때) 압축가스용기, 압축가스를 저장하는 납붙임용기 : 최고 충전압력의 $\frac{5}{3}$ 배
- 고압가스특정제조시설 내의 특정가스사용시설 : 상용압력의 1.5배 이상의 압력으로 5~20분 유지

제4과목 가스계측

61 열전대 온도계의 특징에 대한 설명으로 틀린 것은?

① 냉접점이 있다.
② 보상도선을 사용한다.
③ 원격 측정용으로 적합하다.
④ 접촉식 온도계 중 가장 낮은 온도에 사용된다.

해설
열전대 온도계는 접촉식 온도계 중 가장 높은 온도에 사용된다.

62 경사각이 30°인 경사관식 압력계의 눈금을 읽었더니 50[cm]이었다. 이때 양단의 압력 차이는 약 몇 [kgf/cm²]인가?(단, 비중이 0.8인 기름을 사용하였다)

① 0.02　　② 0.2
③ 20　　　④ 200

해설
압력차
$\Delta P = \gamma l \sin\theta = (0.8 \times 1{,}000) \times 0.5 \times \sin 30°$
$= 200 [\text{kgf/m}^2] = 0.02 [\text{kgf/cm}^2]$

63 검지가스와 누출확인시험지가 옳게 연결된 것은?

① 포스겐 - 해리슨시약
② 할로겐 - 염화제일구리착염
③ CO - KI 전분지
④ H₂S - 질산구리벤젠

해설
검지가스와 누출확인시험지
· 포스겐 - 해리슨시약
· 할로겐 - KI 전분지
· CO - 염화팔라듐지
· H₂S - 연당지

64 가스미터 설치 장소 선정 시 유의사항으로 틀린 것은?

① 진동을 받지 않는 곳이어야 한다.
② 부착 및 교환작업이 용이하여야 한다.
③ 직사일광에 노출되지 않는 곳이어야 한다.
④ 가능한 한 통풍이 잘되지 않는 곳이어야 한다.

해설
가스미터는 가능한 한 통풍이 잘되는 곳에 설치해야 한다.

65 가스크로마토그래피의 구성장치가 아닌 것은?

① 분광부
② 유속조절기
③ 칼 럼
④ 시료주입기

해설
가스크로마토그래피의 구성장치 : 캐리어가스, 시료주입기, 압력조정기, 유속조절기, 유량조절밸브, 압력계, 칼럼(분리관), 검출기, 기록계 등

정답 61 ④　62 ①　63 ①　64 ④　65 ①

66 가스미터의 종류별 특징을 연결한 것 중 옳지 않은 것은?

① 습식 가스미터 – 유량 측정이 정확하다.
② 막식 가스미터 – 소용량의 계량에 적합하고 가격이 저렴하다.
③ 루츠미터 – 대용량의 가스 측정에 쓰인다.
④ 오리피스미터 – 유량 측정이 정확하고 압력손실도 거의 없고 내구성이 좋다.

해설
오리피스미터는 압력손실이 크다.

67 22[℃]의 1기압 공기(밀도 1.21[kg/m³])가 덕트를 흐르고 있다. 피토관을 덕트 중심부에 설치하고 물을 봉액으로 한 U자관 마노미터의 눈금이 4.0[cm]이었다. 이 덕트 중심부의 유속은 약 몇 [m/sec]인가?

① 25.5   ② 30.8
③ 56.9   ④ 97.4

해설
유 속

$$v = \sqrt{2gh\left(\frac{\gamma_m - \gamma}{\gamma}\right)}$$

$$= \sqrt{2 \times 9.8 \times 0.04 \times \left(\frac{1,000 - 1.21}{1.21}\right)} \approx 25.5[\text{m/sec}]$$

68 연소기기에 대한 배기가스 분석의 목적으로 가장 거리가 먼 것은?

① 연소 상태를 파악하기 위하여
② 배기가스 조성을 알기 위해서
③ 열정산의 자료를 얻기 위하여
④ 시료가스 채취장치의 작동 상태를 파악하기 위해

해설
연소기기에 대한 배기가스 분석의 목적
• 배기가스 조성을 알기 위해서
• 연소 상태를 파악하기 위하여
• 열효율의 증가를 위하여
• 열정산의 자료를 얻기 위하여

69 5[kgf/cm²]는 약 몇 [mAq]인가?

① 0.5   ② 5
③ 50   ④ 500

해설
5[kgf/cm²] = 5 × 10.14[mAq] ≈ 50[mAq]

70 액주식 압력계에 사용되는 액체의 특징이 아닌 것은?

① 점성이 적을 것
② 팽창계수가 클 것
③ 모세관현상이 작을 것
④ 일정한 화학성분을 가질 것

해설
액주식 압력계에 사용되는 액체는 팽창계수가 작아야 한다.

71 전자유량계의 특징이 아닌 것은?

① 유속검출에 지연시간이 없다.
② 유체의 밀도와 점성의 영향을 받는다.
③ 유로에 장애물이 없고 압력손실, 이물질 부착의 염려가 없다.
④ 다른 물질이 섞여 있거나 기포가 있는 액체도 측정이 가능하다.

해설
전자유량계는 유체의 밀도와 점성의 영향을 받지 않는다.

72 부자(Float)식 액면계의 특징으로 틀린 것은?

① 원리 및 구조가 간단하다.
② 고압에도 사용할 수 있다.
③ 액면이 심하게 움직이는 곳에 사용하기 좋다.
④ 액면 상·하한계에 경보용 리밋스위치를 설치할 수 있다.

해설
부자식 액면계는 액면이 심하게 움직이는 곳에는 부적당하다.

73 피드백(Feedback) 제어계에 관한 설명으로 틀린 것은?

① 입력과 출력을 비교하는 장치는 반드시 필요하다.
② 다른 제어계보다 정확도가 증가된다.
③ 다른 제어계보다 제어 폭이 감소된다.
④ 급수제어에 사용된다.

해설
피드백 제어계는 다른 제어계보다 제어 폭이 증가된다.

74 상대습도가 '0'이라 함은 어떤 뜻인가?

① 공기 중에 수증기가 존재하지 않는다.
② 공기 중에 수증기가 760[mmHg]만큼 존재한다.
③ 공기 중에 포화상태의 습증기가 존재한다.
④ 공기 중에 수증기압이 포화증기압보다 높음을 의미한다.

해설
상대습도 : 포화증기량과 습가스 수증기와의 중량비([%] R.H.)
• 온도가 상승하면 상대습도는 감소한다.
• 상대습도가 '0'이라 함은 공기 중에 수증기가 존재하지 않는다는 의미이다.

75 고속회전이 가능하므로 소형으로 대유량의 계량이 가능하나 유지관리로서 스트레이너가 필요한 가스미터는?

① 막식 가스미터
② 베인미터
③ 루츠미터
④ 습식 미터

해설
루츠미터(Roots Meter)
• 고속 회전형이며 고압에서도 사용 가능하다.
• 회전수가 비교적 빠르다.
• 대유량에서 작동이 원활하므로 대용량(대유량)의 계량에 적합하지만, 0.5[m³/h] 이하의 소용량에서는 작동하지 않을 우려가 있다.
• 중압가스의 계량이 가능하다.
• 유량이 일정하거나 변화가 심한 곳, 깨끗하거나 건조하거나 관계없이 많은 가스 타입을 계량하기에 적합하다.
• 액체 및 아세틸렌, 바이오가스, 침전가스를 계량하는 데에는 다소 부적합하다.
• 측정의 정확도와 예상 수명은 가스 흐름 내에 먼지의 과다 퇴적이나 다른 종류의 이물질에 따라 다르다.
• 소형이므로 설치 공간이 작다.
• 사용 중에 수위 조정 등의 관리가 필요하지 않다.
• 여과기, 스트레이너의 설치가 필요하다.
• 설치 후 유지관리가 필요하다.
• 용량 : 100~5,000[m³/h](대용량 수용가)

정답 71 ② 72 ③ 73 ③ 74 ① 75 ③

76 액면계의 구비조건으로 틀린 것은?

① 내식성 있을 것
② 고온·고압에 견딜 것
③ 구조가 복잡하더라도 조작은 용이할 것
④ 지시, 기록 또는 원격 측정이 가능할 것

해설
액면계는 구조가 간단하고 조작이 용이해야 한다.

77 다음 그림은 불꽃이온화검출기(FID)의 구조를 나타낸 것이다. ①~④의 명칭으로 옳지 않은 것은?

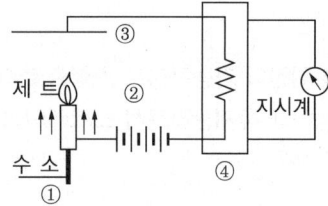

① 시료가스
② 직류전압
③ 전 극
④ 가열부

해설
④ 열교환기

78 차압식 유량계로 유량을 측정하였더니 교축기구 전후의 차압이 20.25[Pa]일 때 유량이 25[m³/h]이었다. 차압이 10.50[Pa]일 때의 유량은 약 몇 [m³/h]인가?

① 13
② 18
③ 23
④ 28

해설
$Q_1 = k\sqrt{\Delta P_1}$ 에서 $k = \dfrac{Q_1}{\sqrt{\Delta P_1}} = \dfrac{25}{\sqrt{20.25}}$ 이므로,

$Q_2 = k\sqrt{\Delta P_2} = \dfrac{25}{\sqrt{20.25}} \times \sqrt{10.50} \approx 18[\text{m}^3/\text{h}]$

79 다음 그림과 같은 자동제어방식은?

① 피드백 제어
② 시퀀스 제어
③ 캐스케이드 제어
④ 프로그램 제어

해설
캐스케이드 제어 : 1차 제어장치가 제어량을 측정하여 제어명령을 하고, 2차 제어장치가 이 명령을 바탕으로 제어량을 조절하는 제어방식

80 전기세탁기, 자동판매기, 승강기, 교통신호기 등에 기본적으로 응용되는 제어는?

① 피드백 제어
② 시퀀스 제어
③ 정치 제어
④ 프로세스 제어

해설
시퀀스 제어 : 제어프로그램에 의해 미리 결정된 순서대로 제어신호가 출력되어 순차적인 제어를 행하는 제어이다.
• 일반적으로 공장 자동화에 가장 많이 응용되는 제어방법이다.
• 이전 단계작업의 완료 여부를 리밋스위치 또는 센서를 이용하여 확인한 후 다음 단계의 작업을 수행한다.
• 메모리 기능이 없고, 여러 개의 입출력 사용 시 불 대수가 이용된다.
• 시퀀스 제어의 예 : 교통신호등의 신호제어, 승강기의 작동제어, 자동판매기의 작동제어 등

2022년 제1회 과년도 기출복원문제

제1과목 연소공학

01 화학 반응속도를 지배하는 요인에 대한 설명으로 옳은 것은?

① 압력이 증가하면 반응속도는 항상 증가한다.
② 생성물질의 농도가 커지면 반응속도는 항상 증가한다.
③ 자신은 변하지 않고 다른 물질의 화학 변화를 촉진하는 물질을 부촉매라고 한다.
④ 온도가 높을수록 반응속도가 증가한다.

해설
① 기체의 경우 압력이 커지면 단위 부피 속 분자수가 많아져서 반응물질의 농도가 증가하여 분자 사이의 충돌수가 증가하므로, 반응속도가 빨라진다.
② 반응물질의 농도가 높을수록 단위 부피 속 입자수가 증가되어 충돌 횟수가 많아져서 반응속도가 빨라진다.
③ 자신은 변하지 않고 다른 물질의 화학 변화를 촉진하는 물질을 촉매라고 한다.

02 연소의 3요소 중 가연물에 대한 설명으로 옳은 것은?

① 0족 원소들은 모두 가연물이다.
② 가연물은 산화반응 시 발열반응을 일으키며 열을 축적하는 물질이다.
③ 질소와 산소가 반응하여 질소산화물을 만들므로 질소는 가연물이다.
④ 가연물은 반응 시 흡열반응을 일으킨다.

해설
① 0족 원소들은 불활성 기체로 8족이라고도 한다.
③ 질소는 불활성 기체이며 질소산화물 생성 시 흡열반응이 일어난다.
④ 가연물은 반응 시 발열반응을 일으킨다.

03 액체 사이안화수소를 장기간 저장하지 않는 이유는?

① 산화폭발하기 때문에
② 중합폭발하기 때문에
③ 분해폭발하기 때문에
④ 고결되어 장치를 막기 때문에

해설
액체 사이안화수소는 중합폭발물질이므로, 장기간 저장하면 중합 폭발을 일으킬 수 있다.

04 폭발범위(폭발한계)에 대한 설명으로 옳은 것은?

① 폭발범위 내에서만 폭발한다.
② 폭발상한계에서만 폭발한다.
③ 폭발상한계 이상에서만 폭발한다.
④ 폭발하한계 이하에서만 폭발한다.

해설
폭발범위(폭발한계)
- 모든 가연물질은 폭발범위 내에서만 폭발하므로, 폭발범위 밖에서는 위험성이 감소한다. 따라서 폭발범위는 넓을수록 위험하다.
- 연소범위는 상한치와 하한치의 값을 가지며 각각 연소상한계 또는 폭발상한(UFL), 연소하한계 또는 폭발하한(LFL)이라고 한다.

정답 1 ④ 2 ② 3 ② 4 ①

05 층류 연소속도에 대한 설명으로 옳은 것은?

① 미연소혼합기의 비열이 클수록 층류 연소속도는 크게 된다.
② 미연소혼합기의 비중이 클수록 층류 연소속도는 크게 된다.
③ 미연소혼합기의 분자량이 클수록 층류 연소속도는 크게 된다.
④ 미연소혼합기의 열전도율이 클수록 층류 연소속도는 크게 된다.

해설
층류 연소속도 증가에 미치는 요인
- 비례요인 : 압력, 온도, 열전도율, 산소농도
- 반비례요인 : 비열, 비중, 분자량, 층류화염의 예열대 두께

06 정전기를 제어하는 방법으로 전하의 생성을 방지하는 방법이 아닌 것은?

① 접속과 접지(Bonding and Grounding)
② 도전성 재료 사용
③ 침액 파이프(Dip Pipes) 설치
④ 첨가물에 의한 전도도 억제

해설
전하 생성 방지방법 : 접속과 접지, 도전성 재료 사용, 침액 파이프 설치 등

07 탄소 2[kg]이 완전연소할 경우 이론공기량은 약 몇 [kg]인가?

① 5.3
② 11.6
③ 17.9
④ 23.0

해설
탄소의 연소방정식 : $C + O_2 \rightarrow CO_2$

탄소(C) 2[kg] = $\frac{2}{12}$[mol]이며

필요한 산소량 = $\frac{2}{12} \times 1 \times 32 \approx 5.30$이므로,

이론공기량 $A_0 = \frac{O_0}{0.232} = \frac{5.3}{0.232} \approx 23.0$[kg]이다.

08 방폭구조 종류 중 전기기기의 불꽃 또는 아크를 발생하는 부분을 기름 속에 넣어 유면상에 존재하는 폭발성 가스에 인화될 우려가 없도록 한 구조는?

① 내압 방폭구조
② 유입 방폭구조
③ 안전증 방폭구조
④ 압력 방폭구조

해설
유입 방폭구조
- 기름면 위에 존재하는 가연성 가스에 인화될 우려가 없도록 한 구조
- 전기기기의 불꽃 또는 아크 발생 부분을 기름 속에 넣어 유면상에 존재하는 폭발성 가스에 인화될 우려가 없도록 한 구조
- 기호 : o

09 CO_2 40[vol%], O_2 10[vol%], N_2 50[vol%]인 혼합기체의 평균 분자량은 얼마인가?

① 16.8
② 17.4
③ 33.5
④ 34.8

해설
혼합기체의 평균 분자량 = $(44 \times 0.4) + (32 \times 0.1) + (28 \times 0.5)$
= 34.8

10 액체연료의 연소 형태와 가장 거리가 먼 것은?

① 분무연소　　② 등심연소
③ 분해연소　　④ 증발연소

해설
분해연소는 고체연료의 연소 형태 중 하나이다.

11 유황(S[kg])의 완전연소 시 발생하는 SO_2의 양을 구하는 식은?

① $4.31 \times S[Nm^3]$
② $3.33 \times S[Nm^3]$
③ $0.7 \times S[Nm^3]$
④ $4.38 \times S[Nm^3]$

해설
유황(S) $x[kg] = \frac{x}{32}[mol]$이므로,
완전연소 시 발생하는 SO_2의 양은 $\frac{x}{32} \times 1 \times 22.4 = 0.7x[Nm^3]$ 이다.

12 메탄(CH_4)에 대한 설명으로 옳은 것은?

① 고온에서 수증기와 작용하면 일산화탄소와 수소를 생성한다.
② 공기 중 메탄성분이 60[%] 정도 함유되어 있는 혼합기체는 점화되면 폭발한다.
③ 부취제와 메탄을 혼합하면 서로 반응한다.
④ 조연성 가스로서 유기화합물을 연소시킬 때 발생한다.

해설
② 공기 중 메탄성분이 5~11[%] 정도 함유되어 있는 혼합기체는 점화되면 폭발한다.
③ 부취제와 메탄을 혼합하면 서로 반응하지 않는다.
④ 가연성 가스로서 유기화합물을 발효시킬 때 발생한다.

13 연소로(燃燒爐) 내의 폭발에 의한 과압을 안전하게 방출시켜 노의 파손에 의한 피해를 최소화하기 위해 폭연벤트(Deflagration Vent)를 설치한다. 이에 대한 설명으로 옳지 않은 것은?

① 가능한 한 곡절부에 설치한다.
② 과압으로 손쉽게 열리는 구조로 한다.
③ 과압을 안전한 방향으로 방출시킬 수 있는 장소를 선택한다.
④ 크기와 수량은 노의 구조와 규모 등에 의해 결정한다.

해설
폭연벤트(Deflagration Vent)
• 연소로 내의 폭발에 의한 과압을 안전하게 방출시켜 노의 파손에 의한 피해를 최소화하기 위해 설치하는 장치이다.
• 과압으로 손쉽게 열리는 구조로 한다.
• 과압을 안전한 방향으로 방출시킬 수 있는 장소를 선택한다.
• 크기와 수량은 노의 구조와 규모 등으로 결정한다.
• 곡절부에는 설치하지 않고, 가능한 한 직선부에 설치한다.

14 연소가스량 10[Nm^3/kg], 비열 0.325[kcal/$Nm^3 \cdot$℃]인 어떤 연료의 저위발열량이 6,700[kcal/kg]이었다면, 이론연소온도는 약 몇 [℃]인가?

① 1,962[℃]
② 2,062[℃]
③ 2,162[℃]
④ 2,262[℃]

해설
이론연소온도
$$T_0 = \frac{H_L}{GC} + t = \frac{6,700}{10 \times 0.325} + 0 \approx 2,062[℃]$$

15 폭굉유도거리(DID)가 짧아지는 요인이 아닌 것은?

① 압력이 낮을 때
② 점화원의 에너지가 클 때
③ 관 속에 장애물이 있을 때
④ 관지름이 작을 때

해설
DID가 짧아지는 요인 : 압력이 높을 때, 점화원의 에너지가 클 때, 관 속에 장애물이 있을 때, 관지름이 작을 때, 정상 연소속도가 빠른 혼합가스일수록

16 아세틸렌(C_2H_2)의 완전연소 반응식은?

① $C_2H_2 + O_2 \rightarrow CO_2 + H_2O$
② $2C_2H_2 + O_2 \rightarrow 4CO_2 + H_2O$
③ $C_2H_2 + 5O_2 \rightarrow CO_2 + 2H_2O$
④ $2C_2H_2 + 5O_2 \rightarrow 4CO_2 + 2H_2O$

해설
아세틸렌의 연소방정식은 $C_2H_2 + 2.5O_2 \rightarrow 2CO_2 + H_2O$가 기본이지만 아세틸렌 2[mol]에 대해서 아세틸렌의 연소방정식은 $2C_2H_2 + 5O_2 \rightarrow 4CO_2 + 2H_2O$가 된다.

17 다음 보기에서 설명하는 소화제의 종류는?

┌보기┐
• 유류 및 전기화재에 적합하다.
• 소화 후 잔여물이 남지 않는다.
• 연소반응을 억제하는 효과와 냉각소화 효과를 동시에 가지고 있다.
• 소화기의 무게가 무겁고, 사용 시 동상의 우려가 있다.

① 물
② 할론
③ 이산화탄소
④ 드라이케미칼 분말

해설
이산화탄소 소화제의 특징
• 이산화탄소는 상온에서 기체 상태로 존재하는 불활성 가스로 질식성을 갖고 있기 때문에 가연물의 연소에 필요한 산소 공급을 차단한다.
• 유류 및 전기화재에 적합하다.
• 소화 후 잔여물이 남지 않는다.
• 연소반응을 억제하는 효과와 냉각효과를 동시에 가지고 있다.
• 소화기의 무게가 무겁고, 사용 시 동상의 우려가 있다.

18 다음 중 연소와 관련된 식으로 옳은 것은?

① 과잉공기비 = 공기비$(m) - 1$
② 과잉공기량 = 이론공기량$(A_0) + 1$
③ 실제공기량 = 공기비(m) + 이론공기량(A_0)
④ 공기비 = (이론산소량/실제공기량) − 이론공기량

해설
② 과잉공기량 = 실제공기량(A) − 이론공기량(A_0)
③ 실제공기량(A) = 공기비 × 이론공기량 = mA_0
④ 공기비 = 실제공기량/이론공기량 = A/A_0

19 95[℃]의 온수를 100[kg/h] 발생시키는 온수보일러가 있다. 이 보일러에서 저위발열량이 45[MJ/Nm³]인 LNG를 1[m³/h] 소비할 때 열효율은 얼마인가?(단, 급수의 온도는 25[℃]이고, 물의 비열은 4.184[kJ/kg·K]이다)

① 60.07[%] ② 65.08[%]
③ 70.09[%] ④ 75.10[%]

해설
$$\eta_B = \frac{G_a(h_2-h_1)}{H_L \times G_f} = \frac{100 \times 4.184 \times (95-25)}{45 \times 1,000 \times 1} \approx 0.6508$$
$$= 65.08[\%]$$

20 완전기체에서 정적비열(C_v), 정압비열(C_p)의 관계식을 옳게 나타낸 것은?(단, R은 기체상수이다)

① $C_p/C_v = R$
② $C_p - C_v = R$
③ $C_v/C_p = R$
④ $C_p + C_v = R$

해설
이상기체의 정압비열과 정적비열의 관계 : $C_p > C_v$, $C_p - C_v = R$, $C_p/C_v = k$

제2과목 가스설비

21 LPG 이송설비 중 압축기를 이용한 방식의 장점이 아닌 것은?

① 펌프에 비해 충전시간이 짧다.
② 재액화현상이 일어나지 않는다.
③ 사방밸브를 이용하면 가스의 이송 방향을 변경할 수 있다.
④ 압축기를 사용하기 때문에 베이퍼로크 현상이 생기지 않는다.

해설
LPG 이송설비 중 압축기를 이용한 방식의 단점은 재액화현상이 일어날 수 있다는 것이다.

22 가연성 가스 및 독성가스 용기의 도색 구분이 옳지 않은 것은?

① LPG – 회색
② 액화암모니아 – 백색
③ 수소 – 주황색
④ 액화염소 – 청색

해설
액화염소 가스용기의 도색은 갈색이다.

정답 19 ② 20 ② 21 ② 22 ④

23 최고 충전압력이 15[MPa]인 질소용기가 12[MPa]로 충전되어 있다. 이 용기의 안전밸브 작동압력은 얼마인가?

① 15[MPa] ② 18[MPa]
③ 20[MPa] ④ 25[MPa]

해설
안전밸브의 작동압력 P = 내압시험압력 × 0.8
= 최고 충전압력 × $\frac{5}{3}$ × 0.8
= 15 × $\frac{5}{3}$ × 0.8 = 20[MPa]

24 노즐에서 분출되는 가스 분출속도에 의해 연소에 필요한 공기의 일부를 흡입하여 혼합기 내에서 잘 혼합하여 염공으로 보내 연소하고, 이때 부족한 연소공기는 불꽃 주위로부터 새로운 공기를 혼입하여 가스를 연소시키며 연소온도가 가장 높은 방식의 버너는?

① 분젠식 버너
② 전1차식 버너
③ 적화식 버너
④ 세미 분젠식 버너

해설
분젠식 버너
- 연소에 필요한 공기를 1차 공기(40~70[%])와 2차 공기(60~30[%])에서 취하는 방식이다.
- 주로 일반 가스기구에 적용되는 방식으로 고온을 얻기 쉽다.
- 염의 온도는 1,300[℃] 정도이다.
- 염의 길이가 짧고 청록색이다.
- 버너가 연소가스량에 비해서 크고 역화의 우려가 있다.
- 노즐에서 분출되는 가스 분출속도에 의해 연소에 필요한 공기의 일부를 흡입하여 혼합기 내에서 잘 혼합하여 염공으로 보내 연소한다. 이때 부족한 연소공기는 불꽃 주위로부터 새로운 공기를 혼입하여 가스를 연소시키며, 연소온도가 가장 높다.

25 단면적이 300[mm²]인 봉을 매달고 600[kg]의 추를 그 자유단에 달았더니 재료의 허용 인장응력에 도달하였다. 이 봉의 인장강도가 400[kg/cm²]이라면 안전율은 얼마인가?

① 1 ② 2
③ 3 ④ 4

해설
안전율
$S = \dfrac{\text{기준강도}}{\text{허용응력}} = \dfrac{400}{\dfrac{600}{300} \times 100} = 2$

26 원심펌프의 유량 1[m³/min], 전양정 50[m], 효율이 80[%]일 때, 회전수율 10[%] 증가시키려면 동력은 몇 배 필요한가?

① 1.22 ② 1.33
③ 1.51 ④ 1.73

해설
소요동력
$H_2 = H_1 \left(\dfrac{N_2}{N_1}\right)^3 \left(\dfrac{D_2}{D_1}\right)^5 = H_1 (1.1)^3 \left(\dfrac{1}{1}\right)^5 \simeq 1.33 H_1$

27 고압가스 배관의 최소 두께 계산 시 고려하지 않아도 되는 것은?

① 관의 길이
② 상용압력
③ 안전율
④ 재료의 인장강도

해설
고압가스 배관의 최소 두께 계산 시 고려사항 : 상용압력, 안지름에서 부식 여유에 상당하는 부분을 뺀 수치, 최소 인장강도, 관 내면의 부식 여유치, 안전율

28 고온·고압 상태의 암모니아 합성탑에 대한 설명으로 틀린 것은?

① 재질은 탄소강을 사용한다.
② 재질은 18-8 스테인리스강을 사용한다.
③ 촉매로는 보통 산화철에 CaO를 첨가한 것이 사용된다.
④ 촉매로는 보통 산화철에 K_2O 및 Al_2O_3를 첨가한 것이 사용된다.

[해설]
암모니아 합성탑 내통의 재료로는 18-8 스테인리스강을 사용한다.

29 다음 그림은 압력조정기의 기본 구조이다. 옳은 것으로만 나열된 것은?

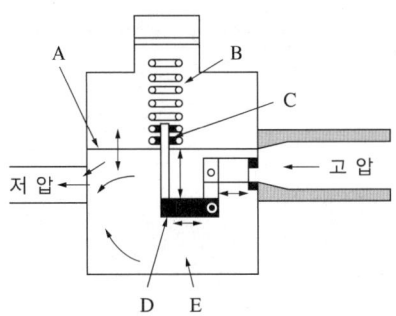

① A : 다이어프램, B : 안전장치용 스프링
② B : 안전장치용 스프링, C : 압력조정용 스프링
③ C : 압력조정용 스프링, D : 레버
④ D : 레버, E : 감압실

[해설]
압력조정기의 구조

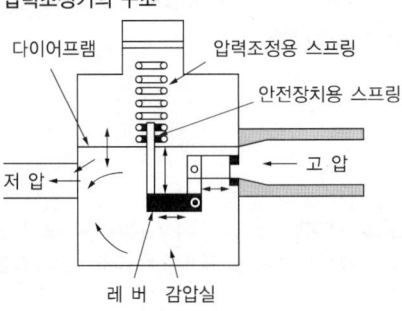

30 구형 저장탱크의 특징이 아닌 것은?

① 모양이 아름답다.
② 기초구조를 간단하게 할 수 있다.
③ 동일 용량, 동일 압력의 경우 원통형 탱크보다 두께가 두껍다.
④ 표면적이 다른 탱크보다 작으며, 강도가 높다.

[해설]
구형 저장탱크
• 모양이 아름답다.
• 동일 용량, 동일 압력의 경우 원통형 탱크보다 두께가 얇다.
• 표면적이 다른 탱크보다 작으며, 강도가 우수하다.
• 기초구조를 간단하게 할 수 있다.
• 부지면적과 기초공사가 경제적이다.
• 드레인이 쉽고, 유지관리가 용이하다.

31 20[kg] 용기(내용적 47[L])를 3.1[MPa] 수압으로 내압시험한 결과, 내용적이 47.8[L]로 증가하였다. 영구(항구) 증가율은 얼마인가?(단, 압력을 제거하였을 때 내용적은 47.1[L]이었다)

① 8.3[%]   ② 9.7[%]
③ 11.4[%] ④ 12.5[%]

[해설]
영구(항구) 증가율 = $\frac{영구(항구) 증가량}{전 증가량} \times 100[\%]$

$= \frac{47.1 - 47}{47.8 - 47} \times 100[\%] = 12.5[\%]$

32 정류(Rectification)에 대한 설명으로 틀린 것은?

① 비점이 비슷한 혼합물의 분리에 효과적이다.
② 상층의 온도는 하층의 온도보다 높다.
③ 환류비를 크게 하면 제품의 순도는 좋아진다.
④ 포종탑에서는 액량이 거의 일정하므로 접촉효과가 우수하다.

해설
정류(Rectification)
- 비점이 비슷한 혼합물의 분리에 효과적이다.
- 상층의 온도는 하층의 온도보다 낮다.
- 환류비를 크게 하면 제품의 순도는 좋아진다.
- 포종탑에서는 액량이 거의 일정하므로 접촉효과가 우수하다.

33 도시가스 원료의 접촉분해공정에서 반응온도가 상승하면 일어나는 현상으로 옳은 것은?

① CH_4, CO가 많고 CO_2, H_2가 적은 가스 생성
② CH_4, CO_2가 적고 CO, H_2가 많은 가스 생성
③ CH_4, H_2가 많고 CO_2, CO가 적은 가스 생성
④ CH_4, H_2가 적고 CO_2, CO가 많은 가스 생성

해설
접촉분해 프로세스(수증기 개질 프로세스) : 촉매를 사용하여 반응온도 400~800[℃]에서 탄화수소와 수증기를 반응시켜 메탄, 수소, 일산화탄소 등으로 변환시키는 공정이다.
- 사이클링식 접촉분해(수증기 개질)법에서는 천연가스로부터 원유까지 넓은 범위의 원료를 사용할 수 있다.
- 반응온도가 상승하면 CH_4, CO_2가 적고 CO, H_2가 많은 가스가 생성된다.
- 반응압력이 상승하면 CH_4, CO_2가 많고 CO, H_2가 적은 가스가 생성된다.

34 3단 압축기로 압축비가 다같이 3일 때 각 단의 이론 토출압력은 각각 몇 [MPa·g]인가?(단, 흡입압력은 0.1[MPa]이다)

① 0.2, 0.8, 2.6
② 0.2, 1.2, 6.4
③ 0.3, 0.9, 2.7
④ 0.3, 1.2, 6.4

해설
압축비 $\varepsilon = \sqrt[n]{\dfrac{P_n}{P}}$ 에서

- 1단 : $\varepsilon = \dfrac{P_1}{P}$ 에서 $P_1 = \varepsilon P = 3 \times 0.1 = 0.3[MPa \cdot abs]$
$= (0.3 - 0.1)[MPa \cdot g]$
$= 0.2[MPa \cdot g]$

- 2단 : $\varepsilon = \sqrt[2]{\dfrac{P_2}{P}}$ 에서 $P_2 = \varepsilon^2 P = 9 \times 0.1 = 0.9[MPa \cdot abs]$
$= (0.9 - 0.1)[MPa \cdot g]$
$= 0.8[MPa \cdot g]$

- 3단 : $\varepsilon = \sqrt[3]{\dfrac{P_3}{P}}$ 에서 $P_3 = \varepsilon^3 P = 27 \times 0.1 = 2.7[MPa \cdot abs]$
$= (2.7 - 0.1)[MPa \cdot g]$
$= 2.6[MPa \cdot g]$

35 도시가스 배관의 굴착으로 인하여 20[m] 이상 노출된 배관에 대하여 누출된 가스가 체류하기 쉬운 장소에 설치하는 가스누출경보기는 몇 [m]마다 설치하여야 하는가?

① 10
② 20
③ 30
④ 50

해설
도시가스 배관의 굴착으로 20[m] 이상 노출된 배관에 대하여 누출된 가스가 체류하기 쉬운 장소에 매 20[m]마다 가스누출경보기를 설치하여야 한다.

36 강을 연하게 하여 기계가공성을 좋게 하거나 내부응력을 제거하는 목적으로, 적당한 온도까지 가열한 다음 그 온도를 유지한 후에 서랭하는 열처리방법은?

① Marquenching
② Quenching
③ Tempering
④ Annealing

> [해설]
> 풀림(Annealing) : 금속의 내부응력을 제거하고 가공경화된 재료를 연화시켜 결정조직을 결정하고, 상온가공을 용이하게 할 목적으로 하는 열처리방법

37 조정압력이 3.3[kPa] 이하이고, 노즐지름이 3.2[mm] 이하인 일반용 LPG 가스 압력조정기의 안전장치 분출용량은 몇 [L/h] 이상이어야 하는가?

① 100
② 140
③ 200
④ 240

> [해설]
> 안전장치 분출용량은 $Q = 44d$(여기서, d : 노즐 관경)으로 계산하지만, 노즐 관경이 3.2[mm] 이하일 때는 안전장치 분출 용량을 140[L/h] 이상으로 고려한다.

38 펌프의 공동현상(Cavitation) 방지방법으로 틀린 것은?

① 흡입양정을 짧게 한다.
② 양흡입펌프를 사용한다.
③ 흡입 비교 회전도를 크게 한다.
④ 회전차를 물속에 완전히 잠기게 한다.

> [해설]
> 펌프의 공동현상을 방지하려면 흡입 비교 회전도를 작게 한다.

39 아세틸렌가스를 2.5[MPa]의 압력으로 압축할 때 주로 사용되는 희석제는?

① 질 소
② 산 소
③ 이산화탄소
④ 암모니아

> [해설]
> 아세틸렌가스의 희석제 : 질소(N_2), 메탄(CH_4), 일산화탄소(CO), 에틸렌(C_2H_4)

40 전기방식에 대한 설명으로 틀린 것은?

① 전해질 중 물, 토양, 콘크리트 등에 노출된 금속에 대하여 전류를 이용하여 부식을 제어하는 방식이다.
② 전기방식은 부식 자체를 제거할 수 있는 것이 아니라 음극에서 일어나는 부식을 양극에서 일어나도록 하는 것이다.
③ 방식전류는 양극에서 양극반응에 의하여 전해질로 이온이 누출되어 금속 표면으로 이동하게 되고, 음극 표면에서는 음극반응에 의하여 전류가 유입되게 된다.
④ 금속에서 부식을 방지하기 위해서는 방식전류가 부식전류 이하가 되어야 한다.

> [해설]
> 금속에서 부식을 방지하기 위해서는 방식전류가 부식전류 이상이 되어야 한다.

정답 36 ④ 37 ② 38 ③ 39 ① 40 ④

제3과목 가스안전관리

41 용기 보관 장소에 대한 설명 중 옳지 않은 것은?

① 산소 충전용기 보관실의 지붕은 콘크리트로 견고히 한다.
② 독성가스 용기 보관실에는 가스누출검지경보장치를 설치한다.
③ 공기보다 무거운 가연성 가스의 용기 보관실에는 가스누출검지경보장치를 설치한다.
④ 용기 보관 장소의 경계표지는 출입구 등 외부로부터 보기 쉬운 곳에 게시한다.

[해설]
가연성 가스 및 산소 충전용기 보관실은 불연성 재료를 사용하고, 지붕은 가벼운 재료로 한다.

42 고압가스의 운반 기준에서 동일 차량에 적재하여 운반할 수 없는 것은?

① 염소와 아세틸렌
② 질소와 산소
③ 아세틸렌과 산소
④ 프로판과 부탄

[해설]
고압가스의 운반 기준에서 동일 차량에 적재하여 운반할 수 없는 것 : 염소와 아세틸렌, 염소와 수소, 염소와 암모니아

43 차량에 고정된 탱크에 설치된 긴급차단장치는 차량에 고정된 탱크 또는 이에 접속하는 배관 외면의 온도가 몇 [℃]일 때 자동으로 작동할 수 있어야 하는가?

① 40[℃] ② 65[℃]
③ 80[℃] ④ 110[℃]

[해설]
차량에 고정된 탱크에 설치된 긴급차단장치는 원격 조작에 의하여 작동되고, 차량에 고정된 탱크 또는 이에 접속하는 배관의 외면온도가 110[℃]일 때 자동으로 작동할 수 있어야 한다.

44 도시가스 사용시설의 압력조정기 점검 시 확인하여야 할 사항이 아닌 것은?

① 압력조정기의 A/S 기간
② 압력조정기의 정상 작동 유무
③ 필터 또는 스트레이너의 청소 및 손상 유무
④ 건축물 내부에 설치된 압력조정기의 경우는 가스 방출구의 실외 안전 장소 설치 여부

[해설]
압력조정기 점검 시 확인하여야 할 사항
• 압력조정기의 정상 작동 유무
• 필터 또는 스트레이너의 청소 및 손상 유무
• 건축물 내부에 설치된 압력조정기의 경우는 가스 방출구의 실외 안전 장소 설치 여부
• 압력조정기의 몸체 및 연결부의 가스 누출 유무
• 격납상자 내부에 설치된 압력조정기의 경우, 격납상자에 견고하게 고정되었는지의 여부

정답 41 ① 42 ① 43 ④ 44 ①

45 액화석유가스 자동차 충전소에 설치할 수 있는 건축물 또는 시설은?

① 액화석유가스충전사업자가 운영하고 있는 용기를 재검사하기 위한 시설
② 충전소의 종사자가 이용하기 위한 연면적 200[m²] 이하의 식당
③ 충전소를 출입하는 사람을 위한 연면적 200[m²] 이하의 매점
④ 공구 등을 보관하기 위한 연면적 200[m²] 이하의 창고

해설
액화석유가스 충전소 내에 설치할 수 있는 시설
• 충전소의 관계자가 근무하는 대기실
• 자동차의 세정을 위한 세차시설
• 충전소에 출입하는 사람을 대상으로 한 자동판매기 및 현금자동지급기
• 충전을 하기 위한 작업장
• 충전소의 업무를 행하기 위한 사무실 및 회의실
• 기타 산업통상자원부장관 고시에서 정한 용기재검사시설, 충전소 종업원의 이용을 위한 연면적 100[m²] 이하의 식당, 공구 등을 보관하기 위한 연면적 100[m²] 이하의 창고

46 고압가스안전관리법에 적용받는 고압가스 중 가연성 가스가 아닌 것은?

① 황화수소
② 염화메탄
③ 공기 중에서 연소하는 가스로서 폭발한계의 하한이 10[%] 이하인 가스
④ 공기 중에서 연소하는 가스로서 폭발한계의 상한과 하한의 차가 20[%] 미만인 가스

해설
가연성 가스 : 공기 중에서 연소하는 가스로, 폭발한계(공기와 혼합된 경우 연소를 일으킬 수 있는 공기 중 가스농도의 한계)의 하한이 10[%] 이하인 것과 폭발한계의 상한과 하한의 차가 20[%] 이상인 가스

47 액화석유가스에 주입하는 부취제(냄새 나는 물질)의 측정방법이 아닌 것은?

① 무취실법
② 주사기법
③ 시험가스 주입법
④ 오더(Odor)미터법

해설
부취제 측정방법 : 무취실법, 주사기법, 오더(Odor)미터법, 냄새주머니법

48 고압가스 안전성 평가 기준에서 정한 위험성 평가 기법 중 정성적 평가기법에 해당되는 것은?

① Check List기법
② HEA기법
③ FTA기법
④ CCA기법

해설
① Check List기법 : 공정 및 설비의 오류, 결함 상태, 위험상황 등을 목록화한 형태로 작성하여 경험적으로 비교함으로써 위험성을 정성적으로 파악하는 안전성 평가기법
② HEA기법(HEA ; Human Error Analysis) : 설비의 운전원, 정비보수원, 기술자 등의 작업에 영향을 미칠만한 요소를 평가하여 그 실수의 원인을 파악하고 추적하여 정량적으로 실수의 상대적 순위를 결정하는 안전성 평가기법
③ FTA기법(FTA ; Fault Tree Analysis) : 사고를 일으키는 장치의 이상이나 운전자 실수의 조합을 연역적으로 분석하는 정량적인 안전성 평가기법
④ CCA기법(CCA ; Cause-Consequence Analysis) : 잠재된 사고의 결과와 이러한 사고의 근본적인 원인을 찾아내고 사고의 결과와 원인의 상호관계를 예측·평가하는 정량적인 안전성 평가기법

정답 45 ① 46 ④ 47 ③ 48 ①

49 가연성 가스를 차량에 고정된 탱크에 의하여 운반할 때 갖추어야 할 소화기의 능력 단위 및 비치 개수가 옳게 짝지어진 것은?

① ABC용, B-12 이상 - 차량 좌우에 각각 1개 이상
② AB용, B-12 이상 - 차량 좌우에 각각 1개 이상
③ ABC용, B-12 이상 - 차량에 1개 이상
④ AB용, B-12 이상 - 차량에 1개 이상

해설
차량에 고정된 탱크 운반 시의 소화설비

가스 종류	소화기 능력 단위	소화약제	비치 개수
가연성 가스	BC용, B-10 이상 또는 ABC용, B-12 이상	분말소화제	차량 좌우에 각각 1개 이상 (총 2개 이상)
산 소	BC용, B-8 이상 또는 ABC용, B-10 이상		

※ 가연성 가스 또는 산소 운반 차량에 휴대하여야 하는 소화기 : 분말소화기

50 최대 지름이 6[m]인 고압가스 저장탱크 2기가 있다. 이 탱크에 물분무장치가 없을 때 상호 유지되어야 할 최소 이격거리는?

① 1[m] ② 2[m]
③ 3[m] ④ 4[m]

해설
두 저장탱크 간의 거리 $= (6+6) \times \dfrac{1}{4} = 3[m]$ 이상

51 소형 저장탱크의 설치방법으로 옳은 것은?

① 동일한 장소에 설치하는 경우, 10기 이하로 한다.
② 동일한 장소에 설치하는 경우, 충전질량의 합계는 7,000[kg] 미만으로 한다.
③ 탱크 지면에서 3[cm] 이상 높게 설치된 콘크리트 바닥 등에 설치한다.
④ 탱크가 손상받을 우려가 있는 곳에는 가드레일 등의 방호조치를 한다.

해설
① 동일한 장소에 설치하는 경우, 소형 저장탱크의 수는 6기 이하로 한다.
② 동일한 장소에 설치하는 경우, 충전질량의 합계는 5,000[kg] 미만으로 한다.
③ 탱크 지면에서 5[cm] 이상 높게 설치된 콘크리트 바닥 등에 설치한다.

52 도시가스사업자는 가스공급시설을 효율적으로 안전관리하기 위하여 도시가스 배관망을 전산화하여야 한다. 전산화 내용에 포함되지 않는 사항은?

① 배관의 설치도면
② 정압기의 시방서
③ 배관의 시공자, 시공 연월일
④ 배관의 가스 흐름 방향

해설
도시가스 배관망의 전산화 포함내용 : 배관의 설치도면, 정압기의 시방서, 배관의 시공자와 시공 연월일 등

53 독성가스가 누출할 우려가 있는 부분에는 위험표지를 설치하여야 한다. 이에 대한 설명으로 옳은 것은?

① 문자의 크기는 가로 10[cm], 세로 10[cm] 이상으로 한다.
② 문자는 30[cm] 이상 떨어진 위치에서도 알 수 있도록 한다.
③ 위험표지의 바탕색은 백색, 글씨는 흑색으로 한다.
④ 문자는 가로 방향으로만 한다.

해설
① 문자의 크기는 가로, 세로 5[cm] 이상으로 한다.
② 문자는 10[m] 이상 떨어진 위치에서도 알 수 있도록 한다.
④ 문자는 가로 또는 세로 방향으로 모두 쓸 수 있다.

54 수소의 품질검사에 사용하는 시약으로 옳은 것은?

① 동, 암모니아 시약
② 파이로갈롤 시약
③ 발연 황산 시약
④ 브롬 시약

해설
가스의 품질검사

가 스	순 도	검사방법	검사 시약
산 소	99.5[%] 이상	오르자트법	동, 암모니아 시약
수 소	98.5[%] 이상	오르자트법	파이로갈롤 또는 하이드로설파이드 시약
아세틸렌	98[%] 이상	오르자트법	발연 황산
		뷰렛법	브롬 시약
		정성시험법	질산은 시약

55 냉동기의 냉매설비에 속하는 압력용기의 재료는 압력용기의 설계압력 및 설계온도 등에 따른 적절한 것이어야 한다. 다음 중 초음파탐상검사를 실시하지 않아도 되는 재료는?

① 두께가 40[mm] 이상인 탄소강
② 두께가 38[mm] 이상인 저합금강
③ 두께가 6[mm] 이상인 9[%] 니켈강
④ 두께가 19[mm] 이상이고 최소 인장강도가 568.4 [N/mm^2] 이상인 강

해설
초음파탐상법(UT) : 초음파를 이용한 재료 내·외부의 결함검사
• 두께가 50[mm] 이상인 탄소강
• 두께가 38[mm] 이상인 저합금강
• 두께가 19[mm] 이상이고, 최소 인장강도가 568.4[N/mm^2] 이상인 강
• 두께가 13[mm] 이상인 2.5[%], 3.5[%] 니켈강
• 두께가 6[mm] 이상인 9[%] 니켈강

56 가스 관련법에서 정한 고압가스 관련 설비에 해당되지 않는 것은?

① 안전밸브
② 압력용기
③ 기화장치
④ 정압기

해설
고압가스 관련 설비(특정설비) : 안전밸브, 긴급차단장치, 역화방지장치, 기화장치, 압력용기, 자동차용 가스자동주입기, 독성가스 배관용 밸브, 냉동설비를 구성하는 압축기, 응축기, 증발기 또는 압력용기, 특정 고압가스용 실린더 캐비닛, 자동차용 압축천연가스 완속충전설비, 액화가스용 용기 잔류가스 회수장치 등

정답 53 ③ 54 ② 55 ① 56 ④

57 액화석유가스충전시설에서 가스산업기사 이상의 자격을 선임하여야 하는 저장능력의 기준은?

① 30[ton] 초과
② 100[ton] 초과
③ 300[ton] 초과
④ 500[ton] 초과

해설
액화석유가스충전시설 안전관리자의 자격과 선임인원

저장능력	안전관리자별 선임인원(자격)
저장능력 500[ton] 초과	• 안전관리 총괄자 1명 • 안전관리 부총괄자 1명 • 안전관리 책임자 1명 이상(가스산업기사 이상의 자격을 가진 사람) • 안전관리원 2명 이상(가스기능사 이상의 자격을 가진 사람 또는 충전시설 안전관리자 양성교육 이수자)
저장능력 100[ton] 초과 500[ton] 이하	• 안전관리 총괄자 1명 • 안전관리 부총괄자 1명 • 안전관리 책임자 1명 이상(가스기능사 이상의 자격을 가진 사람) • 안전관리원 2명 이상(가스기능사 이상의 자격을 가진 사람 또는 충전시설 안전관리자 양성교육 이수자)
저장능력 100[ton] 이하	• 안전관리 총괄자 1명 • 안전관리 부총괄자 1명 • 안전관리 책임자 1명 이상(가스기능사 이상의 자격을 가진 사람 또는 현장실무 경력이 5년 이상인 충전시설 안전관리자 양성교육 이수자) • 안전관리원 1명 이상(가스기능사 이상의 자격을 가진 사람 또는 충전시설 안전관리자 양성교육 이수자)
저장능력 30[ton] 이하(자동차용기 충전시설만 해당)	• 안전관리 총괄자 1명 • 안전관리 책임자 1명 이상(가스기능사 이상의 자격을 가진 사람 또는 충전시설 안전관리자 양성교육 이수자)

58 용기 내장형 가스 난방기용으로 사용하는 부탄 충전용기에 대한 설명으로 옳지 않은 것은?

① 용기 몸통부의 재료는 고압가스 용기용 강판 및 강대이다.
② 프로텍터의 재료는 일반구조용 압연강재이다.
③ 스커트의 재료는 고압가스 용기용 강판 및 강대이다.
④ 네크링의 재료는 탄소 함유량이 0.48[%] 이하인 것으로 한다.

해설
네크링의 재료는 KS D 3752의 규격에 적합한 것으로, 탄소 함유량이 0.28[%] 이하인 것으로 한다.

59 다음 중 2중관으로 해야 하는 독성가스가 아닌 것은?

① 염화메탄
② 아황산가스
③ 염화수소
④ 산화에틸렌

해설
2중관으로 해야 하는 가스 대상 : 암모니아, 아황산가스, 염소, 염화메탄, 산화에틸렌, 사이안화수소, 포스겐, 황화수소 등

60 가연성 가스를 운반하는 경우 반드시 휴대하여야 하는 장비가 아닌 것은?

① 소화설비
② 방독마스크
③ 가스누출검지기
④ 누출 방지공구

해설
가연성 가스 운반 시 반드시 휴대하여야 하는 장비 : 소화설비, 가스누출검지기, 누출 방지공구

정답 57 ④ 58 ④ 59 ③ 60 ②

제4과목 가스계측

61 분별연소법 중 산화구리법에 의하여 주로 정량할 수 있는 가스는?

① O_2
② N_2
③ CH_4
④ CO_2

해설
분별연소법 : 2종 이상의 동족 탄화수소와 수소가 혼합된 시료를 측정할 수 있는 방법으로, 분별적으로 완전연소시키는 가스로는 수소, 탄화수소 등이 있다.

팔라듐관 연소분석법	촉매로 팔라듐흑연, 팔라듐석면, 백금, 실리카겔 등이 사용된다.
산화구리법	주로 CH_4 가스를 정량한다.

62 비중이 0.8인 액체의 압력이 2[kg/cm²]일 때 액면 높이(Head)는 약 몇 [m]인가?

① 16
② 25
③ 32
④ 40

해설
$P = \gamma h$ 이므로, $h = \dfrac{P}{\gamma} = \dfrac{2 \times 10^4}{0.8 \times 10^3} = 25[m]$

63 가스미터 중 실측식에 속하지 않는 것은?

① 건 식
② 회전식
③ 습 식
④ 오리피스식

해설
가스미터의 분류
- 실측식 가스미터 : 직접 측정방법
  - 건식 가스미터
    ⓐ 막식(다이어프램식) 가스미터 : 그로바식, 독립내기식(T형, H형), 클로버식(B형)
    ⓑ 회전자식 가스미터 : 루츠형(Roots), 로터리 피스톤식, 오벌식
  - 습식 가스미터 : 정확한 계량이 가능하여 주로 기준기로 이용되는 가스미터로 기준습식 가스미터, 드럼형 등이 있다.
- 추량식(추측식) 가스미터 : 간접 측정방법으로 터빈형(Turbine), 오리피스식(Orifice), 와류식(Vortex), 델타형(Delta), 벤투리식(Venturi) 등이 있다.

64 블록선도의 구성요소로 이루어진 것은?

① 전달요소, 가합점, 분기점
② 전달요소, 가감점, 인출점
③ 전달요소, 가합점, 인출점
④ 전달요소, 가감점, 분기점

65 MAX 1.0[m³/h], 0.5[L/rev]로 표기된 가스미터가 시간당 50회전하였을 경우 가스유량은?

① 0.5[m³/h]
② 25[L/h]
③ 25[m³/h]
④ 50[L/h]

해설
가스유량 = 0.5[L/rev] × 50[rev/h] = 25[L/h]

정답 61 ③ 62 ② 63 ④ 64 ③ 65 ②

66 직접적으로 자동제어가 가장 어려운 액면계는?

① 유리관식
② 부력검출식
③ 부자식
④ 압력검출식

[해설]
유리관식 액면계는 직접적으로 자동제어하기 어렵다.

67 가스미터 선정 시 고려해야 할 사항으로 틀린 것은?

① 가스의 최대 사용유량에 적합한 계량능력인 것을 선택한다.
② 가스의 기밀성이 좋고 내구성이 큰 것을 선택한다.
③ 사용 시 기차가 커서 정확하게 계량할 수 있는 것을 선택한다.
④ 내열성, 내압성이 좋고 유지관리가 용이한 것을 선택한다.

[해설]
가스미터는 사용 시 기차가 작아 정확하게 계량할 수 있는 것으로 선택한다.

68 수소염이온화식 가스검지기에 대한 설명으로 옳지 않은 것은?

① 검지성분은 탄화수소에 한한다.
② 탄화수소의 상대 감도는 탄소수에 반비례한다.
③ 검지감도가 다른 감지기에 비하여 아주 높다.
④ 수소불꽃 속에 시료가 들어가면 전기전도도가 증대하는 현상을 이용한 것이다.

[해설]
탄화수소의 상대 감도는 탄소수에 비례한다.

69 날개에 부딪히는 유체의 운동량으로 회전체를 회전시켜 운동량과 회전량의 변화로 가스 흐름을 측정하는 것으로, 측정범위가 넓고 압력손실이 작은 가스유량계는?

① 막식 유량계
② 터빈유량계
③ Roots 유량계
④ Vortex 유량계

[해설]
터빈유량계
- 유체에너지를 이용하는 유속식 유량계
- 날개에 부딪히는 유체의 운동량으로 회전체를 회전시켜 운동량과 회전량의 변화로 가스 흐름을 측정하는 것으로, 측정범위가 넓고 압력손실이 작은 가스유량계

70 도시가스로 사용하는 NG의 누출을 검지하기 위하여 검지기는 어느 위치에 설치하여야 하는가?

① 검지기 하단은 천장면의 아래쪽 0.3[m] 이내
② 검지기 하단은 천장면의 아래쪽 3[m] 이내
③ 검지기 상단은 바닥면에서 위쪽으로 0.3[m] 이내
④ 검지기 상단은 바닥면에서 위쪽으로 3[m] 이내

해설
검지기의 설치 위치
- 도시가스(LNG) 등 공기보다 가벼운 가스 : 검지기 하단은 천장면 등의 아래쪽 0.3[m] 이내에 부착한다.
- LPG 등 공기보다 무거운 가스 : 검지기 상단은 바닥면 등에서 위쪽으로 0.3[m] 이내에 부착한다.

71 길이 2.19[mm]인 물체를 마이크로미터로 측정하였더니 2.10[mm]이었다. 오차율은 몇 [%]인가?

① +4.1[%]   ② -4.1[%]
③ +4.3[%]   ④ -4.3[%]

해설
$$오차율 = \frac{측정값 - 참값}{참값} \times 100[\%]$$
$$= \frac{2.10 - 2.19}{2.19} \times 100[\%] \simeq -4.1[\%]$$

72 계량기 종류별 기호에서 LPG 미터의 기호는?

① H   ② P
③ L   ④ G

해설
계량기의 종류별 기호 : A 판수동 저울, B 접시지시 및 판지시 저울, C 전기식 지시 저울, D 분동, E 이동식 축증기, F 체온계, G 전력량계, H 가스미터, I 수도미터, J 온수미터, K 주유기, L LPG미터, M 오일미터, N 눈새김 탱크, O 눈새김 탱크로리, P 혈압계, Q 적산 열량계, R 곡물 수분 측정기, S 속도 측정기

73 오르자트 가스분석기에서 가스의 흡수 순서로 옳은 것은?

① $CO \rightarrow CO_2 \rightarrow O_2$
② $CO_2 \rightarrow CO \rightarrow O_2$
③ $O_2 \rightarrow CO_2 \rightarrow CO$
④ $CO_2 \rightarrow O_2 \rightarrow CO$

74 다음 중 온도계에 대한 설명으로 옳지 않은 것은?

① 상태 변화를 이용한 것 - 서모컬러
② 열팽창을 이용한 것 - 유리온도계
③ 열기전력을 이용한 것 - 열전대 온도계
④ 전기저항 변화를 이용한 것 - 바이메탈 온도계

해설
전기저항 변화를 이용한 것은 저항온도계, 서미스터 등이며, 바이메탈 온도계는 열팽창을 이용한 것이다.

정답 70 ① 71 ② 72 ③ 73 ④ 74 ④

75 크로마토그램에서 머무름 시간이 45초인 어떤 용질을 길이 2.5[m]의 칼럼에서 바닥에서의 너비를 측정하였더니 6초였다. 이론단수는 얼마인가?

① 800
② 900
③ 1,000
④ 1,200

해설
이론단수
$$N = 16 \times \left(\frac{l}{W}\right)^2 = 16 \times \left(\frac{t}{T}\right)^2 = 16 \times \left(\frac{45}{6}\right)^2 \simeq 900$$

76 가스계량기의 검정 유효기간은 몇 년인가?(단, 최대 유량 10[m³/h] 이하이다)

① 1년   ② 2년
③ 3년   ④ 5년

해설
가스계량기의 (재)검정 유효기간
• 최대 유량 10[m³/h] 이하의 경우 : 5년
• 그 밖의 가스미터 : 8년
• 재검정 유효기간의 기산 : 재검정 완료일의 다음 달 1일부터 기산

77 공업용 액면계(액위계)로서 갖추어야 할 조건으로 틀린 것은?

① 연속 측정이 가능하고, 고온·고압에 잘 견디어야 한다.
② 지시기록 또는 원격 측정이 가능하고 부식에 약해야 한다.
③ 액면의 상·하한계를 간단히 계측할 수 있어야 하며, 적용이 용이해야 한다.
④ 자동제어장치에 적용이 가능하고, 보수가 용이해야 한다.

해설
공업용 액면계(액위계)는 지시 기록 또는 원격 측정이 가능하고 부식에 강해야 한다.

78 가스누출검지경보장치의 기능에 대한 설명으로 틀린 것은?

① 경보농도는 가연성 가스인 경우 폭발하한계의 1/4 이하, 독성가스인 경우 TLV-TWA 기준농도 이하로 할 것
② 경보를 발신한 후 5분 이내에 자동적으로 경보 정지가 되어야 할 것
③ 지시계의 눈금은 독성가스인 경우 0~TLV-TWA 기준 농도 3배 값을 명확하게 지시하는 것일 것
④ 가스검지에서 발신까지의 소요시간은 경보농도 1.6배 농도에서 보통 30초 이내일 것

해설
경보를 발신한 후에는 가스농도가 변화하여도 계속 경보를 울려야 하며, 확인 또는 대책을 조치한 후 정지되어야 한다.

79 계량기의 감도가 좋은 경우 나타나는 변화는?

① 측정시간이 짧아진다.
② 측정범위가 좁아진다.
③ 측정범위가 넓어지고, 정도가 좋다.
④ 폭넓게 사용할 수 있고, 편리하다.

해설
계량기의 감도가 좋으면 측정범위가 좁아진다.

80 신호의 전송방법 중 유압 전송방법의 특징에 대한 설명으로 틀린 것은?

① 전송거리가 최고 300[m]이다.
② 조작력이 크고, 전송 지연이 작다.
③ 파일럿 밸브식과 분사관식이 있다.
④ 내식성, 방폭이 필요한 설비에 적당하다.

해설
유압식 신호 전송방식
• 조작력이 크고, 응답성이 우수하다.
• 전송 지연이 작고 희망특성을 얻을 수 있다.
• 부식의 염려가 적으나 인화 위험성이 있다.
• 내식성, 방폭이 필요한 설비에 부적당하다.
• 파일럿 밸브식과 분사관식이 있다.
• 신호 전송거리 : 최대 300[m]

2022년 제2회 과년도 기출복원문제

제1과목 연소공학

01 연소에 대한 설명으로 가장 적절한 것은?

① 연소는 산화반응으로 속도가 느리고, 산화열이 발생한다.
② 물질의 열전도율이 클수록 가연성이 되기 쉽다.
③ 활성화 에너지가 큰 것은 일반적으로 발열량이 크므로 가연성이 되기 쉽다.
④ 가연성 물질이 공기 중의 산소 및 그 외의 산소원의 산소와 작용하여 열과 빛을 수반하는 산화작용이다.

해설
연소의 정의
- 물질이 빛과 열을 내면서 산소와 결합하는 현상이다.
- 탄소, 수소 등의 가연성 물질이 산소와 화합하여 열과 빛을 발하는 현상이다.
- 열, 빛을 동반하는 발열반응이다.
- 활성물질에 의해 자발적으로 반응이 계속되는 현상이다.
- 적당한 온도의 열과 일정 비율의 산소와 연료의 결합반응으로 발열 및 발광현상을 수반한다.
- 분자 내 반응에 의해 열에너지를 발생하는 발열 분해반응도 연소의 범주에 속한다.

02 어떤 기체가 열량 80[kJ]을 흡수하여 외부에 대하여 20[kJ]의 일을 하였다면, 내부에너지 변화는 몇 [kJ]인가?

① 20 ② 60
③ 80 ④ 100

해설
내부에너지의 변화
$\Delta U = 80 - 20 = 60[kJ]$

03 이상기체에 대한 설명으로 틀린 것은?

① 이상기체 상태방정식을 따르는 기체이다.
② 보일-샤를의 법칙을 따르는 기체이다.
③ 아보가드로 법칙을 따르는 기체이다.
④ 반 데르 발스 법칙을 따르는 기체이다.

해설
반 데르 발스 법칙을 따르는 기체는 실제기체이다.

04 기체연료의 확산연소에 대한 설명으로 틀린 것은?

① 확산연소는 폭발의 경우에 주로 발생하는 형태이며, 예혼합연소에 비해 반응대가 좁다.
② 연료가스와 공기를 별개로 공급하여 연소하는 방법이다.
③ 연소 형태는 연소기기의 위치에 따라 달라지는 비균일연소이다.
④ 일반적으로 확산과정은 화학반응이지만, 화염의 전파과정보다 늦기 때문에 확산에 의한 혼합속도가 연소속도를 지배한다.

해설
확산연소는 가연성 가스의 연소에서 주로 발생하는 형태이며, 예혼합연소에 비해 반응대가 넓다.

05 공기비가 작을 경우 나타나는 현상과 가장 거리가 먼 것은?

① 매연 발생이 심해진다.
② 폭발사고 위험성이 커진다.
③ 연소실 내의 연소온도가 저하된다.
④ 미연소로 인한 열손실이 증가한다.

해설
공기비가 작으면 연소실 내의 연소온도가 올라간다.

06 '착화온도가 85[℃]이다'를 가장 잘 설명한 것은?

① 85[℃] 이하로 가열하면 인화한다.
② 85[℃] 이하로 가열하고 점화원이 있으면 연소한다.
③ 85[℃]로 가열하면 공기 중에서 스스로 발화한다.
④ 85[℃]로 가열해서 점화원이 있으면 연소한다.

해설
착화온도 85[℃]의 의미 : 85[℃]로 가열하면 공기 중에서 스스로 발화(연소)한다.

07 탄소 1[mol]이 불완전연소하여 전량 일산화탄소가 되었을 경우 몇 [mol]이 되는가?

① $\frac{1}{2}$
② 1
③ $1\frac{1}{2}$
④ 2

해설
탄소의 연소방정식은 완전연소 시 $C + O_2 \rightarrow CO_2$, 불완전연소 시 $C + 0.5O_2 \rightarrow CO$로 나타난다.
탄소 1[mol]이 전량 일산화탄소가 되었다는 것은 불완전연소하였다는 것이며, 이때 1[mol]의 일산화탄소가 생성된다.

08 가연물과 일반적인 연소 형태를 짝지어 놓은 것 중 틀린 것은?

① 등유 - 증발연소
② 목재 - 분해연소
③ 코크스 - 표면연소
④ 나이트로글리세린 - 확산연소

해설
나이트로글리세린 - 자기연소

09 수소의 위험도(H)는 얼마인가?(단, 수소의 폭발하한 4[%], 폭발상한 75[%]이다)

① 5.25
② 17.75
③ 27.25
④ 33.75

해설
수소의 위험도
$H = \frac{U-L}{L} = \frac{75-4}{4} = 17.75$

10 유동층 연소의 장점에 대한 설명으로 가장 거리가 먼 것은?

① 부하 변동에 따른 적응력이 좋다.
② 광범위하게 연료에 적용할 수 있다.
③ 질소산화물의 발생량이 감소된다.
④ 전열 면적이 작게 소요된다.

해설
유동층 연소 : 석탄 분쇄입자와 유동 매체(석회석)의 혼합 가루층에 적정 속도의 공기를 불어넣은 부유 유동층 상태에서의 연소(기술)
- 연료에 광범위하게 적용 가능하다.
- 질소산화물 발생량이 감소된다.
- 전열 면적이 작게 소요된다.
- 부하 변동에 따른 적응력이 나쁘다.

11 1[kg]의 공기를 20[℃], 1[kgf/cm²]인 상태에서 일정 압력으로 가열팽창시켜 부피를 처음의 5배로 하려고 한다. 이때 온도는 초기 온도와 비교하여 몇 [℃] 차이가 나는가?

① 1,172 ② 1,292
③ 1,465 ④ 1,561

해설
$\dfrac{V_1}{T_1} = \dfrac{V_2}{T_2}$ 에서 $\dfrac{V_1}{T_1} = \dfrac{5V_1}{T_2}$ 이므로

$T_2 = \dfrac{5V_1 T_1}{V_1} = 5T_1 = 5 \times (20+273) = 1,465[K] = 1,192[℃]$

∴ $T_2 - T_1 = 1,192 - 20 = 1,172[℃]$

12 자연발화를 방지하는 방법으로 옳지 않은 것은?

① 통풍을 잘 시킬 것
② 저장실의 온도를 높일 것
③ 습도가 높은 것을 피할 것
④ 열이 축적되지 않게 연료의 보관방법에 주의할 것

해설
자연발화를 방지하려면 저장실의 온도를 낮추어야 한다.

13 가스화재 소화대책에 대한 설명으로 가장 거리가 먼 것은?

① LNG에 착화할 때에는 노출된 탱크, 용기 및 장비를 냉각시키면서 누출원을 막아야 한다.
② 소규모 화재 시 고성능 포말소화액을 사용하여 소화할 수 있다.
③ 큰 화재나 폭발로 확대된 위험이 있을 경우에는 누출원을 막지 않고 소화부터 해야 한다.
④ 진화원을 막는 것이 바람직하다고 판단되면 분말소화약제, 탄산가스, 할론소화기를 사용할 수 있다.

해설
가스화재 소화대책
- LNG에 착화할 때에는 노출된 탱크, 용기 및 장비를 냉각시키면서 누출원을 막아야 한다.
- 소규모 화재 시 고성능 포말소화액을 사용하여 소화할 수 있다.
- 큰 화재나 폭발로 확대된 위험이 있을 경우에는 먼저 누출원을 막은 후 소화해야 한다.
- 진화원을 막는 것이 바람직하다고 판단되면 분말소화약제, 탄산가스, 할론소화기를 사용할 수 있다.

14 기체연료가 공기 중에서 정상 연소할 때 정상 연소 속도의 값으로 가장 옳은 것은?

① 0.1~10[m/sec] ② 11~20[m/sec]
③ 21~30[m/sec] ④ 31~40[m/sec]

해설
기체연료가 공기 중에서 정상 연소할 때 정상 연소속도는 0.1~10 [m/sec]이다.

15 가스화재 시 밸브 및 콕을 잠그는 소화방법은?

① 질식소화 ② 냉각소화
③ 억제소화 ④ 제거소화

해설
제거소화
- 가스화재 시 밸브 및 콕을 잠가 연료 공급을 중단시키는 소화방법
- LPG 저장탱크의 배관이 파손되어 가스로 인한 화재가 발생하였을 때 안전관리자가 긴급차단장치를 조작하여 LPG 저장탱크로부터의 LPG 공급을 중단시켜 소화하는 방법

16 다음 반응식을 이용하여 메탄(CH_4)의 생성열을 구하면?

(1) $C + O_2 \to CO_2$, $\Delta H = -97.2$[kcal/mol]
(2) $H_2 + \frac{1}{2}O_2 \to H_2O$, $\Delta H = -57.6$[kcal/mol]
(3) $CH_4 + 2O_2 \to CO_2 + 2H_2O$, $\Delta H = -194.4$[kcal/mol]

① $\Delta H = -20$[kcal/mol]
② $\Delta H = -18$[kcal/mol]
③ $\Delta H = 18$[kcal/mol]
④ $\Delta H = 20$[kcal/mol]

해설
메탄의 생성열
$\Delta H = 194.4 - 97.2 - (2 \times 57.6) = -18$[kcal/mol]

17 증기운 폭발에 영향을 주는 인자로 가장 거리가 먼 것은?

① 혼합비
② 점화원의 위치
③ 방출된 물질의 양
④ 증발된 물질의 분율

해설
증기운 폭발에 영향을 주는 인자 : 방출된 물질의 양, 증발된 물질의 분율, 점화원의 위치, 점화 확률, 점화 전 증기운의 이동거리, 시간 지연, 폭발 확률, 폭발효율 등

18 안전간격에 대한 설명으로 옳지 않은 것은?

① 안전간격은 방폭 전기기기 등의 설계에 중요하다.
② 한계 직경은 가는 관 내부를 화염이 진행할 때 도중에 꺼지는 관의 직경이다.
③ 두 평행판 간의 거리를 화염이 전파하지 않을 때까지 좁혔을 때 그 거리를 소염거리라고 한다.
④ 발화의 제반조건을 갖추었을 때 화염이 최대한으로 전파되는 거리를 화염일주라고 한다.

해설
화염일주 : 화염이 소실되는 것으로, 소염이라고도 한다.

19 미연소혼합기의 흐름이 화염 부근에서 층류에서 난류로 바뀌었을 때의 현상으로 옳지 않은 것은?

① 화염의 성질이 크게 바뀌며 화염대의 두께가 증대한다.
② 예혼합연소일 경우 화염 전파속도가 가속된다.
③ 적화식 연소는 난류 확산연소로서 연소율이 높다.
④ 확산연소일 경우는 단위 면적당 연소율이 높아진다.

해설
미연소혼합기의 흐름이 화염 부근에서 층류에서 난류로 바뀌었을 때의 현상
- 화염의 성질이 크게 바뀌며 화염대의 두께가 증대한다.
- 예혼합연소일 경우 화염의 전파속도가 가속된다.
- 적화식 연소는 난류 확산연소로서 연소율이 낮다.
- 확산연소일 경우는 단위 면적당 연소율이 높아진다.

20 탄소 1[kg]을 완전히 연소시키는 데 요구되는 이론 산소량은 몇 [Nm³/kg]인가?

① 약 0.82   ② 약 1.23
③ 약 1.87   ④ 약 2.45

해설
탄소의 연소방정식 $C + O_2 \rightarrow CO_2$에서 탄소 분자량이 12이고, 산소 몰수가 1[mol]이므로 이론산소량 $O_o = \dfrac{22.4}{12} \approx 1.87[Nm^3]$ 이다.

제2과목 가스설비

21 가연성 가스 운반 차량의 운행 중 가스가 누출할 경우 취해야 할 긴급조치사항으로 가장 거리가 먼 것은?

① 신속히 소화기를 사용한다.
② 주위가 안전한 곳으로 차량을 이동시킨다.
③ 누출 방지조치를 취한다.
④ 교통 및 화기를 통제한다.

해설
가연성 가스 운반 차량의 운행 중 가스 누출 시 긴급조치사항 (운반 중 가스 누출 부분에 수리 불가능한 상태가 발생했을 때의 조치)
- 누출 방지조치를 취한다.
- 상황에 따라 안전한 장소로 운반한다(주위가 안전한 곳으로 차량을 이동시킨다).
- 부근의 화기를 없앤다(교통 및 화기를 통제한다).
- 소화기를 이용하여 소화하는 것은 부적절하다.
- 비상연락망에 따라 관계업소에 원조를 의뢰한다.

22 입구측 압력이 0.5[MPa] 이상인 정압기의 안전밸브 분출 구경의 크기는 얼마 이상으로 하여야 하는가?

① 20A   ② 25A
③ 32A   ④ 50A

해설
정압기에 설치되는 안전밸브 분출부의 크기
- 정압기 입구측 압력이 0.5[MPa] 이상인 것 : 50A 이상
- 정압기 입구측 압력이 0.5[MPa] 미만인 것 : 정압기의 설계유량에 따른 기준 크기
  - 정압기 설계유량이 1,000[Nm³/h] 이상인 것 : 50A 이상
  - 정압기 설계유량이 1,000[Nm³/h] 미만인 것 : 25A 이상

23 압축기의 종류 중 구동모터와 압축기가 분리된 구조로서, 벨트나 커플링에 의하여 구동되는 압축기의 형식은?

① 개방형 ② 반밀폐형
③ 밀폐형 ④ 무급유형

해설
구조에 따른 압축기 형식
- 개방형 : 구동모터와 압축기가 분리된 구조로서, 벨트나 커플링에 의하여 구동되는 압축기 형식이다.
- 반밀폐형 : 개방형과 밀폐형의 중간 형식이다.
- 밀폐형 : 전동기와 압축기가 한 하우징 속에 밀폐된 형식이며, 소음과 진동이 작다.
- 무급유형 : 오일 혼입을 방지한 형식으로 식품, 양조, 특수약품의 제조 시 이용된다.

24 비중이 1.5인 프로판이 입상 30[m]일 경우의 압력손실은 약 몇 [Pa]인가?

① 130 ② 190
③ 256 ④ 450

해설
압력손실 $= 1.293 \times (S-1) h \times g$
$= 1.293 \times (1.5-1) \times 30 \times 9.8 \simeq 190 [\text{Pa}]$

25 전기방식방법 중 희생양극법의 특징에 대한 설명으로 틀린 것은?

① 시공이 간단하다.
② 과방식의 우려가 없다.
③ 방식효과 범위가 넓다.
④ 단거리 배관에 경제적이다.

해설
희생양극법은 방식효과의 범위가 좁다.

26 1단 감압식 준저압조정기의 입구압력과 조정압력으로 맞는 것은?

① 입구압력 : 0.07~1.56[MPa], 조정압력 : 2.3~3.3[kPa]
② 입구압력 : 0.07~1.56[MPa], 조정압력 : 5~30[kPa] 이내에서 제조자가 설정한 기준압력의 ±20[%]
③ 입구압력 : 0.1~1.56[MPa], 조정압력 : 2.3~3.3[kPa]
④ 입구압력 : 0.1~1.56[MPa], 조정압력 : 5~30[kPa] 이내에서 제조자가 설정한 기준압력의 ±20[%]

해설
1단 감압식 조정기
- 저압 조정기
  - 출구로부터 연소기 입구까지의 허용 압력손실 : 수주 30[mm]를 초과해서는 안 된다.
  - 입구압력 : 0.07~1.56[MPa]
  - 조정압력 : 2.3~3.3kPa
- 준저압조정기
  - 일반 사용자 등이 LPG를 생활용 이외의 용도에 공급하는 경우에 한하여 사용한다.
  - 장치 및 조작이 간단하다.
  - 배관이 비교적 굵게 되며 압력 조정이 정확하지 않다.
  - 입구압력 : 0.1~1.56[MPa]
  - 조정압력 : 5~30[kPa] 이내에서 제조자가 설정한 기준압력의 ±20[%]

27 다음 중 정특성, 동특성이 양호하며 주로 중압용으로 사용되는 정압기는?

① Fisher식 ② KRF식
③ Reynolds식 ④ ARF식

해설
피셔(Fisher)식 정압기 : 로딩형으로, 주로 중압용으로 사용되고 정특성, 동특성이 양호하며 비교적 콤팩트한 형식의 정압기이다. 구동압력이 증가하면 개조도 증가되는 방식이다.

정답 23 ① 24 ② 25 ③ 26 ④ 27 ①

28 기화장치의 성능에 대한 설명으로 틀린 것은?

① 온수 가열방식은 그 온수의 온도가 80[℃] 이하이어야 한다.
② 증기 가열방식은 그 온수의 온도가 120[℃] 이하이어야 한다.
③ 가연성 가스용 기화장치의 접지저항치는 100[Ω] 이상이어야 한다.
④ 압력계는 계량법에 의한 검사 합격품이어야 한다.

해설
가연성 가스용 기화장치의 접지저항치 : 10[Ω] 이하

29 배관설비에 있어서 유속을 5[m/sec], 유량을 20[m³/sec]이라고 할 때 관경의 직경은?

① 175[cm] ② 200[cm]
③ 225[cm] ④ 250[cm]

해설
유량 $Q = Av = \dfrac{\pi d^2}{4} \times v$ 에서

직경 $d = \sqrt{\dfrac{4Q}{\pi v}} = \sqrt{\dfrac{4 \times 20}{3.14 \times 5}} \simeq 2.25[m] = 225[cm]$ 이다.

30 냄새가 나는 물질(부취제)의 구비조건으로 옳지 않은 것은?

① 부식성이 없어야 한다.
② 물에 녹지 않아야 한다.
③ 화학적으로 안정하여야 한다.
④ 토양에 대한 투과성이 낮아야 한다.

해설
부취제는 토양에 대한 투과성이 커야 한다.

31 염화비닐 호스에 대한 규격 및 검사방법에 대한 설명으로 맞는 것은?

① 호스의 안지름은 1종, 2종, 3종으로 구분하며, 2종의 안지름은 9.5[mm]이고 그 허용오차는 ±0.8[mm]이다.
② −20[℃] 이하에서 24시간 이상 방치한 후 지체없이 10회 이상 굽힘시험을 한 후 기밀시험에 누출이 없어야 한다.
③ 3[MPa] 이상의 압력으로 실시하는 내압시험에서 이상이 없고, 4[MPa] 이상의 압력에서 파열되는 것으로 한다.
④ 호스의 구조는 안층·보강층·바깥층으로 되어 있고 안층의 재료는 염화비닐을 사용하며, 인장강도는 65.6[N/5mm] 폭 이상이다.

해설
① 호스의 안지름은 1종, 2종, 3종으로 구분하며 안지름은 1종 6.3[mm], 2종 9.5[mm], 3종 12.7[mm]이고 그 허용오차는 ±0.7[mm]이다.
② 1[m]의 호스를 −20[℃] 이하의 공기 중에서 24시간 방치한 후 굽힘 최대 반지름으로 좌우 각 5회 실시하는 내압시험을 한 후 기밀성능시험에서 누출이 없어야 한다.
④ 호스의 구조는 안층·보강층·바깥층으로 되어 있고 안지름과 두께가 균일한 것으로, 굽힘성이 좋고 흠, 기포, 균열 등의 결점이 없어야 한다. 호스 안층의 인장강도는 73.6[N/5mm] 폭 이상이다.

32 배관재료의 허용응력(S)이 8.4[kg/mm²]이고 스케줄 번호가 80일 때 최고 사용압력 P[kg/cm²]는?

① 67 ② 105
③ 210 ④ 650

해설
스케줄 번호 $SCH = 10 \times \dfrac{P}{\sigma}$ 에서

$P = \dfrac{SCH \times \sigma}{10} = \dfrac{80 \times 8.4}{10} \simeq 67[kg/cm^2]$

33 용기 충전구의 'V'홈의 의미는?

① 왼나사를 나타낸다.
② 독성가스를 나타낸다.
③ 가연성 가스를 나타낸다.
④ 위험한 가스를 나타낸다.

해설
왼나사의 경우, 용기 충전구에 'V'홈 표시를 한다.

34 LPG 집단공급시설에서 입상관이란?

① 수용가에 가스를 공급하기 위해 건축물에 수직으로 부착되어 있는 배관을 말하며, 가스의 흐름 방향이 공급자에서 수용가로 연결된 것을 말한다.
② 수용가에 가스를 공급하기 위해 건축물에 수평으로 부착되어 있는 배관을 말하며, 가스의 흐름 방향이 공급자에서 수용가로 연결된 것을 말한다.
③ 수용가에 가스를 공급하기 위해 건축물에 수직으로 부착되어 있는 배관을 말하며, 가스의 흐름 방향과 관계없이 수직배관은 입상관으로 본다.
④ 수용가에 가스를 공급하기 위해 건축물에 수평으로 부착되어 있는 배관을 말하며, 가스의 흐름 방향과 관계없이 수직배관은 입상관으로 본다.

해설
LPG 집단공급시설에서 입상관 : 수용가에 가스를 공급하기 위해 건축물에 수직으로 부착되어 있는 배관으로, 가스의 흐름 방향과 관계없이 수직배관은 입상관으로 본다.

35 지상형 탱크 중 내진설계 적용 대상 시설이 아닌 것은?

① 고법의 적용을 받는 3[ton] 이상의 암모니아 탱크
② 도법의 적용을 받는 3[ton] 이상의 저장탱크
③ 고법의 적용을 받는 10[ton] 이상의 아르곤 탱크
④ 액법의 적용을 받는 3[ton] 이상의 액화석유가스 저장탱크

해설
고법의 적용을 받는 5[ton] 이상의 암모니아 탱크는 내진설계 적용 대상이다.

36 프로판 용기에 V : 47, TP : 31로 각인되어 있다. 프로판의 충전상수가 2.35일 때 충전량[kg]은?

① 10[kg]   ② 15[kg]
③ 20[kg]   ④ 50[kg]

해설
가스 충전질량 $W = V_2/C = 47/2.35 = 20$[kg]

37 다음 중 도시가스 공급시설에 해당되지 않는 것은?

① 본 관
② 가스계량기
③ 사용자 공급관
④ 일반 도시가스사업자의 정압기

해설
도시가스 공급시설 : 본관, 사용자 공급관, 일반 도시가스사업자의 정압기, 압송기 등

38 이음매 없는 고압배관을 제작하는 방법이 아닌 것은?

① 연속주조법
② 만네스만법
③ 인발하는 방법
④ 전기저항용접법(ERW)

해설
이음매 없는 고압배관 제작방법 : 연속주조법, 만네스만법, 인발

39 포스겐 제조 시 사용되는 촉매는?

① 활성탄
② 보크사이트
③ 산화철
④ 니 켈

해설
포스겐($COCl_2$)
• 무색, 상큼한 마른 풀 냄새의 독성가스이다.
• 포스겐의 제조 시 사용되는 촉매 : 활성탄
• 합성수지·고무·합성섬유(폴리우레탄)·도료·의약·용제 등의 원료로 사용된다.
• 인체에 미치는 영향
  – 안구나 피부 자극
  – 인후 작열감
  – 흡입 시 재채기, 호흡곤란 등의 증상이 나타나며 2~8시간 이후부터 폐수종을 일으켜 사망한다.

40 금속의 시험편 또는 제품의 표면에 일정한 하중으로 일정 모양의 경질입자를 압입하거나 일정한 높이에서 해머를 낙하시키는 등의 방법으로 금속재료를 시험하는 방법은?

① 인장시험
② 굽힘시험
③ 경도시험
④ 크리프시험

해설
경도시험 : 금속의 시험편 또는 제품의 표면에 일정한 하중으로 일정 모양의 경질입자를 압입하거나 일정한 높이에서 해머를 낙하시키는 등의 방법으로 금속재료를 시험하는 방법
• 브리넬(Brinell) 경도(HB) : 강구의 자국 크기(표면적)로 경도 조사
• 비커스(Vickers) 경도(HV)
  – 꼭지각 136[°] 다이아몬드 자국의 대각선 길이로 경도 측정
  – 질화강과 침탄강의 경도시험에 적합
• 로크웰(Rockwell) 경도 : 강구 또는 다이아몬드 원추를 압입할 때 생기는 압흔의 깊이로 경도를 나타내는 방법. HRC(꼭지각 120[°] 다이아몬드 콘(Cone, 원뿔체) 압입 자국의 깊이 측정), HRB(지름 1/16인치 강구 깊이 측정)
• 쇼어(Shore) 경도(HS) : 다이아몬드 압입추(낙하추)를 낙하시켰을 때 반발되어 튀어 올라오는 높이로 경도를 나타내는 방법

정답 37 ② 38 ④ 39 ① 40 ③

제3과목 가스안전관리

41 밀폐식 보일러에서 사고의 원인이 되는 사항에 대한 설명으로 가장 거리가 먼 것은?

① 전용 보일러실에 보일러를 설치하지 아니한 경우
② 설치 후 이음부에 대한 가스 누출 여부를 확인하지 아니한 경우
③ 배기통이 수평보다 위쪽을 향하도록 설치한 경우
④ 배기통과 건물의 외벽 사이에 기밀이 완전히 유지되지 않는 경우

해설
밀폐식 보일러의 사고원인
- 설치 후 이음부에 대한 가스 누출 여부를 확인하지 않은 경우
- 배기통이 수평보다 위쪽을 향하도록 설치한 경우
- 배기통과 건물의 외벽 사이에 기밀이 완전히 유지되지 않는 경우

42 다음 각 고압가스를 용기에 충전할 때의 기준으로 틀린 것은?

① 아세틸렌은 수산화나트륨 또는 다이메틸폼아마이드를 침윤시킨 후 충전한다.
② 아세틸렌을 용기에 충전한 후에는 15[℃]에서 1.5[MPa] 이하가 될 때까지 정치하여 둔다.
③ 사이안화수소는 아황산가스 등의 안정제를 첨가하여 충전한다.
④ 사이안화수소는 충전 후 24시간 정치한다.

해설
아세틸렌가스 충전 시 침윤제 : 아세톤, 다이메틸폼아마이드(DMF) 등

43 독성가스 용기 운반 등의 기준으로 옳지 않은 것은?

① 충전용기를 운반하는 가스 운반 전용 차량의 적재함에는 리프트를 설치한다.
② 용기의 충격을 완화하기 위하여 완충판 등을 비치한다.
③ 충전용기를 용기 보관 장소로 운반할 때에는 가능한 한 손수레를 사용하거나 용기의 밑부분을 이용하여 운반한다.
④ 충전용기를 차량에 적재할 때에는 운행 중의 동요로 인하여 용기가 충돌하지 않도록 눕혀서 적재한다.

해설
- 충전용기를 차량에 적재할 때에는 운행 중의 동요로 인하여 용기가 충돌하지 않도록 고무링을 씌우거나 적재함에 넣어 세워서 적재한다.
- 압축가스의 충전용기 중 그 형태 및 운반 차량의 구조상 세워서 적재하기 곤란할 때에는 적재함 높이 이내로 눕혀 적재할 수 있다.

44 도시가스 배관공사 시 주의사항으로 틀린 것은?

① 현장마다 그 날의 작업공정을 정하여 기록한다.
② 작업현장에는 소화기를 준비하여 화재에 주의한다.
③ 현장 감독자 및 작업원은 지정된 안전모 및 완장을 착용한다.
④ 가스의 공급을 일시 차단할 경우에는 사용자에게 사전 통보하지 않아도 된다.

해설
가스 공급을 일시 차단할 경우에는 사용자에게 사전 통보해야 한다.

45 일반 도시가스사업소에 설치된 정압기 필터 분해점검에 대하여 옳게 설명한 것은?

① 가스 공급 개시 후 매년 1회 이상 실시한다.
② 가스 공급 개시 후 2년에 1회 이상 실시한다.
③ 설치 후 매년 1회 이상 실시한다.
④ 설치 후 2년에 1회 이상 실시한다.

[해설]
정압기 필터 분해점검 : 가스 공급 개시 후 매년 1회 이상 실시

46 액화석유가스 지상 저장탱크 주위에는 저장능력이 얼마 이상일 때 방류둑을 설치하여야 하는가?

① 6[ton]　　② 20[ton]
③ 100[ton]　④ 1,000[ton]

[해설]
저장능력이 1,000[ton] 이상인 가연성 가스(액화가스)의 지상 저장탱크의 주위에는 방류둑을 설치하여야 한다.

47 액화석유가스의 안전관리 및 사업법에서 규정한 용어의 정의 중 틀린 것은?

① '방호벽'이란 높이 1.5[m], 두께 10[cm]의 철근 콘크리트 벽을 말한다.
② '충전용기'란 액화석유가스 충전질량의 2분의 1 이상이 충전되어 있는 상태의 용기를 말한다.
③ '소형 저장탱크'란 액화석유가스를 저장하기 위하여 지상 또는 지하에 고정 설치된 탱크로서 그 저장능력이 3[ton] 미만인 탱크를 말한다.
④ '가스설비'란 저장설비 외의 설비로서 액화석유가스가 통하는 설비(배관은 제외한다)와 그 부속설비를 말한다.

[해설]
방호벽 : 높이 2[m] 이상, 두께 12[cm] 이상의 철근콘크리트 또는 이와 같은 수준 이상의 강도를 가지는 구조의 벽

48 소비자 1호당 1일 평균 가스소비량이 1.6[kg/day]이고, 소비 호수가 10호인 경우 자동절체조정기를 사용하는 설비를 설계하면 용기는 몇 개 정도 필요한가?(단, 표준 가스발생능력은 1.6[kg/h]이고, 평균 가스소비율은 60[%], 용기는 2계열 집합으로 사용한다)

① 8개　　② 10개
③ 12개　　④ 14개

[해설]
필요 용기수 $= \dfrac{1\text{호당 평균 가스소비량} \times \text{호수} \times \text{소비율}}{\text{가스발생능력}} \times \text{계열수}$

$= \dfrac{1.6 \times 10 \times 0.6}{1.6} \times 2 = 12$개

49 액화염소가스를 운반할 때 운반 책임자가 반드시 동승하여야 할 경우로 옳은 것은?

① 100[kg] 이상 운반할 때
② 1,000[kg] 이상 운반할 때
③ 1,500[kg] 이상 운반할 때
④ 2,000[kg] 이상 운반할 때

해설
충전용기 운반 시 운반 책임자의 동승 기준

독성 고압가스	압축가스	• 허용농도 100만분의 200 이하 : 10[m³] 이상 • 허용농도 100만분의 200 초과 : 100[m³] 이상
	액화가스	• 허용농도 100만분의 200 이하 : 100[kg] 이상 • 허용농도 100만분의 200 초과 : 1,000[kg] 이상

50 수소의 특성에 대한 설명으로 옳은 것은?

① 가스 중 비중이 큰 편이다.
② 냄새는 있으나 색깔은 없다.
③ 기체 중에서 확산속도가 가장 빠르다.
④ 산소, 염소와 폭발반응을 하지 않는다.

해설
① 가스 중 비중이 가장 작다.
② 냄새와 색깔이 없다.
④ 산소, 염소와 폭발반응을 한다.

51 고압가스의 처리시설 및 저장시설 기준으로 독성가스와 제1종 보호시설의 이격거리를 바르게 연결한 것은?

① 1만 이하 : 13[m] 이상
② 1만 초과 2만 이하 : 17[m] 이상
③ 2만 초과 3만 이하 : 20[m] 이상
④ 3만 초과 4만 이하 : 27[m] 이상

해설
독성가스와 보호시설 간의 안전거리

처리 및 저장능력	제1종 보호시설	제2종 보호시설
1만 이하	17[m]	12[m]
1만 초과 2만 이하	21[m]	14[m]
2만 초과 3만 이하	24[m]	16[m]
3만 초과 4만 이하	27[m]	18[m]
4만 초과 5만 이하	30[m]	20[m]

52 일반적인 독성가스의 제독제로 사용되지 않는 것은?

① 소석회
② 탄산소다 수용액
③ 물
④ 암모니아 수용액

해설
① 소석회 : 포스겐의 제독제
② 탄산소다 수용액 : 황화수소, 아황산가스의 제독제
③ 물 : 아황산가스, 암모니아, 산화에틸렌, 염화메탄의 제독제

53 사람이 사망한 도시가스 사고 발생 시 사업자가 한국가스안전공사에 상보(서면으로 제출하는 상세한 통보)를 할 때 그 기한은 며칠 이내인가?

① 사고 발생 후 5일
② 사고 발생 후 7일
③ 사고 발생 후 14일
④ 사고 발생 후 20일

해설
사람이 사망한 도시가스 사고 발생 시 사업자가 한국가스안전공사에 상보(서면으로 제출하는 상세한 통보)를 할 때 그 기한은 사고 발생 후 20일 이내이다.

55 최고 사용압력이 고압이고 내용적이 5[m³]인 일반 도시가스배관의 자기압력기록계를 이용한 기밀시험 시 기밀유지시간은?

① 24분 이상
② 240분 이상
③ 48분 이상
④ 480분 이상

해설
압력측정기의 종류별 기밀시험방법

종류	최고 사용압력	용적	기밀유지시간
압력계 또는 자기압력 기록계	저압, 중압	1[m³] 미만	24분
		1[m³] 이상 10[m³] 미만	240분
		10[m³] 이상 300[m³] 미만	24×V분. 다만, 1,440분을 초과한 경우에는 1,440분으로 할 수 있다.
	고압	1[m³] 미만	48분
		1[m³] 이상 10[m³] 미만	480분
		10[m³] 이상 300[m³] 미만	48×V분. 다만, 2,880분을 초과한 경우에는 2,880분으로 할 수 있다.

55 암모니아 저장탱크에는 가스의 용량이 저장탱크 내용적의 몇 [%]를 초과하는 것을 방지하기 위한 과충전 방지조치를 강구하여야 하는가?

① 85[%]
② 90[%]
③ 95[%]
④ 98[%]

56 액화석유가스사용시설의 시설 기준에 대한 안전사항으로 다음 ( ) 안에 들어갈 수치가 모두 바르게 나열된 것은?

- 가스계량기와 전기계량기의 거리는 (㉠) 이상, 전기점멸기와의 거리는 (㉡) 이상, 절연조치를 하지 아니한 전선과의 거리는 (㉢) 이상의 거리를 유지할 것
- 주택에 설치된 저장설비는 그 설비 안의 것을 제외한 화기 취급 장소와 (㉣) 이상의 거리를 유지하거나 누출된 가스가 유동되는 것을 방지하기 위한 시설을 설치할 것

① ㉠ 60[cm] ㉡ 30[cm] ㉢ 15[cm] ㉣ 8[m]
② ㉠ 30[cm] ㉡ 20[cm] ㉢ 15[cm] ㉣ 8[m]
③ ㉠ 60[cm] ㉡ 30[cm] ㉢ 15[cm] ㉣ 2[m]
④ ㉠ 30[cm] ㉡ 20[cm] ㉢ 15[cm] ㉣ 2[m]

해설
- 가스계량기와 전기계량기의 거리는 60[cm] 이상, 전기점멸기와의 거리는 30[cm] 이상, 절연조치를 하지 아니한 전선과의 거리는 15[cm] 이상의 거리를 유지할 것
- 주택에 설치된 저장설비는 그 설비 안의 것을 제외한 화기 취급 장소와 2[m] 이상의 거리를 유지하거나 누출된 가스가 유동되는 것을 방지하기 위한 시설을 설치할 것

57 LPG용 가스레인지를 사용하는 도중 불꽃이 치솟는 사고가 발생하였을 때 가장 직접적인 사고원인은?

① 압력조정기 불량
② T관으로 가스 누출
③ 연소기의 연소 불량
④ 가스누출자동차단기 미작동

해설
LPG용 가스레인지를 사용하는 도중에 불꽃이 치솟는 사고가 발생하였다면 가장 직접적인 사고의 원인은 압력조정기의 불량이다.

58 고압가스 냉동제조의 기술 기준에 대한 설명으로 옳지 않은 것은?

① 암모니아를 냉매로 사용하는 냉동제조시설에는 제독제로 물을 다량 보유한다.
② 냉동기의 재료는 냉매가스 또는 윤활유 등으로 인한 화학작용에 의하여 약화되어도 상관없는 것으로 한다.
③ 독성가스를 사용하는 내용적이 1만[L] 이상인 수액기 주위에는 방류둑을 설치한다.
④ 냉동기의 냉매설비는 설계압력 이상의 압력으로 실시하는 기밀시험 및 설계압력의 1.5배 이상의 압력으로 하는 내압시험에 각각 합격한 것이어야 한다.

해설
냉동기의 재료는 냉매가스, 흡수 용액, 윤활유, 이들의 혼합물 등으로 인한 화학작용에 의하여 약화되지 아니하는 것으로 한다.

59 공기액화분리기의 운전을 중지하고 액화산소를 방출해야 하는 경우는?

① 액화산소 5[L] 중 아세틸렌의 질량이 1[mg]을 넘을 때
② 액화산소 5[L] 중 아세틸렌의 질량이 5[mg]을 넘을 때
③ 액화산소 5[L] 중 탄화수소의 탄소질량이 5[mg]을 넘을 때
④ 액화산소 5[L] 중 탄화수소의 탄소질량이 50[mg]을 넘을 때

해설
공기액화분리기의 운전을 중지하고 액화산소를 방출해야 하는 경우
• 액화산소 5[L] 중 아세틸렌의 질량이 5[mg]을 넘을 때
• 액화산소 5[L] 중 탄화수소의 탄소질량이 500[mg]을 넘을 때

60 아세틸렌을 용기에 충전하는 때의 다공도는?

① 65[%] 이하
② 65~75[%]
③ 75~92[%]
④ 92[%] 이상

해설
아세틸렌 용기의 다공도
• 다공물질을 용기에 충전한 상태로 20[℃]에서 아세톤 또는 물의 흡수량으로 측정한다.
• $\dfrac{V-E}{V} \times 100 [\%]$
(여기서, V : 다공물질의 용적, E : 침윤 잔용적)
• 다공도의 합격범위 : 75[%] 이상 92[%] 미만

정답 57 ① 58 ② 59 ② 60 ③

제4과목 가스계측

61 부르동게이지(Bourdon Gauge)는 유체의 무엇을 직접적으로 측정하기 위한 기기인가?

① 온 도
② 압 력
③ 밀 도
④ 유 량

해설
부르동관식 압력계
- 곡관에 압력을 가하면 곡률반경이 변화되는 것을 이용한 것이다.
- 종류 : C형, 스파이럴형, 헬리컬형
- 구조가 간단하다.
- 재질은 고압용에 니켈(Ni)강, 저압용에 황동, 인청동, 특수청동을 사용한다.
- 주로 고압용(0.5~3,000[kgf/cm^2])에 사용된다.
- 높은 압력은 측정 가능하지만 정확도는 낮다.

62 방사온도계의 특징에 대한 설명으로 옳은 것은?

① 방사율에 의한 보정량이 적다.
② 이동 물체에 대한 온도 측정이 가능하다.
③ 저온도에 대한 측정이 적합하다.
④ 응답속도가 느리다.

해설
방사온도계의 특징
- 측정 대상의 온도에 대한 영향이 작다.
- 이동 물체에 대한 온도 측정이 가능하다.
- 고온도에 대한 측정에 적합하다.
- 1,000[℃] 이상 최고 2,000[℃]까지 고온 측정이 가능하다.
- 응답속도가 빠르다.
- 발신기의 온도가 상승하지 않도록 필요에 따라 냉각한다.
- 노벽과의 사이에 수증기, 탄산가스 등이 있으면 오차가 생기므로 주의해야 한다.
- 방사율에 대한 보정량이 크다.
- 측정거리에 따라 오차 발생이 크다.

63 액주식 압력계에 사용되는 액체의 구비조건으로 틀린 것은?

① 온도 변화에 의한 밀도 변화가 커야 한다.
② 액면은 항상 수평이 되어야 한다.
③ 점도와 팽창계수가 작아야 한다.
④ 모세관현상이 작아야 한다.

해설
액주식 압력계에 사용되는 액체는 온도 변화에 의한 밀도 변화가 작아야 한다.

64 부자(Float)식 액면계의 특징으로 틀린 것은?

① 원리 및 구조가 간단하다.
② 고압에도 사용할 수 있다.
③ 액면이 심하게 움직이는 곳에 사용하기 좋다.
④ 액면 상·하한계에 경보용 리밋스위치를 설치할 수 있다.

해설
부자(Float)식 액면계 : 고압 밀폐탱크의 액면 측정용으로 가장 많이 이용되는 액면계
- 원리와 구조가 간단하다.
- 고압에도 사용 가능하다.
- 액면의 상·하한계에 경보용 리밋스위치를 설치할 수 있다.
- 액면이 심하게 움직이는 곳에는 사용하기 어렵다.
- 용도 : 경보 및 액면 제어용으로 널리 사용된다.

65 다음 중 차압식 유량계가 아닌 것은?

① 오리피스(Orifice)
② 벤투리관(Venturi)
③ 로터미터(Rotameter)
④ 플로 노즐(Flow Nozzle)

해설
로터미터는 면적식 유량계이다.

정답 61 ② 62 ② 63 ① 64 ③ 65 ③

66 제어동작에 따른 분류 중 연속되는 동작은?

① On-Off 동작
② 다위치 동작
③ 단속도 동작
④ 비례동작

해설
연속동작 : 비례동작, 미분동작, 적분동작, 비례미분동작, 비례적분 동작, 비례적분미분동작

67 전기식 제어방식의 장점으로 틀린 것은?

① 배선작업이 용이하다.
② 신호 전달 지연이 없다.
③ 신호의 복잡한 취급이 쉽다.
④ 조작속도가 빠른 비례 조작부를 만들기 쉽다.

해설
전기식 제어방식의 특징
• 신호 지연이 없으며, 배선이 용이하다.
• 컴퓨터와의 접속성이 좋다.
• 신호의 복잡한 취급이 용이하다.
• 온오프가 간단하다.
• 취급기술을 요하며 습도에 주의해야 한다.

68 30[℃]는 몇 [°R](Rankine)인가?

① 528[°R] ② 537[°R]
③ 546[°R] ④ 555[°R]

해설
랭킨온도[°R] = [°F] + 460 = 1.8 × [K]
= 1.8 × (30 + 273) ≈ 546[°R]

69 염소(Cl_2)가스 누출 시 검지하는 데 가장 적당한 시험지는?

① 연당지
② KI 전분지
③ 초산벤젠지
④ 염화제일구리착염지

해설
시험지법에서의 검지가스별 시험지와 누설 변색 색상
• 아세틸렌(C_2H_2) : 염화제1동착염지 – 적색
• 암모니아(NH_3) : (적색) 리트머스시험지 – 청색
• 염소(Cl_2) : KI 전분지(아이오딘화칼륨, 녹말종이) – 청색
• 일산화탄소(CO) : 염화팔라듐지 – 흑색
• 사이안화수소(HCN) : 질산구리벤젠지(초산벤젠지) – 청색
• 포스겐($COCl_2$) : 해리슨시험지 – 심등색
• 황화수소(H_2S) : 연당지(초산납지) – 흑(갈)색

70 공업계기의 구비조건으로 옳지 않은 것은?

① 구조가 복잡해도 정밀한 측정이 우선이다.
② 주변환경에 대하여 내구성이 있어야 한다.
③ 경제적이며 수리가 용이하여야 한다.
④ 원격 조정 및 연속 측정이 가능하여야 한다.

해설
공업계기의 구비조건
• 구조가 간단해야 한다.
• 주변환경에 대하여 내구성이 있어야 한다.
• 경제적이며 수리가 용이하여야 한다.
• 원격 조정 및 연속 측정이 가능하여야 한다.

정답 66 ④ 67 ④ 68 ③ 69 ② 70 ①

71 최대 유량이 10[m³/h]인 막식 가스미터기를 설치하고 도시가스를 사용하는 시설이 있다. 가스레인지 2.5[m³/h]를 1일 8시간 사용하고, 가스보일러 6[m³/h]를 1일 6시간 사용했을 경우, 월 가스사용량은 약 몇 [m³]인가?(단, 1개월은 31일이다)

① 1,570
② 1,680
③ 1,736
④ 1,950

해설
가스사용량
$V = \sum Q_n T_n N_n$
$= (2.5 \times 8 \times 31) + (6 \times 6 \times 31) = 1,736 [\text{m}^3]$

72 습도에 대한 설명으로 틀린 것은?

① 상대습도는 포화증기량과 습가스 수증기와의 중량비이다.
② 절대습도는 습공기 1[kg]에 대한 수증기 양과의 비율이다.
③ 비교습도는 습공기의 절대습도와 포화증기의 절대습도와의 비이다.
④ 온도가 상승하면 상대습도는 감소한다.

해설
절대습도 : 습공기 중에서 건조공기 1[kg]에 대한 수증기 양과의 비율

73 헴펠식 분석장치를 이용하여 가스성분을 정량하고자 할 때 흡수법에 의하지 않고 연소법에 의해 측정하여야 하는 가스는?

① 수 소
② 이산화탄소
③ 산 소
④ 일산화탄소

해설
헴펠 가스분석계(헴펠식 분석장치) : 흡수법, 연소법으로 이산화탄소, (중)탄화수소, 산소, 일산화탄소, 질소, 수소, 메탄 등을 분석하는 가스분석계
• 구성 : 가스뷰렛(기체 부피 측정), 가스피펫(흡수액 포함), 수준관(차단액인 물 포함)
• 흡수법 적용 : 이산화탄소, (중)탄화수소, 산소, 일산화탄소, 질소
• 연소법 적용 : 수소, 메탄

74 같은 무게와 내용적의 빈 실린더에 가스를 충전하였다. 다음 중 가장 무거운 것은?

① 5기압, 300[K]의 질소
② 10기압, 300[K]의 질소
③ 10기압, 360[K]의 질소
④ 10기압, 300[K]의 헬륨

해설
$PV = \frac{W}{M}RT$에서 $W = \frac{PVM}{RT}$이고 V, R의 조건은 모두 동일하므로, $W = \frac{PM}{T}$의 크기만 비교하여 가장 무거운 것을 찾는다.

② $W_2 = \frac{P_2 M_2}{T_2} = \frac{10 \times 28}{300} \simeq 0.93$
① $W_1 = \frac{P_1 M_1}{T_1} = \frac{5 \times 28}{300} \simeq 0.47$
③ $W_3 = \frac{P_3 M_3}{T_3} = \frac{10 \times 28}{360} \simeq 0.78$
④ $W_4 = \frac{P_4 M_4}{T_4} = \frac{10 \times 4}{300} \simeq 0.13$

75 계측기의 원리에 대한 설명으로 가장 거리가 먼 것은?

① 기전력의 차이로 온도를 측정한다.
② 액주 높이로부터 압력을 측정한다.
③ 초음파 속도 변화로 유량을 측정한다.
④ 정전용량을 이용하여 유속을 측정한다.

해설
전압과 정압의 차를 이용하여 유속을 측정한다.

76 기체가 흐르는 관 안에 설치된 피토관의 수주 높이가 0.46[m]일 때 기체의 유속은 약 몇 [m/sec]인가?

① 3   ② 4
③ 5   ④ 6

해설
$v = \sqrt{2gh} = \sqrt{2 \times 9.8 \times 0.46} \simeq 3[\text{m/sec}]$

77 가스미터에 다음과 같이 표시되어 있었다. 다음 중 그 의미에 대한 설명으로 가장 옳은 것은?

0.6[L/rev], MAX 1.8[m³/hr]

① 기준실 10주기 체적이 0.6[L], 사용 최대 유량은 시간당 1.8[m³]이다.
② 계량실 1주기 체적이 0.6[L], 사용 감도유량은 시간당 1.8[m³]이다.
③ 기준실 10주기 체적이 0.6[L], 사용 감도유량은 시간당 1.8[m³]이다.
④ 계량실 1주기 체적이 0.6[L], 사용 최대 유량은 시간당 1.8[m³]이다.

78 기체크로마토그래피(Gas Chromatography)의 일반적인 특성에 해당하지 않는 것은?

① 연속분석이 가능하다.
② 분리능력과 선택성이 우수하다.
③ 적외선 가스분석계에 비해 응답속도가 느리다.
④ 여러 가지 가스성분이 섞여 있는 시료가스 분석에 적당하다.

해설
기체크로마토그래피는 연속분석이 불가능하다.

정답 75 ④ 76 ① 77 ④ 78 ①

79 시료가스 채취장치를 구성하는 데 있어 다음 설명 중 틀린 것은?

① 일반 성분의 분석 및 발열량·비중을 측정할 때, 시료가스 중의 수분이 응축될 염려가 있을 때는 도관 가운데에 적당한 응축액 트랩을 설치한다.
② 특수성분을 분석할 때 시료가스 중의 수분 또는 기름성분이 응축되어 분석결과에 영향을 미치는 경우는 흡수장치를 보온하거나 적당한 방법으로 가온한다.
③ 시료가스에 타르류, 먼지류를 포함하는 경우는 채취관 또는 도관 가운데에 적당한 여과기를 설치한다.
④ 고온의 장소로부터 시료가스를 채취하는 경우는 도관 가운데에 적당한 냉각기를 설치한다.

해설
특수성분을 분석할 때 시료가스 중의 수분 또는 기름 성분이 유입되지 않도록 분리장치 및 여과장치를 설치한다.

80 적외선 흡수식 가스분석계로 분석하기 가장 어려운 가스는?

① CO_2
② CO
③ CH_4
④ N_2

해설
대칭성 2원자 분자(N_2, O_2, H_2, Cl_2 등), 단원자 가스(He, Ar 등) 등은 적외선 흡수식 가스분석계로 분석하기 불가능하다.

2022년 제4회 과년도 기출복원문제

제1과목 연소공학

01 헵탄(C_7H_{16}) 1kg을 완전연소하는데 필요한 이론공기량(kg)은?(단, 공기 중 산소 질량비는 23%이다)

① 11.64
② 13.21
③ 15.30
④ 17.17

해설
헵탄(C_7H_{16})의 연소방정식 : $C_7H_{16} + 11O_2 \rightarrow 7CO_2 + 8H_2O$
헵탄(C_7H_{16}) 1kg을 완전연소하는 데 필요한 이론공기량
$= \dfrac{1}{100} \times 11 \times \dfrac{32}{0.23} \approx 15.30[kg]$

02 다음 중 연소 시 발생하는 질소산화물(NO_x)의 감소 방안으로 틀린 것은?

① 질소성분이 적은 연료를 사용한다.
② 화염의 온도를 높게 연소한다.
③ 화실을 크게 한다.
④ 배기가스의 순환을 원활하게 한다.

해설
연소 시 발생하는 질소산화물을 줄이기 위해 화염의 온도를 낮춰 연소한다.

03 품질이 좋은 고체연료의 조건으로 옳은 것은?

① 고정탄소가 많을 것
② 회분이 많을 것
③ 황분이 많을 것
④ 수분이 많을 것

해설
품질이 좋은 고체연료는 고정탄소가 많고 회분, 황분, 수분 등은 적어야 한다.

04 임의의 과정에 대한 가역성과 비가역성을 논의하는 데 적용되는 법칙은?

① 열역학 제0법칙
② 열역학 제1법칙
③ 열역학 제2법칙
④ 열역학 제3법칙

해설
열역학 제2법칙 : 엔트로피 법칙=비가역법칙(에너지 흐름의 방향성)=실제적 법칙=제2종 영구기관 부정의 법칙

05 연소실에서 연소된 연소가스의 자연통풍력을 증가시키는 방법으로 잘못된 것은?

① 연돌의 높이를 높인다.
② 배기가스의 비중량을 크게 한다.
③ 배기가스 온도를 높인다.
④ 연도의 길이를 짧게 한다.

해설
연소실에서 연소된 연소가스의 자연통풍력을 증가시키기 위해서는 배기가스의 비중량을 작게 한다.

정답 1 ③ 2 ② 3 ① 4 ③ 5 ②

06 20[℃]의 물 10[kg]을 대기압하에서 100[℃]의 수증기로 완전히 증발시키는 데 필요한 열량은 약 몇 [kJ]인가?(단, 수증기의 증발잠열은 2,257[kJ/kg]이고, 물의 평균비열은 4.2[kJ/kg·K]이다)

① 800
② 6,190
③ 25,930
④ 61,900

해설
물을 수증기로 완전히 증발시키는 데 필요한 열량 $Q = Q_S + Q_L$
(여기서, Q_S : 20[℃]의 물을 100[℃]의 포화수로 만드는 데 소요되는 가열량, Q_L : 잠열량=100[℃]의 물을 100[℃]의 증기로 만드는 데 소요되는 가열량)
$Q_S = mC(t_2 - t_1) = 10 \times 4.2 \times (100-20) = 3,360 [kJ]$
$Q_L = m\gamma_0 = 10 \times 2,257 = 22,570 [kJ]$
따라서, $Q = Q_S + Q_L = 3,360 + 22,570 = 25,930 [kJ]$

07 다음 중 불연성 물질이 아닌 것은?

① 주기율표의 0족 원소
② 산화반응 시 흡열반응을 하는 물질
③ 완전연소한 산화물
④ 발열량이 크고 계의 온도 상승이 큰 물질

해설
발열량이 크고 계의 온도 상승이 큰 물질은 가연성 물질이다.

08 설치 장소의 위험도에 대한 방폭구조의 선정에 관한 설명 중 틀린 것은?

① 제0종 장소에서는 원칙적으로 내압 방폭구조를 사용한다.
② 제2종 장소에서 사용하는 전선관용 부속품은 KS에서 정하는 일반품으로서 나사접속의 것을 사용할 수 있다.
③ 두 종류 이상의 가스가 같은 위험 장소에 존재하는 경우에는 그중 위험 등급이 높은 것을 기준으로 하여 방폭 전기기기의 등급을 선정하여야 한다.
④ 유입 방폭구조는 제1종 장소에서는 사용을 피하는 것이 좋다.

해설
제0종 장소에서는 원칙적으로 본질 방폭구조를 사용한다.

09 가스연료와 공기의 흐름이 난류일 때의 연소 상태에 대한 설명으로 옳은 것은?

① 화염의 윤곽이 명확하게 된다.
② 층류일 때보다 연소가 어렵다.
③ 층류일 때보다 열효율이 저하된다.
④ 층류일 때보다 연소가 잘되며 화염이 짧아진다.

해설
① 화염의 윤곽이 명확하지 않게 된다.
② 층류일 때보다 연소가 더 잘된다.
③ 층류일 때보다 열효율이 더 향상된다.

10 메탄(CH_4)의 기체 비중은 약 얼마인가?

① 0.55　　② 0.65
③ 0.75　　④ 0.85

해설
메탄(CH_4)가스 비중 = 메탄가스의 분자량/공기분자량
= 16/29 ≒ 0.55

11 고온체의 색깔과 온도를 나타낸 것 중 옳은 것은?

① 적색 : 1,500[℃]
② 휘백색 : 1,300[℃]
③ 황적색 : 1,100[℃]
④ 백적색 : 850[℃]

해설
① 적색 : 850[℃]
② 휘백색 : 1,500[℃]
④ 백적색 : 1,300[℃]

12 가스의 폭발범위(연소범위)에 대한 설명 중 옳지 않은 것은?

① 일반적으로 고압일 경우 폭발범위가 더 넓어진다.
② 수소와 공기 혼합물의 폭발범위는 저온보다 고온일 때 더 넓어진다.
③ 프로판과 공기 혼합물에 질소를 더 가할 때 폭발범위가 더 넓어진다.
④ 메탄과 공기 혼합물의 폭발범위는 저압보다 고압일 때 더 넓어진다.

해설
프로판과 공기 혼합물에 질소를 더 가하면 폭발범위는 더 좁아진다.

13 0.5[atm], 10[L]의 기체 A와 1.0[atm] 5.0[L]의 기체 B를 전체 부피 15[L]의 용기에 넣을 경우 전체 압력은 얼마인가?(단, 온도는 일정하다)

① $\frac{1}{3}$[atm]　　② $\frac{2}{3}$[atm]
③ 1[atm]　　④ 2[atm]

해설
$PV = P_1V_1 + P_2V_2$에서
$P = \frac{P_1V_1 + P_2V_2}{V} = \frac{0.5 \times 10 + 1.0 \times 5}{15} = \frac{2}{3}$[atm]이다.

14 수소의 연소반응식이 다음과 같을 경우 1[mol]의 수소를 일정한 압력에서 이론산소량으로 완전연소시켰을 때의 온도는 약 몇 [K]인가?(단, 정압비열은 10[cal/mol·K], 수소와 산소의 공급온도는 25[℃], 외부로의 열손실은 없다)

$$H_2 + \frac{1}{2}O_2 \rightarrow H_2O(g) + 57.8[kcal/mol]$$

① 5,780　　② 5,805
③ 6,053　　④ 6,078

해설
$_1Q_2 = mC_p\Delta T = mC_p(T_2 - T_1)$이므로
$T_2 = T_1 + \frac{Q}{mC_p} = (25 + 273) + \frac{57.8 \times 10^3}{1 \times 10} = 6,078$[K]

15 연소의 3요소 중 가연물에 대한 설명으로 옳은 것은?

① 0족 원소들은 모두 가연물이다.
② 가연물은 산화반응 시 발열반응을 일으키며 열을 축적하는 물질이다.
③ 질소와 산소가 반응하여 질소산화물을 만들므로 질소는 가연물이다.
④ 가연물은 반응 시 흡열반응을 일으킨다.

해설
① 0족 원소들은 불활성 기체로 8족이라고도 한다.
③ 질소는 불활성 기체이며 질소산화물 생성 시 흡열반응이 일어난다.
④ 가연물은 반응 시 발열반응을 일으킨다.

16 연소에서 사용되는 용어와 그 내용이 가장 바르게 연결된 것은?

① 폭발 - 정상연소
② 착화점 - 점화 시 최대 에너지
③ 연소범위 - 위험도의 계산 기준
④ 자연발화 - 불씨에 의한 최고 연소 시작온도

해설
① 폭발 : 비정상연소
② 착화점 : 점화 시 최소 에너지
④ 자연발화 : 불씨에 의한 최저 연소 시작온도

17 프로판과 부탄이 각각 50[%] 부피로 혼합되어 있을 때 최소 산소농도(MOC)의 부피 [%]는?(단, 프로판과 부탄의 연소하한계는 각각 2.2[v%], 1.8[v%]이다)

① 1.9[%]   ② 5.5[%]
③ 11.4[%]   ④ 15.1[%]

해설
프로판의 연소방정식 $C_3H_8 + 5O_2 \rightarrow 3CO_2 + 4H_2O$, 부탄의 연소방정식 $C_4H_{10} + 6.5O_2 \rightarrow 4CO_2 + 5H_2O$에 의하면, 프로판 1[mol]당 산소 5[mol], 부탄 1[mol]당 산소 6.5[mol]이 소요되므로

$$MOC = \left(2.2 \times \frac{5}{1} \times 0.5[\%]\right) + \left(1.8 \times \frac{6.5}{1} \times 0.5[\%]\right) \approx 11.4[\%]$$

18 가스의 특성에 대한 설명 중 가장 옳은 것은?

① 염소는 공기보다 무거우며 무색이다.
② 질소는 스스로 연소하지 않는 조연성이다.
③ 산화에틸렌은 분해폭발을 일으킬 위험이 있다.
④ 일산화탄소는 공기 중에서 연소하지 않는다.

해설
① 염소는 공기보다 무거우며 황록색이다.
② 질소는 불활성 가스이다.
④ 일산화탄소는 공기 중에서 연소한다.

19 연소열에 대한 설명으로 틀린 것은?

① 어떤 물질이 완전연소할 때 발생하는 열량이다.
② 연료의 화학적 성분은 연소열에 영향을 미친다.
③ 이 값이 클수록 연료로서 효과적이다.
④ 발열반응과 함께 흡열반응도 포함한다.

해설
연소열은 발열반응에 의해 발생된다.
- 발열반응의 예 : 연소반응, 중화반응, 금속과 산의 반응, 수산화나트륨의 용해, 진한 황산의 묽음 등
- 흡열반응의 예 : 광합성, 열분해반응, 수산화바륨($Ba(OH)_2$)과 염화암모늄(NH_4Cl)의 반응, 냉매의 기화, 질산암모늄(NH_3NO_3)의 용해 등

20 비중(60/60[°F])이 0.95인 액체연료의 API도는?

① 15.45　　② 16.45
③ 17.45　　④ 18.45

해설
$API = \dfrac{141.5}{비중} - 131.5 = \dfrac{141.5}{0.95} - 131.5 ≈ 17.45$

제2과목 가스설비

21 축류펌프의 특징에 대한 설명으로 틀린 것은?

① 비속도가 작다.
② 마감기동이 불가능하다.
③ 펌프의 크기가 작다.
④ 높은 효율을 얻을 수 있다.

해설
축류펌프의 비속도는 크다.

22 다음 보기 중 비등점이 낮은 것부터 바르게 나열된 것은?

보기
ⓐ O_2　ⓑ H_2　ⓒ N_2　ⓓ CO

① ⓑ-ⓒ-ⓓ-ⓐ　　② ⓑ-ⓒ-ⓐ-ⓓ
③ ⓑ-ⓓ-ⓒ-ⓐ　　④ ⓑ-ⓓ-ⓐ-ⓒ

해설
가스의 비등점[℃]
- H_2 : -252.5
- N_2 : -196
- CO : -192
- O_2 : -183

23 LP 가스의 연소방식 중 분젠식 연소방식에 대한 설명으로 옳은 것은?

① 불꽃의 색깔은 적색이다.
② 연소 시 1차 공기, 2차 공기가 필요하다.
③ 불꽃의 길이가 길다.
④ 불꽃의 온도가 900[℃] 정도이다.

해설
① 불꽃의 색깔은 청록색이다.
③ 불꽃의 길이가 짧다.
④ 불꽃의 온도가 1,300[℃] 정도이다.

25 정압기의 정상 상태에서 유량과 2차 압력의 관계를 의미하는 정압기의 특성은?

① 정특성
② 동특성
③ 유량특성
④ 사용 최대 차압 및 작동 최소 차압

해설
정특성
- 정압기의 정상 상태에서 유량과 2차 압력의 관계이다.
- Lock-up : 폐쇄압력과 기준유량일 때 2차 압력과의 차이이다.
- 잔류편차 : 유량이 변화했을 때 2차 압력과 기준압력의 차이이다.
- 잔류편차의 값은 작을수록 바람직하다.
- 유량이 증가할수록 2차 압력은 점점 낮아진다.
- 다이어프램에서의 압력 변화로 2차 압력을 조정한다.

24 성능계수가 3.2인 냉동기가 10[ton]의 냉동을 하기 위하여 공급하여야 할 동력은 약 몇 [kW]인가?

① 10 ② 12
③ 14 ④ 16

해설
1[RT] = 3,320[kcal/h] = 3.86[kW]이며,

성능계수 $= \varepsilon_R = \dfrac{흡수열}{받은일} = \dfrac{q_2}{W_c}$ 이므로,

$W_c = \dfrac{q_2}{\varepsilon_R} = \dfrac{10 \times 3.86}{3.2} \approx 12[kW]$이다.

26 강의 열처리 방법 중 오스테나이트 조직을 마텐자이트 조직으로 바꿀 목적으로 0[℃] 이하로 처리하는 방법은?

① 담금질   ② 불 림
③ 심랭처리 ④ 염욕처리

해설
심랭처리(Sub-zero Treatment) : (잔류) 오스테나이트 조직을 마텐자이트 조직으로 바꿀 목적으로 0[℃] 이하로 처리하는 방법

27 액화석유가스(LPG) 20[kg] 용기를 재검사하기 위하여 수압에 의한 내압시험을 하였다. 이때 전 증가량이 200[mL], 영구 증가량이 20[mL]였다면 영구 증가율과 적합 여부를 판단하면?

① 10[%], 합격
② 10[%], 불합격
③ 20[%], 합격
④ 20[%], 불합격

해설

영구(항구) 증가율 = $\dfrac{\text{영구(항구) 증가량}}{\text{전 증가량}} \times 100[\%]$

= $\dfrac{20}{200} \times 100[\%]$ = 10[%]이므로, 합격이다.

28 고압가스 배관에서 발생할 수 있는 진동의 원인으로 가장 거리가 먼 것은?

① 파이프의 내부에 흐르는 유체의 온도 변화에 의한 것
② 펌프 및 압축기의 진동에 의한 것
③ 안전밸브 분출에 의한 영향
④ 바람이나 지진에 의한 영향

해설

고압가스 배관에서 발생 가능한 진동의 원인
• 펌프 및 압축기의 진동
• 안전밸브의 분출 작동
• 유체의 압력 변화
• 바람이나 지진
• 외부 충격
• 관의 굴곡에 의해 생기는 힘

29 전기방식시설의 유지관리를 위한 도시가스시설의 전위 측정용 터미널(T/B) 설치에 대한 설명으로 옳은 것은?

① 희생양극법에 의한 배관에는 500[m] 이내 간격으로 설치한다.
② 배류법에 의한 배관에는 500[m] 이내 간격으로 설치한다.
③ 외부전원법에 의한 배관에는 300[m] 이내 간격으로 설치한다.
④ 직류전철 횡단부 주위에 설치한다.

해설

전기방식시설의 유지관리를 위한 전위 측정용 터미널(T/B)의 설치 기준
• 희생양극법, 배류법 : 배관 길이 300[m] 이내 간격
• 외부전원법 : 배관 길이 500[m] 이내 간격
• 직류전철 횡단부 주위에 설치한다.

30 가스를 충전하는 경우에 밸브 및 배관이 얼었을 때 응급조치하는 방법으로 틀린 것은?

① 석유버너의 불로 녹인다.
② 40[℃]의 이하의 물로 녹인다.
③ 미지근한 물로 녹인다.
④ 얼어 있는 부분에 열습포를 사용한다.

해설

가스 충전 시 밸브 및 배관이 얼었을 때 응급조치방법
• 40[℃] 이하의 물로 녹인다.
• 미지근한 물로 녹인다.
• 얼어 있는 부분에 열습포를 사용한다.
※ 석유버너의 불은 위험하므로 사용하지 않는다.

31 대용량의 액화가스 저장탱크 주위에는 방류둑을 설치하여야 한다. 방류둑의 주된 설치목적은?

① 테러범 등 불순분자가 저장탱크에 접근하는 것을 방지하기 위하여
② 액상의 가스가 누출될 경우 그 가스를 쉽게 방류시키기 위하여
③ 빗물이 저장탱크 주위로 들어오는 것을 방지하기 위하여
④ 액상의 가스가 누출된 경우 그 가스의 유출을 방지하기 위하여

해설
방류둑
- 설치목적 : 액상의 가스가 누출된 경우 그 가스의 유출을 방지하기 위해
- 설치 위치 : 대용량의 액화석유가스 지상 저장탱크 주위

32 대기 중에 10[m] 배관을 연결할 때 중간에 상온 스프링을 이용하여 연결하려고 한다면 중간 연결부에서 얼마의 간격으로 하여야 하는가?(단, 대기 중의 온도는 최저 −20[℃], 최고 30[℃]이고, 배관의 열팽창 계수는 $7.2 \times 10^5/[℃]$이다)

① 18[mm] ② 24[mm]
③ 36[mm] ④ 48[mm]

해설
중간 연결부의 간격

$$\frac{\Delta L}{2} = \frac{L\alpha\Delta t}{2} = \frac{10 \times 1,000 \times 7.2 \times 10^{-5} \times [30-(-20)]}{2}$$

$$= \frac{36}{2} = 18[mm]$$

33 전기방식방법의 특징에 대한 설명으로 옳은 것은?

① 전위차가 일정하고 방식전류가 작아 도복장의 저항이 작은 대상에 알맞은 방식법은 희생양극법이다.
② 매설배관과 변전소의 부극 또는 레일을 직접 도선으로 연결해야 하는 경우에 사용하는 방식은 선택배류법이다.
③ 외부전원법과 선택배류법을 조합하여 레일의 전위가 높아도 방식전류를 흐르게 할 수가 있는 방식은 강제배류법이다.
④ 전압을 임의적으로 선정할 수 있고 전류의 방출을 많이 할 수 있어 전류구배가 작은 장소에 사용하는 방식은 외부전원법이다.

해설
① 희생양극법 : 전위차가 일정하며, 비교적 작고 방식효과 범위가 좁으며 저전압의 방폭지역, 전원 공급이 불가능한 지역, 전위구배가 작은 장소, 해양구조물 등에 적합하다.
② 직접배류법 : 피방식구조물과 전철 변전소의 부극 혹은 레일 사이를 직접 도체로 접속하는 방법이다. 간단하고 설비비가 가장 적게 드는 방법이지만, 변전소가 하나밖에 없고 배류선을 통해 전철로부터 피방식구조물로 유입하는 전류(역류)가 없는 경우에만 사용 가능한 방법이다.
④ 외부전원법 : 외부 직류전원장치의 양극(+)은 매설배관이 설치되어 있는 토양이나 수중에 설치한 외부전원용 전극에 접속하고, 음극(−)은 매설배관에 접속시켜 부식을 방지하는 방법이며, 전식에 대한 방식이 가능하여 장거리 배관에 경제적이다. 전압, 전류의 조정이 가능하여 전기방식의 효과범위가 넓다. 대용량 시설물, 장거리 파이프라인, 대용량 저장탱크 등에 적용된다.

34 고압장치의 재료로 구리관의 성질과 특징으로 틀린 것은?

① 알칼리에는 내식성이 강하지만 산성에는 약하다.
② 내면이 매끈하여 유체저항이 작다.
③ 굴곡성이 좋아 가공이 용이하다.
④ 전도 및 전기 절연성이 우수하다.

해설
고압장치의 재료로 구리관의 성질과 특징
- 알칼리에는 내식성이 강하지만 산성에는 약하다.
- 내면이 매끈하여 유체저항이 작다.
- 굴곡성이 좋아 가공이 용이하다.
- 전도성이 우수하다.

35 액화석유가스사용시설에서 배관의 이음매와 절연조치를 한 전선과는 최소 얼마 이상의 거리를 두어야 하는가?

① 10[cm]   ② 15[cm]
③ 30[cm]   ④ 40[cm]

해설
이격거리(최소 거리)
- 10[cm] 이상 : 액화석유가스사용시설에서 배관의 이음매와 절연조치를 한 전선과의 거리
- 30[cm] 이상 : 절연조치를 하지 않은 전선과의 거리, 굴뚝·전기점멸기 및 전기접속기와의 거리
- 60[cm] 이상 : 배관의 이음매와 전기계량기 및 전기계폐기와의 거리

36 정압기의 이상감압에 대처할 수 있는 방법이 아닌 것은?

① 저압배관의 Loop화
② 2차 측 압력감시장치 설치
③ 정압기 2계열 설치
④ 필터 설치

해설
정압기의 이상감압에 대처할 수 있는 방법
- 저압배관의 루프(Loop)화
- 2차 측 압력감시장치 설치
- 정압기 2계열 설치

37 아세틸렌제조설비에서 정제장치는 주로 어떤 가스를 제거하기 위해 설치하는가?

① PH_3, H_2S, NH_3
② CO_2, SO_2, CO
③ H_2O(수증기), NO, NO_2, NH_3
④ $SiHCl_3$, SiH_2Cl_2, SiH_4

해설
아세틸렌제조설비에서 정제장치가 제거하는 가스류 : PH_3, H_2S, NH_3, N_2, O_2, H_2, CO, SiH_4 등

38 발열량이 10,000[kcal/Sm³], 비중이 1.2인 도시가스의 웨버지수는?

① 8,333　　② 9,129
③ 10,954　　④ 12,000

해설
도시가스의 웨버지수
$$WI = \frac{Q}{\sqrt{d}} = \frac{10,000}{\sqrt{1.2}} \approx 9,129$$

39 액화 사이클 중 비점이 점차 낮은 냉매를 사용하여 저비점의 기체를 액화하는 사이클은?

① 린데 공기액화 사이클
② 가역 가스액화 사이클
③ 캐스케이드 액화 사이클
④ 필립스 공기액화 사이클

해설
③ 캐스케이드 액화 사이클(다원 액화 사이클) : 비등점이 점차 낮은 냉매를 사용하여 낮은 비등점의 기체를 액화시키는 액화 사이클로 암모니아(NH_3), 에틸렌(C_2H_4), 메탄(CH_4) 등이 냉매로 사용된다.
① 린데 공기액화 사이클 : 줄-톰슨효과를 이용하여 공기액화를 연속적으로 수행할 수 있도록 한 사이클이다.
④ 필립스 공기액화 사이클 : 수소, 헬륨을 냉매로 하며 2개의 피스톤이 한 실린더에 설치되어 팽창기와 압축기의 역할을 동시에 하는 액화 사이클이다.

40 다음 보기의 특징을 가진 오토클레이브는?

┌보기─────────────────┐
• 가스 누설의 가능성이 없다.
• 고압력에서 사용할 수 있고 반응물의 오손이 없다.
• 뚜껑판의 뚫린 구멍에 촉매가 끼어 들어갈 염려가 없다.
└──────────────────┘

① 교반형　　② 진탕형
③ 회전형　　④ 가스교반형

해설
② 진탕형
  • 횡형 오토클레이브 전체의 수평 전후 운동으로 교반하여 내용물을 혼합하며, 일반적으로 이 형식을 많이 사용한다.
  • 가스 누설의 가능성이 없다.
  • 고압력에서 사용할 수 있고 반응물의 오손이 없다.
  • 장치 전체가 진동하므로 압력계는 본체에서 떨어져 설치해야 한다.
  • 뚜껑판의 뚫린 구멍에 촉매가 끼어 들어갈 염려가 있다.
① 교반형
  • 교반기에 의해 내용물을 혼합하며, 수직형과 수평형이 있다.
  • 기액반응(기체, 액체의 반응)으로 기체를 계속 유통시킬 수 있다.
  • 주로 전자코일을 이용한다.
  • 교반효과는 수평형이 뛰어나며, 진탕형보다도 효과가 크다.
  • 수직형은 내부에 글라스 용기를 넣어 반응시킬 수 있어서 특수한 라이닝을 하지 않아도 된다.
  • 교반축에서 가스 누설의 가능성이 많다.
  • 회전속도, 압력을 증가시키면 누설의 우려가 있어서 회전속도와 압력에 제한이 있다.
  • 교반축의 패킹에 사용한 물질이 내부에 들어갈 우려가 있다.
③ 회전형
  • 오토클레이브 자체를 회전시켜서 교반하는 형식이다.
  • 고체를 액체나 기체로 처리할 경우에 적합하다.
  • 교반효과가 다른 형식에 비해 많이 떨어지기 때문에 용기벽에 장애판을 설치하거나 용기 내에 다수의 볼을 넣어 내용물의 혼합을 촉진시켜 교반효과를 높인다.
④ 가스교반형
  • 오토클레이브 기상부에서 반응가스를 취출하여 액상부의 최저부에 순환 송입하는 방법, 원료가스를 액상부에 송입하여 배출가스를 방출하는 방법이 있다.
  • 주로 가늘고 긴 수평 반응기로 유체가 순환되어 교반된다.
  • 레페반응장치에 이용된다.
  • 실험실에서 연속반응을 연구할 때 사용된다.

제3과목 가스안전관리

41 철근콘크리트제 방호벽의 설치기준에 대한 설명으로 틀린 것은?

① 일체로 된 철근콘크리트 기초로 한다.
② 기초의 높이는 350[mm] 이상, 되메우기 깊이는 300[mm] 이상으로 한다.
③ 기초의 두께는 방호벽 최하부 두께의 120[%] 이상으로 한다.
④ 직경 8[mm] 이상의 철근을 가로, 세로 300[mm] 이하의 간격으로 배근한다.

해설
철근콘크리트제 방호벽은 직경 9[mm] 이상의 철근을 가로, 세로 400[mm] 이하의 간격으로 배근한다.

42 사이안화수소에 대한 설명으로 옳은 것은?

① 가연성, 독성가스이다.
② 가스의 색깔은 연한 황색이다.
③ 공기보다 아주 무거워 아래쪽에 체류하기 쉽다.
④ 냄새가 없고, 인체에 대한 강한 마취작용을 나타낸다.

해설
② 가스의 색깔은 무색이다.
③ 공기보다 가벼워서 누출 시 위쪽에 체류하기 쉽다.
④ 아몬드향이 나고, 인체에 대한 강한 독성작용을 나타낸다.

43 가연성 가스이면서 독성가스인 것은?

① 염소, 불소, 프로판
② 암모니아, 질소, 수소
③ 프로필렌, 오존, 아황산가스
④ 산화에틸렌, 염화메탄, 황화수소

해설
① 염소 : 조연성·독성가스, 불소 : 조연성·독성가스, 프로판 : 가연성·무독성 가스
② 암모니아 : 가연성·독성가스, 질소 : 불연성·무독성 가스, 수소 : 가연성·무독성 가스
③ 프로필렌 : 가연성·독성가스, 오존 : 조연성·독성가스, 아황산가스 : 가연성·독성가스

44 용기에 의한 액화석유가스사용시설에서 기화장치의 설치 기준에 대한 설명으로 틀린 것은?

① 기화장치의 출구측 압력은 1[MPa] 미만이 되도록 하는 기능을 갖거나 1[MPa] 미만에서 사용한다.
② 용기는 그 외면으로부터 기화장치까지 3[m] 이상의 우회거리를 유지한다.
③ 기화장치의 출구배관에는 고무호스를 직접 연결하지 아니한다.
④ 기화장치의 설치 장소에는 배수구나 집수구로 통하는 도랑을 설치한다.

해설
기화장치의 설치 장소에는 배수구나 집수구로 통하는 도랑이 없어야 한다.

정답 41 ④ 42 ① 43 ④ 44 ④

45 고압가스제조설비에 사용하는 금속재료의 부식에 대한 설명으로 틀린 것은?

① 18-8 스테인리스강은 저온취성에 강하므로 저온재료에 적당하다.
② 황화수소에서 탄소강은 내식성이 약하나 구리나 니켈합금은 내식성이 우수하다.
③ 일산화탄소에 의한 금속 카르보닐화의 억제를 위해 장치내면에 구리 등으로 라이닝한다.
④ 수분이 함유된 산소를 용기에 충전할 때에는 용기의 부식 방지를 위하여 산소가스 중의 수분을 제거한다.

[해설]
황화수소(H_2S)는 Fe, Cr, Ni을 심하게 부식시킨다.

46 고압가스 저장탱크 실내 설치의 기준으로 틀린 것은?

① 가연성 가스 저장탱크실에는 가스누출검지경보장치를 설치한다.
② 저장탱크실은 각각 구분하여 설치하고 자연환기시설을 갖춘다.
③ 저장탱크에 설치한 안전밸브는 지상 5[m] 이상의 높이에 방출구가 있는 가스방출관을 설치한다.
④ 저장탱크의 정상부와 저장탱크실 천장과의 거리는 60[cm] 이상으로 한다.

[해설]
저장탱크실은 각각 구분하여 설치하고 강제환기시설을 갖춘다.

47 독성 고압가스의 배관 중 2중관의 외층관 내경은 내층관 외경의 몇 배 이상을 표준으로 하여야 하는가?

① 1.2배　　② 1.25배
③ 1.5배　　④ 2.0배

48 내용적 59[L]의 LPG 용기에 프로판을 충전할 때 최대 충전량은 약 몇 [kg]인가?(단, 프로판의 정수는 2.35이다)

① 20[kg]　　② 25[kg]
③ 30[kg]　　④ 35[kg]

[해설]
최대 충전량 $W = V/C = 59/2.35 \simeq 25[kg]$

49 최고 충전압력의 정의로 옳지 않은 것은?

① 압축가스 충전용기(아세틸렌가스 제외)의 경우 35[℃]에서 용기에 충전할 수 있는 가스의 압력 중 최고 압력
② 초저온용기의 경우 상용 압력 중 최고 압력
③ 아세틸렌가스 충전용기의 경우 25[℃]에서 용기에 충전할 수 있는 가스의 압력 중 최고 압력
④ 저온용기 외의 용기로서 액화가스를 충전하는 용기의 경우 내압시험 압력의 3/5배의 압력

[해설]
최고 충전압력
• 압축가스를 충전하는 용기 : 35[℃]의 온도에서 그 용기에 충전할 수 있는 가스의 압력 중 최고 압력
• 저온용기, 초저온용기, 아세틸렌 용접용기 : 상용 압력 중 최고 압력
• 저온용기 외의 용기로서 액화가스를 충전하는 용기 : 내압시험압력의 $\frac{3}{5}$배의 압력
• 용기 내장형 액화석유가스 난방기용 용접용기 : 15[MPa]

50 저장탱크에 의한 LPG 사용시설에서 실시하는 기밀시험에 대한 설명으로 옳지 않은 것은?

① 상용압력 이상의 기체의 압력으로 실시한다.
② 지하 매설배관은 3년마다 기밀시험을 실시한다.
③ 기밀시험에 필요한 조치는 안전관리총괄자가 한다.
④ 가스누출검지기로 시험하여 누출이 검지되지 않은 경우 합격으로 한다.

해설
기밀시험에 필요한 조치는 검사신청인이 한다.

51 고압가스 충전용기를 차량에 적재 운반할 때의 기준으로 틀린 것은?

① 충돌을 예방하기 위하여 고무링을 씌운다.
② 모든 충전용기는 적재함에 넣어 세워서 적재한다.
③ 충격을 방지하기 위하여 완충판 등을 갖추고 사용한다.
④ 독성가스 중 가연성 가스와 조연성 가스는 동일 차량 적재함에 운반하지 않는다.

해설
고압가스 충전용기를 차량에 적재할 때에는 차량 운행 중의 동요로 인하여 용기가 충돌하지 아니하도록 고무링을 씌우거나 적재함에 넣어 세워서 적재한다. 다만, 압축가스의 충전용기 중 그 형태 및 운반 차량의 구조상 세워서 적재하기 곤란한 때에는 적재함 높이 이내로 눕혀서 적재할 수 있다.

52 염소와 동일한 차량에 적재하여 운반해도 무방한 것은?

① 산 소
② 아세틸렌
③ 암모니아
④ 수 소

해설
산소와 염소는 모두 조연성 가스이므로 동일한 차량에 적재하여 운반하여도 무방하지만 아세틸렌, 암모니아, 수소 등은 가연성 가스이므로 조연성 가스인 염소와 동일한 차량에 적재하여 운반하지 않는다.

53 고압가스특정제조시설에서 에어졸 제조의 기준으로 틀린 것은?

① 에어졸 제조는 그 성분 배합비 및 1일에 제조하는 최대 수량을 정하고 이를 준수한다.
② 금속제의 용기는 그 두께가 0.125[mm] 이상이고, 내용물로 인한 부식을 방지할 수 있는 조치를 한다.
③ 용기는 40[℃]에서 용기 안의 가스압력의 1.2배의 압력을 가할 때 파열되지 않는 것으로 한다.
④ 내용적이 100[cm³]을 초과하는 용기는 그 용기의 제조자의 명칭 또는 기호가 표시되어 있는 것으로 한다.

해설
용기는 50[℃]에서 용기 안의 가스압력의 1.5배의 압력을 가할 때 변형되지 아니하고, 50[℃]에서 용기 안의 가스압력의 1.8배의 압력을 가할 때 파열되지 아니하는 것으로 한다. 다만, 1.3[MPa] 이상의 압력을 가할 때에 변형되지 아니하고, 1.5[MPa]의 압력을 가할 때 파열되지 않는 것은 그러하지 아니하다.

54 산업재해 발생 및 그 위험요인에 대하여 짝지어진 것 중 틀린 것은?

① 화재, 폭발 - 가연성, 폭발성 물질
② 중독 - 독성가스, 유독물질
③ 난청 - 누전, 배선 불량
④ 화상, 동상 - 고온, 저온물질

해설
난청 - 소음

55 도시가스 사용시설에 설치되는 정압기의 분해점검주기는?

① 6개월 1회 이상
② 1년에 1회 이상
③ 2년 1회 이상
④ 설치 후 3년까지는 1회 이상, 그 이후에는 4년에 1회 이상

해설
도시가스 사용시설에 설치되는 정압기의 분해점검주기 : 설치 후 3년까지는 1회 이상, 그 이후에는 4년에 1회 이상

56 가연성 가스설비의 재치환작업 시 공기로 재치환한 결과를 산소측정기로 측정하여 산소농도가 몇 [%]가 확인될 때까지 공기로 반복하여 치환하여야 하는가?

① 18~22[%]　　② 20~28[%]
③ 22~35[%]　　④ 23~42[%]

해설
가연성 가스설비의 재치환작업 시 공기로 재치환한 결과를 산소측정기로 측정하여 산소농도가 18~22[%]가 확인될 때까지 공기로 반복하여 치환하여야 한다.

57 액화석유가스 저장탱크 지하 설치 시의 시설 기준으로 틀린 것은?

① 저장탱크 주위 빈 공간에는 세립분을 포함한 마른 모래를 채운다.
② 저장탱크를 2개 이상 인접하여 설치하는 경우에는 상호 간에 1[m] 이상의 거리를 유지한다.
③ 점검구는 저장능력이 20[ton] 초과인 경우에는 2개소로 한다.
④ 검지관은 직경 40A 이상으로 4개소 이상 설치한다.

해설
저장탱크 주위 빈 공간에는 세립분을 함유하지 않고, 손으로 만졌을 때 물이 손에서 흘러내리지 않는 상태의 모래를 채운다.

58 고압가스 운반 중에 사고가 발생한 경우 응급조치의 기준으로 옳지 않은 것은?

① 부근의 화기를 없앤다.
② 독성가스가 누출된 경우에는 가스를 제독한다.
③ 비상연락망에 따라 관계업소에 원조를 의뢰한다.
④ 착화된 경우 용기 파열 등의 위험이 있다고 인정될 때는 소화한다.

해설
고압가스 운반 중 사고가 발생하여 착화된 경우 용기 파열 등의 위험이 없다고 인정될 때 소화한다.

59 가스난로를 사용하다가 부주의로 점화되지 않은 상태에서 콕을 전부 열었다. 이때 노즐로부터 분출되는 생가스의 양은 약 몇 [m³/h]인가?(단, 유량계수 : 0.8, 노즐지름 : 2.5[mm], 가스압력 : 200[mmH₂O], 가스비중 : 0.5로 한다)

① 0.5[m³/h]   ② 1.1[m³/h]
③ 1.5[m³/h]   ④ 2.1[m³/h]

해설
$Q = 0.011 KD^2 \times \sqrt{\dfrac{P}{S}}$
$= 0.011 \times 0.8 \times 2.5^2 \times \sqrt{\dfrac{200}{0.5}} \simeq 1.1 [m^3/h]$

60 2개 이상의 탱크를 동일한 차량에 고정할 때의 기준으로 옳지 않은 것은?

① 탱크의 주밸브는 1개만 설치한다.
② 충전관에는 긴급탈압밸브를 설치한다.
③ 충전관에는 안전밸브, 압력계를 설치한다.
④ 탱크와 차량의 사이를 단단하게 부착하는 조치를 한다.

해설
2개 이상의 탱크를 동일한 차량에 고정할 때 탱크마다 탱크의 주밸브를 설치한다.

제4과목 가스계측

61 입력과 출력이 다음 그림과 같을 때 제어동작은?

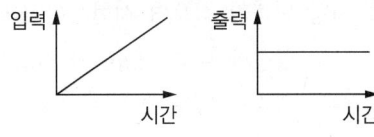

① 비례동작   ② 미분동작
③ 적분동작   ④ 비례적분동작

해설
미분동작에서 입력은 시간에 비례하고, 출력은 시간에 일정하게 나타난다.

62 어느 수용가에 설치되어 있는 가스미터의 기차를 측정하기 위하여 기준기로 지시량을 측정하였더니 150[m³]을 나타내었다. 그 결과 기차가 4[%]로 계산되었다면 이 가스미터의 지시량은 몇 [m³]인가?

① 149.96[m³]   ② 150[m³]
③ 156[m³]   ④ 156.2[m³]

해설
$0.04 = \dfrac{x-150}{x}$ 에서 $0.04x = x - 150$ 이므로 $x = 156.25[m^3]$

63 되먹임 제어와 비교한 시퀀스 제어의 특성으로 틀린 것은?

① 정성적 제어   ② 디지털신호
③ 열린 회로   ④ 비교제어

해설
비교제어는 되먹임 제어(Feedback Control)의 중요한 특징이다.

64 서미스터(Thermistor) 저항체 온도계의 특징에 대한 설명으로 옳은 것은?

① 온도계수가 작으며 균일성이 작다.
② 저항 변화가 작으며 재현성이 좋다.
③ 온도 상승에 따라 저항치가 감소한다.
④ 수분 흡수 시에도 오차가 발생하지 않는다.

해설
① 온도계수가 크며 균일성이 좋지 않다.
② 저항 변화가 크며 재현성이 좋지 않다.
④ 수분을 흡수하면 오차가 발생한다.

65 염소가스를 검출하는 검출시험지에 대한 설명으로 옳은 것은?

① 연당지를 사용하며 염소가스와 접촉하면 흑색으로 변한다.
② KI-녹말종이를 사용하며 염소가스와 접촉하면 청색으로 변한다.
③ 해리슨 시약을 사용하며 염소가스와 접촉하면 심등색으로 변한다.
④ 리트머스시험지를 사용하며 염소가스와 접촉하면 청색으로 변한다.

해설
① 연당지를 사용하며 황화수소 가스와 접촉하면 흑색으로 변한다.
③ 해리슨 시약을 사용하며 포스겐 가스와 접촉하면 심등색으로 변한다.
④ 리트머스시험지를 사용하며 암모니아 가스와 접촉하면 청색으로 변한다.

66 막식 가스미터의 감도유량(㉠)과 일반 가정용 LP 가스미터의 감도유량(㉡)의 값이 바르게 나열된 것은?

① ㉠ 3[L/h] 이상, ㉡ 15[L/h] 이상
② ㉠ 15[L/h] 이상, ㉡ 3[L/h] 이상
③ ㉠ 3[L/h] 이하, ㉡ 15[L/h] 이하
④ ㉠ 15[L/h] 이하, ㉡ 3[L/h] 이하

해설
막식 가스미터의 감도유량은 3[L/h] 이하이며, 일반 가정용 LP 가스미터의 감도유량은 15[L/h] 이하이다.

67 열전도도 검출기의 측정 시 주의사항으로 옳지 않은 것은?

① 운반기체 흐름속도에 민감하므로 흐름속도를 일정하게 유지한다.
② 필라멘트에 전류를 공급하기 전에 일정량의 운반기체를 먼저 흘려보낸다.
③ 감도를 위해 필라멘트와 검출실 내벽온도를 적정하게 유지한다.
④ 운반기체의 흐름속도가 클수록 감도가 증가하므로, 높은 흐름속도를 유지한다.

해설
운반기체의 흐름속도가 느릴수록 감도가 증가하므로, 낮은 흐름속도를 유지하면 감도는 증가하지만 유속이 너무 낮으면 분석시간이 길어진다.

68 압력 5[kgf/cm² · abs], 온도 40[℃]인 산소의 밀도는 약 몇 [kg/m³]인가?

① 2.03　　② 4.03
③ 6.03　　④ 8.03

해설
$PV = G\bar{R}T = \dfrac{m}{M}\bar{R}T$ 이며

밀도 $\rho = \dfrac{m}{V} = \dfrac{PM}{RT} = \dfrac{5 \times 10^4 \times 32}{848 \times (40+273)} \approx 6.03 [kg/m^3]$

69 오르자트 가스분석장치에서 사용되는 흡수제와 흡수가스의 연결이 바르게 된 것은?

① CO 흡수액 - 30[%] KOH 수용액
② O₂ 흡수액 - 알칼리성 파이로갈롤 용액
③ CO 흡수액 - 알칼리성 파이로갈롤 용액
④ CO₂ 흡수액 - 암모니아성 염화제일구리 용액

해설
- CO 흡수액 - 암모니아성 염화제일구리 용액
- CO₂ 흡수액 - 33[%] KOH 수용액

70 다음 중 면적식 유량계는?

① 로터미터
② 오리피스미터
③ 피토관
④ 벤투리미터

해설
② 오리피스미터 : 차압식 유량계
③ 피토관 : 유속식 유량계
④ 벤투리미터 : 차압식 유량계

71 액면계는 액면의 측정방법에 따라 직접법과 간접법으로 구분한다. 다음 중 간접법 액면계의 종류가 아닌 것은?

① 방사선식
② 플로트식
③ 압력검출식
④ 퍼지식

해설
플로트식 액면계는 직접식 액면계에 해당한다.

72 다음 중 편위법에 의한 계측기기가 아닌 것은?

① 스프링 저울
② 부르동관 압력계
③ 전류계
④ 화학천칭

해설
편위법 : 측정량의 크기에 따라 지침 등을 편위시켜 측정량을 구하는 방법이다. 감도는 떨어지지만 취급이 쉽고, 신속하게 측정할 수 있어 전압계 및 전류계 등의 공업용 기기로 많이 사용된다(스프링 저울, 부르동관 압력계, 전류계 등).

정답 68 ③ 69 ② 70 ① 71 ② 72 ④

73 기체크로마토그래피에서 사용되는 캐리어가스에 대한 설명으로 틀린 것은?

① 헬륨, 질소가 주로 사용된다.
② 가능한 한 기체 확산이 큰 것이어야 한다.
③ 시료에 대하여 불활성이어야 한다.
④ 사용하는 검출기에 적합하여야 한다.

해설
기체크로마토그래피에서 사용되는 캐리어가스는 기체 확산을 최소로 할 수 있어야 한다.

74 배관의 모든 조건이 같을 때 지름을 2배로 하면 체적유량은 약 몇 배가 되는가?

① 2배   ② 4배
③ 6배   ④ 8배

해설
체적유량 $Q = Av = \dfrac{\pi d^2}{4} \times v$이므로 지름이 2배가 되면 체적유량은 $2^2 = 4$배가 된다.

75 가스미터의 설치 장소로 적당하지 않은 것은?

① 수직, 수평으로 설치한다.
② 환기가 잘되는 곳에 설치한다.
③ 검침, 교체가 용이한 곳에 설치한다.
④ 높이가 200[cm] 이상인 위치에 설치한다.

해설
가스미터는 바닥으로부터 1.6[m] 이상 2.0[m] 이내의 위치에 설치한다.

76 차압식 유량계로 유량을 측정하였더니 오리피스 전후의 차압이 1,936[mmH$_2$O]일 때 유량은 22[m^3/h]이었다. 차압이 1,024[mmH$_2$O]이면 유량은 얼마인가?

① 12[m^3/h]   ② 14[m^3/h]
③ 16[m^3/h]   ④ 18[m^3/h]

해설
차압식 유량계에서 유량은 압력차의 제곱근에 비례하므로 차압 1,936[mmH$_2$O]일 때 유량을 Q_1이라 하고, 차압 1,024[mmH$_2$O]일 때의 유량을 Q_2라 하면

$$\dfrac{Q_2}{Q_1} = \sqrt{\dfrac{\Delta P_2}{\Delta P_1}}$$

$$Q_2 = Q_1 \times \sqrt{\dfrac{\Delta P_2}{\Delta P_1}} = 22 \times \sqrt{\dfrac{1,024}{1,936}} = 16[m^3/h]$$

77 열전대를 사용하는 온도계 중 가장 고온을 측정할 수 있는 것은?

① R형   ② K형
③ E형   ④ J형

해설
최고 측정온도[℃]
- R형(PR) : 1,600
- K형(CA) : 1,250
- E형(CRC) : 900
- J형(IC) : 760

정답 73 ② 74 ② 75 ④ 76 ③ 77 ①

78 루츠 가스미터의 고장에 대한 설명으로 틀린 것은?

① 부동 : 회전자는 회전하고 있으나 미터의 지침이 움직이지 않는 고장
② 떨림 : 회전자 베어링의 마모에 의한 회전자 접촉 등에 의해 일어나는 고장
③ 기차 불량 : 회전자 베어링의 마모에 의한 간격 증대 등에 의해 일어나는 고장
④ 불통 : 회전자의 회전이 정지하여 가스가 통과하지 못하는 고장

해설
회전자 베어링의 마모에 의한 회전자 접촉 등에 의해 일어나는 고장은 불통이다.

79 제어량이 목표값을 중심으로 일정한 폭의 상하 진동을 하는 현상은?

① 오프셋   ② 오버슈트
③ 오버잇   ④ 뱅 뱅

해설
① 오프셋(Offset) : 정상 상태에서의 편차
② 오버슈트 : 응답 중에 생기는 입력과 출력사이의 편차량
③ 오버잇 : 거의 사용되지 않는 용어

80 10^{-12} 계량단위의 접두어는?

① 아토(Atto)
② 젭토(Zepto)
③ 펨토(Femto)
④ 피코(Pico)

해설
① 아토(Atto) : 10^{-18}
② 젭토(Zepto) : 10^{-21}
③ 펨토(Femto) : 10^{-15}

2023년 제1회 과년도 기출복원문제

제1과목 연소공학

01 다음 중 표면연소에 대한 설명은?

① 오일 표면에서 연소하는 상태
② 고체 가연물질을 가열하면 열분해를 일으켜 나온 분해가스 등이 연소하는 형태
③ 공기 중에서 산소 공급 없이 연소하는 현상
④ 적열된 코크스 또는 숯의 표면에 산소가 접촉하여 연소하는 상태

해설
① 증발연소
② 분해연소
③ 자기연소

02 등유의 Pot Burner는 어떤 연소의 형태를 이용한 것인가?

① 등심연소
② 액면연소
③ 증발연소
④ 예혼합연소

해설
액면연소
- 액체연료의 표면에서 연소하는 것
- 화염의 복사열이나 대류로 액체연료의 표면이 가열되어 발생된 증기가 공기와 접촉하여 유면의 상부에서 확산연소하는 것
- 경계연소, 전파연소, 포트연소(등유의 Pot Burner) 등이 있다.
- 액면연소는 등유나 경유와 같은 경질유의 연소에 이용되는 방법이지만 많이 이용되지 않는다.

03 폭발성 분위기의 생성조건과 관련되는 위험 특성에 해당하는 것은?

① 폭발한계
② 화염일주한계
③ 최소점화전류
④ 폭굉유도거리

해설
폭발성 분위기의 생성조건과 관련되는 위험 특성 : 인화점, 폭발한계, 증기밀도

04 위험한 증기가 있는 곳의 장치에 정전기를 해소시키기 위한 방법이 아닌 것은?

① 접속 및 접지
② 이온화
③ 증 습
④ 가 압

해설
압력이 증가할수록 정전기가 더 잘 일어나므로 감압을 해야 한다.

정답 1 ④ 2 ② 3 ① 4 ④

05 가스의 속도를 크게 할수록 압력손실은 커지지만 분리효율이 좋아지는 집진장치는?

① 세정 집진장치
② 사이클론 집진장치
③ 멀티 크론 집진장치
④ 벤투리 스크러버 집진장치

해설
사이클론 집진장치
- 함진가스를 사이클론의 입구로 유입시켜 선회류를 통한 처리가스 내의 크고 작은 입경을 가진 분진이 원심력을 받아 외벽에 충돌하여 집진되는 장치이다.
- 선회류를 통한 원심력에 의해 입자상 물질이 분리되어 제거된다.
- 유입가스가 원추형 내통 내부를 나선형으로 회전하면서 원심력에 의해 입자상 물질이 분리되어 제거된다.
- 가스의 속도를 크게 할수록 압력손실은 커지지만, 분리효율이 좋아진다.
- 비교적 입자의 크기가 큰 배출가스처리에 많이 이용된다.

06 가스의 성질에 대한 설명으로 옳은 것은?

① 산소는 가연성이다.
② 일산화탄소는 불연성이다.
③ 수소는 불연성이다.
④ 산화에틸렌은 가연성이다.

해설
① 산소는 조연성이다.
② 일산화탄소는 가연성이다.
③ 수소는 가연성이다.

07 1기압 20[L]의 공기를 4[L] 용기에 넣었을 때 산소의 분압은?(단, 압축 시 온도 변화는 없고, 공기는 이상기체로 가정하며, 공기 중 산소의 백분율은 20[%]로 가정한다)

① 약 1기압
② 약 2기압
③ 약 3기압
④ 약 4기압

해설
공기를 4[L] 용기에 넣었을 때의 압력을 x라고 하면
$P_1 V_1 = P_2 V_2$이므로 $1 \times 20 = x \times 4$에서
$x = 5$[L]이므로 산소의 분압은 $5 \times 0.2 = 1$기압이다.

08 폭굉유도거리(DID)가 짧아지는 요인으로 옳지 않은 것은?

① 관 속에 방해물이 있는 경우
② 압력이 낮은 경우
③ 점화에너지가 큰 경우
④ 정상 연소속도가 큰 혼합가스인 경우

해설
폭굉유도거리(DID)가 짧아지는 요인
- 압력이 높을 때
- 점화원의 에너지가 클 때
- 관 속에 장애물이 있을 때
- 관지름이 작을 때
- 정상 연소속도가 빠른 혼합가스일수록

09 메탄의 폭발범위는 5.0~15.0[%]이다. 메탄의 위험도 얼마인가?

① 8.3
② 6.2
③ 4.1
④ 2.0

해설
메탄의 위험도
$H = \dfrac{U-L}{L} = \dfrac{15-5}{5} = 2.0$

10 플라스틱, 합성수지와 같은 고체 가연성 물질의 연소 형태는?

① 표면연소　　② 자기연소
③ 확산연소　　④ 분해연소

해설
분해연소
- 고체 가연성 물질을 가열하여 열분해를 일으켜 나온 분해가스 등이 연소하는 형태
- 플라스틱, 합성수지와 같은 고체 가연성 물질의 연소 형태

11 내압 방폭구조로 방폭 전기기기를 설계할 때 가장 중요하게 고려해야 할 사항은?

① 가연성 가스의 최소 점화에너지
② 가연성 가스의 안전간극
③ 가연성 가스의 연소열
④ 가연성 가스의 발화점

해설
내압 방폭구조로 방폭 전기기기를 설계할 때 가장 중요하게 고려해야 할 사항 : 가연성 가스의 안전간격 또는 가연성 가스의 최대 안전틈새

12 다음 중 같은 조건에서 같은 질량이 연소할 때 가장 높은 발열량[kcal/kg]을 나타내는 가스는?

① 수 소
② 메 탄
③ 프로판
④ 아세틸렌

해설
발열량 데이터(저위발열량/고위발열량, [kcal/kg])
- 수소(H_2) : 28,600/34,000
- 메탄(CH_4) : 11,970/13,320
- 프로판(C_3H_8) : 11,070/12,040
- 아세틸렌(C_2H_2) : 11,620/12,030

13 공기 20[kg]과 증기 5[kg]이 15[m^3]의 용기 속에 들어 있다. 만약 이 혼합가스의 온도가 50[℃]라면 혼합가스의 압력은 몇 [kg/cm^2]인가?(단, 공기와 증기의 가스 정수는 각 29.5, 47.0[kg·m/kg·K]이다)

① 1.776　　② 1.270
③ 0.987　　④ 0.386

해설
$PV = m_1 R_1 T + m_2 R_2 T$

혼합가스의 압력
$$P = \frac{T \times (m_1 R_1 + m_2 R_2)}{V}$$
$$= \frac{(50+273) \times (20 \times 29.5 + 5 \times 47.0)}{15} = 17,765 [kg/m^2]$$
$$= 1.7765 [kg/cm^2]$$

14 다음 보기 중 가연성 가스의 연소·폭발에 관한 설명으로 옳은 것은?

┤보기├
㉠ 가연성 가스가 연소하는 데 산소가 필요하다.
㉡ 가연성 가스가 이산화탄소와 혼합하면 연소가 잘 된다.
㉢ 가연성 가스는 혼합하는 공기의 양이 적을 때 완전연소한다.

① ㉠, ㉡　　② ㉡, ㉢
③ ㉠　　　　④ ㉢

해설
㉡ 가연성 가스가 불연성 가스인 이산화탄소와 혼합하면 연소가 잘되지 않는다.
㉢ 가연성 가스는 혼합하는 공기의 양이 충분할 때 완전연소한다.

10 ④　11 ②　12 ①　13 ①　14 ③　**정답**

15 액체가 급격한 상변화를 하여 증기가 된 후 폭발하는 현상은?

① 블레브(BLEVE)
② 파이어 볼(Fire Ball)
③ 디토네이션(Detonation)
④ 풀 파이어(Pool Fire)

해설
② 파이어 볼(Fire Ball) : BLEVE, UVCE 등에 의한 인화성 증기가 확산하여 공기와 혼합하여 폭발범위 내에 도달하였을 때 커다란 공(Ball)의 형태로 폭발하는 것이다. 화염이 급속히 확대되어 공기를 끌어올려 마치 공이 지면에서 솟아올라 버섯형 화염이 되는 것처럼 보인다.
③ 디토네이션(Detonation, 폭굉) : 압력파가 미반응물질 속으로 음속보다 빠른 속도로 이동할 때 발생하는 폭발이다. 연소속도 1,000~3,500[m/sec]의 반응 후에 온도와 밀도가 모두 증가하여 압력이 증가하다 충격파가 발생하고 심한 파괴, 굉음을 동반하는 폭굉파가 발생한다.
④ 풀 파이어(Pool Fire) : 액면상에서 증기와 공기가 혼합하여 연소하는 확산연소 형태의 화재이다. 용기나 저장조 내와 같이 크기가 정해진 액면 위에서 타는 화재이다.

16 가스 폭발범위에 관한 설명 중 옳은 것은?

① 가스의 온도가 높아지면 폭발범위는 좁아진다.
② 폭발상한과 폭발하한의 차이가 작을수록 위험도는 커진다.
③ 압력이 1[atm]보다 낮아질 때 폭발범위는 큰 변화가 생긴다.
④ 고온·고압 상태의 경우에 가스압이 높아지면 폭발범위는 넓어진다.

해설
① 가스의 온도가 높아지면 폭발범위는 넓어진다.
② 폭발상한과 폭발하한의 차이가 작을수록 위험도는 작아진다.
③ 압력이 1[atm]보다 높아질 때 폭발범위는 큰 변화가 생긴다.

17 기체의 임계온도에 대한 설명으로 옳은 것은?

① 수소는 임계온도가 높으나 상온에서는 액화가 불가능하다.
② 질소는 임계온도가 낮지만 상온에서 액화가 가능하다.
③ 메탄은 임계온도가 낮으며 상온에서는 액화가 불가능하다.
④ 이산화황은 극저온에 가압해야만 액화가 가능하다.

해설
① 수소(H_2)의 임계온도는 약 -240[℃]로 낮아 상온에서는 액화가 불가능하다.
② 질소(N_2)의 임계온도는 약 -147[℃]로 낮아 상온에서는 액화가 불가능하다.
④ 이산화황(SO_2)의 임계온도는 약 157[℃]이므로 상온에서 액화가 가능하다.

18 자연발화온도(AIT ; Autoignition temperature)에 영향을 주는 요인 중 증기의 농도에 대한 설명으로 옳은 것은?

① 가연성 혼합기체의 AIT는 가연성 가스와 공기의 혼합비가 1 : 1일 때 가장 낮다.
② 가연성 증기에 비하여 산소의 농도가 클수록 AIT는 낮아진다.
③ AIT는 가연성 증기의 농도가 양론농도보다 약간 높을 때가 가장 낮다.
④ 가연성 가스와 산소의 혼합비가 1 : 1일 때 AIT는 가장 낮다.

해설
AIT는 점화원 없이 공기 중에서 가연성 물질을 가열함으로써 스스로 연소 또는 폭발을 일으키는 최저 온도로, 가연성 증기의 농도가 양론농도보다 약간 높을 때 가장 낮다.

[정답] 15 ① 16 ④ 17 ③ 18 ③

19 다음 설명 중 옳은 것은?

① 부탄이 완전연소하면 일산화탄소 가스가 생성된다.
② 부탄이 완전연소하면 탄산가스와 물이 생성된다.
③ 프로판이 불완전연소하면 탄산가스와 불소가 생성된다.
④ 프로판이 불완전연소하면 탄산가스와 규소가 생성된다.

해설
- 부탄, 프로판이 완전연소하면 탄산가스와 물이 생성된다.
- 부탄, 프로판이 불완전연소하면 일산화탄소 가스가 생성된다.

20 프로판가스의 연소과정에서 발생한 열량이 15,500[kcal/kg]이고, 연소할 때 발생된 수증기의 잠열이 4,500[kcal/kg]이다. 이때 프로판가스의 연소효율은 얼마인가?(단, 프로판가스의 진발열량은 12,100[kcal/kg]이다)

① 0.54　　② 0.63
③ 0.72　　④ 0.91

해설
연소효율
$$\eta = \frac{15,500 - 4,500}{12,100} \approx 0.91$$

제2과목 가스설비

21 산소압축기의 윤활제에 물을 사용하는 이유는?

① 산소는 기름을 분해하므로
② 기름을 사용하면 실린더 내부가 더러워지므로
③ 압축산소에 유기물이 있으면 산화력이 커서 폭발하므로
④ 산소와 기름은 중합하므로

22 흡입압력이 3[kg/cm²a]인 3단 압축기가 있다. 각 단의 압축비를 3이라 할 때 제3단의 토출압력은 몇 [kg/cm²a]인가?

① 27　　② 49
③ 81　　④ 63

해설
압축비
$$\varepsilon = \sqrt[n]{\frac{P_n}{P}}$$

- 1단 : $\varepsilon = \frac{P_1}{P}$ 에서 $P_1 = \varepsilon P = 3 \times 3 = 9[kg/cm^2a]$
- 2단 : $\varepsilon = \sqrt[2]{\frac{P_2}{P}}$ 에서 $P_2 = \varepsilon^2 P = 9 \times 3 = 27[kg/cm^2a]$
- 3단 : $\varepsilon = \sqrt[3]{\frac{P_3}{P}}$ 에서 $P_3 = \varepsilon^3 P = 27 \times 3 = 81[kg/cm^2a]$

23 물질을 취급하는 장치의 사용재료로서 구리 및 구리합금을 사용해도 좋은 것은?

① 황화수소
② 산 소
③ 아세틸렌
④ 암모니아

해설
① 황화수소 : 수분 존재 시 부식이 발생한다.
③ 아세틸렌 : 화합폭발의 원인이 되는 아세틸드가 생성된다.
④ 암모니아 : 부식이 발생한다.

24 원심펌프의 특징이 아닌 것은?

① 캐비테이션이나 서징현상이 발생하기 어렵다.
② 원심력에 의하여 액체를 이용한다.
③ 고양정에 적합하다.
④ 가이드 베인이 있는 것을 터빈펌프라고 한다.

해설
원심펌프는 캐비테이션이나 서징현상이 쉽게 발생한다.

25 상온의 질소가스의 압력을 상승시킬 때 가스 점도의 변화는?

① 높아진다.
② 낮아진다.
③ 감소한다.
④ 변하지 않는다.

26 도시가스 누출의 원인이 아닌 것은?

① 재료의 노화
② 급격한 부하 변동
③ 지반 변동
④ 부 식

해설
도시가스 누출의 원인 : 재료의 노화, 지반 변동, 부식 등

27 내경 100[mm], 길이 400[m]인 주철관에 유속 2[m/sec]로 물이 흐를 때의 마찰손실수두[m]는 얼마인가?(단, 마찰계수는 0.04이다)

① 32.7
② 34.5
③ 40.2
④ 45.3

해설
마찰손실수두
$$h = f \frac{l}{d} \frac{v^2}{2g} = 0.04 \times \frac{400}{0.1} \times \frac{2^2}{2 \times 9.8} \approx 32.7[m]$$

[정답] 23 ② 24 ① 25 ① 26 ② 27 ①

28 가스 액화원리의 가장 기본적인 방법은?

① 단열팽창
② 단열압축
③ 등온팽창
④ 등온압축

29 배관 등의 용접 및 비파괴검사 중 용접부 외관검사의 기준에 대한 설명으로 옳지 않은 것은?

① 보강 덧붙임은 그 높이가 모재 표면보다 낮지 않도록 하고, 3[mm] 이상으로 할 것
② 외면의 언더컷은 그 단면이 V자형으로 되지 않도록 하며, 1개의 언더컷 길이 및 30[mm] 이하 및 0.5[mm] 이하이어야 한다.
③ 용접부 및 그 부근에 균열, 아크 스트라이크, 위해하다고 인정되는 지그의 흔적, 오버랩 및 피트 등의 결함이 없을 것
④ 비드 형상이 일정하며, 슬러그, 스패터 등이 부착되어 있지 않을 것

해설
보강 덧붙임은 그 높이가 모재 표면보다 낮지 않도록 하고, 3[mm] 이하로 해야 한다(알루미늄은 제외).

30 다음 중 가스홀더의 기능이 아닌 것은?

① 가스 수요의 시간적 변화에 따라 제조가 따르지 못할 때 가스의 공급 및 저장
② 정전, 배관공사 등에 의한 제조 및 공급설비의 일시적 중단 시 공급
③ 조성의 변동이 있는 제조가스를 받아들여 공급가스의 성분, 열량, 연소성 등의 균일화
④ 공기를 주입하여 발열량이 큰 가스로 혼합 공급

해설
가스홀더의 기능
- 가스 수요의 시간적 변화에 따라 제조가 따르지 못할 때 가스의 공급 및 저장
- 정전, 배관공사 등에 의한 제조 및 공급설비의 일시적 중단 시 공급
- 조성의 변동이 있는 제조가스를 받아들여 공급가스의 성분, 열량, 연소성 등의 균일화
- 최고 피크 시에 공장에서 수요지에 이르는 배관의 수동능력 이상으로 공급능력 제고

31 암모니아 합성탑에 대한 설명으로 옳지 않은 것은?

① 재질은 탄소강을 사용한다.
② 재질은 18-8 스테인레스강을 사용한다.
③ 촉매로는 보통 산화철에 CaO를 첨가한 것을 사용한다.
④ 촉매로는 보통 산화철에 K_2O 및 Al_2O_3를 첨가한 것을 사용한다.

해설
암모니아 합성탑 내통의 재료로 18-8 스테인리스강을 사용한다.

32 소비자 1호당 1일 평균 가스소비량 1.6[kg/day], 소비 호수 10호 자동절체조정기를 사용하는 설비를 설계할 때 필요한 용기의 수는?(단, 액화석유가스 50[kg] 용기 표준 가스 발생능력은 1.6[kg/h]이고, 평균 가스 소비율은 60[%], 용기는 2계열 집합으로 사용한다)

① 3개　② 6개
③ 9개　④ 12개

해설

필요한 용기수 = $\dfrac{\text{1호당 평균 가스소비량} \times \text{호수} \times \text{소비율}}{\text{가스 발생능력}} \times \text{계열수}$

$= \dfrac{1.6 \times 10 \times 0.6}{1.6} \times 2 = 12$개

33 내용적 10[m³]의 액화산소 저장설비(지상 설치)와 제1종 보호시설과 유지해야 할 안전거리는 몇 [m]인가?(단, 액화산소의 비중은 1.14이다)

① 7　② 9
③ 14　④ 21

해설

액화가스 저장탱크의 저장능력(가스 충전질량)
$W = 0.9d \cdot V = 0.9 \times 1.14 \times 10{,}000 = 10{,}260$[kg]이므로, 1만 초과 2만 이하일 때 제1종 보호시설과의 안전거리 14[m]를 유지해야 한다.

34 전기방식 중 희생양극법의 특징으로 옳지 않은 것은?

① 과방식의 염려가 없다.
② 다른 매설 금속에 대한 간섭이 거의 없다.
③ 간편하다.
④ 양극의 소모가 거의 없다.

해설

희생양극법: 가스배관보다 저전위의 금속(마그네슘 등)을 전기적으로 접촉시킴으로써 목적하는 방식 대상 금속 자체를 음극화하여 방식하는 방법이다.
• 시공이 간단하고 유지보수가 거의 필요 없다.
• 소규모, 단거리 배관에 경제적이다.
• 전위차가 일정하고 비교적 작다.
• 저전압의 방폭지역, 전원 공급 불가능 지역, 전위 구배가 작은 장소, 해양구조물 등에 적합하다.
• 방식효과 범위가 좁다.

35 언로딩형 정압기에 대한 설명으로 옳지 않은 것은?

① 2차 압력이 저하하면 유체 흐름의 양은 증가한다.
② 구동압력이 상승하면 유체 흐름의 양은 감소한다.
③ 2차 압력이 상승하면 구동압력은 저하된다.
④ 구동압력이 저하하면 메인밸브가 열린다.

해설

언로딩형 정압기에서 2차 압력이 상승하면 구동압력은 상승한다.

36 다음 중 재료에 대한 설명으로 옳지 않은 것은?

① 탄소강에서 탄소 함유량이 1.0[%] 이상일 경우 경도는 증가하지만, 인장강도는 급격히 감소한다.
② 규소는 탄소강의 유동성과 냉간가공성을 좋게 한다.
③ 탄소강에 크롬을 첨가하면 내마멸성과 내식성이 증가한다.
④ 강재 중에 인(P)이 많이 함유되면 연신율이 저하된다.

해설
규소는 탄소강의 유동성을 개선하지만, 냉간가공성은 좋지 않게 한다.

37 LPG 조정기의 규격용량은 총가스소비량의 몇 [%] 이상의 규격용량을 가져야 하는가?

① 110[%]   ② 120[%]
③ 130[%]   ④ 150[%]

38 가스용기 재료의 구비조건으로 옳지 않은 것은?

① 무게가 무거울 것
② 충분한 강도를 가질 것
③ 내식성을 가질 것
④ 가공 중 결함이 생기지 않을 것

해설
가스용기의 재료는 무게가 가벼워야 한다.

39 메탄염소화에 의해 염화메틸(CH_3Cl)을 제조할 때 반응온도는 얼마 정도로 하는가?

① 100[℃]   ② 200[℃]
③ 300[℃]   ④ 400[℃]

해설
염화메틸 제조법
• 메탄염소화법 : 메탄을 온도 400[℃]로 염소와 함께 가열하여 생성된 염화메틸(CH_3Cl), 염화메틸렌(CH_2Cl_2), 클로로폼($CHCl_3$), 사염화탄소(CCl_4) 등의 혼합물을 분해 증류하여 제조하는 방법
• 메탄올법 : 메탄올과 염화수소를 반응시켜 염화메틸을 제조하는 방법

40 500[℃] 이상의 고온·고압가스설비에 사용하기 적당한 재료는?

① 탄소강
② 구 리
③ 크롬강
④ 고탄소강

해설
크롬강
• 고온·고압에서 수소를 사용하는 장치의 재료로, 일반적으로 사용된다.
• 500[℃] 이상의 고온·고압가스설비에 사용하기 적당한 재료이다.

제3과목 가스안전관리

41 충전용기 등을 적재하여 운행하는 경우에는 번화가를 피하도록 하고 있는데, 번화가란?

① 차량의 너비에 2.5[m]를 더한 너비 이하인 통로 주위
② 차량의 길이에 3.5[m]를 더한 너비 이하인 통로 주위
③ 차량의 너비에 3.5[m]를 더한 너비 이하인 통로 주위
④ 차량의 길이에 3[m]를 더한 너비 이하인 통로 주위

해설
번화가란 도시의 중심부나 번화한 상점으로, 차량의 너비에 3.5[m]를 더한 너비 이하인 통로의 주위이다.

42 가연성 독성가스의 용기 도색 후 표기방법이 옳지 않은 것은?

① 가연성 가스는 '연'자를 표시한다.
② 독성가스는 '독'자를 표시한다.
③ 내용적 2[L] 미만의 용기는 그 제조자가 정한 바에 의한다.
④ 액화석유가스는 '연'자를 표시하며 부탄가스를 충전하는 용기는 부탄가스임을 표시한다.

해설
액화석유가스 중 부탄가스를 충전하는 용기는 '부탄가스'임을 표시한다.

43 고압가스 충전용기의 운반기준으로 옳지 않은 것은?

① 차량 등에는 고무판 또는 가마니 등을 항상 갖춰 충전용기를 차에 싣거나 차에서 내릴 때 최소한으로 충격을 방지한다.
② 충전용기는 항상 자전거 또는 오토바이에 적재하여 운반한다.
③ 가연성 가스 또는 산소를 운반하는 차량에는 소화설비 및 재해 발생 방지를 위한 응급조치 자재 및 공구 등을 휴대한다.
④ 독성가스를 차량에 적재하여 운반할 때는 보호구 및 재해 발생 방지를 위한 응급조치 자재 및 공구 등을 휴대한다.

해설
충전용기는 자전거 또는 오토바이에 적재하여 운반하면 안 된다.

44 염소가스에 대한 설명으로 옳지 않은 것은?

① 염소 자체는 폭발성이나 인화성이 없다.
② 조연성이 있어 다른 물질의 연소를 도와준다.
③ 부식성이 매우 강하다.
④ 상온에서 무색무취의 가스이다.

해설
염소가스는 상온에서 자극적 냄새가 나는 황록색의 가스이다.

45 소형 저장탱크의 설치방법으로 옳은 것은?

① 동일한 장소에 설치하는 경우 10기 이하로 한다.
② 동일한 장소에 설치하는 경우 충전 질량의 합계는 7,000[kg] 미만으로 한다.
③ 탱크 지면에서 3[cm] 이상 높게 설치된 콘크리트 바닥 등에 설치한다.
④ 탱크가 손상받을 우려가 있는 곳에는 가드레일 등의 방호조치를 한다.

해설
① 동일한 장소에 설치하는 경우 소형 저장탱크의 수는 6기 이하로 한다.
② 동일한 장소에 설치하는 경우 충전 질량의 합계는 5,000[kg] 미만으로 한다.
③ 탱크 지면에서 5[cm] 이상 높게 설치된 콘크리트 바닥 등에 설치한다.

46 LP 가스 방출관의 방출구 높이는?(단, 공기보다 비중이 무거운 경우)

① 지상에서 5[m] 높이 이하
② 지상에서 5[m] 높이 이상
③ 정상부에서 1[m] 이상
④ 정상부에서 1[m] 이하

47 도시가스배관을 지하에 설치할 때 되메움재료는 3단계로 구분하여 포설한다. 이때 침상재료란?

① 배관 침하를 방지하기 위해 배관 하부에 포설하는 재료
② 배관에 작용하는 하중을 분산시켜 주고 도로의 침하를 방지하기 위해 포설하는 재료
③ 배관 기초부터 노면까지 포설하는 배관 주위의 모든 재료
④ 배관에 작용하는 하중을 수직 방향 및 횡 방향에서 지지하고 하중을 기초 아래로 분산하기 위한 재료

48 연료용 가스에 주입하는 부취제(냄새가 나는 물질)의 측정방법이 아닌 것은?

① 오더(Odor)미터법
② 주사기법
③ 무취실법
④ 시험가스주입법

해설
부취제 측정방법: 무취실법, 주사기법, 오더(Odor)미터법, 냄새주머니법

정답 45 ④ 46 ② 47 ④ 48 ④

49 도시가스 전기방식시설의 유지관리에 관한 설명 중 옳지 않은 것은?

① 관대지전위(管對地電位)는 1년에 1회 이상 점검한다.
② 외부전원법의 정류기의 출력은 3개월에 1회 이상 점검한다.
③ 배류법의 배류기의 출력은 3개월에 1회 이상 점검한다.
④ 절연 부속품, 역전류장치 등의 효과는 1년에 1회 이상 점검한다.

해설
④ 절연 부속품, 역전류방지장치, 결선(Bond) 및 보호절연체의 효과는 6개월에 1회 이상 점검한다.
① 전기방식시설의 관대지전위(管對地電位) 등은 1년에 1회 이상 점검한다.
② 외부전원법에 따른 전기방식시설은 외부 전원점 관대지전위, 정류기의 출력, 전압, 전류, 배선의 접속 상태 및 계기류 확인 등을 3개월에 1회 이상 점검한다.
③ 배류법에 따른 전기방식시설은 배류점 관대지전위, 배류기의 출력, 전압, 전류, 배선의 접속 상태 및 계기류 확인 등을 3개월에 1회 이상 점검한다.

50 충전된 수소용기가 운반 도중 파열사고가 일어났다면 사고원인의 가능성으로 관계가 가장 먼 것은?

① 과충전에 의하여 파열되었다.
② 용기가 수소취성을 일으켰다.
③ 용기에 균열이 있었는데 확인하지 않고 충전하였다.
④ 용기 취급 부주의로 충격에 의하여 일어났다.

해설
수소취성은 용기 운반 도중 발생하는 파열사고와는 관계없다.

51 도시가스사업법상 배관 구분 시 사용되지 않는 용어는?

① 본 관
② 사용자 공급관
③ 가정관
④ 공급관

해설
배관이란 도시가스를 공급하기 위하여 배치된 관으로서 본관, 공급관, 내관 또는 그 밖의 관이다.

52 차량에 고정된 탱크에 고압가스를 충전하거나 이입받을 때 차량정지목 등으로 차량을 고정해야 하는 용량[L]은?

① 500 ② 1,000
③ 2,000 ④ 3,000

53 용기 보관실을 설치한 후 액화석유가스를 사용해야 하는 시설은?

① 저장능력 500[kg] 이상
② 저장능력 300[kg] 이상
③ 저장능력 2500[kg] 이상
④ 저장능력 100[kg] 이상

[정답] 49 ④ 50 ② 51 ③ 52 ② 53 ④

54 압력조정기를 제조하고자 하는 자가 갖추어야 할 검사설비에 해당하지 않는 것은?

① 치수측정설비
② 주조 및 다이캐스팅 설비
③ 내압시험설비
④ 기밀시험설비

해설
- 압력조정기를 제조하는 사업자가 갖추어야 하는 설비 : 단조 또는 다이캐스팅 설비, 기계가공설비(프레스, 나사부 가공머신, 드릴링머신, 밀링머신), 산처리설비, 조립설비 등 4종
- 압력조정기를 제조하고자 하는 자가 갖추어야 할 검사설비 : 방출능력설비, 폐쇄 시 압력 상승률 시험설비, 내압시험설비, 기밀시험설비, 안전밸브 작동시험설비, 측정기기류(나사 한계 게이지, 버니어캘리퍼스, 마이크로미터 또는 다이얼게이지), 내구성시험기, 내가스성 시험기, 내고·서온시험기, 화학분석설비, 인장강도시험기 등의 11종

55 다음 중 용기의 종류별 부속품 기호가 틀린 것은?

① 아세틸렌 : AG
② 압축가스 : PG
③ 액화가스 : LPW
④ 초저온 및 저온 : LT

해설
액화가스 : LPG

56 압축기 정지 시 지켜야 할 사항 중 틀린 것은?

① 냉각수 밸브를 잠근다.
② 드레인 밸브를 잠근다.
③ 전동기 스위치를 열어 둔다.
④ 압력계는 규정압력을 나타내는지 확인한다.

해설
압축기 정지 시 드레인 밸브를 연다.

57 이음새 없는 용기를 제조할 때 재료시험에 해당하지 않는 것은?

① 인장시험
② 충격시험
③ 압궤시험
④ 내압시험

해설
이음새 없는 용기를 제조할 때 재료시험의 종류 : 인장시험, 충격시험, 압궤시험, 굽힘시험

58 고압가스충전의 시설 기준에서 산소충전시설과 고압가스 설비시설의 안전거리는 몇 [m] 이상 유지해야 하는가?

① 3   ② 6
③ 8   ④ 10

정답 54 ② 55 ③ 56 ② 57 ④ 58 ④

59 고압가스를 압축하는 경우 가스를 압축하여서는 안 되는 기준으로 옳은 것은?

① 가연성 가스 중 산소용량이 전체 용량의 10[%] 이상의 것
② 산소 중의 가연성 가스용량이 전체 용량의 10[%] 이상의 것
③ 아세틸렌, 에틸렌 또는 수소 중의 산소용량이 전체 용량의 2[%] 이상의 것
④ 산소 중의 아세틸렌, 에틸렌 또는 수소의 용량 합계가 전체 용량의 4[%] 이상의 것

해설
고압가스 압축 시 가스를 압축하여서는 안 되는 기준
- 가연성 가스 중 산소용량이 전체 용량의 4[%] 이상의 것
- 산소 중의 가연성 가스용량이 전체 용량의 4[%] 이상의 것
- 아세틸렌, 에틸렌 또는 수소 중의 산소용량이 전체 용량의 2[%] 이상의 것
- 산소 중의 아세틸렌, 에틸렌 또는 수소의 용량 합계가 전체 용량의 2[%] 이상의 것

60 아세틸렌을 용기에 충전 시 다공물질 다공도의 범위로 옳은 것은?

① 75[%] 이상 91[%] 미만
② 75[%] 이상 95[%] 미만
③ 75[%] 이상 92[%] 미만
④ 72[%] 이상 95[%] 미만

제4과목 가스계측

61 다음 중 오르자트(Orsat) 가스분석기에서 가스에 따른 흡수제가 잘못 연결된 것은?

① CO_2 – KOH 30[%] 수용액
② O_2 – 알칼리성 파이로갈롤용액
③ CO – 염화제1구리 용액
④ N_2 – 황린

해설
오르자트(Orsat) 가스분석기에서 가스에 따른 흡수제

CO_2	33[%]의 수산화칼륨(KOH) 수용액
C_2H_2(아세틸렌)	아이오딘수은칼륨 용액(옥소수은칼륨 용액)
C_2H_4(에틸렌)	HBr(브롬화수소 용액)
O_2	알칼리성 파이로갈롤 용액(수산화칼륨+파이로갈롤 수용액)
CO	암모니아성 염화제1동 용액
C_3H_6(프로필렌), n-C_4H_8	87[%] H_2SO_4 용액
중탄화수소(C_mH_n)	발연 황산(진한 황산)

62 온도 25[℃], 노점 19[℃]인 공기의 상대습도는? (단, 25[℃] 및 19[℃]에서의 포화 수증기압은 각각 23.76[mmHg] 및 16.47[mmHg]이다)

① 56[%]   ② 69[%]
③ 78[%]   ④ 84[%]

해설
상대습도 $= \dfrac{16.47}{23.76} \times 100[\%] \approx 69[\%]$

정답 59 ③ 60 ③ 61 ④ 62 ②

63 다음 시료가스 중에서 적외선분광법으로 측정 가능한 기체는?

① O_2
② SO_2
③ N_2
④ Cl_2

해설
적외선분광법은 선택성이 우수하고 연속 분석이 가능한 가스분석법으로, 적외선을 흡수하지 않는 단원자 분자(He, Ne, Ar 등)와 이원자분자(O_2, N_2, Cl_2 등)는 분석할 수 없다.

64 기체크로마토그래피의 측정원리에 대한 설명으로 옳은 것은?

① 흡착제를 충전한 관 속에 혼합시료를 넣고, 용제를 유동시키면 흡수력 차이에 따라 성분의 분리가 일어난다.
② 관 속을 지나가는 혼합기체 시료가 운반기체에 따라 분리가 일어난다.
③ 혼합기체의 성분이 운반기체에 녹는 용해도 차이에 따라 성분의 분리가 일어난다.
④ 혼합기체의 성분은 관 내에 자기장의 세기에 따라 분리가 일어난다.

해설
기체크로마토그래피법
- 두 가지 이상의 성분으로 된 물질을 단일성분으로 분리하는 선택성이 우수한 분리분석기법이다.
- 이동상으로 캐리어가스(이동기체)를 이용하고, 고정상으로 액체 또는 고체를 이용해서 혼합성분의 시료를 캐리어가스로 공급하여 고정상을 통과할 때 시료 중의 각 성분을 분리하는 분석법이다.
- 시료가 칼럼을 지날 때 각 성분의 이동도 차이를 이용해 혼합물의 각 성분을 분리해 낸다.
- 흡착제를 충전한 관 속에 혼합시료를 넣고, 용제를 유동시키면 흡수력 차이에 따라 성분의 분리가 일어난다.
- 원리 : 흡착의 원리, 분리의 원리
- 이용되는 기체의 특성 : 확산속도의 차이

65 1차 제어장치가 제어량을 측정하여 제어명령을 하고, 2차 제어장치가 이 명령을 바탕으로 제어량을 조절하는 측정 제어는?

① 프로그램 제어
② 비례 제어
③ 캐스케이드 제어
④ 정치 제어

해설
캐스케이드 제어
- 1차 제어장치가 제어량을 측정하여 제어명령을 하고, 2차 제어장치가 이 명령을 바탕으로 제어량을 조절하는 제어방식
- 2개의 제어계를 조합하여 1차 제어장치의 제어량을 측정하여 제어명령을 발하고, 2차 제어장치의 목표치로 설정하는 제어방식
- 프로세스계 내에 시간 지연이 크거나 외란이 심할 경우 조절계를 이용하여 설정점을 작동시키게 하는 제어방식

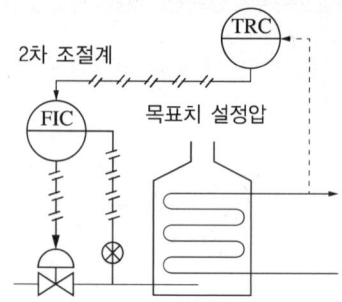

66 다음 중 추량식 가스미터는?

① 습식형
② 루츠형
③ 막식형
④ 터빈형

해설
추량식 가스미터의 종류 : 오리피스미터, 벤투리미터, 터빈식미터

67 다음 중 압력 변화에 의한 탄성변위를 이용한 압력계는?

① 액주식 압력계
② 점성 압력계
③ 부르동관식 압력계
④ 링밸런스 압력계

해설
부르동관식 압력계
- 압력 변화에 의한 탄성변위를 이용한 압력계이다.
- 넓은 범위의 압력을 측정할 수 있다.
- 구조가 간단하고, 제작비가 저렴하다.
- 측정 시 외부로부터 에너지를 필요로 하지 않는다.
- 정도가 나쁘다.

68 자동제어에서 블록선도란?

① 제어대상과 변수편차를 표시한다.
② 제어신호의 전달경로를 표시한다.
③ 제어편차의 증감 변화를 나타낸다.
④ 제어회로의 구성요소를 표시한다.

해설
블록선도(Block Diagram)
- 자동제어계 내에서 신호가 전달되는 모양을 나타내는 선도
- 제어신호의 전달경로를 표시하는 선도
- 제어시스템을 구성하는 각 요소가 어떻게 동작하고, 신호는 어떻게 전달되는지를 나타내는 선도

69 온도가 60[°F]에서 100[°F]까지 비례 제어된다. 측정온도가 71[°F]에서 75[°F]로 변할 때 출력압력이 3[PSI]에서 15[PSI]로 도달하도록 조정될 때 비례대역[%]은?

① 5[%]   ② 10[%]
③ 20[%] ④ 33[%]

해설
비례대(Proportional Band)
$$PB = \frac{CR}{SR} \times 100[\%] = \frac{75-71}{100-60} \times 100[\%] = 10[\%]$$

70 가스크로마토그램에서 성분 X의 보유시간이 6분, 피크 폭이 6[mm]이었다. 이 경우 X에 관하여 HETP는 얼마인가?(단, 분리관 길이는 3[m], 기록지의 속도는 분당 15[mm]이다)

① 0.83[mm]   ② 8.30[mm]
③ 0.64[mm]   ④ 6.40[mm]

해설
이론단수 $N = 16 \times \left(\frac{l}{W}\right)^2 = 16 \times \left(\frac{t}{T}\right)^2 = 16 \times \left(\frac{vt}{W}\right)^2$
$= 16 \times \left(\frac{15 \times 6}{6}\right)^2 = 3,600$

이론단 해당 높이 $HETP = \frac{L}{N} = \frac{3,000}{3,600} \approx 0.83[mm]$

71 최대 유량이 10[m³/h]인 막식 가스미터기를 설치하고 도시가스를 사용하는 시설이 있다. 가스레인지 2.5[m³/h]를 1일 8시간 사용하고, 가스보일러 6[m³/h]를 1일 6시간 사용했을 경우 월 가스사용량은 약 몇 [m³]인가?(단, 1개월은 31일이다)

① 1,570 ② 1,680
③ 1,736 ④ 1,950

해설
가스사용량
$V = \sum Q_n T_n N_n$
  $= (2.5 \times 8 \times 31) + (6 \times 6 \times 31) = 1,736[m^3]$

72 다음 중 연속동작에 해당하지 않는 제어동작은?

① O동작 ② D동작
③ P동작 ④ I동작

해설
연속동작 : P동작(비례동작), D동작(미분동작), I동작(적분동작), PD동작(비례미분동작), PI동작(비례적분동작), PID동작(비례적분미분동작)

73 가스미터의 선정 시 주의해야 할 사항이 아닌 것은?

① 내열성과 내압성이 좋고, 유지관리가 용이할 것
② 가스미터 용량이 최대 가스사용량과 일치할 것
③ 계량법에서 정한 유효기간에 만족할 것
④ 외관시험 등을 행한 것일 것

해설
가스미터 선정 시 가스의 최대 사용유량에 적합한 계량능력인 것을 선택한다.

74 도시가스의 누출 여부를 검사할 때 사용되는 검지기가 아닌 것은?

① 검지관식 검지기
② 적외선식 검지기
③ 가연성 가스검지기
④ 열팽창식 검지기

해설
도시가스의 누출 여부를 검사할 때 사용되는 검지기의 종류 : 검지관식 검지기, 적외선식 검지기, 가연성 가스검지기

75 가스미터 부착 기준 중 유의해야 할 사항이 아닌 것은?

① 수평으로 부착해야 한다.
② 배관의 상호 부담을 배제해야 한다.
③ 입구 배관에 드레인을 부착한다.
④ 입·출구를 구분할 필요가 없다.

해설
가스미터 부착기준 중 유의해야 할 사항
• 수평으로 부착한다.
• 배관의 상호 부담을 배제한다.
• 입구 배관에 드레인을 부착한다.
• 입·출구를 구분한다.

76 기체연료의 발열량을 측정하는 열량계는?

① Richter 열량계
② Scheel 열량계
③ Junker 열량계
④ Thomson 열량계

해설
고체 및 액체연료는 봄베(Bomb) 열량계를 이용하고, 기체연료는 융커스(Junker) 열량계를 이용하여 발열량을 측정한다.

77 압력계와 진공계 두 가지 기능을 갖춘 압력게이지는?

① 부르동관(Bourdon Tube) 압력계
② 콤파운드게이지(Compound Gage)
③ 초음파 압력계
④ 전자압력계

해설
콤파운드게이지(Compound Gage) : 압력계와 진공계 두 가지 기능을 갖추고 있어서 양압과 진공을 동일한 계기에서 측정할 수 있는 탄성압력계로, 연성계라고도 한다.

78 다음 중 용적식 유량계 형태가 아닌 것은?

① 오벌형 유량계
② 왕복 피스톤형 유량계
③ 피토관 유량계
④ 로터리형 유량계

해설
피토관 유량계는 유속식 유량계에 해당한다.

79 가스미터의 필요조건이 아닌 것은?

① 구조가 간단할 것
② 감도가 예민할 것
③ 대형으로 용량이 클 것
④ 기차의 조정이 용이할 것

해설
가스미터는 소형이며 용량이 커야 한다.

80 유량의 계측단위가 아닌 것은?

① [kg/h]
② [kg/sec]
③ [Nm³/sec]
④ [kg/m³]

해설
유량의 계측 단위 : 유량은 단위시간당 통과하는 유체의 양(체적 또는 질량 / 단위시간)으로 단위는 [kg/h], [kg/sec], [Nm³/sec] 등을 사용한다.

2023년 제2회 과년도 기출복원문제

제1과목 연소공학

01 불완전연소에 의한 매연, 먼지 등을 제거하는 집진장치 중 건식 집진장치가 아닌 것은?

① 백필터
② 사이클론
③ 멀티클론
④ 사이클론 스크러버

해설
사이클론 스크러버는 습식 집진장치에 해당한다.

02 연소속도에 영향을 주는 인자가 아닌 것은?

① 온도
② 압력
③ 가스의 부피
④ 가스의 조성

해설
연소속도에 영향을 주는 인자 : 가연성 물질의 종류, 농도, 온도, 압력, 촉매, 가스의 조성, 접촉 면적 등

03 발화지연에 대한 설명으로 옳은 것은?

① 저온·저압일수록 발화지연은 짧아진다.
② 어느 온도에서 가열하기 시작하여 발화 시까지 걸린 시간이다.
③ 화염의 색이 적색에서 청색으로 변하는 데 걸리는 시간이다.
④ 가연성 가스와 산소의 혼합비가 완전 산화에 가까울수록 발화지연은 길어진다.

해설
발화(점화)지연 : 어떠한 물질이 발화(점화)되기 위해서 발화조건에 도달하고 발화가 지속적으로 일어나기 위해서 일정한 시간으로, 초기온도와 착화온도가 높을수록 발화지연은 감소한다.

04 유동층 연소의 특성에 대한 설명으로 옳지 않은 것은?

① 연소 시 화염층이 작아진다.
② 클링커 장해를 경감할 수 있다.
③ 질소산화물(NO_x)의 발생량이 증가한다.
④ 화격자의 단위 면적당 열부하를 크게 얻을 수 있다.

해설
유동층 연소 시 질소산화물(NO_x)의 발생량이 감소한다.

정답 1 ④ 2 ③ 3 ② 4 ③

05 연소 시 배기가스 중의 질소산화물(NO_x)의 함량을 줄이는 방법으로 옳지 않은 것은?

① 굴뚝을 높게 한다.
② 연소온도를 낮게 한다.
③ 질소 함량이 적은 연료를 사용한다.
④ 연소가스가 고온으로 유지되는 시간을 짧게 한다.

해설

질소산화물의 함량을 줄이는 방법
• 연소온도를 낮게 한다.
• 질소 함량이 적은 연료를 사용한다.
• 연소가스가 고온으로 유지되는 시간을 짧게 한다.
• 연소용 공기 중의 산소농도를 저하시킨다.
• 노 내 가스 잔유시간을 줄인다.
• 과잉공기량 감소시킨다.

06 연소와 폭발에 관한 설명 중 옳지 않은 것은?

① 연소란 빛과 열의 발생을 수반하는 산화반응이다.
② 분해 또는 연소 등의 반응에 의한 폭발원인은 화학적 폭발이다.
③ 발열속도가 방열속도보다 크면 발화점 이하로 떨어져 연소과정에서 폭발로 이어진다.
④ 폭발이란 급격한 압력의 발생 또는 음향을 내며 파열되거나 팽창하는 현상이다.

해설

발열속도가 방열속도보다 클 경우 계에 열이 축적되고 온도가 상승하여 발화점 이상이 되어 반드시 발화가 발생한다.

07 연소공기비가 표준보다 큰 경우 발생하는 현상은?

① 매연 발생량이 적어진다.
② 배가스량이 많아지고 열효율이 저하된다.
③ 화염온도가 높아져 버너에 손상을 입힌다.
④ 연소실 온도가 높아져 전열효과가 커진다.

해설

연소공기비가 표준보다 큰 경우 발생하는 현상
• 연소실의 냉각효과를 가져온다.
• 연소실 온도가 낮아 전열효과가 감소한다.
• 배기가스의 온도 저하 (저온 부식) 및 SO_3, NO_x 등의 생성량이 증가한다.
• 매연 발생량이 많아진다.
• 배기가스의 증가로 인한 열손실이 증가한다.

08 다음 중 연소범위가 가장 작은 가스는?

① 수 소
② 프로판
③ 암모니아
④ 프로필렌

해설

연소범위[%], ( )는 연소범위 폭
• 프로판 : 2.1~9.5(7.4)
• 프로필렌 : 2.4~11(8.6)
• 수소 : 4~75(71)
• 암모니아 : 15~28(13)

09 메탄 60[%], 에탄 30[%], 프로판 5[%], 부탄 5[%]인 혼합가스의 공기 중 폭발하한값[%]은?(단, 각 성분의 하한값은 메탄 5[%], 에탄 3[%], 프로판 2.1[%], 부탄 1.8[%]이다)

① 3.68
② 7.68
③ 13.57
④ 18.35

해설

$\dfrac{100}{LFL} = \sum \dfrac{V_i}{L_i}$ 에서 $\dfrac{100}{LFL} = \dfrac{V_1}{L_1} + \dfrac{V_2}{L_2} + \dfrac{V_3}{L_3} + \dfrac{V_4}{L_4}$ 이며,

$\dfrac{100}{LFL} = \dfrac{60}{5} + \dfrac{30}{3} + \dfrac{5}{2.1} + \dfrac{5}{1.8} \simeq 27.16$ 이므로,

폭발하한값 $LFL = \dfrac{100}{27.16} \simeq 3.68$

11 0[℃], 1[atm]에서 10[m³]의 다음 조성을 가지는 기체연료의 이론공기량[m³]은?

| H_2 10[%], CO 15[%], CH_4 25[%], N_2 50[%] |

① 29.8
② 20.6
③ 16.8
④ 8.7

해설

이론산소량(O_0)

- $H_2 + 0.5O_2 \rightarrow H_2O$에서 이론산소량 $= 0.5 \times (10 \times 0.1)$
  $= 0.5[m^3]$
- $CO + 0.5O_2 \rightarrow CO_2$에서 이론산소량 $= 0.5 \times (10 \times 0.15)$
  $= 0.75[m^3]$
- $CH_4 + 2O_2 \rightarrow CO_2 + 2H_2O$에서 이론산소량 $= 2 \times (10 \times 0.25)$
  $= 5[m^3]$

∴ 전체 이론산소량 $O_0 = 0.5 + 0.75 + 5 = 6.25[m^3]$

∴ 이론공기량 $A_0 = \dfrac{O_0}{0.21} = \dfrac{6.25}{0.21} \simeq 29.76[m^3]$

10 C_mH_n 1[Nm³]가 연소해서 생기는 H_2O의 양[Nm³]은 얼마인가?

① $n/4$
② $n/2$
③ n
④ $2n$

해설

탄화수소의 연소방정식은 $C_mH_n + \left(m + \dfrac{n}{4}\right)O_2 \rightarrow mCO_2 + \dfrac{n}{2}H_2O$ 이므로, C_mH_n 1[Nm³]를 완전연소시켰을 때 생기는 H_2O의 양[Nm³]은 $n/2$이다.

12 이상기체를 일정한 부피에서 가열하면 압력과 온도의 변화는?

① 압력 증가, 온도 상승
② 압력 증가, 온도 일정
③ 압력 일정, 온도 상승
④ 압력 일정, 온도 일정

해설

$\dfrac{PV}{T}$ = 일정, V가 일정하므로 $\dfrac{P}{T}$ = 일정이다.
가열하면 온도가 상승하므로 압력도 증가한다.

13 폭발 방지를 위한 본질안전장치에 해당하지 않는 것은?

① 압력방출장치
② 온도제어장치
③ 조성억제장치
④ 착화원차단장치

해설
압력방출장치는 재해 국소화 안전장치에 해당한다.
폭발 방지를 위한 본질안전장치 : 온도제어장치, 조성억제장치, 착화원차단장치

14 증기 속에 수분이 많을 때 나타나는 현상은?

① 증기손실이 적다.
② 증기엔탈피가 증가된다.
③ 증기배관에 수격작용이 방지된다.
④ 증기배관 및 장치 부식이 발생된다.

해설
① 증기손실이 많다.
② 증기엔탈피가 감소된다.
③ 증기배관에 수격작용이 일어난다.

15 폭굉을 일으킬 수 있는 기체가 파이프 내에 있을 때 폭굉 방지 및 방호에 관한 내용으로 옳지 않은 사항은?

① 파이프의 지름대 길이의 비는 가급적 작게 한다.
② 파이프라인에 오리피스와 같은 장애물이 없도록 한다.
③ 장애물이 있는 곳의 파이프라인은 가급적 축소한다.
④ 공정라인에서 회전이 가능하면 가급적 완만한 회전을 이루도록 한다.

해설
파이프라인을 축소하면 유속이 증가하여 압력이 상승하게 되어 폭굉이 발생할 가능성이 높아지기 때문에 옳지 않다. 파이프라인을 축소하는 경우는 특별한 경우에 한정되며, 이 경우에는 축소된 부분에서 발생하는 압력을 완화하기 위해 압력조절장치를 설치해야 한다.

16 폭굉이 발생하는 경우 파면의 압력은 정상연소에서 발생하는 것보다 일반적으로 얼마나 큰가?

① 2배
② 5배
③ 8배
④ 10배

해설
폭굉의 파면압력은 정상연소에서 발생하는 것보다 일반적으로 약 2배 크다.

정답 13 ① 14 ④ 15 ③ 16 ①

17 밀폐된 용기 내에 1[atm], 27[℃] 프로판과 산소가 부피비로 1:5의 비율로 혼합되어 있다. 프로판이 다음과 같이 완전연소하여 화염의 온도가 1,000[℃]가 되었다면 용기 내에 발생하는 압력은 몇 [atm]인가?

$$C_3H_8 + 5O_2 \rightarrow 3CO_2 + 4H_2O$$

① 1.95　　② 2.95
③ 3.95　　④ 4.95

해설
프로판의 연소방정식 $C_3H_8 + 5O_2 \rightarrow 3CO_2 + 4H_2O$에서 프로판 1[mol]과 산소 5[mol]이 반응하여 이산화탄소 3[mol]과 물 4[mol]이 생성된다. 밀폐된 용기에 프로판과 산소가 1:5 부피비로 혼합되었으므로 이것은 연소방정식의 몰비와 같다.
- 반응 전 상태방정식 $P_1 V_1 = m_1 R_1 T_1$
- 반응 후 상태방정식 $P_2 V_2 = m_2 R_2 T_2$

$V_1 = V_2$, $R_1 = R_2$이므로, $\dfrac{P_1}{P_2} = \dfrac{m_1 T_1}{m_2 T_2}$

∴ $P_2 = \dfrac{P_1 m_2 T_2}{m_1 T_1} = \dfrac{1 \times 7 \times (1,000 + 273)}{6 \times (27 + 273)} \simeq 4.95[atm]$

18 어떤 혼합가스가 산소 10[mol], 질소 10[mol], 메탄 5[mol]을 포함하고 있다. 이 혼합가스의 비중은 약 얼마인가?(단, 공기의 평균 분자량은 29이다)

① 0.88　　② 0.94
③ 1.00　　④ 1.07

해설
혼합가스의 비중 = $\dfrac{32 \times 10 + 28 \times 10 + 16 \times 5}{29 \times (10 + 10 + 5)} = \dfrac{680}{725} \simeq 0.94$

19 불꽃 중 탄소가 많이 생겨서 황색으로 빛나는 불꽃은?

① 휘 염　　② 층류염
③ 환원염　　④ 확산염

해설
② 층류염 : 가연성 기체가 염공에서 분출될 때 그 흐름이 층류인 경우의 화염으로, 형상이 일정하고 안정적이다.
③ 환원염 : 수소나 불완전 연소에 의한 일산화탄소를 함유한 것으로 청록색으로 빛나는 화염이다.
④ 확산염 : 가연물의 표면에서 증발하는 가연성 기체가 공기와의 접촉면 또는 가연성 기체가 1차 공기와 혼합되지 않고 공기 중으로 유출되면서 연소하는 불꽃 형태이다. 불꽃의 색은 적황색이고, 화염의 온도는 비교적 저온이다.

20 기체연료의 특성에 대한 설명으로 옳은 것은?

① 기체연료의 화염은 방사율이 크기 때문에 복사에 의한 열전달률이 작다.
② 기체연료는 연소성이 뛰어나기 때문에 연소 조절이 간단하고 자동화가 용이하다.
③ 단위 체적당 발열량이 액체나 고체연료에 비해 매우 크기 때문에 저장이나 수송에 큰 시설이 필요하다.
④ 연소속도가 커서 연료로서 안전성이 높다.

해설
① 기체연료의 화염은 방사율이 작기 때문에 복사에 의한 열전달률이 작다.
③ 단위 질량당 발열량이 액체나 고체연료에 비해 매우 크기 때문에 저장이나 수송에 큰 시설이 필요하지 않다.
④ 연소속도가 커서 연료로서 안전성이 낮다.

제2과목 가스설비

21 액화천연가스(LNG)의 탱크로서 저온 수축을 흡수하는 기구를 가진 금속박판을 사용한 탱크는?

① 프리스트레스트 탱크
② 동결식 탱크
③ 금속제 이중구조 탱크
④ 멤브레인 탱크

해설
멤브레인 탱크 : 저온 수축을 흡수하는 기구를 가진 금속박판을 사용하여 정적하중과 반복하중을 모두 고려하여 충분한 피로강도를 지니게 제작한 탱크

22 다음 중 회전펌프에 해당하지 않는 것은?

① 기어펌프
② 나사펌프
③ 베인펌프
④ 피스톤 펌프

해설
피스톤 펌프는 왕복펌프에 해당한다.

23 최고 충전압력이 150[atm]인 용기에 산소가 35[℃]에서 150[atm]으로 충전되었다. 이 용기가 화재로 온도가 상승하여 안전밸브가 작동했다면, 이때 산소의 온도는?

① 104[℃]
② 120[℃]
③ 162[℃]
④ 138[℃]

해설
안전밸브의 작동압력은 내압시험압력의 $\frac{8}{10}$ 이하의 압력이며, 압축가스의 경우 내압시험압력은 최고 충전압력의 $\frac{5}{3}$ 배이다.
용기의 최고 충전압력이 150[atm]이므로
안전밸브 작동압력은 $150 \times \frac{8}{10} \times \frac{5}{3} = 200$[atm] 이하이며
$\frac{P_1}{T_1} = \frac{P_2}{T_2}$ 이므로, 200[atm]일 때의 온도
$T_2 = T_1 \times \frac{P_2}{P_1} = (35 + 273) \times \frac{200}{150} \approx 411$[K]
∴ (411 − 273)[℃] = 138[℃]

24 다음 중 역류방지밸브에 해당하지 않는 것은?

① 볼 체크밸브
② y형 나사밸브
③ 스윙형 체크밸브
④ 리프트형 체크밸브

해설
역류방지밸브(체크밸브)의 종류 : 볼 체크밸브, 스윙형 체크밸브, 리프트형 체크밸브, 더블 플레이트 웨이퍼 체크밸브, 싱글 웨이퍼 체크밸브, 디스크 체크밸브, 스모렌스키 체크밸브 등

정답 21 ④ 22 ④ 23 ④ 24 ②

25 고압가스제조장치의 재료에 대한 설명으로 틀린 것은?

① 상온, 건조 상태의 염소가스에서는 보통강을 사용해도 된다.
② 암모니아, 아세틸렌의 배관재료에는 구리재를 사용해도 된다.
③ 탄소강의 충격치는 -70[℃] 부근에서 거의 0으로 된다.
④ 암모니아 합성탑 내통의 재료에는 18-8 스테인레스강을 사용한다.

해설
고압가스제조장치의 재료
- 상온, 건조 상태의 염소가스에서는 탄소강을 사용할 수 있다.
- 아세틸렌에 접촉하는 부분에 사용하는 재료
  - 구리나 구리 함유량이 62[%]를 초과하는 구리합금을 사용할 수 없다.
  - 충전용 지관에는 탄소 함유량이 0.1[%] 이하의 강을 사용한다.
  - 굴곡에 의한 응력이 일부에 집중되지 않는 형상으로 한다.
- 탄소강에 나타나는 조직의 특성은 탄소(C)의 양에 따라 달라진다.

26 정전기 제거 또는 발생 방지조치에 관한 설명으로 옳지 않은 것은?

① 대상물을 접지시킨다.
② 상대습도를 높인다.
③ 공기를 이온화시킨다.
④ 전기저항을 증가시킨다.

해설
정전기를 제거하려면 전기저항을 감소시키고, 전도성을 증가시킨다.

27 최고 사용온도가 100[℃], 길이(L)가 10[m]인 배관을 상온(15[℃])에서 설치하였다면 최고 온도로 사용 시 팽창으로 늘어나는 길이는 약 몇 [mm]인가?(단, 선팽창계수 α는 12×10^{-6}[m/m℃]이다)

① 5.1   ② 10.2
③ 102   ④ 204

해설
재료의 변형량
$\lambda = l - l' = l\alpha(t - t')$
$= 10,000 \times 12 \times 10^{-6} \times (100 - 15)$
$= 10.2$[mm]

28 온도가 120[℃]를 초과하는 경우에 온수보일러에 안전밸브를 설치하여야 하는데, 안전밸브의 호칭지름은 몇 [mm] 이상으로 하는가?

① 16[mm]   ② 20[mm]
③ 26[mm]   ④ 32[mm]

29 펌프에서 발생하는 현상이 아닌 것은?

① 초킹(Choking)
② 서징(Surging)
③ 수격작용(Water hammering)
④ 캐비테이션(Cavitation)

해설
펌프에서 발생하는 이상현상은 크게 캐비테이션(공동현상), 베이퍼로크, 수격작용, 서징현상(맥동현상), 발열의 문제이다. 발열은 다시 캐비테이션을 가속시키는 원인이 되어 최종적으로 펌프의 오동작 및 동작 불능 상태를 초래한다.

30 특수강에 내마멸성, 내식성을 부여하기 위하여 첨가하는 원소는?

① 니켈 　　② 크롬
③ 몰리브덴 　　④ 망간

해설
① 니켈 : 인성, 저온충격저항을 부여한다.
③ 몰리브덴 : 뜨임, 취성을 방지한다.
④ 망간 : 고온 강도가 증가하고, 탈산제로 작용한다.

31 고압가스 용기의 충전구에 관한 내용 중 옳은 것은?

① 가연성 가스의 경우 대부분 오른나사이다.
② 충전가스가 암모니아인 경우 왼나사이다.
③ 가스 충전구는 반드시 나사가 있어야 한다.
④ 가연성 가스의 경우 대부분 왼나사이다.

해설
① 가연성 가스의 경우 대부분 왼나사이다.
② 충전가스가 암모니아인 경우 오른나사이다.
③ 가스 충전구는 나사가 없을 수도 있다.

32 전기방식시설의 유지관리를 위한 도시가스시설의 전위 측정용 터미널(T/B) 설치에 대한 설명으로 옳은 것은?

① 희생양극법에 의한 배관에는 500[m] 이내 간격으로 설치한다.
② 배류법에 의한 배관에는 500[m] 이내 간격으로 설치한다.
③ 외부전원법에 의한 배관에는 300[m] 이내 간격으로 설치한다.
④ 직류전철 횡단부 주위에 설치한다.

해설
전기방식시설의 유지관리를 위한 전위 측정용 터미널(T/B)의 설치 기준
• 희생양극법, 배류법 : 배관 길이 300[m] 이내 간격
• 외부전원법 : 배관 길이 500[m] 이내 간격
• 직류전철 횡단부 주위에 설치한다.

33 내용적이 30,000[L]인 액화산소 저장탱크의 저장능력은 몇 [kg]인가?(단, 비중은 1.14이다)

① 27,520 　　② 30,780
③ 31,780 　　④ 31,920

해설
액화가스 저장탱크의 저장능력(가스 충전질량)
$W = 0.9d \cdot V = 0.9 \times 1.14 \times 30,000 = 30,780[kg]$

34 정압기를 평가, 선정할 경우에는 정압기의 각 특성이 사용조건에 적합해야 한다. 다음 중 정압기 평가 및 선정과 관계가 먼 특성은?

① 정특성 　　② 동특성
③ 유량특성 　　④ 혼합특성

해설
정압기 평가 및 선정과 관계된 특성 : 정특성, 동특성, 유량특성

35 다음 용어 정의 중 옳지 않은 것은?

① '액화석유가스'란 프로판 부탄을 주성분으로 한 가스를 액화한 것이다.
② '액화석유가스충전사업'은 액화석유가스를 용기에 충전하여 공급하는 사업이다.
③ '액화석유가스판매사업'은 용기에 충전된 액화석유가스를 판매하는 것이다.
④ '가스용품제조사업'은 일반 고압가스를 사용하기 위한 가스용품을 제조하는 사업이다.

해설
'가스용품제조사업'은 액화석유가스 또는 연료용 가스를 사용하기 위한 기기를 제조하는 사업이다.

36 저압 가스배관에서 관의 내경이 1/2배로 되면 유량은 몇 배가 되는가?(단, 다른 모든 조건은 동일한 것으로 본다)

① 0.17 ② 0.50
③ 2.00 ④ 4.00

해설
저압 가스배관의 유량 $Q = K\sqrt{\dfrac{hD^5}{SL}}$ 이므로,
(여기서, K : 유량계수, h : 압력손실(기점, 종점 간의 압력 강하 또는 기점압력과 말단압력의 차이), D : 배관의 지름, S : 가스의 비중, L : 배관의 길이)
관의 내경이 1/2이 되면 저압 가스배관의 유량
$Q' = K\sqrt{\dfrac{h(D/2)^5}{SL}} = \sqrt{(1/2)^5} \times K\sqrt{\dfrac{hD^5}{SL}} = 0.177Q$

37 어느 수용가에 설치한 가스미터의 기차를 측정하기 위하여 지시량을 보니 100[m³]를 나타내었다. 사용공차를 ±4[%]로 한다면, 이 가스미터에는 최소 얼마의 가스가 통과되었는가?

① 40[m³] ② 80[m³]
③ 96[m³] ④ 104[m³]

해설
• 최소 통과량 = 100 − 100 × 0.04 = 96[m³]
• 최대 통과량 = 100 + 100 × 0.04 = 104[m³]

38 왕복식 압축기에서 실린더를 냉각시켜서 얻을 수 있는 냉각효과가 아닌 것은?

① 윤활유의 질화를 방지한다.
② 윤활기능의 유지가 향상된다.
③ 체적효율이 감소한다.
④ 압축효율이 증가한다(동력 감소).

해설
왕복식 압축기에서 실린더를 냉각시키면 체적효율이 증대한다.

39 매설관의 전기방식법 중 유전양극법에 대한 설명으로 옳지 않은 것은?

① 희생양극을 사용하여 관로의 부식 전위차를 제거한다.
② 양극은 소모되므로 보충할 필요가 없다.
③ 타 매설물에의 간섭이 거의 없다.
④ 방식전류의 세기(강도) 조절이 자유롭다.

해설
유전양극법은 방식전류의 세기(강도) 조절이 어렵다.

40 고온·고압하에서 수소를 사용하는 장치공정의 재질은?

① 탄소강 ② 크롬강
③ 조 강   ④ 실리콘강

해설
고온·고압하에서 수소를 사용하는 장치공정의 재질로 크롬강과 스테인리스강을 사용한다.

제3과목 가스안전관리

41 독성 액화가스를 차량으로 운반할 때 몇 [kg] 이상이면 한국가스안전공사에서 실시하는 운반에 관한 소정의 교육을 이수한 사람 또는 운반책임자가 동승해야만 하는가?(단, 허용농도가 100만분의 1 이상일 경우)

① 6,000[kg]
② 3,000[kg]
③ 2,000[kg]
④ 1,000[kg]

해설
액화가스의 운반책임자 동승 기준은 가연성 가스 3,000[kg] 이상, 조연성 가스 6,000[kg] 이상, 독성가스(1[ppm] 이상) 1,000[kg] 이상이다.

42 액화석유가스 충전사업자가 가스 공급 시마다 실시하는 안전점검 기준 중 점검하지 않아도 되는 것은?

① 충전용기의 설치 위치
② 가스용품의 관리 및 작동 상태
③ 충전용기와 화기의 거리
④ 충전량 표시 증지의 부착 여부 확인

해설
액화석유가스 공급자가 가스 공급 시마다 실시하는 안전점검 기준
• 충전용기의 설치 위치
• 충전용기와 화기의 거리
• 충전용기 및 배관의 설치 상태
• 충전용기, 충전용기로부터 압력조정기, 호스 및 가스 사용기기에 이르는 각 접속부와 배관 또는 호스의 가스 누출 여부 및 그 가스의 적합 여부
• 독성가스의 경우 흡수장치, 제해장치 및 보호구 등에 대한 적합 여부
• 역화방지장치의 설치 여부(용접 또는 용단작업용으로 액화석유가스를 사용하는 시설에 산소를 공급하는 자에 한정)
• 시설 기준에의 적합 여부(정기점검만을 말함)
※ 액화석유가스 공급자 : 액화석유가스 충전사업자, 액화석유가스 집단공급사업자, 액화석유가스 판매사업자

정답 39 ④ 40 ② 41 ④ 42 ④

43 고압가스 충전용기의 운반에 관한 사항으로 옳지 않은 것은?

① 밸브가 돌출된 충전용기는 고정식 프로텍터를 부착시켜야 한다.
② 충전용기를 로프로 견고하게 결속해야 한다.
③ 충전용기는 항상 40[℃] 이하로 유지해야 한다.
④ 운반 시 보기 쉬운 곳에 황색 글씨로 위험표지를 해야 한다.

해설
운반 시 보기 쉬운 곳에 붉은 글씨로 '위험고압가스'라는 경계표지를 하여야 한다.

44 액화산소탱크에 설치하여야 할 안전밸브의 작동압력은?

① 내압시험압력×1.5배 이하
② 상용압력×0.8배 이하
③ 내압시험압력×0.8배 이하
④ 상용압력×1.5배 이하

45 고압가스 용기 중 잔가스를 배출하고자 할 때 안전관리상 옳은 방법은?

① 잔가스 배출이므로 소화기를 준비하지 않아도 된다.
② 통풍이 양호한 옥외에서 서서히 배출시킨다.
③ 통풍이 양호한 구조물 내에서 급속히 배출시킨다.
④ 기존 용기보다 큰 용기로 이송시킨다.

해설
고압가스 용기 중 잔가스를 배출하고자 할 때 안전관리상 옳은 방법
• 잔가스 배출이어도 소화기를 준비해야 한다.
• 통풍이 양호한 옥외에서 서서히 배출시킨다.
• 기존 용기보다 큰 용기로 이송시키면 안 된다.

46 액화석유가스의 저장설비 및 가스설비실의 통풍구조에 대한 설명 중 옳은 것은?

① 사방을 방호벽으로 설치하는 경우 한 방향으로 2개소의 환기구를 설치한다.
② 환기구의 1개소 면적은 2,400[cm^2] 이하로 한다.
③ 강제통풍시설의 방출구는 지면에서 2[m] 이상의 높이에 설치한다.
④ 강제통풍시설의 통풍능력은 1[m^2]마다 0.3[m^3/min] 이상으로 한다.

해설
① 사방을 방호벽으로 설치하는 경우 두 방향으로 분산시켜 설치한다.
③ 강제통풍시설의 방출구는 지면에서 5[m] 이상의 높이에 설치한다.
④ 강제통풍시설의 통풍능력은 1[m^2]마다 0.5[m^3/min] 이상으로 한다.

47 차량에 고정된 탱크에 의하여 가연성 가스를 운반할 때 비치하여야 할 소화기의 종류와 최소 수량은?(단, 소화기의 능력 단위는 고려하지 않는다)

① 분말소화기 1개
② 분말소화기 2개
③ 포말소화기 1개
④ 포말소화기 2개

해설
차량에 고정된 탱크 운반 시의 소화설비

가스 종류	소화기 능력 단위	소화약제	비치 개수
가연성 가스	BC용, B-10 이상 또는 ABC용, B-12 이상	분말 소화제	차량 좌우에 각각 1개 이상 (총 2개 이상)
산소	BC용, B-8 이상 또는 ABC용, B-10 이상		

※ 가연성 가스 또는 산소 운반 차량에 휴대하여야 하는 소화기: 분말소화기

정답 43 ④ 44 ④ 45 ② 46 ② 47 ②

48 냉동제조의 시설 기준으로 안전장치를 설치해야 할 경우가 아닌 것은?

① 암모니아 및 브롬화메탄을 저장하는 저장소에 방폭구조로 할 것
② 냉매가스의 압력이 설계압력 이상인 경우 즉시 상용압력 이하로 되돌릴 수 있는 안전장치를 설치할 것
③ 가연성 가스 냉매설비에 설치하는 경우에는 지상으로부터 5[m] 이상의 높이로 설치할 것
④ 지하에 설치하는 냉매설비는 역류되지 않도록 배기 덕트에 방출구를 연결할 것

해설
냉동제조의 시설 기준으로 안전장치를 설치해야 할 경우
- 냉매설비에는 그 설비 내의 냉매가스의 압력이 상용의 압력을 넘는 경우에 즉시 상용의 압력 이하로 되돌릴 수 있는 안전장치를 설치할 것
- 상기의 규정에 의하여 설치한 안전장치(용전 제외) 중 안전밸브에는 방출관을 설치하되 방출관의 방출구 위치는 다음 기준에 의할 것
  - 가연성 가스의 냉매설비에 설치하는 경우에는 지상으로부터 5[m] 이상의 높이로 주위에 화기 등의 없는 안전한 위치에 설치할 것
  - 독성가스의 냉매설비에 설치하는 것은 그 독성가스의 중화를 위한 설비 안에 설치할 것
  - 그 밖의 가스는 건축물 외부의 안전한 위치에 설치할 것 다만, 지하에 설치된 냉매설비의 경우에는 역류되지 아니하는 배기 덕트에 방출구를 연결하여 지상의 안전한 위치로 배출토록 할 수 있다.

49 역화방지장치를 설치하여야 하는 곳이 아닌 것은?

① 가연성 가스를 압축하는 압축기와 오토크레이브 사이
② 아세틸렌의 고압건조기와 충전용 교체밸브 사이
③ 아세틸렌의 고압건조기와 아세틸렌 충전용 지관 사이
④ 가연성 가스를 압축하는 압축기와 충전용 지관 사이

해설
역화방지장치 설치 장소 : 가연성 가스를 압축하는 압축기와 오토크레이브 사이(의 배관), 아세틸렌 충전용 지관, 아세틸렌의 고압건조기와 충전용 교체밸브 사이

50 아세틸렌가스를 온도에 불구하고 2.5[MPa]의 압력으로 압축할 때 첨가하는 희석제가 아닌 것은?

① 질 소
② 메 탄
③ 일산화탄소
④ 산 소

해설
아세틸렌을 2.5[MPa] 압력으로 압축하는 때에는 질소, 메탄, 일산화탄소 또는 에틸렌 등의 희석제를 첨가한다.

51 산소와 수소 혼합가스의 일반적인 폭굉파 속도[m/sec]는?

① 1,000 ~ 2,000
② 2,000 ~ 3,500
③ 3,500 ~ 5,000
④ 5,000 이상

52 차량에 고정된 탱크의 충전시설 기준을 정하여 가연성 가스충전시설의 고압가스설비는 그 외면으로부터 다른 가연성 가스충전시설의 고압가스설비와 안전거리 이상을 유지하도록 하고 있다. 그 거리는 몇 [m]이어야 하는가?

① 2[m] ② 3[m]
③ 5[m] ④ 6[m]

53 고압가스를 용기에 충전할 때 옳지 않은 것은?

① 아세틸렌은 수산화나트륨 또는 다이메틸폼아마이드를 침윤시킨 후 충전한다.
② 아세틸렌은 충전 후의 압력 15[℃]에서 1.5[MPa] 이하로 될 때까지 정치하여 둔다.
③ 사이안화수소는 아황산가스 등의 안정제를 첨가하여 충전한다.
④ 사이안화수소는 충전 후 24시간 정치한다.

해설
아세틸렌을 용기에 충전하는 때에는 미리 용기에 다공물질을 고루 채워 다공도가 75[%] 이상 92[%] 미만이 되도록 한 후 아세톤 또는 다이메틸폼아마이드를 고루 침윤시키고 충전한다.

54 가스사용시설에는 전기방폭설비를 갖춰야 한다. 전기설비 내부에 불활성 기체를 압입하여 폭발성 가스가 침입하는 것을 방지한 구조는?

① 내압 방폭구조
② 유입 방폭구조
③ 압력 방폭구조
④ 안전증 방폭구조

해설
압력 방폭구조
- 점화원이 될 우려가 있는 부분을 용기 안에 넣고 불활성 가스를 용기 안에 채워 넣어 폭발성 가스가 침입하는 것을 방지한 방폭구조
- 용기 내부에 공기 또는 불활성 가스 등의 보호가스를 압입하여 용기 내의 압력이 유지됨으로써 외부로부터 폭발성 가스 또는 증기가 침입하지 못하도록 한 방폭구조
- 압력 방폭구조의 기호 : p

55 도시가스사업법에서 정하고 있는 공급시설이 아닌 것은?

① 본 관 ② 공급관
③ 사용자 공급관 ④ 내 관

해설
도시가스 공급시설 : 본관, 공급관, 사용자 공급관, 일반 도시가스 사업자의 정압기, 압송기 등

56 가정용 LP 가스의 안전상 취약점이 아닌 것은?

① 소량 누출로 폭발의 위험이 있다.
② 가스의 누출이 눈으로 식별 불가능하다.
③ 기화 시 약 250배로 팽창 확산하여 인화 시 피해가 크다.
④ 냄새가 없어 누출을 냄새로 식별 불가능하다.

해설
가정용 LP 가스는 누출 시 부취제의 냄새가 나 냄새로 식별이 가능하다.

57 고압가스 일반 제조의 시설 기준에 대한 설명으로 옳은 것은?

① 초저온 저장탱크에는 환형 유리관 액면계를 설치할 수 없다.
② 고압가스설비에 장치하는 압력계는 상용압력의 1.1배 이상 2배 이하의 최고 눈금이 있어야 한다.
③ 공기보다 가벼운 가연성 가스의 가스설비실에는 1방향 이상의 개구부 또는 자연환기설비를 설치하여야 한다.
④ 저장능력이 1,000[ton] 이상인 가연성 가스(액화가스)의 지상 저장탱크의 주위에는 방류둑을 설치하여야 한다.

해설
① 초저온 저장탱크에는 산소 또는 불활성 가스에 한정하여 환형 유리관 액면계 설치가 가능하다.
② 고압가스설비에 장치하는 압력계는 상용압력의 1.5배 이상 2배 이하의 최고 눈금이 있어야 한다.
③ 공기보다 가벼운 가연성 가스의 가스설비실에는 두 방향 이상의 개구부 또는 강제환기설비를 설치하거나, 이들을 병설하여 환기를 양호하게 한 구조로 해야 한다(고려사항 : 가스의 성질, 처리 또는 저장가스의 양, 설비의 특성 및 실의 넓이 등).

58 제조소 및 공급소에 설치하는 가스공급시설의 외면으로부터 화기 취급 장소까지 유지해야 할 거리는?

① 5[m] 이상의 우회거리
② 8[m] 이상의 우회거리
③ 10[m] 이상의 우회거리
④ 13[m] 이상의 우회거리

59 고압가스 용기의 파열사고의 큰 원인 중 하나는 용기의 내압(內壓)의 이상 상승이다. 이상 상승의 원인으로 가장 거리가 먼 것은?

① 가 열
② 일광의 직사
③ 내용물의 중합반응
④ 혼합 충전

해설
용기 파열사고의 원인
• 가열, 일광의 직사, 내용물의 중합반응 등으로 인한 용기 내압의 이상 상승
• 염소용기는 용기의 부식에 의하여 파열사고가 발생할 수 있다.
• 수소용기는 산소와 혼합 충전으로 격심한 가스폭발에 의한 파열사고가 발생할 수 있다.
• 고압 아세틸렌가스는 분해폭발에 의한 파열사고가 발생될 수 있다.

60 다음 중 제1종 보호시설에 해당되지 않는 것은?

① 사람을 수용하지 않는 독립된 단일 건물의 연면적이 1,000[m²] 이상
② 수용능력이 300명 이상인 교회당, 공연장, 교회
③ 수용능력이 20인 이상의 아동복지시설 및 유사시설
④ 문화재보호법에 의하여 지정 문화재로 지정된 건축물

해설
사람을 수용하는 독립된 단일 건물의 연면적이 1,000[m²] 이상인 시설이 제1종 보호시설에 해당한다.

정답 57 ④ 58 ② 59 ④ 60 ①

제4과목 | 가스계측

61 고점도 유체 또는 오리피스미터에서 측정이 곤란한 소유량을 측정할 수 있는 계측기는?

① 로터리 피스톤형
② 로터미터
③ 전자유량계
④ 와류유량계

[해설]
로터미터(Rota Meter) : 부표(Float)와 관의 단면적 차이를 이용하여 유량을 측정하는 면적식 순간유량계로, 고점도 유체 또는 오리피스미터에서는 측정이 곤란한 소유량을 측정할 수 있다.

62 자동조정에 속하지 않는 제어량은?

① 주파수
② 방 위
③ 속 도
④ 전 압

[해설]
자동조정 제어 : 전기적인 양(전압, 전류, 주파수 등) 또는 기계적인 양(위치, 속도, 압력 등)을 제어하며 응답속도가 매우 빨라야 한다. 정전압장치, 발전기의 조속기 등에 이용된다.

63 가스미터 출구측 배관을 수직배관으로 설치하지 않는 가장 큰 이유는?

① 설치면적을 줄이기 위하여
② 화기 및 습기 등을 피하기 위하여
③ 검침 및 수리 등의 작업이 편리하도록 하기 위하여
④ 수분 응축으로 밸브의 동결을 방지하기 위하여

[해설]
겨울철 수분 응축에 따른 밸브, 밸브시트 동결 방지를 위하여 입상배관(수직배관)을 금지한다.

64 액면계의 종류로만 나열된 것은?

① 플로트식, 퍼지식, 차압식, 정전용량식
② 플로트식, 터빈식, 액비중식, 광전관식
③ 퍼지식, 터빈식, Oval식, 차압식
④ 퍼지식, 터빈식, Roots식, 차압식

[해설]
액면계의 분류
- 직접 측정식 : 유리관식(직관식), 검척식, 플로트식, 사이트 글라스
- 간접 측정식 : 차압식, 편위식(부력식), 정전용량식, 전극식(전도도식), 초음파식, 퍼지식(기포식), 방사선식(γ선식), 슬립튜브식, 레이더식, 중추식, 중량식

65 니켈, 망간, 코발트, 구리 등의 금속산화물을 압축·소결시켜 만든 온도계는?

① 바이메탈 온도계
② 서미스터 저항체 온도계
③ 제게르콘 온도계
④ 방사온도계

[해설]
서미스터(Thermistor) (측온)저항(체) 온도계 : 금속산화물 분말을 혼합 소결시킨 반도체로 만든 전기저항식 온도계
- 이용현상 : 온도에 의한 전기저항의 변화
- 조성성분 : 니켈(Ni), 코발트(Co), 망간(Mn), 철(Fe), 구리(Cu)
- 온도 측정범위 : -100~300[℃]
- 자기가열현상이 있다.
- 응답이 빠르고 감도가 높다.
- 도선저항에 의한 오차를 작게 할 수 있다.
- 소형으로 좁은 장소의 측온에 적합하다.
- 저항온도계수가 부특성이며, 저항온도계 중 저항값이 가장 크다.
- 저항온도계수는 25[℃]에서 백금의 10배 정도이다.
- 재현성과 호환성이 좋지 않다.
- 특성을 고르게 얻기 어렵다(소자의 온도특성인 균일성을 얻기 어렵다).
- 흡습 등으로 열화되기 쉽다.
- 충격에 대한 기계적 강도가 떨어진다.

정답 61 ② 62 ② 63 ④ 64 ① 65 ②

66 MAX 1.0[m³/h], 0.5[L/rev]로 표기된 가스미터가 시간당 50회전하였을 경우 가스유량은?

① 0.5[m³/h] ② 25[L/h]
③ 25[m³/h] ④ 50[L/h]

해설
가스유량 = 0.5[L/rev] × 50[rev/h] = 25[L/h]

67 가스분석용 검지관법에서 검지관의 검지한도가 가장 낮은 가스는?

① 염소
② 수소
③ 프로판
④ 암모니아

해설
검지관법 : 화학공장에서 누출된 유독가스를 신속하게 현장에서 검지 정량하는 방법으로, 검지가스별 측정농도의 범위 및 검지한도는 다음과 같다.
- 수소(H_2) : 0~1.5[%], 10[ppm]
- 아세틸렌(C_2H_2) : 0~0.3[%], 10[ppm]
- 암모니아 : 5[ppm]
- 염소 : 0.1[ppm]
- 일산화탄소(CO) : 0~0.1[%], 1[ppm]
- C_3H_8(프로판) : 0~0.5[%], 100[ppm]

68 신호의 전송방법 중 유압 전송방법의 특징에 대한 설명으로 옳지 않은 것은?

① 전송거리가 최고 300[m]이다.
② 조작력이 크고 전송 지연이 작다.
③ 파일럿 밸브식과 분사관식이 있다.
④ 내식성, 방폭이 필요한 설비에 적당하다.

해설
유압식 신호 전송방식
- 조작력이 크고, 응답성이 우수하다.
- 전송 지연이 작고 희망특성을 얻을 수 있다.
- 부식의 염려가 적으나 인화 위험성이 있다.
- 내식성, 방폭이 필요한 설비에 적당하지 않다.
- 파일럿 밸브식과 분사관식이 있다.
- 신호 전송거리 : 최대 300[m]

69 비중이 910[kg/m³]인 기름 20[L]의 무게는 몇 [kg]인가?

① 15.4 ② 16.2
③ 17.2 ④ 18.2

해설
1[m³] : 910[kg] = 20[L] : x

$x = \dfrac{910[kg] \times 20[L]}{1[m³]} = \dfrac{910[kg] \times 20 \times 10^{-3}[m³]}{1[m³]} = 18.2[kg]$

70 가스누출검지기의 검지(Sensor) 부분의 금속으로 사용하지 않은 것은?

① 백금 ② 리튬
③ 코발트 ④ 바나듐

해설
가스누출검지기의 검지 부분은 백금, 리튬, 바나듐 등의 재질이 사용된다.

정답 66 ② 67 ① 68 ④ 69 ④ 70 ③

71 접촉연소식 가스검지기의 특성이 아닌 것은?

① 가연성 가스는 모두 검지대상이 되므로 특정한 성분만을 검지할 수 없다.
② 완전연소가 일어나도록 순수한 산소를 공급해 준다.
③ 연소반응에 따른 필라멘트의 전기저항 증가를 검출한다.
④ 측정가스의 반응열을 이용하므로 가스는 일정농도 이상이 필요하다.

해설
접촉연소식 가스검지기는 완전연소가 일어나도록 충분한 공기를 공급해 준다.

72 분별연소법을 사용하여 가스를 분석할 경우 분별적으로 완전히 연소되는 가스는?

① 수소, 이산화탄소
② 이산화탄소, 탄화수소
③ 일산화탄소, 탄화수소
④ 수소, 일산화탄소

해설
분별연소법: 2종 이상의 동족 탄화수소와 수소가 혼합된 시료를 측정할 수 있는 방법이다. 분별적으로 완전연소시키는 가스로는 수소, 일산화탄소, 탄화수소 등이 있다.

73 수용가에 부착되어 있는 사용 중인 가스미터의 사용공차는 얼마로 규정되어 있는가?

① 실제 사용 상태의 ±3[%]
② 실제 사용 상태의 ±4[%]
③ 실제 사용 상태의 ±5[%]
④ 실제 사용 상태의 ±6[%]

74 오르자트 가스분석기에서 가스의 흡수 순서로 옳은 것은?

① $CO \rightarrow CO_2 \rightarrow O_2$
② $CO_2 \rightarrow CO \rightarrow O_2$
③ $O_2 \rightarrow CO_2 \rightarrow CO$
④ $CO_2 \rightarrow O_2 \rightarrow CO$

75 산소 64[kg]과 질소 14[kg]의 혼합기체가 나타내는 전압이 10기압이면, 이때 산소의 분압은 얼마인가?

① 2기압　　② 4기압
③ 6기압　　④ 8기압

해설
산소의 분압 $= 10 \times \dfrac{(64,000/32)}{(64,000/32) + (14,000/28)} = 8[\text{atm}]$

76 다음 중 사용 온도범위가 넓고, 가격이 비교적 저렴하며, 내구성이 좋아 공업용으로 가장 널리 사용되는 온도계는?

① 유리온도계
② 열전대 온도계
③ 바이메탈 온도계
④ 반도체 저항온도계

해설
열전대 온도계(Thermocouple)
• 열기전력의 전위차계를 이용한 접촉식 온도계이다.
• 회로의 두 접점 사이의 온도차로 열기전력을 일으키고 그 전위차를 측정하여 온도를 알아내는 온도계이다.
• 사용 온도범위가 넓고, 가격이 비교적 저렴하며, 내구성이 좋아 공업용으로 가장 널리 사용된다.

77 기체크로마토그래피 장치에 해당하지 않는 것은?

① 주사기(Injector)
② 분리관(Column)
③ 유량측정기
④ 직류증폭장치

해설
기체크로마토그래피의 구성요소 : 주사기(Injector), 운반기체(Carrier Gas), 분리관(Column), 검출기(Detector), 기록계(Data System), 유속조절기(유량측정기), 압력조정기, 유량조절밸브, 압력계 등

78 가정용 LP 가스미터의 감도 유량[L/h]은 얼마인가?

① 20
② 15
③ 10
④ 5

79 압력의 단위를 차원(Dimension)으로 표시한 것은?

① [MLT]
② [ML^{2}T^2]
③ [M/LT^2]
④ [M/L^{2}T^2]

해설
압력의 단위
[Pa] = [N/m^2] = [(kg · m/s^2)/m^2] = [kg/m · s^2]이므로
압력의 차원 → [M/LT^2] = [ML^{-1}T^{-2}]

80 계량기 종류별 기호에서 LPG 미터의 기호는?

① H
② P
③ L
④ G

해설
계량기의 종류별 기호 : A 판수동 저울, B 접시지시 및 판지시 저울, C 전기식 지시 저울, D 분동, E 이동식 축증기, F 체온계, G 전력량계, H 가스미터, I 수도미터, J 온수미터, K 주유기, L LPG미터, M 오일미터, N 눈새김 탱크, O 눈새김 탱크로리, P 혈압계, Q 적산 열량계, R 곡물 수분 측정기, S 속도 측정기

정답 76 ② 77 ④ 78 ④ 79 ③ 80 ③

2024년 제1회 과년도 기출복원문제

제1과목 연소공학

01 화학 반응속도를 지배하는 요인에 대한 설명으로 옳은 것은?

① 압력이 증가하면 반응속도는 항상 증가한다.
② 생성물질의 농도가 커지면 반응속도는 항상 증가한다.
③ 자신은 변하지 않고 다른 물질의 화학 변화를 촉진하는 물질을 부촉매라고 한다.
④ 온도가 높을수록 반응속도가 증가한다.

해설
① 기체의 경우 압력이 커지면 단위 부피 속 분자수가 많아져서 반응물질의 농도가 증가되어 분자 사이의 충돌수가 증가하여 반응속도가 빨라진다.
② 반응물질의 농도가 커지면 반응속도는 항상 증가한다.
③ 자신은 변하지 않고 다른 물질의 화학 변화를 촉진하는 물질을 촉매라고 한다.

02 다음 중 석탄의 연소 형태만을 나열한 것은?

① 표면연소, 분무연소
② 분해연소, 표면연소
③ 확산연소, 분해연소
④ 확산연소, 표면연소

해설
석탄은 고체연료이며, 고체연료의 연소는 '증발연소-분해연소-표면연소'의 순으로 일어난다. 확산연소의 형태는 주로 기체연료의 연소에서 나타나며 파라핀은 증발연소, 목재는 분해연소, 금속분은 표면연소가 주로 이루어진다.

03 다음 반응식을 이용하여 메탄(CH_4)의 생성열을 계산하면 얼마인가?

> ㉠ $C + O_2 \rightarrow CO_2$ $\Delta H = -97.2[kcal/mol]$
> ㉡ $H_2 + \frac{1}{2}O_2 \rightarrow H_2O$ $\Delta H = -57.6[kcal/mol]$
> ㉢ $CH_4 + 2O_2 \rightarrow CO_2 + 2H_2O$ $\Delta H = -194.4[kcal/mol]$

① $\Delta H = -17[kcal/mol]$
② $\Delta H = -18[kcal/mol]$
③ $\Delta H = -19[kcal/mol]$
④ $\Delta H = -20[kcal/mol]$

해설
㉠ + 2×㉡ - ㉢을 하면, $C + 2H_2 \rightarrow CH_4$가 된다.
발열량(반응물의 생성열) = 생성물의 생성열 - 반응물의 반응열(연소열)
$\Delta H = \{-97.2 + 2 \times (-57.6)\} - (-194.4) = -18[kcal/mol]$

04 원소 C와 H의 연소열이 각각 다음과 같을 때 프로판의 연소열은?

> • C의 연소열 : AA
> • H의 연소열 : BB

① $AA \times 3 + BB \times 8$
② $AA \times 4 + BB \times 10$
③ $AA \times 1 + BB \times 4$
④ $AA \times 2 + BB \times 4$

해설
프로판의 분자식이 C_3H_8이므로, 프로판의 연소열은 $AA \times 3 + BB \times 8$의 값을 가진다.

정답 1 ④ 2 ② 3 ② 4 ①

05 폭굉에 대한 설명으로 옳지 않은 것은?

① 폭굉이 발생할 때 압력은 순간적으로 상승되었다가 원상으로 곧 돌아오므로 큰 파괴현상을 동반한다.
② 폭굉 압력파는 미연소가스 속으로 음속 이상으로 이동한다.
③ 폭굉하한계는 폭발하한계보다 낮다.
④ 폭굉범위는 폭발범위보다 좁다.

해설
폭굉범위는 가연성 가스의 폭발하한계와 폭발상한계 사이에 존재하므로 폭굉하한계는 폭발하한계보다 높다.

06 연료의 연소 시 완전연소를 위한 방법이 아닌 것은?

① 연소실의 온도를 고온으로 유지할 것
② 연료를 적당하게 예열하여 공급할 것
③ 연료의 연소시간을 가능한 한 길게 할 것
④ 연소실의 용적을 작게 할 것

해설
완전연소를 위해 연소실의 용적을 크게 한다.

07 탄소 2[kg]이 완전연소할 경우 이론공기량은 약 몇 [kg]인가?

① 5.3　　② 11.6
③ 17.9　　④ 23.0

해설
탄소의 연소방정식 : $C + O_2 \to CO_2$
이론공기량
$$A_0 = \frac{O_0}{0.232} = \left(\frac{2}{12} \times 32\right) \times \frac{1}{0.232} \simeq \frac{5.3}{0.232} \simeq 23[kg]$$

08 기체연료가 공기 중에서 정상 연소할 때 정상 연소속도의 값으로 가장 옳은 것은?

① 0.1~10[m/sec]　　② 11~20[m/sec]
③ 21~30[m/sec]　　④ 31~40[m/sec]

해설
기체연료가 공기 중에서 정상 연소할 때 정상 연소속도는 0.1~10[m/sec]이다.

09 $C_{10}H_{20}$이 완전연소했을 때 산소와 탄산가스의 몰비는?

① 3 : 2　　② 1 : 2
③ 2 : 3　　④ 2 : 1

해설
연소방정식 : $C_{10}H_{20} + 15O_2 \to 10CO_2 + 10H_2O$
∴ 산소와 탄산가스의 몰비 = $15O_2 : 10CO_2 = 3 : 2$

10 점화원이 될 우려가 있는 부분을 용기 안에 넣고 불활성 가스를 용기 안에 채워 넣어 폭발성 가스가 침입하는 것을 방지한 방폭구조는?

① 압력 방폭구조
② 안전증 방폭구조
③ 유입 방폭구조
④ 본질 방폭구조

해설
압력 방폭구조
- 점화원이 될 우려가 있는 부분을 용기 안에 넣고 불활성 가스를 용기 안에 채워 넣어 폭발성 가스가 침입하는 것을 방지한 방폭구조
- 용기 내부에 공기 또는 불활성 가스 등의 보호가스를 압입하여 용기 내의 압력이 유지됨으로써 외부로부터 폭발성 가스 또는 증기가 침입하지 못하도록 한 방폭구조
- 압력 방폭구조의 기호 : p

11 프로판 가스의 연소과정에서 발생한 열량이 13,000 [kcal/kg], 연소할 때 발생된 수증기의 잠열이 2,500[kcal/kg]이면 프로판 가스의 연소효율[%]은 약 얼마인가?(단, 프로판 가스의 진(저)발열량은 11,000[kcal/kg]이다)

① 65.4　　② 80.8
③ 92.5　　④ 95.4

해설

연소효율 = $\dfrac{\text{실제 발열량}}{\text{진발열량}}$

$= \dfrac{13,000 - 2,500}{11,000} \times 100[\%] \approx 95.4[\%]$

12 CO_2 32[vol%], O_2 5[vol%], N_2 63[vol%]의 혼합기체의 평균 분자량은 얼마인가?

① 29.3　　② 31.3
③ 33.3　　④ 35.3

해설

혼합기체의 평균 분자량 = $(44 \times 0.32) + (32 \times 0.05) + (28 \times 0.63)$
　　　　　　　　　 ≈ 33.3

13 가연성 혼합기체가 폭발범위 내에 있을 때 점화원으로 작용할 수 있는 정전기의 방지대책으로 틀린 것은?

① 접지를 실시한다.
② 제전기를 사용하여 대전된 물체를 전기적 중성상태로 한다.
③ 습기를 제거하여 가연성 혼합기가 수분과 접촉하지 않도록 한다.
④ 인체에서 발생하는 정전기를 방지하기 위하여 방전복 등을 착용하여 정전기 발생을 제거한다.

해설

정전기 방지를 위해 상대습도 약 70[%] 이상으로 습기를 유지한다.

14 연소의 3요소 중 가연물에 대한 설명으로 옳은 것은?

① 0족 원소들은 모두 가연물이다.
② 가연물은 산화반응 시 발열반응을 일으키며 열을 축적하는 물질이다.
③ 질소와 산소가 반응하여 질소산화물을 만들므로 질소는 가연물이다.
④ 가연물은 반응 시 흡열반응을 일으킨다.

해설

① 0족 원소들은 불활성 기체로 8족이라고도 한다.
③ 질소는 불활성 기체이며, 질소산화물 생성 시 흡열반응이 일어난다.
④ 가연물은 반응 시 발열반응을 일으킨다.

15 불활성화에 대한 설명으로 틀린 것은?

① 가연성 혼합가스에 불활성 가스를 주입하여 산소의 농도를 최소 산소농도 이하로 낮추는 공정이다.
② 이너트 가스로는 질소, 이산화탄소 또는 수증기가 사용된다.
③ 이너팅은 산소농도를 안전한 농도로 낮추기 위하여 이너트 가스를 용기에 처음 주입하면서 시작한다.
④ 일반적으로 실시되는 산소농도의 제어점은 최소 산소농도보다 10[%] 낮은 농도이다.

해설

일반적으로 실시되는 산소농도의 제어점은 최소 산소농도 이하로 낮은 농도이다.

16 이상기체에서 정적비열(C_v)과 정압비열(C_p)과의 관계로 옳은 것은?

① $C_p - C_v = R$ ② $C_p + C_v = R$
③ $C_p + C_v = 2R$ ④ $C_p - C_v = 2R$

해설
이상기체의 정압비열과 정적비열의 관계
$C_p > C_v$, $C_p - C_v = R$, $C_p/C_v = k$

17 어떤 기체의 확산속도가 SO₂의 2배였다. 이 기체는 어떤 물질로 추정되는가?

① 수 소   ② 메 탄
③ 산 소   ④ 질 소

해설
그레이엄의 기체 확산속도의 법칙 $\dfrac{v_A}{v_B} = \sqrt{\dfrac{M_B}{M_A}}$ 에서

② $\dfrac{v_{CH_4}}{v_{SO_2}} = \sqrt{\dfrac{M_{SO_2}}{M_{CH_4}}} = \sqrt{\dfrac{64}{16}} = 2$배

① $\dfrac{v_{H_2}}{v_{SO_2}} = \sqrt{\dfrac{M_{SO_2}}{M_{H_2}}} = \sqrt{\dfrac{64}{2}} = \sqrt{32}$배

③ $\dfrac{v_{O_2}}{v_{SO_2}} = \sqrt{\dfrac{M_{SO_2}}{M_{O_2}}} = \sqrt{\dfrac{64}{32}} = \sqrt{2}$배

④ $\dfrac{v_{N_2}}{v_{SO_2}} = \sqrt{\dfrac{M_{SO_2}}{M_{N_2}}} = \sqrt{\dfrac{64}{28}} = \sqrt{2.29}$배

18 500[L]의 용기에 40[atm·abs], 30[℃]에서 산소(O₂)가 충전되어 있다. 이때 산소는 몇 [kg]인가?

① 7.8[kg]   ② 12.9[kg]
③ 25.7[kg]   ④ 31.2[kg]

해설
$PV = mRT = \dfrac{w}{M}RT$

$\therefore w = \dfrac{PVM}{RT} = \dfrac{40 \times 0.5 \times 32}{0.082 \times (30+273)} \simeq 25.7[kg]$

19 밀폐된 용기 속에 3[atm], 25[℃]에서 프로판과 산소가 2:8의 몰비로 혼합되어 있으며, 이것이 연소하면 다음 식과 같다. 연소 후 용기 내의 온도가 2,500[K]로 되었다면 용기 내의 압력은 약 몇 [atm]이 되는가?

$$2C_3H_8 + 8O_2 \rightarrow 6H_2O + 4CO_2 + 2CO + 2H_2O$$

① 3   ② 15
③ 25   ④ 35

해설
- 반응 전 상태방정식 $P_1 V_1 = m_1 R_1 T_1$
- 반응 후 상태방정식 $P_2 V_2 = m_2 R_2 T_2$

$V_1 = V_2$, $R_1 = R_2$ 이므로, $\dfrac{P_1}{P_2} = \dfrac{m_1 T_1}{m_2 T_2}$

$\therefore P_2 = \dfrac{P_1 m_2 T_2}{m_1 T_1} = \dfrac{3 \times 14 \times 2{,}500}{10 \times (25+273)} \simeq 35[atm]$

20 2[kg]의 기체를 0.15[MPa], 15[℃]에서 체적이 0.1[m³]가 될 때까지 등온압축할 때 압축 후 압력은 약 몇 [MPa]인가?(단, 비열은 각각 $C_p = 0.8$, $C_v = 0.6$[kJ/kg·K]이다)

① 1.10   ② 1.15
③ 1.20   ④ 1.25

해설
$R = C_p - C_v = 0.8 - 0.6 = 0.2$[kJ/kg·K]이며
$P_1 V_1 = mRT_1$에서 $0.15 \times V_1 = 2 \times 0.2 \times 288$이므로,
$V_1 = 768$[kJ/MPa] $= 0.768$[m³]이다.
등온압축 시 $P_1 V_1 = P_2 V_2$이므로,
$P_2 = P_1 \times \dfrac{V_1}{V_2} = 0.15 \times \dfrac{0.768}{0.1} \simeq 1.15$[MPa]

정답 16 ① 17 ② 18 ③ 19 ④ 20 ②

제2과목 가스설비

21 도시가스제조설비에서 수소화 분해(수첨분해)법의 특징에 대한 설명으로 옳은 것은?

① 탄화수소의 원료를 수소기류 중에서 열분해 또는 접촉분해로 메탄을 주성분으로 하는 고열량의 가스를 제조하는 방법이다.
② 탄화수소의 원료를 산소 또는 공기 중에서 열분해 또는 접촉분해로 수소 및 일산화탄소를 주성분으로 하는 가스를 제조하는 방법이다.
③ 코크스를 원료로 하여 산소 또는 공기 중에서 열분해 또는 접촉분해로 메탄을 주성분으로 하는 고열량의 가스를 제조하는 방법이다.
④ 메탄을 원료로 하여 산소 또는 공기 중에서 부분 연소로 수소 및 일산화탄소를 주성분으로 하는 저열량의 가스를 제조하는 방법이다.

[해설]
수소화 분해 프로세스(수첨분해 프로세스)
- 방법 1 : C/H비가 큰 탄화수소를 원료로 하여 고온(700~800[℃]), 고압(20~60기압)의 수소기류 중에서 열분해 또는 접촉분해로 메탄을 주성분으로 하는 고열량의 가스 제조
- 방법 2 : C/H비가 작은 탄화수소인 나프타 등을 원료로 하여 수소화 촉매(Ni 등)를 사용하여 메탄 제조

22 대기 중에 10[m] 배관을 연결할 때 중간에 상온 스프링을 이용하여 연결하려고 한다면, 중간 연결부에서 얼마의 간격으로 하여야 하는가?(단, 대기 중의 온도는 최저 −20[℃], 최고 30[℃]이고, 배관의 열팽창 계수는 $7.2 \times 10^5/[℃]$이다)

① 18[mm] ② 24[mm]
③ 36[mm] ④ 48[mm]

[해설]
중간 연결부의 간격
$$\frac{\Delta L}{2} = \frac{L\alpha \Delta t}{2} = \frac{10 \times 1,000 \times 7.2 \times 10^{-5} \times \{30-(-20)\}}{2}$$
$$= \frac{36}{2} = 18[mm]$$

23 다음 중 본관에 대한 정의로 옳지 않은 것은?

① 가스도매사업의 경우에는 도시가스제조사업소의 부지 경계에서 정압기지의 경계까지 이르는 배관(밸브기지 안의 배관 포함)
② 일반도시가스사업의 경우에는 도시가스제조사업소의 부지 경계 또는 가스도매사업자의 가스시설 경계에서 정압기까지 이르는 배관
③ 나프타 부생가스·바이오가스제조사업의 경우에는 해당 제조사업소의 부지 경계에서 가스도매사업자 또는 일반도시가스사업자의 가스시설 경계 또는 사업소 경계까지 이르는 배관
④ 합성천연가스제조사업의 경우에는 해당 제조사업소의 부지 경계에서 가스도매사업자의 가스시설 경계 또는 사업소 경계까지 이르는 배관

[해설]
도시가스사업법 시행규칙 제2조(정의) : 가스도매사업의 경우에는 도시가스제조사업소의 부지 경계에서 정압기지의 경계까지 이르는 배관(밸브기지 안의 배관은 제외)

24 다음 중 베인펌프의 특징이 아닌 것은?

① 공간을 많이 차지한다.
② 정도를 맞추기 어렵다.
③ 고장이 적고, 유지보수가 용이하다.
④ 맥동이 크다.

해설
베인펌프는 토출압력의 맥동이 작다.

25 H_2, CO_2, N_2 등은 검출하지 못하지만 탄화수소 검출 성능은 좋은 감지기는?

① FID   ② TCD
③ ECD   ④ FTD

해설
② TCD(열전도검출기) : 이동상 가스와 시료의 열전도도 차이를 측정하는 검출기로, 감도는 사용되는 검출기 중에서 가장 낮다. 비파괴성 검출기이며, 모든 화합물의 검출이 가능하여 일반적으로 널리 사용된다.
③ ECD(전자포획검출기) : 방사선동위원소의 자연붕괴과정에서 발생하는 베타입자를 이용하여 시료의 양을 측정하는 검출기이며 유기할로겐화합물, 나이트로화합물 및 유기금속화합물을 선택적으로 검출할 수 있다.
④ FTD(알칼리열이온화검출기) : 수소염이온화검출기에 알칼리 또는 알칼리토류 금속염의 튜브를 부착한 것으로, 유기질소화합물 및 유기염화합물을 선택적으로 검출할 수 있다.

26 산소, 수소 및 아세틸렌의 품질검사에서 순도는 각각 얼마 이상이어야 하는가?

① 산소 : 99.5[%], 수소 : 98.0[%], 아세틸렌 : 98.5[%]
② 산소 : 99.5[%], 수소 : 98.5[%], 아세틸렌 : 98.0[%]
③ 산소 : 98.0[%], 수소 : 99.5[%], 아세틸렌 : 98.5[%]
④ 산소 : 98.5[%], 수소 : 99.5[%], 아세틸렌 : 98.0[%]

해설
산소, 수소 및 아세틸렌의 품질검사에서 순도는 각각 99.5[%] 이상, 98.5[%] 이상, 98.0[%] 이상이어야 한다.

27 다음 중 펌프에서 발생하는 현상이 아닌 것은?

① 초킹(Choking)
② 서징(Surging)
③ 수격작용(Water hammering)
④ 캐비테이션(Cavitation)

해설
펌프에서 발생하는 이상현상은 크게 캐비테이션(공동현상), 베이퍼로크, 수격작용, 서징현상(맥동현상), 발열의 문제이다. 발열은 다시 캐비테이션을 가속시키는 원인이 되어 최종적으로 펌프의 오동작 및 동작 불능 상태를 초래한다.

정답 24 ④ 25 ① 26 ② 27 ①

28 동일한 가스 입상배관에서 프로판 가스와 부탄가스를 흐르게 할 경우 가스 자체의 무게로 인하여 입상관에서 발생하는 압력손실을 서로 비교하면? (단, 부탄 비중은 2, 프로판 비중은 1.5이다)

① 프로판이 부탄보다 약 2배 정도 압력손실이 크다.
② 프로판이 부탄보다 약 4배 정도 압력손실이 크다.
③ 부탄이 프로판보다 약 2배 정도 압력손실이 크다.
④ 부탄이 프로판보다 약 4배 정도 압력손실이 크다.

해설
입상관의 압력손실 $H=1.293\times(S-1)h[mmH_2O]$ 이므로 부탄의 압력손실을 H_1, 프로판의 압력손실을 H_2라고 하면,
$\dfrac{H_1}{H_2}=\dfrac{1.239\times(2-1)h}{1.239\times(1.5-1)h}=\dfrac{1}{0.5}=2$ 이므로, 압력손실은 부탄이 프로판보다 2배가 크다.

29 유체에 대한 저항은 크나 개폐가 쉽고, 주로 유량 조절에 사용되는 밸브는?

① 글로브 밸브
② 게이트 밸브
③ 플러그 밸브
④ 버터플라이 밸브

해설
글로브 밸브 : 유량 조절이 정확하고 용이하며, 기밀도가 커서 주로 기체의 배관에 사용되는 밸브이다.
• 기밀도가 커서 가스배관에 적당하다.
• 개폐가 쉽다.
• 유량 조절이 정확하고 용이하여 주로 유량 조절에 사용한다.
• 유체의 저항이 커서 압력손실이 크다.
• 고압의 대구경 밸브로는 부적합하다.

30 0[℃] 물 20[ton]을 24시간 동안 0[℃] 얼음으로 만들 때 소요되는 냉동기의 용량은 몇 [RT]인가?

① 10
② 20
③ 30
④ 40

해설
냉동톤은 0[℃] 물 1[ton]을 24시간 동안 0[℃] 얼음으로 냉동시키는 능력이므로, 0[℃] 물 20[ton]을 24시간 동안 0[℃] 얼음으로 만들 때 소요되는 냉동기의 용량은 20[RT]이다.

31 일정 규모 이상의 고압가스 저장탱크 및 압력용기를 설치하는 경우 내진설계를 하여야 한다. 다음 중 내진설계의 대상에 해당하는 것은?

① 가연성 가스 400[m³] 이상
② 독성가스 5[ton] 이상
③ 비가연성 가스 500[m³] 이상
④ 비독성가스 7[ton] 이상

해설
• 가연성 또는 독성가스 : 5[ton] 또는 500[m³] 이상
• 비가연성 또는 비독성가스 : 10[ton] 또는 1,000[m³] 이상

32 내용적 50[L]의 고압가스 용기에 대하여 내압시험을 하였다. 이 경우 30[kg/cm²]의 수압을 걸었을 때 용기의 용적이 50.4[L]로 늘어났고, 압력을 제거하여 대기압으로 하였더니 용기 용적은 50.04[L]로 되었다. 영구 증가율은 얼마인가?

① 0.5[%]
② 5[%]
③ 8[%]
④ 10[%]

해설
영구(항구) 증가율 $=\dfrac{\text{영구(항구) 증가량}}{\text{전 증가량}}\times100[\%]$
$=\dfrac{50.04-50}{50.4-50}\times100[\%]$
$=\dfrac{0.04}{0.4}\times100[\%]=10[\%]$

정답 28 ③ 29 ① 30 ② 31 ② 32 ④

33 고압가스 용접용기의 탄소 함유량은 몇 [%] 이하를 사용하여야 하는가?

① 0.33　　② 0.43
③ 0.55　　④ 0.65

해설
용기 제조방법에 따른 C, P, S 함유량

구 분	C(탄소)	P(인)	S(황)
용접용기	0.33[%] 이하	0.04[%] 이하	0.05[%] 이하
이음매가 없는 용기	0.55[%] 이하	0.04[%] 이하	0.05[%] 이하

34 용기에 표시하는 각인에 대한 설명으로 옳지 않은 것은?

① 검사에 합격한 용기 부속품에 대하여는 3×5[mm] 크기의 'K'자 각인을 한다.
② 용기(단, 접합용기 또는 납붙임용기 제외)에는 어깨 부분 또는 프로텍터 부분 등 보기 쉬운 곳에 'K' 각인을 한다.
③ 납붙임 또는 접합용기에는 그 제조공정 중에 'R'자의 각인을 한다.
④ 재검사에 불합격되어 수리를 한 저장탱크의 경우에는 'K'자 각인과 함께 'R'자의 각인을 한다.

해설
고압가스안전관리법 시행규칙 별표 25(합격 용기 등에 대한 각인 또는 표시)
납붙임 또는 접합용기에는 그 제조공정 중에 'K'자의 각인을 할 것
※ R은 Repair의 약자이다.

35 다음 중 가스크로마토그래피의 구성 설비가 아닌 것은?

① 속도조절기
② 계측기
③ 분리관
④ 흡수액

해설
흡수액은 오르자트법 등에서 사용한다.

36 원통형 용기에서 원주 방향 응력은 축 방향 응력의 얼마인가?

① 0.5배　　② 1배
③ 2배　　④ 4배

해설
원통형 용기의 응력
• 원주 방향의 응력
$\sigma_1 = \dfrac{PD}{2t}$
• 축 방향의 응력
$\sigma_2 = \dfrac{PD}{4t}$
(여기서, P : 내압, D : 용기의 안지름, t : 용기의 두께)

37 오르자트법에서 CO_2를 검출하는 용액은?

① KOH 용액
② 염화제1구리 용액
③ 알칼리성 파이로갈롤 용액
④ H_2SO_4 산성 $FeSO_4$ 용액

해설
오르자트 검출액
- CO_2 : KOH 30[%] 수용액
- O_2 : 알칼리성 파이로갈롤 용액
- CO : 염화제1구리 용액

38 고압가스특정제조시설에 설치되는 가스누출검지 경보장치의 설치기준에 대한 설명으로 옳지 않은 것은?

① 경보농도는 가연성 가스의 경우 폭발하한계의 1/4 이하, 독성가스의 경우 TLV-TWA 이하로 한다.
② 검지에서 발신까지 걸리는 시간은 경보농도의 1.6배 농도에서 보통 30초 이내로 한다.
③ 차단부가 검지부의 가스검지 등에 의하여 닫힌 후에는 복원 조작을 하지 않는 한 열리지 않는 구조이어야 한다.
④ 경보장치는 5분이 지나면 자동으로 꺼져야 한다.

해설
경보장치는 수동으로 복원 조작을 하지 않는 한 꺼지지 않아야 한다.

39 가연성 가스 저장탱크 간의 거리는 얼마 이상으로 해야 하는가?(단, 가연성 가스 3[ton] 이상)

① 두 저장탱크 최대지름을 더한 길이의 4분의 1
② 두 저장탱크 최대지름을 더한 길이의 2분의 1
③ 두 저장탱크 최소지름을 더한 길이의 4분의 1
④ 두 저장탱크 최소지름을 더한 길이의 2분의 1

해설
고압가스안전관리법 시행규칙 별표 8(고압가스 저장·사용의 시설·기술·검사 기준)
가연성 가스 저장탱크(저장능력이 300[m^3] 또는 3[ton] 이상인 탱크만을 말한다)와 다른 가연성 가스 저장탱크 또는 산소 저장탱크 사이에는 두 저장탱크 최대지름을 더한 길이의 4분의 1 이상의 거리를 유지하는 등 하나의 저장탱크에서 발생한 위해요소가 다른 저장탱크로 전이되지 않도록 하고, 저장탱크를 지하 또는 실내에 설치하는 경우에는 그 저장탱크 설치실 안에서의 가스폭발을 방지하기 위하여 필요한 조치를 마련할 것

40 도시가스에 첨가하는 부취제로서 필요한 조건이 아닌 것은?

① 물에 녹지 않을 것
② 토양에 대한 투과성이 좋을 것
③ 인체에 해가 없고 독성이 없을 것
④ 공기 혼합 비율이 1/200의 농도에서 가스 냄새가 감지될 수 있을 것

해설
부취제의 구비조건
- 물에 녹지 않을 것
- 토양에 대한 투과성이 좋을 것
- 인체에 해가 없고 독성이 없을 것
- 부식성이 없을 것
- 화학적으로 안정할 것
- 공기 혼합 비율이 1/1,000의 농도에서 가스 냄새가 감지될 수 있을 것

제3과목 가스안전관리

41 독성가스가 누출할 우려가 있는 부분에는 위험표지를 설치하여야 한다. 이에 대한 설명으로 옳은 것은?

① 문자의 크기는 가로 10[cm], 세로 10[cm] 이상으로 한다.
② 문자는 30[cm] 이상 떨어진 위치에서도 알 수 있도록 한다.
③ 위험표지의 바탕색은 백색, 글씨는 흑색으로 한다.
④ 문자는 가로 방향으로만 한다.

해설
① 문자의 크기는 가로, 세로 5[cm] 이상으로 한다.
② 문자는 10[m] 이상 떨어진 위치에서도 알 수 있도록 한다.
④ 문자는 가로 또는 세로 방향으로 모두 쓸 수 있다.

42 다음 중 중합폭발의 위험이 있는 것은?

① 아세틸렌
② 산화프로필렌
③ 부타다이엔
④ 하이드라진

해설
폭발성 물질의 분류
• 분해폭발성 물질 : 아세틸렌, 하이드라진, 산화에틸렌, 제5류 위험물(자기반응성 물질)
• 중합폭발성 물질 : 사이안화수소, 산화에틸렌, 부타다이엔, 염화비닐
• 화합폭발성 물질 : 아세틸렌, 아세트알데하이드, 산화프로필렌

43 폭발원인에 따른 분류 중 물리적 폭발에 해당하지 않는 것은?

① 산화폭발
② 고체상 전이폭발
③ 증기폭발
④ 압력폭발

해설
• 물리적 폭발의 종류 : 증기폭발, 압력폭발, 금속성 폭발, 고체상 전이폭발 등
• 화학적 폭발의 종류 : 분해폭발, 연소폭발, 중합폭발, 산화폭발 등

44 암모니아의 제독제로 적합한 것은?

① 물
② 가성소다 수용액
③ 소석회
④ 탄산소다 수용액

해설
독성가스의 종류에 따른 제독제(KGS FP112)
• 포스겐 : 가성소다 수용액 390[kg], 소석회 360[kg]
• 사이안화수소 : 가성소다 수용액 250[kg]
• 암모니아, 산화에틸렌, 염화메탄 : 다량의 물

45 다음 중 정압기의 기능이 아닌 것은?

① 압력 증가
② 압력 감소
③ 압력 유지
④ 폐쇄

해설
정압기의 기능 : 압력 감소(감압기능), 압력 유지(정압기능), 폐쇄(압력 상승 방지기능)

46 공기액화분리장치의 폭발원인으로 가장 거리가 먼 것은?

① 공기 취입구로부터 아세틸렌의 침입
② 압축기용 윤활유의 분해에 따른 탄화수소의 생성
③ 공기 중에 있는 NO, NO_2의 흡입
④ 공기 중에 있는 아르곤의 흡입

해설
아르곤은 불활성 가스이므로 폭발원인이 아니다.

47 포스겐($COCl_2$) 가스에 대한 설명으로 옳지 않은 것은?

① 용기가 가열되면 폭발할 수 있다.
② 공기보다 무겁다.
③ 물을 만나면 가연성 가스가 된다.
④ 무색무취의 질식성 가스이다.

해설
포스겐($COCl_2$)은 무색이며, 상큼한 마른 풀 냄새가 나는 독성가스이다.

48 다음 중 폭발하한계가 가장 낮은 가스는?

① 수 소
② 일산화탄소
③ 암모니아
④ 부 탄

해설
폭발한계[%]
- 부탄 : 1.8~8.4
- 수소 : 4~75
- 일산화탄소 : 12~75
- 암모니아 : 15~25

49 액화석유가스 가스계량기의 설치에 대한 설명으로 옳지 않은 것은?

① 가스계량기는 화기와 2[m] 이상의 우회거리를 유지한다.
② 설치 높이는 바닥으로부터 계량기 지시장치의 중심까지 1.6[m] 이상 2.0[m] 이내에 수직·수평으로 설치한다.
③ 가스계량기는 기화장치의 바로 다음에 설치하는 것을 피하고, 상온까지 가스온도가 내려가는 위치에 설치한다.
④ 방, 거실, 부엌에 설치할 때는 격납상자에 설치한다.

해설
액화석유가스 가스계량기는 방, 거실, 부엌 등 사람이 거주하는 장소에 설치하면 안 된다.

50 도시가스 배관을 지하에 매설하는 경우에 주의하여야 할 사항이 아닌 것은?

① 배관의 외면과 타 시설물과는 0.3[m] 이상의 간격을 유지한다.
② 배관에 작용하는 하중을 수직 방향 및 횡방향에서 지지하고 하중을 기초 아래로 분산시키기 위하여 침상재료를 포설한다.
③ 기초재료를 포설한 후 침상재료를 포설한다.
④ 침상재료를 다지기 위해서 운반 차량에서 직접 포설한다.

해설
침상재료를 다지기 위해서 운반 차량에서 직접 포설하면 안 되고 다짐작업에는 콤팩터, 래머 등 현장 상황에 맞는 다짐기계를 사용해야 한다(KGS FS551).

46 ④ 47 ④ 48 ④ 49 ④ 50 ④ **정답**

51 초저온용기의 재료로 적합한 것은?

① 오스테나이트계 스테인리스강 또는 알루미늄합금
② 고탄소강 또는 Cr강
③ 마텐자이트계 스테인리스강 또는 고탄소강
④ 알루미늄합금 또는 Ni-Cr강

52 가연성 가스나 산소용기 운반 차량에 비치해야 하는 소화기는?

① 할로겐소화기
② 포소화기
③ 강화액소화기
④ 분말소화기

해설
가연성 가스나 산소용기 운반 차량에는 분말소화기를 차체 양 옆에 하나씩 총 2개를 휴대한다.

53 고압가스설비에 설치하는 안전장치의 기준으로 옳지 않은 것은?

① 압력계는 상용압력의 1.5배 이상 2배 이하의 최고 눈금이 있는 것일 것
② 가연성 가스를 압축하는 압축기와 오토크레이브와의 사이의 배관에는 역화방지장치를 설치할 것
③ 가연성 가스를 압축하는 압축기와 충전용 주관과의 사이에는 역류방지밸브를 설치할 것
④ 독성가스 및 공기보다 가벼운 가연성 가스의 제조시설에는 가스누출검지경보장치를 설치할 것

해설
독성가스 및 공기보다 무거운 가연성 가스의 제조시설에는 가스누출검지경보장치를 설치할 것

54 제1종 장소에 대한 설명으로 옳은 것은?

① 인화성 액체의 증기 또는 가연성 가스에 의한 폭발 위험이 지속적으로 또는 장기간 존재하는 장소
② 상용의 상태에서 가연성 가스가 체류해 위험하게 될 우려가 있는 장소
③ 밀폐된 용기가 그 용기의 사고로 인해 파손될 경우에만 가스가 누출될 위험이 있는 장소
④ 환기장치에 이상이나 사고가 발생한 경우에 가연성 가스가 체류하여 위험하게 될 우려가 있는 장소

해설
① 제0종 장소
③, ④ 제2종 장소
위험 장소의 분류
• 제0종 장소 : 폭발성 가스가 연속적, 장기간 빈번하게 존재하는 장소
• 제1종 장소 : 폭발성 가스가 주기적 빈번하게 존재하는 장소
• 제2종 장소 : 폭발성 가스가 정상 작동 중에는 존재하지 않거나 짧게 존재하는 장소

정답 51 ① 52 ④ 53 ④ 54 ②

55 아세틸렌가스에 대한 설명으로 옳은 것은?

① 습식 아세틸렌 발생기의 표면은 62[℃] 이하의 온도를 유지한다.
② 충전 중의 압력은 일정하게 1.5[MPa] 이하로 한다.
③ 아세틸렌이 아세톤에 용해되어 있을 때에는 비교적 안정해진다.
④ 아세틸렌을 압축하는 때에는 희석제로 PH_3, H_2S, O_2를 사용한다.

해설
① 습식 아세틸렌 발생기 표면은 70[℃] 이하의 온도를 유지해야 한다.
② 용기 충전 중의 압력은 2.5[MPa] 이하로 하고, 충전 후에는 정치하여야 한다.
④ 아세틸렌가스 충전 시 희석제 : 수소(H_2), 질소(N_2), 일산화탄소(CO), 탄산가스(CO_2), 메탄(CH_4), 에틸렌(C_2H_4), 프로판(C_3H_8) 등

56 가스사용시설에 퓨즈 콕 설치 시 예방 가능한 사고유형은?

① 호스 노후화로 인한 가스 누출사고
② 소화안전장치 고장으로 인한 가스 누출사고
③ 보일러 팽창탱크 과열로 인한 파열사고
④ 연소기의 전도에 의한 화재사고

해설
가스사용시설에 퓨즈 콕 설치 시 예방 가능한 사고유형 : 호스 노후화로 인한 가스 누출사고, 가스레인지 연결 호스 고의 절단 사고 등

57 10년이 경과한 이음매 없는 용기의 검사 간격은 얼마인가?(단, 용기는 500[L] 미만임)

① 3년마다
② 4년마다
③ 5년마다
④ 10년마다

해설
고압가스 안전관리법 시행규칙 별표 22(이음매 없는 용기의 검사 간격)
• 500[L] 이상 : 5년마다
• 500[L] 미만
 - 10년 이하 : 5년마다
 - 10년 초과 : 3년마다

58 불소가스에 대한 설명으로 옳지 않은 것은?

① 심한 자극성이 있다.
② 분자식은 HF이다.
③ 화재 및 폭발 위험이 있다.
④ 강산화제이다.

해설
불소가스의 분자식은 F_2이다.

59 아세톤, 톨루엔, 벤젠이 제4류 위험물로 분류되는 주된 이유는?

① 공기보다 밀도가 큰 가연성 증기를 발생시키기 때문에
② 물과 접촉하여 많은 열을 방출하여 연소를 촉진시키기 때문에
③ 나이트로기를 함유한 폭발성 물질이기 때문에
④ 분해 시 산소를 발생하여 연소를 돕기 때문에

60 도시가스 제조시설에서 벤트스택의 설치에 대한 설명으로 틀린 것은?

① 벤트스택의 높이는 방출된 가스의 착지농도가 폭발상한계값 미만이 되도록 설치한다.
② 벤트스택에는 액화가스가 함께 방출되지 않도록 하는 조치를 한다.
③ 벤트스택 방출구는 작업원이 통행하는 장소로부터 5[m] 이상 떨어진 곳에 설치한다.
④ 벤트스택에 연결된 배관에는 응축액의 고임을 제거할 수 있는 조치를 한다.

해설
벤트스택 높이 : 벤트스택은 배출되는 물질이 가연성인 경우에는 착지농도가 연소하한치(LFL)의 25[%] 이하, 독성인 경우에는 허용농도 이하가 되도록 정량적인 위험성 평가를 통하여 높이를 결정한다.

제4과목 가스계측

61 열전대와 비교한 백금저항온도계의 장점에 대한 설명 중 틀린 것은?

① 큰 출력을 얻을 수 있다.
② 기준접점의 온도 보상이 필요 없다.
③ 측정온도의 상한이 열전대보다 높다.
④ 경시변화가 적으며 안정적이다.

해설
백금저항 온도계의 측정 상한온도는 열전대보다 낮다.

62 스팀을 사용하여 원료가스를 가열하기 위하여 다음 그림과 같이 제어계를 구성하였다. 이 중 온도를 제어하는 방식은?

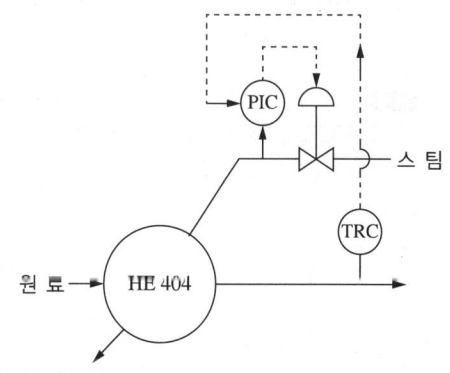

① Feedback   ② Forward
③ Cascade   ④ 비례식

해설
캐스케이드 제어(Cascade Control)
• 1차 제어장치가 제어량을 측정하여 제어명령을 하고, 2차 제어장치가 이 명령을 바탕으로 제어량을 조절하는 제어방식
• 2개의 제어계를 조합하여 1차 제어장치의 제어량을 측정하여 제어명령을 발하고, 2차 제어장치의 목표치로 설정하는 제어방식
• 프로세스계 내에 시간 지연이 크거나 외란이 심할 경우 조절계를 이용하여 설정점을 작동시키게 하는 제어방식

정답 59 ① 60 ① 61 ③ 62 ③

63 계량에 관한 법률의 목적이 아닌 것은?

① 계량의 기준을 정한다.
② 공정한 상거래 질서를 유지한다.
③ 산업의 선진화에 기여한다.
④ 분쟁의 협의를 조정한다.

해설
계량에 관한 법률의 목적
• 계량의 기준을 정한다.
• 적절한 계량을 실시한다.
• 공정한 상거래 질서를 유지한다.
• 산업의 선진화에 기여한다.

64 다음 중 용적식 유량계 형태가 아닌 것은?

① 오벌형 유량계
② 왕복 피스톤형 유량계
③ 피토관 유량계
④ 로터리형 유량계

해설
피토관 유량계는 유속식 유량계에 해당한다.

65 어느 가정에 설치된 가스미터의 기차를 검사하기 위해 계량기의 지시량을 보니 100[m³]이었다. 다시 기준기로 측정하였더니 95[m³]이었다면 기차는 약 몇 [%]인가?

① 0.05
② 0.95
③ 5
④ 95

해설
기차 = $\frac{100-95}{100} \times 100[\%] = 5[\%]$

66 내경 50[mm]의 배관에서 평균 유속 1.5[m/sec]의 속도로 흐를 때의 유량[m³/h]은 얼마인가?

① 10.6
② 11.2
③ 12.1
④ 16.2

해설
유 량
$Q = Av = \frac{\pi \times d^2}{4} \times v = \frac{\pi(0.05)^2}{4} \times 1.5 \times 3{,}600$
$\simeq 10.6[\text{m}^3/\text{h}]$

67 국제단위계(SI 단위계) 기본 단위의 개수는?

① 6개
② 7개
③ 8개
④ 9개

해설
국제단위계(SI 단위계)의 기본 단위 : 미터, 킬로그램, 초, 암페어, 켈빈, 몰, 칸델라

68 다음 중 되먹임 제어의 인자가 아닌 것은?

① 가스 공급의 압력
② 가스 공급의 속도
③ 탱크의 외기온도
④ 가스 공급의 온도

해설
흐름에서 출력값이 입력으로 가는 것이 되먹임(피드백)이므로 흐름과 무관한 탱크의 외기온도와는 관련이 없다.

정답 63 ④ 64 ③ 65 ③ 66 ① 67 ② 68 ③

69 다음 중 막식 가스미터는?

① 그로바식
② 루츠식
③ 오리피스식
④ 터빈식

> **해설**
> ① 그로바식 : 실측식, 건식, 막식
> ② 루츠식 : 실측식, 건식, 회전식
> ③ 오리피스 : 추량식
> ④ 터빈식 : 추량식

70 최대 유량이 10[m³/h]인 막식 가스미터기를 설치하고 도시가스를 사용하는 시설이 있다. 가스레인지 2.5[m³/h]를 1일 8시간 사용하고, 가스보일러 6[m³/h]를 1일 6시간 사용했을 경우 월 가스사용량은 약 몇 [m³]인가?(단, 1개월은 31일이다)

① 1,570
② 1,680
③ 1,736
④ 1,950

> **해설**
> 가스사용량
> $V = \sum Q_n T_n N_n$
> $= (2.5 \times 8 \times 31) + (6 \times 6 \times 31) = 1,736[m^3]$

71 각 습도계의 특징에 대한 설명으로 틀린 것은?

① 노점 습도계는 저습도를 측정할 수 있다.
② 모발 습도계는 2년마다 모발을 바꾸어 주어야 한다.
③ 통풍 건습구 습도계는 2.5~5[m/sec]의 통풍이 필요하다.
④ 저항식 습도계는 직류전압을 사용하여 측정한다.

> **해설**
> 저항식 습도계는 교류전압을 사용하여 측정한다.

72 액주식 압력계에 사용되는 액체의 구비조건으로 틀린 것은?

① 온도 변화에 의한 밀도 변화가 커야 한다.
② 액면은 항상 수평이 되어야 한다.
③ 점도와 팽창계수가 작아야 한다.
④ 모세관현상이 작아야 한다.

> **해설**
> 액주식 압력계에 사용되는 액체는 온도 변화에 의한 밀도 변화가 작아야 한다.

73 가스미터 설치 장소 선정 시 유의사항으로 틀린 것은?

① 진동을 받지 않는 곳이어야 한다.
② 부착 및 교환작업이 용이하여야 한다.
③ 직사일광에 노출되지 않는 곳이어야 한다.
④ 가능한 한 통풍이 잘되지 않는 곳이어야 한다.

> **해설**
> 가스미터는 가능한 한 통풍이 잘되는 곳에 설치해야 한다.

74 가스미터의 종류별 특징을 연결한 것 중 옳지 않은 것은?

① 습식 가스미터 – 유량 측정이 정확하다.
② 막식 가스미터 – 소용량의 계량에 적합하고 가격이 저렴하다.
③ 루츠미터 – 대용량의 가스 측정에 쓰인다.
④ 오리피스미터 – 유량 측정이 정확하고 압력손실도 거의 없고 내구성이 좋다.

> **해설**
> 오리피스미터는 압력손실이 크다.

정답 69 ① 70 ③ 71 ④ 72 ① 73 ④ 74 ④

75 압력계의 눈금은 1.5[MPa·g]이며, 대기압이 730 [mmHg]일 때 절대압력은 몇 [kg/cm²]인가?

① 14.29[kg/cm²]　② 15.29[kg/cm²]
③ 16.29[kg/cm²]　④ 17.29[kg/cm²]

해설
절대압력 = 대기압 + 게이지압력
$$= \frac{730}{760} \times 1.033 + \frac{1.5}{0.1013} \times 1.033 \approx 16.29$$

76 비중이 0.8인 액체의 압력이 2[kg/cm²]일 때 액면 높이(Head)는 약 몇 [m]인가?

① 16　② 25
③ 32　④ 40

해설
$P = \gamma h$ 이므로, $h = \dfrac{P}{\gamma} = \dfrac{2 \times 10^4}{0.8 \times 10^3} = 25[m]$

77 400[K]는 약 몇 [°R]인가?

① 400　② 620
③ 720　④ 820

해설
랭킨온도[°R] = [°F] + 460 = 1.8 × [K]
= 1.8 × 400 = 720[°R]

78 적외선 분광분석계로 분석이 불가능한 것은?

① CH_4　② Cl_2
③ $COCl_2$　④ NH_3

해설
적외선 분광분석계로는 단원자 분자나 이원자 분자를 분석할 수 없으므로, 염소가스의 분석은 불가능하다.

79 액면계의 종류로만 나열된 것은?

① 플로트식, 퍼지식, 차압식, 정전용량식
② 플로트식, 터빈식, 액비중식, 광전관식
③ 퍼지식, 터빈식, 오벌식, 차압식
④ 퍼지식, 터빈식, 루츠식, 차압식

해설
액면계의 분류
- 직접 측정식 : 유리관식(직관식), 검척식, 플로트식, 사이트 글라스
- 간접 측정식 : 차압식, 편위식(부력식), 정전용량식, 전극식(전도도식), 초음파식, 퍼지식(기포식), 방사선식(γ선식), 슬립튜브식, 레이더식, 중추식, 중량식

80 자동조정의 제어량에서 물리량의 종류가 다른 것은?

① 전 압　② 위 치
③ 속 도　④ 압 력

해설
전압은 전기적 물리량이다.

2024년 제2회 과년도 기출복원문제

제1과목 연소공학

01 다음 반응에서 평형을 오른쪽으로 이동시켜 생성물을 더 많이 얻으려면 어떻게 해야 하는가?

$$CO + H_2O \rightleftarrows H_2 + CO_2 + Q\,[kcal]$$

① 온도를 높인다.
② 압력을 높인다.
③ 온도를 낮춘다.
④ 압력을 낮춘다.

해설
평형반응식의 이동
- 반응식은 온도를 낮추면 온도가 올라가는 방향인 발열반응쪽으로 이동한다.
- 반응식은 온도를 높이면 온도가 내려가는 방향인 흡열반응쪽으로 이동한다.

02 가연성 물질의 위험성에 대한 설명으로 틀린 것은?

① 화염일주한계가 작을수록 위험성이 크다.
② 최소 점화에너지가 작을수록 위험성이 크다.
③ 위험도는 폭발상한과 하한의 차를 폭발하한계로 나눈 값이다.
④ 암모니아의 위험도는 2이다.

해설
암모니아의 위험도
$H = \dfrac{U-L}{L} = \dfrac{28-15}{15} \simeq 0.87$

03 400[℃]와 100[℃] 사이에서 작동하는 카르노 사이클의 열효율은 몇 [%]인가?

① 45[%] ② 50[%]
③ 55[%] ④ 60[%]

해설
카르노 사이클의 열효율
$\eta_c = \dfrac{T_1 - T_2}{T_1} = 1 - \dfrac{T_2}{T_1}$
$= 1 - \dfrac{100+273}{400+273}$
$\simeq 0.45$
$= 45[\%]$

04 다음 중 인화점이 가장 낮은 것은?

① 벤 졸 ② 가솔린
③ 등 유 ④ 중 유

해설
인화점
- 벤졸 : -10[℃]
- 가솔린 : -20[℃]
- 등유 : 30~60[℃]
- 중유 : 60~150[℃]

정답 1 ③ 2 ④ 3 ① 4 ②

05 탄소(C) 1/12[kmol]을 완전연소시키는 데 필요한 이론산소량은 몇 [kmol]인가?

① 1/12　② 1/2
③ 1　　④ 2

해설
탄소 연소방정식 : $C + O_2 \rightarrow CO_2$
탄소 1/12[kmol]을 완전연소시키는 데 필요한 이론산소량은 1/12[kmol]이다.

06 열펌프 사이클에 대한 성능계수는 다음 중 어느 것을 입력 일(Work Input)로 나눈 것인가?

① 고온부 방출열
② 저온부 흡수열
③ 고온부가 가진 총에너지
④ 저온부가 가진 총에너지

해설
열펌프의 성능계수 $(COP)_H = \varepsilon_H$

$$= \frac{\text{고온체에 공급한 열량}}{\text{공급일}}$$

$$= \frac{\text{고온부 방출열}}{\text{입력일}}$$

07 폭발범위(폭발한계)에 대한 설명으로 옳은 것은?

① 폭발범위 내에서만 폭발한다.
② 폭발상한계에서만 폭발한다.
③ 폭발상한계 이상에서만 폭발한다.
④ 폭발하한계 이하에서만 폭발한다.

해설
폭발범위(폭발한계)
• 모든 가연물질은 폭발범위 내에서만 폭발하므로, 폭발범위 밖에서는 위험성이 감소한다. 따라서 폭발범위가 넓을수록 위험하다.
• 연소범위는 상한치와 하한치의 값을 가지며 각각 연소상한계 또는 폭발상한(UFL), 연소하한계 또는 폭발하한(LFL)이라고 한다.

08 연소의 난이성에 대한 설명으로 옳지 않은 것은?

① 화학적 친화력이 큰 가연물이 연소가 잘된다.
② 연소성 가스가 많이 발생하면 연소가 잘된다.
③ 환원성 분위기가 잘 조성되면 연소가 잘된다.
④ 열전도율이 낮은 물질은 연소가 잘된다.

해설
산화성 분위기가 잘 조성되면 연소가 잘된다.

09 기체상수 R을 계산한 결과 1.987이었다. 이때 사용되는 단위는?

① [cal/mol·K]
② [erg/kmol·K]
③ [Joule/mol·K]
④ [L·atm/mol·K]

해설
이상기체 상수(R)값
8.314[J/mol·K] = 1.987[cal/mol·K] = 1.987[kcal/kmol·K]
= 82.05[cc–atm/mol·K] = 0.082[m^3·atm/kmol·K]
= 848[kg·m/kmol·K]

10 고체연료에 있어 탄화도가 클수록 발생하는 성질은?

① 휘발분이 증가한다.
② 매연 발생이 많아진다.
③ 연소속도가 증가한다.
④ 고정탄소가 많아져 발열량이 커진다.

해설
① 휘발분이 감소한다.
② 매연 발생이 적어진다.
③ 연소속도가 늦어진다.

정답　5 ①　6 ①　7 ①　8 ③　9 ①　10 ④

11 메탄 50[v%], 에탄 25[v%], 프로판 25[v%]가 섞여 있는 혼합기체의 공기 중에서의 연소하한계[v%]는 얼마인가?(단, 메탄, 에탄, 프로판의 연소하한계는 각각 5[v%], 3[v%], 2.1[v%]이다)

① 2.3
② 3.3
③ 4.3
④ 5.3

해설

$\dfrac{100}{LFL} = \sum \dfrac{V_i}{L_i}$ 에서

$\dfrac{100}{LFL} = \dfrac{V_1}{L_1} + \dfrac{V_2}{L_2} + \dfrac{V_3}{L_3}$

$= \dfrac{50}{5} + \dfrac{25}{3} + \dfrac{25}{2.1} \approx 30.24$ 이므로,

$LFL = \dfrac{100}{30.24} \approx 3.3[v\%]$

12 분진폭발에 대한 설명 중 틀린 것은?

① 분진은 공기 중에 부유하는 경우 가연성이 된다.
② 분진은 구조물 위에 퇴적하는 경우 불연성이다.
③ 분진이 발화, 폭발하기 위해서는 점화원이 필요하다.
④ 분진폭발은 입자 표면에 열에너지가 주어져 표면온도가 상승한다.

해설

분진은 구조물 위에 퇴적하는 경우 가연성이다.

13 디토네이션(Detonation)에 대한 설명으로 옳지 않은 것은?

① 발열반응으로서 연소의 전파속도가 그 물질 내에서 음속보다 느린 것을 말한다.
② 물질 내에 충격파가 발생하여 반응을 일으키고 또한 반응을 유지하는 현상이다.
③ 충격파에 의해 유지되는 화학반응현상이다.
④ 디토네이션은 확산이나 열전도의 영향을 거의 받지 않는다.

해설

폭굉(Detonation)
• 염소파의 화염 전파속도가 음속을 돌파할 때 그 선단에 충격파가 발달하게 되는 현상
• 가스의 화염(연소) 전파속도가 음속보다 큰 것으로 파면선단의 압력파에 의해 파괴작용을 일으키는 현상
• 배관 내 혼합가스의 한 점에서 착화되었을 때 연소파가 일정거리를 진행한 후 급격히 화염 전파속도가 증가되어 1,000~3,500[m/sec]에 도달하는 현상
• 물질 내에서 충격파가 발생하여 반응을 일으키고 또한 반응을 유지하는 현상
• 충격파에 의해 유지되는 화학반응현상

14 위험성 평가기법 중 공정에 존재하는 위험요소들과 공정의 효율을 떨어뜨릴 수 있는 운전상의 문제점을 찾아내어 그 원인을 제고하는 정성적인 안전성 평가기법은?

① WHAT-IF
② HEA
③ HAZOP
④ FMECA

해설

위험과 운전분석기법(HAZOP ; Hazard and Operability Studies) : 공정에 존재하는 위험요소들과 공정의 효율을 떨어뜨릴 수 있는 운전상의 문제점을 찾아내어 그 원인을 제거하는 정성적인 안전성 평가기법

정답 11 ② 12 ② 13 ① 14 ③

15 메탄(CH₄)에 대한 설명으로 옳은 것은?

① 고온에서 수증기와 작용하면 일산화탄소와 수소를 생성한다.
② 공기 중 메탄성분이 60[%] 정도 함유되어 있는 혼합기체는 점화되면 폭발한다.
③ 부취제와 메탄을 혼합하면 서로 반응한다.
④ 조연성 가스로서 유기화합물을 연소시킬 때 발생한다.

해설
② 공기 중 메탄성분이 5~11[%] 정도 함유되어 있는 혼합기체는 점화되면 폭발한다.
③ 부취제와 메탄을 혼합하면 서로 반응하지 않는다.
④ 가연성 가스로서 유기화합물을 발효시킬 때 발생한다.

16 연소가스량 10[Nm³/kg], 비열 0.325[kcal/Nm³·℃]인 어떤 연료의 저위발열량이 6,700[kcal/kg]이었다면 이론연소온도는 약 몇 [℃]인가?

① 1,962[℃]   ② 2,062[℃]
③ 2,162[℃]   ④ 2,262[℃]

해설
이론연소온도
$$T_0 = \frac{H_L}{GC} + t = \frac{6,700}{10 \times 0.325} + 0 \approx 2,062[℃]$$

17 가연성 물질을 공기로 연소시키는 경우 공기 중의 산소농도를 높게 하면 어떻게 되는가?

① 연소속도는 빠르게 되고, 발화온도는 높게 된다.
② 연소속도는 빠르게 되고, 발화온도는 낮게 된다.
③ 연소속도는 느리게 되고, 발화온도는 높게 된다.
④ 연소속도는 느리게 되고, 발화온도는 낮게 된다.

해설
공기 중의 산소농도를 높이면 연소속도는 빨라지고, 발화온도는 낮아진다.

18 다음 중 가연물의 구비조건이 아닌 것은?

① 연소열량이 커야 한다.
② 열전도도가 작아야 된다.
③ 활성화 에너지가 커야 한다.
④ 산소와의 친화력이 좋아야 한다.

해설
가연물은 활성화 에너지가 작아야 한다.

19 비열기관에서 온도 10[℃]의 엔탈피 변화가 단위 중량당 100[kcal]일 때 엔트로피 변화량[kcal/kg·K]은?

① 0.35   ② 0.37
③ 0.71   ④ 10

해설
$$\Delta S = \frac{\Delta H}{T} = \frac{100[\text{kcal/kg}]}{(10+273)[\text{K}]} \approx 0.35[\text{kcal/kg} \cdot \text{K}]$$

20 CO₂ 32[vol%], O₂ 5[vol%], N₂ 63[vol%]의 혼합기체의 평균 분자량은 얼마인가?

① 29.3   ② 31.3
③ 33.3   ④ 35.3

해설
혼합기체의 평균 분자량 = (44×0.32) + (32×0.05) + (28×0.63) ≈ 33.3

제2과목 가스설비

21 펌프를 운전하였을 때에 주기적으로 한숨을 쉬는 듯한 상태가 되어 입·출구 압력계의 지침이 흔들리고 동시에 송출 유량이 변화하는 현상과 이에 대한 대책을 옳게 설명한 것은?

① 서징현상 : 회전차, 안내깃의 모양 등을 바꾼다.
② 캐비테이션 : 펌프의 설치 위치를 낮추어 흡입양정을 짧게 한다.
③ 수격작용 : 플라이휠을 설치하여 펌프의 속도가 급격히 변하는 것을 막는다.
④ 베이퍼로크 현상 : 흡입관의 지름을 크게 하고 펌프의 설치 위치를 최대한 낮춘다.

해설
서징현상(Surging, 맥동현상)
- 서징현상의 정의 : 펌프를 운전하였을 때에 주기적으로 한숨을 쉬는 듯한 상태가 되어 입·출구 압력계의 지침이 흔들리고 동시에 송출 유량이 변화하는 현상
- 서징현상의 발생원인 : 유체의 흐름이 제어밸브 등의 조작에 의한 급격한 변화로 인한 유체의 운동에너지가 압력에너지로 변함에 따른 송출량과 압력의 주기적인 급격한 변동과 진동
- 서징현상의 영향 : 진동·소음 증가, 펌프 수명 저하 등
- 서징현상 방지대책
  - 회전차, 안내깃의 모양을 바꾼다.
  - 배수량을 늘리거나 임펠러의 회전수를 변경한다.
  - 관경을 변경하여 유속을 변화시킨다.
  - 배관 내 잔류공기를 제거한다.

22 무계목 가스용기의 탄소(C) 함유량은 얼마이어야 하는가?

① 0.50[%] ② 0.55[%]
③ 0.60[%] ④ 0.65[%]

해설
가스용기의 원소 함유량(KGS AC212)

(단위 : [%])

구 분	탄소(C)	인(P)	황(S)
무계목(이음매 없는) 용기	0.55	0.04	0.05
용접용기	0.33	0.04	0.05

23 다음 중 용적형 펌프가 아닌 것은?

① 나사식 펌프
② 회전식 펌프
③ 원심식 펌프
④ 피스톤식 펌프

해설
원심식 펌프는 대표적인 비용적형 펌프에 해당한다.

24 촉매를 사용하여 반응온도 400~800[℃]에서 탄화수소와 수증기를 반응시켜 메탄, 수소, 일산화탄소 등으로 변환시키는 공정은?

① 열분해공정
② 접촉분해공정
③ 부분 연소공정
④ 대체 천연가스공정

해설
접촉분해 프로세스(수증기 개질 프로세스) : 촉매를 사용하여 반응온도 400~800[℃]에서 탄화수소와 수증기를 반응시켜 메탄, 수소, 일산화탄소 등으로 변환시키는 공정
- 사이클링식 접촉분해(수증기 개질)법에서는 천연가스로부터 원유까지의 넓은 범위의 원료를 사용할 수 있다.
- 반응온도가 상승하면 CH_4, CO_2가 적고, CO, H_2가 많은 가스가 생성된다.
- 반응압력이 상승하면 CH_4, CO_2가 많고, CO, H_2가 적은 가스가 생성된다.
- 온도와 압력이 일정할 때 수증기와 원료 탄화수소의 중량비(수증기비)가 증가하면 CO의 변성반응이 촉진된다.
- 저온 수증기 개질 프로세스 방식 : CRG식, MRG식, Lurgi식

정답 21 ① 22 ② 23 ③ 24 ②

25 고압가스 운반차량에서 폭발방지제로 사용되는 후프 링과 탱크 동체의 접촉압력은 몇 [MPa]인가? (단, 보기의 조건을 기준으로 계산할 것)

┌─보기─────────────────────────────┐
- W_h(폭발방지제의 중량 + 지지봉의 중량 + 후프링의 자중) : 100,000[N]
- D(동체의 안지름) : 100[cm]
- b(후프 링의 접촉 폭) : 10[cm]
- C(안전율) : 4
└──────────────────────────────────┘

① 3
② 4
③ 5
④ 6

해설

접촉압력(KGS GC207)

$$P = \frac{W_h}{D \times b} \times C$$
$$= \frac{100,000[\text{N}]}{1,000[\text{mm}] \times 100[\text{mm}]} \times 4$$
$$= 4[\text{N/mm}^2] = 4[\text{MPa}]$$

※ 단위 변환
- $1[\text{N/mm}^2] \rightarrow 1[\text{MPa}]$
- $[\text{cm}] \rightarrow [\text{mm}]$

26 고압가스 저장설비 중 부동침하 등의 원인이 있는지 제1차 지반조사를 할 필요가 없는 설비는?

① 저장능력이 1[ton] 미만인 액화가스 저장탱크
② 저장능력이 2[ton] 미만인 액화가스 저장탱크
③ 저장능력이 3[ton] 미만인 액화가스 저장탱크
④ 저장능력이 4[ton] 미만인 액화가스 저장탱크

해설

고압가스 저장설비 중 저장능력이 1[ton] 이상인 액화가스 저장탱크는 부동침하 등의 원인이 있는지 제1차 지반조사를 해야 할 필요가 있다.

27 독성가스 용기 운반 등의 기준으로 옳지 않은 것은?

① 충전용기를 운반하는 가스 운반 전용 차량의 적재함에는 리프트를 설치한다.
② 용기의 충격을 완화하기 위하여 완충판 등을 비치한다.
③ 충전용기를 용기 보관 장소로 운반할 때에는 가능한 한 손수레를 사용하거나 용기의 밑부분을 이용하여 운반한다.
④ 충전용기를 차량에 적재할 때에는 운행 중의 동요로 인하여 용기가 충돌하지 않도록 눕혀서 적재한다.

해설
- 충전용기를 차량에 적재할 때에는 운행 중의 동요로 인하여 용기가 충돌하지 않도록 고무링을 씌우거나 적재함에 넣어 세워서 적재한다.
- 압축가스의 충전용기 중 그 형태 및 운반 차량의 구조상 세워서 적재하기 곤란할 때에는 적재함 높이 이내로 눕혀 적재할 수 있다.

28 정압기의 부속설비가 아닌 것은?

① 수취기
② 긴급차단장치
③ 불순물 제거설비
④ 가스누출검지통보설비

해설

정압기의 부속설비 : 정압기실 내부의 1차 측(Inlet) 최초 밸브(밸브가 없는 경우 플랜지 또는 절연 조인트)로부터 2차 측(Outlet) 말단 밸브(밸브가 없는 경우 플랜지 또는 절연 조인트) 사이에 설치된 배관, 가스차단장치(Valve), 정압기용 필터(Gas Filter) 등의 불순물 제거설비, 긴급차단장치(Slam Shut Valve), 안전밸브(Safety Valve) 등의 이상압력 상승 방지장치, 압력기록장치(Pressure Recorder), 가스누출검지통보설비 등의 각종 통보설비 및 이들과 연결된 배관과 전선

29 비행선에서 수소 대신 사용 가능한 가스는?

① 헬 륨 ② 공 기
③ 수 소 ④ 산 소

해설
헬륨은 알려진 모든 원소들 중에서 반응성이 가장 낮고 다른 원소와 좀처럼 섞이지 않아 수소처럼 폭발할 위험이 없기 때문에 값이 비싸도 열기구와 비행선에 수소 대신 헬륨을 채운다. 이처럼 하늘로 올라가기 위해 헬륨을 사용하지만 심해로 내려가기 위해서도 헬륨을 사용한다. 심해 잠수부들이 사용하는 산소통에 질소 대신 헬륨을 사용하는데, 헬륨은 질소보다 혈액에 대한 용해도가 낮아서 잠수병을 예방할 수 있기 때문이다.

30 질소를 상압하면 밀도는?

① 작아진다.
② 커진다.
③ 변함없다.
④ 커졌다가 작아진다.

해설
밀도는 무게/부피이며 상압, 즉 상온에서 압력을 가하면 무게는 변함없으나 부피가 줄어들어 밀도는 커진다.

31 로딩(Loading)형으로 정특성, 동특성이 양호하며 비교적 콤팩트한 형식의 정압기는?

① KRF식 정압기
② Fisher식 정압기
③ Reynolds식 정압기
④ Axial-flow식 정압기

해설
② Fisher식 정압기 : 로딩형으로, 주로 중압용으로 사용되고 정특성, 동특성이 양호하며 비교적 콤팩트한 형식의 정압기이다. 구동압력이 증가하면 개조도 증가되는 방식이다.
① KRF식 정압기 : 언로딩형으로 정특성은 극히 좋으나 안정성이 부족하다.
③ Reynolds식 정압기 : 언로딩형으로 일반 소비기기용, 지구정압기로 널리 사용되고 구조와 기능이 우수하며 정특성이 좋지만, 안전성이 부족하고 다른 것에 비하여 대형이다.
④ Axial-flow식 정압기 : 변칙 언로딩형으로 정특성, 동특성이 양호한 정압기이다.

32 고압가스 일반제조시설의 배관 설치에 대한 설명으로 옳지 않은 것은?

① 배관은 지면으로부터 최소한 1[m] 이상의 깊이에 매설한다.
② 배관의 부식 방지를 위하여 지면으로부터 30[cm] 이상의 거리를 유지한다.
③ 배관설비는 상용압력의 2배 이상의 압력에 항복을 일으키지 아니하는 두께 이상으로 한다.
④ 모든 독성가스는 이중 관으로 한다.

해설
이중(2중) 관으로 해야 하는 가스 : 암모니아, 아황산, 염소, 염화메틸, 산화에틸렌, 사이안화수소, 포스겐, 황화수소 등

33 펌프 유량 2.5[m³/min], 양정 45[m], 회전수 2,000[rpm]일 때 이 펌프의 비속도는 얼마인가?

① 140.08 ② 161.09
③ 182.01 ④ 194.02

해설
비속도
$$N_S = \frac{n\sqrt{Q}}{h^{0.75}} = \frac{2,000 \times \sqrt{2.5}}{45^{0.75}} \simeq 182.01$$

34 최고 충전압력이 15[MPa]인 질소용기에 12[MPa]로 충전되어 있다. 이 용기의 안전밸브 작동압력은 얼마인가?

① 15[MPa] ② 18[MPa]
③ 20[MPa] ④ 25[MPa]

해설
안전밸브의 작동압력
P = 내압시험압력 × 0.8
  = 최고 충전압력 × $\frac{5}{3}$ × 0.8
  = 15 × $\frac{5}{3}$ × 0.8 = 20[MPa]

35 LPG 용기에 대한 설명으로 옳은 것은?

① 재질은 탄소강으로서 성분은 C : 0.33[%] 이하, P : 0.04[%] 이하, S : 0.05[%] 이하로 한다.
② 용기는 주물형으로 제작하고, 충분한 강도와 내식성이 있어야 한다.
③ 용기의 바탕색은 회색이며, 가스 명칭과 충전기한은 표시하지 않는다.
④ LPG는 가연성 가스로서 용기에 반드시 '연'자 표시를 한다.

해설
② 용기의 재질은 탄소강으로 제작하고, 충분한 강도와 내식성이 있어야 한다.
③ 용기 바탕색은 회색이며 가스 명칭과 충전기한을 표시한다.
④ 가연성 가스의 용기에 반드시 '연'자를 표시하지만, LP가스는 제외한다.

36 노즐에서 분출되는 가스 분출속도에 의해 연소에 필요한 공기의 일부를 흡입하여 혼합기 내에서 잘 혼합하여 염공으로 보내 연소하고, 이때 부족한 연소공기는 불꽃 주위로부터 새로운 공기를 혼입하여 가스를 연소시키며 연소온도가 가장 높은 방식의 버너는?

① 분젠식 버너 ② 전1차식 버너
③ 적화식 버너 ④ 세미 분젠식 버너

해설
분젠식 버너
- 연소에 필요한 공기를 1차 공기(40~70[%])와 2차 공기(60~30[%])에서 취하는 방식이다.
- 주로 일반 가스기구에 적용되는 방식으로 고온을 얻기 쉽다.
- 염의 온도는 1,300[℃] 정도이다.
- 염의 길이가 짧고 청록색이다.
- 버너가 연소가스량에 비해서 크고 역화의 우려가 있다.
- 노즐에서 분출되는 가스 분출속도에 의해 연소에 필요한 공기의 일부를 흡입하여 혼합기 내에서 잘 혼합하여 염공으로 보내 연소한다. 이때 부족한 연소공기는 불꽃 주위로부터 새로운 공기를 혼입하여 가스를 연소시키며, 연소온도가 가장 높다.

37 고압장치의 재료로 구리관의 성질과 특징으로 틀린 것은?

① 알칼리에는 내식성이 강하지만 산성에는 약하다.
② 내면이 매끈하여 유체저항이 작다.
③ 굴곡성이 좋아 가공이 용이하다.
④ 전도 및 전기절연성이 우수하다.

해설
동관(구리관)
• 전도성(전기, 열)이 우수하다.
• 알칼리에는 내식성이 강하지만, 산성에는 약하다.
• 내면이 매끈하여 유체저항이 작다.
• 굴곡성이 좋아 가공이 용이하다.
• 내식성·전연성·내압성이 우수하다.
• 고압장치의 재료, 열교환기의 내관(Tube) 및 화학공업용으로 사용한다.
• 직경 20[mm] 이하의 경우 플레어 이음(압축 이음)을 한다.

38 비중이 1.5인 프로판이 입상 30[m]일 경우의 압력손실은 약 몇 [Pa]인가?

① 130 ② 190
③ 256 ④ 450

해설
압력손실 $= 1.293 \times (S-1)h \times g$
$= 1.293 \times (1.5-1) \times 30 \times 9.8$
$\simeq 190[Pa]$

39 단면적이 300[mm²]인 봉을 매달고 600[kg]의 추를 그 자유단에 달았더니 재료의 허용 인장응력에 도달하였다. 이 봉의 인장강도가 400[kg/cm²]이라면 안전율은 얼마인가?

① 1 ② 2
③ 3 ④ 4

해설
안전율
$$S = \frac{\text{기준강도}}{\text{허용응력}} = \frac{400}{\frac{600}{300} \times 100} = 2$$

40 전기방식방법 중 희생양극법의 특징에 대한 설명으로 틀린 것은?

① 시공이 간단하다.
② 과방식의 우려가 없다.
③ 방식효과 범위가 넓다.
④ 단거리 배관에 경제적이다.

해설
희생양극법은 방식효과 범위가 좁다.

정답 37 ④ 38 ② 39 ② 40 ③

제3과목 가스안전관리

41 저장탱크의 설치방법 중 위해 방지를 위하여 저장탱크를 지하에 매설할 경우 저장탱크의 주위는 무엇으로 채워야 하는가?

① 흙
② 콘크리트
③ 마른 모래
④ 자갈

해설
고압가스일반제조시설에서 저장탱크를 지하에 매설하는(묻는) 기준
- 저장탱크 정상부와 지면과의 거리(깊이) : 60[cm] 이상
- 저장탱크 주위를 마른 모래로 채울 것
- 저장탱크를 2개 이상 인접하여 설치하는 경우 상호 간에 1[m] 이상의 거리를 유지할 것
- 저장탱크를 묻는 곳의 주위에는 지상에 경계표지를 할 것

42 분말 소화제 BC용으로 소화가 가능하지 않은 것은?

① 일반화재
② 유류화재
③ 가스화재
④ 전기화재

해설
- A : 일반화재
- B : 유류화재(가스화재 포함)
- C : 전기화재

43 의료용 가스용기 중 백색 용기는 어떤 가스용인가?

① 산소
② 질소
③ 에틸렌
④ 헬륨

해설
의료용 가스용기 색상
- 산소 : 백색
- 질소 : 흑색
- 에틸렌 : 자색
- 헬륨 : 갈색

44 고압가스 용기 충전구의 나사가 왼나사인 것은?

① 질소
② 암모니아
③ 브롬화메탄
④ 수소

해설
충전구
- 나사형식 : 가연성 가스 이외의 가스는 오른나사이며 수소 등의 가연성 가스는 왼나사이지만 암모니아와 브롬화메탄은 오른나사를 적용한다.
- 왼나사의 경우, 용기 충전구에 'V'홈 표시를 한다.
- 반드시 나사형이어야 하는 것은 아니다.

45 도시가스의 원료로서 적당하지 않은 것은?

① LPG
② Naphtha
③ Natural Gas
④ Acetylene

해설
도시가스의 원료 : LPG, 나프타, 천연가스
- 파라핀계 탄화수소가 많다.
- C/H비가 작다.
- 유황분이 적다.
- 비점이 낮다.

정답 41 ③ 42 ① 43 ① 44 ④ 45 ④

46 브롬화수소에 대한 설명으로 틀린 것은?

① 가연성 가스이다.
② 독성가스이다.
③ 무색이다.
④ 날카롭고 자극적인 냄새가 난다.

해설
브롬화수소는 비가연성 가스이다.

47 저장탱크에 의한 액화석유가스저장소에 설치하는 방류둑의 구조 기준으로 옳지 않은 것은?

① 방류둑은 액밀한 것이어야 한다.
② 성토는 수평에 대하여 30[°] 이하의 기울기로 한다.
③ 방류둑은 그 높이에 상당하는 액화가스의 액두압에 견딜 수 있어야 한다.
④ 성토 윗부분의 폭은 30[cm] 이상으로 한다.

해설
성토는 수평에 대하여 45[°] 이하의 기울기로 한다.

48 왕복동형 압축기의 윤활유가 과열되는 원인이 아닌 것은?

① 베어링 간극이 너무 넓을 때
② 불순물이 혼입되었을 때
③ 윤활이 불충분할 때
④ 열전달 능력이 낮은 오일을 사용할 때

해설
베어링 간극이 너무 좁을 때 왕복동형 압축기의 윤활유가 과열된다.

49 고온, 고압장치의 가스배관 플랜지 부분에서 수소가스가 누출되기 시작하였다. 누출원인으로 가장 거리가 먼 것은?

① 재료 부품이 적당하지 않았다.
② 수소취성에 의한 균열이 발생하였다.
③ 플랜지 부분의 개스킷이 불량하였다.
④ 온도의 상승으로 이상압력이 되었다.

해설
가스배관 플랜지 부분에서 발생 가능한 가스 누출의 원인
• 재료 부품이 적당하지 않은 경우
• 수소취성에 의한 균열이 발생한 경우
• 플랜지 부분의 개스킷이 불량한 경우

50 스프링식 안전밸브의 구성 부품이 아닌 것은?

① 스커트
② 캡
③ 몸 체
④ 디스크

해설
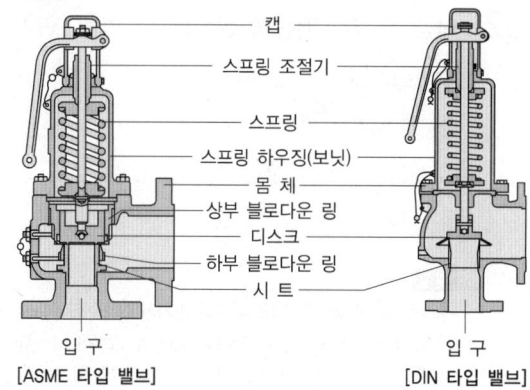

[ASME 타입 밸브]　　[DIN 타입 밸브]

정답 46 ① 47 ② 48 ① 49 ④ 50 ①

51 가연성 가스가 산소와 혼합할 때 공기와 혼합 때보다 폭발범위 관점에서의 차이점은?

① 폭발상한계가 올라간다.
② 폭발하한계가 내려간다.
③ 폭발범위는 변화가 없다.
④ 폭발범위가 좁아진다.

해설
② 폭발하한계는 크게 변화가 없다.
③, ④ 폭발범위가 위로 넓어진다.

52 다음 중 가스배관을 설치할 수 없는 곳은?

① 피트 내
② 건축물의 기초 밑
③ 지반이 약한 곳
④ 환기가 잘되는 곳

해설
가스배관은 건축물의 기초 밑이나 환기가 잘 안 되는 곳을 피하고, 건축물 내의 배관은 단독 피트(Pit) 내에 설치하거나 노출하여 시공하며 가스가 누출되더라도 체류되지 않도록 해야 한다.

53 최고 사용압력이 고압이고, 내용적이 5[m³]인 일반 도시가스배관의 자기압력기록계를 이용한 기밀시험 시 기밀유지시간은?

① 24분 이상
② 240분 이상
③ 48분 이상
④ 480분 이상

해설
압력 측정기의 종류별 기밀시험방법

종류	최고 사용압력	용적	기밀유지시간
압력계 또는 자기압력 기록계	저압, 중압	1[m³] 미만	24분
		1[m³] 이상 10[m³] 미만	240분
		10[m³] 이상 300[m³] 미만	24×V분. 다만, 1,440분을 초과한 경우에는 1,440분으로 할 수 있다.
	고압	1[m³] 미만	48분
		1[m³] 이상 10[m³] 미만	480분
		10[m³] 이상 300[m³] 미만	48×V분. 다만, 2,880분을 초과한 경우에는 2,880분으로 할 수 있다.

54 액화석유가스의 특성에 대한 설명으로 옳지 않은 것은?

① 액체는 물보다 가볍고, 기체는 공기보다 무겁다.
② 액체의 온도에 의한 부피 변화가 작다.
③ 일반적으로 LNG보다 발열량이 크다.
④ 연소 시 다량의 공기가 필요하다.

해설
액화석유가스는 액체의 온도에 의한 부피 변화가 크다.

51 ① 52 ② 53 ④ 54 ②

55 용접부에서 발생하는 결함이 아닌 것은?

① 오버랩(Overlap)
② 기공(Blow Hole)
③ 언더컷(Undercut)
④ 클래드(Clad)

해설
용접 결함의 종류 : 언더컷, 피트, 오버랩, 뒤틀림, 아크 스트라이크, 용입 불량, 언더필, 기공, 균열, 은점 등

56 흡수식 냉동설비에서 1일 냉동능력 1[ton]의 산정 기준은?

① 발생기를 가열하는 1시간의 입열량 3,320[kcal]
② 발생기를 가열하는 1시간의 입열량 4,420[kcal]
③ 발생기를 가열하는 1시간의 입열량 5,540[kcal]
④ 발생기를 가열하는 1시간의 입열량 6,640[kcal]

해설
1일의 냉동능력 1[ton] 산정 기준
- 원심식 압축기를 사용하는 냉동설비 : 압축기의 원동기 정격 출력 1.2[kW]
- 흡수식 냉동설비 : 발생기를 가열하는 1시간의 입열량 6,640[kcal]

57 고압가스용기의 재검사를 받아야 할 경우가 아닌 것은?

① 손상의 발생
② 합격 표시의 훼손
③ 충전한 고압가스의 소진
④ 산업통상자원부령이 정하는 기간의 경과

해설
고압가스용기의 재검사를 받아야 할 경우 : 손상의 발생, 합격 표시의 훼손, 충전할 고압가스의 종류 변경, 산업통상자원부령이 정하는 기간의 경과

58 공기액화분리에 의한 산소와 질소제조시설에 아세틸렌가스가 소량 혼입되었다. 이때 발생 가능한 현상으로 가장 유의하여야 할 사항은?

① 산소에 아세틸렌이 혼합되어 순도가 감소한다.
② 아세틸렌이 동결되어 파이프를 막고 밸브를 고장 낸다.
③ 질소와 산소 분리 시 비점 차이의 변화로 분리를 방해한다.
④ 응고되어 이동하다가 구리 등과 접촉하면 산소 중에서 폭발할 가능성이 있다.

해설
공기액화분리에 의한 산소와 질소제조시설에 아세틸렌가스가 소량 혼입되었을 때, 발생 가능한 현상으로 가장 유의하여야 할 사항 : 응고되어 이동하다가 구리 등과 접촉하면 산소 중에서 폭발할 가능성이 크다.

59 다음 보기 중 용기 제조자의 수리범위에 해당하는 것을 모두 옳게 나열된 것은?

┌─보기─────────────────────┐
│ Ⓐ 용기 몸체의 용접
│ Ⓑ 용기 부속품의 부품 교체
│ Ⓒ 초저온용기의 단열재 교체
│ Ⓓ 아세틸렌 용기 내의 다공질물 교체
└──────────────────────────┘

① Ⓐ, Ⓑ
② Ⓒ, Ⓓ
③ Ⓐ, Ⓑ, Ⓒ
④ Ⓐ, Ⓑ, Ⓒ, Ⓓ

해설
용기 제조자의 수리범위 : 용기 몸체의 용접, 용기 부속품의 부품 교체, 초저온용기의 단열재 교체, 아세틸렌 용기 내의 다공질물 교체, 용기의 스커트·프로텍터·네크링의 교체 및 가공 등

60 도시가스 배관을 도로 매설 시 배관의 외면으로부터 도로 경계까지 얼마 이상의 수평거리를 유지하여야 하는가?

① 0.8[m]   ② 1.0[m]
③ 1.2[m]   ④ 1.5[m]

해설
고압가스특정제조시설의 배관의 도로 밑 매설 기준(도시가스사업법 시행규칙 별표 5)
- 배관의 외면으로부터 도로 경계까지 1[m] 이상의 수평거리를 유지한다.
- 포장되어 있는 차도에 매설하는 경우에는 그 포장 부분의 노반 밑에 매설하고 배관의 외면과 노반의 최하부와의 거리는 0.5[m] 이상으로 한다.

제4과목 가스계측

61 다음 중 유량의 단위로 적절하지 않은 것은?

① [m²/sec]
② [m³/sec]
③ [L/h]
④ [m³/h]

해설
유량의 단위 : 체적/시간

62 LPG의 성분분석에 이용되는 분석법 중 저온 분류법에 의해 적용될 수 있는 것은?

① 관능기의 검출
② Cis, Trans의 검출
③ 방향족 이성체의 분리 정량
④ 지방족 탄화수소의 분리 정량

해설
저온 분류법 : 시료기체를 냉각하여 액화시킨 후 정밀 증류분석하는 가스분석법으로, LPG의 성분분석에 이용되며 지방족 탄화수소의 분리 정량이 가능하다.

63 감도 유량을 통과시켰을 때 지침의 시도에 변화가 나타나지 않는 고장은?

① 불통
② 부동
③ 기차 불량
④ 감도 불량

해설
① 불통 : 가스가 미터기를 통과하지 못하는 고장
② 부동 : 막식 가스미터에서 계량막의 파손, 밸브의 탈락, 밸브와 밸브시트 간격에서의 누설이 발생하여 가스는 미터를 통과하나 지침이 작동하지 않는 고장
③ 기차 불량 : 설치 오류, 충격, 부품의 마모 등으로 계량 정밀도가 저하되는 고장

64 크로마토그램에서 머무름 시간이 45초인 어떤 용질을 길이 2.5[m]의 칼럼에서 바닥에서의 너비를 측정하였더니 6초이었다. 이론단수는 얼마인가?

① 800
② 900
③ 1,000
④ 1,200

해설
이론단수 $N = 16 \times \left(\dfrac{l}{W}\right)^2 = 16 \times \left(\dfrac{t}{T}\right)^2 = 16 \times \left(\dfrac{45}{6}\right)^2 \simeq 900$

65 비례제어기는 60[℃]에서 100[℃] 사이의 온도를 조절하는 데 사용된다. 이 제어기로 측정된 온도가 81[℃]에서 89[℃]로 될 때의 비례대(Proportional Band)는?

① 10[%]
② 20[%]
③ 30[%]
④ 40[%]

해설
비례대(Proportional Band)
$PB = \dfrac{CR}{SR} \times 100[\%] = \dfrac{89-81}{100-60} \times 100[\%] = 20[\%]$

66 가스누출검지기 중 가스와 공기의 열전도도가 다른 것을 측정원리로 하는 검지기는?

① 반도체식 검지기
② 접촉연소식 검지기
③ 서모스탯식 검지기
④ 불꽃이온화식 검지기

해설
③ 서모스탯(Thermostat)식 검지기 : 가스와 공기의 열전도도가 다른 것을 이용한 방식
① 반도체식 검지기 : 세라믹 반도체 표면에 가스가 접촉했을 때 전기전도도의 변화를 이용하는 방식
② 접촉연소식 검지기 : 가연성 가스와 산소의 반응열을 전기신호로 변환시켜 가스의 유무 및 농도를 감지하는 방식
④ 불꽃이온화식 검지기 : 수소불꽃 속에 탄화수소가 들어가면 불꽃의 전기전도도가 증대하는 현상을 이용한 방식

67 다음 중 회전식 가스미터가 아닌 것은?

① 루츠식
② 오벌식
③ 로터리 피스톤식
④ 태코미터

해설
태코미터는 회전속도계이다.

68 다음 중 전자유량계의 원리는?

① 옴(Ohm)의 법칙
② 베르누이(Bernoulli)의 법칙
③ 아르키메데스(Archimedes)의 원리
④ 패러데이(Faraday)의 전자유도법칙

해설
전자유량계 : 유체에 생기는 기전력을 직접 측정하여 유량을 구하는 직접식 유량계
- 원리 : 패러데이의 전자유도법칙
- 유속검출에 지연시간이 없으므로 응답이 매우 빠르다.
- 압력손실이 거의 없다.
- 높은 내식성을 유지할 수 있다.
- 다른 물질이 섞여 있거나 기포가 있는 액체도 측정이 가능하다.
- 미소한 측정전압에 대하여 고성능의 증폭기가 필요하다.

69 배관의 모든 조건이 같을 때 지름을 2배로 하면 체적유량은 약 몇 배가 되는가?

① 2배　　② 4배
③ 6배　　④ 8배

해설
체적유량 $Q = Av = \dfrac{\pi d^2}{4} \times v$ 이므로, 지름이 2배가 되면 체적유량은 $2^2 = 4$배가 된다.

70 25[℃], 1[atm]에서 0.21[mol%]의 O_2와 0.79[mol%]의 N_2로 된 공기 혼합물의 밀도는 약 몇 [kg/m³]인가?

① 0.118　　② 1.18
③ 0.134　　④ 1.34

해설
$PV = \dfrac{W}{M}RT$

$\dfrac{W}{V} = \rho = \dfrac{PM}{RT} = \dfrac{1 \times (0.21 \times 32 + 0.79 \times 28)}{0.082 \times (25 + 273)} \simeq 1.18[\text{kg/m}^3]$

71 가스레인지를 점화할 때의 적용에 적합한 제어는?

① 시퀀스 제어
② 인터로크
③ 피드백 제어
④ 캐스케이드 제어

해설
① 시퀀스 제어 : 제어프로그램에 의해 미리 결정된 순서대로 제어신호가 출력되어 순차적인 제어를 행하는 제어
② 인터로크 : 설비가 오조작되거나 정상적인 제조를 할 수 없는 경우 자동적으로 원재료를 차단하는 제어
③ 피드백 제어 : 입력과 출력을 비교하고 그 차이(오차)를 이용해서 입력에 영향을 주는 제어
④ 캐스케이드 제어 : 1차 제어장치가 제어량을 측정하여 제어명령을 하고, 2차 제어장치가 이 명령을 바탕으로 제어량을 조절하는 제어방식

72 니켈, 망간, 코발트, 구리 등의 금속산화물을 압축·소결시켜 만든 온도계는?

① 바이메탈 온도계
② 서미스터 저항체 온도계
③ 제게르콘 온도계
④ 방사온도계

해설
서미스터(Thermistor) (측온)저항(체) 온도계 : 금속산화물 분말을 혼합 소결시킨 반도체로 만든 전기저항식 온도계
- 이용현상 : 온도에 의한 전기저항의 변화
- 조성성분 : 니켈(Ni), 코발트(Co), 망간(Mn), 철(Fe), 구리(Cu)
- 온도 측정범위 : −100~300[℃]
- 자기가열현상이 있다.
- 응답이 빠르고 감도가 높다.
- 도선저항에 의한 오차를 작게 할 수 있다.
- 소형으로 좁은 장소의 측온에 적합하다.
- 저항온도계수가 부특성이며, 저항온도계 중 저항값이 가장 크다.
- 저항온도계수는 25[℃]에서 백금의 10배 정도이다.
- 재현성과 호환성이 좋지 않다.
- 특성을 고르게 얻기 어렵다(소자의 온도특성인 균일성을 얻기 어렵다).
- 흡습 등으로 열화되기 쉽다.
- 충격에 대한 기계적 강도가 떨어진다.

73 물 100[cm] 높이에 해당하는 압력은 몇 [Pa]인가?(단, 물의 비중량은 9,803[N/m³]이다)

① 4,901
② 490,150
③ 9,803
④ 980,300

해설
$P = \gamma h = 9{,}803 \times 1 = 9{,}803 [\text{N/m}^2] = 9{,}803 [\text{Pa}]$

74 분별연소법 중 산화구리법에 의하여 주로 정량할 수 있는 가스는?

① O_2 ② N_2
③ CH_4 ④ CO_2

해설
분별연소법 : 2종 이상의 동족 탄화수소와 수소가 혼합된 시료를 측정할 수 있는 방법으로, 분별적으로 완전연소시키는 가스로는 수소, 탄화수소 등이 있다.

팔라듐관 연소분석법	촉매로 팔라듐흑연, 팔라듐석면, 백금, 실리카겔 등이 사용된다.
산화구리법	주로 CH_4 가스를 정량한다.

75 계측기기의 감도(Sensitivity)에 대한 설명으로 틀린 것은?

① 감도가 좋으면 측정시간이 길어진다.
② 감도가 좋으면 측정범위가 좁아진다.
③ 계측기가 측정량의 변화에 민감한 정도를 말한다.
④ 측정량의 변화를 지시량의 변화로 나누어 준 값이다.

해설
감도는 측정량 변화에 대한 지시량 변화의 비로 나타낸다.

76 복사에너지의 온도와 파장과의 관계를 이용한 온도계는?

① 열선온도계
② 색온도계
③ 광고온계
④ 방사온도계

해설
색온도계
• 복사에너지의 온도와 파장과의 관계를 이용한 온도계
• 온도에 따라 색이 변하는 일원적인 관계로부터 온도를 측정하는 비접촉식 온도계
• 측정온도 범위 : 600~2,000[℃]

77 다음 중 기계식 압력계가 아닌 것은?

① 환상식 압력계
② 경사관식 압력계
③ 피스톤식 압력계
④ 자기변형식 압력계

해설
자기변형식 압력계는 전기식 압력계이다.

정답 73 ③ 74 ③ 75 ④ 76 ② 77 ④

78 오르자트 분석기에 의한 배기가스의 성분을 계산하고자 한다. 보기의 식은 어떤 가스의 함량 계산식인가?

┤보기├
$$\frac{\text{암모니아성 염화제1구리 용액 흡수량}}{\text{시료 채취량}} \times 100$$

① CO_2
② CO
③ O_2
④ N_2

해설
흡수액

CO_2	33[%]의 수산화칼륨(KOH) 수용액
C_2H_2(아세틸렌)	아이오딘수은칼륨 용액(옥소수은칼륨 용액)
C_2H_4(에틸렌)	HBr(브롬화수소 용액)
O_2	알칼리성 파이로갈롤 용액(수산화칼륨 + 파이로갈롤 수용액)
CO	암모니아성 염화제1구리 용액
C_3H_6(프로필렌), n-C_4H_8	87[%] H_2SO_4 용액
중탄화수소 (C_mH_n)	발연 황산(진한 황산)

79 공업계기의 구비조건으로 가장 거리가 먼 것은?

① 구조가 복잡해도 정밀한 측정이 우선이다.
② 주변환경에 대하여 내구성이 있어야 한다.
③ 경제적이며 수리가 용이하여야 한다.
④ 원격 조정 및 연속 측정이 가능하여야 한다.

해설
공업계기의 구비조건
• 구조가 간단해야 한다.
• 주변환경에 대하여 내구성이 있어야 한다.
• 경제적이며 수리가 용이하여야 한다.
• 원격 조정 및 연속 측정이 가능하여야 한다.

80 같은 무게와 내용적의 빈 실린더에 가스를 충전하였다. 다음 중 가장 무거운 것은?

① 5기압, 300[K]의 질소
② 10기압, 300[K]의 질소
③ 10기압, 360[K]의 질소
④ 10기압, 300[K]의 헬륨

해설
$PV = \frac{W}{M}RT$ 에서 $W = \frac{PVM}{RT}$ 이고 V, R의 조건은 모두 동일하므로, $W = \frac{PM}{T}$ 의 크기만 비교하여 가장 무거운 것을 찾는다.

② $W_2 = \frac{P_2 M_2}{T_2} = \frac{10 \times 28}{300} \simeq 0.93$

① $W_1 = \frac{P_1 M_1}{T_1} = \frac{5 \times 28}{300} \simeq 0.47$

③ $W_3 = \frac{P_3 M_3}{T_3} = \frac{10 \times 28}{360} \simeq 0.78$

④ $W_4 = \frac{P_4 M_4}{T_4} = \frac{10 \times 4}{300} \simeq 0.13$

2025년 제1회 최근 기출복원문제

제1과목 연소공학

01 연소의 난이성에 대한 설명으로 옳지 않은 것은?
① 화학적 친화력이 큰 가연물이 연소가 잘된다.
② 연소성 가스가 많이 발생하면 연소가 잘된다.
③ 열전도율이 높은 물질은 연소가 잘된다.
④ 산화성 분위기가 잘 조성되면 연소가 잘된다.

해설
열전도율이 낮은 물질이 연소가 잘된다.

02 과열도(Superheat)에 대한 설명으로 옳지 않은 것은?
① 과열 증기온도와 포화 증기온도의 차를 말한다.
② 증기의 성질은 과열도가 증가할수록 이상기체에 근사한다.
③ 과열도가 과다하면 압축기의 성능 저하 및 손상을 유발할 수 있다.
④ 냉매시스템에서 냉매의 출구온도와 증발온도 사이의 온도 차이가 과열도에 해당한다.

해설
과열도가 부족하면 압축기로 들어가는 냉매에 액체 냉매가 섞여 압축기의 성능 저하 및 손상을 유발할 수 있다. 반면에 과열도가 과다하면 증발기 내 냉매량이 감소하여 증발기의 효율이 떨어지고 전력 소비가 증가할 수 있다.

03 불활성 기체(Inert Gas)에 대한 설명으로 옳지 않은 것은?
① 산소농도를 안전한 농도로 낮추기 위한 기체로 활용된다.
② 다른 물질과 반응하지 않아 산화나 부식 등을 방지한다.
③ 반응 제어, 폭발 방지 등 안전한 환경을 조성한다.
④ 수증기는 불활성 기체가 아니다.

해설
질소, 이산화탄소, 헬륨, 수증기 등은 불활성 기체에 해당한다.

04 다음 중 폭발의 원인과 관련이 가장 먼 화학반응은?
① 산화반응 ② 중화반응
③ 분해반응 ④ 중합반응

해설
중화반응은 산과 염기가 반응하여 물과 염이 생성되는 반응으로, 폭발의 원인과 관련이 멀다.

05 가스 폭발에 대한 설명으로 틀린 것은?
① 산소 중에서의 폭발하한계가 매우 낮아진다.
② 혼합가스의 폭발은 르샤틀리에 법칙에 따른다.
③ 압력이 상승하거나 온도가 높아지면 가스의 폭발범위는 일반적으로 넓어진다.
④ 가스의 화염전파속도가 음속보다 큰 경우에 일어나는 충격파를 폭굉이라고 한다.

해설
산소 중에서의 폭발상한계가 매우 높아진다.

정답 1 ③ 2 ③ 3 ④ 4 ② 5 ①

06 이상기체의 성질에 대한 설명으로 옳지 않은 것은?

① 보일-샤를의 법칙을 만족한다.
② 아보가드로의 법칙을 따른다.
③ 비열비는 온도에 관계없이 일정하다.
④ 내부에너지는 온도와 무관하며 압력에 의해서만 결정된다.

해설
이상기체의 내부에너지는 온도만의 함수이다.

07 가스를 연료로 사용하는 연소에 대한 설명으로 틀린 것은?

① 연소의 조절이 신속, 정확하며 자동제어에 적합하다.
② 온도가 낮은 연소실에서도 안정된 불꽃으로 높은 연소효율이 가능하다.
③ 소형 버너를 병용 사용하여 노 내 온도분포를 자유로이 조절할 수 없다.
④ 가스연료는 연소속도가 커서 연료로서 안전성이 낮다.

해설
가스를 연료로 사용하는 연소는 소형 버너를 병용하여 노 내 온도분포를 자유로이 조절할 수 있다.

08 이상기체상수를 계산한 결과 0.082였다면, 이때의 단위는?

① [kJ/kmol·K]
② [m^3·atm/kmol·K]
③ [kcal/kmol·K]
④ [kgf·m/kmol·K]

해설
이상기체상수의 값
8.314[J/mol·K] = 8.314[kJ/kmol·K]
= 1.987[cal/mol·K]
= 0.082[m^3·atm/kmol·K]
= 848[kgf·m/kmol·K]
= 82.05[cc-atm/mol·K]

09 500[L]의 용기에 40[atm·abs], 30[℃]에서 산소(O_2)가 충전되어 있다. 이때 산소는 몇 [kg]인가?

① 7.8[kg]
② 12.9[kg]
③ 25.7[kg]
④ 31.2[kg]

해설
$$PV = mRT = \frac{w}{M}RT$$
$$\therefore w = \frac{PVM}{RT} = \frac{40 \times 0.5 \times 32}{0.082 \times (30+273)} \approx 25.7[kg]$$

10 증기운 폭발의 특징에 대한 설명으로 옳지 않은 것은?

① 폭발보다 화재가 많다.
② 점화 위치가 방출점에서 가까울수록 폭발 위력이 크다.
③ 증기운의 크기가 클수록 점화될 가능성이 커진다.
④ 연소에너지의 약 20[%]만 폭풍파로 변한다.

해설
방출점으로부터 먼 위치에서의 증기운 점화는 폭발의 충격을 증가시킨다.

11 폭굉(Detonation)에 대한 설명으로 옳지 않은 것은?

① 발열반응이다.
② 연소의 전파속도가 음속보다 느리다.
③ 충격파가 발생한다.
④ 짧은 시간에 에너지가 방출된다.

해설
폭굉(Detonation)
- 염소파의 화염 전파속도가 음속을 돌파할 때 그 선단에 충격파가 발달하게 되는 현상
- 가스의 화염(연소) 전파속도가 음속보다 큰 것으로, 파면선단의 압력파에 의해 파괴작용을 일으키는 현상
- 배관 내 혼합가스의 한 점에서 착화되었을 때 연소파가 일정거리를 진행한 후 급격히 화염전파속도가 증가되어 1,000~3,500[m/sec]에 도달하는 현상
- 물질 내에서 충격파가 발생하여 반응을 일으키고, 반응을 유지하는 현상
- 충격파에 의해 유지되는 화학반응현상

12 위험 장소 분류 중 폭발성 가스의 농도가 연속적이거나 장시간 지속적으로 폭발한계 이상이 되는 장소 또는 지속적인 위험 상태가 생성되거나 생성될 우려가 있는 장소는?

① 제0종 위험 장소
② 제1종 위험 장소
③ 제2종 위험 장소
④ 제3종 위험 장소

해설
위험 장소의 분류
- 제0종 위험 장소
  - 인화성 물질이나 가연성 가스가 폭발성 분위기를 생성할 우려가 있는 장소 중 가장 위험한 장소 등급
  - 폭발성 가스의 농도가 연속적이거나 장시간 지속적으로 폭발한계 이상이 되는 장소 또는 지속적인 위험 상태가 생성되거나 생성될 우려가 있는 장소
  - 상용의 상태에서 가연성 가스의 농도가 연속해서 폭발하한계 이상으로 되는 장소
- 제1종 위험 장소 : 상용의 상태에서 가연성 가스가 체류해 위험하게 될 우려가 있는 장소
- 제2종 위험 장소
  - 이상 상태하에서 위험 분위기가 단시간 동안 존재할 수 있는 장소(이 경우 이상 상태는 상용의 상태, 즉 통상적인 유지 보수 및 관리 상태 등에서 벗어난 상태를 지칭하는 것으로 일부 기기의 고장, 기능 상실, 오작동 등의 상태)
  - 가연성 가스가 밀폐된 용기 또는 설비의 사고로 인해 파손되거나 오조작의 경우에만 누출할 위험이 있는 장소
  - 환기장치에 이상이나 사고가 발생한 경우에 가연성 가스가 체류하여 위험하게 될 우려가 있는 장소

13 불활성화 방법 중 용기에 액체를 채운 다음 용기로부터 액체를 배출시키는 동시에 증기층으로 불활성 가스를 주입하여 원하는 산소농도를 만드는 퍼지방법은?

① 사이펀 퍼지 ② 스위프 퍼지
③ 압력퍼지   ④ 진공퍼지

해설
② 스위프 퍼지 : 한쪽 개구부에 퍼지가스를 가하고 다른 개구부로 혼합가스를 대기 또는 스크러버로 빼내는 공정이다.
③ 압력퍼지 : 불활성 가스를 가압하에서 장치 내로 주입시키고, 불활성 가스가 공간에 채워진 후에 압력을 대기로 방출함으로써 정상압력으로 환원하는 방법이다. 가압공정이 매우 빨라 퍼지시간이 매우 짧지만 퍼지가스(불활성 가스) 소모량이 많다.
④ 진공퍼지 : 용기, 반응기에 대한 가장 일반적인 이너팅 방법이다. 큰 용기는 대부분 내진공설계가 고려되지 않아 큰 저장용기에는 부적합하다.

14 BLEVE(Boiling Liquid Expanding Vapour Explosion) 현상에 대한 설명으로 옳은 것은?

① 물이 점성의 뜨거운 기름 표면 아래서 끓을 때 연소를 동반하지 않고 오버플로(Overflow)되는 현상
② 물이 연소유(Oil)의 뜨거운 표면에 들어갈 때 발생하는 오버플로 현상
③ 탱크 바닥에 물과 기름의 에멀션이 섞여 있을 때 기름의 비등으로 인하여 급격하게 오버플로되는 현상
④ 과열 상태의 탱크에서 내부의 액화 가스가 분출하여 일시에 기화되어 착화·폭발하는 현상

해설
비등액체팽창증기 폭발(BLEVE : Boiling Liquid Expanding Vapor Explosion)
• 과열 상태의 탱크에서 내부의 액화가스가 분출하여 일시에 기화되어 착화·폭발하는 현상
• 액체가 급격한 상변화를 하여 증기가 된 후 폭발하는 현상
• 액화가스탱크의 폭발
• 액체가 비등하여 증기가 팽창하면서 폭발을 일으키는 현상

15 기체연료의 연소속도에 대한 설명으로 옳지 않은 것은?

① 보통의 탄화수소와 공기의 혼합기체 연소속도는 약 400~500[cm/sec] 정도로 매우 빠른 편이다.
② 연소속도는 가연한계 내에서 혼합기체의 농도에 영향을 크게 받는다.
③ 연소속도는 메탄의 경우 당량비 농도 근처에서 최고가 된다.
④ 혼합기체의 초기온도가 올라갈수록 연소속도도 빨라진다.

해설
보통의 탄화수소와 공기의 혼합기체 연소속도는 약 40~50 [cm/sec] 전후로 느린 편이다.

16 연소한계, 폭발한계, 폭굉한계를 일반적으로 비교한 것 중 옳은 것은?

① 연소한계는 폭발한계보다 넓으며, 폭발한계와 폭굉한계는 같다.
② 연소한계와 폭발한계는 같으며, 폭굉한계보다는 넓다.
③ 연소한계는 폭발한계보다 넓고, 폭발한계는 폭굉한계보다 넓다.
④ 연소한계, 폭발한계, 폭굉한계는 같으며, 단지 연소현상으로 구분된다.

해설
연소한계와 폭발한계는 같으며 폭굉한계보다 넓다. 모든 가연물질은 폭발범위 내에서만 폭발하므로, 폭발범위 밖에서는 위험성이 감소하며 폭발범위는 넓을수록 위험하다. 연소범위는 상한치와 하한치의 값을 가지며 각각 연소상한계 또는 폭발상한(UFL), 연소하한계 또는 폭발하한(LFL)이라고 한다.

정답 13 ① 14 ④ 15 ① 16 ②

17 폭발범위가 넓은 것부터 순서대로 옳은 것은?

① 일산화탄소 > 메탄 > 프로판
② 일산화탄소 > 프로판 > 메탄
③ 프로판 > 메탄 > 일산화탄소
④ 메탄 > 프로판 > 일산화탄소

해설
폭발범위[%], ( )는 폭발범위 폭
• 일산화탄소(CO) : 12.5~75(62.5)
• 메탄(CH_4) : 5~15(10)
• 프로판(C_3H_8) : 2.1~9.5(7.4)

18 액체공기 100[kg] 중에는 산소가 약 몇 [kg]이 들어 있는가?(단, 공기는 79[mol%] N_2와 21[mol%] O_2로 되어 있다)

① 18.3
② 21.1
③ 23.3
④ 25.4

해설
액체공기 100[kg] 중의 산소 무게
$$= \frac{0.21 \times 32}{0.79 \times 28 + 0.21 \times 32} \times 100 \simeq 23.3[kg]$$

19 이상기체에서 등온과정의 설명으로 옳은 것은?

① 열의 출입이 없다.
② 부피의 변화가 없다.
③ 엔트로피 변화가 없다.
④ 내부에너지의 변화가 없다.

해설
① 열의 출입이 있다.
② 부피의 변화가 있다.
③ 엔트로피 변화가 있다.

20 다음 중 연소와 관련된 식으로 옳은 것은?

① 과잉공기비 = 공기비(m) − 1
② 과잉공기량 = 이론공기량(A_0) + 1
③ 실제공기량 = 공기비(m) + 이론공기량(A_0)
④ 공기비 = (이론산소량 / 실제공기량) − 이론공기량

해설
② 과잉공기량 = 실제공기량(A) − 이론공기량(A_0)
③ 실제공기량(A) = 공기비(m) × 이론공기량(A_0)
④ 공기비 = 실제공기량(A)/이론공기량(A_0)

정답 17 ① 18 ③ 19 ④ 20 ①

제2과목 가스설비

21 압축가스를 저장하는 납붙임용기의 내압시험압력은?

① 상용압력 수치의 5분의 3배
② 상용압력 수치의 3분의 5배
③ 최고 충전압력 수치의 5분의 3배
④ 최고 충전압력 수치의 3분의 5배

해설
내압시험압력
- 아세틸렌용 용접용기 제조 시 : 최고 압력 수치(최고 충전압력)의 3배
- (아세틸렌가스가 아닌 압축가스를 충전할 때) 압축가스용기, 압축가스를 저장하는 납붙임용기 : 최고 충전압력의 $\frac{5}{3}$배
- 고압가스특정제조시설 내의 특정가스 사용시설 : 상용압력의 1.5배 이상의 압력으로 5~20분 유지

22 고압가스냉동제조시설의 자동제어장치에 해당하지 않는 것은?

① 저압차단장치
② 과부하보호장치
③ 자동급수 및 살수장치
④ 단수보호장치

해설
고압가스 냉동제조시설의 자동제어장치 : 저압차단장치, 과부하보호장치, 단수보호장치

23 노즐에서 분출되는 가스 분출속도에 의해 연소에 필요한 공기의 일부를 흡입하여 혼합기 내에서 잘 혼합하여 염공으로 보내 연소하고, 이때 부족한 연소공기는 불꽃 주위로부터 새로운 공기를 혼입하여 가스를 연소시키며 연소온도가 가장 높은 방식의 버너는?

① 분젠식 버너
② 전1차식 버너
③ 적화식 버너
④ 세미 분젠식 버너

해설
분젠식 버너
- 연소에 필요한 공기를 1차 공기(40~70[%])와 2차 공기(60~30[%])에서 취하는 방식이다.
- 주로 일반 가스기구에 적용되는 방식으로 고온을 얻기 쉽다.
- 염의 온도는 1,300[℃] 정도이다.
- 염의 길이가 짧고 청록색이다.
- 버너가 연소가스량에 비해서 크고 역화의 우려가 있다.
- 노즐에서 분출되는 가스 분출속도에 의해 연소에 필요한 공기의 일부를 흡입하여 혼합기 내에서 잘 혼합하여 염공으로 보내 연소한다. 이때 부족한 연소공기는 불꽃 주위로부터 새로운 공기를 혼입하여 가스를 연소시키며, 연소온도가 가장 높다.

24 입구측 압력이 0.5[MPa] 이상인 정압기의 안전밸브 분출 구경의 크기는 얼마 이상으로 하여야 하는가?

① 20A
② 25A
③ 32A
④ 50A

해설
정압기에 설치되는 안전밸브 분출부의 크기
- 정압기 입구측 압력이 0.5[MPa] 이상인 것 : 50A 이상
- 정압기 입구측 압력이 0.5[MPa] 미만인 것 : 정압기의 설계유량에 따른 기준 크기
  - 정압기 설계유량이 1,000[Nm³/h] 이상인 것 : 50A 이상
  - 정압기 설계유량이 1,000[Nm³/h] 미만인 것 : 25A 이상

25 직동식 정압기와 비교한 파일럿식 정압기의 특성에 대한 설명 중 틀린 것은?

① 대용량이다.
② 오프셋이 커진다.
③ 요구유량제어 범위가 넓은 경우에 적합하다.
④ 높은 압력제어 정도가 요구되는 경우에 적합하다.

해설
파일럿식 정압기는 2차 압력이 작은 변화를 증폭시켜 메인 정압기를 작동하기 때문에 오프셋이 작아진다.

26 도시가스 공급관에서 전위차가 일정하고, 비교적 작기 때문에 전위 구배가 적은 장소에 적합한 전기방식법은?

① 외부전원법 ② 희생양극법
③ 선택배류법 ④ 강제배류법

해설
희생양극법 또는 유전양극법 : 가스배관보다 저전위의 금속(마그네슘 등)을 전기적으로 접촉시킴으로써 목적하는 방식 대상 금속 자체를 음극화하여 방식한다.
- 시공이 간단하고 유지보수가 거의 불필요하다.
- 소규모, 단거리 배관에 경제적이다.
- 전위차가 일정하고 비교적 작다.
- 저전압의 방폭지역, 전원 공급 불가능 지역, 전위 구배가 작은 장소, 해양구조물 등에 적합하다.
- 방식효과의 범위가 좁다.

27 도시가스용 압력조정기에서 스프링의 재질은?

① 주 물   ② 강 재
③ 알루미늄합금 ④ 다이캐스팅

28 대기 중에 10[m] 배관을 연결할 때 중간에 상온 스프링을 이용하여 연결하려고 한다면 중간 연결부에서 얼마의 간격으로 하여야 하는가?(단, 대기 중의 온도는 최저 −20[℃], 최고 30[℃]이고, 배관의 열팽창 계수는 7.2×10^5/[℃]이다)

① 18[mm] ② 24[mm]
③ 36[mm] ④ 48[mm]

해설
중간 연결부의 간격

$$\frac{\Delta L}{2} = \frac{L\alpha\Delta t}{2} = \frac{10 \times 1{,}000 \times 7.2 \times 10^{-5} \times [30 - (-20)]}{2}$$

$$= \frac{36}{2} = 18[mm]$$

29 압축기의 종류 중 구동모터와 압축기가 분리된 구조로서 벨트나 커플링에 의하여 구동되는 압축기의 형식은?

① 개방형   ② 반밀폐형
③ 밀폐형   ④ 무급유형

해설
구조에 따른 압축기 형식
- 개방형 : 구동모터와 압축기가 분리된 구조로서 벨트나 커플링에 의하여 구동되는 압축기 형식이다.
- 밀폐형 : 전동기와 압축기가 한 하우징 속에 밀폐된 형식이며 소음과 진동이 작다.
- 반밀폐형 : 개방형과 밀폐형의 중간 형식이다.
- 무급유형 : 오일 혼입을 방지한 형식으로 식품, 양조, 특수 약품의 제조 시 이용된다.

정답 25 ② 26 ② 27 ② 28 ① 29 ①

30 물 수송량이 6,000[L/min], 전양정이 45[m], 효율이 75[%]인 터빈펌프의 소요마력은 약 몇 [kW]인가?

① 40 ② 47
③ 59 ④ 68

해설
터빈펌프의 소요마력

$H = \dfrac{\gamma h Q}{\eta} = \dfrac{1,000 \times 45 \times 6}{0.75} = 360,000[\text{kg} \cdot \text{m/min}]$

$= \dfrac{360,000 \times 9.8}{60}[\text{N/sec}] = 58,800[\text{W}] \approx 59[\text{kW}]$

31 고압장치의 재료로 구리관의 성질과 특징에 대한 설명으로 옳지 않은 것은?

① 전도성이 매우 우수하다.
② 내면이 매끈하여 유체저항이 작다.
③ 굴곡성이 좋아 가공이 용이하다.
④ 산성에는 내식성이 강하지만, 알칼리에는 약하다.

해설
고압장치의 재료로 구리관의 성질과 특징
• 알칼리에는 내식성이 강하지만, 산성에는 약하다.
• 내면이 매끈하여 유체저항이 작다.
• 굴곡성이 좋아 가공이 용이하다.
• 전도성이 우수하다.

32 원심펌프를 병렬로 연결하는 것은 무엇을 증가시키기 위한 것인가?

① 양 정 ② 동 력
③ 유 량 ④ 효 율

해설
원심펌프를 병렬로 연결하면 병렬펌프 대수의 배만큼 유량이 증가한다.
원심펌프의 직렬연결과 병렬연결
• 직렬연결 : 유량 불변, 양정 증가
• 병렬연결 : 유량 증가, 양정 불변

33 배관은 온도 변화 및 여러 가지 하중을 받기 때문에 이에 견디는 배관을 설계해야 한다. 외경과 내경의 비가 1.2 미만인 경우 배관의 두께는 다음 식에 의하여 계산한다. 기호 P의 의미는?

$$t[\text{mm}] = \dfrac{PD}{2\dfrac{f}{s} - P} + C$$

① 충전압력 ② 상용압력
③ 사용압력 ④ 최고충전압력

해설
배관의 두께
• 바깥지름과 안지름의 비가 1.2 미만인 경우

$t = \dfrac{PD}{2f/s - P} + C$

(여기서, P : 상용압력, D : 안지름에서 부식 여유에 상당하는 부분을 뺀 수치, f : 최소 인장강도, s : 안전율, C : 관 내면의 부식 여유 수치)

• 바깥지름과 안지름의 비가 1.2 이상인 경우

$t = \dfrac{D}{2}\left(\sqrt{\dfrac{f/s + P}{f/s - P}} - 1\right) + C$

(여기서, P : 상용압력, D : 안지름에서 부식 여유에 상당하는 부분을 뺀 수치, f : 최소 인장강도, s : 안전율, C : 관 내면의 부식 여유 수치)

34 액화석유가스사용시설에서 배관의 이음매와 절연조치를 한 전선과는 최소 얼마 이상의 거리를 두어야 하는가?

① 10[cm] ② 15[cm]
③ 30[cm] ④ 40[cm]

해설
이격거리(최소 거리)
• 10[cm] 이상 : 액화석유가스사용시설에서 배관의 이음매와 절연조치를 한 전선과의 거리
• 30[cm] 이상 : 절연조치를 하지 않은 전선과의 거리, 굴뚝·전기점멸기 및 전기접속기와의 거리
• 60[cm] 이상 : 배관의 이음매와 전기계량기 및 전기개폐기와의 거리

35 천연가스 중앙공급방식의 특징에 대한 설명으로 옳은 것은?

① 단시간의 정전이 발생하여도 영향을 받지 않고 가스를 공급할 수 있다.
② 고압공급방식보다 가스 수송능력이 우수하다.
③ 중앙공급배관(강관)은 전기방식을 할 필요가 없다.
④ 중압배관에서 발생하는 압력 감소의 주된 원인은 가스의 재응축 때문이다.

37 액화석유가스(LPG) 20[kg] 용기를 재검사하기 위하여 수압에 의한 내압시험을 하였다. 이때 전 증가량이 200[mL], 영구 증가량이 20[mL]였다면 영구 증가율과 적합 여부를 판단하면?

① 10[%], 합격
② 10[%], 불합격
③ 20[%], 합격
④ 20[%], 불합격

해설

영구(항구) 증가율 = $\dfrac{영구(항구) 증가량}{전 증가량} \times 100[\%]$

$= \dfrac{20}{200} \times 100[\%] = 10[\%]$이므로, 합격이다.

36 고압가스설비의 운전을 정지하고 수리할 때 일반적으로 유의하여야 할 사항이 아닌 것은?

① 가스 치환작업
② 안전밸브 작동
③ 장치 내부 가스분석
④ 배관의 차단

해설

고압가스설비의 운전 정지 후 수리 시 유의사항
• 가스 치환작업
• 배관 차단 확인
• 장치 내 가스분석

38 배관설계 시 고려하여야 할 사항이 아닌 것은?

① 가능한 한 옥외에 설치할 것
② 굴곡을 작게 할 것
③ 은폐하여 매설할 것
④ 최단 거리로 할 것

해설

배관설계 시 고려해야 할 사항
• 가능한 한 옥외에 설치할 것
• 굴곡을 작게 할 것
• 가능한 한 눈에 보이도록 할 것
• 최단 거리로 할 것

39 도시가스배관의 내진설계 기준에서 일반도시가스사업자가 소유하는 배관의 경우 내진 1등급에 해당되는 압력은 최고 사용압력이 얼마인 배관인가?

① 0.1[MPa] ② 0.3[MPa]
③ 0.5[MPa] ④ 1[MPa]

40 정압기의 이상감압에 대처할 수 있는 방법이 아닌 것은?

① 저압배관의 루프(Loop)화
② 2차 측 압력감시장치 설치
③ 정압기 2계열 설치
④ 필터 설치

해설
정압기의 이상감압에 대처할 수 있는 방법
• 저압배관의 루프(Loop)화
• 2차 측 압력감시장치 설치
• 정압기 2계열 설치

제3과목 가스안전관리

41 일반도시가스사업소에 설치된 정압기 필터 분해점검에 대한 설명으로 옳은 것은?

① 가스 공급 개시 후 매년 1회 이상 실시한다.
② 가스 공급 개시 후 2년에 1회 이상 실시한다.
③ 설치 후 매년 1회 이상 실시한다.
④ 설치 후 2년에 1회 이상 실시한다.

42 가연성 가스 저장탱크 및 처리설비를 실내에 설치하는 기준에 대한 설명으로 옳지 않은 것은?

① 저장탱크와 처리설비는 구분 없이 동일한 실내에 설치한다.
② 저장탱크 및 처리설비가 설치된 실내는 천장과 벽 및 바닥의 두께가 30[cm] 이상인 철근콘크리트로 한다.
③ 저장탱크의 정상부와 저장탱크실 천장과의 거리는 60[cm] 이상으로 한다.
④ 저장탱크에 설치한 안전밸브는 지상 5[m] 이상의 높이에 방출구가 있는 가스 방출관을 설치한다.

해설
저장탱크실과 처리설비실은 각각 구분하여 설치하되 강제환기시설을 갖춘다.

39 ③ 40 ④ 41 ① 42 ①

43 액화석유가스충전시설에서 가스산업기사 이상의 자격을 선임하여야 하는 저장능력의 기준은?

① 30[ton] 초과
② 100[ton] 초과
③ 300[ton] 초과
④ 500[ton] 초과

해설
액화석유가스충전시설 안전관리자의 자격과 선임인원

저장능력	안전관리자별 선임인원(자격)
저장능력 500[ton] 초과	• 안전관리 총괄자 1명 • 안전관리 부총괄자 1명 • 안전관리 책임자 1명 이상(가스산업기사 이상의 자격을 가진 사람) • 안전관리원 2명 이상(가스기능사 이상의 자격을 가진 사람 또는 충전시설 안전관리자 양성교육 이수자)
저장능력 100[ton] 초과 500[ton] 이하	• 안전관리 총괄자 1명 • 안전관리 부총괄자 1명 • 안전관리 책임자 1명 이상(가스기능사 이상의 자격을 가진 사람) • 안전관리원 2명 이상(가스기능사 이상의 자격을 가진 사람 또는 충전시설 안전관리자 양성교육 이수자)
저장능력 100[ton] 이하	• 안전관리 총괄자 1명 • 안전관리 부총괄자 1명 • 안전관리 책임자 1명 이상(가스기능사 이상의 자격을 가진 사람 또는 현장실무 경력이 5년 이상인 충전시설 안전관리자 양성교육 이수자) • 안전관리원 1명 이상(가스기능사 이상의 자격을 가진 사람 또는 충전시설 안전관리자 양성교육 이수자)
저장능력 30[ton] 이하(자동차용기 충전시설만 해당)	• 안전관리 총괄자 1명 • 안전관리 책임자 1명 이상(가스기능사 이상의 자격을 가진 사람 또는 충전시설 안전관리자 양성교육 이수자)

44 LPG 사용시설에서 용기 보관실 및 용기집합설비의 설치에 대한 설명으로 옳지 않은 것은?

① 저장능력이 100[kg]을 초과하는 경우에는 옥외에 용기 보관실을 설치한다.
② 건물과 건물 사이에 용기 보관실 설치가 곤란한 경우에는 외부인의 출입을 허용하기 위한 출입문을 설치한다.
③ 용기 보관실의 벽, 문, 지붕은 불연재료(지붕의 경우에는 가벼운 불연재료)로 하고 단층 구조로 한다.
④ 용기집합설비의 양단 마감조치 시에는 캡 또는 플랜지로 마감한다.

해설
건물과 건물 사이에 용기 보관실 설치가 곤란한 경우에는 외부인의 출입을 방지하기 위한 출입문을 설치한다.

45 고정식 압축도시가스 이동식 충전 차량 충전시설에 설치하는 가스누출검지경보장치의 설치 위치가 아닌 것은?

① 개방형 피트 외부에 설치된 배관 접속부 주위
② 압축가스설비 주변
③ 개별 충전설비 본체 내부
④ 펌프 주변

해설
고정식 압축도시가스 이동식 충전 차량 충전시설에 설치하는 가스누출검지경보장치의 설치 위치
• 압축가스설비 주변
• 개별 충전설비 본체 내부
• 펌프 주변

정답 43 ④ 44 ② 45 ①

46 소비자 1호당 1일 평균 가스소비량이 2.0[kg/day]이고, 소비 호수가 10호인 경우 자동절체조정기를 사용하는 설비를 설계하면 용기는 몇 개 정도 필요한가?(단, 표준 가스발생능력은 1.6[kg/h]이고, 평균 가스소비율은 60[%], 용기는 2계열 집합으로 사용한다)

① 11개 ② 13개
③ 15개 ④ 17개

해설
필요 용기수 = $\dfrac{1호당\ 평균\ 가스소비량 \times 호수 \times 소비율}{가스발생능력} \times 계열수$
$= \dfrac{2.0 \times 10 \times 0.6}{1.6} \times 2 = 15$개

47 저장탱크의 맞대기 용접부 기계 시험방법이 아닌 것은?

① 비파괴시험 ② 이음매 인장시험
③ 표면 굽힘시험 ④ 측면 굽힘시험

해설
저장탱크의 맞대기 용접부 기계 시험방법 : 이음매 인장시험, 표면 굽힘시험, 측면 굽힘시험

48 고압가스안전관리법에 의한 LPG 용접용기를 제조하고자 하는 자가 반드시 갖추지 않아도 되는 설비는?

① 성형설비 ② 원료혼합설비
③ 열처리설비 ④ 세척설비

해설
LPG 용접용기 제조자가 반드시 갖추어야 할 설비 : 성형설비, 열처리설비, 세척설비 등

49 가스 위험성 평가에서 위험도가 큰 가스부터 작은 순서대로 옳게 나열된 것은?

① C_2H_6, CO, CH_4, NH_3
② C_2H_6, CH_4, CO, NH_3
③ CO, CH_4, C_2H_6, NH_3
④ CO, C_2H_6, CH_4, NH_3

해설
폭발범위와 위험도(H)
- CO : 12.5~75[%], $H = \dfrac{U-L}{L} = \dfrac{75-12.5}{12.5} = 5$
- C_2H_6 : 3~12.5[%], $H = \dfrac{U-L}{L} = \dfrac{12.5-3}{3} = 3.17$
- CH_4 : 5~15[%], $H = \dfrac{U-L}{L} = \dfrac{15-5}{5} = 2$
- NH_3 : 15~28[%], $H = \dfrac{U-L}{L} = \dfrac{28-15}{15} = 0.87$

50 저장능력이 20[ton]인 암모니아 저장탱크 2기를 지하에 인접하여 매설할 경우 상호 간에 최소 몇 [m] 이상의 이격거리를 유지하여야 하는가?

① 0.6[m] ② 0.8[m]
③ 1[m] ④ 1.2[m]

해설
복수의 인접 저장탱크의 상호 간 최소 유지거리
- 2개 이상 인접 탱크 상호 간 최소 유지거리 : 1[m] 이상
- 두 저장탱크 간의 거리 : 두 저장탱크의 최대 지름을 합산한 길이의 $\dfrac{1}{4}$ 이상

51 고압가스의 운반 기준에서 동일 차량에 적재하여 운반할 수 없는 것은?

① 염소와 아세틸렌
② 질소와 산소
③ 아세틸렌과 산소
④ 프로판과 부탄

해설
고압가스의 운반기준에서 동일 차량에 적재하여 운반할 수 없는 것 : 염소와 아세틸렌, 염소와 수소, 염소와 암모니아

52 독성가스가 누출되었을 경우 이에 대한 제독조치로서 적합하지 않은 것은?

① 물 또는 흡수제에 의하여 흡수 또는 중화하는 조치
② 벤트스택을 통하여 공기 중에 방출시키는 조치
③ 흡착제에 의하여 흡착 제거하는 조치
④ 집액구 등에 고인 액화가스를 펌프 등의 이송설비로 반송하는 조치

해설
제독조치는 다음의 방법이나 이와 동등 이상의 작용을 하는 조치 중 한 가지 또는 두 가지 이상인 것을 선택하여야 한다.
• 물이나 흡수제로 흡수 또는 중화하는 조치
• 흡착제로 흡착 제거하는 조치
• 저장탱크 주위에 설치된 유도구로 집액구, 피트 등에 고인 액화가스를 펌프 등의 이송설비로 안전하게 제조설비로 반송하는 조치
• 연소설비(플레어스택, 보일러 등)에서 안전하게 연소시키는 조치

53 폭발 방지대책을 수립하고자 할 경우 먼저 분석해야 할 사항이 아닌 것은?

① 요인분석
② 위험성 평가분석
③ 피해 예측분석
④ 보험 가입 여부 분석

해설
폭발방지 대책 수립 시 먼저 분석하여야 할 사항 : 요인분석, 위험성 평가분석, 피해 예측분석 등

54 가연성 가스 또는 산소를 운반하는 차량에 휴대하여야 하는 소화기로 옳은 것은?

① 포말소화기
② 분말소화기
③ 화학포소화기
④ 간이소화기

해설
차량에 고정된 탱크 운반 시의 소화설비

가스 종류	소화기 능력 단위	소화 약제	비치 개수
가연성 가스	BC용, B-10 이상 또는 ABC용, B-12 이상	분말 소화제	차량 좌우에 각각 1개 이상 (총 2개 이상)
산소	BC용, B-8 이상 또는 ABC용, B-10 이상		

정답 51 ① 52 ② 53 ④ 54 ②

55 용기에 의한 액화석유가스사용시설의 기준으로 틀린 것은?

① 가스 저장실 주위에 보기 쉽게 경계 표시를 한다.
② 저장능력이 250[kg] 이상인 사용시설에는 압력이 상승할 때를 대비하여 과압안전장치를 설치한다.
③ 내용적 15[L] 이상의 충전용기를 옥외에서 이동하여 사용하는 경우에는 용기 운반 손수레에 단단히 묶어 사용한다.
④ 용기는 용기집합설비의 저장능력이 100[kg] 이하인 경우 용기, 용기밸브 및 압력조정기가 직사광선, 빗물 등에 노출되지 않도록 한다.

해설
내용적 20[L] 이상의 충전용기를 옥외에서 이동하여 사용하는 경우에는 용기 운반 손수레에 단단히 묶어 사용한다.

56 발연 황산 시약을 사용한 오르자트법 또는 브롬 시약을 사용한 뷰렛법에 의한 시험으로 품질검사를 하는 가스는?

① 산 소   ② 암모니아
③ 수 소   ④ 아세틸렌

해설
가스의 품질검사

가 스	순 도	검사방법	검사 시약
산 소	99.5[%] 이상	오르자트법	동, 암모니아 시약
수 소	98.5[%] 이상	오르자트법	파이로갈롤 또는 하이드로설파이드 시약
아세틸렌	98[%] 이상	오르자트법	발연 황산
		뷰렛법	브롬 시약
		정성시험법	질산은 시약

57 고압가스저장설비에 설치하는 긴급차단장치에 대한 설명으로 옳지 않은 것은?

① 동력원은 액압, 기압, 전기 또는 스프링으로 한다.
② 조작 버튼은 저장설비의 외면으로부터 5[m] 이상 떨어진 위치에서 조작할 수 있는 곳에 설치한다.
③ 저장설비의 내부에 설치하지 않아야 한다.
④ 간단하고 확실하며 신속히 차단되는 구조이어야 한다.

해설
고압가스저장설비에 설치하는 긴급차단장치
• 저장설비의 내부에 설치하여도 된다.
• 동력원은 액압, 기압, 전기 또는 스프링으로 한다.
• 조작 버튼은 저장설비의 외면으로부터 5[m] 이상 떨어진 위치에서 조작할 수 있는 곳에 설치한다.
• 간단하고 확실하며 신속히 차단되는 구조이어야 한다.

58 고압가스 일반제조시설의 배관 설치에 대한 설명으로 옳지 않은 것은?

① 배관은 지면으로부터 최소한 1[m] 이상의 깊이에 매설한다.
② 배관의 부식 방지를 위하여 지면으로부터 30[cm] 이상의 거리를 유지한다.
③ 배관설비는 상용압력의 2배 이상의 압력에 항복을 일으키지 아니하는 두께 이상으로 한다.
④ 모든 독성가스는 이중 관으로 한다.

해설
이중(2중) 관으로 해야 하는 가스 : 암모니아, 아황산, 염소, 염화메틸, 산화에틸렌, 사이안화수소, 포스겐, 황화수소 등

59 고압가스 운반 중 가스 누출 부분에 수리가 불가능한 사고가 발생하였을 경우의 조치로서 가장 거리가 먼 것은?

① 상황에 따라 안전한 장소로 운반한다.
② 부근의 화기를 없앤다.
③ 소화기를 이용하여 소화한다.
④ 비상연락망에 따라 관계 업소에 원조를 의뢰한다.

해설
가연성 가스 운반 차량의 운행 중 가스 누출 시 긴급 조치사항 (운반 중 가스 누출 부분에 수리 불가능한 상태가 발생했을 때의 조치)
• 누출 방지조치를 취한다.
• 상황에 따라 안전한 장소로 운반한다(주변이 안전한 곳으로 차량을 이동시킨다).
• 부근의 화기를 없앤다(교통 및 화기를 통제한다).
• 소화기를 이용하여 소화하는 것은 부적절하다.
• 비상연락망에 따라 관계업소에 원조를 의뢰한다.

60 공기액화분리기의 운전을 중지하고 액화산소를 방출해야 하는 경우는?

① 액화산소 5[L] 중 아세틸렌의 질량이 1[mg]을 넘을 때
② 액화산소 5[L] 중 아세틸렌의 질량이 5[mg]을 넘을 때
③ 액화산소 5[L] 중 탄화수소의 탄소질량이 5[mg]을 넘을 때
④ 액화산소 5[L] 중 탄화수소의 탄소질량이 50[mg]을 넘을 때

해설
공기액화분리기의 운전을 중지하고 액화산소를 방출해야 하는 경우
• 액화산소 5[L] 중 아세틸렌의 질량이 5[mg]을 넘을 때
• 액화산소 5[L] 중 탄화수소의 탄소질량이 500[mg]을 넘을 때

제4과목 가스계측

61 열전도율식 CO_2 분석계 사용 시 주의사항으로 옳지 않은 것은?

① 가스의 유속을 거의 일정하게 한다.
② 수소가스(H_2)의 혼입으로 지시값을 높여 준다.
③ 셀의 주위 온도와 측정가스의 온도를 거의 일정하게 유지시키고 과도한 상승을 피한다.
④ 브리지의 공급 전류의 점검을 확실하게 한다.

해설
열전도율형 CO_2(분석)계 사용 시 주의사항
• 가스의 유속을 거의 일정하게 한다.
• 셀의 주위온도와 측정가스의 온도는 거의 일정하게 유지시키고 온도의 과도한 상승을 피한다.
• 브리지의 공급 전류의 점검을 확실하게 한다.
• 수소가스가 혼입되지 않도록 주의한다(열전도율이 큰 수소가 혼입되면 지시값이 저하되어 측정오차가 커진다).

62 가스분석에서 흡수분석법에 해당하는 것은?

① 적정법   ② 중량법
③ 흡광광도법   ④ 헴펠법

해설
흡수분석법 : 시료가스를 각각 특정한 흡수액에 흡수시켜 흡수 전후의 가스 체적을 측정하여 가스성분을 분석하는 방법으로, 종류에는 오르자트법, 헴펠법, 게겔법 등이 있다.

63 용적식 유량계의 특징에 대한 설명 중 옳지 않은 것은?

① 유체의 물성치(온도, 압력 등)에 의한 영향을 거의 받지 않는다.
② 점도가 높은 액의 유량 측정에는 적합하지 않다.
③ 유량계 전후의 직관 길이에 영향을 받지 않는다.
④ 외부 에너지의 공급이 없어도 측정할 수 있다.

해설
용적식 유량계는 점도가 높은 액의 유량 측정에 적합하다.

64 물체는 고온이 되면 온도 상승과 더불어 짧은 파장의 에너지를 발산한다. 이러한 원리를 이용하는 색온도계의 온도와 색과의 관계가 바르게 짝지어진 것은?

① 800[℃] - 오렌지색
② 1,000[℃] - 노란색
③ 1,200[℃] - 눈부신 황백색
④ 2,000[℃] - 매우 눈부신 흰색

해설
색온도계의 색과 온도[℃] : 어두운 색 600, 붉은색 800, 오렌지색 1,000, 노란색 1,200, 눈부신 황백색 1,500, 매우 눈부신 흰색 2,000, 푸른기가 있는 흰백색 2,500

65 전자유량계는 다음 중 어느 법칙을 이용한 것인가?

① 쿨롱의 전자유도법칙
② 옴의 전자유도법칙
③ 패러데이의 전자유도법칙
④ 줄의 전자유도법칙

66 막식 가스미터의 고장에 대한 설명으로 틀린 것은?

① 부동 : 가스미터기를 통과하지만 계량되지 않는 고장
② 떨림 : 가스가 통과할 때 출구측의 압력 변동이 심하게 되어 가스의 연소 형태를 불안정하게 하는 고장 형태
③ 기차 불량 : 설치 오류, 충격, 부품의 마모 등으로 계량 정밀도가 저하되는 경우
④ 불통 : 회전자 베어링 마모에 의한 회전저항이 크거나 설치 시 이물질이 기어 내부에 들어갈 경우

해설
불 통
• 가스가 미터기를 통과하지 못하는 고장
• 불통의 원인 : 크랭크축의 녹이나 날개 등에서의 납땜 탈락 등으로 인한 회전장치 부분의 고장

67 다음 중 람베르트-비어의 법칙을 이용한 분석법은?

① 분광광도법
② 분별연소법
③ 전위차적정법
④ 가스마토그래피법

해설
분광광도법은 람베르트-비어(Lambert-Beer)의 법칙을 이용한 분석법으로, 시료가스의 농도는 흡광도에 비례한다는 법칙이다. 비어법칙 또는 비어-람베르트의 법칙이라고도 한다.
$A = \varepsilon bc$(여기서, A : 흡광도, ε : 시료의 몰 흡광계수(해당 빛의 파장에서 화합물의 특성에 의존), b : 시료의 길이(빛이 시료를 통과하는 길이), c : 시료의 몰농도)

정답 63 ② 64 ④ 65 ③ 66 ④ 67 ①

68 내경 50[mm]의 배관으로 평균 유속 1.5[m/sec]의 속도로 흐를 때의 유량[m³/h]은 얼마인가?

① 10.6 ② 11.2
③ 12.1 ④ 16.2

해설
유 량
$Q = Av = \dfrac{\pi d^2}{4} \times v = \dfrac{\pi \times 0.05^2}{4} \times 1.5$
$= 2.94 \times 10^{-3} [\text{m}^3/\text{sec}] \times 3,600$
$\simeq 10.6 [\text{m}^3/\text{h}]$

69 전압 또는 전력증폭기, 제어밸브 등으로 되어 있으며, 조절부에서 나온 신호를 증폭시켜 제어 대상을 작동시키는 장치는?

① 검출부 ② 전송기
③ 조절기 ④ 조작부

해설
조작부(조작기, Actuator)
- 조절부로부터 받은 신호를 조작량으로 변환하여 제어 대상에 보내는 장치
- 전압 또는 전력증폭기, 제어밸브, 서보전동기(Servo Motor) 등으로 구성되어 있으며, 조절부에서 나온 신호를 증폭시켜 제어 대상을 작동시키는 장치

70 유리제 온도계 중 알코올 온도계의 특징으로 옳은 것은?

① 저온 측정에 적합하다.
② 표면장력이 커 모세관현상이 작다.
③ 열팽창계수가 작다.
④ 열전도율이 좋다.

해설
② 표면장력이 작아 모세관현상이 작다.
③ 열팽창계수가 크다.
④ 열전도율이 낮다.

71 가스크로마토그래피의 운반기체(Carrier Gas)가 구비해야 할 조건으로 옳지 않은 것은?

① 비활성이어야 한다.
② 확산속도가 커야 한다.
③ 건조해야 한다.
④ 순도가 높아야 한다.

해설
가스크로마토그래피의 운반기체는 기체 확산을 최소로 해야 한다.

72 다음 가스계량기 중 간접 측정방법이 아닌 것은?

① 막식 계량기 ② 터빈계량기
③ 오리피스 계량기 ④ 볼텍스 계량기

해설
막식 계량기는 직접측정식 계량기이다.

정답 68 ① 69 ④ 70 ① 71 ② 72 ①

73 유량 측정에 대한 설명으로 옳지 않은 것은?

① 유체의 밀도가 변할 경우 질량유량을 측정하는 것이 좋다.
② 유체가 액체일 경우 온도와 압력에 의한 영향이 크다.
③ 유체가 기체일 때 온도나 압력에 의한 밀도의 변화는 무시할 수 없다.
④ 유체의 흐름이 층류일 때와 난류일 때의 유량 측정방법은 다르다.

해설
온도와 압력에 의한 영향이 큰 유체는 기체이다.

74 가스누출검지경보장치의 기능에 대한 설명으로 틀린 것은?

① 경보농도는 가연성 가스인 경우 폭발하한계의 1/4 이하 독성가스인 경우 TLV-TWA 기준농도 이하로 할 것
② 경보를 발신한 후 5분 이내에 자동적으로 경보 정지가 되어야 할 것
③ 지시계의 눈금은 독성가스인 경우 0~TLV-TWA 기준농도 3배 값을 명확하게 지시하는 것일 것
④ 가스검지에서 발신까지의 소요시간은 경보농도 1.6배 농도에서 보통 30초 이내일 것

해설
경보를 발신한 후에는 가스농도가 변화하여도 계속 경보를 울려야 하며, 확인 또는 대책을 조치한 후 정지되어야 한다.

75 다음 중 접촉식 온도계는?

① 바이메탈 온도계
② 광고온도계
③ 방사온도계
④ 광전관온도계

해설
접촉식 온도계의 종류 : 유리제 온도계(수은온도계, 알코올 온도계, 베크만 온도계), 열전대 온도계, 바이메탈 온도계, 제게르콘, 압력식 온도계, 전기저항식 온도계 등

76 가스크로마토그래피에서 사용하는 검출기가 아닌 것은?

① 원자방출검출기(AED)
② 황화학발광검출기(SCD)
③ 열추적검출기(TTD)
④ 열이온검출기(TID)

해설
가스크로마토그래피에서 사용하는 검출기
• 불꽃이온화검출기 또는 수소염이온화검출기(FID)
• 염광광도검출기 또는 불꽃광도검출기(FPD)
• 열전도도 검출기(TCD)
• 전자포획검출기(ECD)
• 원자방출검출기(AED)
• 알칼리열이온화검출기(FTD)
• 황화학발광검출기(SCD)
• 열이온검출기(TID)
• 방전이온화검출기(DID)
• 환원성 가스검출기(RGD)

77 산소 64[kg]과 질소 14[kg]의 혼합기체가 나타내는 전압이 10기압이면, 이때 산소의 분압은 얼마인가?

① 2기압 ② 4기압
③ 6기압 ④ 8기압

해설
산소의 분압 = $10 \times \dfrac{(64,000/32)}{(64,000/32)+(14,000/28)} = 8[atm]$

78 다음 중 열전대 온도계의 일반적인 종류가 아닌 것은?

① 구리-콘스탄탄
② 백금-백금·로듐
③ 크로멜-알루멜
④ 크로멜-콘스탄탄

해설
열전대의 종류 : 백금-백금·로듐(PR), 크로멜-알루멜(CA), 철-콘스탄탄(IC), 구리-콘스탄탄(CC)

79 전기저항온도계에서 측온저항체의 공칭저항치는 몇 도[℃]일 때 저항소자의 저항을 의미하는가?

① -273[℃] ② 0[℃]
③ 5[℃] ④ 21[℃]

해설
전기저항온도계에서 측온저항체의 공칭저항치는 0[℃]의 온도일 때 저항소자의 저항이다.

80 대용량 수요처에 적합하며 100~5,000[m³/h]의 용량범위를 갖는 가스미터는?

① 막식 가스미터 ② 습식 가스미터
③ 마노미터 ④ 루츠미터

해설
루츠미터(Roots Meter)
- 고속 회전형이며 고압에서도 사용 가능하다.
- 비교적 회전수가 빠르다.
- 대유량에서 작동이 원활하므로 대용량(대유량)의 계량에 적합하지만, 0.5[m³/h] 이하의 소용량에서는 작동하지 않을 우려가 있다.
- 중압가스의 계량이 가능하다.
- 유량이 일정하거나 변화가 심한 곳, 깨끗하거나 건조한 것과 관계없이 많은 가스 타입을 계량하기 적합하다.
- 액체 및 아세틸렌, 바이오가스, 침전가스를 계량하는 데는 다소 부적합하다.
- 측정의 정확도와 예상 수명은 가스 흐름 내에 먼지의 과다 퇴적이나 다른 종류의 이물질에 따라 다르다.
- 소형이므로 설치 공간이 작다.
- 사용 중에 수위 조정 등의 관리가 필요하지 않다.
- 여과기, 스트레이너의 설치가 필요하다.
- 설치 후 유지관리가 필요하다.
- 실험실용으로는 부적합하다.
- 습식 가스미터에 비해 유량이 부정확하다.
- 용량 : 100~5,000[m³/h](대용량 수용가)

정답 77 ④ 78 ④ 79 ② 80 ④

2025년 제2회 최근 기출복원문제

제1과목 연소공학

01 공기압축기의 흡입구로 빨려 들어간 가연성 증기가 압축되어 그 결과로 큰 재해가 발생한 경우, 가연성 증기에 작용한 기계적인 발화원은?

① 충격
② 마찰
③ 단열압축
④ 정전기

해설
단열압축 : 고압의 기체압축 시 온도 상승과 함께 오일이나 윤활유가 열분해되어 저온 발화물 생성으로 발화물질이 발화하여 폭발이 발생한다.

02 다음 중 연소속도에 영향을 미치지 않는 것은?

① 관의 단면적
② 내염 표면적
③ 지연성 물질(연소요소)
④ 관의 염경

해설
연소속도 지배인자(영향을 미치는 요인) : 온도(반응계 온도, 화염온도), 압력(산소와의 혼합비), 농도(산소농도), 가연물질 종류와 표면적, 활성화 에너지, 미연소가스의 열전도율, 관의 단면적, 내염 표면적, 관의 염경
※ 연소속도에 영향을 미치지 않는 요소로 염의 높이, 지연성 물질(연소요소) 등이 출제된다.

03 다음 중 액체연료의 연소 형태가 아닌 것은?

① 액면연소
② 분해연소
③ 분무연소
④ 등심연소

해설
분해연소는 고체연료의 연소 형태이다.

04 다음 중 폭발에 대한 설명으로 틀린 것은?

① 폭발한계란 폭발이 일어나는 데 필요한 농도의 한계를 의미한다.
② 온도가 낮을 때는 폭발 시의 방열속도가 느려지므로 연소범위는 넓어진다.
③ 폭발 시의 압력을 상승시키면 반응속도는 증가한다.
④ 불활성기체를 공기와 혼합하면 폭발범위는 좁아진다.

해설
온도가 낮아지면 방열속도가 빨라져서 연소범위가 좁아지고, 온도가 높아지면 방열속도가 느려져서 연소범위가 넓어진다.

05 다음 보기는 가스의 폭발에 관한 설명이다. 옳은 내용으로만 짝지어진 것은?

┤보기├
㉠ 안전간격이 큰 것일수록 위험하다.
㉡ 폭발범위가 넓은 것은 위험하다.
㉢ 가스압력이 커지면 통상 폭발범위는 넓어진다.
㉣ 연소속도가 크면 안전하다.
㉤ 가스 비중이 큰 것은 낮은 곳에 체류할 위험이 있다.

① ㉢, ㉣, ㉤
② ㉡, ㉢, ㉣, ㉤
③ ㉡, ㉢, ㉤
④ ㉠, ㉡, ㉢, ㉤

해설
㉠ 안전간격이 작은 것일수록 위험하다.
㉣ 연소속도가 크면 위험하다.

06 이상기체에서 'PV^k = 일정'의 식이 적용되는 과정은?(단, k는 비열비이다)

① 등온과정　② 등압과정
③ 등적과정　④ 단열과정

해설
폴리트로픽 지수(n)와 상태 변화의 관계식
- $n = 0$이면 $P = C$: 등압 변화
- $n = 1$이면 $T = C$: 등온 변화
- $n = k(= 1.4)$: 단열 변화
- $n = \infty$이면 $V = C$: 등적 변화

07 활성화 에너지가 클수록 연소 반응속도는 어떻게 되는가?

① 빨라진다.
② 활성화 에너지와 연소 반응속도는 관계가 없다.
③ 느려진다.
④ 빨라지다가 점차 느려진다.

해설
활성화 에너지는 반응에 필요한 최소한의 에너지이며, 활성화 에너지가 클수록 연소 반응속도는 느려진다.

08 액체연료의 연소에 있어서 1차 공기란?

① 착화에 필요한 공기
② 연료의 무화에 필요한 공기
③ 연소에 필요한 계산상 공기
④ 화격자 아래쪽에서 공급되어 주로 연소에 관여하는 공기

해설
1차 공기 : 액체연료의 무화에 필요한 공기

09 다음 중 '어떤 계의 온도를 절대온도 0[K]까지 내릴 수 없다'에 해당하는 열역학법칙은?

① 열역학 제0법칙
② 열역학 제1법칙
③ 열역학 제2법칙
④ 열역학 제3법칙

해설
열역학 제3법칙
- 엔트로피 절댓값의 정의(절대영도 불가능의 법칙)이다.
- 어떤 계의 온도를 절대온도 0[K]까지 내릴 수 없다.
- 순수한(Perfect) 결정의 엔트로피는 절대영도에서 0이 된다.
- 제3종 영구기관 부정의 법칙 : 절대온도 0도에 도달할 수 있는 기관, 일을 하지 않으면서 운동을 계속하는 기관은 존재하지 않는다.

10 프로판을 완전연소시키는 데 필요한 이론공기량은 메탄의 몇 배인가?(단, 공기 중 산소의 비율은 21[v%]이다)

① 1.5　② 2.0
③ 2.5　④ 3.0

해설
- 프로판의 연소방정식 : $C_3H_8 + 5O_2 \rightarrow 3CO_2 + 4H_2O$
- 메탄의 연소방정식 : $CH_4 + 2O_2 \rightarrow CO_2 + 2H_2O$
이론공기량의 비는 산소 몰수비와 같으므로
이론공기량의 비는 $\frac{5}{2} = 2.5$이다.

정답　6 ④　7 ③　8 ②　9 ④　10 ③

11 정상 운전 중에 가연성 가스의 점화원이 될 전기불꽃, 아크 등의 발생을 방지하기 위하여 기계적·전기적 구조상 또는 온도 상승에 대해서 안전도를 증가시킨 방폭구조는?

① 내압 방폭구조
② 압력 방폭구조
③ 안전증 방폭구조
④ 본질안전 방폭구조

해설
안전증 방폭구조
- 정상 운전 중에 가연성 가스의 점화원이 될 전기불꽃, 아크 등의 발생을 방지하기 위하여 기계적·전기적 구조상 또는 온도 상승에 대해서 안전도를 증가시킨 방폭구조
- 구조상 및 온도의 상승에 대하여 특별히 안전도를 증가시킨 구조
- 안전증 방폭구조의 기호 : e

12 프로판 가스의 연소과정에서 발생한 열량이 13,000 [kcal/kg], 연소할 때 발생된 수증기의 잠열이 2,000[kcal/kg]일 경우, 프로판 가스의 연소효율 [%]은 얼마인가?(단, 프로판가스의 진(저)발열량은 11,000[kcal/kg]이다)

① 50[%]
② 100[%]
③ 150[%]
④ 200[%]

해설
연소효율 = $\dfrac{실제\ 발열량}{진발열량}$

$= \dfrac{13,000 - 2,000}{11,000} \times 100[\%]$

$= 100[\%]$

13 가스버너의 연소 중 화염이 꺼지는 현상과 거리가 먼 것은?

① 공기량의 변동이 크다.
② 점화에너지가 부족하다.
③ 연료 공급라인이 불안정하다.
④ 공기연료비가 정상범위를 벗어났다.

해설
점화에너지가 부족하면 착화 자체가 안 된다.

14 내용적 5[m³]의 탱크에 압력 6[kg/cm²], 건성도 0.98의 습윤포화증기를 몇 [kg] 충전할 수 있는가? (단, 이 압력에서의 건성포화증기의 비용적은 0.278 [m³/kg]이다)

① 3.67
② 11.01
③ 14.68
④ 18.35

해설
습윤포화증기 충전량 = $\dfrac{내용적}{건성도 \times 건성포화증기의\ 비용적}$

$= \dfrac{5}{0.98 \times 0.278} ≒ 18.35[kg]$

15 다음 중 연소의 3요소가 아닌 것은?

① 가연성 물질
② 산소 공급원
③ 발화점
④ 점화원

해설
연소의 3요소 : 가연성 물질, 산소 공급원, 점화원

16 연료 1[kg]을 완전연소시키는 데 소요되는 건공기의 질량은 0.232[kg] = $\frac{O_0}{A_0}$ 으로 나타낼 수 있다. 이 때 A_0가 의미하는 것은?

① 이론산소량 ② 이론공기량
③ 실제산소량 ④ 실제공기량

17 '기체의 압력이 클수록 액체용매에 잘 용해된다'는 법칙은?

① 아보가드로 ② 게이뤼삭
③ 보 일 ④ 헨 리

해설
헨리(Henry)의 법칙
- 기체의 압력이 클수록 액체용매에 잘 용해된다는 것을 설명한 법칙
- 일정 온도에서 기체의 용해도는 용매와 평형을 이루고 있는 기체의 부분 압력에 비례한다는 법칙

18 분자량이 30인 어떤 가스의 정압비열이 0.516 [kJ/kg·K]이라고 가정할 때 이 가스의 비열비 k는 약 얼마인가?

① 1.0 ② 1.4
③ 1.8 ④ 2.2

해설
$C_p - C_v = R = \frac{8.314}{30} \simeq 0.277$이므로
$C_v = C_p - R = 0.516 - 0.277 = 0.239$[kJ/kg·K]
비열비 $k = \frac{C_p}{C_v} = \frac{0.516}{0.239} \simeq 2.159 \simeq 2.2$

19 액체연료의 연소 형태 중 램프등과 같이 연료를 심지로 빨아올려 심지의 표면에서 연소시키는 것은?

① 분해연소
② 증발연소
③ 분무연소
④ 등심연소

해설
① 분해연소 : 점도가 높고 비중이 큰 비휘발성 액체를 열분해시켜 분해가스(증기)가 공기와 혼합되어 발생하는 연소로, 연소속도가 느리다.
② 증발연소 : 액체연소의 대부분을 차지하며 액체 표면에서 발생된 증기가 공기와 혼합되어 발생하는 연소로, 가장 일반적인 액체연료의 연소 형태이다.
③ 분무연소 : 공업적으로 가장 많이 이용되며 가장 효율적인 액체연료의 연소방식이다.

20 다음 중 강제점화가 아닌 것은?

① 가전(加電)점화
② 열면점화(Hot Surface Ignition)
③ 화염점화
④ 자기점화(Self Ignition, Auto Ignition)

해설
강제점화 : 가전점화, 열면점화, 화염점화

제2과목　가스설비

21 비중이 1.5인 프로판이 입상 30[m]일 경우의 압력손실은 약 몇 [Pa]인가?

① 130　② 190
③ 256　④ 450

[해설]
압력손실 $= 1.293 \times (S-1) h \times g$
$= 1.293 \times (1.5-1) \times 30 \times 9.8$
$\approx 190 [Pa]$

22 고압 원통형 저장탱크의 지지방법 중 횡형 탱크의 지지방법으로 널리 이용되는 것은?

① 새들형(Saddle형)
② 지주형(Leg형)
③ 스커트형(Skirt형)
④ 평판형(Flat Plate형)

[해설]
고압 원통형 저장탱크의 지지방법
- 횡형 탱크 : 새들형
- 수직형 탱크 : 지주형, 스커트형

23 다음 보기의 안전밸브의 선정 절차에서 가장 먼저 검토하여야 하는 것은?

―보기―
- 밸브 용량계수값 확인
- 통과 유체 확인
- 기타 밸브구동기 선정
- 해당 메이커 자료 확인

① 기타 밸브구동기 선정
② 해당 메이커의 자료 확인
③ 밸브 용량계수값 확인
④ 통과 유체 확인

[해설]
안전밸브의 선정 절차
① 통과 유체 확인
② 밸브 용량계수값 확인
③ 해당 메이커 자료 확인
④ 기타 밸브구동기 선정

24 단면적이 300[mm²]인 봉을 매달고 600[kg]의 추를 그 자유단에 달았더니 재료의 허용 인장응력에 도달하였다. 이 봉의 인장강도가 400[kg/cm²]이라면 안전율은 얼마인가?

① 1　② 2
③ 3　④ 4

[해설]
안전율
$$S = \frac{\text{기준강도}}{\text{허용응력}} = \frac{400}{\frac{600}{300} \times 100} = 2$$

21 ②　22 ①　23 ④　24 ②

25 1단 감압식 준저압조정기의 입구압력과 조정압력으로 옳은 것은?

① 입구압력 : 0.07~1.56[MPa], 조정압력 : 2.3~3.3[kPa]
② 입구압력 : 0.07~1.56[MPa], 조정압력 : 5~30[kPa] 이내에서 제조자가 설정한 기준압력의 ±20[%]
③ 입구압력 : 0.1~1.56[MPa], 조정압력 : 2.3~3.3[kPa]
④ 입구압력 : 0.1~1.56[MPa], 조정압력 : 5~30[kPa] 이내에서 제조자가 설정한 기준압력의 ±20[%]

해설
1단 감압식 조정기
• 저압 조정기
 - 출구로부터 연소기 입구까지의 허용 압력손실 : 수주 30[mm]를 초과해서는 안 된다.
 - 입구압력 : 0.07~1.56[MPa]
 - 조정압력 : 2.3~3.3[kPa]
• 준저압 조정기
 - 일반 사용자 등이 LPG를 생활용 이외의 용도에 공급하는 경우에 한하여 사용한다.
 - 장치 및 조작이 간단하다.
 - 배관이 비교적 굵게 되며 압력 조정이 정확하지 않다.
 - 입구압력 : 0.1~1.56[MPa]
 - 조정압력 : 5~30[kPa] 이내에서 제조자가 설정한 기준압력의 ±20[%]

26 가연성 고압가스 저장탱크 외부에는 은백색 도료를 바르고 주위에서 보기 쉽도록 가스 명칭을 표시한다. 가스 명칭 표시의 색상은?

① 검은색   ② 녹 색
③ 적 색   ④ 황 색

27 고압가스설비에 대한 설명으로 옳은 것은?

① 고압가스 저장탱크에는 환형 유리관 액면계를 설치한다.
② 고압가스설비에 장치하는 압력계의 최고 눈금은 상용압력의 1.1배 이상 2배 이하이어야 한다.
③ 저장능력이 1,000[ton] 이상인 액화산소 저장탱크의 주위에는 유출을 방지하는 조치를 한다.
④ 소형 저장탱크 및 충전용기는 항상 50[℃] 이하를 유지한다.

해설
① 초저온 저장탱크에는 산소 또는 불활성 가스에 한정하여 환형 유리관 액면계 설치가 가능하다.
② 고압가스설비에 장치하는 압력계는 상용압력의 1.5배 이상 2배 이하의 최고 눈금이 있어야 한다.
④ 소형 저장탱크 및 충전용기는 항상 40[℃] 이하를 유지한다.

28 다음 중 전용 보일러실에 반드시 설치해야 하는 보일러는?

① 밀폐식 보일러
② 반밀폐식 보일러
③ 가스보일러를 옥외에 설치하는 경우
④ 전용 급기구 통을 부착시키는 구조로 검사에 합격한 강제배기식 보일러

정답 25 ④ 26 ③ 27 ③ 28 ②

29 탱크로리에서 저장탱크로 LP 가스 이송 시 잔가스 회수가 가능한 이송법은?

① 차압에 의한 방법
② 액송펌프 이용법
③ 압축기 이용법
④ 압축가스용기 이용법

해설
압축기 이용법 : 탱크로리에서 저장탱크로 LP 가스 이송 시 잔가스 회수가 가능한 이송법이다.
• 펌프에 비해 충전시간이 짧다.
• 사방밸브를 이용하면 가스의 이송 방향을 변경할 수 있다.
• 압축기를 사용하기 때문에 베이퍼로크 현상이 생기지 않는다.
• 재액화현상이 일어날 수 있다.

30 3[ton] 미만의 LP 가스 소형 저장탱크에 대한 설명으로 틀린 것은?

① 동일 장소에 설치하는 소형 저장탱크의 수는 6기 이하로 한다.
② 화기와의 우회거리는 3[m] 이상을 유지한다.
③ 지상 설치식으로 한다.
④ 건축물이나 사람이 통행하는 구조물의 하부에 설치하지 아니한다.

해설
(3[ton] 미만의 LP 가스) 소형 저장탱크
• 동일한 장소에 설치하는 경우 소형 저장탱크의 수는 6기 이하로 한다.
• 동일한 장소에 설치하는 경우 충전질량의 합계는 5,000[kg] 미만으로 한다.
• 탱크 지면에서 5[cm] 이상 높게 설치된 콘크리트 바닥 등에 설치한다.
• 탱크가 손상받을 우려가 있는 곳에는 가드레일 등의 방호조치를 한다.
• 화기와의 우회거리는 5[m] 이상으로 한다.
• 주위 5[m] 이내에서는 화기 사용을 금지한다.
• 인화성 또는 발화성 물질을 쌓아두지 않는다.
• 지상 설치식으로 한다.
• 건축물이나 사람이 통행하는 구조물의 하부에 설치하지 않는다.

31 원심펌프의 유량이 1[m³/min], 전양정이 50[m], 효율이 80[%]일 때, 회전수를 10[%] 증가시키려면 동력은 몇 배가 필요한가?

① 1.22
② 1.33
③ 1.51
④ 1.73

해설
소요동력 : $H_2 = H_1 \left(\dfrac{N_2}{N_1}\right)^3 \left(\dfrac{D_2}{D_1}\right)^5 = H_1(1.1)^3 \left(\dfrac{1}{1}\right)^5 \simeq 1.33 H_1$

32 다음 중 정특성, 동특성이 양호하며 중압용으로 주로 사용되는 정압기는?

① Fisher식
② KRF식
③ Reynolds식
④ ARF식

해설
피셔(Fisher)식 정압기 : 로딩형으로 중압용으로 주로 사용되고 정특성, 동특성이 양호하며 비교적 콤팩트한 형식의 정압기이다. 구동압력이 증가하면 개조도 증가되는 방식이다.

33 고압가스 용기 충전구의 나사가 왼나사인 것은?

① 질 소
② 암모니아
③ 브롬화메탄
④ 수 소

해설
충전구
- 나사형식 : 가연성 가스 이외의 가스는 오른나사이며 수소 등의 가연성 가스는 왼나사이지만 암모니아와 브롬화메탄은 오른나사를 적용한다.
- 왼나사의 경우, 용기 충전구에 'V'홈 표시를 한다.
- 반드시 나사형이어야 하는 것은 아니다.

34 고압가스 배관의 최소 두께 계산 시 고려하지 않아도 되는 것은?

① 관의 길이
② 상용압력
③ 안전율
④ 재료의 인장강도

해설
고압가스 배관의 최소 두께 계산 시 고려사항 : 상용압력, 안지름에서 부식 여유에 상당하는 부분을 뺀 수치, 최소 인장강도, 관 내면의 부식 여유치, 안전율

35 매설배관의 경우에는 유기물질 재료를 피복재로 사용하면 방식(Anticorrosion)이 된다. 이 중 타르 에폭시 피복재의 특성에 대한 설명 중 틀린 것은?

① 저온에서도 경화가 빠르다.
② 밀착성이 좋다.
③ 내마모성이 크다.
④ 토양응력에 강하다.

해설
타르 에폭시 피복재는 저온에서 경화가 느리다.

36 재료 내·외부의 결함검사방법으로 가장 적당한 방법은?

① 침투탐상법
② 유침법
③ 초음파탐상법
④ 육안검사법

해설
초음파탐상법(UT) : 초음파를 이용하여 재료 내·외부의 결함을 검사하는 방법

37 고압가스설비 및 배관의 두께 산정 시 용접 이음매의 효율이 가장 낮은 것은?

① 맞대기 한 면 용접
② 맞대기 양면 용접
③ 플러그 용접을 하는 한 면 전 두께 필릿 겹치기 용접
④ 양면 전 두께 필릿 겹치기 용접

해설

용접 이음매의 효율
- 45[%] : 플러그 용접을 하지 아니한 한 면 전 두께 필릿 겹치기 용접
- 50[%] : 플러그 용접을 하는 한 면 전 두께 필릿 겹치기 용접
- 55[%] : 양면 전 두께 필릿 겹치기 용접
- 60[%] : 맞대기 한 면 용접
- 70[%] : 맞대기 양면 용접-방사선검사의 구분 C
- 95[%] : 맞대기 양면 용접-방사선검사의 구분 B
- 100[%] : 맞대기 양면 용접-방사선검사의 구분 A

38 다음 중 도시가스의 원료로 적합하지 않은 것은?

① LPG
② Naphtha
③ Natural Gas
④ Acetylene

해설

도시가스의 원료 : LPG, 나프타, 천연가스
- 파라핀계 탄화수소가 많다.
- C/H비가 작다.
- 유황분이 적다.
- 비점이 낮다.

39 바깥지름(D)이 216.3[mm], 구경 두께가 5.8[mm]인 200A 배관용 탄소강관이 내압 0.99[MPa]을 받았을 경우에 관에 생긴 원주 방향 응력은 약 몇 [MPa]인가?

① 8.8   ② 17.5
③ 26.3   ④ 25.1

해설

관에 생기는 원주 방향의 응력
$$\sigma_1 = \frac{PD}{2t}$$
$$= \frac{0.99 \times (216.3 - 5.8 \times 2)}{2 \times 5.8}$$
$$\simeq 17.5[MPa]$$

40 고압가스 관 이음으로 통상적으로 사용되지 않는 것은?

① 용 접   ② 플랜지
③ 나 사   ④ 리베팅

해설

고압가스의 관 이음은 리베팅으로 하면 안 된다.

37 ③ 38 ④ 39 ② 40 ④

제3과목 가스안전관리

41 액체염소가 누출된 경우 필요한 조치가 아닌 것은?

① 물 살포
② 가성소다 살포
③ 탄산소다 수용액 살포
④ 소석회 살포

해설
액체염소가 누출된 경우 필요한 조치 : 소석회 살포, 가성소다 살포, 탄산소다 수용액 살포

42 고압가스 제조허가의 종류가 아닌 것은?

① 고압가스 특정 제조
② 고압가스 일반 제조
③ 고압가스 충전
④ 독성가스 제조

해설
고압가스 제조허가의 종류 : 고압가스 특정 제조, 고압가스 일반 제조, 고압가스 충전, 냉동 제조 등

43 저장탱크의 설치방법 중 위해 방지를 위하여 저장탱크를 지하에 매설할 경우 저장탱크의 주위는 무엇으로 채워야 하는가?

① 흙
② 콘크리트
③ 마른 모래
④ 자 갈

해설
고압가스일반제조시설에서 저장탱크를 지하에 매설하는(묻는) 기준
- 저장탱크 정상부와 지면과의 거리(깊이) : 60[cm] 이상
- 저장탱크 주위를 마른 모래로 채울 것
- 저장탱크를 2개 이상 인접하여 설치하는 경우 상호 간에 1[m] 이상의 거리를 유지할 것
- 저장탱크를 묻는 곳의 주위에는 지상에 경계표지를 할 것

44 다음 중 2중관으로 하여야 하는 독성가스가 아닌 것은?

① 염화메틸
② 아황산가스
③ 염화수소
④ 산화에틸렌

해설
2중관으로 하여야 하는 가스 대상 : 암모니아, 아황산가스, 염소, 염화메틸, 산화에틸렌, 사이안화수소, 포스겐, 황화수소 등

정답 41 ① 42 ④ 43 ③ 44 ③

45 고압가스용기 보관 장소에 대한 설명으로 틀린 것은?

① 용기 보관 장소는 그 경계를 명시하고, 외부에서 보기 쉬운 장소에 경계 표시를 한다.
② 가연성 가스 및 산소충전용기 보관실은 불연재료를 사용하고 지붕은 가벼운 재료로 한다.
③ 가연성 가스의 용기 보관실은 가스가 누출될 때 체류하지 않도록 통풍구를 갖춘다.
④ 통풍이 잘되지 않는 곳에는 자연환기시설을 설치한다.

해설
통풍이 잘되지 않는 곳에는 강제환기시설을 설치한다.

46 액화석유가스 저장탱크에는 자동차에 고정된 탱크에서 가스를 이입할 수 있도록 로딩암을 건축물 내부에 설치할 경우, 환기구를 설치하여야 한다. 환기구 면적의 합계는 바닥 면적의 얼마 이상으로 하여야 하는가?

① 1[%] ② 3[%]
③ 6[%] ④ 10[%]

해설
액화석유가스 저장탱크에는 자동차에 고정된 탱크에서 가스를 이입할 수 있도록 로딩암을 건축물 내부에 설치할 경우, 환기구를 설치하여야 한다. 이때 환기구 면적의 합계는 바닥 면적의 6[%] 이상으로 하여야 한다.

47 산소가스설비를 수리 또는 청소를 할 때는 안전관리상 탱크 내부의 산소농도가 몇 [%] 이하로 될 때까지 계속 치환하여야 하는가?

① 22[%] ② 28[%]
③ 31[%] ④ 35[%]

해설
산소가스설비를 수리 또는 청소할 때 산소농도가 22[%] 이하가 될 때까지 공기나 질소로 치환해야 한다. 이때 작업원이 들어가는 경우에는 산소농도 18~22[%] 범위의 치환을 한다.

48 액화가스 저장탱크의 저장능력을 산출하는 식은?(단, Q : 저장능력[m³], W : 저장능력[kg], P : 35[℃]에서 최고 충전압력[MPa], V : 내용적[L], d : 상용온도 내에서 액화가스 비중[kg/L], C : 가스의 종류에 따르는 정수이다)

① $W = \dfrac{V}{C}$

② $W = 0.9dV$

③ $Q = (10P+1)V$

④ $Q = (P+2)V$

해설
액화가스 저장탱크의 저장능력(가스 충전질량)
$W = 0.9d \cdot V$

49 국내에서 발생한 대형 도시가스 사고 중 대구 도시가스폭발사고의 주원인은?

① 내부 부식
② 배관의 응력 부족
③ 부적절한 매설
④ 공사 중 도시가스 배관 손상

정답 45 ④ 46 ③ 47 ① 48 ② 49 ④

50 공기나 산소가 섞이지 않더라도 분해폭발을 일으킬 수 있는 가스는?

① CO ② CO_2
③ H_2 ④ C_2H_2

해설
공기나 산소가 섞이지 않더라도 분해폭발을 일으킬 수 있는 가스 : 아세틸렌(C_2H_2), 산화에틸렌(C_2H_4O), 하이드라진(N_2H_4), 오존(O_3)

51 압축기는 그 최종단에, 그 밖의 고압가스설비에는 압력이 상용압력을 초과한 경우에 그 압력을 직접 받는 부분마다 각각 내압시험압력의 10분의 8 이하의 압력에서 작동되도록 설치하여야 하는 것은?

① 역류방지밸브
② 안전밸브
③ 스톱밸브
④ 긴급차단장치

해설
압축기는 그 최종단에, 그 밖의 고압가스설비에는 압력이 상용압력을 초과한 경우에 그 압력을 직접 받는 부분마다 각각 내압시험압력의 8/10 이하의 압력에서 작동되도록 안전밸브를 설치해야 한다.

52 차량에 고정된 고압가스탱크에 설치하는 방파판의 개수는 탱크 내용적 얼마 이하마다 1개씩 설치해야 하는가?

① $3[m^3]$ ② $5[m^3]$
③ $10[m^3]$ ④ $20[m^3]$

해설
- 액면 요동을 방지하기 위하여 액화가스 충전탱크 내부에 방파판을 설치한다.
- 방파판은 탱크 내용적 $5[m^3]$ 이하마다 1개씩 설치한다.

53 액화석유가스제조설비에 대한 기밀시험 시 사용되지 않는 가스는?

① 질 소 ② 산 소
③ 이산화탄소 ④ 아르곤

해설
기밀시험용 가스 : 질소, 공기, 탄산가스(이산화탄소), 아르곤 등의 불연성, 불활성 가스

54 지상에 설치하는 액화석유가스 저장탱크의 외면에는 어떤 색의 도료를 칠하여야 하는가?

① 은백색 ② 노란색
③ 초록색 ④ 빨간색

해설
지상에 설치하는 액화석유가스 저장탱크의 외면에는 은백색 도료를 칠한다.

55 고압가스 충전용기의 운반 기준으로 틀린 것은?

① 밸브가 돌출한 충전용기는 캡을 부착시켜 운반한다.
② 원칙적으로 이륜차에 적재하여 운반이 가능하다.
③ 충전용기와 위험물안전관리법에서 정하는 위험물과는 동일 차량에 적재, 운반하지 않는다.
④ 차량의 적재함을 초과하여 적재하지 않는다.

해설
고압가스 충전용기는 원칙적으로 이륜차에 적재하여 운반하지 않는다.

56 이동식 부탄연소기의 사용방법으로 옳은 것은?

① 바람의 영향을 줄이기 위해서 텐트 안에서 사용한다.
② 효율을 높이기 위해서 두 대를 나란히 연결하여 사용한다.
③ 사용하는 그릇은 연소기의 삼발이보다 폭이 좁은 것을 사용한다.
④ 연소기 운반 중에는 용기를 내부에 보관한다.

해설
① 텐트 안에서 사용하지 않는다.
② 두 대를 나란히 연결하여 사용하지 않는다.
④ 연소기 운반 중에는 용기를 연소기 외부에 보관한다.

57 고압가스용 차량에 고정된 초저온탱크 이외의 탱크의 재검사 항목이 아닌 것은?

① 외관검사   ② 두께측정검사
③ 자분탐상검사   ④ 단열성능검사

해설
고압가스용 차량에 고정된 탱크의 재검사 항목
• 초저온탱크 : 외관검사, 자분탐상검사, 침투탐상검사, 기밀검사, 단열성능검사
• 초저온탱크 이외의 탱크 : 외관검사, 두께측정검사, 자분탐상검사, 침투탐상검사, 방사선투과검사, 초음파탐상검사, 내압검사, 기밀검사

58 액화석유가스 저장탱크의 설치 기준으로 틀린 것은?

① 저장탱크에 설치한 안전밸브는 지면으로부터 2[m] 이상의 높이에 방출구가 있는 가스 방출관에 설치한다.
② 지하 저장탱크를 2개 이상 인접 설치하는 경우 상호 간에 1[m] 이상의 거리를 유지한다.
③ 저장탱크의 지면으로부터 지하 저장탱크의 정상부까지의 깊이는 60[cm] 이상으로 한다.
④ 저장탱크의 일부를 지하에 설치한 경우 지하에 묻힌 부분이 부식되지 않도록 조치한다.

해설
저장탱크에 설치한 안전밸브는 지면으로부터 5[m] 이상의 높이 또는 그 저장탱크의 정상부로부터 2[m] 이상의 높이 중 더 높은 위치에 방출구가 있는 가스 방출관에 설치한다.

59 고압가스일반제조의 시설 기준 및 기술 기준으로 틀린 것은?

① 가연성가스제조시설의 고압가스설비 외면으로부터 다른 가연성가스제조시설의 고압가스설비까지의 거리는 5[m] 이상으로 한다.
② 3[m³] 이상의 가스를 저장하는 것에는 가스방출장치를 설치한다.
③ 가스설비 또는 저장설비는 그 외면으로부터 화기(그 설비 안의 것은 제외)를 취급하는 장소까지 2[m](가연성가스 또는 산소의 가스설비 또는 저장설비는 8[m]) 이상의 우회거리를 유지하여야 한다.
④ 가연성가스제조시설의 고압가스설비 외면으로부터 산소 제조시설의 고압가스설비까지의 거리는 10[m] 이상으로 한다.

해설
5[m³] 이상의 가스를 저장하는 것에는 가스방출장치를 설치한다.

60 아세틸렌을 용기에 충전하는 때의 다공도는?

① 65[%] 이하
② 65~75[%]
③ 75~92[%]
④ 92[%] 이상

해설
아세틸렌 용기의 다공도
• 다공질물을 용기에 충전한 상태로 20[℃]에서 아세톤 또는 물의 흡수량으로 측정한다.
• $\dfrac{V-E}{V} \times 100[\%]$
 (여기서, V : 다공물질의 용적, E : 침윤 잔용적)
• 다공도의 합격범위 : 75[%] 이상 92[%] 미만

제4과목 가스계측

61 가스미터 중 실측식에 속하지 않는 것은?

① 건 식
② 회전식
③ 습 식
④ 오리피스식

해설
가스미터의 분류
• 실측식 가스미터 : 직접 측정방법
 - 건식 가스미터
  ⓐ 막식(다이어프램식) 가스미터 : 그로바식, 독립내기식(T형, H형), 클로버식(B형)
  ⓑ 회전자식 가스미터 : 루츠형(Roots), 로터리 피스톤식, 오벌식
 - 습식 가스미터 : 정확한 계량이 가능하여 주로 기준기로 이용되는 가스미터이며 기준습식 가스미터, 드럼형 등이 있다.
• 추량식(추측식) 가스미터 : 간접 측정방법으로 터빈형(Turbine), 오리피스식(Orifice), 와류식(Vortex), 델타형(Delta), 벤투리식(Venturi) 등이 있다.

62 다음 중 온도 측정범위가 가장 좁은 온도계는?

① 알루멜-크로멜
② 구리-콘스탄탄
③ 수 은
④ 백금-백금·로듐

해설
온도계의 온도 측정범위[℃]
• 알루멜-크로멜 : -20~1,250
• 구리-콘스탄탄 : -200~350
• 수은 : -35~350
• 백금-백금·로듐 : 0~1,700

63 냉동용 암모니아 탱크의 연결 부위에서 암모니아의 누출 여부를 확인하려고 할 때 가장 적절한 방법은?

① 리트머스시험지로 청색으로 변하는가 확인한다.
② 초산용액을 발라 청색으로 변하는가 확인한다.
③ KI-전분지로 청갈색으로 변하는가 확인한다.
④ 염화팔라듐지로 흑색으로 변하는가 확인한다.

해설
② 사이안화수소(HCN) : 질산구리벤젠지(초산벤젠지) - 청색
③ 염소(Cl_2), 할로겐 : KI 전분지(아이오딘화칼륨, 녹말종이) - 청(갈)색
④ 일산화탄소(CO) : 염화파라듐지 - 흑색

64 가스미터 설치 시 입상배관을 금지하는 가장 큰 이유는?

① 겨울철 수분 응축에 따른 밸브, 밸브시트 동결 방지를 위하여
② 균열에 따른 누출 방지를 위하여
③ 고장 및 오차 발생 방지를 위하여
④ 계량막 밸브와 밸브시트 사이의 누출 방지를 위하여

65 적외선 분광분석계로 분석이 불가능한 것은?

① CH_4
② Cl_2
③ $COCl_2$
④ NH_3

해설
적외선 분광분석계로는 단원자 분자나 이원자 분자를 분석할 수 없으므로, 염소가스의 분석은 불가능하다.

66 LPG의 성분분석에 이용되는 분석법 중 저온 분류법에 의해 적용될 수 있는 것은?

① 관능기의 검출
② Cis, Trans의 검출
③ 방향족 이성체의 분리 정량
④ 지방족 탄화수소의 분리 정량

해설
저온 분류법 : 시료기체를 냉각하여 액화시킨 후 정밀 증류분석하는 가스분석법으로, LPG의 성분분석에 이용되며 지방족 탄화수소의 분리 정량이 가능하다.

67 벨로스식 압력계로 압력 측정 시 벨로스 내부에 압력이 가해질 경우 원래 위치로 돌아가지 않는 현상은?

① Limited 현상
② Bellows 현상
③ End All 현상
④ Hysteresis 현상

해설
히스테리시스 현상(압력 측정 시 벨로스 내부에 압력이 가해져도 원래 위치로 돌아가지 않는 현상)을 없애기 위하여 벨로스 탄성의 보조로 코일 스프링을 조합하여 사용한다.

68 비중이 0.8인 액체의 압력이 2[kg/cm^2]일 때 액면 높이(Head)는 약 몇 [m]인가?

① 16   ② 25
③ 32   ④ 40

해설
$P = \gamma h$ 이므로, $h = \dfrac{P}{\gamma} = \dfrac{2 \times 10^4}{0.8 \times 10^3} = 25[m]$

69 분별연소법 중 산화구리법에 의하여 주로 정량할 수 있는 가스는?

① O_2 ② N_2
③ CH_4 ④ CO_2

해설
분별연소법 : 2종 이상의 동족 탄화수소와 수소가 혼합된 시료를 측정할 수 있는 방법으로, 분별적으로 완전연소시키는 가스로는 수소, 탄화수소 등이 있다.

팔라듐관 연소분석법	촉매로 팔라듐흑연, 팔라듐석면, 백금, 실리카겔 등이 사용된다.
산화구리법	주로 CH_4 가스를 정량한다.

70 오르자트(Orsat) 가스분석기의 가스분석 순서를 옳게 나타낸 것은?

① $CO_2 \rightarrow O_2 \rightarrow CO$
② $O_2 \rightarrow CO \rightarrow CO_2$
③ $O_2 \rightarrow CO_2 \rightarrow CO$
④ $CO \rightarrow CO_2 \rightarrow O_2$

71 깊이 5.0[m]인 어떤 밀폐탱크 안에 물이 3.0[m] 채워져 있고 2[kgf/cm²]의 증기압이 작용하고 있을 때 탱크 밑에 작용하는 압력은 몇 [kgf/cm²]인가?

① 1.2　　② 2.3
③ 3.4　　④ 4.5

해설
작용압력 = 물의 압력 + 증기압
$= \gamma h + 2[kgf/cm^2]$
$= 1,000 \times 3 \times 10^{-4} + 2[kgf/cm^2]$
$= 0.3 + 2$
$= 2.3[kgf/cm^2]$

72 편차의 크기에 비례하여 조절요소의 속도가 연속적으로 변하는 동작은?

① 적분동작　　② 비례동작
③ 미분동작　　④ 뱅뱅동작

해설
I동작(적분동작)
• 편차의 크기에 비례하여 조절요소의 속도가 연속적으로 변하는 동작
• 측정 지연 및 조절 지연이 작을 경우 좋은 결과를 얻을 수 있으며, 제어량의 편차가 없어질 때까지 동작을 계속하는 제어동작

73 자동제어장치를 제어량의 성질에 따라 분류한 것은?

① 프로세스 제어
② 프로그램 제어
③ 비율제어
④ 비례제어

해설
제어 대상이 되는 제어량의 종류(성질)에 의한 분류 : 프로세스 제어, 서보기구제어, 자동조정제어

74 블록선도의 구성요소로 이루어진 것은?

① 전달요소, 가합점, 분기점
② 전달요소, 가감점, 인출점
③ 전달요소, 가합점, 인출점
④ 전달요소, 가감점, 분기점

75 가스미터의 설치 장소로 적합하지 않은 것은?

① 수직, 수평으로 설치한다.
② 환기가 양호한 곳에 설치한다.
③ 검침, 교체가 용이한 곳에 설치한다.
④ 높이가 200[cm] 이상인 위치에 설치한다.

해설
가스미터는 바닥으로부터 1.6[m] 이상 2.0[m] 이내인 위치에 설치한다.

76 피토관(Pitot Tube)의 주된 용도는?

① 압력을 측정하는 데 사용된다.
② 유속을 측정하는 데 사용된다.
③ 온도를 측정하는 데 사용된다.
④ 액체의 점도를 측정하는 데 사용된다.

77 서보기구에 해당되는 제어로서, 목표치가 임의의 변화를 하는 제어는?

① 정치제어
② 캐스케이드 제어
③ 추치제어
④ 프로세스 제어

해설
추치제어 또는 추종제어(Follow-up Control)
- 목표값의 변화가 시간적으로 임의로 변하는 제어(서보기구)이다.
- 목표치가 시간에 따라 변화하지만, 변화의 모양은 예측할 수 없다.

78 가스크로마토그래피에서 운반가스의 구비조건으로 옳지 않은 것은?

① 사용하는 검출기에 적합해야 한다.
② 순도가 높고 구입이 용이해야 한다.
③ 기체 확산이 가능한 한 큰 것이어야 한다.
④ 시료와 반응성이 낮은 불활성 기체이어야 한다.

해설
가스크로마토그래피에서 운반가스는 기체 확산이 가능한 한 최소의 것이어야 한다.

79 방사선식 액면계에 대한 설명으로 틀린 것은?

① 방사선원은 코발트 60(Co60)이 사용된다.
② 종류로는 조사식, 투과식, 가반식이 있다.
③ 방사선원은 탱크 상부에 설치한다.
④ 매우 까다로운 조건의 레벨 측정이 가능하다.

해설
방사선식 액면계에서 방사선원은 탱크 외벽에 설치한다.

80 어떤 가스의 유량을 막식 가스미터로 측정하였더니 65[L]이었다. 표준 가스미터로 측정하였더니 71[L]이었다면 이 가스미터의 기차는 약 몇 [%]인가?

① -8.4[%] ② -9.2[%]
③ -10.9[%] ④ -12.5[%]

해설
가스미터의 기차 = $\dfrac{계량치 - 기준치}{계량치} \times 100[\%]$

$= \dfrac{65-71}{65} \times 100[\%]$

$\simeq -9.2[\%]$

정답 76 ② 77 ③ 78 ③ 79 ③ 80 ②

참 / 고 / 문 / 헌

- 경태환(2007). **신연소·방화공학**. 동화기술.

- 김동진 외(2014). **공업열역학**. 문운당.

- 김원회, 김준식(2002). **센서공학**. 문운당.

- 노승탁(2016). **공업열역학**. 성안당.

- 박병호(2019). **Win-Q 에너지관리기사**. (주)시대고시기획.

- 박홍채, 오기동, 이윤복(2012). **내화물공학개론**. 구양사.

- 성재용(2009). **에너지설비 유동계측 및 가시화**. 아진.

- 에너지관리공단(2015). **보일러에너지 절약 가이드북**. 신기술.

- 전영남(2017). **연소와 에너지**. 청문각.

- 정호신, 엄동석(2006). **용접공학**. 문운당.

- 최병철(2016). **연소공학**. 문운당.

- Turns, Stephen R.(2012). *An Introduction to Combustion : Concepts and Applications*, 3rd Ed.. McGraw-Hill.

[인터넷 사이트]

- 국가법령정보센터(https://www.law.go.kr)

Win-Q 가스산업기사 필기

개정7판1쇄 발행	2026년 01월 05일 (인쇄 2025년 07월 08일)
초 판 발 행	2019년 04월 05일 (인쇄 2019년 02월 28일)
발 행 인	박영일
책 임 편 집	이해욱
편 저	박병호
편 집 진 행	윤진영, 최 영
표지디자인	권은경, 길전홍선
편집디자인	전견일, 박동진
발 행 처	(주)시대고시기획
출 판 등 록	제10-1521호
주 소	서울시 마포구 큰우물로 75 [도화동 538 성지 B/D] 9F
전 화	1600-3600
팩 스	02-701-8823
홈 페 이 지	www.sdedu.co.kr
I S B N	979-11-383-9600-4(13570)
정 가	33,000원

※ 저자와의 협의에 의해 인지를 생략합니다.
※ 이 책은 저작권법의 보호를 받는 저작물이므로 동영상 제작 및 무단전재와 배포를 금합니다.
※ 잘못된 책은 구입하신 서점에서 바꾸어 드립니다.